Olaf L. Müller

Ultraviolett
Johann Wilhelm Ritters Werk und Goethes Beitrag – zur Geschichte einer Kooperation

Schriften der Goethe-Gesellschaft

Band 80

Herausgegeben von
Stefan Matuschek

Olaf L. Müller

Ultraviolett

Johann Wilhelm Ritters Werk
und Goethes Beitrag –
zur Geschichte einer
Kooperation

WALLSTEIN VERLAG

Gedruckt mit freundlicher Unterstützung
der Geschwister Boehringer Ingelheim Stiftung
für Geisteswissenschaften in Ingelheim am Rhein,
der Goethe-Gesellschaft in Weimar
und der Deutschen Forschungsgemeinschaft
(Projekt: Goethes Farbenlehre und
photochemische Experimente J. Ritters)

Bibliografische Information der Deutschen Nationalbibliothek

Die Deutsche Nationalbibliothek verzeichnet diese Publikation
in der Deutschen Nationalbibliografie; detaillierte bibliografische Daten
sind im Internet über http/dnb.d-nb.de abrufbar.

www.wallstein-verlag.de
Vom Verlag gesetzt aus der Garamond
Umschlag: Susanne Gerhards, Düsseldorf, und
Marion Wiebel, Wallstein Verlag
Druck und Verarbeitung: Hubert & Co, Göttingen
Gedruckt auf alterungsbeständigem Papier

ISBN 978-3-8353-3978-1

Inhalt

für Gerhard G. Paulus

Zum Geleit

Dieses Buch rekonstruiert, wie aus einer falschen Annahme heraus eine richtige Entdeckung gelang. Die falsche Annahme stammt von Johann Wolfgang von Goethe und seiner *Farbenlehre*, die richtige Entdeckung ist der erste Nachweis der ultravioletten Strahlung. Der Vermittler zwischen beiden ist der ›romantische‹ Naturforscher Johann Wilhelm Ritter. Neben der Entdeckung der UV-Strahlen war er ein erfolgreicher Galvanismus-Forscher, erfand er den Akkumulator, inspirierte er die Jenaer Frühromantiker, insbesondere Novalis, und verlor er am Ende seinen guten Ruf, indem er die Wirkung von Wünschelruten nachweisen wollte. In einer kleinschrittig-minutiösen Doppelbiographie rekapituliert Olaf Müller das Zusammenwirken dieser beiden Naturforscher, in dem sich Irrtum und Wahrheit produktiv mischen. Denn es war offenbar Goethes – sachlich falsche – Annahme, dass das Farbspektrum symmetrisch wäre, die Ritter, nachdem der Astronom Friedrich Wilhelm Herschel um 1800 die Infrarotstrahlung entdeckt hatte, am anderen Rand des Spektrums nach einer Entsprechung suchen ließ. Gefunden hat er etwas – doch nicht das, was er eigentlich suchte: den Nachweis der Symmetrie im Farbspektrum. Falsche Annahmen, so zeigt sich hier, können zu richtigen Entdeckungen führen.

Olaf Müller stellt dies nicht als Kuriosum dar, sondern als einen Normalfall der Wissenschaftsgeschichte. Theorie und Empirie stehen in einem Spannungsverhältnis. Es sind immer wieder unhaltbare Theorien, die dennoch ertragreiche empirische Ergebnisse provozieren, die dann im Idealfall zur Korrektur und Verbesserung der Theorie führen. Der Fall hier verlief indes nicht ideal. Goethe, weiß man, hielt bis zuletzt an seiner Überzeugung eines symmetrischen Farbspektrums fest. Über Ritters Entdeckung wirkte seine *Farbenlehre* einmal produktiv auf die physikalische Optik ein; eine kurze, indirekte Verbindung, die an der grundsätzlichen Opposition nichts geändert hat.

Goethes *Farbenlehre* erregt seit zwei Jahrhunderten die Gemüter; heute wohl in höherem Maße als etwa der *Werther*-Roman. Dieses und andere dichterische Werke Goethes sind weitaus bekannter als sein naturwissenschaftliches Hauptbuch. Doch ruhen sie längst im gesetzten Zustand des Kanonischen, der kaum noch Leidenschaften oder gar ein hitziges Für und Wider hervorruft. Mit der *Farbenlehre* ist das anders. Sie ist nicht kanonisch, doch auch nicht vergessen, sondern lebt in einem gar nicht so kleinen Leserkreis als anhaltender Streitfall fort. Dieser Kreis besteht aus Liebhabern und aus solchen, die nur den Kopf darüber schütteln, wie sich der in vielem so geniale Mann in seine besserwisserische Newtonopposition hat verrennen können – und darin auch noch seine hauptsächliche Lebensleistung hat sehen wollen.

Wer heute diese Leistung anerkennen will, blendet die Newton-Polemik aus, um die *Farbenlehre* in ganz anderer, allgemeinerer Weise zu würdigen: als eine alternative Naturwissenschaft, die nicht nur die Sprache der Mathematik spricht, sondern auch die menschliche Physiologie und die darin begründeten Wahrnehmungsqualitäten, damit das Verhältnis des Menschen zur Natur mit bedenkt. Naturphänomene verstehen wir, indem wir sie körperlich-sinnlich erfahren und erleben – und nicht dadurch, dass wir sie auf Messinstrumenten ablesen: das ist die Botschaft von Goethes *Farbenlehre*, die in unserer heutigen, messdaten- und rechnergetriebenen Naturforschung bei gleichzeitiger Naturzerstörung eine ganz andere Verheißung in sich trägt als zu ihrer Entstehungszeit vor gut 200 Jahren. Sie klingt nach einer Versöhnung von Mensch und Natur, nach dem Dringendsten also, was uns nach den überwältigenden Siegen der durch die mathematisierten Naturwissenschaften ermöglichten und getriebenen Industrialisierung fehlt. Goethe selbst hat mit diesem heutigen Krisenbewusstsein nichts zu tun. Er will die Entstehung und Ordnung der Farben erklären. Sein dabei zum Ausdruck kommendes körperlich teilnehmendes Naturverhältnis kann heute in einer ganz anderen Dimension verstanden werden als zu seiner Zeit.

Sieht man darauf, wie breit Goethe die Farben von physikalischen, chemischen, menschlich physiologischen bis hin zu emotionalen und sittlichen Aspekten behandelt, kann man tatsächlich an das Ideal der ›Ganzheitlichkeit‹ denken, das die moderne Wissenschaftskritik gegen die fortschreitende Spezialisierung und die Horizontverengung der Expertenkulturen stellt. Dass Goethe selbst nicht nur Farbenforscher, sondern auch so vieles andere war, macht ihn zur Leitfigur eines ersehnten integralen Weltverständnisses, das nicht nur im Einzelnen, sondern gerade als Gesamtsicht auf der Höhe der Sache sei. Mit Olaf Müllers Buch wird man in dieser Hinsicht jedoch nüchterner und skeptischer, weil man auch die Kehrseite des Ganzheitlichkeits-Ideals sieht. Dass Goethe Newtons Spektralzerlegung des weißen Lichts ablehnte, lag wesentlich daran, dass sie seiner universalen Strukturformel von ›Polarität und Steigerung‹ widerspricht. Mit dieser auf die ›ganze‹ Natur bezogenen Formel will Goethe die Farben als ein Zusammenwirken der Pole Licht und Finsternis erweisen, wobei er die Finsternis nicht als Abwesenheit von Licht, sondern als eine eigene Wesenheit versteht. Nur so kann die *Farbenlehre* dem Grundsatz der Polarität entsprechen. ›Ganzheitliche‹ Erklärungsansätze, lernt man daraus, können gerade mit diesem Anspruch in die Irre führen. In Olaf Müllers Rekonstruktion sieht man Goethes Verbindungen und Distanzen zu den zeitgenössischen Naturwissenschaftsdiskursen so genau und abgestuft, dass er nicht länger als einsam Verstockter oder als überlegene Alternative erscheinen kann.

Ein Wort noch zur Romantik. Olaf Müller zeigt – im Einklang mit der wissenschaftshistorischen Forschung insgesamt – einmal mehr, dass Ritter nicht als spekulativer Romantiker den empirisch arbeitenden Nicht-Romantikern gegenübersteht. Spekulation vs. Empirie ist keine brauchbare Demarkationslinie, um die romantische von der nicht-romantischen Naturforschung um 1800 zu trennen. Bei Ritter und Goethe findet sich wie fast bei allen die oben schon erwähnte Spannung von spekulativer Theoriebildung und Empirie. Das spezifisch Romantische, mag man erwägen, liegt in der Ausrichtung auf ein ganzheitliches, allumfassendes Verständnis. In diesem Sinne ist Goethes Strukturformel von ›Polarität und Steigerung‹ eindeutig romantisch.

Weimar im Juli 2021
Stefan Matuschek

Einleitung

Am Übergang vom 18. zum 19. Jahrhundert erhielt die Erforschung des Lichts und des Sonnenspektrums mit atemberaubendem Tempo frische Impulse. Kaum hatte der deutsch-britische Astronom Wilhelm Herschel im Jahr 1800 jenseits vom roten Ende des Sonnenspektrums eine unsichtbare Strahlung entdeckt, unser heutiges Infrarot, da dachte sich ein junger Naturwissenschaftler in Jena, er habe aus Symmetriegründen auf der anderen Seite außerhalb des Spektrums ebenfalls eine unsichtbare Strahlung zu erwarten. Sofort ersann er ein entsprechendes Experiment und wies am 21. Februar 1801 jenseits der sichtbaren blauvioletten Spektralbereiche die Wirkungen dessen nach, was wir heute als UV-Licht bezeichnen: eine bahnbrechende Entdeckung.

Der junge Mann trug den Namen Johann Wilhelm Ritter, war gelernter Apotheker, litt ständig unter Geldsorgen und hatte sich ab 1796 an der Universität Jena weitgehend eigenständig in damals florierende Gebiete der Chemie und Physik eingearbeitet. Er hatte mit dem Naturforscher Alexander Humboldt kooperiert, war in den Kreis der Frühromantiker um Caroline Schlegel, Dorothea Veit und deren Partner, die Brüder Friedrich und August Wilhelm Schlegel aufgenommen worden, hatte sich mit dem Dichter Friedrich Hardenberg (Novalis) befreundet, mit dem Philosophen Friedrich Wilhelm Joseph Schelling diskutiert, ja gestritten – und war irgendwann vor 1800 (keiner weiß, wann genau) auch auf Johann Wolfgang Goethe gestoßen.

Der war einerseits für die Organisation der Jenenser Universität zuständig, andererseits verstand er sich als Naturwissenschaftler und arbeitete an einer großangelegten Untersuchung zu Farben, Licht und Finsternis – mit dem halsbrecherischen Ziel, Isaac Newtons Theorie der Spektralfarben zu untergraben. Im Zuge dieses Projekts machte er kein Geheimnis aus seiner Überzeugung, dass die gesamte Natur von Polaritäten beherrscht werde, also von symmetrisch entgegengesetzten Wirkfaktoren wie z. B. magnetischem Nord- und Südpol oder elektrischem Plus- und Minuspol. Mit dieser Sichtweise stand er damals nicht alleine; sie war hochumstritten, doch einige namhafte Physiker und Chemiker der Goethezeit (auf die ich im Lauf meiner Darstellung zurückkommen werde) strebten ebenfalls nach einer vereinheitlichten

Naturlehre und wollten der Polaritätsidee darin eine grundlegende Rolle zuschreiben.

Einer dieser Forscher ist Ritter gewesen; er hat sich von Goethe in die umfassende Suche nach Polarität hineinziehen lassen *und stieß genau infolgedessen auf die Wirkungen des Ultravioletten* – so jedenfalls lautet die These des vorliegenden Buchs: Unter dem Einfluss Goethes begann sich Ritter für Lichtspektren und Farben zu interessieren, unter Goethes Einfluss gewann die Polaritätsidee immer größere Bedeutung für seine wissenschaftliche Arbeit, unter Goethes Einfluss entdeckte er das Ultraviolette, und unter Goethes Einfluss verwandelte er sich schließlich fatalerweise in einen Gegner der Optik Newtons.

Dabei hat er sich nicht von Goethe über den Tisch ziehen lassen. Im Gegenteil, er begann wie jeder ernsthafte Naturwissenschaftler seiner Zeit mit der unhinterfragten Voraussetzung, dass Newtons Theorie vom Licht und den Farben stimmen müsse. Zwar hatte er im Schutzraum seines persönlichen Arbeitsjournals bereits mit den optischen Polaritätsideen Goethes hantiert, und das just in dem Augenblick, in dem er den Plan für das großartige Experiment schmiedete. Doch nachdem ihm kurz darauf seine bahnbrechende Entdeckung gelungen war, präsentierte er sie in einer sofort herausgejagten Eilmeldung noch im Rahmen der newtonischen Theorie, also ungefähr so, wie wir es heutzutage für richtig halten: als Entdeckung unsichtbarer Lichtstrahlen, die vom Prisma stärker gebrochen werden als die sichtbaren blauvioletten Bestandteile im weißen Sonnenlicht.

Erst nachdem er sich mit Goethe getroffen, ihm das Experiment gezeigt, mit ihm darüber diskutiert und einen langen Brief von ihm empfangen hatte, ließ er sich Schritt für Schritt auf dessen Sichtweise ein. Er unternahm zusätzliche Experimente, die ihm Goethe brieflich aufgetragen hatte, führte sie eigenständig weiter und kam nach Monaten intensiver Forschung zu dem in unseren Augen haarsträubenden Ergebnis, dass Newton unrecht und Goethe recht hat.

Wie eine genaue Lektüre der überlieferten Notizen, Tagebücher, Briefe und Publikationen Ritters zeigt, hat er der Polaritätsidee nach und nach in seiner Forschung immer stärkeres Gewicht gegeben. Zuerst nutzte er sie im engen Bereich der Elektrizität; danach diente sie ihm als probates Mittel zur Formulierung einer überraschenden optischen Hypothese über das Ultraviolette, für deren sensationelle Bestätigung ihm ein unabweislicher Platz in den Geschichtsbüchern zukommt. Dann leckte er Blut und experimentierte unter Goethes polaristischen Vorzeichen solange weiter, bis er sich in der Optik voll und ganz auf dessen Seite schlug. Noch später organisierte er seine gesamte

Forschung (auch außerhalb der Optik) an der Polaritätsidee: an einer Idee, die aus unserer heutigen Sicht so obsolet ist wie viele andere Ideen vom Friedhof der Wissenschaftsgeschichte, die aber trotz ihrer späteren Gegenstandslosigkeit einen Anlass für die immer noch gültige Entdeckung des Ultravioletten geboten hat. Es bleibt dabei, Ritter hat diese unsichtbare Strahlung entdeckt, und Goethe hatte daran keinen kleinen Anteil – obgleich wir den entdeckten Effekt heute auf völlig andere physikalische Ursachen zurückführen, als es sich die beiden seinerzeit zurechtgelegt haben.

Zwar trennten sich die Wege meiner beiden Protagonisten schon ein halbes Jahr nach Ritters bahnbrechender Entdeckung, möglicherweise wegen einer wissenschaftlichen Kontroverse. Doch auch bei vergrößertem Abstand zogen beide weiter an einem Strang – bis Ritter im Jahr 1810 eines viel zu frühen, tragischen Todes gestorben ist.

Soviel im Schnelldurchgang zu der Geschichte, die ich in diesem Buch darstellen möchte. Es ist die Geschichte der wissenschaftlichen Kooperation zweier sehr verschiedener Männer, eine Art Doppelbiographie also. Ihre Geschichte wird hier zum ersten Mal ausführlich entfaltet. Aus ihr lässt sich eine Menge über Goethes wissenschaftlichen Neuigkeitshunger, seine wissenschaftliche Arbeitsweise und sein wissenschaftliches Temperament lernen; jahrzehntelang folgte er glasklaren Zielen mit einer Methode, die nicht ohne Meriten war und aus damaliger Sicht alles andere als irrational. Und ist es die Geschichte eines genialen jungen Physikers, seines Muts zum Risiko, seiner traumwandlerischen Intution, seines Scheiterns auch; anders als der mittlerweile in sich ruhende Goethe war er ein Kind seiner romantischen Zeit, durchlief Höhenflüge, überstand Abstürze – himmelhoch jauchzend und zum Tode betrübt.

Aus zwei Gründen ist es eine überraschende Geschichte. Erstens sind sich fast alle Kommentatoren einig, dass Goethes Farbenforschung jeden anständigen Physiker seiner Zeit verschrecken musste. Dieses Klischee passt nicht zu seiner konstruktiven Zusammenarbeit mit einem der damals talentiertesten Experimentatoren, der noch die verzwicktesten Versuche erfolgreich durchzuführen wusste. Mehr noch, wenn sich Ritter und Goethe in ihren Forschungen gegenseitig anregten, und zwar auf Augenhöhe, dann sollten wir Goethes naturwissenschaftliche Arbeit in der Optik vielleicht nicht als haltlosen Dilettantismus oder beklagenswerte Verrücktheit abtun. Stattdessen könnte es sich lohnen, sich in die damals durchaus üblichen Methoden und Modelle hineinzudenken, um ihre zeitbedingte Folgerichtigkeit nachzuvollziehen. Man lernt bei dieser Übung auch etwas über die Vorläufigkeit jedweder naturwissenschaftlichen Modellbildung; selbst die wesentlich feineren und stärkeren Modelle unserer Zeit könnten eines schönen Tages obsolet werden.

Und zweitens wird dem Farbenforscher Goethe immer vorgeworfen, er wäre starrköpfig beim oberflächlichen Schein stehengeblieben, hätte also keine Ahnung davon gehabt, wie man in der neueren Physik mithilfe technischer Mittel unter die wahrnehmbare Oberfläche vorstoßen könne und müsse. Zu diesem Vorwurf will es nicht recht passen, dass sich Ritter ausgerechnet durch Goethe dazu anregen ließ, das Newtonspektrum auch jenseits der sichtbaren Endpole zu untersuchen, und dass Goethe diese photochemischen Untersuchungen willkommen geheißen hat. Wie sich herausstellen wird, war er von ihnen deshalb angetan, weil er – irrigerweise, aber verständlicherweise – meinte, dass sie seine polare Sicht der Spektralfarben bestätigten.

Wenn diese Thesen richtig sind, dann müssen wir unser Goethebild revidieren und seinen Beitrag zur Physik seiner Zeit historisch ernster nehmen als gedacht. Dafür spricht ein Detail, das bislang nicht recht gewürdigt worden ist und das erst durch meine Darstellung in seiner vollen Bedeutung eingeordnet werden kann: Bereits zehn Jahre vor Ritters Entdeckung wäre Goethe beinahe selber auf das Ultraviolette gestoßen; er hatte alle Bestandteile des Nachweises beisammen und hat die Sache nur um Haaresbreite verfehlt. Dass die Entdeckung ausgerechnet in seinem wissenschaftlichen Umfeld vollzogen wurde, ist vielleicht weniger überraschend, als man denken könnte. Der Wahnsinn hatte Methode, soll heißen: Ritters und Goethes methodische Suche nach polaren Symmetrien lenkte Ritters Aufmerksamkeit auf einen ganz bestimmten Bereich der spektralen Phänomene, in dem damals wirklich etwas zu holen war. Auch mit anderen Suchstrategien hätte man dort seinerzeit fündig werden können; aber es ist allemal instruktiv mitzuverfolgen, wie es *de facto* zur Entdeckung des Ultravioletten gekommen ist. Goethe war besonders nah am Geschehen.

Hinweise zum Gebrauch

Am Anfang der sechs Hauptteile findet sich jeweils eine knappe *Zeittafel*, in der ich das chronologische Gerüst der Darstellung zusammenstelle, ohne dabei auf weniger wahrscheinliche Datierungsalternativen einzugehen (die im eigentlichen Text differenzierter zu erörtern sind). Je eine zusätzliche Zeittafel steht vor dem Kapitel 4.5 (mit Daten zu Ritters Spiegelungen im *Faust*) und vor dem Kapitel 5.3 (mit Daten zu Ritters Echo in den *Wahlverwandtschaften*).

Die Passagen meines Textes (wie z. B. der nächste Absatz), die den Hauptgedankengang vertiefen, ohne für sein Verständnis nötig zu sein, sind kleingedruckt. So finden sich im Kleingedruckten unter der Überschrift »*Vertiefungsmöglichkeit*« weiterführende Überlegungen, offene Probleme, Anregungen zum Weiterdenken und Richtigstellungen von Details, die im Haupttext um der Kürze willen vereinfacht dargestellt werden mussten.

Vertiefungsmöglichkeit. Längere kleingedruckte Passagen (wie z. B. zur Datierung einer Entdeckung Ritters im Kapitel 2.3, ab § 2.3.5) stehen immer am Ende eines Kapitels; ich setze sie vom großgedruckten Haupttext ab, indem ich ihnen folgendes Signal vorausschicke:

* * *

Dieses Signal soll andeuten, dass der Hauptgedanke im nächsten Kapitel weitergeht, dass also ungeduldige Leserinnen und Leser ihre Lektüre gleich beim folgenden Kapitel fortsetzen können, ohne etwas wesentliches zu verpassen. (Dasselbe Signal zwischen zwei kleingedruckten Passagen weist darauf hin, dass es sich um getrennte Detailüberlegungen handelt, die nichts miteinander zu tun haben). Querverweise wie § 1. 2. 8k beziehen sich auf die kleingedruckte Passage am Ende von § 1. 2. 8.

Die *Anmerkungen* in den Fußnoten muss man nicht lesen, um meinem Gedankengang zu folgen; sie enthalten mit Ausnahme der jetzigen[1] nichts anderes als

1 Mein erster und größter Dank geht an eine Chemikerin, die zugleich als Philosophin gearbeitet hat: Ohne Anna Reinachers Forschungen über Ritters Photochemie hätte ich dieses Buch weder schreiben können noch wollen; die Spuren unserer Zusammenarbeit finden sich in jedem Kapitel. Herzlichen Dank auch an die Physikerin Kerstin Behnke, die große Teile des Manuskripts mit konstruktiver Kritik bedacht hat. Beide Wissenschaftlerinnen gehörten zusammen mit Wolfgang Böhmer, Christoph Demian, Rebecca Eilfort, Anastasia Klug, Ulrich Kühne, Bernhard Kraker v. Schwarzenfeld und Troy Vine zu einer Arbeitsgruppe, in der wir allwöchentlich Vorfassungen einzelner Kapitel diskutiert haben. Dank an Ingo Nussbaumer und Hubert Schmidleitner für Rat in allen Farbenfragen; Dank an Johannes Grebe-Ellis und Matthias Rang für Rat in allen physikalischen Fragen; Dank an Timo Mappes für einen kritischen Kommentar zur vorletzten Fassung, mit dem er mich vor 170 falschen Zungenschlägen bewahrt hat. Den Teilnehmerinnen und Teilnehmern dreier Goethe/Ritter-Workshops danke ich für stimulierende Teilnahme, und zwar insbesondere Thomas Bach, Gunnar Berg, Anne Bohnenkamp-Renken, Mathias Deutsch, Doris Ehrt, Thomas Filk, Ursula Klein, Wolfgang Lefèvre, Gisela Maul, Gerhard Paulus, Klaus Rademann, Martin Radtke, Christian Rüssel, Alexander Schreiber, Heiko Weber. Ich danke Laura Goronzy, Eva-Maria Kachold, Sarah Schalk und Derya Yürüyen für umfangreiche Recherchen zu den Zitaten und zur Bibliographie sowie für redaktionelle Mitarbeit.
Eine Reihe weiterer Personen hat mir bei einzelnen Kapiteln mit Kritik, Beispielen, Auskünften und Anregungen weitergeholfen, u. a. Jeremy Adler, Jörg Baberowski, Eva Beck, Eckhard Bendin, Ralf Breslau, Katja Deinhardt, Jutta Eckle, Stefan Grosche, Konrad Heumann, Andrew Jackson, Annemarie Kaindl, Andreas Klei-

langweilige Literaturverweise, fremdsprachige Originalzitate sowie manchmal eine knappe Erörterung zu deren Übersetzung und Interpretation.[2]

Zu den Zitaten und ihrer Übersetzung ins Deutsche: Fremdsprachige Zitate haben wir zunächst wörtlich ins Deutsche übertragen (und dabei eventuell existierende Übersetzungen konsultiert). Doch für die Endfassung aller übersetzten Zitate habe ich ausgiebig von der Binsenweisheit Gebrauch gemacht, dass jede Übersetzung Interpretation ist; der Verständlichkeit zuliebe sowie aus stilistischen Gründen habe ich den ursprünglichen Wortlaut z. T. erheblich verändert, und zwar auch bei bereits anderswo veröffentlichten Übersetzungen. Um das kenntlich zu machen, gebe ich in der Anmerkung nach jedem schon anderswo übersetzten Zitat zwar die Fundstelle der Übersetzung an, die ich herangezogen habe – aber immer dann mit dem Vorspann »vergl.«, wenn meine Fassung vom Wortlaut dieser Fundstelle abweicht. (Dieser Vorspann fehlt also nur in den wenigen Fällen, in denen ich kein Iota verändert habe). Meine übersetzerische Freiheit hat einen angenehmen Nebeneffekt: Nicht immer ist es nötig, weggelassene Wörter durch »[...]« zu kennzeichnen. – Zur Beruhigung: Sämtliche übersetzten Zitate finden sich originalsprachlich in den Anmerkungen.

nert, Michael Mandelartz, Stefan Matuschek, Johannes Müller, Michael Niedermeier, Reiner Niehoff, Natascha Pflaumbaum, Konrad Scheurmann, Martin Schlüter, Friedrich Steinle, Alexander Stöger, Thomas Sturm, Norbert Suhr, Wanda Trzaska, Gábor Zemplén, Paul Ziche, Bettina Zimmermann.

2 Oft erwähne ich in den Fußnoten Textstellen, auf die sich andere Autoren beziehen; bei der Überprüfung dieser Angaben habe ich zuweilen andere Ausgaben der fraglichen Texte zurategezogen, und ich nenne immer nur die Textstellen, die mir dabei vor Augen standen (ohne beispielsweise den Wechsel von einer zur anderen Goethe-Ausgabe eigens kenntlich zu machen). – Was die Fußnoten ebenfalls nicht bieten, ist ein akribischer Nachweis derjenigen Formulierungen, die ich so in früheren Schriften wörtlich oder fast wörtlich benutzt habe. Das hat mit Selbstplagiat nichts zu tun: Wenn ich z. B. meine frühere Beschreibung eines Experiments optimal finde, so spricht nichts dafür, sie nur deshalb zu ändern, weil ich erneut über dies Experiment sprechen muss; und wo ich die alte Beschreibung aus heutiger Sicht suboptimal finde, werde ich sie kurzerhand verbessern, statt mit der Arbeit wieder bei Null anzufangen. Das vorliegende Buch, das den Lesern alles an die Hand geben soll, was sie wissen müssen, überschneidet sich also aus guten Gründen stellenweise mit O. M. [GPUb], O. M. [ML], O. M. [GPmS], O. M. [GPSZ], O. M. [GFT], O. M. [OEiG], O. M. [JRGF], O. M. [GRGR], O. M. [IRaI]. Wie ich hoffe, erübrigt es sich zu erwähnen, dass ich im folgenden weit über die wiederverwendeten Formulierungssplitter aus diesen Texten hinausgehe und dass die Knochenarbeit nicht in der sprachlichen Gestaltung der einzelnen Puzzlestücke liegt, sondern im Aufbau eines kohärenten Gesamtbildes.

In Sachen *Typographie* habe ich mit meinen Helferinnen und Helfern nicht alle Feinheiten aus den *Originalen* kopiert. So haben wir Anführungszeichen innerhalb von Zitaten stets durch ›einfache Anführungsstriche‹ wiedergegeben. Einige veraltete Sonderzeichen haben wir modernisiert: Gleichheitszeichen im Innern zusammengesetzter Substantive geben wir (wie heute üblich) in Form einfacher Bindestriche wieder; querliegende »E«s über Vokalen (wie z. B. »uͤ«) schreiben wir als Umlaute (»ü«). Hingegen haben wir das (vor allem in Fraktur auftauchende) scharfe »s« genauso wiedergegeben wie alle anderen »s«; diese Regel führte oft dort zu einem Doppel-S, wo man vielleicht ebensogut ein Esszett hätte schreiben können. Zudem haben wir aus heutiger Sicht befremdende Leerzeichen (z. B. vor einem Komma) weggelassen.

Wo wir *Hervorhebungen aus dem Original* übernommen haben, sind sie einheitlich *kursiv* gesetzt – einerlei, ob sie im Original durch kursiv, fett oder gesperrt geschriebene Wörter oder Unterstreichungen angezeigt wurden. Wir geben nach der Quellenangabe stets an, ob die Hervorhebung aus dem Original stammt oder von mir oder ob sie von mir (teilweise) geändert wurde, wobei wir den Ausdruck »Hervorhebung« ohne Pluralform als *singulare tantum* im Sinne eines Masseterms wie »Kursivdruck« benutzen.

Wo es nicht anders angegeben ist, stammt ein *eckig eingeklammerter Zusatz in einem Zitat* von mir. (Trotz aller Bemühungen um Akkuratesse beim Zitieren haben wir die Kirche im Dorf gelassen: Wenn Ausdrücke anderer Autoren eigene grammatische Satzteile in meinen Sätzen bilden, haben wir auch zwischen Anführungszeichen die originalen Flexionsendungen an ihre neue Satzumgebung angepasst, ohne das extra mit eingeklammerten Wortbruchstücken zu dokumentieren; analog bei Groß- oder Kleinschreibungen. Wo es die Grammatik verlangt, reden wir also z. B. von »Fragmenten« anstelle von »Fragmente[n]«).

Bei *herausgegebenen Briefen* (wie denjenigen Ritters) haben wir die Zitate so abgeschrieben, wie sie der jeweilige Herausgeber vorgelegt hat; wo er Fußnoten eingefügt hat, lassen wir sie ohne eigenen Hinweis darauf weg; wo er Abkürzungen aufgelöst hat, schreiben wir die Auflösung ab (und zwar ohne eigens zu vermerken, dass die Auflösungen vom Herausgeber stammen und dort etwa kursiv hervorgehoben sind).

1. Vorbereitungen

Um 1600	Gilbert arbeitet mit Polaritäten am Magneten
1671/2	Newton veröffentlicht seine Heterogenität des Sonnenlichts
20.3.1683/4	Sehr frühes (wenn nicht das früheste) Vorkommnis von »polarity«
28.8.1749	Geburt Goethes
1759	Aepin findet die elektrostatische Polarität am Turmalin
1763	Kant expliziert die polaristische Rede von negativen Größen u. a. am Beispiel von Wärme und Kälte
1766-1780	Bergmans schwedischer Ausdruck für Polarität wird von Röhl verdeutscht
10.12.1777	Goethe sieht auf dem Brocken die farbigen Schatten
19.12.1778	Lichtenbergs polaristische Spekulation über die Erde als Turmalin
1791	Goethe entdeckt die Polarität bei den Spektralfarben
Ca. 1792	Goethe erzeugt das objektive Goethespektrum mit Wasserprisma
2.5.1792	Goethes spektrale Experimente mit fluoreszierenden Leuchtsteinen
14.7.1798	Goethe schreibt Schiller über Polarität in den verschiedensten Phänomenbereichen
11.8.1798	Goethe macht seinen Plan öffentlich, die Optik polaristisch zu erforschen

1.1. Goethe und Ritter – eine Herausforderung für die Wissenschaftsgeschichte

Vorurteile über Goethe

§ 1.1.1. Der Autor der *Farbenlehre* war in optischen Angelegenheiten ein unbelehrbarer Dilettant, und daher ist es kaum verwunderlich, wenn so gut wie alle hauptberuflichen Physiker seiner Zeit nichts mit Goethes Newton-Kritik zu tun haben wollten. – Das ungefähr ist in einem Satz die Ansicht, die sich bei Kennern der *Farbenlehre* festgefressen hat, und zwar bei ihren Verächtern ebenso wie bei denen, die dieses größte oder jedenfalls längste Werk Goethes aus außerphysikalischen Gründen schätzen.

Die Ansicht beruht auf einem Vorurteil. Um es zu entkräften, soll meine Doppelbiographie die naturwissenschaftliche Kooperation Goethes mit einem überaus vielversprechenden Experimentalphysiker seiner Zeit darstellen – mit Johann Wilhelm Ritter, dem zweiten Protagonisten dieses Buchs.

Die Geschichte der beiden Protagonisten, die ich darstellen werde, hat Höhen und Tiefen. Zu Beginn ihrer Kooperation bewegten sie sich von völlig unterschiedlichen Ausgangspunkten und mit großer Geschwindigkeit aufeinander zu, dann kühlte sich ihr wissenschaftliches Verhältnis ab, doch als Ritter das Herzogtum Sachsen-Weimar für immer verlassen hatte, sandten beide Signale aus, die man als entschiedene Versuche einer Wiederannäherung deuten muss. Ob es wirklich dazu gekommen wäre und was sich daraus für den Einfluss der Farbenforschung Goethes auf den Gang der Physik ergeben hätte, wissen wir nicht, denn Ritter starb Anfang 1810 als Dreiundreißigjähriger – das war wenige Monate, bevor Goethe seine *Farbenlehre* herausbrachte.

Unabhängig von Spekulationen hierüber möchte ich zeigen, dass Ritters photochemische Forschung genau derselben Methode folgte, die Goethe in seiner optischen Forschung jahrelang eingesetzt hatte; in der Tat scheint Ritter nicht nur die Methode Goethes übernommen zu haben, sondern auch dessen Forschungsfeld und zuletzt sogar nach einigem Zögern die antinewtonianische Marschrichtung.

Vertiefungsmöglichkeit. In kleiner Auflage war der erste Teilband der *Farbenlehre* (ihr didaktischer Teil) bereits im Jahr 1808 herausgekommen.[1] Er erschien dann abermals im Jahr 1810 zusammen mit dem polemischen und dem historischen Teil sowie dem Tafelteil.[2] Alle vier

1 Goethe [EF].
2 Goethe [ETN], Goethe [MzGF], Goethe [EzGF].

Teile bilden zusammen die *Farbenlehre*, wobei im Rahmen des Tafelteils noch drei weitere kurze Texte erschienen sind und im Rahmen des didaktischen Teils noch ein alles umgreifendes Vorwort.[3] Zu den dezidierten Verächtern, die kein gutes Haar an der *Farbenlehre* ließen, zählen der Physiker Hermann Helmholtz und der Physiologe Emil du Bois-Reymond.[4] Helmholtz reihte sich später in die Phalanx derer ein, die der *Farbenlehre* auch einige positive Seiten abzugewinnen wussten, sie aber in der physikalischen Hauptsache – im Angriff auf Newton – kompromisslos ablehnten, nicht viel anders als noch später die Physiker Werner Heisenberg und Max Born, die Literaturwissenschaftler Albrecht Schöne und Holger Helbig sowie die Goethe-Herausgeber Rike Wankmüller, Horst Zehe, Thomas Nickol und Manfred Wenzel.[5] Nickols vernichtendes Votum führe ich stellvertretend für viele gleichlautende Urteile der Sekundärliteratur an; er nennt seine Dokumentation der Zeugnisse und Materialien zu Goethes Optik einen »Beitrag zur Geschichte des Dilettantismus in der Naturwissenschaft«.[6]

Goethes Ziele

§ 1.1.2. Goethe zielte auf die Polarität der Natur.[7] Wie er glaubte, lassen sich die Naturerscheinungen der verschiedensten Bereiche mithilfe des Wechselspiels zweier entgegengesetzter Pole beschreiben: zum Beispiel zwischen Plus- und Minuspol bei der Elektrizität oder zwischen Nord- und Südpol beim Magnetismus. Diese polaren Beschreibungsmuster, die uns wohlvertraut erscheinen, waren damals neu. Mehr noch, seinerzeit lag die weitreichende und riskante Vermutung in der Luft, dass auch andere Bereiche der Physik mithilfe zweier Pole verstanden werden können, ja dass sich in der gesamten Natur am Ende stets ein und derselbe polare Gegensatz dingfest machen ließe. Wäre das möglich, so könnte man mit Fug und Recht einer Einheit der Natur das Wort reden: Die vielfältigsten Erscheinungen der Natur wären demzufolge nur oberflächlich disparat; in Wirklichkeit folgten sie alle einem einzigen Prinzip.[8]

Dies Forschungsprogramm war um 1800 alles andere als das seltsame Steckenpferd eines Dilettanten; eine Reihe anerkannter Forscher der damaligen

3 Goethe [AÜGW], Goethe [sVST] mit Seebeck [WFB]; Goethe [V].

4 Helmholtz [uGNA] und du Bois-Reymond [GKE].

5 Helmholtz [GVKN], Heisenberg [GNFi] und Born [BzF]; Schöne [GF] und Helbig [NO]; Wankmüller in Goethe [HA]/13:625-628 *et passim*, Zehe in Goethe [LA]/II.5A:XII, 159-395, Nickol in Goethe [LA]/II.5B.1:V, XII *et passim*, Wenzel in Goethe [FA]/23.1:1079-1080.

6 Nickol in Goethe [LA]/II.5B.1:V.

7 Ich werde im Lauf der Untersuchung Dutzende an Belegen dafür beibringen. Unter anderem zitiere ich in § 1.3.5 Belege vom Anbeginn der Farbenforschung Goethes.

8 So suchte Goethe bereits im Jahr 1792 nach einer »Verbindung« der »isolierten Fakta« (Goethe [VaVv]/A:17).

Zeit sind dem Programm gefolgt.[9] Noch heute setzen Physiker in ihrer experimentellen und theoretischen Arbeit auf die Einheit der Natur.[10] Und was zu Goethes Zeiten als Suche nach der Polarität bezeichnet wurde, ist verwandt mit der Suche nach Symmetrien, wie sie zum Beispiel von modernen Physikern bei der Jagd nach neuen Arten von Elementarteilchen eingesetzt worden ist.[11] Mehr noch, die Fahndung nach einer umfassenden Polarität, die von Forschern wie Goethe und Ritter betrieben wurde, führte vor zweihundert Jahren zu beachtenswerten Entdeckungen. So ahnte Ritter, dass Magnetismus und Elektrizität miteinander zusammenhängen, und seinem Freund und Schüler Hans Christian Ørsted gelang der entsprechende Nachweis noch zu Goethes Lebzeiten.[12]

Angesichts dieser knappen Skizze fragt sich: Wieso bewerten wir Goethes Arbeit in der Optik heutzutage methodologisch als haltlos, wenn doch seine Methode gewisse Verwandtschaften mit derjenigen Methode zeigt, die im Zwanzigsten Jahrhundert recht erfolgreich eingesetzt worden ist?

Polarität in der Optik?

§ 1.1.3. Was ich skizziert habe, sieht nur auf den ersten Blick wie ganz normale Wissenschaft aus. Bei näherem Hinsehen stellt sich heraus, dass Goethes und Ritters Ziele dem zuwiderlaufen, was heutzutage als gesichert gilt. So wollte Goethe (und von ihm angeregt Ritter) nachweisen, dass sogar die Optik von

9 Ähnlich Breidbach et al [JWRP]:123/4. Einige wichtige Vertreter der polaristischen Forschung um 1800 werden in meiner Darstellung jeweils an Ort und Stelle ihren Auftritt haben – für eine kurze Liste der Namen s. u. § 1.1.14; Verweise auf die Originalliteratur bringe ich u. a. in § 1.2.1, Fußnoten 65-68.

10 So ist *Die Einheit der Natur* der Titel einer einflussreichen Aufsatzsammlung des Physikers Carl Friedrich Weizsäcker – siehe dort den Teil II unter der Überschrift »Die Einheit der Physik« (Weizsäcker [EN]:129-275, insbes. pp. 207-222).

11 Siehe z. B. Weinberg [TvEU]:151-153, 160-163. Wie wichtig den Physikern grundlegende Symmetrien sind, zeigte sich zum Beispiel nach der überraschenden Verletzung der CP-Symmetrie durch die Kaonen; nur durch zusätzliche Berücksichtigung der Zeitrichtung im sog. CPT-Theorem ließ sich eine abgeschwächte Form von Symmetrie aufrechterhalten, die inzwischen gut bestätigt ist (Henley et al [SP]:239-260; für eine populäre Darstellung siehe O. M. [zSUF]:§ 8.19). – Der wohl theoretisch tiefste Grund für die Suche nach Symmetrien in der Grundlagenforschung liegt im von Emmy Noether bewiesenen formalen Zusammenhang zwischen Erhaltungsgrößen physikalischer Systeme (etwa Energie) und ihren kontinuierlichen Symmetrien (etwa translationale Zeitsymmetrie), siehe Nolting [AM]:80-85; *locus classicus* ist Noether [IBD] sowie Noether [IV].

12 Details dazu in § 6.4.3k.

einem polaren Gegensatz beherrscht wird: vom Gegensatz zwischen Dunkelheit und Helligkeit. Und diese aus heutiger Sicht falsche Idee legte Erweiterungen in Nachbargebiete nahe, über die sich aus heutiger Sicht ebenfalls nicht mehr verhandeln lässt. Demzufolge gäbe es in der Thermodynamik (Wärmelehre) nicht bloß einen einzigen, positiven Wirkfaktor, die Wärme – sondern zwei eigenständige Wirkfaktoren, einen positiven und einen negativen: Wärme und Kälte.

Machen wir uns klar, wie weit derartige Ideen von dem abweichen, woran wir heute aus guten Gründen glauben. Zwar reden wir im Alltag wie selbstverständlich von Wärme und Kälte oder von Helligkeit und Dunkelheit – aber wir tun das vor dem Hintergrund einer tiefliegenden theoretischen Überzeugung. Kälte, so wissen wir, gibt es in Wirklichkeit nicht, sie ist nichts anderes als Abwesenheit von Wärme. Genauso in der Optik: Finsternis hat demzufolge keine eigene Existenz; sie ist nichts anderes als Abwesenheit von Licht.

Wer demgegenüber in Optik und Wärmelehre auf Polarität setzt, also auf jeweils zwei entgegengesetzte Wirkfaktoren, der muss dem jeweiligen negativen Wirkfaktor (also der Kälte bzw. der Finsternis) eigene Existenz zubilligen, so wie wir ja auch von negativer elektrischer Ladung sprechen (realisiert beispielsweise in Form echt existierender Elektronen). Um 1800 war eine vergleichbare symmetrische Konzeption von Hell und Dunkel bzw. Warm und Kalt noch nicht obsolet; heute ist sie es. Ich möchte Sie dazu einladen, sich probehalber in die damalige Denklogik hineinzuversetzen, so gut es geht. Wer die Sache zu schnell abtut, begibt sich der Chance, den gewaltigen Fortschritt zu würdigen, den unsere Wissenschaft in der Zwischenzeit errungen hat. Dieser Fortschritt wäre weniger wert, wenn man seinerzeit ohne langes Nachdenken und auf Anhieb hätte feststellen können, wie falsch Goethe und Ritter mit ihrer Konzeption der Optik lagen. Nur wer die Überzeugungskraft der damals virulenten Alternativen zu unseren Konzeptionen auf sich wirken lässt, kann ermessen, dass wir mit unseren heutigen Modellen auf den Schultern von Riesen stehen.

Goethe war spätestens seit dem Jahr 1791 davon überzeugt, dass die Farben des Newtonspektrums nicht im Sonnenlicht enthalten sind (wie Newton meinte), sondern dass sie aus dem polaren Zusammenspiel von Licht und Finsternis erwachsen.[13] Diese Theorie ist, wie wir wissen, unhaltbar – darum

13 Siehe Goethe [BzO]/1:§ 72 (No. 9, 15, 16). An den letzten beiden Stellen kommt das Wort »Pol« vor, nirgends aber der Ausdruck »Polarität«. Viele Belege zur Datierung des – polaristischen – Beginns der Farbenforschung Goethes erörtert Wenzel [ISWd].

soll es hier in erster Linie nicht gehen, denn mir kommt es auf etwas anderes an. Laut meiner Interpretation hat sich Ritter durch Goethe auf das polare Forschungsprojekt in der Optik einschwören lassen, er hat die Ziele dieses Projekts geteilt, trieb es sogar auf eigene Faust weiter, und zwar mit bis heute relevanten empirischen Ergebnissen. Wenn das richtig ist, kann keine Rede davon sein, dass sich die damalige Physik insgesamt mit Grausen von Goethes Optik abgewandt hätte.[14]

Da werden Sie fragen: Was hilft es Goethes Sache, wenn es ihm gelungen sein soll, einen bedeutenden Experimentalphysiker seiner Zeit auf Abwege zu locken? Die Antwort lautet, dass es ohne eingehende Untersuchung alles andere als klar ist, wie fatal Goethes Einfluss auf Ritter für dessen Forschung war. Mit Blick auf Konzeptionen wie die Polarität mag der Einfluss schädlich gewesen sein – mit Blick auf die davon logisch unabhängigen empirischen Ergebnisse war er es nicht. Immerhin ist die Entdeckung der Wirkungen des UV-Lichts (auf die ich ausführlich zurückkommen werde) ein großer empirischer Triumph der Methode Goethes in Ritters Händen gewesen. Dass Ritter es so gesehen hat, werde ich ausführlich belegen, hier nur ein Indiz dafür: Gleich nachdem Ritter dem UV-Licht auf die Schliche gekommen war, eilte er von Jena nach Weimar und sprach als erstes bei Goethe vor.

Hätte Ritter die Forschungsziele Goethes nicht geteilt oder hätte er ihm in naturwissenschaftlichen Angelegenheiten nicht über den Weg getraut, so wäre er kaum ausgerechnet zu Goethe gegangen, als er die Wirkungen des UV-Lichts gefunden hatte. Doch weil er (wie noch zu zeigen ist) von Goethe auf gewisse Symmetrien im Newtonspektrum aufmerksam gemacht worden war und weil eben diese Symmetrien durch Herschels neue Forschungsergebnisse unterminiert, nun aber durch seine eigene Entdeckung wiederhergestellt worden waren, musste es Ritter nach Weimar ziehen. Wir können offenlassen, ob Dankbarkeit oder Entdeckerstolz dafür verantwortlich gewesen sind; vermutlich war es eine Mischung aus beidem.

Wie dem auch sei, in den Monaten nach seinem Besuch bei Goethe führte Ritter die Experimente zur Polarität der Spektren weiter. Im Sommer 1801 kam er an einen Punkt, wo er sich sicher war, Newton experimentell widerlegen zu können. Was genau ihn zu dieser Ansicht bewog, ist schwer zu sagen; ich werde dieser Frage viel Aufmerksamkeit schenken – und selbstverständ-

14 Eine verblüffend große Zahl weiterer Naturforscher, die Goethes *Farbenlehre* unterstützt haben, aber weniger bedeutend waren als Ritter, nenne ich in O.M. [GPSZ].

lich daran festhalten, dass von einer experimentellen Widerlegung Newtons keine Rede sein kann.

Für den Augenblick genügt es, die These aufzustellen, dass Ritter mit Goethe gemeinsame Sache gegen Newton gemacht hat; belegen werde ich die These in aller Ausführlichkeit später. Sie widerspricht verbreiteten Ansichten über Goethes und Ritters Arbeitsverhältnis.

Das überkommene Bild

§ 1.1.4. Die meisten Kommentatoren des naturwissenschaftlichen Austauschs zwischen Goethe und Ritter haben die Übereinstimmung der beiden Forscher heruntergespielt und ihre Gegensätze betont.[15] Diese Tendenz zeigt sich besonders deutlich in Formulierungen aus der einzigen Ritter-Biographie, die in Buchlänge vorliegt. Ihr Autor ist der Wissenschaftshistoriker Klaus Richter; ich lasse ihn exemplarisch und ausführlich zu Wort kommen, um herauszustreichen, welche Sichtweise ich mit meiner Doppelbiographie zurechtrücken möchte:

> »Die Gemeinsamkeit Goethes und Ritters bei der Behandlung der Farbenoptik bestand zunächst in ihrer beider naturphilosophischen und psychologisch-ästhetischen Betrachtungsweise. Auch Ritters Verhältnis zu Licht und Farben war, allerdings nicht so ausschließlich wie das Goethes, von physiologisch-psychologischer Fragestellung begleitet«.[16]

Richter kann nicht umhin, gewisse Übereinstimmungen zwischen unseren beiden Forschern zu konstatieren. Doch nicht viel weiter unten im Text konstruiert er einen Gegensatz, den man kurz und knapp auf den Punkt bringen kann – Empirie *contra* Schöngeisterei. In Richters Worten:

> »Er [Ritter] ist ja vor allem auch Fachphysiker im echten und modernen Sinne des Wortes: *er experimentiert und analysiert*, und neben seinen Spekulationen und Ideen hat die experimentell gesammelte Erfahrung bei ihm einen hohen Wert, eigentlich das Primat. *Einerseits ist er Ästhetiker, ganz im Goetheschen Sinne* […] Andererseits bewegte sich Ritter sicher und intensiv auf dem Boden der experimentellen physikalischen Forschung«.[17]

15 Ausnahmen bestätigen die Regel, s. u. § 1.1.9k.
16 Richter [LPJW]:75.
17 Richter [LPJW]:76; meine Hervorhebung.

Den angedeuteten Gegensatz vom Ende dieses Zitats kann man so verstehen, als wolle Richter sagen, dass sich Goethe anders als Ritter nicht mit der erforderlichen Gewandtheit und Ausdauer auf dem Boden der experimentellen physikalischen Forschung bewegt hätte. Und Richter zieht eine scharfe Grenze zwischen beiden, indem er Goethe als unbelehrbaren Dogmatisten charakterisiert:

> »Goethes doktrinäre Auffassung: ›Freilich ist es absurd, das reine, sich immer selbst gleiche Licht, aus so widersprechenden Theilen zusammen zu setzen [...]‹, stand der Ritterschen, durch Herschels aktuelle Erkenntnisse unterstützten physikalischen Grundauffassung über die Zerlegbarkeit des Sonnenlichtes gegenüber. *Darüber konnte es zwischen beiden keinesfalls zu einem Konsens kommen*«.[18]

Laut Richter steht auf der einen Seite Ritter, der bei aller Freude an der Ästhetik stets der experimentellen Empirie das letzte Wort einräumte; auf der anderen Seite Goethe, der sich doktrinär gegeben und unwillkommene empirische Befunde in den Wind geschlagen haben soll.

Vertiefungsmöglichkeit. Obgleich ich eine Reihe der Behauptungen Richters zurechtrücken muss, möchte ich der Fairness halber von Anbeginn betonen, wie hilfreich es ist, dass wir überhaupt eine ausgearbeitete Ritterbiographie in Buchlänge haben.[19] Besonders verdienstvoll ist Richters akribische Forschung zu Ritters Familienhintergrund, zu seiner finanziellen Situation und zu den zahlreichen, heute unbekannten Persönlichkeiten aus seinem Umfeld.[20] In den meisten Details können wir uns auf die Akkuratesse der Biographie verlassen, und wo sie unzuverlässig ist, da mag das auch damit zu tun haben, dass sie posthum herauskommen musste und von ihrem Urheber stellenweise nicht mehr in die Form gebracht werden konnte, die geplant war.[21] Abgesehen davon stellt Ritters Wechselspiel mit Goethe nur einen kleinen Ausschnitt dessen dar, was uns an seinem Lebensweg interessieren könnte; wenn sich sein Biograph ausgerechnet bei der Darstellung dieses Ausschnitts von übertriebenen Vorurteilen gegenüber Goethes Wissenschaftlichkeit leiten ließ, so ist das nicht ihm allein anzukreiden. Solche Vorurteile beruhen auf der Verwechslung damaliger Standards mit den heutigen. Sie sind in der Literatur zur *Farbenlehre* so verbreitet, dass sie nur mit besonderem Augenmerk aus einer solchen Darstellung herausgehalten werden können. Aus allen diesen Gründen werde ich Richters Biographie an vielen Stellen heranziehen, ohne jedesmal eigens zu darzulegen, warum das an Ort und Stelle gerechtfertigt ist. Es gelten also die üblichen Regeln zur Verteilung der Beweislast: Nur wo ich Richter widerspreche, bedarf dies einer Begründung.

18 Richter [LPJW]:77; meine Hervorhebung.
19 Für eine enthusiastische Einschätzung der Biographie siehe Holland (ed) [KToJ]:xn10.
20 Richter [LPJW]:1-21 *et passim.*
21 Siehe dazu Krauße in Richter [LPJW]:IX.

Wider naive Wissenschaftsphilosophie

§ 1.1.5. An der Sichtweise, die im vorigen Paragraphen Gehör bekam, habe ich nicht nur auszusetzen, dass es sich um eine Zuspitzung handelt, dass der Biograph Richter also die beiden Forscherpersönlichkeiten weiter auseinandertreibt, als es angesichts der Belege gerechtfertigt erscheint; darauf werde ich immer wieder im Detail zurückkommen. Überhaupt vermisst man in der Biographie abgestufte Hinweise auf die jeweilige Belastbarkeit der aufgestellten Thesen; in meiner eigenen Darstellung werde ich demgegenüber sehr genau zwischen bloßen Vermutungen, mehr oder minder wahrscheinlichen Hypothesen, recht gut und schließlich wirklich gut belegten Thesen unterscheiden.

Eine weitere Schwäche in Richters Darstellung ist fast noch gravierender als seine übertriebene Einseitigkeit im Umgang mit den Belegen und die mangelnde Differenzierung der Sicherheit seiner Behauptungen. Nicht anders als die Mehrzahl der Goethe-Kommentatoren geht Richter von einer philosophischen – und zwar reduktionistischen – Annahme aus, die nach Ansicht vieler Wissenschaftstheoretiker naiv ist; sie lautet: Falsche naturwissenschaftliche Auffassungen (wie z. B. die polare Auffassung Goethes vom Licht, der Finsternis und den Farben) lassen sich schon allein durch unvoreingenommenen Blick auf experimentelle Tatsachen aus dem Spiel werfen.[22]

Demgegenüber möchte ich daran erinnern, dass das korrekte Urteil über bestimmte naturwissenschaftliche Ideen (wie Polarität, Einfachheit usw.) nicht direkt aus den experimentellen Tatsachen abgelesen werden kann; vielmehr stellen diese Ideen Grundsätze dar, an denen wir unsere Untersuchung der Natur *orientieren* dürfen; es sind Leitideen, die sozusagen stärker von uns herkommen als aus der Natur – der Philosoph Immanuel Kant sprach in diesem Zusammenhang von regulativen Ideen.[23]

22 Bis zur Mitte des vorigen Jahrhunderts haben einige Verfechter des Logischen Empirismus und des Kritischen Rationalismus einen derartigen Reduktionismus vertreten (z.B. Carnap [TM], Popper [LF], zu beidem siehe Stegmüller [HG]/I:380-411). Doch haben sich ihre holistischen Kritiker längst auf breiter Linie durchgesetzt, und zwar sowohl mit Blick auf systematische Fragen als auch mit Blick auf die wissenschaftsgeschichtlichen Tatsachen (siehe z.B. Quine [TDoE]:42-46 (6. Abschnitt), Quine et al [WoB], Kuhn [SoSR]).

23 Der *locus classicus* dieses Gedankens ist Kant [KRV]:A 642-668 / B 670-696 (Details dazu in § 1.4.6k und § 6.4.3). Wie früh Goethe in diese Richtung zielte, zeige ich in § 1.4.5. (Ohne jeden Verweis auf Kant, Goethe oder deren Zeitgenossen findet sich ein verblüffend ähnlicher Gedanke bei Quine [TDoE]:43).

Der Wert einer solchen Leitidee kann demzufolge nicht einfach experimentell annulliert werden; wenn die Versuchsergebnisse zu ihr nicht passen, dann mag es dafür zwei entgegengesetzte Gründe geben. Entweder taugt die Leitidee wirklich nichts und muss verworfen werden – oder aber die Experimente taugen nichts. Welcher der beiden Fälle vorliegt, lässt sich nicht immer sofort feststellen. Weder soll man an einer Leitidee um jeden Preis festhalten – noch soll man bislang erfolgreiche Leitideen aufgrund eines einzigen widerspenstigen Experiments preisgeben. Oft muss allerhand Zeit ins Land gehen, bis man einigermaßen sicher sagen kann, ob eine lang beachtete Leitidee besser ein für alle Mal beerdigt werden sollte. Wenn wir der Polarität heute keine Chance mehr einräumen, so tun wir dies vor dem Hintergrund von Forschungserfolgen, deren Erarbeitung viel Mühe mit sich brachte.

Einfachheit und Polarität im Vergleich

§ 1.1.6. Betrachten wir die erkenntnistheoretische Situation anhand der Leitidee von der Einfachheit, der sich die Physik bis heute mit großem Erfolg unterwirft.[24] Wer z. B. meint, dass ein mannigfaltiger Phänomenbereich von einfachen Gesetzmäßigkeiten regiert wird, dem können komplizierte Versuchsergebnisse nicht viel anhaben; denn die beweisen bis auf weiteres nur, dass es dem Experimentator an Geschick und Fortune oder der Theoretikerin an Einsicht in die erlösende Formel gefehlt hat, um das Durcheinander zu bannen.

Soll heißen, es kann rational sein, in der Forschung überaus hartnäckig darauf zu setzen, dass die Grundstrukturen der Natur entgegen dem Anschein einfach sind. Die Einfachheit der Natur wäre demzufolge nicht so sehr ein denkbares Resultat empirischer Forschung, sondern vielmehr eine Forderung, die wir an die Natur herantragen. In der Tat ist diese Forderung das tägliche Brot der Forscherinnen und Forscher in der heutigen Grundlagenphysik.[25]

24 Wenn ich Polarität mit Einfachheit vergleiche, so folge ich darin frühen Überlegungen Goethes, worin er einerseits von Polarität als Leitidee redete und sie andererseits mithilfe von Einfachheits- und Verallgemeinerungsüberlegungen abstützte (Goethe, Nachtrag vom 18. 5. 1791 in einem Brief an den Herzog Carl August von Sachsen-Weimar-Eisenach vom 17. 5. 1791 (siehe Goethe [WA]/IV.9:261) sowie Goethe, Brief an Soemmerring vom 2. 7. 1792 (siehe Goethe [WA]/IV.9:316/7); für die Wortlaute s. u. § 1.3.1k sowie § 1.4.5).

25 So z. B. mit Blick auf mathematische Einfachheit (und höchst kritisch) Hossenfelder [LiM].

Nicht viel anders konnte man um 1800 die Polarität als Leitidee der Forschung einsetzen. Goethe jedenfalls ist so vorgegangen (und war sich dessen bewusst); wie ich darlegen werde, ist Ritter ihm darin weitgehend gefolgt. Beide haben im Reich der Farbspektren und weit darüber hinaus nach Polaritäten gesucht, und wo sich keine Polaritäten aufzeigen ließen, da haben sie nicht etwa klein beigegeben, sondern ihre Anstrengungen verdoppelt.

Dass dies damals wissenschaftsphilosophisch legitim war, mag man zugeben; aber was kam dabei naturwissenschaftlich heraus? Mehr, als man meinen möchte; obwohl die Leitidee der Polarität aus heutiger Sicht unhaltbar ist, hat sie der Physik zu einigen Entdeckungen verholfen, die bis heute Bestand haben. Diese Antwort werde ich ausführlich entfalten. Selbstredend werde ich nicht behaupten, dass die Polaritätsidee in der Optik fruchtbar genug gewesen ist oder hätte werden können, um als attraktive Alternative zur augenblicklichen Optik gelten zu dürfen. Ich werde nur behaupten, dass der optischen Polarität zwischen Helligkeit und Dunkelheit im Verlauf der Wissenschaftsgeschichte nicht diejenige Gerechtigkeit widerfahren ist, die sie verdient hätte. Als Ritter im Jahr 1810 starb, hatte sie ihren genialsten Verfechter verloren; nach Goethes Tod im Jahr 1832 ist sie endgültig von der Bildfläche verschwunden – und das, obwohl mit ihrer Hilfe beachtliche Versuchsergebnisse zutagegetreten waren. Das im Detail vorzuführen, bildet eines der Hauptziele dieses Buchs. Doch zunächst möchte ich einige Bemerkungen zur wissenschaftsgeschichtlichen Methode einschieben.

Wie es eigentlich gewesen ist

§ 1.1.7. Wie gesagt, es wäre philosophisch naiv zu glauben, dass man aus der Empirie ohne weiteres und auf Anhieb objektiv herauslesen könne, was die Welt im Innersten zusammenhält und was nicht; sogar in der Physik wird unser Wissen – auch – von gewissen Leitideen strukturiert. (Nicht nur von ihnen, denn unser größter Respekt gebührt selbstverständlich der Empirie).

Wenn diese Diagnose schon auf die Physik zutrifft, wieviel treffender muss sie dann für die Geschichtsschreibung sein. Leopold Ranke wird oft als Beispiel für einen Historiker zitiert, der so naiv gewesen sei, seiner Disziplin die Aufgabe aufzubürden zu sagen, wie es eigentlich gewesen ist. Ob er das tatsächlich so schlicht gesehen hat, brauche ich nicht zu klären; für meine Zwecke genügt es, darauf hinzuweisen, dass jene schlichte Sicht heute als überholt gilt. Machen wir uns in der gebotenen Kürze klar, warum.

In der Geschichtsschreibung treten überlieferte Quellen und andere Artefakte an die Stelle der empirischen Daten und Versuchsergebnisse der Physik;

sonst ändert sich nicht viel – bei allem Respekt für die vielen tausend Unterschiede zwischen Physik und Geschichtsschreibung.[26] In beiden Disziplinen möchten wir nachvollziehbaren Sinn aus einer Masse an Vorgegebenem herauslesen, und was wir als nachvollziehbar gelten lassen, hängt immer auch von uns ab.[27] Weder hier noch da brauchen wir uns von den jeweiligen Gegebenheiten (Quellen bzw. Versuchsergebnissen) zu hundert Prozent herumkommandieren zu lassen.

Im Gegenteil; wenn wir den utopischen Anspruch fallenlassen herauszufinden, wie es historisch wirklich gewesen ist bzw. wie es physikalisch wirklich ist, können wir das Material im Lichte unserer Forschungsinteressen strukturieren, also Schwerpunkte setzen, Unwichtiges weglassen, gezielt nach Belegen suchen, die Aufmerksamkeit auf bestimmte Gesichtspunkte konzentrieren usw. In der Physik tun wir das mithilfe der erwähnten Leitideen (wie Einfachheit oder Symmetrie oder Polarität), in der Geschichtsschreibung tun wir es mithilfe sogenannter Narrative.[28]

Es versteht sich von selbst, dass der Ausdruck »Narrativ« in den unterschiedlichsten Zusammenhängen viel verschiedenes bedeuten kann und dass sein inflationärer Gebrauch eher schadet als nützt; daher werde ich ohne Anspruch auf Allgemeinverbindlichkeit einfach nur erklären, wie ich den Ausdruck im folgenden verstanden wissen möchte.

Zunächst einmal liefern uns die Historiker nach getaner Arbeit handfeste Erzählungen, keine bloßen Ansammlungen unverbundener Fakten einer Chronik. Welche Erzählstruktur sie ihren Quellen aufprägen, ob sie ihre Erzählung als Tragödie oder Farce, als Fortschritts- oder Verfallsgeschichte darstellen, das hängt zuallererst nicht von ihren Quellen ab, sondern von ihren narrativen Vorentscheidungen. Selbstverständlich passen manche Narrative besser zu einer gegebenen Quellenlage als andere, und erst im fertiggestellten Stück Geschichtsschreibung zeigt sich endgültig, wie erfolgreich es einer Erzählerin gelungen ist, ihre narrativen Vorentscheidungen mit dem Material in Einklang zu bringen. Das ist keine Frage von Schwarz oder Weiß,

26 Eine ähnliche, aber noch allgemeinere These (nämlich ohne Einschränkung auf nur die Physik) formuliert Baberowski [SG]:214.

27 Ähnlich Baberowski [SG]:26.

28 Siehe z. B. Baberowski [SG]:17, 204-214. Ein *locus classicus* hierzu und zum folgenden ist White [QoNi]. Schon lange vor dieser bahnbrechenden Einführung der Narrative in die Reflexion zur Methode der Geschichtsschreibung haben Historiker die Bedeutung von Werten, Vorlieben usw. für ihre erzählerische Arbeit erkannt und mit verwandten Überlegungen motiviert (z. B. Trevelyan [BiH]:2, 15 *et passim*).

und der Glaube, dass am Ende nur ein einziges Narrativ mit den Materialien harmonieren wird, wäre naiv – noch naiver als sein Gegenstück im Fall der Physik.

Vertiefungsmöglichkeit. Ranke gab seine heute berüchtigte Forderung bescheidenerweise nur sich selber auf, indem er ausdrücklich auf den in seinen Augen weitergehenden Anspruch verzichtete, das dargestellte Geschehen zu bewerten oder zur Belehrung anzubieten.[29] Doch es ist gerade strittig, ob wertfreie Geschichtsschreibung möglich ist. Dies harmoniert gut mit Goethes Einschätzung, der lange vor Ranke die Parteilichkeit des Historikers kritisiert hat, aber für unausweichlich hielt.[30] In eine ähnliche Richtung zielte Goethe, indem er dem Historiker empfahl, nicht auf die Dichter herabzusehen.[31] – Dass Ranke als Historiker ein begnadeter Erzähler gewesen ist, steht auf einem anderen Blatt.

Wissenschafts-Historiographie

§ 1.1.8. Was für die Geschichtsschreibung allgemein gilt, betrifft auch die Wissenschaftsgeschichte.[32] Wer also z. B. die Geschichte der physikalischen Farbenforschung Goethes und ihrer Rezeption darstellen will, sieht sich zunächst einem gigantischen Berg an Material gegenüber, das er unter irgendeiner narrativen Leitvorstellung sortieren, gewichten und auswählen muss.

Fast alle Autoren, die sich der Aufgabe unterzogen haben, wählten ein Narrativ des krachenden Scheiterns: Der große Dichter, Liebhaber, Staatsmann und Kunstfreund habe in diesem einen Punkt keine Belehrungen annehmen wollen und sei voller Starrsinn in die wohlverdiente Niederlage gestürmt. Wer es so sehen möchte, wird der Fülle des Materials gezielt diejenigen Belege entnehmen, denen zufolge Goethe alles andere als gut dasteht.

Dieses pessimistische Narrativ hat einen entscheidenden Nachteil: Wer ihm folgt, konzentriert sich auf die Schwächen des Protagonisten und läuft Gefahr, dessen Stärken nicht in den Blick zu bekommen. Nun ist es eine gute Regel der Interpretationskunst, dass man den Interpretierten so wohlwollend wie möglich zu verstehen trachten sollte; und das pessimistische Goethe-

29 Ranke [GRGV]:VI.

30 Goethe [MzGF]:84/5. Wie intensiv Goethe über diese Fragen nachgedacht hat, zeigt sich in Heinrich Luden, Gespräch mit Goethe vom 19. 8. 1806 (siehe Grumach (ed) [G]/VI:117-123).

31 Goethe [MzGF]:84.

32 Ähnlich äußerte sich Goethe speziell für die Geschichtsschreibung der Naturwissenschaft (Goethe [MzGF]:149); so machte er darauf aufmerksam, wieviel vom Geschichtsschreiber selbst abhängt, der eine historische Forscherpersönlichkeit ins rechte Verhältnis zu seiner Epoche setzen will (Goethe [MzGF]:153/4). Zur Exegese dieser Auffassungen Goethes siehe Fink [GHoS]:67, 72 *et passim.*

Narrativ tut genau das Gegenteil. Wenn es nicht anders ginge, ließe sich nichts dagegen sagen – wir brauchen ja nicht jeden x-beliebigen Dummkopf wohlwollend zu interpretieren. Aber im Falle eines so gescheiten Mannes wie Goethe erscheint größere Zurückhaltung angebracht.

Und wirklich, sobald wir es mit einem optimistischen Narrativ versuchen, ergibt sich plötzlich ein instruktiveres Bild. Bei der Suche nach den physikalischen Stärken der Farbenforschung Goethes geraten verblüffende Experimente und scharfsinnige Gedanken in den Blick, die noch heute für Aufsehen sorgen. Unter anderem lässt sich seine Polaritätsidee trotz ihrer heutigen Gegenstandslosigkeit empirisch und gedanklich erstaunlich weitgehend untermauern; und da er sie ausdrücklich als Hauptaufgabe seiner *Farbenlehre* bezeichnet hat, kann man der optimistischen Erzählweise kaum den Vorwurf machen, völlig an dem vorbeizugehen, wie der historische Goethe als Naturforscher *wirklich* gewesen ist.

Vertiefungsmöglichkeit. Jahrzehntelang gehörte es zum guten Ton unter Wissenschaftshistorikern, der anachronistischen Tendenz zur *Whig History* zu widerstehen, also der Tendenz zur einseitigen Geschichtsschreibung aus der Perspektive der Sieger – das wäre das Narrativ einer Erfolgsgeschichte im Lichte unserer augenblicklichen Wissenschaft.[33] Richters negativer Blick auf Goethe bietet ein Beispiel für diese Art von *Whig History,* weil er Goethe aus der Sicht heutiger Sieger kurzerhand als Verlierer charakterisiert (statt sich gedanklich in die damalige Situation hineinzuversetzen und seinerzeit akzeptierte Standards zu berücksichtigen). Um solchen Tendenzen zu entrinnen, können Wissenschaftshistoriker recht verschiedenen Methoden folgen, von denen ich zwei skizzieren möchte.

Erstens könnten sie versuchen, die Geschichte vergangener Naturwissenschaft ohne jede inhaltlich-wissenschaftliche Bewertung nachzuzeichnen, also insbesondere ohne Bewertung aus Sicht heutiger naturwissenschaftlicher Theorien. Wenn hierbei keine wertfreien, aber langweiligen Chroniken herauskommen sollen, könnte man sich mit den verwendeten Narrativen an ökonomischen, sozialpsychologischen oder politischen Interessen orientieren; doch haben solche Narrative etwas Unbefriedigendes, weil sie den Blick auf Rationalität und Wahrheit verstellen – auf das A und O jeder echten Naturwissenschaft.[34] Abgesehen davon erscheint es befremdlich, so zu tun, als hätte es in der Zwischenzeit keinen wissenschaftlichen Fortschritt gegeben. Um diesem Fortschritt Rechnung zu tragen, werde ich immer wieder dort auf die heutige Sichtweise aufmerksam machen, wo die damaligen Gedankengänge nach damaligen Standards folgerichtig erscheinen mögen, aber längst überholt sind. Genau in der Mitte meiner Darstellung – am Ende des Kapitels 3 – werde ich einen Schritt

33 Der *locus classicus* für Kritik an dieser Art einseitiger Geschichtsschreibung ist Butterfield [WIoH]; zur weitverbreiteten Übertragung der Kritik auf die Wissenschaftsgeschichte siehe Loison [FoPi]:29 *et passim.* – Was heute *Whig History* heißt, ist bereits von Goethe mit herrlicher Ironie karikiert worden (Goethe [F]/F:40).

34 Weitere Gründe gegen den vollständigen Verzicht der Wissenschaftshistoriker auf Urteile aus der heutigen naturwissenschaftlichen Sicht bringt Loison [FoPi].

zurücktreten, um das bis dahin von Ritter und Goethe Erreichte aus moderner Sicht zurechtzurücken.

Nun ist es eine – in der Wissenschaftsgeschichte nicht allseits bekannte – Lektion aus der analytischen Sprachphilosophie, dass wir Sprecher anderer Kulturen (und Zeiten) nur dann zu verstehen hoffen können, wenn wir ihnen ein beachtliches Maß an Rationalität unterstellen.[35] Doch das bedeutet nicht, dass wir in die *Whig History* zurückfallen und unsere augenblicklichen Theorien zum alleinigen Maß damaliger Theorien nehmen müssten. Wie der Soziologe Max Weber ausführt, bestünde verstehendes Erklären ganz allgemein darin, die Sinnperspektive der jeweiligen Akteure einzunehmen.[36] Das liefe im Falle derjenigen Wissenschaftler, die wie Johannes Kepler, Isaac Newton und andere Genies unsere heutige Sicht wesentlich geprägt haben, zunächst einmal auf eine *Whig History* hinaus.

Dieser Tendenz kann man – *zweitens* – immer noch entgegenarbeiten. Entweder konzentriert man sich pessimistischerweise auch auf die dunklen Seiten der Genies, was freilich im Extremfall mit dem Prinzip des Wohlwollens kollidiert und die Genies unter Wert verkauft.[37] Oder aber man konzentriert sich auf die lichten Seiten derjenigen vielversprechenden Naturwissenschaftler, die vom Fortschritt ausgeschaltet worden sind, und fragt unter Berücksichtigung ihrer damaligen Sinnperspektive: Welche ihrer Arbeitsergebnisse lassen sich – trotz ihrer heute bekannten Gegenstandslosigkeit – so attraktiv wie möglich rekonstruieren? Das wäre keine neutrale Wissenschaftsgeschichte, aber es wäre alles andere als eine *Whig History,* denn ihr Narrativ unterminiert den Hurra-Optimismus der historisch blinden Anhänger gegenwärtiger Denkweisen; es wäre ein Optimismus, der nicht den Gewinnern, sondern probehalber den Verlierern der Wissenschaftsgeschichte beispringt, und zwar mit dem Ziel, auszuloten, welche Arbeitsergebnisse dieser Verlierer attraktiv genug waren, um sie als sinnvolle, wenn auch überholte Sachposition zu durchdenken.

Mit einer solchen Stoßrichtung hat der Wissenschaftshistoriker Hasok Chang in einer Reihe von Schriften eine komplementäre Naturwissenschaft lanciert und am Beispiel der überkommenen Theorie vom Phlogiston programmatisch dafür plädiert, alternative Abzweigungen vom tatsächlichen Gang der Chemie als brauchbare Sachposition sowohl argumentativ als auch experimentell ernstzunehmen.[38] Man könnte das als *Tory History* bezeichnen.[39] Bislang sind wenig Versuche unternommen worden, Changs Programm umzusetzen; laut einer frühen Rezension gibt es abgesehen von Changs eigener Arbeit keine Forschung in dieser Richtung.[40] Selbst wenn es gestimmt haben sollte, dass sich bis dahin keine weiteren Forscher explizit unter der Flagge einer komplementären Naturwissenschaft versammelt hatten: selbstverständlich kann man Changs Projekt auch ohne das Etikett vorantreiben, wie

35 Quine [WO]:59, Davidson [CToT]:316/7.
36 Obwohl er sich hierbei nicht speziell auf wissenschaftsgeschichtliches Verstehen bezogen hat, scheint sich sein Vorschlag in dieser Richtung gut konkretisieren zu lassen (Weber [MGS]:507-509 *et passim*).
37 Mit Blick auf Keplers erstes Werk erliegt dieser Gefahr z. B. Stephenson [KPA], mit Blick auf Newton erliegt ihr z. B. Keynes [BNM].
38 Chang [IWHT]:xvi, sowie 1. Kapitel, insbes. p. 12; Chang [CC].
39 So schon in der Überschrift Gordin [TIoH].
40 Gordin [TIoH]:413.

es z. B. der Biologe Gregory Radick und der Physiker Brian Pitts tun.[41] Ein entscheidender Schritt in dieser Richtung wird freilich selten vollzogen – die experimentelle Arbeit zugunsten alternativer Theorieoptionen aus den Archiven der Wissenschaftsgeschichte. Obwohl Chang diesen Schritt aus der reinen Literaturarbeit heraus ausdrücklich ausruft, sind von ihm bislang wenig experimentelle Resultate bekannt.[42] In dieser Hinsicht sind meine Mitstreiter und ich bereits ein kleines Stück weitergekommen. Da Chang in erster Linie als Chemiehistoriker arbeitet, ist sein Projekt erst spät in unseren Gesichtskreis getreten; und so haben wir unabhängig von Chang, aber ganz im Sinne seiner komplementären Naturwissenschaft die Denklogik der *Farbenlehre* Goethes beim Wort genommen, ausgebaut und auch mit neuen Experimenten untermauert.[43] Für das Protokoll halte ich fest, dass mein augenblickliches Buch auch offiziell ein Beitrag zur komplementären Naturwissenschaft ist.

Unparteiische Eingrenzung des Materials

§ 1.1.9. Trotz allem Gesagten mag man den zuletzt erreichten Stand der Dinge unbefriedigend finden: Vor uns steht, hieß es, ein gigantischer Berg an Material aus Goethes physikalischer Farbenforschung, das man je nach Auswahl entweder optimistisch oder pessimistisch strukturieren kann – durch Weglassung der jeweils unpassenden Belege und Hervorhebung der passenden. Ist es nicht unerhört, bei vollem Bewusstsein so einseitig vorzugehen, einerlei ob optimistisch oder pessimistisch?

Auf diese Sorge könnte man defensiv reagieren; man könnte sagen, dass dann eben alle Belege berücksichtigt werden müssen. Nur: Das wäre im Falle der Farbenforschung Goethes viel zuviel; sein Leben ist so umfassend dokumentiert wie wohl bei keinem anderen, und er war während der gesamten zweiten Lebenshälfte als Farbforscher tätig – also während der besser dokumentierten Lebenshälfte.[44]

41 Chang, mündliche Mitteilung. – Ohne Chang zu erwähnen, plädiert beispielsweise Loison unter der Überschrift eines »kritischen Präsentismus« für einen verwandten Ansatz (im englischen Original: »critical presentism«, siehe Loison [FoPi]:36).

42 Siehe aber Chang [IWHT]:115-121.

43 Wir waren nicht die einzigen, die sich Goethe zuliebe auf diesen Weg begeben haben; die mittlerweile hundertjährige Geschichte dieser komplementären Forschungstradition skizziere ich in O. M. [HJD]. Für neue empirische Resultate unseres Goethe/Newton-Projekts siehe z. B. Rang et al [PADi], vergl. dazu O. M. [GPoL], Abschnitt 3. Siehe auch O. M. [IRaI] sowie O. M. [HJD], 10. Abschnitt.

44 Die einschlägigen Belege sind akribisch gesammelt in den Textbänden der Leopoldina-Ausgabe (Goethe [LA]/I.3 – Goethe [LA]/I.8) sowie in den zugehörigen Kommentarbänden, deren gigantisches Volumen von über 5000 Druckseiten nicht in erster Linie auf ausufernde Kommentartätigkeit der Herausgeberinnen und Herausgeber zurückgeht, sondern auch auf den Abdruck aller relevanten Zeugnisse sowohl von Goethe selbst als auch aus dem Kreis seiner Zeitgenossen (Goethe

Es ist ausgeschlossen, eine in sich stimmige Geschichte zu erzählen, in der alles vorkommt, was Goethe nachweislich gegen Newton und zugunsten seiner eigenen physikalischen Sicht geschrieben, gesehen, gelesen, gelehrt, übersetzt, interpretiert, probiert, experimentiert, gezeichnet, koloriert und diskutiert hat. Ja, es ist für Normalsterbliche sogar ausgeschlossen, all dieses Material auch nur zu kennen, geschweige denn zu beherrschen.

Aus diesem Grunde muss man irgendein Auswahlprinzip heranziehen. Um keinen Verdacht der unzulässigen Einseitigkeit aufkommen zu lassen, möchte ich für den vorliegenden Fall vorschlagen, das Material völlig frei von optimistischen oder pessimistischen Vorannahmen auszuwählen. Das ist einer der Gründe dafür, dass ich eine wissenschaftliche Doppelbiographie zu Goethe und Ritter vorlege: Anders als im Fall der gesamten Farbenforschung Goethes, die sich über mehr als vier Jahrzehnte erstreckte und schon allein deshalb ein Fass ohne Boden ist, kann man das überlieferte Material zu seiner Interaktion mit Ritter insgesamt überblicken; sie dauerte wenige Jahre und hinterließ eine Reihe handfester Spuren, aber nicht unausschöpflich viele. In der Tat werde ich *alle* Belege einbeziehen, die Aufschluss über ihre Zusammenarbeit und ihre Auseinandersetzungen verheißen. Zwar bleibt es denkbar, dass mir ein entscheidender Beleg entgangen ist, doch vor einem nachträglichen Veto der Quellen ist kein Wissenschaftshistoriker sicher.

Man kann Goethes und Ritters Wechselwirkung also wie einen Lackmustest für die gesamte physikalische Forschung Goethes nutzen. Wenn seine Arbeit nach damaligen Standards physikalisch haltlos war, dann müsste sich das auch in seiner Wechselwirkung mit Ritter zeigen; und wenn sie halbwegs auf der Höhe der Zeit war, dann müsste sich das dort ebenfalls zeigen.

Ist es ein Zeichen von einseitigem Optimismus, ausgerechnet Ritter in den anvisierten Lackmustest hineinzuziehen? Nein – immerhin gilt in der Literatur auch das Verhältnis zwischen Goethe und Ritter als deutliches Beispiel für Goethes Scheitern in der Physik seiner Zeit; die Zitate aus der Biographie Richters in § 1.1.4 illustrieren gut, wie es die Mehrzahl der Autoren sieht: fatal für Goethe. Wer die Geschichte stattdessen voller Optimismus neu darstellen will, macht es sich also alles andere als einfach.

Vertiefungsmöglichkeit. Vereinzelte Kommentatoren sehen das Arbeitsverhältnis zwischen Goethe und Ritter ähnlich harmonisch wie ich; eine ausführliche Ausarbeitung dieser

[LA]/II.3, Goethe [LA]/II.4, Goethe [LA]/II.5A, Goethe [LA]/II.5B.1, Goethe [LA]/II.5B.2, Goethe [LA]/II.6 sowie Goethe [LA]/II.1A, Goethe [LA]/II.1B).

Deutung liegt aber bislang nicht vor. Am weitesten geht der Physiker Martin Schlüter, in dessen Dissertation beide Forscher getrennt dargestellt, aber gemeinsam als wegweisend für eine alternative Art von Naturwissenschaft rekonstruiert werden.[45] Eine andere Deutung mit einer ähnlichen Harmoniethese stammt aus der Literaturwissenschaft, verzichtet aber auf eine wissenschaftsphilosophische Wertung. Und zwar stellt der Literaturwissenschaftler Walter Dominic Wetzels den Physiker Ritter (ohne eingehende Diskussion) als Anhänger der Newton-Kritik Goethes dar; er lässt es offen, ob das für Goethe oder gegen Ritter spricht.[46] Dieses nahezu alleinstehende Votum hat deshalb hohes Gewicht, weil Wetzels die wohl erhellendste Gesamtdarstellung der wissenschaftlichen und philosophischen Denkbewegungen Ritters vorgelegt hat; ohne sich in Details zu verlieren, verknüpft er die wichtigsten Experimente Ritters mit zeittypischen Momenten des naturphilosophischen, frühromantischen Weltverständnisses um 1800.[47]

Wahlfreiheiten beim Interpretieren

§ 1.1.10. Das letzte Stichwort dürfte bei allen die Alarmglocken schrillen lassen, die immer noch nicht einsehen mögen, wie wenig eindeutig Geschichtsschreibung funktioniert. Ich habe es ausdrücklich zugegeben: Ja, ich *möchte* die Geschichte von Goethe und Ritter *optimistisch* darstellen, indem ich mich gedanklich in ihre damalige Forschungssituation hineinversetze und von diesem Standpunkt aus konstruktiv mitdenke. Da ich versprochen habe, alle Belege zu berücksichtigen, muss der Optimismus meines Narrativs von anderen Faktoren herrühren als von der Auswahl der Belege. Woher?

Zunächst einmal liegt es auf der Hand, dass aus der bloßen Aufstellung der zu berücksichtigenden Belege alleine keine Geschichte hervorgeht; der Erzähler muss immer noch strukturierend eingreifen, und hierbei kommen seine Erzählziele an den verschiedensten Stellen ins Spiel. Zum Beispiel beim Interpretieren: Die wenigsten überlieferten Texte zeigen ihre richtige Interpretation eindeutig an der Textoberfläche, und wenn sie es nicht tun, dann haben Interpreten Wahlfreiheiten.

Wo es ohne Überdehnung geht, werde ich den Texten unserer Protagonisten kluge Gedanken entnehmen. Wo es sich anbietet, werde ich ihre Gedanken möglichst attraktiv weiterdenken. Und wo sie z. B. ein Experiment beschreiben, das nach heutiger Sicht nicht funktioniert haben kann, da gilt es, mit langem Atem nach einer Erklärung zu suchen, wie es doch funktioniert

45 Schlüter [GRÜB].

46 Wetzels [JWR]:34 *et passim*. Ohne auf stilistische und wissenschaftsmethodologische Wertungen zu verzichten, hat sich Wetzels ingesamt auf Enthaltsamkeit bei der *naturwissenschaftlichen* Beurteilung der Forschung Ritters festgelegt (Wetzels [JWR]:VIII, 100).

47 Wetzels [JWR]:18-65 *et passim*.

haben müsste – statt zu früh aufzugeben und mit der billigen, defaitistischen Hypothese weiterzumachen, dass Goethe und Ritter falsch beobachtet oder sogar falsch berichtet hätten. Einen solchen Defaitismus muss man sich im Fall des Falles verdienen; er ist nur als *ultima ratio* berechtigt – wenn kein anderer Ausweg in Sicht ist. Daher sollten wir sogar versuchen, angeblich zum Scheitern verurteilte Experimente aufzubauen und zum Erfolg zu führen. Wenn das gelingt, werden wir diese Experimente aus heutiger Sicht aller Wahrscheinlichkeit nach anders erklären müssen, als es damals nahegelegen haben mag; doch die Versuchsergebnisse selbst sind unabhängig von einem solchen Perspektivenwechsel.

Kurzum, ich möchte das Beste aus den Belegen machen, das sich aus ihnen machen lässt – aber natürlich nicht ohne Rücksicht auf Verluste, sondern im Rahmen dessen, was sich rational verteidigen lässt. Was soll das heißen?

Zeitliche Kohärenz

§ 1.1.11. Wie man es meiner Ansicht nach nicht machen sollte, lässt sich an einem weiteren Zitat aus Richters Ritter-Biographie illustrieren:

> »Wenn Goethe sich auch von Ritter bei der Einrichtung eines physikalischen Kabinettes hinsichtlich der Apparate beraten ließ, beklagte er sich doch andererseits auch, wenn ihn ›der böse Engel der Empirie anhaltend mit Fäusten geschlagen‹ hatte […] Es konnte nicht ausbleiben, daß es bei der unterschiedlichen Veranlagung der beiden Persönlichkeiten und bei den unterschiedlichen Standpunkten zu Meinungsverschiedenheiten kommen mußte«.[48]

Wer diese Passage liest, muss zu dem Schluss gelangen, dass Goethe sich mit dem Ausdruck »der böse Engel der Empirie« auf Ritter bezog. Es klingt, als hätten Goethe und Ritter gemeinsam vor einem Experiment Ritters gestanden, das nicht zu Goethes Farbforschung gepasst und daher wegen dessen Starrsinns einen Streit heraufbeschworen hätte.

Sobald wir hinter die Kulissen schauen, stellt sich heraus: Der Streit zwischen Goethe und Ritter, auf den Richter hinauswill, fand im September 1801 statt, doch das Goethe-Zitat stammt aus einem Brief an Friedrich Schiller vom 14.7.1798 – von einem Zeitpunkt, zu dem sich Ritter und Goethe vielleicht noch nicht begegnet waren; sollten sie einander überhaupt schon im Jahr 1798

48 Richter [LPJW]:77; fast dieselbe Aussage findet sich in Berg et al (eds) [EzEB]/A:9.

persönlich kennengelernt haben, dann wohl erst kurz nach Abfassung des Briefs.[49] Ritter wird in dem gesamten Brief nicht erwähnt, stattdessen erfahren wir dort von derjenigen Forschungsmethode, in der sich Goethe und Ritter ab 1801 einig waren und auf die ich in den nächsten Kapiteln zurückkommen werde: die Suche nach Polaritäten in den verschiedensten Bereichen.[50]

Was uns Richter in der zitierten Stelle anbietet, muss man als extrem laxen Umgang mit den Belegen bezeichnen. Für seine pessimistischen Erzählziele *suchte* er nach einem zitierfähigen Gegensatz zwischen Goethe und Ritter, wartete aber nur mit irgendeinem Goethe-Zitat auf, das dessen zeitweilige Schwierigkeiten mit Versuchsergebnissen dokumentiert – ohne jeden nachweisbaren Bezug zu Ritter. Diese Art der freien Montagetechnik von Belegen werde ich sorgfältig vermeiden.

Es gibt eine gute Regel, deren Beherzigung Richter hätte davor bewahren können, so wie zitiert über die Stränge zu schlagen: zeitliche Kohärenz. Überall, wo es möglich ist, werde ich streng auf das Entstehungsdatum unserer Belege achtgeben und ihnen nur diejenigen Zusammenhänge entnehmen, deren Abfolge mit der zeitlichen Ordnung der Belege harmoniert. Die Ursachen eines Konflikts müssen beispielsweise vor seiner Austragung liegen, und sein Auslöser muss kurz vor Konfliktbeginn stattgefunden haben.

Zeitliche Kohärenz ist vielleicht nicht bei jedem wissenschaftsgeschichtlichen Thema das Mittel der Wahl, wohl aber beim Thema meiner Untersuchung. Ritter hat in seinen Schriften und Briefen immer wieder präzise Datierungen seiner Entdeckungen und Überlegungen untergebracht, und zwar fast schon so, als wäre er von einem Datumszwang besessen gewesen. Hierin haben wir eine wichtige Ressource für die Rekonstruktion der wahrscheinlichen Abläufe, die ich ausgiebig nutzen werde.[51]

Fazit zur Methode

§ 1.1.12. Man kann endlos über Methoden der Wissenschafts-Historiographie philosophieren; wie ich hoffe, habe ich meine Methode zur Darstellung des

49 Gleichwohl entnimmt Richter dem Brief an Schiller vom 14. 7. 1798 ohne jeden Anhaltspunkt ausdrücklich einen »Hinweis auf Ritter-Besuch« (Richter [LPJW]:234).

50 Für den Wortlaut und den polaristischen Gehalt dieses Briefs s. u. § 1.4.6; für Details zum Streit zwischen Goethe und Ritter im Spätsommer 1801 siehe Kapitel 4.2 und Kapitel 4.3.

51 Für ein Beispiel s. u. § 2.3.6.

wissenschaftlichen Austausches Ritter und Goethe ausführlich genug begründet. Hier noch einmal die drei wichtigsten Leitplanken meines Vorgehens:

Erstens werde ich (noch völlig wertneutral) sämtliche Belege zu Goethes und Ritters Wechselspiel einbeziehen, die überliefert sind. Ich werde, zweitens, deren zeitliche Ordnung (völlig wertneutral) im Auge behalten, also nur diejenigen Abläufe darlegen, die in die belegte Reihenfolge passen. Und ich werde drittens sämtliche Belege so positiv deuten, wie es die Sache erlaubt – ich werde mithin soweit möglich mit der Leitidee arbeiten, dass meine Protagonisten sauber zu arbeiten vermochten, kluge Gedanken fassten, vernünftige Argumente ersannen, beim Bericht von Versuchsergebnissen nicht logen, sich beim Beobachten nicht irrten, ehrlich miteinander umgingen und auf Augenhöhe.

Diese umfassende Leitidee formt mein Narrativ. Wohlgemerkt, ich werde nicht behaupten, dass man Goethes und Ritters Modellen, Ideen, Theorien usw. aus heutiger Sicht recht geben darf; sie sind aus heutiger Sicht obsolet. Trotzdem werde ich einen entschiedenen Optimismus an die Belege herantragen, der nicht zwingend aus ihnen folgt. Er schwebt nicht völlig frei in der Luft; Bodenhaftung bekommt er an folgenden Punkten: Beide Forscher waren erwiesenermaßen keine Dummköpfe, wie sie bei vielen gut dokumentierten Gelegenheiten zu erkennen gaben – auch außerhalb der Geschichte, die ich darstellen werde. Zudem tut diese Darstellung den Belegen keine Gewalt an; es gibt also kein Veto der Quellen gegen das, was ich entfalten werde. Darüber hinaus ist die Darstellung (meiner Ansicht nach) in sich stimmig, verstößt nicht gegen plausible psychologische Annahmen, lässt sich, im Gegenteil, bestens verstehen und ermöglicht uns einen guten Überblick über tausenderlei Einzelheiten.

Der Wert dieses letzten Gesichtspunktes ist besonders schwer zu durchschauen. Ich behaupte nicht, dass die hier vorgelegte Geschichte die einzig mögliche ist, doch halte ich sie für instruktiv genug, um sie in Buchform herauszubringen. Wer die Voraussetzungen meines Narrativs nicht teilt, ja wer – Gott behüte – lieber seiner Freude an pessimistischen Narrativen freien Lauf lassen möchte, dem kann ich die gegenteilige Sichtweise nicht argumentativ aufzwingen.

Denn es bleibt dabei, ich setze in meiner Arbeit tentativ auf optimistische Leitideen (nicht anders als viele Physiker ebenfalls tentativ auf Symmetrien und Einfachheit setzen). Gleichwohl gab es beim Start in dieses wissenschaftsgeschichtliche Wagnis keine Garantie dafür, dass sich die überlieferten Belege auf narrativ stimmige Weise so darstellen lassen würden, wie ich es vorhatte. Man könnte also sagen, dass ich mein Narrativ getestet habe: Ich habe versucht, das Wechselspiel zwischen Goethe und Ritter positiv zu erzählen, und erst bei der Durchführung des Versuchs konnte sich herausstellen, ob der Plan aufgeht. Ich bin mit dem Ergebnis nicht unzufrieden, möchte aber das abschließende Urteil darüber lieber in Ihre Hände legen.

Vertiefungsmöglichkeit. Wie gesagt gelten meine beiden Protagonisten außerhalb der hier dargestellten Geschichte nicht als wissenschaftliche Irrläufer. Stellvertretend für viele andere naturwissenschaftliche Errungenschaften außerhalb unseres Themas erinnere ich nur daran, dass Ritter bis heute wegen seines umfassenden Nachweises galvanischer Prozesse bei allen Lebensprozessen gepriesen wird.[52] Und Goethe wird bis heute wegen seiner Entdeckung des menschlichen Zwischenkieferkochens bewundert.[53]

Lug, Trug und Verschwörung

§ 1.1.13. Wer die hier dargestellte Geschichte nicht stimmig genug findet, mag es stattdessen mit einem pessimistischen Narrativ zu Goethes Wissenschaftlichkeit versuchen. Die Hürde dafür ist hoch; das pessimistische Narrativ des Ritter-Biographen Richter zum Beispiel ist zwar ebenfalls in sich stimmig – aber es tut manchen Belegen Gewalt an, vernachlässigt andere und hat ihre zeitliche Ordnung nicht immer im Blick; ich werde auf diese Schwächen jeweils an Ort und Stelle hinweisen.

Das heißt nicht, dass überhaupt keine negative Geschichte über unsere beiden Protagonisten möglich wäre; hier nur eine Andeutung, wie man diese Geschichte anpacken könnte. Und zwar könnte man Goethe eine partielle Schizophrenie mit präzise auf die Optik beschränktem Wirklichkeitsverlust attestieren.[54] Dann wären immer noch Ritters positive Auslassungen über Goethes Farbenforschung zu erklären – wie kann es sein, dass ein Mann vom Kaliber Ritters den Wirklichkeitsverlust Goethes nicht bemerkt hat?

Eine Antwort auf diese Frage drängt sich auf: Ritter war stets von Geldsorgen geplagt und erhoffte sich insbesondere während seiner Jahre im Herzogtum Sachsen-Weimar finanzielle und berufliche Protektion von Goethe. Um nun diesen potentiellen Gönner bei der Stange zu halten, um ihn nicht zu verschrecken oder zu verärgern, musste Ritter so tun, als ließe er sich voll und ganz auf Goethes Forschungsprogramm ein. In Wirklichkeit aber ging es ihm nur ums Geld, und so log er, dass sich die Balken bogen.

52 Ritter [BDBG]; zu diesem Thema siehe z. B. Specht [PaK]:124-129.

53 Goethe [VaVK], dazu Wenzel (ed) [GHS]/2:716/7 sowie Wenzel [ES]:250-255; für eine differenzierte Gesamtwertung ohne den leisesten Hauch eines Goethekults siehe Wenzel [GD]:292 *et passim*.

54 So argumentiert in zwei dicken Bänden mit einer reichen Fülle an Belegen (aber ohne jeden Bezug zu Ritter) der Psychoanalytiker Eissler [G].

Völlig ausgeschlossen ist diese Sichtweise nicht. Doch bedenken Sie: Mit so einer Geschichte geraten Sie hart an die Grenze einer Verschwörungstheorie. Denn Sie müssen nicht nur Ritters konstruktive Aussagen gegenüber Goethe für Lug und Trug erklären, sondern auch seine gleichartigen Aussagen aus späteren Veröffentlichungen, wie sie für die Zeit nach dem Weggang aus dem Herzogtum dokumentiert sind.

Um Missverständnissen vorzubeugen: Richters Ritter-Biographie ist nicht vom verschwörungstheoretischen Bazillus befallen. Obschon sein Ritter im Netz von Schulden gefangen ist, zeigt er ihn noch stärker in den Fängen der Begeisterung für die Wissenschaft. Er beschreibt Ritters Geschick und Fortune beim Experimentieren, lässt aber auch die Episoden nicht aus, in denen er scheitert. Das ist alles andere als pessimistisch, vor allem wenn man bedenkt, dass jeder große, kühne Naturwissenschaftler seine dunklen Seiten hat.

In der Tat, mit Blick auf Ritter bietet uns Richter ein optimistisches Narrativ, voller Respekt und Wohlwollen für seinen Protagonisten – genau so, wie ein Biograph mit seinem Thema umgehen sollte (mit der Ausnahme von Hitler- und Stalinbiographen). Aber gerade weil Richter seinen Protagonisten gut dastehen lassen möchte, glaubt er, den wissenschaftlichen Austausch zwischen Ritter und Goethe schlechtreden zu müssen. Woran das liegt, ist leicht zu verstehen: Wer voraussetzt, dass es mit Goethes wissenschaftlicher Respektabilität um 1800 nicht weit her gewesen ist, und wer Ritters wissenschaftliche Respektabilität hochhalten möchte, für den darf die Zusammenarbeit zwischen beiden nicht funktioniert haben. Doch wie gesagt, diese Mischung aus Optimismus mit Blick auf Ritter und Pessimismus mit Blick auf Goethe ist schwer durchzuhalten; angesichts der Quellen sitzen beide im selben Boot. Das jedenfalls werde ich ausführlich nachzuweisen versuchen.

Ritter als Schiffbrüchiger?

§1.1.14. Bevor wir uns in die Einzelheiten des Nachweises vertiefen, gilt es einen umfassenden Verdacht anzusprechen, der sich an meinem Vorgehen entzünden könnte. Wenn Ritter und Goethe wirklich im selben Boot sitzen sollten: Was spräche dann dagegen, ihren gemeinsamen Schiffbruch im Meer der Physik auszurufen?

In der Tat lässt sich in Ritters Forschung manch ein dubioses Element dingfest machen. Erstens hat er Behauptungen über Wünschelruten publiziert, bei denen man sich die Haare raufen möchte. Zweitens hat er in seinen Forschungen weitgehend auf den Einsatz mathematischer Methoden verzichtet. Und drittens orientierte er sich an polaristischen Leitideen, die aus heutiger Sicht obsolet sind. Ich werde diese Gesichtspunkte im Lauf meiner chronologischen Darstellung jeweils an Ort und Stelle schonungslos ausleuchten – ohne dabei die wissenschaftshistorische Gerechtigkeit aus den Augen zu verlieren.[55]

Ritter stand in diesen Dingen unter den prominenten Naturwissenschaftlern seiner Zeit keineswegs alleine da. Wir wären nicht gut beraten, allen Forschern den Ehrentitel respektabler Wissenschaftlichkeit abzusprechen, deren Fehltritte uns aus heutiger Sicht irritieren. Es ist instruktiver, sich einerseits an den bleibenden Errungenschaften früherer Forscher zu orientieren, andererseits ihre Fehltritte vor dem Hintergrund damals verbreiteter Standards und Annahmen verständlich zu machen – um ein respektabler Naturwissenschaftler zu sein, muss man nicht unfehlbar sein.

Wie sich im Laufe meiner Darstellung ergeben wird, hatte das polaristische Boot mit den Passagieren Ritter und Goethe eine Reihe seinerzeit namhafter Forscher an Bord: unter anderem den Entdecker der Thermoelektrizität Thomas Seebeck, den Entdecker der elektromagnetischen Wechselwirkung Hans Christian Ørsted, den Chemiker Johann Friedrich August Göttling, den Physiker Benjamin Thompson (*alias* Graf Rumford) und den Mediziner Samuel Thomas Soemmerring; sogar der Physiker und Spätaufklärer Georg Christoph Lichtenberg gehörte zu den Mitreisenden – obwohl er nicht viel in die Fahrt investiert hat, löste er seine Fahrkarte früher als die meisten anderen.

Abgesehen davon war Goethes und Ritters mathematische Enthaltsamkeit noch um 1800 alles andere als eine dilettantische Besonderheit.[56] Und – *horribile dictu* – sogar in der Affäre mit den Wünchelruten stand Ritter nicht alleine da: Die Sache wurde von dem bedeutenden Mineralogen Christian Weiß ins Rollen gebracht und z. B. von dem nicht minder bedeutenden Physiker Marc-Auguste Pictet ernstgenommen; Goethe übrigens hat sich in dieser Angelegenheit bedeckt gehalten, wie Sie sehen werden.

55 Siehe unten z. B. § 5.3.2 (zu den Wünschelruten) sowie § 6.4.4 (zum Mangel an Mathematik in Ritters Forschung).

56 Siehe die allgemeine Darstellung in Caneva [fGtE] und (speziell mit Bezug zu Ritter) Paulus [RiLW].

1.2. Goethes frühe Arbeiten in der Optik

Eine sehr kurze Geschichte der Polarität vor Goethe

§ 1.2.1. Es war nicht Goethe, der die Idee der Polarität in die Naturwissenschaft eingeführt hat; vielmehr folgte er in seiner Forschung einem seinerzeit verbreiteten Trend, wenn auch mit ungewöhnlicher Hartnäckigkeit, und so kann man sagen, dass er den Polaritätsgedanken besonders weit getrieben hat.

Es lässt sich kaum eindeutig feststellen, wann ein genuiner *Begriff* von Polarität in die Naturwissenschaft gelangt ist. Bei dieser Frage hilft uns die Entstehungs- und Verwendungsgeschichte des *Wortes* »Polarität« oder seiner anderssprachigen Gegenstücke (beispielsweise des englischen »polarity«) nicht viel weiter.[57] So wurden die fraglichen Wörter etwa in der Seefahrt zunächst ohne die theoretischen Voraussetzungen eingesetzt, die später für Goethes und Ritters Gedanken zur Polarität wichtig werden sollten.[58] Umgekehrt kann man die Grundannahmen des Denkens in Polaritäten beachten und mit ihnen arbeiten, ohne dafür ein eigenes Wort zu benutzen; der frühe Kant ist ein Beispiel dafür – er redete von »Realrepugnanz«, »Realopposition«, »realer« bzw. »wirklicher Entgegensetzung« und »Realentgegensetzung«.[59]

Einerlei, wie man ihn nennt: Unser Begriff ist einigermaßen abstrakt. Aber das macht ihn nicht unverständlich; er hat zunächst (so wie auch das zugehörige Wort) mit der weit konkreteren Rede von jeweils zwei Polen zu tun, die einander gegenüberstehen und in gewisser Hinsicht entgegengesetzt sind.

Das Wort »Pol« leitet sich vom griechischen πόλος ab – Wirbel. Unter geozentrischen Vorzeichen ging es der Antike dabei um die beiden Himmelspole, also die fix erscheinenden Endpunkte derjenigen Achse, um die das Himmelszelt wie in einem Wirbel rotierte (scheinbar, aus heutiger Sicht).

57 Ohne mich auf eine ausgefeilte Theorie vom Begriff festlegen zu wollen, werde ich hier zwischen Wörtern und Begriffen in dem Sinne unterscheiden, dass Wörter sprachliche Zeichen für außersprachliche Begriffe sind, dass also ein und demselben Begriff verschiedene Wörter entsprechen können, ja dass man sogar über einen Begriff verfügen kann, ohne dafür ein Wort zu haben.

58 Ein besonders frühes (wenn nicht das früheste) Vorkommnis von »polarity« betraf eine gewitterbedingte Umpolung aller Kompassnadeln an Bord der Albemarle am 24.7.1681 (siehe R.S. [RoEo]:520/1).

59 Kant [VBNG]:172, 175, 174 bzw. 176 und 177.

Für die Navigation auf unserer Hemisphäre war insbesondere das nördliche Zentrum dieser scheinbaren Wirbelbewegung von großer Bedeutung.[60] So boten helle Sterne aus dem Großen und Kleinen Bären (die am Firmament ganz in der Nähe eines dieser beiden Pole liegen) einen groben Anhaltspunkt zur Orientierung Richtung Norden; ähnlich unterhalb des Äquators mit dem Kreuz des Südens. (Im Laufe der Jahrtausende verschieben sich die Sternbilder nicht unerheblich, und so bietet der Polarstern aus dem Kleinen Bären erst in unserer Zeit eine zunehmend gute Annäherung an den nördlichen Himmelspol).

Irgendwann wurde bekannt, dass sich frei beweglich installierte Magnetnadeln mit dem einen Ende nach Norden ausrichten, mit dem anderen nach Süden – das war die Erfindung des Kompasses. Und so hat man die astronomische Rede von zwei Polen kühn auf Kompassnadeln, ja überhaupt alle Magneten übertragen, um schließlich die beiden Pole in einem weiteren, kühnen Schritt auf die Erde zu projizieren; dies führte zu der Annahme, dass die Erde ein einziger großer Magnet sei. Auffälligerweise benutzte man zur Erleichterung dieses Transfers zunächst einen Magneten, dessen Kugelgestalt an diejenige der Erde erinnerte und der spätestens um 1600 den schönen Namen *Terrella* bekam (»kleine Erde« – Abb. 1.2.1).

Nach einem weiteren kühnen Schritt gewann diese Übertragung noch mehr Suggestionskraft: Wer unseren Planeten gedanklich in Rotationen versetzte, konnte auch unabhängig vom Magnetismus auf der Erde zwei Pole lokalisieren, nämlich Nord- und Südpol als Endpunkte der Achse der Erdrotation. Eine damals heiß diskutierte Forschungsfrage lautete also: Wie hängen die magnetischen und die geographischen Pole der Erde miteinander zusammen? Konnte es ein bloßer Zufall sein, dass sie in enger Nachbarschaft liegen, ja vielleicht ineinsfallen?

Wie dem auch sei, nachdem der Polbegriff im Laufe der Zeit auf eine wachsende Zahl von Gegenständen angewendet wurde, von Punkten am *Himmel* über Punkte auf der *Erde* bis hin zu Punkten auf jedem *Magneten*, konnte man mit Polen experimentieren und z. B. untersuchen, unter welchen Bedingungen ein eiserner Gegenstand Magnetpole in einer ganz bestimmten

60 Siehe hierzu und zum folgenden Steinle [GFoC]:109-110 mit Verweisen auf die Originalliteratur; demzufolge ist die Rede von Magnetpolen offenbar bereits im 13. Jahrhundert von Petrus Peregrinus de Maricourt geprägt worden, der zwar über kein eigenes Fachwort für die abstraktere Rede von Polarität verfügte, wohl aber Elemente einer Theorie der magnetischen Polarität vorzulegen wusste.

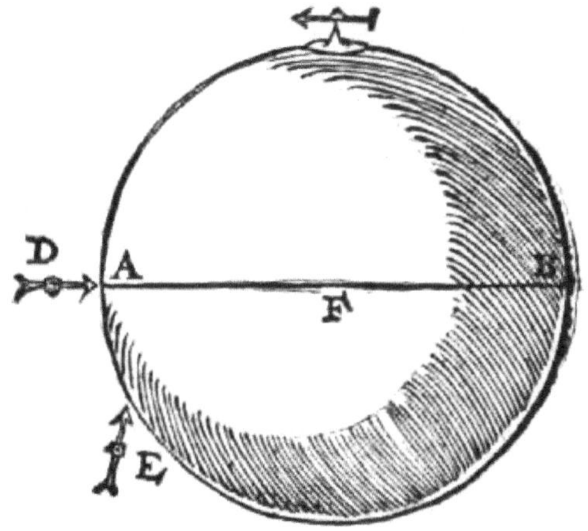

Abb. 1.2.1: Die Erde als Magnet.
Um sich über die magnetischen Beziehungen zwischen den Polen der Erde und denen einer Magnetnadel oder eines beliebigen Magneten Klarheit zu verschaffen, schliff Gilbert einen Magnetstein in Form einer Kugel – er nannte diesen Stein *terrella*, kleine Erde. Schon in der ältesten erhaltenen westlichen Schrift zum Magnetismus hatte Petrus Peregrinus de Maricourt mit kugelrunden Magnetsteinen gearbeitet und dadurch motiviert, dass man den Polbegriff aus Astronomie und Navigationskunst auf den Magnetismus übertragen kann. [Graphik aus Gilbert [oLMB]:25; vergl. Gilbert [dMMC]:13].

Anordnung ausbildet und unter welchen Manipulationen die Pole eines Magneten ihre Plätze tauschen.[61]

In derartigen Fällen erschien es praktisch, ein neues Wort zu nutzen. Statt beispielsweise zu sagen, dass der ehemalige Nordpol eines Magneten nun die Stelle von dessen ehemaligem Südpol eingenommen hat und umgekehrt, konnte man im Stenogrammstil sagen:

»Die Polarität des Magneten hat sich umgedreht«.[62]

61 Solche Fragen untersuchte z.B. im Jahr 1694 ein britischer Forscher mit den Initialen J.C. (siehe J.C. [PaMC]:257, 261 (§ 10)).

62 Im englischen Original mit etwas mehr Kontext: »a needle whose Polarity was quite changed« (R.S. [RoEo]:520).

Wenn ich recht sehe, entwickelte diese zunächst nur zur Vereinfachung erfundene Redeweise bald ein Eigenleben. Das hatte auch damit zu tun, dass in neuen Phänomenbereichen Effekte entdeckt wurden, die den Polaritäten am Magneten ähneln.

Beispielsweise war lange bekannt, dass sich gleichnamige Magnetpole abstoßen (z. B. zwei Südpole), ungleichnamige Magnetpole dagegen anziehen (siehe Farbtafel 1 links).[63] Es war ein großer Triumph, als man in der Mitte des 18. Jahrhunderts strukturell dieselben Verhältnisse an elektrostatisch geladenen Körpern aufzeigen konnte.[64]

Wer z. B. mit einem elektrostatisch geladenen Turmalin das eine Ende eines zweiten elektrostatisch geladenen Turmalins abstößt, kann diese Abstoßungskraft durch Drehung des zweiten Turmalins in eine Anziehungskraft verwandeln. Da lag es nahe, auch elektrostatisch geladenen Körpern Pole zuzuschreiben.[65]

Es ging noch weiter; den entgegengesetzten *Wirkungen* umgedrehter Polaritäten korrespondierten auch auf Seiten der *Ursachen* entgegengesetzte Verhältnisse. Beispielsweise konnte man einem Turmalin durch Erwärmung eine ganz bestimmte elektrische Polarität aufprägen, durch Abkühlung dagegen die entgegengesetzte Polarität.[66]

Angesichts dieser Beobachtungen drängte sich die Vermutung auf, dass die verschiedensten Sachverhalte über ein umfassendes Netz an Polaritäten miteinander verknüpft sein müssten: Der Nord/Süd-Magnetismus und die Plus/Minus-Elektrizität schienen nun mit dem Gegensatz zwischen Anziehungs- und Abstoßungskräften, ja mit dem Gegensatz zwischen Warm und Kalt zusammenzuhängen.

Und so fragte man, ob solche polaren Gegensätze nicht vielleicht für viele weitere Naturphänomene verantwortlich sein könnten, etwa für die Kristalli-

63 Der *locus classicus* für die systematische Untersuchung dieses und vieler weiterer magnetischer Sachverhalte wurde zu Beginn des 17. Jahrhunderts veröffentlicht (Gilbert [dMMC]).

64 Siehe hierzu und zum folgenden die bahnbrechenden Ergebnisse des Naturforschers Franz Ulrich Theodosius Aepin (Aepin [ARvA]/B:16/7). Zu einigen Details siehe O. M. [KGP], dritter Abschnitt.

65 So ausdrücklich bei Wilke [GT]:111/2; laut Kant hat Aepin diese Redeweise eingeführt (Kant [VBNG]:185). Ohne eine Fundstelle zu nennen, bezog sich Kant offenbar auf Aepin [ARvA]/B:16/7, 32 (oder auf Parallelstellen aus anderen Ausgaben dieses Textes).

66 Das war ein Ergebnis der Forschung von Bergman [AvTE]:61; vergl. das damalige Resümee in Wilke [GT]:112.

sation.[67] Mehr noch, könnte es nicht sein, dass die gesamte Welt im Innersten durch eine einzige große, allumfassende Polarität zusammengehalten wird? Das ungefähr ist die naturwissenschaftliche Polaritätsidee, mit der Denker und Dichter wie Goethe und Schelling, aber auch Experimentalphysiker wie Lichtenberg um 1800 liebäugelten.[68]

Vor dem skizzierten Hintergrund werde ich untersuchen, ob und, wenn ja, wie sich Polaritäten in der Optik dingfest machen lassen. Doch bevor wir dahin kommen, möchte ich auf eine Besonderheit derjenigen Art des Denkens in Polaritäten aufmerksam machen, die im folgenden beleuchtet werden wird. Und zwar lässt sich die Idee der Polarität recht unabhängig von substantiellen Details der Theorien irgendwelcher Wirklichkeitsbereiche einsetzen. Sie enthüllt nämlich nur bestimmte Oberflächenstrukturen in der beobachtbaren Welt, ganz unabhängig von theoretischen Hypothesen über die Natur des fraglichen Wirklichkeitsbereichs.[69]

Einerlei, ob die Natur der statischen Elektrizität auf verschiedene Materien wie z. B. Flüssigkeiten zurückgeführt wird, und einerlei, ob die Natur des Magnetismus mit Wirbeln oder magnetischen Materien oder Kräften erklärt wird: auf Hypothesen über diese Tiefenstrukturen kommt es nicht an, wenn man nur feststellen will, ob sich bei Vertauschung zweier Pole die beobachtbaren Wirkungen umdrehen. Aus diesem Grunde habe ich in meiner sehr kurzen Geschichte der Polarität guten Gewissens darauf verzichten können, die vielen konkurrierenden Hypothesen zu nennen, die bis in die Goethezeit

67 Bergman [PBE]/2:284n; soweit ich sehe, findet sich genau in dieser übersetzten Fußnote das allererste deutschsprachige Vorkommnis des Wortes »Polarität«. Newton, auf den sich Bergman (leider ohne Quellenangabe) in der Fußnote berief, hatte das Wort »polarity« zwar nirgends benutzt; doch hatte er in einer Textstelle, die Bergman möglicherweise meinte, tatsächlich von Abstoßungs- und Anziehungskräften bei kleinen Partikeln in Salz und Vitriol (wie z. B. Kupfersulfat) geschrieben, allerdings mit Blick nicht auf Kristallisationsprozesse (wie in Bergmans Kontext), sondern mit Blick auf deren Gegenteil, die *Auflösung* von Kristallen im Wasser (Newton [O]:250/1 (= Book III, Query 31)).

68 Siehe z. B. Schelling [vW]/A:25-27, 128, 154-162 *et passim*, Schelling [EzSE]:45n; Lichtenberg in Erxleben et al [AN]/C:530 (§ 569), Lichtenberg [S]/II:324 (= Heft J § 1784). Zur polaristischen Verbindung zwischen Lichtenberg und Goethe siehe O. M. [WBV]; zu derjenigen zwischen Schelling und Goethe siehe O. M. [GPmS].

69 Einen verwandten Gedanken formuliert die Physikerin und Philosophin Brigitte Falkenburg für den Einsatz des Symmetriegedankens in der modernen Physik, der ihr zufolge eine provisorische mathematische Systematisierung bietet und von der hochabstrakten Theoriebildung zu unterscheiden ist (Falkenburg [URoS]:124 *et passim*).

zur Natur von Elektrizität, Magnetismus usw. vorgebracht worden waren.[70] Sie mögen wissenschaftsgeschichtlich von Interesse sein, sind für meine Zwecke aber weniger wichtig.

Insofern sich der Polaritätsgedanke unabhängig von theoretischen Kausalerklärungen formulieren und durchführen lässt, wäre es irreführend, von einer Polaritäts*theorie* zu sprechen. Daher habe ich mich entschlossen, die Sache unter weniger verfängliche Überschriften zu bringen, also lieber einem Polaritätsgedanken, einer Polaritätsidee oder einem polaristischen Argument das Wort zu reden (und genau keinem polaritätstheoretischen Argument).

Worauf, genau, das Denken in Polaritäten hinausläuft, wird sich in meiner Untersuchung nach und nach anhand von Beispielen herausstellen; eine umfassende Begriffserklärung kann ich daher erst im letzten Kapitel vorschlagen. Jetzt schon möchte ich Ihnen eine grobe Orientierung anbieten. Für Polarität im hier interessierenden Sinne müssen sich (a) exakt zwei Faktoren gegenüberstehen, die (b) einander bedingen, die sich (c) gegenseitig auslöschen können und in diesem Sinne Gegensätze sind, die schließlich (d) eine ganz bestimmte Form von Vertauschungssymmetrie aufspannen. Der letzte Gesichtspunkt ist entscheidend und bringt z. B. beim Experimentieren folgende Handlungsanleitung mit sich: Man suche nach jeweils zwei entgegengesetzten Faktoren in einem Versuchsaufbau, deren exakte Vertauschung auch entgegengesetzte Wirkungen zeitigt.

Newton und das Licht

§ 1.2.2. Wie dargelegt versuchten eine Reihe von Naturforschern des 18. Jahrhunderts, die beim Magnetismus zuerst entdeckte und benannte Nord/Süd-Polarität per Analogie auf andere Phänomenbereiche auszudehnen, zuallererst auf Phänomene der Elektrizität, aber auch auf solche der Kristallisation sowie der Wärme und Kälte.

Die Lehre vom Licht und der Dunkelheit kam in dieser Geschichte nicht vor; polare Sichtweisen lagen den meisten Experten für Optik fern. Warum? Die Antwort hierauf hängt mit dem durchschlagenden Erfolg der newtonischen Lichttheorie zusammen, die im Jahr 1672 an die Öffentlichkeit gekommen war und spätestens seit dem Erscheinen der *Opticks* im Jahr 1704 das Feld bestimmte.[71] Laut Newton und laut unserer heutigen Sicht, die auf ihn zurückgeht, hat eine polare Hell/Dunkel-Theorie optischer Phänomene deshalb

70 Einen ausführlichen Überblick liefert Moiso [MEG].

71 Newton [LoMI], Newton [O]; zur Durchsetzung der Theorie siehe Shapiro [GAoN].

keine Aussicht auf Erfolg, weil das Gegenteil des Lichts, die Finsternis, keineswegs als eigenständig wirkender Faktor konzeptualisiert werden darf, sondern nichts anderes darstellt als Abwesenheit von Licht.[72]

Helligkeit und Dunkelheit sind demzufolge keine entgegengesetzten Existenzen, können also auch nicht für einen polaren Gegensatz in Anspruch genommen werden; stattdessen beziehen sich alle optischen Gesetzmäßigkeiten immer nur auf Licht. Mit dieser Sichtweise haben Fachphysiker im Verlauf des gesamten 18. Jahrhunderts (und bis auf den heutigen Tag) erfolgreich Optik betrieben.

Vertiefungsmöglichkeit. In den *Opticks* findet sich (bei dem Thema, das wir heute unter der Überschrift der Newtonringe führen) eine einzige Stelle, in der Newton Weiß und Schwarz »entgegengesetzt (opposite)« nannte und diesen Gegensatz sogar auf die Komplementärfarben ausgedehnt hat:

> »Als ich die Farbenringe aus Reflexion und Transmission miteinander verglichen habe, stellte ich fest: Weiß stand dem Schwarz gegenüber [opposite], Rot stand dem Blau gegenüber, Gelb dem Violett und schließlich Grün einer Mischung aus Rot und Violett«.[73]

Ob Newtons Formulierung »opposite« einfach nur räumlich gemeint war oder ob er eine komplementäre Gegensätzlichkeit der Farben mitschwingen lassen wollte, muss ich offenlassen; der Sache nach liegen hier komplementäre Farbverhältnisse vor.[74] Unabhängig davon brachte Newton erstaunlicherweise bei Doppelbrechungen am Kalkspat (dem Isländischen Kristall), die heutzutage der Polarisation des Lichts zugeschrieben werden, Magnetpole ins Spiel.[75] Der Kalkspat wird in meiner Darstellung noch einen kurzen Auftritt haben (§ 4.3.1k).

Newtons Vorgänger scheitern alle

§ 1.2.3. Der Erfolg der newtonischen Theorie und ihrer Nachfolgerinnen macht nur zur Hälfte verständlich, woran es lag, dass die Polarität in der Optik seit Newton keine große Anhängerschar gefunden hat. Die andere

72 Offenbar scheint nicht einmal Kant, der Aepins Resultat zur Polbildung an Turmalinen schwungvoll aufgegriffen hatte (Kant [VBNG]:185) und im Anschluss daran sogar die Kälte als realen Gegensatz zur Wärme aufzufassen vorschlug (Kant [VBNG]:186/7), den analogen Schachzug bei der Finsternis für sonderlich erwägenswert gehalten zu haben, wie sein gelehriger Verweis auf Newtons Prisma nahelegt (Kant [VBNG]:188, vergl. aber Kant [VBNG]:172).

73 Vergl. Newton [OAüS]:135. Hier der Wortlaut im englischen Original: »Comparing the coloured rings made by reflexion, with these made by Transmission of the light; I found that White was opposite to Black, Red to Blue, Yellow to Violet, and Green to a compound of Red and Violet« (Newton [O]:129 (= Book II, Part I, Observation 9)).

74 Siehe dazu Vine (ed) [EC]:68/9.

75 Newton [O]:240/1 (= Book III, Query 29), dazu Abendroth in Newton [OAüS]:277/8n40.

Hälfte der Erklärung liegt bei denjenigen optischen Theorien, die vor Newton gang und gäbe waren. Diese Theorien hatten seit der Antike zwei Gemeinsamkeiten. Erstens stimmten sie darin überein, dass Licht und Finsternis sehr wohl gleichberechtigte Faktoren in der Optik sind; insbesondere wurden (bei allen Unterschieden im Detail) die bunten Farben aus dem Wechselspiel von Helligkeit und Dunkelheit erklärt.[76] Diesen Theorien war das Denken in Polaritäten implizit eingeschrieben, doch kamen in ihnen die Wörter »Pol« oder »Polarität« nicht ausdrücklich vor. Die wurden ja (wie eingangs in diesem Kapitel dargetan) erst um 1750 vom Magnetismus auf andere Bereiche übertragen, also zu einem Zeitpunkt, als Newtons *Opticks* längst zum Klassiker avanciert waren und als für polare Hell/Dunkel-Theorien kein Platz war.

Das führt uns zur zweiten Gemeinsamkeit der polar organisierten Farb- und Lichttheorien, die vor Newton verbreitet waren: Sie funktionierten nicht; jedenfalls kamen sie mit einer Reihe newtonischer Experimente nicht zurecht, die Newton problemlos erklären konnte.[77] Für ihn stand damit fest, dass Farben keineswegs in der Dunkelheit verborgen sein können:

> »Jetzt braucht man nicht länger darüber zu diskutieren, ob die Dunkelheit Farben enthält«.[78]

Nur das Licht und sonst nichts bot laut Newton die Erklärung für Farberscheinungen. Nachdem er also die Farben überaus erfolgreich als Bestandteile des weißen Lichts gedeutet hatte, ohne dabei auf Finsternis zurückgreifen zu müssen, hatte sie optisch und farbtheoretisch ausgespielt. Und ohne Finsternis kann man die Optik schwerlich in die Reihe der polaren Wirklichkeitsbereiche einordnen.

Um Ihnen vor Augen zu führen, wie geschickt Newton die Bevorzugung des Lichts und die Benachteiligung der Finsternis einfädelte, werde ich im kommenden Paragraphen das berühmteste newtonische Experiment besprechen, auf das Goethe und Ritter immer wieder zurückkommen sollten.

76 Viele aufschlussreiche Einzelheiten und Literaturverweise zu diesen sog. Modifikationstheorien bieten z. B. Zemplén [EfOT], Zemplén [HoVC]:203-212 *et passim*, Shapiro [NDoL]:197-202, Shapiro [KO], section 4.1 sowie Nakajima [TKoM]:262-273.

77 Insbesondere das *experimentum crucis* sperrte sich gegen Erklärungen, wie sie vor Newton das Feld beherrschten (Newton [LoMI]:3078/9; dazu Lohne [EC], Lampert [NvG]:260-275 und O. M. [ML], Kapitel I.4 und I.5).

78 Vergl. Newton [NTüL]:30. Im englischen Original: »it can be no longer disputed, whether there be colours in the dark« (Newton [LoMI]:3085). – Vergl. aber Lohnes abweichende Interpretation mithilfe eines Boyle-Zitats (Boyle in Newton [NTüL]:38n35).

Newtons Grundexperiment

§ 1.2.4. An einem schönen Sonnentag schloss Newton alle Türen und Fensterläden eines nach Süden gelegenen Zimmers, löschte sämtliche Lichter, bohrte in einen der Fensterläden ein winziges kreisrundes Loch, brachte unmittelbar hinter dieser Lochblende ein Glasprisma an und fing mit einer weißen Tafel zweiundzwanzig Fuß (knapp sieben Meter) hinter dem Prisma an geeigneter Stelle alles Licht auf, das aufgrund der Brechung am Prisma seine Richtung verändert hat (Farbtafel 1 rechts). Solche Brechungen z. B. beim Übergang von optisch dünnen Medien (wie Luft) in optisch dichte (wie Glas) waren schon länger bekannt und wurden durch das Brechungsgesetz beschrieben, das Snellius formuliert hatte.[79]

Doch die Sache kam nicht exakt so heraus, wie es das Gesetz erwarten ließ; Newton registrierte zwei überraschende Tatbestände: Der aufgefangene Lichtfleck ist nicht weiß, sondern regenbogenbunt, und nicht rund, sondern fünfmal so lang wie breit. An seinem oberen Ende ist der Farbstreifen blauviolett, am entgegengesetzten Ende rot; dazwischen türkis, grün und gelb. Dies Versuchsergebnis bezeichnen wir heute als Newtonspektrum (Farbtafel 2 links).

Durch sorgfältige Messung und Berechnung fand Newton heraus, dass die Breite des aufgefangenen Farbstreifens den Erwartungen entspricht, so wie sie sich aus der Größe der Sonnenscheibe am Himmel, der Winzigkeit des Fensterladenlochs, dem Abstand der Tafel vom Prisma, der Orientierung des Prismas usw. berechnen lässt.[80]

Überraschend ist die Länge des Newtonspektrums – und seine Farbigkeit. Wenn man sich nun das buntgefärbte Spektrum der Länge nach zusammengesetzt denkt, und zwar aus einem blauvioletten, einem türkisen, einem grünen, einem gelben und einem roten Sonnenbild, dann drängt sich der Verdacht auf, dass verschiedenfarbige Lichtstrahlen oder -bündel in leicht unterschiedlicher Richtung aus dem Prisma herausgetreten sein müssen. Diese Spreizung wird heute als Dispersion bezeichnet; Newton nannte es »diverse Refrangibilität«, also unterschiedlich starke Brechbarkeit.[81]

Das Prisma hat demzufolge das weiße Lichtbündel in verschiedenfarbige Lichtbündel zerlegt, indem es dessen blauvioletten Anteil stärker gebrochen bzw. refrangiert hat als den türkisen, den türkisen stärker als den grünen usw.

79 Siehe Hecht [O]:173-179.

80 Newton [LoMI]:3077/8, Newton [LOOL]:52-61.

81 Im englischen Original »different Refrangibility« (Newton [MINA]:5092; vergl. Newton [LoMI]:3079 und Newton [O]:21 (= Book I, Part I, Proposition II)).

Kurz, das weiße Licht der Sonne ist laut Newton eine Mischung verschiedenfarbiger Lichtstrahlen mit unterschiedlicher Refrangibilität, also mit einem in Kleinstschritten variablen Parameter, der bei Newton eine ähnliche Rolle spielte wie die unterschiedlichen Wellenlängen, die wir den verschiedenen Spektralfarben heute zuschreiben.

Vertiefungsmöglichkeit. Dass das natürliche Sonnenlicht bereits vor der ersten prismatischen Brechung zusammengesetzt ist, hat Newton zu Beginn seiner Publikationstätigkeit behauptet.[82] Später ist er in dieser Angelegenheit etwas vorsichtiger geworden, und so taucht die verschiedene Farbigkeit der Sonnenlichtstrahlen in den *Opticks* nicht als Proposition mit eigener Nummer auf, sie folgt aber logisch aus der diversen Refrangibilität und aus dem ersten Teilsatz der Proposition II des zweiten Teils des ersten Buchs der *Opticks*.[83] In der Tat ist Newton bis in die Goethezeit hinein (und sogar bis heute) so verstanden worden, als behaupte er, dass die Spektralfarben bereits vor der Refraktion im weißen Sonnenlicht enthalten sind. Wie sich bei genauer Lektüre zeigt, formulierte er zuweilen insofern etwas zurückhaltender, als er den Strahlen streng genommen keine Farben zuschreiben wollte.[84]

* * *

Im allgemeinen genügt es nicht, nur fünf verschiedenfarbige Lichtstrahlen zu betrachten. Man kann zwischen den fünf genannten Farben viele feine Abstufungen ausmachen.[85] In Übereinstimmung mit der heutigen Sichtweise sprach Newton zuweilen von unendlich vielen verschiedenen Spektralfarben – dann aber wieder von sieben, manchmal von fünf, manchmal von drei Farben. Ich bleibe hier und im folgenden bei der Rede von fünf Farben, um die Darstellung nicht unnötig kompliziert werden zu lassen. Die Farbnuancen des Newtonspektrums unterscheiden sich streng genommen von den Farben der meisten – und untereinander sehr verschiedenen – Regenbögen, die sich in freier Natur beobachten lassen. Das zeigt sich besonders am blauvioletten Ende des Spektrums (das sozusagen blauer ist als dessen zuweilen sogar lila aufscheinendes Gegenstück im Regenbogen).

* * *

Interessanterweise herrscht unter Farbforschern eine größere Uneinigkeit über die Farben dieses kaltfarbigen Endes des Spektrums als auf der gegenüberliegenden warmfarbigen Seite, wo die meisten Forscher einvernehmlich von Rot und Gelb sprechen. Anders als in meinen anderen Texten bezeichne ich den farbterminologisch umstrittenen Endpunkt des Spektrums diesmal als Blauviolett (statt wie sonst als Blau oder Dunkelblau), und zwar aus zwei Gründen: Erstens sieht man dort am im Dunklen verschwimmenden Ende wirklich eine dunkle Blaunuance, die einen leichten Stich ins Rötliche zeigt.[86] Und zweitens geht es im vorliegen-

82 Newton [LoMI]:3083, Punkt 7.
83 Newton [O]:78.
84 Newton [O]:80 (= Book I, Part I, Proposition II, Definition).
85 Dem ist im Lauf der Jahrhunderte ab und zu widersprochen worden, so z. B. im Jahr 1792 seitens Christian Ernst Wünschs Dreifarbentheorie (Wünsch [VBüF]), neuerdings seitens Armin Zinkes Sechsfarbentheorie (Zinke [BvL]). Ich muss darauf verzichten, diese Frage zu erörtern.
86 Ähnlich Matthaei [GF]:204.

den Buch prominent um das Ultraviolett; spräche ich am sichtbaren Ende des Spektrums von Blau, so müsste ich einem Ultra-Blau das Wort reden – und das wäre zu ungewohnt. Den hellblauen Farbton, der sich im Spektrum (Farbtafel 2 links) unter dem Blauviolett zeigt, nenne ich Türkis; vielleicht wäre es etwas treffender, von einem Cyanblau zu sprechen, aber ich möchte an diesem Punkt lieber ohne Fremdwort auskommen. Gleichwohl führt meine Rede vom Türkis insofern leicht in die Irre, als der gemeinte Farbton nicht so stark ins Grüne gezogen ist wie viele handelsübliche Türkistöne. Um das zu betonen und um mich stellenweise etwas enger an einige Formulierungen Goethes anlehnen zu können, der das Wort »Türkis« in diesem Zusammenhang zugunsten von »Blau« vermieden hat, werde ich den Farbton zuweilen als »Türkisblau« bezeichnen.[87] Fazit: Weil keine Farbterminologie voll und ganz überzeugen kann, müssen wir in dieser Sache mit Krompromissen leben.

Übrigens habe ich eben nebenbei einen Unterschied zwischen warmen und kalten Farben eingeführt, über den man gleichfalls streiten kann; intuitiv ist er klar genug. Ich nutze die beiden Begriffe einstweilen nur zur visuellen Unterscheidung der beiden Enden des Newtonspektrums, ohne dabei auf etwaige Temperaturmessungen in den Spektralfarben abzuzielen: Blauviolett und Türkis nenne ich im folgenden kalt oder kaltfarbig, Rot und Gelb dagegen warm oder warmfarbig. Wer diese Terminologie etwa für die Malerei differenzierter einsetzen möchte, um z. B. von einem warmen Blauton zu sprechen oder von einem kalten Rotton, dem möchte ich meine Redeweise nur für die Zwecke dieses Buchs als terminologische Vereinbarung anbieten, mit deren Hilfe sich viele Formulierungen abkürzen lassen. Goethe hat eine solche Terminologie seit Beginn seiner Farbstudien nicht viel anders genutzt.[88] Es wird sich noch zeigen, dass sich hinter der intuitiven Rede von warmen und kalten Farben einige polaristische Analogien verbergen.

Sag mir, wo das Dunkle ist

§ 1.2.5. Welche Rolle spielte die Dunkelheit in Newtons Experiment und in seiner Argumentation? Gar keine. Das Experiment fand im Dunklen statt, in der Dunkelkammer, der *camera obscura*. Sie bot die neutrale Bühne für das experimentelle Geschehen: Newton führte die Farben seines Spektrums auf die am Prisma gebrochenen Sonnenstrahlen zurück, ohne irgend einen Einfluss der Finsternis zu benötigen. Im Gegenteil, er war geradezu beruhigt, wenn er seine Experimente in tiefster Dunkelheit aufzubauen vermochte. Warum? Weil er dann sicher sein durfte, dass seine Versuchsergebnisse nicht von Störfaktoren in Mitleidenschaft gezogen werden würden.

So riet er seinen Lesern, bei den kniffligsten optischen Experimenten besonders sorgfältig darauf zu achten, dass die Umgebung des Geschehens dunkel sein müsse:

87 Zum gemeinten Farbton vergl. Matthaei [GF]:201. – In seinen Notizen benutzte Goethe das Wort »Türkisfarb« offenbar ein einziges Mal (Goethe [WA]/II.5.2:104).

88 Goethe [GAVi]:363 (volles Zitat in § 1.3.9); Goethe [EiP]:16 (volles Zitat in § 1.3.5); vergl. § 1.3.3, Fußnote 130.

»Man muss den Raum *sehr dunkel* machen; sonst wird sich allerlei Restlicht mit der Farbe vermischen, sie stören und abschwächen«.[89]

Laut Newton schützt Dunkelheit also vor unerwünschten Störungen, und das bedeutet, dass er der Finsternis in seiner Experimentierpraxis von vorneherein keinen eigenständigen Einfluss auf optische Geschehnisse zutrauen mochte. Damit hat er sich schon beim Experimentieren bewusst oder unbewusst gegen die Polaritätsidee in der Optik festgelegt, und zwar bevor er überhaupt mit der Theoriebildung begann.

Der jahrhundertelange Erfolg sollte ihm recht geben; selbst wenn Newton die Finsternis nicht durch ausdrücklichen Beweis, sondern nur durch implizite Vorfestlegung aus dem Reich des physikalisch Existierenden verbannte, so lässt sich nicht daran rütteln, dass er auf dieser Grundlage alle zuvor bekannten optischen Theorien zu übertrumpfen wusste. Nur Newtons unpolare Theorie konnte einer breiten Anzahl von Experimenten Rechnung tragen.

Vertiefungsmöglichkeit. Es steht auf einem anderen Blatt, dass Newton beanspruchte, nicht einfach nur eine im Ganzen überzeugendere Theorie der optischen Phänomene zu liefern als seine Vorgänger – vielmehr wollte er die einzig mögliche Theorie liefern, und zwar per Beweis direkt aus Experimenten erschlossen.[90] Da ich diesen Anspruch woanders ausführlich dargestellt und entkräftet habe, brauche ich darauf hier nicht näher einzugehen.[91]

Goethe meutert

§ 1.2.6. Goethe glaubte kein Wort von dem, was ich zuletzt skizziert habe. Seiner Ansicht nach beruht Newtons Theorie auf einer einseitigen Auswahl von Experimenten. In einem Aufsatz aus dem Jahr 1792 schrieb er:

»Es entstehen durch eine solche Bemühung meistenteils Theorien und Systeme, die dem Scharfsinn der Verfasser Ehre machen [...] Man wird bemerken können, daß ein guter Kopf nur desto mehr Kunst anwendet, je

89 Vergl. Newton [NTüL]:33. Im englischen Original: »[...] 'tis requisite that the Room be made *very dark*, least any scattering light, mixing with the colour, disturb and allay it« (Newton [LoMI]:3087, meine Hervorhebung; ähnlich in Newton [O]:47 (= Book I, Part I, Proposition IV, Experiment 11)). Newton bezog sich hier auf die Versuche, mit deren Hilfe er die farbliche Unveränderbarkeit homogener Strahlen nachzuweisen wusste und die zunächst niemand replizieren konnte (dazu Shapiro [GAoN]:101-117 sowie O. M. [zSUF], 10. Kapitel).

90 So beispielsweise Newton, Brief an Oldenburg vom 6. 7. 1672 (siehe Turnbull (ed) [CoIN]/I:209), dazu Lampert [NvG]:269-273.

91 O. M. [ML], Teil IV. Philosophische Kritik daran formuliert Lampert [UP].

weniger Data vor ihm liegen; daß er, gleichsam seine Herrschaft zu zeigen, selbst aus den vorliegenden Datis nur wenige Günstlinge herauswählt, die ihm schmeicheln, daß er die übrigen so zu ordnen weiß, daß sie ihm nicht geradezu widersprechen, und daß er die feindseligen zuletzt so zu verwickeln, zu umspinnen und beiseitezubringen weiß, daß wirklich nunmehr das Ganze nicht mehr einer freiwirkenden Republik, sondern einem despotischen Hofe ähnlich wird«.[92]

Zwar erwähnte Goethe seinen englischen Gegner in diesem Aufsatz nirgends, aber er wird ihn gemeint haben, wie sich mühelos aus dem Kontext meines Zitats nachweisen ließe.[93] In Notizen, die er im Folgejahr schrieb, nannte er im selben Zusammenhang ausdrücklich Ross und Reiter.[94] Und er untermauerte seine Kritik an Newton, indem er dessen Experimente systematisch variierte.[95] Das Ergebnis dieser Übung fiel in Goethes Augen vernichtend aus. In einem Aufsatz vom Oktober 1793 schrieb er:

»Da man einmal bei der Refraktion eine so wichtige Erscheinung gesehen hatte, da eine ganz neue und beim ersten Anblick Mißtrauen erregende Theorie der ganzen Licht- und Farbenlehre darauf erbauet war, hätte man nicht sorgen sollen, *alle Fälle zu sammeln* und in einer gewissen Ordnung aufzustellen?«[96]

Wenn Goethe empfahl, alle einschlägigen Fälle zu sammeln und zu ordnen, so formulierte er damit einen scharfen Gegensatz zu Newtons Vorgehensweise, der sich auf einige wenige Einzelfälle von besonders starker Beweiskraft berufen hatte.[97] Mit der empfohlenen Ausweitung des Horizonts machte Goethe ernst und stützte seine Newton-Kritik auf eine ungeheure Vielfalt von

92 Goethe [VaVv]/A:16. Ähnlich äußerte sich Goethe im Jahr 1793 (Goethe [üNHD]:154) und im Jahr 1810 (Goethe [EF]:§ 176; Goethe [ETN]:§ 6). Nicht viel anders kritisierte Ritter in einem Fragment die Taschenspielertricks der Chemiker, die eine eigene Theorie haben (Ritter [FaNJ]/2:§ 643 (undatiert)). Das Fragment stammt aus Ritters erhaltenen handschriftlichen Notizen (Ritter, Arbeitsjournal unter dem 16. 8. 1801 (siehe Ritter [VD]:150, No. 45)).

93 Siehe Neubauer in Goethe [MA]/4.2:1077.

94 Goethe [LA]/I.3:142/3.

95 Wie Steinle herausgearbeitet hat, stellen Goethes Versuche einen Fall des explorativen Experimentierens dar, der in der Geschichte der Naturwissenschaft nicht selten vorgekommen ist (Steinle [NaNR]:185-196).

96 Goethe [üNHD]:162; meine Hervorhebung.

97 Newton [LoMI]:3079.

Experimenten, die er z. T. selber entwickelt, z. T. von anderen Experimentatoren übernommen hat; ich möchte mich auf eine kleine Auswahl aus diesen Experimenten konzentrieren, und zwar auf diejenigen, die in der späteren Zusammenarbeit mit Ritter wieder auftauchen sollten.

Vertiefungsmöglichkeit. In seiner ersten Veröffentlichung leitete Newton aus dem *experimentum crucis* seinen wichtigsten Lehrsatz von der Heterogenität des weißen Lichts ab.[98] Nachdem er sofort für seinen Beweis kritisiert worden war, stützte er sich in seinen Erwiderungen zunächst ausschließlich auf dieses Experiment; so hat er während der Kontroverse mit dem Jesuitenpater Anthony Lucas im Jahr 1676 seine Beweisambition auf die Spitze getrieben und offiziell behauptet, dass er seine Theorie aus einem einzigen Experiment – dem berühmten *experimentum crucis* – beweisen könne, dass es daher überflüssig sei, weitere Experimente auch nur in Augenschein zu nehmen.[99] Dies steht in der Tat im diametralem Gegensatz zu Goethes Forderung, bei der Theoriebildung möglichst viele Phänomene zu berücksichtigen. Doch war der inoffizielle Newton in seinen Notizen inzwischen von seinem hohen Ross heruntergestiegen und hatte bereits im Vorjahr festgehalten, dass der Theoretiker sämtliche relevante Phänomene im Blick haben soll.[100] Warum Newton diesen frühen Entwurf eines Vorworts für die *Opticks* nicht veröffentlicht hat, ist nicht überliefert. Jedenfalls hat er sich bei der Zusammenstellung des Materials für die *Opticks* an seine Empfehlung gehalten und bewies seine Lehrsätze nun jedesmal aus mehreren Experimenten.[101] Sie fanden freilich allesamt in der Dunkelkammer statt. Zudem kann man darüber streiten, ob die Experimente den fraglichen Lehrsatz nach Newton nur zusammengenommen beweisen oder ob er gemeint hat, dass jedes Experiment einzeln für den Beweis hinreichen würde.

Goethe bringt Newtons Grün zum Verschwinden

§ 1.2.7. Eine wichtige Gruppe der neuen Experimente Goethes entsteht durch systematische Variation des Abstandes zwischen Prisma und Auffangschirm. Wie Goethe nachwies, zeigt sich das newtonische Vollspektrum:

Blauviolett
Türkis
Grün
Gelb
Rot (Farbtafel 2 links),

98 Newton [LoMI]:3079.

99 Newton, Brief an Oldenburg für Lucas vom 18. 8. 1676 (siehe Turnbull (ed) [CoIN]/II:79-80).

100 Newton [DoHC]:480^{v}. Wie Vine nachweist, beschrieb Newton hier eine Methode, die derjenigen Goethes glich, wovon Goethe freilich nichts wissen konnte (Vine [GNKa]).

101 Siehe z. B. Newton [O]:21-42 (= Book I, Part I, Proposition II, Experiments 3-10, Scholium).

nur dann, wenn man den Abstand zwischen Tafel und Prisma sehr fein auf die Größe der Sonnenscheibe abstimmt. Wenn man die Tafel zu nah ans Prisma heranrückt (oder wenn man – *per impossibile* – die Größe der Sonnenscheibe am Himmel steigert), dann fehlt plötzlich die grüne Mitte aus Newtons Farbspektrum.[102] An deren Stelle sieht man eine unbunte weiße Lücke, die oben an den türkisen Teil aus Newtons Spektrum grenzt und unten an den gelben:

Blauviolett
Türkis
Weiß
Gelb
Rot (Farbtafel 2 rechts).

Und die weiße Lücke in der Mitte nimmt einen umso größeren Anteil des Gesamtbildes ein, je kleiner der Abstand zwischen Prisma und Schirm ist.

Diese Tatsache ist seit Goethes Tagen immer wieder beobachtet worden; und sie war Newton bekannt, ja in dessen allerersten Experimenten hatte der Auffangschirm genau den geringen Abstand vom Prisma, den Goethe später so wichtig nehmen sollte.[103] Newton ließ diese Versuchsergebnisse in seiner ersten Veröffentlichung unter den Tisch fallen, behandelte sie aber später erfolgreich in den *Opticks*, wenn auch an keiner prominenten Stelle.[104]

Und zwar war für ihn das Versuchsergebnis aus Farbtafel 2 rechts ein spezieller Sonderfall, der sich aus seiner Theorie gut erklären lässt (Abb. 1.2.7). Die weiße Mitte entsteht demzufolge aus der Überlagerung aller farbigen Lichtbündel, die vom Prisma in unterschiedliche Richtungen gebrochen werden, sich aber allzu nah am Prisma noch nicht weit genug voneinander entfernen können, um sich nicht mehr gegenseitig zu stören; nur bei größerem Abstand treten sie einzeln aus ihrem weißen Gemisch heraus und werden farbig sichtbar.

Das ist eine plausible Erklärung. Doch in den kommenden Paragraphen möchte ich dartun, wie anders man die Sache sehen kann, wenn man Goethe ein Stückweit zu folgen bereit ist. Damit lade ich Sie ein, sich gedanklich in die Zeit um 1800 zu versetzen und unser gegenwärtiges Wissen der spektralen

102 Details dazu in O. M. [GcNo]:78-82.

103 Siehe Lohne [NPoS]:393-395, Lohne [IN]:131-132, Hall [SINN]:247. An den zuletzt genannten beiden Textstellen findet sich die Übersetzung aus Newtons Notizbuch, für das lateinische Original siehe Newton [QQP]:122^{r}.

104 Zum folgendem siehe Newton [O]:102 (= Book I, Part II, Proposition VIII).

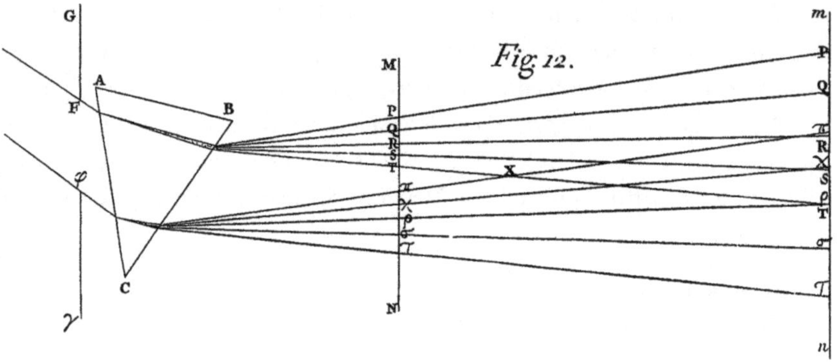

Abb. 1.2.7: Newtons schematische Erklärung der Kantenspektren. Ein breites weißes Lichtbündel tritt durchs Fensterladenloch Fφ und trifft links aufs Prisma ABC. Rechts vom Prisma zeigt Newton fünf breite, verschiedenfarbige Strahlen*bündel*, die in etwas unterschiedlichen Richtungen weiterreisen; am stärksten refrangibel ist laut Newton das (blauviolette) Strahlenbündel PPππ, am schwächsten refrangibel das (rote) Strahlenbündel TTττ; entsprechend für drei weitere mittelrefrangible Strahlenbündel. In der Mitte eines nahen Schirms NM überlagern sich demzufolge alle diese Strahlenbündel und summieren sich zu einem Weißeindruck (zwischen T und π auf dem Schirm); oberhalb davon gelangt weder das rote Strahlenbündel noch das gelbe; so erklärt Newton den dort vorherrschenden bläulichen Farbeindruck; entsprechend unterhalb der weißen Mitte. [Diese Abbildung heißt bei Newton »Fig. 12« (Newton [O], LIB. I PAR. II TAB. III). Seitenverkehrte Darstellung von Matthias Herder].

Phänomene für mehr als einen Moment einzuklammern. Während wir zuguterletzt an unserem Wissen festhalten werden, mag es sich lohnen, ungewohnte Alternativen zu durchdenken. Das ist in der Naturwissenschaft allemal eine gute Übung: Der Verhaltensbiologe und Nobelpreisträger Konrad Lorenz hat die zugespitzte Empfehlung ausgegeben, jeden Tag vor dem Frühstück mindestens eine Lieblingshypothese einzustampfen.[105]

Vertiefungsmöglichkeit. Den schrittweisen Übergang vom Newtonspektrum mit grüner Mitte zum Spektrum mit weißer Mitte beschrieb Goethe schon im Jahr 1791.[106] Diese Experimente führte er damals in dem Sinne subjektiv durch, dass er ins Prisma hineinblickte und die farbigen Erscheinungen auf seine Retina projizierte. Ihm war aber früh klar, dass sich an den Ergebnissen nichts wesentliches ändert, wenn die Farberscheinungen stattdessen (so wie bei

105 Lorenz [SB]:20.

106 Goethe [BzO]/1:§ 45, § 51, § 58, § 59 sowie Karten 6, 9, 15; ähnlich zwei Jahre später Goethe [üFWb]:180, erster und zweiter Fall (§ 55).

Newton) auf einen Schirm projiziert werden, im sog. objektiven Experiment.[107] Da sowohl subjektive als auch objektive Versuche schon bei Newton vorgekommen waren und da sich Goethe in der Farbenforschung genau wie Newton auf beide Arten von Experimenten gestützt hat, sollte man den Unterschied zwischen den beiden Versuchsaufbauten nicht heranziehen, um Goethe für subjektive Naturwissenschaft zu kritisieren oder Newton für objektive Naturwissenschaft zu loben; den im hier erläuterten Sinne subjektiven Experimenten kommt kein Makel der Beliebigkeit, Unwissenschaftlichkeit oder Irrationalität zu.[108]

Gestaltwechsel

§ 1.2.8. Um Goethes unorthodoxe Interpretation der bislang gezeigten Experimente zu motivieren, möchte ich fragen: Was genau gehört im neuen Experiment (bei kleinem Abstand zwischen Prisma und Schirm) zum Versuchsergebnis dazu? Wer der Finsternis so wie Newton und so wie wir heute jedes Existenzrecht abspricht, wird das Ergebnis nicht anders aufschreiben, als ich es vorhin getan habe:

Blauviolett
Türkis
Weiß
Gelb
Rot (Farbtafel 2 rechts).

Doch nehmen wir die Finsternis für einen Augenblick ernster; das gezeigte Spektrum verliert sich (genau wie Newtons Spektrum aus Farbtafel 2 links) im Finsteren, und wenn wir dieser Tatsache unvoreingenommen – also ohne Voraussetzung heutiger Sichtweisen – Rechnung tragen wollen, sollten wir das Ergebnis vielleicht besser so festhalten:

Schwarz
Blauviolett
Türkis
Weiß
Gelb
Rot
Schwarz.[109]

107 Goethe [üFWb]:189 (§ 83); vergl. pp. 165, 168 (§ 3, § 16) sowie Goethe [LA]/I.3:145.
108 Gegen z. B. Mausfeld [WNAS]:16. Mehr dazu in O. M. [ML]:§ I.3.1-§ I.3.6.
109 Ob Goethe selber eine solche Darstellung jemals gewählt hat, ist mir nicht bekannt; jedenfalls liegt sie angesichts seiner Überlegungen nahe (siehe z.B. Matthaei et al in Goethe [LA]/II.4:272). Anfang 1801 hat Ritter in seinem Arbeitsjournal Überlegungen angestellt, die gut zu meiner Darstellung oben passen (Ritter, Arbeitsjournal unter dem 24. 1. 1801 (siehe Ritter [VD]:93); für den Wortlaut s. u. § 3.1.9).

Und wer sagt uns eigentlich, dass wir hier das Ergebnis eines einzigen Experiments vor Augen haben? Könnten es nicht zwei Effekte sein, die sich bloß zufälligerweise untereinander auf dem Schirm zeigen?

Selbstverständlich lassen sich die Farben auf dem Schirm zu den unterschiedlichsten Einheiten zusammenstellen; ich werde nicht alle Möglichkeiten durchgehen, sondern einfach nur zwei – experimentell naheliegende – Zusammenstellungen nennen, mit denen wir in größere Nähe zu Goethe gelangen. Und zwar könnte man das Versuchsergebnis genau in der Mitte zerschneiden und beispielsweise behaupten, dass untereinander diese beiden Einzeleffekte zu erkennen sind:

Schwarz
Blauviolett
Türkis
Weiß (Farbtafel 3 links).

Weiß
Gelb
Rot
Schwarz (Farbtafel 3 rechts).

Wie Sie sehen, kommt das Weiß in dieser Betrachtungsweise nicht anders als das Schwarz insgesamt zweimal vor, obwohl es auf der Schirmmitte nur ein einziges Feld einnimmt. Wäre es willkürlich, das dortige Weiß mehrfach zu Buche schlagen zu lassen? Keineswegs; bei sehr geringen Abständen zwischen Prisma und Schirm nimmt die weiße Mitte im Gesamtergebnis so viel Platz ein, dass sie bei erstem Hinsehen mit Fug und Recht mehrfach verbucht werden darf. (Wie weit sich diese Sichtweise durchhalten lässt, wird sich erst im Laufe der weiteren Arbeit herausstellen).

Es gibt noch eine weitere Möglichkeit, das Gesamtergebnis mittig in zwei Einzeleffekte zu zerteilen. Man kann nämlich sagen, dass die beiden unbunten Farben Schwarz und Weiß ihre bunten Gegenstücke nur einrahmen und selber nicht zum Effekt dazugehören. Dann wäre folgendes eine treffende Beschreibung des Versuchsergebnisses:

Blauviolett
Türkis (Farbtafel 3 links).

Gelb
Rot (Farbtafel 3 rechts).

Auch dies ist eine Möglichkeit dafür, wie das Versuchsergebnis gesehen werden kann – eine der vielen Möglichkeiten. Lassen wir die hier betrachteten Varianten noch einmal kurz Revue passieren. Zunächst habe ich im Gefolge Newtons die Dunkelheit (den schwarzen Rand außerhalb der bunten Spektralfarben) nicht zum Versuchsergebnis gerechnet, wohl aber die Helligkeit (die weiße Mitte). Dann habe ich sowohl Dunkelheit als auch Helligkeit gleichberechtigt dazugerechnet, und zuletzt habe ich sie beide herausgeworfen, ebenfalls gleichberechtigt. Abgesehen davon habe ich das Versuchsergebnis einmal als Einheit betrachtet, das andere Mal als übereinanderliegenden, doppelten Effekt.

Wie man es auch dreht und wendet, es hängt vom Experimentator ab, auf welche Weise er seine Versuchsergebnisse zusammenfasst; und ich habe Ihnen nur die Spitze eines Eisbergs gezeigt. Damit habe ich nicht bestritten, dass sich Newtons Sichtweise *am Ende* als optimal herausgestellt hat; ich habe nur behauptet, dass seiner Sicht ganz *am Anfang des Gedankengangs* gleichberechtigte Alternativen gegenübergestellt werden konnten.

Vertiefungsmöglichkeit. Dass das Gesehene stets aktiv vom Beobachter zu Einheiten zusammengefasst wird, ist ein Ergebnis der Gestaltpsychologie vom Beginn des 20. Jahrhunderts, deren Kernelemente sich (bei aller Vielfalt im überlieferten Detail) bis in die heutige Zeit verfolgen lassen. Dass Goethe ihr Ahnherr war, wird oft behauptet, allerdings typischerweise mit vagen Bezügen.[110] In der Tat betonte Goethe immer wieder den schwankenden, unfertigen, lebendigen Charakter dessen, was er etwa in der Botanik als Gestalten bezeichnete.[111] Mir geht es im folgenden um ein einziges, sehr handgreifliches Element aus diesem vielgestaltigen Geflecht an Traditionen, das Ludwig Wittgenstein und Thomas Kuhn unter der Überschrift des Aspektwechsels aus der Gestaltpsychologie in die analytische Sprach- und Wissenschaftsphilosophie projiziert haben.[112] Wie Goethe seine Einsicht von der aktiven Mitarbeit des Wahrnehmenden beim wissenschaftlichen Beobachten beispielsweise auf optische Experimente angewandt wissen wollte, ergibt sich aus dem nächsten Zitat im Haupttext; dass er in diesen farbwissenschaftlichen Zusammenhängen nicht ausdrücklich von Gestalten gesprochen hat, tut meinen Überlegungen keinen Abbruch, denen zufolge sich die von ihm angeregte gestaltpsychologische Tradition gut eignet, um verschiedene Sichtweisen des Spektrums nebeneinanderzustellen.[113]

110 So z. B. Fitzek [GK]:VII-VIII.

111 Siehe z. B. Goethe [LA]/I.9:7 *et passim*. Zu Goethes Gestaltbegriff siehe Wenzel (ed) [GHS]/2:425/6.

112 Wittgenstein [PU]:518-533 *et passim* (Teil II, Abschnitt xi); Kuhn [SoSR]:111/2.

113 Auch an Goethes eigene Formulierungen lässt sich diese Idee anschließen (z. B. Goethe [LA]/I.3:436).

Was kommt durch das Prisma hindurch?

§ 1.2.9. Zuletzt habe ich durchdekliniert, wie unterschiedlich ein und dasselbe Versuchsergebnis gesehen und beschrieben werden kann. Unserer augenblicklichen Sichtweise, die uns wohlvertraut erscheint, standen vor Jahr und Tag Alternativen gegenüber, die nicht ohne eine gewisse Anfangsplausibilität sind. Damit habe ich mich an einer Überlegung Goethes orientiert, worin er Newtons Versuche mit dem Blick auf Theaterkulissen aus *einer* ganz bestimmten Perspektive verglich:

> »Verblendet von einigen in die Augen fallenden Versuchen, hingerissen von der künstlichen Darstellung der Argumente, blieb man auf dem Punkte stehen, auf den sich Newton gestellt hatte und auf den jeder seiner Schüler sich stellen mußte, um in der Theorie ein scheinbares Ganze zu erblicken. So sieht der Zuschauer, der vorm Theater auf dem Punkte steht, von welchem und zu welchem der geschickte Maler die Linien seiner Dekoration gezogen, ein völlig verschlossenes Zimmer vor sich, indem die Zwischenräume der Seitenwände ihm nicht bemerkbar sein können. Alles paßt so genau, daß diese Linien nicht gerade zu laufen scheinen, sondern im Auge wirklich gerade laufen. Aber er trete nur einen Schritt zur Seite, so wird die Illusion sogleich verschwinden; er wird die Kunst mehr als im ersten Augenblicke bewundern, da er getäuscht war, aber die Täuschung wird aufhören. Es wird jedem auffallen [...], daß die ganze Stärke der Newtonischen Theorie darin bestand, daß ihr Erfinder sowohl als seine Schüler ausdrücklich verlangten, daß man [...] *auf ihre Weise* die Gegenstände *betrachten* [...] sollte«.[114]

Mit den letzten Worten aus diesem Zitat lud uns Goethe ein, unsere Wahlfreiheit als Beobachter im doppelten Sinne des Wortes wahrzunehmen – und zwar sowohl zu bemerken als auch auszuüben. Dasselbe Spiel kann man mit dem *gesamten* Versuch durchführen (also nicht nur mit dem beobachteten Versuchs*ergebnis*), denn es fragt sich: Was genau haben wir eigentlich durch das Prisma geschickt? Auch hier gibt es eine Reihe verschiedener Varianten; jede einzelne Variante passt gut zu einer derjenigen Varianten des Versuchsergebnisses, die Sie schon kennen.

114 Goethe [üNHD]:162; meine Hervorhebung. Ohne Bezug zu Goethe hat Shapiro die große Bedeutung dieses Gesichtspunktes für die Durchsetzung der newtonischen Theorie betont (Shapiro [GAoN]:72, 90).

Beginnen wir wieder bei Newton, auf den auch unsere heutige Betrachtungsweise zurückgeht; demzufolge haben wir weiße Lichtstrahlen durchs Prisma gesandt, sonst nichts. Diese Sichtweise legt es nahe, auch das Versuchsergebnis ohne jedes Schwarz außen wiederzugeben, wie gehabt (wobei ich ab jetzt die Ausgangsbedingung des Versuchs zunächst links aufschreibe und das Versuchsergebnis nach einem Pfeil einrücke):

Weiß
→ Blauviolett
Türkis
Weiß
Gelb
Rot (Farbtafel 2 rechts).

Wenn wir hingegen der Finsternis dasselbe Existenzrecht zuerkennen wie dem Licht, dann haben nicht einfach nur Lichtstrahlen durch das Prisma gesandt, sondern eng abgezirkelte Lichtstrahlen zusammen mit einer Umgebung aus Finsternis – also wenig weißes Licht und viel schwarze Finsternis, genauer gesagt innen Licht und außen (oben sowie unten) Finsternis. Dies legt es nahe, folgende Gesamtdarstellung zu wählen, deren Ergebnis wir ebenfalls schon betrachtet haben:

Schwarz
Weiß
Schwarz
→ *Schwarz*
Blauviolett
Türkis
Weiß
Gelb
Rot
Schwarz (Farbtafel 2 rechts).

Doch genau wie ich im vorigen Paragraphen zuletzt das Versuchsergebnis in der Mitte zerteilt und als zwei getrennte Effekte dargestellt habe, genauso können wir es nun mit den Ausgangsbedingungen des Versuchs tun. Demzufolge hätten wir oben einen Schwarz/Weiß-Kontrast und unten einen Weiß/Schwarz-Kontrast durchs Prisma gesandt.

Und hier wird aus der alternativen Beschreibungs- oder Sichtweise etwas noch Handfesteres. Es geht nämlich nicht nur um eine andere – zerteilte –

Darstellung des Experiments mit einer weißen Mitte im Spektrum, sondern auch um dessen *Durchführung*; das Experiment kann tatsächlich in diese zwei Einzelexperimente geteilt werden.[115] Im ersten der beiden Teilexperimente wird aus einem Schwarz/Weiß-Kontrast, der durchs Prisma fällt, ein schwarz/weiß eingerahmtes Bild mit zwei kalten Farben, das man als kaltfarbiges Kantenspektrum bezeichnen kann:

Schwarz
Weiß
→ Schwarz
Blauviolett
Türkis
Weiß (Farbtafel 3 links).

Und der Weiß/Schwarz-Kontrast, der im zweiten Teilexperiment durchs Prisma fällt, liefert ein warmfarbiges Kantenspektrum, also ein weiß/schwarz eingerahmtes Bild mit zwei warmen Farben:

Weiß
Schwarz
→ Weiß
Gelb
Rot
Schwarz (Farbtafel 3 rechts).

Auch im Fall dieser beiden Einzelexperimente haben wir noch nicht alle Beschreibungsmöglichkeiten ausgeschöpft; so wie ganz am Ende des vorigen Paragraphen könnte man die unbunten Farben Schwarz und Weiß wiederum aus den beiden Versuchsergebnissen herausnehmen; dann hätte sich z. B. der zuletzt betrachtete weiß/schwarze Kontrast beim Weg durchs Prisma in einen gelb/roten verwandelt.

Gesetzt den Fall, Sie haben sich auf meine Einladung eingelassen, Goethes Alternativen zu unserer gegenwärtigen Sichtweise und ihrer newtonischen Vorläuferin in den Blick zu nehmen, also neben dem Licht auch der Finsternis eine Chance zu geben, als eigener Faktor in die Beschreibung prismatischer Experimente einzufließen. Dann lautet die nächste Frage, ob und, wenn ja, wie auf dieser Grundlage eine rudimentäre Optik spektraler Phänomene aussehen

115 Hierzu und zum folgenden Goethe [BzO]/1:§ 47/8 sowie Karten 8, 11, 12; ähnlich argumentierte Goethe 1793, also zwei Jahre später (Goethe [üFWb]:177 (§ 49)).

könnte. Darauf möchte ich im kommenden Kapitel antworten; dort gilt es zu zeigen, auf welche Weise Goethe den Gegensatz zwischen magnetischem Nord- und Südpol als Blaupause für das optische Verhältnis zwischen Licht und Finsternis zu nutzen versuchte. Dass eine solche Analogie aus heutiger Sicht haltlos ist, brauche ich nicht zu erwähnen. Für meine Zwecke genügt es auszuloten, welche Erfolgsaussichten die Analogie in der Goethezeit gehabt haben mag.

Vertiefungsmöglichkeit. Meine schematischen Darstellungen der Prismenversuche bieten die Reihenfolge der Farben stets in *einer* Dimension von oben nach unten; im Experiment und auf den Abbildungen sieht man dagegen *zwei*dimensionale Bilder. Die jeweiligen Farben dehnen sich natürlich jeweils nach links und rechts ein gutes Stückweit aus, aber nicht beliebig weit. Wo sie aufhören, endet das Versuchsergebnis und verliert sich im Schwarzen. Auch hier könnte man darüber diskutieren, ob ein Teil dieser schwarzen Umgebung nur einen Rahmen des Gesehenen bildet oder nicht vielleicht doch zum Versuchsergebnis hinzugezählt werden sollte. Ich muss darauf verzichten, diese Fragen zu erörtern.

1.3. Polarität in Goethes früher Farbforschung

Polarität in der Optik

§ 1.3.1. Im vorigen Kapitel habe ich ein Experiment betrachtet, das Goethe aus neuartigen Sichtweisen auf Newtons Grundexperiment (Farbtafel 1 rechts) und durch Verkleinerung des Abstandes zwischen Prisma und Auffangschirm gewonnen hat (Farbtafel 2 rechts). Aus dieser Überlegung könnte man schließen, dass Goethes Experiment sekundär und Newtons primär ist. Aber stimmt das? Kann man nicht genauso gut sagen, dass sich Newtons Grundexperiment durch *Vergrößerung* dieses Abstandes und aus der Zusammensetzung der beiden Teilexperimente Goethes gewinnen lässt?[116] Wenn man die Sache unvoreingenommen betrachtet und probehalber vom heutigen Standpunkt abrückt, der auf Newton zurückgeht, dann muss man meiner Ansicht nach zu dem Ergebnis gelangen, dass jedes der beiden Experimente gleichermaßem zum Ausgangspunkt der Theoriebildung gemacht werden darf. Ob sich beide Sichtweisen erfolgreich weiterführen lassen, ist klarerweise eine andere Frage.

Wie dem auch sei – dass Newton das neue Experiment mithilfe seiner Theorie beschreiben und erklären konnte, habe ich nicht bestritten. Ich habe lediglich versucht plausibel zu machen, dass bereits Newtons Beschreibungsweise nicht ohne Alternativen war: Wer so wie Goethe den Polaritätsgedanken in die

116 So im Jahr 1793 Goethe [üFWb]:179-180 (§ 54/5).

Optik einführen möchte, wird das gesamte Experiment anders zu *sehen* versuchen; er wird schon beim Beschreiben der Versuchsbedingungen nicht nur dem Licht, sondern auch der Finsternis einen eigenen Stellenwert einräumen – anders als der Newtonianer, der nur das Licht als Wirkfaktor gelten lässt.

Für die Einführung einer Polarität in die Optik bietet es allerdings nur den allerersten Schritt, die Finsternis im Experiment mit in die Beschreibung aufzunehmen so wie dargetan (einmal bei den Versuchsbedingungen, dann bei den Versuchsergebnissen). Dieser erste Schritt führte ja nur zu einer Zweiheit (aus Licht *und* Finsternis), bliebe also weit hinter einem detaillierten Wechselspiel zwischen den beiden optischen Faktoren zurück, wie es sich etwa beim Magnetismus im Wechselspiel der Kraftwirkungen zwischen Nord- und Südpol zeigt.

Der nächste Schritt musste folgerichtig darin bestehen, weitere strukturelle Ähnlichkeiten zwischen dem optischen und z. B. dem magnetischen Fall aufzuzeigen. Und genau in diese Richtung ist Goethe mit aller Konsequenz vorangeschritten.

Vertiefungsmöglichkeit. Unter Kennern der Farbforschung Goethes ist es umstritten, ob Goethe schon im Jahr 1790 oder erst im Folgejahr begonnen hat, die Optik Newtons anzugreifen.[117] Mit starken Argumenten datiert Wenzel den Beginn dieses Unterfangens auf den 17. 5. 1791, nämlich auf den Vortag eines Briefs an den Herzog Carl August von Sachsen-Weimar-Eisenach, in dem er voller Stolz folgendes berichtete:

> »Noch kann ich mit lebhafter Freude melden, daß ich seit gestern die Phänomene der Farben wie sie das Prisma, der Regenbogen, die Vergrößerungsgläser pp zeigen auf das einfachste Principium reducirt habe. Vorzüglich bin ich durch einen Widerspruch Herders dazu animirt worden der diesen Funcken herausschlug« (Goethe, Nachtrag vom 18. 5. 1791 in einem Brief an den Herzog Carl August von Sachsen-Weimar-Eisenach vom 17. 5. 1791).[118]

Dass Goethe mit dem »Principium« auf die Polaritätsidee verwies, wie Wenzel ausführlich begründet, ist plausibel.[119] Weniger plausibel ist Wenzels These, wonach es Goethe innerhalb eines einzigen Tages (des 17. 5. 1791) unmittelbar nach dem allerersten Blick durchs Prisma gelungen sein soll zu verstehen, wie sich das Polaritätsprinzip auf sämtliche Spektren anwenden lässt, die sich bei der prismatischen Betrachtung beliebiger Ausgangsbilder zeigen.[120]

Magnetisieren wir die Optik

§ 1.3.2. Dass Goethe optische mit magnetischen Phänomenen parallelführen wollte, hat er seit dem Beginn seiner Farbenforschung immer wieder heraus-

117 Siehe Wenzel [ISWd] mit Verweisen auf die gesamte relevante Originalliteratur.
118 Goethe [WA]/IV.9:261.
119 Wenzel [ISWd]:556, 565, 567 *et passim.*
120 Wenzel [ISWd]:566/7.

gestrichen. Im ersten Stück der *Beyträge zur Optik* aus dem Jahr 1791 redete er an vielen Stellen von zwei Polen und rief schon allein durch den Hinweis auf deren Gegensätzlichkeit Erinnerungen an magnetische Pole auf:

> »Die farbigen Ränder [aus Farbtafel 2 rechts] zeigen sich im Gegensatz. Es stehen zwei Pole unveränderlich einander gegenüber«.[121]

Dass es Goethe hier wirklich auf eine Parallele zwischen Optik und Magnetismus abgesehen hatte, deutete er im Fazit seines zweiten Stücks der *Beyträge zur Optik* aus dem Folgejahr an. Und zwar schlug er zunächst vor, die mannigfaltigsten optischen Farberscheinungen auf eine grundlegende zu reduzieren (in der sich polar entgegengesetzte Ränder gegenüberstehen). Er schrieb:

> »ich hoffe, daß man meine Arbeit nicht deswegen geringer schätzen wird, weil sich alle von mir vorgetragenen Versuche auf einen einzigen wieder zurückbringen lassen«.[122]

Dann wagte er einen Vergleich zwischen Rechenkunst und Kompassnadeln, hinter dem mehr steckt, als man auf den ersten Blick denken könnte:

> »Die unzähligen Operationen der Rechenkunst lassen sich auf wenige Formeln reduzieren, und die Magnetnadel zeigt uns eben darum den Weg von einem Ende des Meers zum andern, sie hilft uns aus den verworrensten unterirdischen *Labyrinthen* [...], eben weil sie sich unveränderlich *nach einem einfachen Gesetze* richtet, das auf unserm ganzen Planeten gilt und also überall ein gewisses Hier und Dort angibt, das der menschliche Geist in allen Fällen zu bemerken und auf unzählige Art anzuwenden und zu benutzen versteht. Ein solches Gesetz kann gefunden, deutlich gemacht und tausendfältig angewendet werden«.[123]

In dieser Textpassage brachte Goethe die Magnetnadel nicht etwa ins Spiel, um sich blumig auszudrücken. Vielmehr nutzte er sie als griffige Repräsentantin für diejenigen naturwissenschaftlichen Gesetzmäßigkeiten, die auf Gegensätzen beruhen. Insofern das eine Ende der Magnetnadel zum Nordpol der Erde zeigt,

121 Goethe [BzO]/1:§72 (No. 15).

122 Goethe [BzO]/2:50 (Abschnitt XI).

123 Goethe [BzO]/2:50/1 (Abschnitt XI); meine Hervorhebung; Absatzwechsel weggelassen. Es gibt weitere frühe Textstellen mit ähnlicher Stoßrichtung (z. B. Goethe [VaVv]/A:18; Goethe [LA]/I.3:387). Einen besonders wichtigen Beleg bietet Farbtafel 9, auf die ich noch eingehen werde.

das andere Ende zum Südpol, bietet sie uns einen Gegensatz zwischen Hier und Dort, zwischen dem einen und dem anderen Ende des Meeres; das sind keine vagen Ortsangaben, sondern präzise geographische Gegensätze.[124]

Laut Goethe weist uns das Gesetz des Magnetismus sogar den Ausweg aus den verworrensten Labyrinthen. Diese Andeutung hat Goethe sorgfältig kalkuliert, denn damit konnte er an sein vorangegangenes Versprechen erinnern, das Labyrinth der prismatischen Farben mittels einer einfachen Gesetzmäßigkeit zu entwirren:

> »man wird Gelb, Rot, Grün, Blau, Violett und Pfirsichblüt bald hier und da erblicken; alle Farben werden harmonieren; man wird eine gewisse Ordnung wahrnehmen, ohne sie genau bestimmen zu können, und ich wünsche, daß man diese Erscheinungen so lange betrachte, bis man selbst ein Verlangen empfindet, das Gesetz derselben näher einzusehen und sich aus diesem glänzenden *Labyrinthe* herauszufinden«.[125]

Wie kann uns Goethes Magnetnadel der Polarität aus dem vielfältigen Wirrwarr der prismatischen Farben befreien? Betrachten wir noch einmal die beiden Teilversuche vom Ende des vorigen Kapitels:

Teilversuch zum kaltfarbigen Kantenspektrum
Schwarz
Weiß
→ Schwarz
Blauviolett
Türkis
Weiß (Farbtafel 3 links).

Teilversuch zum warmfarbigen Kantenspektrum
Weiß
Schwarz
→ Weiß
Gelb
Rot
Schwarz (Farbtafel 3 rechts).

124 Ähnlich präzise sollte Goethe später in der *Farbenlehre* von »Hüben und Drüben« reden (Goethe [V]:4).

125 Goethe [BzO]/1:§ 37; meine Hervorhebung.

In den Versuchs*bedingungen* haben Schwarz und Weiß, Dunkelheit und Helligkeit ihre Plätze getauscht, nicht anders als vorhin beim Magneten (Farbtafel 1 links). Man kann also sagen, dass das untere Teilexperiment durch Umkehrung der Polarität aus dem oberen hervorgeht. Im Fall des Magneten führte eine solche Operation zur Umkehrung der Versuchs*ergebnisse* – Abstoßungskräfte verwandelten sich in Anziehungskräfte. Und interessanterweise geschieht im optischen Fall strukturell dasselbe: Auch hier verwandeln sich die Versuchsergebnisse in ihr Gegenteil. Was das heißen soll, ist das Thema des kommenden Paragraphen.

Vertiefungsmöglichkeit. Zugegebenermaßen behandelte Goethe damals nicht überall Finsternis und Licht symmetrisch entgegengesetzt und gleichberechtigt.[126] Solche Textstellen lassen sich wie folgt mit meiner Interpretation vereinbaren. Die in der vorigen Fußnote zunächst erwähnten zwei Textstellen stehen am Anfang der *Beyträge zur Optik*, wo Goethe noch in sein Thema einführen wollte; nicht viel später in diesem Text kommt die Polaritätsidee auch durch Erwähnung der Finsternis zu ihrem Recht, wodurch die propädeutisch inkaufgenommenen Asymmetrien zurechtgerückt werden.[127] Und wie ein gewandter Didaktiker formulierte Goethe die Polaritätsidee in seiner Zusammenfassung des Erreichten am schärfsten.[128] Hier fiel allerdings noch nicht das Stichwort der Polarität; Goethe redete nur von Polen (was der Sache nahe genug kommt).

Komplementärfarben

§ 1.3.3. Um voranzukommen, möchte ich die beiden Teilversuche mithilfe einer Tabelle vergleichen, in der die Versuchsbedingungen fett und die Ergebnisse kursiv gesetzt sind.

Schwarz **Weiß** als Versuchsbedingung vor dem Prisma liefert	**Weiß** **Schwarz** als Versuchsbedingung vor dem Prisma liefert
Schwarz	*Weiß*
Blauviolett	*Gelb*
Türkis	*Rot*
Weiß	*Schwarz*

126 Goethe [BzO]/1:§ 14, § 23; Goethe [LA]/I.3:379.
127 Goethe [BzO]/1:§ 24, § 29.
128 Goethe [BzO]/1:§ 72, No. 3, 6, 14 16, 22/3.

In jeder Zeile der Versuchsergebnisse stehen sich entgegengesetzte visuelle Eindrücke gegenüber. Dass Schwarz das Gegenteil von Weiß ist, bietet wenig Neues.[129] Aber der visuelle Gegensatz herrscht auch bei den bunten Farben der Versuchsergebnisse. Intuitiv könnte man zunächst einmal festhalten, dass links in der Tabelle kalte bunte Farben stehen, rechts dagegen warme.[130] Dieser noch recht vage Gegensatz lässt sich präzisieren: Blauviolett ist das exakte Gegenteil von Gelb, Türkis das exakte Gegenteil von Rot – wir haben es mit Paaren von Komplementärfarben zu tun.

Goethe ist dafür berühmt, die komplementären Verhältnisse ins Zentrum der Farbenforschung gerückt zu haben. Zwar veröffentlichte er nur an einer einzigen entlegenen Stelle ausdrücklich zu den »complementaren« Farben, aber dieses Fremdwort ist (so wie dessen Ableitungen) in unserem Sprachraum vergleichsweise jung – dafür findet sich die gleichbedeutende deutschsprachige Rede von »entgegengesetzten« bzw. »geforderten« Farben in Goethes farbwissenschaftlichen Schriften früh und dann immer wieder.[131]

Seine ersten komplementärfarbigen Beobachtungen hatte Goethe am 10.12.1777 durch Zufall beim Abstieg vom schneebedeckten Brocken gemacht.[132] Die Schneedecke war gelblich vom Sonnenlicht beschienen, und alle Schatten schimmerten blauviolett; mit sinkender Sonne nahm der Schnee nach und nach immer rötlichere Farben an, während die Schatten blauer und

129 Siehe dazu Goethe [BzO]/1:§ 24, Goethe [VEFz]:205 (§ 43).

130 Schon aus Italien schrieb Goethe über diesen Farbgegensatz zwischen »kalten und warmen Tönen« (Goethe, Brief vom 24.11.1787 (siehe Goethe [FA]/15.1:464)). Der Brief liegt nicht mehr im Original vor, und es ist denkbar, dass Goethe den Wortlaut bei der Drucklegung nachträglich geändert hat, um sie an seine späteren Ordnungvorstellungen der Farbenwelt anzupassen; wieso wir die Möglichkeit derartiger Eingriffe in der gesamten *Italienischen Reise* nicht aus den Augen verlieren sollten, begründet Egger [TL]:35n15 *et passim*.

131 Die entlegene Veröffentlichung kam im Jahr 1823 heraus (Goethe [C], siehe dazu Matthaei [CF]:69-70 *et passim*). Die »couleurs complementaires« benannte Goethe zuvor ein einziges Mal brieflich (Goethe, Brief an Reinhard vom 16.11.1807 (siehe Goethe [WA]/IV.19:457)). Obwohl er das *Wort* im überlieferten Schriftgut nicht öfter benutzt zu haben scheint, spielte der *Begriff* in anderen sprachlichen Erscheinungsformen eine große Rolle. Schon 1791 erwähnte Goethe mit Blick auf Spektralfarben die »beiden entgegengesetzten Pole« (Goethe [BzO]/1:§ 72 No. 16). Von geforderten bzw. fordernden Farben schrieb er später z.B. im Zusammenhang mit Fragen der Farbharmonie (Goethe, Brief an Meyer vom 15.11.1798 (siehe Goethe [LA]/I.3:386)). Zu diesem farbharmonischen Motiv bei Goethe siehe auch Matthaei et al in Goethe [LA]/II.3:357-359.

132 Zum folgenden siehe Goethe [EF]:§ 75; § 50.

dann grünlicher wurden, also offenbar auch ein türkises – »meergrünes« – Stadium durchliefen. Stets also schimmerten die Schatten in der entgegengesetzten Farbe zu ihrer vom verfärbten Sonnenlicht beleuchteten Umgebung.

Vertiefungsmöglichkeit. Ich habe Goethes Bericht, der im Jahr 1808 herauskam und dezidiert nach Farbkomplementaritäten organisiert ist, wie gehabt in meine Farbterminologie übersetzt. – In dem Bericht fehlt jede Datierung; doch aus anderen Zeugnissen geht der genaue Tag der Wanderung eindeutig hervor.[133] Ob Goethe seine Erinnerung an die damals beobachteten Farbverhältnisse nachträglich im Sinne seiner *Farbenlehre* bearbeitet oder gar geschönt hat, lässt sich aus den überlieferten Belegen nicht endgültig entscheiden.[134] Weitere Beobachtungen der farbigen Schatten (in freier Natur) sind für 1797 und 1799 dokumentiert.[135]

Geforderte Farben

§ 1.3.4. Ursprünglich hat Goethe angenommen, dass die farbigen Schatten gleichsam objektiv aus der Helligkeits-Differenz zweier Lichtquellen herrühren.[136] Doch wie er aus einem Brief Lichtenbergs gelernt hat, sind unsere Augen an der Erzeugung der farbigen Schatten erheblich beteiligt, nämlich stärker als bei jedem normalen Sehvorgang; in der Tat zeigen sich ganz ähnliche Farbverhältnisse in Nachbild-Experimenten, auf die ihn Lichtenberg aufmerksam machte.[137] Goethe hat solche Phänomene immer wieder an den Anfang seiner Farbdarstellungen gesetzt.[138]

Wer zehn Sekunden lang z. B. ein gelbes Farbfeld fixiert, den Blick daraufhin auf eine weiße Fläche wendet und dort ruhen lässt, der sieht nach kurzer

133 So schon am Tag des Geschehens aus Goethe, Brief an C. Stein vom 10.-11. 12. 1777 (siehe Goethe [WA]/IV.3:199-202). – In einer späten Erinnerung hat Goethe den Abstieg vom Brocken offenbar irrtümlicherweise auf den 7. 12. 1776 datiert (siehe Eibls Korrekturen in Goethe [FA]/1:1035, 1038).

134 Vergl. § 1.3.3, Fußnote 130.

135 So Matthaei et al in Goethe [LA]/II.4:292 mit Verweis auf Goethe, Tagebuch zum 25. 8. 1797 (siehe Goethe [WA]/III.2:85), Goethe, Brief an Schiller vom 19. 6. 1799 (siehe Oellers et al (eds) [FS]/1:813/4).

136 Goethe [vFS]:71 (No. 4); ähnlich Goethe [vFS]:70, 78.

137 Lichtenberg, Brief an Goethe vom 7. 10. 1793 (siehe Joost et al (eds) [GCL]/IV:165), Details dazu in O. M. [WBV]:143-145. Möglicherweise aber ist Goethes Sinneswandel in dieser Angelegenheit auch auf den Austausch mit Soemmerring zurückzuführen (so Wenzel (ed) [GS]:79n4).

138 Goethes ausführlichste Darstellung der Nachbildfarben findet sich in der *Farbenlehre* vor seinen Berichten von den farbigen Schatten (Goethe [EF]:§ 47-§ 60 bzw. § 62-§ 80). Ab 1793 hat Goethe einschlägige Fachliteratur studiert (Wenzel (ed) [GHS]/2:557) und im Jahr darauf erste eigene Experimente festgehalten (Wenzel (ed) [GHS]/2:556 mit Verweis auf Goethe [BB]).

Zeit ein blauviolettes Nachbild, also ein Nachbild in der zugehörigen Komplementärfarbe; und dieses Experiment funktioniert für alle Paare komplementärer Farben (Farbtafel 4).

Woran liegt das? Die neurophysiologischen Details sind für unsere Zwecke nicht wichtig; sie waren seinerzeit unbekannt.[139] Wie man jedenfalls mit Goethe sagen kann, fordert und erschafft das Auge bei jeder Farbe, der es ausgesetzt ist, unwillkürlich die jeweilige Komplementärfarbe.

Dieser Tatsache maß Goethe (nicht anders als viele Maler seiner Zeit) große farbästhetische Bedeutung bei: Wer auf der Leinwand oder in der Mode einen farbharmonischen Eindruck schaffen wollte, war demzufolge gut beraten, jeden eingesetzten Farbton durch die zugehörige Komplementärfarbe auszutarieren.[140] Damit ist nicht gesagt, dass diese Regel auf jedem farbästhetisch gelungenen Gemälde stur zu befolgen wäre; schließlich kann der Maler andere farbästhetische Ziele verfolgen als bloß diejenigen der Farbharmonie.

Zurück in die Physik

§ 1.3.5. Zuletzt habe ich Wahrnehmungsexperimente herangezogen und bis zu einer rudimentären Farbästhetik getrieben, um die Rede von Komplementärfarben einzuführen. Dadurch haben wir uns aus dem Herrschaftsbereich der Physik entfernt, aber laut Goethe nur scheinbar.

Er hat nämlich die Ansicht vertreten, dass sich die entgegengesetzten Verhältnisse der Komplementärfarbigkeit überall im Reich der Farben aufzeigen lassen – in Ästhetik und Wahrnehmung genauso wie in Physik und Chemie.

139 Noch zum Ausgang des vorigen Jahrhunderts sprach man im Fall der farbigen Schatten von Simultankontrast und im Fall der farbigen Nachbilder von Sukzessivkontrast (Campenhausen [SM]:164/5). In letzter Zeit werden die farbigen Schatten eher als Spezialfall von Farbkonstanz angesehen (Kallmann [FF]:173-176). Lichtenberg hat diese Sichtweise vorweggenommen (Lichtenberg, Brief an Goethe vom 7.10.1793 (siehe Joost et al (eds) [GCL]/IV:162/3)).

140 So Goethe [BzO]/1:§ 20; eine solche Sichtweise war um 1800 unter Farbästheten und Malern wie Anton Raphael Mengs, Johann Leonhard Hoffmann und Philipp Otto Runge weit verbreitet, wenn auch nicht ausdrücklich in der Begrifflichkeit der Komplementärfarben (Mengs [PUiM]:72/3, Hoffmann [VGMH]:98 (§ 92), Runge [FCVA]:19-20 (§ 1, § 4)). Für einen modernen Blick auf derartige Positionen siehe Pietsch [GFuA].

Das ist eine ungeheuer weitgehende Behauptung, auf deren interdisziplinäre Untermauerung Goethe stolz gewesen ist.[141]

Im vorliegenden Buch soll es nur um die Spitze des farbkomplementären Eisbergs gehen – um die Physik und Chemie der komplementären, entgegengesetzten bzw. geforderten Farben. Welche Terminologie auch immer wir bevorzugen, es liegt auf der Hand, wie sich die so beschriebenen Sachverhalte in den optischen Polaritätsgedanken einbauen lassen, den ich im augenblicklichen Kapitel beleuchten muss. Mit Blick auf das doppelte Experiment aus §1.3.2 (Farbtafel 3) kann man diesen Schachzug so auf den Punkt bringen: Die Umkehrung der Polarität in den Versuchsbedingungen (also die Vertauschung der Rollen von Finsternis und Licht, Schwarz und Weiß, Dunkelheit und Helligkeit) führt in dem Sinne zu einer Umkehrung der Versuchsergebnisse, dass sich alle aufgefangenen Farben in ihre jeweilige Komplementärfarben verwandeln.

Strukturell liegen hier dieselben Verhältnisse vor wie bei dem grundlegenden Experiment zum Magnetismus (Farbtafel 1 links). Auch dort verwandelten sich bei Umkehrung der Polarität eines Magneten die Versuchsergebnisse (z. B. Abstoßungskräfte) in ihr Gegenteil (z. B. Anziehungskräfte). Damit dürfte verständlich geworden sein, wie Goethe auf die Idee kommen konnte, in der Optik ebenfalls auf Polaritäten abzuzielen. In seinen Worten:

> »Die Notwendigkeit [...] einer solchen Zeichensprache [...] hat man recht gut gefühlt, indem man die Formel der Polarität, dem Magneten abgeborgt, auf Elektrizität u. s. w. hinüber geführt hat. Das Plus und Minus, was an dessen Stelle gesetzt werden kann, hat bei so vielen Phänomenen eine schickliche Anwendung gefunden [...] So haben auch wir *seit langer Zeit* den Ausdruck der Polarität in die Farbenlehre einzuführen gewünscht«.[142]

Die hier zitierten Sätze veröffentlichte Goethe erst im Jahr 1808, doch strich er zu diesem späten Datum die lange Zeit heraus, die er auf seinem Pfad bereits unterwegs gewesen war. Und damit hatte er recht. Wie eingangs in diesem Kapitel dargetan schrieb er angesichts der prismatischen Farben bereits in den *Beyträgen zur Optik* aus den Jahren 1791/2 von Polen und Magnetna-

141 So noch zwölf Jahre nach Ritters Tod (Goethe, Brief an Henning vom 23. 3. 1822 (siehe Goethe [WA]/IV.35:293)). Dass er von Anfang in ähnliche Richtungen zielte, ergibt sich auch aus frühen Belegen (z. B. Goethe [vFS]:70, 75).

142 Goethe [EF]:§ 756/7; meine Hervorhebung.

deln; ein Jahr später nutzte er wohl zum ersten Mal in diesem Zusammenhang ausdrücklich das abstrakte Substantiv »Polarität«.[143]

An die Öffentlichkeit trat er mit diesem Gedanken im Jahr 1798:

> »Bisher konnte der Mahler die Lehre des Physikers von den Farben nur anstaunen, ohne daraus einigen Vortheil zu ziehen; das natürliche Gefühl des Künstlers aber, eine fortdauernde Übung, eine praktische Nothwendigkeit führte ihn auf einen eignen Weg, er fühlte die lebhaften Gegensätze, durch deren Vereinigung die Harmonie der Farben entsteht, er bezeichnete gewisse Eigenschaften derselben durch annähernde Empfindungen, er hatte warme und kalte Farben, Farben die eine Nähe, andere die eine Ferne ausdrücken, und was dergleichen Bezeichnungen mehr sind, durch welche er diese Phänomene den allgemeinsten Naturgesetzen auf seine Weise näher brachte. Vielleicht bestätigt sich die *Vermuthung, daß die farbigen Naturwirkungen, so gut als die magnetischen, elektrischen und andere, auf einem Wechselverhältniß, einer Polarität, oder wie man die Erscheinungen des Zwiefachen [...] in einer entschiedenen Einheit nennen mag, beruhen*«.[144]

Nicht viel später formulierte Goethe dieselbe Idee abermals, und zwar im knappen Telegrammstil einer Vorform seiner »Confession des Verfassers« (erst 1810 erschienen), wo er schon im Jahr 1800 die Geschichte seiner eigenen Farbenforschung beschrieb:

> »Dualismus [...]. Möglichkeit des Anschließens an alles übrige«.[145]

Wie aus den Zitaten des augenblicklichen Paragraphen hervorgeht, hat Goethe nicht überall scharf zwischen Dualismus, Dualität, Polarität, Zweiheit usw. unterschieden.[146] Wenn er also im letzten Zitat den optischen Dualismus der Farbenwelt an alles übrige anschließen wollte, dann haben wir hier wieder die Idee vor uns, Schwarz und Weiß sowie die Komplementärfarben nicht anders zu behandeln als den Dualismus bzw. die Polarität am Magneten.

143 Goethe [LA]/I.3:240 sowie Goethe, Brief an Soemmerring vom 2.7.1792 (siehe Goethe [WA]/IV.9:316/7; für den Wortlaut s. u. §1.4.5).

144 Goethe [EiP]:15/6; meine Hervorhebung.

145 Goethe [GAVi]:364.

146 Vergl. z. B. Goethe, Brief an Soemmerring vom 2.7.1792 (siehe Goethe [WA]/IV.9:317) mit Goethe, Brief an Schiller vom 14.7.1798 (siehe Goethe [WA]/IV.13:204/5) – für den Wortlaut s. u. §1.4.5 und §1.4.6.

Worauf dieser Plan für die Optik hinauslaufen müsste, werde ich zum Abschluss dieses Kapitels skizzieren.

Vertiefungsmöglichkeit. So plausibel die Analogie zwischen Magneten und Spektren auf den ersten Blick gewesen sein mag, so schwer ist es, sie mit den Mitteln der Goethezeit zu präzisieren. Gleichwohl gab es um das Jahr 1800 gute Gründe zugunsten der Analogie. Beispielsweise zeigt ein Stabmagnet genau in der Mitte keine magnetischen Wirkungen; dem ähnelt die farblose, weiße Mitte zwischen dem kalten und dem warmen Pol der Spektren (Farbtafel 2 rechts) – jedenfalls bei dem von Goethe bevorzugten Abstand vom Prisma. In beiden Fällen könnte man von einem Neutralisationspunkt sprechen, aber es würde einige Mühe kosten, Newtons Spektrum mit dem grünen Zentrum (Farbtafel 2 links) in diesem Schema unterzubringen.[147] In seinem Arbeitsjournal hat sich Ritter übrigens in den Jahren 1800/1 einige verwirrende Notizen zu einer solchen Analogie gemacht.[148]

Die grüne Mitte aus Newtons Spektrum

§ 1.3.6. Bislang haben wir nur ein einziges experimentelles Beispiel aus der Optik betrachtet, wo sich die Polaritätsidee so einsetzen lässt wie z. B. beim Magneten. Goethes Plan reicht wesentlich weiter; er steht und fällt mit der Anwendbarkeit der Polaritätsidee auf viele weitere Experimente in der Optik. Denn in der Naturwissenschaft haben wir es nie auf Einzelfälle abgesehen; wir interessieren uns für allgemeine Gesetzmäßigkeiten. Auch Goethe hat es so gesehen.[149]

Newton hatte Dutzende von Experimenten veröffentlicht, mit denen seine nicht-polare Theorie der Optik gut zurandekommt.[150] Wie dargelegt hatte er z. B. nicht die geringsten Probleme, ein Versuchsergebnis zu erklären, in dem der ursprüngliche weite Abstand zwischen Auffangschirm und Prisma verkürzt ist (Abb. 1.2.7) und das Goethe zum Ausgangspunkt für seine polare Sichtweise machen sollte. Das legt es nahe zu fragen, ob sich auch umgekehrt Goethes Sichtweise dazu eignet, Newtons ursprüngliches Experiment zu erklären (Farbtafel 1 rechts).

Goethe beantwortete diese Frage positiv – er zeichnete sogar im Lauf der Jahre mehrere Farbtafeln, aus denen seine Erklärung nach und nach hervor-

147 Zu Goethes späteren Versuchen, Magnetismus und Spektralfarben per Analogie zusammenzubringen, s. u. § 1.4.8; zu einer – anachronistischen – Stärkung der Analogie mit elektromagnetischen Mitteln s. u. § 6.4.8k.

148 Ritter, Arbeitsjournal unter dem 21. 4. 1800 und 24. 1. 1801 (siehe Ritter [VD]:20, 27; 90, 93).

149 Siehe z. B. in den Jahren 1792/3 Goethe [BzO]/2:50/1 (für den Wortlaut s. o. § 1.3.2), Goethe [VaVv]/A:19 und Goethe [üNHD]:157.

150 Newton [O], Book I.

tritt; die bekannteste findet sich unter den Tafeln zur *Farbenlehre*, deren Vorform er an Ritter gesandt hatte und mein Buchcover ziert.[151] Die Hauptschwiergkeit für Goethe bestand darin zu erklären, woher in Newtons Grundexperiment die grüne Mitte aus dem Spektrum stammt:

Blauviolett
Türkis
Grün
Gelb
Rot (Farbtafel 2 links).

Den Rest dieses Newtonspektrums konnte er aus seiner polaren Sichtweise problemlos verständlich machen. Der obere Teil des Newtonspektrums bestünde demzufolge aus den kalten Farben Blauviolett und Türkis, also aus den Wirkungen, die sich bei prismatischer Brechung einer bestimmten Schwarz/Weiß-Polarität ergibt; und der untere Teil des Newtonspektrums bestünde aus den warmen Farben Gelb und Rot, also aus den *entgegengesetzten* Wirkungen, die sich bei prismatischer Brechung der *umgekehrten* Weiß/Schwarz-Polarität ergeben.

Um nicht missverstanden zu werden: Aus heutiger Sicht herrscht zwischen den beiden Enden des Newtonspektrums kein physikalisch bedeutsamer Gegensatz; seinem blauvioletten Ende korrespondieren Lichtstrahlen mit einer Wellenlänge von ca. 380 Nanometern; am gegenüberliegenden, roten Ende sind es ca. 780 Nanometer – es handelt es sich einfach nur um die Enden des zufälligerweise sichtbaren Ausschnitts aus dem gesamten elektromagnetischen Spektrum.[152] Doch bedenken Sie: Zum augenblicklichen Zeitpunkt meiner Darstellung (vor 1800) wusste kein Mensch, dass das sichtbare Spektrum auf beiden Seiten unsichtbar weitergeht.

Wenn wir die heutige Sichtweise noch nicht voraussetzen, gilt: So wie Newton für seine Erklärung voraussetzen durfte, dass die obigen fünf Farben ohne jede innere Symmetrie im weißen Licht stecken, so durfte Goethe für die seinige voraussetzen, dass in prismatischen Experimenten ein farbiger Gegensatz waltet und dass – bei einer bestimmten Orientierung der Grenze von Dunkelheit und Helligkeit – direkt hinter dem Prisma die kalten Farben hervortreten, bei Umkehrung dieser Grenze aber die warmen Farben.

151 Goethe [EzGF]:65 (Tafel V); vergl. Ritter (ed) [SGRv]:729, 759, Tafel 3.

152 Für etwas mehr Einzelheiten zur heutigen asymmetrischen Sicht des Spektrums s. u. §3.5.9.

Soweit war die Angelegenheit einfach; lediglich die grüne Mitte des Newtonspektrums konnte Goethe aus seiner polaristischen Sichtweise nicht ohne weiteres ablesen. Dennoch ließ sie sich aus ihr verständlich machen (Farbtafel 5 oben). Dafür musste Goethe nur darlegen, dass sich die kalt- bzw. warmfarbigen Kantenspektren, die bereits unmittelbar hinter dem Prisma erscheinen, bei zunehmendem Abstand aufspreizen – bis an den Punkt, wo der gelbe Teil des unteren, warmfarbigen Kantenspektrums den türkisen Teil des oberen, kaltfarbigen Kantenspektrums erst berührt und dann durchdringt. In Goethes Worten aus dem Jahr 1791:

> »man wird in der Mitte [...] ein schönes Papageigrün erblicken, weil Gelb und Blau sich strahlend vermischen«.[153]

Was Goethe hier als Blau bezeichnet hat, ist wegen der Geometrie der Situation der untere Teil des kaltfarbigen Kantenspektrums, also in meiner Farbterminologie Türkis. Und wo sich Gelb und Türkis überlagern, da entsteht laut Goethe ihre Mischung: Grün.

Vertiefungsmöglichkeit. Werfen wir einen genaueren Blick auf eine Behauptung, die der durchgeführten Überlegung zugrundeliegt: So wie Newton für seine Erklärung voraussetzen durfte, dass sich alle bunten Farben seines Spektrums unter ganz bestimmten Randbedingungen (etwa in der Mitte des Experiments von Goethe bei Position 2, Farbtafel 5 oben) weiß mischen, so durfte Goethe für die seinige voraussetzen, dass sich bestimmte Farben unter ganz bestimmten Randbedingungen grün mischen. Stimmt diese Behauptung? Selbstverständlich mischen sich Gelb und Türkis unter newtonischen Randbedingungen nicht grün; wer einen gelben Strahl aus Newtons Spektrum aussondert und zusammen mit einem ausgesonderten türkisen Strahl auf einen weißen Schirm wirft, bekommt kein papageienhaftes Grün, sondern einen hässlichen Grauton, der unter bestimmten günstigen Umständen sogar weiß erscheint.[154] Doch dieses Mischverfahren bietet eine Mischung *nach den Spielregeln* der newtonischen Theorie; vielleicht gibt es andere Bedingungen, unter denen Goethes Mischung sehr wohl funktioniert. Viel hängt davon ab, was die Rede vom Mischen überhaupt bedeuten soll. Dass unter den Spielregeln anderer Theorien auch andere Mischungsgesetze und Mischungsvorschriften gelten, hat sich insbesondere bei Nussbaumers unordentlichen Spektren gezeigt.[155] Wie sich diese Einsicht auf Mischungsgesetze in polaren Theorien auswirken müsste, ist meines Wissens bislang ungeklärt. In den hier zi-

153 Goethe [BzO]/1:§ 58. Ähnlich im Jahr 1793 (siehe Goethe [LA]/I.3:146).

154 So jedenfalls beschrieb es mit einem leichten Hauch von Grünlichkeit (ohne Bezug zu Goethe) Wünsch [VBüF]:17. Kritik an Goethes Grünmischung, die angeblich nach Newtons Spielregeln zu beurteilen ist, bietet z. B. Wenzel in Goethe [FA]/23.2:389.

155 Nussbaumer [zF]:133, 161.

tierten, frühen Texten redete Goethe noch einigermaßen unbedarft vom Mischen – in der *Farbenlehre* formulierte er zuweilen vorsichtiger:

»Erreicht […] der gelbe Saum den blauen Rand über das weiße Bild, so *entsteht* Grün«.[156]

Dass die schlichte Rede vom Mischen alles andere als unschuldig ist, war ihm nur zu bewusst. Weiter hinten im Text umkreiste er den gemeinten Vorgang, ohne sich auf einen Begriff festzulegen; stattdessen sprach er von »Vereinungen (Vermischungen, Verbindungen, wie man es nennen will)«.[157]

* * *

Darf ich mich nach den selbstgesetzten Regeln der zeitlichen Kohärenz (§ 1.1.11) auf eine kolorierte Zeichnung (Farbtafel 5 oben) stützen, die erst während der Kooperation zwischen Goethe und Ritter entstanden ist? Ja; denn die Einsichten, die auf dieser Zeichnung zum Vorschein kommen, hat Goethe sicher nicht von Ritter übernommen. Im Gegenteil, er hat die Zeichnung Ritter zugesandt (§ 3.2.1), also war ihr Inhalt für Ritter neu, nicht für Goethe. Zudem hatte Goethe die Sache längst ausgearbeitet, wie ich als nächstes zeigen möchte.[158]

Grün und Purpur

§ 1.3.7. Im vorigen Paragraphen ist die Strategie zutagegetreten, mit der Goethe versucht hat, Newtons Überlegungen die Beweiskraft zur rauben. Er musste nicht bestreiten, dass Newtons Erklärungen zu irgendwelchen Experimenten passen; ihm kam es nur darauf an darzulegen, dass zu denselben Experimenten auch mindestens eine andere Erklärung passt, und zwar diejenige, derzufolge die Polaritäten zwischen Helligkeit und Dunkelheit sowie zwischen warmen und kalten Komplementärfarben eine Schlüsselrolle spielen.[159]

Ich muss es offenlassen, ob Goethes Strategie bei allen Experimenten Newtons aufgeht.[160] Stattdessen möchte ich zum Abschluss dieses Kapitels die Polaritätsidee anhand eines weiteren optischen Experiments vorführen, das für Goethes Zusammenarbeit mit Ritter eine gewisse Bedeutung gewinnen

156 Goethe [ETN]:§ 109; meine Hervorhebung; siehe aber das Verbum »verbinden« in Goethe [ETN]:§ 500.

157 Goethe [EF]:§ 707.

158 Siehe auch folgende Vorformen der kolorierten Zeichnung, die Goethe an Ritter sandte: Matthaei (ed) [ZzF]: No. 212 (abgebildet auf Tafel XCIIr, dazu p. 66), No. 208 (abgebildet auf Tafel LXVII, dazu p. 65), No. 366 (abgebildet auf Tafel LXXVI, dazu p. 99), No. 221 (abgebildet auf Tafel LXXXVII, dazu p. 68).

159 Wie skeptisch Goethe insgesamt die Beweiskraft von Experimenten einschätzte, hat er schon 1792 zu Protokoll gegeben (Goethe [VaVv]/A:15). Siehe auch § 1.2.5k.

160 Das hat z. B. der Physik-Nobelpreisträger Max Born bestritten, indem er einerseits auf Newtons Weißsynthese verwies, andererseits auf dessen *experimentum crucis* (Born [BzF]:37). Während Born bei der Weißsynthese falsch lag (O. M. [GcNo]:90-93), ist es meines Wissens bis heute ungeklärt, wie man das *experimentum crucis* im Rahmen der polaren Sichtweise Goethes erklären soll.

sollte. Um die Grundidee des neuen Experiments einzuführen, erinnere ich noch einmal an die vertauschungssymmetrische Struktur des polaren Denkens, die ich zunächst anhand von Magneten beleuchtet und dann mit Goethe auf die Optik übertragen habe:

> (P) Bei Umkehrung der Polarität in den Versuchsbedingungen eines Experiments (durch Vertauschung entgegengesetzter Pole) kehren sich auch die Versuchsergebnisse in ihr Gegenteil um – wobei es in jedem eigenen Phänomenbereich jedesmal aufs neue den Gesichtspunkt zu explizieren gilt, hinsichtlich dessen von Umkehrung geredet werden soll.[161]

Wohlgemerkt, dies soll kein allgemeines Gesetz im strengen Sinne der Logik darstellen – nicht bei allen Experimenten lässt sich eine Vertauschungssymmetrie im Sinne von (P) aufzeigen; vielmehr bietet (P) eine Leitidee, deren Befolgung die Arbeit beim Experimentieren, Idealisieren und Theoretisieren in eine ganz bestimmte Richtung lenkt, also ein ganz bestimmtes Forschungsprogramm umreißt.

Wenden wir diese Leitidee auf Newtons Grundexperiment an (Farbtafel 1 rechts). Zwar lassen sich im Großteil des dort aufleuchtenden Newtonspektrums:

> Blauviolett
> Türkis
> *Grün*
> Gelb
> Rot (Farbtafel 2 links),

insofern polare Gegensätze erkennen, als sein oberer kaltfarbiger Teil als polares Gegenstück zu seinem unteren warmfarbigen Teil angesehen werden kann (wenn man überhaupt bereit ist, sich auf die alternative, polaristische Sicht einzulassen). Doch obwohl Goethe auch die so noch nicht polar erfasste grüne Mitte des Newtonspektrums als Mischungsergebnis zu erklären wusste (Farbtafel 5 oben), kann diese Erklärung sogar unter den Vorzeichen der Polarität nicht voll und ganz befriedigen. Immerhin ist Grün eine Farbe im eigenen Recht – und wo bleibt ihr Gegenteil, ihre Komplementärfarbe? Eine

161 Bei der Rede von Farben und Polaritäten hat Goethe immer wieder die Umkehrung der jeweiligen Effekte herausgestrichen. Beispielsweise charakterisierte er die Farben an einer prominenten Stelle in der Einleitung zur *Farbenlehre* als ein »der Umwendung Fähiges« (Goethe [EF]:22); ähnlich noch im Herbst 1820 (Goethe [EF]/a:99 (§ VIII)).

vollgültige Polarität im Sinne des Prinzips (P) läge nur vor, wenn das Grün als Wirkung von Effekten angesehen werden kann, deren Gegenteil auch eine gegenteilige Farbe liefert.

Aus diesem berechtigten Einwand lässt sich ablesen, in welche Richtung Goethe vom polaren Denken gezogen werden musste. Wie er zu zeigen hatte, führt eine Vertauschung der Rollen von Helligkeit und Dunkelheit in den Versuchsbedingungen des newtonischen Grundexperiments polarerweise zu einer Umkehrung aller Versuchsergebnisse:

Schwarz **Weiß** **Schwarz** als Versuchsbedingung vor dem Prisma in Newtons Grundexperiment liefert	**Weiß** **Schwarz** **Weiß** als Versuchsbedingung vor dem Prisma im umgekehrten Experiment liefert
Schwarz	*Weiß*
Blauviolett	*Gelb*
Türkis	*Rot*
Grün	*?*
Gelb	*Blauviolett*
Rot	*Türkis*
Schwarz	*Weiß*

In der rechten Hälfte dieser Tabelle habe ich alle Komplementärfarben zu den links vermerkten Farben eingetragen, denen wir schon begegnet sind und die man angesichts der polaren Leitidee (P) erwarten darf; nur bei Newtons grüner Mitte im Spektrum habe ich eine Lücke gelassen. Und so fragt sich: Was ist die Komplementärfarbe zu Grün?

Wie gehabt lässt sich das mithilfe eines Nachbild-Experiments herausfinden (Farbtafel 5 unten). Wer lange genug einen spektralgrünen Kreis fixiert, dem erscheint nach Umwendung des Blicks auf eine weiße Fläche ein purpurnes Nachbild – Grün und Purpur sind Komplementärfarben; Goethe wusste das schon lange durch die Beobachtung farbiger Schatten in freier Natur und hatte sich dessen experimentell vergewissert.

Wenn die entfalteten Überlegungen zur Polarität in der Optik vor dem Hintergrund damaliger Standards nicht völlig haltlos sind, dann muss sich bei Umkehrung des newtonischen Experiments ein Spektrum mit purpurner Mitte auffangen lassen:

Schwarz **Weiß** **Schwarz** als Versuchsbedingung vor dem Prisma in Newtons Grund-experiment liefert	**Weiß** **Schwarz** **Weiß** als Versuchsbedingung vor dem Prisma im umgekehrten Experiment liefert
Schwarz	*Weiß*
Blauviolett	*Gelb*
Türkis	*Rot*
Grün	*Purpur*
Gelb	*Blauviolett*
Rot	*Türkis*
Schwarz	*Weiß*

Rein theoretisch war Goethe klar, was getan werden musste, um diese polaren Versuchsergebnisse zu gewinnen. Doch in der Praxis ist die Sache einigermaßen schwierig geworden.

Vertiefungsmöglichkeit. Nach eigener, späterer Aussage aus dem Jahr 1808 hatte Goethe den Gegensatz zwischen Grün und Purpur beim Abstieg vom Brocken beobachtet.[162] Etwas unsicherer sind die Indizien aus der Zeit des Abstiegs selbst. In seiner »Harzreise im Winter« – einem frisch unter dem Reiseeindruck entstandenen poetischen Echo des Erlebten – beschrieb Goethe die Farben der beobachteten Schatten nicht ausdrücklich, sondern wenn überhaupt, dann nur mit Anspielungen. Dort bat er die hymnisch angesprochene Gottheit um morgendliche »Goldwolken« für den Einsamen, die dem »Wintergrün« einen offenbar fast komplementären Farbton entgegensetzen sollten, bis »die Rose wieder heranreift«; deren Blütenfarbe kann man sich zart purpurn denken.[163] Der Farbverlauf von einem war-

162 Hierzu und zum folgenden siehe Goethe [EF]:§75. Goethe reproduzierte die fraglichen Komplementärverhältnisse 1792 im Experiment mit farbigen Schatten und spätestens 1794 im Nachbildexperiment (Goethe [vFS]:75 und Goethe [BB]:265, vierter Versuch).

163 Goethe [HiW]/F:323. Selbstredend gab es auch zu Goethes Zeiten Rosen in den verschiedensten Farben, doch scheint er mit Ausdrücken wie »rosenfarb« zuallererst ein blasses Purpur oder Magenta bezeichnet zu haben, so dass auch sein Gebrauch des Wortes »Rose« entsprechende Farbassoziationen weckt.

men – goldenen – Morgenrot im gegenwärtigen Winter bis zur weit kühleren Rosenfarbe im erwarteten Sommer könnte den abendlichen Farbverlauf widerspiegeln, den Goethe beim Abstieg vom Brocken erlebt hat; farblich freilich entsprächen die dort zuletzt meergrünen Schatten dem Immergrün aus der »Reise im Winter« nur grob, zumal das Bild eines zeitstabilen *Immer*grüns in einem starken Kontrast zur Flüchtigkeit der farbigen Schatten steht: Dem Einsamen, für den der Autor im Gedicht betet, scheint Goethe das volle Farberlebnis nicht zu gönnen oder zuzutrauen, das ihm selber beim Abstieg vom Brocken zuteil wurde – falls diese kurze Passage aus dem langen Gedicht überhaupt einen Widerhall der dort gesehenen farbigen Schatten bietet.[164] Wie dem auch sei, schon im Sommer 1792 (also lange vor Ritters Ankunft in Jena) hat Goethe die farbigen Schatten systematisch dargestellt und kurz darauf in die Komplementärverhältnisse seiner sich entfaltenden Farbentheorie eingeordnet.[165]

Wasserprisma

§ 1.3.8. Aus den Überlegungen des vorigen Paragraphen ergibt sich folgender Versuchsplan. Wo Newton sein Prisma beleuchtet hatte (hinter der Lochblende im Fensterladen), da musste Goethe für Finsternis sorgen; und wo Newton sein Prisma in Dunkelheit getaucht hatte (überall, nur nicht hinter der Lochblende), da musste Goethe es ausleuchten. Folgerichtig riss er den Fensterladen auf und klebte eine kleine Pappscheibe als Schattenwerfer in der Mitte auf das Prisma, also exakt dort, wo Newton seine Lochblende aufgetan hatte.[166]

Diesem klaren Plan stellen sich eine Reihe von Hindernissen in den Weg; zunächst sieht man alles, nur nicht das erwartete Komplementärspektrum. Warum nicht? Wie wir heute wissen, ist es einerseits zu blass, um auf Anhieb erkannt werden zu können; andererseits wird es von anderen Farben verschlungen, die mit der Sache nichts zu tun haben – von Störfarben, die an den Rändern des Prismas entspringen.

Es war alles andere als einfach, das erwartete Versuchsergebnis doch noch aufzuweisen. Aber nachdem er einige Schwierigkeiten überwunden hatte, konnte Goethe den Erfolg verbuchen (Farbtafel 7 rechts). Die Hauptschwierigkeit hatte darin bestanden, die Störfarben von den Rändern des Prismas in

164 So interpretiert es Kühl [HRD]:143-145 *et passim*. Seine Deutung (die ich oben ein wenig weitergeführt habe) ist bei aller Unsicherheit in solchen Angelegenheiten deshalb nicht unplausibel, weil Goethe selber das Gedicht mit dem Abstieg vom Brocken verbunden hat, auch wenn er diese Verbindung nicht bis hin zu den farbigen Schatten zog (Goethe [FA]/1:1038). Sollte Eibl recht haben, dass Goethe mit dem »Immergrün« aus dem Gedicht an die Lorbeeren des Dichters bzw. an Efeu anspielte (Eibl in Goethe [FA]/1:1043), so ließe sich der Farbton des zugehörigen farbigen Schattens gut bestimmen.

165 Matthaei [CF]:79-80 mit Bezug auf Goethe [üEFI]; vergl. Goethe [vFS]:71-77.

166 Goethe [EF]:§ 331.

Abb. 1.3.8a: Goethes Wasserprisma.
In Goethes naturwissenschaftlichen Sammlungen sind zahllose Geräte für optische Experimente erhalten, darunter Dutzende von Prismen. Das größte dieser Prismen ist das hier gezeigte Wasserprisma. [Goethe Nationalmuseum; Archivnummer: GNF 0089; Photo: Klassik-Stiftung Weimar].

den Hintergrund zu drängen. Sie ließen sich nicht beseitigen, wohl aber zur Seite schieben.

Wie das? Goethe musste sich ein größeres Prisma verschaffen. Je größer das Prisma ist, desto weiter treten die störenden Randfarben auseinander und machen dazwischen den Platz frei für die ungehinderte Entfaltung des komplementären Spektrums, auf das es Goethe abgesehen hatte. Aus der Rückschau schrieb er dazu in seiner »Confession des Verfassers« am Ende der *Farbenlehre*:

> »Die Kleinheit der Prismen stand mir im Wege. Ich ließ ein größeres aus Spiegelscheiben zusammensetzen, durch welches ich nun, vermittelst vorgeschobener ausgeschnittener Pappen, alles [...] hervorzubringen suchte«.[167]

167 Goethe [MzGF]:422.

Hier ist die Rede von einem prismenförmigen Hohlkörper aus hochwertigem Glas, der sich bis heute in den naturwissenschaftlichen Sammlungen Goethes findet und Kanten von 22 cm Länge aufweist (Abb. 1.3.8a). Für optische Experimente musste man diesen Hohlkörper mit Flüssigkeiten wie z. B. Wasser füllen. Zwar zieht Wasser die Farben des Lichts schwächer auseinander als Glas, aber es war seinerzeit technisch ausgeschlossen, einen gleich großen und hinreichend homogenen Glaskörper zu gießen, ohne störende Schlieren, Blasen usw. Und die Störungsfreiheit war für den Erfolg dieser optischen Experimente wichtiger als die Stärke der Dispersion.

Misslicherweise können wir der zitierten Aussage, die im Jahr 1810 erschien, nicht entnehmen, wann Goethe den entscheidenden Schritt vollzogen und das umgekehrte Spektrum mittels seines großen Prismas auf den Schirm geworfen hatte. Doch hat er das Wasserprisma bereits im Jahr 1792 beschrieben und dessen Konstruktionsskizze auf einer eigenen Tafel veröffentlicht (Abb. 1.3.8b). Beinahe wie in einer Werbebroschüre schrieb Goethe:

> »Ein solches Gefäß ist zu allen prismatischen Versuchen brauchbar, *zu einigen unentbehrlich*, und ich wünschte, daß diejenigen meiner Leser, welche Neigung haben, dem Faden meines Vortrags zu folgen, sich je eher je lieber damit versehen möchten«.[168]

Nun lassen sich die allermeisten prismatischen Experimente, die Goethe beschrieben hat, mühelos mit kleinen Prismen durchführen – mit Ausnahme des Experiments zur Erzeugung des umgekehrten Spektrums auf einem Schirm. Daher können wir davon ausgehen, dass sich der hervorgehobene Ausdruck im Zitat genau auf diesen Fall bezieht und dass Goethe sein Ziel spätestens 1792 erreicht hatte. Die Polaritätsidee hat ihm den Weg zu diesem Ergebnis gewiesen: Weil er aus Gründen der Polarität auf dem Schirm ein komplementäres Spektum mit purpurner Mitte erwartete, hat er solange gearbeitet, bis sich die Erwartung erfüllte.

Damit bin ich mit meinem Gedankengang an einen Wendepunkt gekommen, an dem ein allererster Gewinn der polaristischen Betrachtungsweise registriert werden kann. Und zwar ist Goethe bei ihrer ausdauernden Verfolgung in die beneidenswerte Lage gekommen, einen experimentellen Effekt aufzeigen zu können, der zuvor nicht in der Welt gewesen ist: Das objektive, umgekehrte Spektrum (Farbtafel 7) ist ein neues Forschungsergebnis, dessen

168 Goethe [BzO]/2:40 (Abschnitt VII); meine Hervorhebung.

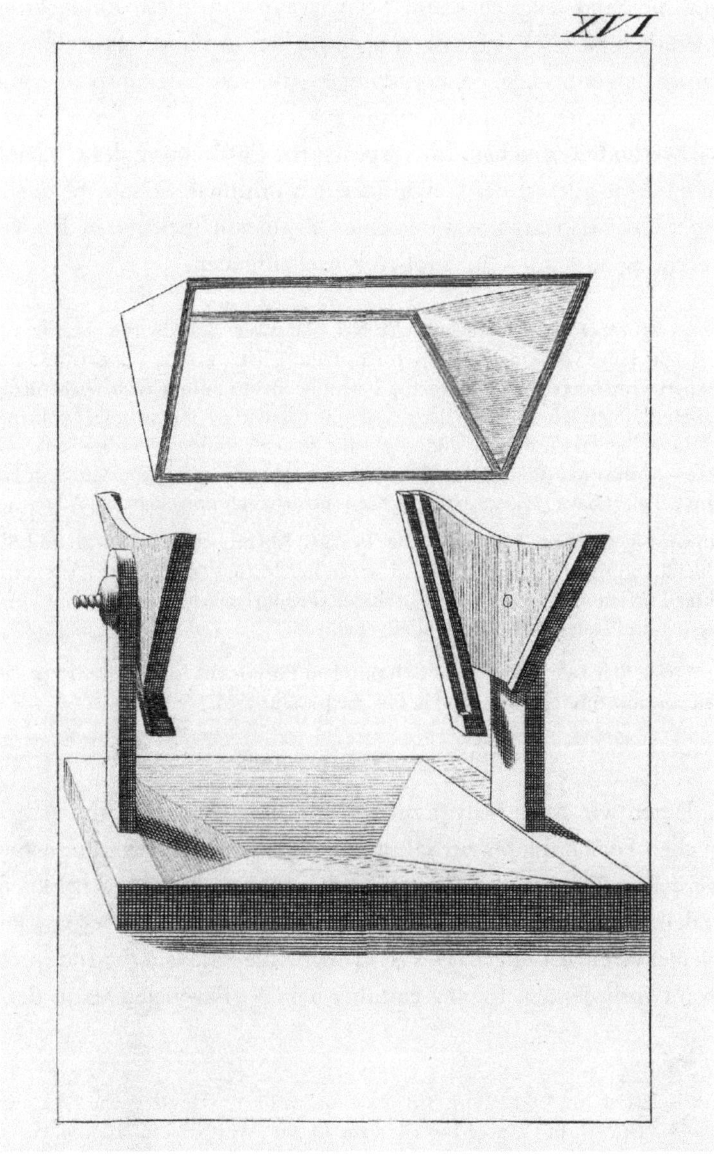

Abb. 1.3.8b: Konstruktionsschema für Goethes Wasserprisma.
In dieser Tafel aus dem Jahr 1792 zeigt Goethe die Bauzeichnung für sein großes hohles Wasserprisma, das von oben mit Wasser befüllt wurde. Mit kleineren Prismen ließ sich sein Komplementärspektrum (Farbtafel 7 rechts) nicht objektiv darstellen. [Photo: Universitätsbibliothek der Humboldt-Universität zu Berlin, Historische Sammlungen: 2942:tafe:'a':F8].

Existenz niemand leugnen kann. Selbst wenn ihm diese Entdeckung aufgrund letztlich falscher Voraussetzungen geglückt ist und selbst wenn sie sich auch unter newtonischen Voraussetzungen erklären lässt, muss man die Entdeckung fairerweise als einen Gewinn der tatsächlich befolgten – polaristischen – Methode verbuchen. Im Vergleich zur Entdeckung des Ultavioletten, für die dasselbe gilt, ist der Gewinn freilich minimal. Schon vor der Entdeckung des Goethespektrums waren eine Unzahl von Spektren in der Welt, die der Forschung allesamt keine großen Rätsel aufgaben.

Vertiefungsmöglichkeit. In der Tat war der Neuigkeitswert des Goethespektrums äußerst gering: Bereits lange vor seiner objektiven Darstellung hatte man das Spektrum im subjektiven Experiment beobachtet.[169] Goethe hat diese Beobachtung früh nachvollzogen.[170] Schon allein deshalb sah er sich in der Erwartung berechtigt, dass sich das Spektrum auch objektiv darstellen lassen müsse. Und er gab für dessen auffälligste Farbe – das Purpur in der Mitte – strukturell dieselbe Erklärung, die er zuvor für die grüne Mitte im Newtonspektrum geliefert hatte, selbstverständlich mit polaristisch umgekehrten Vorzeichen:

> »man wird in der Mitte [...] ein schönes Papageigrün erblicken, weil Gelb und Blau sich strahlend vermischen. Ebenso werden wir in der Mitte des schwarzen Streifens in gedachter Entfernung ein schönes Pfirschblüt [Purpur] sehen, weil die Strahlungen des Violetten und Roten sich miteinander vereinigen«.[171]

Dass purpurne Schatten farbsystematisch mit dem Purpur aus (subjektiven) Prismenexperimenten zusammenhängen, vermerkte Goethe im Jahr 1793.[172]

Fazit und Farbenkreis

§ 1.3.9. Treten wir einen Schritt zurück. In seiner optischen und farbwissenschaftlichen Forschung bis zur Jahrhundertwende – also bis zu seinem ersten nachweisbaren Kontakt mit Ritter – suchte Goethe gezielt nach Experimenten, in denen sich Polaritäten zwischen Hell und Dunkel sowie zwischen den Komplementärfarben zeigen. Das ist in aller Kürze die Goethe-Interpretation, die ich im vorliegenden Kapitel entfaltet habe.[173] Für viele Details der Inter-

169 Lucas, Brief an Oldenburg für Newton vom 17.5.1676 (siehe Turnbull (ed) [CoIN]/II:10/1). Für einige Details siehe O. M. [ML]:§ II.3.16-§ II.3.19.

170 Goethe [BzO]/1:§ 59, Schema 4; Goethe [üFWb]:180, Phänomen f und h (§ 55).

171 Goethe [BzO]/1:§ 58.

172 Goethe [vFS]:75

173 Goethe machte seine polaristischen Ziele auch später klar, insbesondere an vielen Stellen der *Farbenlehre*, die im Jahr 1808 veröffentlicht wurden – zunächst in Vorwort und Einleitung noch ohne ausdrückliche Verwendung des Ausdrucks (Goethe [V]:4, Goethe [EF]:22), weiter hinten völlig explizit (z. B. Goethe [EF]:§ 453, § 756/7). Siehe dazu O. M. [GPoL], Abschnitt 5.

pretation spricht ein früher Entwurf der bereits zitierten »Confession« aus dem Jahr 1800:

> »Die Erscheinung ist bloß an den Rändern. In einem Gegensatze. Daß durch Verbindung der Gegensätze das Spektrum erst entsteht, wird klar, so wie daß hier eine Polarität im Spiele sei. Man erinnert sich an das Warme und Kalte der Maler [...] Der Purpur wird gefunden, das Verhältnis dieser Erscheinung zu farbigen Flächen wird untersucht. Großes Prisma zu den Objektivversuchen«.[174]

In diesem Forschungsbericht findet sich nahezu alles, was im augenblicklichen Kapitel mein Thema gewesen ist. Zunächst strich Goethe heraus, dass die beiden Teilexperimente mit den Kantenspektren grundlegend sind; dann betonte er deren polare Gegensätzlichkeit. Als nächstes erwähnte er die Entdeckung des Purpurs im umgekehrten Spektrum und kam schließlich auf sein großes Wasserprisma zu sprechen, das für die objektive Darstellung dieses farbwissenschaftlichen Blickfangs unentbehrlich war.

Nachdem Goethe das Purpur objektiviert hatte, standen ihm alle Spektralfarben zur Verfügung, die er für eine übersichtliche Darstellung der Farbenwelt benötigte. So zeigte er in seinem berühmten sechsteiligen Farbenkreis alle herausragenden Farben der verschiedenen Prismenexperimente; in einer modernen Rekonstruktion durch den Maler und Farbforscher Ingo Nussbaumer lassen sich die Farben besonders gut erkennen (Farbtafel 8). Links stehen die beiden Farben Gelb und Rot aus dem warmen Kantenspektrum, rechts gegenüber Hellblau und Blauviolett aus dem kalten Kantenspektrum; unten treffen sich Gelb und Hellblau, um sich wie im Newtonspektrum zu einem Grün zu mischen – oben treffen sich Rot und Blauviolett, um sich wie im Komplementärspektrum zu einem Purpur zu mischen.

Wenn dieser Farbenkreis nur sechs Farben umfasst, so ist dies das Minimum des Sinnvollen. Laut Goethe kann man zwischen je zwei Farbfelder des Kreises immer wieder gemischte Zwischentöne einschieben, und im Prinzip könnte man den Kreis mit kontinuierlichen Farbverläufen ausmalen.[175] Wieviele Farben auch immer hinzugefügt werden, stets bietet der resultierende Farbenkreis eine griffige Übersicht über farbige Komplementärverhältnisse: Wer von einer

174 Goethe [GAVi]:363.

175 Goethe [EzGF]:43; vor kurzem hat der Farbforscher Ferdinand Wülfing auf dieser Grundlage einen sechzigfach abgestuften Farbenkreis in Goethes Stil veröffentlicht (Wülfing [FGS]).

der Farben eine Durchschnittslinie durch den Kreismittelpunkt zieht, kommt auf der gegenüberliegenden Seite bei ihrer Komplementärfarbe an.

Steigerung bei Goethe

§ 1.3.10. Wäre die polare Farbkomplementärität das einzige Ordnungsmerkmal des Farbenkreises, so könnte man ihn nach Belieben drehen, ohne seine Botschaft zu stören; bei jeder beliebigen Ausrichtung des Kreises stehen sich Komplementärfarben diagonal gegenüber. Goethe hat den Kreis aber mit voller Absicht so dargestellt, dass Purpur oben erscheint und Grün unten (Farbtafel 8).

Darin liegt mehr Tiefsinn, als man meinen könnte; Goethe wollte nicht einfach nur seine Lieblingsfarbe auf- und Newtons Grün abwerten. Vielmehr zeigt der Kreis auf der linken und rechten Seite den zusätzlichen Ordnungsgedanken einer farblichen Steigerung nach oben: Unten links steht das blasse Gelb, rechts unten das blasse Hellblau; bei Bewegung von unten nach oben werden die Farben kräftiger und intensiver, indem sie sich ins Rötliche steigern.

Mit dieser Feststellung liegt Goethes zweigliedrige Formel von Polarität *und Steigerung* auf dem Tisch.[176] Das zweite Glied der Formel spielte für seine Naturwissenschaft von Anfang an eine bedeutende Rolle – und lässt sich allemal in seinen Dichtungen dingfest machen.[177] Es würde zu weit führen, ihr in ihren vielen Facetten nachzugehen; daher beschränke ich mich auf eine einzige Andeutung zu ihrem naturwissenschaftlichen Erkenntniswert.

Hätte Goethe seine physikalische Forschung nur an der Polaritätsidee ausgerichtet, also wie erläutert an einer bestimmten Sorte von Symmetrie, dann wäre das Ergebnis nicht reichhaltig genug, und zwar aus einem einfachen Grunde nicht, der noch in der heutigen Physik gilt: Wenn in den tiefsten Strukturen unserer Wirklichkeit (etwa im Elementarteilchenzoo) alles ganz und gar symmetrisch wäre, so gäbe es keinen Wandel und keine Vielfalt; erst durch Symmetriebrüche geschieht überhaupt irgendetwas.[178]

176 Besonders griffig drückte Goethe die Formel im Jahr 1828 aus (Goethe [EzAA]:11).

177 Schon im Jahr 1793 formulierte Goethe Gedanken zur Steigerung der Farben Gelb und Türkisblau (Goethe [VEFz]:197 (§ 21/2)). Und dass bei »Verbindung der gesteigerten Seiten ein Drittes, Neues, Höheres, Unerwartetes« entsteht, betonte er z. B. im Jahr 1805 (Goethe [PVSA]:56). – Zur Bedeutung der Steigerung für Goethes Dichtung siehe Mandelartz [PSbG] sowie unten § 5.3.9.

178 Die Spätwirkungen dieses uralten Gedankens lassen sich in der physikalischen Grundlagenforschung des 20. Jahrhunderts dingfest machen (siehe Brückner [PN]:189-207).

Goethe hat die Farbenwelt aber nicht nur nach seinem polaren Symmetriegedanken geordnet, sondern diese Ordnung mithilfe der Steigerungsidee weiter ausgebaut. Die höchste Steigerung der Spektralfarben liegt laut Goethe im Purpur, wo sich das gesteigerte Ende des kalten Kantenspektrums (Blauviolett) mit dem gesteigerten Ende des warmen Kantenspektrums (Rot) verbindet.

Dass die so gefasste Steigerung einen Symmetriebruch darstellt, kann man sich leicht klarmachen: Die gesteigerten Enden der beiden Kantenspektren bieten keine Komplementärfarben; Steigerung ist also keine Invariante unter der Operation der Farbumkehr. Wenn Goethe die Steigerung in sein System hineinnahm und das Purpur oben in seinem Farbenkreis plazierte, das Grün dagegen unten, so zeigte er damit ein feines Gespür dafür, dass ein einziger Ordnungsgedanke nicht hinreicht, um der lebendigen Vielfalt der Farbenwelt gerecht zu werden.

Auf welche Weise sich diese Einsicht in Bereiche wie Elektrizität und Magnetismus projizieren ließe, ist eine faszinierende Frage, die ich bei anderer Gelegenheit behandeln möchte. Obwohl Polarität ohne Steigerung leblos wäre, werde ich Goethes Steigerungsbegriff diesmal nur dort berühren, wo sie für seinen Gedankenaustausch mit Ritter wichtig war.[179]

Vertiefungsmöglichkeit. In den naturwissenschaftlich versierten Kommentaren zu Goethes Wissenschaft nimmt die Steigerungsidee einen prominenteren Platz ein als die Polaritätsidee.[180] Wie es scheinen will, interessieren sich die Kommentatoren deshalb besonders für Steigerungen à la Goethe, weil sich mit ihrer Hilfe seine attraktiven Gedanken darüber explizieren lassen, wie sich Gestalten herausbilden – und zwar einerlei, ob im Pflanzen- und Tierreich oder im Bereich der Kultur; hier stellen sich spannende Fragen für Zologinnen, Botaniker, Anthropologinnen, Kunstgeschichtler, Bildungs-, Kultur- und Literaturwissenschaftlerinnen. Dass Goethes Gedankengänge darüber unsere Aufmerksamkeit und Wertschätzung verdienen, ja dass in diesem Zusammenhang auch eine »Polarität« im laxen Sinne bloßer Gegensätzlichkeit aufschlussreich sein kann, möchte ich nicht in Abrede stellen; ich bestehe nur darauf, bei alledem nicht diejenige – vertauschungssymmetrische – Polaritätsidee aus den Augen zu verlieren, die sich zuallererst physikalisch und chemisch fruchtbar machen lässt und die Goethe auch ohne Steigerungsidee verfolgen konnte.[181] Dass dies nicht gegen Goethes Absichten geht, lässt sich leicht nachweisen. Die Steigerungsidee ordnete er nämlich der geistigen Betrachtung der Materie zu, die Polaritätsidee dagegen der materiellen Betrachtung der Materie.[182] Während es nicht einfach wäre zu erläutern, was

179 Ein Beispiel dafür bietet §3.4.5.

180 So verstehe ich die Kommentare in der Leopoldina-Ausgabe (Goethe [LA]/II) ebenso wie z. B. im naturwissenschaftlichen Supplementband des *Goethe-Handbuchs* (Wenzel (ed) [GHS]/2, insbes. pp. 598/9).

181 Siehe dazu O. M. [GPoL], Abschnitt 4.

182 Goethe [EzΛΛ]:11.

genau eine geistige Betrachtung der Materie sein soll, ist die Erläuterung ihrer materiellen Betrachtung ein leichtes – diese Betrachtung ist nichts anderes als Physik und Chemie: der Gegenstandsbereich dieses Buches.

1.4. Goethe sucht überall nach Polaritäten und entdeckt beinahe das Ultraviolett

Fast hätte Goethe …

§ 1.4.1. Wie ich im vorletzten Kapitel skizziert habe, gab es lange vor Goethe starke polaristische Tendenzen in der Physik, die jedoch genau in der Optik nicht mehr zum Zuge kommen konnten, seitdem Newton mit seiner Farbenforschung nur das Licht, die Helligkeit und das Weiß, nicht aber die Finsternis, die Dunkelheit und das Schwarz in den Blick genommen hatte. Und ich habe im vorigen Kapitel vorgeführt, dass Goethe sich der Bevorzugung des Hellen entgegenzustemmen versuchte: Er zeigte, wie sich das Durcheinander der prismatischen Farberscheinungen mithilfe einer Parallele zum Magnetismus ordnen lässt.

Wer sich wenigstens probehalber auf polaristische Gedankengänge in der Optik einzulassen bereit ist, wird in diesem Rahmen eines zugeben müssen: So wie sich bei Umkehrung eines Magneten die Abstoßungs- in Anziehungskräfte verwandeln, so verwandeln sich bei Vertauschung des Helligkeitspols mit dem Dunkelheitspol im prismatischen Experiment alle Farben in ihr Gegenteil, in ihre Komplementärfarben.

Soweit arbeitete Goethe einfach nur in einem ungewöhnlichen Bereich mit der Polaritätsidee, nämlich in einem Bereich, aus dem sie von Newton herausgeworfen worden war. Nun lebte die Polaritätsidee nicht einfach nur davon, in diesem oder jenen Bereich einzeln zu funktionieren; ihre naturwissenschaftliche Verheißungskraft beruhte darauf, dass man mit ihrer Hilfe verschiedene Bereiche zusammenbringen und auf diese Weise strukturell vereinheitlichen kann. Es lohnt sich also zu schauen, ob sich mit den Ressourcen der Zeit um 1800 ein Netz zusammenhängender Polaritäten aufweisen ließ, das phänomenübergreifende Zusammenhänge zu stiften vermochte.

Solche Vereinheitlichungen sind kein Selbstzweck; sie dienen auch der Entdeckung neuer Phänomene. Das Ultraviolett bietet ein schlagendes Beispiel für diesen Fall; durch die Suche nach einer polaristischen Verbindung optischer mit chemikalischen Phänomenen sollte Ritter im Jahr 1801 auf seine wichtigste Entdeckung stoßen. Dies epochale Ereignis werde ich noch darstellen; jetzt möchte ich vorführen, wie knapp Goethe selber acht Jahre früher an der Entdeckung des Ultravioletten vorbeigeschrammt ist.

Leuchtende Steine

§ 1.4.2. Schon in seinen stürmischsten Jahren hatte sich Goethe für ein Naturphänomen interessiert, das für seine spätere wissenschaftliche Arbeit bedeutsam werden sollte – einige seltene Steine können gleichsam Licht tanken und leuchten dann im Dunklen. Wie wir heute sagen, fluoreszieren gewisse Mineralien, beispielsweise Bariumsulfid.[183] Dieser damals sog. Bologneser oder Bononischer Leuchtstein hatte in Goethes *Werther* aus dem Jahr 1774 einen schwärmerischen Auftritt:

> »Heute konnte ich nicht zu Lotten, eine unvermeidliche Gesellschaft hielt mich ab. Was war zu thun? Ich schickte meinen Diener hinaus, nur um einen Menschen um mich zu haben, der ihr heute nahe gekommen wäre. Mit welcher Ungeduld ich ihn erwartete, mit welcher Freude ich ihn wieder sah! Ich hätte ihn gern bei'm Kopfe genommen und geküßt, wenn ich mich nicht geschämt hätte.
> Man erzählt von dem Bononischen Steine, daß er, wenn man ihn in die Sonne legt, ihre Strahlen anzieht und eine Weile bei Nacht leuchtet. So war mir's mit dem Burschen. Das Gefühl, daß ihre Augen auf seinem Gesichte, seinen Backen, seinen Rockknöpfen, und dem Kragen am Surtout geruht hatten, machte mir das alles so heilig, so werth! Ich hätte in dem Augenblick den Jungen nicht um tausend Thaler gegeben. Es war mir so wohl in seiner Gegenwart«.[184]

Lottes Blick wirkt auf den Diener so wie die Strahlen der Sonne auf den Leuchtstein. Und die Abwesenheit der Geliebten gleicht der Finsternis der Nacht – das zweite lässt sich physikalisch überwinden, das erste menschlich.

Als Goethe die zitierten Zeilen schrieb, kannte er den Leuchtstein nur vom Hörensagen. Die Kenntnis aus erster Hand war ihm wichtig genug, um im Oktober 1786 einen Abstecher auf den Monte Paderno in der Nähe von Bologna zu machen, wo die Leuchtsteine herkommen.[185] Er deckte sich mit einem gehörigen Vorrat ein. Und als wolle er die italienische Sonne in den

183 Siehe z. B. Berger [GaFE]:168.
184 Goethe [LJW]/W:55/6 (= Erstes Buch, 18. Julius).
185 Goethe [WA]/I.30:171 (20.10.1786).

düsteren Norden schicken, ließ er Charlotte Stein einen Leuchtstein zukommen – ebenso wie dem engen Freund Carl Knebel.[186]

Vertiefungsmöglichkeit. Gerade mit Blick auf Frau Stein mag man Goethes Postsendung gewagt finden. Zwar wissen wir nicht, wie weit ihre Liebe zu Goethe ging, als er nach Italien floh; doch wird sie dessen *Werther* gut genug gekannt haben, um eine unziemliche Analogie zu wittern: Der Leuchtstein nahm die Rolle von Werthers Diener ein, Goethe und die italienische Sonne stünden demzufolge für die Romanfigur Lotte. Oder finden Sie es zu gewagt, sich vorzustellen, dass Goethe sich selber feminin eingebracht haben soll? Dann müssten wir die italienische Sonne und Goethe für Werther einsetzen, der ja den Diener auf den Hinweg zu Lotte geschickt und schon dabei vielleicht gehofft hatte, dass dieser Diener auf sie ebenfalls wie ein aufgeladener Leuchtstein wirken würde. – Welche der beiden Möglichkeiten wir auch wählen, die konservativere oder die in feministischen Zeiten erwünschtere: Charlotte Stein bekäme in jeder dieser Konfigurationen die unschmeichelhafte Rolle der von Finsternis umgebenen Person, die vor Liebessehnsucht verschmachtet. Soweit ich weiß, ist ihre Reaktion auf den übersandten Leuchtstein nicht überliefert.

Spektrale Experimente mit Leuchtsteinen

§1.4.3. Sechs Jahre später stand Goethe am Anfang seiner optischen Studien. Er hatte die verschiedensten Sonnenspektren erzeugt und warf eine spannende Frage auf – reagiert der Leuchtstein gleichermaßen auf alle Farben des Spektrums? Die erstaunliche Antwort aus seinen Experimenten hielt er im Brief an Soemmerring so fest:

> »Ich muß Ihnen bei dieser Gelegenheit einen Versuch mittheilen, der mir sehr wichtig scheint und der auf manches hindeutet. Ich warf auf die gewöhnliche Weise das farbige sogenannte Spectrum solis an die Wand und brachte einen in Bologna zubereiteten Leuchtstein in den gelben und gelbrothen Theil des Farbenbildes, und fand zu meiner Verwunderung, daß er darauf im Dunkeln nicht das mindeste Licht von sich gab. Darauf brachte ich ihn in den grünen und blauen Theil, auch alsdann gab er im Dunkeln kein Licht von sich, endlich nachdem ich ihn in den violetten Theil legte, zog er in dem Augenblicke Licht an und leuchtete sehr lebhaft im Finstern [...] Ich habe diesen Versuch schon sehr vermannichfaltigt und werde ihn sobald als möglich wiederholen und ihn weiter durcharbeiten. Ich wage nichts daraus weiter zu folgern, als was er gleichsam selbst ausspricht: daß nämlich die beiden einander gegenüberstehenden Farbenränder eine ganz verschiedene Wirkung, ja eine entgegengesetzte äußern« (Goethe, Brief an Soemmerring vom 2.7.1792).[187]

186 Goethe, Brief an Stein vom 19.2.1787 (siehe Goethe [WA]/IV.8:204), Goethe, Brief an Knebel vom 19.2.1787 (siehe Goethe [WA]/IV.8:193).

187 Goethe [WA]/IV.9:318/9.

Dass die Fluoreszenz, oder allgemeiner gesagt, die Lumineszenz des Leuchtsteins von der Wellenlänge des absorbierten Lichts abhängt, wäre die heutige Deutung der Entdeckung Goethes.[188] Mit einer Polarität in seinem Sinne hat die Sache aus unserer Sicht nichts zu tun. Goethe wiederum ahnte nichts von Wellenlängen und hielt nichts von deren damaligen Vorgängerinnen (den newtonischen Graden der Refrangibilität). Stattdessen formulierte er die entdeckte Gesetzmäßigkeit in polaristischen Begriffen. Wer einen Leuchtstein im kaltfarbigen Ende des Spektrums beleuchtet, erzeugt dadurch die *gegenteilige* Reaktion zu derjenigen, die aus der Beleuchtung im warmfarbigen Ende des Spektrums hervorgeht. In Goethes Experiment führte die Vertauschung der Pole also zu entgegengesetzten Effekten; durch Vertauschung von Blauviolett mit Gelbrot kehrte sich Fluoreszieren in Nicht-Fluoreszieren um. – Für moderne Leser ist das ein gewöhnungsbedürftiger Gedanke, und zwar schon allein deshalb, weil wir im Newtonspektrum keine innere Symmetrie seiner entgegengesetzten Enden sehen, sondern ein Kontinuum verschiedener Wellenlängen.

Vertiefungsmöglichkeit. Betrachten wir die Sache trotzdem etwas genauer aus Goethes polaristischem Blickwinkel: Obwohl man den Leuchtstein für den ersten Durchlauf des Experiments einfach nur in das eine der beiden entgegengesetzten Enden des Spektrums, für den zweiten Durchlauf in das andere Ende schieben wird, läuft dies der Sache nach auf die Vertauschung der beiden Enden des Spektrums hinaus (jedenfalls dann, wenn man sich vorstellt, den Stein nicht vom Fleck zu rühren und stattdessen das Spektrum hin- und herzuschieben). – Goethe hatte diese Versuche bereits am 2.5.1792 beschrieben und dort ausdrücklich mit der Polaritätsidee verknüpft.[189] Zu diesem Zeitpunkt war er offenkundig noch nicht auf der Höhe des polaristischen Denkens: Der Gegensatz zwischen einem Effekt und seinem Ausbleiben genügt nicht, um vollwertige Polaritäten zu stiften. (Vielleicht hätte er im Sinne seines polaristischen Forschungsprojekts besser daran getan, vom Gegensatz aus – fluoreszierender – Emission und – nicht-fluoreszierender – Absorption zu sprechen). Wie ich vermute, wollte Goethe seinem Experiment vollwertige Polaritäten entnehmen, wusste aber noch nicht, auf welchem Wege das gelingen würde; er suchte nach Polarität, setzte diese Idee also regulativ ein.[190] Später sollte Ritter auf diesem Weg ein gutes Stück weiterkommen als Goethe und wirklich entgegengesetzte chemische Reaktionen im Licht entgegengesetzer Pole aufzeigen.[191]

188 Siehe z.B. Berger [GaFE]:169. Wer den Zusammenhang als erster veröffentlicht hat, wurde offenbar noch nicht untersucht.

189 Goethe [LA]/I.3:238-242. Der Polaritätsbegriff steht auf p. 240, das Datum auf p. 241. Siehe dazu Matthaei et al in Goethe [LA]/II.3:276; Matthaei et al in Goethe [LA]/II.4:320; Wenzel (ed) [GS]:64n9.

190 Mehr zu regulativen Prinzipien in §1.4.6.

191 S.u. §3.4.6.

Ultraviolett 1792?

§ 1.4.4. Der Hochenergie-Physiker Christoph Berger ist perplex. Zwar nennt er Goethes Experiment sensationell.[192] Doch kommentiert er den Brief an Soemmerring wie folgt:

> »Angesichts der Genauigkeit von Goethes Beobachtungsgabe und der häufigen Wiederholung des Versuchs in unterschiedlichen Anordnungen, mit der die Reproduzierbarkeit der Entdeckung sichergestellt werden sollte, ist es schwer vorstellbar, dass er [...] nicht irgendwann – und sei es zufällig – den Bologna-Stein in den dunklen Bereich neben dem violetten Abschnitt des Spektrums gelegt hat und sehen musste, dass der Stein auch dann leuchtet. In diesem Zusammenhang hätte Goethe schon vor Johann Wilhelm Ritter (1776-1810) die ultraviolette Strahlung entdecken können«.[193]

In der Tat spricht einiges dafür, dass Goethe die Entdeckung Ritters gut und gerne um ein knappes Jahrzehnt hätte vorwegnehmen können.[194] Alles lag bereit, was er dafür gebraucht hätte. Warum er den entscheidenden Schritt nicht vollzogen hat?

Wie ich meine, hat man hinterher gut reden; wer auf den Schultern von Riesen steht, kann ziemlich klein sein und doch weiter blicken als damalige Riesen und Zwerge. Oder war Goethe zu borniert, um die Entdeckung zu machen? Berger stellt es so hin, doch das erscheint unfair. Der bedeutende Chemiker Carl Wilhelm Scheele war Jahre zuvor exakt an derselben Stelle wie Goethe steckengeblieben, allerdings mit Hornsilber anstelle von Leuchtsteinen.[195]

Weil Berger im Rahmen der üblichen, historisch unsensiblen Vorurteile gegenüber Goethes Wissenschaft verharrt, kommt er zu dem Ergebnis, dass Goethe sich nur für den äußeren Anschein interessiert hätte, nicht für tieferliegende Ursachen. Diese Kritik beruht auf mangelnder Kenntnis der damaligen Forschungsrichtung in Jena und Weimar. Goethe arbeitete in einem anderen Paradigma als die zeitgenössischen Newtonianer; er suchte nach Polaritäten und wollte den Gegensatz der beiden Enden des Spektrums herausarbeiten.

Vertiefungsmöglichkeit. Dass Berger dem Physiker Goethe von vornherein keinen Anfangskredit einzuräumen bereit ist, zeigt folgende Formulierung:

192 Berger [GaFE]:168.
193 Berger [GaFE]:169.
194 Mehr dazu unten in § 4.5.9.
195 Siehe Kleinert [EUSS]:293 mit Bezug auf Scheele [CAvL]:72 (§ 66).

»Im zweiten Absatz [s. u.] tritt die Denkblockade des Dichters offen zutage. Goethe will nicht sehen, dass Farben eine physikalische Realität haben und nicht nur Erscheinungen sind. Dementsprechend wagt er keine weiterreichenden Feststellungen«.[196]

Berger bezieht sich dabei u. a. auf die Fortsetzung der folgenden Satzes aus dem Goethe-Brief, dessen Beginn ich bereits zitiert habe:

»Ich wage nichts daraus weiter zu folgern, als was er gleichsam selbst ausspricht: daß nämlich die beiden einander gegenüberstehenden Farbenränder eine ganz verschiedene Wirkung, ja eine entgegengesetzte äußern, und da sie beide *nur für Erscheinung gehalten* werden, einen solchen reellen und ziemlich lange daurenden Einfluß auf einen Körper zeigen« (Goethe, Brief an Soemmerring vom 2. 7. 1792).[197]

Wer mag laut Goethe »die beiden gegenüberstehenden Farbränder [...] nur für Erscheinungen gehalten« haben? Goethe verwies damit sicher nicht auf sich selbst (wie Berger annimmt). Nein, er hatte seine Kritiker im Blick, die der Gegensätzlichkeit der beiden Enden des Spektrums keinerlei tiefere Bedeutung hatten beimessen wollten; es ging ihm also u. a. um die Rezensenten seiner *Beyträge zur Optik*.[198] – In der hochgestochenen Taxonomie des Wissenschaftshistorikers Laurent Loison wäre Bergers Votum ein Beispiel für positivistischen Missbrauch eines normativen Präsentismus, soll heißen, ein Beispiel für den Vorwurf, dass Goethe nicht dasjenige Forschungsprogramm verfolgt hat, das Berger ihm aus heutiger Sicht gern überstülpen möchte.[199] Unabhängig von den Einzelheiten einer solchen metawissenschaftshistorischen Diagnose steht fest, dass sich Berger mit seinem Aufsatz weit von den Regeln entfernt hat, die unter Wissenschaftsgeschichtlern als Standard gelten.

Säuren und Basen

§ 1.4.5. Dass Goethe sein Experiment mit den Leuchtsteinen unter polaristischen Vorzeichen deutete, ist keine Interpretation, über die sich streiten ließe. Unmittelbar vor der zitierten Briefpassage (§ 1.4.3) strich er seine Ziele unmissverständlich heraus; offenbar hatte ihn Soemmerring in einem – nicht überlieferten – Brief auf Verbindungen zwischen farbigen und chemischen Polaritäten hingewiesen, wobei es insbesondere um den chemischen Gegensatz zwischen Säuren und Basen (damals »Alkalien«) ging. Darauf reagierte Goethe enthusiastisch:

»Schon lange hätte ich Ihnen die Freude bezeigen sollen, die Ihr letzter Brief in mir erregt hat, in welchem Sie mir so schön entgegen kamen und die Hoffnung die ich habe, die Farbenphänomene *unter allgemeinere Gesichtspunkte zu vereinigen*, in eben dem Augenblicke belebten, als ich von vielen andern Seiten wenig Aufmunterung sah in meiner Arbeit fortzufah-

196 Berger [GaFE]:169.
197 Goethe [WA]/IV.9:318/9; meine Hervorhebung.
198 Anonym [W]; Anonym [WiI]; Kästner [WJWv]; Anonym [W]/a; Gren [EBüH]; Anonym [WiVI].
199 Loison [FoPi]:34.

ren. *Mir scheint wenigstens für den Augenblick, daß sich alles gut verbindet, wenn man auch in dieser Lehre zum Versuch* [d. h. versuchsweise] *den Begriff der Polarität zum Leitfaden nimmt und die Formel von activ und passiv einsweilen hypothetisch ausspricht.* Wie unmöglich war es bisher die *chemischen* Erfahrungen mit den *optischen zu verbinden* [...] Wie Sie ganz richtig bemerkten, wird die Wirkung und Freundschaft der Säuren zu dem Gelben und Gelbrothen, der Alkalien zum Blauen und Blaurothen in einen schönen Zusammenhang gebracht, wozu uns die Chemie unzählige Versuche anbietet« (Goethe, Brief an Soemmerring vom 2. 7. 1792).[200]

Wie ich hierin hervorgehoben habe, zielte Goethe unter der Überschrift der Polarität schon sehr früh auf eine Vereinheitlichung verschiedener Phänomenbereiche.[201] Für meine Zwecke ist es besonders aufschlussreich, dass er damals ausgerechnet die Chemie mit der Optik der Spektralfarben zusammenbringen wollte – also genau das anvisierte, womit Ritter neun Jahre später einen seiner größten Erfolge feiern sollte.

Ritter war beileibe nicht der erste Naturforscher mit Plänen in dieser Richtung. Goethe hatte abgesehen von Soemmerring einen weiteren Kooperationspartner, der ebenfalls schon früher dorthin unterwegs war: Noch vor dem Beginn der Zusammenarbeit zwischen Ritter und Goethe hatte Göttling in einer begeisterten Reaktion auf Goethes *Beyträge zur Optik* sowie auf dessen Plan einer Verknüpfung der optischen mit chemischen Polaritäten vorgeschlagen, verschiedene Teile des Spektrums auf lichtempfindliche Substanzen zu projizieren, und zwar einerseits auf ein Papier mit Saftfarbe, andererseits auf Hornsilber.[202] Wenn insgesamt gleich drei Naturwissenchaftler aus Goethes Umfeld in dieselbe Kerbe hieben, dann können wir dem entnehmen, dass Goethes Anregungen in dieser Angelegenheiten auf fruchtbaren Boden fielen. Er war naturwissenschaftlich auf der Höhe seiner Zeit.

Vertiefungsmöglichkeit. Soemmerrings Brief, auf den Goethe reagierte, ist wie gesagt nicht erhalten und scheint von Goethe zusammen mit vielen anderen Briefen der verschiedensten Absender im Jahr 1797 verbrannt worden zu sein.[203] Warum verknüpfte Soemmerring (laut Goethes Antwortbrief) das Gelbrote mit den Säuren und das Blauviolette mit den Basen? Meiner Ansicht nach könnte sich Soemmerring hier an einfachen Lackmustests orientiert haben, wie sie schon damals zum Nachweis von Säuren (rote Färbung des Lackmuspapiers) bzw.

200 Goethe [WA]/IV.9:316/7; Hervorhebung geändert.
201 Und er hielt daran ausdauernd fest (so am 2. 8. 1801 (Goethe [SF]:338) bzw. im Jahr 1828 (Goethe [EzAA]:11)).
202 Göttling, Brief an Goethe vom 17. 6. 1797 (siehe Goethe [LA]/II.3:101).
203 Wenzel (ed) [GS]:14, 64n6.

Basen (blaue Färbung) genutzt wurden.[204] Aus heutiger Sicht ist von einer strikten Assoziation der Farben Rot bzw. Blau mit bestimmten, gegenläufigen pH-Werten deshalb wenig zu halten, weil es Stoffe gibt, die farblich völlig anders auf saure bzw. basische Ph-Werte reagieren. Ein Farbstoff wie Kongorot zeigt beispielsweise das entgegengesetzte Farbverhalten, färbt sich also in sauren Umgebungen blau, in basischen rot. Das war freilich in der Goethezeit nicht bekannt. – Laut Wenzel konnte sich Soemmerrings Entgegenkommen in dem fehlenden Brief »nur auf Aspekte der Anatomie des Auges beziehen«.[205] Dass dies die einzige Möglichkeit sein soll, finde ich aus folgendem Grund unplausibel. Goethe hatte im Brief davor das erste Stück der *Beyträge zur Optik* an Soemmerring gesandt und für deren Fortführung in der Tat um Mitwirkung bei Themen gebeten, die mit dem Auge zusammenhängen.[206] Aber wenn Soemmerring nur versprochen hätte, der Bitte zu folgen, so hätte dies allein kaum dazu geführt, wie zitiert Goethes Hoffnung auf Vereinigung der »Farbphänomene unter *allgemeine Gesichtspunkte*« zu beleben. Der fehlende Brief muss also irgendeine punktgenauere Reaktion auf Goethes *Beyträge zur Optik* enthalten haben – eine Reaktion, in der Soemmerring genau die dort dargestellten Gegensätzlichkeiten bei optischen Experimenten weiter ausdehnte; der oben zitierte Brief klingt eindeutig so, als hätte Soemmerring mittels chemischer Beispiele Wasser auf Goethes Mühlen der Polarität geleitet.[207] Meine Interpretation passt dazu, dass Soemmerring im nächsten Brief bei der Polarität ähnliche Ziele verfolgte wie Goethe und z. B. die Extreme der Farben Gelb und Blau mit Plus und Minus, Nord- und Südpol verknüpfen wollte – allerdings ohne ausdrücklichen Einsatz des Polaritätsbegriffs.[208] Die polaristische Deutung dieser Gedankengänge liegt gleichwohl auf der Hand. Wenzel ordnet Soemmerrings Polaritätsdenken in den Zusammenhang romantischer Naturphilosophie ein und nennt dessen Verfahren »fragwürdig«, ja »abenteuerlich«, verzichtet aber darauf, diese Wertungen zu begründen, geschweige denn im Lichte damals akzeptabler Standards zu relativieren.[209]

Sehr viele Polaritäten

§ 1.4.6. Wie dargetan wollte Goethe die Gegensätze zwischen Säuren und Basen bzw. zwischen Nord- und Südpol mit dem Gegensatz zwischen warmen und kalten Spektralfarben verbinden. Aber das waren bei weitem nicht die einzigen Phänomenbereiche, die Goethe durchmusterte, um neue Polaritäten und Dualitäten aufzuzeigen. So schrieb er an Schiller sechs Jahre nach dem zuletzt zitierten Brief:

> »Diese Tage scheinen also uns beyden nicht die günstigsten gewesen zu seyn, denn seit ich von Ihnen weg bin hat mich der böse Engel der Empirie anhal-

204 Vergl. den Eintrag »Säuren« aus dem Jahr 1790 in Gehler [PW]/A.3:743. Goethe sollte die chemischen Farben später (um 1800) ausdrücklich mit Lackmus-Experimenten verknüpfen (s. u. § 2.4.7).

205 Wenzel (ed) [GS]:64n7.

206 Goethe, Brief an Soemmerring vom 12. 10. 1791 (siehe Goethe [WA]/IV.9:287/8); vergl. Wenzel (ed) [GS]:61n2 mit Bezug zu Goethe [BzO]/1.

207 Diese Deutung bildet keinen Widerspruch zu Wenzels These, wonach Goethe in anatomischen Fragen zeitlebens von Soemmerring als Dilettant angesehen wurde (Wenzel [GD]:325 *et passim*).

208 Soemmerring, Brief an Goethe vom 19. 1. 1794 (siehe Wenzel (ed) [GS]:69).

209 Wenzel (ed) [GS]:71n4; vergl. p. 64n9 zu Goethes Polaritätsbegriff.

tend mit Fäusten geschlagen. Doch habe ich, ihm zu Trutz und Schmach, ein Schema aufgestellt worin ich jene Naturwirkungen, die sich auf eine Dualität zu beziehen scheinen, parallelisire und zwar in folgender Ordnung:

> Magnetische,
> elektrische,
> galvanische,
> chromatische und
> sonore.

Ich werde des Geruchs und Geschmacks nach Ihrem Wunsche nicht vergessen. Die Resultate mögen seyn welche sie wollen, *so ist diese Methode äußerst bequem um die Fragen zu finden die man zu thun hat*« (Goethe, Brief an Schiller vom 14.7.1798).[210]

Zu Beginn dieses Briefs berichtete Goethe von gewissen empirischen Schwierigkeiten, die sich seinen Forschungszielen in den Weg stellten. Worin die Schwierigkeiten im einzelnen bestanden haben, lässt sich weder aus dem Brief noch aus anderen überlieferten Dokumenten ermitteln; klar ist nur, dass er sich von ihnen nicht entmutigen ließ, sondern an einer präziseren Fassung seiner polaristischen Forschungsziele weiterarbeitete, und zwar in Form eines Schemas.

Das war keine harmlose Spielerei für Goethe. In der Tat erstellte er immer wieder umfangreiche Übersichten, in denen er die Polaritäten der verschiedensten Bereiche durchdeklinierte – er sah das (wie kursiv hervorgehoben) als eine Übung an, die dem Forscher die Richtung für weitere Untersuchungen zu finden hilft, wie eine regulative Idee im Sinne der *Kritik der reinen Vernunft* von Kant.

Vertiefungsmöglichkeit. In der *Kritik der reinen Vernunft* hatte Kant dafür plädiert, dass sich unter den apriorischen Sätzen (deren Wahrheit sich nicht aus empirischen Beobachtungen erschließen lässt, sondern durch Nachdenken) nicht nur diejenigen – konstitutiv apriorischen – Sätze wie z. B. das Kausalprinzip finden, ohne deren Voraussetzung jede Erfahrungserkenntnis unmöglich wäre.[211] Seiner Ansicht nach brauchen wir (insbesondere für naturwissenschaftliche Erkenntnis) darüber hinaus Sätze, die der Forschung eine Richtung weisen, wie z. B. das Homogenitätsprinzip. Laut diesem Prinzip ist die Wirklichkeit so beschaffen, dass sich ihre mannigfaltigsten Elemente allesamt unter vereinheitlichende Begriffen subsumieren und mittels einheitlicher Gesetzmäßigkeiten beschreiben lassen.[212] Den Pola-

210 Goethe [WA]/IV.13:204/5; meine Hervorhebung.
211 Kant [KRV]/B:232-234.
212 Der *locus classicus* zum regulativen (in Abgrenzung vom konstitutiven) Apriori ist Kant [KRV]/A:642-668, B:670-696, siehe insbesondere sein Beispiel der Suche nach einer einzigen Grundkraft zur Systematisierung der Mannigfaltigkeit von

ritätsgedanken hat Kant nicht ausdrücklich mit seinen regulativen Prinzipien in Verbindung gebracht, doch bevor er diese Begrifflichkeit prägte, hatte er ihn forschungsleitend etwa bei der Diskussion des Gegensatzes zwischen Wärme und Kälte eingesetzt, so wie schon der Astronom und Naturforscher Franz Ulrich Theodosius Aepin vor ihm, der entgegengesetzte elektrische Ladungen an Turmalinen entdeckt hatte.[213] Nun war Schiller ein versierter Kantianer; und Goethe hat seinem kantianischen Gesprächs- und Briefpartner kurz vor dem zuletzt zitierten Brief ausdrücklich von denjenigen Gedanken geschrieben, die

> »besonders regulativ, vortheilhaft seyn und Gelegenheit geben [sollen,] das Feld der Physik auf eine eigne Manier geschwind zu übersehen« (Goethe, Brief an Schiller vom 30. 6. 1798).[214]

Solche expliziten oder impliziten Anleihen bei Kant lagen seinerzeit in der Luft. Schelling beispielsweise schien es nicht nötig zu finden, das Epitheton »regulativ« vor den Kantischen Ausdruck »Prinzip« zu setzen, als er im Jahr 1798 schrieb:

> »Es ist erstes [regulatives] Princip einer philosophischen Naturlehre, in der ganzen Natur auf Polarität und Dualismus *auszugehen*«.[215]

Da die Kant-Exegese notorisch heikel ist, muss ich darauf verzichten, meine vereinfachte Interpretation in Kants Terminologie auszuführen und abzustützen; die interpretatorische Unschärfe schadet meinem Gedankengang nicht. Ich will nicht behaupten, dass Goethe und seine Kooperationspartner bei den regulativen Prinzipien im Detail dem Buchstaben Kants gefolgt sind, sondern nur, dass sie im großen und ganzen verwandte Überlegungen einzusetzen wussten.

Ausweitung der Kampfzone

§ 1.4.7. Diejenige Übersicht, von der Goethe im zitierten Brief an Schiller schrieb, scheint zwar verloren zu sein, aber Goethe hat die Tabelle kurz darauf in einem neuen Anlauf fortgeführt (Abb. 1.4.7).[216] Die Ergebnisse dieser Arbeit gingen in einen Text ein, den Goethe offenbar gleichzeitig abschloss und dem er keinen Titel gab.[217] Dort lesen wir:

Kräften (Kant [KRV]/A:649, B:677) und sein Beispiel des Homogenitätsprinzips (Kant [KRV]/A:658-660, B:686-688).

213 Aepin [ARvA]/B:5; Kant [VBNG]:186/7n.

214 Goethe [WA]/IV.13:198. Ähnlich Goethe, Tagebuch zu Anfang Juli, vor dem Eintrag zum 3. 7. 1799 (siehe Goethe [WA]/III.2:255).

215 Schelling [vW]/A:128, Hervorhebung geändert; vergl. Schelling [vW]/A:26.

216 Weder über den Verlust der ursprünglichen Tabelle noch über ihre Fortführung informiert der Kommentarband der Leopoldina-Ausgabe (Matthaei et al in Goethe [LA]/II.3:328/9) – und das, obwohl Goethe das Schema einen Tag darauf abermals erwähnte (Goethe, Brief an Schiller vom 15. 7. 1798 (siehe Goethe [WA]/IV.13:207), dazu Matthaei et al in Goethe [LA]/II.3:329)). Zur Fortführung der Tabelle siehe nächste Fußnote.

217 Goethe [WA]/II.11:170-174 mit unpaginierter Tabelle namens »Physische Wirkungen« vor p. 173 (zur Überlieferung siehe Goethe [WA]/II.11:333); Goethe [LA]/I.3:327-330 (ohne die Tabelle), Goethe [LA]/I.11:41-44 (mit der Tabelle vor p.

»Von meinen physikalischen Annäherungen und Schematisierungen, die nur freilich auch sehr im Fluge geschehen, will ich Folgendes melden: sie stehen jetzt in folgender Reihe:

magnetische,
turmalinische,
elektrische [elektrostatische],
galvanische,
perkinische.

—

chromatische,
sonore.

—

schmeckbare,
riechbare.

Und nun einiges zur Erläuterung«.[218]

Der Duktus dieses Textes klingt so, als hätte sich Goethe sich an einen ganz bestimmten Gesprächspartner gewandt, und alles spricht für die Vermutung, dass Schiller der Adressat gewesen ist.[219] Am Ende der eingerückten Auflis-

41). Man mag darüber streiten, ob die Tabelle passgenau in den Text hineingehört; sie enthält mehr Rubriken und ist insofern komplexer als der Text. – Einen akribischen Kommentar zu Tabelle und Text bietet Eckle in Goethe [LA]/II.1B:1159-1174.

218 Goethe [PW]:327/8.

219 Dass sich im überlieferten Briefwechsel zwischen Schiller und Goethe kein definitives Echo auf den Text (Goethe [PW]) findet (Oellers et al (eds) [FS]/1:677-770 *et passim*), dürfte mit dem mündlichen Kontakt zu tun haben, den beide damals pflegten (ähnlich Matthaei et al in Goethe [LA]/II.3:327, 330 *et passim*). Eigenartigerweise ordnet Beetz den Text zunächst einem Brief aus dem Jahr 1796 zu (Beetz in Goethe [MA]/8.2:290 mit Bezug auf Goethe, Brief an Schiller vom 14.12.1796 (siehe Goethe [WA]/IV.11:289)) und erst in zweiter Linie im Kommentar zum insgesamt besser passenden Brief vom 14.7.1798 (Beetz in Goethe [MA]/8.2:447 mit Bezug zu Goethe, Brief an Schiller vom 14.7.1798 (siehe Goethe [WA]/IV.13:204-206)). Dem Gedanken, dass Goethe den Text für Schiller geschrieben haben könnte, geht Beetz dort nicht eigens nach (vergl. Neubauer in Goethe [MA]/6.2:1267). Sachgerechter ist in dieser Hinsicht Wenzels Kommentierung, der zweimal auf den Gesprächszusammenhang mit Schiller verweist, ohne ein Echo im Briefwechsel nennen zu können oder in Erwägung zu ziehen (Wenzel in Goethe [FA]/25:952, 954 mit Bezug zu Goethe [PW]). Das wiederum versucht ohne Begründung und ohne *fortune* Kurscheidt in Oellers et al (eds)

tung hat Goethe sein Versprechen gegenüber Schiller erfüllt und sowohl Zunge als auch Nase einbezogen.[220] Das war ein Freundschaftsdienst nicht ohne Augenzwinkern: Er hat genau gewusst, wie wichtig es für Schiller gewesen ist, sich durch den Geruch angefaulter Äpfel in literarische Schreibstimmung zu versetzen.[221]

Eine andere Erweiterung gegenüber dem zuvor zitierten Brief vom 14. 7. 1798 verdient größere Aufmerksamkeit: Goethe hat nun auch turmalinische Effekte in seine Liste aufgenommen.[222] Das waren genau die – aus heutiger Sicht elektrostatischen – Effekte, an denen sich die Umkehrung der Polaritäten durch Vertauschung der Ursachen besonders nachdrücklich gezeigt hatte.[223]

Wenn Goethe diese Effekte nicht unter die elektrischen Effekte subsumiert hat, sondern in einer eigenen Rubrik führte, so könnte das mit seiner generellen Zurückhaltung gegenüber theoretischen Verallgemeinerungen zu tun gehabt haben. Wie dem auch sei, Goethe meinte offenbar, dass sich wichtige Versuche am Turmalin als Umkehrungen der Polaritäten erklären lassen.

Der Text wurde zwar zu Goethes Lebzeiten nicht veröffentlicht. Aber im Jahr seiner Entstehung (also 1798) machte Goethe die Hypothese zur Polarität der prismatischen Farben publik, wie im vorigen Kapitel zitiert.[224]

Vertiefungsmöglichkeit. Warum wusste Goethe (der sich seit langem für Mineralien interessiert hatte) um die vertauschungssymmetrischen Verhältnisse beim Turmalin? Die Goethe-Herausgeberin Jutta Eckle nennt den einschlägigen Artikel in Johann Samuel Traugott Gehlers *Physikalischem Wörterbuch.*[225] Wie Goethe auf den Gedanken kam, ausgerechnet unter dem Stichwort »Turmalin« nachzuschlagen, lässt Eckle offen; Turmaline und ihre besonderen Eigenschaften waren seinerzeit noch weniger bekannt als heute. Ich sehe drei Möglichkeiten, woher Goethe von den Polaritäten beim Turmalin erfahren haben könnte: Entweder aus Gesprächen, beispielsweise mit dem Theologen Gottfried Herder (s. u.); oder

[FS]/2:596 mit Blick auf Goethe, Brief an Schiller vom 18. 7. 1798 (siehe Oellers et al (eds) [FS]/1:679). Hiermit widerspricht er seinen eigenen Angaben, denen zufolge Goethe an Ort und Stelle um die Rücksendung zweier anderer Texte bat (nämlich von Goethe [VaVv]/A sowie von einer Vorform von Goethe [MS], so Kurscheidt in Oellers et al (eds) [FS]/2:441, 590, 596 mit Blick auf denselben Goethe-Brief; genauso Beetz in Goethe [MA]/8.2:449).

220 Diese beiden Phänomenbereiche fehlen in der zugehörigen Tabelle (Abb. 1.4.7) – was möglicherweise den Grund dafür darstellt, warum sie von Matthaei in seiner Edition des Textes kurzerhand weggelassen wurde (Goethe [LA]/I.3:327-330).

221 Eckermann [GmGi]/F:632 (= Dritter Teil, 7. 10. 1827).

222 Das bemerken bereits Matthaei et al in Goethe [LA]/II.3:329.

223 S. o. §1.2.1.

224 Goethe [EiP]:16; für den Wortlaut s. o. §1.3.5.

225 Eckle in Goethe [LA]/II.1B:1167 mit Verweis auf Gehler [TTTA]/B.

Rubriken.	Magnetische.	Turmalinische.	Elektrische.	Galvanische.	Perlinische.	Chromatische.
Körperliche Base der Erscheinung.	Ein einziger specifischer Körper. Eisen. Magnetischer Eisenstein Unmagnetisches Eisen	Der Turmalin und noch verschiedene Edelsteine. Hyacinth, Chrysolith, Smaragd.	Viele Körper.	Die Metalle.	Metalle, besonders Messing und Eisen als Keulen geformt.	Viele, ja alle Körper.
Operation der Erregung.	Von Natur mit dem Eisen bestehend, durch Reibung, Berührung und Richtung zu determiniren und zu verstärken.	Erwärmung und Erkältung.	Durch Reibung, Schmelzen und Abkühlen.	Durch die leiseste Berührung.		Durch mannichfaltige Opera nen.
Beständig oder vorübergehend.	Im Eisen wohnend und verharrend.	Einerlei Grad der Wärme hebt die Wirkung auf.	Wird leicht abgeleitet, doch kann sie lange verwahrt werden.	So lange die Berührung dauert.		Nirgends einwohnend. Unte wissen Bedingungen wie lehrend und lange dauer
Elasticität.	Höchst elastisch gegen den gleichnamigen Pol.		Höchst elastisch bei schneller Entladung.			Elastisch wie das Licht, mannichfaltig modificirt subordinirt.
Einheit.	An Einem Körper verbunden.	An Einem Körper.	Die Einheit der elektrischen Materie ist hypothetisch.			Harmonie bei'm Nebeneinar sein.
Dualität.	Zwei Enden eines specifischen Körpers. Pole.	Entgegengesetzte Puncte des Körpers. Pole die sich nach der Richtung seiner Blätter und Streifen richten.	Zwei Flüssigkeiten. Affirmation und Negation. Gegenwart, Abwesenheit.			Zwei entgegengesetzte Er nungen.
Absonderung, Beisammen-Nebeneinandersein.	Sind immer am specifischen Körper auch im kleinsten Theile beisammen.	Sind immer auch in den kleinsten Theilen beisammen.	Werden an verschiednen Körpern einzeln erregt, ja einzeln aufbewahrt.			Erscheinen abgesondert.
Begehren, Fordern,	Sie begehren einander.		Sie haben große Neigung zu einander.			Sie fordern einander gleich

Abb. §1.4.7: Goethes Tabelle zur Analogisierung der verschiedensten physischen Wirkungen.
In diesem Schema aus dem Jahr 1799 versuchte sich Goethe eine analogisierende Übersicht über die gesamte damalige Physik zu verschaffen, indem er einheitliche Rubriken (linke Spalte) anhand der verschiedensten Naturphänomene durchdeklinierte. Die Polaritäten (die den Hauptgegenstand meiner Untersuchung bilden) hat Goethe in der sechsten und achten Zeile unter den Überschriften »Dualität« bzw. »Begehren, Fordern« bearbeitet. [Aus Goethe [WA]/II.11, vor p. 173].

aus der früh durchgearbeiteten lichtenbergischen Neuausgabe der *Allgemeinen Naturlehre* des Physikers Johann Christian Polykarp Erxleben;[226] oder aus der späteren Lektüre Schellings, dessen *Weltseele* er gerade in Händen gehalten hatte.[227] Auf den »Dualismus« bzw. die »Polarität« am Turmalin kam Goethe mehrmals zurück: zunächst zwischen dem 28.9.1800 und dem 23.2.1801 und dann in einem seiner physikalischen Vorträge am 23.10.1805.[228] Laut Eckle studierte Goethe die Fachliteratur von Johann Carl Wilke, Torbern Bergman und anderen zur Vorbereitung dieses Vortrags.[229] – Wie man zuweilen liest, soll Goethe die ganze Polaritätsidee von Schelling übernommen haben.[230] Das stimmt

226 Lichtenberg in Erxleben et al [AN]/C:530 (§ 569).
227 Schelling [vW]/A:155-158, 169-170; Goethe, Brief an Schiller vom 11.6.1798 (siehe Goethe [WA]/IV.13:172).
228 Goethe [VnA]:354 (volles Zitat in § 2.4.2) bzw. Goethe [T]:64 (zur Datierung auf den 23.10.1805 siehe Eckle in Goethe [LA]/II.1B:1222).
229 Eckle in Goethe [LA]/II.1B:1167.
230 Neubauer in Goethe [MA]/6.2:1267. In dieselbe Richtung könnte man einige Formulierungen Adlers deuten (insbes. Adler [AoM]:66, 85 sowie weniger eindeutig p. 76, 76n36 mit Bezug auf Schelling [vW]/A:154-162 *et passim*). Auf meine schriftliche Nachfrage hin hat Adler klargestellt, dass er Schelling eher die Rolle

schon allein deshalb nicht, weil der 17-jährige Schelling noch nicht in seinen Gesichtskreis getreten war, als Goethe den Ausdruck »Polarität« zu nutzen begann (§ 1.4.5). Aus demselben Grund kann auch Goethes Orientierung am Magnetismus nicht auf Schelling zurückgehen.[231] Schelling selber hat Goethe den Gedanken zugeschrieben, die magnetischen und prismatischen Erscheinungen auf einheitliche Weise unter den Begriff der Polarität zu bringen.[232] Aus einer brieflichen Aussage Goethes lässt sich herauslesen, dass ihn die Auseinandersetzung mit Lichtenbergs Ausgabe des Erxleben-Kompendiums in das polaristische Denken hineingezogen haben dürfte.[233] Lichtenberg hatte die Analogie elektrischer und magnetischer Gegensätze erwähnt, aber zu Goethes Leidwesen nicht auf die Farben angewandt. Nicht viel anders stand es mit Kant, dem Goethe nach eigener Aussage Anregungen zum Weiterdenken in Polaritäten verdankte, der aber weder Farbe noch Licht und Finsternis in diese Betrachtung aufgenommen hatte.[234] Die stärker polaristisch aufgeladene Frühschrift Kants aus dem Jahr 1763 scheint Goethe nicht gekannt zu haben.[235] Vielleicht kannte er ihre Hauptideen aus Studienerinnerungen Herders, der just bei dem frühen Kant studiert hatte, als dieser wie skizziert Aepins Ergebnisse weiterdachte.[236] Interessanterweise hat Herder Goethe im Mai 1791 dazu gebracht, das grundlegende (also wohl polaristische) Prinzip der Spektralfarben zu erkennen – und zwar durch seinen dezidierten Widerspruch.[237] Es könnte sein, dass Goethe die bei Kant aufgeschnappten Polaritäten auf die Farben übertragen wollte und dass Herder ihm die philosophischen Schwierigkeiten aufgewiesen hat, die diesem Projekt drohten.

dessen zugeschrieben hat, der Goethes polaristische Tendenzen zu verstärken wusste – eine plausible These.

231 S. o. § 1.3.2.

232 Schelling [ADDP]:59-60 (§ 52).

233 So jedenfalls interpretiere ich Goethe, Brief an Lichtenberg vom 11. 5. 1792 (siehe Joost et al (eds) [GCL]/III:1110); für Details dieser Interpretation siehe O. M. [WBV]:152-154 mit Verweis auf Lichtenberg in Erxleben [AN]/C:528 (§ 569).

234 Siehe Kant [MAN]:57-59, dokumentiert mit Goethes Anstreichungen in Goethe [LA]/II.1A:107 (= M13). Auf diese Schrift bezog sich Goethe zehn Jahre vor seinem Tod im Rückblick auf das Jahr 1792 (Goethe [CiF]:196). Aber Kants Formulierungen haben ihn offenbar nicht erst auf diesen Gedanken gebracht; vielmehr fasste er die Autorität Kants nicht ohne Ironie als nachträgliche Bestätigung seiner frühesten Überzeugungen zur Polarität auf (Goethe, Brief an Schweigger vom 25. 4. 1814 (siehe Goethe [WA]/IV.24:227); vergl. dazu Eckle in Goethe [LA]/II.1B:800).

235 Kant [VBNG].

236 Vergl. oben § 1.4.6k.

237 Goethe, Nachtrag vom 18. 5. 1791 in einem Brief an den Herzog Carl August von Sachsen-Weimar-Eisenach vom 17. 5. 1791 (siehe Goethe [WA]/IV.9:261), für den Wortlaut s. o. § 1.3.1k.

Symbolische Annäherung zum Magneten

§1.4.8. In den Aufzählungen und Tabellen, die Goethe zur parallelen Übersicht über Polaritäten der verschiedensten Phänomenbereiche notiert hat, nimmt der Magnetismus eine besondere Stellung ein; oft steht er an erster Stelle, und zwar vielleicht deshalb, weil die polare Begrifflichkeit in diesem Bereich entstanden war. Einerseits setzte sich Goethe seinerzeit intensiv mit Magnetismus im eigenen Recht auseinander.[238] Andererseits scheint Goethe mit der polaristischen Analogie zwischen Magnetismus und Spektralfarben immer wieder gerungen zu haben.

So schuf er am 14.11.1798 gemeinsam mit Schiller die Grundlage für ein hochästhetisches Bild (Farbtafel 9), auf dem verschiedene Farbenmuster in spektralen Abstufungen zu sehen sind und dem er offenbar den Titel »Symbolische Annäherung zum Magneten« gab.[239] Nach welchen Ordnungsprinzipien die Abbildung organisiert ist und was sie mit Magnetismus zu tun haben soll, ist auf den ersten Blick schwer zu verstehen. Soweit ich weiß, ist diese Frage bislang nicht mit der wünschenswerten Detailtreue beantwortet worden. Betrachten wir die Abbildung etwas genauer.

Die linke Bildhälfte wird von einem farbigen Ring eingenommen, der an Goethes Farbenkreis (Farbtafel 8) erinnert, der aber an vier Stellen aufgebrochen ist und der selbst dann ein längliches Oval bilden würde, keinen Kreis, wenn man die vier Ringstücke lückenlos aneinanderfügte. Der vertikale Stab ganz links zeigt ein warmes Kantenspektrum, das unten gelb beginnt und sich über vielleicht zwei Zwischenstufen zu einem Orangerot steigert. Sein Gegenüber rechts beginnt unten hellblau und steigert sich über Zwischenstufen zu einem blassen und etwas hellem Blauviolett. Beiden vertikalen Stäben entsprechen die beiden aufsteigenden Seiten des goetheanischen Farbenkreises, der einfach nur weniger Zwischenstufen aufweist (Farbtafel 8); dieser Farbenkreis hat links und rechts je zwei Farben – mit weniger Farben funktioniert

238 Goethe [MS]; dazu Eckle in Goethe [LA]/II.1B:1179-1185; Vorarbeiten sind dokumentiert in Goethe [LA]/II.1A:154-157 (= M20-M22). Zudem plante Goethe »ein Gedicht über die magnetischen Kräfte« (Goethe, Brief an Knebel vom 16.7.1798 (siehe Goethe [WA]/IV.13:213); vergl. Adler [AoM]:75).

239 Zur Benennung dieser Abbildung siehe Matthaei (ed) [ZzF]:17; zur Datierung siehe Matthaei et al in Goethe [LA]/II.3:362. Material zur Tafel findet sich auch in Matthaei (ed) [ZzF]: No. 142 (farbig abgebildet auf Tafel LXXXIr, dazu pp. 51/2), Vorformen dieser Tafel bietet Matthaei (ed) [ZzF]: No. 345/6 (abgebildet auf Tafeln XLVI, XLVII, dazu pp. 93/4) sowie No. 150 (ohne Abbildung, dazu p. 54).

die Sache nicht, aber wie gesagt hat Goethe betont, dass man den Farbenkreis gut und gerne mit mehr Nuancen auffüllen kann.[240]

Der Farbenring unserer Abbildung zeigt auch in den Halbkreisen oben und unten mehr Nuancen als der klassische Farbenkreis (wo z. B. oben einfach nur ein Feld für das Purpur vorgesehen war): Der Halbkreis oben im Farbenring beginnt links mit demselben warmen Orangerot, das im vertikalen Stab des warmen Kantenspektrums links oben an der zugehörigen Bruchstelle zu sehen ist. Von dort geht es mit verschwimmenden Zwischenstufen bis zum Purpur nach oben; entsprechend fein nuanciert auf der gegenüberliegenden Seite. Diesen Halbkreis können wir also als die Zone deuten, in der sich laut Goethe die Mischung der beiden gesteigerten Kantenspektren vollzieht. (Analog im unteren Halbkreis für die Mischung des Grüns aus den ungesteigerten Anfangspunkten der beiden Kantenspektren).

Soweit haben wir in diesem Teil des Bilds eine neue Repräsentation der Ordnungsidee, mit der Goethe die prismatischen Farben ebenso wie Farben aus anderen Gebieten übersichtlich darzustellen wusste; die Idee der Steigerung als Bewegung von unten nach oben kommt hier deutlicher zur Geltung als in einem kreisrunden Farbenkreis; und Goethes These der Mischung von Purpur und Grün wird recht suggestiv durch die Bruchstellen angedeutet.

Wenn wir uns nun den oberen Halbkreis wegdenken und wie gehabt die Lücken der drei verbleibenden Stücke schließen, dann erinnert das resultierende Bild an einen nach oben offenen Hufeisenmagneten. Links oben wäre etwa der Südpol mit seiner stärksten Anziehungskraft, analog rechts oben der Nordpol. Die Steigerung der prismatischen Farben im Farbenring wäre also kongruent zur Steigerung der magnetischen Kräfte: Wie man weiß, ist die magnetische Wirkung auf der Oberfläche eines Magneten in der Mitte am schwächsten; so wird verständlich, warum der schwächste Oberflächenpunkt auf dem Hufeisenmagneten in Goethes Bild ganz unten liegen muss – wo er das Grün aus der Mitte des Newtonspektrums plaziert hat, das er als gemeine Mischung abtat, als Null-Erscheinung oder wenigstens als gleichgültige Erscheinung.[241]

Soweit erscheint die Interpretation des Bildes unproblematisch; schwierig wird sie in dem Augenblick, in dem wir eine magnetische Analogie zu dem oberen Halbkreis des Farbenrings aufweisen wollen. Das Purpur ganz oben

240 Siehe Goethe [EzGF]:43; s. o. § 1.3.9.

241 Siehe Goethe [LA]/I.3, Tafel XXIII (entspricht meiner Farbtafel 9), unten links im dort darübergelegten Text; genauso Goethe [FA]/23.2, Legende zu Tafel 40 unten links. Vergl. Goethe [PVSA]:56.

soll laut Goethe die höchste Steigerung der Spektralfarben darstellen, das Maximum an Farbigkeit und farbästhetischer Pracht.[242]

Doch die Stelle, an der das Purpur in dem Bild plaziert ist, lässt meiner Ansicht nach keine plausible magnetische Analogie zu. Wenn wir wie gehabt von einem Hufeisen-Magneten ausgehen, der nach oben geöffnet ist, dann läge an der Stelle des Purpurs kein Maximum oder Höhepunkt an Magnetismus. Ein kleines Stückchen Eisen an dieser Stelle würde mit gleicher Kraft zum Nord- und Südpol des Hufeisen-Magneten gezogen werden, und diese beiden Kraftvektoren stünden (nach dem Satz des Thales) senkrecht aufeinander. Die beiden Kräfte würden sich zwar nicht neutralisieren, doch die dort resultierende magnetische Wirkung wäre in keinem Sinne prominent. Möglicherweise hatte Goethe an dieser Stelle vergebens nach besonderen Wirkungen gesucht und dann das Scheitern dieser Versuche mit einer Anklage gegen den »bösen Engel der Empirie« quittiert.[243] Aber die Vermutung muss Spekulation bleiben.

Vertiefungsmöglichkeit. Die Goethe-Herausgeber Rupprecht Matthaei und Dorothea Kuhn kommentieren die Entstehung der Tafel bis ins kleinste Detail, ohne die polaristische (oder irgendeine andere) Parallele zwischen Magnetismus und Optik genauer zu explizieren.[244] Zwar kommt in diesen Kommentaren zur Sprache, inwiefern dem zweiten Glied aus Goethes späterer Rede »von Polarität *und von Steigerung*« seinerzeit zuweilen noch ein anderer Ausdruck zu Seite gestellt war, der dasselbe bedeutet.[245] Das Verb »intensieren« im heutigen Sinn von »intensivieren, steigern« hat denselben Wortstamm und hier dieselbe Semantik wie der Ausdruck »Intension«, den Schiller an der Stelle der Tafel eingetragen hatte, wo die Steigerung zum Purpur gezeigt wird. Folgerichtig erläutern Kuhn und Matthaei, inwiefern dieser Gesichtspunkt auf den Austausch mit Schiller zurückzuführen ist.[246] Aber was das alles mit Magneten zu tun haben soll, darüber verliert der Kommentar kein Wort. Auch die dort angeführte Stelle aus den physikalischen Vorträgen hilft für diese Frage nicht weiter.[247] – In der Sekundärliteratur habe ich nur einen Ansatz gefunden, der die Tafel mit einer Analogie zwischen magnetischen und spektralen Phänomenen zu deuten trachtet, dabei aber insofern nicht zur von mir vorgeschlagenenen Übertragung der beiden Magnetpole auf das kalte bzw. warme Kantenspektrum (jeweils als Ganzes betrachtet) passt, als er

242 Goethe [EF]:§792-§794.

243 Goethe, Brief an Schiller vom 14.7.1798 (siehe Goethe [WA]/IV.13:204). Für den Wortlaut s.o. §1.4.6.

244 Matthaei et al in Goethe [LA]/II.3:362-365; Matthaei et al in Goethe [LA]/II.4:269-270, 316; Matthaei [GF]/a:10-12. Ähnlich unbefriedigend erscheint die Diskussion bei Adler [AoM]:92 und bei Wenzel in Goethe [FA]/23.2:387-391, insbes. p. 390.

245 Goethe [EzAA]:11, Hervorhebung geändert; vergl. Goethe [EF]:21 sowie §794. Siehe dazu auch Wenzel (ed) [GHS]/2:476.

246 Matthaei et al in Goethe [LA]/II.3:364.

247 Goethe [PVSA]:56.

innerhalb jedes der beiden Kantenpektren jeweils zwei Pole identifiziert, nämlich jeweils einen hellen und einen dunklen; demzufolge gäbe es im Reich der Spektralfarben mindestens vier Pole: im kalten Kantenspektrum das helle Türkis *versus* das dunkle Blauviolett; im warmen Kantenspektrum das helle Gelb *versus* das dunkle Rot.[248]

Fazit

§ 1.4.9. Aus den Überlegungen dieses ersten Hauptteils meiner Doppelbiographie wissen wir, wo Goethes Farbenforschung stand, bevor er Ritter kennenlernte. Wann die beiden zum ersten Mal aufeinandergetroffen sind, lässt sich zwar nicht mehr definitiv feststellen. Doch so gut wie alle verwendeten Zitate beziehen sich auf Zeitpunkte, die vor dem ersten nachweislichen Treffen am 20. 9. 1800 liegen. Selbst dort, wo ich aus später erschienenen Schriften zitieren musste, habe ich durch zusätzliche Belege sicherzustellen versucht, dass Goethe aller Wahrscheinlichkeit nach bereits vor dem Herbst 1800 zu den fraglichen Einsichten, Ergebnissen und Errungenschaften gelangt ist.

Er hatte eine polare Vertauschungssymmetrie bei den Spektralfarben entdeckt, hatte die Struktur dieser Symmetrie auf Schatten- und Nachbildfarben ausgedehnt, hatte dieselbe Struktur bei den Leuchtsteinen aufweisen wollen, hatte Verbindungen und Analogien aller dieser Polaritäten in Nachbargebieten gesucht, etwa bei Magneten oder bei Turmalinen – und trachtete danach, auch den zweiten Begriff der Formel von Polarität und Steigerung per Analogie in den verschiedensten Bereichen einzusetzen.

Alles das ist für den modernen Leser mehr als gewöhnungsbedürftig; wie ich hoffe, ist es mir trotzdem gelungen, die innere Folgerichtigkeit dieser Art des Denkens aufzuzeigen. Am Ende des 18. Jahrhunderts musste man zwar nicht so denken; aber man durfte es, und Goethe stand damit keineswegs alleine. Er war nicht der erste mit derartigen Gedanken; wohl aber hat er andere Forscher dazu gebracht, ähnlich zu denken.

Wie Sie sehen werden, hat sich an Goethes Grundauffassungen während der Zusammenarbeit mit Ritter nichts wesentliches geändert; Ritter hat also in optischen Angelegenheiten keinen großen Einfluss auf Goethe ausgeübt. Das Gegenteil ist der Fall; Ritter stand Goethes Grundauffassungen zunächst skeptisch gegenüber – dann hat er sie übernommen und weit über die Entdeckung der Wirkungen dessen hinausgeführt, was wir heute als UV-Licht bezeichnen. So lautet jedenfalls die Hauptthese des vorliegenden Buchs.

248 Basfeld [F]:25-29.

2. Zwei Wissenschaftler nähern sich an

17.12.1776	Geburt Ritters
1780	Lucia Galeazzi Galvani entdeckt die Reaktion von Froschschenkeln auf elektrischen Strom
1796	Ritters Studienbeginn in Jena
29.10.1797	Ritters Vortrag über Galvanismus in der Jenaer Naturforschenden Gesellschaft
Ostern 1798	Erscheinen des *Beweises, dass ein beständiger Galvanismus den Lebensprocess in dem Thierreich begleite*, worin Ritter ohne Rückgriff auf Polarität argumentiert
16.7.1798	Frühester nachweislicher Beleg, dass Goethe auf Ritter aufmerksam wurde
17.7.1798	Ritter zieht ins Belvedere
20.7.1798	Goethe fährt mit Gast zum Belvedere und könnte dort (oder unwesentlich später) zum ersten Mal Ritter begegnet sein
2. Hälfte 1798	Ritter notiert komplementäres Farbschema in Anlehnung an Goethe und vermutet komplementäre Farbverhältnisse bei galvanischer Reizung des Auges
28.2.1799	Ritter experimentiert auf vertauschungssymmetrische Weise mit der menschlichen Wadenmuskultur – erster Einsatz des absoluten Polaritätsbegriffs durch Ritter
5.4.1799 oder etwas später	Goethe und Ritter spielen elektrische, magnetische und galvanische Polaritäten durch
20.9.1800	Erste nachweisliche Begegnung zwischen Goethe und Ritter
20.-26.9.1800	Ritter entdeckt die galvanischen Farben und ihre Komplementarität
17.11.1800	Ritter stellt für Goethe eine polaristische Übersicht zusammen, in der – nur – die Spektralfarben fehlen

2.1. Ein Ritter tritt auf den Plan (Frühsommer 1798)

Ritter macht von sich reden

§ 2.1.1. Unter universitätsbürokratischem Blickwinkel ist Ritter in Jena ungefähr das gewesen, was wir heute als ewigen Studenten bezeichnen.[1] So gut wie mittellos kam er dort im Jahr 1796 an, ohne sich zielstrebig um akademische Abschlüsse zu kümmern; ihm fehlte das Geld für die Gebühren. Noch im Jahr 1803 hatte er keine Promotion, konnte sich nicht habilitieren und geriet in Schwierigkeiten, als er Vorlesungen zu Themen halten wollte, mit denen er sich besser auskannte als jeder andere in Jena.[2]

Recht bald nach seiner Ankunft geriet er in den Zirkel der Jenenser Frühromantiker und der mit ihnen verbandelten Naturphilosophen.[3] Clemens Brentano, Novalis und die Schlegels zählten zu seinen Freunden.[4]

Das Herzogtum war damals vom Galvanismus elektrisiert – von Experimenten, bei denen man mittels einer Stromquelle (einer Voltaischen Batterie oder deren Vorformen) Froschmuskeln zur Kontraktion zwang und eine Reihe weiterer staunenswerter Effekte zu erzeugen wusste.[5] Dass es sich um

1 Vergl. hierzu und zum folgenden Rehm (ed) [JWRU]:192/3, Kleinert [VGCo]:37, Richter (ed) [PRJW]:16, 19-20, 30-33 *et passim*. Eine zuverlässige und aufschlussreiche Originalquelle zu Ritters Leben bis zum Sommer 1802 bietet Ørsteds Reisebrief in Jelved et al (eds) [TLoH]:102-106. In Richters Aufstellung der Briefe Dritter, in denen Ritter erwähnt wurde, fehlt dieser Brief ebenso wie die anderen einschlägigen Reisebriefe Ørsteds (Richter [LPJW]:242-244); sie sind erst nach Richters Tod aus dem Dänischen ins Englische übersetzt worden. – Ein weiterer zeitgenössischer Bericht über Ritters Leben in Jena geht auf den norwegischen Philosophen Henrich Steffens zurück und ist leicht negativ getönt (Steffens [WIE]/4:87-93).

2 Richter [LPJW]:118-121, Richter (ed) [PRJW]:77-80. Ich komme darauf zurück, s. u. § 5.1.2.

3 Zur Geistesverwandtschaft zwischen Ritter, den Frühromantikern und den nachkantischen Philosophen siehe Wetzels [JWR].

4 Siehe hierzu und zum folgenden Richter [LPJW]:43-47, 88-94, 102-104 *et passim*, Richter (ed) [PRJW]:30-43 *et passim*; vergl. Rehm (ed) [UBJW]/b. Die wechselvolle Freundschaft mit Brentano dokumentieren Ritters Briefe an Bretano in Niehoff (ed) [JWR] bzw. Rehm (ed) [UBJW]/a; zur Freundschaft mit Novalis siehe Worbs [NSPJ], Rehm (ed) [UBJW]/a:330. Zur ursprünglich innigen Freundschaft mit Friedrich Schlegel und Dorothea Veit äußerte sich z. B. Ritter, Brief an Savigny vom 17. 12. 1800 (siehe Rehm (ed) [UBJW]/b:44), vergl. D. Veit, Briefe an Schleiermacher vom 31. 10. 1800 und 17. 11. 1800 (siehe Schlegel [KFSA]/25:196/7, 200).

5 Einen hilfreichen Überblick bietet Wenzel (ed) [GHS]/2:415. Sehr klar und in vorbildlicher Konkretion beschreibt Hüffmeier die damalige Experimentiertechnik

einen neuen Phänomenbereich der Elektrizität handelte, war zunächst nicht erwiesen, galt Forschern wie Ritter aber als wahrscheinlich.[6]

Insbesondere Alexander Humboldt hatte sich auf diesem neuen Gebiet hervorgetan, viel dazu gelesen und eine Reihe kühner galvanischer Experimente auch an sich selber durchgeführt.[7] Er bat Ritter um Durchsicht seiner großangelegten Schrift über den Galvanismus, dessen erster Band bereits gedruckt vorlag.[8] Ritter lieferte umgehend einen ausgefeilten Text mit ziemlich kritischen Bemerkungen, die Humboldt in Ausschnitten an das Ende des zweiten Bandes setzte, teils im wörtlichen Zitat, teils in eigenen Worten.[9]

Unmittelbar im Anschluss daran führte Ritter das Thema eigenständig weiter, legte seine Ergebnisse am 29.10.1797 der Jenaer Naturforschenden Gesellschaft vor und veröffentlichte schon zu Ostern 1798 ein eigenes Buch dazu, sein erstes Buch.[10] Damit hat er sich schnell einen Namen gemacht.

Vertiefungsmöglichkeit. Ob sich Humboldt und Ritter überhaupt begegnet sind, lässt sich offenbar nicht feststellen; Humboldt kam vom Juni 1797 bis zu seiner Abreise aus Europa zwei Jahre später nicht mehr nach Weimar und Jena zurück; weder Ritter noch Humboldt haben jemals ein persönliches Treffen erwähnt.[11] Besonders gut dürfte ihr Verhältnis nicht gewesen sein. Zwar geht aus einem sofort veröffentlichten Brief Ritters an Humboldt vom Jahr 1798 taktvollerweise nicht hervor, wie scharf seine Kritik gewesen sein muss; doch schon in seinem Vortrag vor der Jenaer Naturforschenden Gesellschaft zeigte sich Ritter verschnupft darüber, wie wenig Humboldt seine weitgehende Kritik berücksichtigt hatte.[12] Der Physiker (und spätere Autor von Verrissen der *Farbenlehre* Goethes) Christoph Hein-

zum Galvanismus (Hüffmeier [JWRS]:14-19 *et passim*). Eine ausführliche Darstellung der galvanischen Forschung in Deutschland (und ihrer Rezeption in Frankreich) bietet Klengel [üGDT].

6 Siehe z.B. Ritter [EBüG]:85/6; vergl. Anonym [PüaS]:182.

7 Humboldt [VüGM]/1, Humboldt [VüGM]/2; hierzu und zum folgenden siehe Stöger [EW] sowie Richter [LPJW]:37/8, 176.

8 So Humboldt [VüGM]/2:440.

9 Siehe Humboldt [VüGM]/2:441-446, 453/4; vergl. aus der Rückschau Ritter, Brief an A. Humboldt vom Juni 1798 (siehe Ritter [SaFA]:44).

10 Ritter [BDBG]. Siehe dazu Ørsted in Jelved et al (eds) [TLoH]:103; vergl. Gamper [E]:153-177; Weber [EFN], Kapitel II.2.1; Kleinert [VGCo]:34/5. Den Vortrag vor der Jenaer Naturforschenden Gesellschaft veröffentlichte Ritter im Jahr 1806 (Ritter [uG]).

11 Ich danke dem Humboldtforscher Alexander Stöger für diesen Hinweis. Siehe https://edition-humboldt.de/chronologie/index.xql?l=de, zuletzt abgerufen am 31.1.2020.

12 Ritter, Brief an A. Humboldt vom Juni 1798 (siehe Ritter [SaFA]); Ritter [uG]:4, 9-12, 32, 38. Vergl. auch die scharfe Kritik in Ritter, Brief an Volta vom Juni (oder Juli) 1798 (siehe Ritter [SaAV]:61) und die späteren Äußerungen voller Arroganz in Ritter, Brief an Ørsted vom 8.12.1805 (siehe Harding (ed) [CdHC]/II:146).

rich Pfaff scheint Ritter genau dafür bewundert zu haben, dass er gegenüber Humboldts Versuchen kein Blatt vor den Mund genommen und dessen Ansichten eigene Experimente entgegengesetzt hatte.[13] Wohl auch aus diesem Grunde setzte sich Pfaff früh und weitgehend für Ritters Forschung ein, unter anderem während seines Aufenthaltes in Paris.[14]

Abgleich unter den Dioskuren

§ 2.1.2. Goethe und Schiller waren seit der Gründung Ehrenmitglieder in der Jenaer Naturforschenden Gesellschaft; im Gespräch nach einer ihrer Sitzungen am 20.7.1794 hatte laut Goethe ihre legendäre Freundschaft begonnen.[15] Ritters Vortrag im Herbst 1797 scheinen beide verpasst zu haben.[16] Spätestens durch Ritters erstes Buch wurden sie auf den jungen Tausendsassa aufmerksam. Schiller schrieb an Goethe:

> »Ich habe heute Ritters Schrift über den Galvanism in die Hand bekommen, aber obgleich viel Gutes darinn ist, so hat mich die schwerfällige Art des Vortrags doch nicht befriedigt und auf eine Unterhaltung mit Ihnen über diese Materie nur desto begieriger gemacht« (Schiller, Brief an Goethe vom 23.7.1798).[17]

Die Briefstelle klingt so, als hätten sich Goethe und Schiller zuvor über Ritters galvanische Forschung unterhalten und verabredet, dieses Thema in Zukunft zu vertiefen.[18] Das muss freilich nicht bedeuten, dass Goethe zu diesem Zeitpunkt bereits persönlich auf Ritter gestoßen war.

Goethe kannte Humboldts galvanische Versuche aus erster Hand, über die er sich mit ihm im März 1797 ausgetauscht hatte.[19] In seiner Bibliothek stan-

13 So jedenfalls Hindenburg, Brief an Lichtenberg vom 8.5.1798 (siehe Joost et al (eds) [GCL]/IV:858).

14 Dazu Klengel [üGDT]:70/1 *et passim.*

15 Zu ihrer Ehrenmitgliedschaft siehe Batsch (ed) [NvFN]/5:13/4; für Details zum Beginn der Freundschaft s.u. § 4.2.3k.

16 Als Ritter den Vortrag präsentierte, war Goethe außer Landes (Goethe, Tagebuch zum 29.10.1797 (siehe Goethe [WA]/III.2:190)). Und der auch damals kränkelnde Schiller arbeitete Ende Oktober 1797 unter Hochdruck am *Wallenstein* (so Schiller [SW]/29:151-155).

17 Oellers et al (eds) [FS]/1:686; Hervorhebung weggelassen.

18 Einen Monat zuvor hatte Schiller Interesse am Gedankenaustausch mit Goethe über galvanistische Forschung bekundet, freilich ohne Erwähnung irgendwelcher Forschernamen (Schiller, Brief an Goethe vom 28.6.1798 (siehe Oellers et al (eds) [FS]/1:671)).

19 Goethe, Tagebuch zum 3.3.1797, 5.3.1797, 6.3.1797 (siehe Goethe [WA]/III.2:58/9).

den Exemplare der galvanischen Bücher Humboldts – und Ritters.[20] So fühlte er sich gut darauf vorbereitet, Schiller Nachhilfeunterricht zu geben. Er antwortete postwendend:

> »Ritters Vortrag ist freylich dunkel und für den der sich von der Sache unterrichten will nicht angenehm. Er befindet sich gegenwärtig in Belvedere bey Scherer und ich habe nun doppelte Ursache auf den ganzen Kreis der Versuche Acht zu geben, da mein Zweck dabey seyn muß Sie bequemer damit bekannt zu machen« (Goethe, Brief an Schiller vom 25. 7. 1798).[21]

Das Wort »Vortrag« hatte sich in Schillers Brief eindeutig nicht auf den mündlichen Vortrag bezogen, sondern auf die Rhetorik der schriftlichen Darstellung. Vermutlich benutzte Goethe das Wort in seiner Antwort genauso, im Gleichklang mit Schiller. Insgesamt bietet Goethes Brief daher kein Anzeichen für ein erstes Treffen mit Ritter.

Dennoch wird in der Literatur immer wieder – ohne Beleg – behauptet, dass sich Goethe und Ritter schon im Jahr 1798 persönlich begegnet seien.[22] Soweit ich sehe, findet sich weder in Goethes noch in Ritters Schriften ein eindeutiger Hinweis darauf. Gibt es indirekte Belege, die für eine Begegnung im Jahr 1798 sprechen?

20 Ruppert [GB]:§ 4712 mit Bezug zu Humboldt [VüGM]/1 (laut Ruppert fehlte der zweite Band (Humboldt [VüGM]/2)); Ruppert [GB]:§ 5022 mit Bezug zu Ritter [BDGB]; zu beiden Einträgen sind dort keine Erwerbsdaten angegeben. Dass Goethe die Schrift Ritters damals konsultiert haben muss, steht außer Frage. Im schon erwähnten Aufsatz über physische Wirkungen (vom Ende Juli 1798) fasste Goethe einige Ergebnisse Ritters zum Galvanismus zusammen (siehe Goethe [PW]:328, dazu kritisch Richter [LPJW]:74). Knappe Vorarbeiten dazu sind erhalten (Goethe [LA]/II.1A:160 (= M24)). Zudem gibt es in Goethes Nachlass weitere Blätter von Ritters Hand mit frühesten galvanistischen Forschungsergebnissen, die aber nicht unbedingt auf eine Begegnung Ritters und Goethes zu diesem frühen Zeitpunkt schließen lassen (Ritter in Goethe [LA]/II.1A:158 (= M23), 161-163 (= M25); vergl. Ritters Notizen mit etwas späteren Ergebnissen in Goethe [LA]/II.1A:210-212 (= M38-39)).

21 Goethe [WA]/IV.13:226.

22 Bendin [NifF]:20; Müller [vRzG]:415; Richter [LPJW]:234 – im Selbstwiderspruch zu Richter [LPJW]:74, 176 sowie zu Richter (ed) [PRJW]:25, wo jeweils die Jahreszahl 1800 steht. Berg und sein Mitstreiter datieren die erste Begegnung ebenfalls erst auf 1800 (Berg et al [RS]:89, ähnlich Rehm (ed) [JWRU]:194). Siehe auch das vorsichtige Urteil von Eckle in Goethe [LA]/II.1A:159.

Ritter als böser Engel der Empirie?

§ 2.1.3. Einen Hinweis für die Begegnung Ritters mit Goethe entnimmt der Ritter-Biograph Richter dem Brief Goethes an Schiller vom 14. 7. 1798, aus dem ich ausführlich zitiert habe.[23] Darin klagte Goethe zwar über einen bösen Engel der Empirie, aber es ist mehr als hergeholt, so wie Richter nahezulegen, dass er sich mit dieser Formulierung auf Ritter bezogen hätte; der wird in dem Brief nicht ausdrücklich erwähnt, und das wiederum erwähnt Richter nicht ausdrücklich.[24]

Dass Goethe laut Brief u. a. magnetische, elektrische und galvanische Wirkungen, aber auch Farben schematisch ordnete, und zwar unter dem vereinheitlichenden Gesichtspunkt der Dualität (*alias* Polarität), beweist meiner Ansicht nach kein Zusammentreffen mit Ritter – und schon gar nicht eines, das für Goethe *aus empirischen Gründen* misslich verlaufen wäre. Wenn überhaupt, dann prallten damals Goethes und Ritters *theoretische* Ansichten über Polarität aufeinander.

Um das zu begründen, muss ich kurz ausholen. Wie im vorigen Kapitel dargetan, war Goethe spätestens seit Sommer 1792 am umgreifenden Nachweis derartiger Polaritäten interessiert.[25] Zwar gehörten Magnetismus, Elektrizität und Galvanismus zu den lebenslangen Forschungsthemen Ritters, aber zunächst ohne ersichtlichen Bezug zur Polaritätsidee.[26]

Um auf den genannten Gebieten zu forschen, brauchte man um 1800 nicht zwingend einen Polaritätsbegriff; manche Naturwissenschaftler wie Lichtenberg nutzten ihn, andere wie Humboldt nicht. So kamen in Ritters erstem Buch weder die Stichwörter »Pol«, »polar«, »Polarität« vor noch Formen wie »Dualität« oder »Dualismus«.[27] Erst am Ende dieser Schrift versuchte Ritter, den Galvanismus, die Elektrizität und die Chemie als Phänomenbereiche in einer vereinheitlichenden Ordnungsstruktur zusammenzubringen.[28] Diese hochspekulative Überlegung enthält so gut wie keine Anklänge an polaristisches Gedankengut und erst recht keine empirische Kritik daran; sie ist

23 Richter [LPJW]:234, Richter [JWR]:89, für das Brief-Zitat s. o. § 1.4.6.
24 Richter [LPJW]:77, 168n185.
25 S. o. § 1.4.5.
26 Nicht ganz im Sinne des hier verwendeten umfassenden Polaritätsbegriffs diagnostiziert Klengel bei Ritter schon für 1798 die Annahme antagonistischer Kräfte, deren starke heuristische Kraft damals aber noch nicht zum Vorschein gekommen sei (Klengel [üGDT]:63).
27 Ritter [BDBG].
28 Ritter [BDBG]:172/3 (§ 27).

schwer zu verstehen und bietet reiches Anschauungsmaterial für die Dunkelheit der Rhetorik, über die Schiller wie Goethe brieflich geklagt hatten. Bis hierher wäre Ritter also ein unbeschriebenes Blatt in Angelegenheiten der Polarität gewesen, und er hätte keinen Anlass gehabt, in Gestalt eines bösen Engels dem Dichter empirische Faustschläge zu versetzen.

Doch vorher hatte er Humboldts zweibändiges Werk zum Galvanismus studiert und sicher auch dessen gesunde Zurückhaltung gegenüber polaristischen Vereinheitlichungen registriert, die Humboldt so formuliert hatte:

> »Auffallend ist es, wie man in dem jetzigen Jahrzehend geneigt ist, alle physische Erscheinungen auf den Begriff der Polarität, oder entgegengesetzter Stoffe zu reduciren [...] Schade, dass wir uns bei solchen Vorstellungsarten auf eine Analogie beziehen, *die ein nicht minder unerklärtes Factum involvirt!* [...] Herr *Lichtenberg* hat durch Einführung der Zeichen $\pm E$ und $\pm M$ diese Anwendung glücklich zu Stande gebracht. Die verwickelten elektrischen und magnetischen Aufgaben vereinfachen sich jetzt, wie analytische Formeln, aber man vergisst bei der Arbeit, dass man mit unbekannten Grössen (x und y) zu thun hat!«[29]

Im Sommer 1798 nahm Ritter diese Zurückhaltung auf und verstärkte sie entlang der vorgezeichneten Linien bis hin zu einer Kritik des kantischen Gegensatzes zwischen Attraktions- und Repulsionskräften:

> »Bis jetzt zeigte die Metaphysik der Natur in ihren Compendien, ohne dass sie vielleicht daran dachte, mehr auf, was sie eigentlich zu erklären habe, als dass sie es wirklich erklärte, und nicht selten scheint sie im Zirkel zu gehen wenn sie nemlich z. B. Anziehung durch Attractions-, Zurückstossung durch Repulsionskraft erklärt, ohne Attraction und Repulsion selbst zu erklären, und ich zweifle auch daher sehr, dass dieses für ein künftiges wahres dynamisches Natursystem die höchsten Principien seyn werden« (Ritter, Brief an A. Humboldt vom Juni 1798).[30]

So wie bei Kant (und anders als bei Humboldt) fand diese Auseinandersetzung ohne Stichwörter wie »Polarität«, »Dualität« usw. statt, aber davon sollten wir uns nicht verwirren lassen. Ritter stellte sich hier einfach nur in einer

29 Humboldt [VüGM]/1:385/6; Hervorhebung im Original.
30 Ritter [SaFA]:51/2; Hervorhebung weggelassen. Ähnlich argumentierte er noch im Frühling 1799 (Ritter [HbG]:85 *et passim*).

anderen Terminologie kritisch gegen polaristisches Gedankengut, und zwar aus wissenschaftstheoretischen Gründen.

Hier standen also Ritter und Humboldt auf der einen Seite, Lichtenberg, Schelling und Goethe auf der anderen – aber es war kein empirischer Streit, kein Streit mit irgendwelchen bösen Engeln der Empirie. Ritter und Humboldt bezweifelten *in abstracto* die Erklärungskraft der Polaritätsidee und äußerten den Verdacht, dass solche Terminologien zwar schöne neue Wörter mit sich brächten, das Problem aber lediglich verschöben.

Man kann das als Skepsis gegenüber theoretischen Erklärungen verstehen, wie sie einem kritischen Kenner der Naturwissenschaft vom Schlage Goethes nicht fremd gewesen ist.[31] Andererseits war sich Goethe nur zu bewusst darüber, dass wissenschaftlicher Fortschritt nicht ohne theoretische Ressourcen auskommt.[32]

In der Tat, wer sich frei fühlt von theoretischer Schuld, der werfe den ersten Stein. Ritter beispielsweise saß schon damals im Glashaus, denn in demselben Brief an Alexander Humboldt, in dem er Kant kritisiert hatte, theoretisierte er selber munter zum Thema einer chemischen – »nega- oder positiven« Beziehung des Lichts zum Sauerstoff.[33] Wie man sieht, war in Ritters Denken bereits ein winziger Keimling der polaristischen Sichtweise entsprossen – und wie ich in meiner Interpretation des weiteren Geschehens zeigen möchte, hat Goethe diesen Keimling so lange gehegt und gepflegt, bis er in voller Blüte stand.

Spekulationen entkräften

§ 2.1.4. Wie dargetan lassen sich den schriftlich überlieferten Dokumenten, die bis zum Sommer 1798 entstanden sind, keine empirischen Streitigkeiten zwischen Ritter und Goethe entnehmen, sondern allenfalls theoretische Meinungsverschiedenheiten (und zwar in einer Angelegenheit, in der Goethe nach damaligen Maßstäben keineswegs zwingend unterlegen war, in der ihm Ritter jedenfalls später recht geben sollte). Dennoch könnte sich Goethes briefliche Klage über den bösen Engel der Empirie rein theoretisch auf Expe-

31 So z. B. Goethe [BzO]/2:51; Goethe [VaVv]/A; Goethe, Brief an Lichtenberg vom 23. 10. 1793 (siehe Joost et al (eds) [GCL]/IV:169).

32 Entsprechend hatte sich Goethe z. B. im Jahr 1789/90 geäußert (Goethe [üNvH]; zur Datierung siehe Eckle in Goethe [LA]/II.1B:1143 *et passim*).

33 Ritter, Brief an A. Humboldt vom Juni 1798 (siehe Ritter [SaFA]:57). In ähnlichem Geiste verknüpfte er kurz darauf den chemischen Gegensatz zwischen Alkalien und Säuren mit dem bei elektrischen Prozessen (Ritter, Brief an Volta vom Juni (oder Juli) 1798 (siehe Ritter [SaAV]:85)).

rimente bezogen haben, die Ritter ihm vorgeführt hatte, um der Polaritätsidee den Wind aus den Segeln zu nehmen.

Ich kann eine solche Möglichkeit nur entkräften, nicht widerlegen. Diese Übung ist für meine Zwecke deshalb wichtig, weil der Ritter-Biograph Richter viel Pessimismus aus Goethes Brief an Schiller herausgeholt und damit einen gängigen Konsens unter den meisten Ritterforschern noch verstärkt hat. Selbst wenn sich die Angelegenheit nicht definitiv entscheiden lässt, kommt es mir darauf an zu belegen, dass Richters negative Einschätzung weder aus den Dokumenten hervorgeht noch von ihnen nahegelegt wird. Wem wenig an der sachlich gebotenen, aber notwendigerweise etwas pedantischen Zurechtweisung solcher Spekulationen gelegen ist, dem empfehle ich, die Lektüre beim kommenden Kapitel wieder aufzunehmen. Wir anderen werfen also einen letzten Blick auf Goethes Klage:

> »*seit ich von Ihnen weg bin* hat mich der böse Engel der Empirie *anhaltend* mit Fäusten geschlagen. Doch habe ich, ihm zu Trutz und Schmach, ein Schema aufgestellt worin ich jene Naturwirkungen, die sich auf eine Dualität zu beziehen scheinen, parallelisire« (Goethe, Brief an Schiller vom 14.7.1798).[34]

Da die unwillkommene Empirie anhaltend zugeschlagen hat, müssten Goethe und Ritter mehrfach aufeinandergetroffen sein, und zwar nach dem 8.7.1798 – nach dem Abend, an dem sich Goethe und Schiller das letzte Mal gesehen hatten.[35] Nun war Goethe zur fraglichen Zeit in Weimar, also hätte sich auch Ritter dort oder in der Nähe aufhalten müssen. Lässt sich das belegen?

* * *

Umzugsdaten

§ 2.1.5. Ritter wohnte 1798 zunächst weiter in Jena, muss aber irgendwann im Sommer ins Belvedere vor den Toren Weimars umgezogen sein. Über diesen Umzug schrieb Goethe an den späteren Universitätsgründer Wilhelm Humboldt einen Tag nach seinem Brief an Schiller:

> »In den Naturwissenschaften scheinen wir uns bald recht gut einzurichten. Scherer, der aus England zurück ist, etablirt sich in Belvedere, er *wird* wol

34 Goethe [WA]/IV.13:204/5; meine Hervorhebung.

35 Vergl. hierzu und zum folgenden Goethe, Tagebuch zum 8.-14.7.1798 (siehe Goethe [WA]/III.2:214).

Rittern als Mitarbeiter zu sich nehmen« (Goethe, Brief an W. Humboldt vom 16.7.1798).[36]

Hier haben wir das älteste überlieferte Zeugnis dafür, bis wann Ritters Name spätestens in Goethes Gesichtskreis geraten sein muss. Der Hintergrund ist schnell erzählt: Im Frühsommer 1798 war der Mediziner und Chemiker Alexander Scherer, Bergrat in Weimar, von einer britischen Studienreise zurückgekommen. Für die Forschung wurde ihm im Belvedere ein chemisches Labor eingerichtet.[37] Goethe war mit ihm am 6.7.1798 nach Jena gefahren.[38] Der zitierte Brief (und insbesondere die von mir darin hervorgehobene Futurform) klingt so, als habe Scherer just während jener Tage im Belvedere angefangen und als solle Ritter erst noch von seinem Wohnsitz in Jena hinzustoßen.[39] Dann wäre Ritter frühestens am selben Tag (dem 16. Juli) im Belvedere eingetroffen, und Goethe hätte mit ihm dort nicht vorher aneinandergeraten können – jedenfalls nicht »anhaltend« vor Goethes Brief an Schiller (vom 14. Juli), in dem angeblich Ritter als böser Engel der Empirie beschrieben wird.

Aber das letzte Zitat erlaubt auch eine andere Interpretation. Vielleicht war Ritter vor Entstehung des Briefs an Wilhelm Humboldt bereits etwas länger bei Scherer gewesen, zur Probe etwa – und nur seine Mitarbeit dort wäre gerade erst endgültig verabredet worden. Dann hätten sich Goethe und Ritter sehr wohl mehrmals im fraglichen Zeitraum treffen können, nämlich zwischen dem 8.7.1998 und dem 14.7.1998.[40]

Wenn es sich so verhielte, wäre es freilich merkwürdig, warum Goethe im Brief an Humboldt (wie zitiert) von Ritters geplanter Mitarbeit bei Scherer berichten sollte, nicht aber davon, dass er Ritter mehrmals getroffen hat. Nicht minder rätselhaft wäre es, wieso Goethe im selben Brief freimütig von

36 Goethe [WA]/IV.13:218; meine Hervorhebung.

37 Richter [LPJW]:41/2.

38 Goethe, Tagebuch zum 6.7.1798 (siehe Goethe [WA]/III.2:214).

39 Demzufolge könnte man einen morgendlichen Ausflug Scherers und Goethes zum Belvedere, von dem Goethe sieben Wochen früher berichtete, als Besuch zur Vorbereitung der dortigen Installation Scherers deuten (Goethe, Tagebuch zum 13.5.1798 (siehe Goethe [WA]/III.2:207)). – Laut Richter hat Ritter im Frühjahr 1798 bei Scherer angefangen (Richter [LPJW]:176), was sich mit dem zitierten Brief Goethes an W. Humboldt nicht verträgt.

40 Eine weitere Interpretation könnte zu einem ähnlichen Ergebnis führen: Vielleicht war Goethes Information über Ritters Arbeitsbeginn im Belvedere etwas veraltet; sie könnte aus der gemeinsamen Reise mit Scherer nach Jena stammen, also vom 6.7.1798.

seinen Problemen hätte berichten sollen, ohne sie mit Ritter in Verbindung zu bringen. Denn in der Umgebung der zitierten Briefstelle schrieb Goethe:

> »Übrigens würde mein Brief sich recht *bunt* endigen, wenn ich von dem, was ich bisher mit Willen und *Unwillen* getrieben habe, Rechenschaft geben sollte […] Seit einigen Wochen habe ich die magnetischen Phänomene nach meiner Art auf- und zusammengestellt. Schiller nimmt an diesen Studien immer mehr Antheil, und Sie wissen was sein Antheil heißt« (Goethe, Brief an W. Humboldt vom 16. 7. 1798).[41]

Dem könnte man einen Hinweis auf empirische Schwierigkeiten entnehmen, von denen Goethe geplagt war; daher vielleicht der Unwille, über den er stöhnte. Man könnte diese Schwierigkeiten sogar mit der werdenden *Farbenlehre* in Verbindung bringen, denn Goethe sagte: »bunt«.[42]

Doch lässt sich daraus auf empirische Einwände *Ritters* gegen Goethe schließen, wie Richter nahelegt – auf Einwände, die der Dichter vom Tisch wischen wollte? Schwerlich. Denn weshalb sollte Goethe wenige Sätze danach (wie im vorletzten Zitat angeführt) die guten Aussichten preisen, die aus Scherers und Ritters Arbeit für die Weimarer Naturwissenschaften erwachsen? Wie man es auch dreht und wendet, Richter kann mit seiner negativen Einschätzung des Verhältnisses zwischen Goethe und Ritter im Frühsommer 1798 kaum recht haben.

Übrigens: Selbst wenn es in den zitierten Briefen an Schiller und Humboldt um empirischen Gegenwind gehen sollte, den ihm Ritters Experimente ins Gesicht geblasen haben, bietet das keinen Anlass zu glauben, dass Goethe widerspenstige Empirie hätte ignorieren wollen. Im Gegenteil, aus beiden Briefen tritt uns eindeutig Goethes Respekt vor der Empirie entgegen; er schrieb an Schiller von einem bösen *Engel* der Empirie und brachte im Brief an Humboldt den Unwillen mit dessen Gegenteil (»mit Willen«) zusammen, fast wie in gespielter Verzweiflung eines redlichen Beobachters.

Brief aus Belvedere

§ 2.1.6. Wie dargelegt enthalten die überlieferten Dokumente keinerlei Rückschlüsse darauf, dass Goethe ausgerechnet Ritter gemeint hätte, als er im Brief

41 Goethe [WA]/IV.13:217/8; meine Hervorhebung.

42 Einer der Möglichkeiten dafür, welche Schwierigkeiten Goethe bei der Suche nach Parallelen zwischen Magnetismus und Farbenspektren geplagt haben mögen, sind wir am Ende des vorigen Hauptteils bereits begegnet (§ 1.4.8).

an Schiller über den bösen Engel der Empirie klagte. Ironischerweise kann man zwei anderen Dokumenten Anhaltspunkte für ein allererstes Treffen zwischen Goethe und Ritter am 20.7.1798 entnehmen; es hätte demzufolge wenige Tage nach Formulierung der Klage an Schiller stattgefunden.

Der erste Anhaltspunkt liegt in einem langen Schreiben Ritters an den italienischen Physiker Alessandro Volta, das eine ausgewachsene Abhandlung über Galvanismus bietet und wie folgt datiert ist:

»Belvedere bey Weimar, am 17ten Julius 1798«.[43]

Das Lustschloss Belvedere ist mehr als einen Katzensprung von Jena entfernt, etwa zwanzig Kilometer. Falls Ritter den gesamten Brief von dreißig engbedruckten Seiten vollständig im Belvedere verfasst oder jedenfalls aus seinen Notizen zusammengestellt hätte, müsste er dort bereits einige Tage lang verweilt haben.

Dafür spricht auch, dass er so gut wie immer knapp bei Kasse war, also sogar weite Wege zu Fuß bewältigen musste.[44] Und eine doppelte Wanderung von insgesamt 40 Kilometern nimmt man während der Abfassung eines wichtigen wissenschaftlichen Textes nur ungern inkauf.

Vertiefungsmöglichkeit. Die Datierung, auf die ich mich stütze, steht *über* Ritters Brief.[45] Doch die Ortsangabe »Belvedere« findet sich sowohl dort als auch am Briefende.[46] Wenn wir Ritters Orts- und Zeitangaben glauben dürfen, dann hätte der wahrscheinlichste Ablauf wie folgt ausgesehen: Ritter traf am 17.7.1798 im Belvedere ein, begann jedenfalls an diesem Tag seinen Brief an Volta, für dessen Abfassung (und Abschrift) er einige Tage brauchte, und er unterzeichnete zwei bis vier Tage später immer noch im Belvedere. Etwas weniger wahrscheinlich wäre es, dass er den Brief einige Tage früher angefangen und dass er das Datum erst nach getaner Arbeit oben eingefügt hätte. Auch in diesem Fall hätte er den Brief vermutlich ganz im Belvedere geschrieben; dafür spricht jedenfalls, dass er diese Ortsangabe sowohl am Anfang als auch am Ende des Briefs einsetzte.

* * *

Offenbar lässt sich das Datum des Originals schwer entziffern, der Brief könnte (mit geringerer Wahrscheinlichkeit) auch auf den *12.*7.1798 datiert sein.[47] Die Datierung in Ritters Erstdruck des Briefs stimmt mit keiner der beiden Datierungen überein; dort heißt es ohne

43 Volta [EdAV]/3:386 (Anmerkung des Herausgebers weggelassen).
44 So Richter (ed) [PRJW]:51. Vergl. Ritter, Brief an Frommann vom 4.11.1801 (siehe Richter (ed) [PRJW]:121).
45 Volta [EdAV]/3:386.
46 Volta [EdAV]/3:406.
47 Volta [EdAV]/3:386n1.

Ortsangabe: »im Junius 1798«.[48] Was ist von dieser Diskrepanz zu halten? Ritter muss den Brief für seine Veröffentlichung nachträglich umdatiert haben; denn die Herausgeber der Volta-Korrespondenz hatten ein Original zur Hand.[49] Warum hat Ritter das Datum geändert? Um für allfällige Prioritätsstreitigkeiten gewappnet zu sein? Möglicherweise; vielleicht aber erinnerte er sich einfach nur daran, dass er den Brief schon im Juni vorbereitet hatte und vergebens auf eine Übersendungsmöglichkeit gewartet hatte, die sich dann zerschlug.[50] – Im Juni datierte Ritter laut Richter noch aus Jena.[51] Allerdings findet sich in der veröffentlichten Version *dieses* Briefs an Alexander Humboldt kein Verweis auf *Jena*.[52] Um Richters Behauptung zu überprüfen, müsste man unter Humboldts Briefen nach der Erstfassung suchen. Laut Mitteilung aus der Handschriftenabteilung der Staatsbibliothek Berlin (der dieser Brief früher gehört haben dürfte) gibt es derzeit keine Spur von dem Brief; es ist nicht einmal bekannt, ob er in der Krakauer Autographen-Sammlung aufbewahrt wird, in der seit dem 2. Weltkrieg viele ehemalige Besitztümer der Staatsbibliothek unwiederbringlich gestrandet sind.[53] – Weitere Briefe Ritters aus dem Jahr 1798 sind nicht überliefert.

20. Juli 1798?

§ 2.1.7. Nehmen wir als wahrscheinlichste Hypothese an, dass Ritter ab der zweiten Juli-Hälfte im Belvedere stationiert war. Damit kommt mein zweiter Anhaltspunkt ins Spiel. In Goethes Tagebuch steht drei Tage nach dem Datum des Ritter-Briefs an Volta:

> »Hr. van Marum früh, dem ich verschiedne meiner Sammlungen und naturhistorischen Arbeiten vorlegte. Nachmittags fuhr ich mit ihm zu Scherer und Mounier« (Goethe, Tagebuch zum 20. 7. 1798).[54]

48 Ritter, Brief an Volta vom Juni (oder Juli) 1798 (siehe Ritter [SaAV]:59); genauso im Inhaltsverzeichnis dieser Aufsatzsammlung (Ritter [PCAi]/1, ohne Seitenzahl).

49 Siehe das Faksimile in Volta [EdAV]/3, Tav. XV.

50 Ritter in Volta [EdAV]/3:406; diese Passage ließ Ritter in seiner Veröffentlichung des Briefs weg, nicht ohne die Kürzung kenntlich zu machen, die nötig war, weil sich durch das neue, frühere Datum sonst der falsche Eindruck hätte aufdrängen können, dass der Brief noch früher geschrieben worden wäre (Ritter, Brief an Volta vom Juni (oder Juli) 1798 (siehe Ritter [SaAV]:90)).

51 Richter [LPJW]:201 mit Verweis auf Ritter, Brief an A. Humboldt vom Juni 1798 (siehe Ritter [SaFA]).

52 Weil Richter sich hier in der Bandzahl der zugehörigen Aufsatzsammlung irrt, also fälschlich auf Ritter [PCAi]/2 verweist statt auf Ritter [PCAi]/1, könnte die Ortsangabe des Briefs ebenfalls unrichtig sein; dieselbe Unstimmigkeit findet sich in Richter [JWR]:39.

53 Ralf Breslau, mündliche Mitteilung.

54 Goethe [WA]/III.2:215.

Martinus van Marum war ein berühmter Experte für Elektrisiermaschinen.[55] Sein noch berühmterer Gastgeber überlegte, ob eine solche Maschine vielleicht für die Ausbildung der Zöglinge in Jean Joseph Mouniers Lehranstalt angeschafft werden könnte, die so wie Scherers Labor im Belvedere untergebracht war.[56] Damit dürfte Goethe den Hintergedanken verbunden haben, die Maschine auch für Scherers und Ritters Forschung zur Verfügung zu stellen.

Wäre Ritter exakt zu diesem nachmittäglichen Zeitpunkt am Ort gewesen, so wären sich van Marum, Scherer und Ritter im Beisein Goethes begegnet. Nun gibt es für diese Begegnung unter acht Augen keine Anhaltspunkte. Zwar erwähnte van Marum in seinem Besuchsbericht keine nachmitttägliche Begegnung mit Ritter.[57] Doch man sollte sich vor Augen führen, dass das Belvedere nicht sehr weiträumig ist. Wäre Ritter am Ort gewesen und sollte der Besuch der Berühmtheiten hinreichend viel Zeit verschlungen haben, so müssten sich van Marum, Goethe und Ritter am 20. 7. 1798 begegnet sein.

Übrigens fuhr van Marum einen Tag später abends (ohne Goethe) abermals zum Belvedere, und da traf er auf Ritter, der ihn mit einem seiner galvanischen Experimente beeindruckte und ihm sein Buch überreichte; laut van Marum wohnte Ritter damals bei Scherer.[58]

Kurz und gut, viel spricht dafür, dass sich Goethe und Ritter am Tag zuvor begegnet sind – falls Ritter nicht zufällig zu diesem Zeitpunkt woanders unterwegs gewesen sein sollte. Es ist fürs weitere kaum von übergeordneter Bedeutung, definitiv zu klären, ob sich meine beiden Protagonisten vielleicht doch nicht im Juli 1798 begegnet sind. Denn vermutlich ist es in den dann folgenden Monaten dazu gekommen. Ritter blieb mindestens bis in den Februar 1799 (vielleicht sogar bis zum Sommer 1799) bei Scherer und dürfte ihm

55 Siehe Weber [EiAJ]:124/5, Wenzel (ed) [GHS]/2:537.
56 Marum, Tagebuch zum 21. 7. 1798 (siehe Rijk [DBUB]:263). Zu Mouniers Lehranstalt im Belvedere siehe Rückert [FBüW]:367/8.
57 Marum, Tagebuch zum 20. 7. 1798 (siehe Rijk [DBUB]:262).
58 Marum, Tagebuch zum 21. 7. 1798 (siehe Rijk [DBUB]:263) mit Bezug zu Ritter [BDBG]. Er scheint das Buch (oder andere Schriften Ritters) wegen seiner dunklen Ausdrucksweise nicht geschätzt zu haben, blieb aber an dessen Experimenten interessiert und wertete ihre späteren Replikationen durch Ørsted als Erfolg (Marum [LfvM]; Ørsted, Reisebrief vom Dezember 1803 (siehe Jelved et al (eds) [TLoH]:219, 221)).

bei dessen Experimental-Vorlesungen im Weimarer Gymnasium geholfen haben, die seit dem Winter 1798/9 liefen.[59]

Es ist aufschlussreich und heiter, sich vor Augen zu führen, auf welche Weise man seinerzeit in Weimar die naturwissenschaftliche Bildung voranzutreiben suchte. Daher zitiere ich einen zeitgenössischen Bericht aus dem Jahr 1799, in dem Ritter freilich nicht erwähnt wird:

> »Herr *Scherer*, der seit mehreren Jahren unter dem Titel eines Bergraths von dem Herzoge einen ansehnlichen Gehalt zog, erhielt bald nach seiner Rückkehr aus England wohin er vor einigen Jahren eine gelehrte Reise angestellt hatte, den Befehl, wöchentlich, Sonnabends von vier bis fünf Uhr, *chemische Vorlesungen für alle Stände* zu halten. Der Plan war zweckmäßig, und ein rühmlicher Beweiß von dem Patriotismus des Fürsten. Jederman der es bedarf, sollte hier das Brauchbarste und Nöthigste aus dieser Wissenschaft zur Aufklärung in seinen Geschäften erlernen. Die Neugierde, und das Interesse des ganzen Publikums waren auf die angekündigten Vorlesungen gerichtet. Der Saal füllte sich mit einer großen Menge Zuhörer, worunter sich auch Damen aus beiden Ständen befanden. Der Herzog selbst mit seinem Prinzen erschien öfters in den unterhaltenden Stunden. Herr Scherer ließ ein chemisches Handbuch drucken, und theilte es Bogenweise unter sein Publikum aus. Nah' am Parke wurde ihm für seine Präparaten und Experimenten die untere Hälfte eines großen, schönen Gebäudes eingeräumt, und der Herr Bergrath übte sich so stark, und Belagerungsmäßig, daß die Bewohnerin des obern Theils des Hauses eine Bittschrift für die Erhaltung ihres Lebens bey dem Regenten einzureichen für gut fand, weil sie jeden Augenblick in die Luft gesprengt zu werden fürchtete. Umsonst! der patriotische Plan mußte durchgesezt werden.

59 Am 4.2.1799 wohnte Ritter noch im Belvedere (C. Schlegel, Brief an Novalis vom 4.2.1799 (siehe Schmidt (ed) [C]/I:497)). Zu Ritters vermutlicher Assistenz bei Scherers Vorlesungen und zu seiner Mitarbeit bei Scherer bis zum Sommer 1799 siehe Richter [LPJW]:42, dem ich auch den Hinweis auf das folgende, lange Zitat verdanke. Eine Übersicht über den Inhalt der Vorlesungen bietet Scherer [KDCU]; eine kurze Charakterisierung (ohne Erwähnung Ritters) liefert Kuhn [GC]:110/1. Die Vorlesungen können nicht vor Dezember 1798 angefangen haben; sie sind erst Ende November 1798 vom Herzog beauftragt worden (Herzog Carl August von Sachsen-Weimar-Eisenach, Brief an Goethe vom 27.11.1798 (siehe Grumach (ed) [G]/IV:455)). Weil Goethe mit der Übermittlung des Auftrags betraut wurde, dürfte er bei dieser Gelegenheit einiges mit Scherer und vermutlich auch Ritter zu tun gehabt haben.

> Man sprach jezt in Weimar von nichts, als von *Gas, Oxigna, brennbaren Stoffen, leicht und strengflüßigen* Dingen. Alle Weimeraner und Weimeranerinnen schienen Chemiker, und Weimar ein großer Schmelzofen werden zu wollen, als auf einmal wie durch einen geheimen Zauberschlag, alle jene brennbaren Stoffe verloschen, die Flüssigkeiten stockten, und alles wieder in seine unchemische Gestalt zurück trat. In wenig Monaten war der größeste Theil der Zuschauer unsichtbar geworden, und der *antikantische* Scherer hatte jezt den Verdruß, die Pflicht noch bloß um ihrer selbstwillen ausüben zu müssen.
>
> Dieses plözliche Verlöschen alles Interesse für ein, in der ersten Zeit so anziehendes, und seinem Plane nach so wohlthätiges Institut, würde vermuthlich durch folgende Ursachen herbeygeführt.
>
> So tief Herr *Scherer* auch immer in den Geheimnissen seiner Wissenschaft eingeweiht seyn mag, und so gut sein Vortrag vielleicht für den Akademischen Catheder passen möchte, so war jener doch für dieses so gemischte, zum Theil sehr gebildete Publikum, vor dem er auftrat, bey einer oft trocknen Wissenschaft nicht anziehend, nicht gebildet genug. Die Chemie befriediget sich mit einem guten Kopfe; aber der Vortrag derselben, vor einen solchem Publikum, fordert auch Geschmack.
>
> Viel schaden muste Herrn *Scherer* auch eine gewisse widrige, und affectirte Polemik gegen die Kantianer, über die er zuweilen von seinem Catheder herab ex abrupto herfiel, und bey jeder Gelegenheit ein wenig Bitterkeit aus seinem Gläschen ausgoß – sein schlechtestes Experiment. Und endlich liefen einige seiner Versuche so übel ab, daß ein großer Theil der Umstehenden mit verbranten Gesichtern und Kleidern nach Hause zu gehn, den Verdruß hatten. *Scherer* sezte nachher seine Vorlesungen zwar noch fort, aber vor einem sehr ins Kleine reduzirten Publikum«.[60]

Möglicherweise hat sich Goethe einige dieser Spektakel nicht entgehen lassen.[61] Und wenn nicht bei diesen Gelegenheiten, so ist es aller Wahrscheinlichkeit irgendwann während Ritters Zeit bei Scherer zu einem ersten Treffen gekommen, ob im Belvedere oder irgendwo sonst in Weimar – die Weimarer Welt war wahrlich winzig. Obgleich es keinen ausdrücklichen Beleg in den überlieferten Dokumenten gibt, ist die Angelegenheit eindeutig genug: Im kommenden Kapitel möchte ich zeigen, dass sich Ritter in der zweiten Hälfte

60 Rückert [BüW]/A2:368-371; Hervorhebung im Original.

61 In seinem Tagebuch habe ich freilich keine Hinweise darauf gefunden.

des Jahres 1798 mit spezifischen Einzelheiten über Farben verlauten ließ, wie wir sie nur von Goethe kennen – und wie sie damals noch nicht publik geworden waren. Rein theoretisch könnte diese Übereinstimmung zwar auf Zufall beruhen; es wäre aber ein äußerst unwahrscheinlicher Zufall.

2.2. Früher Einfluss Goethes auf Ritter (1798 bis Anfang 1800)

Datierte Fragmente

§ 2.2.1. Im vorigen Kapitel bin ich bei einem wenig befriedigenden Ergebnis stehengeblieben: Wir wissen nicht definitiv, wann sich Goethe und Ritter kennengelernt haben; die Gelegenheit dafür bestand am 20. 7. 1798, doch angesichts der Belege kann es auch unwesentlich später gewesen sein.

Für den Fortgang meiner Darstellung spielt die Ungewissheit keine große Rolle. Denn als nächstes möchte ich nachweisen, dass Ritter in der zweiten Hälfte Jahres 1798 einige recht spezielle Überlegungen zur Farbentheorie formuliert hat, die Goethe wesentlich früher gefasst und bis dahin nur teilweise veröffentlicht hatte. Insofern Ritter viele Details, wenn auch noch nicht das antinewtonianische Gesamtbild aus Goethes Optik aufgriff, lässt sich das meiner Ansicht nach am besten durch die Annahme erklären, dass Goethe und Ritter einander bis zum Jahresende 1798 begegnet sein müssen, um – auch – über Farben und Licht zu diskutieren.

Die fraglichen Überlegungen Ritters finden sich in seinen *Fragmenten aus dem Nachlasse eines jungen Physikers,* die 1810 erschienen sind. Diese aphoristischen Fragmente hat er grob nach Themenkreisen sortiert und innerhalb jedes Themenkreises fast durchgängig chronologisch angeordnet.[62]

Die Jahresangaben dort erlauben Rückschlüsse zur Datierung seiner Interessen, Hypothesen, Spekulationen, die er für die Fragmentesammlung nach eigener Aussage ohne Änderung des Wortlauts aus seinen Arbeitsjournalen und anderen Papieren wie z. B. Briefen zusammengestellt hat.[63] Im augenblick-

62 Zur Chronologie vergl. das Kleingedruckte am Ende dieses Paragraphen.

63 Ritter [FaNJ]/1:XC-XCI; Ritter, Brief an Ørsted vom 31. 3. 1809 (siehe Harding (ed) [CdHC]/II:228/9). Für die – eher seltenen – Zitate aus Briefen in den *Fragmenten* vergl. z. B. Ritter [FaNJ]/1:§ 267 (1802) mit Ritter, Brief an Ørsted vom 22. 5. 1803 (siehe Harding (ed) [CdHC]/II:37)). Während der Wortlaut beider Stellen identisch ist, bestehen minimale Unterschiede in Rechtschreibung und Interpunktion; laut

lichen Zusammenhang können wir die zugehörigen Arbeitsjournale selbst zunächst noch nicht heranziehen, da sie mit einer Ausnahme verloren gegangen sind und da diese Ausnahme einen etwas späteren Zeitraum abdeckt.

Vertiefungsmöglichkeit. In den *Fragmenten* stehen die fünfzehn Themenkreise ohne eigene Überschrift, ihre Themen ergeben sich aber wie von selbst und sind daher unter den Interpreten nicht umstritten.[64] Dass Ritters Anordnung in gewisser Hinsicht willkürlich ist, hat er selber herausgestrichen.[65] Viele der Fragmente verknüpfen mehrere Themenkreise und hätten daher genauso gut hier wie da eingeordnet werden können. Alles andere als beliebig ist hingegen die Reihenfolge der Fragmente innerhalb der einzelnen Themenkreise; dass Ritter dort fast überall streng chronologisch vorgegangen ist, lässt sich für diejenigen hundert Fragmente bejahen, deren Ursprung im handschriftlichen Original erhalten ist.[66] Die These einer chronologischen Ordnung wird daher in der Sekundärliteratur einhellig bejaht.[67] Dies harmoniert mit der Tatsache, dass Ritter einige der Fragmente mit Jahreszahlen versehen hat, die innerhalb jedes Themenkreises jedesmal von frühestens 1797 bis spätestens 1808 aufsteigen.[68] Es liegt also nahe zu vermuten, dass die Fragmente ohne Jahreszahlen jeweils der Reihe nach zwischen denen mit Jahreszahlen entstanden sind; daher nenne ich in Klammern hinter jedem Verweis auf eines der Fragmente immer das so erschlossene Entstehungsjahr.

Wenn nun das Fragment § 198 aus der Reihe tanzt und mit dem viel zu späten Jahr »1807« notiert ist, dann ist die Annahme eines Druckfehlers plausibel – es muss »1801« heißen.[69] Für diese und einige weitere Korrekturen sprechen die handschriftlichen Verbesserungen in den beiden Bänden der *Fragmente* der Bayerischen Staatsbibliothek (Signatur Phys.g. 379-1, Phys.g. 379-2), die anscheinend niemandem vor mir aufgefallen sind und die vermutlich von Ritter selbst oder aus seinem Umfeld am Kranken- und Todesbett stammen.[70] Der handschriftliche Eintrag »Ritter« jeweils auf der unbedruckten Seite links gegenüber dem Titelblatt stammt sicher nicht von Ritter; doch die weit über hundert

Ritters brieflicher Aussage stammen die Formulierungen aus einem (wohl nicht erhaltenen) Manuskript für den eigenen Gebrauch (Ritter, Brief an Ørsted vom 22. 5. 1803 (siehe Harding (ed) [CdHC]/II:37)).

64 Siehe z. B. Schlüter [GRÜB]:151 mit Verweis auf Wetzels [JWR]:59.

65 Ritter [FaNJ]/1:LXXXVIII.

66 Für Beispiele s. u. § 3.5.2, Fußnote 324. Einzelheiten zur handschriftlichen Quelle – Ritters Arbeitsjournal, nämlich seinem viertem Diarium (Ritter [VD]) – bringe ich in § 2.2.9.

67 Hartwig [PaK]:13; vergl. Wetzels [JWR]:59, Specht [PaK]:157n84.

68 Es gibt Ausnahmen: Während im Themenkreis XIV einige Jahreszahlen in unsortierter Reihenfolge stehen (so auch Hartwig [PaK]:13), findet sich im Themenkreis XV keine einzige Jahreszahl.

69 Hartwig [PaK]:13. – Dass sich das Fragment mit passendem Datum in Ritters Arbeitsjournal findet, erwähnt Hartwig nicht (Ritter, Arbeitsjournal unter dem 25. 8. 1801 (siehe Ritter [VD]:157)).

70 Im ersten Band der *Fragmente* ist die letzte Ziffer der gedruckten Jahreszahl »1807« per Hand durchgestrichen und durch eine »1« ersetzt. In einem Fall wie diesem verweise ich wie folgt auf das fragliche Fragment: Ritter [FaNJ]/1:§ 198 (*korr.* 1801).

Korrekturen in den Bänden betreffen in erster Linie Lesefehler des Setzers, sind also recht spezifisch und wirken wie nachträgliche Fahnenkorrekturen. Anders als im erwähnten Fall der offenkundigen Fehldatierung »1807«, die auch ein Uneingeweihter hätte reparieren können, finden sich unter den Verbesserungen auch Angaben, für deren Richtigkeit nur ein Kenner der – fast vollständig verschollenen – Originalschriften hätte einstehen können.[71] Wenn sie nicht von einem sorglosen Vorbesitzer nach der Zufallsprinzip eingestreut worden sind, müssen sie ihren direkten oder indirekten Ursprung bei Ritter haben. Sollte er sie nicht selber angebracht haben, so hätte er den Auftrag dafür beispielsweise seinem Freund Adolph Ferdinand Gehlen geben können, der ihm am Lebensende die Stange gehalten hat; oder aber er beauftragte den Naturforscher Karl Wilhelm Gottlob Kastner, den er seinem Verleger in den Vorverhandlungen als Sachverständigen für die endgültige Einrichtung des Manuskripts benannt hatte.[72] In der Tat hat sich Ritter drei Wochen vor seinem Tod über die »erbärmlichen Druckfehler« in den *Fragmenten* aufgeregt.[73] Die Misere betrifft nicht nur Angaben zum Datum, die Ritter – wie auch sonst in seinem Leben – besonders wichtig waren; sie betrifft auch ordinäre Schreibfehler wie z. B. »Plantarien« anstelle von »Planetarien«.[74]

Eine genaue Analyse der Handschrift der Korrekturen steht noch aus; sollte sie authentisch sein, so wäre es an der Zeit, die *Fragmente* – einen der Schlüsseltexte der romantischen Physik – neu herauszugeben, und zwar auch im textkritischen Vergleich mit den zugehörigen Originalnotizen Ritters, die dem Verlust des Ritter-Nachlasses entronnen sind und in der Bayerischen Staatsbibliothek verwahrt werden: Sie stehen im sog. *Vierten Diarium* vom 13. 2. 1800-18. 9. 1801, das ich wegen seiner herausragenden Bedeutung für meine Zwecke einfach als Ritters Arbeitsjournal bezeichnen werde.[75] Ein weiteres erhaltenes Heft mit Originalnotizen Ritters liegt ebenfalls in der Bayerischen Staatsbibliothek, stammt aus den Jahren 1795/6 und bietet kein wissenschaftliches Tagebuch im engeren Sinne; ein anderes erhaltenes Heft ist ein Beobachtungsjournal mit dem Titel *Galvanische Versuche* aus dem Jahr 1797.[76]

71 Hier einige Korrekturen, die mit Datierungsfragen zusammenhängen und gleich den ersten Themenkreis betreffen: Ritter [FaNJ]/1:§ 1 (*handschr. ergänzt:* »1797«), § 9 (*handschr. ergänzt:* »1798«), § 42 (*handschr. ergänzt:* »1799«).

72 Ritter, Brief an Zimmer vom 20. 2. 1809 (siehe Ritter [BaJG]:4^v).

73 Ritter, Brief an Moll vom 1. 1. 1810 (siehe Moll [MaSB]/III:662).

74 Das ist nur ein Beispiel unter Hunderten; die handschriftliche Korrektur findet sich im Exemplar der Bayerischen Staatsbibliothek (Ritter [FaNJ]/2:§ 624 (1806)). In neueren Ausgaben wurde der Fehler – anders als die irrigen Jahreszahlen – stillschweigend korrigiert (Ritter [FaNJ]/D:§ 624, § 198; Holland (ed) [KtOJ]:452, 230)).

75 Ritter [VD]. – Beispiele der redaktionellen Arbeit Ritters für die Herausgabe der *Fragmente* aus den Originalnotizen bespreche ich in § 5.1.8.

76 Ritter [CAGT]; Ritter [GV]/z.

Augentemperatur und unsichtbares Licht

§ 2.2.2. Am wichtigsten für meine Zwecke sind Ritters Fragmente aus dem IV. Themenkreis, die mit Optik zu tun haben.[77] Die frühesten dieser optischen Fragmente stammen aus dem Jahr 1797 (§ 234-§ 236), die ältesten aus dem Jahr 1804 (§ 284-§ 286). Ritter hat sich also bereits ein Jahr vor jedwedem mutmaßlichen Gedankenaustausch mit Goethe für das Licht interessiert.[78]

Schauen wir uns Ritters Fragmente zur Optik in ihrem Forschungskontext etwas genauer an. In den ersten dieser Fragmente geht es nicht um Farben, sondern darum, wie Licht und Wärme, Refraktion und Durchsichtigkeit sowie Licht- und Schallgeschwindigkeit miteinander zusammenhängen.[79] Ritter suchte (nicht anders als viele Naturforscher vor ihm) nach Analogien, indem er lockere Verbindungen zwischen optischen Phänomenen und allerlei Phänomenen erkundete, die außerhalb der Optik liegen.

Damals suchte er freilich nicht ausdrücklich nach Analogien in Sachen Polarität. Stattdessen formulierte er zugespitzte Vermutungen über eine aus heutiger Sicht schwer nachvollziehbare Temperatur des Auges, die er aus galvanischen Selbstexperimenten erschlossen hatte.[80] Was er genau meinte, hat er in einem Brief an Alexander Humboldt entfaltet: Er identifizierte damals Licht und Wärme, woraus er ableiten konnte, dass im – nahezu körperwarmen – Auge immer auch Licht gegeben sei; dieses sozusagen körpereigene Licht ließ sich (so Ritter) z. B. durch galvanische Reizung erhöhen oder vermindern: Im Gesichtsfeld wurde es demzufolge je nach Art der Stimulation heller oder dunkler.[81] Von Kälte oder Finsternis als eigenständigen Faktoren ist hier nicht die Rede, und so wird auch verständlich, warum sich Ritter zu diesem Zeitpunkt noch für Newtons Erklärung der Brechung aussprechen

77 Ritter [FaNJ]/1:§ 234-§ 286.

78 Gegen Richter [LPJW]:74.

79 Ritter [FaNJ]/1:§ 234-§ 237 (1797/8).

80 Ritter [FaNJ]/1:§ 239 (1798), vergl. Ritter [BDBG]:92/3 (§ 16). Erhellendes dazu bei Welsh [H]:96/7. Im selben Fragment erwähnte Ritter den Bononischen Leuchtstein, aber ohne jeden Bezug zu Goethes Entdeckung (§ 1.4.3), die er damals offenbar noch nicht gekannt hat und die ihn sicher interessiert hätte (§ 2.2.3; § 4.5.9). – Das Fragment stammt aus dem Jahr 1798, und da sich Ritter darin auf sein erstes Buch berief, dürfte das Fragment nach Ostern 1798 geschrieben worden sein – nach dem Erscheinen des *Beweises, dass ein beständiger Galvanismus den Lebensprocess in dem Thierreich begleite* (Ritter [BDBG]).

81 Ritter, Brief an A. Humboldt vom Juni 1798 (siehe Ritter [SaFA]:54/5).

konnte.[82] Newton hatte die Optik ohne jede Rücksicht auf Finsternis formuliert, und bei Ritter sollte es noch Jahre dauern, bis er ihr in seinem Denkgebäude den polaristisch gebotenen Platz zuzuweisen bereit war.

Besonders aufschlussreich für seine recht spekulative Methode ist das dann folgende Fragment, das ebenfalls nach Ostern 1798 entstanden sein dürfte:

> »Mag die strahlende Wärme in Pictet's und Anderer Versuche wohl schon solches für mich unsichtbares Licht seyn, was ich blos […] nicht sehe?«[83]

Ritter stützte sich hier auf Versuche zur Bündelung von Wärmestrahlung mithilfe eines Hohlspiegels, die Pictet veröffentlicht hatte, und äußerte die Vermutung, dass diese Strahlung aus unsichtbarem *Licht* bestehen müsste.[84]

Ob es unsichtbares Licht gibt, also Licht, das selbst bei hinreichender Intensität keinen visuellen Eindruck auf einem weißen Schirm oder auf der Netzhaut hinterlässt, war seinerzeit nicht bekannt; was wir heute Infrarot- und Ultraviolett-Strahlung nennen, war noch nicht entdeckt, und selbst nach deren Entdeckung durch Herschel bzw. Ritter in den Jahren 1800/1 war es lange alles andere als klar, wie diese Entdeckung zu benennen und theoretisch einzuordnen wäre.[85] Wenn wir Ritters Jahresangaben trauen dürfen (die vom Ende seines Lebens stammen, als er seine Reputation verspielt hatte), dann hätten wir hier eine jener hellsichtigen Ahnungen des zukünftigen wissenschaftlichen Fortschritts, für die Ritter berühmt und berüchtigt ist.[86]

Vertiefungsmöglichkeit. Pictet war einer der ersten, die aufgrund neuer Experimente mit dem polaristischen Gedanken gespielt haben, dass sich nicht nur Wärmestrahlen erzeugen, spiegeln und bündeln lassen, sondern auch Kältestrahlen; er verwarf diese Idee.[87] Doch auf seine Experimente stützte sich Rumford, indem er zwischen erwärmenden und abkühlenden Strahlen unterschied.[88] Beide Forscher sind in dieser Frage empirisch weiter vorangekommen als Kant, der einen eigenständigen Wirkfaktor der Kälte lediglich durch ausge-

82 Ritter, Brief an A. Humboldt vom Juni 1798 (siehe Ritter [SaFA]:57).

83 Ritter [FaNJ]/1:§ 240 (1798); Hervorhebung weggelassen.

84 Auf Pictets Versuche hatte sich Ritter bereits in seinem ersten Fragment zur Optik bezogen (Ritter [FaNJ]/1:§ 234 (1797)). Er dürfte die deutsche Übersetzung aus dem Jahr 1790 vor Augen gehabt haben (Pictet [VüF]:56-81 (§ 48-§ 71)). Zu Pictets Arbeiten auf diesem Gebiet siehe Hentschel [UL]:338-343.

85 Hentschel [UL]:362-366 *et passim*.

86 Für weitere Beispiele siehe Schlüter [GRÜB]:149-150, Wetzels [JWR]:59-60, 104/5.

87 Pictet [VüF]:§ 69-§ 71.

88 Im englischen Original »calorific« *versus* »frigorific rays« (Rumford *alias* Thompson [ECNo]:115-126 *et passim*). Siehe dazu Chang [RRoR]:141-150.

dachte Experimente abzustützen versucht hatte.[89] Kant wiederum könnte (nicht anders als Lichtenberg) von Bergmans Experimenten zum Turmalin angeregt worden sein, der im Gefolge von Aepin durch Abkühlung eines zuvor erwärmten (und dadurch mit elektrischen Polen versehenen) Turmalins imstande war, dessen Polarität umzukehren.[90] Ritter jedenfalls kannte Lichtenbergs, Aepins und Bergmans Schriften.[91] Zudem hat er bereits im Jahr 1799 Kants Gegensatz zwischen Expansiv- und Attraktivkraft mit dem Gegensatz zwischen Wärme und Kälte verknüpft.[92] Umso überraschender mag es erscheinen, dass Ritter sich nicht auf die eingangs erwähnten Kältestrahlen von Pictet bzw. Rumford bezogen hat. Wie ich meine, lässt sich das am ehesten durch Ritters damalige Zurückhaltung bei polaristischen Gedankenflügen erklären; für ein so exaltiertes Konzept wie das der Kältestrahlen war er noch nicht weit genug in Goethes Bannkreis geraten.

Ein Schema nach Art Goethes

§ 2.2.3. Bis hierher sind uns einige faszinierende Gedankensplitter aus Ritters Fundus begegnet, die mit Optik zu tun haben, aber nichts mit Farben. Im zuletzt betrachteten Fragment arbeitete er zwar mit unsichtbarem Licht (was ein Schlüsselthema für seine Zusammenarbeit mit Goethe werden sollte), brachte diese gewagte Idee jedoch noch nicht mit Spektralfarben in Verbindung.

Mit den unmittelbar darauf folgenden zwei Fragmenten wird Ritters Welt plötzlich bunt. Und er begann seinen fragmentarischen Weg in die Welt der Farben unweit der farbwissenschaftlichen Ordnungsvorstellungen Goethes. Zunächst notierte er ein Schema, das er mit dem Stichwort »Parallele« überschrieb (Abb. 2.2.3).

In der Tat parallelisierte Ritter hierin farbliche mit chemischen Sachverhalten ganz auf die Art und Weise, wie es Goethe schon 1792 im Briefwechsel mit Soemmerring anvisiert hatte.[93] Hier haben wir bei Ritter ein erstaunliches Echo auf briefliche Äußerungen Goethes, die damals nicht öffentlich zugäng-

89 Kant [VBNG]:186/7 (insbes. Fußnote; der Ausdruck »Wirkfaktor« kommt weder bei Kant noch bei den anderen Protagonisten meiner Erzählung vor). Auf den ersten Blick wirken die Versuchsergebnisse unplausibel, auf die Kant hier gesetzt hat; laut Adickes wäre das wichtigste Experiment, das Kant angab, zum Scheitern verurteilt (Adickes [KaN]/I:7 mit Bezug auf Kant [VBNG]:186/7n). Details hierzu in O. M. [KGP], vierter Abschnitt.

90 Bergman [AvTE]:61; s. o. § 1.2.1.

91 Ritter, Arbeitsjournal unter dem 13. 2. 1800 (siehe Ritter [VD]:2); Nachtrag am Rand. Und in einer Bücherliste auf der Deckelinnenseite am Ende seines Arbeitsjournals vermerkte Ritter einschlägige Schriften Lichtenbergs und Bergmans (siehe Ritter [VD]:177 mit Bezug zu Lichtenberg [VS]/A.1 sowie Bergman [PBE]/1 und Bergman [PBE]/2).

92 Ritter [FaNJ]/1:§ 48 (*korr.* 1799).

93 S. o. § 1.4.5.

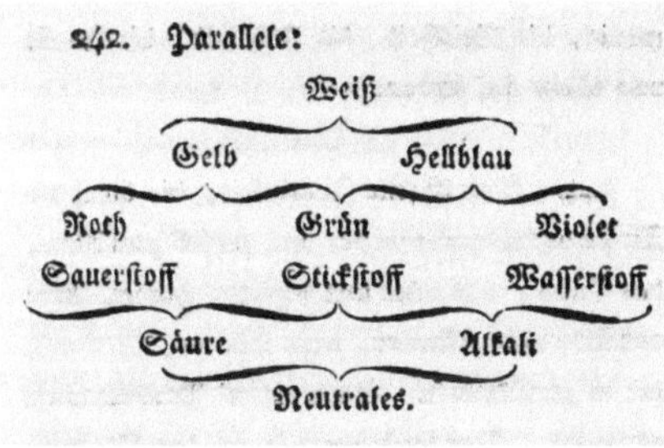

Abb. 2.2.3:
Übersicht Ritters über eine Parallele zwischen Spektralfarben und chemischen Sachverhalten. In der von mir verwendeten Terminologie müssen wir Ritters »Hellblau« als Türkis und sein »Violett« als Blauviolett deuten. [Ausschnitt aus Ritter [FaNJ]/1:§242, datiert auf 1798 (Ritter [FaNJ]/1:§239)].

lich waren, wohl aber im halböffentlichen Raum des Herzogtums Sachsen-Weimar zirkuliert haben könnten – einerlei ob auf Papier oder in Form von erinnerten Gesprächsfetzen.

Gerade ein Chemiker wie Scherer (bei dem Ritter seinerzeit arbeitete) dürfte für solche Ideen hellhörig gewesen sein; er hatte ein Jahr zuvor mit Goethe im Beisein Alexander Humboldts über Farben geredet, wobei auch optische Experimente durchgeführt worden waren.[94] Wie man vermuten darf, ist Goethe angesichts der Spektren im Gespräch mit dem Chemiker Scherer und dem Galvanisten Humboldt auf die kühne, aber nur aus heutiger Sicht hergeholte Parallele zurückgekommen, die er und Soemmerring gezogen hatten zwischen dem Gegensatz von Säuren und Alkalien (Basen) einerseits und demjenigen zwischen den beiden entgegengesetzten Enden des Spektrums andererseits. Und diese zweifache Gegensätzlichkeit könnte über Scherer oder vielleicht über Humboldt auf Ritter gekommen sein – wenn Goethe ihm nicht selber davon berichtet hat. (So oder so wird Ritter auf diese Weise aller Wahrscheinlichkeit nach auch von Goethes Spektralexperimenten mit Bononischen Leuchtsteinen erfahren haben, die in denselben Diskussionszusammenhang gehörten).

Ein weiterer Gesichtspunkt spricht noch deutlicher dafür, dass Ritters Schema direkt oder indirekt von Goethes Sichtweise beeinflusst worden ist. Und zwar ordnete Ritter die Spektralfarben in der oberen Hälfte seines Schemas so an, wie es Goethe in den *Beyträgen zur Optik* vorgeschlagen hatte.[95] Ritters Schema zeigt die beiden Kantenspektren *außen* (links: »Gelb« / »Roth«; rechts symmetrisch gegenüber: »Hellblau« / »Violet«). Zudem spiegelt das Schema genau Goethes Erklärung dafür wider, wie das Grün in der Mitte des

94 Goethe, Tagebuch zum 16.3.1797 und 27.3.1797 (siehe Goethe [WA]/III.2:60-62).
95 S. o. §1.3.6.

Newtonspektrums aus dem Gelb des warmen Kantenspektrums und dem Hellblau (*alias* Türkis) des kalten Kantenspektrums hervorgeht.

Freilich gibt es Unterschiede – die nicht groß ins Gewicht fallen. Anders als in Goethes Texten ist Ritters Darstellung zweidimensional; Goethe hatte die Farben immer Zeile für Zeile untereinander geschrieben, wohingegen sich Ritter sowohl der Vertikalen als auch der Horizontalen bediente.

Aber das tut der Ähnlichkeit beider Anordnungen keinen Abbruch. Zuallererst beginnt Goethes genauso wie Ritters farbige Welt (unter dem Weiß in seinem Schema) mit dem farbigen Grundgegensatz zwischen Gelb und Hellblau (*alias* Türkis). Zudem kann man die Bewegung von oben nach unten innerhalb von Ritters Schema als Ausdruck derjenigen experimentellen Operation auffassen, bei deren Durchführung Goethe den Abstand zwischen Prisma und Auffangschirm so variiert hatte, dass er die Versuchsergebnisse auf seinen Tafeln ebenfalls zweidimensional darstellen konnte, wenn auch von links nach rechts (Farbtafel 5 oben), statt wie bei Ritter von oben nach unten.

Bei kleinem Abstand würde demzufolge (ganz oben in Ritters Schema) die weiße Mitte das Bild hinter dem Prisma dominieren, dann träten links und rechts außen die Kantenspektren hervor, deren helle Farben Gelb bzw. Türkis (2. Zeile des Schemas) sich daraufhin einerseits ins Rote bzw. Blauviolette steigern und andererseits innen zu einem Papageiengrün überlagern (3. Zeile): Hiermit wäre in knapper Form die Lehre Goethes zur Entstehung des Newtonspektrums komplett.[96]

Zugegeben, Ritter sagte mit keinem Wort, dass es ihm in seinem Schema um Spektralfarben zu tun sei. Aber erstens fällt auf, dass im Schema genau die Farben präsent sind, die laut Goethe im Newtonspektrum vorkommen. Und zweitens lässt sich die angedeutete Analogie zwischen dem optischen Gegensatz der Farben Gelb bzw. Blau und dem chemischen Gegensatz von Säuren bzw. Basen am besten als Echo der Ideen Goethes und Soemmerrings deuten, wonach der grundlegende Farbengegensatz dem chemischen Gegensatz entspricht.

Wenn diese Deutung plausibel ist, lässt sich das Fragment gut datieren: Wie gesagt hatte sich Ritter noch im Juni 1798 der newtonischen Erklärung der Spektralfarben voll und ganz angeschlossen.[97] Wenn er nun Elemente aus der Darstellung Goethes übernahm, dann dürfte er sich dazu erst in der zweiten Hälfte dieses Jahres entschieden haben. Damit haben wir einen weiteren

96 S. o. § 1.3.6.
97 S. o. § 2.2.2.

Anhaltspunkt für die These, dass er nach der Ankunft im Belvedere (Juli 1798) auch recht bald mit Goethe zusammengekommen sein müsste.

Vertiefungsmöglichkeit. Warum, genau, parallelisierte Ritter die Farbe Rot mit Sauerstoff und die Farbe Violettblau mit Wasserstoff? Um diese Frage erschöpfend zu beantworten, müsste ich tiefer in die damalige Chemie einsteigen, als hier möglich ist. Unabhängig von Details scheint es klar, dass Ritter (anders als heute üblich) Sauerstoff mit allen Säuren verknüpfte und Wasserstoff mit allen Basen.[98] Daher erinnere ich nur an Lackmustests, mit deren Hilfe sich aus damaliger Sicht gut nachvollziehen lässt, warum Ritter nicht anders als Goethe das Rote auf derselben Seite wie die Säuren plazierte – und das Blauviolette auf der Seite der Alkalien.[99]

Übrigens ist es bemerkenswert, dass sich die von Ritter gezogenen Parallelen zwischen Farben und Gasen später anhand der galvanischen Farben elektrolytisch wiederfinden sollten: Derjenige Pol der galvanischen Batterie, an dem sich bei Elektrolyse Sauerstoff bildet, erzeugt bei galvanischer Reizung des Auges einen roten Farbeindruck, derjenige, bei dem sich Wasserstoff bildet, einen blauen (§ 2.3.4). Davon konnte Ritter nichts gewusst haben, als er das Schema aus Abb. 2.2.3 zusammenstellte (falls wir seiner Datierung dieses Fragments glauben dürfen). Doch möglicherweise hat er es vermutet – und es mag gut sein, dass er das Schema als Gedächtnisstütze für geplante Experimente nutzen wollte. Immerhin sollte er später behaupten, die fragliche Vermutung anderen bereits im Spätsommer oder Frühherbst 1798 mitgeteilt zu haben (§ 2.3.5-§ 2.3.6). Nach allem Gesagten ist es nicht unwahrscheimlich, dass die Vermutung aus einem frühen Gespräch mit Goethe stammt – und dass sie bei dessen Forschungsinteressen ihren Ausgang nahm.

Mehr Schwalben

§ 2.2.4. Auf das Indiz aus dem vorigen Paragraphen erwidern Sie vielleicht: Eine Schwalbe macht noch keinen Sommer. Könnten die aufgezeigten Ähnlichkeiten zwischen Goethes Sichtweise des Newtonspektrums und einem kleinen Schema aus Ritters *Fragmenten* nicht auf Zufall beruhen? Könnte Ritter nicht auch ohne Diskussion mit Goethe einige Elemente aus dessen längst veröffentlichten *Beyträgen zur Optik* aufgegriffen haben, um sie dann mit Erinnerungen seines Lehrers Scherer an Gespräche mit Goethe über Farben, Säuren und Basen anzureichern?

Zugegebenermaßen wäre das denkbar; doch es wäre unwahrscheinlich. Denn das unmittelbar folgende Fragment, auf das ich nun zu sprechen kom-

98 Zum Zusammenhang der beiden Gase mit Säuren und Basen, der seinerzeit naturwissenschaftlich wie naturphilosophisch nicht ohne Bedeutung war, siehe Kuhn [GC]:112.

99 S. o. § 1.4.5. – Später (kurz nach einem Treffen mit Goethe) vermutete Ritter ähnliche Verhältnisse mit Blick auf die entgegengesetzte Färbung von Lackmustinkturen bei Vertauschung magnetischer Pole (Ritter, Arbeitsjournal unter dem 19. 11. 1800 (siehe Ritter [VD]:37)).

men möchte, enthält eine Reihe weiterer Ähnlichkeiten mit Goethes Sicht auf die Farben – die damals nicht öffentlich zugänglich gewesen sind. Zwar könnte Ritter auch sie in einer Reihe von Gesprächen mit Dritten aufgeschnappt haben, aber dann wäre es erstaunlich, wie wenig Details beim Stillepost-Spielen verlorengingen. Hier das nächste Fragment:

> »Weiß ist die Farbe, die dem Auge so wohl thut, die es gesund erhält; weiß ist das Licht der Sonne. Darum ist der natürliche Mensch dem Weißen so hold; es stellt Reinheit, Unschuld, Liebe, Harmonie u. s. w. vor. Blau ist die Farbe des Leidenden, um sein Roth, das schwächer brechbare zu neutralisiren; Roth die Farbe des Thätigen, um das stärker gebrochene Violett zu sättigen. Um wieder Harmonie herzustellen, sehnt sich das Auge nach langer Ermüdung durch Blau [d. h. Türkis] nach Roth, nach langem Gelben nach Blau [d. h. Blauviolett], auf Purpur nach Grün, auf Grün nach Purpur, auf Schwarz nach Weiß«.[100]

Einerseits setzte Ritter hier ganz newtonisch die unterschiedliche Brechbarkeit der verschiedenen Farben voraus (§ 1.2.4) – unkritisch aus Goethes Sicht, der sich längst weiter sah. Andererseits formulierte Ritter in aller Kürze die Lehre Goethes von den geforderten Farben, die wir heutzutage als Komplementärfarben bezeichnen.[101]

Verweilen wir kurz bei diesem Thema. Wie man ganz am Ende des Zitats sieht, setzte Ritter jeder erwähnten Farbe die Komplementärfarbe entgegen und dehnte diese Operation auch auf Schwarz und Weiß aus. Dass sich die Operation ihrerseits ohne Verluste umkehren lässt, hat er beim Grün und Purpur eigens betont – doch beim Blau formulierte Ritter weniger stringent: Blau wäre erstens dem Rot entgegengesetzt, zweitens wäre es der Gegensatz vom Gelb.

Wenn Ritter hier von der konsequenten Symmetrie abwich, die Goethe in vielen Notizen, Briefen und sicher auch Gesprächen verfochten hatte und die jedem wissenschaftlich gesonnenen Menschen hätte naheliegen müssen, dann kann das mehrere Ursachen haben. Entweder brachte Ritter seinen Gedanken nicht konsequent zuende; oder es liegt ein Schreibfehler vor; oder aber Ritter

100 Ritter [FaNJ]/1:§ 243 (1798). – Zur Ähnlichkeit dieses Fragments mit Thesen Goethes siehe Richter [LPJW]:75.

101 S. o. § 1.3.3. – Dass sich Ritter nicht viel später unter dem Stichwort »Gegenfarben« für Komplementärfarben interessierte, zeigt eine Notiz aus dem Arbeitsjournal (Ritter, Arbeitsjournal unter dem 7. 4. 1800 (siehe Ritter [VD]:14)).

hat sich farbterminologisch verwirren lassen. Angesichts des vorangehenden Fragments hätte er dem Gelb sein »Violett« entgegenstellen sollen – und dem Rot sein »Hellblau«; stattdessen redete er beidemal vom »Blau«.

Ich muss gestehen, dass ich eine solche Verwirrung nur zu gut nachvollziehen kann. Anders als beim warmen Kantenspektrum aus den Farben Gelb und Rot drängt sich uns beim kalten Kantenspektrum keine völlig eindeutige Beschreibungsweise auf (Farbtafel 3 links). Manche nennen den dunkleren der beiden Farbtöne »Violett«, andere »Blauviolett« oder »Violettbau«, noch andere nennen ihn »Dunkelblau«, wieder andere einfach nur »Blau«. Und den helleren der beiden Farbtöne nennen einige Farbforscher »Türkis« oder »Cyan«, wieder andere nennen ihn »Hellblau« und noch andere ebenfalls nur »Blau«.[102]

Wie man sieht, kann man das Wort »Blau« für beide Farben des Kantenspektrums nutzen. Es wäre zwar hilfreicher, die beiden Farben terminologisch in aller Deutlichkeit zu unterscheiden, aber wer das unterlässt so wie offenbar Ritter im fraglichen Fragment, dem muss man keinen Denkfehler vorhalten; es genügt, ihn der undeutlichen Rede zu zeihen und es damit gut sein zu lassen.

Ein Gespräch mit Goethe

§ 2.2.5. Wenn die Überlegung aus dem vorigen Paragraphen plausibel ist, dann bietet Ritters Fragment trotz einiger kleinerer farbterminologischer Ungereimtheiten ein Echo auf Goethes Überlegungen zu den physiologischen Komplementärfarben. Aber das ist nicht alles, denn es gibt drei bis vier weitere Gemeinsamkeiten zwischen dem zitierten Fragment und Goethes Sichtweise.

Erstens brachte Ritter genau wie Goethe das Purpur ins Spiel, dem Newton in seinem Farbensystem (Abb. 2.2.5) keinen gleichberechtigten Platz zugebilligt hatte.[103] Zweitens verknüpfte Ritter so wie Goethe die Paare von Komplementärfarben mit Harmonie.[104] Drittens hat Ritter genau wie Goethe den

102 S. o. § 1.2.4k.

103 So im Juli 1793 Goethe [üEFi]:138; vergl. Newton [O]:98/9 (= Book I, Part II, Proposition VI) mit Verweis auf den newtonischen Farbenkreis aus Abb. 2.2.5, dessen purpurne Linie OD einen ausdehnungslosen Bereich darstellt, in dem *keine* Spektralfarbe repräsentiert ist.

104 S. o. § 1.3.4. Entsprechend äußerte sich Goethe in einem Text, der vor dem 11. 8. 1798 entstanden sein dürfte und der für meine Zwecke von großer Bedeutung ist (Goethe [EiP]:16; für den Wortlaut s. o. § 1.3.5; zur Datierung siehe Matthaei et al in Goethe [LA]/II.3:357). Diese Textstelle könnte zwar nach Ritters Fragment entstanden sein, aber es ist unstrittig, dass Goethe von Anbeginn nach komplementären Harmonien in der Farbenwelt suchte, etwa in Italien (siehe z. B. Egger [TL]).

farblichen Gegensatz mit dem Gegensatz vom Tätigen und Leidenden zusammengebracht – mit einem markanten Gegensatzpaar aus der Ideengeschichte der polaristischen Denkweise, das in unserem heutigen naturwissenschaftlichen Weltbild keinen Platz hat.[105] Und viertens deutete Ritter durch die enge Nähe des Fragments über physiologische Farben zum Vorgängerfragment über Spektralfarben nicht anders als Goethe einen Zusammenhang zwischen diesen beiden verschiedenen Farbenarten an. (Die zuletzt erwähnte Gemeinsamkeit ist freilich nur für den Fall einschlägig, dass Ritter die beiden Fragmente – wie immer wieder, aber nicht immer – aus einer engen Nachbarschaft in seinen Notizen übernommen hat; sollten sie dort nicht benachbart gestanden haben, so spräche diese vierte Gemeinsamkeit mit Goethe immerhin dafür, dass Ritter sie am Ende seines Lebens bei der redaktionellen Arbeit bewusst hergestellt hat).

Es mag sein, dass sich jeder der erwähnten Gesichtspunkte auch in den Schriften anderer Farbtheoretiker aufzeigen lässt, aber nur einzeln. Mir ist keine Farbentheorie vor 1800 bekannt, in der alle diese Gesichtspunkte so eng zusammenspielten wie bei Goethe – und jetzt bei Ritter.

Zugegeben, hierüber hatte Goethe bis zum Entstehungsdatum des Fragments (eine gute Zeit nach Ostern 1798) noch nichts veröffentlicht. Doch das spricht kaum gegen einen Einfluss Goethes auf Ritter; es spricht einfach nur dagegen, dass Ritter durch Goethe-*Lektüre* beeinflusst worden ist. Weil sich die farbtheoretischen Gemeinsamkeiten Ritters und Goethes in einer ganzen Reihe eng verwobener Gesichtspunkte gezeigt haben, halte ich folgende Hypothese für die wahrscheinlichste: Ritter kannte Goethes reichhaltige Sichtweise nicht vom Hörensagen, sondern aus dem direkten Gespräch. So jedenfalls lässt sich am besten verständlich machen, wie detailgetreu Ritter die Sichtweise Goethes widerzuspiegeln wusste.

Wenn das richtig ist, dann müssen sich Goethe und Ritter tatsächlich im Jahr 1798 getroffen haben, und zwar bevor Ritter das fragliche Fragment in sein Arbeitsjournal eintrug. Nach allem Gesagten muss das irgendwann nach Ritters – newtonischem – Brief an Alexander Humboldt gewesen sein, wobei dafür durchaus der im vorigen Kapitel ins Auge gefasste 20.7.1798 infrage kommt.

Nur um keine Missverständnisse aufkommen zu lassen: Nachdem sich Goethe und Ritter getroffen haben, ist der junge Physiker nicht sofort in Goe-

105 Bei Goethe z. B. mit den lateinischen Lehnwörtern: »Formel von *activ* und *passiv*« (Goethe, Brief an Soemmerring vom 2.7.1792 (siehe Goethe [WA]/IV.9:317), Hervorhebung im Original; volles Zitat in § 1.4.5).

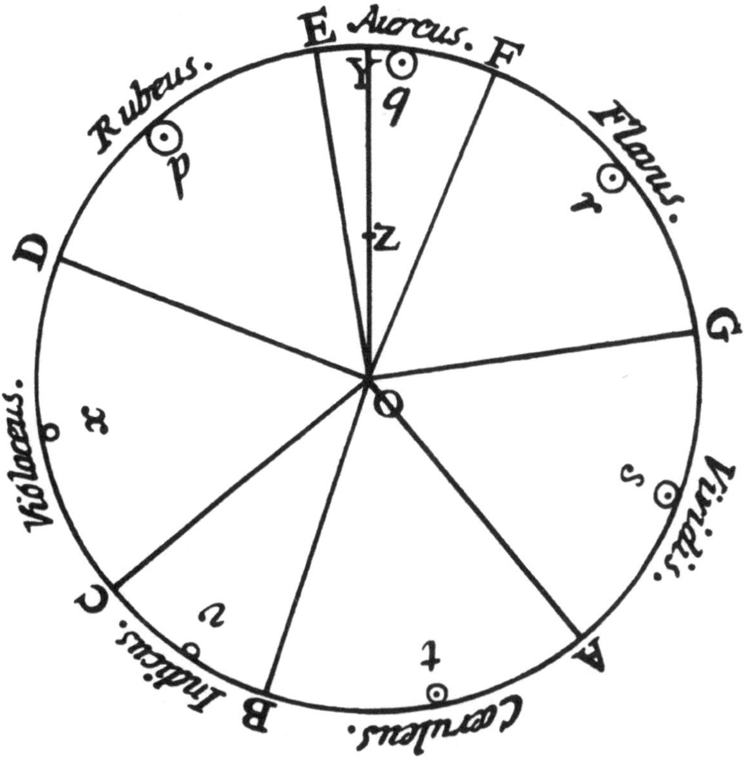

Abb. 2.2.5: Newtons Farbenkreis.
Newton teilte sein Spektrum in die sieben Schritte einer dorischen Tonleiter auf, die mit einem roten Feld (»Rubeus«) in der Proportion eines Ganztons von D nach E begann, dann nur mit einem Halbton von E nach F in der Farbe Goldgelb (»Aureus«) weiterging und über vier weitere Stufen mit einem Ganztonsprung CD in der Farbe Blauviolett (»Violaceus«) zum Ausgangspunkt D zurückkehrte. Wie man sich anhand der Logik dieses Farbenkreises klarmachen kann, hat Newton kein eigenes Feld für den purpurnen Zwischenton zwischen Blauviolett und Rot vorgesehen; der Grund dafür wird darin gelegen haben, dass dieser Farbton in seinem Spektrum nicht vorkommt. Doch war es keine gute Idee, das Purpur als eigenen Farbbereich aus dem Spiel zu lassen; Newton wollte den Farbkreis für die Vorhersage von Farbenmischungen einsetzen – und in der Malerei sind gerade die Purpurtöne nicht unwichtig für die Erzeugung einer Reihe von Farbtönen.
[Quelle: Newton [O], »Fig. 11« aus »LIB. I. PAR.II. TAB. III«].

thes antinewtonianisches Lager übergelaufen. Einige hochspezifische Anleihen bei Goethe ändern nichts daran, dass Ritter zum jetzigen Zeitpunkt meiner Darstellung (Ende 1798) über optische Fragen im wesentlichen so gedacht hat wie die anderen newtonischen Physiker seiner Zeit und wie wir heute.[106] Es sollte noch drei Jahre dauern, bis er sich von Newtons Optik abwandte.

Vertiefungsmöglichkeit. Der soeben in meinem dritten Vergleichspunkt abermals aufgerufene polare Gegensatz zwischen Aktiv und Passiv, Taten und Leiden reicht tief in die Ideengeschichte zurück und passt gut zu Goethes späterer Aussage von den Farben als »Taten und Leiden« des Lichts.[107] Das ist freilich nur die Spitze eines ideengeschichtlichen Eisbergs, mit der die zitierte Formulierung Ritters daher nicht viel gemein haben muss. Wie man aber ohne große Übertreibung sagen kann, lebte beispielsweise der theologische Gegensatz zwischen dem aktiven Geist Gottes und der passiven Materie (die allererst von Gott in Bewegung versetzt wird) insofern in Ritters Konzeption chemischer Grundsubstanzen fort, als er immer wieder zwischen aktiven Prinzipien und passiven Elementen unterschieden hat, so wie andere Chemiker seiner Zeit auch.[108]

Annäherungen an die Polarität im Jahr 1798

§ 2.2.6. In den zuletzt betrachteten Fragmenten aus der zweiten Hälfte des Jahres 1798 hat Ritter newtonische Spektral- und Nachbildfarben à la Goethe in eine polaristische Ordnung der Komplementärfarben einsortiert, vermied dabei aber den Polaritätsbegriff. Im selben Jahr hat er auf anderen Feldern als der Optik eine Reihe von Ideen durchprobiert, die locker in polaristische Richtungen weisen, wobei er mit dem Begriff selbst auffällig sparsam umgegangen ist; wenn er ihn wortwörtlich einsetzte, hing das noch nicht mit den anspruchsvollen Strukturen zusammen, die ihm später so wichtig werden sollten.

106 Das dokumentiert z. B. sein selbstverständlicher Rückgriff auf Newtons Weißmischung aus dem Frühling 1799 (Ritter [BDGA]/a:143). Schon in der überarbeiteten Version dieses Vortrags aus dem Jahr 1800 ließ Ritter den Verweis auf die Weißmischung weg (Ritter [BDGA]/b) und betonte im Jahr 1806, dass es so wichtige Unterschiede zwischen den beiden Versionen gibt, dass sich ihr Vergleich lohnt (Ritter [PCAi]/1:164). Er wird mit dieser Bemerkung eine Reihe von Diskrepanzen im Auge gehabt haben, aber es fällt auf, dass er sich mit Blick auf den Newtonianismus im Jahr 1800 etwas vorsichtiger positionierte als im Vorjahr.

107 Goethe [V]:3.

108 Zu den ideengeschichtlichen Wurzeln des polaren Gegensatzes von Gott bzw. Geist und Materie, die ich hier nicht ausgraben kann, siehe Zimmermann [GPiG]:312-317 *et passim*. Literatur zum Vergleich dieses Motivkomplexes mit der Chemie der Goethezeit nenne ich in unten in § 2.2.11.

Zwar hat er sich recht früh einen abstrakten, apriorischen Beweis für eine sogenannte absolute Polarität zurechtgelegt.[109] Dieser Beweis bezieht sich aber nicht auf vertauschungssymmetrische Umkehrungen, hat mit konkreter naturwissenschaftlicher Arbeit wenig zu tun und hängt gleichsam in der Luft; die Sache wirkt so, als hätte er sich in spekulativer Philosophie versuchen wollen. Im ungefähr zeitgleich verfassten Brief an Volta führte er eine fast identische Überlegung durch, ohne daraus auf eine polare Zweiheit zu schließen; sozusagen unter den strengen Augen des verehrten Physikers kam er nur bis zu einer Verschiedenheit, die nicht unbedingt auf die Gegenwart genau zweier entgegengesetzter Faktoren hindeuten musste, sondern sich auch mit einer Vielzahl von Faktoren vereinbaren ließ.[110]

Sogar elektrische und galvanische Phänomene konzeptualisierte er damals ohne Annahme zweier entgegengesetzter Wirkfaktoren; stattdessen führte er galvanische Aktionen (unter Berufung auf Volta) auf die Störung des Gleichgewichts gegenläufiger Aktionen *eines* Wirkfaktors zurück und vertrat eine unpolaristische Konzeption von Elektrizität.[111] Nur bei Tieren und Pflanzen war er bereit, dem Namen nach und recht vage von einer – elektrischen – Polarität zu reden; damit war offenbar zunächst nicht mehr gemeint als die Identifikation negativer und positiver Ladungen auf Tier- und Pflanzenkörpern, wovon man auch ohne weitreichende polaristische Annahmen sprechen konnte.[112] Dass er diese knappe, fragmentarische Andeutung später erfolgreich in experimentelle Forschung umzumünzen imstande sein würde, kann Ritter zunächst nur geahnt haben; erst bei dieser Operationalisierung kamen denn auch voll und ganz vertauschungssymmetrische Polaritäten zutage.[113] Es ist faszinierend, dabei zuzuschauen, wie ein bloßes Wort, das aus unserer heutigen Sicht gegenstandslos ist, durch allmähliche Bedeutungsanreicherung letztlich zum Leitfaden für durchaus erfolgreiche Experimente werden kann.[114]

109 Ritter [FaNJ]/1:§26 (*korr.* 1798); für die Korrektur solcher Datierungen s.o. §2.2.1k.

110 Ritter, Brief an Volta vom Juni (oder Juli) 1798 (siehe Ritter [SaAV]:70).

111 Ritter [uG]:20/1, 27/8; Ritter, Brief an A. Humboldt vom Juni 1798 (siehe Ritter [SaFA]:47, 51/2); Ritter, Brief an Volta vom Juni (oder Juli) 1798 (siehe Ritter [SaAV]:61, 87/8).

112 Ritter [FaNJ]/1:§298 (*korr.* 1799); vergl. die tentativen Vermutungen zur magnetischen Polarität bei Tieren in Ritter [FaNJ]/2:§467 (1800).

113 S.u. §5.4.2k.

114 Für ähnliche Fälle siehe Steinle [GFoC].

Oft spekulierte Ritter über entgegengesetzte Wirkungen nicht im Sinne einer absoluten Polarität, sondern im Sinne eines gegenläufigen Mehr oder Weniger (wobei er die ausdrückliche Rede von Polarität vermied). Beispielsweise fragte er, ob sich die Anziehungskraft eines Magneten für Eisen dadurch ändert, dass der Magnet in einem geeigneten galvanischen Versuchsaufbau plaziert wird; wie er vermutete, steigt dann die Anziehungskraft eines der beiden Magnetpole, während die des anderen Pols sinkt.[115] Mit solchen Spekulationen war es Ritter noch nicht um einen Umschlag der Gegensätze zu tun.

Das betrifft auch faszinierende Pläne Ritters, denen zufolge er galvanische Versuche einerseits im Wirkungsbereich von Magneten, andererseits im Wechsel von Finsternis und starkem Licht durchführen wollte:

> »Galvanische Versuche in [...] magnetischen, Atmosphären, im starken Lichte und in der Finsterniß. – Zeigen sich *Unterschiede* bey der Electricitätsentwickelung, nachem die Erregung im Sonnenlicht oder im Dunkeln geschieht?«[116]

Die Parallelführung von Magnetpolen und dem Gegensatz aus Licht *versus* Finsternis klingt zwar nach Goethe. Doch zielte Ritter mit der angeführten Formulierung noch nicht auf eine volle Vertauschungssymmetrie für die Wirkungen von Licht und Finsternis im Sinne des Prinzips (P):

> (P) Bei Umkehrung der Polarität in den Versuchsbedingungen eines Experiments (durch Vertauschung entgegengesetzter Pole) kehren sich auch die Versuchsergebnisse in ihr Gegenteil um – wobei es in jedem eigenen Phänomenbereich jedesmal aufs neue den Gesichtspunkt zu explizieren gilt, hinsichtlich dessen von Umkehrung geredet werden soll.

Nein, laut vorigem Zitat ging es nur um *Unterschiede* der Wirkung von Licht und Finsternis. Abgesehen davon *fragte* Ritter nur, ob sich die beiden Faktoren unterschiedlich auswirken – bei einer anderen tentativen Überlegung, die unmittelbar vor der zitierten steht und mit Polarität nichts zu tun hat, ging er hingegen weiter und redete von höchster Wahrscheinlichkeit.[117]

Etwas später im selben Jahr verglich er sogar die Entstehung der Spektralfarben mit Elektrizität und Magnetismus, was wieder so klingt, als wäre er

115 Ritter [FaNJ]/1:§ 333 (1798). – Die dort erwähnten Pole des Magneten bringen wiederum keine weiter reichenden Implikationen zur Polarität mit sich.

116 Ritter [FaNJ]/1:§ 16 (*korr.* 1798); meine Hervorhebung.

117 Ritter [FaNJ]/1:§ 16 (*korr.* 1798).

Goethe auf den Fersen.[118] Doch da er die Elektrizität seinerzeit (wie gesagt) nur mit einem einzigen Wirkfaktor konzipierte, steckte in dem Vergleich wenig polaristisches Gedankengut. Zudem war der Vergleich mehr als gewagt; Ritter fragte, ob sich die Lichtbrechung zur Farbentstehung so verhält wie der magnetische zum elektrischen Prozess.

Worauf, genau, diese Analogie hinauslaufen sollte, bleibt rätselhaft; wir wissen nicht, auf welche der vielen seiner glücklosen, aber hellsichtigen Erwägungen zum Zusammenhang von Elektrizität und Magnetismus sich Ritter hierbei stützte.[119] Nichtsdestoweniger kann man es bemerkenswert finden, dass er Licht, Farben und Elektromagnetismus in einem Atemzug nannte, ohne von unserer Konzeption elektromagnetischer Schwingungen namens Licht wissen zu können. Wie auch immer – im kommenden Paragraphen möchte ich skizzieren, auf welche Weise Ritter seine polaristisch anmutenden Spekulationen im Jahr 1799 thematisch ausweitete und strukturell schärfte.

Symmetrische Vertauschungen im Jahr 1799

§ 2.2.7. Meines Wissens hat sich Ritter zum ersten Mal im Februar 1799 auf eine voll und ganz vertauschungssymmetrische Polarität festgelegt, wie sie Goethe schon in der ersten Hälfte des Jahrzehnts formuliert hatte.[120] Während Goethe den Magneten als wegweisendes Sinnbild für Polarität genutzt hatte, um dann *in concreto* die polaren Gegensätze seiner Optik kausal mit chemischen Gegensätzen zu verbinden, stieß Ritter in der elektro-galvanistischen Forschung auf dieselbe vertauschungssymmetrische Struktur (was ihn dann ebenfalls zur Chemie leitete).

Und zwar verknüpfte er am 28. 2. 1799 die Wadenmuskulatur eines amputierten menschlichen Unterschenkels mit dem einen Ende einer galvanischen

118 Siehe hierzu und zum folgenden Ritter [FaNJ]/I:§ 28 (*korr.* 1798). Kurz darauf parallelisierte er die prismatische Farbentstehung – wie so oft in Frageform – mit Kristallisationsprozessen (Ritter [FaNJ]/I:§ 31 (*korr.* 1798); vergl. auch Ritter [FaNJ]/I:§ 5 (*korr.* 1797)).

119 S. u. § 6.4.3k.

120 Nicht viele Interpreten Goethes und Ritters schenken der Umkehrungsidee hinreichende Beachtung; eine löbliche Ausnahme bietet der Ritterforscher Wetzels, der die Idee zwar nicht bis hin zu einer Operationalisierung à la (P) schärft, wohl aber ihre Bedeutung für Ritter sieht und bei allem Verständnis eine kritische Perspektive einnimmt (Wetzels [JWR]:37/8, 68/9, 100/1, 112). Per Andeutung verknüpft er die Idee mit Goethes Gedankenwelt in Wetzels [JWR]:43, vergl. Goethe [EF]:§ 739.

Stromquelle, den zugehörigen Nervenstrang mit dem anderen Ende – die Muskeln zogen sich in dem Augenblick zuckend zusammen, in dem er den galvanischen Stromkreis *schloss*; für das umgekehrte Experiment vertauschte Ritter die beiden Enden der Stromquelle, beobachtete aber bei der Schließung des Stromkreises überhaupt keine Reaktion – diesmal zogen sich die Muskeln in dem Augenblick zuckend zusammen, in dem er den galvanischen Stromkreis wieder *öffnete*.[121]

In einem verwandten Versuch beobachtete er kurz zuvor an Froschschenkeln entgegengesetzte galvanische Reaktionen bei Vertauschung von positiver mit negativer Elektrizität einer Leidener Flasche, also eines damals üblichen Kondensators.[122] Ihm ist klargewesen, dass er nun festen polaristischen Boden betreten hatte, und er beeilte sich, diesen Schritt öffentlich zu machen. In der Ankündigung einer ausführlichen Ausarbeitung der Resultate sprach er von einer

> »Kenntniss bis jetzt noch unbekannter, nicht blos dem Grade nach verschiedener, sondern *ächt polarisch entgegengesetzter Zustände* der Erregbarkeit der thierischen Maschine überhaupt«.[123]

Das ist insofern eine bemerkenswerte Aussage, als sich Ritter damit meines Wissens zum ersten Mal in der Öffentlichkeit als Nutzer echter, polaristischer Gedankengänge zu erkennen gab.

Vertiefungsmöglichkeit. Ebenfalls im Februar 1799 schrieb Ritter per Brief (zur Anbahnung eines Verlagsvertrags, der nicht zustandekam) von »polarisch entgegengesetzten Zuständen der Erregbarkeit« und »polarisch entgegengesetzten Krankheiten« – damit bewegte er sich noch ausschließlich in galvanistischen Gefilden, in denen er zum Postulat einer »Dreyheit in der Natur« als allgemeines Naturgesetz gelangte.[124] Offensichtlich war die Polarität damals nur ein Nebengedanke Ritters, ja möglicherweise setzte er sie zunächst mehr zu Werbezwecken als zu wissenschaftlichen Zwecken ein. Auf die ihn damals und zuvor vornehmlich interessierende Dreiheit kann ich hier nicht näher eingehen; jedenfalls harmonierte sie nicht ohne weiteres mit Gedanken zur Zweiheit im Sinne einer Polarität, und das

121 Ritter [GVav]:127/8, 133/4.

122 Ritter [EBüG]:84/5.

123 Ritter [RBzN]:246; meine Hervorhebung. Diese Ankündigung seiner *Beyträge zur nähern Kenntnis des Galvanismus* datierte er auf den Februar 1799; anders als damals versprochen griff er die oben skizzierten Ergebnisse erst zwei Jahre später auf, betonte dann aber, dass er die zugehörigen Experimente bereits im Winter 1798 durchgeführt hatte (Ritter [vCMi]:62/3).

124 Ritter, Brief an Bertuch vom 11. 2. 1799 (siehe Wetzels [JWR]:25n15).

macht gut verständlich, warum sich Ritter dem polaristischen Denken gegenüber anfangs mehr als reserviert gegeben hatte.[125]

Notizen auf dem Torzettel

§ 2.2.8. Laut einer weiteren Beobachtung Ritters aus dem zuletzt umrissenen Forschungszusammenhang lassen sich Froschschenkel unter denselben galvanischen Bedingungen zur Kontraktion anregen, unter denen sich Metalle wie Zink zur Oxydation bringen lassen.[126] Das war der bahnbrechende Nachweis, dass galvanische Phänomene nicht auf den Bereich des Lebendigen beschränkt sind, sondern auch im Bereich der anorganischen Chemie vorkommen: Innerhalb des Reich des Lebendigen gelten dieselben grundlegenden Naturgesetze wie außerhalb.[127]

Wie Ritter infolge einer hochspekulativen Kombination und Extrapolation der bis dahin angesammelten Beobachtungen meinte, müsse sich bald herausstellen,

> »dass diese entgegengesetzten Electricitäten auch für wirkliche Stimmung *chemischer* Prozesse, sich eben so *entgegengesetzt* verhielten«.[128]

Das nicht auf Anhieb verständliche Wort »Stimmung« deute ich als Kurzform für eine *Be*stimmung chemischer Prozesse im Sinne ihrer Determination – die eine (z. B. positive) Elektrizität bestimmt ein bestimmtes Reaktionsgeschehen, die andere (z. B. negative) das entgegengesetzte. Hier haben wir *in nuce* das zielgerichtete Denken in Analogien mithilfe von Polaritäten.

Bedenken Sie: Entgegengesetzte chemische Reaktionen bei Vertauschung elektrischer Pole im Versuchsaufbau hatte Ritter zu diesem Zeitpunkt noch nicht beobachtet; doch die Suche nach diesen geforderten Reaktionen war eröffnet. Sie lag deshalb nahe, weil Ritter bereits ein galvanisches Analogon des gesuchten Effekts im Gepäck hatte und weil er galvanische Effekte seit langem mit elektrischen zusammenbringen wollte.

125 Ritter [BDGB]:172/3 (§ 27).

126 Ritter [EBüG]:82/3; vergl. Ritter [BDGA]/a:160. – Da Ritter zwar eine Reihe unserer heutigen Oxidationsprozesse als »Oxydation« bezeichnete, sie aber anders konzeptualisierte als wir, werde ich einer Anregung Anna Reinachers folgen und den Begriff stets mit Ypsilon schreiben, wenn ich mich auf Ritters Konzeption beziehe; genauso bei Oxygen, Desoxydation usw.

127 Ritter [EBüG]:83.

128 Ritter [EBüG]:86; Hervorhebung im Original.

Nachdem Ritter soweit gekommen war, hat er sich mit Goethe getroffen. Und zwar gibt es in dessen Nachlass zwei Notizzettel voller Skizzen und karger Stichpunkte, die Ritter mit Goethe auf Schmierpapier vom April 1799 erarbeitet hat.[129] Sie sind schwer zu deuten, behandeln aber offenbar magnetische, elektrische und galvanische Phänomene, die sich mit Gegensatzpaaren wie +M *versus* –M, +E *versus* –E sowie Kontraktion *versus* Expansion aufschlüsseln lassen.[130]

Wenn das richtig ist, haben sich Goethe und Ritter vermutlich nicht lange nach dem April 1799 auf verschiedenen außeroptischen Gebieten gemeinsam mit einer echten, vertauschungssymmetrischen Polaritätsidee auseinandergesetzt. Ritter wird Goethe seine im Februar 1799 veröffentlichten Untersuchungen zu entgegengesetzten Reaktionen der Froschschenkel bei Vertauschung der elektrischen Pole erläutert haben, und möglicherweise war es Goethe, der gefragt hat, ob und wie sich diese Ergebnisse auf magnetische Pole übertragen lassen.

Vertiefungsmöglichkeit. Soweit sie nicht auf Goethe zurückgehen (was eindeutig ist), stammen die zuletzt erwähnten Notizen laut Eckle mit »einiger Sicherheit« von Ritter.[131] Dafür sprechen meines Ermessens nicht nur Charakteristika seiner Handschrift, sondern auch die enge inhaltliche Verbindung zu seinen kurz zuvor veröffentlichten Forschungsergebnissen. Die Notizen stehen auf sog. Torzetteln, also auf Papieren, die bei der Abfertigung an Stadttoren mit aktuellem Datum ausgegeben wurden. Das Datum auf einem dieser Zettel – der 5.4.1799 – gibt keinen eindeutigen Hinweis darauf, wann die Notizen entstanden sind; es liefert nur einen *terminus post quem.* Nichtsdestoweniger ist es plausibel anzunehmen, dass der dort dokumentierte Gedankenaustausch zwischen Goethe und Ritter nicht lange nach diesem Datum stattgefunden hat. Wie im vorletzten Paragraphen dargelegt, wird sich Ritter in der zweiten Hälfte des Jahres 1798 über Goethes polaristische Verknüpfung von Optik und Chemie klargewesen sein. Da er seine neuesten Forschungsergebnisse schnell mitzuteilen pflegte, wird er die erste sich bietende Gelegenheit dafür genutzt haben. Unabhängig davon dürfte bei Goethe ein alter Torzettel nicht lange ohne Verwendung herumgelegen haben; er war indigniert und fand es der Rede wert, dass sich im Nachlass des Gothaer Herzogs Ernst uralte Torzettel mit etlichen anderen Papieren ungeordnet vermischt hatten.[132]

Goethes »H« in Ritters Arbeitsjournal

§ 2.2.9. Im Laufe dieses Kapitels habe ich bislang zwei Anhaltspunkte für Begegnungen zwischen Goethe und Ritter aufgezeigt. Einerseits dürfte Ritter

129 Goethe [LA]/II.1A:190/1 (= M32).
130 So Eckle in Goethe [LA]/II.1A:191.
131 Eckle in Goethe [LA]/II.1A:191.
132 Goethe, Tagebuch zum 23.6.1808 (siehe Goethe [WA]/III.3:351).

noch im Jahr 1798 im direkten Austausch einige Elemente aus Goethes Überlegungen zu physiologischen Nachbildfarben kennengelernt haben; andererseits hat er mit ihm vermutlich um die Jahresmitte des Jahres 1799 seine allerersten »ächt polaren« Ergebnisse durchgenommen.

Auch für die nun zu besprechende erste Hälfte des Jahres 1800 gibt es Indizien für Begegnungen zwischen Goethe und Ritter. So erwähnte er in einer schwer zu deutenden Notiz »Goethe's H« als einen Forschungsgegenstand, dessen polare Reaktionen in einer galvanischen Versuchsanordnung zu untersuchen wären.[133] Was mit dem Symbol »H« gemeint gewesen sein könnte, ließ sich nicht ermitteln; in der Notiz ragt das Symbol aus dem handschriftlichen Textfluss großgeschrieben heraus so wie sonst dort eine Reihe chemischer und alchemischer Symbole, die Ritter zu benutzen pflegte. Doch keine der bekannten Interpretationen eines solchen Symbols passt an Ort und Stelle in den gedanklichen Zusammenhang.[134]

Der Name Goethes kommt meines Wissens in keiner früheren Schrift Ritters vor. Das mag daran liegen, dass die Notiz aus seinem Arbeitsjournal stammt, also weit davon entfernt war, für eine Veröffentlichung vorgesehen zu sein; sie steht dort recht früh im erhaltenen Material – es könnte also sein, dass Goethes Name schon früher von Ritter notiert worden ist und dass wir davon mangels erhaltener Quellen nichts wissen.[135]

An dieser Stelle der Betrachtung muss ich einige Bemerkungen zu der handschriftlichen Quelle einschieben, die ich soeben herangezogen habe. Während seiner gesamten Karriere hat Ritter Arbeitsjournale geführt, in denen er nicht nur seine Spekulationen, Vermutungen, Hypothesen, Pläne und Entdeckungen notierte, sondern auch Literaturangaben (und in begrenztem Umfang Persönliches). Im Unterschied zu den Laborbüchern, wo er seine Resultate in ersten Formulierungen für die Veröffentlichung festgehalten haben muss, gönnte er sich in den von ihm als Diarien bezeichneten Arbeitsjournalen mehr Freiheit.[136] Er sah sie als eine Art privaten Schutzraum, wo er

133 Ritter, Arbeitsjournal unter dem 21.4.1800 (siehe Ritter [VD]:27).

134 Siehe die Deutungen der Symbole in Lüdy-Tenger [ACZ], unpaginierte Tafeln 93/4.

135 Im selben Textcorpus findet sich der Name Goethes noch mehrmals (Ritter, Arbeitsjournal unter dem 11.-13.1.1801; 24.1.1801; 16.8.1801 und 18.9.1801 (siehe Ritter [VD]:82, 86; 93; 156; 161)). Ich werde darauf zurückkommen.

136 Die Laborbücher bezeichnete er im markanten Unterschied zu den Diarien als »Beobachtungsjournale« (Ritter, Brief an Zimmer vom 20.2.1809 (siehe Ritter [BaJG]:5^{r})). Wie gesagt ist nur eines dieser Beobachtungsjournale erhalten (Ritter [GV]/z).

seinen wissenschaftlichen Neigungen ungestört nachgehen konnte; in einem späteren Brief an den Verleger seiner *Fragmente* heißt es rückblickend:

»Seit 1796 widmete ich mich der Wissenschaft der Natur, und allem, was ein frisches, vorwärtsgreifendes, Gemüth intereßiert, während ich, öffentlich, aus guten Gründen *blos* als Physiker erscheinen mochte. Dennoch führte ich seit jener Zeit continuirlich sogenannte Diarien, in welche ich, so oft es mir gefiel, oder so oft mir *das* gefiel, *was* ich fand und suchte, niederschrieb; übrigens aber blos für mich, meine innere Oekonomie, / und ohne daran zu denken, jemals etwas davon öffentlich zu machen. Indeßen ließ ich ihm allemal die Form, unter der es entstand, und *bewahrte* sie ihm, denn auch für Geist u. Herz sind die Augenblicke der Empfängniß die schönsten im ganzen Leben, hier der Idee. Auch blieb so alles völlg *ehrlich*, was ich dachte und schrieb. Wenn man zunächst blos für sich selbst arbeitet, ist man es am ersten; man fragt die *Leute* nicht, sondern den *Gott* in sich« (Ritter, Brief an Zimmer vom 20. 2. 1809).[137]

Bis auf jeweils eine Ausnahme sind die Arbeitsjournale und die Laborbücher (zusammen mit einem Großteil des gesamten Nachlasses) kurz nach Ritters Tod auf rätselhafte Weise verschwunden – daher haben wir z. B. fast keine Briefe an Ritter.[138] Glücklicherweise deckt das erhaltene Arbeitsjournal den Zeitraum ab, der für uns am interessantesten ist, weil er die Entdeckung des Ultravioletten umfasst; dies Heft beginnt mit einem Eintrag vom 13. 2. 1800 und reicht bis zu einem Eintrag, der auf den 18. 9. 1801 datiert ist.[139]

Diese Datierungen geben möglicherweise nur ein grobes Gerippe für die tatsächlichen zeitlichen Abläufe. Betrachten wir z. B. irgendeinen Eintrag, der zwischen den Datierungen »Den 13. Februar 1800« und »den 21. April. 1800« steht.[140] Dann könnte er gleich am 13. 2. 1800 entstanden sein – er könnte ebensogut später, muss aber auf jeden Fall vor dem 21. 4. 1800 notiert worden

137 Ritter [BaJG]:1^r-1^v; Hervorhebung im Original.

138 Zum Verlust des Nachlasses siehe Rehm [üTLV]:299-301, Klinckowstroem [SMKA]:36n, Richter [LPJW]:186/7.

139 Ritter [VD]:1; Ritter [VD]:160-176. Weber scheint das letzte Datum des Arbeitsjournals als »28. 7ber I« gelesen zu haben, also zehn Tage später als in Poppes Lesart, an der ich mich orientiere (Weber [EFN]:201). Das verträgt sich nicht mit der Erwähnung des anwesenden Ørsted, auf die ich noch zu sprechen kommen werde (§ 4.2.9). Ørsted war am 28. 9. 1801 nicht in Weimar, sondern führte philosophische Gespräche in Jena (Ørsted in Jelved et al (eds) [TLoH]:20).

140 Ritter [VD]:1, 16.

sein. Je näher ein Eintrag vor der jeweils nächsten Datierung steht, desto wahrscheinlicher dürfte er irgendwann in der Zwischenzeit geschrieben worden sein, vor allem dann, wenn viele Seiten zwischen der ersten und der zweiten Datierung liegen. (Aus diesem Grund bezeichne ich jeden Eintrag in das Arbeitsjournal immer mithilfe des letzten Datums, *unter* dem er sich findet, also z. B. »Arbeitsjournal unter dem 13. 2. 1800« – was immer nur einen *terminus post quem* angibt).

Dass nicht jeder Eintrag, der sich nach einer bestimmten Datierung am Rande des Arbeitsjournals findet, am fraglichen Tag geschrieben worden sein kann, lässt sich belegen; so notierte Ritter zwischen den zuletzt genannten Daten eine Entdeckung wie folgt: »Den 7.ten April gefunden, daß [...]«.[141] Diesen Eintrag muss er zwischen dem 7. 4. 1800 und der nächstfolgenden Datierung (dem 21. 4. 1800) niedergelegt haben.

Ab und an ist Ritter im Fortgang seiner Arbeit zu älteren Einträgen zurückgegangen, um spätere Erkenntnisse etwa zur Bestätigung von Vermutungen zu vermerken, was sich vor allem am Rand des Arbeitsjournals findet.[142]

Da nun Ritter am Ende seines Lebens die *Fragmente aus dem Nachlasse eines jungen Physikers* mit Notizen der Arbeitsjournale bestückt hat, können wir dort fehlende Fragmente aus den Jahren 1800 und 1801 sehr genau datieren: Die fehlenden Fragmente aus dem Jahr 1800 müssen vor dem 13. 2. 1800 entstanden sein (dem Beginn der Einträge in dem Arbeitsjournal) – die aus dem Jahr 1801 nach dem 18. 9. 1801 (dem Ende dieser Einträge).

Vertiefungsmöglichkeit. So wie alle überlieferten Handschriften Ritters ist auch sein Arbeitsjournal schwer zu entziffern. Ich stütze mich auf die provisorische Transkription, die der Ritterforscher Kurt Poppe (teilweise im Austausch mit der Ritterforscherin Edith Rehm) vor Jahrzehnten erstellt hat, die aber nicht bis zur Veröffentlichung gediehen ist. Viele der alchemischen und chemischen Symbole, die Ritter nutzte, sind in der Transkription am Seitenrand gedeutet; im Einklang mit diesen Deutungen habe ich sämtliche Symbole aus den Zitaten des Arbeitsjournals herausgenommen und durch die entsprechenden Wörter ersetzt. Da die Deutung solcher Symbole besonders heikel ist, habe ich mich in mehreren Richtungen abgesichert: Einerseits stimmen Poppes Vorschläge, die ich übernehme, gut mit

141 Ritter [VD]:10.

142 Dies lässt sich durch ein Beispiel illustrieren, wo Ritter am linken Rand neben einer Vermutung nachgetragen hat: »Ist bewiesen« (Ritter [VD]:46) mit Verweis auf Ritter, Arbeitsjournal unter dem 12. 12. 1800 (siehe Ritter [VD]:55/6), woraus sich der Nachtrag indirekt datieren lässt. Zuweilen hat er die nachträgliche Beurteilung sogar explizit datiert (z. B. Ritter, Arbeitsjournal, Randbemerkung vom 4. 12. 1800 (siehe Ritter [VD]:32)).

denen überein, die in einem entsprechenden Standardwerk versammelt sind.[143] Andererseits hat Ritter bei der Drucklegung seiner *Fragmente* einige symbolgetränkte Textpassagen aus dem Arbeitsjournal selber transkribiert, und die dort vorgenommenen Deutungen haben selbstverständlich höchste Autorität; sie betreffen insbesondere die Symbole für Licht und Sauerstoff, über die man andernfalls streiten müsste.[144] Abgesehen von den Symbolen (die sich allesamt im Arbeitsjournal gut erkennen lassen) gilt für den von Ritter ausgeschriebenen Text meiner Zitate ein allgemeines *Caveat*: Da eine solche Transkription in erheblichem Umfang Interpretation ist, mag es gut sein, dass einige meiner Zitate anders gelesen werden müssen; im Falle offensichtlicher Schreib- oder Lesefehler Poppes habe ich – ohne das eigens zu dokumentieren – den meiner Ansicht nach richtigen Text wiedergegeben.[145] Gleichwohl halte ich Poppes Transkription alles in allem für zuverlässig genug, um sie zu benutzen. Stattdessen auf die Auswertung des Arbeitsjournals zu verzichten, war keine Option. Eine gute abgesicherte, textkritische Edition des Arbeitsjournals wäre ein eigenes mehrjähriges Projekt und bleibt ein Desiderat für die weitere Forschung.

Irritierende Irrtümer über Irradiationen

§ 2.2.10. Mit dem Beginn des Jahres 1800 mehren sich in Ritters Schriften die Spekulationen über Experimente zur Umkehrung gegenläufiger Faktoren.[146] Nachdem er im Vorjahr die Suche nach entgegengesetzten chemischen Wirkungen der entgegengesetzten elektrischen Pole ausgerufen hatte, suchte er nun nach Gegensätzen in der Chemie, die wiederum in anderen Phänomenbereichen entgegengesetzte Wirkungen nach sich ziehen. Diese Suche musste deshalb auf die Tagesordnung kommen, weil bis dahin die Rede von entgegengesetzten chemischen Reaktionen nur abstrakt gegeben war und jeder konkreten Operationalisierung entbehrte.

Wohl darum durchdachte Ritter im Januar oder Februar 1800 Experimente eines gewissen Tiberio Cavallo, dem zufolge sich die Anziehungskraft des

143 Lüdy-Tenger [ACZ].

144 Vergl. Ritter [FaNJ]/2:§ 517 (1800) mit Ritter, Arbeitsjournal unter dem 7.4.1800 (siehe Ritter [VD]:13). Am Rande: So gut wie alle Symbole, die Ritter im Arbeitsjournal nutzte, stehen für Wörter, die er dort immer wieder auch ausgeschrieben hat. Und zum von Ritter (sowie z. B. Scheele) zuweilen benutzten Zeichen für Phlogiston siehe Lüdy-Tenger [ACZ]:11, Fig. 4 sowie unpaginierte Tafel 75.

145 Dabei habe ich dankbar auf Vorschläge von Christoph Demian und Derya Yürüyen zurückgegriffen.

146 Diese tendenzielle Aussage bezieht sich einerseits auf Ritters Veröffentlichungen und Briefe, andererseits auf die vorhandenen Bruchstücke aus den Arbeitsjournalen – einerlei ob sie aus den gedruckten *Fragmenten* (1797-1808) stammen oder aus dem handschriftlich überlieferten Arbeitsjournal (1800/1). Ob die *Fragmente* – mit Blick auf Polarität – eine repräsentative Stichprobe der Summe aller Arbeitsjournale bieten, ist zugegebenermaßen kaum zu entscheiden.

Magneten auf Eisen in Schwefel- oder Salpeter*säure* vergrößert; angesichts der Gegensätzlichkeit von Säuren und Basen vermutete Ritter:

> »Vielleicht geschähe bey Alkalien [basischen Substanzen] gerade das Umgekehrte«.[147]

Ist das eine haltlose Spekulation? Möglicherweise nicht; im Sinne der polaristischen Logik war Ritters Überlegung stringent. Ob er empirisch recht hatte, ist meines Wissens bis heute nicht geklärt.

Auch im kurz darauf einsetzenden – erhaltenen – Arbeitsjournal heißt es immer wieder, dass unter diesen und jenen Bedingungen »das entgegengesetzte Statt finden« wird; diesmal ging es z. B. um entgegengesetzte Wirkungen einer brennenden Fackel auf die entgegengesetzten Elektrizitäten.[148]

Unmittelbar darauf brachte Ritter (wie im Jahr 1799 anvisiert) die Expansion einer Nervenfaser mit ihrer Oxydation zusammen, die Kontraktion einer Muskelfaser dagegen mit ihrer Desoxdation.[149] Dass Ritter Oxydationen anders konzeptualisierte, als wir es heute mit Oxidationen tun, muss ich nicht im Detail entfalten – wichtig ist, dass Desoxydationen für ihn den gegenläufigen Prozess darstellten.[150]

Noch wichtiger finde ich, wie er diese Überlegungen weitergeführt hat. Und zwar brachte er den chemischen Gegensatz mit einem visuellen Gegensatz zusammen, der für Goethe von zentraler Bedeutung war:

> »Daß man das schwarze neben dem weißen größer sieht, als sonst würde sich gut danach erklären. Weiß stumpft ab, die Retina wird größer, oxydirter. Das schwarze Bild muß größer seyn« (Ritter, Arbeitsjournal unter dem 13. 2. 1800).[151]

147 Ritter [FaNJ]/2:§ 372 (Januar oder erste Februarhälfte 1800). Im erhaltenen Arbeitsjournal findet sich diese Notiz nicht.

148 Ritter, Arbeitsjournal unter dem 13. 2. 1800 (siehe Ritter [VD]:3). Zur selben Zeit war es ihm – auch – um entgegengesetzte Wirkungen von Erwärmung und Abkühlung auf elektrostatische Prozesse zu tun (Ritter, Arbeitsjournal unter dem 13. 2. 1800 (siehe Ritter [VD]:1, 4)).

149 Ritter, Arbeitsjournal unter dem 13. 2. 1800 (siehe Ritter [VD]:3). S. o. § 2.2.8.

150 Zur Umkehrung der »Oxygenation« siehe z. B. Ritter [VGBn]/B:221.

151 Ritter [VD]:3. Später sollte Ritter unter entgegengesetzten galvanischen Stimulationen eine vergleichbare gegenläufige Änderung bei Größenwahrnehmungen beobachten (Ritter [VBüG]/A2:474/5 (§ 33), für den Wortlaut s. u. § 2.4.6). Spekulationen über die gegenläufige elektrische Ladung schwarzer bzw. weißer Körper formulierte Ritter, Arbeitsjournal unter dem 5. 12. 1800 (siehe Ritter [VD]:43).

Man mag meinen, dass diese Bemerkung nichts mit Goethe zu tun zu haben braucht. Jedoch hat sich Goethe bereits vor Ritter für die unterschiedliche Größenwahrnehmung deckungsgleicher schwarzer bzw. weißer Figuren interessiert.[152] Und wer hier der Nehmende, wer der Gebende war, lässt sich feststellen. Ritter kann den Effekt der heute sog. Irradiation zum fraglichen Zeitpunkt nicht aus eigener Anschauung gekannt haben – denn in seiner Überlegung verwechselte er Schwarz und Weiß. Ebensowenig wird er den Effekt der Fachliteratur entnommen haben: Erstens notierte er (anders als in ähnlichen Fällen) keine Literaturangabe; und zweitens pflegte er es mit seiner wissenschaftlichen Lektüre so genau zu nehmen, dass er die Sache lieber noch einmal nachgeschlagen hätte, statt etwas Falsches niederzulegen. Die beste Erklärung für Ritters Fehler liegt darin, dass er durch Goethe von dem Effekt erfahren hat, sich aber falsch an das Mitgeteilte erinnerte.

Prinziplistische Chemie

§ 2.2.11. Unweit nach der zuletzt besprochenen Stelle aus dem Arbeitsjournal ließ Ritter chemische Spekulationen zum Licht und dessen Gegenspieler aufblitzen, die polaristisch klingen, aber äußerst schwer zu verstehen sind. Um sie wenigstens grob skizzieren zu können, muss ich etwas ausholen.

In der überaus heterogenen Chemie der Goethezeit unterschieden eine Reihe von Autoren zwischen Elementen und sog. Prinzipien.[153] Der damalige Gebrauch des Worts »Prinzip« weicht erheblich von unserem Verständnis ab. Beides – Elemente *und Prinzipien* – waren Stoffe, die es in chemischen Reaktionen zu beachten galt. Die vielen chemischen Elemente wurden so ähnlich wie heute als wiegbare – »ponderable« – Bestandteile chemischer Verbindungen aufgefasst; diese Elemente konnten an chemischen Reaktionen teilnehmen, denen sie passiv unterworfen waren.

Demgegenüber spielten die wenigen »Prinzipien« als fundamentale Substanzen eine aktivere Rolle – sie ließen sich nicht (oder nicht ohne weiteres) auf der Waage ausmessen, waren also »imponderabel«, dafür aber stark genug,

152 Er sollte das Gelernte im Jahr 1808 veröffentlichen (Goethe [EF]:§ 16-§ 18). Das dort beschriebene Irradiationsphänomen hat Goethe bereits im Jahr 1801 ausdrücklich für die *Farbenlehre* vorgesehen (Goethe [GF]:335 (B. I.c)); er dürfte davon aus einer Schrift Keplers erfahren haben, auf die er sich an Ort und Stelle in der *Farbenlehre* bezog – und die er u. a. am 5. 10. 1791 und am 14. 11. 1798 ausgeliehen hatte (Goethe [EF]:§ 18; Keudell [GaBW]:§ 26, § 135; vergl. § 216, § 567).

153 Hierzu und zum folgenden siehe Chang, von dem auch der Ausdruck »principlism« stammt (Chang [IWHT]:37-42, 60).

um den Reaktionsprodukten chemischer Prozesse ihre Grundeigenschaften aufzuprägen.

Beispielsweise hat man Licht und Wärme immer wieder als nicht wiegbare Stoffe aufgefasst; um 1800 tobte ein Streit über das ominöse Phlogiston, das als Imponderabilie galt und angeblich bei Verbrennungsprozessen freigesetzt wurde.[154] Heute wissen wir, dass beim Verbrennen kein Stoff freigesetzt, sondern Sauerstoff aufgenommen wird. Diese Sicht begann sich um 1800 mehr und mehr durchzusetzen; bis aber alle aktiven, imponderablen Stoffe (*alias* Prinzipien) aus den Theorien der Chemie eliminiert waren, sollte es noch eine Weile dauern.

Prinziplistische Überbleibsel und Theoriefragmente konnten sich auch in denjenigen eher progressiven Theorien halten, denen zufolge Verbrennungsprozesse mit der Aufnahme von Sauerstoff zu erklären sind. Anders als heute war damals die Natur von Sauerstoff fraglich – war dieser Stoff nur ein chemisches Element wie alle anderen (z. B. Eisen), oder spielte Sauerstoff bei Verbrennungsprozessen möglicherweise eine aktivere Rolle? Hatte er vielleicht sogar prinziplistische Bestandteile?

Zum jetzt betrachteten Zeitpunkt – dem Februar 1800 – war sich Ritter nicht sicher; er probierte es mit vielen verschiedenen Erklärungsansätzen, die aus heutiger Sicht befremdlich anmuten. Einer von ihnen ist für meine Zwecke aufschlussreich. Und zwar hatte Ritter – wie im vorigen Paragraphen dargetan – den Sehprozess tentativ mit einer lichtinduzierten Oxydation der Netzhaut erklärt. Zwei Seiten weiter unten im Arbeitsjournal erinnerte er daran und fragte:

> »Was oxygenirt? Das Licht. Es ist das wahre imponderable Oxygen. Sehen ist ein Verbrennen. Lichterzeugung heißt Feuererzeugung. Feuerzeugung heißt Oxydation. Phlogiston und Licht gibt Wärme. Wärme ist ein Oxyd. Beym Lichtbrechen bindet sich Licht mit Phlogiston« (Ritter, Arbeitsjournal unter dem 13. 2. 1800).[155]

Wie man merkt, stellte Ritter hier dem imponderablen Oxygen (also dem Licht) einen Reaktionspartner an die Seite – das Phlogiston. Damit brauchte er angesichts der Fortschritte der damals neueren Verbrennungstheorien eine

154 Chang [IWHT]:3 *et passim*.
155 Ritter [VD]:5.

andere Konzeption des dort prominenten ponderablen Oxygens. Er versuchte es wie folgt:

> »Oxygen, was wir bisher so nannten, besteht eigentlich aus Licht + dem Ponderablen = L + P. Bey einer Verbrennung, wo Licht übrig ist, wird Sauerstoff zersetzt« (Ritter, Arbeitsjournal unter dem 13. 2. 1800).[156]

Ritter gab also die damals neue Konzeption von Oxygen als Element preis und ersetzte sie durch die Konzeption einer komplizierteren Ganzheit namens Oxygen, die er auch »Sauerstoff« nannte und in die neben dem ponderablen P zusätzlich noch das imponderable Licht eingebunden war; ein ungewöhnlicher Gedanke, den man auf sich wirken lassen sollte. Solche Gedanken lagen damals in der Luft.[157]

Im vorletzten Zitat klang die Sache so, als könnten Licht und Phlogiston auf Augenhöhe miteinander reagieren. Kurz darauf ging Ritter einen polaristischen Schritt weiter, indem er Licht und Phlogiston als imponderable Gegenspieler konzeptualisierte.[158] Er schrieb:

> »Sollte Phlogiston + Licht als + und – gemeinschaftlich als + oder – sich gegenüberstehen, dem P [Ponderablen] als – oder + genommen. [...] Wenn Wärme von einem Körper absorbirt wird, so wird sich das + und – der Wärme mit dem P des Körpers neutralisiren und das überschüßige L (+ oder –) wird mit dem überschüßigen Phlogiston eine Verbindung geben und Wärme bilden« (Ritter, Arbeitsjournal unter dem 13. 2. 1800).[159]

Die letzte Klammer dieser Textpassage hat mich hellhörig gemacht; wollte Ritter damit zwei entgegengesetzte optische Wirkfaktoren unterscheiden, ein

156 Ritter [VD]:5. – Einem Ratschlag Christoph Demians folgend habe ich aus Poppes Transkiption das Wörterpaar »frey wird« durch das Wörterpaar »übrig ist« ersetzt; selbst wenn Poppe recht hätte, änderte sich dadurch nichts wesentliches an meiner Darstellung.

157 Siehe z. B. Schelling [vW]/A:96; vergl. dazu Jantzen und Kisser in Schelling [AA]/I.6:348/9. Wie sie dort darlegen, hatte schon Scheele ähnlich gedacht (siehe Scheele [CAvL]:72 (§ 66), 79 (§ 69)).

158 Damit drehte er – ob beabsichtigt oder nicht – eine ähnliche These Schellings aus dem Jahr 1798 um, der das Licht als +O nicht etwa mit dem Phlogiston, sondern mit dessen Gegenteil Oxygen als –O in polare Entgegensetzung gebracht hatte (Schelling [vW]/A:16; vergl. Schelling [EESN]:238/9).

159 Ritter [VD]:5/6.

+L (Licht im engeren Sinne) und ein –L im Sinne von Finsternis? Schwer zu sagen.

Vertiefungsmöglichkeit. Es würde einige Mühe kosten und bleibt eine Aufgabe für die weitere Forschung, die gewagten Gedanken aus dem letzten Zitat zu rekonstruieren; hier muss ich mich auf Interpretationsvermutungen beschränken. Das erste Pluszeichen im Zitat scheint mir für Stoffzusammensetzungen oder einfach als Abkürzung für eine Aufzählung zu stehen im Sinne von »und«; es dürfte also etwas anderes bedeuten als die nachfolgenden Pluszeichen, denen Minuszeichen gegenüberstehen und die daher jeweils im Doppelpack polaristisch zu deuten wären. Wenn wir von Ritters verwirrender Kommasetzung absehen, so können wir dem Beginn des Zitats zwei Thesen entnehmen: Einerseits wollte Ritter Phlogiston und Licht einzeln wie Plus und Minus deuten, andererseits wollte er ihre Verbindung (die aus zwei Imponderabilien bestehend selber wieder imponderabel wäre) gemeinschaftlich dem Ponderablen gegenüberstellen, wobei er offenließ, ob diesem Ponderablen ein negatives oder ein positives Vorzeichen zuzuweisen wäre; er bestand offenbar nur darauf, dass der imponderablen Verbindung das entgegengesetzte Vorzeichen zukommen müsse.

Ich habe die Notiz nicht zitiert, um Sie mit den Details zu behelligen, sondern deshalb, weil Ritter darin zum ersten Mal eine Idee aufblitzen ließ, die mit Goethes polaristischer Sicht des Lichts engstens verwandt zu sein scheint. Ritter sprach hier (und für lange Zeit *nur* hier) von positivem und negativem Licht: +L *versus* –L.[160]

Am liebsten würde ich die Sache so deuten, als hätte Ritter einen chemischen Gegensatz zwischen zwei imponderablen Prinzipien postuliert: zwischen Oxygen *alias* +L und Phlogiston *alias* –L. Das passt zwar nicht zum Abschluss des Zitats, wo er den beiden optischen Wirkfaktoren (+L und –L) immer noch das Phlogiston entgegensetzte; aber das muss nicht viel besagen. Es hilft nichts, die soeben durchdachte kurze Textpassage ist unaufgeräumt; Ritter hat auf dem Blatt seines Arbeitsjournals improvisiert und hätte die Überlegung sicher besser aufgeräumt, wenn er sie weiterverfolgt hätte – was er bleiben ließ.

Goethe *versus* Ritter zum negativen Licht

§ 2.2.12. Nach Äußerlichkeitenn zu urteilen, mag des Ende des letzten Zitats an Goethes Rede von +L *versus* –L erinnern, und Ritter mag durchaus von ihm ein wenig in dieser Richtung beeinflusst worden sein. Doch indem Ritter den beiden Gegensätzen große chemische Aufgaben aufbürdete, ließ er deren optische Aufgaben in den Hintergrund treten.

So schwieg er sich darüber aus, ob das Phlogiston als Gegenspieler des Lichts konsequenterweise Dunkelheit oder Schwärze bewirkt. Zudem verzichtete er darauf, seine verstörend kreative Erklärung der Lichtbrechung (aus meinem ersten Zitat des vorigen Paragraphen) genauer zu entfalten. Mit

160 Zugegebenermaßen könnte man das Eingeklammerte »(+ oder –)« hinter dem »L« im letzten Zitat auch so deuten, als hätte Ritter überlegt, ob dem Licht das Positive oder das Negative zuzuordnen ist.

Goethes Optik hatte sie so gut wie nichts zu tun; was er zu diesem Zeitpunkt von ihm übernommen zu haben scheint, war wohl nur die Bereitschaft, polaristische Strukturen auszuprobieren.

Wie ich meine, können wir den skizzierten Gedankengang insgesamt als eine von vielen Lockerungsübungen im privaten Schutzraum des Arbeitsjournals verstehen – Ritter hätte sie so sicher nicht veröffentlicht. Doch ließen ihn die übergeordneten Ziele der Sache nicht los. Das führte ihn im weiteren Verlauf des Arbeitsjournals (den ich hier nicht nachzuzeichnen brauche) zunächst von der Optik fort; stattdessen strebte er u. a. einer Chemie entgegen, in der sich exakt zwei – imponderable – Prinzipien diametral gegenüberstanden: auf der einen Seite Oxygen oder Sauerstoff, auf der anderen Seite Hydrogen oder Wasserstoff.[161] Den Ausdruck Phlogiston oder das Symbol dafür nutzte er nur noch selten, und auch das Licht geriet für ein knappes Jahr in den Hintergrund.

Vertiefungsmöglichkeit. Obwohl Ritter in den Folgemonaten sparsam mit dem altgedienten Phlogiston umging, nahm es bei ihm eine ähnliche Rolle ein wie der damals revolutionäre Gegenspieler des Oxygens: das Hydrogen.[162] Ab dem Herbst 1800 begann er, tastend nach der angemessenen Fassung eines Dualismus für die Chemie zu suchen, und zwar nicht auf der Ebene der wiegbaren Elemente für chemische Reaktionen, sondern in – nicht weiter explizierten – höheren Regionen, also vermutlich bei den sog. Prinzipien.[163] Wie er im Oktober 1800 schrieb, zielte er schon seit einiger Zeit darauf ab, alle chemischen Prozesse auf das Wechselspiel von Oxydation und Desoxydation zurückzuführen.[164] In Ritters Gedankenwelt hat das prinziplistisch konzeptualisierte Hydrogen freilich das prinziplistische Phlogiston nicht gleich vollständig verdrängt, und das gilt auch für die optische Seite der Sache: Probehalber hatte er die Sonne als Licht-, die Planeten hingegen als Phlogiston-Behälter bezeichnet.[165] An einer anderen Stelle verknüpfte er Phlogiston mit einem negativen Prinzip.[166] Wegen seiner Negativität passt beides strukturell zur Finsternis (was vielleicht Ritters unaufgeräumte Überlegung etwas verständlicher macht, die ich im vorigen Paragraphen besprochen habe); es ist aber nicht auf der Höhe des polaristischen Denkens, ausgerechnet einen abgedankten, geheimnisumwitterten Begriff aus der älteren Chemie als Gegenpol zum Licht anzusetzen.[167]

161 Siehe z. B. Ritter, Arbeitsjournal unter dem 21. 4. 1800 (siehe Ritter [VD]:22).
162 Siehe dazu Wetzels [JWR]:80. – Siehe auch unten § 2.4.8.
163 So jedenfalls meine Interpretation eines schwer nachvollziehbaren Bandwurmsatzes in Ritter [BüAa]:242/3, vergl. p. 240; ähnlich Ritter [GVüC]/B:245, 257; siehe auch Ritter [FaNJ]/1:§ 257 (1801), § 155 (1804).
164 Ritter [BüAa]:242. Eine Rekonstruktion der späteren Überlegungen Ritters in dieser Angelegenheit bietet Stein [NF]:173 *et passim.*
165 Ritter, Arbeitsjournal unter dem 7. 4. 1800 (siehe Ritter [VD]:13); Ritter [FaNJ]/2:§ 517 (1800).
166 Ritter, Arbeitsjournal unter dem 19. 6. 1801 (siehe Ritter [VD]:121).
167 Vergl. Ritter, Arbeitsjournal unter dem 5. 1. 1801 (siehe Ritter [VD]:76), Ritter [FaNJ]/1:§ 317 (1802).

Fazit

§ 2.2.13. Treten wir ein paar Schritte zurück. In der ersten Hälfte des Jahres 1798 stand Ritter auf dem Boden der newtonischen Theorie, begann aber während des dann folgenden Halbjahrs im Schutzraum seines Arbeitsjournals, tentativ mit einigen Elementen der Sichtweise Goethes zu liebäugeln; außerhalb der Optik redete er (noch ohne weitreichende Annahmen zu phänomenübergreifenden Polaritäten im Sinne einer Vertauschungssymmetrie) hier und da von elektrischen oder magnetischen Polen.

Zu Beginn des Jahres 1799 gelangte er wohl zum ersten Mal zu einer Vertauschungssymmetrie im Sinne eines Umschlags der Gegensätze; just in diesem Augenblick sprach er von einer »ächten Polarität«, die nicht bloß graduell oder relativ war. Damit meinte er genau das, war ich im Kapitel 1.3 für Goethes Konzeption von Polarität so festgehalten hatte:

> (P) Bei Umkehrung der Polarität in den Versuchsbedingungen eines Experiments (durch Vertauschung entgegengesetzter Pole) kehren sich auch die Versuchsergebnisse in ihr Gegenteil um – wobei es in jedem eigenen Phänomenbereich jedesmal aufs neue den Gesichtspunkt zu explizieren gilt, hinsichtlich dessen von Umkehrung geredet werden soll.

Allerdings spürte Ritter damals dieser Struktur nicht in der Optik nach, sondern auf den damaligen Hauptgebieten seiner – galvanischen und chemischen – Forschung. Die hier gewonnenen Resultate scheint er im April 1799 mit Goethe durchgegangen zu sein. In der Folge und insbesondere zu Beginn des Jahres 1800 spekulierte er auf den verschiedensten Gebieten verstärkt über polaristische Vertauschungssymmetrien (ohne dabei freigiebig mit dem Ausdruck »Polarität« umzugehen). Auch optische Fragen gerieten dabei in seinen Blick, aber nicht ins Zentrum der Aufmerksamkeit. Und obwohl er nun auch grundstürzende Alternativen zur newtonischen Sicht der Dinge tentativ durchspielte, blieb er ihr noch ein gutes Jahr lang verhaftet; wie Sie sehen werden, ist er erst nach intensiver optischer Forschung an den Punkt gekommen, an dem er sich als Gegner Newtons zu erkennen gab.

2.3. Ein Wissenshimmel auf Erden – die ersten belegten Treffen (September 1800)

Goethe, Ritter, Schlegel

§ 2.3.1. Im Lichte der Überlegungen aus den vorigen Kapiteln hat eine erste Begegnung zwischen Ritter und Goethe aller Wahrscheinlichkeit nach (aber nicht direkt nachweislich) Ende Juli 1798 oder unwesentlich später stattgefunden. Im Anschluss daran hat Ritter seine newtonische Sicht auf die Optik zwar nicht aufgegeben, scheint aber alternative Sichtweisen ins Auge gefasst zu haben; und er hat sich auf anderen Gebieten, die ihm wichtiger waren als Optik, für polaristische Vertauschungssymmetrien interessiert.

Am 20.9.1800 fand in Jena die erste Begegnung zwischen Goethe und Ritter statt, die eindeutig dokumentiert ist und bei der laut Goethes Tagebuch Friedrich Schlegel zugegen war.[168] Eine Woche später trafen sich Ritter und Goethe abends, und zwar laut Tagebuch offenbar alleine.[169] An diesem Abend muss Goethe Feuer gefangen haben. Tags darauf schrieb er an Schiller:

> »Rittern habe ich gestern bey mir gesehen, es ist eine Erscheinung zum Erstaunen, ein wahrer Wissenshimmel auf Erden« (Goethe, Brief an Schiller vom 28.9.1800).[170]

Wie man sieht, hat Goethe den Abend als außerordentliches Lern-Erlebnis empfunden; so enthusiastisch äußerte er sich selten.[171] Wir dürfen annehmen, dass an diesem Abend Ritter den Ton angab und von seinen Lieblingsthemen sprach, nicht Goethe. Denn es war Goethe, der das Wissen seines Gesprächspartners anstaunte. Auf den Standesunterschied scheint Goethe keinen großen Wert gelegt zu haben; er war auch sonst gern bereit, von jüngeren Naturwissenschaftlern und Philosophen zu lernen, die er brillant fand. Es versteht sich von selbst, dass Goethe nicht einfach nur den passiven Zuhörer gegeben hat; er wird an passenden Stellen Verbindungen zu seinen eigenen Forschungen hergestellt haben.

168 Goethe, Tagebuch zum 20.9.1800 (siehe Goethe [WA]/III.2:306).
169 Goethe, Tagebuch zum 27.9.1800 (siehe Goethe [WA]/III.2:307).
170 Goethe [WA]/IV.15:123.
171 In der gesamten Weimarer Ausgabe taucht der Ausdruck »Wissenshimmel« nur einmal und nur im Zusammenhang mit Ritter auf.

Vertiefungsmöglichkeit. Zu Goethes begeistertem Ausspruch vom Wissenshimmel passt eine weitere Aussage, die Clemens Brentano ihm zweimal in den Mund gelegt hat. Und zwar schrieb er seiner Schwester Bettina Brentano von

> »dem großen Physiker Ritter von dem Göthe sagt: Wir alle sind nur Knappen gegen ihn« (C. Brentano, Brief an B. Brentano ohne Datum).[172]

Wann dieser undatierte Brief geschrieben worden ist, lässt sich schwer entscheiden; u. a. kursieren in der Literatur frühe Datierungen zwischen Februar und Sommer 1800.[173] Das erscheint deshalb zu früh, weil direkt vor dem zitierten Briefpassus von einer Bekanntschaft Ritters mit Louise de Gachet die Rede ist, die Ritter wohl erst im März 1801 kennengelernt hat.[174] Aus diesem Grund ist es plausibler, die für uns einschlägigen Teile des Briefs in den Herbst 1801 einzuordnen, wie Catherine Gobert vorschlägt.[175] Doch unabhängig vom Entstehungsdatum scheint festzustehen, dass nicht Goethe als erster den Physiker mit den zitierten überschwenglichen Worten charakterisiert hat, sondern Novalis.[176] Offenbar hat es Brentano nicht so genau damit genommen, von wem das ritterliche Gleichnis stammt.[177] Freilich bleibt es denkbar, dass Goethe das Bonmot von Novalis übernommen hat (und dass Brentano davon nichts wusste). Und selbst wenn das nicht stimmt, ist es immer noch aufschlussreich genug für die damalige Wertschätzung Ritters durch Goethe, dass Brentano ihm ein solches unterwürfiges Urteil zugetraut hat.

Ritter rastet nicht

§ 2.3.2. Worin bestanden Ritters Gesprächsthemen am Abend des 27. 9. 1800? Diese Frage lässt sich mithilfe eines Indizienbeweises recht sicher beantwor-

172 Arnim (ed) [CBFa]/1:73/4. Ähnlich in C. Brentano, Brief an B. Brentano ohne Datum (siehe Arnim (ed) [CBFa]/1:177).

173 Zur unbegründeten Datierung auf Sommer 1800 siehe Grumach [G]/V:88; Richter ordnet den Brief ohne Begründung in einer Reihe undatierter Briefe zwischen 12. 2. 1800 und Anfang April 1800 ein (Richter [LPJW]:235/6).

174 S. u. § 3.1.11.

175 Jedenfalls plädiert sie dafür, schon den vorausgehenden Brief für November 1801 anzusetzen (Gobert [DA]:29). Sie verweist mit Recht darauf, dass Bettina Arnim in ihrer Briefedition – dem *Frühlingskranz* – viele Bausteine aus verschiedenen Briefen zusammengestellt und dabei nicht immer eine strenge zeitliche Ordung beachtet hat (Arnim (ed) [CBFa]). Im Katalog für die Auktion der Originalbriefe, die später im 2. Weltkrieg durch alliierte Brandbombardierung vernichtet worden sind (Jürgens Behrens laut Lieselotte Kinskofer in Brentano [SWB]/30:358), streicht Karl Ernst Henrici die stellenweise Diskrepanz zwischen tatsächlicher Datierung und veröffentlichter Reihenfolge heraus (Henrici in Brentano [SWB]/30:356/7, Details zu den Datierungsproblemen entfaltet Kinskofer in Brentano [SWB]/30:371-375). Die Meinungen darüber, wie authentisch und wie literarisch die Briefe aus dem *Frühlingskranz* sind, gehen auseinander (siehe z. B. Kinskofer in Brentano [SWB]/30:364-371).

176 Novalis, Brief an C. Schlegel vom 20. 1. 1799 (siehe Richter [LPJW]:234).

177 Vergl. Schipperges in Ritter [FaNJ]/C:18/9.

ten. Einerseits legt Goethes Brief nahe, dass Ritter schwerlich über ein winziges Spezialgebiet gesprochen haben kann; im Wissenshimmel auf Erden wird aus dem vollen geschöpft. Andererseits dürfen wir annehmen, dass Ritter unter anderem die Themen zur Sprache brachte, an denen er in jenen Tagen arbeitete. Denn wie wir aus unzähligen Briefen etwa an Ørsted wissen, neigte Ritter dazu, seine Entdeckungen, Überlegungen und Einsichten immer gleich so schnell wie möglich und voller Begeisterung weiterzugeben; das wissenschaftliche Herz lag ihm auf der Zunge. Nachdem er seine Schüchternheit im direkten Umgang überwunden hatte, wird er seinem wissenschaftlichen Mitteilungsbedürfnis auch mündlich gegenüber Goethe freien Lauf gelassen haben, zumal er dessen Enthusiasmus gespürt haben dürfte.[178]

Womit sich Ritter in der Zeit der ersten belegten Treffen mit Goethe beschäftigt hat, lässt sich sehr genau feststellen; der Abend des 27. 9. 1800 mit Goethe hatte nämlich bei Ritter weitreichende Folgen. Gleich im Anschluss stellte Ritter innerhalb zweier Tage eine Abhandlung von dreißig Druckseiten zusammen; er gab ihr einen unscheinbaren Titel:

> »Volta's Galvanische Batterie; nebst Versuchen mit derselben angestellt von J. W. Ritter«.[179]

Schon am 30. 9. 1800 war diese Abhandlung druckreif, und zwar morgens. An diesem Tag jedenfalls sprach Ritter (vermutlich nach getaner Arbeit) bei Goethe als erster vor.[180] Der wiederum meldete voller Begeisterung an Schiller:

> »Wenn ich übrigens mit Niethammer und Friedrich Schlegel transsscendentalen Idealism, mit Rittern höhere Physik spreche; so können Sie denken, daß die Poesie sich beynahe verdrängt sieht, doch läßt sich hoffen daß sie wieder zurück kehren werde« (Goethe, Brief an Schiller vom 30. 9. 1800).[181]

Was der Autor dieser Zeilen seinem Dichterfreund zumutete, mag heutigen Freunden der Dichtung Goethes befremdlich vorkommen – die Lust am Dichten hatte den berühmtesten deutschen Dichter unter anderem wegen der Faszination für Ritters Ansichten über höhere Physik verlassen. Man fragt sich

178 Wenn wir Richter folgen dürfen, legte Ritter seine Scheu innerhalb der ersten Jahre in Jena ab, also auf jeden Fall bis zum Herbst 1800 (Richter [LPJW]:57, 92).

179 Ritter [VGBn]/A. Zu den Daten der Abfassung s. u. § 2.3.5.

180 Goethe, Tagebuch zum 30. 9. 1800 (siehe Goethe [WA]/III.2:308).

181 Goethe [WA]/IV.15:124. Ähnliche Selbstdiagnosen formulierte Goethe mehrfach (z. B. Goethe, Brief an Schiller vom 19. 2. 1802 (siehe Goethe [WA]/IV.16:42/3)).

schockiert: Was könnte einem Goethe wichtiger sein als seine Poesie? Was hatte er von Ritter gelernt?

Vertiefungsmöglichkeit. In der Literatur über Goethes Fehlschlag als newtonkritischer Physiker wird immer wieder mit Stirnrunzeln eine Aussage zitiert, von der Johann Peter Eckermann berichtet hat und der zufolge Goethe seine *Farbenlehre* für wichtiger gehalten hat als »ein halb Dutzend Trauerspiele«, die er stattdessen hätte schreiben können.[182] Laut der zitierten brieflichen Aussage gegenüber Schiller war das offenbar keine Koketterie; sogar die Arbeit am *Faust* scheint unter Goethes polaristischer Naturwissenschaft und Ritters Anregungen gelitten zu haben, wie ich noch dartun werde (§ 3.2.1).

Ritters Aufsatz

§ 2.3.3. In dem frisch vollendeten Aufsatz, von dessen weitgespannten Inhalten Ritter mit hoher Wahrscheinlichkeit bei den Treffen Ende September 1800 zu Goethe gesprochen hat, ging es um eine Vielzahl galvanischer Experimente; eines dieser Experimente passte perfekt zu Goethes Farbforschung. Doch der Reihe nach – verschaffen wir uns zunächst einen groben Überblick über Ritters Aufsatz.

Als erstes skizzierte Ritter die Konstruktion einer mächtigen galvanischen Batterie (Abb. 2.3.3), wie sie Volta unlängst erfunden und wie sie der Jenaer Physiker Johann Heinrich Voigt im September 1800 nachgebaut hatte; weil Ritter sofort an dieser Batterie experimentieren durfte, konnte er ihre Wirkungen auf Mensch und Tier so früh wie sonst kaum jemand untersuchen.[183] Und so beschrieb er in dem Aufsatz als nächstes diejenigen Wirkungen auf den Menschen, die er im Selbstversuch ausprobiert hatte.[184]

Weit ausführlicher besprach er alsdann Variationen elektrolytischer Versuche mit Wasser, in deren Verlauf er die entstehenden Gase u. a. mit der Knallgasreaktion untersuchte.[185] In aller Ausführlichkeit begründete er, warum Wasser in der Elektrolyse *nicht* zerlegt wird.[186] Und daraus zog er den Schluss,

182 Eckermann [GmGi]/F:232 (= Erster Teil, 1. 2. 1827).

183 Siehe Ritter [VGBn]/A:357/8 und Ritter [NEGü]:1509-1510. Über Voigts großzügige Unterstützung für seine Experimente äußerte sich Ritter, Brief an Savigny vom 17. 12. 1800 (siehe Rehm (ed) [UBJW]/b:43). Vergl. Rehm (ed) [UBJW]/b:68n13 sowie Rehm (ed) [JWRU]:191.

184 Siehe Ritter [VGBn]/A:361-366.

185 Siehe Ritter [VGBn]/A:367-379.

186 Siehe Ritter [VGBn]/A:380-391, insbes. pp. 385, 390; eine klare, sehr kurze Darstellung aus Sicht der damaligen Zeit liefert Anonym [PüaS]:192. Für eine moderne Rekonstruktion der zugehörigen Experimente, Apparate und Argumente siehe Klengel [üGDT]:72-74, Weber [GCUJ]:263/4. Vergl. Chang [IWHT]:78-82.

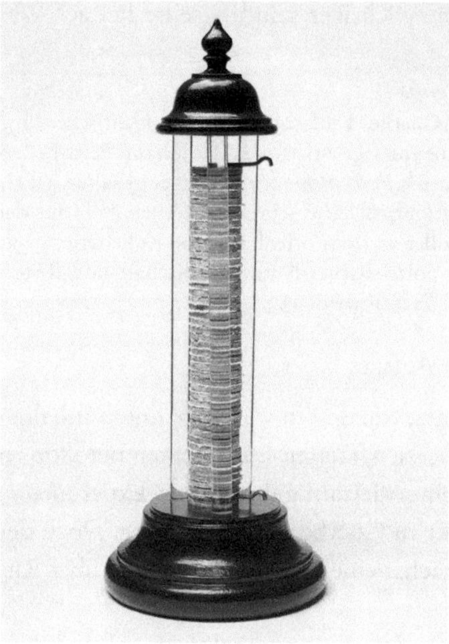

Abb. 2.3.3:
Voltaische Batterie (modernes Replikat). Diese Apparatur hätte Ritter fast erfunden – die Erfindung stammt von Alessandro Volta, der viele Folgen aus feuchter Pappe oder feuchtem Stoff und aus Platten zweier verschiedener Metalle (wie z. B. Kupfer und Zink) in immer derselben Reihenfolge übereinandergestapelte – daher hieß das Gerät auch Voltaische Säule; das war eine frühe leistungsfähige Stromquelle. [Quelle: Chemical Heritage Foundation, Philadelphia].

dass Wasser entgegen den üblichen Interpretationen der Elektrolyse-Versuche keine zusammengesetzte Substanz sei, sondern einfach.[187] Ritters Argumente auf diesem Gebiet waren raffiniert, sind aber aus heutiger Sicht im Ergebnis unhaltbar – es sei denn, man wäre mit Hasok Chang zu einer grundstürzenden Neukonzeption der Chemie im Sinne seiner komplementären Wissenschaft bereit, was ich hier nicht vertiefen kann.[188]

Nur soviel: Goethe könnte sich durchaus für Ritters These über die Einfachheit des Wassers interessiert haben. Damals fand unsere gegenwärtige Sichtweise des zusammengesetzten Wassers immer mehr Anhänger, hatte aber längst noch nicht den Sieg davongetragen. Zudem sollte man laut Goethes Wissenschaftsverständnis den Autoritäten der herrschenden Meinung nicht kritiklos folgen, sondern sich trauen, selber zu denken.[189] Abgesehen davon ähnelte Ritters These seinen eigenen Thesen über die Einfachheit des weißen Lichts – die ja erst recht der

187 So heißt es jedenfalls im später hinzugefügten Inhaltsverzeichnis des Textes, siehe Ritter [VGBn]/B:196. Diesen weitergehenden Schluss zur Einfachheit des Wassers führte Ritter dort nicht ausführlich vor; siehe aber Ritter [GVüC]/B:261; vergl. Ritter [BzKC].

188 Chang [IWHT]:3/4, 12 *et passim*. Vergl. § 1.1.8k.

189 Entsprechend äußerte sich Goethe im Jahr 1792 (Goethe [VaVv]/A:16/7) bzw. im Jahr 1793 (Goethe [LA]/I.3:142).

herrschenden Meinung widersprachen.[190] Diese Ähnlichkeit war aus damaliger Sicht nicht an den Haaren herbeigezogen; ungefähr ein halbes Jahr später konstruierte Ritter jedenfalls eine gewagte Parallele zwischen Wasser und weißem Licht.[191]

Goethe freilich war bei der Frage nach der Zusammensetzung des Wassers näher am heutigen Stand der Dinge als Ritter. So schrieb er nicht lange nach dem September 1800 von den

> »bei der *Dekomposition* des Wassers entwickelten entgegengesetzten Gasarten«.[192]

Einerseits argumentierte er also ganz im Einklang mit Ritters polaristischer Sicht zweier entgegengesetzter Gase, was wir heutzutage kaum noch nachvollziehen können.[193] Andererseits legte seine Rede von einer Dekomposition nahe, dass das Wasser zusammengesetzt ist, so wie wir heute wissen. Dass Ritter hierin aus heutiger Sicht weniger weit war als Goethe, sollten wir nicht überbewerten; im Jahr 1800 war es wie gesagt wissenschaftlich noch nicht endgültig entschieden, woraus Wasser chemikalisch besteht und welche genauen Kriterien eine chemische Analyse erfüllen muss.[194]

Lassen wir diese Frage auf sich beruhen; Goethe jedenfalls scheint sich so stark für Ritters Thesen und Experimente zur Elektrolyse des Wassers interessiert zu haben, dass er sich den Apparat beschafft hat, den Ritter für seine Elektrolyse-Experimente zu benutzen pflegte.[195] Wie intensiv und professionell er damit experimentiert hat, ist meines Wissens noch nicht untersucht.

Obwohl Goethe bei Ritters These zur Einfachheit des Wassers aufgemerkt haben mag und obwohl ihn die vielen anderen Themen aus der Abhandlung Ritters ebenfalls interessiert haben dürften, wird ihn ein einziges Thema am stärksten interessiert haben: einer der galvanischen Selbstversuche Ritters.

190 So inszenierte es Goethe schon im Jahr 1791 (Goethe [BzO]/1:§ 16/7).

191 So Ende März 1801 in Ritter [BzHN]:105/6 (§ 20); ähnlich wenige Wochen später (Ritter [R]:84 (§ 17)).

192 Goethe [VnA]:355; meine Hervorhebung.

193 Dazu s. o. § 2.2.12.

194 Chang [IWHT]:29-37 *et passim*.

195 Maul [NSG]:52; es ist denkbar, dass der Apparat aus der Sammlung des Herzogs stammt und erst später in die naturwissenschaftliche Sammlung Goethes gelangt ist wie auch bei anderen Stücken aus der Sammlung Goethes (dazu allgemein Knebel [GPCA]:316/7).

Polare Farberlebnisse im galvanischen Selbstversuch

§ 2.3.4. Ritter beschrieb in seiner Abhandlung, wie sich der galvanisch-elektrische Strom auf das Auge (und auf andere Sinnesorgane) auswirkt. Er hatte schon vor längerer Zeit von positiven und negativen Lichtzuständen im Auge geschrieben – von Erlebnissen der Aufhellung oder Verdunkelung, die das Versuchssubjekt in Personalunion mit dem Versuchsleiter erlebt, je nachdem, ob das Auge mit dem Minus- oder dem Pluspol einer galvanischen Stromquelle verbunden wird, also in Ritters Aufbau mit dem Silber- oder mit dem Zink-Ende der Batterie.[196]

Aus Ritters früheren Selbstversuchen hatten sich also erste Anzeichen für eine Hell/Dunkel-Polarität im Sehsinn ergeben (die er freilich anfangs noch nicht unter dieser Rubrik beschrieben hätte). Aber jetzt – unmittelbar im Anschluss an das erste nachweisliche Treffen mit Goethe – führte Ritter diese Experimente fort. Er konzentrierte sich nicht nur auf Helligkeits- und Dunkelheitserlebnisse, sondern beobachtete zum ersten Mal auch *Farb*erlebnisse. Im Fall eines geschlossenem Stromkreislaufs sah er bei Verbindung des Auges mit dem negativen Pol der Batterie bläuliche Farben, bei Verbindung mit dem positiven Pol dagegen rötliche; und kurz nach Unterbrechung des Stromkreislaufs drehten sich diese beiden Farberlebnisse jeweils um.[197]

Wie gut diese Beobachtungen zu Goethes optischen Beobachtungsergebnissen und seinen Folgerungen daraus passten, hängt von den genauen Farbtönen ab, die Ritter gesehen hat.[198] Ritter gab später zu, dass die galvanischen Farben weit hinter der Pracht und Vielfalt der prismatischen Farben zurück-

196 Früheste Untersuchungen dazu finden sich schon in Ritters erstem Buch, siehe Ritter [BDBG]:84-95 (§ 16). In der augenblicklichen Abhandlung wiederholte Ritter diese Ergebnisse zunächst (Ritter [VGBn]/A:361-363).

197 Ritter [VGBn]/A:364. Später wartete Ritter mit weit stärker polar organisierten Farberlebnissen beim Galvanisieren auf (s. u. § 2.4.8k) und schrieb von einem »Sinnengegensatz« (Ritter [FaNJ]/1:§ 346 (1802)). Welcher der beiden Pole als negativ und welcher als positiv bezeichnet werden sollte, war seinerzeit umstritten (Anonym [PüaS]:186). Ich werde diese historische Feinheit im folgenden nicht berücksichtigen; vergl. aber § 2.4.10, dritter Punkt.

198 Fünfzehn Jahre nach Ritters Tod kritisierte der Physiologe Johann Purkinje überraschenderweise die genauen Farben, die Ritter beschrieben hatte, aus Sicht der *Farbenlehre* Goethes (Purkinje [BVzP]/2:32-34). Er wusste offenbar nichts davon, dass Ritter die galvanischen Farben zur Zeit des engsten Austausches mit Goethe entdeckt hat und dass sich Ritter daher durchaus an Goethes damaligen Benennungen der Farbpolarität orientiert haben dürfte; siehe übernächste Fußnote.

bleiben.[199] Falls Ritters »bläulich« aussah wie Türkis, so bietet ein volles Rubinrot dessen Komplement; falls das gesehene Blau dunkler war, müsste Ritters »röthlich« einen Stich ins Orange oder gar Gelb gehabt haben.[200] Es ist so gut wie ausgeschlossen, die damalige Farbterminologie ohne Verluste in die von mir verwendete zu übersetzen. Nur wer die nicht ungefährlichen Experimente am eigenen Leib wiederholt, könnte die Farben kennenlernen, von denen Ritter sprach.[201]

Doch davor möchte ich warnen; die Sache ist schmerzhaft.[202] Zwar war Ritter bei weitem nicht der einzige, der solche Experimente mit dem eigenen Körper anstellte, wie Ritters Vorläufer Alexander Humboldt und dessen Vorläufer George Hunter zeigen.[203] Aber selbst um 1800 sprach einiges gegen solche experimentellen Exzesse. Goethe jedenfalls, der stets auf seine Gesundheit bedacht war, seinen Gesichtssinn hütete wie einen Augapfel und schon weit geringere Angriffe auf die eigene Sehkraft vermied, scheint solche Selbstversuche wohlweislich vermieden zu haben, und wir sind gut beraten, es ihm gleichzutun.[204]

199 Ritter [NMNd]:427/8.

200 Im Laufe des folgenden Vierteljahres lernte Ritter, wie sich die galvanischen Farben verstärken lassen, und diese neuen Beobachtungen scheinen gut zu Goethes Lehre von Polarität und Steigerung sowie zu dessen Sicht des Purpurs zu passen (Ritter [VBüG]/B2:311/2 (§ 30)). Frühere dieser Farbbeobachtungen passten freilich noch nicht perfekt ins polaristische Schema (Ritter, Arbeitsjournal unter dem 8.12.1800 (siehe Ritter [VD]:44)). Wohl deshalb setzte sich Ritter wenige Monate später ausdrücklich das Ziel, den Farbengegensatz beim Galvanisieren »auszumachen« (Ritter, Arbeitsjournal unter dem 30.6.1801 (siehe Ritter [VD]:130)).

201 Diese Gefahren dürften den Grund dafür bieten, warum du Bois-Reymond die galvanischen Farbexperimente Ritters nur darstellt (du Bois-Reymond [UüTE]/1:340-352), ohne zu einer eigenen Beurteilung zu kommen (du Bois-Reymond [UüTE]/1:350). Diese Zurückhaltung ist insofern umso auffälliger, als er bei vielen anderen Themen die polaristische Forschungsmethode Ritters scharf kritisiert (du Bois-Reymond [UüTE]/1:314, 317, 325-332).

202 Siehe z. B. Ritter [NMNd]:427/8.

203 Humboldt [VüGM]/1, [VüGM]/2; schon im Jahr 1793 kamen Hunters Experimente an die Öffentlichkeit (in Fowler [EORt]:90/1). Zu Humboldts bzw. Ritters autobiographischen Darstellungen im Zusammenhang mit ihren Selbstversuchen siehe Müller-Tamm [AiS]:270-273, 278-285. Zu den Versuchen selbst siehe Weber [E]:LXIII-LXIX.

204 Für Goethes vorsichtigen Umgang mit den eigenen Augen siehe z. B. Goethe [EF]:§ 45 (für den Wortlaut s. u. § 4.5.6), Goethe [EF]:§ 55, Goethe [LA]/II.5B.1:36 (= M10).

Unabhängig davon liegt auf der Hand, dass sich Goethe für Ritters galvanische Farben brennend interessiert hat, und ihr Entdecker wird das gewusst haben. Nachdem sich Ritter zunächst nicht auf Goethes Polarität eingelassen hatte (§ 2.1.3), lieferte er nun galvanische Versuchsergebnisse, die sich gut an dessen polare Sichtweise der Optik anschließen ließen. Zwar nutzte er hier immer noch kein polaristisches Vokabular. Doch wie dargetan kann man in Polaritäten denken, ohne dafür ein eigenes Wort zu nutzen; die Umkehrungsidee war in Ritters galvanischer Forschung zur Farbwahrnehmung angekommen. Wie Sie im kommenden Kapitel sehen werden, hat Goethe diesen Schritt genau registiert und Ritters Ergebnisse sofort in seine eigene umfassendere Systematik eingebaut; und Ritter hat ihm den Gefallen getan, diese Systematik mit immer neuen experimentellen Einzelheiten zu unterfüttern – wobei er freilich noch einen weiten Bogen um eine polaristische Optik machte.

Vertiefungsmöglichkeit. Den Pionier der Selbstversuche mit galvanischer Stimulation des Sehsinns, Hunter aus York, hat Ritter weder in seinem Aufsatz noch in seinem früheren Buch erwähnt.[205] Das ist insofern verwunderlich, als Ritter in Sachen Plagiat sehr empfindlich gewesen ist; und er wusste von Hunters Experimenten, denn sie kamen in Alexander Humboldts zweibändigem galvanistischen Werk vor, das Ritter gut kannte.[206] Zudem kannte Ritter den Namen von Richard Fowler, in dessen Schrift die Experimente Hunters erwähnt worden waren.[207]

* * *

Datierung der Ritterischen Entdeckung

§ 2.3.5. Ich habe im Haupttext behauptet, dass Ritter die Farben beim Galvanisieren unmittelbar nach dem ersten belegten Treffen mit Goethe entdeckt hat, und zwar zwischen dem 20.9.1800 und dem 27.9.1800. Das will ich jetzt nachweisen. Als Ritter die fragliche Publikation sechs Jahre später wieder veröffentlichte, strich er die Passage über visuelle Effekte bei galvanischer Reizung des Sehsinns.[208] Er tat das nicht, weil er sie unwichtig oder falsch gefunden hätte, sondern weil er Redundanzen vermeiden wollte: Er hatte sie in der Zwischenzeit mit neuen Zusätzen in einem anderen Aufsatz noch einmal veröffentlicht.[209]

205 Ritter [VGBn]/A; Ritter [BDBG]:84-95 (§ 16).
206 Humboldt [VüGM]/1:308/9, vergl. p. 165. Siehe auch Ritters Verweis auf eine Textstelle bei Schelling, an der ebenfalls von Hunters Experimenten die Rede war (s. u. § 2.3.6).
207 Ritter [BDBG]:99 (§ 17).
208 Ritter [VGBn]/B:200.
209 Ritter [VBüG]/A2:447-451 (§ 17-§ 20). Diese Passage entspricht weitgehend Ritter [VGBn]/A:361-365; wie mir Anna Reinacher auf meine Bitte hin mitteilt, unterscheiden sich beide Passagen abgesehen von Kleinigkeiten dadurch, dass Ritter später sieben Anmerkungen mit neuen Versuchsergebnissen und Literaturverweisen hinzugefügt hat; eine davon wird fürs weitere wichtig werden (§ 2.3.6). – Die

Auch diesen Aufsatz publizierte er zum zweiten Mal in der Aufsatzsammlung aus dem Jahr 1806; hier fand die fragliche Passage (in aktualisierter Fassung) ihren endgültigen Platz.[210]

Ich musste mich vorhin auf ihre ältere Fassung beziehen, weil es dort punktgenau um den wechselseitigen wissenschaftlichen Einfluss meiner beiden Protagonisten ging, der im zeitlichen Umfeld ihrer frühherbstlichen Treffen zu lokalisieren ist. Nur aus der neueren Fassung der Passage ergibt sich freilich die Behauptung, dass Ritter die fraglichen Experimente kurz nach Herbstanfang 1800 abgeschlossen hatte. Im Anschluss an die neuere Fassung der Passage wies Ritter (am 17.2.1801) auf das Datum der Experimente hin.[211] Der Hinweis führt uns in den späten September 1800 (also genau in die Zeit der Treffen mit Goethe). Er lautet so:

»Es ist *über vier Monate* her, dass ich vorstehende Versuche anstellte und niederschrieb«.[212]

Als *terminus ante quem* können wir dem Hinweis (rein rechnerisch) den 16.10.1800 entnehmen. Doch da wir wissen, dass Ritter die Experimente zwischen dem 28.9.1800 und dem 30.9.1800 niedergeschrieben hat (Ritter [VGBn]/A:400, Ritter [NEGü]:1510) und dass sie vor der Niederschrift stattgefunden haben müssen, verengt sich der Zeitraum auf die Woche vom 20.9.1800 bis zum 27.9.1800.[213] Voilà: Am 20.9.1800 haben sich Goethe und Ritter das eine Mal getroffen; am 27.9.1800 das andere Mal. Und so drängt sich die Annahme auf, dass Ritter *auf Anregung Goethes* energisch nach Farberscheinungen beim Galvanisieren gefahndet hat und dass sein zweiter Besuch bei Goethe dazu diente, den Erfolg zu melden. Nach eigener Aussage hatte Ritter vom 14.9.1800 bis zum 26.9.1800 an Voigts galvanischer Batterie experimentiert, aber zunächst zur Frage der Zusammensetzung des Wassers.[214] Vermutlich hat er sein Augenmerk unmittelbar nach dem Treffen mit Goethe am 20.9.1800 auf die galvanischen Farben konzentriert, aber sicher nicht ausschließlich.

* * *

Plagiat!

§ 2.3.6. Ritter betonte übrigens, dass er mit jenen Farberscheinungen bereits zwei Jahre früher gerechnet habe (also im September 1798) und dass er diese Vermutung seinerzeit

Vermeidung von Redundanzen rief er ausdrücklich als Maxime für seine Aufsatzsammlung aus (Ritter [PCAi]/1:XXII-XXIII).

210 Ritter [VBüG]/B2:292-297 (§ 17-§ 20).

211 Das Datum des 17.2.1801 findet sich nur in Ritter [VBüG]/B2:291; in der Originalveröffentlichung des Aufsatzes fehlt eine solche Angabe (Ritter [VBüG]/A2).

212 Ritter [VBüG]/A2:453 (§ 22), Ritter [VBüG]/B2:298 (§ 22); meine Hervorhebung.

213 Dies Ergebnis verträgt sich mit einer weiteren Zeitangabe, die Ritter im ersten Satz des § 17 anbrachte (Ritter [VBüG]/A2:447, Ritter [VBüG]/B2:292). Noch an einer anderen Stelle sagte er ausdrücklich, dass er nach dem September 1800 bis zum 7.12.1800 keine weiteren galvanischen Versuche durchgeführt hat (Ritter [VBüG]/A3:389 (§ 37), Ritter [VBüG]/B3:4 (§ 37)). – Wenn Ritter schrieb, er habe »von der letzten Hälfte Septbr bis zum 8 Dcbr […] nicht experimentirt« (Ritter, Brief an A. Arnim vom 6.5.1801 (siehe Rehm (ed) [UBJW]/b:38)), dann dürfte er mit dieser offenbar falschen Aussage Zwecke verfolgt haben, die sich nicht mehr rekonstruieren lassen; wollte er gegenüber Arnim bestimmte experimentelle Erkenntisse verschweigen?

214 Ritter [NEGü]:1509-1510.

anderen mitgeteilt hätte.[215] Es ist reizvoll und alles andere als unplausibel anzunehmen, dass Ritter die fragliche Vermutung im Zuge des von mir vermuteten ersten Treffens mit Goethe vom Sommer 1798 gefasst hat. Wie im Kapitel 2.2 dargetan dürfte sich Ritter irgendwann nach dem Juni 1798 mit Goethe über die physiologischen Farbgegensätze ausgetauscht und dessen Parallelisierung der prismatischen Farbgegensätze mit dem Gegensatz zwischen Säuren und Basen nachvollzogen haben. Daher mag es für ihn nahegelegen haben, solche Farbgegensätze auch in seinem eigenen Experimentiergebiet zu vermuten – möglicherweise protokollierte er diese Vermutung bereits mithilfe seines Schemas aus dem Jahr 1798 (Abb. 2.2.3).

Wenn meine Annahmen stimmen, dann kann man den historischen Ablauf so zusammenfassen: Nach dem ersten (aber nicht belegbaren) Treffen im Sommer 1798 gelangte Ritter zu der Vermutung, dass sich bei galvanischer Stimulierung des Auges auch entgegengesetzte Farben zeigen müssten; er kam in den folgenden Monaten nicht dazu, dieser Vermutung nachzugehen, sie verbreitete sich aber durch Gespräche. Als Goethe und Ritter zwei Jahre später wieder aufeinandertrafen und die Vermutung immer noch nicht geklärt war, begann Ritter auf dessen Anregung, die ursprünglich vom Dichter ausgelöste Vermutung endlich zu überprüfen.

Ich muss freilich noch eine weitere Einzelheit besprechen, die einerseits allgemeine Rückschlüsse über den damaligen Wissenschaftsbetrieb erlaubt, andererseits exemplarisch verdeutlicht, wie genau es Ritter mit seinen Zeitangaben genommen hat. Und zwar machte Ritter in der späteren Fassung des Berichts zu den galvanischen Farben (die auf den 17. 2. 1801 datiert ist und die ich im vorigen Paragraphen bereits erwähnt habe) abermals auf seine ältere Vermutung zu diesem Thema aufmerksam; und dieser Hinweis unterscheidet sich in doppelter Hinsicht von seinem Vorläufer.

Erstens lag nun laut Ritter die Mitteilung der Vermutung an andere zweieinhalb Jahre statt zwei Jahre zurück.[216] Rein rechnerisch verweist das auf Mitte August 1798; in beiden Fällen geht es also um den Spätsommer oder Frühherbst 1798. Auf den Abstand zwischen August und September kam es ihm offenbar nicht an; doch die ungefähre Zeitangabe war ihm so wichtig, dass er sie (parallel zum Verstreichen der Zeit) grob aktualisiert hat. Daraus folgt: Auf halbe Jahre oder mehr wollte er die Ungenauigkeit nicht hochschnellen lassen. Warum nicht? Vermutlich wollte er seine wissenschaftlichen Ansprüche für allfällige Prioritätsstreitigkeiten abstecken; ihm genügte es, nur die Jahreszahl 1798 festzuklopfen. Wenn das richtig ist, dann wollte er sich also gegen Prioritätsansprüche aus Veröffentlichungen wappnen, die im Folgejahr 1799 erschienen sind; und genau das war offenbar der Fall.

Mit wem könnte sich Ritter darüber gestritten haben, als erster eine bloße Vermutung formuliert zu haben? Vielleicht mit Goethe? Die Frage bringt mich zum zweiten Unterschied zwischen den beiden Fassungen des Hinweises. In der späteren Fassung nannte Ritter in einer Fußnote Schelling als eine der Personen, denen er seine Vermutung mitgeteilt hatte:

> »Auch habe ich bei dieser Gelegenheit eine Vermuthung bestätigt gefunden, die ich bereits vor 2 ½ Jahren gehabt, und seit der Zeit mehrern mitgetheilt hatte, *) die nämlich, dass ausser dem, was ich positive und negative Lichtzustände genannt habe, bei der Einwirkung des *Galvanismus* auf das *Auge* noch eine *Farbenerzeugung* in demselben vorgehe, deren Produkt verschieden sey nach der Verschiedenheit der Construction der Bedingungen, unter denen sie statt haben kann. [...]

215 Ritter [VGBn]/A:363.

216 Ritter [VBüG]/A2:450 (§ 20), Ritter [VBüG]/B2:295 (§ 20).

*) Vergl. Schelling's Aeusserung in seinem *ersten Entwurfe eines Systems der Naturphilosophie.* (Jena u. Leipzig 1799, 8.,) S. 184, 185«.[217]

Der Verweis aus Ritters Fußnote auf die Seiten »184, 185« in Schellings *Erstem Entwurf eines Systems einer Naturphilosophie* muss ein minimaler Druckfehler sein, denn der Verweis passt zu einem eingeklammerten Abschnitt, der eine Seite später kommt. Nur wer dort nachschlug, konnte feststellen, dass auch Schelling komplementäre Farben bei den galvanischen Blitzversuchen erwartet hatte, und zwar (im Einklang mit Ritters Andeutung) ohne seinen Stichwortgeber Ritter zu nennen:

> »Daher für den Gesichtssinn die Polarität der Farben, der Gegensatz zwischen warmen und kalten, der am prismatischen Farbenbild objectiv wird – (*so wie es wohl gewiss ist,* dass auch *im Hunter'schen* Versuch der negative Blitz nicht eine blosse Privation, sondern eine reelle Entgegensetzung des andern ist, obgleich in jeder Dualität ausser dem eigentlichen Gegensatz noch ein *Mehr* und *Weniger* ist, wie z. B. die prismatischen Farben des Einen Pols auch die dunklern Farben, der Eine Pol des Magnets auch zugleich der schwächere ist)«.[218]

Dies veröffentlichte Schelling im Jahr 1799, also exakt in dem Jahr, das Ritter mit seinen sorgfältig aktualisierten Zeitangaben übertrumpft wissen wollte. Wie sich nämlich bei Verfolgung der Quellenangabe aus meinem Zitat ergibt, schrieb Schelling von den galvanischen Stimulationen des Sehsinns, bei denen George Hunter als erster Blitze wahrgenommen hatte; und er verglich die beiden Blitze im Stile von Kants Abhandlung über die negativen Größen, wobei er die fraglichen Quantitäten apriori mit den prismatischen Farben (und deren Gegensätzlichkeit) in Verbindung brachte.[219]

Nur wer alles das wusste, konnte verstehen, was in Ritters Fußnote steckte – ein verborgener, aber handfester Plagiatsvorwurf, den er übrigens später schriftlich genauso verborgen,

217 Ritter [VBüG]/A2:450, 450n (§ 20); Hervorhebung im Original.

218 Schelling [EESN]:185/6, Hervorhebung geändert. – Wie man sieht, gebrauchte Schelling die Ausdrücke »Polarität«, »Gegensatz« und »Dualität« nahezu bedeutungsgleich (nicht anders als Goethe, s. o. § 1.3.5). Streng genommen könnte man Schellings Konzessivsatz auch umdrehen: »Obgleich in jeder Polarität außer der gegenläufigen Tendenz eines Mehr und Weniger auch ein eigentlicher Gegensatz steckt …«, wobei ein »eigentlicher« Gegensatz als Beziehung zwischen entgegengesetzten echten Entitäten zu deuten wäre.

219 Zu Hunters Versuch siehe Humboldt [VüGM]/1:308/9; zu Kants Konzeption negativer Größen siehe Kant [VBNG] (s. o. § 1.2.1, Fußnote 59; § 2.2.2k). Schelling zitierte diese frühe Schrift Kants nicht ausdrücklich, berief sich aber an mehreren Stellen auf dessen Gegensatz zwischen Attraktions- und Repulsivkräften, die in diesen Denkzusammenhang gehören und vom Kant der drei Kritiken weiter entfaltet wurden (Schelling [EESN]:316 unter Berufung auf Kant [MAN]; vergl. Wetzels [JWR]:5).

aber handfest wiederholt hat.[220] Im Gespräch mit Vertrauten wie Herder äußerte er sich offenbar wesentlich deutlicher.[221]

Man kann darüber streiten, ob Ritters Plagiatsvorwurf gerechtfertigt war.[222] Schelling erwähnte an der zitierten Stelle zwar den komplementären Farbgegensatz in unmittelbarer textlicher Nähe zu den galvanisch erregten Blitzen, sagte aber nicht ausdrücklich, dass es auch möglich sein müsse, mithilfe galvanischer Reize Farbeindrücke hervorzurufen.[223] Freilich lag diese Möglichkeit angesichts des Gesagten nahe. – Abgesehen davon hat sich Schelling nicht nur an dieser Stelle in seinem *Erstem Entwurf eines Systems einer Naturphilosophie* immer wieder auf Ritter gestützt, ohne dessen Namen zu erwähnen.[224] Zugegebenermaßen war so ein Verfahren seinerzeit üblicher als heute, und vielleicht war Ritter in dieser Angelegenheit für damalige Verhältnisse besonders empfindlich – also seiner Zeit einmal mehr weit voraus.[225]

Wie dem auch sei, indem Ritter durch seine Bemerkung ins Jahr 1798 zurückverwies, stellte er für Eingeweihte sicher, dass er die farbige Vermutung früher vorgelegt hatte als Schelling. Und weil Schelling nie und nimmer als galvanisierender Experimentator hervorgetreten ist, enthält die Anmerkung obendrein einen Seitenhieb auf den spekulierenden Philosophen; der hatte etwas als »gewiss« herausgestellt, was erst noch empirisch nachzuweisen war.

* * *

Goethe und Ritter gegen Schelling

§ 2.3.7. Nicht nur Ritter, auch Goethe stand der steigenden Tendenz Schellings zu überschießenden Spekulationen skeptisch gegenüber.[226] Zu Beginn war diese Tendenz bei Schelling noch nicht stark hervorgetreten; er hatte sich im Jahr 1797 für sein Erstlingswerk ostentativ auf die naturwissenschaftliche Empirie seiner Zeit gestützt.[227] Erst auf dieser soliden

220 Ritter [VBüG]/B2:295n (§ 20). – Sollte meine Deutung stimmen, so verharmlosen die Schelling- und Goethe-Herausgeber den Schachzug Ritters, den sie nicht als Auseinandersetzung mit, sondern als »Berufung auf« Schelling deuten (Jacobs et al in Schelling [AA]/I.7:61; genauso mit dem Verbum »berufen« bei Matthaei et al in Goethe [LA]/II.3:423). Das wäre das glatte Gegenteil dessen, was Ritter meiner Interpretation zufolge bezweckt hat.

221 So jedenfalls (ohne Angaben zum Gegenstand des Plagiats) K. Herder, Brief an G. Müller vom 28. 3. 1803 (siehe Richter [LPJW]:96/7).

222 Für eine zeitgenössische Sicht, wonach Ritters Vorwürfe gegen Schelling relativiert werden müssen, siehe Steffens [WIE]/4:90.

223 Schelling [EESN]:185/6.

224 Wie wichtig Ritters Arbeit als Materialquelle für Schellings *Ersten Entwurf eines Systems einer Naturphilosophie* gewesen ist, betonen Jacobs et al in Schelling [AA]/I.7:13; und doch findet sich in ihrem Register unter dem halben Dutzend Fundstellen nur eine einzige, an der Schelling selber den Namen Ritters erwähnt hat (Jacobs et al in Schelling [AA]/I.7:523 mit Bezug auf Schelling [EESN]:150n).

225 Die Furcht vor Ideendiebstahl hat sogar den ersten Tag seiner Freundschaft mit Ørsted überschattet (vergl. Ørsted in Jelved et al (eds) [TLoH]:18, für den Wortlaut s. u. § 4.2.9).

226 Mehr zu diesem Thema in § 2.4.9, § 3.3.9k, § 4.1.5.

227 Schelling [IzPN]/A, erstes Buch.

Grundlage war er im selben Werk weitergegangen, um im Gefolge Kants apriori allgemeine philosophische Betrachtungen zur Konstitution der Materie aus zwei Grundkräften anzuschließen.[228] Genau von diesem Wechselspiel aus Empirie und polaristischer Philosophie scheinen Goethe und sein Umkreis anfangs beeindruckt gewesen zu sein.[229] Nicht anders erging es zunächst Ritter, der einen Brief an Alexander Humboldt mit einem begeisterten Zitat aus der Monographie abschließen konnte, ohne ihren Autor Schelling namentlich nennen zu müssen.[230]

Wenn sich sowohl Goethe als auch Ritter in den Folgejahren stärker von Schelling abwandten, so wird man das auf dessen geänderten Denkstil zurückführen müssen. Schon im reißerischem Titel seiner *Zeitschrift für spekulative Physik* zeigte sich ab 1800 Schellings zweifelhafte Haltung zur Methode der Physik.[231] Goethes Beurteilung der Arbeit Schellings glich insgesamt einer Achterbahnfahrt, in der sich Talfahrten starker intellektueller Abneigung mit Bergfahrten begeisterter Zustimmung abwechselten.[232]

* * *

Ritters Methoden

§ 2.3.8. Es wäre aufschlussreich zu verfolgen, wie sich Ritters wissenschaftstheoretische Ansichten zum Verhältnis zwischen Empirie, Apriorität und Spekulation entwickelt haben.[233] Dass er sich nicht ohne weiteres in die bekannten Lager einordnen lässt und dass die eindeutigen Einordnungsversuche immer mit einseitigen Zitierstrategien einhergehen, hebt Wetzels mit Recht hervor.[234] Zu Beginn seiner Laufbahn (im Jahr 1799) verlangte er, der Phantasie durch genauere empirische Betrachtungen Schranken zu setzen, war aber im selben Atemzug bereit, die Phantasie als Vorläuferin der Wahrheit auszurufen.[235] Ein Jahr darauf sprach er sich fast wie ein Empirist gegen die philosophische Deduktion aus, der er nur auf dem Papier etwas Respekt zollte.[236] Später amüsierte er sich darüber, dass er als Kantianer missverstanden

228 Schelling [IzPN]/A, zweytes Buch; zu beidem siehe Durner in Schelling [AA]/I.5:15/6.

229 Durner in Schelling [AA]/I.5:46-48.

230 Ritter, Brief an A. Humboldt vom Juni 1798 (siehe Ritter [SaFA]:58) mit knappem Zitat aus Schelling [IzPN]/A:LXIV; dazu Wetzels [JWR]:24n13 und Durner in Schelling [AA]/I.5:50n234.

231 Schelling (ed) [ZfSP]/I.1, Schelling (ed) [ZfSP]/I.2.

232 Adler [AoM]:71, O. M. [GPmS], Abschnitte 1.1-1.5. Viele Kommentatoren konzentrieren sich fast ausschließlich auf die positiven Seiten dieser wechselvollen Geschichte (z. B. Kisser in Schelling [AA]/III.2.1:97-117; Matthaei et al in Goethe [LA]/II.3:XXXIV-XLIII).

233 Wetzels hat das auf zugespitzte Weise versucht und dafür bei aller Sympathie für Ritter das Narrativ eines methodologischen Sittenverfalls gewählt (Wetzels [JWR]:21-23, 26/7, 41, 50, 59-60 *et passim*).

234 Wetzels [JWR]:21; ähnlich Weber [E]:XXVI-XXVIII.

235 Ritter [EBüG]:86.

236 Siehe z. B. Ritter [DNUü]:iii-v.

wurde.[237] Zur selben Zeit strebte er eine Mittelposition zwischen Empirismus und Apriorismus an.[238]

Wie dem auch sei, Ritter erging sich immer wieder in gewagten Spekulationen, deren unklare Basis ihm bewusst war; er hatte »Freude am Anticipiren«.[239] Doch anders als Schelling pflegte er in solchen Fällen die Ärmel hochzukrempeln und solange zu experimentieren, bis er über die fragliche Spekulation empirisch zu entscheiden vermochte – wobei er verblüffend oft feststellte, ins Schwarze getroffen zu haben.

2.4. Goethe zieht Ritter in sein Projekt hinein (Herbst 1800)

Marathon im Oktober

§ 2.4.1. Nach den drei Treffen im September 1800 ging es Schlag auf Schlag, und die Funken sprühten. Goethe blieb länger als geplant in Jena und traf sich täglich mit Ritter – ein wahrer Marathon mit Diskussionen, Experimenten, teils sogar mehrmals am Tag. Hier ohne Lücken die Tagebucheinträge Goethes von Anfang Oktober:

> »1. [Oktober 1800] Früh Galvanismus mit Ritter. Niethammer. Nachmittag wieder Ritter. Abends bey *Frommann.*
> 2. [Oktober 1800] Früh. Aufsatz die Recension der Concurrenzstücke betreffend corrigirt. Griesbach und Niethammer. Nachmittag Ritter, dann spatzieren gefahren.
> 3. [Oktober 1800] Einiges zu den Propyl. überdacht, gegen Mittag Hr. D. Niethammer, ferner Hr. Hofr. Hufeland, welcher von seiner Bamberg. Reise erzählte. Nach Tische Ritter Demonstr. der Dendriten Versuche. Dann spazieren gefahren. Abends *Friedr. Schlegel.* Zum Essen bey Loder. An Hrn. Prof. Meyer, an Hrn. Hofr. Schiller, an Dem. Vulpius Anzeige meiner morgenden Abreise« (Goethe, Tagebuch zum 1.10.1800-3.10.1800).[240]

237 Ritter, Brief an Ørsted vom 20.5.1803 (siehe Harding (ed) [CdHC]/II:32). Vergl. Winterl, Brief an Ørsted vom 12.4.1803 (siehe Harding (ed) [CdHC]/II:603/4). Dass Ritter als kantianischer Naturwissenschaftler *par excellence* gedeutet werden kann, zeigt Dietzsch in Ritter [FaNJ]/D:360.

238 Ritter, Brieffragment, vermutlich an Herder, verfasst vor dem 19.6.1803 (siehe Rehm (ed) [UBJW]/b:63).

239 Ritter, Brief an Ørsted vom 25.7.1802 (siehe Harding (ed) [CdHC]/II:16).

240 Goethe [WA]/III.2:308/9; Hervorhebung geändert.

Friedrich Schlegel und der Verleger Friedrich Frommann, deren Namen ich im Zitat hervorgehoben habe, waren gute Freunde Ritters.[241] Es ist gut möglich, dass Ritter am 1. 10. 1800 zu Frommann mitgekommen ist oder dass er zwei Tage darauf an Goethes Seite blieb, als der sich abends erneut mit Schlegel traf.[242]

Es würde mich zu weit vom Weg abführen, genauer zu erörtern, welche Versuche mit Dendriten – baumartig verzweigten Kristallstrukturen – Goethe und Ritter beim letzten der drei Treffen nach Tisch betrachtet haben und wer diese Versuche wem gezeigt hat. Wie dem auch sei, am Ende des Ritter-Marathons schrieb Goethe abermals an Schiller nach Weimar:

> »Ich habe mich entschlossen morgen als den 4. Oct. von hier abzugehen. Ob ich gleich nicht gerade das zu Stande gebracht was ich mir vorgesetzt, so habe ich doch meine Zeit gut zugebracht und bin in manchem vorwärts gekommen« (Goethe, Brief an Schiller vom 3. 10. 1800).[243]

Wie der zweite Satz meines Zitats zeigt, war Goethe überrascht und erfreut von der Wendung, die sein Aufenthalt in Jena genommen hatte. Das dürfte auch auf die naturwissenschaftlichen Lektionen zurückzuführen sein, die ihm Ritter geboten hat. Im nächsten Paragraphen möchte ich ein Dokument besprechen, worin Goethe die Summe aus dem bis dahin Gelernten zog.

Vertiefungsmöglichkeit. Eckle interpretiert die von Goethe erwähnten Versuche mit Dendriten durch Verweis auf Experimente, die Ritter mit Datum vom 20. 7. 1801 für die Veröffentlichung einreichte, aber laut eigener Aussage »seit einiger Zeit niedergeschrieben« hatte.[244] Obwohl er die Veröffentlichung also drei Quartale nach dem Treffen mit Goethe auf den Weg brachte, wäre es zunächst theoretisch denkbar, dass es im Oktober 1800 genau um diese Experimente

241 Der freundschaftliche Ton zwischen Frommann und Ritter geht aus Ritters Briefen eindeutig hervor (z. B. schon in der Anrede in Ritter, Brief an Frommann vom 12. 3. 1801 (siehe Richter (ed) [PRJW]:90); für den Wortlaut s. u. § 3.1.10). Auch gegenüber Ørsted bezeichnete Ritter den Verleger als Freund (z. B. Ritter, Brief an Ørsted vom 9. 12. 1801 (siehe Harding (ed) [CdHC]/II:8)). Zur Freundschaft mit Frommann siehe auch Rehm (ed) [UBJW]/b:47/8, Richter [LPJW]:49-50. – Zu einem kleinen Ausschnitt der Freundschaft zwischen Ritter und Friedrich Schlegel s. u. § 2.4.9k.

242 Die erste Möglichkeit bringt Worbs ins Spiel, die zweite passt zu seiner Überlegung (Worbs [GSPJ]:196).

243 Goethe [WA]/IV.15:127/8.

244 Vergl. Eckle in Goethe [LA]/II.1A:598 mit Bezug zu Ritter [VBüG]/A5:335-341. Ritters Aufsatz ist auf den 27. 6. 1801 datiert, doch beschrieb er die hier einschlägigen Versuche in einer Nachschrift vom 20. 7. 1801; für diese beiden Daten und die – oben zitierte – etwas vage Zeitangabe der Niederschrift selbst siehe Ritter [VBüG]/A5:265, 326, 335.

gegangen ist; in der Tat findet sich an der von Eckle genannten Textstelle ein Versuch, der Goethes Interesse geweckt hätte: Ritter hatte oben in eine große Talglichtflamme den Silberdraht seiner Batterie hineingeführt und dann zweieinhalb Zentimeter darunter den Zinkdraht – just in diesem Augenblick wuchsen am Silberdraht kleine, locker gefügte kristallartige Strukturen, die sich immer weiter verzweigten und nach dem griechischen Wort für Baum »Dendriten« heißen.[245] Ritter war nicht minder empfänglich als Goethe für die Schönheiten solcher gestaltbildender Wachstumsprozesse und nannte die Dendriten seines Experiments »niedlich«.[246] So weit, so schön. Nur: Ritter kann diese Experimente seinem Partner deshalb nicht im Oktober 1800 gezeigt haben, weil er sie erst am 19. 6. 1801 durchgeführt hat.[247] Selbst wenn wir vielleicht nie erfahren werden, welches Experiment mit Dendriten die beiden im Oktober 1800 betrachtet haben, möchte ich versuchsweise einen Perspektivenwechsel vorschlagen: Vielleicht hat in diesem Fall Ritter etwas von Goethe gelernt? Dass Eckle diese Möglichkeit nicht einmal in Betracht zieht, spiegelt das unter Herausgebern der Leopoldina-Ausgabe verbreitete Vorurteil gegenüber dessen physikalischer Expertise wider. Doch wie aus einem frühen Text Goethes exemplarisch hervorgeht, hatte er bereits in den späten 1780er Jahren mit Dendriten experimentiert.[248] Und dass er etwa bei Versuchen mit Braunstein-Dendriten auf der Höhe der Zeit war, ergibt sich aus einer Bemerkung Alexander Humboldts, die im Jahr 1797 erschienen ist und die Ritter gekannt haben muss.[249] Es ist also durchaus möglich, dass sich Ritter von Goethe bestimmte Dendriten-Versuche zeigen ließ. Wohlgemerkt, ich beanspruche nicht zu wissen, dass es so gewesen ist; ich sage nur, dass die entgegengesetzte Hypothese ebenfalls keine Gewissheit für sich beanspruchen kann – und dass es Bände spricht, wenn eine Herausgeberin der naturwissenschaftlichen Schriften Goethes nur die für ihren Bezugsautor ungünstige Hypothese auf dem Zettel hat.

Goethe gemeindet Galvanismus ein

§ 2.4.2. Wieviel haben Goethe und Ritter im September und Oktober 1800 über Farben in der Optik geredet – also über Farben, die nicht beim Galva-

245 Ritter [VBüG]/A5:337-341. – Aus einem späteren Bericht über diese Experimente Ritters geht hervor, dass die Dendriten aus Ruß waren (Anonym [PüaS]:185 No. 11).

246 Ritter [VBüG]/A5:338. Beide waren sich im klaren darüber, dass dies nicht im entferntesten etwas mit pflanzlichen Wachstumsprozessen zu tun hat. Goethe beispielsweise hat mit Blick auf Dendriten und Eisblumen einen – ungenannten – schwärmerischen Adressaten (Knebel) vor übereilten Analogiebildungen gewarnt (Goethe [WA]/II.13:427-429). Siehe auch Wetzels [JWR]:86/7 sowie Eckle in Goethe [LA]/II.1B:1129-1133.

247 Ritter, Arbeitsjournal unter dem 29. 6. 1801 (siehe Ritter [VD]:128/9). Da er im Arbeitsjournal neue Entdeckungen niederzulegen pflegte, wird es sich um eine recht genaue Datierung handeln.

248 Goethe [WA]/II.13:429.

249 Humboldt [VüGM]/I:363n. Zu Beginn dieser Fußnote auf p. 362 im Exemplar der Bayerischen Staatsbibliothek (Signatur Anat. 235 ^{m} /1) findet sich ein handschriftlicher Eintrag, der durchaus auf den Vorbesitzer Ritter zurückgehen könnte; der Besitzeintrag »Ritter« steht unten rechts auf dem Blatt vor der Titelseite, auf dem sich oben ausführlichere Notizen in vermutlich Ritters Handschrift finden). Vergl. § 2.2.1k.

nisieren aufscheinen, sondern beim Prismatisieren? Ritter war wohl spätestens seit Ende 1798 über Goethes optische Forschungsinteressen im Bilde. Wie dargelegt dürfte Goethe ihm früh von den ihn interessierenden Symmetrien zwischen Dunkelheit und Licht, zwischen den beiden Kantenspektren (Farbtafel 3) sowie zwischen den beiden Enden des Newtonspektrums (Farbtafel 2 links) berichtet haben. Wann er sie ihm experimentell vorgeführt hat, wissen wir nicht. Die dokumentierten Treffen fanden in Jena statt, also nicht in der vollausgerüsteten Dunkelkammer des Hauses am Frauenplan.[250] Zudem sind in Goethes Tagebuch bis Ende 1800 keine optischen Experimente mit Ritter vermerkt, nur galvanische. Für die These des augenblicklichen Kapitels spielen diese Unwägbarkeiten jedoch keine Rolle; die These lautet: Während Goethe die optischen mit den galvanischen Farbgegensätzen sogleich unter weitgespannten polaristischen Vorzeichen zusammenbringen wollte, ist ihm Ritter auf diesem Weg zunächst nur zögerlich und dann immer entschiedener gefolgt.

In Goethes wissenschaftlichem Nachlass ist ein Schema archiviert, dessen Entstehungsdatum in der Literatur umstritten ist – und das laut meiner Interpretation entstanden sein muss, nachdem Ritter ihm von den galvanischen Farben berichtet hatte.[251] Aus diesem Schema geht hervor, dass sich Goethe für den Zusammenhang zwischen den physiologischen Farben und Ritters galvanischen Farben interessiert hat und dass er diesen Zusammenhang weiterdenken wollte:

»Die Farbenlehre unterwirft sich dualistischen Gesetzen:
Erst im Gegensatz der Quelle +L –L

250 Die Dunkelkammer im Jenaer Stadtschloss wurde erst nach Ritters Tod eingerichtet (Klinger et al [GCO]:236/7).

251 Demgegenüber datiert Eckle das Schema zunächst grob und dann scheinbar präziser, aber doch ohne dezidierte Festlegung »zwischen Juli 1798 und Sommer 1801, genauer in die Zeit, bevor sich Goethe nach Göttingen begab, um in der dortigen Universitätsbibliothek vom 18. Juli bis 14. August 1801 optische Schriften zu studieren« (Eckle in Goethe [LA]/II.1B:1188). Die Angaben zur Datierung aus der Frankfurter Ausgabe helfen wegen ihrer Vagheit ebenfalls nicht weiter (»offenbar überwiegend am 18.11. und 19.11.1799 in Jena entstanden [...] Die vorliegenden Texte sind es, über die Goethe am 2.8.1801 in Göttingen in sein Tagebuch schrieb: ›Die bisherigen Exzerpte und Aufsätze geordnet und geheftet‹ « (Wenzel in Goethe [FA]/23.2:410 mit Zitat aus Goethe [WA]/III.3:29)). Wie ich zeigen werde, setzen beide Kommentatoren den *terminus post quem* (1798/9) ein Jahr zu früh, den *terminus ante quem* (Sommer 1801) ein halbes Jahr zu spät.

> Dann im Gegensatz der Erscheinung +C –C […]
> Die magnetischen, turmalinischen, elektrischen Erscheinungen sprechen sich alle durch Dualismus aus […].
> Der Galvanismus […] berührt auch die Farbenlehre […].
> *Die physiologischen Farben durch die Ritterische Entdeckung*«.[252]

Unter »dualistischen Gesetzen« verstand Goethe polare, wie sie sich am Magneten, am Turmalin und in der Elektrizität zeigen.[253] In Analogie zu damals gebräuchlichen Abkürzungen: »+M«, »–M«, »+E«, »–E« für die magnetischen und elektrischen Pole, verwendete Goethe die Abkürzung »+L« für Licht (lux), die Abkürzung »–L« für negatives Licht, also Finsternis.[254] Hier stehen wir wieder vor derjenigen Anwendung des polaristischen Denkens, die aus heutiger Sicht gegenstandslos ist und nach damaligen Maßstäben gewagt, aber nicht verrückt war.

Was nun bedeuten die Abkürzungen »+C« und »–C« aus Goethes Schema? In der Literatur findet sich die These, »C« stehe allgemein für den lateinischen Ausdruck »corpora«, also für Farben in Form von Pigment-*Körpern*.[255] Das ist keine plausible Deutung. Erstens ergibt die Rede von negativen Körpern wenig Sinn.[256] Zweitens betraf Goethes Hauptarbeit in der Farbforschung die Spektralfarben, und seine vorausgehende Notation einer Licht- bzw. Finsternisquelle deutet schon in diese Richtung. Drittens haben auch die galvanischen Farben, die weiter unten im Zitat folgen, nichts mit Pigmentfarben zu tun. Daher denke ich, dass das »C« ganz allgemein für den lateinischen Ausdruck »color« (Farbe) steht.[257] Die Umkehrung der Farben, die Goethe durch Änderung des arithmetischen Vorzeichens symbolisiert hat, funktio-

252 Goethe [VnA]:354/5; Hervorhebung geändert.

253 S. o. § 1.2.1 und § 1.3.5.

254 Siehe Berg et al (eds) [EzEB]/B:135n37 sowie Matthaei et al in Goethe [LA]/II.3:341. (Bei allen Unwägbarkeiten seiner Datierung bietet der in § 2.2.8 erwähnte Torzettel mit Notizen Ritters aus einem Gespräch mit Goethe wohl einen früheren Einsatz derartiger Plus- und Minuszeichen – Ritter wandte sie probehalber schon Anfang 1800 auf das Licht an (§ 2.2.11), Goethe wohl zum ersten Mal im oben zitierten Schema).

255 Matthaei et al in Goethe [LA]/II.3:341, XXXVIII und Wenzel in Goethe [FA]:23.2:417.

256 S. u. § 2.4.7k.

257 Beide Interpretationsmöglichkeiten bringt Eckle in Goethe [LA]/II.1B:1191. Goethe benutzte später Minus und Plus ganz allgemein für farbige Gegensätze, siehe Goethe [EF]:§ 696, § 756/7.

niert bei allen Arten von Farben, besonders eindrücklich aber bei den Umkehrungen im prismatischen Experiment beim Wechsel von +L zu –L, von Licht zu Finsternis.

Wie auch immer, am Ende des Zitats dehnte Goethe alle bereits bekannten Polaritäten weiter aus, denn die letzten beiden Sätze meines Zitats bedeuten zusammengenommen:

> Der Galvanismus berührt *durch die Ritterische Entdeckung* auch die Farbenlehre, und zwar *die physiologischen Farben.*

Damit ist klar, dass hier »*die* Ritterische Entdeckung« nichts mit den Wirkungen des UV-Lichts zu tun haben kann, die Ritter am 22. 2. 1801 entdecken sollte (Kapitel 3.1). Vielmehr ging es Goethe um Ritters Entdeckung der Farben beim Galvanisieren.[258] Da Ritter ihm davon sofort Ende September 1800 berichtet haben wird, markiert dies den frühesten Zeitpunkt, zu dem die Notiz entstanden ist. Und da Goethe im Singular von *der* Ritterischen Entdeckung sprach und da dieser Singular von dem Augenblick an irreführend geworden wäre, zu dem Goethe von Ritters Entdeckung des Ultravioletten erfahren sollte, hat er die Notiz allemal vor dem 24. 2. 1801 verfasst.

Ritters erster Brief

§ 2.4.3. Aus der soeben besprochenen Notiz Goethes ergibt sich deutlich genug, warum er mit seinem Interesse an einer umfassenden Polarität im Naturreich und im Reich der Farben begeistert gewesen sein muss, als Ritter ihm von den galvanischen Farben erzählte. Und wie wir vermuten dürfen, hat er seine polaristische Deutung nicht vor Ritter verschwiegen.

Was hielt Ritter von dieser theoretischen Einordnung seiner Ergebnisse? Da er vor der Jahrhundertwende in Sachen Polarität noch vergleichsweise zurückhaltend geurteilt, den Begriff nur ein einziges Mal offziell eingesetzt und sich dafür auf Vertauschungssymmetrien nur in seinem angestammten galvanistischen Forschungsgebiet berufen hatte (Kapitel 2.2), könnte er Goethes Deutung auch jetzt noch skeptisch beurteilt haben. Diese naheliegende Vermutung möchte ich entkräften; wie sich herausstellen wird, gab er seine Zurückhaltung *peu à peu* auf.

Und zwar sandte Ritter zwei Wochen nach Goethes Heimreise seinen ältesten erhaltenen Brief an Goethe – in dem er u. a. wortreich um ein Darlehen

258 So auch Eckle in Goethe [LA]/II.1B:1187, 1192 und Wenzel in Goethe [FA]/23.2:417/8.

bat.[259] Wenn er sich soviel herausgenommen hat, so spricht das zunächst einmal dafür, dass sich meine beiden Protagonisten im wissenschaftlichen Austausch auch persönlich näher gekommen sein dürften – zumindest scheint Ritter es so eingeschätzt zu haben. Trotzdem hat seine fast flehentlich vorgetragene Bitte nicht gefruchtet.[260] Goethe ist Leuten mit Geldsorgen sein Leben lang nicht allzu großzügig entgegengekommen, wie das Beispiel des Schriftstellers Johann Peter Eckermann nachdrücklich zeigt.[261]

Am Ende seines Briefes schrieb Ritter in zwei Sätzen von magnetischen Versuchen, die Goethe ihm aufgetragen hatte und in denen die Wirkung des Magneten auf die Kristallisierfähigkeit untersucht werden sollte.[262] Ganz zum Abschluss heißt es lapidar:

> »Ueber das optische Grundphänomen, und dessen Durchführung durch das ganze System werde ich Ihnen bald etwas Ordentliches schreiben können« (Ritter, Brief an Goethe vom 13.10.1800).[263]

Wie man sieht, vermied Ritter hier das Wort »Polarität«; nach den beiden vorausgehenden Sätzen über Magnetismus war das Wort vielleicht nicht nötig, denn jeder Gedanke an Magneten legt sogleich Gedanken an magnetische Pole nahe. Wie dem auch sei, es sollte noch ein wenig dauern, bis er die Rede von Polen, Polarität usw. mit ausgedehntem Anwendungsbereich einzusetzen begann, und es dauerte noch länger, bis er das Wort, ohne zu zögern, so auch gegenüber Außenstehenden oder gar in Veröffentlichungen nutzte.[264]

Könnte man den zitierten Abschluss des Ritter-Briefs als durch und durch verlogenes Manöver deuten? Diese Interpretation setzt bei der Beobachtung an, dass Ritter die polaristischen Interessen Goethes äußerst knapp bediente – handelte es sich nur um einen Lippendienst? Um aus dem letzten Zitat eine knappe Abfertigung der Forschungsinteressen Goethes durch Ritter hervorzukitzeln, könnte man behaupten, dass sich Ritter im Oktober 1800 noch

259 Ritter, Brief an Goethe vom 13.10.1800 (siehe Klinckowstroem [GR]:143/4).

260 Hier folge ich Richter [LPJW]:57 und nicht Rehm (ed) [UBJW]/b:78n79. Ähnlich wie Rehm behauptet auch Gerhard Müller ohne Beleg, Goethe habe Ritter damals »durch nicht unerhebliche Zuwendungen« finanziell unterstützt (Müller [vRzG]:456). In den mir bekannten Zeugnissen habe ich keinen Anhaltspunkt dafür gefunden; vergl. § 6.3.4.

261 Siehe dazu Otto [EJP]:219-220.

262 S.u. § 2.4.9.

263 Klinckowstroem [GR]:144.

264 S.u. § 3.1.7, § 3.3.4.

nicht stark für dessen farbwissenschaftliches Anliegen interessiert hätte; Moneten und Magneten wären ihm demzufolge wichtiger gewesen. Geradeheraus gefragt: Hat Ritter im reichen und einflussreichen Goethe vielleicht nichts anderes gesehen als einen möglichen Retter aus Geldnöten? Machte er nur gute wissenschaftliche Miene zum bösen finanziellen Spiel?

Alles spricht dagegen. Zwar nahmen Ritters erdrückende Schulden in seinen Briefen an Goethe keinen kleinen Raum ein.[265] Und er hoffte auf Goethes Protektion an der Jenaer Universität oder auch in Weimar.[266] Er war sich der Bedeutung bewusst, die Goethe ihm als naturwissenschaftlichem Partner beizumessen begann; das war nicht der schlechteste Grund, um auf Protektion zu hoffen. Dass umgekehrt auch er um die Jahreswende 1800/1 in Goethe einen naturwissenschaftlichen Partner gesehen hat, geht aus einer Vielzahl von Indizien hervor, die im weiteren Verlauf meiner Darstellung nach und nach zur Sprache kommen sollen.

Drei Reichweiten eines Versprechens

§ 2.4.4. Laut meiner Interpretation müssen wir die zuletzt zitierte Briefstelle als einen Schritt Ritters in Goethes Richtung deuten. Das »optische Grundphänomen« könnte er sehr wohl als den Gegensatz der Farben verstanden haben, den Goethe im optischen Experiment aufgezeigt und den Ritter im galvanischen Experiment wiedergefunden hatte. Was aber könnte Ritter gemeint haben, als er Goethe die Durchführung dieses Gegensatzes »durch das ganze System« versprach?

Drei Deutungen dieses Versprechens bieten sich an, die verschieden weit ausgreifen. Entweder wollte Ritter einfach nur systematisch darstellen, unter welchen genauen Bedingungen sich bei galvanischer Reizung des Auges eine

265 Vergl. Ritter, Briefe an Goethe vom 13.10.1800 und 10.4.1801 (siehe Klinckowstroem [GR]:143/4, 146/7). Ähnlich äußerte sich Ritter in Briefen an eine Reihe anderer Adressaten, vergl. z.B. Ritter, Brief an Steffany vom 23.4.1801 (siehe Rehm (ed) [UBJW]/b:50/1). Ritter konnte seine Freunde offenbar extrem charmant um Geld bitten, sie zuweilen aber auch durch seine Bettelei abstoßen (ein Indiz für den ersten Fall bietet Novalis, Brief an Miltitz vom 31.1.1800 (siehe Richter [LPJW]:235), ein Indiz für den zweiten Fall bietet C. Brentano, Brief an Savigny vom 24.6.1803 (siehe Rehm (ed) [UBJW]/a:359)). Viele gut recherchierte Details zu Ritters stets prekärer finanzieller Situation bringt Richter [LPJW]:54-58 *et passim* und Richter (ed) [PRJW]:50-53. Eine tentative, faire Wertung der steten Geldsorgen Ritters umreißt Poppe [JWRE]:198n23.

266 Richter [LPJW]:77, 112; Richter (ed) [PRJW]:74-80.

warme Farbe wie Rot zeigt und unter welchen anderen Bedingungen sich ihr kaltfarbiges Gegenteil wie Blau zeigt. Oder er wollte diesen – visuellen – Farbgegensatz mit den anderen sensorischen Gegensatzpaaren (wie z. B. dem aus Wärme und Kälte) parallelisieren, die er beim Galvanisieren untersucht hatte. Oder er wollte noch weiter gehen und den Farbgegensatz sogar mit denjenigen Gegensätzen vergleichen, die sich auch in anderen Gebieten zeigen, also jenseits seiner galvanischen Forschung. Wie ich in den nächsten Paragraphen ausführen möchte, begann Ritter mit dem kleinsten Projekt, um sich gleich nach getaner Arbeit – vermutlich im Beisein Goethes und jedenfalls unter seinem Einfluss – den beiden größeren Projekten zu widmen.

Meiner Ansicht nach musste Goethe nicht lange warten, bis Ritter sein Versprechen (in welcher der drei Lesarten auch immer) einlöste; doch wenn ich nicht irre, ist Goethe ihm zuvorgekommen, indem er das Schema aufschrieb, von dem im vorigen Paragraphen die Rede war und das nun auch Ritters galvanische Farben umfasste.

Galvanische Formeln

§ 2.4.5. Für die Fortsetzung meiner Doppelbiographie muss ich mich bis zum Ende dieses Kapitels auf einige Vermutungen stützen, die nur den wahrscheinlichsten Gang der Dinge (bis kurz vor Ritters Entdeckung des Ultravioletten) bieten und die ich nicht beweisen kann. Insbesondere habe ich keinen definitiven Beweis für die Reihenfolge der nächsten Belege. Diese Unsicherheit schadet meinen übergeordneten Zielen wenig; auch wenn wir die Belege umsortieren, ergibt sich aus ihnen eine Annäherung zwischen Goethe und Ritter, die vor Ritters großer Entdeckung stattgefunden haben muss. Dass diese Belege allesamt vorher entstanden sind, ist mehr als plausibel; sie sähen (so mein Argument) anders aus, wenn sie später entstanden wären, weil sie dann in der einen oder anderen Weise eine Reaktion auf die Entdeckung des Ultravioletten enthalten müssten.[267]

Mitte November scheint Ritter in Jena mit Goethe diskutiert zu haben, was dieser wie folgt im Tagebuch vermerkte:

> »Richter. Galvanische Formeln« (Goethe, Tagebuch zum 17. 11. 1800).[268]

267 Einen Grund dafür nenne ich in § 2.4.7k.
268 Goethe [WA]/III.2:313.

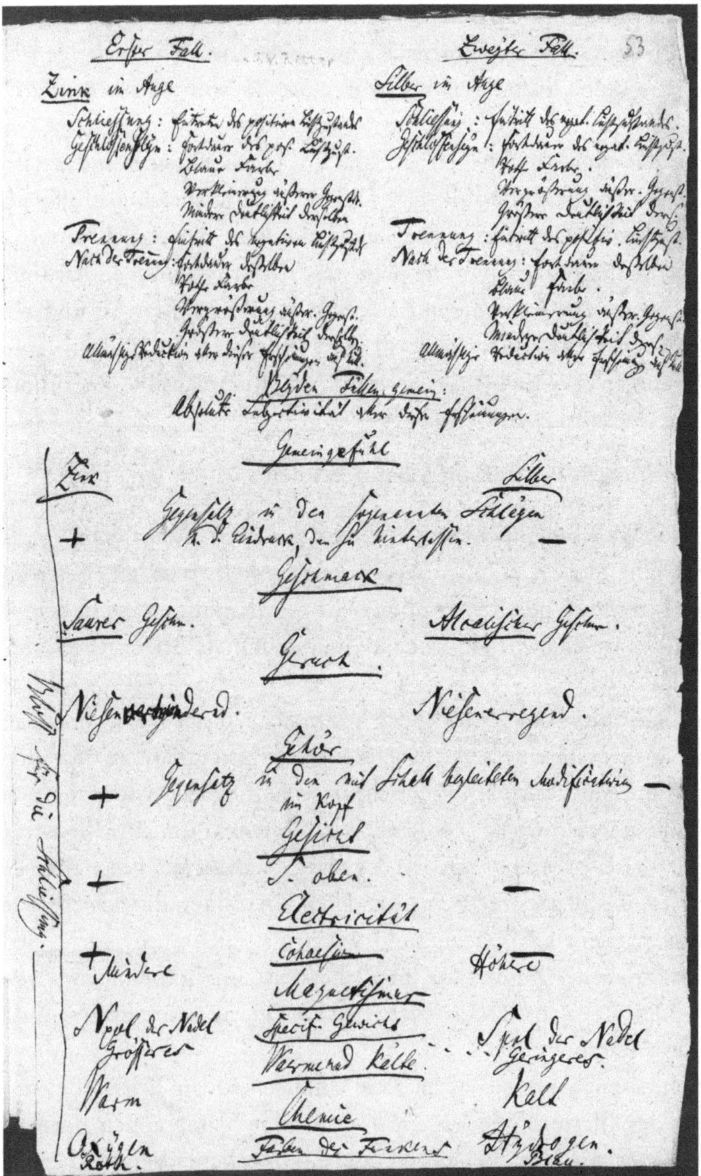

Abb. §2.4.5: Ritters Blatt mit galvanischen Formeln für Goethe.
Das obere – besser lesbare – Drittel dieses Blattes dürfte Ritter vor seinem Besuch bei Goethe am 17.11.1800 zusammengestellt haben (siehe die Wiedergabe in §2.4.6). Im unteren Drittel kommt die Polarität auf außergalvanischen Gebieten zur Sprache. [Quelle: GSA 26 L,6, p. 121].

Der Name muss ein Schreibfehler sein. Im Zusammenhang mit dem Galvanismus ist keine Person namens Richter bekannt; daher schlagen Goethes Herausgeberinnen plausiblerweise vor, anstelle von »Richter« den Namen »Ritter« zu lesen.[269]

Wenn das richtig ist, haben wir hier ein tagebuchliches Indiz dafür, dass Ritter sein Versprechen erfüllt hat. Dieses Indiz lässt sich mithilfe eines aufschlussreichen Dokuments verstärken. Und zwar findet sich unter Goethes Papieren für die *Farbenlehre* ein Blatt, das Ritter geschrieben hat und das in der Tat galvanische Formeln enthält (Abb. 2.4.5). Das Blatt ist undatiert, enthält keine umgreifende Überschrift und keinen eigenhändigen Autorennamen. In der Leopoldina-Ausgabe wurde es ohne plausible Begründung mit folgender Datierung veröffentlicht:

»Galvanische Versuche von Johann Wilhelm Ritter, Jena 1801«.[270]

Doch aller Wahrscheinlichkeit nach stammt das Blatt aus dem Vorjahr, also aus dem Jahr 1800. Und aller Wahrscheinlichkeit nach hat Ritter das Blatt seinem Adressaten persönlich überreicht – jedenfalls existiert kein Begleitbrief, und es ist nicht bekannt, dass Goethe damals Briefe Ritters verbrannt oder verloren hätte.

Das obere Drittel des Blattes ist eng beschrieben, bietet ein elaboriertes Schema mit zwei Spalten, die eine Reihe feinerer Einteilungen umfassen, und wirkt so, als hätte sich ihr Autor vor der Niederschrift genau überlegt, wie er den Raum auf dem Papier einteilen wollte – es handelt sich offenbar um eine Reinschrift. Viel spricht dafür, dass Ritter diesen Teil des Blattes verfasst hat, bevor er Goethe traf.

Der Rest des Blattes zeigt einen anderen Charakter; die Schrift ist weniger konzentriert, sieht gelöster aus und wirkt wie ein improvisierter, jedenfalls rasch geschriebener Zusatz, der möglicherweise im Gespräch entwickelt worden ist. Dafür spricht insbesondere der korrigierte Schreibfehler links unter der Rubrik »Geruch«.

Aufschlussreicherweise passen diese Unterschiede im Schreibduktus zu den Inhalten des Blattes. Wie ich im kommenden Paragraphen dartun werde, erfüllte Ritter mit dem oberen Teil nur sein briefliches Versprechen, systema-

269 So etwas stärker beinahe als These von Eckle in Goethe [LA]/II.1A:599 bzw. als etwas schwächere Vermutung von Albrecht et al in Goethe [T]/II.2:737. – Ein bislang unbeachtetes Indiz zugunsten dieser Korrektur bringe ich am Ende von § 2.4.10.

270 Ritter [GV].

tisch die Bedingungen zusammenzustellen, unter denen sich die galvanischen Farbgegensätze zeigen. Erst darunter hat er diese Farbgegensätze zunächst mit den Gegensätzen anderer galvanisch erzeugter Sinneserlebnisse parallelisiert, um das Schema schließlich ganz unten auf dem Blatt auch noch auf außergalvanische Phänomenbereiche auszudehnen. Insgesamt hätte Ritter damit sein briefliches Versprechen in allen drei Stufen erfüllt.

Vertiefungsmöglichkeit. Laut Andreas Döhler steht der obere Teil des Blattes in Goethes Handschrift, der untere in Ritters.[271] Zwar unterscheiden sich die Handschriften der beiden Teile deutlich, aber alle anderen Kommentatoren sind der Ansicht, dass Ritter das gesamte Blatt beschrieben hat.[272] Weil Döhler als Herausgeber der Tagebücher Goethes gearbeitet hat und daher auch mit dessen Handschrift vertraut sein müsste, habe ich sicherheitshalber eine andere Kennerin der Handschriften um Rat gebeten; Eva Beck hat mir nach der Autopsie freundlicherweise mitgeteilt, dass der gesamte Text definitiv nicht in Goethes, sondern in Ritters Handschrift verfasst ist und dass die irrige Zuschreibung bereits in die Liste der Korrigenda für die Tagebuch-Ausgabe aufgenommen worden sei.

Das Blatt wurde in keiner anderen Goethe-Ausgabe ediert als in der Leopoldina-Ausgabe.[273] Es ist in keiner der mir bekannten Ritter-Bibliographien verzeichnet.[274] Da es bereits im Jahr 1951 veröffentlicht worden ist, mag man das erstaunlich finden. Die Schuld daran liegt weniger bei den Ritter-Bibliographen als bei den Goethe-Herausgebern, denn das Blatt ist damals im dritten *Text*-Band der Leopoldina-Ausgabe abgedruckt worden, also an einer Stelle, wo man als flüchtiger Benutzer der Ausgabe ausschließlich Goethes Schriften vermutet.[275] Und dass es dort als 37. Paralipomenon geführt wird, hat sicher nicht dazu beigetragen, ihm unter Ritterforschern die Aufmerksamkeit zu verschaffen, die es verdient hätte.

Zwei Fliegen mit einer Klappe

§ 2.4.6. Ritter tat Goethe keinen selbstlosen Gefallen, als er die Übersicht auf dem Blatt zusammenstellte, von dem zuletzt die Rede war (Abb. 2.4.5). Im Gegenteil, diese Arbeit ging teilweise in seine eigenen Publikationen ein. Im Herbst 1800 war er eifrig damit beschäftigt, die Notizen zu den bis dahin durchgeführten galvanischen Experimenten zusammenzustellen und für die Veröffentlichung vorzubereiten. Den ersten, recht knappen Aufsatz darüber

271 Döhler in Goethe [T]/III.2:561.

272 Matthaei et al in Goethe [LA]/II.3:422/3, Wenzel (ed) [GHS]/2:617, Mommsen et al [EvGW]/IV:360n4. – Die Bleistift-Zusätze oben auf dem Blatt (»J. W. Ritter« und »53«) stammen klarerweise nicht von Ritter und dürften archivarischen Ursprungs sein.

273 Siehe Wenzel (ed) [GHS]/2:742.

274 Schlüter [GRÜB]:166-171, Richter [LPJW]:188-200, Richter [JWR], Weber [EFN], Kapitel IV.1.1.

275 Goethe [LA]/I.3. Zur Struktur der Leopoldina-Ausgabe siehe Kuhn [EiGA]; zur intrikaten Trennung von Text- und Kommentarbänden siehe Kuhn [EiGA]:XX-XXI.

hatte er bereits Ende September 1800 vollendet, drei weitere Aufsätze schickte er in Briefform zwar erst im Februar 1801 an Ludwig Wilhelm Gilbert (den Herausgeber der *Annalen der Physik*), aber das Material dafür hatte er bereits Monate vorher arrangiert. Jedenfalls schrieb er schon Mitte Dezember:

> »Für Gilbert habe ich einen recht weit ausgearbeiteten Aufsatz fertig« (Ritter, Brief an A. Arnim vom 18. 12. 1800).[276]

Interessanterweise findet sich in der so angekündigten Veröffentlichung Ritters fast wortgleich der Beginn des handschriftlichen Blattes, das er Goethe überlassen hatte. Die systematische Übersicht über die Bedingungen der Farberscheinungen beim Galvanisieren gab er hier zwar nicht nebeneinander wieder, sondern untereinander, doch abgesehen davon unterscheiden sich die beiden Textvarianten nur in einigen kleinen Einzelheiten. Hier der veröffentlichte Text:

> »*Erster Fall: Zink* der Batterie im Auge.
> *Schliessung:* Eintritt des positiven Lichtzustandes – Blitz.
> *Geschlossenseyn:* Beharrender positiver Lichtzustand.
> Blaue Farbe.
> Verkleinerung äusserer Gegenstände.
> Minder deutliches Erkennen derselben.
> *Trennung:* Austritt des positiven Lichtzustandes und Uebergang desselben in den negativen
> – Blitz.
> *Nach der Trennung:* Beharrender negativer Lichtzustand.
> Rothe Farbe.
> Vergrösserung äusserer Gegenstände.
> Deutlicheres Erkennen derselben.

276 Rehm (ed) [UBJW]/b:37. Wie Rehm vermutet, bezog sich Ritter mit der oben zitierten Aussage auf die ersten beiden Briefaufsätze und den Anfang des dritten (Rehm (ed) [UBJW]/b:70n26, 67n10 mit Verweis auf Ritter [VBüG]/A1, Ritter [VBüG]/A2, Ritter [VBüG]/A3). In der Tat waren dies die einzigen Aufsätze, die Ritter damals schon für Gilberts *Annalen* geplant haben kann (denn die Experimente aus Ritters späteren Briefaufsätzen dort hatten noch nicht stattgefunden). Dass er sie in mehrere Briefe unterteilen würde, musste er zum Jahresende 1800 noch nicht wissen. Den knappen Text, den er kurz vor den Briefaufsätzen an Gilbert sandte, kann Ritter nicht gemeint haben, denn in diesem knappen Text schrieb er ausdrücklich vom »lange genug« versprochenen Aufsatz (Ritter, Brief an Gilbert vom 28. 1. 1801 (siehe Ritter [VBüV]:268) mit implizitem, aber eindeutigen Bezug zu Ritter [VBüG]/A1, Ritter [VBüG]/A2, Ritter [VBüG]/A3).

Allmähliges Zurückkommen aller dieser Erscheinungen auf Null.
Zweiter Fall: Silber, (oder Kupfer,) der Batterie im Auge.
Schliessung: Eintritt des negativen Lichtzustandes – Blitz.
Geschlossenseyn: Beharrender negativer Lichtzustand.
Rothe Farbe.
Vergrösserung äusserer Gegenstände.
Deutlicheres Erkennen derselben.
Trennung: Austritt des negativen Lichtzustandes und Uebergang desselben in den positiven
– Blitz.
Nach der Trennung: Beharrender positiver Lichtzustand.
Blaue Farbe.
Verkleinerung äusserer Gegenstände.
Minder deutliches Erkennen derselben.
Allmähliges Zurückkommen aller dieser Erscheinungen auf Null.
Beiden Fällen gemein: Absolute Subjectivität aller Erscheinungen«.[277]

Dieses veröffentlichte Echo nur des reinschriftlichen *Beginns* von Ritters Blatt für Goethe blieb hinter dem zurück, was man unter polaristischen Vorzeichen hätte erwarten können. Zwar lieferte Ritter hier Vertauschungssymmetrien gemäß Prinzip (P) in Hülle und Fülle – aber nur für einen winzigen Ausschnitt des Galvanismus. Wenn Ritter in seiner Veröffentlichung nicht weitergehen mochte, so könnte das damit zu tun gehabt haben, dass er nicht gern als voreiliger Parteigänger wahrgenommen werden wollte. Im Umgang mit Goethe musste er sich dieser Vorsicht nicht unterwerfen. Ihm hatte er versprochen, das optische Grundphänomen »durch das ganze System« zu führen – und das reinschriftliche obere Drittel des Blattes für Goethe war in dieser Hinsicht mehr als karg.

Entweder hat Goethe ihm das bei dem Treffen am 17. 11. 1800 klargemacht, oder Ritter war sich selber im klaren darüber und arbeitete die Ergänzung gleich unter Goethes Augen aus. So oder so – Ritter ist auf dem improvisierten Reststück des Blattes weiter auf Goethes Wünsche und Vorstellungen eingegangen als je zuvor.

277 Ritter [VBüG]/A2:474/5 (§ 33); Hervorhebung im Original. Vergl. Ritter [VBüG]/B2:317-319 (§ 33).

Vertiefungsmöglichkeit. Angesichts der späteren Teilveröffentlichung und deren Datierung kann man gut verstehen, warum Matthaei das handschriftliche Blatt in das Jahr 1801 einordnet; wie er vermutet, entstand das gesamte Blatt für Goethe, *nachdem* Ritter die Rubriken vom Beginn des Blattes für den Druck vorbereitet hatte.[278] Doch die umgekehrte Reihenfolge ist ebensogut denkbar und meiner Ansicht nach aus mehreren Gründen wahrscheinlicher.

Erstens: Hätte Matthaei recht, so müsste das Blatt für Goethe zwischen dem 17. 2. 1801 und dem 22. 2. 1801 entstanden sein (denn nach Entdeckung der Wirkungen des UV-Lichts an diesem Tag hätte Ritter das Schema auf dem Blatt sicher noch ausgebaut). Das ist ein äußerst enges Zeitfenster, das schon allein deshalb nicht viel Wahrscheinlichkeit auf seiner Seite hat – gerade in jenen Tagen arbeitete Ritter unter Hochdruck an seinen nächsten Veröffentlichungen (§ 3.1.1).

Zweitens sprechen die Unterschiede zwischen dem handschriftlichen und dem veröffentlichten Wortlaut dafür, dass das handschriftliche Blatt aus Goethes Sammlung älter ist: Einerseits sind in der Veröffentlichung kleinere Ungereimtheiten der ursprünglichen Wortwahl berichtigt. So ist dort einheitlich viermal vom »Eintritt« der fraglichen Lichtzustände die Rede (anstelle von dreimal »Eintritt« und einmal »Eintreten« in der Handschrift); ebenso steht in der Veröffentlichung einheitlich zweimal »Minder deutliches Erkennen«, in der Handschrift dagegen einmal »Mindere Deutlichkeit«, das andere Mal »Kleinere Deutlichkeit«. Andererseits sind einige Formulierungen der Veröffentlichung etwas ausführlicher (»Zink der Batterie im Auge« anstelle von »Zink im Auge«). Und schließlich geht nur aus dem veröffentlichten Text, nicht aber aus der Handschrift hervor, dass man in der Batterie anstelle von Silber auch Kupfer verwenden kann – Ritter sollte das erst im Januar 1801 herausfinden und war danach so stolz darauf, dass er es auch auf dem Blatt für Goethe vermerkt hätte, wenn ihm diese Tatsache bereits bei der Erstellung des Blattes bekannt gewesen wäre.[279]

Alle diese Indizien stützen die These, dass Ritter seinen ursprünglichen Text (aus dem er die Fassung für Goethe in Reinschrift kopiert hatte) vor der Veröffentlichung noch einmal überarbeitet hat und dass das Blatt für Goethe vor dem Januar 1801 entstanden ist. Oder sollte sich Ritter vielleicht beim Kopieren seines ursprünglichen Textes mehrmals verschrieben haben, so dass die Diskrepanzen als Korruption eines Urtextes zu deuten wären? Das erscheint nicht plausibel, denn Ritter ist wie gesagt bei der Beschriftung im oberen Drittel des Blattes mit größter Sorgfalt vorgegangen.

Durch das ganze System

§ 2.4.7. Nehmen wir an, dass Ritter wie vermutet mit dem reinschriftlichen Beginn des Blattes für Goethe (Abb. 2.4.5) auch seine spätere Publikation vorbereitete, aus der ich zuletzt zitiert habe und in der es um galvanisch ausgelöste Farbeindrücke ging. Wie steht es in dieser Hinsicht mit dem offenbar in Echtzeit improvisierten Rest seiner Übersicht? Sind auch die dort aufgebotenen Aufstellungen in Ritters Veröffentlichungen eingeflossen?

278 Matthaei et al in Goethe [LA]/II.3:423.

279 Ritter, Brief an Gilbert vom 28. 1. 1801 (siehe Ritter [VBüV]:268); wie aus dem Kontext und aus der Datierung hervorgeht, hat Ritter allerspätestens am 24. 1. 1801 mit Kupferplatten zu arbeiten begonnen, vielleicht sogar ab 1. 1. 1801.

Im Mittelstück der Übersicht stellte Ritter galvanische Ergebnisse für die anderen Sinne zusammen. Zwar veröffentlichte er diese Ergebnisse zu galvanisch erzeugten Geschmacks-, Geruchs- und Gehöreindrücken in mehreren Aufsätzen, wenn auch nicht in Form einer Übersicht.[280] Mit dem Mittelteil des Blattes zeigte er hingegen auf einen Blick, wie sich eine galvanisch erzeugte Sinneserfahrung in ihr Gegenteil umkehrt, sobald man die beiden Enden der Zink/Silber-Batterie miteinander vertauscht – wie sich also z.B. auf der Zunge anstelle vom sauren ein alkalischer (basischer) Geschmackseindruck auslösen lässt.[281]

Zusammen mit dem veröffentlichten Beginn des Blattes kann man diese Aufstellung ohne Zwang unter Goethes Tagebuch-Eintrag subsumieren, den ich vorhin zitiert habe:

> »Richter [d.h. Ritter] Galvanische Formeln« (Goethe, Tagebuch zum 17.11.1800).[282]

Indem Ritter diese galvanischen Formeln eigens für Goethe zusammenstellte, kam er dessen Streben nach Übersichtlichkeit entgegen. Und er löste sein briefliches Versprechen ein, das Grundphänomen »durch das ganze System« zu führen.[283] In der Tat lieferte er Goethe frisches Material für dessen Interesse an polaren Mustern – die Vertauschung der beiden Enden der galvanischen Batterie führte wie gesagt jedesmal zu entgegengesetzten Sinneseindrücken. Diese Versuchsergebnisse passten bestens zu Goethes polaristischem Forschungsprogramm im Sinne des Prinzips (P) aus §1.3.7; jedenfalls hat er sie seinem Gedankengebäude umgehend einverleibt.[284]

Übrigens findet sich genau unter der Nahtstelle zwischen dem reinschriftlichen und dem improvisierten Teil des Schriftstücks ein Signal, das kaum deutlicher sein könnte. Ritter schrieb direkt unter das Wort »Zink« links ein

280 So unter dem Datum vom 28.9.-30.9.1800 in Ritter [VGBn]/A:361/2, 400 bzw. unter dem Datum vom 17.2.1801 in Ritter [VBüG]/A2:448/9, 462-466 (§18, §28/9). – Für eine recht kritische Würdigung dieser Experimente Ritters siehe du Bois-Reymond [UüTE]/1:340-358.

281 Ritter [GV]:503. Eine hilfreiche Übersicht über Ritters Ergebnisse dieser Forschung bietet Wetzels [JWR]:97-101.

282 Goethe [WA]/III.2:313.

283 Ritter, Brief an Goethe vom 13.10.1800 (siehe Klinckowstroem [GR]:144); volles Zitat in §2.4.3.

284 Goethe schrieb Ritters Übersicht ab (Goethe [GVBa]) und veränderte sie dabei in seinem Sinne (s.u. §2.4.10, dritter Punkt).

Pluszeichen und rechts gegenüber unter das Wort »Silber« ein Minuszeichen; diese Notation wiederholte er weiter unten noch dreimal.[285]

Viel spricht dafür, dass er dies unter Goethes Einfluss getan hat; Goethe hatte sich lange vorher dieser Notation bedient, wohl zuletzt in dem Schema, das ich im augenblicklichen Kapitel eingangs erörtert habe.[286] In diesem Schema hatte Goethe den Galvanismus mit anderen Phänomenbereichen parallelisiert, und genau die gleiche Parallele erweiterte Ritter im unteren Drittel des Blattes, das er für Goethe und vermutlich gemeinsam mit ihm erstellte. Nord- und Südpol des Magneten stehen einander dort ebenso gegenüber wie Wärme und Kälte, positive und negative Elektrizität, Oxygen und Hydrogen sowie die rote bzw. blaue Färbung der Lackmus-Tinktur.[287]

Insgesamt also lieferte er ihm Material mit polaren Strukturen, deren Ausarbeitung Goethe bereits zwei Jahre früher selber in Angriff genommen hatte.[288] Und da er dieses Material in keinem seiner Aufsätze so veröffentlicht hat, muss er es eigens für Goethe zusammengestellt haben.[289]

Aus alledem schließe ich: Wenn sich Ritter diese Mühe gemacht hat, wird Goethe rein wissenschaftlich für ihn keine *quantité négliable* dargestellt haben. Mehr noch, Ritter muss sich bis zum Zeitpunkt der Abfassung – oder währenddessen – ein gutes Stück auf Goethe zubewegt haben. Dass er damals trotzdem noch nicht voll und ganz auf dessen Linie gewesen ist, werde ich im kommenden Paragraphen vorführen.

285 Ritter [GV]:503. Im Vergleich dazu waren die Notizen auf der Rückseite des Torzettels (aus dem Jahr 1799) mit Blick auf die Polaritätsidee weniger deutlich (Goethe [LA]/II.1A:190/1 (= M32), s. o. § 2.2.8).

286 S. o. § 2.4.2.

287 Ritter [GV]:503; ganz unten ist dort zwar nur von einer »Tinktur« die Rede, doch aus den Parallelstellen in Ritters und Goethes Überlegungen ergibt sich mit hinreichender Sicherheit, dass es um eine Lackmus-Tinktur bei elektrolytischen Versuchen ging (Ritter [VGBn]/A:396; Goethe [VnA]:355, dazu Wenzel in Goethe [FA]/23.2:418). Zudem sind Ritters Vermutungen aus dem Arbeitsjournal in dieser Hinsicht eindeutig (Ritter, Arbeitsjournal unter dem 19. 11. 1800 (siehe Ritter [VD]:39); vergl. die Versuchsergebnisse und weitergehenden Spekulationen in Ritter, Arbeitsjournal unter dem 8. 12. 1800; 5. 1. 1801 und 24. 1. 1801 (siehe Ritter [VD]:46; 70/1; 91)).

288 Goethe [LA]/I.11, vor p. 41; vergl. Goethe, Tagebuch zum 13. 7. 1798 (siehe Goethe [WA]/III.2:214); Goethe, Brief an Schiller vom 14. 7. 1798 (siehe Goethe [WA]/IV.13:204/5). Für Details s. o. § 1.4.6.

289 Ähnlich argumentieren Matthaei et al in Goethe [LA]/II.3:423.

Vertiefungsmöglichkeit. Ein Gegensatz zwischen Oxygen und Hydrogen lässt sich zwar aus heutiger Sicht nicht auf Anhieb nachvollziehen, passte aber gut in die damalige chemische Begriffslandschaft (§ 2.2.12). Anders als bei diesem Begriffspaar sind nicht alle Rubriken aus der Erweiterung von Ritters Blatt für Goethe ganz auf der Höhe der damaligen polaristischen Denkweise. So stehen sich unter der Überschrift »Kohäsion« die Komparativbegriffe »Mindere« und »Höhere« gegenüber – der wahre Gegensatz zur Kohäsion wäre jedoch Expansion; ähnlich bei der Rubrik des spezifischen Gewichts (»Größeres« *versus* »Geringeres«) – hier müsste bei konsequenter Gedankenführung von positiven und *negativen* spezifischen Gewichten die Rede sein, was einen Begriff von negativer Masse nach sich zöge und schwer zu deuten wäre.[290] Die übrigen Rubriken harmonieren hingegen besser mit den polaristischen Zielen Goethes. Passend hierzu notierte Ritter nur zwei Tage nach dem Treffen mit Goethe, dass in der Wärme

> »der Dualismus vorhanden seyn muß, der sicher in dem Galvanism. Magnetism, der Electr. u. der Chemie statt hat« (Ritter, Arbeitsjournal unter dem 19. 11. 1800).[291]

Kurz darauf brachte er alle vier soeben zitierten Polaritäten (freilich weiterhin ohne jeden Hinweis auf das Licht) als eine einzige Einheit zusammen.[292] Dass Ritter diese Überlegungen nicht lange nach dem Treffen mit Goethe am 17. 11. 1800 niedergelegt hat und dass sie engstens mit den Rubriken aus der Erweiterung von Ritters Blatt für Goethe zusammenhängen, spricht für meine These, wonach das ganze Blatt schon im Jahr 1800 entstanden ist und nicht (wie Matthaei meint) im Folgejahr. Zwar lokalisiert Matthaei die galvanischen Ergebnisse vom Anfang des Blatts richtigerweise in Ritters zweitem Briefaufsatz für die *Annalen der Physik*, der auf den 17. 2. 1801 datiert ist.[293] Doch fast alle diese Ergebnisse hatte Ritter auch schon Ende September 1800 zur Veröffentlichung gebracht.[294] Eine Ausnahme betrifft galvanisch erzeugte Schallempfindungen; sie zwingt uns jedoch keineswegs zu Matthaeis späterer Datierung. Einerseits könnte Ritter die fraglichen Gehörexperimente bereits beiläufig im September 1800 gemacht haben (um sie sich nach ihrer Vertiefung und Replikation für die spätere Veröffentlichung aufzuheben); andererseits könnte er die akustischen Ergebnisse kühn noch vor der Durchführung gezielter Experimente extrapoliert haben, wofür seine vage Formulierung spricht:

290 Vergl. Ritter [GV]:503. Gut drei Wochen nach dem Treffen mit Goethe spekulierte er – wenn ich es recht verstehe – über ein polaristisches Gegenstück zur Anziehungskraft durch Gravitation (Ritter, Arbeitsjournal unter dem 9. 12. 1800 (siehe Ritter [VD]:48/9)). – Am Rande: Die Rede von Körpern mit negativer Masse wird in der neuesten Physik zuweilen eingesetzt, damit sich bestimmte Effekte mathematisch besser beschreiben lassen, aber nur als *façon de parler* (z. B. Møller et al [QBAE]). Siehe auch Ritter [FaNJ]/1:§ 167 (1805) und unten § 6.4.7.

291 Ritter [VD]:39.

292 Ritter, Arbeitsjournal unter dem 9. 12. 1800 (siehe Ritter [VD]:48/9).

293 Matthaei et al in Goethe [LA]/II.3:422 mit Bezug zu Ritter [VBüG]/A2:§ 18 (Geschmack), § 27 (Wärme), § 29 (Schall). – Zur Datierung auf den 17. 2. 1801 s. o. § 2.3.5, Fußnote 211.

294 Ritter [VGBn]/A:361-363, 400. Für noch frühere Beobachtungen in dieser Richtung siehe Ritter [GVav]:131/2

»Gegensatz in den mit Schall begleiteten Modifikationen im Kopf«.[295]

Auffälligerweise hat Ritter diese Rubrik ans Ende seiner galvanischen Formeln gestellt, und es ist gut möglich, dass er sich von Goethe gedrängt sah, sie zuguterletzt noch hinzuzufügen. Denn sein eigenes Schema hatte Goethe mit folgender Bemerkung abgeschlossen:

»Man kann hoffen, daß der Ton, den man bisher nur sehr gezwungen mit der Farbe verglichen hat, sich in diesen allgemeinen Kreis fügen und seine nicht weniger hohe Stelle einnehmen werde«.[296]

Dass Ritter mit seiner Formulierung aus dem vorletzten Zitat direkt auf Goethes Hoffnung aus dem letzten Zitat reagiert hat (oder auf ein mündliches Echo dieser Hoffnung), ist zwar nicht belegt, aber alles andere als unplausibel. Wie auch immer, viel spricht dafür, Goethes Schema vor Ritters Blatt zu datieren; denn Goethe hätte die Hoffnung nicht formuliert, nachdem er sie schon erfüllt sah.

Um das Argument zu verstärken, muss ich aus meiner chronologischen Ordnung ausscheren und kurz nach vorn schauen. Als Ritter die chemischen Wirkungen des UV-Lichts entdeckt hatte, brachte er sie sogleich mit dem Galvanismus zusammen. Einen frühen Forschungsbericht zu der Entdeckung, auf den ich zurückkommen werde (§ 3.3.3-§ 3.3.5), überschrieb er so:

»Chemische Polarität im Licht. Ein mittelbares Resultat der neuern Untersuchungen über den Galvanismus«.[297]

Wie sich daraus ergibt, hätte er die chemischen Wirkungen des UV-Lichts sicher auf dem Blatt für Goethe verzeichnet, wenn er sie damals schon gekannt hätte. Damit muss das Blatt vor dem 22. 2. 1801 entstanden sein; und da Ritter die zugehörigen Spekulationen bereits einen Monat früher notiert hatte (und sie vermutlich Goethe wie im Falle das Schalles nicht vorenthalten hätte), verschiebt sich der *terminus ante quem* immer näher an den Jahresanfang 1801 heran, als Ritter sich ganz sicher nicht mit dem schwerkranken Goethe treffen konnte.[298] Also stammt das Blatt auf jeden Fall aus dem Jahr 1800.

Immer noch getrennt

§ 2.4.8. Bis hierher habe ich anhand von Ritters Blatt für Goethe dargelegt, wie weit sich Ritter bereits auf Goethe und dessen polaristische Vorstellungen zubewegt hatte. Jetzt geht es um Hinweise darauf, dass meine beiden Protagonisten zum augenblicklichen Zeitpunkt meiner Darstellung – Ende 1800 – immer noch ein Stückweit auseinanderlagen.

Zunächst einmal kommt auf dem gesamten Blatt der Ausdruck »Polarität« nicht vor. Doch angesichts der tabellarischen Gegenüberstellungen von z. B. »+« und »–« (bei Elektrizität) sowie von »Nordpol« und »Südpol« (beim Ma-

295 Ritter [GV]:503.
296 Goethe [VnA]:355.
297 Ritter [CPiL]:121, Zeilenumbrüche und Hervorhebung weggelassen.
298 Ritter, Arbeitsjournal unter dem 24. 1. 1801 (siehe Ritter [VD]:90/1). Zum Wortlaut und den Details s. u. in § 3.1.8.

gnetismus) fällt es selbst dem zögerlichsten Leser schwer, die polaristischen Implikationen des Textes auszublenden. In der Tat, wer magnetische Pole mit elektrischen parallelisiert und dann sogar die Farben in diese Parallele einbezieht, hat sich weit auf die Denkweise eingelassen, die Goethe am Herzen lag.

Und doch: Auffälligerweise benutzte Ritter im *veröffentlichten* Teil des Blattes nicht einmal Plus- und Minuszeichen.[299] Zudem veröffentlichte er die entgegengesetzten Fälle (Zink *versus* Silber im Auge) nicht nebeneinander, sondern untereinander – fast so, als wolle er ihren Gegensatz nicht eigens herausstreichen. Daher könnte man die These vertreten, dass sich Ritter bis zur endgültigen Vorbereitung und Versendung des Briefaufsatzes am 17. 2. 1801 noch nicht in aller Öffentlichkeit als Anhänger der Polaritätsidee zu erkennen geben wollte.

Implizit kam seine Haltung in der Veröffentlichung freilich deutlich genug zum Vorschein. Obwohl er auf Plus- und Minuszeichen verzichtete, schrieb er dort mehrfach vom positiven und negativen Lichtzustand im Auge.[300]

Gravierender als der versteckte oder ausdrückliche Einsatz der vertauschungssymmetrischen Polaritätsidee schlechthin ist die Frage, wie weit sie damals laut Ritters Auffassung reichte. Er sparte nämlich auf dem Blatt für Goethe einen Gesichtspunkt aus, der dem Adressaten sicher am wichtigsten gewesen wäre. Den Gegensatz zwischen Helligkeit und Dunkelheit (bzw. zwischen Komplementärfarben) erwähnte Ritter nur unter galvanischen Vorzeichen, also nur dort, wo er übrigens genau in Goethes Terminologie von der »Subjektivität aller dieser Erscheinungen« redete.[301] Wenn Ritter diese Subjektivität der galvanischen Farbgegensätze herausstrich (und demnach für sie genau keine Objektivität wie bei den Spektren vorsah), so schränkte er seine Ergebnisse dort deutlich ein. Anders als Ritter hatte Goethe den Gegensatz zwischen Helligkeit und Dunkelheit sowie zwischen den Komplementärfarben längst mit objektiven prismatischen Experimenten aufgezeigt und in eine Reihe mit objektiven Phänomenen wie Magnetismus, Elektrizität und Thermodynamik gestellt.[302]

299 Ritter [GV]:502; Ritter [VBüG]/A2:474/5 (§ 33), für den Wortlaut s. o. § 2.4.6.

300 Ritter [VBüG]/A2:474/5 (§ 33). Ähnlich hatte er schon im Juni 1798 formuliert, ohne sich dabei besonders weit in polaristische Gebiete vorzuwagen (s. o. § 2.2.2).

301 Ritter [GV]:502, vergl. Ritter [VBüG]/A2:475 (§ 33). Zu Goethes Begrifflichkeit s. o. § 1.2.7k.

302 Unabhängig davon hat sich Ritter am 18. 11. 1800 im Arbeitsjournal eine These notiert, die Goethe gefallen hätte und auf unterschiedliche Gesetze für Brechung und Farbenbildung des Lichts hinauslief: eine These, die freilich nach der Erfin-

Wenn also Ritter an der objektiven Stelle seiner Liste (wo Magnetismus, Elektrizität usw. vorkamen) weder Farben noch Licht oder Finsternis nannte, so muss das ein Signal an Goethe gewesen sein; in dieser entscheidenden Hinsicht gab sich Ritter alles andere als gefällig gegenüber Goethe – und das offenbar mit voller Absicht.[303]

Hinsichtlich der Ziele Goethes zur Polarität des Lichts war er auch mit seinen Notizen im Arbeitsjournal vom November und Dezember 1800 kaum weiter. Nur zwei Tage nach dem zuletzt besprochenen Treffen mit Goethe und wohl noch unter dem Eindruck der gemeinsam erarbeiteten Übersicht suchte Ritter nach entgegengesetzten Wirkungen der beiden Pole – »Factoren« – der Wärme auf die Lackmustinktur; als den einen (rot machenden) Pol setzte er das Licht an, als den anderen (blau machenden) Pol setzte er aber nicht etwa die Finsternis an, sondern – Phlogiston.[304] Offenbar wusste er immer noch nicht recht, welchen Gegenpol zum Licht er in sein wachsendes System der Polaritäten einbauen sollte.[305]

Aber wir stehen in meiner Darstellung nur am Anfang der Annäherung Ritters an Goethes Polaritätsdenken; der weitere Verlauf ist aussagekräftiger: Nachdem Ritter im Schutzraum seines Arbeitsjournals dezidiert polaristische Überlegungen auch zum Licht formuliert haben wird und daraufhin dort die chemischen Wirkungen des Ultravioletten erst postulieren, dann entdecken sollte, hat er den Austausch mit Goethe vertieft und ist ihm (auch außerhalb des Schutzraumes) in Sachen Polarität immer nähergekommen. Unter anderem hat er im Frühling 1801 für ihn eine neue, erweiterte Gesamtübersicht über die entdeckten polaren Phänomene zusammengestellt, in der schlussendlich auch die spektralen Polaritäten ihren Platz fanden.[306]

Vertiefungsmöglichkeit. Nur um Missverständnissen vorzubeugen – in seiner weiteren Forschung blieb Ritter nicht bei der These stehen, die mit Galvanismus zusammenhängenden Farbphänomene seien allesamt subjektiv und ließen sich mithin immer nur für jede Versuchsperson getrennt darstellen. Zunächst hat er diese These zwar ausdrücklich in einen Gegensatz zu den objektiven Verhältnissen der elektrischen Polarität gebracht:

dung der Achromaten keinen großen Neuigkeitswert bot (Ritter, Arbeitsjournal unter dem 18. 11. 1800 (siehe Ritter [VD]:33)).

303 Ritter hielt ganz allgemein auch die Unterlassungen in seinem wissenschaftlichen Tun für erwähnenswert (vergl. Ritter [PCAi]/1:VII).

304 Ritter, Arbeitsjournal unter dem 19. 11. 1800 (siehe Ritter [VD]:39).

305 S. o. § 2.2.12.

306 S. u. § 3.5.3-§ 3.5.5.

»Ist doch Elecktrizität die Polarität des objektiven der Galvanism die Polarität des Subjektiven Lichtes« (Ritter, Arbeitsjournal unter dem 5.12.1800).[307]

Objektives Licht entstünde demzufolge beim elektrischen Funkenschlag, subjektives Licht erschiene bei galvanischer Reizung des Auges – für beide Fälle konstatierte er eine Polarität, und er musste beides auseinanderhalten, solange die elektrische Natur des Galvanismus noch nicht belegt war. In der Tat lief seine galvanische Farbforschung für eine Weile in subjektiven Bahnen weiter: So hat Ritter in der Zeit zwischen der zuletzt erarbeiteten Abhandlung (zusammengestellt vom 28. bis 30.9.1800) und ihrer Nach-Nachfolgerin (datiert auf den 17.2.1801) viele weitere galvanisch erzeugte Farbphänomene beobachtet, die nur subjektiv zugänglich sind.[308] Er hat z. B. festgestellt, dass seinem galvanisch gereizten Auge im roten Wahrnehmungszustand ein blaues Papier weiß erscheint.[309]

Doch dass sich die Polarität der galvanischen Farben auch auf angrenzenden Forschungsgebieten wiederfinden lässt, und zwar in Goethes Terminologie objektiv, konnte Ritter endgültig zwei Jahre später anhand der Farbigkeit elektrischer Funken aufzeigen; solche Funkenfarben sind insofern objektiv, als sie von mehreren Personen gleichzeitig wahrgenommen werden können.[310] Erst nachdem er in der Zwischenzeit die Identität von Elektrizität und Galvanismus nachgewiesen hatte, konnte er nun auch die zugehörigen Farbphänomene enger zusammenbringen als ursprünglich.[311]

* * *

307 Ritter [VD]:43. Vergl. Ritter, Arbeitsjournal unter dem 3.2.1801 (siehe Ritter [VD]:108) sowie die hochspekulative Überlegung in Ritter [FaNJ]/1:§ 258 (1801).

308 Die zwei Abhandlungen sind Ritter [VGBn]/A und Ritter [VBüG]/A2. Die Entstehungszeit der ersten Abhandlung liefert Ritter [VGBn]/B:195, die der zweiten Ritter [VBüG]/B2:291.

309 Ritter [VBüG]/B2:311 (§ 30). Auf ähnliche Weise waren sich Goethe und Ritter lange vorher über konventionell erzeugte Nachbilder einig gewesen (s. o. § 2.2.4).

310 Ritter [VmVZ]:26-31 (§ 22); er wandte sich dort gegen diejenigen Naturforscher, die einen Unterschied zwischen elektrischen und galvanischen Funken annahmen, und sprach in beiden Fällen von einem Farbengegensatz (Ritter [VmVZ]:26, 27/8n (§ 22)). – Im Jahr 1805 analysierte er die objektiven Farben der Funken noch eingehender, indem er nachgerade das farbige Standbild eines Funkens wie ein dreidimensionales Farbschema aufzeichnete (Ritter, Brief an Ørsted vom 8.12.1805 (siehe Harding (ed) [CdHC]/II:146)). Wie innig diese und ähnliche Überlegungen mit romantischem Gedankengut zusammenstimmten, zeigt Wetzels [JWR]:84-86.

311 Wie Ritter ausführte, war die Entdeckung des fraglichen Farbengegensatzes von einigen Rückschlägen begleitet (Ritter [VmVZ]:29-30n (§ 22)). – Noch ohne jedes Anzeichen polaristischer Gedankenführung hatte sich Ritter bereits im Jahr 1798 für den Einfluss verschiedener Parameter auf Funkenfarben interessiert (Ritter [FaNJ]/1:§ 289 (1798)). Erste dokumentierte Beobachtungen zur Funkenfarbe führte er im Jahr 1800 durch (Ritter, Arbeitsjournal unter dem 21.4.1800 (mit Randnotiz vom 4.12.1800); 5.12.1800 (siehe Ritter [VD]:32; 42/3)). Vergl. Ritter, Arbeitsjournal unter dem 5.1.1801 (siehe Ritter [VD]:71)).

Magneten

§ 2.4.9. Irgendwann vor Ritters erstem Brief an Goethe vom 13. 10. 1800 muss Goethe ihn gebeten haben, ein magnetisches Experiment durchzuführen.[312] In seinem zweiten Brief kam Ritter darauf zurück:

> »Ich bitte Ew. Hochwohlgeboren um Verzeihung, daß ich die Zeit Ihres diesmaligen Hierseyns über Ihnen noch meinen Besuch nicht abgestattet habe. Mein böses Gewissen, den mir von Ihnen aufgetragenen Versuch über die Anziehung der Crystalle des schwefelsauren Eisens während ihrer Bildung vom Magnet noch immer nicht angestellt zu haben, hielt mich zurück. Nun ist es aber geschehen« (Ritter, Brief an Goethe vom 25. 12. 1800).[313]

Im Anschluss an diesen etwas unterwürfigen Auftakt beschrieb Ritter sorgfältig die beobachteten Versuchsergebnisse, die Goethes Vermutungen bestätigten – die beiden Magnetpole haben eine entgegengesetzte Wirkung auf Kristallisationsprozesse. Ritter war von diesem Resultat so hingerissen, dass er es vor Schelling geheimzuhalten bat, zu dessen Sicht der Dinge sie entweder viel zu gut oder überhaupt nicht passten. Er trachtete mit Goethe gemeinsame Sache gegen Schelling zu machen, wobei er geahnt haben dürfte, dass Goethe schon im Jahr 1800 mit Schellings spekulativer Ader nicht viel anfangen konnte.[314] In Ritters Worten:

> »Der [magnetische] Versuch, dessen Erfolg ich Ihnen neulich so bestimmt vorherzusagen wagte, ist wirklich eingetroffen. Aber darf ich glauben, daß Sie mich bis zur mündlichen Unterredung entschuldigen werden, wenn ich Sie ergebenst bitte, von diesem Versuch u. dessen Erfolg besonders gegen Schelling nichts zu äußern? Es wäre Schade, wenn Phänomene von dieser Wichtigkeit zu früh sich einer Behandlung unterwerfen müßten, die ihnen ein Jahr oder etliche später nicht mehr nachtheilig seyn kann. Ich verkenne Schellings große Tendenz nicht; ich bin ihm früh gefolgt, und ehre ihn, – was kann ich aber dafür, wenn die Natur mit dem Materiellen seines Verfahrens in der Physik Ursach hat, unzufrieden zu seyn! – Uebrigens wird

312 Ritter, Briefe an Goethe vom 13. 10. 1800 und 25. 12. 1800 (siehe Klinckowstroem [GR]:144). Wie Grumach plausiblerweise vermutet, äußerte Goethe diese Bitte am 3. 10. 1800, nämlich beim letzten Treffen Goethes vor dessen Abreise aus Jena (Grumach (ed) [G]/V:55).

313 Klinckowstroem [GR]:144.

314 S. o. § 2.3.7; Details in O. M. [GPmS], Abschnitt 1.5.

das nur auf einige Zeit unter uns gesagt bleiben. Es liegt mir lange schon am Herzen, die Physik gegen Nachtheile zu schützen, die Sch. selbst jetzt so genau nicht vorhersehen kann. Ich werde es öffentlich thun« (Ritter, Brief an Goethe vom 25.12.1800).[315]

Kein Zweifel, über lästige Auftragsforschung hätte sich Ritter anders geäußert.[316]

Vertiefungsmöglichkeit. Unabhängig von wachsenden Differenzen im Denkstil scheinen sich Goethe und Schelling persönlich näher gekommen zu sein als Goethe und Ritter (deren Denkstile besser zueinander passten). Das lässt sich aus einer Episode ablesen, die ich in verantwortungsloser Kürze umreißen möchte.

Um 1800 begann der Kreis der Jenaer Frühromantiker zu zerfallen, nachdem Schelling mit August Wilhelm Schlegels damaliger Ehefrau Caroline ein Verhältnis angefangen hatte.[317] Friedrich Schlegel wollte die Ehre seines Bruders verteidigen und setzte mit seiner Partnerin Dorothea Veit ungute Gerüchte über das Liebespaar in die Welt. Als ausgebildeter Arzt behandelte (und heilte) Schelling seine Geliebte, aber die Behandlung ihrer Tochter aus erster Ehe endete mit deren Tod. Caroline Schlegel ließ Schelling in Jena allein, der offenbar an einer Depression erkrankte. Ende November 1800 sandte sie die inständige Bitte an Goethe, sich über Weihnachten um Schelling zu kümmern.[318] Das tat er, indem er Schelling am 26.12.1800 in Jena persönlich abholte und sich seiner eine Woche lang annahm – bis er selber schwer erkrankte.[319]

Während sich die Frühromantiker stritten, stand Ritter mitten im Geschehen. Da er im Vorfrühling 1801 mit Dorothea Veits Sohn (dem späteren Nazarener Maler Philipp Veit) auf Reisen gehen sollte (§ 3.1.10), dürfen wir annehmen, dass er sich nicht allein wissenschaftlich, sondern auch gruppendynamisch im Anti-Schelling-Lager wiedergefunden hatte; das passt zu den Plagiatsvorwürfen an die Adresse Schellings (§ 2.3.6). Als er den im Haupttext zitierten Brief an Goethe schrieb, wusste er, dass der Adressat am ersten Weihnachtstag 1800 in Jena

315 Klinckowstroem [GR]:145; Hervorhebung weggelassen. Vergl. dazu Poppe [MKSS]:182/3. Ähnlich starke Skepsis gegenüber Schelling ist dokumentiert in Ritter, Brief an Savigny vom 13.7.1801 (siehe Klinckowstroem (ed) [DBvJ]:125).

316 Eine ähnlich optimistische Interpretation gibt Worbs [GSPJ]:197. – Ein anderes magnetisches Experiment, das auf Goethe zurückgeht, hat Ritter kurz darauf einer gründlichen experimentellen Kritik unterzogen und diese Kritik zwei Jahre später hart in der Sache, aber freundlich im Ton veröffentlicht (s. u. § 4.3.5).

317 Zu alledem siehe Kleßman [IWKA]:208-238; Richards [RCoL]:166-176; Paulin [LoAW]:142-146, 169-170; Kisser in Schelling [AA]/III.2.1:144/5, 160/1; Patsch in Schlegel [KFSA]/25:XLII- XLIII.

318 C. Schlegel, Brief an Goethe vom 26.11.1800 (siehe Schmidt (ed) [C]/II:19-20).

319 Siehe Kleßmann [IWKA]:230; Dischner [CJK]:155; Fuhrmans (ed) [FWJS]/II:301/2n2 sowie die dort erwähnten Originalbelege. Goethes Krankheit dürfte ein Gesichtserysipel gewesen sein, das heute gut heilbar wäre, damals aber hätte tödlich enden können; siehe dazu mit vielen Originalbelegen Matouschek [EG]:72-77 und Klauß [GiG]:107-109.

war; und er nahm an, dass er bald wieder abreisen würde.[320] Er wird auch davon ausgegangen sein, dass Goethe den Philosophen über Weihnachten nach Weimar eingeladen hat.

Wenn diese Vermutung stimmen sollte, eröffnen sich weitere Deutungsmöglichkeiten. Einerseits muss Ritter sein Verhältnis zu Goethe als stark genug empfunden haben, um wie oben beschrieben mit ihm gemeinsame *wissenschaftliche* Sache gegen Schelling zu machen – trotz der weihnachtlich dokumentierten *persönlichen* Nähe zwischen Goethe und Schelling. Andererseits lässt sich vor dem skizzierten Hintergrund vielleicht erklären, warum Ritter ausgerechnet zu Weihnachten an Goethe schrieb: Möglicherweise wollte Ritter durch einen handfesten Experimentalbericht (wie ihn Schelling nie und nimmer liefern würde) verhindern, dass sich Goethe wissenschaftlich zu sehr an Schelling binden würde.[321] Und das ist wiederum ein Indiz dafür, wie wichtig Ritter die wissenschaftliche Kooperation mit Goethe genommen hat. Insgesamt fällt auf, welch hohe Erwartungen alle Beteiligten – Schelling, Caroline Schlegel und Ritter – an den eine Generation älteren Goethe richteten.

* * *

Mehr zugunsten der Datierungen

§ 2.4.10. Man mag lange über meine Vorschläge zur Reihenfolge und Datierung der Belege aus diesem Kapitel streiten und sowohl Goethes Schema (§ 2.4.2) als auch Ritters Blatt für Goethe (Abb. 2.4.5) zeitlich etwas anders einordnen. Hier am Ende des Kapitels möchte ich weitere Überlegungen nennen, die für diese philologische Knochenarbeit relevant sein könnten.[322]

Dass Ritter sich in seinem Blatt für Goethe nicht voll und ganz auf dessen Ziele einließ (§ 2.4.8), bietet einen ersten weiteren Hinweis zugunsten meiner Datierungen (wonach das Blatt anders als von Matthaei vermutet nicht im Jahr 1801 entstanden ist, sondern im Herbst 1800). Gerade weil Ritter ostentativ keine Anstalten machte, dessen Polaritätsbegriff zu nutzen und bis zu den Spektralfarben auszudehnen, muss das Blatt mit an Sicherheit grenzender Wahrscheinlichkeit entstanden sein, bevor er am 24. 1. 1801 eine Polarität im Licht forderte (§ 3.1.7, § 3.1.8) und dann einen Monat später auch entdeckte (§ 3.1.1).

Zweitens: Wenn dem so ist, muss er das Blatt Goethe (wiederum mit an Sicherheit grenzender Wahrscheinlichkeit) noch im Jahr 1800 überreicht haben. Hierfür spricht, dass Goethe am Anfang des Jahres 1801 während seiner lebensgefährlichen Krankheit (vom 4. 1. 1801 bis zum 17. 1. 1801) und während der folgenden Genesungszeit kaum Zeit und Ruhe dafür gefunden hätte.[323] Als er wieder auf den Beinen war, wandte er sich der Theophrast-Übersetzung für die *Farbenlehre* zu sowie besonders intensiv dem *Faust*.[324]

320 Ritter, Brief an Goethe vom 25. 12. 1800 (siehe Klinckowstroem [GR]:144/5).

321 Dass Ritter den Brief am ersten Weihnachtstag verfasst hat, ist vielleicht nur im Lichte heutiger Gepflogenheiten überraschend; wie Eva-Maria Kachold für mich ermittelt hat, empfing Goethe z. B. zwischen 1792 und 1810 knapp 70 Briefe mit weihnachtlicher Datierung, und er schrieb im selben Zeitraum über 40 Briefe mit diesem Datum.

322 Die bisher erörterten Einzelheiten zur Datierung stehen in § 2.4.6k und in § 2.4.7k (am Ende).

323 Siehe die Aufstellungen in Steiger [GLvT]/IV:167-177.

324 Goethe [TJHa]/1:87-91 (1801); s. u. § 3.1.3.

Drittens spricht für meine Datierung die Tatsache, dass Goethe die Übersicht Ritters abgeschrieben und dabei an einigen Punkten verändert hat (nämlich auf eine andere Weise, als er es aller Wahrscheinlichkeit nach getan hätte, wenn er zu diesem Zeitpunkt bereits von Ritters Entdeckung im Ultravioletten gehört hätte). Und zwar passte er Ritters Aufzeichnungen zu den galvanischen Farben konsequent an seine eigene Sichtweise an.[325] Die hierfür erforderliche Ruhe und Konzentration hätte Goethe kurz nach überstandener Krankheit vermutlich nicht gehabt.

Einerseits veränderte er Ritters Farbterminologie, indem er anstelle von Ritters »Rot« die Farbe »Gelbrot« einsetzte.[326] Es ist gut möglich, dass er auf diese Weise die farblichen Komplementaritäten sichern wollte, auf die es ihm ankam; solange das Blau auf der kaltfarbigen Seite des galvanischen Experiments weder zu stark ins Violette noch zu stark ins Türkise gezogen ist, fährt man auf der warmfarbigen Seite am sichersten mit einem Farbton in der Mitte zwischen Gelb und Rot.

Andererseits hat Goethe die Zuordnungen von Plus und Minus so vertauscht, dass die Verhältnisse besser zu seiner Identifikation der warmen Farben mit dem Licht passten, dem (im Gegensatz zur negativen Finsternis) stets das Positive zugeordnet worden war.[327] Diese Änderung sollten wir nicht als Anzeichen gravierender Meinungsverschiedenheiten überbewerten – Ritter jedenfalls war sich im klaren darüber, dass die Zuordnung der mathematischen Vorzeichen zu physikalischen Polen nur eine Konvention ist.[328]

Viertens spricht für meine frühe Datierung des Blattes für Goethe auch der Brief Ritters an Goethe vom 25.12.1800, aus dem ich im vorigen Paragraphen zitiert habe und in dem er sich unter wortreichen Entschuldigungen nur eines seiner beiden Versprechen aus dem ersten Brief entledigte.[329] Hätte er dem Brief das Blatt beigefügt und dadurch auch das andere Versprechen erfüllt, so hätte er dies kaum unerwähnt gelassen. Doch da er dieses Versprechen, das Grundphänomen »durch das ganze System« zu führen, in diesem Brief mit keinem Wort erwähnte, da er Goethe insbesondere nicht auf später vertröstete, wird er das Versprechen bereits vor dem 25.12.1800 erfüllt haben.

Fünftens steht im bereits zitierten Brief mit diesem Datum eine Formulierung, deren Worte wir auf die Goldwaage legen sollten:

325 Goethe [GVBa]; dazu und zum folgenden siehe Matthaei et al in Goethe [LA]/II.3:355/6.

326 Dieser Fall kommt in den beiden Texten jeweils dreimal vor (Ritter [GV]:502/3 *versus* Goethe [GVBa]:382/3, wobei Matthaei plausiblerweise an zwei der drei Stellen aus Goethes Abkürzung »G rot« das volle Wort »G*elb*rot« hervorgehen ließ (Goethe [GVBa]:382, Hervorhebung im Original)).

327 Goethe [GVBa]:382/3 *versus* Ritter [GV]:502.

328 Ritter [HbG]:82; Ritter, Brief an Ørsted vom 15.2.1804 (siehe Harding (ed) [CdHC]/II:56). In einem schon besprochenen Fragment hatte Ritter die Farbe Rot dem Tätigen und die Farbe Blau dem Passiven zugeordnet, was gut zu Goethes Zuordnungen passt (Ritter [FaNJ]/1:§ 243 (1798); für den Wortlaut s.o. § 2.2.4).

329 Ritter, Brief an Goethe vom 25.12.1800 (siehe Klinckowstroem [GR]:144); vergl. Ritter, Brief an Goethe vom 13.10.1800 (siehe Klinckowstroem [GR]:144).

> »Ich bitte Ew. Hochwohlgeboren um Verzeihung, daß ich die Zeit Ihres *diesmaligen* Hierseyns über Ihnen noch meinen Besuch nicht abgestattet habe« (Ritter, Brief an Goethe vom 25.12.1800).[330]

Implizit ergibt sich daraus, dass Goethe bei seinem vorangegangenen Jena-Aufenthalt (und vielleicht sogar jedesmal bei mehreren vorangegangenen Jena-Aufenthalten) von Ritter besucht worden war. In der Tat war Goethe davor vom 14.11. bis zum 25.11.1800 zum letzten Mal in Jena gewesen und hatte von dort an Schiller geschrieben, dass er

> »Philosophen, Naturforscher und Consorten [...] selbst einlade [...] Indessen werden recht gute Dinge auf recht gute Weise in Anregung gebracht, so daß ich meine Zeit vergnügt genug hinbringe« (Goethe, Brief an Schiller vom 18.11.1800).[331]

Das Vergnügen Goethes kann sich u.a. durchaus an Ritters Aufstellung der galvanischen Formeln entzündet haben. Hierzu passt jedenfalls ein Brief vom Vortag aus Ritters engstem Umkreis:

> »Goethe ist einmal wieder da und da werde ich denn abwechselnd und Ritter hingebeten; ich mache mich aber gerne etwas selten bey ihm. Was ich von ihm haben kann das ist geschehen, und er wird mich nie vernehmen; davor kann ich auch sicher genug seyn. Von Seiten der Physik ist ihm noch am tiefsten beyzukommen und somit hats Ritter am besten« (F. Schlegel, Brief an Schleiermacher vom 17.11.1800).[332]

Ohne seiner Enttäuschung freien Lauf zu lassen, hielt Friedrich Schlegel hier fest, dass sich Goethe bei den Treffen mit ihm und mit Ritter stärker auf dessen Physik einließ als auf seine eigenen Themen. Es bleibt dabei – der 17.11.1800 ist der wahrscheinlichste Tag für das damalige Treffen zwischen Goethe und Ritter, passend zum Tagebucheintrag über einen gewissen »Richter« *recte* Ritter (§2.4.5) und passend zu meiner Datierung des Schriftstücks mit Ritters galvanischen Formeln.

Gegen die Vorschläge zur Datierung

§2.4.11. Meine Indizienkette zu den Datierungen ist fest, aber nicht bombensicher. So habe ich während der Argumentation angenommen, dass die Ergänzungen auf Ritters Blatt für Goethe an ein und demselben Tag zusammengekommen sind, und zwar im Beisein Goethes. Das mag die beste Erklärung für das jäh veränderte Schriftbild unten auf dem Blatt sein sowie dafür, dass Ritter dort den Wünschen Goethes noch stärker Rechnung getragen hat als oben auf dem Blatt.[333] Aber jede noch so gute Erklärung ist nicht ohne Alternativen.

Beispielsweise könnten alle hier behandelten Dokumente auch im Frühling 1801 entstanden sein. Diese rein theoretische Möglichkeit mag von denjenigen ins Feld geführt werden, die der Ansicht sind, dass Goethe oder Ritter die Entdeckung chemischer Wirkungen im Ultravioletten nicht als die Sensation aufgenommen haben, als die sie heute gilt. Der weitere Verlauf meiner Darstellung und die dort behandelten Dokumente sprechen

330 Klinckowstroem [GR]:144; meine Hervorhebung.
331 Goethe [WA]/IV.15:146.
332 Schlegel [KFSA]/25:198. Zur Datierung siehe Patsch in Schlegel [KFSA]/25:538.
333 Zwar pflegte sich Ritters Schriftbild während der Abfassung längerer Briefe aufzulockern und abzuschleifen; aber dieser Wandel war typischerweise eher graduell als abrupt (Richter (ed) [PRJW]:159).

zwar dagegen, aber nur im Rahmen einer gewissen – wenn auch hohen – Wahrscheinlichkeit.

Zwei kleinere Indizien, die ich noch nicht behandelt habe, scheinen wirklich in das Jahr 1801 zu weisen. Erstens könnte man die schon erwähnten Plus- und Minuszeichen direkt unter den Wörtern »Zink« und »Silber« so deuten, als ob Ritter zum Zeitpunkt der Abfassung des Blattes bereits gewusst hätte, dass die *galvanische* Batterie zwei *elektrische* Pole hat, einen Plus- und einen Minuspol (die auf dem Blatt weiter unten auftauchen). Ritter hatte aber nach eigener Aussage erst Mitte Dezember 1800 nachgewiesen, dass zwischen gleichnamigen Enden der galvanischen Batterie Abstoßungs- und zwischen ungleichnamigen Enden Anziehungskräfte herrschen, dass also auch beim Galvanismus die Rede von einem Plus- und einem Minuspol angemessen ist, ja dass diese Polarität des Galvanismus mit derjenigen der Elektrizität identisch ist.[334] Wie man sieht, bot der Polaritätsbegriff an dieser wichtigen Wegmarke eine starke Ressource, um zu weitreichenden Schlüssen zu gelangen.

Freilich hatte man schon zuvor vermutet, dass der Galvanismus eine Form von Elektrizität darstellt; ob an Ort und Stelle auf dem Blatt für Goethe nur eine Vermutung oder vielmehr eine erwiesene Tatsache angedeutet ist, lässt sich kaum definitiv entscheiden. Wäre es eine Vermutung, so könnte das Blatt schon Mitte November 1800 entstanden sein (wie ich es für plausibel halte); wäre es eine erwiesene Tatsache, so erst nach der Mitte des Dezembers 1800. Abgesehen davon gibt es eine Grauzone zwischen bloßer Vermutung und endgültigem Nachweis. So schrieb Ritter, er habe

> »Anziehung, Abstossung, Vertheilung, Mittheilung, Gegensätze in beiden, Polarität der ganzen Voltaischen Batterie als Einer, Farbengegensatz der Funken [...] zum Theil schon zu Anfang Decembers vorigen Jahres [1800] *untersucht*, zu Anfang Januars dieses Jahres aber sämmtlich *ins Reine gebracht*« (Ritter, Brief an Gilbert vom 28.1.1801).[335]

Wie man sieht, müssen wir zwischen ersten Anzeichen für ein empirisches Faktum (»untersucht«) und seinem vollständigen Nachweis unterscheiden (»ins Reine gebracht«). Falls Ritter das Blatt für Goethe entgegen meiner These nicht bis zum 17.11.1800 fertiggestellt haben sollte, sondern erst mit Beginn der Untersuchungen zur Polarität der Batterie, also Anfang Dezember 1800, so ändert sich an meinen Überlegungen nichts wesentliches. Auf jeden Fall scheint das Blatt für Goethe in einer Übergangsphase entstanden zu sein, in der Ritter sich nach und nach auf polaristische Thesen beim Galvanismus einließ, die er etwas später auch so beim Namen nannte und noch später in andere Gebiete ausdehnte.

334 Siehe dazu Ritter [VBüG]/B3:3, 14/5 (§ 49-§ 50), 52/3 (§ 123) *et passim*. Explizit datiert ist diese Entdeckung in Ritter, Brief an A. Arnim vom 18.12.1800 (siehe Rehm (ed) [UBJW]/b:36) sowie Ritter, Brief an Goethe vom 25.12.1800 (siehe Klinckowstroem [GR]:145). Vergl. auch Ritter, Arbeitsjournal unter dem 8.-10.12.1800 (siehe Ritter [VD]:45, 47, 53) und Ritter [FaNJ]/1:§ 344 (1800). Dass Ritter die Identität der beiden Phänomene schon lange zuvor (im Gefolge Voltas) vermutet, aber vorsichtigerweise noch nicht als belegte Tatsache ausgegeben hatte, dokumentieren z.B. Ritter [uG]:19/20, 24, 27; Ritter, Brief an Volta vom Juni (oder Juli) 1798 (siehe Ritter [SaAV]:61-63, 68/9 mit Verweis auf Ritter [BDGB]:172/3 (§ 27)). Die vielschichtigen Gründe für Ritters endgültige Identifizierung des Galvanismus mit der Elektrizität beschreibt Wetzels [JWR]:31/2.

335 Ritter [VBüV]:273; Hervorhebung geändert.

Damit komme ich zu einem zweiten Indiz, das man gegen meine Datierungen anführen könnte. Und zwar findet sich in Ritters Arbeitsjournal (mit Datum vom 3.2.1801) eine Übersicht unter dem Stichwort »Dualitätsreihe«, die an sein Blatt für Goethe erinnert:

»Dualitätsreihe
Nm, +E., Säuren, Sauerstoff [...] Warm, Roth
Sm, –E., Laugen, Wasserstoff [...], Kalt, Violett«
(Ritter, Arbeitsjournal unter dem 3.2.1801).[336]

Nm und Sm stehen hier für den magnetischen Nord- und Südpol; +E und –E symbolisieren den positiven und negativen Pol der statischen Elektrizität. Möglicherweise benutzte Ritter diese Übersicht aus dem Arbeitsjournal als Grundlage für den unteren Teil des Blattes für Goethe. Dann müsste er diesen Teil des Blattes zwischen dem 3.2.1801 und dem 22.2.1801 (der Entdeckung chemischer Wirkungen im Ultravioletten) geschrieben haben. Doch da er Goethe seit Neujahr 1801 mit größter Wahrscheinlichkeit erst einen Tag nach der großen Entdeckung getroffen hat, hätte er ihm dann ein veraltetes Blatt überreichen müssen. Plausibel ist das nicht, es bleibt aber denkbar. Nicht minder denkbar ist es, dass Ritter sich hier im Arbeitsjournal die Verhältnisse vergegenwärtigte, die er Wochen zuvor für Goethe niedergelegt hatte und die er nun weiter durchdenken wollte, etwa durch die direkt darüber notierte Potenzenreihe (oben im Zitat nicht wiedergegeben). Wie dem auch sei, für die übergeordneten Ziele meiner Untersuchung kommt es auf solche Einzelheiten der Datierung nicht an; selbst wenn die Dokumente etwas später entstanden sein sollten, zeigt ihr Inhalt eine wachsende wissenschaftliche Nähe zwischen Goethe und Ritter.

336 Ritter [VD]:109; Auflösung der chemischen Symbole nach Poppe in Ritter [VD]:175 (insbes. zum Zeichen für Säure siehe Lüdy-Tenger [ACZ], Tafel 40); eine nahezu identische Transkription und dieselbe Auflösung der Symbole bringt Wetzels [JWR]:33, wobei er die Reihenfolge der Rubriken ohne erkennbaren Grund ändert und sich auf die falsche Seitenzahl 110 anstelle von 109 bezieht). Eine sehr ähnliche Reihe bietet Ritter [BzHN]:105/6 (§ 20).

3. Die Entdeckung des UV-Lichts aus dem Geiste der Polarität

1777	Scheele stellt die Verdunkelung des Hornsilbers in Teilen des Newtonspektrums fest
1800	Herschel entdeckt die Infrarot-Strahlung mit Temperaturmessungen
24.1.1801	Ritter schließt eine Arbeit über die Polarität im Galvanismus ab
24.1.1801	Ritter: »Im Licht ist chemische Polarität«; Vorhersage des UV-Experiments
22.2.1801	Ritter entdeckt die Schwärzung des Hornsilbers im Ultravioletten
23.2.1801	Ritter spricht bei Goethe vor und verabredet sich für den folgenden Tag am Nachmittag
24.2.1801	Ritter sagt Treffen mit Goethe ab
25.2.1801	Ritter zeigt Goethe das UV-Experiment; gemeinsame Temperaturmessungen bei kurzem Abstand vom Prisma
Nach 25.2.1801	Goethe verringert seine Arbeit am *Faust* deutlich
6.3.1801	Goethes langer Brief an Ritter mit der Forderung, auch jenseits der sichtbaren Enden des Komplementärspektrums nach Wirkungen zu suchen
29.3.1801	Ritters Vortrag zum Ultravioletten in der Jenaer Naturforschenden Gesellschaft
2.4.1801	Ritter flieht vor den Gläubigern aus Jena, quartiert sich in Weimar bei dem Indologen Friedrich Majer ein (mit dem er Anfang Mai 1801 nach Oberweimar umzieht)
3. oder 4.4.1801	Bei Ritters Besuch in Oberroßla berichtet ihm Goethe von den eigenen spektralen Experimenten mit fluoreszierenden Leuchtsteinen (1792)
18.4.1801	Ritter veröffentlicht den knappen Forschungsbericht mit seiner Entdeckung unter dem Titel »Chemische Polarität im Licht«
Ca. Mai 1801	Ritters umfassendes Schema mit Polaritäten für Goethe; nur dessen Polarität zwischen Licht und Finsternis ist ausgespart

3.1. Ritters wichtigste Entdeckung (Februar 1801)

Vom Galvanismus zum UV-Licht

§ 3.1.1. Den Dezember des Jahres 1800 und den folgenden Januar zog sich Ritter aus dem sozialen Leben zurück und versank so tief in der Durchführung, Auswertung sowie schriftlichen Ausarbeitung seiner galvanischen Experimente, dass die Freunde meinten, er wäre an einer Depression erkrankt.[1] Ab Mitte Februar 1801 versandte er seine Ergebnisse mit flottem Tempo in einer Serie dreier Briefaufsätze, die sogleich in Gilberts *Annalen der Physik* veröffentlicht wurden und dort auf hundert Druckseiten Platz fanden.[2] Den ersten Briefaufsatz stellte er innerhalb dreier Tage zusammen, den zweiten innerhalb von vier Tagen.[3] Wieviel Zeit Ritter für die Zusammenstellung des dritten Briefaufsatzes von fünfzig Druckseiten benötigte, ist schwer zu sagen, denn er datierte ihn etwas vage:

> »Jena, den 21. Febr. und folg.«[4]

Das scheint zu bedeuten, dass er zumindest noch am folgenden Tag mit dem Briefaufsatz beschäftigt war und dann wohl auch am 22. 2. 1801 in Jena gewesen ist. Für die bevorstehenden Überlegungen kommt es auch auf den genauen Aufenthaltsort Ritters am fraglichen Tag an.

Zur Mittagszeit dieses selben Tages muss er seine schriftstellerische Tätigkeit zum Galvanismus plötzlich unterbrochen haben. Die Sonne schien, und um halb Eins gelang ihm die größte Entdeckung seines Lebens. Zum ersten Mal in der Geschichte der Menschheit hat jemand die Wirkungen dessen beobachtet, was wir heute als UV-Licht bezeichnen. Im Arbeitsjournal schrieb er:

1 Für die Datierung siehe Ritter [VBüG]/A3:387 (§ 36). – Für die Fehldiagnose vergl. D. Veit, Brief an C. Brentano vom 13. 3. 1801 (siehe Schlegel [KFSA]/25:244).

2 Ritter [VBüG]/A1, Ritter [VBüG]/A2, Ritter [VBüG]/A3.

3 Jedenfalls datierte Ritter den ersten Brief auf den 14. 2. 1801 (Ritter [VBüG]/B1:276), den zweiten auf den 17. 2. 1801 (Ritter [VBüG]/B2:291) und den Beginn des dritten auf den 21. 2. 1801 (Ritter [VBüG]/B3:2). Mit Ausnahme des zweiten Briefs finden sich dieselben Daten bereits in der ursprünglichen Veröffentlichung, die ich in der vorigen Fußnote angegeben habe (Ritter [VBüG]/A1:431, Ritter [VBüG]/A3:386). Wie gesagt dürfte Ritter bei der Zusammenstellung auf vorformulierte Textpassagen zurückgegriffen haben (§ 2.4.6).

4 Ritter [VBüG]/B3:2 (vergl. § 3.1.2k). Wie Weber darlegt, befasste sich Ritter in diesem Text mit Fragestellungen zur elektrischen, galvanischen, magnetischen und chemischen Polarität (Weber [EFN]:71).

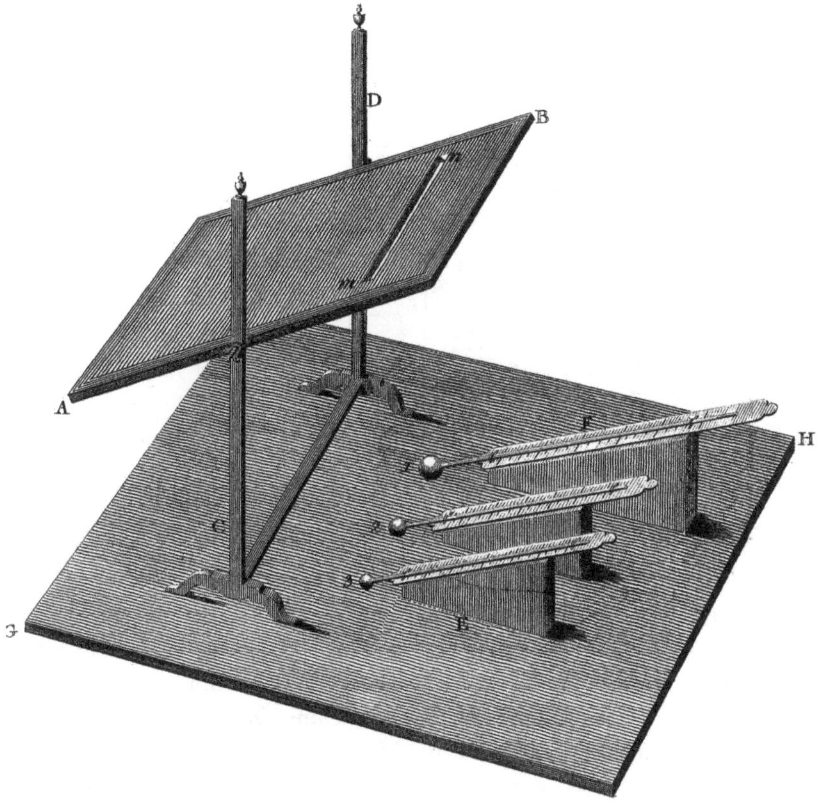

Abb. 3.1.1a: Die Entdeckung der Infrarot-Strahlung – Ausschnitt aus Herschels Versuchsaufbau.
Im Jahr 1800 ließ Herschel ein prismatisch erzeugtes Newtonspektrum aus Sonnenlicht quer auf einen Schirm AB fallen, und zwar so, dass der stärkst-refrangible violette Teil des Spektrums in der Nähe des Punktes n durch den Schlitz fiel, der rote Teil des Spektrums dagegen in der Nähe des Punktes m. Das violette Licht traf damit auf das Thermometer No. 3, das rote Licht auf das Thermometer No. 2, und das Thermometer No. 1 lag unbeleuchtet außerhalb des Spektrums. Einerseits zeigte das Thermometer No. 3 eine geringere Temperatur als an das Thermometer No. 2 (obwohl beide gleichermaßen dem spektralen Licht ausgesetzt waren). Überraschenderweise lag das Temperaturmaximum jenseits des roten Endes des Spektrums, wie das im Dunklen liegende Thermometer No. 1 aufzeigte. [Aus Herschel [IoPo], unpaginierte Tafel zwischen pp. 262/3].

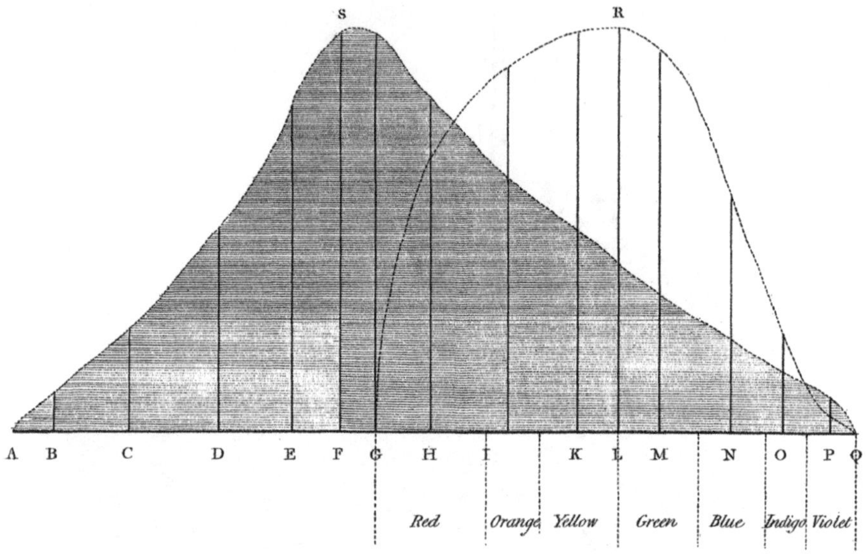

Abb. 3.1.1b: Die Entdeckung der Infrarot-Strahlung – Herschels Versuchsergebnis. Die linke Kurve zeigt (über der schraffierten Fläche) die gemessene Temperatur in Abhängigkeit von der Thermometerposition: Das Maximum liegt am Punkt S ein Stückweit links vom roten Ende G des Spektrums. Die rechte Kurve zeigt die im Spektrum gemessene Helligkeit, deren Maximum im Punkt R zwischen Gelb und Grün liegt, beim Abszissenpunkt L. [Aus Herschel [EoSo]/II, erste unpaginierte Tafel am Textende].

»Am 22. Febr. ½ 1 Uhr Hornsilber in das Farbspektrum gelegt. Bis zum grün von roth aus erschien nichts von Färbung erst außerhalb des grün nach blau u. violett zu, u. außerhalb des violetts die ganze Violettbreite durch war die größte ordentlichste blaue Schwärzung; das Ganze ging bey schwachem Licht in minder als 20 Minuten vor sich. Also der Gegensatz zu W. Herschels wärmenden Strahlen« (Ritter, Arbeitsjournal unter dem 22. 2. 1801).[5]

Durch seine epochale Entdeckung aus dem Vorjahr hatte Herschel, den Ritter zuletzt erwähnte, jenseits des roten Endes des Sonnenspektrums unser heutiges Infrarotlicht entdeckt, indem er an Ort und Stelle – außerhalb des sicht-

5 Ritter [VD]:111.

baren Spektrums – einen erheblichen und völlig überraschenden Temperaturanstieg gemessen hatte (Abb. 3.1.1a, Abb. 3.1.1b). In der sogleich publizierten deutschen Übersetzung Gilberts hatte Herschel resümiert,

> »dass diese nicht-sichtbaren Sonnenstrahlen zwar mit einer grossen Kraft, zu erwärmen, aber nicht mit dem Vermögen, zu erleuchten, begabt sind«.[6]

Wie ich nachweisen werde, sah Ritter einen entscheidenden Mangel dieser Ergebnisse darin, dass Herschel jenseits vom entgegengesetzten blauvioletten Ende des Spektrums keine Temperaturänderung hatte feststellen können.[7] Dass das Spektrum auf der einen Seite unsichtbar weitergehen sollte, auf der anderen Seite dagegen nicht, war Ritter ein Dorn im Auge.

Folgerichtig fahndete er jenseits dieser anderen Seite des Spektrums nach Effekten – und fand wie zitiert, dass sich dort Papier mit einem Aufstrich weißen Hornsilbers (Silberchlorid, AgCl) deutlich schneller schwärzt als im sichtbaren Spektrum selbst (Farbtafel 10).

Vertiefungsmöglichkeit. Die Notiz aus dem Arbeitsjournal vom 22. 2. 1801 hat es in sich. Ritter schrieb von einem »Gegensatz« zu Herschels wärmenden Strahlen. Damit könnte er vier verschiedene Sachverhalte im Auge gehabt haben: Vielleicht war der Gegensatz, erstens, geometrisch gemeint, also im Sinne von Strahlen jenseits des anderen Endes, auf der gegenüberliegenden Seite des Spektrums. Oder Ritter meinte, zweitens, das Gegenteil von erwärmenden Strahlen – das wären abkühlende Strahlen (die er freilich genau nicht mit dem Thermometer nachgewiesen hatte). Vielleicht vermutete Ritter also, dass das von ihm entdeckte Feld jenseits vom blauvioletten Ende des Spektrums sich nicht nur photochemisch nachweisen lassen müsse, sondern auch mit einem guten Thermometer (über das er möglicherweise nicht verfügte). Eine dritte Möglichkeit wäre ein farblicher Gegensatz – demzufolge lägen die neu entdeckten unsichtbaren Strahlen in der Nähe der Komplementärfarbe derjenigen roten Strahlen, in deren Nähe die von Herschel entdeckten unsichtbaren Strahlen liegen. Viertens könnte Ritter gemeint haben, dass seine photochemische Nachweismethode in irgendeinem Sinne das Gegenteil der wärmeenergetischen Nachweismethode Herschels sei. Alle vier Interpretationen enthalten polaristische Elemente; Ritters Notiz ist zu kurz, um definitiv zu entscheiden, was Ritter dort mit »Gegensatz« gemeint haben mag.[8]

6 Herschel [UüWE]:145; Hervorhebung weggelassen. In dieser auszugsweisen deutschen Übersetzung der Originalveröffentlichungen (Herschel [IoPo], Herschel [EoRo]) ist ergänzend von minder brechbaren Strahlen die Rede, die »nicht-sichtbar« sind (Herschel [UüWE]:145; im englischen Original: »invisible« (Herschel [IoPo]:272)). Eine klare Rekonstruktion liefert Hentschel [UL]:362-366.

7 Herschel [UüWE]:145. Vergl. Abb. 3.1.1b.

8 Später sollte Ritter einige dieser Deutungen ausdrücklich nennen (Ritter [BzHN]:85/6 (§ 5)).

Ritters kurze Notiz in den *Annalen*

§ 3.1.2. Mit seinem photochemischen Nachweis unsichtbarer Strahlen jenseits des blauvioletten Endes des Spektrums bestätigte Ritter Vermutungen, die Herschel und Gilbert geäußert, aber noch nicht belegt hatten; auf beide Forscher spielte er in der allerersten Veröffentlichung über seine Entdeckung an, die wiederum in Gilberts *Annalen* herauskam:

> »– – Am 22sten Febr. habe ich auch auf der Seite des Violetts im Farbenspectrum, ausserhalb desselben, Sonnenstrahlen angetroffen, und zwar durch Hornsilber aufgefunden. Sie reduciren noch stärker, als das violette Licht selbst, und das Feld dieser Strahlen ist sehr gross. (Vergl. *Annal.*, 1801, VII, 149, Anm.) Nächstens mehr davon. *Ritter*«.[9]

Durch diesen knappen Text im damals wohl wichtigsten Wissenschaftsjournal deutscher Sprache erfuhr die Welt von dem, was wir heute UV-Strahlung nennen – ein Meilenstein im Grenzgebiet zwischen Physik und Chemie.[10]

Ritters Rede von »reduciren« verwies in der damaligen, kontrovers diskutierten Chemie nicht passgenau auf das, was heutige Chemiker Reduktionsprozesse nennen. Nichtsdestoweniger passt diese Rede zufälligerweise gut zur heutigen Sichtweise derjenigen chemischen Reaktion, die dem Experiment Ritters zugrundeliegt. Genau wie er schrieb, handelt es sich um eine Reduktionsreaktion; allerdings bedeutete dieser Fachausdruck damals etwas anderes als unsere heutige Reaktionsgleichung, mit der wir die Entdeckung beschreiben:

> $2\,AgCl + h\nu \rightarrow 2\,Ag + Cl_2$,
> worin die Silberverbindung AgCl (Silberchlorid) in heutiger Notation für das damalige Hornsilber steht (Ag = Silber, Cl_2 = Chlorgas)
> und worin das Produkt $h\nu$ für Lichtenergie steht mit
> h = Plancksches Wirkungsquantum;
> ν = Frequenz geeigneter Lichtwellen, die eine gewisse Obergrenze überschreiten muss, damit die Reaktion stattfinden kann.

9 Ritter [ANSS]; Hervorhebung im Original.

10 Zur hohen Bedeutung des Journals für die damalige Wissenschaftslandschaft siehe z.B. Richter (ed) [PRJW]:114n8. So unscheinbar und kurz Ritters Bekanntmachung war, so ist sie doch der internationalen Aufmerksamkeit nicht entgangen (siehe Davy in Wedgwood et al [AoMo]/A:171n – erschien kurz darauf erneut: Davy in Wedgwood et al [AoMo]/B:167/8n).

Weder war seinerzeit bekannt, dass Chlor ein Element ist und in Gasform aus Molekülen mit zwei Atomen besteht, noch dass bei Reduktionsreaktionen aus heutiger, vereinfachter Sicht Außenelektronen ihre Plätze tauschen. (Und auf welche Weise Lichtwellen gegeigneter Frequenz genau die erforderliche Energie für diesen Prozess bereitstellen, wusste man erst recht nicht). Um so verblüffender finde ich es, dass Ritter mit traumwandlerischer Sicherheit ausgerechnet denjenigen Fachausdruck nutzte, der die Sache auch in unserer gegenwärtigen Terminologie trifft.[11]

Der Literaturverweis am Ende von Ritters kurzer Veröffentlichung bezieht sich auf eine Anmerkung des Übersetzers Gilbert zu Herschels Vermutungen über denkbare chemische Wirkungen des spektralen Lichts, die sich von den divergierenden Beleuchtungs- und Erwärmungsfähigkeiten des spektralen Lichts wiederum unterscheiden könnten; in seiner Anmerkung dazu hatte Gilbert u.a. auf die photochemischen Reaktionen des Hornsilbers im blauvioletten Teil des Spektrums aufmerksam gemacht, die ein knappes Vierteljahrhundert zuvor von Scheele entdeckt worden waren.[12]

Wie man sieht, nannte Ritter mit vorbildlicher Transparenz die entscheidenden Vorüberlegungen, auf die er sich bei seiner Entdeckung gestützt hatte.[13] Fast könnte man den Eindruck gewinnen, als hätte Ritter nur die Teile eines Puzzles zusammenfügen müssen, um zum Ziel zu gelangen.[14] Selbst

11 Für weitere Einzelheiten zur Chemie dieser auch als Redoxreaktion bezeichneten Prozesse s. u. § 6.2.14k.

12 Gilbert in Herschel [UüWE]:149n. In dieser Anmerkung zu Herschel [IoPo]:270/1 bezog sich Gilbert auf Scheele [SPCW]/1:144 und konkretisierte so eine allgemeinere Anregung Herschels, auch nach chemischen Wirkungen des spektral zerlegten Lichts zu suchen (Herschel [IoPo]:270). In der neueren wissenschaftshistorischen Literatur hat meines Wissens als erster Kleinert auf diese Anregung Herschels verwiesen (Kleinert [EUSS]:293); zu Gilberts Anmerkung siehe Hentschel [UL]:369 und Guiot [zEUS]:349-350.

13 Ähnlich später beim selben Thema in Ritter [BzHN]:86n und in Ritter [BzVA]:701/2. Im ersten Text verwies er auf Scheele [CAvL]:72 (§ 66) sowie Scheele [SPCW]/1:144, im zweiten Text auf Herschel [UüKP]:26/7 (also auf die deutsche Übersetzung von Herschel [IoPo]:270/1).

14 Gegen Guiot, der es so hinstellt, als hätte sich Ritter »vor allem« auf eine andere Textstelle bei Scheele bezogen als Gilbert, die er schon vor der Lektüre Gilberts gekannt haben könnte (Guiot [zEUS]:349-350, 350n14 mit bevorzugtem Verweis auf Scheele [CAvL]:72 (§ 66)). Guiot übersieht, dass sich Ritter einfach nur auf ein und denselben Text Scheeles in zwei verschiedenen Ausgaben bezog und dass der zweite Verweis die Werkausgabe Scheeles betraf (Ritter [BzHN]:86n mit Verweis auf Scheele [SPCW]/1:144). Weil Ritter beim ersten Scheeleverweis die Originalveröf-

wenn es sich verhielte, müsste das seine Leistung nicht schmälern; in der Naturwissenschaft kommt es am Ende nicht auf Vorüberlegungen an, sondern auf den empirischen Nachweis selbst, und der ist zuallererst Ritter gelungen.[15]

Mein Zitat bietet den gesamten Text der Veröffentlichung; so kurze Stücke hat Ritter sonst nirgends veröffentlicht – im Gegenteil neigte er sonst zu Weitschweifigkeiten. Warum wich er diesmal von seinen Schreibgewohnheiten ab? Offenbar, weil er sich beeilt hat.[16] Der Grund für die Eile liegt auf der Hand: Ritter wollte die Entdeckung für sich beanspruchen.[17] Und das bedeutet, dass er sofort gewusst hat, wie wichtig sie war.

In der Tat war die Eile berechtigt: Schon im Jahr 1802 wurde dieselbe Entdeckung in England beschrieben; ihr Autor, der Chemiker William Hyde Wollaston hat sich ebenfalls beeilt und stellte seine Entdeckung sehr knapp in einer Fußnote dar, die er ganz am Ende eines Vortrags zu anderen Themen plazierte.[18] Er war fair genug, an Ort und Stelle Ritters Namen zu nennen, und da er darauf verzichtet hat, seine eigenen Experimente zu datieren, dürfte er gewusst haben, dass er zu spät gekommen war.

fentlichung nannte, aber nur mit *Paragraphenzahl*, beim zweiten Scheeleverweis dagegen die *Seitenzahl* (die dort derselben Paragraphennummer zugeordnet ist), können wir gegen Guiot davon ausgehen, dass ihm Scheeles Text nur in der Werkausgabe vorlag. Diese Werkausgabe ist noch heute unter den ehemaligen Büchern Ritters in der Bayerischen Staatsbibliothek in München verzeichnet (Signatur Res/Chem. 270 g; die Originalveröffentlichung fehlt hingegen unter den erhaltenen Büchern Ritters – freundliche Mitteilung von Annemarie Kaindl). – Gegen Missverständnisse: Meiner Ansicht nach hat Guiot recht mit der These, dass Ritter nicht einfach nur Gilberts Hinweis nachgegangen ist, sondern bereits kurz vorher begonnen hatte, dezidiert polaristischen Plänen zu folgen (Guiot [zEUS]:347, 349-350). Siehe dazu oben §2.4.7 und unten §3.1.7-§3.1.9.

15 Wem eine naturwissenschaftliche Entdeckung zuguterletzt zuzuschreiben ist, hängt oft von mehr Einzelheiten ab, als man meinen möchte; für eine detaillierte Diskussion mit Blick auf Ritters Entdeckung siehe Frercks et al [RD]; vergl. O.M. [GRGR], 7. Abschnitt.

16 Frercks und Mitstreiter: »a hasty announcement« (Frercks et al [RD]:146). – Freilich brachte Gilbert den knappen Text unter der Rubrik »*Auszüge* aus Briefen an den Herausgeber« (so im unpaginierten Inhaltsverzeichnis des 7. Bandes der *Annalen der Physik*; meine Hervorhebung). Es ist also denkbar, dass Ritters eingesandte Beschreibung des Experiments länger gewesen ist als in der Veröffentlichung.

17 So auch Kleinert [EUSS]:295.

18 Wollaston [MoER]/A:379-380n. Ritter hat diese Fußnote im Jahr 1808 erfreut zur Kenntnis genommen (Ritter [BzVA]:702n).

Vertiefungsmöglichkeit. Nicht nur die gebotene Eile zur Sicherung der wissenschaftlichen Priorität spricht dafür, dass Ritter die kurze Notiz bald nach dem 22.2.1801 geschrieben hat; hier ein weiteres Indiz dazu: Für den Literaturverweis mit richtiger Seitenzahl benötigte er ein Exemplar der *Annalen* mit Herschels Text, das er vermutlich am 25.2.1801 an Goethe verliehen hat und erst mit dessen Brief vom 7.3.1801 zurückerhielt (§3.2.1). Er hatte sich die fragliche Seitenzahl nicht in seinem Arbeitsjournal notiert (Details dazu in §3.2.6). – Insofern die Notiz schon im vierten Stück der *Annalen* von 1801 herauskam, hat sie den dritten galvanistischen Brief überholt, der wie in §3.1.1 zitiert auf »den 21. Febr. und folg.« datiert war und wie ein Nachzügler erst im August 1801 im achten Stück der *Annalen* herauskommen sollte.[19] Weil Ritter am 23.2.1801 Jena für vier Wochen verlassen hat (§3.1.10), können wir davon ausgehen, dass er diesen dritten Brief von fünfzig Druckseiten nicht in einem Arbeitsgang zusammengestellt haben wird. In der Tat scheint er seine Aufsätze selten zum Zeitpunkt der Datierung frisch verfasst zu haben, vielmehr schrieb er sie oft aus seinen Papieren einfach nur ab.[20] Dadurch drohten seine Entdeckungen der Tendenz nach zu spät offiziell dokumentiert zu sein, was im Fall von Prioritätsstreitigkeiten hätte fatal werden können. Wohl weil Ritter diese Gefahr klar sah, hat er in seine Aufsätze immer wieder Hinweise über den Zeitpunkt der jeweiligen Entdeckung eingestreut (für ein Beispiel s.o. §2.3.5-§2.3.6).

Besuch bei Goethe

§3.1.3. Was tat Ritter nach seiner Entdeckung? Er reiste mit schwerem Gepäck und leichten Gedanken zwanzig Kilometer durch winterliches Gelände nach Weimar. Dieser Tag war trüb, es wehte ein starker Südwestwind, der Schnee auf dem Land taute, und es beginn zu nieseln.[21] Das Ziel der ungemütlichen Reise war Goethe. Der hatte seine lebensgefährliche Krankheit überstanden und feilte seit über zwei Wochen wieder Tag für Tag an der Walpurgisszene des *Faust.*[22] Dennoch ließ er Ritter sogleich vor, *einen* Tag nach Entdeckung

19 Ritter [VBüG]/A3:386. Die einzelnen Hefte der *Annalen* sind zwar nicht datiert, aber im selben Heft erschien ein Bericht mit einem Brief, der auf den 30.7.1801 datiert war und der für interessierte Sternschnuppen-Beobachter die Zeiten *bevorstehender* Beobachtungen nannte, nämlich ab September 1801 (Gilbert (ed) [AP]/8:485/6). Also müsste das Heft irgendwann im August 1801 herausgekommen sein – was gut dazu passt, dass es das achte von zwölf Heften des Jahrgangs 1801 gewesen ist.

20 Ritter, Brief an Frommann vom 2.11.1801 (siehe Richter (ed) [PRJW]:119).

21 So das Ergebnis der Aktenrecherche von Mathias Deutsch für den 23.2.1801; siehe das Kleingedruckte am Ende dieses Paragraphen.

22 So Mommsen et al [EvGW]/V:135n8, 142/3 mit Verweis auf Goethe [F]/F:169-170, Vers 3917-3935. Während der fraglichen Wochen vermerkte Goethe im Tagebuch immer wieder »Faust« (Goethe, Tagebuch zum 7.2.1801-23.2.1801 (siehe Goethe [WA]/III.3:5-7)). Vergl. Döhler in Goethe [T]/III.2:556.

des merkwürdigen Effekts.[23] Offenkundig maß Goethe dem Anliegen Ritters erhebliche Bedeutung bei, jedenfalls notierte er tags darauf im Tagebuch:

> »24. [Februar 1801 – Dienstag] Früh verschiedne Geschäfte. Betrachtungen über die Schellingischen und Ritterschen Ideen und Arbeiten« (Goethe, Tagebuch zum 24. 2. 1801).[24]

Goethe unterbrach die Arbeit am *Faust,* geriet ins Grübeln und sah einen Zusammenhang zwischen einigen Ideen Schellings und den experimentellen Arbeiten Ritters. Schelling war noch zwei Tage zuvor (also am Tag der Entdeckung Ritters) bei Goethe zu Besuch gewesen.[25] Er hatte sich in den Monaten zuvor abermals mit polaristischem Gedankengut zu Wort gemeldet, war dabei aber weit spekulativer vorgegangen als in seinen ersten beiden Werken, den *Ideen* und der *Weltseele.*[26]

Da Goethe solchen Spekulationen skeptisch gegenüberstand und stattdessen der Empirie stärker zu ihrem Recht verhelfen wollte, liegt es nahe zu vermuten, dass er Ritters Ergebnisse als empirische Unterfütterung der Ideen Schellings deutete und willkommen hieß.[27] Offenbar sah er sich selber als Brücke zwischen Empirie und Theorie, zwischen Leuten wie Ritter und Leu-

23 Goethe, Tagebuch zum 23. 2. 1801 (siehe Goethe [WA]/III.3:7). – Für Richters These, dass Ritter bereits an diesem Tag mit Goethe experimentiert hätte, gibt es keinen Beleg (Richter [LPJW]:113). Wie gesagt handelte es sich um einen trüben Tag ohne Sonnenschein.

24 Goethe [WA]/III.3:7.

25 Goethe, Tagebuch zum 22. 2. 1801 (siehe Goethe [WA]/III.3:7).

26 Vergl. die *Ideen* und die *Weltseele* aus den Jahren 1797/8 (Schelling [IzPN]/A, Schelling [vW]/A) mit dem *System des Transzendentalen Idealismus* aus dem Jahr 1800 (z. B. Schelling [STI]:3-7). Wie wir aus freimütigen Briefen wissen, hatte Goethe erhebliche Verständnisschwierigkeiten bei der Lektüre dieses neuesten Werks (z. B. Goethe, Briefe an Schelling vom 19. 4. 1800 und 27. 9. 1800 (siehe Goethe [WA]/IV.15:60, 117)). Eckle schätzt diese Briefstellen optimistischer ein als ich (Eckle in Goethe [LA]/II.1A:208); sie muss aber darauf verzichten zu prüfen, ob Goethes Notizen zu Schellings Schrift (Goethe [LA]/II.1A:203-207 (= M36)) adäquat sind (Eckle in Goethe [LA]/II.1A:209). Ihr zufolge blieb Goethes intensive Auseinandersetzung mit dem Text »ohne greifbare Resonanz« (Eckle in Goethe [LA]/II.1A:208). Das kann man laut sagen.

27 Details zu Goethes Skepsis gegenüber Schellings Spekulationen in O. M. [GPmS], Abschnitt 1.5; siehe auch oben § 2.4.9.

ten wie Schelling.[28] Die Tragfähigkeit der Brücke war durch Ritters Entdeckung erheblich verstärkt worden.

Während er solchen oder ähnlichen Gedanken nachhing, wartete er auf Ritters erneuten Besuch. Wie ich vermute, hatten sich die beiden für den Nachmittag verabredet, doch Ritter ließ die Verabredung platzen. In einem dramatisch knappen Brief schrieb er:

> »[Weimar, 24. Februar 1801]
> Ich muß Ew. Hochwolgeboren um Verzeihung bitten, wenn ich es mir versagen muß, heute bey Ihnen zu seyn. Unvorhergesehene Geschäfte nöthigen mich, heute Nachmittag sogleich nach Oßmanstädt zu reisen. Ich werde mir daher Morgen früh, da ich bis Mittag noch hier bleibe, die Ehre geben, um 11 Uhr Sie auf einige Augenblicke zu sprechen. Ich bleibe
> Ew. Hochwohlgeboren
> ergebenster Diener
> J. W. Ritter
> Dienstag früh (bey Dr. Meyer in der Breitengasse)«
> (Ritter, Brief an Goethe vom 24. 2. 1801).[29]

Was wollte Ritter in Oßmannstedt? Das wird sich nicht mehr eindeutig rekonstruieren lassen. Wir wissen nur, dass Ritters Vater dort geboren war und dass sein Großvater Johann Zacharias Ritter im Jahr 1796 zusammen mit neunzig Personen genossenschaftlich einen Teil des dortigen Guts erworben hatte; einige der Mitunterzeichner hießen ebenfalls Ritter, dürften also Verwandte gewesen sein.[30] Der Großvater war allerdings kurz später zu Ritters Vater nach Schlesien gezogen. Gleichwohl spricht einiges dafür, dass sich Ritter in Oßmannstedt um eine dringende Familienangelegenheit kümmern musste, die vielleicht finanzieller Natur war; wie Ritters Freund Ørsted ein Jahr später zu berichten wusste, hatte Ritter von seinem Vater einen voll-

28 In diese Richtung deute ich z. B. Goethe, Brief an Schiller vom 30. 6. 1798 (siehe Goethe [WA]/IV.13:198; für den Wortlaut s. u. § 4.1.5).

29 Klinckowstroem [GR]:145/6. Klinckowstroem datiert den Brief wie oben zitiert in eckigen Klammern, ohne zu sagen, woher er das Datum nimmt. Die Herausgeber der Regestausgabe haben das Datum übernommen (Goethe [RA]/3:§ 1130). Der 24. 2. 1801 war in der Tat ein Dienstag. – Ritters Gastgeber »Dr. Meyer« war der Indologe Friedrich Majer, in dessen Wohnung Ritter später einziehen sollte (Rehm (ed) [UBJW]/a:361n28; Richter [LPJW]:66-70).

30 Richter [LPJW]:11/2.

streckbaren Erbanspruch übernommen, den er Schilling für Schilling durchsetzen musste.[31]

Wie dem auch sei, Goethe war über Ritters abrupte Absage nicht beleidigt, sondern empfing ihn am nächsten Morgen für mehr als »einige Augenblicke«:

> »25. [Februar 1801 – Mittwoch] Früh optische Versuche mit Ritter, derselbe blieb Mittag zu Tische. Abends in der Comödie« (Goethe, Tagebuch zum 25. 2. 1801).[32]

Dass Ritter laut Goethes Tagebuch noch zum Mittagessen bleiben durfte, spricht erstens für den angeregten Gedankenaustausch, der sich ergeben hatte; zweitens spricht es im Lichte der Essgewohnheiten Goethes dafür, dass Ritter und Goethe bis 13 Uhr experimentiert haben könnten und dass Ritter den Besuch frühestens gegen 14 Uhr beendet hat.[33]

Vertiefungsmöglichkeit. Es liegt nahe zu vermuten, dass Ritter die ursprüngliche Verabredung für den 24. 2. 1801 deshalb nicht einhalten wollte, weil es ihm an dem Tag unmöglich war, den neuen Effekt vorzuführen. Eine erste Hypothese dazu könnte mit dem Wetter zusammenhängen; hätte am 24. 2. 1801 keine Sonne geschienen, so wäre Ritter gut beraten gewesen, die Verabredung zu verschieben.[34] Doch war an dem Tag herrliches Wetter, genau wie am Tag darauf. Das jedenfalls ist das Ergebnis einer Akten-Recherche, die der Meteorologiehistoriker Mathias Deutsch auf meine Bitte hin durchgeführt hat. Und zwar wurden in unmittelbarer Nähe von Goethes Wohnhaus systematische und hochprofessionelle Wetterbeobachtungen notiert, die im Goethe/Schiller-Archiv erhalten sind.[35] Dieser Quellenfund ist ein Glücksfall; ihr entspringen alle Angaben zum Wetter, die in meiner Untersuchung vorkommen.[36]

Damit komme ich zu einer zweiten Vermutung: Möglicherweise ist es Ritter zu spät aufgefallen, bis zu welchem Zeitpunkt in Goethes Haus die Lichtbedingungen für das Experiment optimal sein würden. Dieser Vermutung zufolge hätte sich Ritter erst nach seinem kurzen Besuch am Vortag klargemacht, welcher Himmelsrichtung sich das Fenster desjenigen Zimmers öffnet, in dem das Experiment aufgebaut werden sollte; ihm wäre schmerzlich bewusst geworden, dass die Verabredung zu spät angesetzt worden war (mög-

31 Ørsted in Jelved et al (eds) [TLoH]:102/3.
32 Goethe [WA]/III.3:7.
33 Zu Goethes Essenszeiten siehe Schönfeldt [GAIb]:146.
34 Die Hypothese äußerte der Experimentalphysiker Gerhard Paulus am 29. 5. 2016 in einer Diskussion beim ersten Goethe/Ritter-Workshop und gab damit den Anstoß zur Suche nach präzisen Wetterinformationen für den fraglichen Zeitraum.
35 Anonym [MBvJ].
36 Die Ausnahme betrifft das Wetter am Tag der Entdeckung Ritters (s. o. § 3.1.2). Da es sich um einen – arbeitsfreien – Sonntag handelte, enthält die Quelle für den 22. 2. 1801 keine Angaben zum Wetter in Weimar und selbstredend keine Angabe für den Ort des Geschehens: Jena. Freilich muss dort an diesem Tag die Sonne geschienen haben, sonst hätte Ritter nicht mit Sonnenlicht experimentieren können.

licherweise, weil Goethe wie gehabt in der Frühe am *Faust* weiterarbeiten wollte). Es ist denkbar, dass Ritter davor zurückschrak, seinem Gastgeber diesen Grund für die Verschiebung offen mitzuteilen, und vielleicht hat er deshalb dringende Angelegenheiten vorgeschoben. Ob die Vermutung zutrifft, hängt von einer unbekannten Information ab, und zwar davon, für welchen Zeitpunkt am 24.2.1801 sich Goethe und Ritter verabredet hatten. Alle Zeitpunkte ab 1 Uhr mittags wären zu spät gewesen, weil der Aufbau des Versuchs so viel Zeit in Anspruch genommen hätte, dass die Sonne nicht mehr durch Goethes Blende ins Arbeitszimmer hätte scheinen können. Ich habe die Verabredung im Haupttext auf den Nachmittag gelegt, weil dies in meinen Augen die beste Erklärung für Ritters Absage darstellt und weil Ritter wie zitiert genau am »Nachmittag« nach Oßmanstädt reisen musste.[37]

Hat Goethe die Wirkungen des UV-Lichts gesehen?

§ 3.1.4. Mein letztes Zitat bietet die einzige Stelle aus Goethes Tagebuch, an der er ausdrücklich von *optischen* Versuchen mit Ritter berichtet hat. Was für Versuche könnten das gewesen sein? Ich behaupte: Weil Goethe die hohe Bedeutung des neuen Experiments erkannte, von dem ihm sein plötzlicher Besucher am Montag erzählt hatte, wollte er es mit eigenen Augen sehen.

An diesem Mittwochvormittag war in Weimar herrliches Wetter, und das Thermometer zeigte mittags eine Höchsttemperatur von knapp 6 Grad Celsius.[38] Das Sonnenlicht schien zwischen 11 Uhr und 13.30 Uhr durch die Lochblende im Fensterladen weit in die Tiefen des Arbeitszimmers hinein, in dem Goethe zu experimentieren pflegte (Abb. 3.1.4a, Abb. 3.1.4b). Nach Ritters späteren Angaben hatte er den Schirm bei seiner Entdeckung ungefähr anderthalb Meter hinter dem Prisma aufgebaut; soviel Platz stand in Goethes Arbeitszimmer allemal zur Verfügung.[39] Mit Ausnahme von Chemikalien (die Ritter für die Herstellung frischen Hornsilbers verwendete und die er mitgebracht haben wird) war Goethes Farblabor mit allem ausgerüstet, was für Ritters Experiment erforderlich war (Abb. 1.3.8a, Abb. 3.1.4c). Unter diesen idealen Bedingungen wird der Besucher sein brandneues Experiment vorgeführt haben – mit an Sicherheit grenzender Wahrscheinlichkeit, aber ohne Beleg in den erhaltenden Dokumenten.[40]

37 Ritter, Brief an Goethe vom 24.2.1801 (siehe Klinckowstroem [GR]:146).
38 Mehr Details zum folgenden und zu den Gegebenheiten vor Ort in O. M. [OEiG].
39 Die Längenangabe liefert Ritter [BzHN]:87 (§ 6).
40 Zum selben Ergebnis kommen (ohne Beleg und ohne Begründung) sowohl Beetz in Goethe [MA]/8.2:596 als auch Matthaei et al in Goethe [LA]/II.3:355 im Kommentar zu Goethe, Tagebuch zum 25.2.1801 (siehe Goethe [WA]/III.3:7). Entgegen dieser Interpretation verweist Döhler auf Ritters galvanische Versuche (Döhler in Goethe [T]/III.2:561). Er berücksichtigt nicht, dass Ritter zwei Tage vorher seine wichtigste Entdeckung gemacht hat. Vielen Autoren ist dieser enge zeitliche Zusammenhang deshalb entgangen (z.B. Eckle in Goethe [LA]/II.1A:606), weil in der Literatur im-

Führen wir uns in einer knappen Gesamtschau noch einmal die Evidenzen vor Augen, die sich dafür in einem Indizienbeweis zusammenbringen lassen. Erstens hat Goethe (laut Tagebuch) am fraglichen Tag mit Ritter optisch experimentiert, der deutlich länger blieb als angekündigt; zweitens waren die Bedingungen für die Replikation des ritterlichen Experiments ideal; drittens interessierte sich Goethe für alle Experimente, die mit seiner polaren Sichtweise zusammenhingen; viertens wollte Goethe solche Experimente stets aus eigener Anschauung kennenlernen. Weil Ritter das, fünftens, gewusst hat, lässt sich sein Besuch bei Goethe am besten dadurch erklären, dass er vorhatte, ihm das Experiment vorzuführen. Und so spricht alles dafür und nichts dagegen, dass er diesen Plan auch in die Tat umgesetzt hat.

(Selbst wenn Ritter zusätzlich von Geldsorgen zu Goethe getrieben worden sein sollte, bliebe die Erklärung plausibel. Ihr zufolge hätte Ritter sich mit dem neuen Experiment als talentierter Experimentalphysiker empfehlen wollen, der Protektion verdiente).

Belegt ist ein zusätzliches Thema des Treffens mit Goethe. Ganz sicher hat Ritter ihm auch Herschels Temperaturmessungen im Spektrum (und jenseits dessen roten Endes) vor Augen geführt, also den Nachweis des Infrarotlichts. Dafür spricht zweierlei. Einerseits pflegte Ritter seine Entdeckung fast immer als Antwort auf diejenige Herschels zu präsentieren.[41] Andererseits hat Goethe zehn Tage später einen Brief an Ritter geschrieben, in dem er auf *gemeinsame* Beobachtungen in einer Variation von Herschels Experiment zurückkam.[42] Diesen Brief behandle ich im nächsten Kapitel, doch bevor ich das tue, möchte ich die bis hierher rekonstruierte Geschichte zusammenfassend auswerten und durch einen Blick hinter die Kulissen abrunden.

mer wieder behauptet wird, Ritter hätte das UV-Licht im Jahr 1802 entdeckt (z. B. Eckle in Goethe [LA]/II.1B:1192, Breidbach et al [JWRP]:124). – Bis vor wenigen Jahren ist die enge zeitliche Nähe zwischen Ritters Entdeckung und dem Besuch bei Goethe nur wenigen Autoren aufgefallen, die ihrerseits kaum Aufhebens darum gemacht haben (Worbs [GSPJ]:199, Wetzels [JWR]:32, Adler [FMA]:183). Nachdem ich diese Tatsache mehrfach herausgestrichen habe (O. M. [ML]:§ III.2.6, O. M. [OEiG]:114), gerät sie nun allmählich stärker in den Blick und hat es sogar in einen Weimarer Ausstellungskatalog geschafft – allerdings immer noch ohne meine weitergehende These, dass Ritter seinem Gastgeber das Ultraviolette aller Wahrscheinlichkeit nach sogleich gezeigt hat (z. B. Schmuck [UD]:12, Knebel et al (eds) [AV]:313).

41 Siehe Ritter [BzHN]:81/2, Ritter [VüS]/A:409, Ritter [BzVA]:633 *et passim.*

42 Goethe, Brief an Ritter vom 7. 3. 1801 (siehe Goethe [WA]/IV.15:191). Für den Wortlaut s. u. § 3.2.3.

Vertiefungsmöglichkeit. Was hat es zu bedeuten, dass Goethe die optischen Experimente mit Ritter in seinem Tagebuch nicht ausführlicher dargestellt hat? Zeigte er damit, dass ihm die Angelegenheit unwichtig gewesen wäre? – Keineswegs. Er ging seinerzeit äußerst sparsam mit dem Platz in seinem (kalendarisch vorgedruckten) Tagebuch um und notierte ohne ausgedehnte Reflexion lediglich das äußere Geschehen seines Lebens; eine längere Kostprobe aus dem Tagebuch bringe ich in § 3.2.7. Wie sich daraus ersehen lässt, handelt es sich um eine völlig andere Textsorte als ein Tagebuch im üblichen Sinne.[43] Erst recht nicht ist es ein wissenschaftliches Arbeitsjournal, wie es Ritter zu führen pflegte.[44]

Abb. 3.1.4a: Lochblende im Fensterladen des Arbeitszimmers am Frauenplan. Blick aus dem Garten des Goethe-Nationalmuseums auf den geschlossenen Fensterladen seines Arbeitszimmers. Im Fensterladen klafft eine ausgesägte Lochblende von knapp 10 cm Durchmesser. [Photo: O. M.; Quelle: O. M. [GFT]].

Augenhöhe

§ 3.1.5. Goethe war offenbar der allererste Mensch, dem Ritter seine große Entdeckung vorgeführt hat. Wenn man bedenkt, dass Ritter deswegen unter widrigen Witterungsbedingungen eine weite Wanderung auf sich nehmen musste, dann wird er Goethe bereits vor dem plötzlichen Besuch in Weimar naturwissenschaftlich ernstgenommen haben.

Um das zu begründen, frage ich: Warum verbreitete Ritter seine Sensation nicht zuallererst in Jena? Kompetente Gesprächspartner hätten ihm dort nicht gefehlt – in den Auen der Saale war kein Mangel an Professoren der Physik, Chemie, Mathematik (und leider auch Naturphilosophie).

Nicht, dass Ritter seine Entdeckung vor der Gelehrtenrepublik des Herzogtums verheimlicht hätte; im Frühjahr hielt er darüber in der Jenaer Naturforschenden Gesellschaft einen ausführlichen Vortrag, auf den ich zurückkommen werde (Kapitel 3.4). Aber Goethe war ihm wichtiger als alle Kollegen und Freunde aus Jena zusammen. Warum? Ich nehme an, Ritter traute es Goethe

43 Siehe dazu Golz in Goethe [T]/I.1:X-XII.
44 Vergl. Ritter [VD], siehe dazu § 2.2.9.

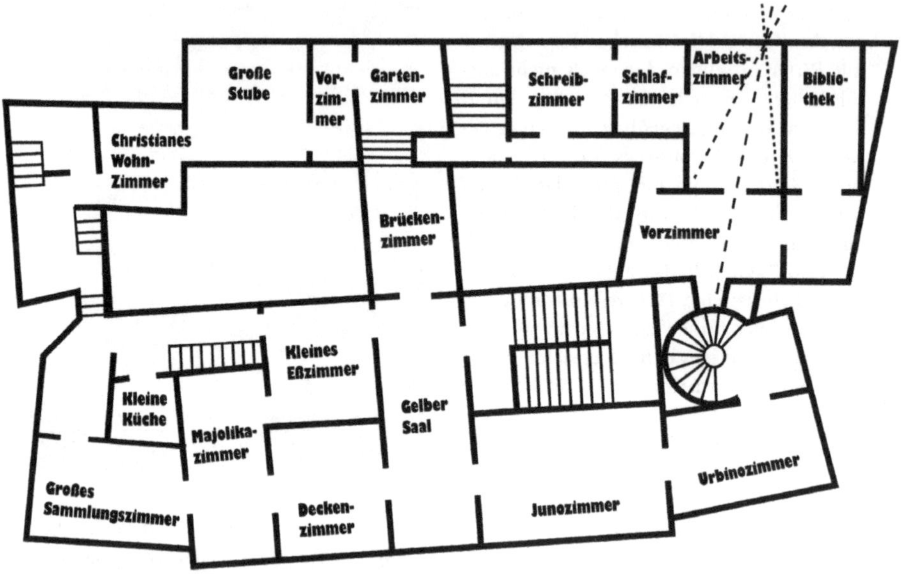

Abb. 3.1.4b: Grundriss des Goethe-Wohnhauses am Frauenplan in Weimar. Die an den Garten angrenzende Südfront zeigt in diesem Grundriss nach oben; das Arbeitszimmer (rechts oben) liegt im südwestlichen Teil des Hauses und hat eine Tiefe von ca. 660 cm. Fein gestrichelte Linie: In dieser Richtung lief das Sonnenlicht am 25.2.1801 um 11 Uhr und endete in der nordwestlichen Ecke des Zimmers auf der Wand. Mittelgrob gestrichelte Linie: Der Strahlengang um 13:30 führte das Licht in die nordöstliche Ecke; das bedeutet, dass Goethe und Ritter zweieinhalb Stunden Zeit hatten, um das Spektrum ungefähr in derjenigen Größe aufzufangen die von Newton meistens benutzt worden war. Grob gestrichelte Linie: In dieser Richtung lief das Sonnenlicht am 25.2.1801 exakt zur Mittagszeit von Süden nach Norden durch das Fensterladenloch, so dass es die Verbindungstür zum Vorzimmer passieren konnte und im Prinzip erst am Fuße der Wendeltreppe zur Mansarde aufgefangen werden musste (das wären 11,3 m hinter dem Fensterladenloch). Hier hätte Goethe seinem Kooperationspartner das Endspektrum (Farbtafel 12) zeigen können. [Zeichnung von S. Schalk unter Berücksichtigung einer Abbildung aus Maul et al [GW]:25; Quelle: O. M. [OEiG]].

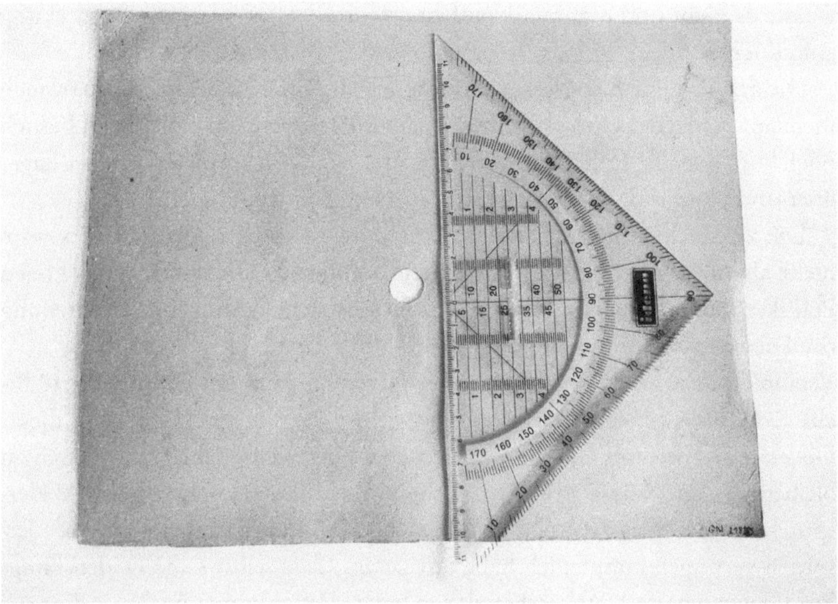

Abb. 3.1.4c: Lochblende zur Erzeugung newtonischer Spektren.
Die Blende im Fensterladen (Abb. §3.1.4a) hat einen zu großen Durchmesser, um unter newtonischen Bedingungen zu experimentieren. Daher hatte sich Goethe aus Pappen eine Reihe von Blenden verschafft, die vor dem Fensterladenloch befestigt werden konnten und die noch heute in einer Blendenmappe erhalten sind. Das Loch im hier gezeigten Exemplar hat einen Durchmesser ca. 15 Millimetern und dürfte bei Ritters Vorführung des Experiments zum Nachweis des Ultravioletten eingesetzt worden sein. [Goethe Nationalmuseum der Klassik-Stiftung Weimar; Archivnummer: GNF 0218; Photo: O. M.].

zu, die hohe Bedeutung der Entdeckung besonders kompetent einschätzen zu können. Wieso sollte Ritter das gemeint haben? Weil die Entdeckung erhebliche Auswirkungen auf Goethes optische Arbeit haben musste *und weil diese Arbeit in Ritters Augen Beachtung verdiente.*

Ritter wollte diskutieren

§ 3.1.6. Welche Auswirkungen für Goethes Forschung sah Ritter in seiner Entdeckung? Hier eröffnen sich zunächst drei Denkmöglichkeiten. Entweder meinte Ritter, dass seine Entdeckung für Goethes Ansatz und dessen Newton-Kritik spräche. Oder er meinte, dass sie beides unterminiere. Oder er wusste es nicht und brannte darauf zu erfahren, wie Goethe die Entdeckung einordnen würde.

Die erste Möglichkeit lässt sich widerlegen. Ritter stand im Februar noch nicht auf Seiten der Optik Goethes, weder kurz vor seinem plötzlichen Besuch noch kurz danach. Er lief erst Monate später in dessen antinewtonisches Lager über und hat das dann ausdrücklich als Neuigkeit verkündet.[45]

Die zweite Möglichkeit halte ich für psychologisch unplausibel. Es wäre mehr als unverschämt, wenn Ritter den berühmten Dichter und mächtigen Politiker montags aus der Arbeit am *Faust* aufscheucht, ihm eine Verabredung für Dienstagnachmittag abnötigt, sie platzen lässt, eigenmächtig eine neue Verabredung für Mittwochmorgen festsetzt – nur um dem Besuchten tödliche Evidenzen gegen dessen Lieblingsprojekt darzubieten. Und nach dieser Unverschämtheit soll Goethe den Besucher eingeladen haben, zum Essen zu bleiben? So großzügig pflegte Goethe auf naturwissenschaftlichen Widerspruch nicht zu reagieren. Damit habe ich nicht gesagt, dass er keinen Widerspruch vertragen konnte; ich habe nur gesagt, dass selbst seine Leidensfähigkeit Grenzen hatte.[46] Abgesehen davon hoffte Ritter immer noch auf Rettung vor den Gläubigern und Protektion durch Goethe.[47]

Bleibt die dritte Möglichkeit: Ritter wollte aus Goethe eine Reaktion herauskitzeln und die Sache mit ihm erörtern. Diese Interpretation erscheint am plausibelsten und passt gut zum Fortgang der Ereignisse. Ihr zufolge hätte sich Ritter den Themen und Thesen Goethes nicht unkritisch oder gar opportunistisch angepasst, sondern sie ernst genug genommen, um in einen offenen, wissenschaftlichen Gedankenaustausch einzutreten.

Es gibt noch eine weitere Möglichkeit, die mit der ersten und dritten verwandt ist: Es könnte sein, dass Goethe die Experimente Ritters ausdrücklich angeregt hat und dass Ritter zu Goethe eilte, um ihm zu danken. Da wenig

45 Ritter, Brief an Frommann vom 3.8.1801 (siehe Richter (ed) [PRJW]:112); für den Wortlaut s.u. §4.1.2.

46 Dass Goethe zeitlebens auf Kritik seiner *Farbenlehre* ungehalten reagierte, ist ein beliebter Topos (z. B. Friedenthal [G]:310, Wenzel (ed) [GHS]/2:81). Der Topos geht u.a. auf Aussagen Arthur Schopenhauers und Johann Peter Eckermanns zurück, stimmt aber nicht uneingeschränkt, wie exemplarisch Goethes Gedankenaustausch mit Christian Diedrich Buttel zeigt (vergl. insbes. Goethe, Brief an Buttel vom 3.5.1827 (siehe Goethe [WA]/IV.42:167) mit Schopenhauer [uSF]/B:5, Eckermann [GmGi]/F:313-320, insbes. pp. 319-320 (= Zweiter Teil, 19.2.1829)). Zu alledem siehe O.M. [SPmF], 3. Abschnitt.

47 Ritter, Brief an Goethe vom 10.4.1801 (siehe Klinckowstroem [GR]:146/7).

dafür spricht, dass Goethe die Untersuchungen Herschels bereits vor Ritters Besuch kannte, können Goethes Anregungen nicht sonderlich zielgenau gewesen sein.[48] Vermutlich hatte er Ritter die *umfassende* Polarität im Reich der Farben als Forschungsthema nahegebracht (also bei mehr Experimenten als bei den galvanischen); und vielleicht hatte er ihm die Suche nach spektralen Symmetrien aufgetragen, als eine Art regulatives Prinzip empirischer Untersuchungen im Sinne Kants.[49] Für diese zuletzt erwähnte Möglichkeit spricht ein Indiz aus Ritters Arbeitsjournal, das ich spektakulär finde.

Ein Funke springt über

§ 3.1.7. Am 24. 1. 1801 hat Ritter nach eigener, sofort veröffentlichter Aussage seine

> »mühsame Arbeit über die Polarität im Galvanismus beendigt« (Ritter, Brief an Gilbert vom 28. 1. 1801).[50]

Beachten Sie in diesem Zitat das fünfte Wort, das Ritter nun zum ersten Mal seit zwei Jahren erneut in einer Veröffentlichung zu benutzen begann, wenn auch wieder nur auf seinem engsten Forschungsgebiet, und zwar mit Blick auf die Verknüpfung galvanischer mit elektrostatischen Phänomenen.[51]

Wie durch einen glücklichen Zufall erreichte ihn just zum Zeitpunkt des Innehaltens die deutsche Übersetzung der spektralen Temperaturmessungen von Herschel, die Gilbert ihm in Form von Aushängebögen zugesandt hatte, also noch vor dem offiziellen Erscheinen.[52] Ritter dankte ihm dafür und lobte den Wert, den diese Entdeckung nicht nur für den Physiker, sondern auch für den Galvanisten haben werde.[53]

Angesichts dieses Gedankens muss der Funke übergesprungen sein. Beim Galvanismus hatte er die Polaritätsidee soeben wie zitiert durchdekliniert (daher erwähnte er den Galvanisten); jetzt aber nahm er eine kurze experimentelle Pause, um sich der Physik zuzuwenden – genauer gesagt, der Theo-

48 S. u. § 3.2.6.
49 S. o. § 1.4.6k.
50 Ritter [VBüV]:268. – Für Details zu den polaristischen Ergebnissen, die Ritter meinte, s. o. das Zitat aus demselben Brief in § 2.4.11.
51 Ritter [VBüG]/B3:3. – Details zu der Identifikation bietet Weber [E]:LXX-LXXIX.
52 Ritter, Brief an Gilbert vom 28. 1. 1801 (siehe Ritter [VBüV]:267/8) mit Bezug auf Herschel [UüWE] im zweiten Stück der *Annalen der Physik*, das im Februar 1801 erschienen sein dürfte.
53 Ritter, Brief an Gilbert vom 28. 1. 1801 (siehe Ritter [VBüV]:268).

rie des Lichts und der Spektren. Und so setzte er sich vor sein Arbeitsjournal und notierte am selben Tag, dem 24.1.1801, noch ohne jeden empirischen Anhaltspunkt als allererstes einen folgenschweren Satz:

> »Im Licht ist chemische Polarität« (Ritter, Arbeitsjournal unter dem 24.1.1801).[54]

Für ein modernes Publikum mag das befremdlich klingen; und selbst wenn sich angesichts meiner Darstellung etwas besser nachvollziehen lässt, worauf Ritter hinauswollte, war der Satz auch nach damaligen Maßstäben höchst spekulativ. Wie ich im folgenden zeigen möchte, haben wir hier das früheste Beispiel dafür, dass Ritter die weitgespannten polaristischen Ideen Goethes nicht nur bei den eigenen Forschungsthemen aufgriff, sondern auch für die Erforschung der Lichtspektren zu nutzen begann: für Goethes wichtigstes Anliegen.

Vertiefungsmöglichkeit. Der Aufsatz Herschels muss Ritter noch aus einem anderen Grund willkommen gewesen sein. Nicht lange zuvor hatte er sich für die unterschiedlichen Wärmewirkungen der Farben des Lichts interessiert.[55] Mit an Sicherheit grenzender Wahrscheinlichkeit hatte er damals gerade einen ersten, kurzen Bericht von den Experimenten Herschels zur Kenntnis genommen – worin die Details freilich fehlten.[56] Doch selbst ohne Details hatte dieser Bericht bestens zu Ritters Identifikation von Wärme mit Licht und zu seiner Idee gepasst, das Sehen als wärmeinduzierte Oxydation der Netzhaut zu interpretieren (§2.2.10). Nachdem er nun die ausführliche Übersetzung der Experimente Herschels lesen konnte, gewann seine Interpretation des Sehens insofern an Plausibilität, als Herschel für jede sichtbare Farbe im Newtonspektrum eine spezifische Temperatur gemessen hatte (Abb. 3.1.1b).

Erstaunliche Vorahnungen

§3.1.8. Chemische Polarität im Licht – das könnte auf leeres Gerede hinauslaufen; aber nicht in Ritters Arbeitsjournal vom 24.1.1801. Er hatte sich in den Wochen zuvor in winzigen Schritten auf diese These zubewegt. Noch elf Tage vor der Formulierung des folgenschweren Satzes hatte er die endliche Ausbrei-

54 Ritter [VD]:90. Meines Wissens hat als erster Wetzels auf die hohe Bedeutung hingewiesen, die Ritters dann folgende Eintragungen für die Entdeckung des Ultravioletten gehabt haben (Wetzels [JWR]:32/3).

55 Ritter, Arbeitsjournal unter dem 8.12.1800 (siehe Ritter [VD]:45).

56 Voigt (ed) [MfNZ]/2:295; er hatte nämlich eine Beobachtung zitiert, die sich im selben Journal auf der gegenüberliegenden Seite findet (Ritter [VGBn]/A:396 mit Bezug zu Ash in Voigt (ed) [MfNZ]/2:294).

tungsgeschwindigkeit der magnetischen, elektrischen und galvinistischen Polarität parallelisiert; er fügte damals noch hinzu, dass sich Schwerkraft und Licht mit derselben Geschwindigkeit ausbreiten, fasste diese beiden Wirkfaktoren jedoch noch nicht unter den Polaritätsbegriff – kurz darauf redete er von Wärmepolarität und Polarität der Chemie, aber wieder explizit nicht von derjenigen des Lichts.[57]

Jetzt aber brach die Blockade auf; um seine neue, kühne These zu konkretisieren, brachte er einerseits das warmfarbige, rote Ende des Spektrums mit Sauerstoff, mit positiver Elektrizität, mit dem entsprechenden Pol beim Galvanismus und mit dem magnetischen Nordpol zusammen – andererseits das kaltfarbige, blauviolette Ende des Spektrums mit Wasserstoff, mit negativer Elektrizität, mit dem anderen Pol beim Galvanismus und mit dem magnetischen Südpol.[58] Was auch immer man heute davon halten mag: Erst mit dem zuletzt erreichten Stand der Überlegung hatte Ritter die Spektralfarben in seine Sammlung von Polaritäten eingereiht und stand damit kurz vor der Entdeckung des Ultravioletten.

Bedenken Sie, dass er diese Sammlung zwei Monate früher im Beisein Goethes begonnen hatte und dass er darin zunächst keinen Platz für die Spektralfarben vorgesehen hatte – anders als es sich Goethe von Anfang an vorstellte.[59] Als Ritter aber doch noch dahingekommen war, notierte er:

> »Es gibt gewiß erkältende Sonnenstrahlen. Diese müssen die größte Brechbarkeit haben« (Ritter, Arbeitsjournal unter dem 24. 1. 1801).[60]

Schon für sich allein ist dieser Gedanke sensationell genug (wenn auch aus heutiger Sicht unhaltbar). Zudem ist er insofern Wasser auf meine Mühlen, als er gut mit Ritters improvisierten Zusätzen auf dem Blatt für Goethe vom Ende des Vorjahrs harmoniert, in denen Ritter das polaristische Muster seines kühnen tagebuchlichen Gedankens ein Stückweit vorweggenommen hatte, wenn auch damals noch ohne Einsatz des Wortes »Polarität« und ohne Bezug zur Optik der Spektren.[61]

57 Ritter, Arbeitsjournal unter dem 13. 1. 1801 (siehe Ritter [VD]:83/4); vergl. p. 87 unter demselben Datum.

58 Ritter, Arbeitsjournal unter dem 24. 1. 1801 (siehe Ritter [VD]:90).

59 S. o. Kapitel 2.4.

60 Ritter [VD]:91.

61 Ritter [GV]:503; für den Wortlaut siehe Abb. 2.4.5.

Unter newtonischer Perspektive sind die Strahlen größter Brechbarkeit (Refrangibilität) blauviolett; es ist klar, dass Ritter hier auf Strahlen abzielte, die noch außerhalb des Blauvioletten liegen müssten – er nannte sie »Übervioletts« im markanten Gegensatz zum von Herschel entdeckten »Überroth«.[62] Aber dieser Gedanke stand bei Ritter nicht entschieden unter den Vorzeichen Newtons; eher bot ihm dessen Theorie eine Sprache an, mit der er sich kurz und bündig auf den fraglichen Ort am Spektrum beziehen konnte. Wie er sich in Tat und Wort zunächst an Newtons Vorgehensweise und Theorie orientierte, sich dann aber Schritt für Schritt davon loszulösen begann, werde ich später anhand weiterer Aussagen Ritters belegen.

Erst nach der zuletzt zitierten Erwägung notierte Ritter einen knappen Literaturverweis zu Herschels Entdeckung. Und dann endlich formulierte er den Plan einer systematischen photochemischen Suche nach Wirkungen jenseits vom violetten Ende des Spektrums. Ritter überlegte, dass die beiden Enden des sichtbaren Spektrums gleichberechtigt zu behandeln sind:

> »Folgl wenn man beydes ganz gl[eich] setzt, muß auf der violetten Seite noch was dar seyn, was das fehlende ersetzt. Es müßen noch Strahlen da seyn. Die beste Methode diese Strahlen aufzufinden, wäre vermittelst Hornsilber. Es müßten außerhalb die violetten Bilder [d. h. wohl: außerhalb des Violetten die Bilder auf der Hornsilberprobe] noch schwarz werden, u. vielleicht stärker, als im selbigen« (Ritter, Arbeitsjournal unter dem 24. 1. 1801).[63]

Ich finde es atemberaubend, wie treffsicher Ritter schon am 24. 1. 1801 – einen Monat vor der Durchführung des Experiments – sagen konnte, was bei dem Versuch herauskommen müsste.[64] Und er blieb dabei nicht stehen; im Anschluss an die zuletzt zitierte Textpassage diskutierte er u. a. diverse Farberscheinungen in chemischen Reaktionen wie z. B. bei den Metalloxyden, denen ich hier nicht nachgehen möchte.[65] Denn für meine Zwecke sind Ritters nachfolgende Überlegungen noch wichtiger; ihnen ist der kommende Paragraph gewidmet.

62 Ritter, Arbeitsjournal unter dem 24. 1. 1801 (siehe Ritter [VD]:91).

63 Ritter [VD]:91. Vergl. Ritter, Arbeitsjournal unter dem 3. 2. 1801 (siehe Ritter [VD]:109).

64 Kurz später sprach er mit schlafwandlerischer Sicherheit von »unsichtbarlichen Farben« (Ritter, Arbeitsjournal unter dem 3. 2. 1801 (siehe Ritter [VD]:108)).

65 Ritter, Arbeitsjournal unter dem 24. 1. 1801 (siehe Ritter [VD]:92/3).

Vertiefungsmöglichkeit. Völlig treffgenau ist Ritters Vorhersage freilich nicht gewesen, wie ein kurzer Blick auf die spätere Erfolgsmeldung aus dem Arbeitsjournal vom 22. 2. 1801 lehrt:

> »Bis zum Grün von Roth aus erschien nichts von *Färbung* erst außerhalb des Grün nach blau u. violett zu, u. außerhalb des Violetts die ganze Violettbreite durch war die größte ordentlichste *blaue* Schwärzung« (Ritter, Arbeitsjournal unter dem 22. 2. 1801).[66]

Ritter erwähnte hier (anders als in seiner Vorhersage und anders als in späteren Veröffentlichungen) eine »Färbung« der Hornsilberprobe, die offenbar deutlich ins *Blau*schwarze gezogen war, also nicht bloß farblos – schwarz oder grau – aussah. Anscheinend hat Ritter die genaue Farbe der Verdunkelung deshalb in den Veröffentlichungen ausgeblendet, weil es ihm auf dieses Detail nicht ankam.[67] Einen solchen Schachzug vollziehen Naturwissenschaftler oft in ihren Experimentalberichten; um der Einfachheit willen lässt man verwirrende Details kurzerhand weg.

Auftritt: Goethe

§ 3.1.9. Die Textpassage aus dem Arbeitsjournal, die ich im Haupttext zuletzt angeführt habe, ist ein Glücksfall für die Wissenschaftsgeschichte. Sie erlaubt es uns, einem kühnen Genie bei der zielgerichteten Arbeit über die Schulter schauen, und schon das ist ein seltenes Privileg. Bemerkenswert an Ritters Eintrag vom 24. 1. 1801 ist aber noch etwas anderes. Er hat nämlich den gesamten Gedankengang nicht allein mit einem wissenschaftlich konkretisierten Polaritätsbegriff eingeleitet, wie wir ihn von Goethe kennen. Wenn das alles wäre, so hätten wir nur eine indirekte, gedankliche Verbindung zu Goethe, die nicht mehr liefert als einen mehr oder minder schlagenden Indizienbeweis. Aber Ritters Notizen geben mehr her; zuguterletzt brachte er Goethe höchstpersönlich in die Betrachtung hinein:

> »Liegt vielleicht das weiß in dem schwächsten u. hellsten gelb u. bläßesten Grün? Läßt sich hier wohl gar einmal eine weiße Lücke im Prisma auffinden? -- Das wäre doch vortrefflich. Dann wäre Schwarz auf beiden Seiten. Ist die Mitte Weiß, auf beyden Seiten, die daraus entspringenden Farben. Ist es ein Weiß, ein helles von der Art. wie das in dem Götheschen Glase?« (Ritter, Arbeitsjournal unter dem 24. 1. 1801).[68]

Welches Glas Goethes hier gemeint war, ist nicht leicht zu entscheiden. Es könnte ein Brennglas in Form einer Linse gewesen sein (vielleicht auch ein Glaskörper von anderer Form). Goethe jedenfalls hat den Ausdruck »Glas«

66 Ritter [VD]:111; Hervorhebung geändert. Für den vollen Wortlaut s. o. § 3.1.1.
67 Einzelheiten dazu in O. M. [IRaI], 9. Abschnitt.
68 Ritter [VD]:93; Hervorhebung weggelassen.

auch für für optische Apparate wie Prismen sowie für Linsen z. B. in Brillengläsern genutzt.[69]

Wenn ein Weiß *in* diesem Glas gewesen sein soll, so müsste der Experimentator hinein- oder hindurchgeschaut haben. Vielleicht meinte Ritter die weiße Mitte, die sich etwa beim Blick durchs Glasprisma zeigt (Farbtafel 2 rechts); für diese Möglichkeit spricht der Satz davor.[70] Vielleicht wusste Ritter so wie viele andere Physiker damals nichts von dem Weiß im Spektrum, bevor er mit Goethe darüber gesprochen hatte; und vielleicht kannte er bis zur Abfassung seiner Notiz nur das Newtonspektrum (Farbtafel 2 links) aus eigener Anschauung.[71]

Wie dem auch sei, wichtig für meine Zwecke ist Ritters ausdrücklicher Bezug zu einem optischen Experiment Goethes. Auf der nächsten Seite seines Arbeitsjournals griff Ritter wiederum das Stichwort von der Polarität auf; diese Passage hat er später (ohne wesentliche Änderungen) in seine *Fragmente* aufgenommen:

> »Es sind *zwey Polaritäten* zu unterscheiden im Licht, die der Länge und die der Breite. Denn das Licht geht vertheilungsweise durch die Körper hindurch. Offenbar ist das, was durchgegangen ist, nur der eine Pol von denen, wovon jedes Glas etc. *zwey* haben oder bieten können muß, *und das Farbenbild ist blos die Expansion jenes einen.* Welches ist der andere Pol? – Es muß wohl das Ponderable, die Masse, seyn, da jener das Imponderable ist. Wären dann durchsichtige Körper solche, wo zwischem dem Ponderabilien- und Imponderabilien-Pol Indifferenz da ist? – Entsteht Undurchsichtigkeit aus dem Uebergewicht des einen oder andern? – Alsdann gäbe es

69 Siehe Beck [G]:243, Punkt B3 bzw. Punkt B1a.

70 Es wäre gut möglich, dass Ritter nicht genau die weiße Mitte in Goethes Prismenexperimenten gemeint hat, sondern sich auf dessen Experimente zum Brennpunkt von Linsen bezog, auf die ich zurückkommen werde (Abb. 6.1.4a – Abb. 6.1.4b). Das berühmte Trinkglas mit dem gelb/blauen Urphänomen kann jedenfalls nicht gemeint sein; Goethe hat es erst ein Jahrzehnt nach Ritters Tod erworben (Wenzel (ed) [GHS]/2:495; viele Einzelheiten dazu bieten Nickol et al [GTGB]).

71 Am Rande: Im Dezember 1800 hatte Ritter für Planetenfarben eine Reihe von Rot und Gelb über Weiß bis zum Blau aufgestellt, aber nicht mit prismatischen Farben, sondern mit Graden der Verbrennlichkeit in Verbindung gebracht (Ritter [FaNJ]/2:§ 522 (1800), Ritter, Arbeitsjournal unter dem 5.12.1800 (siehe Ritter [VD]:43)).

> *zweyerley Undurchsichtigkeiten, eine + - und eine – - Undurchsichtigkeit.* – Ist der Längendualismus des Lichts wohl eigentlich der der Cohäsion?«[72]

Mit dieser letzten Betrachtung verpasste Ritter die bodenständigen Überlegungen Goethes zur Polarität zwischen *Finsternis* und Licht; stattdessen verdoppelte er hier die Polaritäten *innerhalb* des Lichts. Worauf diese hochspekulative Überlegung hinauslaufen sollte, lässt sich auf Anhieb kaum entwirren; es würde uns zu weit von unserem Weg abbringen, sie nachzuzeichnen und z. B. genauer auf einen polaren Gegensatz zwischen einerseits ponderablen, also wiegbaren Stoffen wie z. B. Eisen und andererseits imponderablen Stoffen einzugehen, die sich aus damaliger Sicht nicht auswiegen ließen wie z. B. Licht.[73]

Fast will es so scheinen, als hätte sich Ritter im zitierten Fragment zunächst auf Goethes Einsichten gestützt, um sie dann in immer kühneren Schritten auszuweiten. Er folgte darin keiner Laune des Augenblicks, denn an die zunächst nur postulierte doppelte Polarität glaubte er kurze Zeit später aufgrund inzwischen durchgeführter Experimente.[74]

Ritters Überlegungen vom 24. 1. 1801 verdienen unser größtes Interesse. Erstens nannte er in unmittelbarer Umgebung seines ahnungsvollen Versuchsplans ausdrücklich Goethe; und zweitens nutzte er dort zum allerersten Male dessen polaristisches Vokabular für optische Zwecke. Machen wir uns klar, welche Textsorte wir hier vor uns haben: Es waren private Notizen für sein Arbeitsjournal; sie waren zunächst für keinen anderen Leser als ihren Autor bestimmt.[75] In diesem geschützten Rahmen brauchte Ritter keine Vorsicht walten zu lassen, konnte seiner naturwissenschaftlichen Phantasie und Kreativität die Zügel schießen lassen, ohne um sein Renommee bangen zu müssen.[76]

Für Außenstehende formulierte Ritter noch in den folgenden Wochen ganz anders. Wie Sie sehen werden, hielt er sich z. B. mit weitreichenden polaristi-

72 Ritter [FaNJ]/1:§ 257 (1801); Hervorhebung geändert; vergl. Ritter, Arbeitsjournal unter dem 24. 1. 1801 (siehe Ritter [VD]:94/5).

73 S. o. § 2.2.11.

74 Ritter, Brief an Frommann mit Eingangsdatum vom 4. 5. 1801 (siehe Richter (ed) [PRJW]:99); für den Wortlaut s. u. § 3.4.7.

75 Ritter [FaNJ]/1:XC-XCI; Ritter, Brief an Ørsted vom 31. 3. 1809 (siehe Harding (ed) [CdHC]/II:228).

76 Vergl. Ritter, Brief an Zimmer vom 20. 2. 1809 (siehe Ritter [BaJG]:1^r-1^v); für den Wortlaut s. o. § 2.2.9.

schen Festlegungen sowohl gegenüber Goethe als auch in Vorträgen und Veröffentlichungen zurück.[77] Goethe versuchte, ihn in Sachen Polarität stärker auf seine Seite zu ziehen, ohne zu wissen, wie weit sein Kooperationspartner damit für sich allein bereits vorangekommen war. Es sollte einige Zeit dauern, bis Ritter es offiziell machte.

Vertiefungsmöglichkeit. Eine andere kühne Weiterführung der polaristischen Ideen zum Licht führte den jungen Physiker noch vor seiner Entdeckung des Ultravioletten dazu, die beiden gegenüberliegenden, unsichtbaren Bereiche außerhalb des Spektrums als »die finstern Farben« anzusprechen und zu vermuten, dass die eine davon Hydrogen sei, die andere Oxygen.[78] Wie man sieht, hat Ritter in diesen Monaten immer wieder recht exaltierte Überlegungen durchprobiert, die windschief zu Goethes vergleichsweise schlichter Idee einer Polarität zwischen Licht und Finsternis stehen. Ich illustriere diesen Sachverhalt *pars pro toto* durch ein weiteres Beispiel: Ohne jemals wieder darauf zurückzukommen, versuchte Ritter im April 1800, die Finsternis als einen Eindruck zu interpretieren, der von einem Überschuss an Licht herrührt und das Auge blendet.[79]

* * *

Ritters Reise

§3.1.10. Unmittelbar nach seinem Besuch bei Goethe trat Ritter eine Reise an, die ursprünglich zwei Wochen dauern sollte und am Ende doppelt so lang wurde. Während nicht viele Einzelheiten der Reise bekannt sind, finden sich in erhaltenen Briefen einige Anhaltspunkte. Wie wir wissen, war Ritter zunächst mit dem damals achtjährigen Philipp Veit unterwegs, der sich später als Nazarener Maler einen Namen machen sollte.[80]

Warum Ritter mit dem Knaben gereist ist, lässt sich nicht mehr mit hundertprozentiger Sicherheit in Erfahrung bringen; dessen hart arbeitende Mutter Dorothea Veit hatte in diesen winterlichen Wochen bei aller Liebe offenbar Mühe, dem charmanten, altklugen Kind die fürs Schreiben erforderliche Ruhe abzuringen.[81] Ihr zufolge kam der ebenfalls hart arbeitende Ritter damals bestens mit ihm aus:

> »Friedrich und ich leben jetzt ganz allein; Ritter macht eine kleine Reise nach Weimar, Gotha, Meiningen etc. er hat den Philipp mitgenommen, den er sehr liebt. Heute schrieb er mir, Philipp betrüge sich scharmant, und bis zur Rührung weis er sich gut in alles zu finden« (D. Veit, Brief an Schleiermacher vom 27. 2. 1801).[82]

77 Im knappen Text, in dem Ritter das Wort am 28. 1. 1801 zum zweiten Male öffentlich eingesetzt hatte, war es ausschließlich um Polarität beim Galvanismus gegangen (Ritter, Brief an Gilbert vom 28. 1. 1801 (siehe Ritter [VBüV]:268, 273); für den Wortlaut s. o. §3.1.7; vergl. auch §2.2.7, §2.4.8).
78 Ritter, Arbeitsjournal unter dem 24. 1. 1801 (siehe Ritter [VD]:92).
79 Ritter, Arbeitsjournal unter dem 7. 4. 1800 (siehe Ritter [VD]:12).
80 Richter (ed) [PRJW]:90n3. – Zu Veits Lebensgeschichte siehe Suhr [PV].
81 D. Veit, Brief an Schleiermacher vom 17. 1. 1801 (siehe Schlegel [KFSA]/25:221).
82 Schlegel [KFSA]/25:237.

Dass die gemeinsame Reise u. a. sowohl nach Weimar als auch nach Gotha gehen sollte, ist doppelt belegt.[83] Aus ihrem Jenaer Wohnort schrieb Philipp Veits Mutter in ironischem Ton, so als wäre auch Ritter ihr Sohn:

> »Von meinen Söhnen Ritter und Philipp würde ich Sie grüßen lassen, sie sind aber gegenwärtig auf Reisen, nach Weimar und Gotha« (D. Veit, Brief an C. Brentano vom 27. 2. 1801).[84]

Nach der Rückkehr der beiden und Ritters erneutem Aufbruch bezeichnete sie die Reise als Lustreise.[85] Doch vermutlich standen von Anfang an Ritters wissenschaftliche Interessen als oberstes Reiseziel fest; in Weimar sollte es wie dargetan um Optik gehen, in Gotha vermutlich um galvanische Experimente. Es ist nicht ausgeschlossen, dass Ritters achtjähriger Begleiter die Luft der weiten Welt schnuppern und dabei erste wissenschaftliche Erfahrungen durchlaufen sollte; gleichwohl wird er bei den optischen Experimenten in Goethes Haus schwerlich dabei gewesen sein. Bedauerlicherweise scheint sich in Philipp Veits umfangreichem Nachlass keine bezeugte Erinnerung an den Physiker zu finden.[86] Das ist insofern überraschend, als eine Reise mit einem Exzentriker wie Ritter nicht ohne nachhaltigen Eindruck auf den jungen Knaben geblieben sein kann; zudem hat er lange genug gelebt, um noch die naturwissenschaftliche Rehabilitierung Ritters mitzubekommen, die ihn bei seinem weitgespannten geistigen Horizont durchaus hätte interessieren können. Wie auch immer, aus einem Reisebrief geht hervor, dass Ritter den Jungen nach zwei Wochen wieder bei der Mutter abgegeben hat:

> »Erfurt [Donnerstag] den 12. Merz 01.
> Guten schönen Morgen, lieber Freund! Das Versäumen eines Posttags ist Schuld, daß ich Ihnen nicht schon früher geschrieben habe.
> Von Gotha, wo ich Dienstags [den 3. 3. 1801] noch von 8-11 beym Herzog experimentirte, u. den Tag darauf im Gasthof meine Rechnung bezahlt fand, reiste ich auf zwei Tage der Erholung wegen von wirklich so mancherley Stürmen nach Eisenach u. hatte mich auch nicht verrechnet. Am Freytag [den 6. 3. 1801] kam ich durch Gotha, wo ich Löffler noch u. Schlichtegroll besuchte nach Erfurt u. fuhr Sonnabend früh nach Weimar, weil ich Schlegel's da zu finden glaubte, um den Philipp abzugeben. Sie kamen aber erst Sonntags [den 8. 3. 1801], u. so konnte ich erst diesen Tag abends nach Erfurt zurück wo ich sogleich meine Weisung von Schlichtegroll an Md. De Gachet, eine sehr geistvolle

83 Richters These, wonach Ritter den Jungen nur von Eisennach bis Erfurt mitgenommen hätte, ist also unhaltbar (Richter [LPJW]:63).

84 Schlegel [KFSA]/25:240.

85 D. Veit, Brief an C. Brentano vom 13. 3. 1801 (siehe Schlegel [KFSA]/25:244). Es scheint, als hätte Ritter am Ende seines Lebens auf eine Reihe von Begegnungen während dieser Reise angespielt, als er eine »Erlösungsgeschichte« beschrieb, die mit der Befreiung aus dem Bannkreis Friedrich Schlegels zu tun haben mag (Ritter [FaNJ]/1:XXIX-XXX, vergl. Rehm (ed) [UBJW]/a:354/5). Der dort erwähnte »Knabe« (Ritter [FaNJ]/1:XXX) wäre demzufolge Philipp Veit gewesen (gegen Dietzsch in Ritter [FaNJ]/D:367).

86 Freundliche Mitteilung von Norbert Suhr, dem ich auch für weitere Hinweise danke, die in diesen Absatz eingeflossen sind.

gelehrte Dame, auch in Chemie u. Physik, anbrachte. Ich wurde daselbst sehr gut aufgenommen, u. ich habe bis heute hier bleiben müssen.
[...] Morgen kehre ich nach Weimar zurück u. auf den Sonnabend oder auch Freitag Abend schon nach Jena. Schlegel disputirt auf den Sonnabend [den 14.3.1801], u. ich will nothwendig dabey seyn.
Aber werde ich können?« (Ritter, Brief an Frommann vom 12.3.1801).[87]

Im Anschluss an diese überraschende Frage kam Ritter auf seine Geldsorgen zu sprechen und legte in der ihm eigenen Mischung aus Charme und Verzweiflung dar, dass er sich wegen der Gläubiger bis auf weiteres nicht mehr in Jena blicken lassen könne.[88] Und in der Tat verpasste er die Doktorprüfung seines Freundes Friedrich Schlegel; er kam insgesamt vier Wochen lang nicht nach Jena zurück.[89] Im nächsten erhaltenen Brief Ritters an Frommann steht dazu:

»Erfurt, im weißen Roße
Sonntag, den 22. Merz 1801
Nur zwey Zeilen. Von *hier* aus? Ja, ja! – was ich hier will? Ich weiß es nicht. Bey wem ich bin? Fragen Sie die Leute, die gestern in Weimar im Theater waren, nach der Dame, die mir rechter Hand nach dem Theater zu, gesessen hat. Schöne Gerüchte werden über mich ergehen. Doch ich kann sie ertragen« (Ritter, Brief an Frommann vom 22.3.1801).[90]

Man gab den *Wallenstein*, und Goethe sah sich die Aufführung ebenfalls an.[91] Einiges spricht dafür, dass Ritter mit der im Vorgängerbrief erwähnten Chemikerin Louise de Gachet im Theater gewesen ist, einer schillernden und brillanten französischen Emigrantin, über die viel gerätselt worden ist.[92]

Die dämonische Amazone

§3.1.11. Ob Ritter mit Louise de Gachet eine Liebesaffäre hatte oder ob er es nur so erscheinen lassen wollte, brauche ich nicht zu entscheiden.[93] In Weimar kann ihr Gesicht seiner-

87 Richter (ed) [PRJW]:90.
88 Ritter, Brief an Frommann vom 12.3.1801 (siehe Richter (ed) [PRJW]:91).
89 Ritter, Brief an Savigny vom 28.3.1801 (siehe Rehm (ed) [UBJW]/b:46). Dass man noch einen Tag vor der Doktorprüfung fest mit ihm gerechnet hatte, dokumentiert D. Veit, Brief an C. Brentano vom 13.3.1801 (siehe Schlegel [KFSA]/25:244).
90 Richter (ed) [PRJW]:91/2; Hervorhebung im Original.
91 Goethe, Tagebuch zum 21.3.1801 (siehe Goethe [WA]/III.3:10); er dürfte Ritter im Publikum bemerkt haben, doch ob er ihn im Umfeld der Aufführung gesprochen hat, ist meines Wissens nicht bezeugt.
92 Siehe die Literatur in Rehm (ed) [UBJW]/a:352. Die ausführlichste Darstellung der bekannten Fakten aus dem Leben der Madame de Gachet bietet Gobert [DA].
93 Alles andere als eindeutige Aufschlüsse dazu bieten Ritter, Briefe an C. Brentano vom 2.3.1802 und 18.3.1802 (siehe Rehm (ed) [UBJW]/a:334, 336) und Ritter, Brief an Frommann vom 14.4.1801 (siehe Richter (ed) [PRJW]:97. Vergl. Rehm (ed) [UBJW]/a:354-357, 358/9). Auch Ritters eindeutige Anspielung auf die »chemisirende Französin« aus dem Jahr 1809 wirft mehr Rätsel auf, als sie löst (Ritter [FaNJ]/1:XXX; dazu Dietzsch in Ritter [FaNJ]/D:367). Dietzsch, Gobert und Niehoff zufolge waren Ritter und Gachet zeitweilig liiert (Dietzsch in Ritter

zeit keine Stadtbekanntheit gewesen sein, jedenfalls ist sie von Goethe nicht erkannt worden.

Das ist aus folgendem Grund von Interesse. Er schrieb zwischen 1799 und 1803 sein Trauerspiel *Die natürliche Tochter* und stützte sich dafür auf Material aus den skandalträchtigen Memoiren einer angeblichen unehelichen Tochter aus dem französischen Königshaus namens Stéphanie-Louise de Bourbon-Conti, die sich in ihren Memoiren als Royalistin gab und um ihren offiziellen Rang in der Thronfolge kämpfte.[94]

In der Literatur ist umstritten, ob die Memoiren authentisch sind.[95] Nun scheint sich ausgerechnet Louise de Gachet (Ritters mutmaßliche Begleiterin) noch vor der Jahrhundertwende in Berlin als Stéphanie-Louise de Bourbon-Conti ausgegeben zu haben.[96] Und einiges spricht dafür, dass sie Ritter die Dokumente zur Geschichte der Stéphanie-Louise de Bourbon-Conti (oder deren Memoiren in Buchform?) als authentische Papiere ihrer eigenen Biographie überreicht oder gezeigt hat.[97] Interessanterweise scheint Ritter die Urauf-

[FaNJ]/D:367, Gobert [DA]:15, Niehoff [VM]:36). Doch wie ich meine, lässt sich nicht sicher entscheiden, ob die Gerüchte über Gachet als »Ritters Geliebte, ein Weib so groß wie Ritter an unschuldigem Geist« stimmten (C. Brentano, Brief an Savigny von Mitte bis Ende November 1801 (siehe Richter [LPJW]:241)). An seine Schwester hatte Brentano nur von einer »wissenschaftlichen Verbindung« der beiden geschrieben (C. Brentano, Brief an B. Brentano ohne Datum (siehe Arnim (ed) [CBFa]/1:73)).

94 Bourbon-Conti [DSLv]/1, Bourbon-Conti [DSLv]/2, Goethe [NT]/H; zu den Beziehungen zwischen den Memoiren und dem Theaterstück siehe Lange in Goethe [MA]/6.1:931-933.

95 Wie Lohmeier ohne Beleg darlegt, dürfte Goethe gewusst haben, dass die Autorin eine Hochstaplerin gewesen ist; Lohmeier geht also davon aus, dass die Memoiren nicht authentisch sind (Lohmeier in Goethe [HA]/5:595). Böschenstein hat die Geschichte des Meinungsstreits über die Memoiren analysiert und kommt mit recht guten Gründen tentativ zu dem entgegengesetzten Ergebnis (Böschenstein [BQfG]:317-319, 340 *et passim*).

96 So berichtete es – ohne entschiedenes Votum zur königshäuslichen Identität der mit Pass ausgewiesenen Madame de Gachet, wohl aber mit einer Portion Skepsis – Karl August Varnhagen v. Ense aus Erinnerungen seiner Frau Rahel Levin (Varnhagen v. Ense [GNT]/A:446-449); siehe dazu Gobert [DA]:16/7. – Freihändig (und ohne Bezug zu Böschenstein oder Gobert) bezeichnet Richter die Autorin der Memoiren als Bourbonenprinzessin und identifiziert sie mit Gachet (Richter [LPJW]:63).

97 C. Brentano, Brief an B. Brentano ohne Datum (siehe Arnim (ed) [CBFa]/1:89/90). Dieser Briefpassus muss aus folgendem Grund in den letzten beiden Märzwochen des Jahres 1802 geschrieben worden sein: Noch am 18.3.1802 wusste Ritter nur vom Hörensagen und genau nicht von Louise de Gachet, dass die »Biographie ihrer jüngeren Jahre [...] gedruckt« vorliege; er fand es zu taktlos, sie direkt danach zu fragen (Ritter, Brief an C. Brentano vom 18.3.1802 (siehe Rehm (ed) [UBJW]/a:336)). Es wäre sicher kein *faux-pas* gewesen, sie nach den Memoiren zu fragen, nachdem sie ihm die fraglichen Dokumente mitgeteilt hatte. Das bedeutet, dass Ritter seinem Freund erst nach Versendung des zuletzt erwähnten Briefs detailliert über die

führung der *Natürlichen Tochter* in Weimar am 2.4.1803 erlebt zu haben.[98] Kurz darauf sandte er einen langen, nicht erhaltenen Brief nach Paris, worin er vermutlich den Inhalt des Stücks und wohl auch einschlägige Teile der Memoiren wiedergab; auf jeden Falls muss er in dem Brief behauptet haben, dass Louise de Gachet die Verfasserin der Memoiren gewesen sei.[99]

Nehmen wir einmal an, dass Ritters Behauptung zutraf. Dann hätte Goethe also am 21.3.1801 mit dem Vorbild eines seiner späteren Theaterstücke in ein und derselben Schiller-Aufführung gesessen.[100] Dass er sie (falls sie die Begleiterin Ritters war) von seiner Loge aus nicht in Augenschein genommen hätte, ist unwahrscheinlich – er muss Ritter erkannt haben und wird so wie einige andere neugierig genug gewesen sein, um sich zu fragen, mit wem der Physiker ins Theater gekommen war. Hätte Goethe damals oder später um die Identität der Begleitung Ritters gewusst, so hätten wir mit hoher Wahrscheinlichkeit irgendeinen Bericht davon. Es fällt freilich schwer zu glauben, dass ihm Ritter zwei Jahre später, nach der gemeinsam erlebten Uraufführung der *Natürlichen Tochter*, nicht gesagt haben soll, wie gut er das Vorbild des Stücks kannte.

Es gibt eine Spur, mit deren Hilfe sich weitere Spekulationen befeuern lassen. Wie Varnhagen v. Ense unter Berufung auf Erzählungen Friedrich Schlegels darlegt, soll sich Goethe beim Herzog dagegen ausgesprochen haben, einer französischen Emigrantin mit praktischen Kenntnissen der Chemie eine Lizenz für den Betrieb einer Färberei in Weimar zuzusprechen, weil er ihr misstraute; dass die abgewiesene Person mit dem Urbild seiner *Natürlichen Tochter* identisch war, hätte er demzufolge erst Jahre nach der Uraufführung des Stücks erfahren.[101] Hat Goethe ihr vielleicht deshalb misstraut, weil er sie Seite an Seite oder gar Arm in Arm mit Ritter gesehen hatte?

Dokumente aus ihrem Leben berichten konnte, von denen dieser dann seiner Schwester schrieb (gegen Rehm (ed) [UBJW]/a:356). – Wie dem auch sei, Brentanos Beschreibungen der Louise de Gachet scheinen z.T. von Ritter zu stammen (so C. Brentano, Brief an B. Brentano ohne Datum (siehe Arnim (ed) [CBFa]/1:91), wohl mit Bezug zu früheren Passagen des – möglicherweise – selben Briefs (siehe Arnim (ed) [CBFa]/1:87-90)).

98 So ohne den Hauch eines Zweifels und ohne Beleg Dierkes in Schlegel [KFSA]/26.1.2:583.

99 Ritter, nicht erhaltener Brief an F. Schlegel und D. Veit von Anfang April 1803 (siehe Schlegel [KFSA]/26.1.1:95, vergl. Dierkes in Schlegel [KFSA]/26.1.2:583, 594). Dass Ritter dem Paar von der Identität der Autorin der Memoiren geschrieben hat, ergibt sich eindeutig aus D. Veit, Brief an A. Arnim vom Mai 1803 (siehe Schlegel [KFSA]/26.1.1:101). Arnim wiederum teilte diese Neuigkeiten umgehend seinem Freund Brentano mit, freilich ohne dabei Ritter als Urheber der Nachricht zu nennen (A. Arnim, Brief an C. Brentano vom 6.6.1803 (siehe Steig [AvAC]:93)).

100 Selbst wenn Louise de Gachet weder die Autorin der Memoiren noch die uneheliche Tochter eines Bourbon-Prinzen gewesen sein sollte, hätte Henriette Schuckmann Unrecht gehabt, als sie konstatierte, dass Goethe sie während ihres Aufenthaltes in Weimar »nicht gesehen« hätte (Schuckmann, Brief an R. Varnhagen vom 7.10.1816 (siehe Gobert [DA]:27)).

101 Varnhagen v. Ense [GNT]/A:452/3. Für eine skeptische Einschätzung dieser Schilderung siehe Gobert [DA]:26/7. – Zu alledem siehe auch Richter [LPJW]:65.

Nehmen wir einmal an, dass wir die Frage nach der Authentizität der Memoiren positiv beantworten, etwa weil sich bestimmte hochspezifische Angaben zu Jean-Jaques Rousseaus Erziehungsmethoden des bis zu zehnjährigen Mädchens nicht anders als durch direkten Kontakt zu dem Philosophen erklären lassen.[102] Wenn wir zusätzlich annehmen, dass Louise de Gachet die Memorien verfasst hat, dann könnte man versuchen, aus Goethes Trauerspiel einige Aufschlüsse über Ritters mutmaßliche Geliebte gewinnen. Denn wie sich zeigen lässt, hat Goethe den Memoiren – bei aller dichterischen Freiheit – eine große Zahl von Motiven entnommen.[103] Wir dürfen ihm zutrauen, mit seiner intuitiven Treffsicherheit Fäden weitergesponnen zu haben, die nicht fern von der historischen Wahrheit verlaufen. Dieser Fährte zu folgen, wäre ein reizvolles Unterfangen, das ich für eine andere Gelegenheit aufsparen muss.

3.2. Goethes langer Brief (März 1801)

Ein Brief an Ritter

§ 3.2.1. In den zwei Wochen vor Ritters Besuch hatte Goethe nahezu täglich am *Faust* gearbeitet; in den zwei Wochen danach halbierte er seinen tragödischen Arbeitstakt.[104] Auch wenn es Bewunderer der Dichtkunst Goethes

102 Während Rousseau mehr als fünfzig Mal in den Memoiren auftritt, hat sich daraus bislang kein eindeutiger Hinweis für oder wider deren Glaubwürdigkeit ermitteln lassen (Böschenstein [BQfG]:323, 336; vergl. Böschenstein in Goethe [NT]/I:313/4 u. a. mit Verweis auf Buffenoir [PdJJ]:101-116; siehe auch Böschenstein [GNTa]:351-353, 362n15).

103 Böschenstein [BQfG]:340 *et passim*; hiermit wendet er sich implizit gegen Lohmeiers These, der zufolge Goethe die handelnden Personen auf ihre sozialen Rollen reduziert habe, statt sie mit individuellen Charakteristika auszustatten (Lohmeier in Goethe [HA]/5:600). Während diese These weder mit Blick auf den Herzog noch mit Blick auf die Hofmeisterin sonderlich plausibel erscheint (deren Charakter Goethe freilich im Vergleich zur Vorlage ambivalenter gezeichnet hat), ist die These mit Blick auf die Hauptperson Eugenie haltlos, wie beispielsweise ihre für die damalige Zeit sehr eigenen soldatisch-männlichen Charakterzüge bezeugen (dazu Böschenstein [BQfG]:325, 327, Böschenstein [GNTa]:351).

104 Vergl. zwölf Nennungen des *Faust* im Tagebuch zum 9. 2. 1801-22. 2. 1801 (siehe Goethe [WA]/III.3:6/7) mit sechs Nennungen im Tagebuch zum 26. 2. 1801-11. 3. 1801 (siehe Goethe [WA]/III.3:7-9). Da solche Statistiken (wie stets) stark vom gewählten Rahmen abhängen, möchte ich betonen, dass die meinige eine konservative Schätzung darstellt; hätte ich keinen Zeitraum von vierzehn, sondern von zehn Tagen zugrundegelegt, so hätte sich Goethes faustischer Arbeitstakt sogar geviertelt (von acht auf zwei Nennungen). Goethe hat das langsame Arbeitstempo selber kommentiert (Goethe, Brief an Schiller vom 11. 3. 1801 (siehe Goethe [WA]/IV.15:197)).

schmerzen mag – der Dichter trat zugunsten des Physikers Goethe einige Schritte kürzer, und den Grund dafür dürfen wir in Ritters Besuch sehen.[105]

In der Tat nutzte Goethe die faustfreie Zeit, um den langen Brief an Ritter zu diktieren, den ich erwähnt habe und den es nun zu analysieren gilt; es ist der einzige Brief Goethes an Ritter, dessen Text erhalten ist. Darin setzte er sich überaus kritisch, aber nicht unsachlich mit Herschels Experimenten auseinander.[106] Der Brief war als naturwissenschaftliche Stellungnahme publikationsreif und sollte sieben Jahre später (zusammen mit den umfangreichen Anmerkungen des Herausgebers Ritter) gut zehn Druckseiten einnehmen – ein kleiner Fachaufsatz.[107]

Goethes Arbeitspensum in den fraglichen Tagen war breit gestreut wie immer. Zuweilen wandte er sich wie gesagt dem *Faust* zu, dessen Bearbeitung jäh von Ritters Besuch unterbrochen worden war; dann kümmerte er sich um Fragen des Schlossbaus, um Theaterinszenierungen, traf eine Vielzahl von Leuten und so weiter.[108] Im Tagebuch vermerkte er nicht ausdrücklich, wann er am Brief für Ritter gearbeitet hat. Optik erwähnte er an zwei Tagen; zudem redete er mit verschiedenen Personen, die sich für Ritters und Herschels Experimente interessiert haben dürften.

Vor Ritters Besuch in Weimar wird Goethe die Untersuchungen Herschels nicht gekannt haben.[109] Sie waren (ein Jahr nach ihrem Erscheinen) für Gilberts *Annalen* ins Deutsche übersetzt worden, und in dieser Form war Ritter ihren Details zum ersten Mal begegnet.[110] Nun schickte Goethe das Heft mit der Herschel-Übersetzung in seinem Brief an Ritter dankend zurück.[111] Ent-

105 S.o. §3.1.3.

106 Goethe, Briefkonzept an Ritter vom 7.3.1801 (siehe Goethe [LA]/I.3:245-248 sowie dort Tafel XXII, zuerst (ohne die Tafel) veröffentlicht in Goethe [WA]/IV.15:189-193). Der Brief selbst ist verloren, aber das Briefkonzept ist in Weimar erhalten (Fasz. XXI, Bl. 75-79). Siehe dazu Matthaei et al in Goethe [LA]/II.3:278/9; dort auch Hinweise zu den Unterschieden zwischen der Konzeptfassung des Briefs und der durch Ritter veröffentlichten Fassung, die ich in der nächsten Fußnote nenne.

107 Ritter (ed) [SGRv].

108 Hierzu und zum folgenden siehe Goethe [WA]/III.3:7-9; für den Wortlaut siehe §3.2.7.

109 Für Einzelheiten siehe das Kleingedruckte am Ende dieses Kapitels (§3.2.6).

110 Deutsch: Herschel [UüWE], englisch: Herschel [IoPo], Herschel [EoRo]. S.o. §3.1.2; vergl. §3.1.7.

111 Gegen Worbs [GSPJ]:198 (wonach es um einen Aufsatz *Ritters* gegangen sein soll, den Goethe zurücksandte). Im ersten Satz des Briefs ist unmissverständlich von

weder hatte der es ihm im Februar mitgebracht, oder aber er hatte es ihm nach seinem Besuch zukommen lassen – was freilich weniger wahrscheinlich sein dürfte.[112] Nach Weimar ging damals noch kein Abonnement der *Annalen.*

Wie dem auch sei, Goethe fügte dem Brief eine kolorierte Zeichnung mit zwei Versuchsanordnungen bei, deren Komposition von großer Sorgfalt zeugt (Farbtafel 11 und Buchcover). Und wie der Gedankengang des Briefs zeigt, hat Goethe in jenen zehn Tagen die Publikation Herschels nicht nur studiert, sondern sie auch mit eigenständigen Argumenten und neuen Versuchsideen durchdrungen.

Vertiefungsmöglichkeit. Konnte Goethe für die kolorierte Zeichnung auf Vorarbeiten zurückgreifen? Wenn wir von den dort eingezeichneten Thermometer-Positionen absehen, zeigt Goethes Zeichnung (unter variablen Abständen) die volle Symmetrie zwischen dem newtonischen Versuchsaufbau und der Umkehrung à la Goethe (bei Vertauschung der Rollen von Licht und Finsternis am Prisma, vergl. Farbtafel 7). Im optischen Kartenspiel der *Beyträge zur Optik* (Goethe [BzO]/1) gibt es keine vergleichbare Tafel; in der *Farbenlehre* aus dem Jahr 1810 bilden Tafeln V und VI späte Nachfahrinnen der Zeichnung für Ritter (freilich ohne Angaben zur Thermometerposition). Diese Tafeln entstanden innerhalb mehrerer Jahre aus einer Serie von Vorformen. Die älteste Vorform aus Goethes Nachlass scheint in Matthaeis Corpus-Numerierung das Blatt 208 zu sein.[113] Dieses Blatt 208 datiert Matthaei auf das Jahr 1797.[114] Hier sein Argument: Wegen Übereinstimmungen in der Papierart und der dargestellten Größe der Prismen ist plausiblerweise anzunehmen, dass Blatt 208 aus derselben Zeit stammt wie Blätter 113, 205, 206.[115] Und Blatt 113 lässt sich laut Matthaei auf den 22. 2. 1797 datieren. Denn in Goethes Tagebuch heißt es:

Gilberts Journal die Rede (Goethe, Brief an Ritter vom 7. 3. 1801 (siehe Goethe [WA]/IV.15:189)). Bis dahin waren keine Aufsätze von Ritter in Gilberts Annalen erschienen, die mit den Themen aus Goethes Brief zusammenhängen.

112 Das ist deshalb unwahrscheinlich, weil Ritters Briefe an Goethe vollständig erhalten zu sein scheinen und weil es kein Begleitschreiben gibt; zudem erwähnte Goethe keinen brieflichen Empfang der *Annalen* im Tagebuch (Goethe, Tagebuch zum 25. 2. 1801-7. 3. 1801 (siehe Goethe [WA]/III.3:7/8)). Und schließlich war Ritter nach seinem Besuch bei Goethe wochenlang auf Reisen (§ 3.1.10, § 3.4.6k).

113 Matthaei (ed) [ZzF]: No. 208 (abgebildet auf Tafel LXXVII, dazu p. 65). – Mindestens eine andere Zeichnung käme als Vorform infrage (nämlich Matthaei (ed) [ZzF]: No. 216 (abgebildet auf Tafel XXIII, dazu p. 67)). Matthaei datiert diese Zeichnung auf die Zeit zwischen 1796 und 1806 (Matthaei (ed) [ZzF]:107, vergl. pp. 15-18). Sie ist die farbige Ausführung der Umrisszeichnung No. 214 (bei Matthaei ohne Abbildung), aber in der unteren Figur ist sie falsch koloriert (Matthaei (ed) [ZzF]:66/7).

114 Matthaei (ed) [ZzF]:40.

115 Matthaei (ed) [ZzF]:40/1; vergl. Matthaei (ed) [ZzF]: No. 113 (abgebildet auf Tafel LXXVI, dazu p. 36/7), No. 205 (abgebildet auf Tafel LXXVII, dazu p. 64),

> »Früh die Abhandlung über die Baukunst, sodann die Tafeln zu den *übereinstimmenden und widersprechenden Farben* vorbereitet. Mittags zu Hause, an Farbentafeln fortgearbeitet« (Goethe, Tagebuch zum 22.2.1797).[116]

Matthaei zufolge ist Blatt 113 das einzige Blatt, in dem es um übereinstimmende und widersprechende Farben geht.[117] Ich bin mir nicht sicher, ob das stimmt und was übereinstimmende Farben sein sollen. (Widersprechende Farben sind wohl Komplementärfarben, und so können wir übereinstimmende Farben deshalb nicht gut als harmonische Farben deuten, weil laut Goethe Farbharmonie durch Komplementärfarben entsteht, siehe §1.3.4). Wenn es stimmt und wenn also auch Matthaeis Datierung des Blattes 208 plausibel ist, dann musste Goethe das damals dreijährige Blatt 208 für den Brief an Ritter nur geometrisch ähnlich nachzeichnen, neu kolorieren und mit Thermometer-Positionen versehen: die Arbeit zweier Stunden. Vielleicht hat Matthaei die Zeichnung Goethes für Ritter aus diesem Grund direkt darüber auf der vorausgehenden Seite plaziert.[118]

Inhalt des Goethe-Briefs

§3.2.2. Goethes langem Brief an Ritter kann man keine festgefahrene Frontstellung zwischen meinen beiden Protagonisten entnehmen, wie sie vom Ritter-Biographen Richter behauptet worden ist.[119] Der Rhetorik nach schrieb Goethe an einen Partner, nicht an einen Gegner. (Könnte Goethe, der Dilettant, blind für eine tatsächliche Frontstellung gewesen sein? Dann wäre auch Ritter blind dafür gewesen; denn wie gesagt hat er Goethes Brief später voller Zustimmung veröffentlicht, siehe Kapitel 6.1).

In dem Brief verteidigte Goethe seine optischen Anschauungen nicht gegen Ritters neue Versuchsergebnisse. Vielmehr wies er auf Gesichtspunkte aus Herschels Darstellung hin, aus denen sich die Unhaltbarkeit der newtonischen Theorie ergebe; und das habe dem »wackeren Herschel« auffallen müssen.[120]

In der Mitte des Briefs wusste Goethe mit Ritter gemeinsame Sache zu machen, jedenfalls behandelte er ihn wie einen Verbündeten, was sich sowohl am Inhalt als auch am Stil des Briefs ablesen lässt. Stilistisch zeigt es sich im Gebrauch der ersten Person Plural, die nicht überall als *pluralis majestatis*

No. 206 (abgebildet auf Tafel XXI, dazu p. 65), No. 208 (abgebildet auf Tafel LXXVII, dazu p. 65).

116 Goethe [WA]/III.2:57; meine Hervorhebung.

117 Matthaei (ed) [ZzF]:40. Vergl. Albrecht et al in Goethe [T]/II.2:523/4.

118 Matthaei (ed) [ZzF]: No. 366 (abgebildet auf Tafel LXXVI, dazu p. 99); es ist freilich nicht immer einfach, aus Matthaeis idiosynkratischem Ordnungssinn schlau zu werden.

119 Richter [LPJW]:75-77; für den Wortlaut s.o. §1.1.4.

120 Goethe, Brief an Ritter vom 7.3.1801 (siehe Goethe [WA]/IV.15:189).

gedeutet werden kann – insbesondere nicht in Sätzen der Vergangenheitsform, die von der zurückliegenden experimentellen Zusammenarbeit (vermutlich bei Ritters Besuch Ende Februar) handeln.[121]

Wichtiger als das ist der Inhalt der Briefmitte: Goethe erinnerte Ritter an eine entscheidende Abwandlung der Experimente Herschels, die beim Treffen durchgeführt worden sein muss. Die beiden haben die Temperatur nicht erst in Newtons Vollspektrum gemessen (wie Herschel), sondern schon in den Kantenspektren. Damit begegnet uns erneut ein Motiv, dem Goethe in seinem Protest gegen Newton stets große Bedeutung beigemessen hatte: Fast von Anbeginn hatte er eingewendet, dass sich das von Newton beobachtete Spektrum mit dessen grüner Mitte nur bei ganz bestimmten Abständen des Auffangschirms vom Prisma blicken lässt und dass bei geringeren Abständen deutlich andere Versuchsergebnisse herauskommen – zwei Kantenspektren aus den Farben Blauviolett/Türkis oben und Gelb/Rot unten, dazwischen eine weiße Mitte (Farbtafel 2 rechts). Wie dargetan hat Goethe die Kantenspektren für grundlegend gehalten und seine Theorie der anderen prismatischen Phänomene darauf aufgebaut.

Folgerichtig verlangte er nun, Herschels Temperaturmessungen in den Kantenspektren zu wiederholen statt im Newtonspektrum. Und genau darauf hat sich Ritter ohne Zögern eingelassen.

Gemeinsam gemessen

§ 3.2.3. Wie sich bei genauer Lektüre des Briefs ergibt, haben Goethe und Ritter *einige* der eben skizzierten Messungsalternativen tatsächlich beim jüngst zurückliegenden Treffen durchgeführt (also wohl am 25. 2. 1801) – einige, aber eben nicht alle. Hier die entscheidende Stelle, die sich auf die beigelegte Zeichnung (Farbtafel 11) bezieht:

> »Das im spitzen Winkel, oben und unten, auf den Rändern des Prismas, aufstehende Phänomen verbreitet sich und zeigt die beyden einfachen Farben Gelb und Blau, nach innen, mit ihren Steigerungen ins Rothe nach außen, deutlich.
>
> Endlich treffen die inneren Farben, Blau und Gelb, zusammen und bilden das Grün.

121 Goethe, Brief an Ritter vom 7. 3. 1801 (siehe Goethe [WA]/IV.15:191), für den Wortlaut s. u. § 3.2.3.

Auf dieser Stufe, des nunmehr völlig farbigen Spectri, hat Herschel seine Versuche unternommen, welche aber, auf unsere Weise dargestellt, ein anderes Ansehen gewinnen.

Er vergleicht die Wärme seines gefärbten Lichtes nur mit der Wärme der dunklen Kammer, *wir hingegen nahmen das Phänomen früher und untersuchten die Wärme des gebrochnen, nicht gefärbten Lichtes.*

Nun fragen wir: wird das Thermometer 3 auf der + Seite der Farben-Erscheinung gegen das Thermometer 2 steigen oder fallen? Ich vermuthe das letzte. Die Erfahrung mag den Ausspruch thun« (Goethe, Brief an Ritter vom 7.3.1801).[122]

Die Messung in der weißen Mitte des Spektrums bei Thermometerposition 2 hat also bei einem gemeinsamen Experiment stattgefunden, während die folgerichtig nächste Messung in Position 3 unterblieb (wie der letzte Satz des Zitats belegt). Wir wissen nicht, warum sie nicht mehr durchgeführt wurde. Vielleicht verschwand die Sonne kurz hinter einer Wolke; oder es war so spät geworden, dass es Zeit zum Mittagessen war.

Wie dem auch sei, aus der zitierten Briefstelle ergibt sich eindeutig, dass Goethe und Ritter die Temperaturmessungen Herschels gemeinsam so zu variieren angefangen haben, wie es nach Goethes Auffassung der Spektren erforderlich war. Und wenn sich Ritter darauf eingelassen hat, so muss er Goethes Anliegen wissenschaftlich ernst genug genommen haben.

Vertiefungsmöglichkeit. Mein Zitat endet mit einem gewagten Manöver Goethes: Er wagte – auf Grundlage seiner eigenen Sichtweise – eine tentative Prognose für das zuletzt vorgeschlagene Experiment.[123] Ritter äußerte kurz darauf eine widersprechende Prognose (§3.4.4k). Interessanterweise sollte sich Goethes, nicht Ritters Prognose bestätigen.[124] Es kann also keine Rede davon sein, dass Goethes Einsichten nicht dazu taugten, erfolgreich neue Beobachtungen zu prognostizieren, wie z.B. Heisenberg behauptet hat.[125] Die bewahrheitete Prognose ergibt sich freilich ebenfalls unter den Vorzeichen der newtonischen Orthodoxie; sie folgt aus dem Energie-Erhaltungssatz, der zwar erst lange nach Newtons (und Ritters) Tod formuliert wurde, sich aber gut in dessen Denkweise integrieren lässt.

122 Goethe [WA]/IV.15:191/2; meine Hervorhebung.

123 Goethe, Brief an Ritter vom 7.3.1801 (siehe Goethe [WA]/IV.15:192).

124 So jedenfalls Ritter später mit Blick auf Wünschs dritten Versuch, den er mit dem seitens Goethe vorgeschlagenen Versuch identifizierte (Ritter (ed) [SGRv]:720n; Wünsch [VüVS]/B:607/8). Zu den Details s.u. §6.1.6k.

125 Heisenberg [GNFi]:57.

Ein Einwurf

§ 3.2.4. Gegen mein Ergebnis aus dem vorigen Paragraphen könnte jemand folgendes einwerfen: Es ist nicht statthaft, aus einem Brief *Goethes* irgendwelche Rückschlüsse darüber zu ziehen, wieviel naturwissenschaftlichen Respekt ihm der Adressat entgegenbrachte. Was wäre, wenn Ritter den Brief spöttisch lachend gelesen hätte? Bräche dann nicht meine ganze Argumentation zusammen?

Der Einwurf sticht nicht; einerseits war Goethe im Umgang mit Menschen zu sensibel, um einer so gravierenden Fehleinschätzung zum Opfer zu fallen. Andererseits sprechen die Reaktionen Ritters auf den Brief eine deutliche Sprache. Eine direkte Antwort auf den Brief ist zwar nicht erhalten. Aber wir haben drei Indizien dafür, dass Ritter mit dem Brief weitgehend einverstanden war.

Erstens verstärkte er den Austausch mit Goethe; zweitens zeigt sich in seinen Veröffentlichungen über die neue Entdeckung sehr deutlich der Einfluss aus Goethes Brief; und drittens hat Ritter den Brief Jahre später in einer Fachzeitschrift veröffentlicht, und zwar mit mehr als wohlwollenden eigenen Anmerkungen.

Bevor ich diese drei Indizien jeweils im Rahmen ihrer zeitlichen Ordnung weiterverfolge, möchte ich meine Betrachtung des Goethe-Briefs abschließen und fragen: Warum kommt in dem Brief kein einziger Hinweis auf Ritters Entdeckung vor? Die Antwort, die ich im nächsten Paragraphen anbieten werde, wird uns zu meinem ersten Indiz gegen den eben formulierten Einwurf leiten.

Was Goethe bei Ritter bewirken wollte

§ 3.2.5. Goethes Brief vom 7. 3. 1801 endet voller Offenheit für Ritters eigene Experimente:

> »So manches noch hinzuzufügen ist, schließe ich doch gegenwärtig und erwarte die Resultate Ihrer Untersuchungen« (Goethe, Brief an Ritter vom 7. 3. 1801).[126]

Offenbar hatten Goethe und Ritter verabredet, auf welche Weise Ritter seine Untersuchungen fortsetzen sollte. Mit Ausnahme dieser Bemerkung erwähnte Goethe in dem gesamten Brief die Experimente Ritters mit keinem Wort.

126 Goethe [WA]/IV.15:193.

Warum nicht? Nur wenn ich auf diese Frage eine gute Antwort weiß, kann ich recht haben, dass Ritter im Februar eigens bei Goethe an die Tür klopfte, um ihm seine brandneue Entdeckung vorzuführen, und dass Goethe die Entdeckung willkommen hieß.

Nehmen wir wie bislang an, dass Goethe und Ritter zehn Tage vor Abfassung des Briefes sowohl Herschels als auch Ritters Experimente durchgenommen haben und dass beides für Goethe neu war. Wenn er in seinem ersten Brief nach dem Treffen nur auf Herschels Experimente einging, wenn er nur sie in den eigenen Rahmen einordnete und gedanklich vermannigfaltigte, so könnte das bedeuten, dass nur sie ihm bedrohlich vorgekommen sind – im Gegensatz zu Ritters Experimenten.

Wie Goethe vielleicht erst beim Lesen des von Ritter mitgebrachten Herschel-Aufsatzes im vollen Ausmaß klar geworden ist, war Herschels Präsentation ganz und gar unter newtonischen Vorzeichen abgefasst – Ritters Präsentation seiner eigenen Entdeckung war es nicht, jedenfalls am 25.2.1801 in Weimar nicht; sonst hätte Ritters plötzlicher Überfall eine grobe Unverschämtheit bedeutet.[127]

Meine Erklärung für Goethes Schweigen lautet also: Wovon er sich nicht bedroht fühlte, darüber brauchte er sich unter Zeitdruck und bei erheblichem Arbeitspensum (§3.2.1) keine eingehenden Gedanken zu machen. Hier genügte der neugierig freundliche Hinweis auf weitere Untersuchungen Ritters.

Wozu also der Brief? Ich vermute: Goethe wollte Ritter davon abhalten, Herschel zu folgen und dessen neue Experimente newtonianisch aufzufassen; und vielleicht hoffte er, im selben Atemzug verhindern zu können, dass Ritter auch noch seine eigenen Experimente unter die Schirmherrschaft der newtonischen Orthodoxie stellen würde.

Immerhin hätte es nahegelegen, wenn Ritter genau das getan hätte. Herschel hatte im Rahmen der newtonischen Orthodoxie das Infrarot-Licht entdeckt.[128] Davon angeregt hat Ritter am entgegengesetzten Ende des Spektrums nach unsichtbarem Licht gesucht und wurde fündig – naheliegenderweise im selben Rahmen wie Herschel. Daher deuten einige Kommentatoren

127 S.o. §3.1.6. Im folgenden werde ich eine Reihe zusätzlicher Indizien beibringen, die meine These weiter stützt.

128 Um genau zu sein: Herschel argumentierte unter Voraussetzung der newtonischen Theorie, dass das von ihm entdeckte unsichtbare Licht etwas genuin anderes sei als sichtbares Licht (siehe Hentschel [UL]:364-366).

Ritter als Newtonianer.[129] Dass dies eine Fehldeutung ist, möchte ich in den kommenden Kapiteln zeigen. Wie sich herausstellen wird, legte Ritter das newtonische Vokabular in seinen Veröffentlichungen nach und nach ab.

Vertiefungsmöglichkeit. Es gibt eine Reihe weiterer Möglichkeiten, die Frage zu beantworten, warum Ritters Entdeckung in Goethes Brief keine Rolle spielt. Erstens: Vielleicht ist Goethe auf sie in seinem Brief deshalb nicht eingegangen, weil er sich noch nicht sicher war, wie er die Entdeckung mit seinem Ansatz in Verbindung bringen sollte. Dass er überhaupt so rasch reagieren konnte, und zwar mit einem kleinen publikationsreifen Fachaufsatz gegen die ihm neuen Folgerungen Herschels, ist schon erstaunlich genug.

Zweitens könnten Goethe und Ritter gemeint haben, dass das Hornsilber-Experiment nur ein vorübergehendes Indiz zugunsten der von Goethe erstrebten Polarität in Newtons Spektrum böte: Demzufolge wäre dadurch zwar die Asymmetrie beseitigt, die seit Herschels Resultaten darin bestand, dass das sichtbare Newtonspektrum auf der einen Seite unsichtbar weitergeht, auf der anderen Seite aber nicht; denn wie durch Ritters Experimente deutlich geworden war, hat das Spektrum jenseits beider Enden eine unsichtbare Fortsetzung. Doch mit diesem Ergebnis blieb immer noch eine Asymmetrie in den Temperaturmessungen übrig (Abb. 3.1.1b): Warum konnte Herschel außerhalb des Spektrums auf der einen Seite Temperaturänderungen messen, auf der anderen Seite aber kein symmetrisches Gegenstück dieses Effekts aufweisen? Erst wenn auch das Thermometer auf beiden Seiten konträre Wirkungen nachweisen könnte, wäre die Polarität voll und ganz rehabilitiert.[130] Wenn diese naheliegende Überlegung richtig wiedergibt, was Goethe und Ritter damals dachten, so böte das geschwärzte Hornsilber nur einen *Anhaltspunkt* für die weitergehende Suche nach Wärme- oder Kältewirkungen jenseits des spektralen Violetts, wäre also nur eine Nebenfigur in einem anderen Spiel. Das würde nicht nur erklären, warum Goethe in seinem Brief lediglich auf Herschels Experimente reagierte, sondern auch, warum Ritter seine Ergebnisse stets wie kleinere Ergänzungen zu Herschels Ergebnissen präsentierte.

Drittens könnte Ritter seinen Partner aus Sorge um die Priorität dringend gebeten haben, ja nichts von der Entdeckung zu Papier zu bringen, und vielleicht hat sich Goethe akribisch an diese Bitte gehalten – sogar ein Brief an Ritter selbst (der auf Reisen war) hätte durch viele Hände gehen müssen und dadurch vielleicht doch in falsche Hände kommen können. Wie plausibel diese Möglichkeit ist, hängt davon ab, auf welchem Weg Goethe den Brief an Ritter übermittelt hat – worüber nichts bekannt ist (§ 3.3.1). Sollte er den Brief bei Ritters voriger Unterkunft deponiert haben (die Ritter auch bei der Rückkehr wieder aufgesucht hat), so käme es auf die Zuverlässigkeit dieses Gastgebers in Goethes Augen an – hier muss ich die Spekulationen abbrechen.

* * *

129 Worbs [GSPJ]:199; für den Wortlaut s. u. § 3.5.7. Ähnlich Richter [LPJW]:77 (wörtliches Zitat in § 1.1.4) und Klinckowstroem [GR]:140.

130 Vergl. Ritter, Arbeitsjournal unter dem 24. 1. 1801 (siehe Ritter [VD]:91); für den Wortlaut s. o. § 3.1.8.

Goethes Vorwissen zu Herschel?

§ 3.2.6. Weil Herschels Versuchsergebnisse zum augenblicklichen Zeitpunkt meiner Erzählung den allerneuesten Stand der Erforschung von Lichtspektren darstellten, ist es interessant zu fragen, weshalb Goethe so früh von diesen Experimenten wissen konnte und seit wann. Fest steht, dass er von ihnen im Jahr 1801 (nicht lange nach Veröffentlichung ihrer deutschen Übersetzung) gelesen hat; jedenfalls hat Ritter das später ausdrücklich bestätigt.[131] Kannte er sie bereits vor Ritters Besuch Ende Februar 1801? Um das mit hinreichender Wahrscheinlichkeit auszuschließen, muss ich penibel vorgehen. Vorab: In Goethes Tagebüchern und Briefen der Weimarer Ausgabe habe ich bis März 1801 weder Hinweise auf Herschels Veröffentlichungen in den *Philosophical Transactions* gefunden noch Hinweise auf das deutsche oder englische Publikationsorgan, worin sie erschienen. Dass Goethe damals die englischen Originale der Texte Herschels gekannt hätte, ist unwahrscheinlich. Er entlieh sich aus der Weimarer Bibliothek erst ab 1804 Bände der *Philosophical Transactions*, und zwar ältere als diejenigen, in denen sich Herschels Originalarbeiten finden.[132]

Eine ultrakurze deutschsprachige Notiz zu Herschels Entdeckung war schon im Jahr 1800 in Gilberts *Annalen* herausgekommen; sie dürfte Goethe nicht aufgefallen sein.[133] Die erste ausführliche Übersetzung ins Deutsche hatte Goethe druckfrisch von Ritter bekommen.[134] Es ist wenig wahrscheinlich, dass Ritter den Band vor seinem Besuch verliehen haben soll. Denn Ritter hatte sich die entscheidenden Ergebnisse Herschels in seinem Arbeitsjournal am 24.1.1801 aus den *Annalen* herausgeschrieben und plante wie gesagt seitdem, nach Effekten jenseits vom blauvioletten Ende des Spektrums zu suchen.[135] Er hätte das fragliche Heft der *Annalen* schwerlich vor getaner Arbeit aus der Hand gegeben; in seiner ersten Veröffentlichungsnotiz zitierte er eine Seitenzahl des Heftes, die noch besser passte als die Seitenzahl, die er im Arbeitsjournal festgehalten hatte.[136]

In Goethes Bibliothek stand ein Buch mit neueren Herschel-Übersetzungen aus dem Jahr 1801.[137] Goethes Schreiber Ludwig Geist hat in den Band acht Titel von Abhandlungen

131 Ritter (ed) [SGRv]:720n, volles Zitat in § 6.1.5.

132 Keudell [GaBW]:389 mit Bezug auf Keudell [GaBW]:§ 355, § 418, § 589, § 605. Da die Ausleihungen aus den Jenaer Bibliotheken erst für spätere Jahre dokumentiert sind (Bulling [GaEB]:12-14), hilft der dort einzige Eintrag zu den *Philosophical Transactions* ebenfalls nicht weiter (Bulling [GaEB]:66 mit Bezug auf § 108). Und das einzige – unaufgeschnittene – Exemplar der *Philosophical Transactions*, das Goethe besessen hat, stammt aus dem Jahr 1820 (Ruppert [GB]:§ 4210).

133 Blagden [NvZW]. Dasselbe dürfte für die ultrakurze Notiz in Voigts *Magazin fuer den neuesten Zustand der Naturkunde* gelten, die Ritter kannte (Ash in Voigt (ed) [MfNZ]/2:294)).

134 Herschel [UüWE], basierend auf zwei englischen Originalpublikationen (Herschel [IoPo], Herschel [EoRo]).

135 Ritter, Arbeitsjournal unter dem 24.1.1801 (siehe Ritter [VD]:91) mit Verweis auf Herschel [UüWE]:141; s. o. § 3.1.8.

136 Ritter [ANSS] verweist auf Herschel [UüWE]:149n, und diese Seitenzahl findet sich nicht in Ritters Arbeitsjournal (vergl. vorige Fußnote).

137 Ruppert [GB]:§ 4662 mit Verweis auf Herschel [UüNS], zusammengestellt aus den englischen Originalarbeiten Herschel [IoPo], Herschel [EoRo], Herschel [EoSo].

notiert, die 1802 im ersten Stück der *Annalen* erschienen sind, wodurch als Erwerbsdatum der Übersetzung das Jahr 1802 lediglich nahelegt, aber nicht bewiesen wird.[138] Es erscheint jedenfalls alles andere als wahrscheinlich, dass Goethe den Band vor Ritters Besuch besessen haben soll, zumal er damals möglicherweise noch nicht auf dem Markt war.[139]

Im Jahr 1802 kam eine dritte Herschel-Übersetzung heraus, und zwar genau in dem Heft der *Annalen*, aus dessen Inhaltsverzeichnis sich Goethe die Titel der Abhandlungen abschreiben ließ; es ist das einzige Heft, das Goethe erworben hat.[140] Während dies deutlich dafür spricht, dass sich Goethe nachhaltig für Herschels Ergebnisse interessierte, ist es für meine augenblickliche Fragestellung ein Jahr zu spät; Goethe konnte diese Arbeiten nicht kennen, als Ritter ihn im Februar 1801 besuchte.[141]

Viel hängt also davon, ob Goethe schon früher Gelegenheit hatte, in die *Annalen der Physik* hineinzuschauen. Vor der Publikation seiner *Farbenlehre* (1810) hat Goethe nachweislich drei weitere Aufsätze aus den *Annalen der Physik* gekannt – alle aus den Jahrgängen 1800/1, aber aus anderen Bänden der *Annalen*.[142] Wann er diese drei Texte gelesen hat, ist schwer zu sagen.[143]

Es gibt einige weitere Indizien, aus denen hervorgeht, dass Goethe in Weimar damals keinen schnellen Zugang zu den *Annalen der Physik* hatte. In einem undatierten Brief, der vermutlich nach 1800 geschrieben wurde, bat Goethe einen heute nicht bekannten Adressaten, »die letzten Bände von Gilberts *Annalen* aus der Jenaischen Bibliothek« herüberzuschicken.[144] Und noch im Jahr 1806 bat er Knebel, ihm einen Aufsatz Ritters zuzusenden,

138 Ruppert [GB]:§ 4662 ohne Nennung der Autoren und Titel (siehe aber Gilbert (ed) [AP]/10, erste unpaginierte Seite des Inhaltsverzeichnisses, wo u. a. Herschels Text und eine Kritik daran erwähnt sind, nämlich Herschel [FVüW] und Leslie [VüLW]).

139 Ritter bezog sich erst wesentlich später – im Jahre 1808 – auf Herschel [VüBU] in Herschel [UüNS]; siehe Ritter [BzVA]:701/2.

140 Ruppert [GB]:§ 4174.

141 Zum selben Ergebnis führt ein Blick auf Goethes Bibliotheksnutzung. Aus der Weimarer Bibliothek lieh sich Goethe zwischen Sommer 1816 und Sommer 1824 insgesamt sechs Mal Bände der *Annalen der Physik* aus (Keudell [GaBW]:§ 1052 (Jahrgang 1815, 12. Heft), § 1054 (Jahrgang 1815, 9. und 10. Heft), § 1097 (Jahrgang 1807), § 1166 (Jahrgang 1817/8), § 1382 (Jahrgang 1810), § 1566 (Jahrgang 1799/1800 *oder* Jahrgang 1809/10)). Hätte die Weimarer Bibliothek die *Annalen* bereits ab dem Jahr 1801 gehabt, so hätte sich Goethe sicher auch früher entsprechende Bände ausgeliehen. (Die erhaltenen Ausleihbücher der Jenaer Schlossbibliothek bzw. der dortigen Universitätsbibliothek helfen nicht weiter, da sie wie gesagt nicht bis ins Jahr 1801 zurückreichen (Bulling [GaEB]:12-14)).

142 Lüdicke [BKSV] (dazu Goethe [LA]/I.3:346); Huddart [BüHS] (dazu Goethe [LA]/II.4:34/5 (= M32)); Blair [BNAv] (dazu Goethe [MzGF]:407 *et passim* sowie kommende Fußnote).

143 Bekannt ist nur, dass sich Goethe mit Blairs Überlegungen im Jahr 1810 auseinandersetzte (Goethe [LA]/II.6:400/1). – Er war aber bereits in den Jahren 1794/5 und 1799 auf frühere Texte Blairs aufmerksam geworden, siehe Goethe [LA]/I.3:403, 481; Goethe [LA]/II.3:29, 32/3 (= M34), 83.

144 Goethe [WA]/IV.50:125; meine Hervorhebung; zu Zweifeln an der Echtheit vergl. Goethe [WA]/IV.50:192.

den er in Weimar über den Buchhandel nicht bekommen könne und der in den *Annalen* erschienen war.[145] Um die *Annalen der Physik* einsehen zu können, musste sich Goethe also noch einige Jahre nach dem Zeitraum anstrengen, auf den es mir hier ankommt.

Wie sich aus alledem schließen lässt, ist es wenig wahrscheinlich (aber nicht ausgeschlossen), dass Goethe von Herschels Entdeckung gelesen hatte, bevor Ritter ihn im Februar 1801 besuchte. Sicher ist aber nach allem Gesagten auch: Nach dem Besuch hatte er großes Interesse, Herschels Untersuchungen nachzulesen, denn er scheint sich die einschlägige Literatur umgehend besorgt zu haben. Einmal mehr zeigt sich, dass sich Goethe brennend für allerneueste Forschungsergebnisse interessierte. – Dass er seinen wissenschaftlichen Interessen aus Zeitmangel nicht immer nachgehen konnte, steht auf einem anderen Blatt. So habe ich bei der Autopsie des ehemals Goethe gehörenden Zeitschriftenheftes der *Annalen* zu meinem Erstaunen festgestellt, dass viele zusammenhängende Seiten bis heute (dem Februar 2019) unaufgeschnitten sind, und zwar ausgerechnet auch bei den Seiten, die für unser Thema einschlägig wären: In dem Heft finden sich keine handschriftlichen Anstreichungen; die Seiten 73 bis 80 sind am oberen Seitenrand unaufgeschnitten, so dass Seiten 74 bis 79 sicher nicht von Goethe gelesen worden sind.[146] Genauso steht es mit den Seiten 81 bis 88; Seiten 82 bis 87 sind also ebenfalls von niemandem gelesen worden. Von insgesamt 19 Seiten des Aufsatzes blieben demzufolge mindestens 10 Seiten ungelesen.[147] Warum sich Goethe das Heft verschafft und dann nicht gelesen hat, können wir offenbar nicht mehr in Erfahrung bringen. Vielleicht hat er den Aufsatz in einem anderen Exemplar gelesen, aber das ist die reinste Spekulation.

* * *

Goethes Arbeitspensum

§ 3.2.7. Wenn das Ergebnis aus dem vorigen Paragraphen zutreffen sollte, musste Goethe frisch nachdenken, als er den langen Brief an Ritter schrieb. Um Goethes Leistung jener Tage herauszustreichen, gebe ich einen lückenlosen Auszug aus seinem Tagebuch wieder. Ich habe alle verzeichneten Episoden kursiv hervorgehoben, in denen sich Goethe über seinen Brief an Ritter und über verwandte Themen Gedanken gemacht haben *könnte*, einschließlich der Namen interessierter Gesprächspartner:

> »26. [Februar 1801] Früh Faust. Mittag Graf Zenobio von Venedig.
> 27. [Februar 1801] Verschiedene Briefe dictirt. Abends Thee: Fräul. v. Imhof, *Herr* und Fr. Hofr. *Schiller*, Hr. Geh.R. Voigt, blieben zum Abendessen.
> 28. [Februar 1801] Früh Schloßbau bezügl. Briefe. Dann Zenobio. Gegen Abend *Prof. Göttling von Jena. Doctor Schlegel.* In der Oper.
>
> März.
> 1. [März 1801] *Früh Optik. Nach Mittag bey Hrn. Hofr. Schiller.* Abends Theegesellschaft: Hr. Leg.R. Bertuch, *Hr. R. Kraus, Hr. Falk,* Hr. Hamilton Irrländer, Hr. K.Hr. v. Mellish, *Hr. Hofr. Schiller.*

145 Goethe, Brief an Knebel vom 14.3.1806 (siehe Guhrauer (ed) [BzGK]/1:271). Details in § 5.2.1.
146 In der Herzogin-Anna-Amalia-Bibliothek lässt sich das fragliche Heft mithilfe von Rupperts Nummer ausfindig machen (Ruppert [GB]:§ 4174).
147 Herschel [FVüW]:74-79, 82-87.

2. [März 1801] *Früh Briefe und Varia.* An Hrn. Magister Burdach nach Kohlo, Manuscripte zurückgesendet. An Hrn. Rath Schlegel nach ? Hr. Steuerrath Ludecus. Abends Comödie.
3. [März 1801] Abends im Palais zum Thee und Abendessen.
4. [März 1801] Früh verschiedne Sachen das Theater betreffend. Abends im Theater.
5. [März 1801] *Früh Optik betreffend.* Mittag mit Hrn. G. R. Voigt spatzieren gefahren.
6. [März 1801] *Verschiednes in Ordnung.* Mittag spatzieren. Nachmittag in der Probe von Oberon.
7. [März 1801] Früh Faust. Mittag spatzieren. Abends im Theater. Hr. Hartmann von Stuttgart.
8. [März 1801] An Faust. Die Hartmannischen Zeichnungen gesehen. Nachmittags spatzieren gefahren. *Abends Theegesellschaft: Hr. Rath Kraus, Hr. Falk,* Hr. G. R. Voigt, Hr. R. R. Voigt, Hr. Hartmann, Hr. Wolf, Hr. K. R. Ridel.
9. [März 1801] Früh an Faust. Briefe. An Hrn. Secret. Thiele, Leipzig, verschiedne Commissionen. An Hrn. K.Hrn. v. Wolzogen, Berlin. Mit Hrn. G. R. Voigt spatzieren; bey dem Hartmannschen Bilde. Mittag Hr. Hartmann zu Tische. Abends im Theater.
10. [März 1801] Früh Faust. Mittag spatzieren. Hr. Hartmann wieder bey Tische. Nachmittag spatzieren gegangen im alten Garten.
11. [März 1801] Früh Faust. Mittag spatzieren gefahren. Hr. Hartmann bey Tische. Nachmittags im alten Garten. An Hrn. Hofr. Schiller nach Jena.
12. [März 1801] Früh Faust. Mittag mit Hrn. Geh.R. Voigt spatzieren gefahren. Nachmittag verschiednes die Kunst betreffend.
13. [März 1801] *Früh Varia.* Die Meinigen nach Roßla. Mittag Hr. Hartmann. Nachmittag in die Probe von Piccolomini.
14. [März 1801] Kilians Lebensordnung über die Erhaltung und Verbesserung der Gesundheit. Mittag spatzieren. Hr. Hartmann bey Tische. Briefe. An Hrn. Hofr. Schiller. *An Hrn. Ritter, 4 Stiftchen übersend.* Abends im Theater« (Goethe, Tagebuch zum 26. 2. 1801-14. 3. 1801).[148]

Hier muss ich abbrechen; Goethe vermerkte im letzten dieser Einträge einen weiteren Brief an Ritter, mit dem er ihm offenbar Material zum Experimentieren sandte; der Brief scheint verloren zu sein. Ich habe bislang keine Antwort auf die Frage, für welche Experimente Ritter die vier Stiftchen gebraucht haben könnte. Wenn Goethe sie wichtig genug fand, um sie zu erwähnen, dürften sie entweder aus wertvollem Material gewesen sein (etwa für Elektrolyse-Experimente) oder von Bedeutung für Goethes Zwecke.

Möglicherweise waren es sehr schmale, präzise Schattenwerfer. Goethe fragte in seinem Brief vom 7. 3. 1801, wie Herschels (und also wohl auch Ritters) Experimente ausgehen, wenn man sie mit dem umgekehrten Spektrum durchführt.[149] Vielleicht hat er Ritter deshalb mit vier Schattenwerfern unterschiedlicher Breite versorgt, weil sich auf diese Weise die vier wichtigsten Entwicklungsstufen des Komplementärspektrums erzeugen lassen. Dass Ausdrücke wie »Stift« und vor allem »Stiftchen« in der Goethezeit nicht unbedingt für Schreibgegenstände benutzt wurden, zeigt der Sprachgebrauch des Physikers Christian Ernst Wünsch, der für seine prismatischen Experimente einen äußerst dünnen Schatten-

148 Goethe [WA]/III.3:7-9; Hervorhebung geändert.
149 Goethe, Brief an Ritter vom 7. 3. 1801 (siehe Goethe [WA]/IV.15:193).

werfer einsetzte und ihn in der Tat als »Stift« bezeichnete.[150] In der Weimarer Ausgabe habe ich eine einzige weitere Stelle gefunden, an der Goethe den Ausdruck verwendet hat, und zwar zur Bezeichnung von Befestigungsmitteln für ein optisches Experiment, mit deren Hilfe der Leim verstärkt wurde.[151]

3.3. Ritters ultravioletter Frühling

no reply?

§ 3.3.1. Was hat Ritter auf den langen Brief erwidert, den Goethe ihm am 7. 3. 1801 geschrieben hat? Eine briefliche Antwort ist nicht überliefert. Weil aus jener Zeit nicht viele Briefe an Goethe verloren sind, dürfte das darauf hindeuten, dass Ritter nie schriftlich geantwortet hat. Er könnte den Brief persönlich entgegengenommen und kurz darauf mündlich reagiert haben.

Einiges spricht dafür: Erstens findet sich im Weimarer Goethe- und Schiller-Archiv weder unter den erhaltenen Post- noch unter den Botenrechnungen ein Hinweis darauf, dass Goethe den Brief abgeschickt hätte; und solche Belege pflegte Goethe akribisch aufzuheben.[152] Zweitens war Ritter am 7. und 8. 3. 1801 in Weimar, könnte dort also dem Absender begegnet sein, um den Brief in Empfang zu nehmen.[153] In Goethes Tagebuch steht zwar nicht, dass er Ritter am fraglichen Wochenende getroffen hat; aber selbstverständlich vermerkte er dort nicht alle Begegnungen.[154] Drittens hat der Brief Ritter erreicht; sonst hätte er ihn Jahre später nicht veröffentlichen können.[155]

Da wir keine direkte Reaktion Ritters auf den Brief kennen, müssen wir indirekte Indizien auswerten und fragen: Welche Wirkung hatte der Brief auf Ritters Darstellungen seiner Entdeckung? Hatte er überhaupt irgendeine Wirkung? In der Literatur zu Ritter oder Goethe habe ich auf diese Fragen keine Antwort gefunden. Sie sind wichtig – jedenfalls dann, wenn wir uns dafür interessieren, wie es um Goethes Resonanz bei Spitzenphysikern seiner Zeit bestellt war.

150 Wünsch [VBüF]:65.
151 Goethe, Brief an Stieler vom 28. 7. 1829 (siehe Goethe [WA]/IV.46:30/1).
152 Ich danke Jutta Eckle für viele Hinweise, die in diesen Absatz eingeflossen sind.
153 Ritter, Brief an Frommann vom 12. 3. 1801 (siehe Richter (ed) [PRJW]:90).
154 Goethe, Tagebuch zum 7. 3. 1801-8. 3. 1801 (siehe Goethe [WA]/III.3:8). Auch Grumach dokumentiert kein Treffen Goethes mit Ritter (Grumach (ed) [G]/V:118).
155 Siehe Kapitel 6.1.

Um die Fragen zu beantworten, müssen alle farbbezogenen Schriften Ritters ab März 1801 systematisch durchgegangen und mit Goethes Brief abgeglichen werden. In Ritters Briefen, im Arbeitsjournal und in seinen Veröffentlichungen nur nach Vorkommnissen des Stichworts »Goethe« bzw. »Göthe« zu fahnden, griffe zu kurz. Ritter könnte von dem Brief beeinflusst worden sein, ohne den Namen Goethes ausdrücklich zu nennen. Wir müssen also nach inhaltlich auffälligen Spuren Goethes suchen. Das werde ich im folgenden tun, indem ich das Hauptaugenmerk auf Ritters Veröffentlichungen lege.

Vier Publikationen

§ 3.3.2. Wenn wir die kurze Notiz im Arbeitsjournal und den ebenso kurzen Briefauszug in Gilberts *Annalen der Physik* nicht mitrechnen, gibt es insgesamt vier Schriften, in denen Ritter seine Entdeckung beschrieben hat. Zunächst möchte ich sie knapp vorstellen, um sie im Verlauf meiner Darstellung immer an Ort und Stelle zu behandeln, also dort, wo sie der Chronologie nach hingehören.

Erstens veröffentlichte Ritter am 18.4.1801 einen vergleichsweise kurzen Forschungsbericht im Erlanger *Intelligenzblatt der Litteratur-Zeitung*:

> »Chemische Polarität im Licht«, datiert: »Im Frühling, 1801«.[156]

Ritter hat diesen Forschungsbericht nach dem 21.3.1801 fertiggestellt (§ 3.4.6k) und ließ darin stellenweise Anklänge an Newtons Terminologie und Lehre verlauten, ging zugleich aber an anderen Stellen und schon im Titel auf sichtliche Distanz zu dieser überlieferten Sicht.

Zweitens hielt Ritter einen langen Vortrag vor der Jenaer Naturforschenden Gesellschaft:

> »Bemerkungen zu Herschel's neueren Untersuchungen über das Licht; – vorgelesen in der Naturforschenden Gesellschaft zu Jena, im Frühling 1801«.[157]

Wann der Vortrag stattgefunden hat, wissen wir nicht sicher; ich vermute, dass das zwischen dem 21.3.1801 (Frühlingsanfang) und dem 2.4.1801 (Ritters Umzug nach Weimar) geschah, und zwar wahrscheinlich am 29.3.1801,

156 Ritter [CPiL]:123.
157 Ritter [BzHN]:81.

also vor Veröffentlichung des Forschungsberichts.[158] Da der Vortrag ausführlicher ist als der Forschungsbericht, spricht viel dafür, dass Ritter den Vortrag später geschrieben hat; vermutlich hat ihn er auf dem Forschungsbericht aufgebaut, ließ aber beim Weiterdenken die newtonianische Vorgehensweise hinter sich und orientierte sich stattdessen stärker an derjenigen Goethes – doch dessen Newton-Kritik hat er sich darin noch nicht angeschlossen. Veröffentlicht hat Ritter den Vortrag erst im Jahr 1806.

Drittens veröffentlichte Ritter im Jahr 1803 in Gilberts *Annalen der Physik* einen Aufsatz unter der Überschrift:

> »Versuche über das Sonnenlicht«; nachträglich datiert »im November 1802 zu Halle«.[159]

In diesem Aufsatz beschrieb Ritter auch einige weitergehende Versuche, die er erst im Frühsommer 1801 durchgeführt hat und die in seinen Augen schlagend gegen Newtons Theorie sprachen.[160] Er brachte den Aufsatz drei Jahre nach dessen erstem Erscheinen abermals heraus.[161]

Im Jahr 1807 schließlich kritisierte Christian Ernst Wünsch (ein Physiker an der Brandenburgischen Universität Frankfurt) sowohl Herschels Experimente als auch die Experimente, die Ritter in seinem Aufsatz aus dem Jahr 1802/3 dargestellt hatte.[162] Ein Jahr später wiederum reagierte Ritter darauf, *viertens,* indem er eine lange Abhandlung schrieb und seine Newton-Kritik noch deutlicher untermauerte. Sie steht (zusammen mit Wünschs Kritik und zwei weiteren kurzen Texten anderer Autoren) unter der Sammelüberschrift:

> »Beiträge zu Herschel's Arbeiten über Licht und Wärme«.[163]

Ritters eigene Abhandlung mit seiner Antwort auf Wünsch trägt den unspektakulären Titel:

> »Bemerkungen zu vorstehender Abhandlung des Hrn. Wünsch«.[164]

158 Das Datum des Umzugs liefert Ritter, Brief an Frommann vom 14. 4. 1801 (siehe Richter (ed) [PRJW]:97). Weitere Details zur Datierung des Vortrags erörtere ich in § 3.3.7-§ 3.3.8.
159 Ritter [VüS]/A; Datierung in Ritter [VüS]/B:353.
160 Ritter [VüS]/A:411-413. S. u. Kapitel 4.4.
161 Ritter [VüS]/B in Ritter [PCAi]/2.
162 Wünsch [VüVS]/B:632 *et passim.*
163 Wünsch [VüVS]/B:597, Hervorhebung weggelassen.
164 Ritter [BzVA]:633.

Diese Abhandlung bietet viele neue Gedanken und alte Experimente Ritters; es ist seine allerletzte Publikation über unser Thema, und so werde ich sie auch erst ganz zum Schluss streifen. Sie ist so gehaltvoll, dass sie eine eigene Untersuchung verdient. An ihrem Ende veröffentlichte er den langen Brief Goethes vom 7. 3. 1801 mit ebenso langen, unterstützenden Anmerkungen.

Vertiefungsmöglichkeit. Weitere Experimente zu den chemischen Wirkungen des Lichts hat Ritter 1805 im Rahmen einer langen galvanischen Abhandlung herausgebracht.[165] Einige zusätzliche Erklärungen trug Ritter noch im selben Jahr in einem Brief an den belgischen Naturwissenschaftler Jean-Baptiste van Mons nach, der sofort veröffentlicht wurde.[166] Diesen Brief eingehender zu erörtern, würde mich zu weit vom Weg abführen und keine wesentlich neuen Erkenntnisse mit sich bringen.

Forschungsbericht ohne Strahlen

§ 3.3.3. Ritter hat seine Entdeckung im Frühling 1801 gleich zweimal präsentiert, und zwar in einem Forschungsbericht und in einem Vortrag. Ich behandle zunächst den – kürzeren – Forschungsbericht. Zeigt er Goethes Fingerabdrücke? Ja, aber sie lassen sich nur bei genauem Hinsehen dingfest machen; und sie haben nicht allein mit Goethes Brief zu tun, sondern auch mit dessen allgemeinen Sichtweisen.

Zunächst fällt auf, dass Ritter seine Experimente und Versuchsergebnisse rein phänomenologisch beschrieb, d. h. ohne jede theoretische Vorentscheidung etwa für einen newtonischen Rahmen; Lichtstrahlen à la Newton kommen in Ritters *Beschreibung* nirgends vor.[167] Damit umging er den Stein des Anstoßes, den Goethe in Herschels Darstellung und in den Schriften der anderen Newtonianer seiner Zeit ausgemacht hatte – in Goethes Worten aus dem Jahr 1801:

> »Nachdem die Wirkungen des Lichts, zur Bequemlichkeit der Demonstration, auf ideale Linien zurückgeführt, unter Linien vorgestellt und solche angenommene Lichtlinien *Strahlen* genannt worden; so ist in der Lehre vom Licht und den Farben dadurch eine große Verwirrung entstanden, daß

165 Ritter [DGzF]/a:185-214 (§ 102-§ 105). Er veröffentlichte diese Überlegungen (mit teils neuen Anmerkungen) abermals in der oben erwähnten vierten Publikation (Ritter [BzVA]:675-699).

166 Ritter [SaJB]:157-162.

167 Siehe Ritter [CPiL]:121-123 (Versuche 1-3).

man diese abstrakten Geistesprodukte als wirklich existierende physische Wesen ansah«.[168]

Im Arbeitsjournal und in seiner allerersten Bekanntmachung der Entdeckung hatte Ritter noch völlig unkritisch von Strahlen gesprochen.[169] Nach dem Besuch bei Goethe und nach Empfang dessen langen Briefs wurde Ritter vorsichtiger. Vermutlich mündlich, auf jeden Fall aber im Brief hatte sich Goethe deutlich genug gegen Lichtstrahlen gewandt: Wo er Herschel des Newtonianismus zieh, sprach er im Irrealis von »Sonnenstrahl«, und wo er seine eigene Sichtweise darstellte, vermied er diesen Ausdruck hartnäckig.[170]

Dass Ritter bewusst oder unbewusst danach trachtete, in dieser Frage nicht zu weit von Goethe abzuweichen, ist unschwer auszumachen. Zwar drückte er sich noch in der Einleitung des Forschungsberichts ein wenig unbedarft aus, indem er seine Überlegungen an Herschels Veröffentlichung anknüpfte und von Sonnen*strahlen* redete. Doch das müssen wir nicht als Seitenhieb auf Goethe deuten. Einerseits kann man den verdächtigen Ausdruck dort noch als Echo der Redeweise Herschels deuten, wie in einem nicht kenntlich gemachten Zitat. Andererseits ließ Ritter die suspekten Sonnenstrahlen nicht einzeln, sondern nur im Plural auf die Bühne, indem er sie in folgenden Gesamtausdruck einflocht:

> »ein beträchtlicher *Winkel von Sonnenstrahlen* […], die das Auge nicht sieht«.[171]

Selbst wer wie Goethe nicht an einzelne, beliebig dünne Sonnenstrahlen glaubte, konnte Ritters Gesamtausdruck sinnvoll finden, und zwar im Sinne einer harmlosen Umschreibung von Lichtbündeln. Ritters Verweis auf Strahlen klingt bei seinem zweiten Auftritt noch harmloser:

> »Ich hatte auf der andern Seite des Farbenspectrum […] einen gleichen Winkel unsichtbarer Sonnenstrahlen *oder vielmehr Farben* zu vermuthen«.[172]

Ritter deutete durch dieses feinsinnige Manöver klar genug an, welche Redeweise er bevorzugte – Goethe hätte keine Einwände gehabt. In späteren Tex-

168 Goethe [L]:298; Hervorhebung im Original.
169 Ritter, Arbeitsjournal unter dem 24.1.1801 und 22.2.1801 (siehe Ritter [VD]:91, 111), Ritter [ANSS]; für den Wortlaut s.o. § 3.1.8, § 3.1.1, § 3.1.2.
170 Goethe, Brief an Ritter vom 7.3.1801 (siehe Goethe [WA]/IV.15:190 *et passim*).
171 Ritter [CPiL]:121; meine Hervorhebung.
172 Ritter [CPiL]:121; meine Hervorhebung.

ten sollte Ritter immer wieder von unsichtbaren Farben reden statt von unsichtbaren Strahlen; er hat das aber nicht konsequent durchgehalten.

Soviel zu Ritters Beobachtungen, die er ganz im Geiste Goethes, nämlich ohne große theoretische Vorannahmen zu beschreiben wusste. Doch wie ging er in dem Forschungsbericht dort vor, wo er theoretische Schlüsse aus seinen Experimenten ableiten musste?

Vertiefungsmöglichkeit. Dass Ritter sauberer als die Newtonianer der Goethezeit zwischen Beobachtung und theoriebeladener Beschreibung unterschieden hat, könnte sehr wohl auf Goethes heilsamen Einfluss zurückgehen, könnte aber auch mit einem allgemeinen Trend innerhalb der damaligen deutschsprachigen Naturforschung zusammenhängen.[173] Goethe warnte nicht vor Theoriebildung schlechthin, sondern vor unkritischer Theoriebildung; um den Schritt zum Theoretischen möglichst lange herauszuzögern, möglichst bewusst und möglichst selbstkritisch zu vollziehen, hat er bereits in seinem Aufsatz »Der Versuch als Vermittler von Objekt und Subjekt« empfohlen, von Anbeginn sorgfältig darauf zu achten, in welcher *Ordnung* die Beobachtungen aufzuführen sind.[174] Im Einklang damit berichtete Ritter zum Jahresende 1800 von einem geplanten Aufsatz für Gilberts *Annalen*:

> »Er [der Aufsatz] erzählt nicht bloß, sondern ordnet auch« (Ritter, Brief an A. Arnim vom 18.12.1800).[175]

Die bloße Erzählung im Sinne dieses Zitats liefe auf nicht mehr hinaus als darauf, die Phänomene (die Versuche und ihre Ergebnisse) zu beschreiben. Wenn Ritter im zweiten Teilsatz mehr zu leisten versprach, so nannte er hier trotzdem nur einen allerersten zaghaften Schritt in theoretisches Terrain. Mit hochreflektierten Bemerkungen zur Methode wie diesen wäre Goethe voll und ganz einverstanden gewesen, der sich ähnliche Überlegungen längst zurechtgelegt hatte.[176]

Drei Schlüsse

§ 3.3.4. Nach der theoriefreien Darstellung seiner Beobachtungen zog Ritter aus ihnen drei theoretische Schlüsse:

173 Diesen Trend umreißt Caneva in einer Analyse dessen, was er als – qualitativ orientierte – »Wissenschaft des Konkreten« von ihrem späteren quantitativ orientierten Gegenstück (der »Wissenschaft des Abstrakten«) unterscheidet, im englischen Original: »science of the concrete«, »science of the abstract« (Caneva [fGtE]:68-70, 95 *et passim*).

174 Goethe [VaVv]/A:20; vergl. z. B. Goethe [BzO]/2:51, Goethe [BO].

175 Rehm (ed) [UBJW]/b:37. In eine ähnliche Richtung formulierte Ritter, Brief an A. Arnim vom 6.5.1801 (siehe Rehm (ed) [UBJW]/b:39). Weitere Hinweise auf Konvergenzen zwischen Ritters Forschungsmethode und Goethes Aufsatz erörtert Holland (ed) [KToJ]:590.

176 So z. B. im Jahr 1793 in Goethe [üNHD]:162. (Für weitere Belege siehe vorletzte Fußnote).

»Aus Allem folgt:
I. Es giebt Stralen im Sonnenlicht, die nicht leuchten, und deren einer Theil stärker, der andere schwächer, gebrochen wird, als alle diejenigen, welche leuchten.
II. Das Sonnenlicht im ungetheilten Zustand ist eine Neutralisation der beyden letzten Bestimmungsgründe aller chemischen Thätigkeit: Oxygeneität und Desoxygeneität gleich Hydrogeneität.
III. Durch das Prisma gehen beyde wie Pole auseinander«.[177]

Aus Ritters erster Folgerung tritt uns Newtonianismus in Reinform entgegen. Goethe wird darüber nicht erfreut gewesen sein – falls er den Text überhaupt gelesen hat (wofür wir keine Anzeichen haben). Doch mit seiner dritten Folgerung machte Ritter den Makel gleich wieder wett; er schloss auf eine Art von spektraler Polarität wie die, auf die es Goethe in seiner Newton-Kritik abgesehen hatte (Kapitel 1.3, Kapitel 1.4).

Kurzum, die beiden Folgerungen (I und III) wollen nicht recht zueinander passen; es wirkt, als hätten Goethes briefliche Bemühungen, von denen ich im vorigen Kapitel berichtet habe, nur halb gefruchtet. In Ritters Brust wohnte ein goetheanisches Herz und ach! auch noch ein newtonisches.

Wie steht es mit der zweiten Folgerung? Bei schnellem Hinsehen könnte man den Eindruck gewinnen, dass Ritter sie zwischen die erste und die dritte Folgerung eingeschoben hat, um deren Widersprüchlichkeit zu überspielen. Er jonglierte hier mit einer chemikalischen Terminologie, die aus heutiger Sicht schwer zu verstehen ist, aber auch damals kaum auf einhellige Zustimmung gestoßen sein dürfte. Wer angefangen hätte, zu eingehend über die verwirrende zweite Folgerung nachzudenken, dem könnte die Spannung entgehen, die zwischen den anderen beiden Folgerungen herrscht und die ohne den Einschub vielleicht zuviele Funken schlüge.

Doch schauen wir noch etwas genauer hin: Was auch immer genau die Rede von Oxygeneität und Desoxygeneität in Ritters damaliger Chemie bedeutet haben mag, fest steht, dass er diese Begriffe in polarer Gegensätzlichkeit sah. In diesem Sinne hatte er sie in der schon besprochenen Aufstellung für Goethe mit den Gegensätzen zwischen Warm und Kalt, Nord und Süd, Plus und Minus etc. parallelisiert.[178] Wie sich daraus ergibt, formulierte Rit-

177 Ritter [CPiL]:123.
178 S.o. §2.4.7; vergl. §2.2.12k.

ter die zweite Folgerung schon in polaristischer Terminologie. Mit zwei von drei Folgerungen reihte er sich also in Goethes Lager ein.

Dass Ritter so verstanden werden wollte, ergibt sich aus weiteren Indizien, denen vielleicht noch stärkere Beweiskraft zukommt und denen ich mich nun zuwenden werde. Zunächst einmal ist in Ritters Überschrift nicht von unsichtbaren Strahlen die Rede – sondern wie zitiert von einer *Polarität* im Licht.[179] Das ist die früheste Stelle, an der Ritter diesen Ausdruck öffentlich und auf eigene Verantwortung für die Optik eingesetzt hat; die Überschrift bietet ein weithin hörbares Echo auf den Eintrag im privaten Arbeitsjournal – und auf Goethes polaristische Ambitionen.[180]

Vertiefungsmöglichkeit. Ähnlich sprach Ritter in einem Fragment aus dem Sommer 1801 von einer Polarität bei der »Oxydabilität«, die er von einer Polarität der »Oxydation« unterschied.[181] Zu diesem Zeitpunkt war er mit derartigen Gedanken bereits aus dem Schutzraum privater Notizen herausgetreten: Schon im April 1801 nutzte Ritter den Polaritätsbegriff nicht nur in Briefen, sondern auch in einer Veröffentlichung mit größter Selbstverständlichkeit.[182] Zuweilen verwendete er im gleichen Zusammenhang auch den Ausdruck »Dualism«.[183] Nicht anders als Goethe kannte er also verschiedene Ausdrücke für ein und dieselbe Polaritätsidee.

Weitreichende Pläne

§ 3.3.5. Im Innern des Forschungsberichts finden sich zwar polaristisch fundierte Gedanken, aber dort fehlt das Wort. Erst am Ende griff Ritter das Stichwort aus der Überschrift wieder auf und spitzte das Fazit seines Textes mit folgenden Sätzen zu:

> »Es wird das Resultat einer grösseren faktischen Untersuchung, die Polarität der Chemie, der Elektricität, des Galvanismus, des Magnetismus, der Wärme u. s. w. ihren Principien nach aufzuzeigen, als Eine und Dieselbe in allen«.[184]

179 Mit ähnlicher Stoßrichtung (aber ohne Bezug zu Goethe) betonen das auch Frercks et al [RD]:146.

180 Ritter, Arbeitsjournal unter dem 24. 1. 1801 (siehe Ritter [VD]:90); für den Wortlaut s. o. § 3.1.7.

181 Ritter [FaNJ]/1:§ 77 (1801), vergl. Ritter, Arbeitsjournal unter dem 18. 9. 1801 (siehe Ritter [VD]:169); siehe auch Ritter [FaNJ]/1:§ 71/2 (1801). Goethe griff derartige Gedanken noch in der *Farbenlehre* auf (Goethe [EF]:§ 743).

182 Ritter, Brief an Frommann vom 14. 4. 1801 (siehe Richter (ed) [PRJW]:97); Ritter [NVBü]/4:109, 124 (zur Datierung s. u. § 3.3.8, Fußnote 210).

183 Ritter, Brief an A. Arnim vom 6. 5. 1801 (siehe Rehm (ed) [UBJW]/b:41).

184 Ritter [CPiL]:123.

Zwar fehlt in dieser Aufzählung jeder Hinweis auf eine Polarität zwischen Licht und Finsternis. Doch auch wenn Ritter in dieser Angelegenheit immer noch hinter Goethe zurückblieb, hat er bereits eine beträchtliche Wegstrecke hinter sich gebracht. In der Tat, mit Blick auf Polarität war seine ursprüngliche Zurückhaltung (§ 2.1.3) verflogen, und man wird vermuten dürfen, dass der Gesinnungswandel auf Goethes Konto geht. Hier hat Ritter zum ersten Male öffentlich die weitreichenden Ziele formuliert, auf die er seit dem November 1800 unter polaristischen Vorzeichen hinzuarbeiten plante – wiederum ähnlich wie Goethe, aber zunächst etwas vorsichtiger als dieser.[185]

Könnte Ritters Gesinnungswandel statt von Goethe vielmehr von Schelling ausgelöst worden sein? Das wäre deshalb denkbar, weil Schelling vor 1801 die Polaritätsidee beinahe wie ein regulatives Prinzip im Sinne Kants einzusetzen versuchte.[186]

Nichtsdestoweniger erscheint diese Möglichkeit deshalb wenig plausibel, weil sich Ritter in den Jahren 1800 und 1801 besonders scharf von Schelling abgrenzte.[187] Zudem sollte er später im Brief an Ørsted behaupten, Schellings Schriften nicht gelesen zu haben.[188] Er scheint aus Gesprächen um dessen wichtigste Thesen gewusst zu haben und war wohl davor zurückgeschreckt, sich in sie zu vertiefen, weil sie haarscharf an den seinigen vorbeischrammten – was verwirrende Dissonanzen hätte mit sich bringen können. Fast klingt die Briefstelle so, als habe sich Ritter sicherheitshalber gegen zu starken Einfluss aus dem Hause Schelling gewappnet. Man könnte sogar die weitergehende These vertreten, dass Ritter durch Schelling von Spekulationen mit Polaritäten abgeschreckt worden war und demgegenüber von Goethe lernte, wie sich die polaristische Denkweise empirisch fruchtbar machen lässt.

Woran könnte es bei allen methodologischen Meinungsverschiedenheiten gelegen haben, dass Schelling und Ritter inhaltlich auf fast parallelen Pfaden in Richtung Polarität wandelten? Einerseits lag eine solche Denkbewegung damals in der Luft; andererseits könnten beide von Goethe beeinflusst wor-

185 Siehe Ritter [GV], dazu oben § 2.4.7-§ 2.4.8.

186 So schon 1798 in Schelling [vW]/A:26/7, 128. Für den Wortlaut der zweiten Textstelle s. o. § 1.4.6k.

187 S. o. § 2.3.7, § 2.4.9.

188 Vergl. hierzu und zum folgenden Ritter, Brief an Ørsted vom 16. 8. 1805 (siehe Harding (ed) [CdHC]/II:119). – Ob das stimmt, mag man bezweifeln (siehe z. B. Ritter [FaNJ]/2:§ 587/8 (1802), § 594 (1803) sowie Ritter, Arbeitsjournal unter dem 30. 6. 1801 und 23. 7. 1801 (siehe Ritter [VD]:131 (i. e. erste von zwei ergänzten Seitenzahlen); 137)). Ähnlich Wetzels [JWR]:24 mit Verweis auf Ritter [SaFA]:57/8.

den sein. Ritter hätte dessen Einfluss demzufolge stärker ins Empirische gewendet, Schelling stärker ins Spekulative.

Ein Indiz zugunsten meiner Interpretation steht in meinem letzten Zitat; Ritter kündigte eine größere »faktische« Untersuchung an. Deutlicher kann man sich nicht von freischwebenden Spekulationen abgrenzen. Interessant ist daran folgendes: Insofern Ritter diese faktenorientierte Untersuchung nur ankündigte, hat er sich selber einen kräftigen Schluck aus der spekulativen Flasche gegönnt. Denn seine Ankündigung konnte nur vor dem Hintergrund der Annahme sinnvoll erscheinen, dass sich die Polarität tatsächlich in den aufgezählten Bereichen aufweisen lassen muss. Wie unterscheidet sich diese Vorgehensweise von derjenigen Schellings? Meiner Ansicht nach liegt die Antwort auf der Hand: Ritter wollte sich wirklich in die Empirie vertiefen und orientierte sich dabei an der Polaritätsidee; Schelling blieb hingegen bei allgemeinen Sätzen über die Polarität stehen, ohne sich die Hände empirisch schmutzig zu machen.

Vertiefungsmöglichkeit. In einer anderen Hinsicht hat Goethes Brief bis hierher keine Früchte getragen. Er hatte empfohlen, nicht im Vollspektrum zu experimentieren, also nicht in einem Versuchsaufbau à la Newton, bei dem das Farbenbild in der Mitte grün aufscheint (Farbtafel 1 rechts, Farbtafel 2 links) – sondern mit den beiden Kantenspektren, also in einem Versuchsaufbau à la Goethe, bei dem die Mitte weiß aufscheint (Farbtafel 2 rechts, Farbtafel 11 oben). In dieser Hinsicht folgte Ritter mit seinem Forschungsbericht dem Experimentierstil Newtons; das Grün kommt in dem Forschungsbericht immer wieder vor, sogar am Ende der Folgerung III.[189] Offenbar hatte Ritter seine allerersten Experimente (von denen dort nur die Rede ist) so aufgebaut wie Herschel und Newton. Dass er davon in den späteren Präsentationen abkam, werden Sie noch sehen; das kann nur auf Goethes Einfluss zurückgehen. – In seine Aufsatzsammlung aus dem Jahr 1806 hat Ritter den Forschungsbericht nicht aufgenommen, wohl aber die Präsentationen, in denen er sich vom newtonischen Versuchsaufbau gelöst hatte.[190] Auch das mag man als Signal werten.

Ritters Vortrag in Jena

§ 3.3.6. Irgendwann im Frühjahr 1801 hat Ritter seine Entdeckung vor der Jenaer Naturforschenden Gesellschaft bekanntgemacht. Es gibt keinen eindeutigen Beleg dafür, wann Ritter den Vortrag gehalten hat; doch aus einer Reihe von Indizien werde ich schließen, dass der Vortrag höchstwahrscheinlich am 29. 3. 1801 stattfand. Das (von ihm vage auf Frühling 1801 datierte) Vortragsmanuskript hat er erst fünf Jahre später veröffentlicht.[191] Wie ich im

189 Ritter [CPiL]:123, oben nicht eigens zitiert.

190 Ritter [CPiL] fehlt in Ritter [PCAi], während dort Ritter [BzHN] und Ritter [VüS] aufgenommen sind.

191 Ritter [BzHN].

kommenden Kapitel zeigen werde, finden sich im Vortrag deutliche Spuren des Goethe-Briefs. Doch bevor ich das tun kann, muss ich einige philologische Vorfragen klären. Wer sich für Details meiner Detektivarbeit nicht interessiert, kann das folgende überspringen und im nächsten Kapitel weiterlesen.

* * *

Eine erste Vorfrage lautet: Hat Ritter den Vortrag exakt in der Form gehalten, in der er uns vorliegt? Darüber können wir nur Vermutungen anstellen. Vielleicht hat er den Zuhörern die beiden Anmerkungen mit Literaturangaben erspart.[192] Abgesehen davon spricht viel dafür, dass die fünf Jahre später gedruckte Abhandlung mit dem gehaltenen Vortrag übereinstimmt. Er veröffentlichte sie in einer dreibändigen Aufsatzsammlung, mit der er sich selber zu Beginn seiner Zeit als Münchner Akademiemitglied ein Denkmal setzte. In der »Vorerinnerung« dieser Sammlung, also in einer Art Vorwort, schrieb er:

> »Was ich, auch dem Publikum, in diesem Werke zunächst vorlegen werde, ist ihm zum Theile schon bekannt gewesen. Ein andrer nahe eben so grosser Theil hingegen, so genau er auch mit jenem zusammenhängt, erscheint hier zum ersten Mal im Druck. Beyde vereint, begreifen dann so ziemlich Alles, was ich bis hieher in einzelnen, nicht in besonders herausgegebenen Schriften enthaltenen, Aufsätzen abgehandelt habe. *Denn auch der noch nicht gedruckte Theil derselben ist nicht erst jetzt verfertigt worden, sondern allemal Zeit vor* [d. h. für] *Zeit zu der, die sein Ort in der Reihe des Ganzen von selbst angiebt*«.[193]

Wie Ritter hiermit andeutete, sind auch seine bislang unveröffentlichten Texte jeweils in der chronologischen Reihenfolge einsortiert, die ihr Fertigungsdatum (und wohl zugleich das Datum ihrer Fertigstellung) vorgibt.[194] Passend dazu legte er sich darauf fest, die gesammelten Texte nicht im Lichte neuerer Erkenntnisse zu korrigieren.[195] Hat er sich an diese Vorgabe gehalten? Offenbar – jedenfalls bei den Texten, für die wir es überprüfen können. In der Tat

192 Ritter [BzHN]:82n, 86n.

193 Ritter [PCAi]/1:IX; meine Hervorhebung.

194 In der Tat versprach er eine durchgehende und genaue Einhaltung der Zeitordnung (Ritter [PCAi]/1:XV-XVI); vergl. Ritter, Brief an Ørsted vom 2. 2. 1806 (siehe Harding (ed) [CdHC]/II:147/8).

195 Ritter, Brief an Ørsted vom 2. 2. 1806 (siehe Harding (ed) [CdHC]/II:147); Ritter [PCAi]/1:XVI-XVII.

hat Ritter diejenigen der gesammelten Abhandlungen nicht groß geändert, die er schon vorher veröffentlicht hatte.[196]

Das spricht dafür, dass er in der monumentalen Aufsatzsammlung seine früheren Arbeiten wirklich nur dokumentieren wollte – wie in einer Art von autobiographischem Museum.[197] Auch in anderen Veröffentlichungen pflegte er etwaige Änderungen zwischen einem Vortrag und dessen schriftlicher Ausarbeitung ausdrücklich zu erwähnen.[198]

Vertiefungsmöglichkeit. So wie im Falle anderer fehlender Aufsätze scheint Ritter auch den in der Sammlung fehlenden Forschungsbericht zumindest an demjenigen Ort in der Aufsatzsammlung erwähnt zu haben, wo er im Sinne der zeitlichen Ordnung hätte stehen müssen.[199] Ob der Anschein trügt, hängt allerdings von unserer Interpretation der Ordnungsregel ab: Wenn er den Forschungsbericht *hinter* dem Vortrag für die Jenaer Naturforschende Gesellschaft erwähnt hat, so könnte das einfach nur bedeuten, dass er erst nach dem Vortrag herausgekommen war, nämlich am 16.4.1801.[200] Ganz streng nahm es Ritter damit freilich nicht, denn am selben Ort nannte Ritter auch die kurze Notiz, die sicher vor dem Vortrag geschrieben wurde und auch vorher erschienen ist.[201] Nun passte der Verweis auf den Forschungsbericht auch aus inhaltlichen Gründen an dieser Stelle optimal: Ritter druckte dort den polaristisch weitreichenden Schluss abermals ab, und zwar mit großer Emphase.[202] Wie sich daraus ergibt, ist er mit den Folgerungen des Forschungsberichts

196 Das schließt kleinere redaktionelle Änderungen nicht aus. Anna Reinacher hat auf meine Bitte hin einen Vortragstext mit dessen späterer Neuveröffentlichung verglichen (Ritter [VGBn]/A *versus* Ritter [VGBn]/B). Abgesehen von mehr als hundert völlig unbedeutenden Unterschieden findet sich in der späteren Fassung ein neues Inhaltsverzeichnis und eine neue Fußnote; zudem ist dort ein Satz aus der früheren Fassung gestrichen.

197 Ritter bezeichnete das als »eine Art von literarischer Selbstbiographie« (Ritter, Brief an Ørsted vom 2.2.1806 (siehe Harding (ed) [CdHC]/II:147)). Und in der Widmungsadresse an die Bayerische Akademie redete Ritter sogar von einer »Geschichte meines wissenschaftlichen Thuns und Lassens« (Ritter [PCAi]/1:VII). Es passt zu diesem Gestus, wenn Ritter beispielsweise zwischen der XII. und der XIII. Abhandlung des ersten Bandes ausführlich begründet hat, warum er zwei weitere Texte wegließ, die an dieser Stelle ihren zeitlichen Platz hätten finden müssen (Ritter [PCAi]/1:265/6; ähnlich Ritter [PCAi]/1:193/4, 195n). Wie er eigens und nicht ohne Stolz darlegte, hat er es sich bei der Herausgabe der Aufsätze zur Maxime gemacht, alles Weggelassene durch Anmerkungen zwischen den abgedruckten Aufsätzen zu dokumentieren (Ritter [PCAi]/1:XXII-XXIII).

198 Zum Beispiel Ritter [BDBG]:XI.

199 Ritter [PCAi]/2:107 mit Bezug zu Ritter [CPiL] (s.o. § 3.3.3-§ 3.3.5).

200 Der Forschungsbericht wird vor dem Abdruck des Vortrags nicht erwähnt (siehe Ritter [PCAi]/2:80/1).

201 Ritter [PCAi]/2:106/7 mit Bezug auf Ritter [ANSS].

202 Ritter [CPiL]:123 in Ritter [PCAi]/2:107.

weiter einverstanden gewesen, vielleicht aber nicht mit Details seiner Präsentation. Es liegt nahe zu vermuten, dass ihm diejenigen Formulierungen nicht mehr richtig schienen, in denen er sich noch zu eng an Newtons Sichtweise orientiert hatte (§ 3.3.4).

terminus post quem

§ 3.3.7. Meine zweite philologische Vorfrage lautet, wann Ritters Vortrag über seine neueste Entdeckung stattgefunden hat. Mangels direkter Belege zum Datum dieses wissenschaftshistorisch bedeutsamen Ereignisses lässt sich die Frage nur mit einer Hypothese von mehr oder minder großer Plausibilität beantworten: Aller Wahrscheinlichkeit nach lag der große Tag zwischen Frühlingsanfang und dem 2. 4. 1801. Vorher war Ritter unterwegs; und danach ist er aus Jena nach Weimar umgezogen. Um meine Hypothese abzustützen, werde ich zum Abschluss dieses Kapitels eine Reihe kleinerer Puzzlestücke zusammenbringen.

Laut Ritters später hinzugefügter Datierung hat er den Vortrag im Frühling gehalten.[203] Ich will jetzt zeigen, dass er das irgendwann in den ersten beiden Frühlingswochen getan haben dürfte (oder aber – unwahrscheinlicher – zwischen dem 7. und 14. 6. 1801).

Wohl unmittelbar nach seinem Besuch bei Goethe reiste Ritter nach Gotha weiter.[204] Laut eigener Aussage war er insgesamt vier Wochen lang auf Reisen.[205] Wenn man das wörtlich nehmen darf und wenn man als Beginn der Reise den Besuch in Weimar ansetzt, kam Ritter frühestens am 23. 3. 1801 wieder in Jena an, also kurz nach Frühlingsanfang. Allerspätestens am 28. 3. 1801 muss sich Ritter wieder in Jena aufgehalten haben; auf diesen Tag datierte er einen Brief aus Jena.[206] Zusammengenommen können wir als *terminus post quem* einstweilen den Frühlingsanfang ansetzen.

Vertiefungsmöglichkeit. Richter verzichtet darauf, das Vortragsdatum genauer einzugrenzen.[207] Burwick datiert den Vortrag (nicht die Entdeckung) schon auf Februar 1801.[208] Das kann nicht stimmen. Erstens hatte Ritter Jena unmittelbar nach der Entdeckung verlassen. Zweitens passt ein Februartermin nicht zur Datierung durch Ritter auf Frühling 1801; und Ritter nahm es mit solchen Datumsangaben sehr genau. Abgesehen davon erscheint es wenig wahrscheinlich, dass die Jenaer Naturforschende Gesellschaft innerhalb weniger Tage für

203 Ritter [BzHN]:81.
204 S. o. § 3.1.10.
205 Ritter, Brief an Savigny vom 28. 3. 1801 (siehe Rehm (ed) [UBJW]/b:46).
206 Ritter, Brief an Savigny vom 28. 3. 1801 (siehe Rehm (ed) [UBJW]/b:46).
207 Richter [LPJW]:59.
208 Burwick [DoN]:145n22.

einen Ritter-Vortrag zusammengetrommelt werden konnte, ohne Telephon oder Computernetze; regulär traf man sich einmal monatlich, und zwar offenbar sonntags.[209] – Mehr noch: Da Ritter in dem Vortrag ausführlich auf Herschel einging, dabei dessen erste deutsche Übersetzung anführte, sein Exemplar aber an Goethe verliehen hatte und erst im März zurückbekam (§ 3.1.2k), wird der Vortrag wirklich erst im Frühling stattgefunden haben.

terminus ante quem

§ 3.3.8. Den *terminus ante quem* will ich nun schrittweise in Richtung Frühlingsanfang zurückschieben. In einem ersten Schritt möchte ich annehmen, dass sich Ritter tatsächlich an die Überschrift seiner dreibändigen Aufsatzsammlung gebunden fühlte:

»Physisch-chemische Abhandlungen *in chronologischer Folge*«.

Im zweiten Band dieser Sammlung folgen dem Vortragsmanuskript zunächst zwei undatierten Schriften, danach aber eine auf den 11. 5. 1801 datierte Schrift.[210] Deutlich vor diesem Tag müsste Ritter den Vortrag gehalten haben.

Wenn das stimmt, muss der Vortrag sogar vor dem 2. 4. 1801 stattgefunden haben. Das zeigt der zweite Schritt meiner Überlegung. Ritter quartierte sich am 2. 4. 1801 in Weimar ein und zog einen Monat später mit seinem Gastgeber, dem Indologen Friedrich Majer aus der Weimarer Breitengasse nach Oberweimar um.[211] Bis zum Sommeranfang ist nur eine einzige Reise Ritters

209 Zum monatlichen Rhythmus siehe Jacobs et al in Schelling [AA]/I.7:29; alle mir bekannten, datierten Treffen der Gesellschaft mit Ausnahme der Gründungsversammlung lagen an einem Sonntag.

210 Ritter [PCAi]/2:142. Der undatierte Aufsatz, den Ritter unmittelbar hinter den Vortrag einsortierte (Ritter [NVBü]/4), geht auf Experimente zurück, die Ritter zuerst am 14. 4. 1801 umschrieben hat (Ritter, Brief an Frommann vom 14. 4. 1801 (siehe Richter (ed) [PRJW]:97, Rehm (ed) [UBJW]/b:49), ähnlich Brief an A. Arnim vom 6. 5. 1801 (siehe Rehm (ed) [UBJW]/b:40/1); zum Bezug dieser Briefstelle siehe Rehm (ed) [UBJW]/b:72n45 mit Verweis auf Ritter [NVBü]/4:108n *et passim*). Auch das passt zu meinem Ergebnis des *terminus ante quem*. – Keine entsprechende Überlegung führt zu einem brauchbaren *terminus post quem*, denn der letzte Aufsatz vor dem Vortrag ist so datiert: »Jena, den 21. Febr. und folg. 1801« (Ritter [VBüG]/B3:2; § 3.1.2k). Und dass der Vortrag nach der Entdeckung stattfinden musste, versteht sich von selbst.

211 Die beiden Daten liefert Ritter, Briefe an Frommann vom 14. 4. 1801 bzw. mit Eingangsdatum vom 4. 5. 1801 (siehe Richter (ed) [PRJW]:97, 99). Eigentümlicherweise schrieb Ritter in einem anderen Brief, dass seine Reise noch in den April 1801 hineingereicht hätte und dass er seit Mai in Oberweimar lebe (Ritter, Brief an Savigny vom 13. 7. 1801 (siehe Klinckowstroem (ed) [DBvJ]:125)). Da insgesamt fünf Briefe Ritters vom April 1801 existieren, die er in Weimar datiert hat (Richter [LPJW]:203), dürfte er die provisorische Unterkunft bei Majer in der

nach Jena bezeugt, die erst im Juni stattfand.[212] Er machte einen weiten Bogen um Jena, wo ihm die Gläubiger auf den Fersen waren.[213]

Sollte die Datierung anhand der Aufsatzsammlung in die Irre leiten (was unwahrscheinlich, aber nicht ausgeschlossen ist), so spräche viel für einen Vortrag kurz vor Sommeranfang. Insbesondere schrieb Ritter Anfang Juni 1801:

> »künftige Woche *muß* ich nach Jena« (Ritter, Brief an Frommann mit Eingangsdatum vom 6. 6. 1801).[214]

Das bezieht sich auf die Woche zwischen dem 14. und dem 21. 6. 1801; möglicherweise musste er seine Vortragsverpflichtung in dieser Woche erfüllen. Hierzu passt ein weiteres Indiz: Ritter verwies in seinem Vortrag auf die neueste Herschel-Übersetzung, die er sich am 7. 5. 1801 aus Jena erbeten, also noch etwas später bekommen hatte.[215]

Es mag allerdings gut sein, dass er die Schrift nur benötigte, um seinen Vortragstext für eine etwaige Veröffentlichung abzurunden – wer verliest schon bei einem öffentlichen Vortrag die Literaturverweise? Zudem bezog sich Ritters Literaturverweis ohne präzises Zitat und ohne spezifische Seitenzahl nur auf das allererste Wort seines Vortrags: »Herschel«.[216] Wir sind also nicht gezwungen, den *terminus ante quem* (vom 11. 5. 1801) in den Wind zu schlagen, den ich anhand der Aufsatzsammlung gewonnen und dann wegen Ritters Abwesenheit aus Jena weiter in Richtung Frühlingsanfang verschoben habe.

Vertiefungsmöglichkeit. Im Lichte weiterer Überlegungen aus dem kommenden Kapitel kann Ritter den Vortrag erst nach Donnerstag, dem 26. 3. 1801 gehalten haben (§ 3.4.6k). Wenn das richtig ist, dürfen wir den Vortrag mit größter Wahrscheinlichkeit auf den

Breitengasse noch als Teil der Reise gewertet haben und sich erst mit der gemeinsamen Niederlassung in Oberweimar wieder wie zuhause gefühlt haben.

212 Ritter, Brief an Frommann mit Eingangsdatum vom 6. 6. 1801 (siehe Richter (ed) [PRJW]:105).

213 Ritter, Brief an Frommann vom 4. 4. 1801 (siehe Richter (ed) [PRJW]:95). Das Problem war wie gesagt schon im März bedrohlich geworden (Ritter, Brief an Frommann vom 12. 3. 1801 (siehe Richter (ed) [PRJW]:91); vergl. Richter [LPJW]:58). Noch im Sommer konnte er sich in Jena vorübergehend nicht blicken lassen (Ritter, Brief an Frommann vom 3. 8. 1801 (siehe Richter (ed) [PRJW]:111)).

214 Richter (ed) [PRJW]:105; Hervorhebung im Original.

215 Die Bitte bezog sich auf Herschel [UüNS]. Vergl. Ritter [BzHN]:82n mit Ritter, Brief an Frommann vom 7. 5. 1801 (siehe Richter (ed) [PRJW]:103n6).

216 Ritter [BzHN]:82n.

29.3.1801 datieren. Denn das wäre nach allem Gesagten der einzige Sonntag, der dafür infrage kommt.

Vortrag gehalten?

§ 3.3.9. Nach allen Abwägungen aus den letzten beiden Paragraphen dürfte der Vortrag am 29.3.1801 stattgefunden haben. – *Falls der Vortrag tatsächlich stattfand.* Es wäre nicht unwichtig, dafür irgend einen anderen Beleg zu haben als Ritters spätere Aussagen.[217] Nicht immer hat er sich in dieser Angelegenheit eindeutig geäußert; im Jahr 1803 schrieb er beispielsweise:

> »dieses alles habe ich […] in einer noch ungedruckten, im Frühjahre 1801 der naturforschenden Gesellschaft zu Jena *vorgelegten* Abhandlung weiter aus einander gesetzt«.[218]

Eine *vorgelegte* Abhandlung kann schriftlich abgegeben werden; Ritter hat hier also nicht ausdrücklich behauptet, seinen Vortrag höchstpersönlich gehalten zu haben. Und im Jahr 1806 schrieb er im Passiv, dass der Text »vorgelesen« worden sei, ließ aber offen, von wem.[219]

Ich habe nur ein einziges – schwaches – Indiz dafür gefunden, dass Ritter den Vortrag wirklich gehalten haben dürfte. Es stammt aus einem Brief Schellings an Goethe:

> »Indem ich an einer neuen Darstellung meiner Naturphilosophischen Sätze arbeitete, bin ich unwillkührlich auch auf die neuen Herschel'schen Versuche über die wärmende Kraft der Sonnenstrahlen geführt worden. Irre ich mich, oder sind selbige aus Ihrer Ansicht der prismatischen Erscheinungen vollkommen wohl zu begreifen? Um hierüber in völlige Gewißheit zu kommen, wünschte ich, nach so vielen Erläuterungen, die ich Ihrer Güte verdanke, doch noch Ihr eigne und ausdrükliche Erklärung über einige Puncte Ihrer Theorie, ehe ich es wagte, diese mit jenen in einen Zusammenhang zu setzen. Wollten Sie die Gewogenheit haben, mir einige Augenblike zu diesem Zwek zu schenken, so würde es morgen Nachmittag

217 Ohne Zweifel am Vortrag aufzuwerfen, nennt Rehm es »merkwürdig«, dass Ritter in einem Brief an A. Arnim nicht von dem Vortrag berichtete (Rehm (ed) [UBJW]/b:71/2n37 mit Bezug zu Ritter, Brief an A. Arnim vom 6.5.1801 (siehe Rehm (ed) [UBJW]/b:38/9)).

218 Ritter [VüS]/A:410; meine Hervorhebung; fast identisch in Ritter [VüS]/B:356.

219 Ritter [PCAi]/2:81 sowie Inhaltsverzeichnis (ohne Seitenzahl).

geschehen können, indem ich um diese Zeit nach Weimar kommen werde« (Schelling, Brief an Goethe vom 17. 4. 1801).[220]

Der Philosoph wollte sich vergewissern, dass Herschels Versuchsergebnisse keine Gefahr für Goethes Ansichten über die Farben darstellen. Falls er zu diesem Zeitpunkt von Ritters ultravioletter Entdeckung gehört haben sollte, so würde der Brief auf die Andeutung der Frage hinauslaufen, ob sich Goethe durch Ritters Entdeckung bestätigt sah oder nicht.

Was Schelling schon neun Tage später über Herschels Experimente veröffentlichte, war sichtlich darauf berechnet, gut zu Goethes Newton-Kritik zu passen.[221] Und ohne Ritters Experimente namentlich zu erwähnen, monierte Schelling, Herschel habe die Stellen jenseits vom blauvioletten Ende des Spektrums »nur mit dem Thermometer und nicht andern Reagentien untersucht«.[222]

Schelling bezog sich also weder hier noch im vorher zitierten Brief ausdrücklich auf Ritter; aber es ist nicht unplausibel anzunehmen, dass er über ihn von Herschels Experimenten gehört hat, und zwar entweder direkt im Vortrag oder aus dem in der Jenaer Naturforschenden Gesellschaft ausgelegten Manuskript oder auf Umwegen von anderen Gesellschaftsmitgliedern. Schelling war jedenfalls seit 1800 Ehrenmitglied in der Gesellschaft.[223]

Hätte Schelling im Gespräch mit Ritter von Herschels Experimenten erfahren haben können? Dies ist nicht unmöglich, aber wenig wahrscheinlich: Das Verhältnis zwischen beiden war damals gestört; ein Vierteljahr vorher hatte Ritter wichtige Arbeitsergebnisse vor Schelling verheimlicht; zudem zieh er ihn in einer anderen Angelegenheit des Plagiats.[224]

Vertiefungsmöglichkeit. Auch danach äußerte sich Ritter negativ über Schelling, z. B. in Briefen an Ørsted.[225] Erst als Ritter und Schelling Akademie-Mitglieder in München wa-

220 Fuhrmans (ed) [FWJS]/II:312; Absatzwechsel weggelassen. Dieser Brief wurde einen Tag nach dem Erscheinungsdatum des Forschungsberichts von Ritter geschrieben (Ritter [CPiL]).

221 Schelling [DMSP]/S:178/9 (§ 106) mit Bezug zu Goethe [BzO]/1, Goethe [BzO]/2 und Herschel [UüWE]. – Zur Datierung auf den 26. 4. 1801 siehe Durner in Schelling [AA]/I.10:11.

222 Schelling [DMSP]/S:179 (§ 106).

223 Batsch (ed) [NvFN]/6-7:22.

224 S. o. § 2.4.9 sowie § 2.3.6.

225 Ritter, Briefe an Ørsted vom 14. 9. 1802, 28. 10. 1802, 16. 8. 1805 (siehe Harding (ed) [CdHC]/II:21, 30, 119). Siehe auch Richter [LPJW]:71, 94-97; Rehm (ed) [UBJW]/b:54-56; Berg et al [RS]:83-86 *et passim*; Nielsen [AKoL]:118 *et passim*.

ren, scheint sich ihr Verhältnis verbessert zu haben.[226] Obwohl sich Ritter über Schellings Unterstützung bei den Experimenten mit Wünschelruten gefreut haben dürfte (§ 5.3.1, Fußnote 130), hatte er immer noch einiges an dessen Art zu schreiben auszusetzen.[227] Noch etwas später schlug Ritters Stimmung endgültig um, wie z. B. die verspielte Einrahmung seiner Bitte um Geld zeigt oder ein damaliger Brief an Ørsted.[228] Im autobiographischen Vorwort zu seinen *Fragmenten* schließlich lobte Ritter den Philosophen in den höchsten Tönen.[229]

* * *

Gab es Vorträge in der Jenaer Naturforschenden Gesellschaft?

§ 3.3.10. Ich möchte jetzt die These begründen, dass Ritter den Vortrag über seine Entdeckung mit Hornsilber aller Wahrscheinlichkeit nach tatsächlich vor der Jenaer Naturforschenden Gesellschaft gehalten hat. Hierfür werde ich frühere Abhandlungen Ritters für diese Gesellschaft durchgehen, um die Schwierigkeiten aufzuzeigen, die sich insgesamt um die damaligen Usancen ranken.

Ritter wurde »bis 1798« als außerordentliches bzw. korrespondierendes Mitglied in die Jenaer Naturforschende Gesellschaft aufgenommen.[230] Ihr Gründer, der Jenenser Medizinprofessor Carl Batsch scheint früh große Stücke auf Ritter gehalten zu haben; jedenfalls vermittelte er Ritter schon im Jahr 1797 den Kontakt zum langjährigen Ehrenmitglied der Gesellschaft, Alexander Humboldt.[231]

226 Laut Weber näherte sich Ritter bereits ab 1804 mit Blick auf wissenschaftliche Methodologie an Schellings Apriorismus an (Weber [JWR]:526). Wenn dies in einer gewissen Spannung zu den später entstandenen Belegen steht, die ich in der vorigen Fußnote zitiert habe, so muss das nicht viel heißen; Ritter könnte sich in einem Zickzack-Kurs wieder an Schelling angenähert haben.

227 So kritisierte er Schellings akademische Rede, die Goethe anders als Ritter schätzte (Ritter, Brief an Baader vom 18. 11. 1807 (siehe Hoffmann (ed) [FvBB]:218) mit Bezug auf Schelling [uVBK]/S; vergl. Fuhrmans (ed) [FWJS]/III:459-460n1).

228 Ritter, Brief an Schelling vom 21. 3. 1808 (siehe Fuhrmans (ed) [FJWS]/III:489-490); Ritter, Brief an Ørsted vom 19. 1. 1807 (siehe Harding (ed) [CdHC]/II:185/6). Vergl. Richter [LPJW]:143.

229 Ritter [FaNJ]/I:XXXVIII-XXXIX. Den Namen Schellings nannte Ritter hier nicht, aber die Anspielung ist deutlich genug (so auch Dietzsch in Ritter [FaNJ]/D:367).

230 Batsch (ed) [NvFN]/6-7:14; Batsch (ed) [NvFN]/8-9:13. Laut beiden Berichten gehörte Ritter also weder zum renommierten Kreis der »ordentlichen oder activen Mitglieder« (Batsch (ed) [NvFN]/6-7:7-10; Batsch (ed) [NvFN]/8-9:5-9) noch zum erlesenen Kreis der Ehrenmitglieder (Batsch (ed) [NvFN]/6-7:16-22; Batsch (ed) [NvFN]/8-9:16-22).

231 Humboldt [VüGM]/2:440; zur Ehrenmitgliedschaft Humboldts siehe Batsch (ed) [NvFN]/8-9:18.

Es ist verblüffend schwer herauszufinden, ob Ritter seine erste – galvanische – Abhandlung für die Gesellschaft am 29.10.1797 mündlich vorgetragen hat, so wie es in der Literatur immer wieder dargestellt wird.[232] Nach den Statuten der Gesellschaft aus dem Jahr 1793 waren weder Debatten noch verlesene Vorträge erlaubt:

> »Ueberhaupt wird in diesen Zusammenkünften nie debattirt, sondern das, was in der Zwischenzeit freundschaftlich besprochen, eingeliefert, oder schriftlich verhandelt wurde, nur zur allgemeinen Bekanntschaft gebracht. So werden auch keine Abhandlungen vorgelesen, sondern blos dem Innhalte nach angezeigt, und der ruhigern Prüfung eines jeden Mitgliedes überlassen«.[233]

Das Debattierverbot wurde offenbar erst im Jahr 1800 aufgehoben.[234] In der Tat zählte Batsch am Ende seines Berichts für 1798 nur »Eingelaufene Aufsätze« auf, im Bericht zu den Jahren 1799 bis 1800 hingegen zum ersten Male »Gelieferte und *vorgelesene* Aufsätze«.[235] Gleichwohl behauptete Ritter in seinem ersten Buch, die galvanische Abhandlung am 29.10.1797 vorgelesen zu haben, also merkwürdigerweise noch vor Lockerung der Statuten:

> »Das Hauptsächlichste des hier folgenden machte den Inhalt einer Abhandlung aus, die *ich* bereits am 29. October vorigen Jahres (1797) in einer Versammlung der Naturforschenden Gesellschaft hier zu Jena *vorlas*, und ich würde sie so, wie sie da war, hier erscheinen lassen, wenn nicht die Verbesserung einiger in ihr noch begangenen Fehler und neue seit der Zeit

232 Zum Beispiel Richter [LPJW]:59.
233 Batsch (ed) [NvGN]:29.
234 So Ziche [JNGI]:117.
235 Vergl. Batsch (ed) [NvFN]/5:23 mit Batsch (ed) [NvFN]/6-7:30/1; meine Hervorhebung. In der Rubrik der gelieferten und vorgelesenen Aufsätze findet sich kein einziger Eintrag zu Ritter – was nicht gut zu Ritters Aussage passen will, die ich in der übernächsten Fußnote zitiere. Wollte Batsch unter dieser Rubrik nur die »ordentlichen und activen Mitglieder«, nicht aber die »außerordentlichen u. correspondirenden« aufführen? – Übrigens gibt es im folgenden Bericht wiederum keine Rubrik mit *verlesenen* Aufsätzen (Batsch (ed) [NvFN]/6-7). Nun lässt es sich kaum vorstellen, dass die Erlaubnis zum mündlichen Vortrag so schnell kommentarlos wieder kassiert wurde; wie wir statttdessen annehmen dürfen, nahm es Batsch mit derartigen Berichten weniger genau als Ritter.

hinzugekommene Entdeckungen ihr eine ganz andere Gestalt nöthig gemacht hätten«.[236]

Wir können diese Sache kaum als Flüchtigkeits- oder Erinnerungsfehler abtun, denn Ritter hat sich woanders mehrmals ebenso geäußert. Als er die Abhandlung 1806 an die Spitze seiner monumentalen Aufsatzsammlung stellte, titelte er sowohl im Inhaltsverzeichnis als auch bei der Überschrift der Abhandlung selbst:

> »Ueber den Galvanismus; einige Resultate aus den bisherigen Untersuchungen darüber, und als endliches: die Entdeckung eines in der ganzen lebenden und todten Natur sehr thätigen Princips; – *vorgelesen* in der Naturforschenden Gesellschaft zu Jena, am 29. October 1797«.[237]

Anders also als im Zitat davor formulierte Ritter das entscheidende Verb diesmal im Passiv, wodurch offenblieb, *wer* den Text bei der Versammlung

236 Ritter [BDBG]:XI; Hervorhebung geändert. – Offenbar reichte Ritter den ungedruckten Text der fraglichen Abhandlung noch im selben Jahr für die Literatursammlung der Jenaer Naturforschenden Gesellschaft ein (in deren erhaltener Bibliothek sich das eingereichte Exemplar freilich nicht mehr nachweisen lässt). Denn unter der Überschrift »Eingelaufene Aufsätze« ließ Batsch für das Jahr 1797 folgenden Eintrag drucken: »Beweis dass ein beständiger Galvanismus den Lebensprocess im Thierreich begleite. Von Hrn. Ritter. *Ist als eigene Abhandlung bereits gedruckt*« (siehe Batsch (ed) [NvFN]/5:23; Hervorhebung geändert, runde Klammern um den kursiv gesetzten Teil weggelassen). Das ist zwar nicht der Titel der dann 1806 gedruckten Abhandlung, sondern der Titel von Ritters erstem Buch (Ritter [BDBG]). Aber da Ritter (laut obigem Zitat) das Buch eindeutig als Vertiefung und Korrektur der ursprünglichen Abhandlung bezeichnete, dürfte er die Abhandlung bei der Drucklegung nachträglich umbenannt haben – vielleicht um nicht in die Verlegenheit zu geraten, Autor zweier Publikationen mit identischem Titel zu werden. Nichtsdestoweniger behielt die ungedruckte Abhandlung in der Sammlung der Jenaer Naturforschenden Gesellschaft den ursprünglichen Titel, wodurch sich Batsch genötigt gesehen zu haben scheint, die Sache klarzustellen, als Ritter dann auch noch das Buch mit demselben Titel ablieferte. Unter der Rubrik »Beyträge zu den Sammlungen« nannte er nämlich für die folgenden beiden Jahre 1798/9: »Hr. Ritter: seinen Beweis der Verbindung des Galvanismus mit dem Lebensprocess, – *seine neuere Schrift* über den Galvanismus« (Batsch (ed) [NvFN]/6-7:26/7; Hervorhebung geändert). Es lässt sich nicht eindeutig entscheiden, ob Batsch mit diesem Eintrag insgesamt eine oder zwei Schriften Ritters angeben wollte.

237 Ritter [PCAi]/1:XXXIII (Inhaltsverzeichnis); meine Hervorhebung; wortgleich im Titel (Ritter [uG]:1).

vorgetragen hatte. Dieselbe Mehrdeutigkeit ließ er in der abschließenden Fußnote stehen, in der er ein abstraktes Substantiv verwendete:

> »Vorstehende Abhandlung sollte *nach ihrer Vorlesung* anfangs, so wie sie war, in einem Journale abgedruckt werden«.[238]

Auffälligerweise legte Ritter als Herausgeber seiner eigenen Schriften die Worte solcher autobiographischen Feststellungen auf die Goldwaage. Das zeigt sich im selben Band bei seiner zweiten Abhandlung für die Jenaer Naturforschende Gesellschaft vom Frühling 1799, bei deren nachträglicher Veröffentlichung er genauso vorging wie bei ihrer Vorgängerin.[239] Übrigens erinnerte er dort gleich zweimal an jene erste Vorgänger-Abhandlung und formulierte mit Blick auf sie wieder etwas deutlicher:

> »Es sind bereits gegen anderthalb Jahre [d. h. Herbst 1797], dass *ich* die Ehre hatte, dieser verehrungswürdigen Gesellschaft meine Gedanken über einen Gegenstand *mitzutheilen*, der mehr, als andere, darauf Anspruch zu machen berechtiget zu seyn scheint, zu zeigen, wie gross die Natur auch im Kleinen seyn könne […] Schon in einer *in dieser Versammlung* im October 1797 *gehaltenen* Vorlesung deutete *ich* dasselbe an, und mehr noch habe ich bey der Herausgabe der Schrift […] dasselbe aus einander gesetzt«.[240]

Alles in allem dürfen wir annehmen, dass der erste Vortrag tatsächlich mündlich stattfand, dass also die Statuten der Jenaer Naturforschenden Gesellschaft

238 Ritter [uG]:41n; meine Hervorhebung.

239 Siehe Ritter [BDGA]/a. Nach exakt demselben Muster wie davor ließ er es auch für diese zweite Abhandlung sowohl beim Inhaltsverzeichnis als auch beim Untertitel in der Schwebe, *von wem* sie vorgelesen wurde (Ritter [PCAi]/1:XXXIV, 139). Diese Abhandlung hätte also ebenfalls in der Jenaer Naturforschenden Gesellschaft mündlich vorgetragen worden sein müssen, bevor deren Statuten das erlaubten. – Und als sie es (ab 1800) erlaubten, verfuhr Ritter erneut nach demselben Muster, wie sich bei seiner dritten Abhandlung für die Jenaer Naturforschende Gesellschaft zeigt: Laut Ritter wurde sie »bereits am 13ten Jul. d. J. (1800) in einer Versammlung der naturforschenden Gesellschaft zu Jena *verlesen*« (Ritter (ed) [BzNK]/I.3-4:146; meine Hervorhebung). Obwohl er ihren Text im Jahr 1806 nicht mehr in Händen hatte, erinnerte er sich damals immer noch sehr genau an diese »am 13. Jul. 1800 in der Naturforschenden Gesellschaft zu Jena *vorgelesene* Abhandlung« (Ritter [PCAi]/1:194n; Hervorhebung geändert).

240 Ritter [BDGA]/a:140/1; meine Hervorhebung.

seinerzeit nicht völlig streng beachtet wurden.[241] Schon im Jahr 1793 scheinen in der Gesellschaft Vorträge verlesen worden zu sein.[242] Wenn dem so ist, dann dürfte Ritter die uns interessierende Abhandlung über die Entdeckung des Ultravioletten erst recht in der Gesellschaft vorgetragen haben. Erstens waren deren Statuten in der Zwischenzeit gelockert worden. Und zweitens war er inzwischen eine Berühmtheit, die bis nach Paris, Edinburgh und bald auch Italien von sich reden machte.[243]

Nichtsdestoweniger ist es verwirrend, dass die Überlegungen Ritters im Bericht des Gesellschaftsgründers Batsch für die Jahre 1801/2 ohne weiteren Kommentar nur unter der Überschrift »Aufsätze« geführt wurden:

> »Ueber den Gegensatz der Wärme und des Lichtes in den beyden Enden des prismatischen Farbenbildes, von Hrn. Ritter«.[244]

In diesem Bericht gibt es freilich (anders als in Batschs Berichten aus den Vorjahren) keine eigene Rubrik für Vorträge, und bei der anderen – umfangreicheren – Rubrik namens »Beyträge« schrieb Batsch ausdrücklich von einer Übergabe:

> »Beyträge.
> Es *übergaben:* [...]
> Hr. Redowsky: 30 zum Theil sibir. Pflanzen.

241 Ohne eingehende Diskussion geht auch Weber davon aus, dass Ritter seinen ersten Vortrag nicht nur eingereicht, sondern auch mündlich vorgetragen hat (Weber [EFN]:58n158). Dass Humboldt ihn »im Sommer 1797« (Weber [EFN]:58) *aufgrund* positiver Berichte über diesen Vortrag zur Durchsicht seiner Schrift gebeten haben soll (Weber [EFN]:58n158), kann hingegen deshalb nicht stimmen, weil Ritter jene Bitte bereits *vor* diesem Vortrag erfüllt hatte, nämlich eben im Sommer 1797 (Humboldt [VüGM]/2:440).

242 Zum Beispiel Scherer [VKbi]:202.

243 Siehe erstens zu Ritters Rezeption in Paris Klengel [üGDT]:67-87; zweitens zur Publikation seiner Ergebnisse in Schottland Breidbach et al [JWRP]:126; drittens zu Voltas Ritter-Begeisterung Kleinert [VGCo]:36/7 *et passim* sowie Volta laut van Mons in Ritter, Brief an Ørsted vom 6.9.1805 (siehe Harding (ed) [CdHC]/II:125).

244 Batsch (ed) [NvFN]/8-9:31; Hervorhebung weggelassen. In der erhaltenen Bibliothek der Jenaer Naturforschenden Gesellschaft lässt sich das eingereichte Exemplar Ritters nicht mehr nachweisen (was angesichts der Unvollständigkeit ihrer Hinterlassenschaft nicht viel bedeuten muss; vergl. aber nächste Fußnote).

> Hr. Ritter: seine Darstellung d. neuern Untersuchungen über das Leuchten des Phosphors; und seine Beyträge zur nähern Kenntniss des Galvanismus«.[245]

Nach heutigem Verständnis würde ein gehaltener Vortrag eher als Beitrag und weniger als Aufsatz bezeichnet werden, doch wenn wir von einem *übergebenen* Beitrag hören, dann denken wir an etwas Handfestes, z. B. an einen Beitrag zur Pflanzensammlung oder aber im Falle von Überlegungen an einen schriftlichen Beitrag – und das ist nichts anderes als ein Aufsatz. Daher lässt sich kaum nachvollziehen, warum Batsch die beiden Rubriken getrennt aufgestellt hat.

Soweit ich weiß, hat Ritter nirgends behauptet, dass die beiden unter »Beyträge« geführten Überlegungen in der Jenaer Naturforschenden Gesellschaft (von wem auch immer) verlesen worden wären. Wenn sein Text über das UV-Licht also nicht in dieser Rubrik auftaucht, dann scheinen »Aufsätze« damals nicht so eng an die Schriftform gebunden gewesen zu sein, wie es heutige Assoziationen nahelegen. Laut *Goethe-Wörterbuch* hängen alle Fundstellen des Ausdrucks »Aufsatz« in Goethes Werk unmittelbar mit schriftlichen Texten zusammen, was freilich deren Verlesung nicht ausschloss wie z. B. hier:

> »Prof. Weiß, deßgleichen Prof. Jungius haben in der naturforschenden Gesellschaft, in Berlin, Aufsätze gegen meine Farbenlehre vorgelesen«.[246]

Wenn man nun bedenkt, dass Batsch für die Jahre 1801/2 insgesamt elf Aufsätze aufzählte und dass eine Gemeinschaft von Wissenschaftlern, die sich einmal monatlich trifft, innerhalb zweier Jahre von elf Vorträgen nicht überfordert wäre und auch genug Raum für den freien Gedankenaustausch hätte, dann wird folgende Schlussfolgerung plausibel: Batsch verstand unter »Aufsätzen«, das, was wir heute als verlesene Vorträge bezeichnen würden. Es bleibt also dabei – insofern Ritter schon die früheren Abhandlungen mit an Sicherheit grenzender Wahrscheinlichkeit in der Jenaer Naturforschenden Gesellschaft vorgelesen hat, wird er den uns interessierenden Text zu den Wirkungen des UV-Lichts dort ebenfalls vorgetragen haben.

245 Batsch (ed) [NvFN]/8-9:23, 27 mit Bezug zu Ritter [DNUü], Ritter (ed) [BzNK]/I.1-2; Hervorhebung geändert. Alle drei Schriften Ritters lassen sich bis heute unter den erhaltenen Büchern der Jenaer Naturforschenden Gesellschaft nachweisen, die in der Thüringer Universitäts- und Landesbibliothek aufbewahrt werden (Signaturen H. N.X, o. 339 a., H. N.X, o. 340 a.; freundliche Mitteilung von Thomas Bach, dem ich auch die anderen Angaben aus früheren Fußnoten zur Bibliothek der Gesellschaft verdanke).

246 Goethe [WA]/II.5.1:360/1.

3.4. Goethes Fingerabdrücke in Ritters Jenaer Vortrag (März 1801)

Vorschau

§ 3.4.1. Wie wir angesichts der letzten Überlegungen annehmen dürfen, hat Ritter seine Entdeckung des UV-Lichts kurz nach Frühlingsanfang 1801 in der Jenaer Naturforschenden Gesellschaft präsentiert – also wenige Wochen, nachdem ihm Goethe seinen langen Brief geschrieben hatte. Hat sich der Brief auf den Inhalt des Vortrags ausgewirkt?

Es ist zwar nicht direkt belegt, dass dafür die Gelegenheit bestand; Ritter war in jenen Wochen viel unterwegs, und so könnte er seinen Vortrag unterwegs geschrieben haben, bevor ihn Goethes Brief erreichte. Aber diese theoretische Möglichkeit können wir ausschließen – indem wir die beiden Texte nebeneinanderlegen und inhaltlich vergleichen. Es lässt sich zweifelsfrei nachweisen, dass Ritter die Hauptgedanken aus Goethes Brief aufgenommen und eigenständig weitergeführt hat.

Wie ich als erstes zeigen möchte, ergibt sich das schon aus dem Beginn des Vortrags. Mit dem Vortragstitel kündigte Ritter zwar nur »Bemerkungen zu *Herschel's* neueren Untersuchungen über das Licht« an, doch führt diese Überschrift insgesamt in die Irre; Ritter legte das Hauptgewicht seines Vortrags auf die eigenen chemischen Experimente (mit Hornsilber), nicht auf Herschels Temperaturmessungen. Mit dessen Messungen begann Ritter seine Überlegungen, *und zwar voll und ganz im Gleichklang mit Goethes Brief.*

Ritter arbeitet mit Goethes Versuchsaufbau, nicht mit Newtons

§ 3.4.2. Ein erstes unverkennbares Anzeichen für Goethes Einfluss auf den Vortrag findet sich im 1. Abschnitt (gleich nach der Einleitung, die keine eigene Nummer trägt). Ritter schob den Auffangschirm für das Spektrum näher an das Prisma heran als Newton bzw. Herschel (Farbtafel 11 oben). Er argumentierte also mit Goethes Kantenspektren (die von einer weißen Mitte getrennt sind), nicht mit Newtons Vollspektrum (in dessen Mitte ein grünes Feld aufscheint). Hier der gesamte Abschnitt:

> »Man führe in Gedanken das Bret, die Pappe, die sich in der Brechungsebene so weit vom Prisma entfernt befindet, dass *das Grün* bereits völlig herausgetreten war, gegen jenes zurück, *bis dieses wieder verschwunden, und das Spectrum an seiner Stelle weiss erscheint* [vergl. Farbtafel 2 rechts]. Zu beyden Seiten des Weiss bleiben die Farben u. s. w. dieselben wie zuvor, und bleiben es, so weit sich auch das Bret, die Pappe, dem Prisma ferner noch nähert. Die Grade

der Erleuchtung, welche beyde gewähren, werden ebenfalls dieselben bleiben, wie zuvor. Das Maximum fiel vorhin in die Mitte, jetzt sicher auch. Es ergiebt sich der Satz, dass das ungefärbte weisse Licht stärker leuchtet, in höherem Grade Licht ist, als irgend ein so oder anders gefärbter Stral desselben«.[247]

In der ersten Hälfte dieses Abschnitts überführte Ritter eine newtonische Versuchssituation in eine Situation, wie Goethe sie bevorzugte und wie er sie in seinem langen Brief verlangt hatte.[248] Und in der zweiten Hälfte griff er weitere Anregungen aus Goethes Brief auf. Dieser durch und durch goetheanische Abschnitt ist eine kleine Sensation. Er wurde in der Literatur zu Ritter bislang nicht berücksichtigt, ja man hat ihn sogar unter den Teppich gekehrt. In den letzten beiden Nachdrucken des Vortrags wurde er kurzerhand weggelassen.[249] Schlimmer noch, ein Wissenschaftshistoriker stellt es bei seiner Darstellung des – goetheanischen – Versuchsaufbaus sogar so hin, als ob Ritter nur ein Gedankenexperiment beschrieben hätte, das sich *de facto* nicht durchführen ließe![250]

Vertiefungsmöglichkeit. Auch der folgende 2. Abschnitt zeigt Anklänge an Goethes Gedankengut und wurde in den beiden neuesten Nachdrucken weggelassen; er ist aber für meine Überlegung weniger wichtig.[251] Dass beides weggelassen wurde, ist kein Zufall. Die gekürzten Nachdrucke hat der Ritter-Biograph Richter herausgegeben, der seinen Helden nicht gern mit Goethes Naturwissenschaft verbunden sehen möchte.[252] Er steht damit in der Ritterforschung nicht alleine. So schreibt der Ritter-Herausgeber Armin Hermann in seiner Einleitung zu Ritters Vortrag:

> »Durch typisch romantische (und, wie es uns heute scheint, nicht sehr klare) Vorstellungen kam Ritter zu der Überzeugung, daß das Sonnenspektrum auch nach der anderen Seite hinaus fortgesetzt sein müßte«.[253]

247 Ritter [BzHN]:83/4 (§ 1); Hervorhebung geändert.

248 Erste, zurückhaltende Anzeichen für Ritters Willen, den Abstand zwischen Prisma und aufgefangenem Spektrum zu variieren, bietet Ritter, Arbeitsjournal unter dem 24.1.1801 (siehe Ritter [VD]:91). Wir können davon ausgehen, dass Goethe ihm diese Variation der Versuche Newtons früh nahegebracht hat (s. o. § 2.2.3).

249 So 1986 in Ritter [BzHN]/A:117 und 1997 in Ritter [BzHN]/B:117; ein noch älterer Nachdruck aus dem Jahr 1968 ist hingegen (mit Ausnahme des Titels) originalgetreu (Ritter [EUS]:58).

250 So (offenbar ohne Kenntnis der Experimente Goethes) Guiot [zEUS]:354/5; s. o. § 1.2.9.

251 Ritter [BzHN]:84 (§ 2).

252 Richter [LPJW]:74-77. Mehr dazu in § 1.1.13.

253 Hermann (ed) [BEEU]:57; Hervorhebung weggelassen.

Wie man sieht, vermeidet es Hermann, Ross und Reiter zu nennen, also darauf aufmerksam zu machen, dass Ritter nicht anders als Goethe bzw. nicht prinzipiell anders als die moderne Physik nach Polaritäten bzw. Symmetrien suchte; der Hinweis auf das Romantische taucht das von Ritter und Goethe geteilte Forschungsprogramm in ungünstigeres Licht als nötig.

Ritter symmetrisiert Herschel

§ 3.4.3. Herschel hatte das Helligkeitsmaximum eines newtonischen Vollspektrums in dessen grüner Mitte betrachtet (Abb. 3.1.1b, rechte Kurve); Ritter betrachtete es in der weißen Mitte zwischen zwei goetheanischen Kantenspektren. Trotz der Unterschiede stimmten Herschel und Ritter darin überein, dass die prismatischen Bilder in Sachen Helligkeit halbwegs symmetrisch sind; die Symmetrieachse liegt in der Mitte des jeweiligen sichtbaren Bildes.

Nun hat Herschel ein Thermometer an verschiedene Stellen vor den Auffangsschirm gesetzt; das Temperaturmaximum lag ein gutes Stück außerhalb des Spektrums – jenseits von dessen rotem Ende (Abb. 3.1.1b, linke Kurve). Je weiter er das Thermometer von dort ins Spektrum hineinschob, desto weniger wurde das Thermometer vom spektralen Licht erwärmt; und die Erwärmung verringerte sich schon in der grünen Mitte stark, hörte sogar am kaltfarbigen Ende des Spektrums ganz auf.[254] Die Kurve der Temperaturerhöhung zeigt also insofern keine Symmetrie zur Mittelachse des Spektrums, als sie auf der einen Seite des Spektrums auch im unsichtbaren Bereich weiterläuft, auf der anderen Seite hingegen noch im Spektrum endet.[255]

So wie vermutlich Schelling in seinem Brief (§ 3.3.9) störte sich Ritter am asymmetrischen Stand der Dinge, den Herschel damit erreicht hatte. Sollten Sie sich im Laufe meiner Darstellung probehalber auf die polaristische Denkweise eingelassen haben, dann müssten Ihnen Ritters Überlegungen naheliegend vorkommen – er setzte neu an, ging wieder zu Goethes Kantenspektren über und versuchte, die Sache zu symmetrisieren:

> »Die Stralen im Spectrum auf die vorige Art [d. h. à la Goethe, im Kantendoppelspektrum gemäß Farbtafel 2 rechts] aus dem Gesichtspunkt der Wärme betrachtet, ergiebt sich, dass alle auf die eine Seite des angenommenen Spectrums fallende Stralen *weniger*, alle auf die andere desselben

254 Siehe die Ritter damals vorliegende deutsche Übersetzung Herschel [UüWE]:145; ähnlich auf Herschels Tafel, die in der Übersetzung fehlte (Abb. 3.1.1b).

255 Vergl. Herschel [EoRo]:288; Ritter sollte sich später ausdrücklich auf die deutsche Übersetzung genau dieser Aussage Herschels beziehen (Ritter [BzVA]:701/2 mit Bezug zu Herschel [VüBU]:54).

> aber fallende *mehr* wärmen, als das weisse Licht. Die erste Seite vom Blau bis zum Violett und darüber hinaus mag *A*, die vom Gelb bis zum Roth und darüber hinaus aber *B* heissen. Man kann also sagen: die Seite *A* sey kälter, die Seite *B* wärmer, als das weisse Licht. Das Maximum der grösseren Wärme für *B* ist bekannt; es ist der merkwürdige Punkt ›einen halben Zoll ausserhalb des Spectrums vom Roth weg.‹ *Auch für A fordert man eines.* Aber das Thermometer kann es nur negativ anzeigen. Im Violett selbst stieg das Thermometer, was im Roth auf 6⅞° kam, in derselben Zeit immer noch auf 2°. Die Stelle also, wo das Minimum von Wärme, d. i., gar keine, Statt hatte, fiel nothwendig und ebenfalls ausserhalb des Spectrums, und wirklich erlitt auch, nach Herschel, hier das Thermometer nicht die mindeste Veränderung. Doch ist zu glauben, dass künftige Versuche noch zeigen werden, was Herschel wenigstens nicht angiebt: kleine Grade von Erwärmung auch ausserhalb des Violetts, die unter 2°, d. i., unter der des Violetts, und zwischen diesem und dem ausserhalb desselben, nothwendig in einiger Entfernung von ihm, gelegenen Nullpunkt, in continuirlicher Abnahme vertheilt sind. – Es ist begreiflich, wie, in ersten Versuchen, dergleichen Kleinigkeiten sich der Beobachtung entziehen können«.[256]

Wie man sieht, *forderte* Ritter eine thermische Symmetrie im Spektrum, indem er über ein polares Gegenstück zum Wärmemaximum am entgegengesetzten Ende des Spektrums spekulierte; dass er das *beobachtet* hätte, behauptete er nicht.[257] Er benutzte die Forderung wie ein regulatives Prinzip im Sinne Kants.[258] Im kommenden Paragraphen wird sich zeigen, wieviel weiter er den Polaritätsgedanken mit Bezug auf Kälte und Wärme noch fortgeführt hat.

Kälte!

§ 3.4.4. Wenn Ritter außerhalb des Spektrums *zwei* Maxima erwartete und wenn das eine Maximum (im Infraroten) ein Wärmemaximum war – was für ein Maximum müsste sich auf der anderen Seite zeigen? Wenn man die Frage so fasst, liegt die Antwort auf der Hand und ist fast schon banal. Zu erwarten ist an Ort und Stelle ein Maximum der *Kälte*. Im Sinne der polaristischen Logik fuhr Ritter folgerichtig fort:

256 Ritter [BzHN]:84/5 (§ 3); Hervorhebung geändert.
257 Im Jahr 1803 sollte er betonen, noch keine Gelegenheit gehabt zu haben, um Herschels Temperaturmessungen zu überprüfen und zu variieren (Ritter [VüS]/A:413).
258 S. o. § 1.4.6k.

»Schon durch das Vorige war die Ungleichheit [Asymmetrie] etwas ausgeglichen, die durch den Buchstaben der Herschel'schen Ansicht in dieselbe kam. Es wurde noch überdies wahrscheinlich, dass auch auf der Seite *A*, über die Grenzen des Sichtbaren, hier das Violett, hinaus, noch Stralen vorkommen, die eben so unsichtbar wären, als die bekannten jenseits des Roths auf der Seite *B*. Doch ist das, worauf wir uns stützten, *der Gegensatz von wärmer und kälter als solcher, und als einer, der mit dem von ± E, ± M, und dergleichen, gleichen Rang behauptet,* in der Physik noch zu wenig anerkannt, als dass wir für Andere, mit der nämlichen Gewissheit, wie für uns, aus dem, was seine Anwendung auf den gegenwärtigen Fall gab, endlich folgern dürfen, dass, damit wir es wiederholen, diesseits *A* wie jenseits *B*, im Prismaspectrum Stralen vorkommen, die unsichtbar, und nur aus Wirkungen erkennbar seyen«.[259]

Offensichtlich formulierte Ritter hier ein aus heutiger Sicht befremdendes und damals umstrittenes Verständnis von Kälte, nicht anders als Jahre zuvor Physiker wie Rumford und Philosophen wie Kant.[260] Ähnlich wie sie wollte Ritter die Kälte als eigenständigen Gegenpol zur Wärme auffassen, indem er den Gegensatz von Kalt und Warm mit den Plus- und Minuszeichen der Elektrizitätslehre verglich.[261] Nur auf diese Weise konnte er eine Polarität im Spektrum postulieren, wie er sie bei Herschel vermisste. Im 3. Abschnitt hatte dieser Zug seines Gedankengangs noch halbwegs harmlos geklungen; jetzt im 4. Abschnitt radikalisierte er die Darstellung und steuerte auf das thermische Analogon zu Goethes polarer Sicht in der Optik zu, wonach Finsternis nicht bloß als Abwesenheit von Helligkeit gedeutet werden sollte, sondern als Gegenpol – so wie der magnetische Nordpol einen Gegenpol zum magnetischen Südpol darstellt und der elektrische Pluspol einen Gegenpol zum Minuspol.

259 Ritter [BzHN]:85 (§ 4); Hervorhebung geändert.

260 S. o. § 2.2.2k.

261 Genau genommen nutzte er im Zitat nur die Komparativformen »wärmer und kälter«, führte den Vergleich also nicht bis zur letzten Konsequenz einer echten Polarität im Sinne eines Umschlags der Gegensätze zuende. Doch schon im Vorjahr hatte er über hohe Kälte im Sinne eines Pols im Gegensatz zum Wärmepol spekuliert (Ritter, Arbeitsjournal unter dem 7. 4. 1800 (siehe Ritter [VD]:12)). Ähnlich später in Ritter, Brief an Ørsted vom 16. 8. 1805 (siehe Harding (ed) [CdHC]/II:112/3, 123/4). Hier bezog er sich auch auf Rumford und versprach eine ganze Abhandlung zu diesem Thema, die meines Wissens nicht erschienen ist. – Vergl. Ritter [FaNJ]/1:§ 260 (1801) und Ritter, Arbeitsjournal unter dem 22. 2. 1801 (siehe Ritter [VD]:111).

Zugebenermaßen griff Ritter in seinem Vortragsmanuskript Goethes Wort »Polarität« nicht auf (anders als in seinem kürzeren Forschungsbericht, siehe § 3.3.5). Aber auf das Wort kommt es für meine These nicht an. Dass er wie zitiert die polaristische Notation der Plus- und Minuszeichen einführte, war deutlich genug. Später in seinem Vortrag nutzte er die beiden Symbole mit größter Selbstverständlichkeit für den von ihm postulierten chemischen Gegensatz im Spektrum.[262] Es fällt aber auch auf, dass er anders als Goethe dem Licht im ganzen Vortrag immer noch keinen eigenständigen Finsternispol entgegenstellte.

Vertiefungsmöglichkeit. Weder Goethe noch Ritter haben die zusätzlichen Temperaturmessungen durchgeführt, von denen sie sprachen. Beide äußerten entgegengesetzte Vermutungen. Laut Ritter müsste die Temperatur vom roten Ende über die weiße Mitte zum blauvioletten Ende (und darüber hinaus) fallen; in der weißen Mitte läge der neutrale Punkt, an dem sich Wärme und Kälte die Balance halten. Goethe hatte in seinem Brief mit Blick auf die kolorierte Zeichnung (Farbtafel 11 oben) etwas anderes vermutet:

> »Nun fragen wir: wird das Thermometer 3 [im roten Bereich] auf der + Seite der Farben-Erscheinung gegen das Thermometer 2 [in der weißen Mitte] steigen oder fallen? Ich vermuthe das letzte. Die Erfahrung mag den Ausspruch thun« (Goethe, Brief an Ritter vom 7. 3. 1801).[263]

Wie passt diese gegenteilige Ansicht zu meiner These, dass Goethe und Ritter wissenschaftlich an einem Strang zogen? Ich finde, die These wird dadurch nicht in Mitleidenschaft gezogen. Auch unter kooperierenden Naturwissenschaftlern herrscht kein Dissens-Verbot.[264] Im Gegenteil, Naturwissenschaftler zeigen einander Respekt, indem sie vor dem Hintergrund geteilter Grundannahmen und Methoden kontrovers debattieren. Jahre später hat Ritter übrigens zugegeben, dass Goethe recht hatte, und ihm dafür Lob gezollt (§ 6.1.6k).

Goethes Steigerung bei Ritter

§ 3.4.5. Wie dargelegt nutzte Ritter an vielen Stellen seiner neuesten Forschung polaristisches Gedankengut, und zwar nicht anders, als es Jahre vorher von Goethe durchdekliniert worden war. Nun bietet das Denken in Polaritäten zwar ein Kernelement der Naturwissenschaft Goethes, aber nicht das einzige. Erinnern wir uns nur an dessen zweigliedrige Formel von Polarität und Steigerung.[265] Wenn sich also Ritter (wie ich behaupte) insgesamt von Goethes naturwissenschaftlicher Denkweise beeinflussen ließ – müsste er dann nicht

262 Ritter [BzHN]:92 (§ 11).
263 Goethe [WA]/IV.15:192.
264 Für eine Illustration dieses Sachverhalts siehe das letzte Zitat in § 4.2.9.
265 S. o. § 1.3.10.

auch dem Steigerungsgedanken Goethes gefolgt sein? Dass es sich so verhält, möchte ich jetzt vorführen.

In der Tat griff Ritter den Begriff der Steigerung auf und entwickelte ihn weiter. Beispielsweise schrieb er unmittelbar im Anschluss an die zuletzt zitierte Stelle aus dem Vortragsmanuskript:

> »Es wurde noch überdies wahrscheinlich, [...] dass zuletzt die unsichtbaren Stralen jeder Seite, im Grunde nur *gesteigerte Fortsetzungen* der sichtbaren Stralen jeder Seite seyen«.[266]

Diese Redeweise hat Ritter offenbar direkt aus Goethes Brief übernommen, an dessen entscheidende Stelle ich hier noch einmal erinnern möchte:

> »Das im spitzen Winkel, oben und unten, auf den Rändern des Prismas, aufstehende Phänomen verbreitet sich und zeigt die beyden einfachen Farben Gelb und Blau, nach innen, *mit ihren Steigerungen ins Rothe* nach außen, deutlich« (Goethe, Brief an Ritter vom 7. 3. 1801).[267]

Laut Goethe sind Gelb und Türkisblau die ersten Farben, die einem hellen Bild im prismatischen Wechselspiel an Hell/Dunkel-Grenzen entspringen (Farbtafel 5 oben). Im sichtbaren Teil der Spektren steigert sich z. B. der gelbe Bereich nach außen hin zum roten Ende des Spektrums (und nimmt dadurch an Farbigkeit zu) – diese Steigerung setzte Ritter nun terminologisch bis in den unsichtbaren Bereich fort, den wir heute Infrarot-Strahlung nennen. Und genauso auf der anderen Seite des Spektrums: Das Türkisblau der Spektren nimmt ebenfalls nach außen hin an Farbigkeit zu, steigert sich also laut Goethe bis »ins Rothe«, womit er vermutlich sagen wollte, dass sich das Türkisblau bis hin zu einem rötlichen Blau, also zu einem Blauviolett steigert – und wieder setzte Ritter diese Steigerung terminologisch bis in unsichtbare Bereiche fort: bis hin in den Bereich, den wir heute UV-Strahlung nennen.

Bei Goethe handelte es sich um eine Steigerung der Farbqualität; Rot sieht durch seine größere Entfernung vom Weiß intensiver aus als das blassere Gelb,

266 Ritter [BzHN]:85/6 (§ 4); Hervorhebung geändert. Offenbar noch unter dem Eindruck des langen Goethe-Briefs versuchte Ritter kurz darauf, elektrische und magnetische Analogien zur Konzeption der Farbsteigerung zu finden (Ritter, Arbeitsjournal unter dem 30. 4. 1801 (siehe Ritter [VD]:120), Ritter [FaNJ]/1:§ 262 (1801)). Den Steigerungsgedanken hatte er bereits früher auf Farben angewandt (s. u. § 5.1.8k).

267 Goethe [WA]/IV.15:191; meine Hervorhebung.

und Blauviolett sieht aus demselben Grund intensiver aus als das blassere Türkisblau – in beiden Fällen brachte die Steigerung einen Anstieg dessen mit sich, was Goethe als unverzichtbaren Gesichtspunkt aller Farbigkeit auffasste: ihr *skieron*, d. h. ihre Schattenhaftigkeit.[268]

Wenn sich die Steigerung laut Ritter bis in unsichtbare Teile des Spektrums weiterverfolgen lassen soll, dann muss diese Steigerung nun deutlich mehr mit sich gebracht haben als bloß visuell zugängliche Sachverhalte; sie musste einen umfassenderen, grundlegenderen Zug der prismatischen Phänomene bedeuten. Was mag sich Ritter unter einer solchen Steigerung vorgestellt haben?

Im Fall der warm aussehenden Seite des Spektrums liegt die Antwort auf der Hand; es geht um die Steigerung der gemessenen Temperatur. Es ist schwieriger, die Frage für die entgegengesetzte Seite des Spektrums zu beantworten. Auf der Ebene der Spekulation legte Ritter (wie zitiert) eine Steigerung der Kälte nahe, aber ihm war klar, dass die geforderte Steigerung nicht spekulativ plausibel zu machen ist, sondern empirisch. – Wie dem auch sei, unabhängig von ihrem empirischen Nachweis können wir eines festhalten: Ritter griff Goethes Rede von Steigerungen im Spektrum auf, dehnte sie aus und nutzte sie für die Organisation seiner Hypothesen.

Chemische Strahlung

§3.4.6. Um von Wahrscheinlichkeiten, Vermutungen und Spekulationen wegzukommen, um also auch jenseits vom blauvioletten Pol des Spektrums beobachtbare Wirkungen nachzuweisen, ging Ritter im nächsten Abschnitt seines Vortragsmanuskripts zu den chemischen Wirkungen der verschiedenen Teile des Spektrums über. Damit kam er auf seine eigenen Experimente zu sprechen. Er korrigierte zunächst die Asymmetrie, die er Herschel vorgeworfen hatte, indem er sich auf das gegenüberliegende Ende des Spektrums konzentrierte; beachten Sie die Formulierung »mit der nämlichen Positivität« gleich im ersten Satz des folgenden Zitats:

> »Zuerst beweisen wir das Daseyn unsichtbarer Stralen auf der Seite A, d. i., ausserhalb des Violetts, *mit der nämlichen Positivität*, wie Herschel mit dem Thermometer die Gegenwart der seinigen auf der andern Seite des Farbenbildes. Es kann aber nur geschehen vermittelst eines Reagens, das auf dieselbe Weise, wie das Thermometer nach dem Roth hin, in unserm Falle nach dem Violett hin, die stärkere Wirkung zeigt. Es wird dann leicht seyn,

268 Siehe Goethe [EF]:§69, §259, §556.

mit ihm über das Violett hinauszugehen, und ausserhalb ihm mit demselben ein Maximum von Wirkung *eben so gut* aufzufinden, wie mit dem Thermometer über dem Roth hinaus«.[269]

In der Tat suchte Ritter aktiv nach einem Gegenpol zum infraroten Extrem des Spektrums; dass er zu dieser Suche aus Symmetriegründen motiviert war, zeigen Formulierungen wie »mit der nämlichen [derselben] Positivität« und »eben so gut«. Wie wir schon wissen, wurde er mit der Verfärbung des Hornsilbers fündig. Für seine Jenaer Zuhörer wiederholte Ritter diese Erfolgsmeldung.[270] Und nach getaner Arbeit resümierte er, dass der Symmetriebruch in Herschels Ergebnissen damit geheilt worden sei:

> »Die Schwierigkeit, die nach dem, was wir von *Herschel* über die Grösse und die Grenzen des Prismaspectrums erfahren hatten, immer noch in dieser Hinsicht bedenklich scheinen mochte, die, dass dieser Hauptbeziehungspunkt so ganz und gar nicht in die Mitte des *ganzen* Spectrums, sondern vor der Hand einzig nur in die des sichtbaren, und in Bezug auf das Ganze sehr einseitig liegenden, *Theils* desselben, falle, ist gehoben«.[271]

Obwohl Ritter hier weder das Stichwort von der Polarität noch modernere Formulierungen mittels Symmetriebegriff einsetzte, hat er genau das auf seine etwas verschlungene Weise ausgedrückt. Das wichtigste Ziel der Untersuchung war damit erreicht.[272]

Aber sein Arbeitsprogramm war mit dem heute bekannten Erfolg längst nicht abgeschlossen. Er wilderte auch in Herschels Revier, also am gegenüberliegenden roten Ende des Spektrums und jenseits davon; auch dort wollte er chemische Wirkungen nachweisen, die das Gegenteil der bereits aufgewiesenen Wirkungen bieten müssten – also etwas Handfesteres als das bloße Feh-

269 Ritter [BzHN]:86 (§ 5); Hervorhebung geändert.

270 Ritter [BzHN]:86/7 (§ 6).

271 Ritter [BzHN]:88 (§ 7); Hervorhebung im Original.

272 Richter ordnet diese und die folgende Forschung Ritters plausiblerweise in dessen polaristisches Programm ein, bekommt aber nicht in den Blick, dass es sich um Goethes Forschungsprogramm handelt (Richter [LPJW]:60/1). Wenn Ritter im gesamten Vortragstext auf Ausdrücke wie »Pol« und »Polarität« verzichtete, so zeigte er damit eine gewisse terminologische Vorsicht, die keine methodologische Distanz zum polaristischen Forschungsprogramm mit sich brachte; wieder und wieder sprach er von entgegengesetzten Verhältnissen, auf deren Umkehrung er es abgesehen hatte (z. B. Ritter [BzHN]:85/6 (§ 5), 90 (§ 9), 93 (§ 13), 96 (§ 15), 104 (§ 20)).

len chemischer Wirkungen. Auch damit hatte er nach eigener Aussage Erfolg.[273]

Die Strategie dieser Suche entsprach seinem vorher besprochenen Schachzug bei Kälte und Wärme, nur dass er diesmal experimentierte, statt zu spekulieren. Er gab sich an Ort und Stelle im Spektrum nicht mit dem bloßen Fehlen chemischer Wirkungen zufrieden, sondern suchte und fand um das rote Ende des Spektrums herum einen chemisch eigenständig wirksamen Gegenpol zu den ultravioletten Ursachen für diejenigen photochemische Reaktionen, die er bereits aufgewiesen hatte; und hierfür folgte er demselben Schema, das Goethe bei seinen Spektralexperimenten vorgeführt hatte: Bei Vertauschung der Pole des Spektrums waren entgegengesetzte chemische Wirkungen zu erwarten (Kapitel 1.3).

Was er da gefunden haben will, ist aus heutiger Sicht schwer nachzuvollziehen; manche Wissenschaftshistoriker vermuten einen Beobachtungsfehler oder Unsauberkeiten der verwendeten Chemikalien.[274] Hiergegen richtet sich die neue Forschung der Chemikerin Anna Reinacher, die der Sache im Sinne einer experimentellen Wissenschaftsgeschichte auf den Grund geht und damit meiner Untersuchung eine handfeste Unterfütterung verleiht.[275] Wie auch immer die heutige Erklärung aussehen mag – zuguterletzt brachte Ritter beide chemischen Effekte in einem hochästhetischen und hochsymmetrischen Experiment zusammen.[276]

Vertiefungsmöglichkeit. Wann soll Ritter die zusätzlichen Experimente durchgeführt haben, die er im weiteren Verlauf seines Vortrags beschrieb und die eine sorgfältig arrangierte Serie darstellen? Die Frage gewinnt an Schärfe, wenn man bedenkt, dass ich bei weitem nicht alle Versuche erörtern kann, die Ritter in seinem Vortrag beschrieben hat; so berichtete er von weiteren Versuchen mit anderen chemischen Substanzen, insbesondere mit Phos-

273 Ritter [BzHN]:90/1 (§ 10). Im Arbeitsjournal formulierte er dazu als erstes Spekulationen, dann eine zurückhaltende und kurz darauf – gleichsam in Echtzeit – noch auf derselben Seite eine umfassende Erfolgsmeldung, allerdings ohne Details zum Versuch (Ritter, Arbeitsjournal unter dem 3.2.1801 und 26.3.1801 (siehe Ritter [VD]:109, 112)).

274 Zum Beispiel Frercks et al [RD]:146; Guiot [zEUS]:350/1, 350/1n17. Die Gegenmeinung vertritt Olshausen [FvHB]:45 (siehe dazu O.M. [IRaI], 10. Abschnitt).

275 Für eine erste Zusammenfassung ihrer bahnbrechenden Ergebnisse siehe O.M. [IRaI]; für einige Einzelheiten s.u. § 4.4.4. Allgemeine Überlegungen zur Forschungsrichtung der experimentellen Wissenschaftsgeschichte bieten Breidbach et al (eds) [EW].

276 Ritter [BzHN]:92/3 (§ 12).

phor.[277] Alles das wird ihm nicht auf einen Schlag am 22. 2. 1801 zugefallen sein.[278] Keine Gelegenheit zum Weiterexperimentieren hatte er wohl während seiner vierwöchigen Reise, die er teils in Begleitung eines achtjährigen Knaben, teils in Begleitung einer französischen Emigrantin unternahm (§ 3.1.10). Zwar batterisierte er während dieser Reise am Gothaer Hof, aber schon dafür war wenig Zeit, und weitere Experimente sind in den Briefen von unterwegs nirgends erwähnt.[279] Dass er kurz nach seinem Besuch bei Goethe noch einmal nach Jena zurückgekehrt sein könnte, um weiterzuexperimentieren sowie seinen angefangenen dritten Brief zum Galvanismus abzuschließen, können wir ausschließen; er hätte dafür nur einen einzigen Tag gehabt.[280] So muss er den Faden nach seiner Rückkehr wieder aufgegriffen haben, wie ein Berserker experimentierend und zugleich *zwei* Abhandlungen schreibend – den Vortrag für die Jenaer Naturforschende Gesellschaft und den dritten galvanischen Brief, der wie gesagt auf den »21. Febr. und folg« datiert war.[281]

In seinem Arbeitsjournal verzeichnete er zwischen dem 22. 2. 1801 und dem 26. 3. 1801 keine Experimente und keine neuen Überlegungen.[282] Doch am 26. 3. 1801 berichtete er dort von den neuen Experimenten mit Phosphor, die er dann in dem Vortrag beschreiben sollte und die eine heftige chemische Reaktion im Infraroten aufzeigten.[283] Damit können wir den *terminus post quem* des Vortrags noch genauer eingrenzen als vorhin (§ 3.3.7): Er muss nach dem 26. 3. 1801 stattgefunden haben.

Wie ich nun zeigen möchte, betrifft derselbe *terminus post quem* den Forschungsbericht, in dem Ritter behauptete, er habe die Versuche mit Hornsilber »*beständig* mit demselben Erfolg wiederhohlt«.[284] Unterwegs wird er kaum Gelegenheit gehabt haben, auch nur das wichtigste der Experimente wieder und wieder zu replizieren; wenn überhaupt, so hat er eine einzige Replikation (in Goethes Farblabor) vorgeführt (§ 3.1.4). Aber es wäre haarsträubend, allein deshalb von beständigem Erfolg zu reden. Diese Beständigkeit muss später erreicht worden sein und wurde von Ritter akribisch dokumentiert. Im Arbeitsjournal schrieb er kurz nach dem Frühlingsanfang:

> »*Wiederholte* Versuche mit dem Hornsilber bestätigt gefunden [...]
> Alles mit dem Licht gefunden, wie ich es erwartete - - - - -
> Unsichtb. Roth Gelb, Blau. Viol. Unsichtb.
>   Oxygeneität   Hydrogeneität

277 Ritter [BzHN]:101-104 (§ 19).

278 Wie er in den Jahren 1802/3 anmerkte, hat er außerhalb des sichtbaren Spektrums die fraglichen photochemischen Reaktionen bei anderen Stoffen als Hornsilber »*später* [...] gefunden« (Ritter [VüS]/A:410; meine Hervorhebung).

279 Ritter, Briefe an Frommann vom 12. 3. 1801 und 22. 3. 1801 (siehe Richter (ed) [PRJW]:90-93). Andere Briefe von unterwegs sind nicht erhalten (Richter [LPJW]:202).

280 S. o. § 3.1.10.

281 Ritter [VBüG]/B3:2. S. o. § 3.1.2k.

282 Ritter, Arbeitsjournal unter dem 22. 2. 1801 und 26. 3. 1801 (siehe Ritter [VD]:111/2).

283 Ritter, Arbeitsjournal unter dem 26. 3. 1801 (siehe Ritter [VD]:112); Ritter [BzHN]:101-104 (§ 19).

284 Ritter [CPiL]:121; meine Hervorhebung.

Sieh das Inserat in der Erlanger L.Z.Int.Bl.« (Ritter, Arbeitsjournal unter dem 26.3.1801).[285]

Weil dies in Ritters Arbeitsjournal der nächste datierte Eintrag nach dem Eintrag mit der Entdeckung des UV-Lichts ist, spricht alles dafür, dass zwischendurch keine ausführlichen Replikationen stattgefunden haben. Abgesehen davon wirkt Ritters kurze Notiz (Ritter [ANSS]) nur wie der Bericht eines einmaligen Experiments, ist also auch deshalb vor dem zuletzt zitierten Eintrag und erst recht vor dem Forschungsbericht (Ritter [CPiL]) entstanden, in dem wie zitiert von mehrfachen Replikationen die Rede ist (und auf dessen Erscheinungsort Ritter am Ende meines letzten Zitats ausdrücklich verwies).

Fazit zu Ritters Vortrag

§3.4.7. Treten wir einen Schritt zurück. Ritter hat nicht ziellos nach irgendwelchen chemischen Effekten im Umkreis des Spektrums gesucht. Vielmehr spitzte er seine Suche nach Polarität zu, indem er an den verschiedenenen Stellen im Spektrum chemische Reaktionen aufzeigte, die in mehrfachen Symmetriebeziehungen zueinander standen. Wie wichtig ihm das gewesen ist, zeigt folgender Jubelruf aus einem Brief an seinen Freund, den Verleger Frommann:

> »Eine rechte Neuigkeit! Ich habe doch letzt gefunden, daß im Lichte die *beyden Principien* aller chemischen Thätigkeit und so auch aller electrischen, aller magnetischen, aller galvanischen, enthalten sind, und vielleicht haben Sie schon etwas davon im Intelligenzblatt. der Erlanger LZ. gefunden [...] Alles gibt die merkwürdigsten Combinationen u. Resultate. Das erste ist: *Quadruplicität im Licht*« (Ritter, Brief an Frommann mit Eingangsdatum vom 4.5.1801).[286]

Hier ließ Ritter den polaren Symmetriegedanken hervortreten, den Goethe in seiner naturwissenschaftlichen Arbeit wieder und wieder betont hat. Ritter steigerte diesen Gedanken bis hin zu einer doppelten, ja mehrdimensionalen Dualität; dafür prägte er im Überschwang der Begeisterung den Begriff der »Quadruplicität«, d.h. Vierheit.[287] Selbst nach den damaligen Standards war

285 Ritter [VD]:112; meine Hervorhebung. Am Ende des Zitats bezog er sich auf Ritter [CPiL].

286 Richter (ed) [PRJW]:99; Hervorhebung geändert.

287 Siehe dazu Richter (ed) [PRJW]:99n4 und Rehm (ed) [UBJW]/b:80n102. In seinem Arbeitsjournal benutzte Ritter bei einem anderen Thema den ähnlichen Ausdruck »Quadruplicismus« zur Beschreibung dessen, was er als »Schema jedes chemischen proceßes« bezeichnete und was er mittels zweier sich überkreuzender Gegensatzpaare illustrierte, nämlich männliche bzw. weibliche Pflanzen *versus* weibliche bzw. männliche Tiere (Ritter, Arbeitsjournal unter dem 26.3.1801 (siehe

das ohne weitere Erläuterungen kaum nachzuvollziehen; von Goethe sind solche mehrfachen Saltos ohne Netz jedenfalls nicht bekannt.

Was ich Ritters Aufsatz bis hierher entnommen habe, bietet reiche Indizien zugunsten meiner Hauptthese. Ritter hat sich zu Beginn seines Vortrags eng an Goethes Brief orientiert, um dann im Gleichklang mit dessen Methoden weiterzuforschen und nach Polaritäten innerhalb sowie jenseits des prismatischen Farbenbildes zu suchen. Und dieweil er die Verfärbung des Hornsilbers im Ultravioletten zwar im polaristischen Bannkreis Goethes, aber auf eigene Initiative entdeckt hat, vermannigfaltigte er die Experimente daraufhin genau so, wie es Goethe stets empfahl.[288]

Besonders hervorheben möchte ich die Tatsache, dass Ritter in seinem Vortrag zunächst zielgenau mit demjenigen prismatischen Farbenbild argumentiert hat, das in Goethes optischen Forschungen eine Schlüsselrolle spielte und das bei Newton nur im Kleingedruckten vorgekommen war – mit dem Bild zweier Kantenspektren, die durch eine weiße Mitte voneinander getrennt sind (Farbtafel 2 rechts, Abb. 1.2.7); Ritter zückte diese goetheanische Karte ganz am Anfang mit vollem Bewusstsein, ließ sie dann beim Experimentieren etwas in den Hintergrund treten, war sich aber darüber im klaren, dass er damit nicht ganz auf der Höhe seiner Methode – und derjenigen Goethes – war.[289] Allerdings wusste er den *fauxpas* zurechtzurücken.

Vermannigfachung

§ 3.4.8. An späteren Stellen seines Vortrags forderte Ritter genauere Messungen der gefundenen Effekte (etwa zur Geschwindigkeit der ablaufenden Reaktionen). In diesem Zusammenhang verlangte er, das prismatische Bild bei beliebigen Abständen zwischen Prisma und Schirm zu untersuchen:

Ritter [VD]:114/5)). Diese Stelle aus dem Arbeitsjournal hat Ritter bei Veröffentlichung ihrer tagebuchlichen Umgebung weggelassen (Ritter [FaNJ]/2:§ 524 (1801)). Weitere Hinweise auf Ritters Konzeption einer mehrfachen, doppelten oder auch nur anderthalbfachen Polarität bietet Ritter [FaNJ]/1:§ 80 (1801), § 203 (1802), § 317 (1802). Siehe auch Ritter, Arbeitsjournal unter dem 18. 9. 1801 (siehe Ritter [VD]:160, 171).

288 S. o. § 3.1.7-§ 3.1.9 bzw. § 1.2.6.

289 Mit der weißen Mitte argumentierte Ritter [BzHN]:83-86 (§ 1-§ 4); ohne viel Aufhebens wechselte er danach zu Spektren mit grüner Mitte (Ritter [BzHN]:87-99 (§ 6-§ 17)).

»Nur würden den, der sich dieses Geschäftes einst ernstlich unterziehen wollte, freylich die Freunde des Lichts sehr zu bitten haben, seine Messungen nicht, wie bey ähnlichen Gelegenheiten bisher, nur auf Ein, in Einer bestimmten, fast willkührlichen Distanz vom theilenden Prisma gebildetes Spectrum zu beschränken, sondern auf gleiche Art die ganze Distanz vom Prisma bis zum völlig ausgebildeten Spectrum, und von hier aus wenigstens um eine gleiche Weite über dasselbe hinaus, zu untersuchen, indem die Resultate davon und die Resultate aus diesen, ihn am besten von dem Nutzen seiner kleinen Geduld und noch kleineren Muhe, überzeugen werden«.[290]

Die Freunde des Lichts – mit dieser schwungvollen Formulierung meinte er sich selber sowie Goethe und dessen Mitstreiter. Was Ritter hier insgesamt zu Protokoll gab, hätte Goethe sein ganzes Forscherleben hindurch nicht anders gesagt; so schrieb er in einem Text vom Oktober 1793:

»Hier fragt sich, ist denn auch alles beobachtet worden, was beobachtet werden mußte? Wer kann beweisen, daß eine Erfahrung vollständig sei? Und gilt nicht gegen ihn jede Darlegung neuer Erfahrungen, die in diesen Kreis gehören?«[291]

Es kann kein Zweifel bestehen, dass Goethe und Ritter angesichts derselben Reihe von Phänomenen genau zu demselben Vorwurf an ihre Gegner gelangt sind – den Vorwurf einer einseitigen Diät experimenteller Fälle. Goethe hatte diesen Vorwurf bereits erhoben, bevor Ritter zum Studium nach Jena kam.

Vertiefungsmöglichkeit. Wieso empfahl Ritter ausgerechnet, die Spektren sogar in derjenigen Entwicklungsstufe auszuloten, die sich bei (im Vergleich zu Newton) *verdoppeltem* Abstand ergibt? Vielleicht deshalb, weil bei verdoppeltem Abstand wiederum ein neuartiges prismatisches Bild aufscheint: ein Endspektrum aus nur noch drei Farben – aus Blau, Grün und Rot, also ohne Gelb und Türkis (Farbtafel 12 rechts). Es gibt keine newtonische Erklärung für das farbarme Endspektrum, und soweit ich sehe, ist es bis heute nicht gut verstanden; bei großem Abstand dürften die vielen verschiedenfarbigen Lichtbündel nicht enger zusammenkommen als bei mittelgroßem Abstand.[292] Dass Ritter dies Phänomen ohne jeden Einfluss Goethes kennengelernt hätte, ist so gut wie ausgeschlossen. Insofern Goethe es in seinem Brief mit keinem Wort erwähnte und auf der beigelegten Zeichnung (Farbtafel 11) wohl aus Platzmangel auch nicht darstellte, muss er Ritter davon erzählt oder ihm die

290 Ritter [BzHN]:99 (§ 17). Laut eigener Aussage hat er diese Untersuchungen im Juni und Juli 1801 durchgeführt, siehe Ritter [VüS]/A:411.
291 Goethe [üNHD]:157; ähnlich Goethe [üNHD]:162 (vergl. auch Goethe [AÜGW]:7).
292 Siehe O. M. [FDHG], O. M. [zSUF]:§ 11.13, O. M. [GFT]:87-90.

Beyträge zur Optik in die Hand gedrückt haben, in denen er die Sache beschrieben hatte.[293] Vielleicht hat er die Sache vorgeführt; als ihn Ritter am 25.2.1801 im Haus am Frauenplan besuchte, waren alle Bedingungen erfüllt, die für die Vorführung des Phänomens erforderlich waren.[294] In der Tat, Goethe ist einer der ersten gewesen, die das bei großen Abständen entstehende farbarme Spektrum gegen Newton ins Feld führten.[295] – Das farbarme Endspektrum mit seinen drei Farben passt gut zu Wünschs Theorie, der zufolge sämtliche Spektren einschließlich des newtonischen Vollspektrums nur aus drei Spektralfarben und deren Überlagerungen bestehen.[296] Eigentümlicherweise erwähnte Wünsch das Endspektrum nirgends, obwohl es empirisches Wasser auf seine dreifarbentheoretischen Mühlen gewesen wäre.

Ohne Nennung des Dichters

§3.4.9. Ich habe in Ritters Vortragstext erhebliche Einflüsse Goethes nachgewiesen. Nicht alle müssen auf den besprochenen Brief zurückgehen; Ritter ist sicherlich auch durch Gespräche mit Goethe beeinflusst worden sowie durch Lektüre der *Beyträge zur Optik* und durch Gespräche mit Dritten, die Goethes Farbenforschung kannten.[297]

Rein theoretisch könnte Ritter den Vortrag ganz ohne Lektüre des Goethe-Briefs ausgearbeitet haben. Aber das ist wenig wahrscheinlich. Denn wenn es sich so verhielte, hätte Goethe das ahnen können, und er hätte den Brief nicht zu schreiben brauchen. Er hat sich aber mit dem Brief viel Mühe gegeben – unter Zeitdruck und auf Kosten seiner Arbeit am *Faust*, wie wir gesehen haben.[298]

Der Brief klingt so, als wolle Goethe die ersten Übereinstimmungen verstärken, die sich zwischen ihm und Ritter in Sachen Polarität des Spektrums angebahnt hatten. Er wird gewusst haben, dass diese Verstärkung nötig war und dass sie Erfolg verhieß. Der weitere Verlauf sollte Goethe darin recht geben; er hätte mit Ritter zufrieden sein können – wenn er dem Vortrag beigewohnt oder ihn im nachhinein gelesen hätte. (Weder für das eine noch für das andere gibt es Indizien im erhaltenen Schrifttum).

293 Goethe [BzO]/1:25 (§59); etwas ausführlicher beschrieb Goethe die Sache zwei Jahre später (Goethe [üFWb]:180/1, dritter Fall (§55)).

294 O.M. [OEiG]:114/5, 120-124. S. o. Abb. 3.1.4b.

295 Ribe [GCoN]:321, 321n20.

296 Wünsch [VBüF]. Vergl. zu diesem Thema Zinke [BvL].

297 Zwar findet sich offenbar kein Exemplar der *Beyträge* in der Nachlass-Bibliothek Ritters, deren Reste von der Bayerischen Staatsbibliothek in München aufbewahrt werden; doch dass Ritter diese Schrift Goethes gekannt haben muss, ist einigermaßen sicher (s.u. §6.1.4, §6.2.9).

298 S.o. §3.2.7.

Bei allen guten Nachrichten für Goethes Stand in der Forschung Ritters muss man fragen: Wieso hat Ritter in seinem Vortrag den Namen Goethes mit keinem Wort erwähnt? Das ist schwer zu sagen; ich habe dazu zwei entgegengesetze Vermutungen. Entweder war Goethes Einfluss auf Ritter zu offenkundig, um erwähnt werden zu müssen. Immerhin hielt Ritter den Vortrag in Jena, und Goethe hatte mit nahezu allen naturwissenschaftlichen Koryphäen der Jenenser Universität intensiv über seinen Feldzug gegen Newton diskutiert; Goethes Feldzug war stadtbekannt.

Oder aber Ritter wollte es sich zu diesem Zeitpunkt mit Goethes diversen Gegnern auf deutschen Lehrstühlen der Physik noch nicht verderben. Das könnte auch einer der Gründe dafür sein, warum Ritter den Vortrag nicht sofort publiziert hat, sondern erst im Jahr 1806, also im Windschatten seiner damals frisch errungenen Position an der Bayerischen Akademie der Wissenschaften.

Vertiefungsmöglichkeit. Offiziell erklärte Ritter den verzögerten Abdruck anders: Er habe ursprünglich geplant, den Vortrag in eine längere Serie von Abhandlungen über das Licht einzubinden; »eigene Umstände« hätten das verhindert.[299] Zu dieser Behauptung passt ein Brief, den er im Sommer 1801 an Frommann schrieb; darin träumte er von einem »optischen Prachtwerk mit illustrirten Kupfern«.[300] In dieser Zeit muss er beachtliche Fortschritte mit den optischen Experimenten erzielt haben, denn schon kurz später plante er, das »Opticum« sowie eine zweite Wasserabhandlung im ersten Stück des Bandes II der *Beyträge zur näheren Kenntniß des Galvanismus* noch schneller herauszubringen.[301] Die Wasserabhandlung erschien dort in der Tat, und zwar neben zwei weiteren Texten, die aber nichts mit Optik zu tun haben.[302]

3.5. Ritter zieht nach Weimar und bewegt sich weiter auf Goethe zu (April und Mai 1801)

Flucht vor den Gläubigern

§ 3.5.1. Warum ist Ritter nach Weimar umgezogen, kurz nachdem er seinen Vortrag in Jena gehalten hat? Wie sich aus dramatischen Briefen vom Früh-

299 Ritter [BzHN]:106.
300 Ritter, Brief an Frommann vom 3. 8. 1801 (siehe Richter (ed) [PRJW]:112); für das volle Zitat s. u. § 4.1.2.
301 Ritter, Brief an Frommann vom 4. 8. 1801 (siehe Richter (ed) [PRJW]:114); Ritter, Brief an Frommann mit Eingangsvermerk vom 27. 8. 1801 (siehe Richter (ed) [PRJW]:115).
302 Ritter (ed) [BzNK]/II.1, vergl. Richter [LPJW]:189.

lingsanfang 1801 ergibt, musste sich Ritter vor seinen Gläubigern in Sicherheit bringen.[303]

Es mag überraschen, dass schon ein Wechsel in die Nachbarstadt helfen konnte; Ritter durfte sich offenbar in Jena nicht mehr auf die Straße trauen. Jedenfalls schrieb er:

> »Er [Goethe] weiß, daß ich nicht nach Jena zurückkehre, bis ich Geld habe« (Ritter, Brief an Frommann mit Eingangsdatum vom 4. 4. 1801).[304]

Wie sich gut nachvollziehen lässt, hoffte Ritter auf finanzielle Unterstützung durch Goethe oder den Herzog Carl August von Sachsen-Weimar-Eisenach. Am liebsten wäre ihm eine feste Stellung mit regelmäßigem Einkommen und hinreichenden Mitteln zur Finanzierung seiner Experimente gewesen; er sehnte sich nach einer Situation, in der er seine Zeit voll und ganz der Wissenschaft widmen konnte.[305]

Gleich als erstes nach dem Umzug wollte er Goethe treffen, der aber nach Oberroßla auf sein Landgut gefahren war. Ritter besuchte ihn dort kurz und hat mit ihm nicht nur über Finanzen und Leihgeber geredet, sondern auch über Farben und Licht. Goethe fühlte sich wissenschaftlich ermuntert und schrieb an Schiller:

> »Ritter besuchte mich einen Augenblick und hat meine Gedanken auch auf die Farbenlehre geleitet. *Die neuen Entdeckungen Herschels, welche durch unsern jungen Naturforscher weiter fortgesetzt und ausgedehnt worden*, schließen sich gar schön an jene Erfahrung an, von der ich Ihnen mehrmals gesagt habe: daß die bononischen Leuchtsteine an der gelbrothen Seite des Spectrums kein Licht empfangen, wohl aber an der blaurothen. Die physischen Farben identificiren sich hierdurch mit den chemischen. Mein Fleiß, den ich in dieser Sache nicht gespart habe, setzt mich bey Beurtheilung der neuen Erfahrungen in die größte Avantage, wie ich denn auch gleich neue, die Sache weiter auszuführende Versuche ausgesonnen habe. Ich sehe vor mir, daß ich dieses Jahr wenigstens wieder ein paar Capitel der Farbenlehre schreiben werde. Ich wünsche Ihnen das neueste bald vorzutragen« (Goethe, Brief an Schiller vom 3. oder 4. 4. 1801).[306]

303 Hierzu und zum folgenden siehe Richter [LPJW]:66-68 *et passim.*
304 Richter (ed) [PRJW]:95.
305 Ritter, Brief an Goethe vom 10. 4. 1801 (siehe Klinckowstroem [GR]:146/7).
306 Goethe [WA]/IV.15:214/5; meine Hervorhebung.

Einerseits bietet der Brief ein frühes und höchst positives Echo Goethes auf Ritters Experimente im ultravioletten Bereich des Spektrums. Dass Goethe sich nicht für Ritters Entdeckung interessiert hätte, kann man dem Brief nur mit Mutwillen entnehmen.[307]

Andererseits verknüpfte Goethe diese Entdeckung mit einer seiner eigenen Entdeckungen, die ihm bei der Untersuchung der prismatischen Farbbilder mit bononischen Leuchtsteinen bereits 1792 in den Schoß gefallen war; er hatte daraus seinerzeit die ersten empirischen Anzeichen für eine ausdrücklich als »Polarität« bezeichnete Symmetrie in den Spektren und für eine Verbindung optischer mit chemischen Gegensätzen abgelesen.[308] Nun wurde ihm klar, dass seine damaligen Experimente einiges mit Ritters Entdeckung zu tun haben dürften. Einmal mehr hatte sich die Polarität als verheißungsvolle Leitidee für weitere Untersuchungen herausgestellt, durch die sich strukturelle Verwandtschaften zwischen verschiedenen Phänomenen aufzeigen lassen; Goethe sprach in diesem Zusammenhang von weiteren auszuführenden Versuchen. Es liegt nahe zu vermuten, dass er plante oder anregte, die Leuchtsteine in den unsichtbaren Bereich des Spektrums zu bringen, in dem Ritter seine Entdeckung gemacht hatte.[309]

Ganz allgemein waren Goethe und Ritter mehr als optimistisch bei der Suche nach tiefliegenden strukturellen Gemeinsamkeiten; sie waren auf der Suche nach einer Weltformel und setzten viel auf Polarität.[310] War das unwissenschaftlich? Keineswegs; moderne Physiker suchen ebenfalls nach einer Weltformel und setzen dabei viel auf Symmetrien.[311]

307 Wie z. B. Richter [LPJW]:75.

308 Goethe, Brief an Soemmerring vom 2. 7. 1792 (siehe Goethe [WA]/IV.9:316-319); für den Wortlaut s. o. § 1.4.5.

309 S. u. § 4.5.9.

310 So interpretierte es schon im Jahr 1921 Klinckowstroem (ed) [DBvJ]:122. Anfangs – etwa im Jahr 1799 – hatte Ritters Suche nach einer Weltformel noch nicht viel mit Polarität zu tun (siehe z. B. Ritter [BzBA]:65/6). Zu ersten Schritten Ritters in Richtung auf eine polaristische Weltformel siehe Berg et al [RS]:92. Zwei frühe Originalbelege aus dem Jahr 1801 bietet Ritter [FaNJ]/1:§ 83b (1801) sowie Ritter [CPiL]:123 (für den Wortlaut s. o. § 3.3.5). Wenn Weber den Beginn eines umfassenden polaristischen Forschungsprogramms auf das Jahr 1803 datiert, so dürfte dass eine konservative Schätzung sein (siehe Weber [E]:XXXVI). Weitere Details zu Ritters steter Suche nach der Weltformel bringe ich in § 4.5.15.

311 Zur Weltformel siehe z. B. Planck [EPW]:28. Zur Symmetrie in der Physik siehe z. B. Weizsäcker [GP]:50, Weinberg [TvEU]:151-153, 160-163; viele weitere Belege biete ich in O. M. [zSUF]:§ 8.15-§ 8.21; s. o. § 1.1.2, Fußnote 11.

Ritter mit Batterie beim Herzog

§ 3.5.2. Goethe dürfte den Ernst der finanziellen Lage Ritters verstanden haben, tat aber in dessen Augen nicht genug, um ihm zu helfen. Zwar legte er beim Herzog ein gutes Wort für Ritter ein und betraute offenbar den Weimarer Bauinspektor Georg Christoph Steffany mit der Aufgabe, nach Auswegen aus den angehäuften Schulden zu suchen.[312] Dass Ritter sich mehr erhofft hatte, geht aus einem deprimierten Brief hervor, den er dem Freund Frommann nach Jena schickte:

> »Wie mir's geht? Recht schlecht. Goethe hat die Sache dem Bau Inspektor Steffany übertragen, u. endlich, wie es ist, ist es doch faul. Anlage von Goethe scheints zu sein, daß ich am Freytag zum Herzog gerufen wurde, da batterisieren mußte – aber das war auch alles« (Ritter, Brief an Frommann vom 14. 4. 1801).[313]

Vor mindestens dreißig Personen des Weimarer Hofs hatte Ritter seine galvanischen Experimente am 9. oder 10. April 1801 vorgeführt und dafür aus der herzoglichen Schatulle sechs Louisd'or bekommen, das wären zwei bis drei studentische Monatsmieten.[314]

Goethe kam erst am 14. 4. 1801 nach Weimar zurück, war mithin nicht dabeigewesen.[315] Und so hatte Ritter sachkundige Zuschauer seiner Vorführung vermisst; jedenfalls schrieb er an Goethe:

> »Ich habe gestern vor ihm und dem übrigen gesammten Hof mit der Batterie experimentirt. Ob man Gefallen daran gefunden hat, weiß ich nicht. Kunstverständige habe ich freylich niemand unter der Gesellschaft entdeckt, und

312 So Richter [LPJW]:57, Richter (ed) [PRJW]:53. Richter stützt sich vermutlich auf den nächsten Ritter-Brief, den ich im Haupttext zitieren werde, sowie auf Ritter, Brief an Steffany vom 23. 4. 1801 (siehe Rehm (ed) [UBJW]/b:50/1) und auf Ritter, Brief an Frommann mit Eingangsdatum vom 4. 5. 1801 (siehe Richter (ed) [PRJW]:98/9, vergl. dort n2).

313 Richter (ed) [PRJW]:96.

314 Das spätere Datum liefert Ritter, Brief an Frommann vom 14. 4. 1801 (siehe Richter (ed) [PRJW]:96; auf p. 97 steht der Hinweis zur Teilnehmerzahl); das frühere Datum liefert mein nächstes Zitat. Dem folgt Richter (ohne Begründung), siehe Richter (ed) [PRJW]:96n3. Die Höhe der Vergütung liefert Ritter, Brief an Goethe vom 10. 4. 1801 (siehe Klinckowstroem [GR]:147); ihren mietzinslichen Gegenwert konkretisiert Richter [LPJW]:55, vergl. Richter (ed) [PRJW]:51.

315 Goethe, Tagebuch zum 14. 4. 1801 (siehe Goethe [WA]/III.3:12); vergl. Richter (ed) [PRJW]:74.

dies macht dem, der sich einzig auf solche berufen kann, allerdings eine drückende Empfindung« (Ritter, Brief an Goethe vom 10.4.1801).[316]

Ritters Botschaft war deutlich genug; er stilisierte Goethe zum Sachverständigen in galvanischen Fragen, der die vorgeführten Experimente nach den Regeln der Kunst zu beurteilen wusste – und setzte ihn damit in einen deutlichen Gegensatz zu wissenschaftsfremden Höflingen und Machthabern.

War diese Botschaft selber nichts anderes als eine höfische Schmeichelei? Dann wäre sie mehr als verwegen gewesen; wer den Hof kritisiert und im selben Atemzug höfische Schmeicheleien nachahmt, macht sich durch Tat und Wort verdächtig. Könnte Ritter in seiner Verzweiflung dermaßen ungeschickt gewesen sein? Prinzipiell wäre das denkbar, aber ich habe ein starkes Indiz gegen diese Möglichkeit. Es steht am Ende des fraglichen Briefs:

> »Ich habe bey Gelegenheit der gestrigen Versuche in kurzen Zeilen etwas für Sr. Durchlaucht [d.h. für den Herzog] aufgesetzt – ›Resultate‹. Die Art dieser Darstellung hat mir so gefallen, daß ich die Zeit, daß ich noch Weimar hüten muß, darauf verwenden will, was ich bis jetzt für Resultat alles physikalischen Treibens halte, gedrängt in kurzen Aphorismen aufzusetzen. Ich werde es Ihnen senden, wie ich damit fertig bin« (Ritter, Brief an Goethe vom 10.4.1801).[317]

Wie ich im kommenden Paragraphen vorführen will, hat Ritter das Versprechen vom Ende meines Zitats gehalten, indem er sich so weit wie nie zuvor auf Goethes Sichtweise einließ. Große Naturwissenschaftler mögen zuweilen mit Schmeicheleien danebengreifen, wenn sie sich auf außerwissenschaftlichem Parkett bewegen; aber sobald es um die wissenschaftliche Sache selbst geht, solange sollten wir ihnen erst einmal vertrauen. Wir wären also nicht gut beraten, Ritters Text mit den Resultaten für Goethe als Schmeichelei abzutun.

Vertiefungsmöglichkeit. In der Regest-Ausgabe wird der zuletzt zitierte Teil des Briefs so zusammengefasst:

> »Bei den *gestrigen Versuchen* habe R. *in kurzen Zeilen* die ›Resultate‹ über physikalische Experimente für den Herzog aufgesetzt, die er G. senden werde«.[318]

316 Klinckowstroem [GR]:146. Ähnlich Ritter, Brief an A. Arnim vom 6.5.1801 (siehe Rehm (ed) [UBJW]/b:38).

317 Klinckowstroem [GR]:147.

318 Goethe [RA]/3:§ 1190; ohne Änderung des Kursivdrucks, der in dieser Ausgabe wörtliche Zitate markiert.

Eine solche Zusammenfassung führt aus drei Gründen in die Irre. Erstens geht aus dem Originalzitat nicht hervor, ob Ritter die Resultate für den Herzog gleich an Ort und Stelle aufgeschrieben hat oder nur aus Anlass der experimentellen Vorführung, also eventuell kurz darauf und an anderem Ort. Zweitens ist im Original keine Rede davon, dass Ritter das Schriftstück für den Herzog an Goethe senden werde; der Wortlaut gibt darüber keinerlei Auskunft und verträgt sich ebensogut mit der entgegengesetzten Annahme, der zufolge Ritter das Schriftstück dem Herzog direkt zukommen ließ. Drittens war laut Original ein anderes, umfassenderes Schriftstück für Goethe in Planung, und dieses umfassendere aphoristische Schriftstück versprach Ritter dem Adressaten Goethe zu senden. – Gleichwohl enthielt Ritters Brief an Goethe eine Beilage.[319] Dabei wird es sich nicht um das Schriftstück »Resultate« für den Herzog gehandelt haben, sondern vermutlich um eine Aufstellung zur Schuldensituation, um deren Bearbeitung sich Steffany kümmern sollte.[320]

Eigentümlicherweise hat Eckle in ihrem Kommentar gemeint, dass sich das Schriftstück für Goethe nicht ermitteln lasse, während sie das Schriftstück *für den Herzog* als ediert ausgibt.[321] Wie ich im kommenden Paragraphen dartun werde, verhält es sich genau umgekehrt. Der edierte Text ist das gesuchte Schriftstück für Goethe – und passt bestens zu meiner Interpretationslinie. Wenn sie es nicht finden konnte, so dürfte das damit zu tun haben, dass sie nach der falschen Textsorte gesucht hat: nach aphoristischen Textbruchstücken und nicht nach handfester Naturwissenschaft. Laut Eckles Personen- und Werkregister soll das aphoristische Schriftstück »Resultate« mit Ritters *Fragmenten aus dem Nachlasse eines jungen Physikers* zusammenhängen.[322] Nun stammen die *Fragmente* aus Ritters Arbeitsjournal, das für den fraglichen Zeitraum erhalten ist; ausgerechnet zwischen Anfang April und Ende Juni 1801 bietet es kaum ergiebige Anhaltspunkte für eine wie auch immer geartete, aber ernstzunehmende Zusammenstellung wissenschaftlicher Resultate für Goethe.[323] Was Ritter aus diesen Notizen insbesondere in seine *Fragmente* übernommen hat, ist thematisch zu ausladend und methodisch zu spekulativ, um für Goethe von Interesse gewesen zu sein – es wäre ein schlechter Scherz gewesen, solche Formulierungen als »Resultate« zu bezeichnen.[324] Wenn Eckle flatterhafte Aphorismen dieser Art ausgerechnet im

319 So äußerte sich Steffany bei Übersendung des Ritter-Briefs an Goethe (Steffany, Brief an Goethe vom 10.4.1801 (siehe Goethe [RA]/3:§ 1191)).

320 Ähnlich Eckle in Goethe [LA]/II.1A:607. Für diese Sicht der Dinge spricht, dass Steffany Goethe gebeten hat, ihm die Beilage zurückzusenden (Steffany, Brief an Goethe vom 10.4.1801 (siehe Goethe [RA]/3:§ 1191)) – und er wird sich schwerlich mit Ritters Forschungsergebnissen befasst haben.

321 Eckle in Goethe [LA]/II.1A:607 mit Bezug zu Ritter [R] in Goethe [LA]/II.4:82-85.

322 Eckle in Goethe [LA]/II.1B:1627, Eintrag zu Ritter [FaNJ].

323 Ritter, Arbeitsjournal unter Datierungen von Ende März bis Ende Juni (siehe Ritter [VD]:112-121). – Eine Ausnahme bietet Ritter, Arbeitsjournal unter dem 26.3.1801 (siehe Ritter [VD]:117), dazu § 3.5.5, Fußnote 347.

324 Man kann Ritters redaktionelle Arbeit bei der Erstellung der *Fragmente* in diesem Fall Seite für Seite problemlos verfolgen: Ritter, Arbeitsjournal unter dem 26.3.1801 (siehe Ritter [VD]:113) umfasst u.a. Ritter [FaNJ]/1:§ 358; Ritter, Arbeitsjournal unter dem 26.3.1801 (siehe Ritter [VD]:114/5) umfasst u.a. Ritter [FaNJ]/1:§ 524; Ritter, Arbeitsjournal unter dem 26.3.1801 (siehe Ritter [VD]:117) umfasst u.a. Ritter [FaNJ]/1:§ 359; Ritter, Arbeitsjournal unter dem 26.3.1801 (siehe Ritter [VD]:118) umfasst u.a. Ritter [FaNJ]/2:§ 523; Ritter, Arbeitsjournal

Schriftstück Ritters für Goethe vermutet, so hat sie selbstverständlich keine Chance, das Gesuchte im ihr bestens bekannten Archivmaterial ausfindig zu machen. Offenkundig hat sie die wissenschaftliche Ernsthaftigkeit der »Resultate« unterschätzt, bevor sie ihre Ermittlungen einstellte. Dies ist deshalb überraschend, weil Matthaei und Kuhn das edierte Textstück – ebenfalls in der Leopoldina-Ausgabe – plausibler zugeordnet haben; warum Eckle auf die Vorarbeit ihrer Kollegen nicht eingeht, bleibt rätselhaft.[325] Vermutlich hat sie sich von einem zu engen Verständnis des Worts »aphoristisch« in die Irre leiten lassen – Aphorismen müssen nicht rätselhaft oder vage sein; es kann sich ebensogut um prägnante, glasklare Merksätze handeln, mit denen Forschungsresultate auf den Punkt gebracht sind.

Auch wenn es pedantisch erscheinen mag, möchte ich gleich noch einen weiteren Irrtum aus der Sekundärliteratur korrigieren: Richter zufolge hat Ritter »nachweislich zuletzt im April 1801 bei Goethe experimentiert«.[326] Möglicherweise meinte Richter die Experimente, die Ritter vor dem Herzog aufführte und bei denen Goethe fehlte. Einen anderen Beleg für solche Experimente im April habe ich nicht gefunden. In Ritters Arbeitsjournal sind für den April 1801 einige Experimente verzeichnet, aber (so wie darin fast durchgängig üblich) ohne Nennung der Namen etwaiger Zuschauer oder Partner.[327] Anders als Goethe im Tagebuch führte Ritter im Arbeitsjournal so gut wie keine äußeren Begebnisse auf, sondern Spekulationen, Vermutungen, Hypothesen, Pläne und Entdeckungen.[328]

Mit Ritter ins Licht

§ 3.5.3. Von Ritters kurzem Schriftstück mit »Resultaten« für den Herzog habe ich bislang keine Spur gefunden. Wie man vermuten mag, könnte das Schriftstück bei den amtlichen Papieren des Herzogs archiviert worden sein; doch habe ich im Hauptstaatsarchiv Weimar erfahren, dass sich unter den nach Absendern sortierten Briefen an den Herzog keine Rubrik mit Briefen Ritters findet und dass es auch unter den Papieren ohne Namenszuordnung keine passende Rubrik zu geben scheint.[329] Was ist aus dem Schriftstück geworden?

Offenbar gibt es viele denkbare Antworten auf diese Frage. Der Herzog könnte den Zettel geistesabwesend weggelegt haben; er könnte ihn seinen

unter dem 30.4.1801 (siehe Ritter [VD]:119) umfasst u.a. Ritter [FaNJ]/2:§ 525; Ritter, Arbeitsjournal unter dem 30.4.1801 (siehe Ritter [VD]:120) umfasst u.a. Ritter [FaNJ]/1:§ 262; Ritter, Arbeitsjournal unter dem 19.6.1801 (siehe Ritter [VD]:121) umfasst u.a. Ritter [FaNJ]/1:§ 70.

325 Matthaei et al in [LA]/II.4:85 im Kommentar zu Ritter [R].

326 Richter [LPJW]:78, ähnlich Schlüter [GRÜB]:136.

327 Ritter, Arbeitsjournal unter dem 26.3.-30.4.1801 (siehe Ritter [VD]:112-118). Die einzigen Personen, deren Betrachtung seiner Experimente er früher einmal festgehalten hat, sind Johann Friedrich August Göttling bzw. Dorothea Veit und Friedrich Schlegel (Ritter, Arbeitsjournal unter dem 8.12.1800 bzw. 5.1.1801 (siehe Ritter [VD]:44, 72/3)).

328 Eine Ausnahme, durch die sich die Regel bestätigt, bringe ich in § 4.2.9.

329 Freundliche Mitteilung der Archivarin Katja Deinhardt, der ich auch die Informationen verdanke, die in den kommenden Absatz eingeflossen sind.

Söhnen (die stärkere naturwissenschaftliche Interessen pflegten) gegeben haben; oder er könnte sie den soeben anwesenden Prinzen aus Gotha überlassen haben, um Ritters Chancen am verwandten Hof zu optimieren. Selbstverständlich könnte er das Schriftstück beim nächsten Treffen auch Goethe in die Hand gedrückt haben – aber dagegen spricht die Tatsache, dass es im wohlsortierten und oft durchpflügten Goethe / Schiller-Archiv nicht aufzufinden ist.

Zum Glück ist das längere Schriftstück erhalten, das Ritter unter derselben Überschrift für Goethe verfasst hat.[330] Darin organisierte Ritter eine Vielzahl von Phänomenbereichen nach polaren Gesichtspunkten, wobei er den Ausdruck »Polarität« dezidiert vermieden hat – ähnlich wie bei der älteren Aufstellung auf dem Blatt für Goethe, von der schon die Rede war.[331]

Anders als damals setzte Ritter diesmal die galvanischen Phänomene nicht in den Vordergrund; und anders als damals brachte er diesmal die spektralen Beobachtungen mit ins Spiel, und zwar als eine der Hauptsachen.[332] Mit Blick auf den Gegenstandsbereich hat sich Ritter also innerhalb weniger Monate ein gutes Stück auf Goethe zubewegt.

Wie verhielt er sich zu den Inhalten der Lehre Goethes von den Farben? Wenn ich den Text richtig deute, so vermied Ritter eine eindeutige Festlegung. Um nicht den Begriff der Polarität einsetzen oder stets von entgegengesetzten Polen sprechen zu müssen, ließ er sie symbolisch durch das aus der Elektrolyse geläufige Paar entgegengesetzter Gase namens Oxygen und Hydrogen (bzw. entgegengesetzter Prozesse wie Oxydation und Desoxydation) vertreten, das Ritter für besonders fundamental hielt und das man seit längerem mit dem Gegensatz aus Säuren und Basen zusammengebracht hatte.[333] Goethe hat es Jahre später ähnlich gemacht.[334]

Den Gegensatz der beiden Gase identifizierte Ritter mit dem magnetischen Nord/Süd-Gegensatz und mit den anderen bekannten Gegensätzen aus den

330 Ritter [R].

331 S. o. § 2.4.8.

332 Ritter [R]:82-84 (§ 11, § 17, § 19).

333 Ritter [R]:82 (§ 3-§ 5 *et passim*). Genau genommen begann Ritter mit dem Gegensatz zweier chemischer Prozesse (Oxygenation und Desoxygenation bzw. Hydrogenation, § 1-§ 2) und ging erst dann zu den zugehörigen Stoffen Oxygen und Hydrogen über, die er als letzte »Principien« (§ 3) bezeichnete und mithilfe des Ausdrucks »ein anderes« (§ 5) in Gegensatz brachte. Zum hier einschlägigen Begriff des Prinzips s. o. § 2.2.11.

334 Goethe [G]/a:86, Goethe [EF]:§ 743. Vergl. Schelling [ADDP]:68-72 (§ 56) sowie Schelling (ed) [ZfSP]/I.2:149 mit Verweis auf Voltas und Ritters Versuche.

Bereichen der Elektrostatik und des Galvanismus.[335] Aber diesmal blieb er an dieser Stelle nicht stehen, sondern ging einen entscheidenden Schritt weiter – ins Licht, dem er eine herausgehobene Rolle zuwies:

> »Das Licht ist die neutralste Verbindung des Imponderablen des Hydrogens und dessen des Oxygens. Die *Zerlegung* dieser Verbindung stiftet die Farben«.[336]

Das ist nicht leicht zu verstehen und lässt sich schwerlich mit heutigen Vorstellungen vereinbaren. Die Zerlegung des Lichts, von der Ritter hier schrieb, klingt zwar wie ein Echo der newtonischen Theorie. Doch anders als bei Newton *besteht* das Licht laut Ritter nicht aus unendlich vielen verschiedenen Strahlensorten; es setzt sich überhaupt nicht aus diversen Bestandteilen zusammen, sondern bietet das Zusammenspiel zweier entgegengesetzter Prinzipien (Hydrogen und Oxygen). Dass sich Ritter nicht auf die Theorie Newtons stützen wollte, zeigt sich in der Fortsetzung des Zitats:

> »Alle Farben, die das Prisma p giebt, lösen sich *(nach Goethe)* auf in zwey allgemeine, die blaue (in der Steigerung violett) und die gelbe (in der Steigerung roth)«.[337]

Ritter brachte also lediglich zwei – polar entgegengesetzte – Spektralfarben in Anschlag und erklärte viele weitere Farbnuancen der Spektren genau wie Goethe durch Steigerung, also mithilfe des zweiten Glieds aus Goethes berühmter Formel »Polarität und Steigerung«.[338]

So goetheanisch das alles klingen mag, so vorsichtig müssen wir bei der Auslegung der zuletzt zitierten Textstelle verfahren. Denn der eingeklammerte Verweis auf Goethe braucht keineswegs zu bedeuten, dass sich Ritter dessen Sichtweise zueigen gemacht hätte; man kann ihn ebensogut als Distanzierung deuten, so als hätte Ritter sagen wollen: *Wenn* wir Goethe folgen, dann jedenfalls gilt … Naturwissenschaftler nutzen derartige Verweise auf Kollegen oft, um für deren Thesen genau nicht verantwortlich gemacht werden zu können; in der Wissenschaft kontrolliert man strenger als im Alltag, was man auf eigene

335 S. o. § 1.2.1, § 1.4.6.

336 Ritter [R]:82 (§ 10); Hervorhebung geändert; vergl. Ritter, Arbeitsjournal unter dem 26. 3. 1801 (siehe Ritter [VD]:112), für den Wortlaut s. o. § 3.4.6k.

337 Ritter [R]:82 (§ 10); Hervorhebung geändert.

338 S. o. § 1.3.10.

Verantwortung behaupten will und was nicht. Kurzum, es ist gut möglich, aber keineswegs ausgemacht, dass Ritter in diesem Punkte mit Goethe einig war.

Ritter ohne Newtonianismus und ohne Goetheanismus

§ 3.5.4. Ritter hat sich in seinen »Resultaten« für Goethe zwar bemüht, das Licht aus den Prismenexperimenten mithilfe eines Gegensatzpaars zu konzeptualisieren. Doch ob er sich damit voll und ganz auf Goethes Seite geschlagen hat, muss man bezweifeln. Denn er ging mit keinem Wort auf dessen These ein, wonach die Spektralfarben aus dem Wechselspiel zwischen Licht mit Finsternis hervorgehen und wonach die Finsternis als Gegenpol des Licht zu deuten ist. Es ist eine Sache, so wie Ritter *im Licht* eine Polarität zu postulieren (die Goethe durchaus willkommen sein konnte, da sie seiner Polarität aus Gelb und Blau entsprach) – es ist eine andere Sache, so wie Goethe zusätzlich eine Polarität zwischen Licht und Finsternis zu postulieren. Diesen entscheidenden Zusatzschritt hat Ritter mit den »Resultaten« immer noch nicht vollzogen. Wie Sie sehen werden, wagte er dies erst ein paar Monate später.

Nichstdestoweniger zeigen die »Resultate« Ritter in deutlicher Distanz zu Newton; newtonische Terminologie sucht man in dem Textstück vergebens. Das Wort »Zerlegung« hatte bei ihm wie gesagt eine völlig andere Bedeutung als bei den Newtonianern. Und wo Ritter zum Beispiel die heutige UV- und Infrarot-Strahlung behandelte, kam er ohne den Strahlenbegriff Newtons und Herschels aus. Mit Blick auf das spektrale Rot und das spektrale Blauviolett schrieb er:

> »Die höchsten Steigerungen davon bleiben dem Auge geheim. Es sind *unsichtbare Farben*, von denen im Spectrum des Prisma die eine außerhalb des Violett, die andere außerhalb des Roth, fällt, und welche beyde nur aus ihren Wirkungen zu erkennen sind«.[339]

Damit hat er seine und Herschels Entdeckungen ganz an Goethes Sicht der Dinge angeschlossen – ähnlich wie es Goethe Anfang April im Brief an Schiller vorgeschwebt hatte.[340] Die Steigerungen des Rots und des Blauvioletts aus dem Spektrum waren ganz in Goethes Sinn, selbst wenn sie bei Ritter noch etwas weiter reichten als zunächst bei Goethe; und unsichtbare Farben mussten für Goethe anders als unsichtbare *Strahlen* kein rotes Tuch bedeuten.[341]

339 Ritter [R]:83 (§ 11); Hervorhebung geändert.
340 S. o. § 3.5.1.
341 S. o. § 3.3.3.

Noch in einer weiteren Hinsicht orientierte sich Ritter in seinen »Resultaten« an Thesen Goethes, und zwar bezog er sich in dem gesamten Text immer auf ein Spektrum mit weißer Mitte.[342]

Vertiefungsmöglichkeit. In dieser Hinsicht gab sich Ritter freilich ebensowenig wie Goethe dogmatisch; keiner von ihnen leugnete die grüne Mitte im Newtonspektrum, die bei geeigneten Abständen entsteht und die selbstverständlich ebenfalls photochemisch untersucht werden kann. Mindestens ein Mal hat Ritter brieflich doch wieder nur von seinen Untersuchungen des Newtonspektrums mit grüner Mitte berichtet.[343] Aber das müssen wir nicht überbewerten; vermutlich fand es Ritter in diesem Brief einfacher, seine Ergebnisse anhand des bekannteren Spektrums zu beschreiben.

Alte und neue Übersichtlichkeit

§ 3.5.5. Insgesamt betrachtete Ritter das Spektrum mit der weißen Mitte nicht viel anders, als Goethe es vorgemacht hatte. Genau wie in seinem ersten Fragment zu diesem Thema aus dem Jahr 1798 (Abb. 2.2.3) erstellte er auch diesmal eine Übersicht der Spektralfarben, die er erneut mit chemikalischen Verhältnissen parallelisierte (Abb. 3.5.5). Die neue Übersicht ist auf den ersten Blick einfach eine Erweiterung der alten.[344]

Bei näherem Hinsehen springen aufschlussreiche Unterschiede ins Auge. Dass diesmal die chemische Skala oben und die Farbskala unten steht, zeigt möglicherweise einen Sinneswandel Ritters darüber an, welchen der Bereiche er für fundamental hielt; jetzt war ihm offenbar das Licht wichtiger.[345] Es scheint, als hätte Ritter im Zuge dieser Umwertung das ursprüngliche Diagramm um 180 Grad gedreht, denn jetzt stehen Rot und die Säuren nicht mehr links, sondern rechts.

Wichtiger als dieser Unterschied ist ein anderer. In der älteren Übersicht fanden sich die Spektralfarben mit der weißen Mitte nicht auf ein und derselben Höhe, sondern wie auf einer Glockenkurve (Abb. 2.2.3): Diese Farbenreihe begann unten links mit dem Rot, setzte sich etwas weiter rechts und höher mit Gelb fort bis zur Spitze des Weiß in der Mitte, um dann noch

342 Besonders deutlich Ritter [R]:83 (§ 13).

343 Ritter, Brief an A. Arnim vom 6. 5. 1801 (siehe Rehm (ed) [UBJW]/b:38).

344 Eine Vorform dieser neuen Übersicht (ohne den chemischen Teil, dafür aber mit verwirrenden akustischen Analogien) bietet ein Eintrag aus dem Arbeitsjournal, der nach Ritters Ankunft in Weimar Anfang April 1801 entstanden ist (Ritter, Arbeitsjournal unter dem 26. 3. 1801 (siehe Ritter [VD]:117)).

345 Vergl. dazu Ritter, Brief an Frommann mit Eingangsdatum vom 4. 5. 1801 (siehe Richter (ed) [PRJW]:99); für den Wortlaut s. o. § 3.4.7.

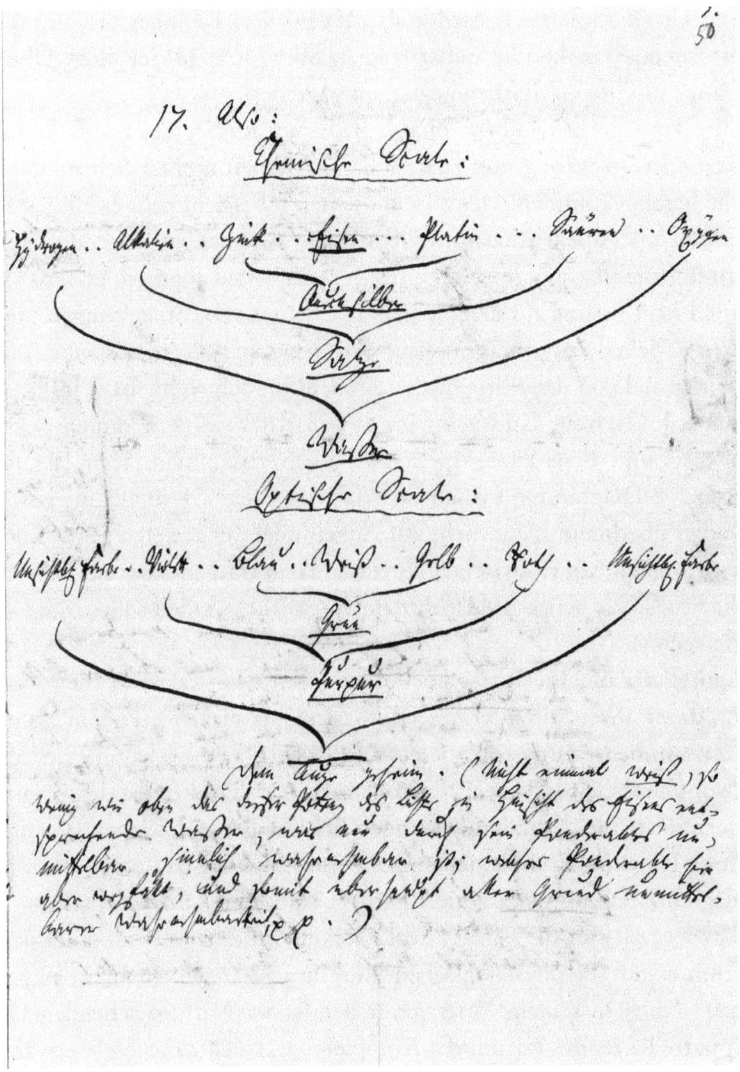

Abb. §3.5.5: Auszug aus Ritters Resultaten für Goethe.
In diesem 17. Abschnitt der Resultate Ritters für Goethe sieht man deutlich, wie weit Ritter sich in der Zeit von 1798 (Abb. §2.2.3) bis 1801 auf Goethe zubewegt hat. Er stellte seiner chemischen Reihe eine Reihe der Spektralphänomene gegenüber, in der z. B. das früher vernachlässigte Purpur nun denselben Platz einnimmt wie in Goethes Sichtweise. Insgesamt formulierte er eine Analogie zwischen der chemischen Reihe mit den Endpolen Hydrogen bzw. Oxygen (oben) und der spektralen Reihe mit den unsichtbaren Endpolen jenseits des Violetten bzw. des Roten. [Quelle: GSA 26 L,6, p. 115, Blatt 50].

weiter rechts symmetrisch wieder abzufallen über Hellblau bis zum Violett rechts unten. Man könnte daher fragen, ob es ihm in der alten Übersicht überhaupt um Spektralfarben gegangen war.

Sollte das – abweichend von meiner früheren Interpretation – nicht der Fall gewesen sein, so wäre Ritter spätestens jetzt einen großen Schritt näher an Goethe herangekommen. Denn in der neuen Übersicht geht es eindeutig um die Farben eines Spektrums mit weißer Mitte; diesmal hat Ritter dessen sichtbare und unsichtbare Farben auf einer geraden Linie angeordnet, also so, wie sie hinter dem Prisma auf dem Schirm erscheinen. Die Steigerungen (die sich im alten Schema wenig suggestiv auf Schrägen nach *unten* abspielten) laufen nun horizontal von der Mitte nach außen, also nach rechts bzw. links.

Dass sich Newtons Grün ganz im Stil Goethes aus dem kantenspektralen Türkisblau und dem kantenspektralen Gelb zusammensetzen lassen soll, zeigen beide Diagramme mit gleicher Deutlichkeit. Diesmal findet sich das Grün aber überhaupt nicht mehr auf Augenhöhe mit anderen Farben (anders als ursprünglich, wo es zwischen Newtons Hauptfarben Rot und Violett eingereiht war, so als ob das Endspektrum vorgeführt werden sollte; vergl. Farbtafel 12 rechts).

Zuguterletzt brachte Ritter noch eine völlig neue Farbe in die Übersicht hinein, die in ihrer Vorläuferin gefehlt hatte: das spektrale Purpur als gesteigerte Zusammensetzung von Violett und Rot. Das ist eindeutig eine Verbeugung vor Goethe, dem das bei Newton als Spektralfarbe fehlende Purpur stets am Herzen lag und der in seinem langen Brief an Ritter ausdrücklich auf diese prächtige Farbe im Komplementärspektrum hingewiesen und sie auch in der beigelegten Zeichnung präsentiert hatte (Farbtafel 11 unten rechts).

Zwar hatte Ritter die Farbe Purpur schon vorher zuweilen berücksichtigt, aber immer nur in physiologischen Zusammenhängen, nicht in physikalischen.[346] Noch in seinem Vortrag vor der Jenaer Naturforschenden Gesellschaft hatte Ritter das Purpur des Komplementärspektrums nicht erwähnt.[347]

Vertiefungsmöglichkeit. Mit großer Kühnheit ging Ritter in seiner neuen Übersicht weit über Goethe hinaus, indem er der Erzeugung des Grüns aus Blau und Gelb sowie der Erzeugung des Purpurs aus deren Steigerungen Violett und Rot noch eine dritte Farberzeugung an die

346 S. o. § 2.2.4.

347 Ich danke Laura Goronzy für diesen Hinweis. – Im Sinne einer Spektralfarbe beschrieb Ritter das Purpur meines Wissens zum ersten Mal im April 1801 (Ritter, Arbeitsjournal unter dem 26. 3. 1801 (siehe Ritter [VD]:117)), als physiologische Farbe dagegen bereits im Jahr 1798 (Ritter [FaNJ]/1:§ 243, volles Zitat in § 2.2.4).

Seite stellte: aus der unsichtbaren Farbe jenseits des Violetten und der gegenüberliegenden unsichtbaren Farbe jenseits des Rothen ergebe sich eine Farbe, die »dem Auge geheim« sei und deren chemisches Analogon das Wasser sei.[348] Ich muss darauf verzichten zu erörtern, wie Goethe diese Spekulation gewertet hätte. – Verwirrenderweise hatte sich Ritter im April 1801 einen noch spekulativeren Gedanken mit ähnlicher Struktur notiert, dem zufolge sich »Unsichtbarlich Gehörtes« jenseits des violetten Ende des Spektrums mit unsichtbarlich Gehörtem vom gegenüberliegenden Ende zu unsichtbarlichem Purpur vereinigt.[349] Dass Ritter akustische Experimente galvanisch und polar einzuordnen wusste, passt (unabhängig von der genauen Ausdeutung dieser Idee) gut zu Goethes älterem Brief an Schiller, wo unter polaristischen Vorzeichen u. a. von sonoren Wirkungen die Rede gewesen war.[350] Bei einer seiner Begegnungen mit Ritter dürfte Goethe ihm von derartigen Gedankengängen erzählt haben.

Gute Nachrichten für Goethe

§ 3.5.6. Die »Resultate« Ritters für Goethe dokumentieren ohne jeden Zweifel eine Annäherung Ritters an Goethe; so wie dieser hat auch Ritter nun die Polarität in den Spektren mit den Polaritäten in einer Reihe anderer Phänomenbereiche parallelisiert. Ritter jedenfalls war sich darüber im klaren, wie nah er inzwischen an Goethes naturwissenschaftliche Position herangekommen war. Mitte Mai 1801 schrieb er:

> »Göthe war wieder in Rossla. Ist aber seit etl. Tagen wieder zurück. Ich war noch nicht bey ihm. Werde es aber dieser Tage thun. Ich habe ihm so eine Menge gute Neuigkeiten zu bringen« (Ritter, Brief an Frommann mit Eingangsdatum vom 4. 5. 1801).[351]

Viel spricht dafür, dass er damit die polar organisierten Versuchsresultate meinte, die er für Goethe erarbeitet hatte, und zwar entweder in Form des versprochenen aphoristischen Schriftstücks selbst oder zumindest in Form der gedanklichen Grundlage für das Schriftstück.

Wie dem auch sei – dass Goethe dies Schriftstück bei den eigenen Manuskripten und Entwürfen zur *Farbenlehre* ablegte, belegt sein starkes Interesse an Ritters Ergebnissen und insbesondere an Ritters Entdeckung des Ultra-

348 Ritter [R]:84 (§ 17).

349 Ritter, Arbeitsjournal unter dem 26. 3. 1801 (siehe Ritter [VD]:117).

350 Goethe, Brief an Schiller vom 14. 7. 1798 (siehe Goethe [WA]/IV.13:205); volles Zitat in § 1.4.6.

351 Richter (ed) [PRJW]:99.

violetten.[352] Das belegt auch eine Übersicht über die geplante *Farbenlehre* vom 2. 8. 1801.[353]

Zudem schrieb er im letzten Lebensjahrzehnt rückblickend auf das Jahr 1801 in den *Tag- und Jahresheften*:

> »Ritter besuchte mich öfters [...], so nahm ich doch gern von ihm auf, was er von Erfahrungen überlieferte und was er nach seinen Bestrebungen sich in's Ganze auszubilden getrieben war«.[354]

Nach meiner Interpretation freute sich Goethe nicht allein über Ritters experimentelle Resultate, sondern auch über dessen Bestrebungen, alle diese Resultate in einen übergeordneten Rahmen einzuordnen – in einen Rahmen, in dem alle Naturphänomene deshalb miteinander zusammenhängen, weil sie am allumfassenden Wechselspiel der Gegensätze teilnehmen.[355] Ritters Schriftstück »Resultate«, das ich in diesem Kapitel besprochen habe, bietet dafür ein Beispiel *par excellence.*

Vertiefungsmöglichkeit. Laut Matthaei und Kuhn hängen Ritters Formulierungen aus dem Schriftstück mit sechs Paragraphen im didaktischen Teil der *Farbenlehre* zusammen.[356] Sie erörtern nicht, welcher Anteil des Gedankenguts aus dem Schriftstück dort wirklich von Goethe aufgenommen worden ist. Sollten sie recht haben, so wäre der Zusammenhang eher indirekt – er geht jedenfalls nicht bis in die einzelnen Formulierungen. Es wäre aufwendig, aber reizvoll, die beiden Texte inhaltlich zu vergleichen. Am ehesten passt der letzte der sechs Paragraphen zu Ritters Schriftstück: Hier brachte Goethe zwar nicht anders als Ritter die Polaritäten der verschiedensten Gebiete zusammen.[357] Aber das hatte er schon lange vor seiner Bekanntschaft mit Ritter getan.

Ritter als Newtonianer?

§ 3.5.7. In einem Großteil der Ritter-Literatur wird dessen naturwissenschaftliche Affinität zu Goethe entweder nicht erwähnt – oder mit mangelhaften Argumenten heruntergespielt. Ich möchte das an einem Beispiel illustrieren,

352 Richter geht auf das Schriftstück nirgends ein; es fehlt auch in seiner Bibliographie der Schriften Ritters (Richter [LPJW]:188-200). – Im Fachjargon der Archivare liegt das Schriftstück im Faszikel GSA VI, worin Goethe Vorarbeiten seiner *Farbenlehre* abgeheftet hatte (Signatur GSA 26/L,6, Blatt 49-52).

353 Goethe [SF]:337 (Unterpunkt C. B.b.1).

354 Goethe [TJHa]/1:92; ungekürztes Zitat in § 4.2.3.

355 In diesem Sinne äußerte sich Goethe z. B. im Jahr 1792, also vor jedem Kontakt mit Ritter (siehe Goethe [VaVv]/A:17/8).

356 Matthaei et al in Goethe [LA]/II.4:85 mit Verweis auf Goethe [EF]:§ 739-§ 744.

357 Goethe [EF]:§ 744.

das sich auf den augenblicklichen Zeitraum bezieht. Und zwar zitiert der Ritterforscher Erich Worbs zunächst einige Anzeichen für naturwissenschaftliches Lob, mit dem Goethe von Ritter bedacht wurde – beeilt sich aber, die Angelegenheit sogleich in schlechtes Licht zu rücken:

> »Freilich, wenn der [Ritter] bei seinen optischen Experimenten vom Spektrum redet, so mag sich der leidenschaftliche Gegner Newtons [Goethe], dem das reine weiße Licht ganz und gar nicht in die Vielfalt der Farben zerlegbar ist, damit nicht befreunden, und sicher hat es manchen Gedankenstreit zwischen den beiden Experimentierenden gegeben«.[358]

Das Zitat stammt aus dem Jahr 1967; die Forschung ist in der Zwischenzeit nicht weit über diesen unbefriedigenden Stand hinausgekommen. Worbs hält es so wie die Ritterforschung neuerer Zeit für ausgemacht, dass Ritter sich deshalb gegen Goethes theoretische Behandlung der Optik gewendet haben müsse, weil Ritter Newtonianer gewesen sei.[359] Und er hält es für ausgemacht, dass sich Goethe nie und nimmer auf Ritters Ultraviolett hätte einlassen können.[360]

Diese Annahmen liegen nahe, wenn man Ritter *aus heutiger Sicht* als Entdecker der UV-Strahlen beschreibt: So wie Herschel neben dem roten Ende des Newtonspektrums Infrarot-Strahlen entdeckt habe und sich dabei auf Newtons Theorie divers refrangibler Lichtstrahlen habe stützen müssen, genauso (möchte man meinen) müsse es bei der Entdeckung der UV-Strahlen zugegangen sein. Nur auf der Grundlage der Theorie Newtons könne man sinnvoll von unsichtbaren Strahlen reden, die das Prisma noch weiter vom geraden Weg ablenkt als die blauvioletten Strahlen des Sonnenlichts.

358 Worbs [GSPJ]:199. Ähnlich schon Klinckowstroem [GR]:140. Obwohl er sich auf diese Arbeit Klinckowstroems bezieht, kommt Tümmler zu dem – m.E. besser begründeten – Ergebnis, dass Ritter einer der wenigen Physiker war, »die Goethes optische Versuche nicht ablehnten« (Tümmler (ed) [GBmC]/II:455).

359 So z.B. Nielsen [AKoL]:137; Richter [LPJW]:76/7 (für den Wortlaut s.o. § 1.1.4). Freilich haben nicht alle Autoren Ritter als Newtonianer gedeutet; ohne Goethe zu erwähnen, betonen Frercks und Mitstreiter den weiten Abstand zwischen Ritters theoretischem Rahmen und dem newtonisch geprägten Rahmen seiner Zeitgenossen (Frercks et al [RD]:145,154 *et passim*).

360 So könnte man Goethes oft zitierten Protest gegen *unsichtbare* Strahlen interpretieren – der sich aber nicht gegen Ritter wendete, sondern gegen eine newtonianische Auffassung des Infraroten als unsichtbare Strahlen (Goethe [L]:298). Dass Goethe das Experiment Ritters alles in allem kannte und akzeptierte, ist dokumentiert in Goethe [EF]:§ 680/1; für den Wortlaut s.u. § 6.3.6.

Aus einem ahistorischen Blickwinkel mag sich so eine Geschichte aufdrängen. Dass sie falsch ist, hätte Worbs leicht herausfinden können – wenn er die einschlägigen Originaltexte Ritters (z. B. seinen Jenaer Vortrag oder die »Resultate«) neben Goethes *Farbenlehre* oder dessen *Beyträge zur Optik* gelegt hätte; oder neben Goethes Brief mit Ritters Anmerkungen, auf den Worbs selber verweist.[361]

Vertiefungsmöglichkeit. Freilich wurde Ritter schon im Jahr 1813 in Pfaffs Angriff auf Goethes *Farbenlehre* als Newtonianer gedeutet.[362] Offenbar sah Pfaff den Wald vor lauter Bäumen nicht – nachdem er Ritter im Jahr 1798 über den grünen Klee gelobt hatte (§ 2.1.1k), konnte er sich kaum vorstellen, dass der Gelobte inzwischen ausgerechnet mit Goethe gemeinsame Sache machen könnte.

Ritter neutral in Sachen Newton?

§ 3.5.8. Wie ich in den Kapiteln aus diesem dritten Hauptteil dargetan habe, orientierte sich Ritters in seinem Vortrag – und in anderen frühen Texten über seine Entdeckung – weder am Buchstaben noch am Geist der newtonischen Theorie. Ritter beschrieb zunächst ohne theoretischen Überbau, welche Experimente er durchgeführt hatte und wie sie ausgegangen waren. Und dort, wo er die Experimente auswertete, verwendete er einen theoretischen Rahmen, wie wir ihn nicht viel anders von Goethe kennen. Auch bei der Motivation seiner Experimente und bei der Formulierung seiner Suchstrategien spielte Goethes Polaritätsidee eine entscheidende Rolle.

In Goethes und Ritters newtonfreiem Rahmen besteht weißes Licht nicht aus beliebig vielen verschiedenen Strahlen (unterschiedlicher Farben und Brechungseigenschaften); vielmehr zeigt sich Farbenreich eine Polarität, Komplementarität, Dualität oder Symmetrie zwischen Farben wie Gelb und Blau. Goethes Brief folgend dehnte Ritter diese Sicht (in seiner Reaktion auf Herschel) zunächst aus, indem er – ohne empirischen Beweis – im spektralen Licht einen polaren Gegensatz zwischen messbarer Wärme und Kälte ansetzte.[363] Und zuguterletzt wies er einen polaren Gegensatz in den chemischen Wirkungen des spektralen Lichts nach, durch sein klassisches Experiment mitsamt dessen Erweiterungen.[364]

361 Worbs [GSPJ]:199, 201n9.
362 Pfaff [uNFH]:10.
363 S. o. § 3.4.4.
364 S. o. § 3.4.6.

Die Komplementarität zwischen Blau und Gelb mit ihrer polaristischen Parallele in der Chemie, auf die Goethe und Ritter bei den Farbphänomenen und bei anderen Experimenten mit Sonnenlicht gesetzt haben, mag aus Sicht der heutigen Physik fremdartig anmuten. Aber sie war heuristisch fruchtbar; nachdem Herschel existente Wirkfaktoren jenseits des roten Endes im Newtonspektrum hat nachweisen können, *erheischte der Symmetriegedanke den Nachweis existenter Wirkfaktoren jenseits seines blauvioletten Endes.*

Genau diesen Nachweis hat Ritter mit dem klassischen Experiment geliefert. Nach allem Gesagten griffe es zu kurz, wenn wir Ritter als Entdecker der UV-Strahlen (im heutigen Sinne) bezeichneten; vielmehr hat er diejenigen Effekte entdeckt, die wir heutzutage auf UV-Strahlung zurückführen (im Einklang mit der newtonischen Tradition, aber gegen Ritters Absichten).

Alles, woran ich eben noch einmal zusammenfassend erinnert habe, hätte Worbs durch Lektüre der Originalpublikationen herausfinden können. Gab sich Ritter darin als Newtonianer wie von Worbs nahegelegt? Keineswegs. Wenn überhaupt, so hat Ritter seine Darstellung stellenweise neutral in Sachen Newton gehalten. Den Namen Goethes erwähnte er nicht, aber an entscheidenden Wegmarken folgte er einigen Grundzügen der Farbenforschung Goethes.

Dass sich Ritter schon kurz später ausdrücklich von Newton lossagte, hat Worbs dagegen nicht wissen können; die Belege dafür waren noch nicht veröffentlicht, als er auf Abwege geriet. Ich bringe sie im kommenden Kapitel. Doch zuvor möchte ich zum Abschluss des laufenden Kapitels einen Kommentar aus der gegenwärtigen Sicht der Dinge einschieben.

Heutiges Wissen über das Spektrum

§ 3.5.9. Nach Anzahl der Kapitel stehen wir genau in der Mitte meiner Darstellung; auch inhaltlich ist nun ein Wendepunkt erreicht. Unter noch recht vagen polaristischen Vorstellungen war Ritter im Februar 1801 seine wohl größte Entdeckung geglückt. Nachdem Goethe in seiner umgehenden Reaktion zuerst ohne durchschlagenden Erfolg versucht hat, Ritter ganz von einer newtonianischen Optik abzubringen, geriet dessen Denken während des Frühlings 1801 immer stärker in den Bann der Polaritätsidee. Und wirklich sollte er sich schon im Sommer desselben Jahres ganz auf Goethes Seite schlagen, wie ich als nächstes zeigen werde. Spätestens damit ist der Punkt erreicht, an dem selbst wohlwollende Leserinnen und Leser mit dem Kopf schütteln werden, um zu fragen: Hat sich der Einfluss Goethes nicht verheerend auf Ritter ausgewirkt?

Aus heutiger Sicht könnte man die Frage bejahen. Vom Sommer 1801 an rollte Ritters Kugel wieder bergab, und was er bis zu seinem Tod noch leisten sollte, wurde immer mehr von seinen Fehlschlägen überschattet – am markantesten in seiner »Campettiade«, in deren Verlauf er Wünschelrutengängerei und Pendelexperimente hoffähig zu machen versuchte: ein Debakel; ich werde darauf zurückkommen.[365]

Entwertet der weitere Verlauf der Karriere Ritters vielleicht nachträglich den Triumph, den seine Entdeckung des Ultravioletten mit sich brachte? Für diese Sorge spricht die Tatsache, dass wir das Ultraviolette heute völlig anders konzeptualisieren, als es Ritter und Goethe vorschwebte. Aus heutiger Sicht war es der blanke Zufall, dass Ritter – aufgrund gegenstandsloser Leitvorstellungen – jenseits vom blauvioletten Ende des sichtbaren Spektrums fündig wurde: Da es *de facto* keine innere Symmetrie in diesem sichtbaren Spektrum gibt, fehlte die Grundlage dafür, nur aus Symmetriegründen ein Ultraviolett zu postulieren, nachdem kurz zuvor ein Infrarot gefunden worden war.

In der Tat ist das Spektrum der elektromagnetischen Strahlung in keiner relevanten Hinsicht symmetrisch. Der Wellenlängenbereich des sichtbaren Lichts (VIS) bietet einen sehr schmalen Ausschnitt im gesamten elektromagnetischen Spektrum, der üblicherweise in den Grenzen von 380 Nanometern (Blauviolett) und 780 Nanometern (Rot) angegeben wird. Dieses dem menschlichen Auge als optischer Stimulus zugängliche Intervall des elektromagnetischen Spektrums ist in dem Sinne zufällig, dass es von anthropologischen Faktoren abhängt, nicht von physikalischen. Die Augen einiger anderer Lebewesen wie z. B. der Goldfische registrieren visuelle Sinnesreize auch im Ultravioletten. Insbesondere stellt die Mitte des sichtbaren Spektrums bei ca. 580 Nanometern (Gelb, Natrium-D-Linien bei 588 und 589 nm) keine physikalisch relevante Symmetrieachse dar.

Den verschiedenen Wellenlängen λ bzw. Schwingungsfrequenzen ν entsprechen aus physikalischer Sicht unterschiedliche Energien $E = h \cdot \nu$ der Photonen im Licht; je kürzer die Wellenlänge bzw. je höher die Frequenz der Strahlung, desto größer ist die Energie der Photonen. Und aus demselben Grund wie eben bietet auch die Energieskala der elektromagnetischen Strahlung keinen Anlass, ausgerechnet den Photonen aus der Mitte des sichtbaren Spektrums eine Sonderrolle für Symmetriebetrachtungen einzuräumen.

365 S. u. Kapitel 5.3.

Dies gilt insbesondere auch für das Spektrum, das von der Sonne emittiert wird und durch die Erdatmosphäre zu uns gelangt. Nicht alle Wellenlängen sind in diesem Strahlungsgemisch gleich stark vertreten, d. h. je nach Wellenlänge treffen unterschiedlich viele Photonen auf der Erdoberfläche auf. Die uns von der Sonne erreichende elektromagnetische Strahlung beginnt mit geringen Strahlungsintensitäten im Bereich der Röntgenstrahlung bei 0,1 Nanometern und reicht bis zu Radiowellen von mehreren Metern Wellenlänge, wo die Strahlungsintensitäten ebenfalls gering sind.

Zufälligerweise liegt das Maximum der Strahlungsintensität bei ca. 500 Nanometern (Blau), also grob in der Nähe der erwähnten Mitte des sichtbaren Spektrums (580 nm). Immerhin liegt es überhaupt im sichtbaren Bereich! Das ist ein Hinweis darauf, dass sich die Augen im Laufe der Evolution an die hier herrschenden Bedingungen angepasst haben. Aber für die Zwecke Goethes und Ritters (die eine strenge Symmetrie im Newtonspektrum annahmen) taugt das Intensitätsmaximum als Symmetriemerkmal nicht; es liegt viel zu weit im blauen Bereich, um zum Wechselspiel derjenigen komplementären Farbpolaritäten zu passen, die einen Ausgangspunkt ihres Denkens bildeten.

Die heutigen Vorstellungen der Physik, an die ich eben kursorisch erinnert habe, waren der Grund dafür, warum ich in meiner Darstellung immer wieder auf die Gegenstandslosigkeit der polaristischen Vorstellungen hingewiesen habe, denen Goethe und von ihm beeinflusst Ritter gefolgt sind. Aus unserer heutigen Perspektive sieht es wie ein Glückstreffer aus, dass Ritter das Ultraviolette gefunden hat.

Doch angesichts dieser harten Diagnose sind wir gut beraten, zwei Dinge im Auge zu behalten. Erstens: Es kommt in der Wissenschaftsgeschichte auch an wichtigen Wegmarken immer wieder vor, dass nicht ganz richtige oder sogar völlig unrichtige Vorstellungen den Weg zu neuen empirischen Resultaten und dann auch neuen theoretischen Einsichten bahnen.[366] Wieder und wieder muss die Basis korrigiert werden, auf der die Physik in immer neue Höhen geklommen ist. Da die Physikgeschichte noch lange nicht an ihrem Ende steht, müssen wir darauf vorbereitet sein, dass unsere augenblicklichen Modellvorstellungen in zweihundert Jahren nicht minder obsolet sind, als es

366 Dazu stellvertretend für Hunderte nur ein einziges Beispiel: Steven Weinberg macht auf die Unstimmigkeiten aufmerksam, in die sich Paul Dirac verstrickte, als er das Positron als Gegenstück zum Elektron postulierte – nicht lange, bevor dieses Antiteilchen Anfang der 1930er Jahre entdeckt wurde (Weinberg [TvEU]:157/8).

vor zweihundert Jahren – aus unserer Sicht – bei Goethe, Ritter und vielen anderen der Fall gewesen ist.

Das bringt mich zu dem zweiten Gesichtspunkt, den wir im Auge behalten sollten, wenn wir uns ein Urteil über Goethes und Ritters polaristische Forschung bilden wollen: Gerade weil es aus der Rückschau allzu einfach ist, die irrigen Voraussetzungen der Pioniere unserer Physikgeschichte zu monieren, sind wir gut beraten, uns in ihre Denkweise mit einer gehörigen Portion an Wohlwollen hineinzudenken. Es ist immer eine lohnenswerte Übung, auf den ersten Blick fremdartige Gedankengänge nachzuvollziehen, aus denen erfolgreiche Physik hervorging. Warum? Weil die geistige Beweglichkeit, die uns dabei abverlangt wird, dieselbe Beweglichkeit ist, mit deren Hilfe wir auch diejenigen auf den ersten Blick fremdartigen Gedanken erfassen könnten, die uns vielleicht den nächsten Fortschritt bescheren werden.

Es wäre zu banal, dem Gesagten nur die folgende Lektion zu entnehmen: Rein logisch betrachtet kann man, wenn man Glück hat, aus falschen Prämissen wahre Schlussfolgerungen ableiten. Wer sich die Sache so zurechtlegt, dem entgeht etwas Wichtiges: Der Wahnsinn hatte Methode, soll heißen, die polaristischen Leitvorstellungen Goethes und Ritters bildeten ein kohärentes System, dem eine ganze Reihe empirischer Erfolge und treffsicherer Prognosen zuzurechnen sind. Es handelte sich nicht um eine Eintagsfliege; im Gegenteil, man konnte diesen Leitvorstellungen verblüffend weit nachgehen, ohne dass die empirische Realität ein Veto eingelegt hätte.

Um das zu illustrieren, möchte ich noch einmal auf die Asymmetrie des Newtonspektrums zurückkommen, die uns wie eine Selbstverständlichkeit erscheint und heute einen starken Grund gegen polaristisches Denken in der Optik bietet. Überraschenderweise gehörte es noch hundert Jahre nach Ritters Tod zum Lehrbuchwissen, von entgegengesetzten chemischen Reaktionen an den beiden Enden des sichtbaren Spektrums zu sprechen.[367] Das war nicht lange vor der bahnbrechenden Arbeit Albert Einsteins zum photoelektrischen Effekt – einem Effekt übrigens, den Ritter im Rahmen seiner Leitideen vorhergesagt hat![368]

Vertiefungsmöglichkeit. In meiner Darstellung spielte die – wie gesagt gegenstandslose – Symmetrie innerhalb des Newtonspektrums deshalb eine große Rolle, weil sie Ritters Augenmerk an die richtige Stelle des spektralen Gesamtgeschehens lenkte. Daher standen

367 Kayser [HS]/1:615 (§ 544); für einige Details siehe O. M. [IRaI], 10. Abschnitt.
368 S. u. § 6.2.14.

andere spektrale Symmetrien im Hintergrund, die auch aus heutiger Sicht besser dastehen als die angebliche Symmetrie im Newtonspektrum. Insbesondere ist das Newtonspektrum nicht nur farblich symmetrisch zu Goethes Spektrum (Farbtafel 7), sondern auch energetisch.[369] Genauso dürfte sich zeigen lassen, dass die beiden Kantenspektren (Farbtafel 3) zueinander symmetrisch sind. Wenn das so ist, können wir sogar aus einer heutigen Perspektive nachvollziehen, warum Goethe und Ritter gut beraten waren, ihr Augenmerk vom – asymmetrischen – Newtonspektrum abzuwenden, um stattdessen das – symmetrische – Kantendoppelspektrum (Farbtafel 2) ins Zentrum zu rücken. Und obgleich also unter polaristischen Vorzeichen andere Spektren grundlegender wären als das Newtonspektrum, lässt sich aus heutiger Sicht nicht an dessen Fundamentalität rütteln; seine innere Ordnung vom blauvioletten zum roten Ende beruht wie gesagt auf elektromagnetischer Strahlung mit kontinuierlich zunehmenden Wellenlängen. Weder das Goethe- noch die Kantenspektren sind in dieser Hinsicht fundamental. – Diese Überlegung lässt sich freilich für das Goethespektrum mithilfe einer kürzlich publizierten Überlegung des Physikers Thomas Filk relativieren; wie er darlegt, müsste es im Prinzip möglich sein, die Farben des Goethespektrums – insbesondere dessen purpurne Mitte – in Form einzelner Photonen zu realisieren.[370]

369 Rang et al [PADi].
370 Filk [MP].

Farbtafeln

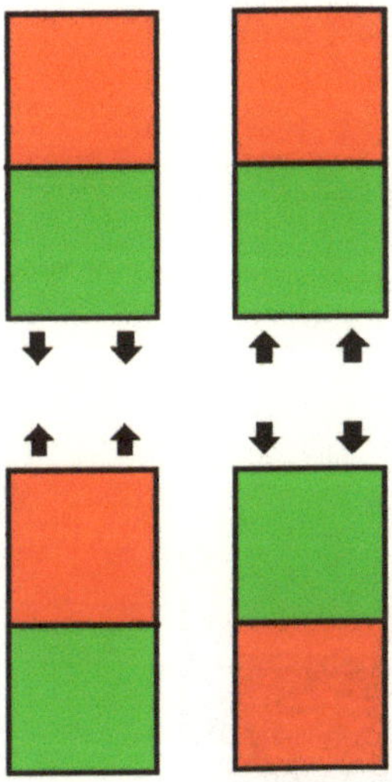

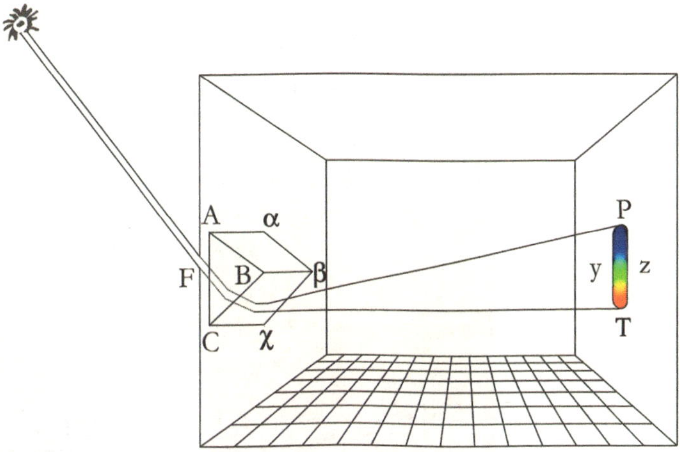

Farbtafel 1 links: Polarität am Magneten.
Ein Stabmagnet (mit rot markiertem Nordpol und grün markiertem Südpol) wird über einem zweiten Stabmagneten gleicher Ausrichtung plaziert – entgegengesetzte Pole ziehen sich gegenseitig an (linkes Bild). Gleichnamige Pole stoßen einander ab (rechtes Bild): Wer einen der beiden Magneten umdreht und dadurch dessen Pole vertauscht, verwandelt dadurch Anziehungs- in Abstoßungskräfte, dreht die Richtung der fraglichen Kräfte also um.

Farbtafel 1 rechts: Newtons Grundexperiment.
Ein Sonnenstrahl wird durchs Fensterladenloch F in ein Glasprisma geschickt; an beiden Grenzflächen des Prismas wird er gebrochen (refrangiert), wobei sich der ursprünglich weiße Lichtstrahl in seine farbigen Bestandteile zerlegt: Auf der Rückwand der Dunkelkammer zeigt sich das newtonische Vollspektrum (Farbtafel 2 links). Das Spektrum ist ca. fünfmal so lang wie breit.

Farbtafel 2 links: Newtons Vollspektrum.
Dies Spektrum bezeichne ich nur dann als Vollspektrum, wenn ich es ausdrücklich von anderen Spektren unterscheiden möchte, in denen weniger Farben vorkommen (siehe Farbtafel 2 rechts, Farbtafel 12). Solange es darauf nicht ankommt, rede ich oft einfach nur von Newtons Spektrum. Von oben nach unten sieht man Blauviolett, Türkis, Grün, Gelb, Rot, mit fließenden Übergängen.

Farbtafel 2 rechts: Kantendoppelspektrum.
Das Bild zeigt ein Spektrum mit den Farben Schwarz/Blauviolett/Türkis/Weiß/Gelb/Rot/Schwarz, das auf viele Weisen erzeugt werden kann: z.B. in Newtons Grundexperiment bei Verringerung des Abstandes zwischen Prisma und Auffangschirm. Das Kantendoppelspektrum ist oben und unten schwarz eingerahmt (genau wie das newtonische Vollspektrum) – gehören die schwarzen Enden zum Versuchsergebnis dazu, oder bilden sie nur den Hintergrund des Versuchsergebnisses? Das ist ein klassischer Fall des Figur/Hintergrund-Problems, also eine Frage der Gestaltwahrnehmung.

Farbtafel 3 links: Das kalte Kantenspektrum.
Dies Spektrum besteht aus den Farben Schwarz/Blauviolett/Türkis/Weiß, wobei man trefflich darüber streiten kann, ob die Außenfarben Schwarz und Weiß zu diesem Bild dazugehören oder nur seinen Rahmen bilden. Wie dem auch sei, seine bunten Farben wirken auf uns kalt. Das Kantenspektrum kann auf viele Weisen erzeugt werden. Wer z.B. von Newtons Grundexperiment ausgeht, muss den Fensterladen aufsperren und das Prisma so plazieren, dass seine obere Hälfte im Schatten des Fenstersturzes liegt, seine untere Häfte dagegen von der Sonne beschienen wird.

Farbtafel 3 rechts: Das warme Kantenspektrum.
Dies Spektrum besteht aus den Farben Weiß/Gelb/Sattrot/Schwarz. Seine bunten Farben wirken auf uns warm. Unabhängig von dieser zunächst nur intuitiven Charakterisierung ist das warme Kantenspektrum auch experimentell das Gegenteil des kalten Kantenspektrums; die beiden Spektren verhalten sich wie polaristische Gegensätze – durch Vertauschung der Rollen von Helligkeit und Dunkelheit geht das warme aus dem kalten Kantenspektrum hervor.

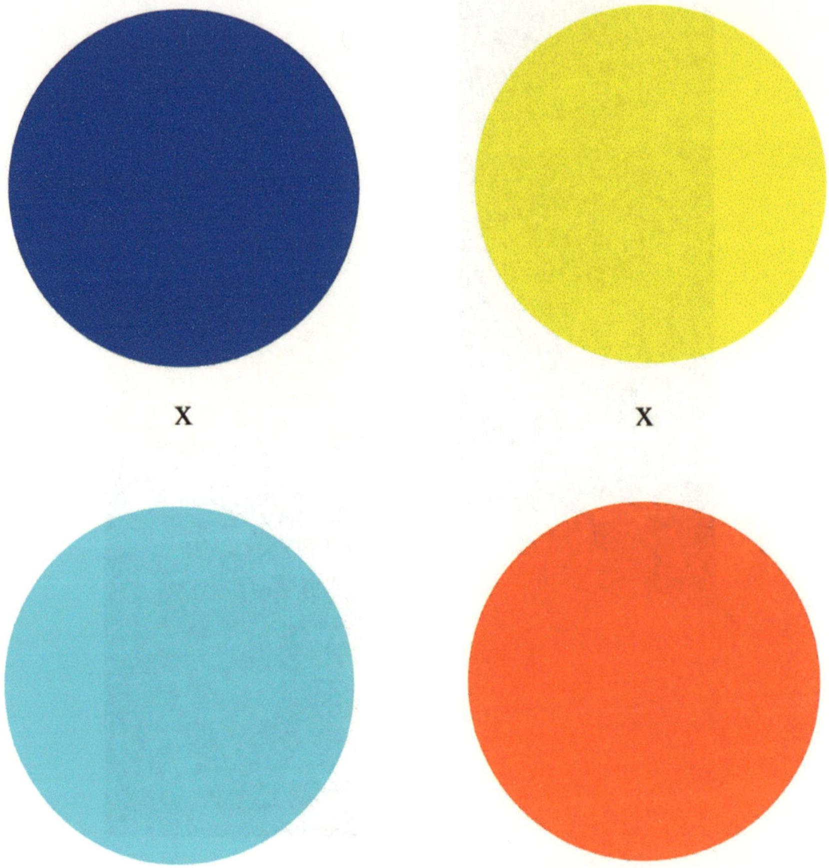

Farbtafel 4: Komplementäre Farbenpaare.
Links sehen Sie die beiden kalten Spektralfarben (Blauviolett, Türkis), rechts daneben jeweils deren Komplementärfarben (Gelb, Rot). Um farbige Nachbilder zu erzeugen, verdecken Sie eine der beiden Bildspalten (und am besten den Rest der Seite) mit einem starken weißen Papier; dann fixieren Sie das schwarze Kreuz in der Mitte zwischen den beiden noch sichtbaren Kreisen für ca. 10 Sekunden. Wenn Sie den Blick nun auf das weiße Papier umlenken und danach ihr Auge abermals nicht bewegen, so bilden sich nach kurzer Wartezeit die komplementärfarbigen Nachbilder, und zwar recht genau in den Farben, die Sie abgedeckt haben.

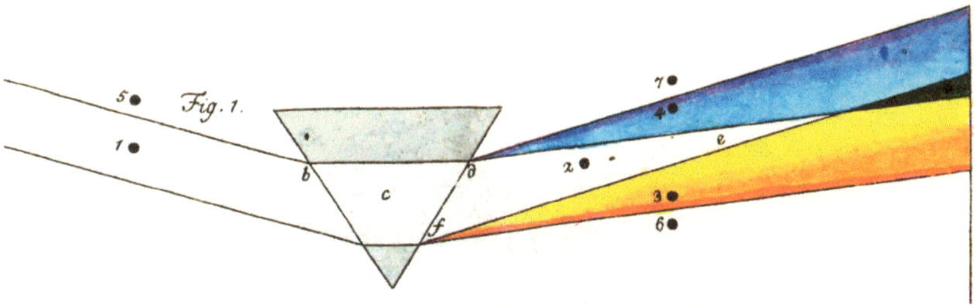

Farbtafel 5 oben: Goethes zweidimensionale Darstellung spektraler Entwicklungsstadien.
In einem handelsüblichen newtonischen Versuchsaufbau (Farbtafel 1 rechts) verkürzt Goethe den Abstand zwischen Prisma und Schirm. Von links fällt Sonnenlicht aufs Prisma, wird dort gebrochen und löst sich in seine Spektralfarben auf.. Nah am Prisma entstehen weniger Farben als in größerer Entfernung; bei Position 2 sieht man z.B. in der Mitte Weiß, darüber das sog. kalte Kantenspektrum (Farbtafel 3 links), darunter das sog. warme (Farbtafel 3 rechts). Laut Newton (Abb. 1.2.7) können sich die farbigen Lichtstrahlen hier nicht weit genug voneinander entfernen und überlagern sich noch in der Mitte des Bildes. Goethe erklärt diese Dynamik umgekehrt; für ihn sind die Kantenspekten nah am Prisma primär, und das Grün in größerer Entfernung sieht er als Mischung ihres gelben und türkisen Streifens.

Farbtafel 5 unten: Komplementäre Grundfarben mit Purpur und Grün.
Wie bei Farbtafel 4 geht es auch hier im ein Nachbildexperiment. Neu ist der komplementärfarbige Gegensatz in der Mitte zwischen Grün und Purpur.

Farbtafel 6: *Iris und der Regenbogen*, Deckengemälde von Johann Heinrich Meyer in Goethes Wohnhaus aus dem Jahr 1792.
Anders als in natürlichen Regenbögen findet sich im Innern dieses Regenbogens kein grüner, sondern ein roter Streifen – der vor der nicht ganz sachgemäßen Renovierung nach dem zweiten Weltkrieg in purpurnen Farbtönen gestaltet war. Oben ganz außen ist offenbar ein blauer Streifen, und mit dem gelben Streifen weiter innen sind alle Farben beisammen, die in einem komplementärfarbigen Regenbogen zu sehen wären.

Farbtafel 7: Goethes und Newtons Spektrum im Vergleich.
Rechts sehen Sie das Goethespektrum, das Goethe als erster objektiv auf einen Schirm zu werfen wusste, indem er einen Schatten in heller Umgebung durchs Prisma fallen ließ. Es besteht aus den Farben Gelb/Rot/Purpur/Blauviolett/Türkis. Die auffälligste – neue – Farbe in der Mitte ist das Purpur. Die beiden Vollspektren hängen komplementär miteinander zusammen; Goethes Purpur beispielsweise ist die Komplementärfarbe zum Grün auf derselben Höhe in Newtons Spektrum.

Farbtafel 8: Goethes Farbenkreis nach Nussbaumer.
Auf dem Umschlag seines Buchs *Zur Farbenlehre* bietet Ingo Nussbaumer u.a. eine Rekonstruktion des Goethe-Farbenkreises an. Die Farben Blauviolett, Hellblau (bzw. Türkis), Gelb und Rot hat er dem kalt- und dem warmfarbigen Kantenspektrum entnommen (Farbtafel 3) die Farben Grün und Purpur dem mittleren Feld der beiden komplementären Vollspektren (Farbtafel 7). Der Kreis zeigt Goethes Idee von Polarität und Steigerung auf einen Blick. Zur Steigerung: Einerseits haben wir links unten die aktive, aber blasse Farbe Gelb, deren Steigerung zum Rot links oben führt; andererseits haben wir rechts unten die passive, blasse Farbe Türkis, deren Steigerung bis zum Blauviolett rechts oben führt. Durch gesteigerte Mischung der Farben Rot und Blauviolett bekommen wir Purpur ganz oben; durch gemeine Mischung der blassen Farben Gelb und Türkis bekommen wir Grün ganz unten. Zur Polarität: Gegenüberliegende Farbenpaare sind komplementär zueinander: Gelb und Blauviolett sind ebenso Komplementärfarben wie Rot und Türkis sowie Purpur und Grün.

Farbtafel 9: Goethes und Schillers Bild zur Annäherung an den Magneten. Farbige Spektren und Farbkreise werden hier in Analogie zu Stab- und Hufeisenmagneten dargestellt. Die Einzelheiten des Vergleichs sind mehr als knifflig (und bislang nicht detailliert erforscht). Das linke Drittel des Bildes wird von einem farbigen Ring eingenommen, der sowohl in Teilen an Hufeisenmageneten als auch an Goethes Farbenkreis (Farbtafel 8) erinnert, der aber an vier Stellen aufgebrochen ist und der selbst dann ein längliches Oval bilden würde, keinen Kreis, wenn man die vier Ringstücke lückenlos aneinanderfügte. Der vertikale Stab ganz links zeigt ein warmes Kantenspektrum, das unten gelb beginnt und sich über vielleicht zwei Zwischenstufen zu einem Orangerot steigert. Sein Gegenüber rechts beginnt unten hellblau und steigert sich über Zwischenstufen zu einem blassen und etwas hellem Blauviolett.

Farbtafel 10 links: Geschwärzte Hornsilberprobe aus Goethes Sammlung. Dies ist die einzige belichtete Hornsilberprobe, die in Goethes naturwissenschaftlichen Sammlungen erhalten ist. Die Probe wurde in ein Kantendoppelspektrum mit weißer Mitte gelegt, also in großer Nähe zum Prisma; offenbar belichtete das farbige Licht des Spektrums nur einen kleinen Bruchteil der Mitte des ursprünglich mit weißem Hornsilber bestrichenen Pappstreifens. Jedenfalls sind rechts von dem durch Belichtung geschwärzten Horsnilber oberhalb der Mitte mit Bleistift die Spektralfarben »violet« und »blau« vermerkt, darunter ein größerer Bereich »weiß«, darunter die Farben »gelb« (?) und »roth«. Wenn die Pappe von oben nach unten überall eine Schwärzung zeigt, statt nur am blauvioletten Ende des Spektrums, so dürfte dies darauf zurückzuführen sein, dass die Probe irgendwann nach dem Experiment dem Tageslicht ausgesetzt und somit ungewollt ein weiteres Mal belichtet wurde.

Farbtafel 10 rechts: Geschwärzte Hornsilberprobe in einer heutigen Replikation. Infolge zehnminütiger Belichtung im Farbenspektrum einer Xenonlampe nach Refraktion am Wasserprisma zeigt die Hornsilberprobe sowohl im blauviolett belichteten Bereich (»V«) als auch darüber (»UV«) diejenigen Verdunkelung, die Ritter in seiner Terminologie als »Schwärzung« bezeichnet hat. Kein entsprechender Effekt ergibt sich in hellblauen (»B«), grünen (»G«), gelben (»Y«) und roten (»R«) Spektralbereichen.

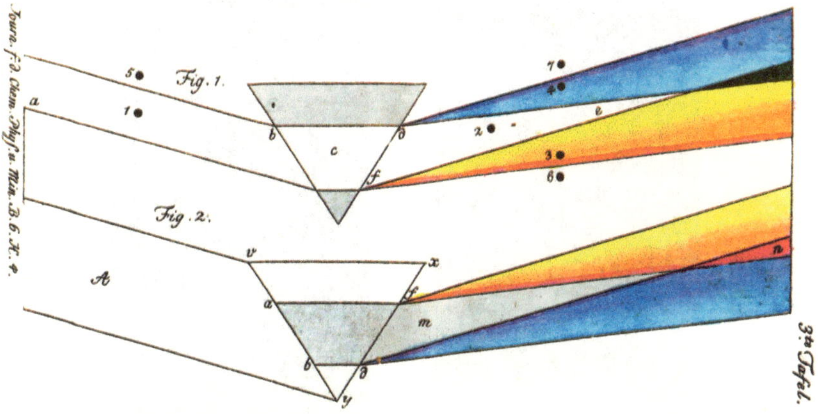

Farbtafel 11: Goethes kolorierte Zeichnung aus dem einzigen erhaltenen Brief an Ritter.

Obere Graphik (Fig. 1): Goethe forderte Ritter auf, bei Wiederholung der Experimente Herschels (Abb. 3.1.1a und Abb. 3.1.1b) die Temperatur nicht nur in Newtons Spektrum zu messen (also ganz rechts in Messpunkten wie No. 8 bei großen Abständen vom Prisma), sondern auch in der weißen Mitte unmittelbar hinter dem Prisma (No. 2) oder in den beiden Kantenspektren (No. 3 bzw. No. 4) bzw. sogar außerhalb davon (No. 6 bzw. No. 7). Es liegt auf der Hand, dass Goethe ebenfalls auf eine Wiederholung der photochemischen Experimente Ritters an den verschiedenen Messpunkten abzielte; Messpunkt No. 7 ist einer der Punkte (im heutigen UV-Licht), wo man eine Schwärzung des Hornsilbers erwartet. In der Tat hat Ritter wenige Monate nach seinem Besuch bei Goethe alle diese Experimente durchgeführt. Untere Graphik (Fig. 2): Goethe dürfte ebenso auf eine Wiederholung der Temperaturmessungen im umgekehrten Spektrum abgezielt haben.

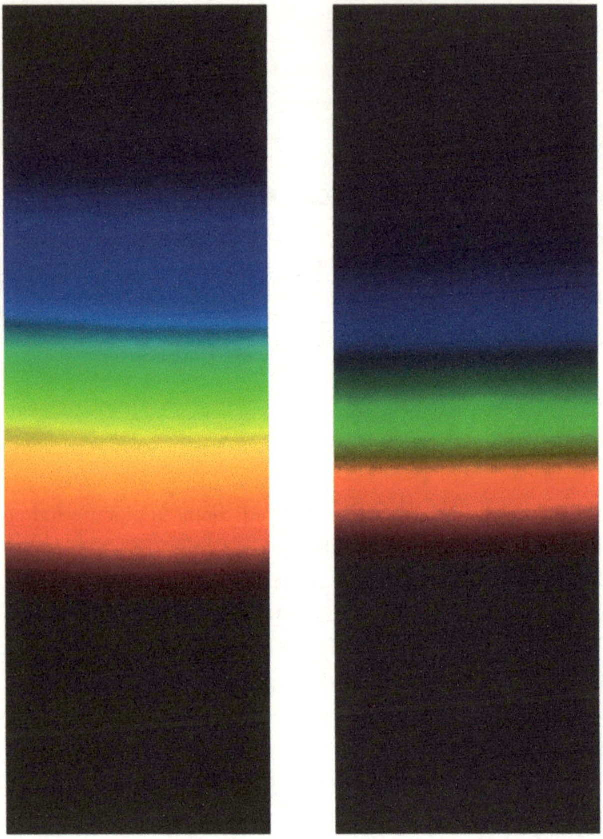

Farbtafel 12: Newtons Voll- und Endspektrum im Vergleich. Durch die Gegenüberstellung der beiden Spektren springt die Farbarmut besonders deutlich ins Auge, die das Endspektrum (rechts) kennzeichnet. In diesem Endspektrum, das im Vergleich zu Newtons Versuchsaufbau bei erhöhtem Abstand zwischen Prisma und Auffangschirm entsteht, sieht man von oben nach unten: Blauviolett, Grün, Rot – mit wenigen Übergängen und fast ohne Türkis und Gelb, die links daneben im Vollspektrum noch einigermaßen deutlich zu sehen sind. Während Newton in seiner Dunkelkammer nicht genug Platz hatte, um so weit zurückzugehen und dieses Spektrum aufzufangen, konnte Goethe das Endspektrum nicht nur im Theater beobachten, sondern zu geeigneten Zeitpunkten sogar in seinem Haus am Frauenplan (Abb. 3.1.4b, grob gestrichelte Linie). Newton beschrieb sein Vollspektrum bei Abständen von bis zu 22 Fuß, das sind fast sieben Meter. Goethe konnte das Spektrum zuhause in einer Entfernung von über elf Metern auffangen.

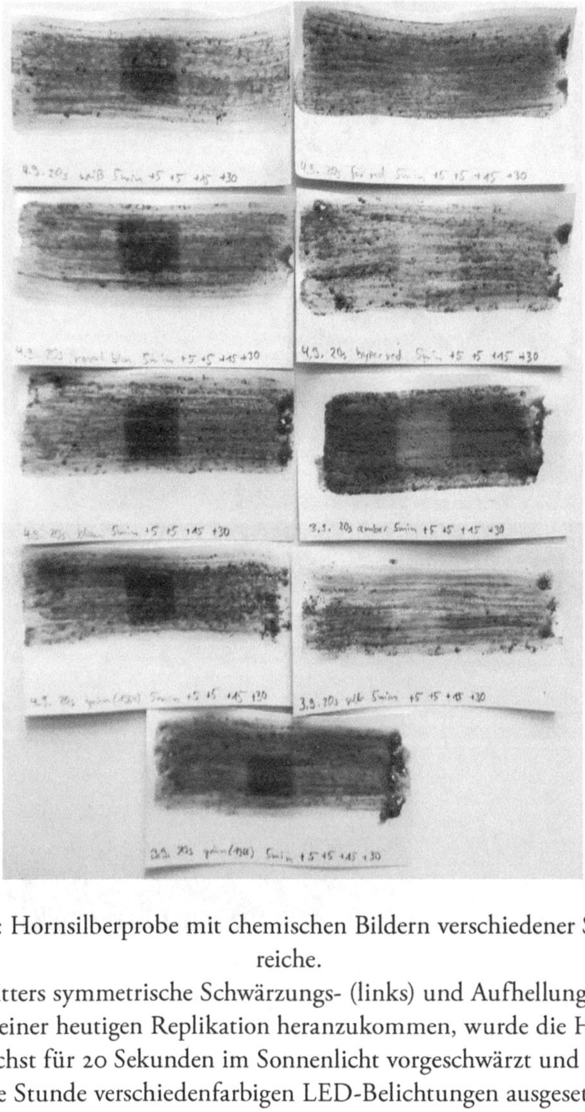

Farbtafel 13: Hornsilberprobe mit chemischen Bildern verschiedener Spektralbereiche.

Um an Ritters symmetrische Schwärzungs- (links) und Aufhellungsreaktion (rechts) in einer heutigen Replikation heranzukommen, wurde die Hornsilberprobe zunächst für 20 Sekunden im Sonnenlicht vorgeschwärzt und danach für eine Stunde verschiedenfarbigen LED-Belichtungen ausgesetzt:

Streetwhite (breitbandig; 440 nm + X)	Far Red (730 nm)
Royal Blue (451 nm)	Hyper Red (660 nm)
Blue (470 nm)	Deep Golden Amber (617 nm)
Green 1964 (505 nm)	Yellow (590)

Green 1966 (528 nm)

Farbtafel 14 oben: Versuchsaufbau zur Replikation der Zusatzfarben Ritters. Starkes Sonnenlicht kommt von links durch das Fenster, fällt auf ein großes, rechtwinkliges Prisma, wird in diesem Prisma einmal reflektiert und fällt nach Refraktion als Kantendoppelspektrum rechts auf den Schirm.

Farbtafel 14 unten: Ergebnis des Versuchs aus Farbtafel 14 oben. Dieses Photo ist im Vergleich zum tatsächlichen Versuchsergebnis um 180 Grad gedreht; bei schnellem Hinsehen zeigt es nur die beiden bekannten Kantenspektren. Ritters zusätzliche Farben sind zwar nicht mitphotographiert worden – doch sollte die Hypothese vom physiologischen Charakter dieser Zusatzfarben zutreffen, so müssten sie sich auch bei Betrachtung des Photos (z.B. auf einem leuchtstarken Bildschirm) zeigen – nach dem Verfahren, das in §4.4.13 unter A) bis D) beschrieben ist.

Farbtafel 15: Kantenspektrum mit Kanteninterferenzen.
Wenn man den Wellencharakter des Lichts berücksichtigt, so entstehen im Prismenexperiment zusätzlich zu den bekannten und deutlich sichtbaren Spektralfarben (oben Blauviolett und Türkis, unten Gelb und Rot) weitere Farbbänder, die schwerer zu erkennen sind und links bzw. rechts vertikal verlaufen.

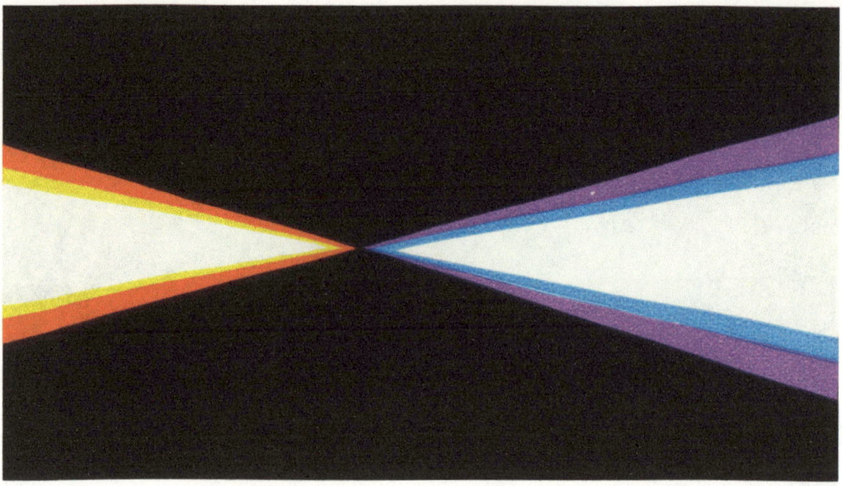

Farbtafel 16: Die 27. Karte aus Goethes optischem Kartenspiel.
Mit diesem Längsschnitt zeigte Goethe das farbige Versuchsergebnis aus dem Experiment seiner 26. Karte (Abb. 6.1.4a). Unmittelbar hinter der Sammellinse erscheinen am Sonnenbild rote und gelbe Farben (im Sinne der chromatischen Aberration). Ohne die Beobachtung in Worte zu fassen, wollte er mit dem Bild darauf aufmerksam zu machen, wie sich die gelb/roten Ränder umfärben, sobald sie hinter dem Brennpunkt aufgefangen werden und dabei blau/türkis aufleuchten.

4. Das verschmähte Geschenk Ritters für Goethe

Juli 1801	Ritter experimentiert bei variablen Abständen mit Sonnenspektren und macht eine Entdeckung zur Widerlegung Newtons
3.8.1801	Ritter: »Vereinigung in optischer Hinsicht mit Goethe«
27.8.1801	Ritter: »Newton wahrhaft widerlegt«
30.8.1801	Goethes Rückkehr von einer mehrwöchigen Reise
18.9.1801	Mutmaßlicher Streit zwischen Ritter und Goethe über Ritters neueste Experimente
18.9.1801	Ørsted stellt sich bei Ritter vor
Ab Ende September 1801	Goethe reduziert seine Arbeit an der *Farbenlehre* drastisch

4.1. Ritter stürzt Newton (Sommer 1801)

Wo stehen wir?

§ 4.1.1. Mit meiner wissenschaftshistorischen Darstellung bin ich zuletzt bei folgendem Stand der Dinge angekommen: In seiner Reaktion auf Herschels Experimente vermannigfachte Ritter die Versuchsbedingungen, um sich von den einseitigen Beschränkungen spezieller Fälle zu befreien – nicht anders, als es Goethe in seiner Reaktion auf Newtons Experimente getan hatte. Und genau wie Goethe tat er dies nicht ziellos oder planlos, sondern indem er hartnäckig nach Polaritäten in den Phänomenen suchte.

Die Natur schien ihm bei dieser Suche entgegenzukommen. Goethe war es gelungen, experimentelle Gründe zugunsten einer spektralfarbigen Symmetrie zwischen den beiden sichtbaren Enden des Newtonspektrums aufzuweisen (die er auf den Gegensatz zwischen dem kaltfarbigen und dem warmfarbigen Kantenspektrum zurückführte); Ritter entdeckte offenbar eine zusätzliche photochemische Symmetrie zwischen den beiden Extrempolen der sichtbaren Spektren, und zwar noch über diese beiden Pole hinaus, und diese Entdeckung ist ihm just in dem Augenblick gelungen, in dem er sich auf Goethes umfassende Suche nach Polaritäten eingelassen hatte.

Abgesehen davon hat Goethes optische Arbeit stark beeinflusst, wie Ritter seine wichtigste Entdeckung präsentierte. Was Ritter darüber im Frühling 1801 vor der Jenaer Naturforschenden Gesellschaft vortrug und was er später in den »Resultaten« für Goethe zusammenstellte, verträgt sich in großen Teilen mit dessen Lehre von den Spektralfarben und dem Licht. Wie dargelegt fehlte bis zur weitestgehenden Übereinstimmung zwischen meinen beiden Protagonisten nur noch ein wesentliches Element: Anders als Goethe hatte Ritter der Finsternis bislang kein eigenes Mitspracherecht bei der Erzeugung der Spektralfarben zuerkannt.

Neuigkeiten gegen Newton

§ 4.1.2. Im Sommer 1801 wurde Ritter zum erklärten Gegner der newtonischen Theorie vom Licht und den Farben. Damit ging er noch weiter auf Goethe zu als zuvor. Er selbst sah den Neuigkeitswert dieses Schritts und berichtete am 3. 8. 1801 folgendes:

> »Das gute Wetter dieser Tage hat mir einige Freude gegeben. Ich habe schöne Dinge im Licht wieder entdeckt, u. binnen Jahr u. Tag kommt es wohl zu einem optischen Prachtwerk mit illustrirten Kupfern. Ich will aber

zuvor wider etwas näher zur Sprache bringen: *eine Vereinigung in optischer Hinsicht mit Goethe. Newton ist nun wahrhaft gestürzt. Goethe's Behauptung ist richtig,* aber ihm liegts nicht, wie er sie beweißt, doch ist er der, der dies am ersten finden [d. h. herausfinden] wird. Ich warte mit Ungeduld, daß er kommt, u. hoffe, es wird sich etwas schönes ergeben« (Ritter, Brief an Frommann vom 3. 8. 1801).[1]

Den genauen Wortlaut im Anschluss an die hervorgehobene Briefpassage konnten auch Handschriften-Experten nicht völlig befriedigend entziffern (Abb. 4.1.2); aber das Hervorgehobene ist deutlich genug.

Ritter brannte darauf, seine guten Neuigkeiten an den Mann zu bringen, musste sich aber recht lange gedulden. Goethe war in Göttingen und studierte auf der dortigen Bibliothek alte Folianten mit optischer Fachliteratur; laut seinem Tagebuch kehrte er erst am 30. 8. 1801 nach Weimar zurück.[2]

Drei Dinge aus der Briefpassage sollten uns aufhorchen lassen. *Erstens* haben weder Diskussionen mit Goethe noch die Lektüre seiner optischen Schriften dazu geführt, dass sich Ritter von Newton lossagte; theoretische Erwägungen gaben nicht den Ausschlag. Vielmehr hat sich Ritter aufgrund experimenteller Befunde ganz und gar auf Goethes Seite geschlagen. Welche Experimente das waren, sagte Ritter in dem Brief mit keinem Wort. Wir sind auf Rückschlüsse aus seinen späteren Schriften angewiesen. Das wird eine mühselige Angelegenheit werden; Ritter hat es in dieser Angelegenheit fast konsequent vermieden, Goethes oder Newtons Namen öffentlich zu erwähnen. Um die fraglichen Experimente dingfest zu machen, müssen wir also ungefähr wissen, wonach wir suchen. Ich werde mich in den kommenden Kapiteln Schritt für Schritt an eine plausible Lösung des Rätsels herantasten.

Zweitens hielt Ritter seine eigenen Befunde für schlagender als die Experimente Goethes. Denen sprach er implizit die Beweiskraft ab – oder aber er sprach Goethe Talent und Motivation ab, selber schlagkräftige Experimente zu ersinnen und auszuwerten. Hier noch einmal die entscheidende Stelle im Wortlaut:

> »Goethe's Behauptung ist richtig, aber ihm liegts nicht, wie er sie beweißt, doch ist er der, der dies am ersten finden [d. h. herausfinden] wird« (Ritter, Brief an Frommann vom 3. 8. 1801).[3]

1 Richter (ed) [PRJW]:112; Hervorhebung geändert.
2 Goethe, Tagebuch zum 30. 8. 1801 (siehe Goethe [WA]/III.3:33).
3 Richter (ed) [PRJW]:112; Hervorhebung weggelassen.

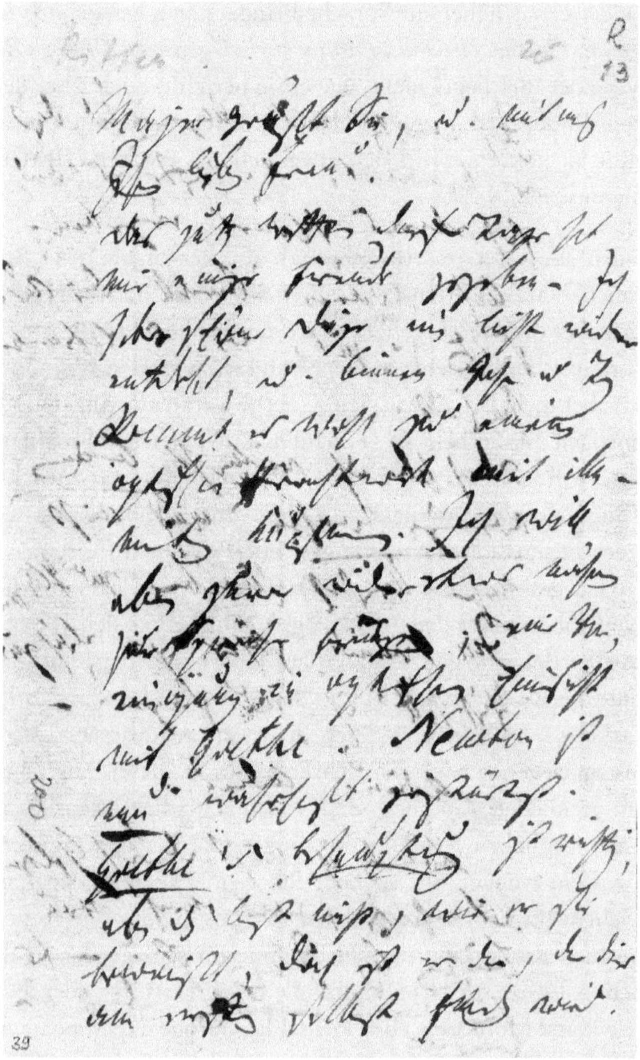

Abb. 4.1.2: Ritters antinewtonischer Jubelruf vom Anfang August 1801. Das im Haupttext wiedergebene Zitat beginnt hier in der dritten Zeile mit dem Hinweis auf das gute Wetter. In den drei Zeilen vor den allerletzten drei Zeilen steht ohne Zweifel: »Newton ist nun wahrhaft gestürzt. Goethe's Behauptung ist richtig«. Doch was Ritter direkt danach zu Papier brachte, ergibt wenig Sinn. Steht in der drittletzten Zeile wirklich: »aber ihm liegts nicht, wie er sie beweißt«? Wer sich als *citizen scientist* betätigen und eine neue Lesart vorschlagen möchte, wird gebeten, den Autor unter muelleol@staff.hu-berlin.de zu kontaktieren. [Auszug aus Ritter, Brief an Frommann vom 3.8.1801, GSA 21_42, Blatt 200].

Der Brief ist hier nicht eindeutig; im heutigen Sprachgebrauch deutet die Wendung »ihm liegts nicht« auf mangelndes Talent hin, verbunden mit mangelnder Begeisterung für die Sache – man kann die Wendung aber auch anders verstehen, im Sinne von: »ihm gelingt's nicht« oder »ihm will's nicht gelingen«.

Wie dem auch sei, Ritter sprach Goethe im zitierten Brief nicht rundheraus jede wissenschaftliche Qualifikation ab, die Streitfrage korrekt zu beurteilen. Im Gegenteil, er wartete, *drittens*, voller Ungeduld auf das nächste Treffen mit Goethe. Er gab sich sicher, dass Goethe als erster den entscheidenden Schlag Ritters gegen Newton kennenlernen und gutheißen würde.

Auch hier ist der Brief freilich mehrdeutig; Ritter könnte ebensogut gemeint haben, Goethe werde als erster erkennen, dass die eigenen Experimente nicht gegen Newton ausreichen. Diese Interpretation nähert sich an ihre Vorgängerin an, wenn wir fragen: Wodurch hätte Goethe laut Ritter die argumentative Schwäche der eigenen Experimente erkennen sollen? Wohl nicht durch Nachdenken allein, sondern durch Vergleich mit den schlagenden neuen Experimenten Ritters. Wie wir es auch drehen und wenden – Ritter rechnete damit, dass Goethe die Bedeutung der neuen Experimente erkennen würde, ja sogar müsse.

Ritters Hinweis auf das gute Wetter war übrigens keine Plauderei. Präzise prismatische Experimente konnten seinerzeit nur mit Sonnenlicht durchgeführt werden, und wer eine sorgsam geplante Serie beobachten wollte, brauchte lange Zeit hindurch Kaiserwetter. In der Tat bot der Juli 1801 herrliches Wetter.

Vertiefungsmöglichkeit. Was genau könnte Ritter mit »Goethe's Behauptung« gemeint haben, die sich als richtig erwiesen haben soll? Dass die Behauptung mit Optik zu tun hatte und sich gegen den Newtonianismus in der Optik wendete, steht ausdrücklich in der zitierten Briefpassage. Doch Ritter dürfte mehr im Blick gehabt haben als bloß die Behauptung Goethes, dass Newton falsch lag; es ging sicher auch um die positive Lehre Goethes – so, wie sie Ritter zu diesem Zeitpunkt verstanden hat. Meiner Interpretation zufolge und im Einklang mit der bis hierher dargestellten Geschichte hatte Ritter schon seit längerem die These Goethes im Blick, dass sich nicht nur magnetische, elektrische, galvanische und chemische Phänomene durch Polaritäten strukturieren lassen, sondern auch optische – und dass alle diese Polaritäten eng zusammenhängen. Offenbar meinte Ritter, inzwischen experimentell nahe genug insbesondere an Goethes polaristische Optik herangekommen zu sein. Diese Interpretation passt zu einer Notiz, die Ritter am 6.8.1801 in sein Arbeitsjournal eintrug, während er auf Goethes Rückkehr aus Göttingen wartete. Und zwar trat er dort ohne ausdrücklichen Bezug zu Goethe einen Schritt zurück, um in allen genannten Phänomenbereichen die Neutralisierung der Pole und ihr Auseinandertreten zu parallelisieren (das er auch als Zerlegung bezeichnete); insbesondere parallelisierte er die Verhältnisse im Licht und in der Chemie.[4] Insofern er hiermit seine photochemische Forschung ansprach, dürfte dies einen Hinweis darauf bieten, mithilfe welcher Beweisart er Goethe beispringen wollte.

Auf der folgenden Seite stellte er die Phänomenbereiche auf einer hochspekulativen Steigerungsskala zusammen, mit deren Hilfe er die bevorstehende Forschungsarbeit plante; er schloss mit den Worten:

> »Grund genug um fleißig zu seyn« (Ritter, Arbeitsjournal unter dem 6. 8. 1801).[5]

Es liegt nahe zu vermuten, dass er hoffte, die weitere Arbeit mit Goethe gemeinsam durchzuführen.

Wochen später

§ 4.1.3. Hat sich Ritter im Eifer der Begeisterung zu unüberlegten Schnellschüssen hinreißen lassen, als er den antinewtonianischen Brief an Frommann nach Jena sandte? Dagegen spricht u. a. mein nächstes Beweisstück.[6] Mehr als drei Wochen später traf bei Frommann ein Brief ein, in dem sich Ritter noch weiter aus dem Fenster lehnte:

> »Unzählige optische Versuche. Durch sie ist Newton wahrhaft widerlegt *so Goethe's Beweisart das ähnlich*; seine Meinung ist bestätigt [...] Denken Sie, daß alles durch Erfahrung geschah. Daß ich die Erfahrung gerettet habe gegen allerhand was *man* ihr anthat; u. gerade zu einer Zeit ihr Freunde erwarb, wo schöne Speculationen leichter u. annehmlicher wurden« (Ritter, Brief an Frommann mit Eingangsdatum vom 27. 8. 1801).[7]

Auch in diesem Brief stecken einige Mehrdeutigkeiten, die ich hervorgehoben habe und in den kommenden Paragraphen erörtern will. Doch über eine

4 Ritter, Arbeitsjournal unter dem 6. 8. 1801 (siehe Ritter [VD]:137); vergl. Ritter, Arbeitsjournal unter dem 16. 8. 1801 (siehe Ritter [VD]:155). – Interessanterweise nannte er in derselben Reihe auch das Physische, das er durch Anziehung und Abstoßung charakterisierte; hierunter subsumierte er zusätzlich die Farben des Lichts, die sich demzufolge auch durch Anziehung und Abstoßung charakterisieren lassen müssten. Nicht viel später bezeichnete er Magnetismus, Elektrizität sowie Licht als ein und dieselbe Kraft, die Polarität zeigen kann (Ritter, Arbeitsjournal unter dem 16. 8. 1801 (siehe Ritter [VD]:154); vergl. Ritter, Arbeitsjournal unter dem 18. 9. 1801 (siehe Ritter [VD]:169-171)).

5 Ritter [VD]:138. Weitere Spekulationen zur Polarität des Lichts und der Farben notierte er vermutlich noch am selben Tag (Ritter, Arbeitsjournal unter dem 8. 8. 1801 (siehe Ritter [VD]:140)).

6 Dass Ritter noch lange später auf seine neuen optischen Entdeckungen stolz war, ergibt sich auch aus weiteren Belegen (z. B. Ritter, Brief an Herzog Ernst von Gotha vom 14. 6. 1802 (siehe Beck [EZHz]:364)).

7 Richter (ed) [PRJW]:116; Hervorhebung geändert.

Tatsache lässt der Brief nicht den geringsten Zweifel: Ritters Abkehr von Newtons Theorie und seine vollständige Hinwendung zu Goethes Gegenmeinung kann keine Grille des Augenblicks gewesen sein. Ritter hat seinen Schritt im Lichte unzähliger Experimente getan. Damit wird er nicht die erfolgreiche Replikation eines einzigen entscheidenden Experiments gemeint haben; er wird viele verschiedene Experimente gemeint haben – vermutlich eine zusammenhängende Serie von Experimenten. Welche Experimente das gewesen sein mögen, werde ich bald zu klären versuchen.

Vertiefungsmöglichkeit. Der oben hervorgehobene Bezug zu Goethe hat in der Literatur bislang nicht die Aufmerksamkeit gefunden, die er verdient. So lässt Klaus Stein ihn in seinem Zitat des Briefs an Frommann weg.[8] Und obwohl der zuletzt zitierte Brief so wie sein Vorläufer vom 3. 8. 1801 eine kleine Sensation darstellt, spart Rehm beide Briefe in ihrer Sammlung von Ritter-Briefen an Frommann aus.[9] Auffälligerweise nennt Rehm nur Seebeck als Unterstützer der Licht- und Farbenthesen Goethes und verzichtet – in einer *Ritter*-Edition – auf dieselbe Aussage über Ritter.[10] Bedauerlicherweise sind die beiden Briefe nicht einmal in die Leopoldina-Ausgabe aufgenommen worden. Als der einschlägige Textmit dem Kommentarband erarbeitet wurde (Goethe [LA]/I.3, Goethe [LA]/II.3), waren sie noch nicht publiziert und wohl weitgehend unbekannt. Nun waren andere Mitarbeiter der Ausgabe unzufrieden mit den beiden Bänden, deren Anlage nicht gut zur Konzeption späterer Bände passen wollte.[11] Daher sind einige Themen der zwei Bände in neuen Bänden wieder aufgegriffen worden. Nach welchen Kriterien diese Entscheidungen getroffen worden sind, ist für Außenstehende schwer nachzuvollziehen. Jedenfalls ist es zu bedauern, dass die zwei Ritter-Briefe nicht nachträglich berücksichtigt und noch nicht einmal erwähnt worden sind – was sicher mit der hochkomplizierten, langwierigen Entstehungsgeschichte dieser großen Ausgabe zu tun hat, die sonst so gut wie alles enthält, was auch nur den Anschein von Relevanz bietet.[12]

Ungrammatisch

§ 4.1.4. Wieviel Kritik an Goethe formulierte Ritter im zuletzt zitierten Brief? Da Ritters Formulierungen etwas verstolpert wirken, lässt sich das nicht eindeutig beantworten. Nehmen wir an, dass die ungrammatische Wendung:

> »Durch sie [die neuen Experimente] ist Newton wahrhaft widerlegt *so Goethe's Beweisart das ähnlich*«,

8 Stein [NF]:178.

9 Zu den Prinzipien ihrer Auswahl siehe Rehm (ed) [UBJW]/b:47.

10 Rehm (ed) [JWRU]:237n125; ähnlich Kuhn et al in Goethe [LA]/II.6:564.

11 Siehe z. B. Kuhn [EiGA]:XV bzw. XXI mit Blick auf Goethe [LA]/I.3, Goethe [LA]/II.3.

12 Zu den langwierigen Schwierigkeiten bei der Erarbeitung der Ausgabe siehe Kuhn [EiGA].

nicht auf Abschreibfehler zurückgeht. Dann könnte man sie als Kritik an Goethe verstehen – nicht nur Newton wäre demzufolge widerlegt, sondern auch Goethes Beweisart (und zwar auf ähnliche Weise wie Newtons). Oder die stenographisch knappe Wendung bedeutet fast das Gegenteil: Ähnlich wie die neuen Experimente Newton widerlegen, so ähnlich tat das auch Goethes Beweisart.

Gerade weil die Wendung grammatisch keinen Sinn ergibt, müssen wir sie an irgendeiner Stelle zurechtbiegen. Welche der beiden Interpretationen überzeugt stärker? Vermutlich diejenige, mit der ich angefangen habe und der zufolge Goethe in Ritters Augen schlechter wegkam. Denn gegen die optimistischere Interpretation spricht zweierlei. Erstens tut sie dem Wortlaut des Briefs stärkere Gewalt an als ihre Vorgängerin. Und zweitens passt sie weniger als diese zur parallelen Passage aus dem vorigen Brief; dort hatte sich Ritter eindeutig gegen Goethes Beweise ausgesprochen, bei aller Zustimmung zu dessen inhaltlicher Position (»Meinung« im neuen Brief, »Behauptung« im früheren Brief).

Vertiefungsmöglichkeit. Man könnte das letzte Zitat etwas optimistischer deuten. Vielleicht hat sich Ritter mit dem Ausdruck »Goethe's Beweisart« darauf bezogen, dass Goethe die Entfaltung der Spektren systematisch in ihrer Abhängigkeit vom Abstand zwischen Prisma und Schirm untersuchte; unter dieser Deutung hätte Ritter diejenige »Beweisart« benannt, der er nach eigener Aussage bereits im Jahr 1801 selber gefolgt ist.[13] – Ritter hatte in dem Brief anstelle des Worts »Beweisart« ursprünglich das dann durchgestrichene Wort »Versuche« geschrieben.[14] Soweit ich sehe, blieben die diskutierten Interpretationsprobleme bestehen, wenn Ritter die Korrektur nicht vorgenommen hätte.

Wer sind die Bösen?

§ 4.1.5. Noch aus einer anderen Stelle des neuesten Briefs kann man entweder heftige Kritik an Goethe herauslesen – oder kein Stück davon. D. h. entweder zeigte Ritter mit dem vagen Wort »man« auf Goethe, als er schrieb:

> »Denken Sie, daß alles durch Erfahrung geschah. Daß ich die Erfahrung gerettet habe gegen allerhand was *man* ihr anthat; u. gerade zu einer Zeit ihr Freunde erwarb, wo schöne Speculationen leichter u. annehmlicher wurden« (Ritter, Brief an Frommann mit Eingangsdatum vom 27. 8. 1801).[15]

13 Ritter [BzHN]:83/4 (§ 1); Ritter [VüS]/A:411 – für die Wortlaute siehe § 3.4.2; § 4.4.3.

14 Richter (ed) [PRJW]:116n2.

15 Richter (ed) [PRJW]:116; Hervorhebung geändert.

Oder aber er meinte irgendwelche dubiosen Freunde der naturphilosophischen Spekulation, während er Goethe als wiedergewonnenen Freund der Erfahrung lobte.

Hier spreche ich mich für die Deutung aus, der zufolge Goethe in Ritters Augen besser wegkam. Es kann ihm kaum entgangen sein, welchen großen Wert Goethe der experimentellen Erfahrung in der wissenschaftlichen Arbeit beilegte. Goethe musste sich in jenen Jahren zwischen zwei widerstreitenden Fraktionen Jenenser Ja-Sager entscheiden:

> »Ich stehe gegenwärtig in eben dem Fall mit den Naturphilosophen, die von oben herunter, und mit den Naturforschern, die von unten hinauf leiten wollen. Ich wenigstens finde mein Heil nur in der Anschauung, die in der Mitte steht« (Goethe, Brief an Schiller vom 30. 6. 1798).[16]

Nach eigener Aussage aus dem Jahr 1800 sah Ritter seine eigene Lage nicht viel anders.[17] Auf der einen Seite standen die spekulierenden Naturphilosophen, allen voran Schelling, dem Empirie und Experiment weniger wichtig waren; der Naturphilosoph hat zwar eine Reihe damals aktueller experimenteller Ergebnisse in sein System hineingezwungen, aber nicht ohne Gewalt.[18] Und konsequent verzichtete er darauf, selber zu experimentieren.[19] In dieser Hinsicht ist er Goethe fremd geblieben, der zunächst versucht hatte, den Philosophen zu empirischen Naturstudien anzuleiten, sich dann aber eingestehen musste, dass dieses Unterfangen erfolglos geblieben war.[20]

Auf der anderen Seite standen die sog. romantischen Naturwissenschaftler – sie fremdelten zwar mit einigen naturwissenschaftlichen Methoden, die damals gerade aufkamen und uns selbstverständlich geworden sind, etwa mit Blick auf die Mathematisierung der gesamten Naturwissenschaft. Dennoch zeigten sie sich in ihrer Arbeit voller Respekt vor den harten Tatsachen der

16 Goethe [WA]/IV.13:198.

17 Ritter [DNUü]:iii-v.

18 Wie bereits erwähnt reagierte er zum Beispiel im Jahr 1801 auf Herschels spektrale Temperaturmessungen (Schelling [DMSP]/S:178/9 (§ 106)). In der Tat sind ihm Empirie und Experiment zeitlebens nicht vollständig gleichgültig gewesen – was sich anhand der *Weltseele* aus dem Jahr 1798 (Schelling [vW]/A) genauso belegen lässt wie anhand seines späten Vortrags über Faradays Entdeckungen, den er gegen Ende seines Lebens gehalten hat (Schelling [uFNE]/S).

19 So jedenfalls Nielsen [AKoL]:131.

20 Goethe, Brief an C. G. Voigt vom 21. 6. 1798 (siehe Goethe [WA]/IV.13:188-190); Goethe, Brief an Schiller vom 22. 12. 1798 (siehe Goethe [WA]/IV.13:353).

Erfahrung. Sie applaudierten Goethes Feldzug gegen Newton; nicht weil sie apriori wussten, wer recht hat – sondern weil sie Goethes Position empirisch stärker fanden.[21]

Novalis und Achim Arnim gehörten in diesen Kreis; beide waren nicht nur begnadete Dichter, sondern auch versierte Naturwissenschaftler, die sich durch ihre Forschung einen Namen zu machen wussten.[22] Ein heute weniger bekanntes Mitglied der romantischen Naturwissenschaft war z. B. der Arzt, Bergbauingenieur und Philosoph Franz Baader, der sich später mit Ritter anfreunden sollte.[23]

Ihr Klassenprimus war Ritter selbst. Er ging deutlich auf Distanz zur Naturphilosophie.[24] Spekulation stand für ihn am Anfang der naturwissenschaftlichen Arbeit; sie diente ihm dazu, Hypothesen zu bilden, die sich an der Empirie bewähren mussten.[25] Das war etwas anderes als die freie Improvisation der Phantasie eines Schelling, die Ritter als geradezu krankhaft ablehnte.[26] Goethe schwankte zwischen beiden Fraktionen hin und her; wie das vorige Zitat zeigt, suchte er nach einem Mittelweg. Doch immer wenn es hart auf hart kam, entschied er sich in der eigenen Arbeit gegen die philosophische Spekulation. Ritter hat das gewusst – und gefördert.[27] Gerade weil dem so ist, möchte ich als nächstes (im kommenden Kapitel) untersuchen, wie Goethe auf Ritters antinewtonianische Experimente reagiert hat; überraschenderweise wartete er mit einer negativen Reaktion auf.

* * *

Romantische Physik?

§ 4.1.6. Ob man Forscher wie Ritter, Arnim, Novalis oder Ørsted guten Gewissens mit dem Etikett der romantischen Naturwissenschaft charakterisieren

21 Siehe dazu z. B. Schiff [RNRS]:296.

22 Für die naturwissenschaftlichen Schriften von Novalis siehe Novalis [S]/3; siehe auch Uerlings (ed) [NW] sowie Olshausen [FvHB]. Die vielen naturwissenschaftlichen Texte, die Arnim verfasst hat, liegen inzwischen mit ausführlichem Kommentar vor (Arnim [WB]/2.1, Arnim [WB]/2.2; Arnim [WB]/3.1, Arnim [WB]/3.2.1, Arnim [WB]/3.2.2).

23 Siehe z. B. die Dissertation Baaders aus dem Jahr 1786 (Baader [vWSV]). Zu Baader und seinem Austausch mit Ritter und Schelling siehe Poppe [MKSS]:180-184 *et passim*.

24 Siehe das Eingangszitat im gegenwärtigen Paragraphen.

25 Siehe Gamper [E]:163, 197 sowie Link in Klinckowstroem [JWRW]:72.

26 Ritter [FaNJ]/2:§ 487 (1802).

27 Details in Kapitel 5.4.

darf, ist unter Wissenschaftshistorikern umstritten.[28] Carl Klinckowstroem, der sich auf den Chemiker Wilhelm Ostwald beruft, nennt Ritter einen Romantiker reinsten Gepräges.[29] Friedrich Leyen und Walter Dominic Wetzels reden sogar von *dem* Physiker der Romantik.[30] Jürgen Teichmann bezeichnet Ritter als einen romantischen Physiker, Jean-Paul Guiot nennt ihn einen romantischen Naturphilosophen, Klaus Richter schließlich tituliert ihn als Physiker des Romantikerkreises.[31]

Im Gegensatz hierzu schlägt Ursula Klein vor, nicht nur Ritter, sondern auch die sonst als romantische Forscher charakterisierten Personen besser als Anhänger einer dynamischen Naturwissenschaft zu bezeichnen, die sich (im Gefolge Kants) vom ringsum vorherrschenden Paradigma einer atomistischen Naturwissenschaft freizumachen trachteten und nicht die Materie, sondern Kräfte als Grundlage der physikalischen Wirklichkeit annahmen.[32] Wie Andreas Kleinert mit Recht ausführt, muss dieser Gegensatz nicht mit der damaligen Grenze zwischen orthodox und unorthodox betriebener Physik zusammenfallen; er verzichtet ebenfalls auf das Etikett von der romantischen Naturforschung und redet stattdessen von einer Forschung unter naturphilosophischem Einfluss.[33] Demgegenüber schreibt Dietrich Engelhardt von romanti-

28 Mehr zu dieser Bewegung und ihrem Widerspruch gegen den damaligen Szientismus bei Schulz [GEfR]. Mehr zu Goethes kompliziertem Verhältnis zur Romantik i. A. bei Fröschle [GVzR] und Schrimpf [ÜGBv]. Mehr zu Goethe im Spannungsfeld romantischer Naturwissenschaft und idealistischer Naturphilosophie bei Engelhardt [QZzW].

29 Klinckowstroem (ed) [DBvJ]:122.

30 Leyen in Ritter [FaNJ]/A:12; Wetzels [JWR]:15.

31 Teichmann [JWR]:331 *et passim*; Guiot [zEUS]:346/7 (ähnlich – wenn auch mit dem Attribut »romantisch« in distanzierenden Anführungszeichen – Guiot (ed) [SUBv]:218); Richter [PJWR]. Nicht viel anders äußert sich Woyke [JWR]:54. Zum Streit darüber, ob Ritter der romantischen Naturforschung zuzurechnen ist, siehe auch Klengel [üGDT]:61-63 *et passim*, der Ausdrücke wie »romantische Naturphilosophie und Naturforschung« ohne größere Bedenken nutzt (Klengel [üGDT]:11 *et passim*).

32 Ursula Klein, persönliche Mitteilung. Zum Unterschied zwischen Dynamismus und Atomismus siehe Hermann [DA]:311/2 *et passim* sowie Wenzel (ed) [GHS]/2:307. Durchaus in diesem Sinne nutzte Ritter einen Gegensatz zwischen »atomistisch« und »dynamisch« (Ritter [HbG]:81; Ritter, Brief an Ørsted vom 1. 5. 1804 (siehe Harding (ed) [CdHC]/II:65)). Ähnlich Goethe [EF]:§ 746.

33 Kleinert [VGCo]:30 *et passim*.

schen Naturforschern, nicht ohne zu betonen, dass dies »keine Bezeichnung aus der Zeit um 1800 selbst« sei.[34]

Wie ich meine, eignet sich das umstrittene Etikett durchaus für die Zwecke einer lockeren Charakterisierung – jedenfalls dann, wenn man im Auge behält, dass die so charakterisierten Personen bei aller Konvergenz keine einheitliche Bewegung bildeten und dass sich der romantische Stil von Dichtern, Malern und Tonsetzern nicht ohne weiteres auf Naturwissenschaftler übertragen lässt (so wie es mehr als verzwickt, aber nicht aussichtslos wäre, romantische Dichtung mit romantischer Musik oder Malerei unter einen Hut zu bringen). In der Tat, bei geeigneter Korngröße sowie hinreichendem Respekt vor den Unterschieden ist und bleibt das Adjektiv »romantisch« das treffendste Attribut dessen, worum es Ritter samt seinen Geistesverwandten zu tun war. Immer noch unübertroffen argumentiert in diese Richtung Wetzels, indem er mit viel Gespür die innigen Beziehungen zwischen romantischer Dichtung und Ritters Naturwissenschaft herausarbeitet.[35]

Es ist übrigens nicht richtig, dass nur Künstler, nicht aber Naturwissenschaftler der damaligen Zeit das Wort zur Selbstbeschreibung genutzt hätten. Ritter schrieb in seinem zweiten Brief an den Freund Ørsted:

> »Sie glauben nicht, wie mich verlangt, Sie wieder zu sehen. Unser Zusammenseyn in O W [Oberweimar] kommt mir täglich romantischer, seltener, des Andenkens werther, vor« (Ritter, Brief an Ørsted vom 9.12.1801).[36]

Weder beschrieb Ritter mit dem Ausdruck »romantisch« irgendwelche emotional-erotischen Verwicklungen (wie heutige Leser denken könnten), noch gemeinsames Malen, Dichten oder Musizieren – sondern eine intensive Form geistigen Zusammenseins, die auf gemeinsamem wissenschaftlichen Tun und auf Geistesverwandtschaft fußte.

Selbst wenn wir also den Begriff einer romantischen Physik gelten lassen, sollten wir ihn bei der Charakterisierung Goethes vermeiden – und zwar nicht deshalb, weil er kein Physiker gewesen wäre (das war er), sondern weil er in

34 Engelhardt [QZzW]:32 *et passim*. Er nennt zahllose Persönlichkeiten aus dieser Bewegung und verweist auf Berge von Sekundärliteratur (insbes. in Engelhardt [QZzW]:34-37, 49n8). Siehe auch Cunningham et al (eds) [RS] sowie Frercks et al [RD]:145n8 mit weiteren Verweisen auf die Literatur.

35 Wetzels [JWR]:1, 9, 15 *et passim*.

36 Harding (ed) [CdHC]/II:8; eckig eingeklammerter Zusatz des Herausgebers in dessen Ausgabe als Fußnote.

seiner physikalischen Arbeit weder romantisch noch spekulativ genug vorgegangen ist; er war bodenständiger. So wie Goethe stand später Seebeck vor der Wahl zwischen spekulierender Naturphilosophie und bloßer Naturbetrachtung; er schlug den Mittelweg ein, den Goethe ihm gebahnt hatte.[37]

4.2. Zwistigkeiten (September 1801)

Zwischenfazit

§ 4.2.1. Bis hierher konnten Sie mitverfolgen, wie sich Goethe und Ritter mit wachsender Geschwindigkeit aufeinander zubewegt haben. Während der ersten bezeugten Treffen im Frühherbst 1800 bewunderte Goethe den jungen Ritter zunächst als talentierten Experten für Galvanismus, von dem er einiges lernen konnte. Ritter wiederum nahm Goethe ernst genug, um ihm die neuesten Ergebnisse seiner Forschung frisch aus dem galvanischen Labor mitzuteilen und später eigens für ihn unter den Vorzeichen der Polarität schematisch zusammenzustellen. Spektralfarben hatten zu Beginn ihres Austausches im Jahr 1798 einen kurzen Auftritt (im *tête-à-tête* mit Säuren und Basen), gerieten danach aber für längere Zeit in den Hintergrund.

Das änderte sich schlagartig Anfang 1801, als Ritter erst über Polaritäten im Sonnenspektrum nachdachte, aufgrund dieser Gedanken kurz darauf die Wirkungen des UV-Lichts entdeckte und seine bahnbrechende Entdeckung sofort Goethe mitteilte. Auf der Stelle begannen die beiden mit gemeinsamen optischen Experimenten, und diesmal war es Ritter, der von Goethe einiges lernen konnte. Jedenfalls nahm er (gegen Frühlingsanfang 1801) in die Präsentation seiner Entdeckung eine Reihe von Ideen auf, die von Goethe stammten.

Doch in diesen Frühlingsmonaten hatte sich Ritter im Streit zwischen Goethe und den Newtonianern noch nicht endgültig festgelegt; insbesondere scheint er die Finsternis nicht in den Blick bekommen zu haben, die Goethe wichtig gewesen ist und der Newton keine Gleichberechtigung hatte zugestehen wollen. Erst im Hochsommer 1801 schlug sich Ritter ganz auf Goethes Seite und wollte mit ihm gemeinsame Sache machen, indem er sich auf neue Versuchsergebnisse berief, die (wie er meinte) Newton vom Thron stürzen mussten. Diese Ergebnisse kamen unter Versuchsbedingungen zustande, in

37 Vergl. Nielsen [AKoL]:395/6.

denen Licht und Finsternis unauflöslich zusammenzuspielen schienen – was Wasser auf Goethes Mühlen hätte bringen können und müssen.

Flitterwochen aus Geldmangel abgebrochen?

§ 4.2.2. Die für Goethe vielversprechende Geschichte ist anders weitergegangen, als ihr bislang beschriebener Beginn erwarten lässt. Genau zu dem Zeitpunkt, an dem wir nun in meiner Darstellung angekommen sind, blieb die Kooperation mit Ritter stecken. Dokumentarisch belegt sind nur noch zwei, drei weitere persönliche Begegnungen Ritters mit Goethe. Eine dieser Begegnungen (die das Thema des augenblicklichen Kapitels bildet) scheint im September 1801 in Weimar stattgefunden zu haben; die anderen beiden mehr als zwei Jahre später in Jena, und zwar während gesellschaftlicher Anlässe, bei denen man keinen großen Freiraum für naturwissenschaftlichen Gedankenaustausch gefunden haben dürfte.[38]

Was war geschehen? Warum haben sich meine beiden Protagonisten nicht gemeinsam ans Werk gemacht, um ihre polaristische Weltsicht experimentell weiter auszuarbeiten und insbesondere den Angriff auf newtonische Sichtweisen der Optik durchzufechten? Darüber kann man nur spekulieren. Ich beginne mit einer unschönen Erklärungsart, die ich nicht lange weiterverfolgen mag und die sich wie folgt auf den Punkt bringen lässt: Ritter zog sich enttäuscht zurück, als er bemerkte, dass er weder für eine wissenschaftliche Festanstellung noch für Finanzspritzen auf Goethe zählen konnte.

Erklärungen dieser Art hinterlassen einen schalen Geschmack. Einerseits hört man nicht gerne von Geld und Karriere, wenn es um das Verhältnis zweier Genies geht; Inhalte sollen im Vordergrund stehen, keine sachfremden Äußerlichkeiten, so lautet jedenfalls unsere Wunschvorstellung (der freilich die Wirklichkeit nicht immer entsprechen muss).

Andererseits kranken solche Erklärungen an einem unheilbaren Mangel. Da Ritter seit längerer Zeit überschuldet war, muss sich ihr Verfechter am Modell des überlaufenden Fasses orientieren, wird aber kaum sagen können, warum das Fass ausgerechnet im September 1801 übergelaufen sein soll. Dafür findet sich in den Belegen nicht der geringste Anhaltspunkt; im Gegenteil,

38 Goethe, Tagebuch zum 7.11.1803, 16.12.1803 (siehe Goethe [WA]/III.3:86, 91); volles Zitat in § 5.1.2.

Ritters Geldsorgen klangen im Herbst 1801 weniger drängend als zum Beispiel im Frühling 1801.[39]

Damals hatte Ritter sich nicht einmal mehr nach Jena trauen dürfen und musste sich in Weimar vor seinen Gläubigern aus der Nachbarstadt verstecken.[40] Goethes und Steffanys Bemühungen hatten Ritters Schuldenprobleme nicht gelindert, bis offenbar aus Gotha eine größere Geldsumme eintraf, die ihm Luft verschaffte.[41] Zu diesem Zeitpunkt zeigte Ritter gegenüber Goethe keinen Groll; stattdessen überlegte er mit feinem Taktgefühl, ob sich Goethe und Steffany vielleicht desavouiert fühlen würden, weil er ihrer Hilfe nun doch nicht bedurfte.[42]

Mehr noch, erst nachdem Goethe für Ritters Lage wieder weniger entscheidend erschien, machte Ritter seine antinewtonischen Entdeckungen und wartete ungeduldig auf ein Treffen mit Goethe. Aus der zeitlichen Reihenfolge ergibt sich eindeutig, dass er seine wissenschaftliche Kooperation mit Goethe nicht aus Ärger über mangelnde äußere Unterstützung abgebrochen haben kann.

Ebensowenig sollten wir eine entsprechende Ursache auf Goethes Seite vermuten; wir haben keinen Anhaltspunkt dafür, dass er sich pikiert gezeigt hätte, als Ritters Hilferufe drängender geworden waren.[43] Suchen wir also besser nach Erklärungen, die mit wissenschaftlichen Fragen zu tun haben, nicht mit Äußerlichkeiten.

Vertiefungsmöglichkeit. Im September 1801 wurde in Jena durch den Tod Lorenz Johann Daniel Succows der Physiklehrstuhl frei, mit dem Goethe laut Gerhard Müller den ver-

39 Vergl. die dramatischen Formulierungen in Ritter, Briefe an Frommann vom 31. 3. 1801 und 14. 4. 1801 (siehe Richter (ed) [PRJW]:93/4, 96/7) sowie Ritter, Brief an Goethe vom 10. 4. 1801 (siehe Klinckowstroem [GR]:146)) sowie Ritter, Brief an A. Arnim vom 6. 5. 1801 (siehe Rehm (ed) [UBJW]/b:40) mit etwas entspannteren Aussagen in Ritter, Brief an Frommann mit Eingangsvermerk vom 1. 10. 1801 (siehe Richter (ed) [PRJW]:117/8). Freilich spitzte sich die Situation kurz darauf so stark zu, dass Ritter zu Galgenhumor greifen musste (Ritter, Brief an Frommann vom 2. 11. 1801 (siehe Richter (ed) [PRJW]:120)). Doch es bleibt dabei: Wenn sich Ritter im Oktober 1801 entspannt äußern konnte, dann dürften für den Abbruch der Beziehungen im Vormonat keine Geldsorgen den Ausschlag gegeben haben.

40 S. o. § 3.5.1.

41 Richter (ed) [PRJW]:102n1.

42 Ritter, Brief an Frommann vom 7. 5. 1801 (siehe Richter (ed) [PRJW]:102).

43 Für derartige negative Reaktionen Goethes gibt es auch laut Richter keine Belege in den überlieferten Schriftstücken (Richter [LPJW]:57). – Nach Ritters Tod freilich scheint Goethes abschließendes Urteil stärker ins Negative abgerutscht zu sein (§ 6.3.4).

schuldeten Ritter hätte betrauen können.[44] Der Lehrstuhl wurde stattdessen in einen für Kameralistik umgewandelt, also für Fragen der staatlichen Buchführung; das war ein Gebiet, das Succow ebenfalls bearbeitet hatte.[45] Ritter hätte sich dafür kaum geeignet, denn Geldangelegenheiten waren nicht seine Stärke. Auch unabhängig davon muss es fraglich erscheinen, ob sich der unpromovierte Ritter ernsthaft hätte Hoffnungen auf den Lehrstuhl machen können. Dass er noch Jahre später darum kämpfen musste, überhaupt Vorlesungen in Jena halten zu dürfen (§ 5.1.2), spricht gegen Müllers Vermutung.

Richter übertreibt

§ 4.2.3. Der Ritter-Biograph Richter nimmt an, dass sich Goethe und Ritter zerstritten hätten, weil sich ihre Forschungsmethoden von Anbeginn nicht miteinander vertrugen – hier der frei phantasierende Ästhet, da der empirische Forscher.[46]

Dieser Pessimismus dürfte übertrieben sein. Die beiden zogen während eines knappen Jahres überaus intensiv an einem Strang. Ein unversöhnlicher Gegensatz in Methodenfragen hätte sich in den reichlich überlieferten Dokumenten niederschlagen müssen; und ich habe bis zum Spätsommer 1801 so gut wie alle Dokumente über den naturwissenschaftlichen Austausch der beiden vorgeführt (Fortsetzung folgt). Wenn man bedenkt, wie intensiv Ritter und Goethe angesichts mehrerer experimenteller Serien zusammenzuarbeiten wussten und wie sie sich auch bei getrennter Arbeit gegenseitig antreiben konnten, steht fest: *Konträre* Ansichten zur Forschungsmethode wären ihnen früher aufgefallen; ich habe sogar eine Reihe von Belegen beigebracht, denen zufolge sie in ihrer Naturforschung recht ähnlich vorgegangen sind.

Wenn wir Richters Diagnose abmildern, wird sie plausibler. Demzufolge hätten die beiden voneinander Abstand genommen, weil ihre Methoden, Ziele und Ergebnisse nicht voll und ganz übereinstimmten. So jedenfalls stellte es Goethe gegen Ende seines Lebens aus der Rückschau hin; in den *Tag- und Jahresheften* für das Jahr 1801 schrieb er in seinem letzten Lebensjahrzehnt:

> »Doch fehlte es nicht an Ableitungen [d. h. Ablenkungen], besonders naturwissenschaftlichen, so wie in's Philosophische und Literarische. Ritter besuchte mich öfters, *und ob ich gleich in seine Behandlungsweise mich nicht ganz finden konnte,* so nahm ich doch gern von ihm auf, was er von Erfah-

44 Müller [vRzG]:456.
45 Müller [vRzG]:455-457.
46 Richter [LPJW]:76, volles Zitat in § 1.1.4.

rungen überlieferte und was er nach seinen Bestrebungen sich in's Ganze auszubilden getrieben war«.[47]

Den für meine optimistischen Zwecke einschlägigen Teil dieses Jahresrückblicks habe ich bereits vorhin zitiert und besprochen.[48] Damals habe ich den jetzt hervorgehobenen Ausschnitt weggelassen, aus dem sich kein völlig ungetrübtes Bild ergibt. Nichtsdestoweniger sollten wir diesen Ausschnitt nicht überbewerten; von einem Bruch ist darin nicht die Rede. Hat sich Goethe im Rückblick nicht mehr an einen handfesten Streit erinnern wollen? Das können wir nicht ausschließen; mit verschütteter Milch hielt er sich ungern auf.

Doch es ist kaum zu glauben, dass Goethe im Jahr 1801 die Bedeutung Ritters für seine optischen Ambitionen verkannt haben soll. Er hatte eine gute Nase für Talent und war geübt darin, die Genies unter den ihm begegnenden Talenten aus Physik und Philosophie an sich zu ziehen. Ritter war so ein Genie; sein Angebot der Zusammenarbeit hätte Goethe nicht so ohne weiteres ausgeschlagen, nur weil er mit ihm in der Behandlungsweise nicht vollständig übereinstimmte. Goethe plädierte in naturwissenschaftlichen Dingen für einen toleranten Pluralismus; oft genug praktizierte er ihn auch. Zudem war Ritter wie dargelegt schon länger zur Annäherung an Goethe bereit, ja im Sommer 1801 wollte er sogar mit ihm gemeinsame Sache gegen Newton machen und baute auf Goethes Begeisterung für die Neuigkeiten.[49] Es bleibt erklärungsbedürftig, warum die beiden in dieser Sache nicht zueinander finden konnten.

Vertiefungsmöglichkeit. Was genau meinte Goethe im zitierten Jahresrückblick mit dem Wort »Behandlungsweise«? Gegen Ritters Empirie (»Erfahrungen«) richtete sich Goethe ausdrücklich nicht. Falls es einen Streit gegeben hat und falls sich Goethe hierauf mit seiner Aussage beziehen wollte, so war es (laut Goethe) kein Streit über Beobachtungen in irgendwelchen Experimenten. Worüber könnten sie sich gestritten haben? Vielleicht fand Goethe die Beweisansprüche Ritters übertrieben.[50]

* * *

Die Reihe der genialen Philosophen, mit denen Goethe enge Kontakte pflegte, umfasst neben Schelling auch Johann Gottlieb Fichte, Georg Friedrich Wilhelm Hegel sowie Arthur Schopenhauer und ist beeindruckender als die Reihe der genialen Physiker (in der eigentlich nur Ritter vorkommt). Dass Goethe junge und geniale Poeten, Maler und Kom-

47 Goethe [TJHa]/1:91/2; meine Hervorhebung.

48 S. o. § 3.5.6.

49 Ritter, Brief an Frommann vom 3. 8. 1801 (siehe Richter (ed) [PRJW]:112), für den Wortlaut s. o. § 4.1.2.

50 Mehr dazu in § 4.4.7.

ponisten wie Heinrich Heine, Caspar David Friedrich und Franz Schubert auf verstörende Weise abkanzelte, steht auf einem anderen Blatt. Seine Freundschaft mit Schiller bildet eine aufschlussreiche Ausnahme: Beide lernten sich im Anschluss an eine Versammlung der Jenaer Naturforschenden Gesellschaft kennen und schätzen; die Wurzel ihrer Freundschaft liegt in der philosophischen Auseinandersetzung über naturwissenschaftliche Angelegenheiten.[51] Wie man angesichts des reichen Briefwechsels vermuten kann, wuchs diese Wurzel schnell so weit in die Tiefe, dass die Freundschaft auch in literarischen Gebieten aufblühen konnte.[52]

Die Hypothese eines wissenschaftlichen Streits

§ 4.2.4. Wir suchen nach einer Erklärung dafür, warum der Gedankenaustausch (der sich insbesondere vom Herbst 1800 bis weit in den Sommer 1801 hinein so erfreulich für Goethe und Ritter entwickelt hatte) plötzlich steckengeblieben ist. Eine denkbare Erklärung dafür lässt sich wie folgt umreißen: Vielleicht musste es zum Eklat kommen, weil die gegenseitigen Erwartungen in den Himmel gewachsen waren. Der Lösungsschlüssel für unser Rätsel läge demzufolge nicht darin, dass Goethes und Ritters wissenschaftliche Temperamente von Anfang an unvereinbar waren, sondern darin, dass sich beide zu rasch und zu weit aufeinander eingelassen hatten – was auf Dauer nicht gutgehen konnte.

Ritters hochgeschraubte Hoffnungen vom August 1801 haben Sie im vergangenen Kapitel mitverfolgen können. Es ist so gut wie sicher, dass er die in seinen Augen hochwillkommenen neuesten Experimente unverzüglich vorführen wollte. Goethe könnte darüber recht bald nach seiner Rückkehr aus Göttingen im Bilde gewesen sein und wird sich mit ihm voller triumphierender Vorfreude verabredet haben; endlich schien die heißersehnte Unterstützung aus dem Lager der Physiker in Reichweite zu geraten. Und dann könnte es in irgendeiner wissenschaftlichen Frage zu einem Streit gekommen sein, durch den sich die überhitzte Begeisterung beider Seiten jäh abkühlte.

Vertiefungsmöglichkeit. Um Licht in die dunklen Ursachen der Entfremdung zwischen Goethe und Ritter zu werfen, könnte man eine Reihe weiterer Gesichtspunkte ins Spiel bringen, von denen ich nur einen einzigen exemplarisch skizzieren möchte. Herder hatte sich für die neuesten galvanistischen Experimente interessiert und sich darüber von Ritter berichten lassen,

51 Zum Beginn der Freundschaft siehe Goethe [GE]; vergl. dazu Golz [GE]:4-6. Zum Zweifel an der historischen Zuverlässigkeit des Berichts Goethes siehe Brüning [UG]:315-336 und Willems [DIIH]:8/9. Wichtige Originalzeugnisse zu der Freundschaft sind übersichtlich zusammengestellt in Schiller [KPF]:53-78.

52 Oellers et al (eds) [FS]/1.

der sie ihm möglicherweise auch vorgeführt hat.[53] Die beiden fanden Gefallen einander, und so ging Ritter genau während des Sommers 1801 in Herders Haus ein und aus.[54] Herder jedoch war mit Goethe zerstritten, nachdem er in aller Schärfe gegen seinen einstigen Lehrer Kant polemisiert hatte, was neben Goethe auch viele andere befremdlich fanden.[55] Wenn sich Ritter in diesem Streit auf die schwächere Seite Herders geschlagen haben sollte, dann könnte ihn dies gegen Goethe (und die mit ihm verbündeten Kantianer) aufgestachelt haben.[56] Diese Erklärung hat einen Haken: In den Belegen findet sich nicht der geringste Hinweis darauf. Zudem fällt es schwer zu glauben, dass sich Ritter in seinen naturwissenschaftlichen Zielen stark von solchen außerwissenschaftlichen Streitereien hätte beeinflussen lassen sollen; den Ausschlag können die Zwistigkeiten zwischen Goethe und Herder schwerlich gegeben haben. Nichtsdestoweniger lässt sich vermuten, dass sie einen aufgebrochenen Gegensatz verstärkt haben dürften. – Abgesehen davon begann Ritters Freundschaft mit Herder schon im Frühling 1801, also bevor Ritter mit Goethe gemeinsame Sache gegen Newton machen wollte.[57]

Ein berühmter Auftritt

§ 4.2.5. Es gibt in den Dokumenten ein einziges direktes Indiz für den Streit, nach dem wir suchen. Ritter erinnerte sich noch sieben Jahre später mit präzisem Datum an das Ereignis; der Streit hat sich offenbar fest in seine Erinnerung eingebrannt. Hier ein Auszug aus einem langen Brief Ritters an seinen Freund Ørsted:

> »Denn du musst wissen, dass nun endlich auch *Er* [Goethe] gesehen, dass es mit dem doppelten Farbenbilde, was, zu jeder Seite ein vollständiges, gleich nach dem Durchgang des Lichts durchs Prisma, schon da ist, u. worüber ich den berühmten Auftritt vom 18 Septembr. 1. hatte, seine volle Richtigkeit habe, selbst an seinem Wasserprisma hat ers nun klar gesehen« (Ritter, Brief an Ørsted vom 6. 8. 1808).[58]

Kein Zweifel, laut Ritter muss es am 18. 9. 1801 eine Auseinandersetzung gegeben haben, die für die weitere Entwicklung seines Verhältnisses zu Goethe

53 Herder [EaLJ]/3:108/9; K. Herder, Brief an Richter vom 20. 4. 1801 (siehe Richter [LPJW]:241).

54 Ritter [FAnJ]/1:XXXI-XXXIV. Vergl. Rehm (ed) [UBJW]/b:62.

55 Herder [MzKR]/1, Herder [MzKR]/2, Herder [K]. Vorländer hat ausführlich dargestellt, wie desaströs sich Herders Kant-Polemiken auf sein zunächst enges Verhältnis zu Goethe ausgewirkt haben (Vorländer [GVzK]/I:74-77, Vorländer [GVzK]/II:323, 338-341). Vergl. Wenzel [ISWd]:556n43.

56 Ähnlich Richter [LPJW]:77/8.

57 K. Herder, Brief an Richter vom 20. 4. 1801 (siehe Richter [LPJW]:241). Vergl. Ritter, Brief an Frommann vom 14. 4. 1801 (siehe Richter (ed) [PRJW]:97) mit Ritter, Brief an Frommann vom 3. 8. 1801 (siehe Richter (ed) [PRJW]:112), volles Zitat in § 4.1.2.

58 Harding (ed) [CdHC]/II:216; Hervorhebung im Original.

prägend werden sollte; sonst hätte er nicht von einem »berühmten Auftritt« geredet. Doch Ritters Formulierung klingt nicht so, als erinnere er sich an einen unauflöslichen Streit; sie klingt eher wie die Erinnerung an ein vermeidbares Missgeschick. Ritter traute Goethe zu, seinen Fehler in der Zwischenzeit eingesehen zu haben; zumindest den empirischen Tatsachen habe Goethe inzwischen ins Auge geblickt.

Wie realistisch war diese Einschätzung? Es wird einigen Aufwand kosten, das zu beanworten. Wir wissen zunächst fast nichts Eindeutiges über den Inhalt des Streits; im kommenden Kapitel werde ich die in meinen Augen plausibelste Hypothese dazu entwickeln. Und wie ich gegen Ende meiner Darstellung zeigen möchte, kam Goethe insgesamt in dem Brief, aus dem ich vorgreifend zitiert habe, keineswegs schlecht weg. Im Gegenteil, viele andere Stellen des Briefs bieten Anzeichen für eine neuerliche Annäherung meiner beiden Protagonisten.

Im verbleibenden Teil des augenblicklichen Kapitels müssen einige biographische Vorfragen geklärt werden. Wer sich nur für naturwissenschaftliche Inhalte interessiert, kann die Details überspringen und im kommenden Kapitel weiterlesen.

* * *

Spuren in Ritters Arbeitsjournal?

§ 4.2.6. Bevor ich versuche, dem Inhalt des Streits zwischen Ritter und Goethe auf die Spur zu kommen, will ich fragen: Wie zuverlässig kann sich Ritter sieben Jahre später an das Ereignis erinnert haben? Es wäre gut, wenn wir das Datum des 18. 9. 1801 durch weitere Belege für die Auseinandersetzung absichern könnten. Doch weder in Goethes noch in Ritters Briefen vom Spätsommer oder Frühherbst 1801 habe ich zusätzliche Aufschlüsse über den berühmten Auftritt gefunden.[59]

In Ritters Arbeitsjournal gibt es einen längeren Eintrag genau vom 18. 9. 1801, dem letzten Datum, das sich dort findet; hier spekulierte Ritter zunächst weit ausgreifend über Polaritäten von Raum und Zeit, um dann punktgenauer auf Details zu Analogien zwischen magnetischen, chemischen und elektrischen, ja sogar optischen Polaritäten zu sprechen zu kommen.[60] Im Verlauf dieser

59 Siehe Goethe [WA]/IV.15:253-269 sowie Ritters Briefe aus diesem Zeitraum, die Richter aufzählt (Richter [LPJW]:204/5).

60 Ritter, Arbeitsjournal unter dem 18. 9. 1801 (siehe Ritter [VD]:160-166). Zum ersten Thema siehe das fragmentarische Echo des zugehörigen Eintrags in Ritter

Diskussion findet sich zweimal eine kurze Übertragung des Durchdachten auf optische Phänomene – und beim ersten Mal sogar mit ausdrücklicher, wertneutraler, aber knapper Erwähnung der »Farbenränder in Göthes Versuchen«.[61] Und noch später am selben Tag notierte er im Arbeitsjournal:

> »Eine Menge großer Künstler u. Dichter neigten sich mit der Zeit u. den Jahren zur Physik. Winkelmann, Goethe p. ja man möchte untersuchen, ob nicht selbst Shakespeare. Die Erde selbst war zuerst Dichter u. Künstler, ehe sie Physiker wurde, u. das Individuum wiederholt nur den Lauf des Ganzen« (Ritter, Arbeitsjournal unter dem 18. 9. 1801).[62]

Dass er Goethe und den jungen Dichter Stephan August Winkelmann in einem Atemzug nannte, dürfte seiner Begeisterung für Winkelmann geschuldet gewesen sein; immerhin brachte Ritter versuchsweise auch noch William Shakespeare in dieselbe Reihe. Insgesamt ist das alles andere als ein Indiz für einen Streit mit Goethe. Und als Ritter diese Notiz kurz vor dem Tod sogar für die Veröffentlichung in den *Fragmenten aus dem Nachlasse eines jungen Physikers* aussuchte, kann er überhaupt keinen Groll mehr gegenüber Goethe gehegt zu haben.[63]

Wie auch immer, wenn es am Tag der Abfassung der Notiz einen verstörenden Streit gegeben haben soll, so muss es etwas später gewesen sein. Eine Begegnung mit Goethe ist an Ort und Stelle im Arbeitsjournal Ritters ausgespart; auch auf den wenigen noch erhaltenen (und nicht eigens datierten) folgenden Seiten des Arbeitsjournals findet sich kein Hinweis auf einen etwaigen Streit mit Goethe, und zwar auch nicht dort, wo er optische Fragen berührte.[64]

Keine Spuren in Goethes Tagebuch

§ 4.2.7. In Goethes Tagebuch steht kein Wort über einen Streit mit Ritter. Ausgerechnet der Tag des berühmten Auftritts war mit einem Pensum ausge-

[FaNJ]/1:§ 76 (1801); die restlichen Passagen hat Ritter nicht aus dem Arbeitsjournal in die *Fragmente aus dem Nachlasse eines jungen Physikers* übertragen.

61 Ritter, Arbeitsjournal unter dem 18. 9. 1801 (siehe Ritter [VD]:161/2).

62 Ritter [VD]:165; Hervorhebung weggelassen. Wie unten deutlich werden wird, wurde noch die folgende Seite des Arbeitsjournals am 18. 9. 1801 geschrieben (§ 4.2.9).

63 Ritter [FaNJ]/2:§ 625 (undatiert). Winkelmann war unterdessen gestorben; Shakespeares Namen ließ Ritter in der Veröffentlichung fort.

64 Ritter, Arbeitsjournal unter dem 18. 9. 1801 (siehe Ritter [VD]:169, 171, 173).

füllt, das kaum Zeit für eine – nicht verzeichnete – Kontroverse von einiger Dauer zu erlauben scheint:

> »18 [September 1801] Früh im Theater die Kunstausstellung arrangirt. Kam Hr. Prof. Gentz. Mittag. Fr. v. Eybenberg, Fräul. v. Goechhausen, Fr. Ober-Stallmeister v. Stein, Hr. Kriegsrath v. Stein. Gegen Abend kamen Serenissimus. Mondobservationen« (Goethe, Tagebuch zum 18. 9. 1801).[65]

Um unser Problem besser beurteilen zu können, sollten wir das Umfeld dieses Tagebucheintrags untersuchen. Einige Tage früher berichtete Goethe von regelmäßiger Arbeit an der *Farbenlehre* – aber jedesmal, ohne Ritter zu erwähnen. Goethe war hochmotiviert aus Göttingen zurückgekommen, wo er die Geschichte der Farbwissenschaft studiert und sich Klarheit über die Architektur der geplanten *Farbenlehre* verschafft hatte.[66] Hier die letzten beiden farbbezogenen Einträge vor dem mutmaßlichen Streit:

> »14. [September 1801] Dr. Schad von Jena. Einiges an der Farbenlehre Abends Dr. Meyer.
> 15. [September 1801] Früh Farbenlehre. Mittag bey Hof. Nachmittag gezeichnet« (Goethe, Tagebuch zum 14.-15. 9. 1801).[67]

Insofern Goethe das Farbenwesen in den Tagen vor dem berühmten Auftritt ausdrücklich erwähnte, fällt sein Schweigen am Tag des Ereignisses umso stärker ins Gewicht.

Vertiefungsmöglichkeit. Döhler vermutet in seinem Kommentar zum Tagebucheintrag vom 18. 9. 1801, dass Ritter am Abend bei Goethes Mondbeobachtungen einen »Vortrag« gehalten habe.[68] Das ist aus zwei Gründen unplausibel: Einerseits ist kaum anzunehmen, dass Ritter sich beim fraglichen Treffen (wohl dem ersten nach Goethes Rückkehr aus Göttingen) mit anderen Beobachtungen abgegeben haben soll als mit denen, die er sensationell fand; keiner der von Döhler erwähnten Paragraphen aus der *Farbenlehre* stand damals auf Ritters Agenda.[69] Andererseits konnte Ritter nachts nicht diejenigen prismatischen Experimente vorführen, mit deren Hilfe er Goethe verteidigen und Newton vom Thron stoßen wollte –

65 Goethe [WA]/III.3:35.
66 Siehe den Kommentar zum sog. Göttinger Schema (Matthaei et al in Goethe [LA]/II.4:239-240). Vergl. Mommsen et al [EvGW]OM/IV:257n15 (zum 2. 8. 1801).
67 Goethe [WA]/III.3:34.
68 Döhler in Goethe [T]/III.2:599 mit Bezug auf Ritter, Brief an Ørsted vom 6. 8. 1808 (siehe Harding (ed) [CdHC]/II:214-222). In diesem Brief ist nirgends die Rede davon, dass Ritter einen Vortrag bei Mondbeobachtungen Goethes gehalten hätte.
69 Döhler in Goethe [T]/III.2:598 mit Bezug auf Goethe [EF]:§ 17, § 76, § 312, § 383.

denn die dort sichtbaren Farben, auf die es ihm ankam und auf die ich zurückkommen werde, waren so schwach, dass sie nur in den Spektren des Sonnenlichts aufscheinen konnten (§4.4.6, §4.4.8). Es ist wahrscheinlicher, dass Goethe den Mond durchs Teleskop ohne Bezug zur *Farbenlehre* und ohne Hilfestellung durch Ritter beobachtet hat.

Demoralisiert?

§4.2.8. Hat der berühmte Auftritt also keine Spuren in Goethes Tagebuch hinterlassen? Vielleicht doch; wenn es eine Spur gibt, so besteht sie aus einer großen Lücke. Vom 18.9.1801 an sollte es einen Monat dauern, bis Goethe wieder ausdrücklich von Arbeit an den Farben berichten konnte:

> »18. [Oktober 1801] Früh bey Sereniss., sodann nach Jena. Nachmittag einiges die Farbenlehre betreffend.
> 19. [Oktober 1801] Früh Farbenlehre. Gegen Mittag Hr. Geh. Hofr. Loder mit Hofrath Himly. Nach Tische der junge Schlosser, gegen Abend Prof. Schelling, sodann bey Hrn. G.H. Loder zu Tische.
> 20. [Oktober 1801] Früh Theophrasts Farbenlehre geendigt. 11 Uhr Rath Schlegel Jon gelesen. Nach Tische die jungen Schlosser, nachher spatzieren gefahren. Natürl. Tochter. Abends bey J.R. Hufeland, welcher Wiedemanns einen Abschiedsschmaus gab« (Goethe, Tagebuch zum 18-20.10.1801).[70]

Wir können diesen Einträgen ungefähr folgendes Arbeitspensum seiner Farbenforschung entnehmen. Am 18.10.1801 griff Goethe die Arbeit an der *Farbenlehre* wieder auf und sortierte vielleicht seine Papiere, um sich klarzumachen, welche Schritte er als nächstes tun sollte; spätestens am Tag darauf dürfte er an der Übersetzung der – antiken – Farbentheorie des Theophrast weitergearbeitet haben, die er am dritten Tag bereits beenden konnte.[71] Er hat in diesen Tagen also in erster Linie am historischen Teil der *Farbenlehre* gearbeitet – nicht am didaktischen oder polemischen Teil, wofür Ritters Experiment hätte einschlägig werden können.

Das könnte man so deuten, dass Goethe seine Arbeit an der *Farbenlehre* nach dem Streit mit Ritter zunächst gar nicht, dann aber nur bei Themen fortsetzen konnte, die in möglichst großem Abstand zu gemeinsamen Forschungsfragen und -interessen lagen: Wer sich beim Übersetzen in die Details

70 Goethe [WA]/III.3:38/9.
71 Die Übersetzung findet sich in Goethe [MzGF]:16-36. Originalbelege zu Goethes Beschäftigung mit Theophrast sind verzeichnet in Goethe [LA]/II.6:418; siehe auch Goethe [LA]/II.6:15/6 (= M15, M16).

einer alten Schrift vertieft, greift dabei auf andere Fähigkeiten zurück und übt völlig andere Tätigkeiten aus als beim Nachdenken über Probleme der aktuellen Naturwissenschaft. Im Anschluss an die drei Tage legte Goethe jedenfalls laut Tagebuch abermals eine lange farbwissenschaftliche Pause ein. Wie man vermuten könnte, hat ihn der Streit mit Ritter so sehr demoralisiert, dass er für geraume Zeit nicht mehr weiterwusste.

Solche Vermutungen mögen plausibel erscheinen – belegen kann man sie nicht. Angesichts der spärlichen Textevidenzen eröffnet sich dem einfühlsamen Biographen ein weites Feld für Plausibiltätsbetrachtungen. Ein einziges Beispiel dafür möchte ich kurz umreißen. Und zwar traf sich Goethe nach dem (von Ritter gelieferten) Datum des berühmten Auftritts wesentlich öfter mit Schelling als vorher.[72] Das *könnte* die Folge einer Auseinandersetzung mit Ritter sein. Wie dargetan schwankte Goethe in jenen Jahren zwischen den entgegengesetzten naturphilosophischen und empirischen Fraktionen hin und her.[73] Nach einem empirischen Fiasko aus dem Hause Ritter lägen vermehrte Ausflüge in die Philosophie nahe; schon damals waren Philosophen Meister der Inkompetenzkompensations-Kompetenz.[74]

Vertiefungsmöglichkeit. Vielleicht hilft es, unser Problem mit Blick auf größere Zeiträume anzupacken. Als Goethe in der Mitte des Jahres 1801 zweimal nach Göttingen reiste, startete er einen neuen Anlauf, um die *Farbenlehre* fertigzustellen.[75] Einerseits wollte er Lücken im geplanten historischen Teil der *Farbenlehre* schließen; andererseits nahm er seine Papiere für den geplanten didaktischen Teil mit.[76] Aus diesen Papieren destillierte er in Göttingen den Entwurf eines Inhaltsverzeichnisses.[77] Dennoch blieb der hoffnungsfroh begonnene Ansatz ab Herbst 1801 stecken, also genau zu dem Zeitpunkt, als Ritter sich mit Goethe gestritten zu haben scheint. Im Jahr 1802 kam Goethe so gut wie überhaupt nicht mehr voran (ein absoluter Tiefpunkt), und erst ab 1805 hat sich Goethe dem Farbenwesen wieder mit der früheren Intensität gewidmet.[78] Um die Höhen und Tiefen dieser Kurve zu erklären, nennt Matthaei diverse externe Einzelereignisse wie Theateraufführungen, Querelen

72 Zwischen seiner Rückkehr aus Göttingen und dem berühmten Auftritt erwähnte er Schelling kein einziges Mal in seinem Tagebuch, bis Anfang Oktober dagegen viermal (Goethe, Tagebuch zum 30. 8. 1801-1. 10. 1801 (Goethe [WA]/III.3:33-37)).

73 S. o. §4.1.5.

74 Dieser Begriff findet sich zum ersten Mal in Marquard [I].

75 Laut Kommentar war dies der dritte Anlauf, siehe Matthaei et al in Goethe [LA]/II.4:238.

76 Matthaei et al in Goethe [LA]/II.4:239.

77 Goethe [SF], dazu Matthaei et al in Goethe [LA]/II.3:332/3, Matthaei et al in Goethe [LA]/II.4:239.

78 Siehe Matthaeis und Kuhns Tabellen 1 und 2 in Goethe [LA]/II.4:242, 246. Vergl. Mommsen et al [EvGW]/IV:257.

an der Jenenser Universität, Überwachung des Schlossbaus – und natürlich Arbeit an literarischen Werken.[79] Dass es keine monokausale Erklärung gibt, mag durchaus stimmen; doch war Goethes Leben auch nach 1805 bis zur Fertigstellung der *Farbenlehre* (sowie darüber hinaus) reich an Pflichten und Ablenkungen, wie sie Matthaei anführt. Seine Diagnose ist also alles andere als treffgenau. Daher möchte ich doch eine monokausale Erklärung vorschlagen: Es könnte sein, dass der berühmte Auftritt mit Ritter die Hauptursache für Goethes jahrelanges Formtief in optischen Angelegenheiten gewesen ist. Wie zu vermuten ist, konnte Goethe den Abschlus seiner Arbeit an der *Farbenlehre* weder guten Gewissens noch mit voller Kraft ansteuern, solange er sich nicht darüber im klaren war, wie er auf die Meinungsverschiedenheit mit Ritter reagieren sollte. Dass er laut Matthaeis Zählung ab 1806 zum Endspurt ansetzte, könnte auch damit zu tun haben, dass er erst dann mit Seebeck in engeren Kontakt kam, der ihm Ritters Experimente zeigte und sie in Goethes Sinne fortzuführen wusste (Kapitel 5.2).

Warum berühmt?

§ 4.2.9. Selbstverständlich brauchen wir uns nicht darüber zu wundern, dass Goethe im Tagebuch keinen Auftritt Ritters am 18. 9. 1801 vermerkt hat; die Tagebücher bieten kein vollständiges Bild seiner Taten und Leiden. Mit Sicherheit haben sich Goethe und Ritter mindestens einmal zum Arbeiten getroffen, nachdem Ritter seine experimentellen Triumphe gegen Newton gefeiert hatte und Goethe aus Göttingen zurückgekehrt war. Das jedenfalls ist die einzig natürliche Fortsetzung der Geschichte, die ich in den vorigen Kapiteln dargestellt habe; alles andere widerspräche jeder psychologischen Plausibilität.

Dass Goethe im Tagebuch vom Sommer 1801 bis zum Herbst 1803 kein einziges Treffen mit Ritter vermerkte, bedeutet nur: Das Tagebuch weist in dieser Sache eine Lücke auf; Goethe hat das Treffen entweder mit Absicht oder aus Versehen weggelassen. Wenn dem so ist, dann können wir für die im Tagebuch ausgesparte Begegnung mit Ritter guten Gewissens den wahrscheinlichsten Tag ansetzen. Und das ist – mangels Gegenbeweisen – der Tag, den Ritter genannt hat (der 18. 9. 1801). Mangels Gegenbeweisen: Beide waren am fraglichen Tag in Weimar; Goethe laut Tagebuch, wie wir gesehen haben – und ebenso Ritter, wie ich nun aufzeigen möchte.

Und zwar hängt die Glaubwürdigkeit des sehr späten Ritter-Berichts aus dem Jahr 1808 von einem Detail ab, das wir noch unter die Lupe legen müssen: Ritters Ausdrucksweise ist kommunikativ auffällig – was hat es damit auf sich, dass er im Brief an Ørsted von einem *berühmten* Auftritt sprach? Ist es nicht seltsam, sieben Jahre nach dem Ereignis so zu tun, als müsse der Adressat ganz genau wissen, worum es sich gehandelt hatte?

79 Matthaei et al in Goethe [LA]/II.4:242-245.

Ritters Formulierung lädt zunächst zwei Interpretationen ein. Sie legt entweder nahe, dass der Auftritt bei anderen Personen Aufmerksamkeit erregt, es also im wahren Sinne des Wortes zu einer gewissen Berühmtheit gebracht hätte, etwa im Weimarer oder Jenenser Klatsch.[80] Verhielte es sich so, dann müsste irgendwo ein Echo des Auftritts überliefert sein, denn die Reden und Widerreden in dem kleinen Herzogtum sind bestens dokumentiert. Doch habe ich trotz gründlicher Suche nirgends ein weimarisches oder jenaisches Echo auf den Streit vom 18. 9. 1801 gefunden.[81]

Oder die Rede von einem berühmten Auftritt bedeutete, dass Ritter und Ørsted sich darüber mehrmals (vielleicht auch ein einziges Mal intensiv) ausgetauscht haben. Aber in der umfangreichen Sammlung der Briefe Ritters an Ørsted habe ich davon kein Sterbenswörtchen gefunden; der einzige überlieferte Beleg steckt im zitierten Brief.

Wir sollten uns die auffällige Formulierung vom berühmten Auftritt also anders zurechtlegen. Hierfür habe ich in Ørsteds Reisebriefen einen winzigen Fingerzeig entdeckt. Der Fingerzeig erklärt perfekt, warum Ritter noch sieben Jahre später voraussetzen durfte, dass Ørsted ihn sofort verstehen würde. Ørsted und Ritter haben sich exakt am Tag des Geschehens kennengelernt. Der Däne schrieb in einem Brief nachhause:

> »Am 18. September [1801] reiste ich nach Weimar und ging noch am selben Nachmittag zu Ritter, der in Oberweimar lebt, einem etwa 1/4 Meile von hier entfernten Dorf. Dieser Mann hat große Entdeckungen gemacht, von denen nur wenige recht bekannt sind. Einen Teil seiner Entdeckungen haben andere als ihre eigenen veröffentlicht, und deshalb ist er sehr vorsichtig. Erst nach beträchtlicher Zeit im Gespräch ist es mir gelungen, sein Vertrauen zu gewinnen. Ich bin bis 8 Uhr bei ihm geblieben, und zuguterletzt begleitete er mich auf dem ganzen Weg nachhause«.[82]

80 Dass er sich der Aufmerksamkeit bewusst war, die er in diesen Kreisen zuweilen zu erregen wusste, z. B. durch Theaterbesuch in weiblicher Begleitung, zeigt Ritter, Brief an Frommann vom 22. 3. 1801 (siehe Richter (ed) [PRJW]:91/2); für den Wortlaut s. o. § 3.1.10.

81 Eine kleine, letztlich irreführende Spur freilich wird uns noch bis nach Salzburg bringen (§ 4.4.12).

82 Vergl. die englische Übersetzung Ørsteds in Jelved et al (eds) [TLoH]:18 sowie die teilweise deutsche Übersetzung in Schmidt [mNEE]:26.

Der Fingerzeig legt folgenden Ablauf nahe. Nachdem Ritter in der Frühe umfangreiche Einträge ins Arbeitsjournal geschrieben hatte (§ 4.2.6), kam es vormittags zum Streit zwischen Goethe und Ritter; nachmittags erschien der dänische Besucher bei Ritter, der ihn vielleicht noch unter dem Eindruck des Streits mit Goethe zunächst alles andere als gutgelaunt empfing, dann Vertrauen fasste, ihm sein Leid klagte und vom berühmten Auftritt berichtete. Der Besuch Ørsteds dehnte sich wegen beidseitiger Begeisterung bis zum 22. 9. 1801 aus, und so hatte Ritter seinen treuesten Freund gefunden.[83]

Das bestätigt ein Satz aus Ritters Arbeitsjournal, der unter dem Datum des 18. 9. 1801 steht, aber ebensogut ein paar Tage später verfasst worden sein kann.[84] Nach der Ortsangabe »Oberweimar« und Ritters Unterschrift steht auffälligerweise zwischen Anführungszeichen:

> »Gegenwärtig als Zeuge war hier Christian Örsted aus Kopenhagen« (Ritter, Arbeitsjournal unter dem 18. 9. 1801).[85]

Das wirkt fast wie ein Eintrag im Gästebuch, ist aber in Ritters Handschrift geschrieben. Viel spricht dafür, dass dieser feierliche Eintrag kurz nach Ritters Auseinandersetzung mit Goethe verfasst wurde. Und so lässt sich gut verstehen, warum beide Physiker starke Erinnerungen an den Tag hatten, auf die sie noch Jahre später in ihrem privaten Code verweisen konnten.[86]

Welch ungeheuren Wert Ritter seiner Freundschaft mit Ørsted beigemessen hat, zeigt sich in den unzähligen Briefen, die er ihm schrieb, und noch wenige Monate vor seinem Tod verlieh er ihr in warmen Worten Ausdruck.[87] Wie zitiert nannte er das erste Treffen romantisch, selten und des Andenkens wert.[88] Dass Ritter seinen Freund zu diesem Zeitpunkt noch siezte, muss uns

83 Nach dem 22. 9. 1801 fuhr Ørsted nach Jena weiter, wo er bis in den Oktober hinein geblieben ist (Ørsted in Jelved et al (eds) [TLoH]:18-20).

84 S. o. § 2.2.9.

85 Ritter [VD]:166. Das auf derselben Seite weiter oben eingetragene Datum zum Bau einer bestimmten Batterie – »26. 8br. 1801« – bezieht sich auf den 26. 10. 1801 und ist offenkundig ein Nachtrag.

86 Dafür spricht, dass Ritter den Namen Goethes in einem seiner ersten Briefe an den neuen Freund nicht ausschreiben musste und sich stattdessen mit »G.« begnügte (Ritter, Brief an Ørsted vom 21. 2. 1802 (siehe Harding (ed) [CdHC]/II:12)).

87 Harding (ed) [CdHC]/II:7-260; insbes. Ritter, Brief an Ørsted vom 26. 7. 1809 (siehe Harding (ed) [CdHC]/II:247).

88 Ritter, Brief an Ørsted vom 9. 12. 1801 (siehe Harding (ed) [CdHC]/II:8), volles Zitat oben in § 4.1.6k.

nicht irritieren – Goethe und Schiller haben einander bis zu Schillers Tod gesiezt.[89] Nach Ørsteds zweitem Besuch (13.8.1802-4.9.1802) redete Ritter ihn mit »Du« an.[90]

Die Freundschaft beruhte auf Gegenseitigkeit; zwar sind Ørsteds Briefe an Ritter (so wie fast alle anderen Briefe an Ritter) verloren, aber im schon zitierten Reisebrief Ørsteds nachhause steht zum übernächsten Tag:

> »Am Morgen blieb ich zuhause, um Experimente zu einem Thema durchzuführen, über das ich mit Ritter nicht einer Meinung gewesen war. Am Nachmittag habe ich ihn besucht, und wir unternahmen einen ausgedehnten Spaziergang. Dabei entfaltete er alle neuen Ideen, die er demnächst veröffentlichen wird [...] Dieser Nachmittag war der schönste der gesamten Reise. Ritter lud mich ein, gleich am nächsten Morgen wiederzukommen«.[91]

Wie man sieht, war sich Ørsted nicht anders als Ritter darüber im klaren, dass ihm das Schicksal eine höchst wertvolle Freundschaft beschert hatte.

* * *

Der Biograph und sein Schützling

§4.2.10. Ritters Biograph Richter hat die Ereignisse vom 18.9.1801 als Bruch zwischen Goethe und Ritter gedeutet. Er ordnet vieles anders ein, als ich vorschlage. Ich zitiere ausführlich und weise in Fußnoten auf einige der Ungereimtheiten in Richters Darstellung hin:

> »Wenn Goethe sich auch von Ritter bei der Einrichtung eines physikalischen Kabinettes hinsichtlich der Apparate beraten ließ,[92] beklagte er sich doch andererseits auch, wenn ihn ›der böse Engel der Empirie anhaltend mit Fäusten geschlagen‹ hatte[93] [...] Am 18. September 1801 kam es sogar zu einem nicht näher beschriebenen ›berühmten Auftritt‹ zwischen beiden wegen einer Meinungsverschiedenheit über die Entstehung des doppelten Farbenbildes beim Lichtdurchgang durch ein Kalkspat-Prisma,[94] woran sich

89 Goethe, Brief an Schiller vom 26.4.1805 und Schiller, Brief an Goethe vom 26. oder 27.4.1805 (siehe Oellers et al (eds) [FS]/1:1147/8).

90 Ritter, Brief an Ørsted vom 14.9.1802 (siehe Harding (ed) [CdHC]/II:20). Die Daten des zweiten Besuchs liefert Richter [LPJW]:79, 177. Belegt sind sie durch Ørsted in Jelved et al (eds) [TLoH]:102. Wie Christensen ohne Beleg vermutet, bezahlte Ørsted großzügig für den Aufenthalt bei Ritter (Christensen [HCØ]:110).

91 Vergl. die englische Übersetzung Ørsteds in Jelved et al (eds) [TLoH]:18.

92 Das bezieht sich auf die Jahre 1803/4, s.u. §5.1.3.

93 Richter suggeriert einen zeitlichen Zusammenhang dieser beiden Sachverhalte; das Zitat stammt aber aus einem Brief des Jahres 1798, und es ist alles andere als klar, ob sich Goethe auf Ritter bezog (§2.1.3-§2.1.4).

94 Weil Ritter in dem Brief kein Kalkspatprisma erwähnte, sondern ein Wasserprisma, muss er andere Doppelbilder gemeint haben (s.u. §4.3.1k).

> Ritter noch nach sechs Jahren sehr genau erinnerte.[95] Goethes doktrinäre Auffassung: ›Freilich ist es absurd, das reine, sich immer selbst gleiche Licht, aus so widersprechenden Theilen zusammen zu setzen, da es doch eigentlich nur durch äußere Bedingung in den Fall gesetzt wird, ohne die mindeste Veränderung seiner selbst, jene bekannten Erscheinungen hervorzubringen‹[...],[96] stand der Ritterschen, durch Herschels aktuelle Erkenntnisse unterstützten physikalischen Grundauffassung über die Zerlegbarkeit des Sonnenlichtes gegenüber.[97] Darüber konnte es zwischen beiden keinesfalls zu einem Konsens kommen. Nach diesen wissenschaftlichen Kontroversen[98] rissen die direkten Verbindungen zwischen Ritter und Goethe ab«.[99]

Hier will ich abbrechen; im ähnlichen Stil müsste die gesamte Passage kommentiert werden, die Richter dem Verhältnis zwischen Goethe und Ritter widmet.[100] Worauf beruhen Richters Fehlurteile? Ich kann dafür nur eine Erklärung anbieten, die mit den methodologischen Vorüberlegungen aus Kapitel 1.1 zu tun hat: Richter wählt ein optimistisches Ritter-Narrativ, um den Helden seiner Biographie wie einen Schützling zu behandeln; und da der Biograph die verbreitete Ansicht teilt, dass Goethes Arbeiten in der Optik wissenschaftlich nicht auf der Höhe waren, will er seinen Schützling in möglichst weiten Abstand zu Goethe bringen. Er konstruiert einen unvermeidlichen, endgültigen Eklat, weil sein Narrativ es so erheischt.

4.3. Mutmaßungen über einen mutmaßlichen Streit

Doppelte Bilder

§ 4.3.1. Worüber haben sich Goethe und Ritter am 18.9.1801 so heftig gestritten, dass sie ihre Zusammenarbeit nicht fortsetzen mochten oder konnten? Was darüber in Ritters Brief aus dem Jahr 1808 steht, will ich noch einmal wiedergeben:

> »Denn du musst wissen, dass nun endlich auch Er [Goethe] gesehen, dass es mit dem *doppelten* Farbenbilde, was, *zu jeder Seite ein vollständiges, gleich*

95 Der Brief wurde sieben, nicht sechs Jahre später geschrieben; einen früheren Beleg für die Auseinandersetzung liefert Richter nicht.

96 In einer von mir weggelassenen Endnote zitiert Richter diesen Satz völlig richtig aus Goethes Brief vom 7.3.1801 an Ritter (Kapitel 3.2); an Ort und Stelle verschweigt er aber, dass Ritter diesen Brief selber – und zustimmend – veröffentlicht hat (Kapitel 6.1).

97 Ritter erweiterte Herschels *empirische* Untersuchungen, ohne dessen newtonianische Voraussetzungen *theoretisch* zu teilen, s. o. § 3.3.3.

98 Kontroversen in dieser Angelegenheit sind nicht belegt; die Belege aus Kapitel 3.3 bis 3.5 sprechen für das glatte Gegenteil dessen, was Richter hier behauptet.

99 Richter [LPJW]:77.

100 Richter [LPJW]:73-77.

> *nach dem Durchgang des Lichts durchs Prisma, schon da ist,* u. worüber ich den berühmten Auftritt vom 18 Septembr. 1. hatte, seine volle Richtigkeit habe, selbst *an seinem Wasserprisma* hat ers nun klar gesehen« (Ritter, Brief an Ørsted vom 6. 8. 1808).[101]

Obwohl sich dieser Briefstelle nicht viel entnehmen lässt, ist eines sicher – der Streit drehte sich um Farbbeobachtungen, die man z. B. direkt hinter dem Wasserprisma machen kann. Schon dort zeigte sich laut Ritter auf jeder Seite je ein vollständiges Farbenbild.

Damit erwähnte Ritter eine Beobachtung, von der meines Wissens heute nirgends die Rede ist. An jeder der beiden Stellen, wo nach Ansicht aller Beobachter jeweils ein Kantenspektrum zu sehen sind (Farbtafel 2 rechts), dort entdeckte er nach brieflicher Aussage jeweils ein *vollständiges* spektrales Bild. Damit meinte er wohl, dass an Ort und Stelle – auf beiden Seiten – alle prismatischen Farben einschließlich des Grüns erschienen, das man bislang immer nur bei größerer Entfernung vom Prisma ausgemacht hatte.

Warum könnte Ritter gemeint haben, dass die neuen Beobachtungen endgültig für Goethes Sichtweise sprächen? Im Lichte meiner Darstellung der Vorgeschichte drängt sich folgende Antwort auf diese Frage auf. Bevor Ritter die neuen Beobachtungen machte, hatte er zwar Goethes phänomenübergreifende Sichtweise der Polarität photochemisch bis in die Theorie der Spektralfarben hineingetragen und dabei einer Polarität *im* Licht das Wort geredet – aber er hatte sich nicht auf Goethes These von der Finsternis als Gegenpol des Lichts eingelassen. Wenn er nun beobachten konnte, dass schon aus einem einzigen Hell/Dunkel-Kontrast *alle* Spektralfarben hervorgehen, dann hat er erst damit der Finsternis zu ihrem polaristischen Existenzrecht verholfen; erst jetzt hätte er demzufolge Newton widerlegt, der alle Farben ohne jeden Beitrag der Finsternis dargestellt hatte.[102]

Wenn die Sache so gemeint war, dann stellt sich jedem Kenner der Farbenforschung Goethes eine offensichtliche Frage: Wo blieb in Ritters Entdeckung der Platz für das Purpur, also für diejenige Farbe, die Goethe bei Newton

101 Harding (ed) [CdHC]/II:216; Hervorhebung geändert.

102 S. o. §1.2.5. Am Rande: Dass Ritter erst jetzt die spektrale Symmetrie zwischen »Licht und Schatten« sowie »hell und dunkel« in ganzer Konsequenz zu formulieren wusste, zeigt eine Notiz im Arbeitsjournal (Ritter, Arbeitsjournal unter dem 16. 8. 1801 (siehe Ritter [VD]:156); für das volle Zitat s. u. §4.4.8). Ähnlich deute ich seine spätere Rede von »Lichtscheibe« und »Schattenseite« (Ritter [VüS]/A:413; für das volle Zitat s. u. §4.4.7).

vermisst hatte und die er in seinem Farbenkreis (Farbtafel 8) mit voller Absicht ganz oben plazierte? Genau hierüber schwieg Ritter in seinem Brief; später sollte er sich dazu deutlicher äußern.[103]

Vertiefungsmöglichkeit. Wie Richter behauptet, ging es in der zitierten Briefstelle um Doppelbilder am *Kalkspat*-Prisma.[104] Diese Behauptung kann nicht stimmen, da man laut Ritter die damals strittigen Beobachtungen am *Wasser*prisma machen kann. Der Kalkspat ($CaCO_3$) ist ein bestimmter durchsichtiger Kristall, der das Licht merkwürdigerweise doppelt bricht, also zwei Refraktionsbilder liefert anstelle eines einzigen.[105] Heutzutage wird dieser Effekt auf die Polarisation des Lichts zurückgeführt, die seinerzeit noch nicht bekannt war. Schon bevor sich Goethe mit der Doppelbrechung am Kalkspat vertraut machte, meinte er, dass sich die Spektralfarben beliebiger Prismen ganz allgemein aus der Überlagerung zweier Bilder (Haupt- und Nebenbild) erklären ließen.[106] Als die Interferenzfarben aus der Doppelbrechung am Kalkspat näher untersucht wurden, führte dies zum Streit über die inzwischen veröffentlichte *Farbenlehre*; anders als seine Gegner sah Goethe die eigene Lehre durch gewisse Farbphänomene bestätigt, die bei polarisiertem Licht sichtbar werden.[107] Gleichwohl hängt die ganze Thematik weniger mit meiner Fragestellung zusammen, als man denken könnte. Unsere heutige Polarisation des Lichts ist etwas anderes als Polarität in Goethes Sinn.[108] – Wie dem auch sei, Ritter war gegen Ende seines Lebens von den vielfältigen optischen Phänomenen am Kaltspalt, die er entsetzlich nannte, sowohl begeistert als auch überfordert.[109]

103 Ritter (ed) [SGRv]:728n; für den Wortlaut s. u. § 6.1.7.

104 Richter [LPJW]:77, für den Wortlaut s. o. § 4.2.10.

105 Eine hervorragende Erläuterung dieses Themenkomplexes, auf die ich mich im folgenden stütze, liefert Nickol in Goethe [LA]/II.5B.1:CI-CXIII *et passim*; siehe auch Nickol [zGBF].

106 Goethes früheste Auseinandersetzung mit dem Kalkspat (und den von ihm sogenannten epoptischen Farben) ist für den Frühling 1806 dokumentiert (so Wenzel (ed) [GHS]/2:369 mit Verweis auf Goethe [LA]/I.3:431; vergl. Goethe, Tagebuch zum 23. 4. 1806 (siehe Goethe [WA]/III.3:126)). Die vollständigste Darstellung für die heute schwer verständliche Rede von Haupt- und Nebenbildern bietet Goethe [EF]:§ 218-§ 242, doch dass er diese Theorie der Doppelbilder schon vor der Zeit der Kooperation mit Ritter anvisiert hatte, ergibt sich aus einem zu Lebzeiten unveröffentlichten Text von 1793 (Goethe [üNHD]:158). Weiter ausgearbeitet wurde diese Theorie um 1800 und fand zum ersten Mal im Jahr 1802/3 den Weg an die Öffentlichkeit in einer Vorlesung Schellings (Schelling [PK]/S:510-514, insbes. p. 512; eine publizierte Vorüberlegung aus dem Jahr 1801 bietet Schelling [DMSP]/S:177-179 (§ 105/6)).

107 Pfaff [uFSN]:180/1 *et passim*; Goethe [DRK].

108 Wie die heute bekannten Polarisationsphänomene im Stile Goethes so vermannigfacht werden können, dass völlig neue Phänomene in den Blick geraten und sich überraschende neue Fragen zur vertauschungssymmetrischen Polarität stellen, hat der Chemiker Albert Pröbstl in einer Reihe von Experimenten erarbeitet (Pröbstl [UEzP]). Siehe auch Grebe-Ellis [GPP].

109 Ritter, Brief an Ørsted vom 20. 4. 1807 (siehe Harding (ed) [CdHC]/II:207).

Was wäre, wenn?

§ 4.3.2. Die zusätzlichen Farben, die laut Ritter in der Umgebung der Kantenspektren zu sehen sein sollten, müssen vergleichsweise schwach gewesen sein; sonst ließe sich kaum verstehen, warum sie vor Ritter niemandem aufgefallen waren. Nehmen wir für einen Augenblick an, dass Ritter recht hatte und dass er seinem Partner dies unerwartete Phänomen vorführen konnte.[110] Dann wird er es auch getan haben; immerhin meinte er noch wenige Wochen vor dem fatalen Treffen am 18. 9. 1801, Newton mittels neuer Beobachtungen ganz vom Thron stoßen und Goethes Sichtweise belegen zu können.[111]

Da wir annehmen dürfen, dass Ritter seine Meinung darüber in der kurzen Zwischenzeit nicht geändert hatte und dass er Goethe die guten Nachrichten endlich mitteilen wollte, wird der Streit ungefähr so verlaufen sein: Ritter zeigte Goethe die neuen Beobachtungen (oder kündigte sie ihm an); er mag geplant haben, ihm *danach* zu erläutern, inwiefern das alles für Goethe und gegen Newton spricht. Und genau in diesem Augenblick könnte der Streit entbrannt sein. Vielleicht schnitt Goethe ihm zu früh schockiert das Wort ab.

Warum? Weil Ritters Beobachtungen etwas umstießen, das sich Goethe mühsam erarbeitet hatte: den komplementären Gegensatz zwischen dem kaltfarbigen und dem warmfarbigen Kantenspektrum. Auf *diese* Kantenspektren wollte er seine eigene Lehre gründen, nicht etwa auf Kantenspektren, in denen nach neuester These Ritters doch wieder alle newtonischen Farben steckten.[112] Goethe wollte sich u. a. deshalb auf seine eigenen Kantenspektren stützen, weil in ihnen die Farbenpaare Blauviolett/Türkis sowie Gelb/Rot (Farbtafel 3) besonders sauber aufscheinen.[113] Zusätzliche Farben schwächerer Leuchtkraft wollten nicht recht zu dem Arbeitsprogramm passen, das er seit seiner Rückkehr aus Göttingen hartnäckig weiterzuverfolgen gedachte.[114] Wenn ihm Ritters Versuchsergebnisse also unwillkommen waren, so wird er alles getan haben, um sich mit ihnen nicht auseinandersetzen zu müssen.

Wäre das unredlich gewesen? Nein; in ähnlichen Fällen steht jedem Naturforscher ein mächtiger Schachzug offen: Widerspenstige Phänomene dürfen mit Fug und Recht *irgendwelchen* Störeinflüssen, Nebenbedingungen

110 Die meteorologischen Bedingungen waren am 18. 9. 1801 ideal für raffinierte Prismenexperimente (Anonym [MBvJ], vergl. § 3.1.3k).

111 S. o. § 4.1.3.

112 Siehe z. B. Goethe [LA]/I.3:350.

113 Goethe [EF]:§ 765.

114 S. o. § 4.2.8k.

usw. zugeschrieben werden.[115] Das ist insbesondere dann zulässig, wenn es sich wie im vorliegenden Fall um schwache Phänomene handelt.

Kurzum, es ist gut möglich, dass sich Goethe auf keine weiteren Debatten über Ritters neue Farben eingelassen hat. Ritter hätte also mit einem Teilsatz mehr als recht gehabt, den er sechs Wochen vorher an Frommann geschrieben hatte:

> »Goethe's Behauptung ist richtig, *aber ihm liegts nicht, wie er sie beweißt*« (Ritter, Brief an Frommann vom 3.8.1801).[116]

Hiermit hätte Ritter ins Schwarze getroffen, wenn ich recht haben sollte, dass Goethe die Versuchsergebnisse Ritters deshalb ignorierte, weil sie nicht mit seinen theoretischen Zielen harmonierten – Ritters Beweisart lag ihm nicht, sagte ihm nicht zu.

Hausaufgaben

§ 4.3.3. Zugegebenermaßen können wir nicht wissen, ob das spätsommerliche Treffen zwischen Ritter und Goethe ungefähr so verlaufen ist wie ich vermute. Um mehr Material zu finden, müssen wir einerseits die Briefe durchforsten, die Ritter ab Juni 1801 geschrieben hat (und dort dürfen wir auch Aufschlüsse über die menschlichen Folgen der Auseinandersetzung erwarten). Wichtiger als diese Briefe sind andererseits Ritters Veröffentlichungen über das Licht. Immerhin lässt sich dem späteren Brief an Ørsted vom 6.8.1808 entnehmen, dass Ritter sieben Jahre nach dem Streit noch von der Stichhaltigkeit seiner Experimente überzeugt war.[117] Also dürfen wir damit rechnen, dass sie von Ritter auch veröffentlicht worden sind.

Nun formulierte er in seinen Veröffentlichungen ab Sommer 1801 nirgends eine ausdrückliche Newton-Widerlegung. Das ist mehr als seltsam und lässt meiner Ansicht nach nur eine einzige Erklärung zu: Er traute sich nicht, Newtons Optik offen anzugreifen. Hat er es vielleicht verdeckt getan? Hat er vielleicht einfach seine antinewtonischen Experimente veröffentlicht, ohne zu sagen, dass sie sich gegen Newtons Theorie wenden?

Viel spricht für diese Vermutungen. Im November 1802 hat Ritter seinen nächsten Aufsatz über das Sonnenlicht verfasst; und dort sind offenbar genau

115 Eine Reihe wissenschaftshistorischer Details zu diesem Thema biete ich in O.M. [zSUF], 10. Kapitel.

116 Richter (ed) [PRJW]:112; Hervorhebung geändert.

117 S.o. §4.2.5.

die Beobachtungen beschrieben, nach denen wir suchen. Diesem Aufsatz werde ich mich im kommenden Kapitel widmen. Zuvor möchte ich die schärfsten überlieferten Aussagen besprechen, die Ritter jemals gegen Goethe formuliert hat. Offenbar bieten sie einen Beleg für die menschlichen Folgen des berühmten Auftritts.

* * *

Dummer Zufall?

§ 4.3.4. Das früheste erkennbare Echo auf den vermutlichen Streit zwischen Goethe und Ritter stammt aus dem Januar 1802, also wenige Wochen, nachdem Ritter wieder von Oberweimar nach Jena gewechselt war.[118] Er hatte gerade eine größere Arbeit fertiggestellt und legte fest, welchen Personen ein Freiexemplar zugesandt werden sollte:

> »Göthe darf nach allem, wie ich mirs überlegt habe, kein Exemplar haben. Zum allerwenigsten durchaus nicht von mir. Von Ihnen? Er würde es doch als mittelbar von mir annehmen und mich daraus für furchtsam pp. ableiten, worin er Unrecht haben würde. In seine Hände wird es schon kommen, dafür ist in den Beyträgen selbst gut genug geboten. Gedrukt nimmt sich alles noch besser aus, wie geschrieben. Er sey übrigens ein Gott, aber die Praetension, die er als *Mensch*, als wissenschaftlicher hat, kommt mir alle Tage größer vor, je mehr ich sehe, wie Menschen seyn sollen, *auch theils Gott sey Dank, wirklich noch sind*« (Ritter, Brief an Frommann vom 23. 1. 1802).[119]

Zwei Elemente aus diesem Lamento verdienen unser Interesse. Erstens war Ritter menschlich von Goethe und dessen übertriebenen Anmaßungen enttäuscht.[120] Diese Haltung könnte durchaus mit Goethes Verhalten am 18. 9. 1801 zu tun haben.[121] In der Tat dehnte er die Enttäuschung zwar auf den *wissenschaftlichen* Menschen Goethe aus – aber genau nicht auf Goethes Lehre, insbesondere nicht auf den Inhalt seiner Optik. Das passt zu meiner Rekonstruktion, denn es lässt sich gut mit der These vereinbaren, dass sich Ritter beim

118 Zu diesem Umzug siehe Rehm (ed) [UBJW]/b:82n112.

119 Richter (ed) [PRJW]:127/8; Hervorhebung geändert.

120 Anders als in meiner und Richters Deutung interpretiert Poppe den Ausdruck »Praetension« überraschenderweise so, als habe Ritter ein Lob Goethes ausdrücken wollen (Poppe in Ritter [FaNJ]/B:97; vergl. Richter (ed) [PRJW]:128n12).

121 Ähnlich Rehm (ed) [UBJW]/b:85/6n140.

berühmten Auftritt wissenschaftlich auf Goethes Seite schlagen wollte und dass er später im großen und ganzen an diesem Plan festhielt. Ganz allgemein pflegen Forscher ihre naturwissenschaftlichen Kooperationspartner nicht in erster Linie nach persönlicher Sympathie auszusuchen; auch Ritter wusste zwischen menschlichen und wissenschaftlichen Qualitäten zu unterscheiden.[122]

Zweitens klingt die Passage so, als habe Ritter mindestens einen Wissenschaftler vor Augen gehabt, mit dem er Goethe zu dessen Nachteil verglichen hat. Wer könnte das gewesen sein? Die Antwort drängt sich auf: Ørsted. In der Tat, wenn sich Ritter und Ørsted just an dem Tag angefreundet haben, an dem Ritter und Goethe miteinander stritten (§ 4.2.9), dann kam Ritter um einen Vergleich zwischen den beiden Persönlichkeiten kaum herum. Und der Vergleich musste negativ für Goethe ausgehen – mit weit unglücklicheren Folgen, als aus dem Streit alleine erwachsen wären, also dann, wenn es nicht zufällig in diesem Augenblick einen Dänen vom Kaliber Ørsteds nach Oberweimar verschlagen hätte. Um meine These zuzuspitzen: Vielleicht haben sich Ritter und Goethe wegen eines blanken Zufalls schneller und weiter voneinander entfernt, als es hätte sein müssen.

Ritter mit feiner Diskretion

§ 4.3.5. Ritters wissenschaftlicher Grund für den zuletzt zitierten negativen Satz über Goethe lässt sich genauer eingrenzen. Und zwar verteilte Ritter zur Zeit der Abfassung des Briefs Freiexemplare der neuesten Nummer seiner *Beyträge zur nähern Kenntnis des Galvanismus*.[123] Wenn er Goethe kein Exemplar zukommen ließ, so wird das keine Trotzreaktion nach dem besagten berühmten Auftritt gewesen sein; eher muss es mit derjenigen naturwissenschaftlichen Streitfrage zu tun gehabt haben, die im fraglichen Heft zur Sprache kam – mit einem magnetischen, keinem optischen Experiment.

Ritter brachte nämlich im fraglichen Heft einen Aufsatz, mit dem er Goethe – nebenbei in einer langen Fußnote – für ein magnetisches Experiment

122 So sollte sich Ritter später menschlich enttäuscht, aber wissenschaftlich respektvoll über Rumford äußern (Ritter, Brief an Ørsted vom 16. 8. 1805 (siehe Harding (ed) [CdHC]/II:124)).

123 Ritter, Brief an Frommann vom 23. 1. 1802 (siehe Richter (ed) [PRJW]:127/8 mit Verweis auf Ritter (ed) [BzNK]/II.1; dass sich Ritter auf genau diese Nummer der *Beyträge* bezog, hat als erste Rehm dargelegt (Rehm (ed) [UBJW]/b:85n140).

kritisierte, ohne den Dichter als Urheber namentlich zu erwähnen.[124] Diese feine Diskretion war deshalb möglich, weil Schelling das Experiment voller Enthusiasmus publiziert und durch hinreichend klare Andeutungen mit Goethe in Verbindung gebracht hatte:

> »*Anmerkung.* Es ist kein geringer Beweis für die Vorzüglichkeit der dynamischen Ansicht, dass sie gerade den productivsten Geistern von jeher natürlich gewesen ist. Die Ansicht des Magnetismus, welche in dem voranstehenden §. auf wissenschaftliche Art abgeleitet worden ist, war schon lange auch die des Dichters, welcher von den ersten Widerklängen der Natur an, die in seinen frühesten Dichterwerken gehört werden, bis zu der hohen Beziehung auf die Kunst, welche er in spätern Zeiten den ersten Naturphänomenen gegeben hat, in der Natur nie etwas anders, als die unendliche Fülle seiner eigenen Productivität dargestellt hat. — Für ihn floss aus dieser Betrachtung der Natur der ewige Quell der Verjüngung, und ihm allein unter allen spätern Dichtern der neuern Zeit war es gegeben, zuerst wieder zu den Urquellen der Poesie zurükzugehen, und einen neuen Strom zu öfnen, dessen belebende Kraft das ganze Zeitalter erfrischt hat, und die ewige Jugend in der Wissenschaft und Kunst nicht wird sterben lassen. Ihm verdanke ich folgendes Experiment […]«.[125]

Schelling vergötterte Goethe, wie man sieht – das scheint Ritter am Ende des Brief-Zitats aus dem vorigen Paragraphen höhnisch aufzugreifen (»Er sey übrigens ein Gott, aber die Praetension, die er als Mensch, als wissenschaftlicher hat, kommt mir alle Tage größer vor«). In der Tat wusste Ritter sehr genau, dass das Experiment von Goethe stammte – und nicht funktionierte; an Arnim hatte er geschrieben:

> »Wißen Sie, daß der Göthische Versuch in Schellings Zeitschrift B. 1. St. 1. S. 123. absolut falsch ist, wenn man gute Instrumente hat« (Ritter, Brief an A. Arnim vom 6. 5. 1801).[126]

124 Ritter [vCMi]:156-160n. Siehe zu dieser Textstelle Poppe in Rehm (ed) [UBJW]/b:72n38 mit Bezug zum kommenden Brief-Zitat.

125 Schelling [ADDP]:123 (§ 21); Absatzwechsel weggelassen; Hervorhebung im Original; dass Goethe gemeint war, liegt auf der Hand (vergl. Eckle in Goethe [LA]/II.1A:608, ebenfalls mit Bezug zum kommenden Brief-Zitat).

126 Rehm (ed) [UBJW]/b:39.

Wenn sich Ritter in der zugehörigen Veröffentlichung mit seiner Quellenangabe zur Textstelle aus Schellings Schrift begnügte und Goethes Namen aus dem Spiel ließ, dann war damit das Signal verbunden, dass er die Auseinandersetzung mit Goethe nicht eskalieren lassen wollte.[127]

Ja, er ging sogar im Anschluss an die Kritik des Experiments wieder einen Schritt auf Goethe zu, indem er diesmal unter Nennung des Dichter-Namens darlegte, inwiefern sich das neue Gegenexperiment bei konsequenter Gedankenführung bestens mit dessen eigenen Ansichten hätte vereinbaren, ja daraus vorhersehen lassen.[128] Wenn wir das alles zusammennehmen, dann wurde Goethes Experiment in Ritters Veröffentlichung wissenschaftlich deutlich, aber wohlwollend kritisiert. Ritter hatte sich genug unter Kontrolle, um seinem Groll publizistisch keinen freien Lauf zu lassen; im zitierten Brief an Frommann hatte er schärfer formuliert.[129] Auch im Gespräch scheint er ungezügelt formuliert zu haben. So berichtete Brentano:

> »Mit Ritter bin ich bis Gotha gereist, und sprach viel von Dir. Ritter, lieber Arnim, ist der größte Mensch unsrer Zeit, und Schelling steht lächerlich gefährlich, wie auch Göthe« (C. Brentano, Brief an A. Arnim vom 11.1.1802).[130]

Da dieser Bericht ebenfalls vom Jahresbeginn 1802 stammt und da hierin Goethe und Schelling in einem Atemzug genannt werden, dürfte sich die scharfe Wertung punktgenau auf Schellings magnetischen Versuch à la Goethe beziehen.

127 Die Quellenangabe mit wörtlichem Schelling-Zitat bietet Ritter [vCMi]:156/7n. – Offenbar hat Ritter den Aufsatz noch vor seiner Veröffentlichung an Schelling gesandt (Ritter, Brief an Schelling vom 3.12.1801 (siehe Rehm (ed) [UBJW]/b:56)). Wie Rehm mit guten Gründen vermutet, könnte dies Schellings wütende Angriffe auf Ritter aus dem Jahr 1802 erklären (Rehm (ed) [UBJW]/b:55, 82n119 mit Verweis auf weitere Literatur).

128 Ritter [vCMi]:159n.

129 Ritter, Brief an Frommann vom 23.1.1802 (siehe Richter (ed) [PRJW]:127/8; für den Wortlaut s. o. § 4.3.4). Das sollten wir nicht überbewerten; in privaten Briefen neigte Ritter zu ungeschützten Überspitzungen und schneidenden Aussagen, wie sein oben zitierter Brief an Arnim deutlich genug zeigt, der vor dem berühmten Auftritt entstand (Ritter, Brief an A. Arnim vom 6.5.1801 (siehe Rehm (ed) [UBJW]/b:39)).

130 Steig [AvAC]:27.

Wie im vorigen Paragraphen zitiert, war sich Ritter sicher, dass Goethe das fragliche Heft seiner *Beyträge* sowieso in die Hände bekommen würde.[131] Aus dem Gesagten wird verständlich, warum Ritter ihm kein Freiexemplar zukommen lassen wollte; wie er annahm, hätte ihm sein in der Veröffentlichung zur Schau gestelltes Wohlwollen gut und gerne als Furchtsamkeit ausgelegt werden können – so als ob ihn Ritter für die wissenschaftliche Kritik feigerweise mit einem Freiexemplar hätte beschwichtigen wollen. Das wäre in Ritters Augen zuviel des Guten gewesen; er wollte sich vom Dichter offenbar nicht überinterpretieren lassen. Wie man sieht, dosierte er seine Signale nach Weimar mit größter Umsicht. Nach einem endgültigen Bruch mit Goethe hätte er sich weniger ausgewogen verhalten können.

Vertiefungsmöglichkeit. Es würde uns zu weit vom Weg abführen, Goethes magnetisches Experiment genauer zu untersuchen und zu prüfen, warum es mit groben Messinstrumenten funktionieren konnte, einer verfeinerten Analyse mit Ritters besserer Ausrüstung hingegen nicht standhielt. Obgleich Ritter das Experiment per Brief »absolut falsch« nannte, bedeutet dies nicht, dass er Goethes experimentelles Können in dieser Angelegenheit geringgeschätzt hätte.[132] Im Gegenteil; wie ein Blick hinter die Kulissen zeigt, musste sich Ritter anstrengen, um Goethes Experiment zu entkräften – und zwar hat er der Angelegenheit in seinem Arbeitsjournal eine Reihe von Seiten gewidmet, aus denen hervorgeht, wie mühselig er mit der experimentellen Entkräftung vorankam: Zunächst umkreiste er nicht ohne Zustimmung einige Überlegungen Schellings, die mit der Angelegenheit zu tun hatten – und ließ das Thema monatelang ruhen.[133] Als er den Faden wieder aufnahm, begann er mit theoretischen Überlegungen, in deren Lichte Goethes Versuchsergebnis unplausibel erschien, und verglich die Sache mit einem ähnlichen Fall, den er schon ausprobiert hatte, der aber nicht identisch mit demjenigen Goethes war.[134] Zwei Tage später führte er ein Experiment durch, das die Meinungsverschiedenheit einer Klärung näherbrachte; hierbei entdeckte er eine verbesserte Methode zu magnetisieren.[135] Die Ergebnisse dieser Methode extrapolierte er so, dass sie auf Goethes Experiment hätten passen müssen:

> »Schön wär's, wenn ich das schon mit dem bloßen Würfel könnte. Es würde Göthe noch mehr widerlegen« (Ritter, Arbeitsjournal unter dem 13. 1. 1801).[136]

Auf den folgenden Seiten des Arbeitsjournals weitete er die gewonnenen Einsichten systematisch aus. Das alles war kein Schlag ins Gesicht des Wissenschaftlers Goethe – im Gegenteil, Ritter nahm dessen Experiment ernst genug, um es theoretisch zu analysieren,

131 Damit hatte Ritter sich nicht verrechnet; zwar fehlte der Band in Goethes Bibliothek (Ruppert [GB]:§ 5021), doch hat Goethe ihn vom 16. 1. 1806 bis zum 14. 6. 1806 ausgeliehen (Keudell [GaBW]:§ 443).
132 Vergl. Ritter, Brief an A. Arnim vom 6. 5. 1801 (siehe Rehm (ed) [UBJW]/b:39).
133 Ritter, Arbeitsjournal unter dem 21. 4. 1800 (siehe Ritter [VD]:22).
134 Ritter, Arbeitsjournal unter dem 11. 1. 1801 (siehe Ritter [VD]:82).
135 Ritter, Arbeitsjournal unter dem 13. 1. 1801 (siehe Ritter [VD]:85).
136 Ritter [VD]:86.

experimentell zu variieren, mit verfeinerten Mitteln zu kritisieren und aus alledem für seine eigenen Fragestellungen Gewinn zu ziehen. Ritter legte diese Notizen übrigens nieder, kurz nachdem er ein anderes magnetisches Experiment für Goethe durchgeführt und die gemeinsame Prognose zum Versuchsausgang bestätigt hatte.[137] So geht rationale Wissenschaft: Unabhängig vom Ansehen der Person eines Partners prüft man dessen Argumente und Experimente, um die Spreu vom Weizen zu trennen. – Übrigens hat Goethe seinen Magnetversuch nie im eigenen Namen veröffentlicht.[138] Für einen Vortrag am 9.10.1805 hat er sich lediglich die *Frage* notiert, ob das Experiment so ausgeht, wie Schelling fünf Jahre zuvor publik gemacht hatte.[139] Bei einer ähnlichen Gelegenheit drei Jahre später hat er das Thema kommentarlos auf sich beruhen lassen, und zwar, nachdem er sich den Band mit Ritters Kritik ausgeliehen hatte.[140] Offenbar hatte er Ritters 1802 veröffentlichte Kritik auf dem einen oder anderen Weg zur Kenntnis genommen – und bedacht. Dass Schelling mit der Sache publizistisch vorgeprescht war, bedeutete einmal mehr Pech für Goethe.

Ritters Vorlesungen in Gotha

§ 4.3.6. Der berühmte Auftritt vom September 1801 kann sehr wohl für eine zeitweilige Entfremdung zwischen meinen beiden Protagonisten verantwortlich gewesen sein, markierte aber keineswegs einen endgültigen Bruch.[141] Wenn ich mit dieser These recht haben sollte, müssten sich weitere – konstruktiv verlaufende – Kontakte zwischen den beiden belegen lassen; das werde ich im kommenden Hauptteil anhand weiterer Begegnungen meiner Protagonisten herausarbeiten.

Ritter zog im Spätherbst wieder nach Jena, um sich dann Anfang 1802 für einige Wochen zu einem glücklichen Intermezzo mit vielen Experimenten und ca. zehn galvanistischen Experimental-Vorlesungen an den Hof in Gotha zu begeben.[142] Jede dieser Vorlesungen scheint über drei Stunden gedauert

137 Ritter, Brief an Goethe vom 25.12.1800 (siehe Klinckowstroem [GR]:144/5). Für den Wortlaut und eine Erörterung s. o. § 2.4.9.

138 Durner et al in Schelling [AA]/I.8:487.

139 Goethe [PVSA]:60.

140 Goethe [PVA]:124-126; Keudell [GaBW]:§ 443.

141 Gegen Richter [LPJW]:77; für den Wortlaut s. o. § 4.2.10.

142 Einzelheiten zu diesem zweiten Besuch in Gotha bieten Ritters Briefe an Frommann vom 6.1.1802, 9.1.1802, 18.1.1802, 23.1.1802, 19.2.1802 (siehe Richter (ed) [PRJW]:121-131). Eine Übersicht über die reichen Erträge der dortigen Experimente veröffentlichte er im Jahr 1802 (Ritter [NVüG]/A) und erneut 1806 (Ritter [NVüG]/B); Details der Gothaer Experimente erschienen im Jahr 1803 (Ritter [VmVZ]). Ritter verließ Gotha Anfang März 1802, vermutlich am 3.3.1802 (Ritter, Brief an C. Brentano vom 2.3.1802 (siehe Rehm (ed) [UBJW]/a:333)), kann seine Vorlesungen also nicht bis Anfang April fortgesetzt haben (gegen Kisser in Schelling [AA]/III.2.2:821; schon am 18.3.1802 datierte Ritter wieder aus Jena (Ritter, Brief an C. Brentano vom 18.3.1802 (siehe Rehm (ed) [UBJW]/a:334)). –

zu haben.[143] Dort führte er in erster Linie seine elektrochemischen Experimente vor, redete aber auch über die polaren Versuchsergebnisse bei galvanischer Stimulation der eigenen Wahrnehmungsorgane und zeigte sogar die belichteten Hornsilber-Präparate, die er in Weimar hergestellt hatte.[144]

Und nach seiner Rückkehr kam ihm im Sommer 1802 ausdrücklich Goethe in den Sinn, als er sich gegenüber Ørsted in einem Atemzug zugunsten dreier Polaritäten (im Licht, im Magnetismus, in der Elektrizität) aussprach und einer allumfassenden »Metamorphose der Pflanzen, der Thiere, der Menschen, der Erde, der Menschheit etc.« das Wort redete.[145]

Ende 1803 schließlich ist es in Jena zu weiteren nachweislichen Begegnungen zwischen Goethe und Ritter gekommen. Wie Sie sehen werden, ergibt sich aus den (spärlichen) Nachweisen kein Grund anzunehmen, dass sich Ritter und Goethe feindselig gegenübergetreten wären. Ebensowenig finden sich dort Indizien für unlösbare Meinungsverschiedenheiten in optischen Fragen.

Doch bevor ich das darstelle, möchte ich genauer durchdenken, welche Beobachtungen Ritters die Entfremdung ausgelöst haben könnten. Das bringt mich zur nächsten Etappe innerhalb meiner chronologisch geordneten Darstellung. Vor den noch zu behandelnden Treffen im Jahr 1803 schrieb Ritter einen neuen Aufsatz über das Sonnenlicht. Er ist Gegenstand des kommenden Kapitels.

Vertiefungsmöglichkeit. Es ist ein historischer Glücksfall, dass in Gotha anonyme Protokolle der Vorlesungen Ritters überliefert sind.[146] Von wem die Protokolle stammen, lässt ihr Herausgeber offen.[147] Sie zeugen von großer Sachkunde und stellen insofern eine beachtliche schriftstellerische Leistung dar, als sie wesentlich klarer sind als Ritters eigene Texte. Bedenken Sie: Im allgemeinen sind nur Kenner imstande, die Ausführungen eines Genies

Die umfangreichen Publikationen, die aus Ritters Experimenten in Gotha hervorgegangen sind, nennt Weber [E]:XXXV-XXXVI.

143 Ritter, Brief an Frommann vom 18.1.1802 (siehe Richter (ed) [PRJW]:125).

144 Anonym [PüaS]:187, 196. Weil Ritter diese Spektralexperimente also (anders als Poppe meint) in Gotha zur Sprache brachte, dürfte er sich sehr wohl auf sie an derjenigen Stelle des Briefs an den Herzog bezogen haben, wo er »über die optischen Phänomene« schrieb (Ritter, Brief an Herzog Ernst von Gotha vom 14.6.1802 (siehe Poppe [JWRE]:183), vergl. p. 197n17).

145 Ritter, Brief an Ørsted vom 25.7.1802 (siehe Harding (ed) [CdHC]/II:19). Dass Ritter hier in seiner Schwärmerei weit über seinen vorsichtigeren Kronzeugen Goethe hinausging, zeigt Wetzels [JWR]:86/7. Ritter hat Goethes Metamorphosengedanken später noch einmal aufgegriffen (s. u. § 6.2.14).

146 Anonym [PüaS]; siehe dazu Stein [NF]:176-181.

147 Stein [NF]:181.

zu vereinfachen, ohne dabei ausgemachten Unsinn zu produzieren. Nun nahm laut Ritters Angaben u. a. der Bruder des unlängst verstorbenen Göttinger Experimentalphysikers Georg Christoph Lichtenberg an den Vorlesungen teil.[148] Da er sich bestens mit Physik auskannte und Ritters Arbeiten studierte, könnte es sich lohnen, durch Vergleich der Handschriften festzustellen, ob die Protokolle von Ludwig Christian Lichtenberg geschrieben worden sind.[149]

Der Gothaer Physiker Friedrich Christian Kries könnte die Protokolle ebenfalls geschrieben haben; Ritter erwähnte ihn zwar nicht unter den Hörern der Vorlesung, hat ihn aber am Tag ihres Beginns getroffen und später mit ihm Briefe ausgetauscht.[150] Eine weitere Möglichkeit wäre der Astronom Franz Xaver Zach, der freilich etwas andere Interessengebiete hatte.[151] Diese Möglichkeit wirkt weniger wahrscheinlich, da Ritter ihn in seiner Aufzählung von Hörern nicht erwähnte und sogar seine Abwesenheit vermerkte.[152]

Vorschau

§ 4.3.7. Um meine Rekonstruktion des Streits abzusichern, muss ich eine Reihe von Aufgaben erledigen. Im Sinne der komplementären Wissenschaft genügt es nicht, die fraglichen Beobachtungen Ritters nur in dessen Schriften zu identifizieren. Man muss sie auch – möglichst mit den damals verfügbaren Mitteln – zu reproduzieren versuchen; nur wenn die Beobachtungen damals wirklich gemacht werden konnten, werden sie im Streit der beiden die Rolle gespielt haben, die ich ihnen zuschreibe (für erste Vorversuche einer solchen Replikation s. u. § 4.4.13-§ 4.4.14).

Zudem muss ich nach Spuren jener Beobachtungen in Goethes Schriften über die Farben zu suchen. Immerhin behauptete Ritter sieben Jahre später, dass Goethe die fraglichen Beobachtungen nicht länger leugne, ja dass er sie inzwischen selber am Wasserprisma gesehen habe.[153] Es wäre seltsam, wenn sich das in Goethes *Farbenlehre* nicht irgendwo niedergeschlagen hätte – darauf werde ich am Ende meiner Darstellung zurückkommen; wie Sie sehen werden, hat Goethe sein Problem innerhalb der *Farbenlehre* einfach auf den Schultern von Seebeck abgeladen.[154]

148 Ritter, Brief an Frommann vom 9. 1. 1802 (siehe Richter (ed) [PRJW]:123).
149 Zu Lichtenbergs Ritter-Lektüre äußert sich Ritter, Brief an Frommann vom 23. 1. 1802 (siehe Richter (ed) [PRJW]:128).
150 Brief an Frommann vom 9.-10. 1. 1801 (siehe Richter (ed) [PRJW]:123/4); Ritter, Briefe an Kries vom 24. 5. 1803, 6. 4. 1806, 30. 9. 1806 (siehe Guiot (ed) [SUBv]:222-230).
151 Vergl. Poppe [JWRE]:196n16.
152 Ritter, Brief an Frommann vom 9. 1. 1801 (siehe Richter (ed) [PRJW]:123/4).
153 S. o. § 4.3.1.
154 S. u. § 6.3.7.

Und schließlich muss man klar sagen, welche »Behauptung« Goethes es genau gewesen sein soll, die Ritter meinte beweisen zu können. Laut meiner Interpretation kommt dafür nur eine These Goethes infrage: die für uns gewöhnungsbedürftige, aber im polaristischen Denken wohlmotivierte These, dass bei der prismatischen Erzeugung der Spekralfarben immer auch die Finsternis ein Wörtchen mitzureden hat.

4.4. Die zwei Entdeckungen in Ritters Rückschau (1802 bis 1803)

Ritter veröffentlicht mehr zum Licht

§ 4.4.1. Der Text, um den es jetzt gehen soll, ist der dritte der vier Aufsätze, die Ritter über das Sonnenlicht veröffentlicht hat; sein schlichter Titel lautet:

»Versuche über das Sonnenlicht«.[155]

Ritter schrieb den Text im November 1802 und publizierte ihn im April 1803, also anderthalb Jahre nach dem mutmaßlichen Streit mit Goethe.[156] Ritter hatte genug Zeit, um die Sache kühlen Kopfes zu durchdenken und sich empirisch wie theoretisch abzusichern.

Er räumte dem Gegenstand des Streites nur das letzte Drittel des Aufsatzes ein. Dies muss nichts damit zu tun haben, dass er auf Goethe hätte Rücksicht nehmen wollen oder dass ihm die Sache unwichtig vorgekommen wäre. Vielmehr dürfte der Grund dafür darin liegen, dass Ritter vor allem unter Naturwissenschaftlern mehr Aufmerksamkeit für seine ursprüngliche Entdeckung jenseits der blauvioletten Spektralfarben gewinnen wollte, der er den Beginn seines Aufsatzes widmete. Als erstes erinnerte er an Herschels Entdeckung und dann an seine eigenen Experimente mit Hornsilber. Dieser Teil des neuen Aufsatzes ist ungefähr so lang und detailgetreu wie der kurze Forschungsbericht aus dem Jahr 1801.[157] Der Forschungsbericht schien ohne größere Wirkung vor dem Fachpublikum verpufft zu sein.[158] Das mag am Publikationsorgan gelegen ha-

155 Ritter [VüS]/A. S.o. § 3.3.2.

156 Das Abfassungsdatum liefert Ritter [VüS]/B:353n; das Veröffentlichungsdatum ergibt sich aus einer Zeitschätzung analog zu der in § 3.1.2, Fußnote 19.

157 Das war der erste Text aus meiner Liste (§ 3.3.2), siehe Ritter [CPiL].

158 Details zur unbefriedigenden Resonanz bei Frerck et al [RD]:145-152 *et passim*. Siehe aber die nächste Fußnote.

ben; in erster Linie richtete sich das Erlanger *Intelligenzblatt der Litteratur-Zeitung* nicht an Forscher vom Fach, sondern an das interessierte Publikum.[159]

Diesmal publizierte Ritter die Einzelheiten seiner Entdeckung in Gilberts *Annalen der Physik*, also wie gesagt im damals wohl wichtigsten deutschsprachigen Journal für Physik. Dort hatte er zwei Jahre zuvor in acht Zeilen die allererste Meldung des Versuchsergebnisses plaziert, um zuletzt zu versprechen:

> »Nächstens mehr davon«.[160]

Auch um dies Versprechen zu erfüllen, wird Ritter den Aufsatz bei Gilbert abgeliefert haben; Gilbert hatte ihn dazu ausdrücklich aufgefordert.[161]

Seitenhiebe auf Goethe?

§ 4.4.2. Da Ritter den Namen Goethes nirgends in dem Aufsatz erwähnt hat, müssen wir auf alle Indizien achtgeben, die sich als versteckte Reaktionen Ritters auf den Streit mit Goethe verstehen lassen. Wie Sie gleich sehen werden, führt die Interpretation des Aufsatzes in dieser Hinsicht nicht immer zu eindeutigen Resultaten. So verbeugte sich Ritter in der Einleitung vor den englischen Physikern und lobte deren Arbeit an der

> »Lehre von Licht und Farben überhaupt, deren Pfleger sie so lange *gewesen* sind«.[162]

Man kann das als kleinen Seitenhieb auf Goethe verstehen, dessen Feindschaft gegenüber einem berühmten englischen Physiker zumindest unter Eingeweihten bekannt war. Man kann es aber auch so verstehen, als habe Ritter das Lob für die englischen Physiker mit Absicht zweischneidig formuliert. Denn wie im Zitat hervorgehoben lobte er jene Pfleger in der Vergangenheitsform. Wollte Ritter vielleicht andeuten, dass von nun an Deutsche (aus Weimar und Jena) die Pflege der Farbenlehre übernehmen würden?[163]

159 So Kleinert [EUSS]:295. Nichtsdestoweniger erweckte der Forschungsbericht bei einem hochkarätigen Mann Aufmerksamkeit, ohne dass Ritter davon Wind bekam – bei Kant; siehe Kant [AA]/XXI:88 (für den Wortlaut s. u. § 6.4.7). Auch im Ausland ist die Entdeckung von bedeutenden Forschern registriert worden, etwa von Davy und Wollaston (s. o. § 3.1.2).

160 Ritter [ANSS]; volles Zitat der Notiz in § 3.1.2.

161 Siehe Ritter [VüS]/B:353n.

162 Ritter [VüS]/A:409; meine Hervorhebung.

163 Dass er von derartigen wissenschaftspatriotischen Gedanken nicht frei war, hat er am Ende seines Lebens durchblicken lassen (Ritter [FaNJ]/I:CXVIII-CXX,

Oder wollte er sogar zu verstehen geben, dass er allein mit seinen Experimenten eine neue Epoche einläuten werde?

Wie ich zeigen möchte, steckt in dem Aufsatz der Sache nach der Versuch eines revolutionären Umsturzes; dem Ton nach gab sich Ritter hingegen unterkühlt – erst in späteren Kommentaren zu dem Aufsatz nahm er das *understatement* zurück und lieferte eine nachträgliche Entschuldigung dafür, dass er zunächst so vorsichtig formuliert hatte.[164]

Aber eines nach dem anderen; als erstes gilt es zu beleuchten, wie Ritter seinen Aufsatz beginnen ließ. Wo er Herschels und seine eigene Entdeckung beschrieb, schloss er sich diesmal eng an die Rede von unsichtbaren Strahlen an, die Herschel im Gefolge Newtons verkündet hatte. D.h. anders als im frühen Forschungsbericht aus der Zeit vor dem Streit mit Goethe distanzierte sich Ritter nicht wieder mithilfe abschwächender Umformulierungen vom Newtonianismus.[165] Auch das könnte man als Seitenhieb auf Goethe deuten. Vielleicht kam es Ritter jedoch nicht auf diesen Aspekt der Auseinandersetzung an.

Ein weiterer Seitenhieb könnte darin liegen, dass er im ganzen Aufsatz konsequent darauf verzichtete, Ausdrücke wie »Pol«, »Polarität« usw. zu verwenden. Aber das muss nicht viel heißen; der Aufsatz enthält polaristisches Gedankengut *par excellence*.

Einen letzten Seitenhieb schließlich könnte man darin vermuten, dass Ritter als nächstes mit Beobachtungen aufwartete, die sich am Newtonspektrum (Farbtafel 2 links) ergeben, insbesondere in dessen grünem Zentrum.[166] Doch wie der weitere Verlauf des Aufsatzes zeigt, folgte Ritter an diesem entscheidenden Punkt weiterhin den Ratschlägen Goethes.

Zoll für Zoll, Fuß für Fuß

§ 4.4.3. Goethe verlangte von den Physikern, nicht irgendeinen beschränkten Sonderfall zum Ausgangspunkt ihrer Experimente, Überlegungen, Erklärungen und Theorien zu machen; davon war bereits mehrmals die Rede.[167] Seine Forderung bezog sich insbesondere auf den Abstand zwischen Prisma und

vergl. Ritter [S]:29). Er konnte sich freilich auch zu sarkastischen Ausfällen gegenüber seinen deutschen Landsleuten hinreißen lassen (Ritter [BzVA]:699n*).

164 S. u. § 4.4.9.

165 S. o. § 3.3.3.

166 Ritter [VüS]/A:410.

167 S. o. § 1.2.6, § 3.4.8.

Auffangsschirm. Newtons Abstand von ca. sieben Metern erschien willkürlich, und ein ordentlicher Wissenschaftler sollte Goethe zufolge besser alle Abstände durchprobieren.

Dieser Forderung war Ritter bei seinen Experimenten mit Hornsilber zunächst nicht gefolgt. In seinem ersten Forschungsbericht hatte er Experimente im newtonischen Vollspektrum beschrieben (§ 3.3.5k) – das war der Sonderfall, dem Goethe besonders reserviert gegenüberstand. Im März 1801 war Ritter beim Vortrag vor der Jenaer Naturforschenden Gesellschaft von diesem Sonderfall abgerückt und hatte mit Goethes Kantenspektren argumentiert (§ 3.4.2) – das war ein anderer Sonderfall; wie vorhin vermutet hat er sich unter Goethes Einfluss dazu entschlossen, das Hornsilber in kleinerem Abstand vom Prisma ins prismatische Bild zu führen als ganz am Anfang dieser Forschung, um dann zuletzt sämtliche Abstände systematisch durchzuprobieren.

Laut dem neuen Aufsatz aus den Jahren 1802/3 hat Ritter diese zunächst nur geplante Versuchsserie noch im Frühsommer 1801 durchgeführt – also vor dem Streit am 18. 9. 1801. Er schrieb in seinem Aufsatz:

> »Nach dieser Kenntniss des Newtonschen Spectrums, zu dem eine bestimmte Entfernung vom Prisma gefordert wird, habe ich im Juni und Juli 1801 das Licht und seine Begleitung von der Grenze des Prisma selbst an, bis in Entfernungen von 40 Fuss und darüber von jenem, in chemischer wie in optischer Hinsicht, erst Linie für Linie, dann Zoll für Zoll, darauf Fuss für Fuss, genau verfolgt«.[168]

Ritter orientierte sich hierbei also an dem oberen der beiden Versuchsaufbauten, die Goethe ihm in seinem langen Brief vom März 1801 mittels einer kolorierten Zeichnung nahegebracht hatte (Farbtafel 11). Die ehedem gängige Längeneinheit einer Linie betrug ca. 2 Millimeter; ein Zoll hatte 12 Linien (also 2,4 cm), und ein Fuß maß 12 Zoll (28,8 cm). Ritter hat den Schirm demzufolge zunächst millimeterweise vom Prisma entfernt, hat dann das prismatische Bild ca. alle 2,5 cm aufgefangen und zuletzt alle 30 cm.

Was ist er dabei herausgekommen? Vermutlich diejenige Beobachtung, nach der wir suchen, mit deren Hilfe Ritter Newton vom Thron stoßen und Goethes Theorie beweisen wollte.[169] Das wären dieselben Beobachtungen, die den vermutlichen Streit mit Goethe heraufbeschworen haben.

168 Ritter [VüS]/A:411.
169 S. o. § 4.1.2.

Das chemische Bild verdoppelt sich

§ 4.4.4. Bevor ich Ritters neue Entdeckungen wiedergeben kann, muss ich einen Ausdruck seiner Terminologie erläutern; Ritter redete immer wieder vom »chemischen Bild« und vom »chemischen Spectrum«.[170] Was soll das sein?

Ritter verstand darunter ein Bild der chemischen Wirkungen dessen, was sich im Experiment hinter dem Prisma auffangen lässt – eine Art Photo. Die ersten Photos dieser Art entstanden im Zuge seiner Entdeckung des Utravioletten (Farbtafel 10). Aber dabei blieb Ritter nicht stehen. Der mit Hornsilber bestrichene Papierstreifen wurde von ihm z. B. so vorbereitet, dass sich darauf bereits eine einheitliche Verdunkelung abzuzeichnen begann (als Folge gleichmäßiger, kurzer Bestrahlung durch normales Sonnenlicht). Als er diesen vorbelichteten Papierstreifen ins Spektrum legte, und zwar sogar über dessen sichtbare Enden hinaus, zeichneten sich darauf jenseits des blauviolett beleuchteten Endes (oben) die stärksten und schnellsten Verdunkelungen ab, während sich überraschenderweise das entgegengesetzte (untere) rote Ende besonders schnell aufhellte. Laut Ritter und im Widerspruch zu unserer modernen Sichtweise fand dort die entgegengesetzte chemische Reaktion statt: »Oxydation des bereits Reducirten«.[171]

Auf dem Papierstreifen fand Ritter also einerseits ein Maximum der Schwärzung (oben) und andererseits ein Maximum der Aufhellung (unten); die beiden Extrema waren von kontinuierlich ineinander übergehenden Grauzonen umgeben, und die Mitte zwischen ihnen war neutral, hatte ihren Grauwert also nicht verändert. Auf dem gesamten Papierstreifen zeigte sich ganz handgreiflich ein Bild der chemischen Wirkungen des gebrochenen Lichts, oder kürzer: ein chemisches Bild bzw. chemisches Spektrum. Für eine moderne Replikation ähnlicher Versuchsergebnisse durch Anna Reinacher siehe Farbtafel 13.

Das chemische Bild, das ich eben beschrieben habe, fing Ritter im newtonischen Vollspektrum auf – also bei mittelgroßen Abständen zwischen Prisma und Schirm. Als er dieselbe Sache im Stil Goethes mit kürzeren Abständen

170 Ritter [VüS]/A:411/2.

171 Ritter [VüS]/A:410; Hervorhebung weggelassen (ähnlich schon Ritter [BzHN]:90/1 (§ 10)). Zu diesem merkwürdigen Ergebnis und seiner modernen Interpretation siehe meinen Bericht über Anna Reinachers Replikationsversuche (O. M. [IRaI]). Was Ritter sich in heutiger Redeweise (aber gegen jede heutige Chemie) unter der Umkehrung hätte vorstellen können, habe ich dort in einer kontrafaktischen Fußnote ausgearbeitet (O. M. [IRaI]:121/2n7).

ausprobierte, machte er eine erstaunliche Entdeckung. Unmittelbar hinter dem Prisma lassen sich *zwei* dieser vollständigen chemischen Bilder auffangen: eines oben (im Umfeld des kalten Kantenspektrums) und eines unten (im Umfeld des warmen Kantenspektrums). So jedenfalls verstehe ich folgenden Ausschnitt aus seinem Aufsatz:

> »[...] habe ich im Juni und Juli 1801 [...] gefunden, wie bereits zu jeder der beiden Seiten der aus dem Prisma so eben ausgetretnen Lichtscheibe *ein vollständiges chemisches Spectrum* ganz so zugegen ist, als nachher bei mehrern Fussen Distanz vom Prisma das Eine grössere«.[172]

Laut Ritter kann man das größere und vollständige chemische Bild (das sich bei newtonischen Abständen zeigt) bereits in Miniform direkt hinter dem Prisma auffangen, und zwar zweimal – an beiden Rändern der Farberscheinung, d. h. oben und unten.

Vertiefungsmöglichkeit. Wenn ich Ritter richtig interpretiert habe, so scheint seine neue Beobachtung den Versuchsergebnissen zu widersprechen, von denen er im Vortrag vor der Jenaer Naturforschenden Gesellschaft berichtet hatte. Damals hat er nicht auf jeder Seite des Prismas *beide* chemischen Reaktionen gefunden; vielmehr beobachtete er, dass sich das Hornsilber auf der kaltfarbigen Seite des prismatischen Bildes (und jenseits davon) schwärzte und dass es sich auf der warmfarbigen Seite (und jenseits davon) aufhellte. – Liegt hier ein Widerspruch zu Ritters früheren Beobachtungen vor? Ich meine nicht; Ritter hat im Anschluss an seine große Entdeckung lediglich den stärksten Verdunkelungs- bzw. Aufhellungseffekt beschrieben, und zwar noch bei Newtons recht großem Abstand zwischen Prisma und Auffangschirm. Erst im Sommer 1801 entdeckte Ritter bei akribischer Untersuchung unmittelbar hinter dem Prisma insgesamt zwei – weitaus weniger deutliche – Nebenmaxima (auf jeder Seite eines). Das war ein völlig neues Experiment. Hierfür spricht, dass er die weitergehenden Ergebnisse augenblicklich per Brief als Neuigkeiten meldete.[173] Mit dem letzten Satz setze ich voraus, dass Ritter in der knappen brieflichen Erfolgsmeldung tatsächlich auf die Nebenmaxima anspielte. Das ist plausibel; denn Ritter datierte den Brief auf den 3. 8. 1801 und bezog sich im Aufsatz genau auf Experimente aus den beiden Vormonaten, also auf die Zeit, in der er laut Brief seine Entdeckung gemacht hatte.[174] – Übrigens sollte Ritter nicht viel später brieflich davon berichten, dass sich die chemischen Bilder (ebenso wie die Wärme- und Farbenbilder) in *drei* Teile trennen, und dass sich jeder dieser drei Teile wiederum drittelt und so weiter bis ins Unendliche; da er im selben Atemzug von den »doppelten Bildern« sprach, scheint er keinen Widerspruch zwischen diesen alten und den neuen Beobachtungen gesehen zu haben und hat wohl gemeint, dass die

172 Ritter [VüS]/A:411/2; Hervorhebung geändert.
173 Ritter, Brief an Frommann vom 3. 8. 1801 (siehe Richter (ed) [PRJW]:112; volles Zitat in § 4.1.2).
174 Ritter [VüS]/A:411.

Neuigkeiten eine weitere Verfeinerung des bisher Erarbeiteten darstellten.[175] In der Tat unterschied er in diesem Zusammenhang jeweils zwischen dem einen Pol, dem anderen Pol und der von beidem aufgespannten Mitte.[176]

Das Nächste ans Nächste reihen

§ 4.4.5. Wie hängt das doppelte chemische Bild (nah am Prisma) mit dem einfachen chemischen Bild (bei größerem Abstand) zusammen? Diese Frage beantwortete Ritter im unmittelbar folgenden Satz; er hatte die Übergänge zwischen beiden Phänomenen untersucht:

> »Je mehr man sich vom Prisma entfernt, desto weiter breiten sich beide [chemischen Bilder] aus, greifen dann in einander ein, fangen darauf an sich gegenseitig zu decken, und fahren damit fort, bis sie endlich in der zur Erhaltung des Newtonschen Spectrums üblichen Distanz den Schein nur Eines Bildes bereits sehr vollkommen geben, ungeachtet die Deckung, selbst in Distanzen von 40 Fuss, noch nicht bis zur mathematischen Schärfe gediehen ist, auch wahrscheinlich in keiner endlichen Distanz ganz dahin gelangt«.[177]

Hier haben wir eine Behauptung, die Goethe hätte freuen müssen. Das grundlegende, einfache Phänomen zeigt sich laut Goethe (mittels Prisma und Hornsilber) an jeder *Grenze* zwischen Dunkelheit und Helligkeit; es hat nicht ausschließlich mit Licht zu tun, sondern auch mit dessen Gegenteil, mit der Finsternis.[178] Und das Phänomen, das sich bei newtonischen Abständen ergibt, ist Ritter zufolge nur dem Anschein nach einfach; in Wirklichkeit entsteht es aus der Überblendung zweier chemischer Bilder, die sich fast decken – aber nicht perfekt.

Das ist meiner Ansicht nach die erste Entdeckung, von der Ritter in seinen Briefen aus dem August 1801 an Frommann triumphierend berichtet hat, ohne Details zu nennen (Kapitel 4.1). Wie sich leicht verstehen lässt, meinte Ritter damit eine revolutionäre Waffe gegen Newton in der Hand zu haben; dessen Spektrum schien wirklich keinen grundlegenden Fall zu bieten. Aber inwiefern soll das Versuchsergebnis in Ritters Augen einen Beweis *für* Goethes Theorie liefern? Und warum soll es darüber zum Streit mit Goethe gekom-

175 Ritter, Brief an Ørsted vom 20. 5. 1803 (siehe Harding (ed) [CdHC]/II:33).
176 Ritter, Brief an Ørsted vom 23. 5. 1803 (siehe Harding (ed) [CdHC]/II:39).
177 Ritter [VüS]/A:412.
178 So später noch deutlicher in Ritter (ed) [SGRv]:726n.

men sein? Diese Fragen bringen uns zu einer anderen Entdeckung, die Ritter ebenfalls im Frühsommer 1801 gemacht hat und mit der er im neuen Aufsatz zum ersten Mal an die Öffentlichkeit trat.

Farbige Sensation

§ 4.4.6. Die wahre Sensation hat sich Ritter für das Ende seines Aufsatzes aufgespart. Was er in den *chemischen* Bildern des prismatisch gebrochenen Sonnenlichts entdeckt hat, findet sich genauso bei dessen *farbigen* Bildern:

> »jene Geschichte [der Entwicklungsstufen] des chemischen Spectrums [ist] ohne Widerpruch auch die des optischen oder des Farbenbildes [...], indem auch dieses zu jeder der beiden Seiten der Lichtscheibe nahe am Prisma schon ganz vorhanden war, zusammen mithin zwei da sind, die auf gleiche Weise, wie die chemischen, [s]päterhin sich mehr ausbreiten, in einander eingreifen, sich decken, und dies immer vollkommner thun, ohne jedoch, (aus gleichem Grunde, wie vorhin bei den beiden chemischen Bildern,) es irgend wo mit aller Genauigkeit zu thun«.[179]

Voilà, das wird das Experiment gewesen sein, mit dessen Hilfe sich Ritter für Goethes Theorie einsetzen wollte – und das stattdessen zum Streit mit Goethe geführt hat.

Warum meinte Ritter, dass das Experiment für Goethes Theorie spricht, ja dass es sie sogar beweist? Die Antwort ist nicht schwierig. Wenn sich das *volle* Farbenbild bereits da zeigt, wo Goethe immer nur die farbärmeren Kantenspektren beobachtet hatte, also immer an den prismatisierten Grenzen von Finsternis und Helligkeit, dann haben die Spektralfarben *von Anfang an* mit dem Zusammenspiel von Finsternis und Helligkeit zu tun – genau wie es Goethe gegen Newton nachweisen wollte. Anders als Newton gemeint hat, wäre nicht das weiße Sonnenlicht aus verschiedenfarbigen Strahlen zusammengesetzt; vielmehr entstünden die prismatischen Farben im Wechselspiel zweier entgegengesetzter Pole.

Doch wie bei näherem Hinsehen auffällt, ist Ritter von Goethes Sichtweise ein gutes Stück abgewichen. Laut Goethe bildet sich die grüne Mitte des Newtonspektrums erst bei erhöhtem Abstand durch Überlagerung der inneren Farbstreifen aus den beiden gegenüberliegenden Kantenspektren; laut

179 Ritter [VüS]/A:412/3; Hervorhebung weggelassen.

Ritter sind alle newtonischen Farben von Anfang an doppelt vorhanden und kommen erst bei erhöhtem Abstand zur Deckung.

Vertiefungsmöglichkeit. Interessanterweise sollte Ritter sich später noch etwas deutlicher darüber äußern, wie es kam, dass er die Zusatzfarben entdeckt hat:

> »Erst im Sommer 1801. brachte ich Hornsilberpräparate in die dazu gehörige Nähe am Prisma, und gab überhaupt mehr auf das dann Vorhandene mehr Achtung; – so wie ich denn gar nicht leugnen will, daß ich selbst vielleicht, ohne Versuche mit *jenen* [Hornsilberpräparaten], nie darauf gekommen wäre, diesen innern vom Weiß größtentheils überblendeten zweiten Farben, die mit den äußern zusammen ein jedes Mahl vollständiges Farbenbild liefern, denjenigen Werth einzuräumen, den ein gänzlich unbefangenes und umsichtiges Auge, ihnen, freilich auch *ohne* jene, längst einzuräumen Ursach gehabt hätte«.[180]

Die ausgeweiteten photochemischen Ergebnisse an den Kantenspektren brachten Ritter also allererst auf die Idee, an Ort und Stelle auch nach zusätzlichen Farben zu suchen. Laut Ritters Darstellung hätte ein (vom Newtonianismus) unbefangener Beobachter diese Farben auch ohne photochemische Vorarbeit sehen müssen. – Ich finde es besonders aufschlussreich, dass Ritter diese Anmerkung als Fußnote zu dem langen Brief Goethes formuliert hat, den er im Jahr 1808 veröffentlichen sollte (Kapitel 6.1). Wie es scheint, wollte Ritter zu diesem Zeitpunkt sicherstellen, dass Goethe bei Lektüre des Briefs daran erinnert würde, wie gut die ursprünglich strittigen Experimente zu seinem jahrzehntelangen Kampf gegen Newton beitragen würden; und er wollte Goethe offenbar darauf aufmerksam machen, dass er die strittigen Experimente *wegen* der Anregungen aus Goethes Brief durchgeführt hatte.

Goethe genervt?

§ 4.4.7. Wenn die Überlegung aus dem vorigen Paragraphen richtig ist, müssen wir als nächstes fragen: Warum ist Goethe nicht in Begeisterungsstürme ausgebrochen? Warum hat er keine Hekatombe geopfert, kein *Heurekamen!* gerufen und Ritter nicht beglückwünscht?

Darüber können wir nur spekulieren. Entweder reagierte Goethe allergisch auf Ritters Anspruch, irgend etwas *widerlegen* zu wollen. Goethe hatte sich mühsam von solchen Ansprüchen befreit und wollte dem Heißsporn möglicherweise bei diesem wissenschaftsphilosophischen Thema keinen Zoll nachgeben. Denken wir nur an die Vorgeschichte, aus der Goethe wie ein gebranntes Kind hervorging: In den *Beyträgen zur Optik* aus dem Jahr 1791 hatte er Newton noch widerlegen wollen.[181] Damit zog er sich berechtigte Kritik zu.[182]

180 Ritter (ed) [SGRv]:725n; Hervorhebung im Original.
181 Goethe [BzO]/1:§ 56.
182 Siehe Anonym [WiI]:242-245 sowie Gren [EBüH]:13, 18-20.

Und so hat Goethe schon ein Jahr später Abstand von diesem hohen Anspruch genommen – um im selben Atemzug *jeden* Anspruch zurückzuweisen, mithilfe von Erfahrung irgend etwas aus Experimenen zu beweisen oder zu widerlegen.[183] Bei dieser skeptischen Haltung ist er sein Leben lang geblieben.[184] Ritter hingegen setzte von Anfang an und felsenfest auf eine einzige wahre Theorie aller Naturerscheinungen.[185]

Vielleicht war Goethe aber auch nicht aus wissenschaftsphilosophischen, sondern aus forschungsstrategischen Gründen alles andere als begeistert. Soeben war er wie gesagt voller frischer Ideen für die *Farbenlehre* aus Göttingen zurückgekehrt. Zur Vollendung dieses gigantischen Unternehmens hatte er einen detaillierten Plan mitgebracht.[186] Den sollte er jetzt über den Haufen werfen, nur weil ein Ritter dahergaloppiert kam und ein paar neue Farben gesehen hat, wo vorher keine waren?

Gerade auf die *zwei*farbigen Kantenspektren hatte sich Goethe inzwischen innerlich festgelegt. Er hatte sie sorgfältig studiert – und hatte die darin von Ritter zusätzlich entdeckten Farben nie zuvor gesehen. Waren sie überhaupt da? Ritter gab zu, dass man sie leicht übersehen konnte:

> »Die nach dem Innern der Lichtscheibe fallende Hälfte jedes Bildes erscheint dabei natürlich nicht mit der Intensität fürs Auge, als die äussere eines jeden nach der Schattenseite hin, indem das zwischen beiden letztern Hälften, nahe am Prisma, noch vorhandne weisse Licht, was und wo es mit erstern einerlei Raum einnimmt, sie [...] überblendet«.[187]

Und so glaubte Ritter erklären zu müssen, warum die neuen Farben niemandem vor ihm aufgefallen sind:

> »Stark genug sind jene innern Hälften beider Bilder indess immer noch, besonders in grosser Nähe am Prisma, dem Auge da, um glauben zu machen, dass sie den Beobachtern unter den gehörigen Umständen häufig genug bereits vorgekommen, von ihnen aber, aus irgend einer Ursache, gleichsam wie eine Unreinigkeit, keiner Achtung gewürdigt worden sind«.[188]

183 Goethe [VaVv]/A:14/5; etwas weniger deutlich (wohl im Jahr 1793) in Goethe [üNHD]:155, 157/8, 160, 163.
184 Goethe [ETN]:§ 31; Goethe [ÄE]:182.
185 Ritter [BDBG]:IX.
186 Goethe [SF]; mehr darüber in § 4.2.8k.
187 Ritter [VüS]/A:413.
188 Ritter [VüS]/A:413.

Sollte Ritter beim berühmten Auftritt ähnlich argumentiert haben, kann man sich Goethes Reaktion gut ausmalen. Er mag mit schneidender Ironie gesagt haben: Man sieht nur, was man weiß.[189]

Goethe, vernünftiger?

§ 4.4.8. Im vorigen Paragraphen habe ich Goethe nicht allzu gut wegkommen lassen. Ich habe mich an Ritters Lamento (§ 4.3.1) orientiert und die Schuld für den mutmaßlichen Streit bei Goethe angesiedelt. Doch vielleicht hatte er gute Gründe, gegen Ritters Vorführung zu protestieren? So könnte er mit gutem Recht eingewendet haben, dass die angeblichen neuen, schwachen Farben bloß auf Störungen des Versuchsaufbaus zurückgehen. Waren sie überhaupt präsent? In der Tat mag der Streit bei völlig verschiedenen Reaktionen Goethes seinen Ausgang genommen haben. Vielleicht kam es zum Streit, weil Goethe die zusätzlichen Farben nicht sehen wollte – vielleicht aber auch, weil er sie nicht sehen konnte.

Für die zweite Möglichkeit sprechen Ritters eigene Notizen. Bedenken Sie, dass Goethe eine Generation älter war als Ritter und schlechtere Augen gehabt haben dürfte. Wie schwierig es gewesen sein muss, die fraglichen Zusatzfarben zu beobachten, hatte Ritter im Arbeitsjournal festgehalten, während er auf Goethes Rückkehr aus Göttingen wartete:

> »Bey den Göthischen Farbenrändern ist Licht / Schatten gerade daßelbe, was beym Prisma
> Licht
> Farben sind. Auch bey diesen
> Schatten
> Farbenrändern ist das völlige Bild da. Nur daß man es nicht immer hat.
> hell β
> Bey hat man an α Violett.
> dunkel α
>
> Aber über Violett ist doch noch Roth mitten im Weißen. Man sieht dies nicht im Dunkl., da doch das Weiß sehr stark ist. Aber ist das Weiß indem penetranten dann tritt das Roth allerdings hervor. Gegen einen halbdunklen Körper gesehen wird es vollends dunkel. Da sieht man stark roth über

189 So hatte sich Goethe (in einem anderen Zusammenhang) bereits 1798 geäußert (Goethe [EiP]:13; ähnlich formulierte er lange nach Ritters Tod im Gespräch mit F. Müller vom 24. 4. 1819 (siehe Herwig (ed) [GG]/3.1:112)).

violett. Das violette unter u. darüber, aber immer noch *innerhalb* des Objekts roth. Dieser Veruch ist einmal mit aller möglichen Hartnäckigkeit zu verfolgen« (Ritter, Arbeitsjournal unter dem 16. 8. 1801).[190]

In dieser Notiz schenkte Ritter nur einer einzigen der von ihm entdeckten Zusatzfarben Aufmerksamkeit: dem Rot, das er in der weißen Mitte in der Nähe des kaltfarbigen Kantenspektrums unter Schwierigkeiten nur dann sehen konnte, wenn die weiße Mitte ihn nicht zu stark blendete. Ob es sich – wie man vermuten darf – bei den anderen Zusatzfarben ähnlich verhielt, ließ er offen. Selbst wenn sie etwas besser erkannt werden konnten, wird der Gesamteffekt alles andere als deutlich gewesen sein. Und weil Ritter das selber zugeben musste, ist es umso verständlicher, wenn Goethe dem Effekt mit größter Skepsis begegnet ist.

Abgesehen davon könnte er auf Inkonsistenzen in Ritters Diagnose hingewiesen haben. Soll etwa ein und dasselbe Vollspektrum sowohl unten an der Hell/Dunkel-Grenze als auch oben an der entgegengesetzten Dunkel/Hell-Grenze zum Vorschein kommen? Das erscheint ausgeschlossen: Dann müsste die umgekehrte Anordnung dieser beiden Grenzen ein und dasselbe Versuchsergebnis liefern, und es gäbe kein Komplementärspektrum. Doch das Komplementärspektrum war Goethes wichtigste Entdeckung.

Viel scheint darauf anzukommen, wie stark die neuen Farben in den erweiterten Kantenspektren Ritters zur Geltung kommen. Bei der Hell/Dunkel-Grenze hat man bislang immer nur die warmen Farben gesehen (Rot und Gelb), bei der entgegengesetzten Dunkel/Hell-Grenze bislang immer nur die kalten Farben (Türkis und Blauviolett). Nun aber sind laut Ritter an beiden Grenzen (nach dem Weg durchs Prisma) immer auch die entgegengesetzten Farben präsent, allerdings schwächer. Was soll diese Zweiklassen-Gesellschaft bringen? Das jedenfalls mag eine der berechtigten Fragen gewesen sein, die Goethe vielleicht gestellt hat.

190 Ritter [VD]:156; Hervorhebung im Original. Es ist so gut wie ausgeschlossen, Ritters zweidimensionale Organisation des Gedankens im Druck isomporh wiederzugeben. Er schrieb z. B. »Licht« und »Schatten« in ein und derselben Zeile untereinander, wie in einem arithmetischen Ausdruck der Bruchrechnung; um das zu berücksichtigen, musste ich Zeilenwechsel einfügen, die im Original nicht vorkommen. – Während es klar zu sein scheint, dass der Ausdruck »penetrant« auf einen Lesefehler Poppes zurückgeht, sehe ich mich derzeit außerstande, eine bessere Lesart vorzuschlagen; für meine augenblicklichen Zwecke ist diese Ungereimtheit unschädlich.

Hätte; könnte; wohl; vielleicht – so mag man munter weiterspekulieren. Lassen wir das; Ritters Berichte aus dem Arbeitsjournal und dem Aufsatz von 1802/3 sind zu knapp, um weitergehende Schlüsse zuzulassen. Wir kennen den von ihm beobachteten Effekt bis auf weiteres nicht genau genug. Solange sich daran nichts ändert, wird sich kaum entscheiden lassen, wie Goethe darauf reagiert hätte bzw. wie er darauf vernünftigerweise hätte reagieren sollen. Man müsste versuchen, den Effekt zu reproduzieren. Das hat bislang kein Ritterforscher versucht; im Kleingedruckten ganz am Ende dieses Kapitels finden Sie zwei völlig verschiedene Anläufe in dieser Richtung, siehe § 4.4.13 und § 4.4.14.

understatement

§ 4.4.9. Soweit ich weiß, hat bis heute niemand den mutmaßlichen Streit zwischen Goethe und Ritter in einen Zusammenhang mit den Experimenten gebracht, von denen ich zuletzt berichtet habe.[191] Warum sind sie den Ritter- und Goetheforschern bislang entgangen?

Vermutlich liegt es daran, dass Ritter sie ohne jeden ausdrücklichen Bezug zu Goethe oder Newton vorbrachte: Weder sagte er in seinem Aufsatz, dass diese Beobachtungen Newton entkräften; noch sagte er, dass sie Goethe stützen. Er gab noch nicht einmal zu Protokoll, wie überrascht er gewesen ist, als ihm die Beobachtungen gelungen sind; er machte also keine Sensation aus ihnen – ganz anders als in den Briefen an Frommann, aus denen ich zitiert habe.

Das *understatement* bedarf einer Erklärung. Ritter hat sich dazu später geäußert, und zwar in einer ausführlichen Anmerkung, die er dem zweiten Erscheinen seines Aufsatzes im Jahr 1806 voranschickte:

> »Dass aber §. V., oder das in der Inhaltsanzeige unterstrichene Resultat, nicht mehr Sensation gemacht hat, ob es gleich das Paradoxeste war, was, seit Newton vielleicht, als gemachte Beobachtung behauptet werden konnte, und wie es da steht, auch in ausländische Journale, (vergl. z. B. *Journal de physique*. T.LVII. p.410-411), überging, ist mir bis diesen Augenblick noch eben so unbegreiflich, als dass, nachdem seit länger denn 100 Jahren durchs Prisma gegangenes Sonnenlicht von vielen Tausenden beobachtet war, nichtsdestoweniger ich, soviel ich weiss, der Erste seyn konnte, der jenes täglich zu habenden Paradoxons erwähnte. *Dass ich dasselbe damals so geräuschlos wie möglich, und Jahre später, als ich es entdeckt, erzählte, dazu hatte*

191 Richters Irrtümer zu diesem Thema habe ich bereits benannt, s. o. § 4.2.10 sowie § 4.3.1k.

> *ich freylich meine Gründe.* Es waren die nämlichen, aus denen am Schlusse ich so übertrieben vorsichtig war, selbst die Substanz des Prismas möglichst bestimmt anzugeben. Allein der erste beste Versuch hätte lehren können, dass Prismen jeder Art und Form das nämliche Resultat gewähren; wie ich denn selbst, seit 1803, kein einziges Prisma, aus festen wie aus flüssigen Körpern, gesehen habe, das ohne alle Frage nicht dasselbe Resultat gegeben hätte, was ich bis 1802 allein vor gläsernen, und unter diesen auch nur vor einigen Arten derselben erst, (weil ich blos solche hatte), beobachtete«.[192]

Ritter wunderte sich also noch im Jahr 1806 darüber, dass niemand auf seine Entdeckung reagiert hatte; um das zu erklären, erinnerte er an die Geräuschlosigkeit, mit der er die überraschende Entdeckung verbreitet hatte.

Um die zitierte Anmerkung voll und ganz zu verstehen, muss man zweierlei wissen. Einerseits fasste Ritter in der Inhaltsübersicht, die beim ersten Erscheinen des Aufsatzes fehlte, das fragliche Resultat zusammen, und zwar gesperrt (also hervorgehoben, aber nicht i. e. S. »unterstrichen« wie laut vorigem Zitat):

> »Auch das in grösseren Entfernungen sichtbare nur Eine Farbenbild entsteht aus dem spätern Sich-Decken Zweyer, von denen gleich beym Austritt der Lichtscheibe aus dem Prisma zu jeder Seite derselben Eines und vollständig vorhanden ist«.[193]

Und andererseits bietet das angegebene ausländische Journal eine französische Übersetzung von Auszügen des Aufsatzes von Ritter zusammen mit weiterführenden Überlegungen.[194]

Im Vorübergehen möchte ich einen weiteren Gesichtspunkt hervorheben. Dass sich Ritter Sorgen um das Material der Prismen machte, zeugt von seiner Sorgfalt; Herschel war genau in dieser Hinsicht sorgloser gewesen, und seine Entdeckung hing sehr wohl vom Prismenmaterial ab, wie Seebeck später aufzeigen sollte.[195]

192 Ritter [VüS]/B:353/4n; Hervorhebung geändert. – Kleinert verknüpft den Anfang dieser Textstelle nicht mit denjenigen Beobachtungen Ritters, die ich damit verbunden habe, sondern mit dem Zusammenhang zwischen galvanischen und spektralen Farbgegensätzen, den ich in § 2.3.4 gestreift habe (Kleinert [EUSS]:296/7). Dass das nicht stimmen kann, ergibt sich daraus, dass sich Ritter wie zitiert auf Abschnitt V seines Aufsatzes bezog, wo die galvanischen Farben nicht vorkommen (Ritter [VüS]/A:412/3).

193 Ritter [VüS]/B:355, Hervorhebung weggelassen.

194 Ørsted [EsL].

195 S. u. § 6.1.3.

Stärkeres Getrommele

§ 4.4.10. Wie dargelegt trommelte Ritter im Jahr 1806 lauter für seine Entdeckung als 1802/3. Weitere zwei Jahre später (also im Jahr 1808) hat Ritter mit noch mehr Nachdruck auf die Sensation hingewiesen. Wünsch hatte Ritters Beobachtungen inzwischen bestritten.[196] Und in seiner Reaktion darauf holte Ritter zum Gegenschlag aus:

> »Eines bleibt mir jetzt noch zur Beantwortung übrig, was mir Hr. Wünsch zum ganz vorzüglichen Verbrechen anrechnet, ob es gleich eher ein noch größeres von seiner Seite seyn würde, das gethan zu haben, hätte er nicht tausende von Augen, die nicht sehen konnten, und selbst schärfere als die seinigen, vor sich, die, als sie sehen sollten, bloß nicht wollten. Es betrifft nämlich *die gewaltige Paradoxie*, welche ich in Gilbert's Annalen, B. XII. S. 412. 413. (oder §. V.), zum ersten Mahle kühnlich auszusprechen wagte, und nie wieder zurücknehmen kann, auch wenn ich einst noch absolut blind werden sollte, weil ich sie dann doch, als ich noch sah, gesehen hätte. Aber man weiß wohl kaum, wovon die Rede, wenn ich nicht *jenen gefährlichen §.*, und den ihm vorhergehenden, weil er sich auf ihn bezieht, geradezu hersetze«.[197]

Im Anschluss daran druckte Ritter zunächst den Paragraphen IV des Aufsatzes aus den Jahren 1802/3 ab (wo er von den zweifachen *chemischen* Bildern berichtet hatte); dann wiederholte er den Text des »gefährlichen« Paragraphen V mit den verdoppelten *Farb*bildern.[198] Und schließlich zitierte er wortwörtlich seine Anmerkung über die Sensation aus dem Jahr 1806.[199]

Warum nannte Ritter den Paragraphen V gefährlich? Er sagte es nicht ausdrücklich, aber der Grund versteht sich von selbst: Ritter meinte immer noch, dass die im Paragraphen enthaltenen Beobachtungen Newton stürzen müssten. Und er hat das nie wiederrufen.

Wie dem auch sei, nach den Jahren 1802/3, deren Darstellung ich nun abschließe, liefen Goethes und Ritters Pfade räumlich auseinander. In den kommenden Kapiteln werde ich darlegen, dass diese Entwicklung nichts an der weitgehenden Übereinstimmung ändern konnte, die sich bis hierhin herausgebildet hatte. Die Auseinandersetzung vom September 1801 dürfte mit

196 Wünsch [VüVS]/B:632.
197 Ritter [BzVA]:703, Hervorhebung geändert.
198 Ritter [BzVA]:703-705.
199 Vergl. Ritter [BzVA]:705 mit dem Text aus Ritter [VüS]/B:353/4n.

einem wichtigen, aber nicht mit einem entscheidenden Gesichtspunkt zu tun gehabt haben – dessen genaue Natur sich vielleicht nicht mehr in allen Einzelheiten wird klären lassen.

* * *

Ritter in Ørsteds französischer Übersetzung

§ 4.4.11. Als Ørsted in den Jahren 1802/3 in Paris war, versuchte er, in dortigen Wissenschaftskreisen die Aufmerksamkeit für Ritters bahnbrechende Entdeckungen zu verstärken.[200] Im Zuge dieser Bemühungen trug er Ritters Experimente in der *Societé Philomatique* vor und publizierte eine Reihe übersetzter Ausschnitte aus Ritters Schriften; der Großteil handelt vom Galvanismus, es folgt ein Ausschnitt über den Magnetismus und schließlich – für uns relevant – einer über das Licht.[201]

Die deutschsprachigen Quellen dieser letzten Veröffentlichung sind nicht erhalten, und so lässt sich schwer feststellen, wie stark Ørsted in Ritters Formulierungen eingegriffen hat und wer von beiden über Auswahl sowie Anordnung des Materials entschieden hat. Vermutlich gab Ritter seinem Freund freie Hand.[202] Ørsted wird sich mit Ritters Forschungsergebnissen gründlich ausgekannt haben, vor allem infolge seines zweiten (und letzten) Besuchs bei Ritter, der vom 13. 8. 1802 bis zum 4. 9. 1802 dauerte.[203]

Während des Besuchs hatte Ritter den Aufsatz über das Sonnenlicht noch nicht begonnen (§ 4.4.1); er wird ihn seinem dänischen Freund also erst später nachgesandt haben. Doch habe ich darauf in Ritters Briefen an Ørsted keine Hinweise gefunden.

In seiner französischen Fassung des Textes über das Licht erwähnte Ørsted zunächst Herschels Entdeckung der Wärmeeffekte jenseits vom roten Ende des Spektrums, um danach auf Ritters Nachweis chemischer Wirkungen im Hornsilber an der gegenüberliegenden Seite einzugehen (»désoxygénation«) und um schließlich die gegenteilige Reaktion

200 Klengel [üGDT]:91-105. Viele Details der Erfahrungen Ørsteds vor Ort bieten seine Reisebriefe (Ørsted in Jelved et al (eds) [TLoH]:136-211).

201 Siehe erstens Ørsted [EsAC], Ørsted [AaMs], Ørsted [EaPE]; zweitens Ørsted [EsM]; drittens Ørsted [EsL]. Die zuletzt erwähnten drei Texte wurden kurz darauf in William Nicholsons *Journal of Natural Philosophy, Chemistry and the Arts* auf Englisch herausgebracht und mit neuen Zusammenfassungen in der Marginalspalte versehen (Ørsted [EwEP]; Ørsted [EoM]; Ørsted [EoL]). – Man kann darüber streiten, ob Ørsted oder Ritter als Autor der französischen Texte aufzufassen ist; Weber entscheidet sich für beide Möglichkeiten (Weber [EFN]:72, 210, 221). Ritter selbst hat jedenfalls für einen dieser Aufsätze die Urheberschaft seinem Freund Ørsted zugeschrieben, und zwar vielleicht deshalb, weil er ihn »mit mehreren ihm eigenen sehr interessanten Anmerkungen« herausbrachte (Ritter [VBüG]/6:96n mit Bezug zu Ørsted [EsAC]).

202 Explizit tat er das bei anderen Ergebnissen seiner Forschung, die Ørsted in Paris veröffentlichte (so argumentiert – mit Verweisen auf Ritters Briefe an Ørsted – Klengel [üGDT]:96n209).

203 S. o. § 4.2.9.

(»oxygénation«) sowohl an als auch jenseits von der roten Seite des Spektrums zu erörtern.[204]

Anders als in Ritters Aufsatz über das Licht ordnete Ørsted diese Ergebnisse sofort in einen breiteren polaristischen Rahmen ein, ohne freilich einen Ausdruck wie »polarité« zu benutzen; doch der Sache nach drückte er sich klar genug aus: Er verknüpfte die entgegengesetzten photochemischen Reaktionen mit den komplementären galvanischen Farben (die sich bei galvanischer Stimulation des Auges zeigen) und erweiterte die Analogie (»la même analogie«) zwischen Farben und Polen der galvanischen Batterie folgerichtig auf beide chemischen Reaktionstypen (»oxygénation« bzw. »désoxygénation«), wie sie sich am Plus- bzw. Minuspol der galvanischen Batterie ergeben, etwa bei der Elektrolyse.[205]

Um diese chemischen Beobachtungen zu erweitern, berichtete er als nächstes von der überraschenden *Farb*vermehrung, die Ritter während des Sommers 1801 im Spektrum gefunden hatte, wobei er die doppelten *chemischen* Bilder nicht erwähnte.[206] Weil Ritters Beschreibungen dieser Entdeckung insgesamt vage sind und uns daher jedes Indiz willkommen sein muss, drucke ich die farbige Beobachtungsüberraschung nun auf Französisch ab und danach in der freien deutschen Rückübersetzung:

> »Depuis ce temps M. Ritter a publié quelques observations nouvelles qui méritent d'y être rapportées. Il a trouvé, avec tous les prismes dont il s'est servi, que les rayons solaires donnent deux spectres colorés, qui s'élargissent à mesure qu'ils s'éloignent du prisme, ensorte que dans une certaine distance l'un est presque couvert par l'autre. Ce n'est qu'en faisant l'expérience dans une très petite distance du prisme, par exemple, dans celle de quatre pouces, que l'on parvient à distinguer les deux spectres, qui se confondent de plus en plus, à mesure qu'ils s'éloignent du prisme; c'est sans doute la cause pour laquelle cette observation a si longtemps échappé à l'attention des physiciens«.[207]

> »Seitdem hat Monsieur Ritter einige neue Beobachtungen veröffentlicht, die es verdienen, hier dargestellt zu werden. Mit allen eingesetzten Prismen hat er entdeckt, dass die Sonnenstrahlen zwei farbige Vollspektren erzeugen, die sich verbreitern, je weiter sie sich vom Prisma entfernen, und zwar so, dass in einem bestimmten Abstand das eine Spektrum vom anderen beinahe verdeckt ist. Nur dann, wenn man das Experiment in einem sehr kleinen Abstand vom Prisma durchführt, beispielsweise im Abstand von 4 Zoll, gelingt es, die beiden Spektren zu unterscheiden, die sich immer stärker vereinigen, je weiter sie sich vom Prisma entfernen; das ist ohne Zweifel der Grund, warum diese Beobachtungen den Physikern für so lange Zeit nicht aufgefallen sind«.[208]

204 Ørsted [EsL]:409-410. Eine verwandte Darstellung Ørsteds erschien im Jahr 1803 auch auf Deutsch und bildet dort den Anfang und Blickfang der Darstellung (Ørsted [UNFP]:20-22).

205 Ørsted [EsL]:410; hier stützte sich Ørsted auf die zuvor dargestellten Ergebnisse aus Ørsted [EaPE]:402, 405. – Eine ähnliche Beobachtung zu Ørsteds französischer Präsentation der Ergebnisse Ritters im allgemeinen macht Klengel [üGDT]:100.

206 Vergl. Ritter [VüS]/A:411/2 mit Ørsted [EsL].

207 Ørsted [EsL]:410/1.

208 Freie Übersetzung, für die ich mich auf eine wörtliche Übersetzung von Sarah Schalk gestützt habe; ich habe den unspezifischen Ausdruck »deux spectres colo-

Ritters eigene Darstellung aus seinem Aufsatz von 1802/3 ist an dieser Stelle fast deckungsgleich mit Ørsteds Darstellung, mit Ausnahme dreier kleinerer Punkte.[209] Einerseits schrieb Ritter in der deutschen Fassung, dass er seine Experimente mit Prismen aus Kronglas und böhmischem Glas durchgeführt hat, nicht aber mit Flintglas.[210] Doch angesichts von Ørsteds Fassung, die hier weniger spezifisch ist, könnten die Leser auf den Gedanken kommen, dass Ritter die Sache mit allen damals einschlägigen Glassorten ausprobiert und verifiziert haben müsste, also auch mit Flintglas.

Andererseits sagte Ritter in seiner eigenen Darstellung, dass die Physiker vor ihm die zusätzlichen Farben durchaus gesehen haben müssten, sie aber als Störung abgetan haben dürften, die keiner Aufmerksamkeit wert seien.[211] In Ørsteds Fassung lief die Erklärung etwas anders: Den Physikern seien die zusätzlichen Farben deshalb entgangen, weil sich die Spektren (bei den üblicherweise benutzten Abständen) zu stark vermischten.

Schließlich erfüllte Ørsted mit der Angabe von 4 Zoll die Erwartungen seiner wissenschaftlichen Leser, indem er so den günstigsten Abstand für die Replikation der überraschenden Entdeckung Ritters quantifizierte; Ritter selber hatte auf eine ausdrückliche Abstandsangabe verzichtet.

Im Anschluss an den betrachteten Textausschnitt beschrieb Ørsted noch diejenigen Experimente Ritters, in denen er die chemischen von den farbigen Wirkungen des Spektrums so weit wie möglich zu trennen versuchte:

> »Cette observation a été accompagnée d'une autre plus importante encore, c'est-à-dire, que les rayons chimiques peuvent être parfaitement séparés des rayons colorés. Quand on fait tomber les rayons invisibles du côte du violet dans la partie rouge du spectre solaire, on peut parfaitement suspendre l'oxydation, et même y produire une désoxydation, sans détruire la couleur rouge; on peut même, par le moyen de plusieurs prismes, parvenir à séparer tous les rayons colorés des rayons chimiques. On parvient ainsi à produire un spectre coloré sans action chimique, et une série des rayons chimiques, analogue au spectre, sans aucun mélange de rayons colorés. On n'a pas encore d'expériences exactes pour décider la question, si les rayons caloriques sont aussi séparables des autres, sur-tout des rayons chimiques; mais la comparaison des expériences différentes faites dans l'hiver et dans l'été, où les degrés de chaleur ont été différens, quoiqu'on n'ait pas observé de différence entre la force des rayons chimiques dans les différentes saisons, nous porte à croire que les rayons caloriques sont séparables des rayons chimiques. On pourroit bien demander, pourquoi les différens rayons qui se trouvent dans la lumière s'accompagnent-ils fréquemment, quoique l'un puisse subsister sans l'autre. Sans doute on répondra à cette question, quand on sera en état de dire pourquoi les différentes fonctions d'électricité s'accompagnent, quoiqu'elles soient séparables aussi l'une de l'autre«.[212]

rés« mit »zwei farbige *Voll*spektren« übersetzt, um meiner Interpretation Ausdruck zu verleihen, dass Ørsteds Ritter keine zwei Kantenspektren gemeint haben kann.

209 Ich danke Sarah Schalk für den Hinweis auf die ersten beiden der drei Unterschiede, die ich im folgenden darstelle.

210 Ritter [VüS]/A:414.

211 Ritter [VüS]/A:413.

212 Ritter et al [EsL]:411.

»Zu dieser Beobachtung kam noch eine wichtigere hinzu: Die chemischen Strahlen lassen sich vollkommen von den farbigen Strahlen trennen. Wer die unsichtbaren Strahlen, die sich jenseits von der violetten Seite des Sonnenspektrums finden, in dessen roten Bereich fallen lässt, kann dadurch die Oxydation ganz unterbinden und dort sogar eine Desoxydation hervorrufen, und zwar ohne die rote Farbe zu zerstören. Mithilfe mehrerer Prismen kann man sogar alle farbigen von den chemischen Strahlen trennen. So gelingt es, ein farbiges Spektrum zu erzeugen, dem keine chemische Wirkungskraft zukommt; und es gelingt, wie in einem Spektrum eine Reihe chemischer Strahlen zu erzeugen, die aber völlig frei von farbigen Strahlen sind. Noch haben wir keine genauen Experimente, mit deren Hilfe wir die Frage klären können, ob sich auch die Wärmestrahlen von den anderen Strahlen trennen lassen, vor allem von den chemischen Strahlen; doch haben wir die Experimente vom Winter mit denen vom Sommer verglichen, als die Temperaturen unterschiedlich waren – bei verschiedenen Jahreszeiten konnte kein Unterschied in der Stärke der chemischen Strahlen beobachtet werden. Dieser Vergleich spricht dafür, dass sich die Wärmestrahlen von den chemischen Strahlen trennen lassen. Man könnte durchaus fragen, warum die unterschiedlichen Strahlen, die im Licht zu finden sind, zusammen auftreten. Sie tun das häufig, obwohl die eine Strahlenart ohne die andere bestehen kann. Diese Frage wird sich zweifellos spätestens dann klären, wenn man herausgefunden hat, warum die verschiedenen Arten der Elektrizität zusammen auftreten, obwohl sie sich voneinander trennen lassen«.[213]

Mit diesen Experimenten endet Ørsteds Text; Ritter hatte sie hingegen *vor* der antinewtonianischen Beschreibung der zusätzlichen Farben dargestellt.[214] Der Vertauschung in der Reihenfolge dieser Themen entspricht eine vertauschte Bewertung – während Ørsted die zuletzt beschriebenen Versuchsergebnisse für die wichtigsten gehalten hat, betrachtete Ritter die entdeckten Zusatzfarben als wichtigste Sensation (§ 4.4.9). Ørsted könnte die Wertung aus zwei Gründen umgedreht haben: einerseits weil er selber die Frage der Trennbarkeit für wissenschaftlich spannender gehalten haben mag als Ritters Revolutionsversuch gegen Newton; andererseits weil er im newtonianischen Frankreich vielleicht keine schlafenden Hunde wecken wollte. Dieser kleine Unterschied fällt freilich kaum ins Gewicht; nicht anders als Ørsted hatte auch Ritter darauf verzichtet auszupacken, dass die spektralen Zusatzfarben gegen Newtons Optik sprechen.

Wie der Ritterforscher Bernd Klengel darlegt, hat Ørsted die Darstellung Ritters sicherheitshalber von naturphilosophischen Überlegungen befreit, indem er z. B. auf den Begriff der Polarität verzichtete und stattdessen die Beschreibung der Versuche selbst in den Vordergrund rückte.[215] Wo sich Klengel auf den spekulativen Abschluss aus Ritters knappem Forschungsbericht bezieht, gebe ich seiner Diagnose recht.[216] In einer anderen Schrift kontrastiert Klengel auf ähnliche Weise Ørsteds Präsentation mit dem Vortrag Ritters vor der Jenaer Naturforschenden Gesellschaft aus dem Jahr 1801.[217] Meiner Ansicht nach ist die Divergenz hier

213 Freie Übersetzung, basierend auf einer wörtlichen Übersetzung von Sarah Schalk.
214 Ritter [VüS]/A:410/1. Auf den Unterschied hat mich Sarah Schalk aufmerksam gemacht.
215 Klengel [USL]:255.
216 Ritter [CPiL]:123, dazu Klengel [USL]:255n27. (Für den Beginn der ausschweifenden Formulierungen Ritters siehe den Wortlaut in § 3.3.5).
217 Klengel [üGDT]:100/1, 105 mit Bezug zu Ritter [BzHN].

etwas geringer, da in Ritters Vortrag die naturphilosophischen im Vergleich zu den experimentellen Elementen weniger prominent sind. Abgesehen davon hat Klengel übersehen, dass sich Ørsted auf spätere Resultate Ritters stützte, die auch in Ritters eigener Darstellung frei von Naturphilosophie und vom ausdrücklichen Verweis auf Polarität gewesen sind; der französische Text ist (trotz einiger kleiner Unterschiede) eindeutig aus dem Aufsatz von 1802/3 hervorgegangen.[218] Dass es in diesen beiden Versionen der Überlegungen Ritters um polaristisch strukturierte Forschungsergebnisse ging, muss jedem Leser klargewesen sein, der mit der Polaritätsidee vertraut war. Es ist freilich eine andere Frage, wie vertraut französischen Naturwissenschaftlern damals die Idee der Polarität gewesen ist; in dem knapp fünfhundert Seiten starken Journal, in dem Ørsted die Gedanken Ritters publizierte, kommt der Ausdruck »polarité« überhaupt nicht und selbst der Ausdruck »pôle« nur bei Ørsted vor.[219]

* * *

Stille Post nach Österreich

§ 4.4.12. Einige Wochen nach seinem Aufhenthalt in Jena besuchte Ørsted den Philosophen Johann Jakob Wagner, und zwar vermutlich in Salzburg.[220] Der beschrieb den Besuch und erwähnte direkt im Anschluss daran etwas Bemerkenswertes über Ritters und Goethes Verhältnis in jenen Tagen des Herbstes 1802:

> »Neulich besuchte mich ein durchreisender D. Oersted aus Kopenhagen. Er kam von Berlin, wo er bei Fichte ein privatiss. gehört hatte. Fichte bleibt halsstarriger als je bei seiner Wissenschaftslehre, behauptet, daß ihn Schelling nie verstanden habe, und daß er Hegels Differenz nicht zu lesen brauche. Oersted trug tiefe Spuren der Gewalt, die Fichtes Geist über ihn geübt hatte. – *Göthe will eine Geschichte der Optik schreiben, und steht nicht gut mit Ritter, der ihm mit Experimenten seine Theorie bedrängt*« (Wagner, Brief an einen ungenannten Adressaten vom 17.12.1802).[221]

Obwohl das aus dem Brief nicht eindeutig hervorgeht, darf man annehmen, dass Wagners Informationen von Ørsted stammen. Sie kommen also fast direkt von der Quelle; Ritter kannte vor Ørsted keine Geheimnisse.[222] Dennoch sollten wir uns auf Wagners Darstellung nicht blind verlassen. Dass Goethe eine *Geschichte* der Optik schreibe, war damals keine aussagekräftige Information; denn sie verdeckte die antinewtonischen Interessen, die er mit seinem Farbenprojekt vornehmlich verfolgte. Und wie einige deutliche Anzeichen belegen, hat Ritter bis ans Lebensende gemeint, dass Goethe insgesamt auf dem richtigen Weg gegen Newton sei (Kapitel 6.1). Auch im augenblicklich relevanten Jahr 1802 hat Ritter mit größter Selbstverständlichkeit in Goethes polaristischem Rahmen gedacht, indem er z. B. Vermutungen zur Emission zweier entgegengesetzter Strahlungen aus der Sonne anstellte, die fehlende Anerkennung eines anderen Pols als des Lichtpols beklagte, eine noch unerforschte »Lichtpolarität« erwähnte, von einem »Farben-Dualismus« redete und den

218 Ritter [VüS]/A.
219 Ørsted [EsAC]:347, Ørsted [EaPE]:403, Ørsted [EsM]:406-408.
220 Vergl. Wagners Ortsangaben zweier Briefe in Adam et al (eds) [JJW]:197, 207 mit Ørsted in Jelved et al (eds) [TLoH]:125/6.
221 Adam et al (eds) [JJW]:207; meine Hervorhebung.
222 So auch Richter [LPJW]:78.

Blau/Rot-Gegensatz mit Plus und Minus verknüpfte.[223] Aus allen diesen Gründen mag es sein, dass Wagner den Konflikt zwischen Goethe und Ritter nicht völlig wahrheitsgetreu wiederzugeben wusste. Entweder wäre das Ørsted anzulasten oder Wagner. Ørsted könnte sich kryptisch ausgedrückt haben; oder Wagner könnte überhört haben, dass Ritter mit seinen Experimenten Goethe hatte zur Hilfe eilen wollen (Kapitel 4.1). Aus folgendem Grunde vermute ich die Schuld für das Missverständnis bei Wagner: Ørsted hat insgesamt nicht viel von Wagner gehalten. In einem seiner Reisebriefe beschrieb er ein Treffen mit Wagner vom 2.10.1802.[224] Erst klagte er über dessen Begeisterung für Schelling, danach charakterisierte er ihn als einen Denker, dem so wie Schelling sowohl die empirische Kenntnis der Natur abging als auch das Interesse daran. Nachdem Wagner irrigerweise behauptet hatte, dass das Licht keine chemischen Wirkungen ausüben könne, korrigierte ihn Ørsted durch Verweis auf Ritters neueste Experimente. In diesem Zusammenhang dürfte Ørsted auch von der Meinungsverschiedenheit zwischen Ritter und Goethe erzählt haben. Es ist nicht wahrscheinlich, dass Ørsted behauptet hat, Ritter versuche Goethes Theorie zu widerlegen. Ørsted war ein ehrlicher Mann; statt die Unwahrheit zu sagen, schwieg er lieber.

* * *

Was könnte Ritter gesehen haben?

§ 4.4.13. Laut Ritter haben sowohl Seebeck als auch Goethe die Zusatzfarben gesehen.[225] Nachrichten von weiteren erfolgreichen Wiederholungen sind mir nicht bekannt; Pfaff, der anfangs große Stücke auf Ritter gehalten hatte, scheint es vergeblich versucht zu haben.[226] Zweihundert Jahre lang lag die ganze Angelegenheit im Dunklen. Um über diesen unbefriedigenden Stand der Dinge hinauszukommen, habe ich versucht, Farbexperten und Experimentalphysiker für die naheliegende Frage zu interessieren, was Ritter mit seinen Kooperationspartnern beobachtet haben könnte. Im Laufe der Zeit haben sich dazu zwei Hypothesen herauskristallisiert.

Laut der einen Hypothese, die als erstes von dem Physiker und Philosophen Troy Vine formuliert wurde, sind die Zusatzfarben physiologischer Natur, beruhen also auf einer Art systematischer Sinnestäuschung, die vom visuellen Wahrnehmungsapparat erzeugt wird.[227] Die andere Hypothese geht auf den Experimentalphysiker Gerhard Paulus zurück und besagt, dass die Wellennatur des Lichts für die Zusatzfarben verantwortlich ist.[228] Gehen wir die beiden Hypothesen der Reihe nach durch.

Am 1.5.2019 habe ich gemeinsam mit den Farbforschern Hubert Schmidleitner und Bernhard Kraker v. Schwarzenfeld in Berlin einen tentativen Versuch unternommen, Ritters zusätzliche Farben zu beobachten; anwesend waren auch die Physikerin Kerstin Behnke und der Dokumentarfilmer Christian Schulz. Wir nutzten ein gleichschenkliges 90-Grad-Prisma

223 Ritter [FaNJ]/1:§ 92, § 266, § 275, § 317 (1802); Ritter [FaNJ]/2:§ 433 (1802).

224 Hierzu und zum folgenden siehe Ørsted in Jelved et al (eds) [TLoH]:126.

225 Ritter, Brief an Ørsted vom 6.8.1808 (siehe Harding (ed) [CdHC]/II:216/7), volles Zitat in § 6.2.2.

226 Pfaff [uNFH]:168. Zu Pfaffs ursprünglicher Wertung Ritters s. o. § 2.1.1k.

227 Diskussionsbeitrag in einem Hauptseminar *Zur Replikation strittiger spektraler Experimente*, das ich im Sommersemester 2013 an der HU Berlin gegeben habe.

228 Zuerst formuliert bei einem Vortrag am 25.5.2018 im Rahmen des 3. Goethe/Ritter-Workshops, HU Berlin.

der Firma Zeiss in Jena aus makellosem Schwerflintglas mit sehr hoher Dispersion, das uns freundlicherweise vom Hersteller ausgeliehen worden war.[229] Der Lichtweg war insofern komplizierter als beim Standardaufbau, als das Licht im Prisma erst einer Innenreflexion an seiner Standfläche ausgesetzt war, bevor es aus dem Prisma austreten konnte. Kraker hat das Prisma so ausgerichtet, dass die Refraktion minimal war, und in regelmäßigen Zeitabständen nachjustiert. Das entspricht der üblichen newtonischen Versuchsbedingung, wonach Austritts- und Eintrittswinkel des Lichts übereinstimmen sollen.[230] Daher stand das Prisma leicht gekippt auf seiner Unterlage (Farbtafel 14 oben). Der brechende Winkel war 45 Grad, und der Auffangschirm stand ca. 45 cm vom Prisma entfernt. Als wirksame Blende nutzten wir das Prisma selbst, und das Experiment fand in einem nicht abgedunkelten Raum statt. Die Nachmittagssonne stand gegen 17 Uhr MESZ vor klarstem Himmel. Daher sah der Schirm außerhalb des Spektrums nicht schwarz aus wie in der Dunkelkammer, sondern hellgrau (nämlich vom Streulicht im Zimmer beleuchtet).

Wegen der Spiegelung stand das aufgefangene Bild im Vergleich zu den bislang in diesem Buch beschriebenen Bildern auf dem Kopf; d. h. die am stärksten refrangiblen Strahlen fanden sich besonders weit unten auf dem Schirm. Um die Ergebnisse besser mit den sonst hier beschriebenen Ergebnissen vergleichen zu können, werde ich das aufgefangene Bild in allen meinen Beschreibungen wiederum umdrehen und somit die Innenreflexion in der Beschreibung und in der Abbildung unwirksam machen (Farbtafel 14 unten).

Das »obere«, kaltfarbige Kantenspektrum bestand aus klar parallelen, horizontalen Farbenstreifen und zeigte ganz oben ein eindeutiges Violett, darunter ein Hellblau ohne jeden Stich ins Grüne. Das weiße Feld darunter war so hell, dass es die Augen fast blendete. Auch das warmfarbige Kantenspektrum unten auf dem Schirm bestand aus klar parallelen Farbenstreifen; es zeigte ein reines, strahlendes Zitronengelb, und darunter sahen wir ein leuchtendes Rot. Alle Farben der beiden Kantenspektren erschienen in gigantischer Sättigung. Nach einiger Zeit des Hinschauens sahen wir an den horizontalen Außen- und Innenrändern zusätzliche Farbstreifen, die nur schwach leuchteten, parallel zu den deutlicheren Streifen der Kantenspektren verliefen und zunächst recht flüchtig waren. Wir hatten schnell den Verdacht, dass es sich um physiologische Farben handeln könnte, also um vom Wahrnehmungsapparat erzeugte Farben, die mit Nachbildfarben, Simultan- oder Sukzessivkontrasten verwandt sind.[231] Um die fraglichen Farben stabil sehen zu können, setzten wir die üblichen Techniken aus Experimenten mit Nachbildern ein. In der tentativen Beschreibung der Ergebnisse werde ich schwach aufscheinende Farben *kursiv* setzen, die stärkeren Farben aus den bekannten Kantenspektren hingegen **fett**.

(A) So starrten wir auf einen fixen Punkt im **hellblauen** Streifen nahe am **Violett** des kaltfarbigen Kantenspektrums und beobachteten zugleich (sozusagen aus dem Augenwinkel und ohne das Auge zu bewegen) das dunkle Feld oberhalb des Kantenspektrums. Nach ca. zwei Sekunden sahen wir dort, wo der **violette** Streifen gewesen war, einen *purpurnen* Streifen und darüber einen *gelben*. Insgesamt bildete sich der unabweisliche Eindruck eines Goethespektrums aus den Farben *Gelb*/*Purpur*/**Hellblau**. Dieser Eindruck war erstaunlich stabil und hielt sich so lange, bis wir den erwähnten Punkt im Hellblau nicht weiter fixie-

229 Glassorte: SF4; Brechungsindex: nd (587,6 nm) = 1,75520; Abbe-Zahl: vd = 27,58; Katheten-Scharfmaß (also die theoretische Länge der Katheten ohne Berücksichtigung des Kantenschliffs): 115 mm; Stirnhöhe: 96 mm.

230 Für Details siehe O. M. [ML]:§ I.2.7.

231 Ein verwandtes physiologisches Farbphänomen beschreibt Heimendahl [LF]:126/7.

ren konnten. Die soeben beschriebene Beobachtung lieferte deutlichere Eindrücke als die folgenden Beobachtungen.

(B) Während wir den erwähnten Punkt im **Hellblau** weiter fixierten, achteten wir auf die weiße Mitte weiter unten. Hier sahen wir ein schwaches *Grün* und darunter ein *Rot*, das ins *Orange* changierte. Zusammen mit dem fixierten kaltfarbigen Kantenspektrum ergab sich ein Gesamteindruck, der dem newtonische Endspektrum aus den Farben **Blauviolett**/*Grün*/*Orangerot* ähnelte (Farbtafel 12 rechts). Diese Beobachtung war ungleich schwächer als Beobachtung (A), was vermutlich damit zu tun hatte, dass uns die starke Helligkeit der weißen Mitte beinahe blendete und damit jede Farbbeobachtung erschwerte – in der Dunkelkammer wäre die Blendung noch stärker gewesen. Nichtsdestoweniger ist es uns sogar gelungen, beide Phänomene gleichzeitig zu sehen, also eine Folge aus den Farben *Gelb*/*Purpur*/**Blau**/*Grün*/*Orangerot* zu beobachten.

(C) Wir haben dasselbe Verfahren auch beim warmfarbigen Kantenspektrum angewendet und fixierten hierfür einen Punkt in der Nähe der Grenze zwischen dem **gelben** und dem **roten** Streifen. Wieder achteten wir zunächst auf ein Gebiet oberhalb der beiden Farbenstreifen, während wir den grenznahen Punkt weiter fixierten. Über dem **Gelb** entstand nach kurzer Zeit ein *blassgrüner* Streifen, der in den **gelben** Streifen hineinstrahlte, und darüber wiederum sahen wir ein blasses *Blau* mit leichtem Stich ins *Violette.* Zusammengenommen erinnerten die Farben an das newtonischen Endspektrum aus den Farben *Blauviolett*/*Grün*/**Rot.**

(D) Als nächstes wandten wir dieselbe Methode nach unten an, fixierten also weiter unseren Punkt in der Nähe der Grenze zwischen **Gelb** und **Rot**, achteten aber auf die Gebiete unterhalb dieser Farbstreifen, die sich im spektral unbeleuchteten Bereich befanden. Sehr schwach tauchte ganz unten ein *hellblauer* Streifen auf, darüber erschien ein *rosaroter* Streifen, der sich mit dem **Rot** des Kantenspektrums zu vermischen schien und mit etwas gutem Willen als ein Hauch von *Purpur* bezeichnet werden konnte. Wir schienen also die Farben aus dem Goethespektrum vor Augen zu haben so wie bei (A), nur dass diesmal Deutlichkeit und Schwäche der Farben vertauscht waren. Zuletzt versuchten wir, die Phänomene aus (C) und (D) gleichzeitig zu sehen, was schwer zu bewerkstelligen war. Dennoch meinten wir, eine Kombination aus Newtons und Goethes Spektrum zu sehen: *Blauviolett*/*Grün*/**Rot**/*Purpur*/*Hellblau.*

Diese Ergebnisse entsprechen nicht ganz denjenigen, von denen Ritter berichtet hatte. Von zusätzlichen Farben außerhalb des spektral beleuchteten Gebiets auf dem Schirm (also oberhalb des kaltfarbigen und unterhalb des warmfarbigen Kantenspektrums) findet sich in seinen Berichten fast kein Wort; d.h. unsere Beobachtungen (A) und (D) fehlen bei ihm.[232] Er konzentrierte sich offenbar auf die weiße Mitte zwischen den beiden Kantenspektren; dadurch sah er zweimal Farbenkombinationen nach Art des Newtonspektrums.

232 Die Einschränkung »fast« ist hier deshalb am Platze, weil Ritter in seinen Anmerkungen zu Goethes langem Brief behauptet hat, dass sogar dessen Purpur im Newtonspektrum vorkommt (Ritter (ed) [SGRv]:728n). Falls Ritter damit eine ähnliche Beobachtung gemacht haben sollte wie wir in unseren hier geschilderten Vorversuchen, so würde der Stein des Anstoßes verschwinden, den Ritters kantenspektrale Farbvermehrung vermutlich für Goethe bedeutet hatte (§ 4.3.1). Es ist gut möglich, dass Ritter diese Beobachtung in seine Anmerkungen deshalb eingefügt hat, weil er bei der Frage des Purpurs ostentativ mit Goethe gemeinsame Sache machen wollte.

Dennoch fällt es schwer zu glauben, dass er die zusätzlichen Außenfarben gemäß (A) und (D) nicht gesehen haben soll – wenn er die Innenfarben gemäß (B) und (C) gesehen hat. Immerhin zeigte sich in unserem Versuchsdurchlauf der von Ritter nicht beschriebene außenfarbige Fall (A) am deutlichsten. Die Diskrepanz dürfte kaum damit zusammenhängen, dass wir anders als Ritter nicht in der Dunkelkammer experimentiert haben; denn in der Dunkelkammer müsste die weiße Mitte zwischen den Farben noch stärker blenden als bei unseren Beobachtungen.[233]

Weitere Experimente wären nötig, um der Sache auf den Grund zu gehen. Der hier vorliegende Bericht unserer Experimente vom 1. 5. 2019 ist kein definitives Protokoll methodisch sauberer Versuche; ich habe lediglich einige Vorversuche beschrieben, die unter kontrollierten Bedingungen von mehr Beobachtern zu wiederholen wären.

Wellen und Interferenzen

§ 4.4.14. Selbstverständlich könnten Ritters Beobachtungen auch überhaupt nichts mit den unseren zu tun haben. Dafür spricht, dass Ritter mit den Nachbildern bestens vertraut war und im Jahr der Abfassung seines Aufsatzes sogar überlegt hat, ob derartige Phänomene nicht besser als potentielle Störfaktoren bei astronomischen Beobachtungen zu berücksichtigen wären.[234] Und er hat bis zum Ende seines Lebens an der Wahrhaftigkeit seiner Entdeckung festgehalten.[235] Es wäre kaum zu glauben, dass er physiologische Farben gesehen haben soll, ohne das zu bemerken: In unseren Experimenten waren diese Farben immer erst nach einigen Sekunden sichtbar; schon das hätte Ritter registrieren und ihn stutzig machen müssen. Zur Zeit der Entdeckung galt er als völlig zuverlässiger Beobachter.[236] Mehr noch, laut Ritter hat Goethe die zusätzlichen Farben später unter Seebecks Anleitung auch noch gesehen – wir hätten also drei versierte Farbbeobachter, die allesamt physiologische Farben mit physikalischen Farben verwechselt haben sollen?

Weil das unplausibel erscheint, ist es gut, dass vor kurzem eine völlig andere Hypothese zur Erklärung der Zusatzfarben erarbeitet worden ist. Gerhard Paulus deutet die gesehenen Extrafarben als einen Effekt der Wellennatur des Lichts, der sehr wohl geeignet gewesen wäre, Newton zu widerlegen, und zwar genauer gesagt dessen Korpuskulartheorie: Es könnten Kanteninterferenzen zu charakteristischen Zusatzfarben geführt haben, die nur bei sehr genauem Hinsehen zu erkennen sind.[237]

233 Vergl. dazu Ritter, Arbeitsjournal unter dem 16. 8. 1801 (siehe Ritter [VD]:156), für den Wortlaut s. o. § 4.4.8.

234 Ritter [FaNJ]/1:§ 264 (1802). Dort ging es zwar nicht um komplementäre, sondern um sog. positive Nachbilder (§ 5.1.5); aber wer bei dem einen Thema sensibel für – physiologisch verursachte – Beobachtungsfehler ist, müsste dieselbe Sorgfalt auch beim anderen Thema walten lassen. Zudem hatte Ritter bereits im Jahr 1797 über komplementäre Nachbildversuche und deren Übertragung auf Warm/Kalt-Kontraste nachgedacht; es erscheint wenig wahrscheinlich, dass er das in der Zwischenzeit vergessen haben kann (Ritter [FaNJ]/2:§ 401 (1797); vergl. Ritter, Brief an A. Humboldt vom Juni 1798 (siehe Ritter [SaFA]:55)).

235 Ritter [BzVA]:703; für den Wortlaut s. o. § 4.4.10.

236 So Wiesenfeldt mit Bezug auf die positiven Urteile seitens Gilbert und Trommsdorff (Wiesenfeldt [EF]:217, 219).

237 Siehe hierzu und zum folgenden Paulus [RiLW].

Paulus hat den Effekt mit einer Computersimulation reproduzieren können (Farbtafel 15); laut dem simulierten Versuchsergebnis lägen die zusätzlich sichtbaren Farben auf mehreren schmalen, parallelen Bändern, die links und rechts vertikal an den Außenseiten des Bildes verlaufen und in der Mitte des Bildes fehlen. In den Vorversuchen aus dem vorigen Paragraphen haben wir diese Bänder nicht gesehen, aber in unserem Aufbau war die wirksame Blende deutlich größer als in Paulus' Überlegung. Wie er mit Recht festhält, muss es angesichts der dürren Quellenlage Spekulation bleiben, welchen Effekt Ritter damals erspäht hat. Hätte Ritter wirklich diese Interferenzfarben gesehen und hätte er gewusst, welche theoretischen Schlussfolgerungen die Entdeckung nach sich ziehen müsste, so wäre seine Newtonkritik auf einen berechtigten Angriff der newtonischen Korpuskulartheorie hinausgelaufen – auf einen epochalen Angriff, den sich stattdessen Thomas Young auf die Fahnen schreiben konnte.[238]

Paulus' Hypothese ist aus drei Gründen bemerkenswert. Erstens machte Young seinen experimentellen Angriff auf die Korpuskulartheorie im selben Jahr publik, in dem Ritter seine Entdeckung veröffentlichte.[239] Derartige Koinzidenzen zeigen, dass manchmal das Material für einen wissenschaftlichen Durchbruch in der Luft liegen mag, dass es aber nicht nur des Genies, sondern auch der glücklich passenden Leitidee bedarf, um die Anzeichen zielsicher zu deuten und dann in die verheißungsvollste Richtung voranzustürmen – Ritters und Goethes Polarität taugte dazu nicht.

Zweitens kannte Young einige andere Arbeiten Ritters, die er ins Englische übersetzt bzw. als Herausgeber auf Englisch publiziert hatte – möglicherweise war er dadurch auch auf weitere Schriften Ritters aufmerksam geworden.[240] Er könnte sehr wohl Ritters Aufsatz über die Zusatzfarben aus den *Annalen* gekannt und daher gewusst haben, dass es ratsam wäre, die eigene Entdeckung zügig publik zu machen.[241] Vielleicht hat er aufgeatmet, als er feststellen konnte, dass Ritters Überlegungen in eine völlig andere – polaristische – Richtung gingen und dass auch im Umfeld dieser Überlegungen (nämlich in Goethes Farbenforschung) keine Anstalten unternommen wurden, um newtonkritisch für die Wellennatur des Lichts zu plädieren.

In der Tat sollte Young – drittens – ein Jahrzehnt später (in seinem Verriss der *Farbenlehre*) lobend hervorheben, dass Goethe den Mut gehabt hat, Newton überhaupt zu kritisieren.[242] Young brauchte nicht hinzuzufügen, dass es ihm selber vorbehalten gewesen war, die newtonische Korpuskulartheorie aus dem Spiel zu werfen.

238 So Paulus [RiLW]:164/5 mit Verweis auf Young [BL]. – Newton sah seine Korpuskulartheorie nur als Hypothese an, die er nicht zu beweisen vermochte, die er gleichwohl für richtig hielt (Newton [DoDC]/b:528; Newton [O]:252 (= Book III, Query 31)).

239 So in seinem Vortrag vom 24.11.1803, der im Folgejahr gedruckt wurde (Young [BL]); Ritters Aufsatz ist im April 1803 herausgekommen (s.o. § 4.4.1).

240 Ritter [OoEo], Pfaff [EoLf].

241 Ritter [VüS]/A.

242 Young [zF]:429.

4.5. Literarische Spiegelungen (1801-1810)

1790	Goethes *Faust-Fragment* erscheint
Februar 1801	Goethe arbeitet an der Walpurgisszene des *Faust I*
25.2.1801	Ritter zeigt Goethe das UV-Experiment
3. oder 4.4.1801	Bei Ritters Besuch in Oberroßla berichtet ihm Goethe von den eigenen spektralen Experimenten mit fluoreszierenden Leuchtsteinen (1792)
April 1801	Goethe konzipiert den – zuletzt nicht fertiggestellten – Disputationsakt des *Faust I*, worin u.a. eine Auseinandersetzung zwischen Faust und Mephisto zum Fluoreszieren der Leuchtsteine vorgesehen war
25.10.1804	Ritter blendet seine Augen beim starren Blick in die Sonne und nimmt danach wochenlang alle Farben komplementär wahr
11.3.1805	Ritter berichtet vom Nachweis des Ultravioletten mit Goethes fluoreszierenden Leuchtsteinen
1808	Goethes *Faust I* erscheint u.a. mit einem möglichen Echo auf Ritters neuen Nachweis des Ultravioletten
1808	Im didaktischen Teil der *Farbenlehre* empfiehlt Goethe jungen Forschern Blendungsexperimente
1810	Im historischen Teil der *Farbenlehre* ruft Goethe den komplementärfarbigen Regenbogen aus
12.1.1810	Goethe versucht, einen komplementärfarbigen Regenbogen zu realisieren – und nimmt diese experimentelle Arbeit nicht in den Supplementband der *Farbenlehre* auf
3.9.1825	Goethe dekoriert die Fassade seines Hauses mit einem Bild, auf dem ein komplementärfarbiger Regenbogen zu sehen ist
Bis *1826*	Für den *Faust II* schreibt Goethe die Szene mit Fausts Blendung durch die Sonne und die nachfolgende Betrachtung des Regenbogens am Fuß des Wasserfalls

two cultures à la Snow?

§ 4.5.1. Wer Goethes Stellung als Naturforscher seiner Zeit beurteilen möchte, muss sich ein möglichst vollständiges Bild davon machen, welche Folgen seine Auseinandersetzung mit Ritter vom September 1801 gehabt hat, in deren Verlauf es offenbar um ein Experiment und seine Interpretation gegangen ist. Immerhin handelte es sich um eine Auseinandersetzung mit einem der bedeutendsten Naturwissenschaftler, dem Goethe in seinem wissenschaftlich reichen Leben begegnet ist. Hätte die Auseinandersetzung zu einem endgültigen Bruch geführt, so spräche das alles in allem gegen Goethe in seiner Rolle als Naturwissenschaftler; es würde bedeuten, dass er sogar im Rahmen übereinstimmender Zielvorstellungen keine Meinungsverschiedenheiten bei Details aushalten konnte oder dass er durch seine Reaktionen auf widerstreitende Experimente selbst ihm wohlgesonnene Forscher wie Ritter abstieß.

Da es mein Anliegen ist, dies überkommene Bild zurechtzurücken, muss ich sämtliche Indizien durchmustern, die uns Aufschlüsse über die Folgen des Streits verheißen. Wissenschaftliche Indizien sind dafür am wichtigsten; aber sie sind nicht alles. Es gibt eine Reihe von Elementen in Goethes literarischen Schöpfungen, die sich als Reaktionen auf Ritters Lebensweise und seine Wissenschaft deuten lassen; umgekehrt hat Ritter an einigen Stellen seiner Schriften auf Goethes Gedichte, Romane und Dramen reagiert.

Es ist für den Gang meiner Doppelbiographie günstiger, dieses faszinierende Thema kompakt zu behandeln und dabei ausnahmsweise aus der strikten zeitlichen Ordnung auszubrechen, an die ich mich bis hierher gebunden habe – lediglich Ritters Bedeutung für die *Wahlverwandtschaften* werde ich an Ort und Stelle im Kapitel 5.3 aufzeigen.[243] Wer sich mehr für Wissenschaftsgeschichte als für schöne Literatur interessiert und wer sich nicht in das Wechselspiel zwischen beidem zu vertiefen wünscht, kann die Lektüre im kommenden Kapitel fortsetzen, ohne den Roten Faden aus der Hand zu geben.

Die Spiegelungen des Wissenschaftlers im Werk des Literaten und des Literaten im Werk des Wissenschaftlers gehen tiefer, als man unter den heutigen Vorzeichen der sog. zwei Kulturen meinen könnte; diese doppelten Spiegelungen dürfen in meiner wissenschaftsgeschichtlichen Doppelbiographie schon deshalb nicht fehlen, weil ihre beiden Protagonisten die naturwissenschaftliche und die literarisch-künstlerische Lebensform enger als heute üblich zu verbinden wussten – über dies Ideal waren sie sich mit einer Reihe ihrer Zeitgenossen einig.[244]

243 Dort werde ich am Rande auch den Nachhall besprechen, den Ritters Wünschelruten-Experimente in *Wilhelm Meisters Wanderjahren* fanden (§ 5.3.5k).

244 Wetzels [JWR]:12-15; am Ende dieser Textpassage steht ebenfalls ein Hinweis auf Charles Percy Snows klassische Rede von zwei – konträren – Kulturen (Snow [TCSR]). Siehe auch Holland (ed) [KToJ]:xi. Mit Blick auf Ritter könnte ich viele Originalbelege zugunsten der These oben im Text beibringen, begnüge mich aber mit dem Hinweis auf ein einziges Fragment Ritters, das aus dem Jahr 1800 stammt, sich auch in seinem Arbeitsjournal findet und die fragliche Haltung

Dass insbesondere Goethes naturwissenschaftliche Interessen sein literarisches Schaffen mitgeprägt haben, ist in der Goetheforschung seit langem bekannt.[245] Umgekehrt reichten Ritters literarische Interessen über regelmäßige Theaterbesuche und intensive Lektüre hinaus.[246] Er gab zweien seiner Monographien einen entschieden literarischen Anstrich, hat selber Gedichte geschrieben und plante einen Roman – den er nicht geschrieben zu haben scheint, von dem jedenfalls jede Spur fehlt.

Die beiden literarisch anmutenden Monographien Ritters haben vielen Naturwissenschaftlern Unbehagen bereitet; er brachte sie von München aus an die Öffentlichkeit: eine Festvorlesung namens *Physik als Kunst* aus dem Jahr 1806 und die schon mehrmals erwähnte Sammlung mit *Fragmenten aus dem Nachlasse eines jungen Physikers* von 1810.[247] Sie unterscheiden sich so stark von seinen anderen Veröffentlichungen, dass es fatal wäre, wenn man Ritters Wirken nur in ihrem Lichte beurteilen wollte – genauso, wie es fatal wäre, sie aus der Betrachtung auszublenden.[248]

exemplarisch zeigt (Ritter [FaNJ]/2:§ 631 (undatiert); Ritter, Arbeitsjournal unter dem 7.4.1800 (siehe Ritter [VD]:16)).

245 Selbstredend hat er die Augen vor den Unterschieden zwischen künstlerischer und naturwissenschaftlicher Tätigkeit nicht verschlossen (siehe z.B. Goethe [VaVv]/A:13, 18).

246 Zu Ritter als Leser siehe Holland (ed) [KToJ]:xi.

247 Ritter [PaK]/A, Ritter [FaNJ]/1, Ritter [FaNJ]/2. – Klinckowstroem wertet die Festvorlesung »weniger als eine wissenschaftliche denn als eine dichterisch-literarische Arbeit« (Klinckowstroem [DBvJ]:122). Für eine knappe Zusammenfassung siehe Richter [LPJW]:136/7 und Wetzels [JWR]:45-48; ausführlicher resümiert Holland (ed) [KToJ]:514-522. Dass die *Fragmente aus dem Nachlasse eines jungen Physikers* schon beim Erscheinen unter Naturforschern eine schlechte Presse hatten, zeigt Molls Reaktion (s.u. § 6.3.3k). Holland ordnet die *Fragmente* ins Grenzgebiet zwischen Literarischem und Wissenschaftlichem ein; Walter Benjamin folgend interpretiert sie den autobiographischen Vorspann als Konfessionsliteratur (Holland (ed) [KToJ]:4/5). Hier zeigt sich eine weitere Parallele zu Goethe, der seine *Farbenlehre* mit einer »Confession« enden ließ und die Summe seiner Werke als »Bruchstücke eine großen Confession« bezeichnete (Goethe [MzGF]:412-429; Goethe [aML]/2/W:110).

248 Ein weiterer Text Ritters, der in diese Reihe gehört, ist ein längerer Aufsatz zur Geschichte der Chemie (Ritter [VGSC]). Dass diese drei Schriften wegen ihres literarischen Tons ebenso wie wegen ihrer schillernden Rätselhaftigkeit in erster Linie bei Geistes-, insbes. Literaturwissenschaftern sowie Literaten auf Interesse gestoßen sind, liegt auf der Hand (z.B. Hartwig [PaK]:10, Dietzsch et al [N], Specht [PaK]:138-202, insbes. pp. 139, 155/6; vergl. Niehoff [VM]:37). Wohl deshalb sind nur diese drei Texte Ritters auch auf Englisch herausgegeben worden

In ihnen lebte Ritter mit für Naturwissenschaftler verstörenden sprachlichen Mitteln eine eigenwillige Art von künstlerischem Gestaltungswillen aus; anders gesagt: Sie sind schwer zu verstehen.[249] Ich habe sie in meiner Darstellung chronologisch an Ort und Stelle einsortiert und kann mich hier darauf beschränken festzuhalten, dass sich Ritter in den beiden Schriften deutlicher von der romantischen Nachtseite gezeigt hat, als es Goethe während meines Berichtszeitraums zu tun pflegte.[250]

Ritters Gedichte und Romanpläne wiederum gehören nur insofern zu meinem Thema, als sich aus ihnen ablesen lässt, wie wichtig es ihm gewesen wäre, eine Einheit von Wissenschaft und Kunst zu erreichen; einige Details dazu bringe ich jetzt gleich im Kleingedruckten. Im weiteren Verlauf des Kapitels wende ich mich Goethes Schöpfungen zu, um tentativ vorzuführen, wie sie auf Ritter gewirkt haben mögen und wie sich umgekehrt Ritter in ihnen widerzuspiegeln scheint.

Aus guten Gründen habe ich den letzten Satz zurückhaltend formuliert. Die meisten meiner Belege reden für sich alleine nicht laut genug; eher flüstern sie, und so könnte ihre Deutung im einzelnen strittig bleiben. In der Tat wird es um zarte Andeutungen Ritters und Goethes gehen, die möglicherweise intendiert waren, möglicherweise aber auch nicht. (Selbst wenn sie nicht intendiert waren, könnten sie eine intuitivere Art von Wahrheit enthalten).

Erst in ihrer Gesamtheit sprechen sie für meine These: Ritter und Goethe standen nicht nur im naturwissenschaftlichen Austausch, sie reagierten auch angesichts von Literatur, Ästhetik und Kunst aufeinander, und zwar alles in allem bejahend. Gerade weil solche Wechselverhältnisse fragil sind und näher an den Kern der beteiligten Persönlichkeiten heranreichen als Experimente oder Argumente, ergibt sich aus der Summe der bevorstehenden Belege, dass die Auseinandersetzung vom Herbst 1801 keine dauerhaften Schäden in ihrer einzigartigen Beziehung hinterlassen haben kann.

(Holland (ed) [KToJ]). Die reiche literaturwissenschaftliche Forschung zu Ritters Werk, die sich besonders um die drei Texte rankt, brauche ich hier deshalb nicht umfassend aufzuarbeiten, weil es mir zuallererst um seine wissenschaftlichen Errungenschaften zu tun ist.

249 So auch Hartwig [PaK]:5 und – auch mit literarischer Stilkritik – Wetzels [JWR]:46/7, 57.

250 Zu Goethes Ansichten über die Nachtseite s. u. § 5.3.3.

Vertiefungsmöglichkeit. Ritter veröffentlichte meines Wissens nur zwei Gedichte.[251] Beide stehen in der Vorrede seiner *Fragmente aus dem Nachlasse eines jungen Physikers*. Das erste schrieb der fiktive Herausgeber der *Fragmente* einer – namentlich ungenannten – Geliebten Ritters zu (und es stammt daher vielleicht wirklich nicht von Ritter); das zweite ist eine Trauerode auf Novalis.[252] Ein anderes seiner erhaltenen längeren Gedichte sandte Ritter an Brentano; eine Reaktion darauf ist nicht überliefert.[253] Und das wohl früheste erhaltene längere Gedicht besteht aus *nonsense*-Versen, die sich Ritter für den privaten Gebrauch unter dem Datum des 16. 8. 1801 notierte:

»Kenner, Kern! kenne
Nenne Kekker. Kerker
Renkern rekke Ekken
Ekken rinner, Ekker
Erkönner Ekkern
Errinner Nikker
Erkekke Erker
Erwekke Nennen
Erkörker Knirren
Nerr – rerr – errem rrrrrrrrrrrrrr« (Ritter, Arbeitsjournal unter dem 16. 8. 1801).[254]

Hiermit nahm Ritter – ohne es zu ahnen oder zu beabsichtigen – dadaistische Dichtungen vorweg wie z. B. die *Ursonate* von Kurt Schwitters, der auf vergleichbare Weise mit scheinbar sprachlich strukturierten Geräuschen sowie dem lange rollend auszusprechenden »R« zu spielen pflegte.[255] Ritters Gedicht ist »An Kern« adressiert, zu dessen Identität ich keine Informationen finden konnte; möglicherweise war Kern ein Gläubiger Ritters, dem er es mit dem Gedicht heimlich heimzahlte.[256]

Die Andeutung eigener Romanpläne lässt sich (mit der gebotenen Vorsicht) aus der folgenden brieflichen Aussage von Mitte Juli 1801 entnehmen:

251 Zu Indizien für Ritters i. e. S. literarische Schöpfungen siehe Klinckowstroem [DBvJ]:122, Rehm [UBJW]/a:366n55.

252 Ritter [FaNJ]/1:L; LV-LVI.

253 Ritter, Brief an C. Brentano vom 2. 3. 1802 (siehe Rehm (ed) [UBJW]/a:334, 357). – Abgesehen von den erwähnten längeren Gedichten finden sich in Ritters Arbeitsjournal Entwürfe für elegische Distichen (Ritter, Arbeitsjournal unter dem 16. 8. 1801 (siehe Ritter [VD]:148, 151)) und einige Bruchstücke einer längeren Dichtung (Ritter, Arbeitsjournal unter dem 16. 8. 1801 (siehe Ritter [VD]:151/2)). Das ebenfalls im Arbeitsjournal notierte Sonett mit dem Anfangsvers: »O du Natur! wie ringt dein inneres Streben« (Ritter, Arbeitsjournal unter dem 16. 8. 1801 (siehe Ritter [VD]:144)) stammt offenbar nicht von Ritter (wie Worbs [NSPJ]:87/8 und Rehm [UBJW]/a:366n55 annehmen), sondern von Stephan August Winkelmann, so jedenfalls Olshausen durch Stilvergleich und plausiblen Bezug auf die dort notierten Initialen »A. W.« (Olshausen [NaCK]:352/3).

254 Ritter [VD]:148.

255 Zum Beispiel »Dedesnn nn rrrrrr« und »Rr rr rr rr rum!« (Schwitters [U]:219, 220 *et passim*).

256 Vergl. die Kritik an einer nicht genannten Person mit vier Buchstaben zwei Seiten davor (Ritter, Arbeitsjournal unter dem 16. 8. 1801 (siehe Ritter [VD]:146)).

»Ist es wahr, daß *auch* Du einen ›Roman und noch dazu ganz eigner Art schreibst‹? Ich glaube es kaum. Doch bey Gott ist kein Ding unmöglich. – Ich stehe in Gefahr, ein Künstler zu werden« (Ritter, Brief an Savigny vom 13. 7. 1801).[257]

Worauf auch immer diese künstlerischen Pläne Ritters genau hinausgelaufen sein mögen – er dürfte sie zunächst nicht intensiv weiterverfolgt haben, weil er kurz darauf seine antinewtonische Entdeckung machte und ihrer Durcharbeitung viel Zeit widmete.[258] Doch gut drei Jahre später berichtete Brentano von einem Roman Ritters namens *Die Kirche und Götter*, die im Diemanschen Romanenjournal erschienen sei.[259] Der Roman scheint aber von Ritters Freund Gotthilf Heinrich Schubert zu stammen.[260] Auch die anonym erschienenen *Nachtwachen von Bonaventura* stammen entgegen anderslautender Gerüchte nicht von Ritter.[261] Es wäre freilich der Mühe wert, diese negativen Befunde aus der Sekundärliteratur durch computergestützte Sprachanalysen zu überprüfen. Abgesehen davon spricht es Bände, dass Brentano es Ritter zugetraut hat, einen Roman zu schreiben.[262]

Tasso

§ 4.5.2. Ritter hat sich auch nach der vermutlichen Auseinandersetzung mit Goethe vom 18. 9. 1801 immer wieder mit dessen literarischen Werken befasst. Zum Beispiel reagierte er schon im Jahr 1802 auf Goethes *Tasso* ohne jedes Zeichen von Unwillen:

»Die Stelle in Goethe's Tasso: ›Willst du genau erfahren, was sich ziemt, so frage nur bey edlen Frauen nach; .... Und wirst du die Geschlechter beyde fragen: Nach Freyheit strebt der Mann, das Weib nach Sitte;‹ – giebt ganz vortreflich den Ort des Weibes in der natürlichen Welt an. Die Erde in ihrer höchsten freyesten Erscheinung ist die Sitte selbst; das extraplaneta-

257 Klinckowstroem [DBvJ]:126; meine Hervorhebung.

258 S. o. Kapitel 4.1.

259 C. Brentano, Brief an A. Arnim vom 25. 10. 1804 (siehe Steig [AvAC]:116/7).

260 So Wetzels [JWR]:39n43.

261 So schon Klinckowstroem [DBvJ]:122/3. Dass der Roman von August Klingemann stammt, zeigt Haag [NE]; genau genommen läuft der Nachweis nur darauf hinaus, dass Klingemann sich das Werk am Ende seines Lebens selber zugeschrieben hat – über die Glaubwürdigkeit Klingemanns scheint aus Haags Sicht kein Kommentar erforderlich. Vergl. Dietzsch in Ritter [FaNJ]/D:345.

262 Zu Brentanos und A. W. Schlegels Reaktionen auf Ritters poetische Gehversuche siehe Richter [LPJW]:89; dort auch der Hinweis auf Gedichte und Märchen, die Ritter nicht lange nach ihrer Niederschrift verbrannt haben soll. Dass er – wohl im Frühling 1799 – ein Märchen über Veilchen geschrieben hat, ergibt sich aus Ritter, Brief an C. Brentano ca. vom 15. 4. 1802 (siehe Rehm (ed) [UBJW]/a:351); es ist offenbar nicht überliefert (Rehm (ed) [UBJW]/a:369n78).

rische auf Erden ist im Manne verklärt. Das Weib wird immer Indifferenz seyn, der Mann dagegen Differenz, Pol«.[263]

Man mag bezweifeln, ob sich Ritter mit diesen szientistischen, etwas holzschnittartigen Bemerkungen auf der differenzierten Höhe dessen bewegte, was Goethe in seinem literarischen Schaffen zum Geschlechterverhältnis zu sagen wusste. In der Tat haben wir in Ritters Fortführung des Gedankens aus dem *Tasso*-Zitat eine Verwendung der polaristischen Terminologie vor uns, die alles andere ist als gute Wissenschaft oder gute Menschenkenntnis, die aber vor dem ideengeschichtlichen Horizont der damaligen Zeit weniger heraussticht, als sie es heute täte.[264]

In der Tat sollte man diese chauvinistisch erscheinende und zugespitzte Textpassage nicht überbewerten. Sie findet sich in einer Umgebung von Fragmenten, in denen Ritter auch viele andere Aspekte des Geschlechterverhältnisses zuspitzte und in denen die Männer nicht immer als Helden oder Sieger vom Platz gingen. An vielen Stellen hält Ritter zwar an Unterschieden zwischen Männern und Frauen fest, aber keineswegs nur im Sinne festgefahrener Klischees, sondern vielschichtig genug – auch und gerade in den Wertungen.[265] Mehr noch, indem er ein drittes Geschlecht ausrief, hat er sich genau nicht auf eine dualistische Konzeption von Geschlecht festgelegt.[266]

Ich möchte darauf verzichten, Ritters Haltungen in dieser Sache eingehender zu beurteilen; mir kommt es auf etwas anderes an – der Tonfall des oben zitierten Fragments klingt nicht danach, als ob der Konflikt vom Herbst 1801 zwischen ihm und Goethe allzu tief gegangen wäre; offenbar ist damals kein Porzellan zerschlagen worden. Dies Ergebnis wird sich anhand weiterer Indizien erhärten: Ritter blieb bis an sein Lebensende für Goethes Schöpfungen offen, wie ich in der gebotenen Kürze mit einigen Zitaten belegen werde. Umgekehrt

263 Siehe Ritter [FaNJ]/2:§485 (1802) mit Zitat aus Goethe [TT]/W:145/6.

264 Für eine historische Kontextualisierung und einen Kommentar aus moderner Sicht siehe Holland [GRS]:136-141. Siehe auch die pointierte Rekonstruktion der damals heiß diskutierten Geschlechtertheorien in Mandelartz [GT].

265 Man vergleiche Ritter [FaNJ]/2:§481/2 (1801), §486 (1802), §492-§497 (1802/3), §501 (1804), §504 (1807). Wie Holland darlegt, tendierte Ritter bei diesen und verwandten Themen dazu, binäre Rollen- und Interpretationsmodelle dadurch zu unterlaufen, dass er sich für kompliziertere Sichtweisen aussprach und beispielsweise einer Dreiheit das Wort redete (Holland [RwPi]:4, 11/2 *et passim*; vergl. die Originalbelege in der nächsten Fußnote).

266 Ritter [VGSC]:63; Ritter [FaNJ]/2:§602 (1802).

gibt es mehr oder minder deutliche Spuren Ritters im *Faust*, die bislang keinem aufgefallen zu sein scheinen und die ich daher ausführlich besprechen möchte.

Die *Lehrjahre* als Lackmustest

§ 4.5.3. Wenn wir Ritters Darstellung aus seinem Lebensrückblick in den *Fragmenten eines jungen Physikers* glauben dürfen, galten ihm *Wilhelm Meisters Lehrjahre* lange Zeit hindurch (und später im polaren Wechselspiel mit dem *Don Quichotte* des Miguel de Cervantes) als wichtigste Lektüre.[267] Was ihn an Goethes größtem oder jedenfalls längsten Roman begeistert hat, lässt sich in Umrissen erahnen.

Wie er ausführte, fühlte er sich in manchen Zeiten zu den *Lehrjahren* hingezogen und konnte währenddessen dem *Don Quichotte* wenig abgewinnen – zu anderen Zeiten verhielt es sich genau umgekehrt. Um das zu erklären, spielte Ritter an der fraglichen Stelle seines Lebensrückblicks zunächst mit der polaren Umkehrungsidee, die er mit Pendelschwingungen illustrierte:

> »Statt des Kopfes hatte jetzt das Herz in die Schule zu gehen [...]: so kam hier unser Freund [Ritter] in kurzer Zeit ganz außerordentlich weit – fast zu weit, wie er mir nachmals ganz ehrlich vertraute. Ein Extrem aber sucht überall das andere, und nach und nach erst kommt ein Einmal in Schwingung versetztes Pendel wieder zur Ruhe; eins wie das andere nach unverbrüchlichen Naturgesetzen«.[268]

Einen Pendelausschlag etwa nach links sollen wir uns demzufolge als Gegenextrem zum Ausschlag nach rechts vorstellen; erst nach einiger Zeit neutralisieren sich die beiden Extreme. Während Ritter seelisch-emotional wuchs, sagte ihm Goethes Roman nichts, der ihm während intellektueller Wachstumsprozesse am meisten bedeutet hatte – um die beiden gegenläufigen Tendenzen aufzuzeigen, schrieb Ritter weiter in der Dritten Person über sich selbst, dass

> »unser Freund, dem in der frühern [kopfbetonten] Periode seiner diesmaligen Educationsgeschichte lange Zeit Meister's Lehrjahre die liebste Unterhaltung war, jetzt plötzlich schon nach wenig Wochen [im Verlauf der

267 Siehe hierzu und zum folgenden Ritter [FaNJ]/1:XXV-XXVI mit Bezug auf Goethe [WML]/H.

268 Ritter [FaNJ]/1:XXIV; Hervorhebung weggelassen.

Schulung des Herzens] den Don Quixote allen andern Büchern vorzog, (welchen er nemlich vorher schlechterdings nicht hatte leiden können)«.[269]

Weil sich also die Lektürevorlieben im Gleichklang mit den Pendelschwingungen zwischen einem Dasein auf dem emotionalen und dem intellektuellen Extrempol abwechselten, konnte er die jeweiligen Zugkräfte zu einem der beiden Romane als Lackmustest für den augenblicklichen Entwicklungsstand nutzen. Als geübter Experimentator mit der eigenen Person untersuchte er konsequenterweise seinen jeweiligen Zustand, indem er darauf achtgab,

> »wie die genannten beyden Bücher recht dienen könnten, zu erfahren, auf welchem Pole des Normals des Lebens man als junger Mensch von Fülle und Sinn sich so eben eigentlich befinde, und wie hoch oben an ihm«.[270]

Die beiden Romane unmittelbar nacheinander zu lesen, war ihm nach eigener Aussage zunächst unmöglich. Wann immer ihm aber einmal (so Ritter weiter)

> »Leben und Wissen, Herz und Kopf […] in möglichst inniger Vereinigung und gegenseitiger Durchdringung wären […] und wirkten: dann hören beynahe beyde jene Bücher auf, das vorige Interesse zu haben, oder, und eher, *sie wechselten ordentlich die Rollen,* und *Meister's Lehrjahre* würden es, die einem höchst komisch und drollig vorkommen könnten, während einem dagegen aus dem *Don Quixote* überall der dumpfste, finsterste, schneidendste Ernst entgegenkäme«.[271]

Der hier angedeutete Rollenwechsel der beiden Romane bietet ein – laxes – Beispiel für Ritters außerwissenschaftliches Spiel mit der vertauschungssymmetrischen Polaritätsidee; ihm wird klar gewesen sein, dass die fraglichen Strukturen im literarischen Leben weniger streng zur Geltung kommen und dennoch nicht minder erhellend zu sein brauchen als im wissenschaftlichen Leben. In der Tat gab Ritter (wie er gleich im Anschluss eingestand) eine höchst individuelle Lektüreerfahrung wieder. Sie bietet Aufschlüsse über lebensweisheitliche Berührungspunkte meiner beiden Protagonisten. Wie man weiß, strebte Goethe nach eben dem Gleichgewicht zwischen Herz und Verstand, das Ritter hier

269 Ritter [FaNJ]/1:XXIV-XXV; Hervorhebung weggelassen.
270 Ritter [FaNJ]/1:XXV.
271 Ritter [FaNJ]/1:XXVI; Hervorhebung geändert.

aufrief.[272] Was Goethe wohl dazu gesagt hätte, wenn ihm zu Ohren gekommen wäre, dass Ritter die *Lehrjahre* genau im erstrebten harmonischen Idealzustand höchst drollig gefunden, ja als *Donquichotterie* gelesen hat?

Ich muss diese Frage auf sich beruhen lassen. Um ihr nachzugehen, könnte man erforschen, ob sich der Lektürebericht vielleicht mithilfe der meist enthusiastischen Auseinandersetzungen erhellen lässt, die Goethes Roman in Ritters Umfeld erfuhr, etwa bei Novalis, Gottfried Herder, Caroline Schlegel und Friedrich Schlegel.[273]

Schäfers Klagelied

§ 4.5.4. Als Ritter noch im Herzogtum Sachsen-Weimar wohnte, scheint er sogar nach dem mutmaßlichen Streit nahe genug an der Quelle der Poesie Goethes gesessen zu haben, um im März 1802 unter dem Siegel der Verschwiegenheit dessen Gedicht »Schäfers Klagelied« an Brentano schicken zu können, das damals offenbar wenige Wochen alt war. Hier die Fassung, die Ritter weitergab, ohne den volksliedartigen Versen einen Titel voranzuschicken:

»Da droben auf jenem Berge,
Da steh' ich tausendmal;
An meinem Stabe gebogen
Und schau hinab in das Thal.
Dann folg' ich der weidenden Heerde
Mein Hündchen bewahret mir sie
Ich bin herunter gekommen
Und weiß doch selber nicht wie.
Da stehet von schönen Blumen,
Die ganze Wiese so voll
Ich breche sie ohne zu wissen
Wem ich sie geben soll.
Und Regen u. Sturm u. Gewitter
Verpaß' ich unter dem Baum;
Die Thüre dort bleibt verschloßen,
Denn alles ist leider nur Traum.

272 Goethe hat dies Ideal an den verschiedensten Stellen seines Œuvres artikuliert, von denen ich stellvertretend für viele nur eine einzige nennen möchte, siehe Goethe [WMW]/H:220.

273 Siehe Novalis in Goethe [MA]/5:692-696, Herder in Goethe [MA]/5:660/1, Schlegel in Goethe [HA]/7:661-680.

Es steht ein Regenbogen
Wohl über jenem Haus
Sie aber ist weggezogen,
Und weit in das Land hinaus.
Hinaus in das Land u. weiter
Vielleicht gar über die See.
Vorüber, ihr Schaafe, vorüber!
Es ist dem Schäfer so weh«
(Ritter, Brief an C. Brentano von Ende März 1802).[274]

Die so durch Ritter überlieferten Verse unterscheiden sich nur in Kleinigkeiten (wie Zeichensetzung, Schreibung und minimalen Wortänderungen) von der ersten gedruckten Fassung aus dem Jahr 1803 – und weit gravierender von einer noch im Juli 1802 ebenfalls bei Brentano eingegangenen Fassung.[275]

Das wirft die spannende Frage auf, ob Goethes Verse von Ritter aus dem Gedächtnis zitiert worden sind – dann könnte er dem Dichter beim Rezitieren einer früh fertiggestellten Druckfassung *zugehört* haben. Für diese Hypothese spricht, dass Ritter das Gedicht als einziger ohne Stropheneinteilung wiedergab.[276] Und die Hypothese würde auch erklären, warum Ritter das Gedicht kennen konnte, obwohl er nicht an den geselligen Gelegenheiten teilgenommen hat, aus denen es anscheinend wie in einer leichthändigen Improvisation hervorgegangen ist.

Vertiefungsmöglichkeit. Manche Sekundär- und Tertiärliteraten datieren das Gedicht auf den Folgetag eines geselligen Treffens bei Gottlieb Hufeland am 20.1.1802, andere auf den Folgetag eines geselligen Treffens bei Justus Christian Loder am 17.2.1802.[277] Das Gedicht dürfte rasch und exklusiv unter den zuvor Anwesenden bekannt gemacht worden sein. Bei beiden Anlässen war Ritter in Gotha, nicht in Jena, dem Ort des Geschehens. Vielleicht freilich ist Schäfers Klagelied nicht in Jena entstanden (in welchem Falle die genannten Datierungen hinfällig sein könnten). Laut Johannes Falks launigem Bericht jedenfalls war das Gedicht wie bei einer Art ritterlichem Minnedienst im Weimarer Mittwochskränzchen

274 Rehm (ed) [UBJW]/a:341, vergl. p. 360n25. Ritter erwähnte das Gedicht zum ersten Mal in Ritter, Brief an C. Brentano vom 18.3.1802 (siehe Rehm (ed) [UBJW]/a:338). Für eine Edition des Gedichts durch die neuere Goethe-Philologie siehe Goethe [FA]/2:56/7.

275 Rehm (ed) [UBJW]/a:362-364n39.

276 Rehm (ed) [UBJW]/a:341; 363.

277 Für das erste Datum argumentiert Steig [SKvG]:817 (dem folgen z.B. Grumach (ed) [G]/V:227/8 sowie Heufert in Falk [GaNP]/A:234/5n158). Für das zweite Datum argumentiert Gräf [GuSD]/III.1:369-370 (dem folgt z.B. Eibl in Goethe [FA]/2:935 bzw. etwas weniger präzise Lange in Goethe [MA]/6.1:895).

für eine Gräfin namens Karoline Egloffstein bestimmt gewesen, wurde aber peinlicherweise von Goethe in ähnlicher Funktion auch für eine Jenenserin eingesetzt – was aufflog und die Frage der Adressatinnen-Priorität aufwarf.[278]

Mit mehr als zweihundertjährigem Abstand dürfte sich diese Frage kaum noch beantworten lassen. Sollte die Weimarerin in diesem Wettstreit recht gehabt haben, so wäre Ritter beim entscheidenden Moment ebenfalls nicht zugegen gewesen, denn er gehörte nicht zum Mittwochskränzchen.[279] Ritter hat das Lied also nicht im Umfeld einer der drei Gelegenheiten kennengelernt, die in der Sekundärliteratur als Geburtsmoment der ersten Fassung gelten. Doch da der Liedtext in seinem Brief an Brentano bereits fast wie in der Druckfassung fixiert war, muss Ritter besonders gut informiert gewesen sein, jedenfalls besser als Gustav Ludwig Wrangel, der die andere bekannte informelle Fassung an Brentano gesandt hat, und zwar einige Monate später als Ritter.[280]

Dass übrigens gleich zwei solche Vorfassungen des Lieds ausgerechnet an Brentano gingen, muss man nicht als seltsamen Zufall deuten. Einerseits sind beide Absender Anfang Januar 1802 gemeinsam mit Brentano von Jena nach Gotha gereist.[281] Die drei Freunde könnten sich auf der Reise über die Sammlung und Nachdichtung volkstümlichen Liedgutes ausgetauscht haben, für die sich Brentano seinerzeit interessierte. Andererseits scheint das Lied inoffiziell auch an andere Empfänger verschickt worden zu sein, etwa von Caroline Schlegel an August Wilhelm Schlegel.[282] Ob Ritter das Lied von ihr hatte, muss schon allein deshalb fraglich erscheinen, weil er sich kurz zuvor auf die Seite der mit Caroline Schlegel verfeindeten Dorothea Veit gestellt hatte.[283] Kurz und gut, einiges spricht dafür, dass Ritter das Gedicht direkt vom Dichter aufgenommen hat.

278 Falk [GaNP]:176-180.

279 Siehe die Namensliste in Bode [GL]:115. – Ob Falks Bericht, der in diesem Falle keine Ohrenzeugenschaft beanspruchte, glaubwürdig ist, mag man, muss man aber nicht bezweifeln: Tentative Gründe für den Zweifel bietet Grumach (ed) [G]/V:682 mit Verweis auf Beaulieu-Marconnay in Grumach (ed) [G]/V:214; siehe auch Heuferts skeptische Einschätzung im Falle von Darstellungen Falks aus zweiter oder dritter Hand (Heufert in Falk [GaNP]/A:24/5); vergl. §4.5.12k.

280 Interessanterweise beginnt Wrangels Fassung mit den beiden Worten »Dort oben«, die Ritter ebenfalls zunächst notiert hatte, dann aber durchgestrichen hat, um sie – passend zu Goethes Druckfassung – durch die Worte »Da droben« zu ersetzen (Rehm (ed) [UBJW]/a:363). Ich habe mich gefragt, ob diese Korrektur später – etwa von Brentano – nachgetragen worden sein könnte; doch nach Auskunft von Bettina Zimmermann dürfte es sich um eine Sofortkorrektur handeln.

281 Steig [AvAC]:27.

282 Siehe Gräf [GuSD]/III.1:370. Aus der von Gräf angeführten Briefstelle gehen weder Text noch Überschrift des dort erwähnten Goethe-Lieds hervor: »Ich lege Dir auch eine kleine Romanze bey, die Goethe nach einer Volksmelodie, die er kürzlich hier singen hörte, und die vom Rheine kommt, gemacht hat« (C. Schlegel, Brief an A. W. Schlegel vom 22. 2. 1802 (siehe Schmidt (ed) [C]/II:305)).

283 S. o. §2.4.9k. Nicht viel später sollte sich das Verhältnis zwischen Ritter und Dorothea Veit wohl wegen Schuldenprellerei Ritters erheblich trüben (Dierkes in Schlegel [KFSA]/26.1.2:861 mit Bezug zu D. Veit, Brief an K. Paulus vom 3.-4. 6. 1805 (siehe Schlegel [KFSA]/26.1.1:338)).

Schwarz auf Weiß

§ 4.5.5. Das Verhältnis zwischen Ritter und Goethes Faustfigur ist schwer zu entwirren. Möglicherweise steckt nichts dahinter, möglicherweise einiges. Ich beginne meine Spurensuche mit einem winzigen Hinweis, den man schnell überliest – und der für sich allein vielleicht überhaupt nichts bedeutet. Und zwar pries Ritter das Besonderere an seinen photochemischen Versuchsergebnissen mit folgenden Worten:

> »Wenigstens kann ich mit jedem, der jene Versuche bei mir sah, versichern, daß schon wegen der überraschenden Nettigkeit und Präcision, und weil man hier die Wahrheit *recht buchstäblich schwarz auf weiß erhält und auch so aufbewahren kann*, es der Mühe verlohnt, sie nachzumachen«.[284]

Dass man etwas schwarz auf weiß nachhause tragen kann, ist ein geflügeltes Wort; es stammt aus Goethes *Faust-Fragment*, kam im Jahr 1790 an die Öffentlichkeit und blieb in allen späteren Fassungen erhalten. Ob die Redeweise achtzehn Jahre später – als Ritter die zitierten Zeilen schrieb – bereits zur Phrase erstarrt war, ist schwer zu sagen.[285] Ritters Formulierung unterscheidet sich in Kleinigkeiten von der Phrase ebenso wie vom Original, das ich mit etwas Kontext wiedergeben möchte. Zunächst hat der als Lehrer verkleidete Mephistopheles das Wort:

> »Doch euch des Schreibens ja befleißt,
> Als dictirt' euch der Heilig' Geist!
> *Schüler.*
> Das sollt ihr mir nicht zweymal sagen!
> Ich denke mir wie viel es nützt;
> Denn, was man schwarz auf weiß besitzt,
> Kann man getrost nach Hause tragen«.[286]

284 Ritter [BzVA]:717; meine Hervorhebung.

285 Das N-Gramm (will sagen: die Wortzusammenstellung) »schwarz auf weiß« lässt sich im Google-Corpus deutscher Texte aus dem Zeitraum von 1790 bis 1815 mit einem deutlichen Maximum für 1808 nachweisen, also genau für das Jahr, in dem Goethe den vervollständigten ersten Teil seiner Tragödie herausbrachte und in dem Ritter die zitierten Zeilen veröffentlichte. Interessanterweise weist das komplementäre N-Gramm »weiß auf schwarz« keine vergleichbare Dynamik auf. (Zuletzt abgerufen im *ngram-viewer* am 21. 3. 2021).

286 Goethe [F]/Z:31; Hervorhebung im Original.

Wenn Ritter betonte, dass man seine Versuchsergebnisse *buchstäblich* schwarz auf weiß erhalten und aufbewahren (also auch besitzen) kann, so dürfte darin zunächst einmal eine bewusste Rückkehr zum wörtlichen Verständnis der Formulierung »schwarz auf weiß« liegen. Während es bei Geschriebenem auf die Sache ankommt, nicht auf die Schriftfarbe (was der eifrige Schüler zu verwechseln scheint und den Witz der Verse ausmacht), zeichneten sich Ritters Versuchsergebnisse wirklich der Sache nach schwarz oder weiß auf dem Papier ab. Im selben Sinn hatte Goethe die Formulierungen »schwarz auf weiß« und »weiß auf schwarz« in den *Beyträgen zur Optik* von 1791 genutzt, um die dortigen Ausgangsbedingungen der polaristischen Prismenversuche auf den Punkt zu bringen.[287]

Es wäre verlockend, die Aussage des Schülers aus der Studierzimmer-Szene mit diesen frühen Experimenten Goethes zu verknüpfen. Schriftzeichen sind idealerweise einfache geometrische Figuren vor einem entgegengesetzten Hintergrund, nicht anders als die senkrechten oder waagerechten Striche, die Goethe vor ihrem jeweiligen Hintergrund durchs Prisma betrachtete: schwarz auf weiß oder umgekehrt. – War der Schüler vielleicht kein ABC-Schütze, sondern ein I-Männchen? Die Prismen-Experimente funktionieren jedenfalls am besten mit Vorlagen in Form eines großen lateinischen I ohne Schnörkel (vergl. die I-Form der Resultate in Farbtafel 2). Und schon Newton hatte Schriftzeichen prismatisiert …[288]

Wenn Goethe das Schrift- und Bücherwissen (wie zitiert) im Gespräch zwischen dem gelehrigen Schüler und seinem vermeintlichen Lehrer karikierte, dann passt das zu seinem späteren Furor gegen die Kompendien und Lehrbücher, in denen Newtons Lehre schwarz auf weiß nachhause getragen wurde – ohne dass die gelehrigen Belehrten ein einziges Experiment gesehen hätten und ohne dass sie die Farben vor Augen gehabt hätten, um deren Gegensätzlichkeit es Goethe zu tun war. Der Spott aus der *Faust*-Szene lief darauf hinaus, dass man in der Wissenschaft durch braves Mitschreiben nicht vom Fleck kommt.

Das alles klingt wie eine verlockende Interpretation der oft zitierten Verse. Doch an eine prismatische, newton- oder zunftkritische Nutzanwendung seiner Verse konnte Goethe bei der Veröffentlichung des *Faust-Fragments*

287 Goethe [BzO]/1:§ 59, § 61, § 63 (in dieser Ausgabe jeweils in Großschreibung).
288 Newton [O]:49 (= Book I, Part I, Proposition V, Theorem IV, Experiment 14).

noch nicht gedacht haben. Er hat das Fragment veröffentlicht, bevor er selber sein erstes Prisma in die Hand nahm.[289]

Ritter hingegen könnte unbewusst oder bewusst sehr wohl die benannten Verknüpfungen im Sinn gehabt haben, als er mit Blick auf seine Hornsilber-Experimente schrieb, dass

> »man hier die Wahrheit recht *buchstäblich* schwarz auf weiß erhält und auch so aufbewahren kann«.[290]

Wenn er hierbei an den gelehrigen Schüler aus Goethes *Faust I* gedacht haben sollte, bekäme sein Ausdruck »buchstäblich« einen doppelten Boden. Immerhin kam es ihm und Goethe darauf an, vom Buchstaben-Wissen fortzukommen, lieber selber zu schauen und per Prisma beispielsweise mit Buchstaben zu experimentieren (die ja nichts anderes sind als geometrische Figuren vor einem entgegengesetzten Hintergrund). In solchen Versuchen tragen die Buchstaben keine per Tradition und Autorität festgelegte Bedeutung; vielmehr geht es einzig und allein um ihre Form im Kontrast zum Hintergrund – sie sind Teil des Versuchsaufbaus und enthüllen dem forschenden Blick die Wahrheit direkt, also ohne Umweg über Buchwissen.

Das passt zum Ende meines ersten Ritter-Zitats. Nicht anders als Goethe lud auch Ritter seine Leser dazu ein, die Experimente selber nachzuvollziehen. Aber anders als im Falle der frühen Experimente Goethes konnte jeder Experimentator, der Ritter folgte, die Experimente wirklich schwarz auf weiß nachhause mitnehmen (Farbtafel 10). Sie zeichneten sich auf dem Papier mit dem Hornsilberaufstrich ab und blieben dort stehen wie jeder Buchstabe (solange man sie lichtgeschützt aufbewahrte – am sichersten zuhause).

Ob Ritter seine Aussage ungefähr so gemeint hat, wie ich es vorschlage, lässt sich nicht definitiv entscheiden. Für meine Interpretation spricht, dass es ihm an Ort und Stelle genau um diejenigen Experimente zu tun war, mit deren Hilfe er dem *Faust*-Dichter gegen Newton beispringen wollte; in diesem Zusammenhang wäre eine Anspielung auf den Schüler aus *Faust I* ein eleganter Schachzug. Zu meinem Interpretationsvorschlag passt es gut, dass die fragliche Abhandlung im selben Jahr herausgekommen ist, in dem Goethe eine Vervollständigung seines *Faust I* publizierte. *Der Tragödie erster Teil* erschien im Jahr 1808 als achter Band der Cotta-Werkausgabe. Ritter wusste das

289 Vergl. Wenzel [ISWd].
290 Ritter [BzVA]:717; meine Hervorhebung.

genau; er hatte einem Freund geholfen, Subskribenten für diese Werkausgabe zu sammeln.[291]

Und er kannte das lange zuvor erschienene *Faust*-Fragment, hat sogar den bereits dort auftretenden Erdgeist in eine seiner Schriften hineingenommen.[292] Wie wichtig Goethes Faustfigur für Ritter gewesen ist, lässt sich schwer sagen. Hat er sich vielleicht hie und da im Faust wiedererkannt? Und hat Goethe seinen berühmtesten Protagonisten vielleicht teilweise nach Ritter gestaltet? Das sind unentscheidbare Fragen. Wagen wir uns trotzdem an sie heran.

Fausts Blendung

§ 4.5.6. Kein Sachkundiger versteigt sich zu der Behauptung, dass Goethes Faustfigur nach einem einzigen Vorbild kontruiert wäre oder gar die historisch überlieferten Faustgeschichten aus dem 16. Jahrhundert widerspiegele; Heinrich Faust ist eine literarische Schöpfung Goethes mit vielen, vielen Schichten, die sich in ihrer Gesamtheit nicht eindeutig fixieren lassen.[293]

Gleichwohl ist die Suche nach partiellen Vorbildern und Inspirationsquellen nicht ohne Reiz; selbst wenn sie selten genug zu eindeutig belegbaren Thesen führt, kann sie uns helfen, einen frischen Blick auf den Text zu werfen. Während Faust in der Sekundärliteratur u. a. immer wieder mit Paracelsus in Verbindung gebracht worden ist, gibt es meines Wissens erst seit kürzerem Autorinnen und Autoren, die mit der These liebäugeln, dass Goethe seinem Faust einige Züge Ritters verliehen haben könnte.[294]

In der Tat könnte man zugunsten dieser These den Beginn von *Faust II* anführen.[295] Nachdem Faust den ersten Teil der Tragödie durchstanden und einen erquickenden Schlaf genossen hat, blickt er in die aufgehende Sonne

291 Ritter, Brief an Ørsted vom 19.7.1806 (siehe Harding (ed) [CdHC]/II:182). Er scheint die ersten Bände der Ausgabe selber erworben zu haben (Ritter [VGSC]:9n).

292 S. u. § 5.2.2k.

293 Siehe z. B. Schöne in Goethe [FA]/7.2:181-186, 189-191.

294 Zu Paracelsus als Vorbild für Faust siehe z. B. Bröckers [NGGP]:39. Zu Ritter als Vorbild äußerte sich meines Wissens zuerst Kühne [MG]:122. Die Herausgeber des *Goethe-Jahrbuchs* haben kürzlich einen schwungvollen Roman von Thea Dorn über Ritter zur *Faust*-Rezeption hinzugerechnet, obgleich in dem Roman nicht Ritter als Faust dasteht (Ammon et al [V]:12). Laut einer Rezension hat in dem Roman nicht der dort buchstäblich unsterbliche Ritter, sondern seine heutige wissenschaftliche Partnerin als Faustine einen Pakt mit dem Teufel geschlossen (Doering [TD]:239 mit Bezug zu Dorn [U]).

295 Siehe hierzu und zum folgenden die Einzelheiten in O. M. [GRGR], 1. Abschnitt.

über den Bergen, wendet sich geblendet ab und entdeckt einen Regenbogen in der Gischt des herabstürzenden Wasserfalls.[296]

Als Goethe diese eindrucksvolle Szene gegen Ende seines Lebens für die Veröffentlichung vorbereitete, war ihm klar, dass ein geblendetes Auge alle Farben eine Zeitlang anders wahrnimmt als im Normalzustand. Im Anschluss an eine Darstellung solcher Experimente hatte er in der *Farbenlehre* geschrieben:

> »Wie es sich näher damit verhalte, werden diejenigen künftig untersuchen, deren jugendliche Augen, um der Wissenschaft willen, noch etwas auszustehen fähig sind«.[297]

Dass Goethe hier auch an den jugendlichen Ritter gedacht haben mag, ist nicht unplausibel. Wie er gewusst haben mag, hatte Ritter solche Experimente im Oktober 1804 einigermaßen faustisch bis zum äußersten getrieben; er hatte nämlich bis zu zwanzig Minuten lang in die grelle Sonne gestarrt und festgestellt, dass den geblendeten Augen noch Wochen später jeder Gegenstand in seinen Komplementärfarben erschien.[298]

Das alles bedeutet: Hätte Fausts Blendung zu Beginn des zweiten Teils der Tragödie dieselben Wirkungen wie in Ritters halsbrecherischem Selbstexperiment gehabt, so hätte er den Regenbogen komplementärfarbig gesehen.

Ein Wechselbogen im *Faust II*?

§ 4.5.7. Zunächst mag der Gedanke vom Ende des vorigen Paragraphen wie eine unbegründete Spielerei wirken. Doch wie sich bei näherer Betrachtung zeigt, ist es gut möglich, dass Goethe an herausgehobener Stelle im *Faust II* einen diskreten Hinweis auf den farblich umgekehrten Regenbogen (mit purpurner statt grüner Mitte) plazieren wollte. Dafür lassen sich eine Reihe von Gründen anführen.

Einerseits hat Goethe seine *Faust*-Dichtung insgesamt mit einer Fülle von Versen angereichert, die nur dem Kenner der *Farbenlehre* etwas sagen. Andererseits war ihm die Farbumkehrung des Regenbogens ein wichtiges wissen-

296 Goethe [F]/F:206.

297 Goethe [EF]:§ 45.

298 Ritter [NVBü]/2:12/3. Knappere Informationen zu diesen Experimenten bietet Ritter, Brief an Ørsted vom 20.11.1804 (siehe Harding (ed) [CdHC]/II:92). – Richter vermeidet es, das Versuchsergebnis festzuhalten, um stattdessen lediglich Sehstörungen des Experimentators zu diagnostizieren (Richter [LPJW]:85).

schaftliches Anliegen: Er fand den herkömmlichen Regenbogen farbästhetisch misslich, weil darin kein Purpur vorkommt und es daher dort an Farbtotalität und Harmonie mangelt.[299] Zudem stellte er – wohl nicht völlig befriedigende – Laborexperimente zur Herstellung eines umgekehrten Regenbogens an. Und am 3. September 1825 ließ er sein Wohnhaus am Frauenplan zum fünfzigsten Regierungsjubiläum des Herzogs Carl August von Sachsen-Weimar-Eisenach mit Gemälden schmücken, auf denen u.a. ein surrealer Regenbogen zu sehen war: in den Komplementärfarben.[300]

Kurzum, es kann gut sein, dass im Anfang von *Faust II* eine Anspielung auf ein visuelles Phänomen enthalten ist, das der geblendete Ritter an der Stelle Fausts in der Gischt eines Wasserfalls erlebt hätte. Wäre die Vermutung richtig, so könnte man den wichtigen Wendepunkt zu Beginn von *Faust II* als Abwendung Fausts von einem ausschweifend wissenschaftlichen Dasein à la Ritter deuten:

> »So bleibe denn die Sonne mir im Rücken! [...]
> Am farbigen Abglanz haben wir das Leben«.[301]

Um nicht missverstanden zu werden, möchte ich wiederholen, dass es bei solchen Deutungsvorschlägen nicht darum geht, nach zwei Jahrhunderten die wahren Intentionen des Dichters als nachweisliche Tatsachen zu enthüllen; gerade ein so vielschichtiges Werk wie der *Faust* spricht unabhängig vom tatsächlichen Schöpfungsprozess zu uns. Der Wert derartiger Deutungen ermisst sich auch darin, wie gut sie es uns erlauben, mit dem Text ins Reine zu kommen. Ein weiteres Beispiel dafür behandle ich im kommenden Paragraphen.

299 Goethe [LA]/I.3:504-506, Goethe [EF]:§ 814.

300 Anonym (ed) [WJaD]/I, Tafel V unten, am Ende des Bandes (ohne Seitenzahl). Während kaum einer der Passanten die Andeutung verstehen konnte, dürfte der Herzog sehr genau gewusst haben, warum Goethe die Farben komplementär hat vertauschen lassen – er kannte sich bestens aus, wie Thomas Bach in einem ähnlichen Zusammenhang herausgearbeitet hat (Bach [FzLW]:80). Am Rande: Im Regenbogen auf dem Deckengemälde (Farbtafel 6), das der Kunstkenner Johann Heinrich Meyer für Goethe 1792 im prächtigen Treppenhaus des Wohnhauses am Frauenplan gemalt hat, waren laut Matthaei – jedenfalls vor der möglicherweise nicht akkuraten Nachkriegs-Restaurierung durch den Maler Hugo Gug – ebenfalls die Farben Blau, Purpur und Gelb zu sehen (Matthaei [FiGN]:66). Siehe zu alledem auch Goethe [LA]/II.5B.1:354/5 (= M124).

301 Goethe [F]/F:206.

Vertiefungsmöglichkeit. Ursprünglich wollte Goethe sein Verständnis des Regenbogens im geplanten, aber so nicht realisierten Supplementband der *Farbenlehre* nachliefern.[302] Unter anderem prognostizierte er dort die farbliche Umkehrbarkeit des Regenbogens (wobei er sich auf einen Geistesblitz des Jesuitenpaters Lucas berief):

> »wenn die ganze Mittägige Hälfte des Himmels ein einziger glänzender u blendender Schein wäre, und es stünde eine schwarze Scheibe, an der Stelle der uns jetzt erleuchtenden Sonne, und es regnete sodann im Norden, so würden wir einen doppelten Regenbogen, aber gerade mit umgekehrten Farben, wie die jetzigen erblicken. Die Geschichte der Farbenlehre erzählt uns, S. 440. daß Lucas von Lüttich zu einem ähnlichen Aperçu schon zu seiner Zeit gelangt ist«.[303]

Weil er den Entwurf, aus dem diese hypothetische Prognose stammt, zeitlebens nicht für eine Veröffentlichung zuendeführte, liegt es nahe anzunehmen, dass er mit dem Erreichten nicht zufrieden gewesen ist; die Sache gehört also nicht zum offiziellen Bestand der Farbforschung Goethes. Dennoch darf und muss man fragen, ob das Regenbogen-Experiment mit invertiertem Sonnenhimmel funktionieren kann; der Physiker Dietrich Zawischa gibt darauf eine negative Antwort, die er mit theoretischen Rechnungen untermauert.[304] Da bislang niemand probiert hat, den Regenbogen farblich umzukehren, ist das letzte Wort in dieser Angelegenheit noch nicht gesprochen. Es liegt auf der Hand, dass das Experiment (wenn es überhaupt funktioniert) nicht im freien Spiel des Wettergeschehens stattfinden kann, sondern unter stabileren Laborbedingungen aufzubauen ist. Die erforderlichen Mengen an steten Wassertropfen waren zu Goethes Zeiten schwer genug zu organisieren, und so bot ihm seinerzeit ein Wasserfall die besten erdenklichen Bedingungen, um sich die experimentelle Umkehrung zumindest vorzustellen – genau so, wie es meiner Deutung zufolge zum Auftakt vom *Faust II* literarisch durchgespielt wird.

Alles in allem hätte sich Goethe also zwei verschiedene Versuchsanordnungen für die farbliche Umkehrung von Regenbögen vorgestellt: für beide Anordnungen wäre konstant vorhandener Wasserstaub wie am Fuße eines Wasserfalls erforderlich – in der ersten, gleichsam objektiven Versuchsanordnung à la Pater Lucas müsste der Himmel invertiert werden mit einer schwarzen Sonne vor gleißendem Hintergrund; in der zweiten, gleichsam subjektiven Versuchsanordnung à la Faust und Ritter müsste die Funktionsweise des Auges invertiert werden infolge vorheriger Blendung des Experimentierenden.

Wann Goethe die faustische Betrachtung des Regenbogens in sein Manuskript für den *Faust II* einbaute, ist nicht gut überliefert; vermutlich hängt die Szene mit demjenigen Regenbogen zusammen, den Goethe am Schaffhausener Rheinfall sah und im Tagebuch

302 So Nickol unter Berufung auf Zehm in Goethe [LA]/II.5B.1:38 mit Bezug zu Goethe [LA]/II.5B.1:32-37 (= M10) und zu Goethe, Tagebuch zum 12. 1. 1810 (siehe Goethe [WA]/III.4:89). Zu den ursprünglichen Plänen für den Supplementband siehe Goethe [V]:8; zu den Planänderungen im Zuge seiner Veröffentlichung siehe Goethe [sVST]:25/6.

303 Goethe [LA]/II.5B.1:37; mit »S. 440« verwies Goethe auf den historischen Teil der *Farbenlehre* (vergl. Goethe [MzGF]:273). Mehr zu Goethes (und Newtons) Reaktionen auf Lucas in O. M. [ML]:§ II.3.16-§ II.3.20.

304 Zawischa [zASz]:253, 266/7.

beschrieben hat.[305] Möglicherweise hat Goethe die Verse schon im Herbst 1797 unter dem unmittelbaren Reiseeindruck konzipiert, aber erst 1826 vollendet.[306] Das wäre wenige Monate nach dem erwähnten Regierungsjubiläum. Als *terminus ante quem* gilt plausiblerweise der 6.5.1827, nämlich das Datum, an dem sich Goethe über die Verse gegenüber Eckermann äußerte und »nicht leugnen« wollte, dass diese

> »prächtige Beschreibung des Sonnenaufgangs [...] aus der Erinnerung jener Natureindrücke des Vierwaldstädter Sees entstanden sein möchte«.[307]

Sofern es an dieser Stelle keinen Grund gibt, Eckermanns Wiedergabe zu bezweifeln, steht zwar fest, dass Fausts Monolog wirklich mit Natureindrücken Goethes aus dem Jahr 1797 verbunden ist.[308] Damit wissen wir aber nicht, ob sich die Aussage gegenüber Eckermann auch auf den Regenbogen im Schaffhausener Rheinfall erstreckte, der rund hundert Kilometer vom Vierwaldstätter See entfernt ist. – Es ist aufschlussreich, dass Goethe im Tagebuch (ein gutes Stück vor der dortigen Beschreibung des Regenbogens) die Beobachtung von Komplementärfarben protokollierte:

> »Wenn die strömenden Stellen grün aussehen, so erscheint der nächste Gischt leise purpur gefärbt« (Goethe, Tagebuch zum 18.9.1797).[309]

Damit haben wir einen weiteren kleinen Hinweis darauf, dass Goethe den *Faust II* wirklich mit Andeutungen zur Umkehrung des Regenbogens begonnen und dabei den geblendeten Ritter als Faust im Sinn gehabt haben könnte. (Eindeutige Belege habe ich selbstredend nicht liefern können).

Leuchtsteine im Disputationsactus

§ 4.5.8. Wie schon erwähnt arbeitete Goethe an Elementen der Walpurgisszene, als ihn Ritter im Februar 1801 mit der Nachricht von seiner ultravioletten Entdeckung unterbrach. Hat dieser wissenschaftshistorisch wichtige Wendepunkt irgendwelche Wirkungen auf den endgültigen *Faust*-Text gehabt? Ich habe darin nichts gefunden, was der Rede wert wäre.[310] Spannend wird die Sache hingegen, sobald wir fragen, welche Themen Goethe in das Werk aufzunehmen plante, ohne dass es dazu gekommen ist. Um das zu unterfüttern, muss ich ein wenig ausholen.

Erinnern wir uns; nachdem Goethe im Jahr 1790 sein *Faust*-Fragment veröffentlicht hatte, kam eine vervollständigte Fassung in Form des ersten Teils der Tragödie erst im Jahr 1808 heraus.[311] Auch diese Fassung hat Goethe

305 Goethe, Tagebuch zum 18.9.1797 (siehe Goethe [WA]/III.2:144/5), dazu Mommsen et al [EvGW]/V:586/7n11, 609-612.
306 Mommsen et al [EvGW]/V:586n11.
307 Eckermann zum 6.5.1827, zitiert in Mommsen et al [EvGW]/V:719-720.
308 Mommsen et al [EvGW]/V:719-720n4.
309 Goethe [WA]/III.2:144.
310 Goethe [F]/F:167-190.
311 Zu den Daten siehe Schöne in Goethe [FA]/7.2:67/8.

als fragmentarisch betrachtet, obwohl er diesmal im Titel nicht wieder eigens darauf hinwies.[312] Eines der Probleme, mit denen sich Goethe in der ersten Hälfte des Jahrs 1801 herumschlug, betraf die sogenannte große Lücke im *Faust*. Er schrieb Schiller:

> »An Faust ist in der Zeit auch etwas geschehen. Ich hoffe daß bald in der großen Lücke nur der Disputationsactus fehlen soll, welcher denn freylich als ein eigenes Werk anzusehen ist und aus dem Stegreife nicht entstehen wird« (Goethe, Brief an Schiller vom 3. oder 4. 4. 1801).[313]

Um das zu verstehen, muss man wissen, dass Goethe damals gleichsam rückwärts dichtete.[314] Während der Großteil der zweiten Studierzimmer-Szene schon im *Faust*-Fragment von 1790 vorlag, fehlte viel Material des Geschehens vor diesem satirischen Gespräch zwischen dem verkleideten Mephisto und dem gelehrigen Schüler.[315] Für die Veröffentlichung im Jahr 1808 füllte Goethe die Lücke u. a. mit der bekannten ersten Studierzimmer-Szene, in der Faust zum ersten Mal mit Mephistopheles spricht.[316] Laut dem zitierten Brief an Schiller war Goethe mit dieser Szene im April 1801 (während der Wochen des intensivsten Austauschs mit Ritter) bereits weit vorangekommen.

Damals plante er, zwischen beide Studierzimmer-Szenen den besagten »Disputationsactus« einzuschieben, der so nicht verwirklicht wurde, dessen Umrisse aber in Form zeitlebens unveröffentlichter Paralipomena vorliegen und über den Schiller offenbar schon länger informiert war.[317] Goethe wollte Professor Faust in einer öffentlichen Disputation mit dem als fahrenden Gelehrten verkleideten Mephistopheles über die verschiedensten wissenschaftlichen Themen streiten lassen.[318] In einer eigenhändigen Notiz Goethes aus diesem Material forderte Faust seinen Disputationsgegner auf, ihm »Fragen aus der Erfahrung vorzulegen«.[319]

312 Zum fragmentarischen Charakter der Fassung von 1808 siehe Bohnenkamp [HNaA]:233, 849, 851/2, u. a. mit Bezug zu Goethe [TJHa]/1:247 (1806); ähnlich Schöne in Goethe [FA]/7.2:68.

313 Goethe [WA]/IV.15:214.

314 Hierzu und zum folgenden siehe Bohnenkamp [HNaA]:226-235, 846-848.

315 Goethe [F]/Z:19-38.

316 Goethe [F]/F:60-78.

317 Goethe, Brief an Schiller vom 3. oder 4. 4. 1801 (siehe Goethe [WA]/IV.15:214), Goethe [FA]/7.1:577/8 (= P11); siehe dazu Bohnenkamp [HNaA]:847n25 und Schöne in Goethe [FA]/7.2:958-960. Vergl. Döhler in Goethe [T]/III.2:570.

318 Siehe dazu Bohnenkamp [HNaA]:232, 846/7.

319 Goethe [FA]/7.1:578 (= P11).

Der wiederum reagierte darauf mit Stichwörtern wie »Gletscher«, »Fata Morg.«, »Thier« und »Mensch« – und mit dem Stichwort »Bolog. Feuer«, was sich auf die Bononischen Leuchtsteine bezieht.[320] Fast will es so scheinen, als hätte Goethe (in der Rolle des Mephisto) den Physiker Ritter (als Faust) zur Erklärung der von Goethe entdeckten unterschiedlichen Wirkungen verschiedener Teile des Spektrums auf das Leuchten der Bononischen Steine auffordern wollen.[321] Ein starkes Indiz zugunsten dieser These kommt im nächsten Paragraphen zur Sprache.

Ritter führt Goethes bononische Experimente fort

§ 4.5.9. Goethe hat just in dem Augenblick mit dem Disputationsakt gerungen, in dem er sich infolge von Ritters Entdeckung wieder an die eigenen Experimente mit Leuchtsteinen aus dem Jahr 1792 erinnert sah.[322] Es liegt nahe, zwischen beidem eine Verbindung zu vermuten und dadurch die These aus dem vorigen Paragraphen zu untermauern. Für die These spricht der enge zeitliche Zusammenhang; und zwar berichtete Goethe im Brief an Schiller zunächst ohne weitere Einzelheiten vom Disputationsakt (wie eben zitiert) und im selben Brief weiter unten von seinem Gespräch mit Ritter über die Leuchtsteine (die wie gesagt in den Notizen zum Disputationsakt wieder auftauchen):

> »Ritter besuchte mich einen Augenblick und hat meine Gedanken auch auf die Farbenlehre geleitet. Die neuen Entdeckungen Herschels, welche durch unsern jungen Naturforscher weiter fortgesetzt und ausgedehnt worden, schließen sich gar schön an jene Erfahrung an, von der ich Ihnen mehrmals gesagt habe: daß die bononischen Leuchtsteine an der gelbrothen Seite des Spectrums kein Licht empfangen, wohl aber an der blaurothen. Die physischen Farben identificiren sich hierdurch mit den chemischen. Mein Fleiß, den ich in dieser Sache nicht gespart habe, setzt mich bey Beurtheilung der neuen Erfahrungen in die größte Avantage, wie ich denn auch gleich neue, die Sache weiter auszuführende Versuche ausgesonnen habe« (Goethe, Brief an Schiller vom 3. oder 4. 4. 1801).[323]

320 Goethe [FA]/7.1:578 (= P11), dazu Bohnenkamp [HNaA]:234 und Schöne in Goethe [FA]/7.2:960.

321 Zur Rollenverteilung (Goethe als Mephisto, Ritter als Faust) s. u. § 4.5.12k.

322 Zu diesen Experimenten s. o. § 1.4.3. Zur – gut passenden – Datierung der hier einschlägigen Passage des Disputationsaktes siehe Bohnenkamp [HNaA]:849n37.

323 Goethe [WA]/IV.15:214/5.

Welche als nächstes auszuführenden Experimente Goethe ersonnen hatte, ist in den Kommentaren der einschlägigen Ausgaben nicht geklärt.[324] Aber nach allem Gesagten liegt die Antwort auf der Hand, wie jetzt skizziert werden soll.

Goethe hatte die prismatischen (»physischen«) Farben bereits aufgrund seiner Experimente am Leuchtstein mit den chemischen Farben verknüpft; Ritter stützte sich nun ebenfalls auf chemische Wirkungen des spektralen Lichts. Es lag nahe, beide Resultate zusammenzubringen. Zwar kann meine Vermutung, dass Goethe die Leuchtsteine ins Ultraviolette gelegt wissen wollte und dass Ritter darauf ansprang, nicht direkt belegt werden; doch spricht viel dafür. Ritter hat nämlich das Experiment durchgeführt, dessen Grundidee Goethe dem jungen Mann beim soeben zitierten Gespräch in Oberroßla durchaus zugerufen haben könnte. In Ritters Worten:

> »Habe ich dir schon gemeldet, dass [...] Bononi'sche Leuchtsteine im dunkeln Felde des Prismabildes ausserhalb des Violetts stärker leuchtend werden, als im Violett (oder sonstwo) selbst?« (Ritter, Brief an Ørsted vom 11. 3. 1805).[325]

Er hat diese Beobachtung aus dem Jahr 1805 schnell veröffentlicht.[326] In einer Zusammenfassung schrieb er, dass

> »Bononischer Leuchtstein, auch in den unsichtbaren Stralen außerhalb des Violetts des Prismabildes leuchtend werde. Dieser Versuch sieht einem Zauber ähnlich, indem hier Finsterniß selbst Licht zu erzeugen scheint. Das Roth, und die Stralen außerhalb des Roths hingegen, löschen dieses Licht gewöhnlich sehr schnell wieder aus, oder schwächen es wenigstens in einem sehr beträchtlichen Grade. Das Letztere geschieht aber wenigstens.

324 Oellers et al (eds) [FS]/2; Dörr et al in Goethe [FA]/32:711/2; Beetz in Goethe [MA]/8.2:595/6; Matthaei et al in Goethe [LA]/II.3:277. – Meiner Ansicht nach dürfte sich Goethe nicht auf die Experimente bezogen haben, die er im Brief an Ritter vom 6. 3. 1801 skizziert hatte (§ 3.2.3) und von denen er Schiller bereits in einem der vorangegangenen fünf Briefe hätte berichten können (Goethe [WA]/IV.15:196-203). Eher legt das obige Zitat die Vermutung nahe, dass sich Goethe aufgrund des Gesprächs mit Ritter neue Experimente zurechtgelegt haben dürfte.

325 Harding (ed) [CdHC]/II:102; Hervorhebung weggelassen.

326 Ritter [BzNK]/II.3-4:283/4. – Ritter war früh von den Leuchtsteinen fasziniert. So spielte er noch vor dem ersten belegten Treffen zwischen ihm und Goethe mit der Idee, Finsternis als blendenden *Überschuss* von Licht zu deuten; demnach saugten leuchtende Körper das überschüssige Licht ein, was sich mithilfe bononischer Leuchtsteine illustrieren ließe (Ritter, Arbeitsjournal unter dem 7. 4. 1800 (siehe Ritter [VD]:12)).

> Die Wirkung ist nicht selten so schnell, daß es scheint, als gösse man Feuer mit Wasser aus«.[327]

Zwar schrieb Ritter hier von Strahlen – er gab er sich damit aber nicht als Newtonianer zu erkennen, wie die Parallelstelle aus dem zitierten Brief an Ørsted zeigt, wo (in einer Terminologie à la Goethe) von einem Feld des Prismabildes die Rede war, nicht von Strahlen.[328] Und die zweite Hälfte meines letzten Zitats zeigt deutlich genug das polaristische Denken bei der Arbeit – entgegengesetzte Pole des Spektrums haben entgegengesetzte Wirkungen so wie Feuer und Wasser.[329]

Das zeigt abermals, wie gut Ritters Experimente mit Goethes Weltsicht harmonierten. Mehr noch, die gedanklichen Verbindungen zwischen beiden gehen sogar bis in Einzelheiten der Formulierung.

Exegese oder Experiment?

§ 4.5.10. Wenn Ritter (wie im vorigen Paragraphen zitiert) schrieb, dass in dem Experiment die »Finsterniß selbst Licht zu erzeugen scheint«, und zwar fast wie durch einen Zauber, so erinnert diese Formulierung an Mephistos Rede von »der Finsternis, die sich das Licht gebar« aus der ersten Studierzimmer-Szene im *Faust I*:

> »Ich bin ein Teil des Teils, der Anfangs alles war,
> *Ein Teil der Finsternis, die sich das Licht gebar,*
> Das stolze Licht, das nun der Mutter Nacht
> Den alten Rang, den Raum ihr streitig macht,
> Und doch gelingt's ihm nicht, da es, so viel es strebt,
> Verhaftet an den Körpern klebt.

327 Ritter [SaJB]:161/2; Hervorhebung weggelassen; ähnlich Ritter [BzVA]:671/2. Siehe auch O. M. [GRGR], 7. Abschnitt. Eine moderne Replikation des Versuchs hat Felix Scharstein für die Dauerausstellung des Deutschen Romantikmuseums (Frankfurt am Main) erarbeitet (Station »Physik als Kunst – Johann Wilhelm Ritter experimentiert mit Strom und Licht«). Dort kann man luminiszierendes Material in den ultravioletten Bereich des Spektrums schieben, um Ritters Effekt mit eigenen Augen zu begutachten.

328 Ähnlich Ritter [BzNK]/II.3-4:283/4 und Ritter [BzVA]:671/2. – Schon vier Jahre früher hatte sich Ritter auf gleichartige Weise an Goethes Aversion gegen den Strahlenbegriff orientiert (s. o. § 3.3.3).

329 Interessanterweise verglich Ritter das farbdifferenzierte Verhalten gewisser Leuchtsteine später auf polaristische Weise mit Nachbildfarben (Ritter [BzVA]:671).

Von Körpern strömt's, die Körper macht es schön,
Ein Körper hemmt's auf seinem Gange,
So, hoff' ich, dauert es nicht lange
Und mit den Körpern wird's zu Grunde gehn«.[330]

Diese polaristisch aufgeladenen Verse kann man als widerstreitendes Echo auf die biblische Schöpfungsgeschichte lesen und exegetisch mit weiteren, damals geläufigen Bibelstellen verknüpfen.[331] Doch vielleicht haben die Verse noch einen handfesteren – naturwissenschaftlichen – Hintergrund. Selbst wenn Ritters sehr ähnlich klingende Formulierung in derselben schöpfungsgeschichtlichen Tradition wurzelte, spricht einiges dafür, dass die Ähnlichkeit der Formulierungen auch mit dem naturwissenschaftlichen Austausch meiner beiden Protagonisten zusammenhängt. Denn das neue Experiment Ritters unterfüttert ja auf experimentelle Weise die bis dahin nur religiös und metaphysisch motivierte Möglichkeit, dass aus der Finsternis mit einem Mal Licht hervorströmt.

Kurzum, Mephistos berühmte Verse lassen sich mithilfe von Goethes Leuchtsteinen in ultravioletter Aktion à la Ritter veranschaulichen. Auch wenn Goethe die »große Lücke« im *Faust I* zuguterletzt nur mit der ersten Studierzimmer-Szene zu füllen wusste, liegt es nahe zu vermuten, dass Mephistos dortige Rede von der lichtgebärenden Finsternis bereits auf die geplante Disputation mit Faust über das neue ritterliche UV-Experiment vorverweisen sollte, was selbstredend in allerkürzesten Andeutungen hätte realisiert werden können.

Vertiefungsmöglichkeit. Es gibt im *Faust I* weitere Beispiele für Vorweise auf den Disputationsakt, die gleichsam als lose Enden stehengebleiben zu sein scheinen und ebenso in die freigebliebenen Lücke zeigen könnten wie der soeben von mir ins Spiel gebrachte Vers zur lichtgebärenden Finsternis.[332] Genau dieser Vers übrigens und sein Umfeld lassen sich sogar mit der geplanten Fortsetzung der Disputation zusammenbringen.[333] Faust beantwortet nämlich Mephistos Fragen aus der Erfahrung, deren reellen Aufweis wir uns wie in einer Experimentalvorlesung dazudenken können, mit einer Gegenfrage – die dieser als Treffer wertet:

»F. Gegenfrage wo der schaffende Spiegel sey.
M. Compliment die Antwort einandermal«.[334]

330 Goethe [F]/F:65; meine Hervorhebung.
331 So Schöne in Goethe [FA]/7.2:252.
332 Bohnenkamp [HNaA]:846/7.
333 Für andere Interpretationen, die nichts mit den Leuchtsteinen zu tun haben, siehe Bohnenkamp [HNaA]:235 und Schöne in Goethe [FA]/7.2:960.
334 Goethe [FA]/7.1:578 (= P11).

Einiges spricht dafür, dass sich dieser Schlagabtausch präzise auf die Bononischen Leuchtsteine bezieht – erstens gibt es unter den fünf Stichwörtern für die Disputation (»Gletscher«, »Fata Morg.«, »Thier«, »Mensch«, »Bolog. Feuer«) nur zwei, die mit Optik zu tun haben und sich daher experimentell mit einem Spiegel verknüpfen lassen; zweitens war der bononische Leuchtstein (und nicht die Fatamorgana) ein Thema, dessen Untersuchung Goethe eminent wichtig gewesen ist. Wenn es sich so verhält, dann geht es im letzten Zitat sicherlich um das Aufleuchten des Steins im Finsteren. Nachdem Ritter in seiner Veröffentlichung von einem Zauber gesprochen hatte, lässt Goethe seinen Faust offenbar einen Zaubertrick im Experiment vermuten, so als ob das den Leuchtstein entflammende Licht genau nicht dem ultravioletten Bereich jenseits des sichtbaren Spektrums entspränge, sondern von einem geschickt versteckten Spiegel herkäme, also vorgespiegelt würde. Wir hätten demzufolge eine versteckte Lichtquelle (etwa durch eine Öffnung zum Sonnenlicht), deren Schein im Dunklen mittels eines Spiegels genau dorthin geschickt würde, wo der unbeleuchtete Leuchtstein aufleuchtet – dass der Trick funktioniert, beruht auf der Unsichtbarkeit des Lichts im leeren Raum. Dies wiederum passt zu Mephistos Worten aus der ersten Studierzimmer-Szene, die ich bereits zitiert habe:

»Das stolze Licht, das nun der Mutter Nacht
Den alten Rang, den Raum ihr streitig macht,
Und doch gelingt's ihm nicht, da es, so viel es strebt,
Verhaftet an den Körpern klebt«.[335]

Im leeren Raum sieht man das Licht nicht – nur wenn es auf Körper trifft, macht es sich bemerkbar. Genau deshalb ließe sich der Zaubertrick, den Faust seinem Widerpart unterstellt, leichtestens realisieren. Das Kompliment Mephistos bezieht sich demzufolge nicht nur darauf, dass Faust den Zaubertrick durchschaut hat, sondern auch darauf, dass er sich gut genug an Mephistos Verse aus der ersten Studierzimmer-Szene erinnerte, um ihn zu entlarven. Mehr noch, wenn in solchen Fällen immer ein Spiegel für Licht sorgte, dann verlören Mephistos stolze Worte von der Priorität der – ultravioletten – Finsternis, die das Licht gebar, ihre Grundlage. Das Licht wäre demzufolge immer schon dagewesen. (Beiläufig: Wenn diese Interpretation triftig ist und wenn Mephisto für Goethe steht, Faust für Ritter, dann hätten wir hier Komplimente Goethes für Ritter).

* * *

Schöne bringt das in Rede stehende Paralipomenon P11 aus dem Disputationsakt zwar in einen Zusammenhang mit Goethes brieflicher Aussage an Schiller über den Disputationsakt.[336] Er geht aber anders als ich nicht so weit, die Fortsetzung des Briefs, die von Goethes Gespräch mit Ritter handelt, ebenfalls mit dem Paralipomenon zu verknüpfen. Meiner Ansicht nach liegt der weitergehende Schritt deshalb nahe, weil sowohl im Paralipomenon P11 als auch im Brief an Schiller von Bononischen Leuchtsteinen die Rede ist.

Wer gab und wer nahm?

§ 4.5.11. Ritter hat die schöne Formulierung, die ich zuletzt auf die Goldwaage gelegt habe, im Jahr 1805 veröffentlicht – also vor dem ersten Erscheinen der

335 Goethe [F]/F:65.
336 Schöne in Goethe [FA]/7.2:958.

ähnlich lautenden Verse von Mephisto (1808), die im *Faust*-Fragment aus dem Jahr 1790 noch fehlten.[337] Zwar ist nicht überliefert, ob Goethe von Ritters neuem Experiment erfahren hat. Doch einiges spricht dafür; immerhin baute es direkt auf Goethes früher Entdeckung auf, wonach die Leuchtsteine in verschiedenen Teilen des Spektrums unterschiedlich reagieren – und Goethe war bei solchen Themen wissensdurstig.

Ich brauche nicht zu entscheiden, ob er die einschlägige Veröffentlichung Ritters zur Kenntnis genommen hat, aus der ich zitiert habe.[338] Ebenso gut ist es möglich, dass Seebeck ihm vom neuem UV-Experiment berichtet hat; die beiden tauschten sich damals über die chemischen Wirkungen des Lichts aus – und Seebeck wiederum stand im Briefwechsel mit Ritter.[339]

In der Tat hätte Goethe im Gespräch mit Ritter vom April 1801 (wie gehabt) die Leuchtsteine als neues Nachweismittel für das Ultraviolette vorschlagen können, woraufhin ihm Ritter mit der ihm eigenen vorschießenden Intuition den Erfolg des Versuchs vorausgesagt hätte – beide dürften sich sofort einig gewesen sein, wie das Versuchsergebnis aussehen müsste: Geradezu im Stil mittelalterlicher Magie würden die Leuchtsteine von der Finsternis entflammt werden.

Lassen wir es offen, wer von beiden als erster zu der starken Formulierung gegriffen hat; so oder so dürfte die zugrundeliegende Idee einem gemeinsamen Gesprächs- und Gedankenzusammenhang entsprungen sein. Wer hier dem anderen genau welche Stichworte geliefert hat, spielt für meine Zwecke keine Rolle. Mir ist es nur darum zu tun, auch für die Zeit nach dem mutmaßlichen Streit plausible Anzeichen für eine nicht unerhebliche geistige Nähe zwischen meinen beiden Protagonisten aufzuweisen.

Ritter im Walpurgissack?

§ 4.5.12. Vier Jahre nach dem Besuch bei Goethe in Oberroßla vom April 1801 schrieb Ritter mit Blick auf eine Weltformel, die ihm unterdessen in den Sinn gekommen war:

337 Goethe [F]/Z, vor p. 19. Vergl. Schöne in Goethe [FA]/7.2:244.

338 Ritter [SaJB]:161/2; ähnlich in Ritter [BzVA]:671/2. Die beiden Journale, in denen diese Texte herauskamen, sind weder in Goethes Bibliothek noch in seinen – freilich nicht vollständig dokumentierten – Ausleihungen belegt (Keudell [GaBW], Ruppert [GB]).

339 Zum Beginn des Austauschs zwischen Goethe und Seebeck s. u. § 5.2.3; zum Briefverkehr zwischen Seebeck und Ritter s. u. § 5.4.4.

»Wie ich diese [Formel] entdeckte, bin ich mehrere Tage krank gewesen, wie sich mich ergriff u. angriff. Ich habe sie aber, wie Göthe seinen Faust, in einen Sack gebunden, den ich mich fürchte aufzumachen. Sie ist das absolute Fatum« (Ritter, Brief an Ørsted vom 16. 8. 1805).[340]

Goethe-Kennerinnen und -Kenner dürften bei Ritters Wort »Sack« aufmerken.[341] Woher wusste Ritter, dass Goethe damals gewagte Verse für die Hexenszenen im *Faust* sammelte und nach eigener Aussage in einem höllischen »Walpurgissack« einschloss, mit dem er sich bis auf weiteres nicht abplagen wollte?

Die Überlieferung dieses Ausdrucks für die *Faust*-Paralipomena geht auf eine Erinnerung des Kirchenlied-Dichters Johannes Falk an ein Gespräch mit Goethe zurück, das frühestens im Jahr 1808 geführt worden sein kann. Wie Goethe auf Nachfrage seines Gesprächspartners zunächst erläuterte, ist der Walpurgissack

»eine Art von infernalischem Schlauch, Behältniß, Sack, oder wie Ihr's sonst nennen wollt, ursprünglich zur Aufnahme einiger Gedichte bestimmt, die auf Hexenscenen im ›Faust‹, wo nicht auf den Blocksberg selbst, einen nähern Bezug hatten«.[342]

Plausiblerweise bringt Schöne diesen Walpurgissack mit der Selbstzensur Goethes aus dem Jahr 1806 in Verbindung, als Goethe gemeinsam mit seinem treuen Helfer Friedrich Wilhelm Riemer den Druck des *Faust I* vorbereitete und dabei u. a. die bereits sehr lange vorliegende Satansmesse mit Rücksicht aufs prüde Publikum aus dem Spiel warf.[343] Nur: Wie vor kurzem zitiert kannte Ritter den Ausdruck »Sack« wohl im selben Sinn (aber jedenfalls mit Blick auf den *Faust*) Jahre vor Falk, und zwar spätestens im August 1805.

Vertiefungsmöglichkeit. Anders als früher gelten die Gesprächsberichte Falks in der Goethe-Philologie der neueren Zeit als recht zuverlässig.[344] Den Ausdruck »Walpurgissack« zitierte

340 Harding (ed) [CdHC]/II:120.
341 Als einer der wenigen hat Wetzels die Formulierung Ritters mit Goethes Walpurgissack in Verbindung gebracht, ohne freilich zu fragen, woher Ritter den Ausdruck gehabt haben mag (Wetzels [JWR]:121).
342 Falk [GaNP]:93.
343 Schöne in Goethe [FA]/7.2:120-124, 342-346 mit Bezug zu Goethe Goethe [FA]/7.1:552-559 (= P50), zur Datierung der Satansmesse auf das Jahr 1797 oder weit früher siehe Schöne in Goethe [FA]/7.2:936.
344 Unterberger in Goethe [FA]/33:950; Heufert in Falk [GaNP]/A:16-19, 23-25.

Falk aus einem – nicht explizit datierten – Gespräch mit Goethe.[345] Dass Falk das Gespräch nach der Veröffentlichung von *Faust I* im Jahr 1808 geführt hat, ergibt sich aus dem Gesprächskontext.[346] Dort bezog sich Falk mit an Sicherheit grenzender Wahrscheinlichkeit nicht auf das 1790 veröffentlichte *Faust*-Fragment, das er eigens als »Fragment« zu bezeichnen pflegte.[347] Goethes Ärger mit Theatersorgen, dem er im selben Gespräch Luft machte, bieten ein zusätzliches Indiz, das genau ins Jahr 1808 verweist.[348] – In einer Fußnote zu Falks Text legt Samuel Moser dar, dass wir uns Goethe im Zusammenhang des Walpurgissacks als Mephisto denken sollen, ganz so wie ich es vorhin mit Blick auf den Disputationsakt vermutet habe.[349] Dass sein Widerpart gut und gerne von Ritter hätte übernommen werden können, liegt zumindest beim Thema der Leuchtsteine nahe. Laut Anne Bohnenkamp hätte Faust im Disputationsakt die Rolle des idealistischen, Mephisto die des empiristischen Philosophen spielen sollen.[350] Diese Diagnose passt zu meiner Interpretation Goethes, dessen tiefen Respekt vor den empirischen Tatsachen ich mehrmals herausgestrichen habe; ob Ritter *alias* Faust hingegen idealistischer gesonnen war, darüber kann man streiten. Obgleich er sich weiter mit Spekulationen vorzuwagen pflegte als Goethe, hat er auch mehr experimentiert und sich dadurch vom bloß idealistischen Spekulantentum scharf abgegrenzt. Selbst wenn die Zuordnung also nicht ganz hinkommt, schadet das wenig; derartige Zuordnungen dienen der Erhellung von Zusammenhängen, ohne dass es dabei auf hundertprozentige Passgenauigkeit ankäme.

Klingt nach Goethe

§ 4.5.13. Ritter wusste drei Jahre vor Falk davon, wie Goethe sich mit dem Faustsack abplagte. An dieses Ergebnis lassen sich weiterführende Überlegungen anknüpfen. So wird man vermuten dürfen, dass Goethe ihm im April 1801 (oder bei einem der wenigen Folgetreffen) selber vom Walpurgissack oder doch von einem *Faust*-Sack erzählt hat.

Das wird bedeuten, dass er den Plan einer Selbstzensur gewagter Verse schon länger mit sich herumgetragen hatte. Zusätzlich könnte es bedeuten, dass er recht früh auch weitere (alles andere als anstößige) Textstücke in diesem Behältnis versenkte, mit denen er für die geplante *Faust*-Veröffentlichung ums Verrecken nicht ins reine kommen konnte. In der Tat fuhr Goethe laut Falk im bereits zitierten Gespräch folgendermaßen fort:

345 Falk [GaNP]:92-94; vergl. Schöne in Goethe [FA]/7.2:919.

346 Falk [GaNP]:94.

347 Falk, Brief an Körte vom 16. 3. 1801 (siehe Goethe [FA]/32:137).

348 Heufert in Falk [GaNP]/A:130n69. Schöne datiert das Gespräch nicht ohne Plausibilität, aber ohne Belege auf »wahrscheinlich aus dem Sommer 1808« (Schöne in Goethe [FA]/7.2:343). Nimmt man alle Angaben Falks zu dem Gespräch für bare Münze, so ist das Gespräch undatierbar (Pniower [GF]:285/6). Doch die wichtigsten der zitierten Aussagen verweisen in der Tat auf das Jahr 1808.

349 Moser [GZF]:10n2; s. o. § 4.5.10.

350 Bohnenkamp [HNaA]:848 *et passim.*

»Nach diesem, wie es zu gehen pflegt, erweiterte sich diese Bestimmung ungefähr, sowie die Hölle auch von Anfang herein nur Einen Aufenthalt hatte, späterhin aber die Limbusse und das Fegefeuer als Unterabtheilungen in sich aufnahm. Jedes Papier, das in meinen Walpurgissack herunterfällt, fällt in die Hölle; und aus der Hölle, wie Ihr wißt, gibt es keine Erlösung. Ja, wenn es mir einmal einfällt, wozu ich eben heute nicht übel gelaunt bin, und ich nehme mich selbst beim Schopf und werfe mich in den Walpurgissack: bei meinem Eid, was da unten steckt, das steckt unten, und kommt nicht wieder an den Tag, und wenn ich es selbst wäre! So streng, sollt Ihr wissen, halte ich über meinen Walpurgissack und die höllische Constitution, die ich ihm gegeben habe. Es brennt da unten ein unverlöschliches Fegefeuer, was, wenn es um sich greift, weder Freund noch Feind verschont. Ich wenigstens will Niemand rathen, ihm allzunahe zu kommen. Ich fürchte mich selbst davor«.[351]

Gerade der letzte Satz passt gut zu Ritters Aussage über die Funktion, die Goethe dem Sack zuschrieb und die Ritter für den eigenen Umgang mit der angeblich gefundenen Weltformel übernahm – die bereits zitierte Stelle aus dem Ritter-Brief hat einen *sound* von Goethe:

»Wie ich diese [Weltformel] entdeckte, bin ich mehrere Tage krank gewesen, wie sich mich ergriff u. angriff. Ich habe sie aber, wie Göthe seinen Faust, in einen Sack gebunden, den ich mich fürchte aufzumachen. Sie ist das absolute Fatum« (Ritter, Brief an Ørsted vom 16.8.1805).[352]

Welche Weltformel, genau, Ritter hier im Sinn gehabt haben mag, wird wohl für immer ein Rätsel der Ritterforschung bleiben; es steht aber fest, dass sie mit Polarität zu tun gehabt haben muss.[353]

Vertiefungsmöglichkeit. Theoretisch könnte Ritter den Ausdruck »Sack« bzw. »Walpurgissack« auch vom Hörensagen gehabt haben und nicht wie oben nahegelegt direkt von Goethe. Doch konnte ich in Goethes Briefen, Tagebuchaufzeichnungen und Gesprächen kein weiteres Vorkommnis des Ausdrucks »Sack« mit Bezug zu Textstücken für den *Faust* finden; Goethe nutzte für deren Aufbewahrungsort eher Wörter wie »Packet«, und zwar durchaus auch dann, wenn er die darin verwahrten Papiere glaubte verschlossen halten zu

351 Falk [GaNP]:93/4.
352 Harding (ed) [CdHC]/II:120.
353 Siehe Wetzels [JWR]:121/2. Für einige Einzelheiten zu Ritters Suche nach der Weltformel s. u. §4.5.15.

müssen, um sich zu schützen.[354] Nichtsdestoweniger begann Falk seine Nachfrage zum Thema des Walpurgissacks so, als beziehe er sich auf ihm bekannte Gerüchte, die er nun von ihrem Urheber Goethe bestätigt wissen wollte:

> »Sie sprachen vorhin von einem Walpurgissack? Es ist das *erste* Wort, was *ich* heute darüber *aus Ihrem Munde* höre. Darf ich wissen, was es mit demselben eigentlich für ein Bewenden hat?«[355]

Vermutlich wird sich nicht mehr mit letzter Sicherheit klären lassen, ob man in Goethes Umfeld über eine stehende Redewendung in Sachen Walpurgissack informiert war – oder ob erst Ritter und später Falk die einzigen Personen waren, zu denen Goethe so darüber gesprochen hat.

Scheu bei großen Themen

§ 4.5.14. Aus Berichten von Naturwissenschaftlern kennt man dieses überwältigende Gefühl von etwas Höherem, das sich bei ihnen in dem Moment einstellt, da sich dem forschenden Blick jäh eine Wahrheit ungeheurer Tragweite darbietet.[356] Ritter hatte so auf seine Weltformel reagiert; aus dem letzten Zitat im Haupttext treten uns eine Ehrfurcht und Scheu entgegen, wie wir sie auch von Goethe kennen:

> »Das schönste Glück des denkenden Menschen ist, das Erforschliche erforscht zu haben und das Unerforschliche ruhig zu verehren«.[357]

Bei Ritter hatte die Sache freilich bedrohlicher geklungen als hier bei dem uralten Goethe, der – nach langen Jahren wissenschaftlicher Forschung und mit einer Portion Quietismus – instinktsicher dort Ruhe zu geben empfahl, wo das Weiterforschen zur Gefahr zu werden droht. Am Beginn seiner Farbenforschung hatte er die existentielle Bedrohung deutlich genug gesehen und sich vor dem »ikarischen Fall« gefürchtet, also vor der Hybris des Wissenschaftlers und dem Absturz bei zu großer Annäherung an die Sonne.[358]

354 Zum Beispiel Goethe, Brief an Schiller vom 2.12.1794 (siehe Goethe [WA]/IV.10:209). Weniger existentiell bedrohlich klingt Goethes Beschreibung der verschiedenen »Papiersäcke«, die er offenbar eigens herstellen ließ, um seinen wachsenden Materialberg für die *Farbenlehre* kapitelweise zu sortieren (Goethe, Brief an Schiller vom 10.1.1798 (siehe Goethe [WA]/IV.13:12)).

355 Falk [GaNP]:93; meine Hervorhebung.

356 Siehe z.B. Heisenberg [TG]:77/8.

357 Goethe [WA]/II.11:159.

358 Goethe, Brief an Forster, 25.6.1792 (siehe Goethe [WA]/IV.9:312). Ritters Instinkte scheinen nicht viel anders funktioniert zu haben. Wie er ausführte, überkamen ihn jedesmal Schwindelgefühle, wenn er an seiner Weltformel weiterzuarbeiten versuchte (Ritter, Brief an Ørsted vom 25.5.1806 (siehe Harding (ed) [CdHC]/

Knapp zwanzig Jahre später gab er sich abgeklärter. Idealerweise müsse der Physiker im richtigen Augenblick Ruhe geben können, statt sich abzuquälen – so jedenfalls Goethe in der *Farbenlehre*:

> »Kann dagegen der Physiker zur Erkenntnis desjenigen gelangen, was wir ein Urphänomen genannt haben; so ist er geborgen«.[359]

Auf den rätselhaften Begriff des Urphänomens werde ich ganz am Ende zurückkommen; was Goethe gemeint haben könnte, illustrierte er wenige Seiten weiter unten anhand von Elektrizität, Chemie und – Farben:

> »Das Elektrische [ist] auffallend und *mächtig*, und zwar dergestalt bestimmt und geeignet, daß wir die Formeln der Polarität, des Plus und Minus, als Nord und Süd [...] schicklich und naturgemäß anwenden [...] Sie [...] schließt sich an die große Doppelerscheinung, welche sich in der Chemie so *herrschend* zeigt, an Oxydation und Desoxydation unmittelbar wirkend an [...] In diese Reihe, in diesen Kreis, in diesen Kranz von Phänomenen auch die Erscheinungen der Farbe heranzubringen und einzuschließen, war das Ziel unseres Bestrebens«.[360]

Jedes der Urphänomene aus diesem Kranz, bei denen der Forscher jeweils stehenbleiben muss, um geborgen zu sein, und bei denen er zur Verehrung der Natur übergehen muss, ist laut Goethe durch die Formel von der Polarität gekennzeichnet, über die man offenbar nicht mehr hinaus kann und soll.

Es war eben diese Formel, die Ritter zwei Mal zur Entdeckung von Wirkungen des Ultravioletten geleitet hat. Als sich Goethe und Ritter im April 1801 auf Goethes Landgut in Oberroßla über ihre Entdeckungen austauschten, plante Goethe den Disputationsakt, worin auch über die Bononischen Leuchtsteine diskutiert werden sollte. Man darf vermuten, dass ihm dieses Thema über den Kopf zu wachsen drohte. Warum? Vielleicht weil er in Ehrfurcht vor der Tiefe des Entdeckten zurückschrak – Himmel und Hölle.

II:170)). Kurz zuvor hatte er den Physiker, der von einer großen Einsicht künden konnte, im Griff desselben Entsetzens beschrieben, dem Goethes Faust angesichts des Erdgeistes ausgesetzt war (Ritter [PaK]/A:30 mit Anspielung auf Goethe [F]/Z:8-12; für die Wortlaute s. u. § 5.2.2k). Damit interpretierte er diese Szene aus dem *Faust*-Fragment (und allen späteren Fassungen) als dichterische Gestaltung der emotional-spirituellen Erschütterung mehr des Naturforschers als des gelehrten Geisterbeschwörers.

359 Goethe [EF]:§ 720.

360 Goethe [EF]:§ 742-§ 744; meine Hervorhebung.

Sollte das plausibel sein, so gewönne die vorhin zitierte briefliche Aussage an Schiller einen neuen, eigenen Klang (dessen Interpretation ich in eckigen Klammmern andeute):

> »An Faust ist in der Zeit auch etwas geschehen. Ich hoffe daß bald in der großen Lücke nur der Disputationsactus [mit Mephistos und Fausts Debatte über die Leuchtsteine] fehlen soll, welcher denn freylich als ein eigenes [naturwissenschaftlich in die Tiefe gehendes] Werk anzusehen ist und aus dem [bloß dichterischen] Stegreife nicht entstehen wird« (Goethe, Brief an Schiller vom 3. oder 4.4.1801).[361]

Im Lichte des Gesagten mag man vermuten, dass sich Goethe mit diesen Sätzen auch Klarheit über seine existentiellen Schwierigkeiten mit der Tiefe der Naturwissenschaft verschaffte. Sein anspruchsvollstes literarisches Projekt – die *Faust*-Dichtung – war denselben Taten und Leiden ausgesetzt wie sein anspruchsvollstes naturwissenschaftliches Projekt: die Enthüllung der Polarität für die *Farbenlehre*. Ritter scheint dem Dichter damals bei beidem näher gekommen zu sein als fast jeder andere.

Vertiefungsmöglichkeit. Bohnenkamp unterscheidet auf hilfreiche Weise zwischen denjenigen Paralipomena zum *Faust*, die Goethe hinter sich ließ, weil sie aus inneren Gründen nicht mehr in seine *Faust*-Dichtung passten – und denjenigen, die dort nur aus äußeren Gründen wie Zeitmangel nicht berücksichtigt wurden und die er aufgehoben hat, weil er damit rechnete, sie für eine spätere Vervollständigung doch noch nutzen zu können: »Paralipomena für die Zukunft«.[362] Wie sie aufzeigt, spricht viel dafür, das Material für den Disputationssakt zu den Paralipomena für die Zukunft zu rechnen.[363] Demzufolge hätten keine inneren Gründe gegen die Aufnahme des Disputationsaktes gesprochen. Wenn damit rein innerliterarische Gründe gemeint sind, ist dem zuzustimmen. Doch nach der von mir oben nahegelegten Interpretation könnten immer noch tiefe Gründe den Ausschlag gegeben haben, etwa – wie vorgeschlagen – wissenschaftliche. Da Goethe nicht zuletzt im *Faust* Dichtung und Wissenschaft eng zusammenführte, könnte eine Diagnose wie bloßer Zeitmangel in die Irre leiten.[364] In diesem Zusammenhang finde ich es aufschlussreich, dass Goethe nach seinem Ringen mit dem Disputationsakt im Frühling 1801 ganze fünf Jahre lang überhaupt nicht mehr nachweislich am *Faust* weitergearbeitet hat.[365] Als er den Faden Anfang 1806 wieder aufnahm, war Ritter nicht mehr in der Nähe. An seiner Statt suchte und fand Goethe den wissenschaftlichen Austausch mit Ritters Schüler Seebeck, der dessen

361 Goethe [WA]/IV.15:214.
362 Bohnenkamp [HNaA]:842-862, insbes. p. 861.
363 Bohnenkamp [HNaA]:232/3, 846-849.
364 Zeitmangel wird explizit vermutet in Bohnenkamp [HNaA]:232.
365 Bohnenkamp [HNaA]:849n37.

Experimente zu den chemischen und luminiszierenden Wirkungen spektraler Beleuchtung für Goethe weiterführte.[366] Es ist gut denkbar, dass Goethe angesichts der charakteristischen Zurückhaltung Seebecks in wissenschaftlichen Fragen den Mut verlor, die Angelegenheit wissenschaftlich zu durchdringen – und dass er deshalb davon Abstand genommen hat, seine Protagonisten im Disputationsakt über die Bononischen Leuchtsteine streiten zu lassen. Da dies Thema jedenfalls laut meiner Interpretation für Goethe von eminenter Bedeutung war, haben wir hier vielleicht einen tiefen Grund dafür, dass der Disputationsakt nicht verwirklicht wurde: Die Sache war wissenschaftlich zu verzwickt.

* * *

Weltformel

§ 4.5.15. Ähnlich wie von mir vorgeschlagen interpretiert der Ritterforscher Heiko Weber die holistische Suche Ritters nach einer Weltformel der Natur.[367] Betrachten wir z. B. folgende Formulierung Ritters aus dem Jahr 1805:

> »Beyde Reihen bilden unter jeden Umständen nur Eine, werden von Einem Gesetze beherrscht. *Es giebt nur Ein Electrisches System, und dieses umfasst Alles und Jedes, was von Körper überhaupt auf Erden ist*«.[368]

Obschon sich in Ritters Schriften viele weitere Belege für eine solche Denkweise finden lassen, gab er sich in dieser Angelegenheit nicht immer so apodiktisch wie im Zitat. Manchmal äußerte er sich voller Enthusiasmus über eine von ihm entdeckte Weltformel, manchmal weit zurückhaltender.[369] Dass Ritter sein hohes Ziel immer noch nicht erreicht hatte, hat er im Jahr 1808 gegenüber Baader freimütig gestanden.[370] – Am Ende seines Lebens hat er betont, wie er seine Idee einer Weltformel oder »Urgleichung« als »Forderung« (also i. S. Kants regulativ) einsetzte und wie schnell er sich dadurch neue Phänomengebiete erschließen konnte.[371]

366 S. u. § 5.2.3-§ 5.2.4.

367 Weber [EFN]:32. Vergl. Breidbach et al [JWRP]:123 *et passim*, Schlüter [GRÜB]:50 und Welsh [H]:83/4n187, 86.

368 Ritter [ESK]:190-192, Hervorhebung im Original; vergl. dazu Stein [NF]:168. Einen weiteren Beleg aus dem Jahr 1805 bietet Ritter (ed) [BzNK]/II.3-4:252/3 (dazu Stein [NF]:176).

369 Vergl. Ritter, Brief an Ørsted vom 16. 8. 1805 (siehe Harding (ed) [CdHC]/II:120) mit Ritter, Brief an Ørsted vom 25. 5. 1806 (siehe Harding (ed) [CdHC]/II:170).

370 Ritter, Brief an Baader vom 4. 1. 1808 (siehe Hoffmann (ed) [FvBB]:225, 228).

371 Ritter [FaNJ]/1:IX, XCII.

5. Getrennte Wege

November 1802	Ritter schreibt die »Versuche über das Sonnenlicht« mit seinen antinewtonischen Experimenten, ohne sie so auszuweisen
April 1803	»Versuche über das Sonnenlicht« veröffentlicht
7.11.1803	Letzte belegte Begegnung zwischen Ritter und Goethe
Herbst 1803	Goethe, Schiller, der Herzog und andere setzen gegen konservative Widerstände aus der Jenaer Universität durch, dass Ritter über Galvanismus lesen darf
28.11.1803	Beginn der galvanischen Vorlesungen Ritters
März 1804	Ruf auf eine Chemie-Professur in Erlangen für Ritter
8.4.1804	Ritter stellt für Goethe einen Plan zum Aufbau eines galvanistischen Labors zusammen
Ende Juni 1804	Stellenangebot der Bayerischen Akademie der Wissenschaften (München) an Ritter
ab 1805	Goethe nimmt die Arbeit an der *Farbenlehre* wieder intensiver auf
7.6.1805	Wegzug Ritters aus Jena
14.3.1806	Goethe bittet Knebel um Übersendung der Abhandlung Ritters »Versuche über das Sonnenlicht« mit den seit September 1801 strittigen Experimenten
28.3.1806	Ritters Festvorlesung *Physik als Kunst* zur Stiftungsfeier der Münchner Akademie mit Egmont-Zitat und mit Bezug zu Fausts Erdgeist
27.4.1806	Goethe liest Ritters *Physik als Kunst*
19.8.1806	Seebeck führt vor Goethe spektrale Temperaturmessungen durch
24.2.1808	Ritters Vorlesung zu Davys chemischen Experimenten und zur polaristischen Vermannigfachung dieser Experimente in entgegengesetzter spektraler Beleuchtung
28.2.1808	Jacobi sendet Ritters Vorlesung an Goethe
28.2.1808	Ritter bittet Goethe via Jacobi um schnellstmögliche Übersendung der *Farbenlehre*
17.4.1808	Der didaktische Teil der *Farbenlehre* Goethes erscheint in kleiner Auflage

5.1. Ritter auf dem Absprung aus Jena (1803 bis 1805)

§ 5.1.1. Im Jahr 1802 kam Seebeck nach Jena, der später u. a. für seine Entdeckung des thermoelektrischen Effekts berühmt werden sollte.[1] Seebeck und Ritter haben sich schnell befreundet. Im Dezember 1803 wurde Ritter Taufpate eines Sohns von Seebeck; ein anderer Taufpate war der Philosoph Georg Friedrich Wilhelm Hegel, der schon im Vorjahr nach Jena gekommen war.[2]

Ritter hat gemeinsam mit Seebeck viele Experimente durchgeführt und ihn dabei in alle Versuche eingewiesen, um die es mir in den vorigen Kapiteln zu tun war; im Frühling 1803 berichtete Ritter seinem Freund Ørsted zum ersten Mal von der Kooperation mit dem Neuankömmling:

> »Ich selbst komme zu niemand, als wo's Geld, Essen u. Trinken giebt, denn Wissenschaftsmänner aus Herzlichkeit sind rar. Ein einziger, Dr. Seebeck, der sonst in Bayreuth lebte, ausgenommen, der hier als reicher Mann privatisirt, ein niedl. Weib u. sechs himmlische Mädchen von ½ bis 7 ½ Jahren hat. *Der hat neul. meine sämtliche optica wiederholt, zu vollständiger Satisfaction für ihn u. mich. Er wird fortarbeiten*« (Ritter, Brief an Ørsted vom 22. 5. 1803).[3]

In der Rückschau des Jahres 1808 stellte Ritter die Zusammenarbeit noch enger dar:

> »und fast nur eine allzugroße Bescheidenheit kann diesen vortrefflichen Beobachter, *der mich zwei Jahre bei fast allen meinen Untersuchungen begleitete,* und auch seit unsrer Trennung sich fortdauernd, besonders mit Electricität und Licht, beschäftigte, abgehalten haben, bis jetzt dem Publicum etwas von den erhaltenen Resultaten mitzutheilen«.[4]

Wie Sie am Ende meiner Darstellung sehen werden, sind aus Seebecks fortdauernder Forschung wichtige Ergebnisse für Goethes *Farbenlehre* erwachsen; selbst wenn sie auf einem Umweg über Seebeck ins Spiel kamen, weisen sie

1 Heute auch als Seebeck-Effekt bekannt (siehe z. B. Demtröder [E]/2:75). Seebeck sprach von Thermo*magnetismus* (Seebeck [MPME]:37n *et passim*) und stellte den von ihm entdeckten Effekt in einen polaristischen Rahmen – anders als wir es heute tun. Einzelheiten bietet Nielsen [AKoL]:377-395.

2 Ritter, Brief an Schubert vom 3. 12. 1803 (siehe Klinckowstroem (ed) [DBvJ]:128). Vergl. dazu Richter [LPJW]:127.

3 Harding (ed) [CdHC]/II:38; meine Hervorhebung.

4 Ritter [BzVA]:714n; meine Hervorhebung.

letztlich auf Ritters Forschung zurück.[5] Doch lange bevor ich darauf eingehen kann, muss ich von den letzten Begegnungen zwischen Goethe und Ritter berichten.

Das letzte belegte Treffen

§ 5.1.2. In Goethes Tagebuch ist nur noch ein weiteres Treffen mit Ritter eindeutig belegt. Es scheint nicht unter vier Augen stattgefunden zu haben:

> »7. [November 1803] Maj. v. Knebel und Familie. Kleine Geschäfte. R. R. Voigt und H. K. R. Kirms. Dr. Paulus, Ritter B. R. Lenz« (Goethe, Tagebuch zum 7. 11. 1803).[6]

In jenen Wochen dürfte Ritter bei Goethe um Unterstützung bei einer kuriosen Episode des damaligen Universitätslebens nachgesucht haben.[7] Jenaer Studenten hatten sich Vorlesungen Ritters über den Galvanismus gewünscht, die dieser auch gerne halten wollte – aber nicht durfte. Er war weder habilitiert noch promoviert und konnte sich die Gebühren für die akademischen Initiationsriten nicht leisten.[8] Die bestallten Professoren sahen ihre Pfründe bedroht und wollten keine Ausnahme dulden; doch gelang es den Wohlmeinenden mithilfe des Weimarer Hofes, Ritters Vorlesungen gegen konservative Widerstände durchzusetzen.

Schiller war bei Goethe brieflich für Ritters Anliegen eingetreten, und sogar der Herzog Carl August griff vermittelnd zugunsten Ritters ein.[9] Hätte es einen unüberbrückbaren Zwist zwischen Ritter und Goethe gegeben, so hätte Schiller darum gewusst; sein Brief wäre unterblieben oder anders formuliert worden. Ob (und wenn ja: wie energisch) Goethe die Angelegenheit betrieben hat, lässt sich aus den überlieferten Schriftstücken nicht ermitteln.[10] Aber ein Indiz spricht für sein Wohlwollen in dieser Sache. In Goethes Tagebuch findet sich folgende Notiz:

5 S. u. § 6.3.7.

6 Goethe [WA]/III.3:86.

7 Zum folgenden siehe Rehms erschöpfende Darstellung mit vielen Originaldokumenten (Rehm (ed) [JWRU]:196-198 *et passim*). Vergl. Richter (ed) [PRJW]:77-80 sowie Berg et al [RS]:93/4.

8 Rehm (ed) [JWRU]:196.

9 Schiller, Brief an Goethe vom 9. 11. 1803 (siehe Oellers et al (eds) [FS]/1:1091); C. G. Voigt, Brief an Goethe vom 9. 11. 1803 (siehe Tümmler (ed) [GBmC]/II:363).

10 Richter (ed) [PRJW]:79. In Rehms Sammlung finden sich einige Briefe Ritters an einen – namentlich nicht genannten – Geheimrat (Rehm (ed) [JWRU]:202-217).

»16. [Dezember 1803] [...] Abends Theegesellschaft. *Einzuladende*: Stallmeister Seidler, G. J. R. Reichardt, H. R. Voigt, H. R. Schnaubert, Grunert C. R., Breyer, Prof. Succow, Metzel, Sup. Marezoll, H. R. Hennings, Fischer, *Ritter*, Dr. Genzler, Protonat. Kayser, Univ.Synd. Asverus. Böttger, Ulrich, H. R. Heinrich, Augusti« (Goethe, Tagebuch zum 16. 12. 1803).[11]

Bei seinen Jenaer Teegesellschaften pflegte Goethe die verschiedensten Wissenschaftler zusammenzubringen, um den Fliehkräften entgegenzuwirken, denen die Universität damals ausgesetzt war.[12] Wir wissen nicht, ob Ritter der Einladung gefolgt ist. Doch dass er eingeladen war, können wir als Signal Goethes an die Universitätsmitglieder deuten; er gab Ritter im halböffentlichen Rahmen Rückenwind, und das dürfte sich vor Ort herumgesprochen haben; knapp drei Wochen zuvor (am 28. 11. 1803) hatte Ritter vor fünfzig Studenten mit den Vorlesungen begonnen.[13] In diesen Vorlesungen wird Ritter die meisten der Experimente vorgeführt haben, die er erörtete. Und er wird in Jena ein ähnliches Pensum abgedeckt haben wie bei den Vorlesungen vom Vorjahr am Gothaer Hof, wenn auch vielleicht mit etwas bescheideneren Mitteln.[14] Anders als dort musste Ritter diesmal die Kosten der Experimente selber aufbringen; sie ließen sich offenbar nicht vollständig aus den Hörergeldern decken, worüber er brieflich klagte.[15]

Obwohl der Adressat laut Rehm nicht Goethe gewesen ist, sondern Goethes Kollege Christian Gottlob Voigt, hat sich ihr zufolge auch Goethe gemeinsam mit anderen Verantwortlichen und sogar dem Herzog zugunsten Ritters Anliegen engagiert (Rehm (ed) [JWRU]:196/7 *et passim*). Mindestenes einen der Briefe Ritters an Voigt scheint Goethe gelesen zu haben (Goethe, Brief an C. G. Voigt vom 29. 3. 1804 (siehe Tümmler et al (eds) [GBmC]/III:47, 376) wohl mit Bezug zu Ritter, Brief an C. G. Voigt vom 26. 3. 1804 (siehe Rehm (ed) [JWRU]:206-210, 233n91)). Dass der Brief vom 26. 3. 1804 an Goethe adressiert worden sei, behauptet irrigerweise Wetzels [JWR]:61n93; ähnlich bei anderen an einen ungenannten Geheimrat adressierten Briefen Ritters (Wetzels [JWR]:61n93, 108n50, 109; Details zur – plausiblen – Zuschreibung an Geheimrat Voigt bietet Rehm [JWRU]:228n49).

11 Goethe [WA]/III.3:91; Hervorhebung geändert.

12 So mit Zitaten aus Originaldokumenten Döhler in Goethe [T]/III.2:721.

13 Das Datum ergibt sich aus Ritter, Brief an Schubert vom 3. 12. 1803 (siehe Klinckowstroem (ed) [DBvJ]:128). Die Anzahl der Hörer nannte Ritter, Brief an Ørsted vom 26. 12. 1803 (siehe Harding (ed) [CdHC]/II:45).

14 Für das Pensum siehe das Gothaer Protokoll vom Januar 1802 (Anonym [PüaS]).

15 Ritter, Brief an Frommann vom 14. 1. 1804 (siehe Richter (ed) [PRJW]:139), Ritter, Brief an C. G. Voigt vom 26. 3. 1804 (siehe Rehm (ed) [JWRU]:207, 233n94). Er erinnerte sich später nur zu gut an dies Verlustgeschäft (Ritter, Brief an Baader vom 4. 1. 1808 (siehe Hoffmann (ed) [FvBB]:224) sowie Ritter, Brief an Pfluger vom

Vertiefungsmöglichkeit. Wie hat man sich Ritters Jenaer Vorlesungen vorzustellen? Offenbar hat er dort einerseits Merksätze diktiert, andererseits experimentiert. Einige der Merksätze und sogar ganze Kapitel aus seinem Vorlesungsskript sandte er im folgenden Sommer nach Kopenhagen.[16] Den Beginn der diktierten Merksätze aus der Vorlesung publizierte Ritter im Jahr 1806 separat.[17] Dass Ritter während der Jenaer Vorlesungen experimentiert hat und dabei auch überraschende Entdeckungen machte, denen er im weiteren Verlauf wissenschaftlich nachging, sie sogar in seine nächste Monographie integrierte, ist in einem Fall eindeutig dokumentiert.[18] Das dürfte mehr als einmal vorgekommen sein; es passt zu Richters und Webers These, denen zufolge die fragliche Monographie – *Das Electrische System der Körper* aus dem Jahr 1805 – weitere Aufschlüsse über den Inhalt der Jenaer Vorlesungen bietet und ebenfalls einen Teil des Materials der Diktate enthält, die Ritter im Verlauf der Jenaer Vorlesung geboten hat.[19]

* * *

Laut Richter haben sich Ritter und Goethe im Jahr 1803 zweimal bei *Frommann* getroffen, einmal am 7. November und einmal im Dezember.[20] Da Richter das nicht belegt, konnte ich nicht feststellen, ob die Treffen mit den beiden Daten zusammenfallen, von denen Goethe in seinem Tagebuch berichtete und von denen eines sicher nicht bei Frommann stattgefunden hat (wie zitiert).

Goethe bittet Ritter um Rat

§ 5.1.3. Die eben skizzierte Episode spricht dagegen anzunehmen, dass sich Goethe und Ritter zwei Jahre zuvor unheilbare Wunden geschlagen hätten. Falls die beiden überhaupt in einen Streit verwickelt waren, wird die Zwischenzeit für allmähliche Besserung gesorgt haben.

Und so dürfen wir annehmen, dass sich Ritter und Goethe auch wieder über naturwissenschaftliche Fragen austauschten, wenn auch kaum so intensiv wie vom Herbst 1800 bis zum mutmaßlichen Streit ein knappes Jahr später. Vielleicht hat Ritter von seinem jüngst erschienenen Aufsatz über das Sonnenlicht berichtet? Das würde erklären, warum Goethe um diesen Aufsatz wusste und ihn (im Jahr 1806) zu bekommen versuchte.[21]

18.10.1809 (siehe Guiot (ed) [SUBv]:233)). – Dass die Vorlesungen in Gotha besonders kostspielig gewesen sind, dokumentiert Ritter, Brief an Baader vom 5.1.1808 (siehe Hoffmann (ed) [FvBB]:229-230).

16 Ritter, Brief an Ørsted vom 4.8.1804 (siehe Harding (ed) [CdHC]/II:72-89, vergl. insbes. p. 72); dazu Richter (ed) [PRJW]:80.

17 Ritter [DaVü], dazu Wetzels [JWR]:40.

18 Ritter [ESK]:22-24.

19 Richter (ed) [PRJW]:80 mit Verweis auf Ritter [ESK]; ähnlich Weber [E]:XXXVII.

20 Richter [LPJW]:78, Richter (ed) [PRJW]:79.

21 Goethe, Brief an Knebel vom 14.3.1806 (siehe Guhrauer (ed) [BzGK]/I:271); für den Wortlaut s. u. § 5.2.1.

Wie dem auch sei, beim Treffen am 7.11.1803 ging Goethe vermutlich mit einer Bitte um Rat auf Ritter zu. (Vielleicht tat er das bei einem weiteren Treffen, von dem wir nichts wissen, oder in einem verlorenen Brief; alle diese Möglichkeiten ändern nichts wesentliches). Er bat Ritter, eine Liste der Anschaffungen zusammenzustellen, die für den Betrieb eines galvanischen Forschungslabors nötig sind.

Die spekulierenden Philosophen bekamen Wind davon – und reagierten mit sanftem Spott. Hegel, der von Seebeck an die optischen Errungenschaften Ritters herangeführt worden war und sich gut mit Goethes Farbenprojekt auskannte, schrieb an Schelling:

> »Goethe geht sehr auf das Reele und Apparate los, nicht nur veranlaßte er Schelvern, ein botanisches Kabinett anzulegen, sondern es wird auch ein physiologisches errichtet, und von Rittern forderte er sogleich den Plan zu einem galvanischen Apparate« (Hegel, Brief an Schelling vom 16.11.1803).[22]

Ritter ließ sich Zeit mit Goethes Bitte; aber er nahm sie ernst. Im April 1804 lieferte er bei Goethe ein wohldurchdachtes Gutachten ab, worin er auch einen Etat für laufende Kosten und Neuanschaffungen infolge des technischen Fortschritts vorsah.[23] In diesem letzten erhaltenen Brief Ritters an Goethe finden sich keine Anzeichen für bleibende Verletzungen aus einem fatalen Streit oder für Ärger über Goethes Unwissenschaftlichkeit. Im Gegenteil, er schrieb an einen Experten. Am Ende des Briefs deutete er an, wie sehr er sich eine galvanische Zusammenarbeit gewünscht hätte:

> »Es scheint nicht, daß ich das Glück haben sollte, unter Ihrer Leitung ihm [dem Aufbau und Betrieb eines galvanischen Kabinetts] nachzugehen« (Ritter, Brief an Goethe vom 8.4.1804).[24]

Ritter gab sich enttäuscht, dass Goethe ihn nicht zum amtlich bestallten Hof-Galvanisator hatte machen wollen. Vielleicht konnte er seine Enttäuschung erst zu diesem Zeitpunkt offen aussprechen; er war bereits auf dem Absprung aus Jena und sah für sich eine glänzende Zukunft in Bayern voraus. Insofern er Goethe zum ersten Mal aus einer besser abgesicherten Position schreiben konnte, verbietet es sich, seine Formulierungen als zielgerichtete Schmeicheleien abtun, die er aus finanziellen Gründen nötig gehabt hätte. Ritter war auf

22 Richter [LPJW]:245.
23 Ritter, Brief an Goethe vom 8.4.1804 (siehe Klinckowstroem [GR]:147-149).
24 Klinckowstroem [GR]:151.

Goethe nicht mehr angewiesen und konnte ihm vielleicht genau deshalb frei heraus von seinen ehemaligen beruflichen Hoffnungen vor Ort schreiben.

Vertiefungsmöglichkeit. Nachdem Ritter das Herzogtum verlassen und der von ihm vorgeschlagene Apparat offenbar nicht angeschafft worden war, fehlte es beim Thema des Galvanismus an der erforderlichen Ausstattung für physikalische Experimental-Vorträge, wie Goethe bei gegebenem Anlass eigens betonte.[25] Dennoch scheint es Goethe beispielsweise gelungen zu sein, mit den vorhandenen Mitteln Quecksilber zwischen den Polen der Batterie so zum Pulsieren zu bringen, wie es Ritter vorgemacht hatte; bei dieser Vorführung hat sich Goethe ausdrücklich auf Ritter bezogen.[26]

Ruf nach München

§ 5.1.4. Wohl mit Seebecks Hilfe hatte Ritter im März 1804 einen Ruf auf eine Chemie-Professur nach Erlangen bekommen, das damals zu Preußen gehörte.[27] Ritter nahm den Ruf nicht an. Denn kurz darauf konkretisierten sich seine Chancen in Bayern.[28] Anfang Mai 1804 erwähnte Ritter die Aussicht auf einen Ruf an die Bayerische Akademie zum ersten Mal in einem Brief an Ørsted.[29] Das offizielle Angebot kam Ende Juni 1804, die Ernennung erfolgte im Dezember.[30] Am 7. 6. 1805 verließ Ritter mit seiner Familie Jena und zog nach München um, wo er eine Woche später eintraf.[31]

Ab Sommer 1805 haben sich Ritter und Goethe nicht mehr über den Weg laufen können. Dass sie einander nie wieder getroffen haben, bietet kein Anzeichen für einen endgültigen Bruch.[32] Sie haben zwar keine (überlieferten) Briefe mehr ausgetauscht; aber auf indirektem Weg haben sie ihre Kommunikation aufrechterhalten. Die Belege dafür sind der Gegenstand des nächsten Kapitels.

Bevor ich sie durchgehe, will ich einige wissenschaftliche Stellungnahmen meiner beiden Protagonisten untersuchen, die in den ersten Jahren nach dem

25 Goethe [G]/a:83. Laut Eckle lag der Hauptgrund für Goethes Klage im Mangel an Fröschen, siehe (ohne Erwähnung Ritters) Eckle in Goethe [LA]/II.1A:249 mit Bezug zu Goethes Aufstellung von galvanischem Experimentiermaterial (Goethe [LA]/II.1A:248 (= M29)).

26 So jedenfalls Caroline Wolzogen in ihrem tagebuchlichen Bericht über Goethes physikalischen Vortrag am 28. 5. 1806 (siehe Grumach (ed) [BG]/VI:51).

27 Richter (ed) [PRJW]:81.

28 Die Bemühungen dazu reichen bis in den Oktober 1802 zurück, siehe Richter [LPJW]:177; vergl. Rehm (ed) [JWRU]:198.

29 Ritter, Brief an Ørsted vom 1. 5. 1804 (siehe Harding (ed) [CdHC]/II:63-65).

30 Richter (ed) [PRJW]:81.

31 Ritter, Brief an Ørsted vom 8. 7. 1805 (siehe Harding (ed) [CdHC]/II:107).

32 Gegen Richter [LPJW]:77.

berühmten Auftritt vom September 1801 geschrieben worden sind. Gibt es darin Indizien für naturwissenschaftliche Meinungsverschiedenheiten?

Nach allem, was wir wissen, haben Ritter und Goethe seit dem Herbst 1801 weder gemeinsam weiterexperimentiert noch über Farben, Licht und Finsternis diskutiert. Doch äußerten sich beide in den Jahren danach immer wieder über diese Themen. Einige ihrer Äußerungen möchte ich nun durchforsten. Es wäre wünschenswert, diese Aufgabe für alle erhaltenen Schriftstücke zu bearbeiten; doch das ginge hier zu weit – weshalb ich mich mit einer Auswahl begnügen muss. Und zwar möchte ich in Ritters *Fragmenten aus dem Nachlasse eines jungen Physikers* nach Spuren des Einflusses Goethes suchen und mit dessen Äußerungen aus der *Farbenlehre* vergleichen, die in jenen Jahren allmählich Gestalt annahm.

Insgesamt wird sich ein differenziertes Bild abzeichnen; trotz manchem Gegensatz blieben meinen beiden Protagonisten auch nach abgeklungener Zusammenarbeit genügend Themen, bei denen sie an einem Strang hätten ziehen können.

Nachbilder

§ 5.1.5. Eines der Themen, bei denen Goethe und Ritter auch nach ihrem Streit keine Meinungsverschiedenheiten hatten, betrifft physiologischen Effekte beim Sehen. Hier der Anfang von einem Fragment Ritters aus dem Jahr 1802:

> »Wie der Eindruck im Auge einige Zeit bedarf, *um wieder zu vergehen*«.[33]

Ritter begann hier wie hervorgehoben mit einer wohlbekannten Beobachtung, die Goethe im Jahr 1808 in seiner *Farbenlehre* veröffentlichen sollte – selbst wenn etwas Leuchtendes nicht mehr an Ort und Stelle ist, wirkt sein visueller Eindruck noch eine Zeitlang nach.[34] Wir kennen das; wer nachts eine kreisende Fackel beobachtet, sieht einen vollständigen Flammenkreis, und zwar auch an Punkten, den die Fackelflamme zum fraglichen Augenblick schon verlassen hat.[35]

Anders als Goethe symmetrisierte Ritter die Situation, indem er darüber spekulierte, wieviel Zeit es kostet, bis sich das gesehene Bild aufbaut; das wäre eine Symmetrie zwischen Entstehen und Vergehen:

33 Ritter [FaNJ]/1:§ 264 (1802); meine Hervorhebung.

34 Goethe [EF]:§ 19-§ 20, § 40.

35 Ritter [FaNJ]/1:§ 247 (1799). Zu diesen positiven Nachbildern siehe Campenhausen [SM]:162/3.

»Wie der Eindruck im Auge einige Zeit bedarf, um wieder zu vergehen, so auch einige Zeit, um zu entstehen oder sich zu bilden. *Man könnte das Auge in Hinsicht des Sehens einen Halbleiter nennen* [...] Es ließen sich darüber besondere Versuche anstellen. Gleichzeitig mit einer schnellen Lichtentwickelung leitete man dem Beobachter, einen mäßigen electrischen oder galvanischen Schlag zu. Hat er letzteren eher, als den Blitz im Auge von dem Sehen des Feuers u.s.w., so ist wirklich etwas entschieden«.[36]

Gegen die symmetrische Forschungsfrage und das vorgeschlagene hochmoderne Experiment hätte Goethe keine Einwände gehabt.[37] Einzig und allein bei dem Satz, den ich hervorgehoben habe, könnte Goethe gestockt haben. Mit so gewagten und raschen Vergleichen pflegte er sich nicht abzugeben. Zwar ähnelt Ritters Begriff des Halbleiters (deren Leitfähigkeit im Mittelbereich zwischen Isolatoren und Stromleitern liegt) dem strukturverwandten Begriff des Trüben aus Goethes Farbforschung.[38] Aber Goethe hätte allenfalls die Linse des Auges als – leicht – trübes Medium der Optik aufgefasst, nicht etwa das gesamte Auge als Halbleiter der Elektrizität.

Purpur und Grün

§ 5.1.6. Goethe hielt es zeitlebens für eine Errungenschaft seiner optischen Forschung, dass er im Gegensatz zu Newton dem Purpur einen eigenständigen Platz unter den spektralen Farben zuweisen konnte.[39] Was hatte Ritter nach dem berühmten Auftritt vom September 1801 zum Purpur zu sagen? Hierüber gibt folgendes Fragment Aufschluss:

»Jede [...] Polarität muß ihr Grün haben. *Dieses Grün ist nur die Klage um den Purpur, dessen Factoren auf den Polen vertheilt liegen*, – freylich mit der Hoffnung, es einst doch wieder zu bekommen«.[40]

36 Ritter [FaNJ]/1:§ 264 (1802); Hervorhebung geändert.

37 Das Experiment erinnert an die bahnbrechenden Methoden Benjamin Libets aus den 1980er Jahren; ein *locus classicus* ist Libet et al [ToCI].

38 Vergl. Ritter [VGSC]:61 mit Goethe [EF]:§ 145-§ 149 sowie mit Goethe [LA]/I.3:440 aus den Jahren 1805/6 (so datieren Matthaei et al in Goethe [LA]/II.3:398). S.u. § 5.1.7.

39 So in der *Farbenlehre* aus dem Jahr 1810 (Goethe [ETN]:§ 506, Goethe [EF]:§ 792-§ 798 sowie Goethe [MzGF]:353). Eine frühere Aussage, die vermutlich aus dem Jahr 1800 stammt und in dieselbe Richtung weist, bietet Goethe [GAVi]:363; für den Wortlaut s.o. § 1.3.9.

40 Ritter [FaNJ]/1:§ 274 (1802); meine Hervorhebung.

Ritter fasste also z. B. die grüne Mitte des Newtonspektrums so auf, als mache sich das dort fehlende Purpur bemerkbar, das durch Aufspaltung ins blaue und rote Ende des Spektrums geraten ist und das nach Goethe durch Zusammenführung dieser beiden Enden wieder hervorgebracht werden kann.[41] Hätte er sich ganz der Sicht Goethes verschrieben, so hätte er völlig symmetrisch dazu fortfahren können:

> Und jedes *Purpur* in der Mitte des *umgekehrten* Spektrums ist nur die Klage um's *Grün*, dessen gelbe und blaue Factoren auf den Polen vertheilt liegen, – freylich mit der Hoffnung, es einst doch wieder zu bekommen.

Doch weil eben diese Überlegung bei Ritter nicht vorkommt, müssen wir zu dem Ergebnis gelangen, dass er zum fraglichen Zeitpunkt stärker an Newtons als am komplementären Spektrum interessiert war – anders als Goethe, der die beiden Spektren gleichberechtigt behandelt wissen wollte. Diese Diskrepanz zwischen meinen beiden Protagonisten brauchen wir nicht überzubewerten. Wer sich in einem bestimmten Forschungskontext nur für eines der beiden Vollspektren interessiert, wird nicht dadurch zum Newtonianer. Welche Experimente man zur Betrachtung auswählt, ist eine Sache; was man aus ihnen schließt, eine andere.

In der Tat bieten Ritters Schlussfolgerungen im Zitat eher eine Betrachtung in Goethes als in Newtons Geiste. Ritter sprach deutlich von Polen im Spektrum und deutete in Goethes Terminologie der sich fordernden – d. h. komplementären – Farben an, dass das spektrale Grün ein Purpur fordert.[42] Und im selben Fragment direkt vor der zitierten Textstelle spekulierte er darüber, dass sich ähnliche Verhältnisse in allen polar organisierten Phänomenbereichen darstellen lassen.[43] Auch hier folgte er Goethes weitreichenden Ambitionen.

Schatten

§ 5.1.7. Wie Goethe meinte, sind Farben dunkler als weißes Licht; sie müssen mit Schwärze, Schatten bzw. Dunkelheit verwandt sein, können demzufolge nicht voll und ganz im weißen Licht stecken – Stichwort *skieron*. Und bei prismatischer Brechung entstehen die Spektralfarben laut Goethe durch das

41 Zu dieser Erzeugung des Purpurs siehe Goethe [BzO]/1:§ 58; für den Wortlaut s. o. § 1.3.8k.

42 Vergl. Ritter [VGSC]:64.

43 Ritter [FaNJ]/1:§ 274 (1802).

grenzüberschreitende Wechselspiel von Licht und Finsternis. Hier ein Fragment Ritters über Farben als Schatten:

> »Ein Körper, welcher farbig sieht [aussieht], muß erst Farben zerstreuend wirken. Dazu gehört, *daß der Körper eine Mitte von Schwarz und Weiß sey, eine Grenze, für die er zugleich Prisma ist.* An diesem Prisma zerstreut sich das Licht; die eine Farbe wird verschluckt, und der Körper steht als Schatten dieser Farbe da, der mit der *entgegengesetzten*, vom Körper nicht verschluckten, Farbe leuchtet«.[44]

Eine erste Übereinstimmung zwischen meinen beiden Protagonisten liegt auf der Hand; schon lange vor Ritter hatte Goethe im Jahr 1793 festgehalten, dass Körperfarben wie z. B. Pigmente in Sachen Helligkeit zwischen den Extrempolen Schwarz und Weiß stehen.[45]

Abgesehen davon war es eine gewagte Idee, farbige Körper als Prismen aufzufassen – so spekulativ hätte Goethe nie und nimmer formuliert. Die Grenze zwischen Schwarz und Weiß, die Ritter im selben Atemzug brachte wie sein hochspekulatives »Prisma«, weckt Erinnerungen an Goethes Kantenspektren. Auch Ritters Rede von entgegengesetzten Farben passt scheinbar zu Goethes Überzeugungen, aber beim augenblicklichen Thema ebensogut zu denjenigen Newtons: Ohne von Komplementärfarben zu sprechen, hatte Newton die Körperfarben im weißen Licht durch Absorption einiger Spektralfarben und Reflexion des ganzen Rests erklärt.[46] Es wäre interessant gewesen zu erfahren, wie sich diese Theorie unter einer insgesamt polaristischen Konzeption von Farben im Sinne Goethes und Ritters reformulieren ließe – doch dafür sind Fragmente nicht der rechte Ort. Egal; wie man sieht, mixte Ritter in einem einzigen Fragment eigene Spekulationen mit newtonischen und goetheanischen Ingredienzien. Und er war bereit, sich wesentlich weiter vom Boden der empirischen Tatsachen zu entfernen als Goethe.

Das zeigt sich auch an meinem nächsten Beispiel. Ritter spekulierte über eine abstrakte Polarität zwischen Licht und Materie, während Goethe es vorzog, diese beiden Begriffe einander *in concreto* gegenüberzustellen. Gleichwohl steuerte Ritter mit seinem Gedanken wiederum Ideen an, die mit denjenigen Goethes harmonierten. Durchsichtigkeit lag für ihn da, wo sich beide Pole aus Licht und Materie die Waage halten:

44 Ritter [FaNJ]/1:§ 278 (1803); meine Hervorhebung.
45 Goethe [VEFz]:202-206 (§ 36-§ 45).
46 Newton [LoMI]:3084/5 (No. 13).

> »Wenn Licht = Galvanismus *ohne* Spannung, Materie (Erde) = Galvanismus *mit* Spannung (und zwar höchster), und Durchsichtigkeit die Mitte zwischen Licht und Materie, gleich der Indifferenz zwischen einem + und – ist, so müssen die schwersten Körper, da sie bloße Materie, Erde sind, die undurchsichtigsten seyn. Sie haben Mangel am andern Factor, dem Licht, neutralisiren es also zu Null für das Auge. Die leichtesten müssen die durchsichtigsten seyn.
> Die Wirkung des Lichts auf Körper muß mit ihrer Undurchsichtigkeit im geraden Verhältniß stehen. Folglich auch mit ihrem specifischen Gewichte, ihrer Dichtigkeit. Folglich auch mit ihrer Farbenzerstreuung. Specifisches Gewicht also ebenfalls mit Farbenzerstreuung. *Gesetz* für die Farbenzerstreuung. Es kann aber nur für *dieselben* zwey Factoren, in verschiedenem Verhältniß gepaart, gelten«.[47]

Unabhängig davon, dass diese Betrachtung aus heutiger Sicht haltlos erscheint, wäre es reizvoll, genauer zu untersuchen, wie gut sie zu Goethe Ansichten über das Trübe passt. Undurchsichtigkeit und Trübe sind Merkmale materieller Medien, und im Wechselspiel von Licht und trüben optischen Medien entstehen laut Goethe die Farben.[48] Ich muss darauf verzichten zu prüfen, ob sich diese Erklärung mit Ritters zitierter Spekulation verknüpfen ließe – und inwiefern sie auf diejenige Sicht der Polarität zurückgreift, die ich in diesem Buch entfalte.[49]

Die Erde als Prisma

§ 5.1.8. Ritters *Fragmente* sind für meine Zwecke nicht allein insofern von Interesse, als sich anhand ihrer Thesen aufzeigen lässt, worin meine beiden Protagonisten übereinstimmten und worin nicht. Sie liefern auch dort Aufschlüsse, wo sie etwas *verschweigen*, was Ritter in seinem Arbeitsjournal notiert hatte. Als ich den ursprünglichen Text mit der späteren Veröffentlichung verglichen habe, ist mir eine Notiz aus dem Arbeitsjournal ins Auge gesprungen, aus der Ritter seine anfängliche newtonianische Position herausgeworfen hat.

Wie Ritter Anfang 1800 zunächst feststellte, sind sämtliche Stoffe auf unserem Planeten farbig und zeigen weit mehr verschiedene Farben als Newtons Prisma; weil jene Farben ein Produkt der Erde sind, gelangte Ritter zu der

47 Ritter [FaNJ]/1:§ 284 (1804); Hervorhebung im Original.
48 Goethe [EF]:§ 145-§ 177, siehe dazu Wenzel [GHS]/2:120.
49 S. o. (P) in § 1.3.7.

weitreichenden Spekulation, der zufolge die Erde ein gigantisches Prisma sei, die das Licht in unendlich viele Farben zerlege, während das Glasprisma nur sieben Farben liefere.[50]

Für Glasprismen schloss sich Ritter hier also dem Newtonianismus seiner Tage an, während seine spekulative Sicht auf die Erde als Prisma eher nach romantischer Naturwissenschaft klingt. Doch davon sollte man sich vielleicht nicht abschrecken lassen; immerhin hatte sogar der Spätaufklärer Lichtenberg Jahrzehnte früher über die Erde als riesigen Turmalin spekuliert.[51] Spannend ist, wie sich Ritter im weiteren Verlauf seiner Spekulationen nur noch auf drei primäre Farben stützte:

> »So viel primäre Farben es gibt, gewiß so viel primäre materielle Heterogeneitäten. Gibt's 3 Farben, so sind vielleicht die 3 Zustände der Materie diesen coexistent. Auf der Erde wird jede Farbe gleich zur Materie« (Ritter, Arbeitsjournal unter dem 7.4.1800).[52]

Auch Newton kam zuweilen von seinen sieben Farben auf drei primäre Farben herunter – nämlich in dem Augenblick, wo er bei den Malern seiner Zeit punkten wollte.[53] Allerdings wäre er kaum der Idee verfallen, so wie Ritter im Zitat die drei Aggregatszustände der Materie mit drei primären Spektralfarben zu verknüpfen.

Wie dem auch sei, als Ritter gegen Ende seines Lebens aus der Notiz seines Arbeitsjournals ein Fragment herausdestillierte, ließ er die Spekulation der Erde als Prisma stehen, beseitigte aber sorgfältig alle Formulierungen, die irgendwie an seinen ursprünglichen Newtonianismus hätten erinnern können.[54]

Er ist bei der Redaktionsarbeit sorgfältig vorgegangen; im selben Atemzug tilgte er direkt hinter der zuletzt angeführten Formulierung auch eine Speku-

50 Ritter, Arbeitsjournal unter dem 7.4.1800 (siehe Ritter [VD]:14). Einen verwandten Gedanken formulierte er drei Jahre später (Ritter, Brief an Ørsted vom 20.5.1803 (siehe Harding (ed) [CdHC]/II:33)).

51 Lichtenberg [ZAüN]:44; siehe dazu in einer Pionierstudie Wiesenfeldt et al [KNAA]; für einige Details vergl. O.M. [KGP], fünfter Abschnitt.

52 Ritter [VD]:14.

53 So mit zahllosen Belegen aus der Originalliteratur Shapiro [ACNC]. – Gegen Missverständnisse: Obgleich Newton zuweilen von sieben, zuweilen von fünf und sogar zuweilen von drei Spektralfarben sprach, kommen in seiner Theorie streng genommen unendlich viele vor; dem schlossen sich nicht alle Newtonianer der Goethezeit an. Wie gesagt hat Ritter (unmittelbar vor der zitierten Textpassage) ebenfalls von sieben Farben des Glasprismas gesprochen (Ritter, Arbeitsjournal unter dem 7.4.1800 (siehe Ritter [VD]:14)).

54 Ritter [FaNJ]/1:§254 (1800). Für einen ähnlichen Fall s.o. §2.2.5, Fußnote 106.

lation, deren glattes Gegenteil sich ein Jahr nach ihrer Niederschrift im Arbeitsjournal als richtig herausstellen sollte:

> »Violetter Rest mit dem Ponderablen gibt a, rother Rest mit dem Ponderablen gibt b. u. s. w. Das erwärmendste Licht ist das oxygenirendste; also das Violette. Das rothe hat das wenigste Oxygen« (Ritter, Arbeitsjournal unter dem 7. 4. 1800).[55]

Später sollte Ritter die Buchstaben a und b zur Kennzeichnung entgegengesetzter Enden im Spektrum nutzen, doch ob das schon jetzt in diesem Sinne gemeint war, lässt sich mangels Kontext nicht entscheiden.[56]

Es gibt Anhaltspunkte für und gegen eine polaristische Interpretation der beiden Buchstaben. Für diese Interpretation spricht, dass Ritter hier nur die beiden entgegengesetzten Enden des Spektrums betrachtete und mit entgegengesetzten chemischen Wirkungen verknüpfte. Gegen sie spricht die Abkürzung »u. s. w.«, die so klingt, als gäbe es laut Ritter nicht zwei Fälle (wie im Falle einer Polarität), sondern deutlich mehr.

Wichtiger als das ist etwas anderes: Anfang 1800 scheint Ritter wie zitiert noch geglaubt zu haben, dass im blauvioletten Ende des Spektrums mehr Wärme herrscht als im roten. Von Herschels gegenteiliger Entdeckung konnte er damals noch nichts wissen – ebensowenig wie von den *des*oxygenisierenden Wirkungen des blauvioletten und den oxygenisierenden Wirkungen des roten Endes des Spektrums, auf die er später im Rahmen seiner polaristischen Chemie hinarbeiten sollte.[57]

Interessanterweise hatte Schelling im Jahr 1798 dem Licht ausschließlich desoxidierende Wirkungen zugeschrieben.[58] Ohne sich explizit oder implizit auf Scheele zu stützen, stimmte Schelling hierin mit dessen Versuchsergebnissen überein, die Ritter Anfang 1800 offenbar noch nicht gekannt hat und erst ein knappes Jahr später für seine bahnbrechende Entdeckung der Wirkungen des UV-Lichts einsetzen sollte.

Wie dem auch sei, die im laufenden Kapitel erörterten Fragmente Ritters aus den Jahren 1802 bis 1804 haben einmal mehr Zeugnis zugunsten natur-

55 Ritter [VD]:14.

56 Der gesamte Eintrag steht ganz zu Beginn des erhaltenen Arbeitsjournals. Zu Ritters Einsatz der beiden Buchstaben siehe z. B. Ritter [BzHN]:84 (§ 3), dort freilich in Großbuchstaben; für den Wortlaut s. o. § 3.4.3.

57 S. o. § 3.1.1, § 3.1.7k, § 4.4.4.

58 Schelling [EESN]:238-240.

wissenschaftlicher Übereinstimmungen zwischen Ritter und Goethe abgelegt; und bei der redaktionellen Überarbeitung am Lebensende hat Ritter diese Tendenz nicht etwa zurechtgerückt, sondern stellenweise verstärkt.

Vertiefungsmöglichkeit. Als Ritter das unmittelbar folgende Fragment am Ende seines Lebens für die Veröffentlichung vorbereitete, ließ er übrigens auch eine kurze Bemerkung zu Gegenfarben weg, die man goetheanisch hätte deuten können. Hier der ursprüngliche Text aus dem Arbeitsjournal:

> »Die Optik ist eine transcendentale Chemie. Man sieht hier die Stoffe. Doch nicht die Reste, sondern nur die verschiedenen Produkte, die entstehen aus den verschiedenen Factoren des Lichtes und dem Erdprincip im Menschen. Aber das Erdprincip muß doch eben so viele Gegenfarben haben« (Ritter, Arbeitsjournal unter dem 7. 4. 1800).[59]

Was das bedeuten soll, ist schwer zu verstehen, und Goethe hätte solche unklaren, schwärmerischen Sätze sicher nicht ohne eingehende Erläuterungen in seine naturwissenschaftlichen Schriften aufgenommen. Ritter hingegen verdichtete seine Formulierungen für die Veröffentlichung, indem er alles Überflüssige herausstrich, auch die Rede von den Gegenfarben:

> »Die Optik ist eine transcendentale Chemie. Man sieht hier die Stoffe«.[60]

Voilà, ein romantischer Aphorismus. – Es wäre ein reizvolles Unterfangen, würde aber hier zu weit gehen, Ritters redaktionelle Arbeit an den *Fragmenten* insgesamt unter die Lupe zu legen. Knapp hundert der insgesamt 700 seiner Fragmente stammen aus dem oft von mir zitierten Arbeitsjournal.[61] Man müsste nicht nur so wie eben untersuchen, welche Formulierungen Ritter aus den einzelnen Passagen herausgestrichen, sondern auch, wie er mehrere Fragmente verschiedener Entstehungsdaten jeweils zu einer kohärenten Serie zusammengestellt hat. Ich werde das an einem einzigen Beispiel ausführen, das mit meinem Hauptthema zu tun hat. Und zwar schrieb Ritter noch vor dem ersten belegten Treffen mit Goethe von einem »Gegensatz« zwischen innerlicher und äußerlicher Färbung; dieser Gegensatz hatte nichts mit Komplementärfarben à la Goethe zu tun, sondern damit, ob die fraglichen Farben an der Oberfläche des betroffenen Körpers vorhanden sind oder innen.[62] Er nahm diese Textpassage in seine *Fragmente aus dem Nachlasse eines jungen Physikers* auf und gab direkt dahinter eine Bemerkung zur »Farbensteygerung« wieder, die er Monate später – und zwar unmittelbar im Anschluss an die gemeinsame Erarbeitung einer polaristischen Übersicht für Goethe – niedergelegt hatte.[63] Durch die so im Nachhinein erzeugte textliche Nähe der Begriffe »Gegensatz« und »Steygerung« dürfte sich jeder damalige Kenner an die Natursicht Goethes erinnert gefühlt haben. Diese Assoziation verstärkte Ritter dadurch,

59 Ritter [VD]:14.
60 Ritter [FaNJ]/1:§ 255 (1800); Hervorhebung weggelassen.
61 Das jedenfalls ist das Ergebnis meiner Zählung der Passagen aus dem Arbeitsjournal, die Poppe in seiner unveröffentlichten Transkription am Rande markiert hat.
62 Ritter, Arbeitsjournal unter dem 21. 4. 1800 (siehe Ritter [VD]:25); genauso Ritter [FaNJ]/1:§ 60 (1800).
63 Ritter, Arbeitsjournal unter dem 19. 11. 1800 (siehe Ritter [VD]:41); genauso Ritter [FaNJ]/1:§ 61 (1800). Was er am 17. 11. 1800 für Goethe erarbeitet hatte, habe ich oben in § 2.4.5-§ 2.4.7 dargestellt.

dass er für die dann folgenden beiden Fragmente zwei Textpassagen verschiedener Entstehungsdaten auswählte, in denen er zwar das Thema gewechselt, aber bei diesen neuen Themen sowohl von Polen als auch von »positiv« und »negativ« gesprochen hatte.[64] In der auf diese Weise zusammengestellten Serie aus vier Fragmenten war trotz der Zeit- und Themensprünge rein terminologisch das berühmte Begriffspaar Goethes aus Polarität und Steigerung deutlich präsent.

* * *

Eine ungeheuere Täuschung?

§ 5.1.9. Zum augenblicklichen Zeitpunkt meiner Geschichte (nicht lange nach der Auseinandersetzung mit Goethe) distanzierte sich Ritter einmal vom chemischen Dualismus des ungarisch-östereichischen Chemikers Jacob Joseph Winterl, dessen Forschung er zuvor im Verein mit Ørsted gepriesen hatte.[65] Wie ich kurz begründen möchte, hat sich Ritter mit dieser Distanzierung nicht insgesamt von polaristischen Sichtweisen abgewandt.

In seiner damals vieldiskutierten Schrift aus dem Jahr 1800 hatte Winterl die Existenz zweier Gasarten vertreten.[66] Diese und eine spätere Schrift Winterls wurde aus dem Lateinischen ins Deutsche übersetzt und kam mit einer Vorrede Ritters heraus.[67] Dass Ritter das Buch zu spekulativ gefunden hat und wegen dieser verbreiteten, misslichen Methode eigentlich gern polemisch kritisiert hätte, verschwieg er in der Vorrede taktvollerweise.[68] Kurz darauf schrieb er an Ørsted nicht ohne Selbstkritik:

> »Es gibt keinen Dualismus u. ungeheuer ist die Täuschung, der wir alle uns hingeben« (Ritter, Brief an Ørsted vom 1. 5. 1804).[69]

Wohl darauf bezog sich im Februar 1804 Kastner, als er schrieb, dass sich Ritter gegen »Dualismus« ausgesprochen hätte.[70] Diese Aussage ist deshalb als zuverlässig einzustufen, weil Kastner eine Zeitlang bei Ritter gearbeitet hatte und weil Ritter große Stücke auf ihn hielt.[71] Alle diese Belege betreffen nur die dualistische Chemie in Winterls Version; sie sprechen nicht dafür, dass sich Ritter von der umfassenderen Polaritätsidee verabschiedet hätte. Im Gegenteil – wie Sie in den kommenden beiden Paragraphen sehen werden, vertrat Ritter kurz nach Abfassung der oben eingerückten Selbstanklage eine Reihe polaristischer Thesen.

64 Ritter [FaNJ]/1:§ 62/3 (1800); vergl. Ritter, Arbeitsjournal unter dem 19. 11. 1800 und 9. 12. 1800 (siehe Ritter [VD]:35; 49).
65 Ritter, Briefe an Ørsted vom 28. 10. 1802 und 20. 5. 1803 (siehe Harding (ed) [CdHC]/II:28, 32).
66 Winterl [PaCS].
67 Winterl [DVBA], dazu Richter [PRJW]:65/6.
68 Ritter, Brief an Frommann mit Eingangsvermerk vom April 1804 (siehe Richter (ed) [PRJW]:144).
69 Harding (ed) [CdHC]/II:64/5. Zur Selbstkritik siehe Richter [LPJW]:52; vergl. Ritter [FaNJ]/2:§ 596 (1804).
70 Kastner, Brief an Ørsted vom 30. 6. 1804 (siehe Harding (ed) [CdHC]/II:420).
71 Ritter, Brief an Ørsted vom 1. 5. 1804 (siehe Harding (ed) [CdHC]/II:67).

Das electrische System der Körper

§5.1.10. Ritters größte systematische und wohl ambitionierteste Schrift zur Darstellung seiner chemischen Einsichten erschien im Jahr 1805 unter dem Titel *Das Electrische System der Körper*.[72] Sie eingehend zu erörtern, würde uns zu weit vom Weg abführen; in meiner folgenden Skizze hebe ich lediglich einige polaristische Elemente hervor und orientiere mich dafür an Steins sorgfältiger Rekonstruktion.[73] So fasste Ritter (laut Stein) Hydrogen als Prinzip der Festigkeit auf, Oxygen dagegen als Prinzip der Flüssigkeit.[74] Wie Ritter meinte, ergibt sich aus dem elektrischen Verhalten der Körper, dass sie aus Oxygen und Hydrogen zusammengesetzt sind.[75] Elektrizität ist Ritter zufolge ein Trennungsphänomen von Polaritäten und geht in diesem Sinne gleichsam per Entzweiung aus dem Licht hervor.[76] Ritter baute eine Reihe weiterer Symmetrien in seine Theorie ein: Beispielsweise symmetrisierte er die Prozesse der Nivellierung und der Erregung des elektrischen Gegensatzes; zudem stellte er einem »ersten« System der Körper spiegelbildlich ein »zweytes System« entgegen.[77]

Alles das wäre ein reizvolles Thema für die komplementäre Chemie im Sinne von Hasok Chang.[78] Ich will nur noch ein einziges Detail aus Ritters umfangreicher Schrift hervorheben, das mit Goethe zu tun hat. Und zwar untersuchte Ritter, wie sich die Vertauschung elektrischer bzw. magnetischer Pole auf das Gefrieren von Wasser auswirkt; beim Magnetismus konnte er anders als im Fall der Elektrizität keine Unterschiede beobachten.[79] Im Zusammenhang dieser Experimente verknüpfte Ritter Kristallisationsprozesse mit dem Gefrieren von Wasser; wir können diesen Strang seiner Arbeit also als späte Folge des Experiments zur Wirkung magnetischer Pole auf die Kristallisation deuten, das er im Jahr 1800 für Goethe durchgeführt hatte (s. o. §2.4.9).

* * *

...desto blauer der Himmel

§5.1.11. Wie umfassend Ritter gerade beim Thema des Lichts noch im Jahr 1805 auf die vereinheitlichende Erklärungskraft der Polarität gesetzt hat, möchte ich nun mittels eines längeren Brief-Zitats demonstrieren, worin er seinen Erkenntnisstand zusammenfasste:

> »*Verhältniss des Lichts zur Wärme und Electricität.* Hier werde ich sehr prosaisch werden, du wirst mich aber verstehen. Es bringt gute Hülfe. Wärme (thermometrische) ist Indifferenz aus + u. ÷ *E*. Aber die Electricitäten sind erst in *stralende Wärme* (= + *E*) und stralende Kälte (= ÷ *E*) übergegangen. Der Uebergang besteht, im Uebergang der Leitung durch die *Fläche* in die Leitung durch die *Masse*. Selbst zur electrischen *Entladung*

72 Ritter [ESK], eine negative Rezension bietet Pfaff [ESK].
73 Stein [NF]:161-176. Eine knappe Übersicht über die Leitlinien bietet Wetzels [JWR]:41-43.
74 Ritter [ESK]:270/1, dazu Stein [NF]:171. – Was sich in diesem Zusammenhang hinter dem Begriff des Prinzips verbirgt, habe ich in §2.2.11 umrissen.
75 Ritter [ESK]:367, dazu Stein [NF]:174.
76 Ritter [ESK]:386 *et passim*, dazu Stein [NF]:175.
77 Ritter [ESK]:324, dazu Stein [NF]:172.
78 S. o. §1.1.8k.
79 Ritter [ESK]:262-267, dazu Stein [NF]:171.

(die Flasche, Säule etc.) gehen die Electricitäten in + u. ÷ *W* (Wärme) (in stralende Wärme u. Kälte) über. Das Prismabild besteht in der Polarität von stralender Wärme u. Kälte, wo [sie] sich decken, u. insofern, ist – *Licht* da. Dafür macht [es] auch nur einen *Theil* des ganzen Spectrums aus. Vom + zum ÷ Conductor wird bey der Entladung dasselbe Spectrum gebildet, der *Funke* ist die sichtbare Mitte der Bilder. Die getrennten Farben sämtlich sieht man am ›galvanischen Funken‹ u. dem electrischen von schwacher Spannung wirklich, so dass wir glauben müssen, bey hoher Spannung werden bloss die getrennten Farben zum Weiss durcheinander geworfen. Vielleicht ist auch hier das Spectrum concentrirter, so dass es gar nicht zur rechten Darstellung der Farben kommt. Dass stralende Wärme = + *E*, lehrt der *Cuthbertson*'sche Versuch mit dem brennenden Licht zwischen zwey Kugeln, wovon die eine +, die andere ÷ *E* hat. Nur die ÷ *E* Kugel wird erwärmt. Die + *E* stösst die stralende Wärme zurück. Ferner, die Geschichte des *Glühens*. Die stralende Wärme gleicht dem mindest brechbaren Theil des Spectrums, wo der Körper wärmer wird, verlassen ihn nach u. nach die mehr brechbaren; so geht er durch roth, gelb, in weiss über.
Der *kalte* Körper schickt zuerst die am meisten brechbaren Stralen aus (die ausserhalb des Violetts). Könnte man die Kälte hoch genug treiben, so würden die kalten Körper *violett*, dann *blau*, glühen (Durch *Gay Lussac* haben wir das Gesetz der Wärmeabnahme in der Atmosphäre bekommen. Es finden sich wirklich Kälten für die höhere Atmosphäre, die grösser sind, wie unsere künstlichen, u. ich behaupte, dass das Blau des Himmels ein *Blauglühen* der obern Atmosphäre, ein Glühen vor Kälte, seyn könne, u. gewiss zum Theil seyn *müsse*. Je durchsichtiger die Luft auch, desto blauer ist der Himmel« (Ritter, Brief an Ørsted vom 16. 8. 1805).[80]

Der Stoßrichtung dieser Überlegungen hätte Goethe sicher zugestimmt, wenn auch vielleicht nicht allen Details. Beispielsweise hätte er sich anders als Ritter mit theoretischen Spekulationen über ein blaues Glühen zurückgehalten; sehr wohl hingegen hätte er Ritters empirischer Behauptung über den blaueren Himmel bei durchsichtigerer Luft beigepflichtet. Die Steigerung einer Farbe lief ja bei beiden darauf hinaus, dass die Farbe satter, dunkler und rötlicher wird. Und über das Himmelsblau schrieb Goethe in der *Farbenlehre*:

> »Wird hingegen durch ein trübes, von einem darauffallenden Lichte erleuchtetes Mittel die Finsternis gesehen, so erscheint uns eine blaue Farbe, welche immer heller und blässer wird, je mehr sich die Trübe des Mittels vermehrt, hingegen immer dunkler und satter sich zeigt, je durchsichtiger das Trübe werden kann«.[81]

Ich muss darauf verzichten zu erwägen, ob Ritters und Goethes Behauptungen zutreffen.[82]

80 Harding (ed) [CdHC]/II:112/3; Hervorhebung im Original.
81 Goethe [EF]:§ 151.
82 Vergl. O. M. [ML]:§ III.3.9.

5.2. Seebeck tritt an Ritters Stelle (1806 bis 1807)

Ohne Ritter geht's nicht

§ 5.2.1. Nachdem Ritter im Juni 1805 nach München umgezogen war, verstrich ein knappes Jahr, für das sich keine Spuren irgendeines Austauschs zwischen Ritter und Goethe ausmachen lassen. Dass sie ohne jeden Groll weiter aneinander dachten, lässt sich belegen. So verglich Ritter nicht lange nach dem Umzug die Kopfhaltung seines kleinen Sohnes voller Stolz mit derjenigen Goethes.[83]

Goethe wiederum hatte einen letzten Anlauf genommen, um die *Farbenlehre* abzuschließen.[84] Ihm war klar, dass er sich dafür mit Ritters Experimenten auseinandersetzen musste. Weil Ritter nicht mehr in der Nähe war, musste Literatur besorgt werden. Goethe wusste genau, was er brauchte, und schrieb nach Jena:

> »Möchtest Du mir zu meinen gegenwärtigen chromatischen Studien ein paar Bücher verschaffen, die wahrscheinlich Hofrath Voigt besitzt, so erzeigtest Du mir einen besondern Gefallen. Erstlich Ritters Abhandlung vom Licht und den Farben, zu der ich durch den Buchhandel nicht gelangen kann« (Goethe, Brief an Knebel vom 14. 3. 1806).[85]

Damit bezog sich Goethe aller Wahrscheinlichkeit nach auf Ritters Aufsatz »Versuche über das Sonnenlicht«, der drei Jahre zuvor erschienen war.[86] Weshalb wusste Goethe um diesen Text? Wie ich annehme, hat Ritter ihn Ende 1803 auf die frische Veröffentlichung hingewiesen.[87] Er wird ihm bedeutet haben, dass dort diejenigen Experimente zu finden sind, die seinerzeit zum Streit führten. Wenn das stimmt, so wird Goethe aus dem Gespräch nicht den Eindruck davongetragen haben, dass Ritters Experimente seinem Unterfangen den Todesstoß versetzen müssten. Eher wird ihm bewusst gewesen sein, dass es erheblichen Aufwand kosten dürfte, angemessen auf sie zu reagieren – und dass sich der Aufwand lohnen könnte. Immerhin handelte es sich um Experimente, die in Ritters Augen weiterhin gegen Newton und für Goethe sprachen.

83 Ritter, Brief an Ørsted vom 25. 5. 1806 (siehe Harding (ed) [CdHC]/II:175).
84 Siehe Matthaei et al in Goethe [LA]/II.4:252-257.
85 Guhrauer (ed) [BzGK]/1:271.
86 Ritter [VüS]/A.
87 S. o. § 5.1.3. Oder aber Seebeck hatte ihm bei einem ihrer Treffen davon erzählt (z. B. Goethe, Tagebuch zum 19. 1. 1806 (siehe Goethe [WA]/III.3:115)).

Wie dem auch sei, es ist ein Zeichen für Goethes Redlichkeit, dass er sich nun auf Ritters optische Experimente einlassen wollte. Und es ist ein Zeichen für seinen Mut. Sofern er sich wirklich im September 1801 mit Ritter gestritten hatte, muss es ihm schwergefallen sein, den strittigen Experimenten ins Auge zu blicken – vor allem dann, wenn ich mit der Vermutung recht habe, dass Goethes lange Arbeitspause in der Farbforschung eine Folge des Streits mit Ritter gewesen ist.[88] Alles in allem kann keine Rede davon sein, dass Goethe nicht angemessen mit der geringsten wissenschaftlichen Kritik dessen umgehen konnte, was er sich für seine Newtonkritik zurechtgelegt hatte; wir müssen unser Bild vom angeblich unbelehrbaren Goethe revidieren.

Vertiefungsmöglichkeit. Matthaei und Kuhn vermuten, dass Goethe mit seiner Bitte an Knebel entweder den oben erwähnten Aufsatz von 1802/3 gemeint haben müsse oder aber Ritters Vortrag vor der Jenaer Naturforschenden Gesellschaft aus dem Jahr 1801.[89] Beide Texte erschienen zwar im Jahr 1806 im zweiten Band seiner dreibändigen Aufsatzsammlung.[90] Nun datierte Ritter das Vorwort zu diesem zweiten Band auf den 1. 8. 1806.[91] Daher kann Goethe viereinhalb Monate vorher nur diejenige Abhandlung gemeint haben, die bereits einzeln erschienen war, und zwar im Jahr 1803.[92] Dafür spricht auch, dass Goethe um eine Abhandlung Ritters bat, nicht um eine Aufsatzsammlung. (Dennoch könnten Kuhn und Matthaei recht haben; vielleicht wusste Goethe – entgegen meinen Vermutungen – nur um den Jenaer Vortrag, ohne dass ihm dessen erst bevorstehende Publikation klar war. Auch das würde erklären, warum ihm der Buchhandel nicht weiterhelfen konnte. Doch finde ich es wahrscheinlicher, dass ihm der Buchhandel nicht bei der Beschaffung einer drei Jahre alten Zeitschrift weiterhelfen konnte).

Physik als Kunst

§ 5.2.2. Ob Goethe den Aufsatz Ritters gelesen hat, ist nicht bekannt. Wir wissen nicht einmal, ob Knebel ihm die Bitte erfüllt hat.[93] Jedenfalls erwähnte Goethe einen Monat später in seinem Tagebuch einen anderen Text Ritters:

88 S. o. § 4.2.8.

89 Matthaei et al in Goethe [LA]/II.4:376 mit Bezug auf Ritter [VüS]/A bzw. Ritter [BzHN].

90 Ritter [PCAi]/2.

91 Ritter [PCAi]/2, unpaginierte Seite direkt vor dem Inhaltsverzeichnis.

92 Ritter [VüS]/A.

93 Knebels Antwort ist nicht überliefert; in seinem nächsten erhaltenen Brief ging er nicht auf Goethes Bitte ein (Knebel, Brief an Goethe vom 13. 9. 1806 (siehe Guhrauer (ed) [BzGK]/1:272/3)). Jedenfalls stand der fragliche Zeitschriftenband mit Ritters Aufsatz später nicht in Goethes Bibliothek, während sich dort ein anderer Band dieser von Gilbert herausgegebenen *Annalen der Physik* befand (Ruppert [GB]:§ 4174). Nachdem die Weimarer Bibliothek die Zeitschrift angeschafft hatte, lieh sich Goe-

»27. [April 1806] Briefe. Herrn Cotta. Leipzig wegen des Geldes. Herrn Ritter Genz Dresden. Antw. wegen der Sendung. *Ritters Physic als Kunst.* Nach Tische von Knebel Ab. die Perser v. Aeschylus« (Goethe, Tagebuch zum 27.4.1806).[94]

Während Ritter Genz mit meiner Doppelbiographie nichts zu tun hat, muss ich zumindest ein paar Worte über Ritters *Physik als Kunst* verlieren. Das war seine große Vorlesung vor der Münchner Akademie zur Stiftungsfeier vom 28.3.1806, die sogleich aufwendig gedruckt wurde und sich rasch verbreitete.[95] Wie sie in Goethes Bibliothek gelangt ist, weiß man nicht.[96]

Um experimentelle Einzelheiten war es Ritter in der Festvorlesung nicht zu tun; Farben und Licht spielen darin keine nennenswerte Rolle. Nach brieflicher Aussage an Ørsted behandelte er in der Vorlesung auch polaristische Gesichtspunkte, gab aber zu, dass er darüber viel weniger gesagt hatte als geplant.[97] In der Tat sind seine Andeutungen zur Polarität vage und bieten wenig empirische Anhaltspunkte. Stattdessen artikulierte er in teils überschwenglichen Worten sein Credo einer damals zeitgemäßen Naturwissenschaft und ihrer stark stilisierten Vorgeschichte. Das klang durchaus reizvoll und war nicht ohne Berührungspunkte zu Goethe, zumal Ritter einen Satz aus dem Finale des *Egmont* einbaute und den Erdgeist aus dem *Faust* aufmarschieren ließ; es versteht sich, dass er den Namen des Dichters beidemal nicht ausdrücklich nennen musste.[98]

the zwischen 1816 und 1824 verschiedene ihrer Bände aus, aber nie denjenigen Band, in dem Ritters Aufsatz erschienen war (Keudel [GaBW]:§1052, §1054, §1097, §1166, §1382, §1566).

94 Goethe [WA]/III.3:126; Hervorhebung geändert.

95 Ritter [PaK]/A; das Datum steht auf der Titelseite; gegen Ende seines Lebens hat Ritter die Rede versehentlich auf denselben Tag des Vorjahres datiert (so Ritter, Brief an Mohr & Zimmer vom 30.1.1809 (siehe Guiot (ed) [SUBv]:231)).

96 Dort nachgewiesen durch Ruppert [GB]:§5023. Laut Katalog der *Herzogin-Anna-Amalia-Bibliothek* finden sich in diesem Exemplar auf zwei Seiten Korrekturen von Satzfehlern mit Bleistift (Ritter [PaK]/A:54, 56), die Ruppert (anders als in ähnlichen Fällen) nicht dokumentiert hat, die bei einer Autopsie im Februar 2019 bestätigt werden konnten und deren Urheber bis auf weiteres als ungeklärt gelten muss (https://lhwei.gbv.de/DB=2.5/SET=1/TTL=1/MAT=/NOMAT=T/REL?PPN=136984398; zuletzt abgerufen am 24.2.2021).

97 Ritter, Brief an Ørsted vom 1.4.1806 (siehe Harding (ed) [CdHC]/II:159) mit Verweis auf Ritter [PaK]/A:46/7.

98 Zu *Egmont* siehe Holland (ed) [KToJ]:531n mit Bezug zum Zitat aus Goethe [E]:305 in Ritter [PaK]/A:7. Zum Erdgeist siehe das Kleingedruckte am Ende dieses Paragraphen.

Doch wer Goethes Auffassung davon, wie Naturwissenschaft funktioniert, mit Ritters Sicht aus der Festvorlesung vergleicht, wird überrascht feststellen: Den kühleren, bedächtigeren, ja rationaleren Zugang zur Natur predigte Goethe.[99] Wenn verantwortungslose Vereinfachungen erlaubt wären, könnte man Goethes Zugang klassisch nennen und von einem romantisierenden Zugang Ritters abgrenzen.[100] Eine Generation lagen die beiden auseinander.

Diese Unterschiede sollten wir nicht überbewerten. Was ein Mann wie Ritter bei festlichen Gelegenheiten über die Physik verlauten ließ, hatte nicht viel damit zu tun, wie er sie *de facto* betrieb. Keine erkenntnistheoretischen Abstraktionen, sondern Experimente und deren physikalischer Ertrag bilden das Gerüst meiner Darstellung. Hier waren sich Ritter und Goethe nahe – auf höheren Abstraktionsebenen mögen sie einander fremd gewesen sein. Doch um es zu wiederholen: *in abstracto* war nicht Goethe der wissenschaftliche Schwärmer; es war Ritter.

Vertiefungsmöglichkeit. Holland hält es für gewagt, den folgenden Sätzen aus Ritters Festvorlesung einen Bezug zum Erdgeist aus Goethes *Faust* zu entnehmen:

> »Eine Kraft, die Welten ihre Richtung gab, und überhaupt bestimmt nur schien, Weg überall zu weisen, wurde aufgefunden, ein grauer Stein verrieth sie: der *Magnet* [...] Und wirklich schloß er [...] ein noch völlig unbekanntes Land auf; einen neuen Quell des *Feuers* lehrte er sie kennen, den *Elektrischen*. Wie ein zweyter Prometheischer, den ersten selbst noch übertreffender Raub, wurde dieses Feuer von den Sterblichen empfangen. Nicht Donner und Blitz dem Himmel abgelernt zu haben, war, deß man sich erfreute: die große Frage um das *Leben* erhielt jetzt neues Leben. Denn nicht nur Einiges, wie vormals, Alles war im Stande, in Feuer aufzugehen und zu brennen. Ein Licht und Leben schien die ganze Schöpfung zu erfüllen, und wo man es nicht sah, nur im Verborgenen zu glühen. Der Erdgeist Selbst trat aus des alten Hauses Schranken, und mit Entsetzen nahm sein Kündiger das angetastete Geheimniß wahr«.[101]

Diese Textpassage ist doppelbödig. Einerseits erzählte Ritter in geraffter Kürze die wissenschaftsgeschichtliche Entfaltung der Polaritätsidee vom Magnetismus über die statische und galvanische Elektrizität bis hin zur Chemie des Lebens; das allüberall wirkende Feuer, von dem Ritter hier sprach, ist die Oxydation, die dem einen chemischen Licht-Pol aus Ritters photochemischen Untersuchungen entsprang (den anderen Licht-Pol als Quelle der Reduction oder Desoxydation ließ Ritter hier nur implizit mitschwingen). Andererseits spiegelt die Passage in greller Deutlichkeit und in umgekehrter Reihenfolge den Auftritt des Erdgeistes aus der Nacht-Szene vom Anfang des *Faust* wider. Mit der Rede vom Feuer (am Ende des letzten Zitats) griff Ritter den Beginn der Begegnung Fausts mit dem Erdgeist auf:

99 Siehe z. B. Goethe [VaVv]/A.
100 S. o. § 4.1.6.
101 Ritter [PaK]/A:29-30; Hervorhebung im Original. Siehe dazu Holland (ed) [KToJ]:553n.

»Er [Faust] faßt das Buch und spricht das Zeichen des Geistes geheimnisvoll aus. Es zuckt eine rötliche Flamme, *Der Geist* erscheint in der Flamme«.[102]

So, wie es Ritter in seiner Festrede darstellte, erschrickt Faust und muss sich abwenden, wird also geradezu zurückgestoßen, während der Erdgeist die entgegengesetzte Kraftwirkung namhaft macht:

»Du hast mich mächtig angezogen,
An meiner Sphäre lang' gesogen,
Und nun –«.[103]

Nachdem es Faust immerhin schafft, sich an den Erdgeist zu wenden und ihm zu antworten, bringt der sein eigenes Tun auf den Punkt, indem er Gegensatzpaare benennt, wie sie in meiner wissenschaftsgeschichtlichen Darstellung immer wieder vorgekommen sind:

»In Lebensfluten, im Tatensturm
Wall' ich auf und ab,
Wehe hin und her!
Geburt und Grab,
Ein ewiges Meer,
Ein wechselnd Weben,
Ein glühend Leben,
So schaff' ich am sausenden Webstuhl der Zeit«.[104]

Weil die Querbezüge zwischen dieser *Faust*-Szene und den zitierten Formulierungen aus Ritters Festrede frappierend sind, stellt sich die Frage, ob Goethe von Ritter oder Ritter von Goethe beeinflusst worden sein mag. Holland scheint die erste Möglichkeit nicht in Betracht zu ziehen, hält es aber für gewagt, einen Einfluss der *Faust*-Dichtung auf Ritters Formulierungen anzunehmen – ihr Argument: Ritter hielt die Rede im Jahr 1806; der *Faust I* erschien hingegen erst zwei Jahre später; und für die Zeit unmittelbar vor der Festrede lässt sich kein Kontakt zwischen Goethe und Ritter nachweisen, bei dem die beiden über Einzelheiten der *Faust*-Dichtung hätten sprechen können.[105] Das Argument überzeugt nicht: Da Goethe die Szene bereits 1790 fast textgleich im *Faust*-Fragment herausgebracht hat, müssen Ritters Sätze als Widerhall der Erdgeist-Episode gedeutet werden.[106] Wenn dem so ist, bleibt es erstaunlich genug, wie gut sich die spätere wissenschaftsgeschichtliche Entfaltung der Polaritätsidee à la Ritter in Goethes geradezu hellseherische Worte zurückprojizieren ließ. Goethe selber hatte die naturwissenschaftliche Polarität schon kurz nach der Veröffentlichung des *Faust*-Fragments mit Ausdrücken wie:

»Magnetnadel [...] Meer [...] Hier und Dort«,[107]

in den Blick genommen und sollte dies später in der *Farbenlehre* mit folgendem Satz wieder aufgreifen:

102 Goethe [F]/F:36; Hervorhebung geändert.
103 Goethe [F]/F:37.
104 Goethe [F]/F:37.
105 Holland (ed) [KToJ]:553n mit Bezug zu Ritter [PaK]/A:30.
106 Goethe [F]/Z:8-12.
107 Goethe [BzO]/2:50/1 (Abschnitt XI); für den vollen Wortlaut s. o. § 1.3.2.

»so entsteht ein Hüben und Drüben, ein Oben und Unten, ein *Zuvor und Hernach*, wodurch alle die Erscheinungen bedingt werden, die uns im Raum und in der *Zeit* entgegentreten«.[108]

Durch meine Hervorhebungen wird auch verständlich, inwiefern Goethe den Erdgeist vom sausenden Webstuhl der Zeit sprechen lassen konnte, ohne das implizit mitlaufende Polaritätsthema des Erdgeistes aus den Augen zu verlieren. – Hier muss ich abbrechen, um nicht des übertriebenen Eifers beim Interpretieren geziehen zu werden …

* * *

Wie ein anderer übereifriger Interpret darlegt, formulierte Ritter in der Festvorlesung ähnliche Thesen, wie sie der junge Goethe im Jahr 1771 für eine juristischen Prüfung vorgelegt hatte. Und zwar heißt es bei Ritter:

»die Natur […]: die Lehrerin des Menschen«.[109]

Der Interpret Karl Fink vergleicht diese programmatische These Ritters mit der ersten der Straßburger Thesen des jungen Goethe:

»Naturrecht ist das, was die Natur alle Lebewesen gelehrt hat«.[110]

Doch dass sich in beiden Zitaten ähnliche Wortfolgen finden, besagt nicht viel. Solche Worte sind weder sonderlich originell; noch hängen sie thematisch eng miteinander zusammen. Während Goethe eine juristische Frage bearbeitete, war von Jura bei Ritter nicht die Rede.

Seebeck und Goethe

§ 5.2.3. Im August 1806 verbrachte Goethe zwei Wochen in Jena. Hier hat er sich offenbar zum ersten Mal eingehend mit Seebeck über optische Versuche ausgetauscht:

»10. [August 1806] Anstalten zur Abreise. Einiges zur Geschichte der Farbenlehre griechischer Epoche […] Dr. Seebeck, welcher von *seinen Versuchen über die Oxydation und Desoxydation*, über mehr und weniger Erwärmung durch gefärbtes Licht Nachricht ertheilte« (Goethe, Tagebuch zum 10. 8. 1806).[111]

108 Goethe [V]:4; meine Hervorhebung. Zu Ritters spekulativen Gedanken über eine Polarität von Raum und Zeit siehe Ritter [FaNJ]/1:§ 76 (1801).

109 Ritter [PaK]/A:4, Hervorhebung weggelassen.

110 Siehe Goethe [MA]/1.2:903; hier das lateinische Original: »Jus naturæ est, quod natura omnia animalia docuit« (Goethe [MA]/1.2:551). Vergl. Fink [GHoS]:9, 155/6n6.

111 Goethe [WA]/III.3:157; meine Hervorhebung. Ähnlich aus der Rückschau des Siebzigjährigen (Goethe [TJHa]/1:254/5 (1806)). – In Goethes Tagebuch sind vier frühere Begegnungen mit Seebeck belegt, die aber keine thematischen Details offenbaren (Goethe, Tagebuch zum 3. 12. 1803, 23. 12. 1803, 6. 7. 1804, 19. 1. 1806

Ich habe kursiv hervorgehoben, was an diesem Tagebucheintrag für unsere Zwecke relevant ist; hier ist genau von den gesuchten Experimenten zur Oxydation und Desoxydation die Rede, die im gefärbten Licht stattfanden und zuallererst mithilfe von Ritters Hornsilber durchzuführen waren.

Auffällig ist allerdings die Aussage über den Urheber dieser Experimente. Sind es Ritters Experimente oder Seebecks? Im Lichte meiner bisherigen Erzählung würden wir sie Ritter zuschreiben. Dass Seebeck von Ritter in sie eingewiesen worden ist, habe ich bereits aufgezeigt.[112] Seebeck scheint sie inzwischen selbständig reproduziert und vielleicht weitergeführt zu haben. Nur so lässt sich das Possessivpronomen wohlwollend erklären, also ohne Plagiatsvorwurf bzw. ohne Zuschreibung allfälliger Fehler bei der tagebuchlichen Erinnerung an Gehörtes.

Anders steht es in dieser Hinsicht bei den danach erwähnten Experimenten über Erwärmung und Abkühlung. Ritter hat sie nach eigenen Aussagen nicht durchgeführt.[113] Hier könnte Seebeck auf eigene Faust Neuland betreten haben. Es handelte sich offenbar um polaristisches Neuland, ganz im Sinne Ritters und Goethes; auch Ritter hatte über größere oder geringere Erwärmung gesprochen, bevor er zu seinen Spekulationen über Wärme und Kälte vorgedrungen war (§ 3.4.3).

Vertiefungsmöglichkeit. Anscheinend hat Seebeck den neuen Temperatur-Versuch kurz später für Goethe wiederholt:

> »19. [August 1806] […] Dem. Vulpius mit einer Bestellung, optische Dinge herüberzusenden […] *Dr. Seebeck gegen Mittag. Versuch wegen der verschieden erwärmenden Eigenschaft der Farben* […] Erinnerung an Akyanoblepsie [Blaublindheit], von Bibra in Meiningen, *Ritter* und von Tümplingischer Alumnus« (Goethe, Tagebuch zum 19. 8. 1806).[114]

Wie man sieht, schwirrten in Goethes Kopf – wohl infolge seiner Betrachtung des Experiments – wichtige Themen für die *Farbenlehre* herum. Einerseits erinnerte er sich an seine farbenblinden Testpersonen (einen gewissen Bibra sowie einen Diener von Gottlob Wolf Tümpling), andererseits an Ritter.[115] Im Zusammenhang mit Seebecks Experiment ist das sicher kein Zufall.

(siehe Goethe [WA]/III.3:90, 92, 105, 115)). Die ersten beiden Treffen fanden in größerer Gesellschaft statt, das dritte unter sechs Augen, das vierte zu zweit.

112 S. o. § 5.1.1.

113 Ritter [VüS]/A:413.

114 Goethe [WA]/III.3:160/1; Hervorhebung geändert.

115 Wenzel (ed) [GHS]/2:399.

Wessen Experimente?

§ 5.2.4. Mehr als ein Jahr später setzte Goethes Seebeck abermals das Possessivpronomen ein, das ich im vorigen Paragraphen aufgespießt habe:

> »23. [Oktober 1807] […] Nach Tische Dr. Seebeck. Nachricht von *seinen* Versuchen über den Einfluß der specificirten Farben auf das Thermometer und *Hornsilber*« (Goethe, Tagebuch zum 23. 10. 1807).[116]

Offenbar schien es für Goethe ausgemacht, dass Seebeck mit den fraglichen Experimenten weiter vorangekommen war als Ritter. Jedenfalls formulierte er einen Monat später noch deutlicher:

> »24. [November 1807] […] Spatzieren mit Seebeck um die Stadt. Verschiedenes über die Ritterischen-Campettischen Versuche. Nachricht von einem Wünschelruthengänger, der sich hier aufgehalten hatte. Verschiedenes über Seebecks *eigene* chromatische Versuche und über die Fortsetzung derselben im Frühjahr. Correctur des 29. Bogens des 1. Bandes. Mittags zu Hause« (Goethe, Tagebuch zum 24. 11. 1807).[117]

Erst redeten Goethe und Seebeck von Ritter, danach ging es um Seebecks *eigene* Versuche. Dass dieser durch und durch possessive Ausdruck rhetorisch zur Abgrenzung von Ritters Versuchen diente, liegt auf der Hand. Ritter hat die Besitzverhältnisse anders gesehen, wie bald zutagetreten wird.[118] Gegen Ende meiner Darstellung werde ich kurz auf Seebecks Versuche eingehen, die über diejenigen Ritters hinausgehen; einige von ihnen sind kurz nach Ritters Tod publiziert worden, und zwar ganz am Ende der *Farbenlehre* Goethes.[119]

Wenn Goethe im Tagebuch Seebeck von Ritter abgrenzte, so hatte das einen misslichen Hintergrund. Während in Jena und Weimar im Jahr 1807 ordentlich experimentiert wurde, verhob sich Ritter in Italien und Bayern mit – »sideristischen« – Untersuchungen zu Wünschelruten und Pendeln. Die peinlichen Details sind das Thema für das kommende Kapitel; sie gehören nur in dem Maße zu meiner Doppelbiographie, in dem sie das Verhältnis zwischen Goethe und Ritter erhellen. So wie es sich bereits bei Ritters Festvorlesung *Physik als Kunst* abzeichnete, so wird sich jetzt wieder Goethe als nüchtern, rational und bedächtig, Ritter dagegen als überschwenglich, speku-

116 Goethe [WA]/III.3:287/8; meine Hervorhebung.
117 Goethe [WA]/III.3:299-300; meine Hervorhebung.
118 S. u. § 6.2.13.
119 S. u. § 6.3.9.

lativ, ja fast schon tollkühn herausstellen; selbst dort, wo Goethe die sideristische Pendelei Ritters literarisch verarbeitete (in den *Wahlverwandtschaften*), ließ er es nicht an Warnungen vor Übertreibungen fehlen. – Wer sich nicht für die Irrwege eines wissenschaftlichen Genies und deren Folgen im Werk eines literarischen Genies interessiert, kann den Faden meiner Darstellung im übernächsten Kapitel 5.4 wieder aufnehmen.

5.3. Wünschelruten und Wahlverwandtschaften (1807 bis 1809)

Herbst 1806	Ritter reist nach Italien
30.11.-12.12.1806	Erste Vorversuche mit Campetti in Italien
23.2.1807	Hegel berichtet von Goethes Witzen über Ritters Wünschelruten
19.8.1807	Ritter stellt Campetti der Kommission der Bayerischen Akademie vor
25.8.-7.9.1807	Ritter verliest den Untersuchungsplan vor der Kommission der Bayerischen Akademie zur Überprüfung der sideristischen Fähigkeiten Campettis
24.11.1807	Diskussion zwischen Seebeck und Goethe über Ritters Siderismus
3.12.1807	Die Kommission der Bayerischen Akademie bittet um ihre Auflösung
März 1808	Goethe liest Ritters *Siderismus*
1809	Goethes *Wahlverwandtschaften* erscheinen mit Anspielungen auf Ritters Experimente mit sideristischen Pendeln

Wünschelruten

§ 5.3.1. Nicht alle Publikationen haben Ritters Ruf gutgetan; zuweilen griff er im Überschwang der Begeisterung gewaltig daneben. Er hat die Gefahr selber gesehen und benutzte dafür sogar bei einer Gelegenheit (die für meine Zwecke keine Rolle spielt) den Ausdruck »vergalloppiren«.[120] Das dramatischste Bei-

120 Ritter, Brief an Ørsted vom 25.5.1806 (siehe Harding (ed) [CdHC]/II:171).

spiel dafür sind seine Untersuchungen und anfänglichen Erfolgsmeldungen über Siderismus, zu Deutsch: Pendeln und Wünschelrutengängerei.[121]

Wie Ritter glaubte, müssten damals kursierende Meldungen von der erfolgreichen Fahndung nach unterirdischen Metallen und Wasseradern mittels Wünschelruten, Schwefelkiespendeln etc. insofern einen wahren Kern haben, als sie mit anderen seiner umgreifenden Erklärungsansätze der gesamten Wirklichkeit gut harmonierten, insbesondere mit seinen Ergebnissen beim Galvanismus.[122] Sobald er erfuhr, dass in Norditalien ein Francesco Campetti auf diesem Gebiet als besonders sensibles Medium galt, reiste er auf Kosten seiner Akademie über die Alpen, stellte vor Ort erste Experimente an, staunte über Campettis Fähigkeiten und holte den Mann nach München.[123]

Die zunächst ermutigenden Resultate meldete er viel zu früh an die Bayerische Akademie der Wissenschaften; es waren offenbar bestenfalls Vorversuche.[124] Ritter hatte darin auf naheliegende Vorsichtsmaßnahmen verzichtet; statt dem Medium die Augen zu verbinden oder gar (wie heute in Psychologie und Medizin üblich) einen Doppelblindversuch zu konzipieren, verließ er sich zunächst auf den Augenschein.

Ritters Experimente mit Wünschelruten, Pendeln etc. stießen auf erheblichen Widerstand in Akademie und wissenschaftlicher Öffentlichkeit; schon die methodischen Bedenken waren gravierend. Ritter war sich der Skepsis

121 Ritter [S]; eine knappe Darstellung seiner Experimente bietet Ritter, Brief an Ørsted vom 20.4.1807 (siehe Harding (ed) [CdHC]/II:192-206), sehr ähnlich in Ritter, Brief an K. Hardenberg vom 1.2.1807 (siehe Klemm et al (eds) [BRP]:28-32). Strickland hat diesen Strang der Biographie Ritters ausführlich vor dem Hintergrund des damaligen geistigen Umfelds dargestellt (Strickland [CS]). Siehe auch Richter [LPJW]:137-145, Weber [EFN]:133-136, Gamper [E]:177-184, Nielsen [AKoL]:132-134, Hermann [BEEU]:17-20, Hecker (ed) [GFJ]/3.2:74/5, Poppe [MKSS]:184-194, Klinckowstroem [JWRW], Klinckowstroem [BzGW], Klinckowstroem [SMKA], Klemm et al (eds) [BRP]:33/4, Wetzels [JWR]:114-116.

122 So Poppe [MKSS]:186, 189 und Adler [FMA]:183/4 mit Verweis auf Ritter [S]:15; es gibt viele weitere Aussagen Ritters, die in dieselbe Richtung weisen (z. B. Ritter [S]:30, 43, 72-82). – Dass Ritter schon zu Beginn seiner Karriere an derartigen Phänomenen interessiert war, zeigt ein frühes Fragment (Ritter [FaNJ]/1:§299 (*korr.* 1799)).

123 Zu ersten ermutigenden Versuchsergebnissen in Italien äußerte sich Ritter mehrmals (Ritter [S]:21/2 sowie Ritter, Brief an Baader vom 6.12.1806 (siehe Hoffmann (ed) [FvBB]:207-209)).

124 Klinckowstroem [SMKA]:34.

bewusst, die seine Thesen auslösen mussten.[125] Noch von unterwegs in Italien hatte er wohl mit Recht gezögert, der Akademie einen kurzen Text vorlegen zu lassen, den er in einer eigentümlichen Mischung aus Stolz und Selbstkritik »etwas stark« nannte.[126] Zu dieser Zurückhaltung passt es, dass Ritter seine sideristischen Experimente zunächst nicht in der Öffentlichkeit durchführen wollte und sich daher auf denjenigen kleinen Ausschnitt der Phänomene beschränken musste, die nicht in freier Natur durchzuführen waren.[127]

Wie ihm klar war, muss man im Namen sauberer Methoden dem Medium jedwede Information über die Sachverhalte vorenthalten, auf die es reagieren soll.[128] Und er wusste, wie weit seine fortgesetzten Vorversuche immer noch von den Standards der Wissenschaftlichkeit entfernt waren.[129] Nachdem er diese Vorversuche im kleinen Kreis nicht ohne Beifall ihm nahestehender Anwesender durchgeführt hatte, schlug er vor, der Sache im Großversuch unter Zeugen auf den Grund zu gehen.[130]

Die Kommission der Münchner Akademie, die sich der Sache auf Antrag Ritters im Sommer 1807 angenommen hatte, geriet in heftigen Streit mit ihm.[131] Nachdem er ihre Bedenken kleinlich fand und sich im Ton vergriffen hatte, bat die Kommission am 3.12.1807 um ihre Auflösung.[132] Dem damaligen Sekretär der Akademie Karl Ehrenbert Moll oblag die unangenehme Aufgabe, den Streit zusammenzufassen und Empfehlungen zum weiteren Vorgehen auszuarbeiten. Ohne Ritter zu desavouieren, stellte er den Vorgang nüchtern dar; er vermied es, in der Streitfrage über die Fakten selber Stellung

125 So z.B. Ritter [S]:XI; Ritter, Brief an Ørsted vom 19.1.1807 (siehe Harding (ed) [CdHC]/II:184).

126 Ritter, Brief an Baader vom 6.12.1806 (siehe Hoffmann (ed) [FvBB]:212); der fragliche Text Ritters scheint nicht erhalten zu sein.

127 Ritter [S]:26.

128 Zum Beispiel Ritter, Briefe an Ørsted vom 20.4.1807 und 8.10.1807 (siehe Harding (ed) [CdHC]/II:197, 208).

129 Ritter, Brief an Ørsted vom 20.4.1807 (siehe Harding (ed) [CdHC]/II:199).

130 Ritters Versuche im kleinen Kreis, an denen Baader, Caroline Schelling und ihr Mann, zuweilen auch Jacobi teilnahmen, sind ausführlich beschrieben in Caroline Schelling, Brief an Wiedemann vom 31.1.1807 (siehe Schmidt (ed) [C]/II:491-497); vergl. F. Schelling, Brief an A.W. Schlegel vom 7.11.1807 (siehe Fuhrmans (ed) [FWJS]/I:392). Schelling verfasste sogar für Ritter eine kurze Abhandlung über antike Quellen zu sideristischen Phänomenen (Schelling in Ritter [S]:40n-42n).

131 Zu dem Antrag siehe Ritter [S]:48.

132 Moll [UmüC]:152.

zu nehmen, versuchte eine diplomatische Lösung der Finanzierungsprobleme etwa für die Rückreise Campettis zu finden, gab aber auch zu erkennen, wie ungeschickt, unhöflich, ja unverschämt Ritter mit den Kommissionsmitgliedern umgesprungen war.[133]

Weil man sich nicht dazu durchringen konnte, Ritters großangelegte Versuchpläne zu finanzieren, verlief die Angelegenheit ohne endgültige offizielle Prüfung im Sande.[134] Der Streit wurde offenbar dadurch ausgelöst, dass maßgebliche Akademiemitglieder sich dagegen aussprachen, weitere Geldmittel zu bewilligen, bevor Ritter erste gesicherte Ergebnisse seiner sideristischen Forschungen geliefert hätte – und dass Ritter in gereiztem Ton darauf beharrte, in seinem detaillierten Untersuchungsplan bereits sowohl theoretische als auch experimentelle Vorarbeiten namhaft gemacht zu haben.[135]

Ritter musste den Beweis für seine weitgehenden Behauptungen schuldig bleiben, deren Veröffentlichung er voreilig zugelassen hatte.[136] Peinlicherweise erließ die Regierung am 19. 2. 1808 einen königlichen Beschluss, durch den Ritter dazu verpflichtet wurde, die bereits privat durchgeführten Experimente vollständig darzustellen, damit dieser Bericht von mehreren auswärtigen Akademien (insbes. in Paris und Mailand) überprüft werden könne; dazu ist es nicht gekommen.[137] Doch die wohlorchestrierte Kritik renommierter Wissenschaftler ließ nicht lange auf sich warten, und nach kürzester Zeit sah man Ritters ehrgeiziges Unterfangen als gigantischen Fehlschlag an.[138]

133 Moll [UmüC]:224, 351-357 *et passim.*

134 So Klinckowstroems Fazit (Klinckowstroem [SMKA]:358). Zu Molls ambivalenter Rolle in der Angelegenheit siehe Rehm [üTLV]:302/3, zu Molls Biographie siehe Rehm [üTLV]:305n42.

135 Siehe Ritter [S]:149-150, 152/3, 193, 198.

136 Der Physiker und bedeutende Kristallograph Christian Weiß hatte einen entsprechenden Brief Ritters zuerst auf Französisch veröffentlicht (Weiß (ed) [NsNI]), der kurz darauf in Gehlens Übersetzung auf Deutsch erschienen ist (Weiß (ed) [NvNI]). Obwohl der Brief nicht von Ritter selber veröffentlicht wurde, hat sich Ritter ausdrücklich zur Autorschaft bekannt (Ritter [S]:34/5 sowie Ritter, Brief an Ørsted vom 8. 8. 1807 (siehe Harding (ed) [CdHC]/II:208)).

137 Moll [GAvJ]:XLIII-XLV.

138 Mit schnellem Taktschlag verschaffte der Dirigent der Kampagne, Gilbert, dem lauten Chor der Kritiker Gehör bei der wissenschaftlichen Öffentlichkeit (Gilbert (ed) [EKAü]/1, Gilbert (ed) [EKAü]/2, Gilbert (ed) [EzGW], Gilbert (ed) [KAüi]). Siehe insbesondere Gilberts eigene geharnischte Kritik an Ritters sideristischen Experimenten (Gilbert (ed) [EBvM]:407-423). Gilbert dehnte die Polemik im selben Atemzug auch auf viele andere Ergebnisse Ritters aus und unterminierte dessen Renommee schonungslos (Gilbert (ed) [KAüi]:109-111).

Dass es so kommen würde, stand nicht von vornherein fest. Seinerzeit war es alles andere als verrückt, der Sache empirisch nachzugehen; Ritter war kein Okkultist.[139] Gerade angesichts der atemberaubenden galvanisch-elektrischen Entdeckungen jener Tage konnte man seinerzeit das Äußerste für möglich halten.[140] Wer nichts wagt, gewinnt nichts – das gilt auch in der Naturwissenschaft.[141]

War Campetti ein Scharlatan? Das wird sich kaum definitiv entscheiden lassen; Ritter könnte hinters Licht geführt worden sein. Doch nehmen wir einmal an, dass sein Medium ihn weder böswillig getäuscht noch einfach nur höflicherweise die Effekte hat sehen lassen, auf die Ritter scharf war. Selbst dann könnten unbewusste Suggestionen zu den erwünschten Ergebnissen der Vorversuche geführt haben.[142] Da eine Reihe anderer Personen einschließlich Ritters und seiner Frau beim Pendeln ähnliche Fähigkeiten zu entwickeln meinten wie Campetti, wenn auch weniger stark als er, dürfte eine Form von Autosuggestion die ganze Gruppe erfasst haben – so etwas kommt immer wieder vor.

Vertiefungsmöglichkeit. Von seinen eigenen Pendel-Fähigkeiten und denen seiner Frau hat Ritter dem Bruder von Novalis berichtet, den er sicher nicht kaltblütig angelogen hätte.[143] Er war ehrlich genug zuzugeben, dass er zu Beginn seiner sideristischen Eskapade für sich alleine keine Wünschelruten-Ausschläge zu generieren vermochte und dass ihm dies nur bei Berührung durch Campetti gelungen war.[144] – In der neueren Literatur wird zuweilen behauptet, Ritters Experimente mit Campetti seien zwischen Januar und Oktober 1807 vor der Kommission der Bayerischen Akademie empirisch gescheitert.[145] Ich habe dafür keine Originalbelege gefunden.[146] Ritter stellte Campetti der Akademie am 19. 8. 1807 zwar persönlich vor, hielt dabei aber einfach nur eine lange Rede und beantragte die schon erwähnte Einsetzung einer Kommission zur Prüfung der Fähigkeiten Campettis.[147] Bei den Treffen

139 So Nielsen [AKoL]:132.
140 Richter [LPJW]:138.
141 Ähnlich Richter [LPJW]:138. – In der analytischen Wissenschaftstheorie hat man die angeführte Lebensweisheit nicht ohne Erfolg formal durchleuchtet (siehe z. B. Levi [GwT]).
142 Klinckowstroem [JWRE]:74.
143 Ritter, Brief an K. Hardenberg vom 22. 4. 1807 (siehe Klemm et al (eds) [BRP]:37); vergl. Ritter, Brief an Baader vom 4. 1. 1808 (siehe Hoffmann (ed) [FvBB]:227).
144 Ritter, Brief an Baader vom 6. 12. 1806 (siehe Hoffmann (ed) [FvBB]:207).
145 Gamper [E]:179, 183; Richter [LPJW]:144; Dietzsch in Ritter [FaNJ]/D:357. Eine frühe, nicht belegte These zur angeblichen Entlarvung der Schwindelei Campettis formuliert Schmidt (ed) [C]/II:657. – Webers Darstellung ist demgegenüber frei von dieser irrigen Sicht (Weber [EFN]:135).
146 Siehe hierzu und zum folgenden Moll [GAvJ]:XLIII-XLV.
147 Ritter [S]:51, 153/4; den Text der Rede bietet Ritter [S]:1-50.

der Kommission am 25./26. 8. 1807 sowie am 1. und 7. 9. 1807 kam »schlechterdings nichts« anderes vor als die Verlesung des detaillierten Untersuchungsplans.[148] Dieser Plan war ein ausgewachsener Drittmittelantrag fast nach Art heutiger Unsitten; er enthielt nicht nur Angaben zu den geplanten Experimenten, sondern auch zum Stand der Vorarbeiten und zum theoretischen Hintergrund.[149] – Wo Ritter von ersten ermutigenden Versuchsergebnissen in Italien berichtete, gab er ihre fragile Reproduzierbarkeit etwa infolge mehrtägiger Schlaflosigkeit des Mediums zu.[150] Diese Stelle wird nicht von allen Kommentatoren richtig eingeordnet. So entschuldigte Ritter laut Michael Gamper einen Fehlschlag der Experimente, der *vor der Münchner Akademie* geschehen sein soll, mit Campettis Schlaflosigkeit.[151] Durch diese irreführende Darstellung vermengt Gamper die allerersten Vorversuche *in Italien* (die vom 30.11. bis zum 12.12.1806 stattfanden) mit deren Fortsetzung in München, die wiederum nicht vor der Akademie stattfanden, sondern wie gesagt im kleinen Kreis.[152] Um es zu wiederholen: Es gab keine Experimente vor der Akademie oder ihrer Kommission.

Was ist Ritter vorzuwerfen?

§ 5.3.2. Wer Ritters sideristische Eskapade richtig einschätzen will, sollte nicht aus den Augen verlieren, dass unser Misstrauen gegen solche Phänomene letztlich auf Erfahrung beruht.[153] Eine Reihe von Zeitgenossen Ritters haben die Sache ernstgenommen, auch namhafte Naturwissenschaftler wie der Schweizer Physiker Marc-Auguste Pictet oder der Tübinger Mediziner und Chemiker Carl Friedrich Kielmeyer, der selber über Campettis Fähigkeiten verfügte, jedenfalls laut Ritter.[154]

Es steht freilich auf einem anderen Blatt, dass Ritter von Anfang an noch umsichtiger und vor allem selbstkritischer hätte vorgehen müssen. Wer große Drittmittel für hochriskante Forschung beantragt, muss mehr Trümpfe im Ärmel haben, als Ritter zur Verfügung standen. Andererseits: Auch die neuerdings üblichen methodologischen Vorsichtsmaßnahmen sind erst nach schmerzhaften Erfahrungen mit Versuch und Irrtum auf den heutigen raffi-

148 Ritter [S]:158. Vergl. Ritter [S]:XII-XIII.

149 Ritter [S]:51-147.

150 Ritter [S]:21/2. Vergl. Ritter, Brief an Baader vom 6. 12. 1806 (siehe Hoffmann (ed) [FvBB]:207).

151 Gamper [E]:183.

152 Zu den Daten der italienischen Vorversuche siehe Ritter [S]:21.

153 So ohne Bezug zu Ritter z. B. Quine [RtMJ]:181.

154 Den Namen Kielmeyers erwähnte Ritter im Zusammenhang des Siderismus zweimal (Ritter, Brief an Baader vom 18. 11. 1807 (siehe Hoffmann (ed) [FvBB]:216) sowie Ritter, Brief an Ørsted vom 13. 12. 1807 (siehe Harding (ed) [CdHC]/II:209-210); vergl. dazu Richter [LPJW]:142, 171n337). Zu Pictets Aufgeschlossenheit gegenüber diesen Phänomenen siehe Klengel [üGDT]:128.

nierten Stand gekommen. Dass es beispielsweise in der pharmazeutischen Forschung einen Placebo- und einen Nocebo-Effekt zu berücksichtigen gilt, ist ein überraschendes empirisches Resultat, mit dem man apriori nicht gerechnet hätte. Ritter hatte in seinem kostspieligen Versuchsplan, der nicht in die Tat umgesetzt wurde, durchaus entsprechende Vorsichtsmaßnahmen eingebaut.[155] Es wäre durchaus überraschend gewesen, wenn Campetti unter diesen Umständen die fraglichen Fähigkeiten zuverlässig hätte vorführen können; aber es wurde nicht ausprobiert.[156]

Auch nach dem unrühmlichen Ende der Campettiade hat Ritter an seiner Position festgehalten.[157] Er hat lediglich bereut, die Sache öffentlich betrieben zu haben.[158] Gleichwohl plante er, dem ersten Band seines Journals über den Siderismus zügig weitere Bände folgen zu lassen, für die er das – wohl inzwischen verlorene – Material bereits vorbereitet hatte.[159] Entgegen anderslautender Gerüchte hat Ritter den Siderismus zeitlebens nicht preisgegeben.[160] Und sein Vertrauen in Campetti und dessen Fähigkeiten blieb unge-

155 Geradezu von vorbildlicher Schärfe sind die Maßnahmen gegen jeden erdenklichen Betrugsverdacht, die er in seinem Untersuchungsplan vorschlug (Ritter [S]:59-64, 162). Dass sich Ritter methodologisch nicht völlig verrannt haben konnte, zeigt die nicht unfreundliche Bewertung durch den Sekretär der Akademie (Moll [UmüC]:91). Seebecks differenzierte Haltung ist besonders aufschlussreich: Knebel meldete früh nach Weimar, dass Seebeck die Münchner Eskapaden Ritters »etwas zu controlliren« beabsichtige (Knebel, Brief an Goethe vom 5.10.1807 (siehe Guhrauer (ed) [BzGK]/1:313)). In der Tat verfolgte Seebeck die Angelegenheit mit einem gesunden Schuss Skepsis, tadelte aber die Auflösung der Kommission und hielt Ritters Untersuchungsplan für erfolgversprechend (Seebeck, Brief an Hegel vom 13.3.1808 (siehe Hoffmeister (ed) [BvaH]/I:221)).

156 Vergl. aber Klinckowstroem [SMKA]:358n. – Die Ergebnisse der Replikationsversuche französischer Forscher sind offenbar nicht veröffentlicht worden (Klengel [üGDT]:128/9). Zu Ritters Tübinger und Stuttgarter Versuchen mit Campetti, die offenbar weder in die eine Richtung noch in die andere eindeutig ausgegangen sind, siehe Gilbert (ed) [EzGW]:218/9.

157 Ritter, Briefe an Baader vom 4.1.1808 und 5.1.1808 (siehe Hoffmann (ed) [FvBB]:226/7, 230) sowie Ritter, Brief an Pfluger vom 18.10.1809 (siehe Guiot (ed) [SUBv]:234/5).

158 Ritter, Brief an Baader vom 5.1.1808 (siehe Hoffmann (ed) [FvBB]:229).

159 Ritter, Brief an Baader vom 6.1.1808 (siehe Hoffmann (ed) [FvBB]:232). Vergl. Ritter, Brief an Ørsted vom 6.8.1808 (siehe Harding (ed) [CdHC]/II:218).

160 So auch Poppe [MKSS]:192/3, Klemm et al (eds) [BRP]:11/2; ein Beispiel der Gerüchte bietet Hoffmeister (ed) [BvaH]/I:466/7 – eine denkbare Quelle dafür bringe ich in § 6.3.3.

brochen.[161] Allenfalls bedauerte er den heftigen Tonfall, in dem er sich gegenüber der Akademie geäußert hatte.[162]

Wie dem auch sei, die Affäre mit den Wünschelruten hat Ritters letzte Lebensjahre zwar überschattet, sein Renommee bei vielen Zeitgenossen ruiniert und seinem Werk zunächst den Pfad zum verdienten Nachruhm verbaut.[163] Doch am Ende entscheiden nicht die Fehlschläge eines Physikers über dessen historische Bedeutung, sondern seine Triumphe. Sonst müssten wir z. B. Albert Einstein vom Thron stoßen, wegen seines lebenslangen Protests gegen die beste empirische Theorie, die wir haben. (»Der Liebe Gott würfelt nicht«). Und Newtons Ruf litte unter der Tatsache, dass er sich lange und höchst intensiv, wenn auch ohne Veröffentlichungen, mit Alchemie abgegeben hat.[164] Darüber aus heutiger Sicht und mit den hiesigen Scheuklappen zu lachen, wäre zu billig. Man sollte nicht aus den Augen verlieren, dass sich Einstein und Newton nicht ohne Grund in ihre Haltlosigkeiten gestürzt haben; beides war im Rahmen ihrer jeweiligen Sichtweise alles andere als irrational – und das, obwohl Newton und Einstein hierin falsch lagen, wie wir wissen.

Wenden wir diese Einsicht auf Ritters sideristischen Fehlschlag an. Seine galvanischen Selbstversuche hatten erste Indizien dafür geliefert, dass der Mensch die allumfassenden Polaritäten der Natur zu registrieren vermag. Wer bei solchen Versuchen erfolgreich sein wollte, musste darin geübt sein – eine Art Training der Versuchsperson als Messinstrument war nötig; man könnte auch von einer besonderen Wahrnehmungskultur sprechen.[165] Wenn der Mensch also im galvanistischen Experiment die geringsten Nuancen zu spüren vermag: Warum sollte man dann nicht weitergehen und vermuten, dass manche Menschen (möglicherweise nach einiger Übung) auch auf andere Polaritäten sensibel reagieren? Selbst wenn eine solche Frage nicht unvernünftig gewesen sein mag, konnte sie noch den versiertesten Forscher auf Abwege locken.

In der Tat hat sich Ritter von Anbeginn bemüht, die neuen sideristischen Phänomene mit seinen bisherigen polaristischen Forschungsergebnissen zu

161 Ritter, Brief an Schelling vom 30. 5. 1808 (siehe Fuhrmans (ed) [FWJS]/III:511).

162 Ritter, Brief an Ørsted vom 6. 8. 1808 (siehe Harding (ed) [CdHC]/II:214).

163 So Richter [LPJW]:145/6. Wie fatal sich die sideristische Eskapade Ritters auf sein Renommee auswirkte, zeigt Wiesenfeldt [EF].

164 Siehe Keynes [NM], Dobbs [FoNA], Dobbs [JFoG], Figala [EAvI], Figala [NaA], Westfall [NaR]:281-309 *et passim*, Hall [IN]:179-201, 381-386.

165 Vergl. dazu Ritter [S]:106/7.

verknüpfen.[166] Und dabei fand er wohl, wonach er suchte, zum Beispiel entgegengesetzte Reaktionen seines Mediums auf entgegengesetzte Pole der allerverschiedensten Phänomenbereiche: Er testete Campettis Reaktionen auf die Vertauschung von Blauviolett und Rotgelb im Spektrum (sowie auf die Vertauschung ihrer unsichtbaren Steigerungen) und konnte dabei nach eigener Aussage eine Umkehrung der Pendelbewegungen feststellen.[167]

Was ist dazu aus heutiger Sicht zu sagen? Da wir Pendelversuche mit guten Gründen insgesamt für Humbug halten, glauben wir natürlich nicht an eine Umkehr der Pendelbewegungen bei Umkehrung der angeblichen Ursachen. Nichtsdestoweniger finde ich es bezeichnend, dass Ritter die polaristische Umkehrungsidee auch bei Experimenten energisch verfolgte, bei denen Hopfen und Malz verloren war. Wir brauchen dies Debakel nicht der Polaritätsidee anzukreiden; wo nichts zu holen ist, muss jede Forschungsmethode versagen.

Keine unnützen Scharmützel

§ 5.3.3. Was ich in den vorigen Paragraphen aufblitzen ließ, brauche ich unter wissenschaftsgeschichtlicher Perspektive nicht weiterzuverfolgen. Es besteht kein Zweifel, dass sich Ritter vergaloppiert hatte, punktum; so etwas kommt in den besten Familien vor.[168]

Für meine Doppelbiographie interessant ist Goethes Reaktion auf die Affäre.[169] So wie viele andere verfolgte er sie mit großem Interesse aus der Ferne.[170] Meines Wissens hat er sich zu keinem Zeitpunkt auf die wissenschaftliche Plausibilität der Berichte und Schlüsse Ritters festlegen lassen.[171] Er mag Sym-

166 Ritter [S]:VIII-X, 15; Ritter, Briefe an Ørsted vom 19. 1. 1807 und 20. 4. 1807 (siehe Harding (ed) [CdHC]/II:185, 205/6). – Auch seine Gegner verstanden ihn so (z. B. Gilbert [EBvM]:419).

167 Ritter, Brief an Ørsted vom 20. 4. 1807 (siehe Harding (ed) [CdHC]/II:195).

168 Ähnlich Paulus mit kritischem Verweis auf die Erfolgsmeldungen über Wünschelruten im sog. Scheunenexperiment der Münchner Physik-Lehrstuhlinhaber Hans-Dieter Betz und Herbert König aus den 1980er Jahren (Paulus [RiLW]:158n). Erstaunlicherweise werden selbst heute – freilich ohne Resonanz in der Fachwelt – immer wieder wissenschaftliche Versuche unternommen, unglaubliche Fähigkeiten von Wünschelruten-Gängern zu verifizieren und naturwissenschaftlich zu analysieren (z. B. Balck [RW]).

169 Hierzu und zum folgenden siehe die vorzügliche Darstellung in Adler [FMA]:180-187.

170 Goethe, Tagebuch zum 24. 3. 1808 und 25. 3. 1808 (siehe Goethe [WA]/III.3:324); Goethe, Brief an Jacobi vom 31. 3. 1808 (siehe Goethe [WA]/IV.20:38/9).

171 Ähnlich Schiff [RNRS]:299 und – etwas weniger eindeutig – Adler [FMA]:184/5.

pathien für dessen Ziele gehabt haben – und für Campetti.[172] Doch dürfen wir aus Goethes überlieferten Äußerungen schließen, dass er vorsichtig war und abwarten wollte, wie die Sache ausgeht; er scheint im Gespräch mit Hegel zunächst sogar Witze auf Kosten Ritters gerissen zu haben.[173] Nichtsdestoweniger ließ er sich z. B. von seinen Freunden Carl Knebel und Friedrich Jacobi aus erster Hand mit Neuigkeiten zu Ritters weitgehenden Behauptungen in der Akademie versorgen.[174] Ihm wird bewusst gewesen sein, wieviel Ritter riskierte – und dass es seinem eigenen Renommee als Naturwissenschaftler gefährlich werden könnte, sich öffentlich auf die falsche Seite zu stellen.[175]

Das kann man gut verstehen; wer sich anschickt, einen großangelegten Angriff auf eine etablierte Theorie der Physik zu lancieren so wie Goethe mit seiner *Farbenlehre* gegen Newton, der wird sich kurz vor der Publikation besser nicht in unnütze Scharmützel stürzen. Dass Goethe, der vorsichtige Fuchs, exakt so kalkuliert hatte, zeigt seine briefliche Reaktion auf eine freundliche Rezension der *Farbenlehre* aus dem Jahr 1812:

> »Einen Wink, den Sie in diesem Aufsatze geben, lassen Sie mich erwidern, zum Beweis meiner Aufmerksamkeit. Sie bemerken mit Recht, daß ich das Magische, das Höhere, Unergründliche, Unaussprechliche der Naturwirkungen zwar nicht mit Ungunst, aber doch von der negativen Seite betrachtet; und so ist es auch. Denn indem ich meine Farbenwelt aus Licht

172 So laut Falk, Gespräch mit Goethe im Jahr 1807/8 (siehe Goethe [LA]/II.1A:728). Für den Wortlaut s. u. § 5.3.6.

173 Hegel, Brief an Schelling vom 23. 2. 1807 (siehe Hoffmeister (ed) [BvaH]/I:151). Goethe dürfte von Hegel erfahren haben, dass die Sache bei dem Philosophen nicht funktioniert hatte (Hegel, Brief an Schelling vom 23. 2. 1807 (siehe Hoffmeister (ed) [BvaH]/I:150)).

174 Jacobi, Briefe an Goethe vom 19. 10. 1807 und 25. 2. 1808 (siehe Goethe [LA]/II.1A:704, 711), Knebel, Brief an Goethe vom 6. 7. 1807 (siehe Goethe [LA]/II.1A:700). Zudem verließ er sich auf auf Neuigkeiten aus zweiter Hand (Goethe, Tagebuch zum 24. 11. 1807 und 5. 4. 1808 (siehe Goethe [WA]/III.3:299-300, 327; für den Wortlaut der ersten Textstelle siehe das Zitat in § 5.2.4); Seebeck, Brief an Goethe vom 26. 2. 1808 (siehe Goethe [LA]/II.1A:714)). Nachdem Goethe das Siderismus-Journal Ritters überflogen hatte (Goethe, Tagebuch zum 24. 3. 1808 (siehe Goethe [WA]/III.3:324) mit Bezug zu Ritter [S]), reagierte er darauf und auf die Auflösung der Kommission alles andere als einseitig (Goethe, Brief an Jacobi vom 31. 3. 1808 (siehe Goethe [WA]/IV.20:38/9)). Vergl. auch Riemer in Goethe [WA]/II.13:460.

175 Goethes Vorsicht in Fragen der Wünschelrute zeigt sich beispielhaft in Goethe, Brief an Eichstädt vom 4. 11. 1807 (siehe Goethe [WA]/IV.19:450), dazu Eckle in Goethe [LA]/II.1A:705.

und Finsterniß zusammensetzte und dadurch schon in Gefahr gerieth, den meisten meiner Zeitgenossen düster und ungenießbar zu erscheinen; so hielt ich mich um desto mehr auf der Lichtseite, als mir ohnehin alles, was ich der Nachtseite zuschrieb, von den herrschenden Theoretikern abgeleugnet und mißgedeutet werden mußte, wie es denn noch bis auf den heutigen Tag geschieht« (Goethe, Brief an Windischmann vom 28.12.1812).[176]

Mit seinem Ausdruck »Nachtseite« bezog sich Goethe auf Traumwelten, Magie und Esoterik; der Ausdruck stammt aus dem Titel eines damals einschlägigen Buchs von Gotthilf Heinrich Schubert, einem Freund Ritters.[177]

Wie dem auch sei – hätte Ritter mit seinen Pendelversuchen recht bekommen, so hätte das Goethes Position in der *Farbenlehre* stärken können. Denn wie gesagt stellte Ritter auch die Pendelversuche unter polaristische Vorzeichen.[178] Wenn wirklich alles mit allem organisch zusammenhängt und jedes Phänomen an einer allumfassenden Polarität beteiligt ist, dann müsste auch der Mensch auf die Polaritäten in der Natur ansprechen.

Selbst wenn ein sideristischer Erfolg Ritters den polaristischen Zielen Goethes durchaus genützt hätte, konnten die Pendel-Experimente kaum den Ausschlag für den erhofften naturwissenschaftlichen Erfolg der *Farbenlehre* geben. Goethe musste diese neue Front also nicht eröffnen. Dass es ihm trotzdem in den Fingern gejuckt zu haben scheint, möchte ich in den kommenden Paragraphen skizzieren.

Vertiefungsmöglichkeit. Insgesamt scheint Goethe jene Autoren, die es mit der Nachtseite hatten und esoterisch gesonnen waren, ambivalent gewertet zu haben; es hing möglicherweise vom jeweiligen Lebenszusammenhang ab, ob er sich ihnen zu- oder abwandte. Dass er durchaus Sympathien gegenüber Schubert empfunden hat, den er in Karlsbad kennengelernt hatte, ergibt sich aus zwei Aussagen von Goethe selbst.[179] Zudem scheint er in den *Wahlverwandtschaften* auf Schuberts Thesen und Beobachtungen zurückgegriffen zu haben.[180] Doch ein Jahrzehnt nach dem Treffen distanzierte sich Goethe im Zusammenhang mit dem Stichwort der »Nacht- und Schattenseiten« von Schuberts Arbeiten, schickte diese

176 Goethe [WA]/IV.23:213/4.
177 Schubert [AvNN].
178 So z.B. Ritter, Ritter, Brief an Ørsted vom 13.12.1807 (siehe Harding (ed) [CdHC]/II:210/1); vergl. dazu Adler [FMA]:185. Auch Schelling ordnete die sideristischen Phänomene in seine polaristische Sicht ein (Schelling, Brief an Hegel vom 11.1.1807 (siehe Hegel [BvaH]/I:134/5)), vergl. dazu Adler [FMA]:184.
179 Goethe, Brief an Preen vom 7.5.1817 (siehe Goethe [WA]/IV.28:85, 386) sowie Riemer, Gespräch mit Goethe am 8.12.1808 (siehe Grumach (ed) [G]/VI:603).
180 So Adler [FMA]:196/7.

Distanzierung jedoch nicht ab.[181] Schubert hat die Begegnung mit Goethe ausführlich und enthusiastisch geschildert.[182]

Kopfweh

§ 5.3.4. Wer sich in irgendeiner Sachfrage sicherheitshalber nicht wissenschaftlich festlegen mag, kann mit anderen Mitteln Stellung beziehen – mit literarischen Mitteln beispielsweise. Genau das hat Goethe getan, wie die Fortsetzung meines vorigen Zitats belegt:

> »Aber gar manche durch meine Werke sich durchschmiegende, mehr oder weniger esoterische Bekenntnisse sind Ihnen gewiß nicht verborgen geblieben« (Goethe, Brief an Windischmann vom 28. 12. 1812).[183]

Nach meiner Interpretation bezog sich Goethe hiermit auch auf eine magische Episode aus dem letzten Fünftel seiner *Wahlverwandtschaften*.[184] Dort treten zwei Nebenfiguren auf, die sich über Pendelexperimente uneins sind: ein reisender Lord und sein Begleiter. Um die Meinungsverschiedenheit zu beleuchten, möchte ich zuerst in aller Kürze den zugehörigen Kontext im Roman umreißen.

Zur fraglichen Zeit hatten die beiden männlichen Protagonisten des Romans (Eduard und der Hauptmann) den Ort des Geschehens verlassen, nachdem ihre wahlverwandte Liebe zur jeweils falschen Frau offenbar geworden war und untragbar zu werden drohte.[185] Die beiden Protagonistinnen blieben zurück: Eduards Frau Charlotte lässt sich (unter sträflicher Vereinfachung vieler Einzelheiten des komplexen Romans) als aktiv tätige, vernunftgesteuerte Person charakterisieren, der mit Ottilie ein sehr anderer Charakter antagonistisch gegenübersteht – eine junge, noch naturnahe Frau mit spirituellen Zügen und starker Emotionalität.[186]

181 Goethe, Konzept zu einem Brief an Nees v. Esenbeck vom 7. 1. 1819 (siehe Goethe [WA]/IV.31:307, 48-50). Zu alledem siehe Schiff [RNRS]:302-304, insbes. p. 303; man kann freilich darüber streiten, ob Goethe sich mit dem Stichwort »Nacht- und Schattenseiten« bereits eindeutig auf Schubert bezog, so wie es Schiff dort nahelegt.

182 Schubert in Schiff [RNRS]:302.

183 Goethe [WA]/IV.23:214.

184 Siehe Goethe [W]/H:429-445.

185 Goethe [W]/H:313-315, 325, 340-344 *et passim*.

186 Schaeder [GW]:307/8.

Als Goethe den Roman in den Jahren 1808/9 schrieb, dürfte seine Lebenshaltung besser zu derjenigen Charlottes gepasst haben als zu derjenigen Ottilies. Nichtsdestoweniger wusste er aus eigener Erfahrung nur zu gut, was es heißen kann, auf der anderen Seite des Grabens zu stehen.[187] Wohl auch deshalb zeichnete er Ottilie in allen Nuancen mit fast schon scheuer Ehrfurcht.[188]

Ob und, wenn ja, inwiefern sie als *die* Hauptperson des Romans anzusehen ist, darüber kann man streiten.[189] Doch dass Goethe sie nicht denunziert hat, ist unbestreitbar; im gesamten Roman hat er sich darin zurückgehalten, seine vier Protagonisten in ihren tragischen Verwicklungen zu beurteilen oder zu bewerten.[190] Und im gesamten zweiten Teil des Romans widmete er dem Schicksal Ottilies seine besondere Anteilnahme.[191]

Was dem englischen Lord eines Abends von seinem Begleiter über Ottilie berichtet wird, ist mithin ohne jede abwertende Erzählgeste durch Goethe zu verstehen:

> »Sie waren gestern, Mylord, als wir mit der tragbaren dunklen Kammer durch den Park zogen, viel zu beschäftigt, sich einen wahrhaft malerischen Standpunkt auszuwählen, als daß Sie hätten bemerken sollen, was nebenher vorging. Sie lenkten vom Hauptwege ab, um zu einem wenig besuchten Platze am See zu gelangen, der Ihnen ein reizendes Gegenüber anbot. Ottilie, die uns begleitete, stand an zu folgen und bat, sich auf dem Kahne dorthin begeben zu dürfen. Ich setzte mich mit ihr ein und [...] konnte mich aber nicht enthalten, sie zu fragen, warum sie eigentlich abgelehnt, jenen Seitenweg zu machen; denn wirklich war in ihrem Ausweichen eine Art von ängstlicher Verlegenheit. ›Wenn Sie mich nicht auslachen wollen,‹ versetzte sie freundlich, ›so kann ich Ihnen darüber wohl einige Auskunft geben, obgleich selbst für mich dabei ein Geheimnis obwaltet. Ich habe jenen Nebenweg niemals betreten, ohne daß mich ein ganz eigener Schauer überfallen hätte, den ich sonst nirgends empfinde und den ich mir nicht zu erklären weiß. Ich vermeide daher lieber, mich einer solchen Empfindung auszusetzen, um so mehr, als sich gleich darauf ein Kopfweh an der

187 So z. B. Bröckers [NGGP]:38-45. Siehe Goethe [aML]/2/W:217/8, 308.

188 So auch Wiese in Goethe [HA]/6:684-686.

189 Vergl. die Kritik an Wiese in Goethe [HA]/6:673, 681, 684-686 durch Wiethölter in Goethe [FA]/8:1002.

190 So auch Wiese in Goethe [HA]/6:673.

191 Nach eigener Aussage galt sie ihm als »meine liebe Ottilie« (Goethe, Brief an Reinhard vom 21. 2. 1810 (siehe Goethe [WA]/IV.21:196)).

linken Seite einstellt, woran ich sonst auch manchmal leide.‹ Wir landeten, Ottilie unterhielt sich mit Ihnen, und ich untersuchte indes die Stelle, die sie mir aus der Ferne deutlich angegeben hatte. Aber wie groß war meine Verwunderung, als ich eine sehr deutliche Spur von Steinkohlen entdeckte, die mich überzeugt, man würde bei einigem Nachgraben vielleicht ein ergiebiges Lager in der Tiefe finden«.[192]

Diesen Bericht quittierte der Lord mit einem spöttischen Lächeln; er ahnte schon, womit ihm sein Reisebegleiter als nächstes kommen würde.

Ottilie lässt's pendeln

§ 5.3.5. Um die folgende Episode des Romans einordnen zu können, muss man sich vor Augen führen, wie Goethe die beiden Nebenfiguren charakterisiert hat, die zuletzt ins Spiel gekommen sind. Ohne jede böse Absicht hatte sich der nachsichtig lächelnde Lord zuvor taktlos und unsensibel verhalten: Er hat die Gastgeberinnen und insbesondere Ottilie mit einem offenherzigen Bericht über seine heimatlosen Reisen verstört – durch einen Bericht, der Ottilie an Eduards ruhelose Heimatlosigkeit erinnern musste, wofür sie ihre gesellschaftlich unstatthafte Liebe verantwortlich machte.[193]

Der Begleiter des Lords verstand den *fauxpas* sofort; als »verständiger, ruhiger Mann und guter Beobachter« hatte er von Anbeginn gespürt, dass über dem besuchten Landgut eine missliche Atmosphäre hing, und hatte die Details der Erklärung dafür teils beim Personal eingeholt, sie sich teils selber zusammengereimt.[194] So klärte er den Lord über dessen Ungeschicklichkeit auf – was bei seinem Gegenüber zwar Bedauern, aber keine Schuldgefühle weckte.[195] Kurz und gut, der Lord war anders als sein Begleiter nicht offen für menschliche Zwischentöne. Ein anderes Indiz dafür steht am Anfang meines letzten Zitats: Der Lord war so emsig in seine Zeichenprojekte mit einer *Camera Obscura* vertieft, dass ihm Ottilies auffälliges Verhalten entgehen musste.

Wenn Goethe also die Beurteilung dieser beiden Nebenfiguren nicht in der Schwebe hielt, sondern als feinfühligeren Mann den Begleiter des Lords charakterisierte, so ergeben sich hieraus Anhaltspunkte darüber, wem Goethe in

192 Goethe [W]/H:443.
193 Goethe [W]/H:431-433.
194 Goethe [W]/H:433.
195 Goethe [W]/H:433/4.

der freundschaftlichen, aber engagierten Auseinandersetzung über Pendelversuche den stärkeren Rückenwind verlieh:

» ›[...] Verzeihen Sie, Mylord, ich sehe Sie lächeln und weiß recht gut, daß Sie mir eine leidenschaftliche Aufmerksamkeit auf diese Dinge, an die Sie keinen Glauben haben, nur als weiser Mann und als Freund nachsehen; aber es ist mir unmöglich, von hier zu scheiden, ohne das schöne Kind auch die Pendelschwingungen versuchen zu lassen.‹ Es konnte niemals fehlen, wenn die Sache zur Sprache kam, daß der Lord nicht seine Gründe dagegen abermals wiederholte, welche der Begleiter bescheiden und geduldig aufnahm, aber doch zuletzt bei seiner Meinung, bei seinen Wünschen verharrte«.[196]

Nachdem der Begleiter seinen Apparat ausgepackt hatte, kamen Ottilie und Charlotte ins Zimmer. Charlotte nahm die Rolle der ersten Versuchsperson ein, doch das Pendel schlug bei ihr nicht an.[197] Anders bei Ottilie, die Goethe auch in dieser Angelegenheit als Charlottes Antagonistin gezeichnet hat:

»Sie hielt den Pendel noch ruhiger, unbefangener, unbewußter über die unterliegenden Metalle. Aber in dem Augenblicke ward das Schwebende wie in einem entschiedenen Wirbel fortgerissen und drehte sich, je nachdem man die Unterlage wechselte, bald nach der einen, bald nach der andern Seite, jetzt in Kreisen, jetzt in Ellipsen, oder nahm seinen Schwung in graden Linien, wie es der Begleiter nur erwarten konnte, ja über alle seine Erwartung. Der Lord selbst stutzte einigermaßen«.[198]

In der Romanhandlung ist Ottilie ganz sicher keine Simulantin – anders als vielleicht Ritters Medium Campetti. Dass sich sogar der unsensible, aber kritische Lord aus der Reserve locken ließ, werte ich als weiteres Indiz zugunsten meiner These: Goethe wollte andeuten, dass derartige Versuchsergebnisse allemal im Reich des Möglichen liegen.

Vertiefungsmöglichkeit. Bis zu seinem Lebensende scheint Goethe es für alles andere als abwegig gehalten zu haben, dass geeignete Versuchspersonen unterirdische Metalle spüren können. So stellte er in *Wilhelm Meisters Wanderjahren* dem rational starken Geologen Montan (*alias* Jarno) eine namenlose, intuitiv starke, »terrestrische« Frau an die Seite, die wünschelrutenartige Fähigkeiten hatte, die damit unterirdische Metalle aufzuspüren wusste und die dem Geologen trotz seines aufgeklärten Rationalismus als Mitarbeiterin

196 Goethe [W]/H:443/4; Absatzwechsel weggelassen.
197 Goethe [W]/H:444.
198 Goethe [W]/H:444; Absatzwechsel weggelassen.

willkommen war.[199] Wo sie erwähnt wird, war Goethe weit davon entfernt, sie und ihre Fähigkeiten ins Lächerliche zu ziehen; die unausgesprochene Voraussetzung dieser Romanpassagen lautet, dass Wünschelrutengängerei nicht von vornherein als Ammenmärchen wegzuwischen ist – was natürlich nicht bedeutet, dass der Romancier die Beobachtungen Ritters für bare Münze genommen hätte. Wie dem auch sei, man kann die rätselhafte (und nur knapp skizzierte) terrestrische Frau, deren Kräfte unterirdisch ausgerichtet sind, mit Fug und Recht als polares Parallelwesen zu Makarie, der kosmisch ausgerichteten Heiligenfigur des Romans auffassen. Weil der Roman lange nach Ende meines Berichtszeitraums entstanden ist, brauche ich meine kurzen Andeutungen dazu nicht weiter auszuführen. – Wie ernst es Goethe im *Faust II* mit Mephistos Kommentar zum Erspüren unterirdischer Schätze meint, ist schwerer zu sagen.[200] Immerhin redet die Deputation der Gnome weiter unten im ersten Akt wie selbstverständlich von der »klugen Wünschelrute« als einzigem Mittel zur Entdeckung der glänzenden Metalladern.[201] Aber wie glaubwürdig ist denn das Zeugnis von Gnomen!

Wollte Goethe Ritter milde warnen?

§ 5.3.6. Aufschlussreich finde ich, wie sich der Begleiter des Lords im Laufe der Versuchsserie wandelt; laut dem Ende des vorletzten Zitats war er alles andere als ein Eiferer, vielmehr nahm er die Einwände seines Widerparts zunächst »bescheiden und geduldig« auf – ein Zeichen in sich ruhender Souveränität. Doch weil er sich vom unerwartet starken Erfolg der Versuche fortreißen ließ, verlor er die Bescheidenheit, Zurückhaltung und Sensibilität im menschlichen Umgang, die ihn zuvor ausgezeichnet hatten:

> »Der Lord selbst stutzte einigermaßen, aber der andere konnte vor Lust und Begierde gar nicht enden und bat immer um Wiederholung und Vermannigfaltigung der Versuche. Ottilie war gefällig genug, sich in sein Verlangen zu finden, bis sie ihn zuletzt freundlich ersuchte, er möge sie entlassen, weil ihr Kopfweh sich wieder einstelle«.[202]

Goethe durfte damit rechnen, dass Ritter den Roman lesen würde. Er wird gewusst haben, wie wichtig seine literarische Arbeit für Ritter gewesen ist, der bei festlicher, öffentlicher Gelegenheit sogar den Erdgeist aus dem *Faust*-Fragment hervorgeholt hatte.[203]

199 Goethe [WMW]/H:443/4, 449-453, insbes. p. 452, vergl. pp. 36, 263/4, 377; dazu Trunz in Goethe [HA]/8:585, 674/5. Siehe auch Poppe [MKSS]:189-190, 194.
200 Goethe [F]/F:215, dazu Schöne in Goethe [FA]/7.2:424.
201 Goethe [F]/F:244, dazu Schöne in Goethe [FA]/7.2:452/3. Vergl. Goethes Erwähnung der Wünschelrute in den Vorarbeiten vom Sommer 1827 (Goethe [FA]/7.1:598 (= P101), dazu Schöne in Goethe [FA]/7.2:974/5).
202 Goethe [W]/H:444/5.
203 S. o. § 5.2.2k. Siehe auch § 4.5.3-§ 4.5.4.

Hätte Ritter vor seinem Tod die *Wahlverwandtschaften* noch lesen können, so wäre ihm die Szene mit den Pendelversuchen sicher ins Auge gesprungen; und auch damit durfte Goethe rechnen. Es ist also gut möglich, dass Goethe die Szene bewusst oder unbewusst – auch – daraufhin angelegt hat, wie sie auf Ritter wirken würde.

Damit will ich nicht sagen, dass Goethe dem Begleiter des Lords in allen Einzelheiten die Züge Ritters verliehen hätte. Nichtsdestoweniger könnte er die zuletzt zitierte Szene mit Blick auf Ritter entworfen und ihm die milde Warnung davor mitgegeben haben, sich beim Experimentieren im Strudel staunenswerter Erfolge zu verlieren.

So wie der Begleiter des Lords seine zuvor beste Eigenschaft des Feingefühls verlor und keine Rücksicht mehr auf Ottilies Befindlichkeit zu nehmen wusste, so war es offenbar auch Ritter ergangen. Er hatte als umsichtiger, sorgfältiger, skrupulöser Beobachter gegolten, und als scheinbar die erstaunlichsten Fähigkeiten Campettis zum Vorschein kamen, verlor Ritter die Umsicht und die Sorgfalt, für die er berühmt gewesen war. Unter anderem hat er ihn groberweise nur wie ein Messinstrument genutzt, es war aber ein Mensch.[204]

Im Gespräch hat Goethe eine Kritik direkt auf Ritter gemünzt, die gut zu der Ungeschicklichkeit des Begleiters aus dem Roman passt. Fälschlicherweise scheint Goethe (so wie ein Teil der heutigen Literatur) angenommen zu haben, dass Campetti vor der Kommission gescheitert sei. Unter dieser Voraussetzung sagte er zu Falk:

> »Die Offenbarung ist nirgend, oder überall. Jede Offenbarung aber erfolgt nur unter gewissen Umständen. Ich habe in einem Leben einige Verse gemacht, mit denen man Ursache hat zufrieden zu sein. Wie, wenn man mich nun wollte nach Wien, oder München vor einen Reichskongreß förmlich zitieren lassen, und ich sollte auf der Stelle durch Verfassung eines neuen Werkes, ob ich der Goethe auch wirklich sei, einen Beweis ablegen –
>
> So riß auch Ritter den Italiener aus seinen Umgebungen, wo [d.h. die] er verlassen mußte, und brachte ihn mit der Zauberrute nach München, wo

204 Diese Kritik passt zu Fomulierungen Ritters, die man fast schon als Verstoß gegen Kants Zweck-an-sich-Formel werten könnte (z.B. Ritter [S]:XV, 13n; vergl. aber p. 65, wo er Campetti zwar als »Instrument« bezeichnet, sich aber auch um seine seelische Befindlichkeit sorgt; ähnlich auf pp. 102, 108, 137).

er vor ihnen Kunststücke machen sollte, vergessend daß sich keine Offenbarung, am wenigsten in der Natur kommunizieren ließ«.[205]

Machen wir uns klar, worauf dieser ungeheuerliche Vergleich hinausläuft – der Dichter verglich sich unter dem Stichwort der Offenbarung allen Ernstes mit Ritters Medium. Wasserfühligkeit wäre demzufolge eine ähnlich fragile Fähigkeit wie diejenige zur Herstellung eines poetischen Meisterwerks. Es überraschte Goethe nicht, dass Campetti außerhalb seiner Heimat und vor kritischem Publikum scheiterte, als er sozusagen die Offenbarung vorführen sollte – und Goethe ahnte, dass er mit seinen poetischen Gaben unter vergleichbaren Bedingungen ebenfalls scheitern würde.

Dass derartige Erwägungen in der Wissenschaft leicht missbraucht werden können, steht auf einem anderen Blatt; sollte ein Medium nur dann Erstaunliches leisten können, wenn die kritische Öffentlichkeit ausgesperrt bleibt, dann liegt der Verdacht einer Immunisierungstrategie nahe.[206] Im Gegensatz hierzu muss sich der geniale Akt der Dichtung nicht in der Öffentlichkeit beweisen; um seine Leistung für sich beanspruchen zu dürfen, braucht der Dichter nicht vor Publikum vorzuführen, wie er dichtet.

Ritter, Goethe und der Begleiter in einem Boot

§ 5.3.7. Man kann darüber streiten, ob Goethe mit der milden Warnung vor der Erfolgstrunkenheit von Experimentatoren bewusst auf Ritter zielen wollte. Dass zeitgenössische Kenner der sideristischen Eskapade Ritters die fragliche Episode aus den *Wahlverwandtschaften* so lesen konnten, liegt jedenfalls auf der Hand.[207]

Als vernichtende Ritter-Kritik lässt sich Goethes Darstellung gleichwohl nicht verstehen; Goethe gestaltete den Begleiter des Lords nicht ohne Sympathie. Nicht nur gönnte er ihm die Erfolge mit den sideristischen Experimenten, er charakterisierte ihn auch so wie diejenigen Wissenschaftler, die er

205 Falk, Gespräch mit Goethe im Jahr 1807/8 (siehe Goethe [LA]/II.1A:728; Ergänzungen der Herausgeberin unkenntlich eingearbeitet, Hervorhebung weggelassen).

206 Den Verdacht beschwören einige Formulierungen Ritters herauf (z. B. Ritter [S]:45/6, 88/9) – während andere Formulierungen zeigen, dass er sich des Verdachts nur zu bewusst war (Ritter [S]:96, 109). In der Tat machte Ritter präzise Voraussagen, die im besten Sinne fallibel und daher alles andere als immun gegen empirische Kritik waren (z. B. Ritter [S]:127).

207 In der Tat ist es nicht überraschend, wenn sich damalige Leser durch die *Wahlverwandtschaften* an Ritter erinnert fühlten (so mit Verweis auf weitere Literatur Vogl [NÖ]:522n40).

vorbildlich fand. Beispielsweise ließ er sogar in der Beschreibung der experimentellen Übertreibungen, derer sich der Begleiter des Lords unsensiblerweise schuldig machte, ein Stichwort fallen, das ihm wissenschaftsmethodisch von größter Bedeutung war: »Vermannigfaltigung der Versuche«.[208] Unter diesem Stichwort hat sich Goethe als Wissenschaftsphilosoph wieder und wieder dafür ausgesprochen, beim Experimentieren nicht an Einzelfällen hängenzubleiben (so wie es seiner Ansicht nach Newton getan hatte), sondern die Experimente in geordneten Reihen zu variieren.[209]

Dass Ritter ihm darin gefolgt ist, habe ich ausführlich dargetan. Auch bei den Experimenten mit Campetti ging Ritter so vor.[210] Wenn also auch der Begleiter des Lords genau dieser Methode folgte, dann kann man das so deuten, als hätte Goethe den Eingeweihten zurufen wollen, wie gut die Forschungsmethode der Romanfigur zu derjenigen Ritters und Goethes passte. Und das bedeutet, dass er hier auf subtile Weise die Gemeinsamkeiten zwischen sich selber und Ritter herausgestrichen hat. Diese These wird von einer weiteren Textstelle gestützt:

> »Auch er [der Begleiter des Lords] gab wiederholt zu erkennen, daß man deswegen, weil solche Versuche nicht jedermann gelängen, die Sache nicht aufgeben, ja vielmehr nur desto ernsthafter und gründlicher untersuchen müßte«.[211]

Hier beschrieb Goethe einen Zug der eigenen wissenschaftlichen Forschung, der ihm zunehmend als Charakteristikum jeder naturwissenschaftlichen Arbeit bewusst geworden war – die Erforschung der Natur ist ein ausdauernder, zielgerichteter Suchprozess. In Goethes Worten aus einem Brief des Jahres 1801, also aus der Zeit, in der er am engsten mit Ritter kooperiert hatte:

208 Goethe [W]/H:445, für den Wortlaut im Kontext s. o. § 5.3.6.

209 Siehe z. B. Goethe [EF]:§ 323-§ 334, § 355, § 830; Goethe [ETN]:§ 21, § 56, § 70, § 135, § 168, § 193; Goethe [MzGF]:251, 379, 392, 423. Laut Adler kann man die verschiedenen menschlichen Interaktionen aus den *Wahlverwandtschaften* mit Fug und Recht als Vermannigfachungen eines chemischen Grundexperiments auffassen (Adler [FMA]:174/5). – Mehr zu diesem Begriff und zu seinen Wurzeln bei den französischen Enzyklopädisten bringt Steinle [GMEF]:109-112. S. o. § 3.4.8.

210 Wie weitgehend sich Ritter auch beim Siderismus an Goethes Methode der Vermannigfachung orientiert hat, zeigt z. B. Ritter [S]:XVII sowie Ritter, Brief an Baader vom 6. 12. 1806 (siehe Hoffmann (ed) [FvBB]:209).

211 Goethe [W]/H:444.

»Daß uns die Betrachtung der Natur zum Denken auffordert, daß uns ihre Fülle mancherley Methoden abnöthigt, um sie nur einigermaßen handhaben zu können, darüber ist man überhaupt wohl einig; *daß aber beym Anschauen der Natur Ideen geweckt werden, denen wir eine gleiche Gewißheit als ihr selbst, ja eine größere zuschreiben, von denen wir uns dürfen leiten lassen, sowohl wenn wir suchen, als wenn wir das Gefundne ordnen*, darüber scheint man nur in einem kleinern Zirkel sich zu verstehen« (Goethe, Brief an Steffens vom 29.5.1801).[212]

Ich habe hierin Goethes trefflichen Ausdruck dessen hervorgehoben, was seit Kant als regulative Ideen bezeichnet wird.[213] Naturwissenschaftler brauchen solche Ideen, um nicht orientierungslos im widerspenstigen Durcheinander der Empirie unterzugehen. Wo so eine Idee noch nicht gut passt, da muß

»man [...] die Sache nicht aufgeben, ja vielmehr nur desto ernsthafter und gründlicher untersuchen«.[214]

Das heißt, die regulative Idee lenkt den Forscher bei der Suche nach neuen Phänomenen. Ritter hat es nicht anders gesehen.[215]

Was Goethe den Begleiter des Lords im Anschluss an die zuletzt zitierte Romanpassage (die ich noch einmal wiedergebe) weiter sagen lässt, gibt ein Beispiel einer solchen Idee:

»Auch er gab wiederholt zu erkennen, daß man deswegen, weil solche Versuche nicht jedermann gelängen, die Sache nicht aufgeben, ja vielmehr nur desto ernsthafter und gründlicher untersuchen müßte, *da sich gewiß noch manche Bezüge und Verwandtschaften unorganischer Wesen untereinander, organischer gegen sie und abermals untereinander offenbaren würden, die uns gegenwärtig verborgen seien*«.[216]

Die Bezüge und Verwandtschaften, von denen hier die Rede ist, stecken zum Beispiel in Goethes und Ritters Polaritätsidee. Ihr zufolge lassen sich nicht bloß einige verstreute Bereiche jeweils einzeln mithilfe der Symmetrien verstehen, die von zwei entgegengesetzten Polen aufgespannt werden. Nein, ihre ungeheure heuristische Kraft bekommt die Idee durch die These, dass struk-

212 Goethe [WA]/IV.15:235; meine Hervorhebung. Vergl. Ritter [S]:166/7.
213 S.o. §1.4.6k.
214 Goethe [W]/H:444.
215 Ritter [FaNJ]/2:§557 (1797).
216 Goethe [W]/H:444; meine Hervorhebung.

turgleiche Polaritäten in der gesamten Wirklichkeit gefunden werden können und dass diese Polaritäten eng miteinander verwoben sind – jedenfalls stimmten Goethe und Ritter darin überein.

Der Begleiter des Lords dehnte die These bis in den menschlichen Bereich aus; auch wir Menschen sind dem ewigen Wechselspiel aus Anziehung und Abstoßung, Warm und Kalt, Hell und Dunkel, Liebe und Hass, Hoffnung und Furcht unterworfen, reagieren dabei sowohl aufeinander als auch auf die polaren Wechselverhältnisse in der unorganischen Natur.[217] Eine große, umfassende Polarität formt demzufolge die gesamte Wirklichkeit zu einer Einheit. Was der Begleiter des Lords hier andeutete, haben Goethe und Ritter nicht anders gesehen. Zudem bietet es – nach einer der vielen denkbaren Interpretationen – die Konstruktionsidee der *Wahlverwandtschaften*.

Abermals zeigte Goethe eine Gemeinsamkeit zwischen sich selber, Ritter und einer literarischen Figur. Auch das können wir als Signal an den prospektiven Leser Ritter werten. Und mit dieser Interpretation habe ich mich wie gesagt nicht darauf festgelegt, zu behaupten, dass Goethe den Begleiter des Lords insgesamt nach Ritters Vorbild geformt hätte; die *Wahlverwandtschaften* sind kein Schlüsselroman. Ebensowenig habe ich mich darauf festgelegt, zu behaupten, dass sich Goethe in seinem Roman mit dem Erfolg der Pendelexperimente bei Ottilie als wissenschaftlich überzeugter Siderist hätte offenbaren wollen. Wer im Roman ein Experiment beschreibt, liefert damit keinen wissenschaftlichen Bericht mit Wahrheitsanspruch.

Vertiefungsmöglichkeit. Zwar folgen die *Wahlverwandtschaften* laut Eckermanns Goethe konsequent einer »durchgreifenden Idee«.[218] Doch da Eckermann keine Details nannte, ist nicht nur umstritten, worin die Konstruktionsidee besteht – sondern sogar, welchen Ideenbegriff Goethe hier im Sinn gehat haben mag.[219] Ich schließe mich der verbreiteten Meinung an, dass Polaritäten und Steigerungen in der Konstruktionsidee des Romans vorkommen dürften.[220] Laut dem Goethe-Interpreten Jeremy Adler folgte Goethe einerseits den Auffassungen einer Reihe von Chemikern um 1800, spitzte die Romanhandlung aber andererseits in Richtung auf Claude-Louis Berthollet zu, des Überwinders dieser Auffassungen.[221] Dass Berthollet die Rede von chemischen Verwandtschaften durch den Verweis auf

217 Vergl. Wiese in Goethe [HA]/6:673, 683.

218 Eckermann [GmGi]/F:616 (= Dritter Teil, 6.5.1827).

219 Für eine erschöpfende Übersicht der vorgeschlagenen Interpretationen siehe Adler [FMA]:17-31.

220 So mit Verweis auf umfangreiche Literatur Adler [FMA]:28, 101, 118, 121, 128, 139.

221 Siehe einerseits Adler [FMA]:35, 110/1 *et passim*, andererseits Adler [FMA]:70-72 *et passim*.

Wirkungen von Polaritäten ersetzte, ist für meine Zwecke aufschlussreich.[222] – Wie Joseph Vogl ausführt, war die Entwicklung der Chemie schon über Bergmans (und sogar über Berthollets) Konzeption von (Wahl)-Verwandtschaft hinausgegangen, als die *Wahlverwandtschaften* erschienen.[223]

Wahlverwandtschaften und *Farbenlehre*

§ 5.3.8. Zuletzt habe ich im Vorübergehen die Beobachtung aufblitzen lassen, dass der sideristische Begleiter des Lords auffälligerweise der Konstruktionsidee der *Wahlverwandtschaften* Ausdruck verliehen hat. Verwandtschaften im Bereich des Organischen (bis hinauf zu sozialen Verhältnissen z. B. in Liebesbeziehungen) stehen demzufolge in manchen Bezügen zu anorganischen Verwandtschaften (wie z. B. zu chemischen Bindungen *alias* »Wahlverwandtschaften« im Sinne der damaligen Terminologie der Chemie).

Meine soeben eingefügten Zusätze in Klammern hat der Begleiter des Lords zwar weder ausgesprochen noch bewusst gemeint. Doch bietet diese Konkretisierung eine naheliegende Analogie zu den sideristischen Fragen, um die es an Ort und Stelle des Gesprächs im Roman geht. Goethe jedenfalls dürfte die Analogie mitbedacht haben, als er den Begleiter des Lords so reden ließ wie zitiert.[224]

Um die Konkretisierung noch deutlicher auf das Romangeschehen zu beziehen: Chemische Bindungen lösen sich im Beisein neuer Substanzen nicht viel anders auf als menschliche Bindungen im Beisein neuer Personen. Die damals nicht mehr ganz neue Metapher der chemischen Wahlverwandtschaft, deren Bestandteile »Wahl« und »Verwandtschaft« aus dem sozialen Bereich stammen, kann verblüffend treffsicher dorthin zurückprojiziert werden.[225] Freilich hat Goethe die Analogie zwischen chemischer und menschlicher Welt durchgespielt, ohne zu entscheiden, wie weit die Freiheit geht, die uns Menschen in Fragen der Liebe über bloße Reagenzien der Chemie zu erheben vermag.[226]

Die Analogie zwischen allen Wirklichkeitsbereichen, von der Goethe wie Ritter naturwissenschaftlich überzeugt waren, wird also in den *Wahlverwandt-*

222 Adler [FMA]:72.
223 Vogl [NO]:519-520.
224 Dafür spricht, dass sowohl der Lord als auch der Begleiter an entscheidenden Wendepunkten ihres Auftritts im Roman auf geradezu magische Weise Dinge sagen, in denen mehr steckt, als ihnen bewusst ist, und die genau auf die Situation ihrer Gastgeberinnen passen (Goethe [W]/H:433, 442; vergl. § 5.3.5).
225 Vergl. Siegrist in Goethe [MA]/9:1202.
226 Wiese in Goethe [HA]/6:675/6.

schaften exemplarisch auf zwei Bereiche heruntergebrochen: auf Menschliches und auf Chemikalisches. Nun bildet dieselbe umfassende Analogie den Hauptantrieb der *Farbenlehre*. Hier weitete Goethe die seinerzeit postulierten Polaritäten aus Elektrizität, Magnetismus usw. in den Bereich der Farben und der Optik aus.[227] Insofern folgen die *Farbenlehre* und die *Wahlverwandtschaften* bei allen Unterschieden der Textsorte einer ähnlichen Idee.

Vielen Kommentatoren sind die Querbezüge zwischen diesen beiden großen Schriften Goethes aufgefallen.[228] Dass Goethe die *Wahlverwandtschaften* schrieb, während die *Farbenlehre* endlich kurz vor der Veröffentlichung stand, bietet einen äußeren Anhaltspunkt für den Vergleich.[229] Ich möchte kurz einen weiteren äußeren Anhaltspunkt hervorheben, der in dieselbe Richtung weist, aber meines Wissens bislang niemandem aufgefallen ist. Und zwar gehen die deutschsprachigen Schlüsselbegriffe beider Texte auf ein und denselben schwedischen Chemiker zurück.

Der lateinische Ausdruck *attractio electiva* wurde von dem Schweden Torbern Bergman in die Terminologie der Chemie eingeführt und 1779 von Christian Weigel mit dem wunderbaren deutschen Wort »Wahlverwandtschaft« übersetzt.[230] Goethe hat sich ausdrücklich auf Bergman als Urheber des Begriffs berufen.[231] Dass das deutsche Wort »Polarität« noch etwas älter ist und ebenfalls

227 Goethe [EF]:§ 453, § 756/7.

228 Siehe z. B. Wiese in Goethe [HA]/6:673/4, Siegrist in Goethe [MA]/9:1202, Takahashi [GWF]:160.

229 In diesem Sinne erwähnte Goethe beide Schriften in einem Atemzug, so als ob sie engstens zusammengehörten (Goethe, Brief an Reinhard vom 21. 2. 1810 (siehe Goethe [WA]/IV.21:196)). Gleichwohl liegen diejenigen Kommentatorinnen dieser Briefstelle falsch, die behaupten, Goethe hätte die »*Wahlverwandtschaften* sogar als Fortsetzung der *Farbenlehre*« bezeichnet (Herrmann [TiGR]:36n3; Hervorhebung im Original). Wie aus dem Beginn des Briefes hervorgeht, sandte Goethe seinem Briefpartner als Fortsetzung der *Farbenlehre* die druckfrischen Bögen des polmischen Teils (Goethe, Brief an Reinhard vom 21. 2. 1810 (siehe Goethe [WA]/IV.21:196)).

230 So Adler [FMA]:34, 102/3 mit Verweis auf ein übersetztes Vorwort Bergmans in Scheffer [CVüS]:XVII. Laut Adler entspringt der lateinische Begriff weit älteren englischen Quellen (Adler [FMA]:67-69).

231 Goethe, Gespräch mit Riemer am 24. 7. 1809 (siehe Goethe [HA]/6:638). Ob er sich damit auf das in der vorigen Fußnote genannte Vorwort Bergmans bezog, ist meines Wissens nicht bekannt. Viele philologische, verwirrende Details in dieser Angelegenheit bei Adler [FMA]:33-35.

aus einer Bergman-Übersetzung stammt, scheint Goethe nicht gewusst zu haben; offenbar hat er den Ausdruck von Lichtenberg übernommen.[232]

Um *Farbenlehre* und *Wahlverwandtschaften* noch enger zusammenzubringen, möchte ich zum Abschluss dieses Kapitels einen polaristischen Blick auf den geistigen Ehebruch werfen, den Goethe ins Zentrum seines Romans gestellt hat.[233]

Geistiger Ehebruch

§ 5.3.9. Es ist ein reizvolles Unterfangen, den Protagonisten der *Wahlverwandtschaften* halb im Ernst und halb im Scherz Felder aus Goethes Farbenkreis (Farbtafel 8) zuzuordnen.[234] Zum ereignisgetriebenen Paar aus Eduard und Ottilie gehören die kalten Farben Türkis und Blauviolett, denen Goethe einen »unruhigen, weichen und sehnenden« Charakter zugeschrieben hat.[235] Dass Ottilie in dieser Hinsicht eine Steigerung Eduards darstellt, liegt auf der Hand – daher schreibe ich ihr das Blauviolett zu, ihrem Liebhaber dagegen das farbschwächere Türkis:

Ottilie = Blauviolett,
Eduard = Türkis.

Auf der warmfarbigen rot/gelben Seite des Kreises finden sich folgerichtig Charlotte und der Hauptmann; diese Farben stehen für Aktivität und damit Rationalität.[236] Und auch hier findet sich die verheiratete Person unter dem Gast, also:

Hauptmann = Rot,
Charlotte = Gelb.

232 Bergman [PBE]/2:284n, Details dazu in § 1.2.1, Fußnote 67. Zu Goethes Reaktion auf Lichtenbergs Polaritätsdenken siehe O. M. [WBV].

233 Damit reihe ich mich in die Reihe der Versuche ein, den *Wahlverwandtschaften* mit den Begriffen von Polarität und Steigerung näherzukommen – eine Tradition, deren ältere Beiträge Adler der Reihe nach skizziert und kritisiert (Adler [FMA]:25-29), siehe z. B. Wiese in Goethe [HA]/6:682/3.

234 Takahashi [GWF]:162, 165. Der *locus classicus* ist Schaeder [GW]:297, 310/1 *et passim*. – Die folgende Skizze habe ich an anderem Ort in Aufsatzlänge ausgearbeitet (siehe O. M. [JRGF]).

235 So Takahashi [GWF]:166 mit Zitat aus Goethe [EF]:§ 777.

236 Goethe [EF]:§ 764.

Als die beiden Gäste auf dem Landgut erscheinen, polt sich die ursprüngliche Liebe unter den Ehepartnern um und zielt nun auf die jeweiligen Gegenspieler unten den Gästen:

> Charlotte (Gelb) liebt nicht mehr Eduard (Türkis), sondern dessen Farbkomplement, den Hauptmann (Rot).
> Eduard (Türkis) liebt nicht mehr Charlotte (Gelb), sondern deren Farbkomplement, Ottilie (Blauviolett).

In dieser umgepolten Situation schläft Eduard zum ersten Mal seit langem wieder mit seiner Frau, doch beide haben im Dunklen das Ziel ihrer Sehnsucht vor Augen und im Sinn – ein geistiger Ehebruch mit unerhörten Konsequenzen.

Aus der Liebesnacht geht ein Kind hervor, dessen Merkmale denjenigen konträr entgegenstehen, die aus einer rein konventionellen Vereinigung der Sexualpartner hervorgegangen wären: Das Kind ähnelt nicht den leiblichen Eltern, sondern im Gegenteil denjenigen Antagonisten, die sich im geistigen Ehebruch der leiblichen Eltern miteinander vereinigt haben.[237]

Damit lässt sich der Farbenkreis vervollständigen, den ich aus Goethes *Farbenlehre* in die *Wahlverwandtschaften* projiziert habe. Gerade für die Farben der beiden Felder oben und unten ergibt sich nun eine stringente Deutung. Und zwar steht unten die grüne Mitte des Newtonspektrums, die Goethe auch als gemeine Mischung bezeichnet hat.[238] Der gemeinen, d. h. herkömmlich-konventionellen Vereinigung bzw. Vermischung der Eheleute wäre im üblichen Lauf der Dinge ein Kind entsprungen, dessen Merkmale einfach nur eine Mischung einiger Eigenschaften der Eheleute gezeigt hätten:

> Gelb + Türkis = Grün.

Doch durch die Polvertauschung beim geistigen Ehebruch vereinigen sich in Tat und Wahrheit die Steigerungen der Eheleute, also die Farben Rot und Blau – und das Ergebnis dieser Mischung ist ein herrliches Purpur, worin Ottilies Merkmale (Blauviolett) ebenso aufscheinen wir diejenigen des Hauptmanns (Rot).

Purpur ist als Komplementärfarbe das Gegenteil von Grün. Und so lässt sich die Polaritätsidee, die in der unerhörten Begebenheit der *Wahlverwandt-*

237 Goethe [W]/H:420, 445 *et passim*. Obgleich Ritter damals die *Wahlverwandtschaften* nicht gekannt haben kann, notierte er im Jahr 1807: »Bey der Zeugung – Kraft der Phantasie« (Ritter [FaNJ]/2:§ 504 (1807)).

238 S. o. § 1.4.8.

schaften zum Ausdruck kommt, wie folgt auf den Punkt bringen: Bei polarer Vertauschung des Ziels der Liebe unter den Eheleuten verwandelt sich die gemeine Mischung in ihr komplementäres Gegenteil. Das tatsächlich geborene Kind ist nicht einfach nur das Gegenteil eines zuvor nicht geborenen Kindes in kinderloser Ehe – es ist auch insofern ein Gegenteil, als es die gegenteiligen Merkmale eines potentiellen Kindes aufweist, das ohne den Ehebruch *hätte* entstehen *können.*

5.4. In weiter Ferne, so nah – Ritter kehrt in die Chemie zurück (1806 bis 1808)

Davys Experimente

§ 5.4.1. Nachdem Ritter mit seinen sideristischen Plänen in der Bayerischen Akademie und in großen Teilen der naturwissenschaftlichen Öffentlichkeit krachend gescheitert war, musste er sein Ansehen wieder aufpolieren, und zwar schon allein deshalb, weil er immer noch auf eine Gehaltserhöhung hoffte.[239] Er wandte sich den seinerzeit aufsehenerregenden Experimenten des britischen Chemikers Humphry Davy zu, der aus Kali und Natron elektrolytisch die Alkalimetalle Kalium bzw. Natrium herzustellen wusste.[240] Wie Ritter in einer Vorlesung am 24. 2. 1808 vor der Akademie darlegte, war es ihm gelungen, Davys Experimente zu bestätigen und weiterzuführen.[241]

Der damalige Präsident der Akademie, Jacobi, war begeistert. Gleich am nächsten Tag kündigte er seinem langjährigen Freund Goethe an, ihm eine besondere Freude zu bereiten und einen Auszug der Vorlesung zukommen zu lassen.[242] Ritter hörte davon und packte die Gelegenheit beim Schopf, um *via* Jacobi einige Botschaften für Goethe auf den Weg zu bringen:

> »Der Farbenversuch auf den Alkalien wird Goethe und viele überraschen. Empfehlen Sie ihm doch auch, Kali und Natron in den Fokus ganz gewöhnlicher, doch nicht zu starker, Brenngläser zu nehmen; wir werden das hier auch tun. Ich fand noch nicht, daß jemand Alkalien vor Ihnen hatte.

239 Ritter, Brief an Baader vom 6. 1. 1808 (siehe Hoffmann (ed) [FvBB]:232/3).
240 Siehe hierzu und zum folgenden Hecker (ed) [GFJ]/3.2:79.
241 Ritter [VBbG].
242 Jacobi, Brief an Goethe vom 19.-23. 2. 1808 (siehe Jacobi (ed) [BzGF]:246).

Veranlassen Sie ihn [Goethe] doch auch, daß er uns seine Optik, sobald als das möglich sein kann, schickt. Es ist sehr viel drin zu vermuten, was Rücksicht [Berücksichtigung] fordert und Rücksicht gibt« (Ritter, Brief an Jacobi vom 28. 2. 1808).[243]

Dem Ende des Zitats können wir einige Aufschlüsse über Ritters damalige Einschätzung der Farbforschung Goethes entnehmen. Wie man sieht, glaubte Ritter, Goethes *Farbenlehre* für die eigene Arbeit gut gebrauchen zu können. Er nahm an, dass sie bald vorliegen müsse, und der Druck hatte ja auch längst begonnen.[244]

Oder sollen wir die Bitte mitsamt dem lobenden Zusatz als akademische Schmeichelei abtun? Ritter müsste geahnt haben, dass Jacobi beides an Goethe weiterleiten würde, also Bitte *und* Lob. Jedenfalls geschah es so; noch am selben Tag hat Jacobi kurzerhand den ganzen Brief Ritters an Goethe geschickt, zusammen mit einer vollständigen Abschrift der Vorlesung.[245]

Nichtsdestoweniger spricht abermals alles gegen die abwertende Hypothese von der Schmeichelei. Einerseits hatte Ritter zu diesem Zeitpunkt keine Schmeicheleien gegenüber Goethe nötig. Seine Position an der Akademie war trotz allem sicher, und er brauchte keine Protektion mehr von Goethe; mit dem Weggang aus Jena hatte Ritter zum ersten Mal in seinem Leben einen Anspruch auf regelmäßiges Einkommen.[246] Andererseits plante Ritter seine größte – und letzte – Arbeit über das Sonnenlicht.[247] Dass er dafür von Goethes jahrelanger Arbeit zu profitieren hoffte, ist wahrscheinlicher als die Hypothese von der Schmeichelei. Und schließlich zeigt der Rest des Briefes aufrichtigen Respekt für Goethe als Naturwissenschaftler.

Ritters Respekt

§ 5.4.2. Aus zwei weiteren Indizien können wir anhand des Briefs zusätzliche Aufschlüsse zu Ritters damals positiver Haltung gegenüber Goethe gewinnen. Erstens wollte er Goethe zügig mit einer Abschrift der Vorlesung versorgt

243 Goethe [LA]/II.4:171, Hervorhebung geändert.
244 Mommsen et al [EvGW]/IV:258.
245 Jacobi, Brief an Goethe vom 28. 2. 1808 (siehe Hecker (ed) [GFJ]/3.2:78).
246 Richter [LPJW]:132.
247 Ritter [BzVA]. Er arbeitete schon Anfang 1805 darauf hin (Ritter, Briefe an Ørsted vom 6. 2. 1805 und 11. 3. 1805 (siehe Harding (ed) [CdHC]/II:96, 102)).

wissen, und zwar mit dem vollständigen Text.[248] Jede Abschrift war wertvoll und bedeutete erheblichen Schreibaufwand; der Vorlesungstext nahm später etwas mehr als einundzwanzig Druckseiten ein.[249] Es mag sogar sein, dass es sich um eines von nur zwei existierenden Exemplaren gehandelt hat.[250] Wohl deshalb hatte Jacobi von Ritters Großzügigkeit geschrieben.[251] Wie man sieht, folgte Ritter immer noch dem Muster aus guten, alten Jenaer Tagen, in denen er sich mit neuen Ergebnissen gerne rasch an Goethe wandte.[252]

Mein zweites Indiz hat mit innerwissenschaftlichen Themen zu tun. Zwar handelte die Akademie-Vorlesung zu Davys Experimenten nicht in erster Linie von Farbphänomenen. Aber Ritter nahm Goethes Forschungsinteressen ernst genug, um ihn gleich auf den Teil der Vorlesung hinzuweisen, der für Goethe wichtig werden konnte, also (wie zitiert) auf den Farbenversuch zur Darstellung der Alkalimetalle.[253]

Ritter traute Goethe zu, den Versuch durchzuführen und dessen Bedeutung zu erfassen. Der Versuch selbst war nicht sonderlich aufwendig – bestimmte Chemikalien mussten in genau abgezirkelten Bereichen des Sonnenspektrums zur Reaktion gebracht werden. Doch um die Ergebnisse zu interpretieren, musste man die Beobachtungen mit seinerzeit hochaktuellen Resultaten der damaligen Chemie abgleichen (die Ritter in der Vorlesung dargelegt hatte). Das wäre nichts für Dilettanten oder Anfänger gewesen, stellte aber keine Überforderung Goethes dar, der sich in chemischen Angelegenheiten seiner Zeit bestens auskannte.[254] Vielleicht fand Ritter es wahrscheinlich, dass Goethe experimentelle Hilfe aus Jena anfordern würde; ich komme darauf zurück.[255]

Wie zitiert rechnete Ritter damit, dass der Versuch Goethe überraschen müsste. Man könnte das als Sarkasmus deuten und meinen, Ritter wollte

248 Darauf wies Jacobi seinen Weimarer Freund ausdrücklich hin (Jacobi, Brief an Goethe vom 28.2.1808 (siehe Hecker (ed) [GFJ]/3.2:78)).

249 Ritter [VBbG]. – Dass Ritter sogar schon in Jena »Abschreiber« für sich arbeiten ließ, dokumentiert Ritter, Brief an Ørsted vom 4.8.1804 (siehe Harding (ed) [CdHC]/II:88).

250 Anhaltspunkte dafür bietet Jacobi, Brief an Goethe vom 28.2.1808 (siehe Hecker (ed) [GFJ]/3.2:78/9).

251 In der damaligen Redeweise: »Ritters Gefälligkeit« (Jacobi, Brief an Goethe vom 28.2.1808 (siehe Hecker (ed) [GFJ]/3.2:78)).

252 S. o. § 2.4.9, § 3.1.3.

253 Ritter [VBbG]:198.

254 Zu derselben Einschätzung der Chemiekenntnisse Goethe gelangt Adler [FMA]:73 *et passim.*

255 S. u. § 5.4.3.

empirisches Material *gegen* Goethes Sicht der Dinge liefern. Doch redete Ritter nicht von negativen Überraschungen. Zudem glaubte er, nicht nur Goethe, sondern viele andere überraschen zu können. Und schließlich passte das beschriebene Experiment gut zu Goethes Zielsetzungen: Es lieferte weitere Anhaltspunkte zugunsten einer chemischen Polarität des prismatischen Spektrums, die aus heutiger Sicht alles andere als stichhaltig sind, im Rahmen damaliger Vorstellungen aber nicht ohne Überzeugungskraft waren.

In der Tat war Goethe hocherfreut. Einige der Experimente aus Ritters Vorlesung wurden in Jena und Weimar reproduziert; sie fielen zu Goethes Zufriedenheit aus. Diese Spur führt uns scheinbar für einen kleinen Augenblick von Ritter fort. Dennoch werde ich sie zum Abschluss des Kapitels weiterverfolgen. Einerseits kann ich bei dieser Gelegenheit gut Goethes Begeisterung für empirische Forschung illustrieren, andererseits lernen wir aus der Sache mehr über Ritters Haltung zu Goethe.

Vertiefungsmöglichkeit. Nachdem Ritter (im Gefolge Davys) dargetan hatte, wie sich – modern gesagt – die Alkalimetalle Natrium und Kalium aus geeigneten Verbindungen elektrolytisch darstellen lassen, brachte er den Versuch, mit dem er Goethe überraschen wollte:

> »Endlich hat mich ein dreister Versuch, so unvollkommen er auch noch seyn mag, dennoch auf die Entdeckung geleitet, dass Davy's neue Alkaliproducte auch noch auf anderem, als dem gewöhnlichen electrischen Wege [...] darzustellen seyen. Die Agentien sind hier die Farben des Prismabildes. In einem mehrmals wiederholten Versuche, den ich noch die Zeit nicht hatte weiter auszubilden, habe ich gefunden, dass der violette Focus [...] auf ätzendem Kali das nämliche Verknistern dadurch auf ihm erzeugten Davy'schen Kaliproducts hervorbrachte, als der negative Pol der Voltaischen Säule, während der rothe Focus zwar nicht dieses (was auch nicht möglich), aber völlig denselben Geruch auf ihm hervorbringt, wie der positive Pol jener Säule«.[256]

Wie man sieht, folgte Ritter einmal mehr der Methode, die er von Goethe übernommen hatte; in den verschiedensten Phänomenbereichen suchte und fand er immer wieder Polaritäten, die allesamt miteinander zusammenhängen.[257] Dies lief im allgemeinen auf die Suche nach Umkehrungseffekten bei einer geeigneten Vertauschung zweier Pole hinaus, und oft genug vertauschte er dafür insbesondere die Pole der Spektralfarben. Auf ähnliche Weise sollte er kurz vor seinem Tod die Mimose den entgegengesetzten Spektralursachen aussetzen und wiederum entgegengesetzte Reaktionen der Pflanze feststellen.[258] Soweit ich weiß, sind diese Experimente in unserer Zeit weder genauer analysiert noch gar repliziert worden.

256 Ritter [VBbG]:198; Hervorhebung weggelassen.
257 Vergl. Ritter, Brief an Ørsted vom 6. 8. 1808 (siehe Harding (ed) [CdHC]/II:217).
258 Zu Spektralversuchen mit der Mimose äußerte sich Ritter, Brief an Ørsted vom 6. 8. 1808 (siehe Harding (ed) [CdHC]/II:218). Diese Briefstelle ist nicht ganz eindeutig. Einerseits drückte sich Ritter so aus, als hätte er alle Ergebnisse bekommen, die er sich auch auf anderen Gebieten für die Spektralfarben erarbeitet hatte,

Auf Umwegen zu Seebeck

§ 5.4.3. Jacobi bat Goethe, die Hauptpunkte aus Ritters Akademie-Vorlesung in der *Jenaer Allgemeinen Literaturzeitung* (JALZ) publizieren zu lassen.[259] Die Sendung brauchte für den Weg von München nach Weimar eine Woche. Goethe parierte am selben Tag und sandte die Vorlesung an Seebeck weiter.[260] Der wiederum schrieb binnen dreier Tage einen Auszug und brachte ihn anonym im Intelligenzblatt der JALZ unter.[261]

Seebeck tat mehr als das. Einerseits verstärkte er seine Forschung zu Davys Elektrolyse-Versuchen, für die er sich unter reger Anteilnahme Goethes schon länger interessiert hatte.[262] Andererseits versuchte er genau diejenigen Experimente aus Ritters Vorlesungstext zu wiederholen, an denen Goethe gelegen sein musste; doch in einem Brief vom 11. 3. 1808 musste er das Scheitern eines Großteils der Farbversuche melden.[263]

Gleich am nächsten Tag sandte Goethe Material zur Verstärkung des elektrolytischen Apparats nach Jena.[264] Ob das eine mit dem anderen zu tun hat, ist ungewiss; Goethe hatte die Verstärkung schon vor längerer Zeit verprochen.[265] Mitte März reiste er nach Jena, besuchte Seebeck mehrmals, redete mit ihm über Ritters Text und traf ihn am 20. 3. 1808 zum Experimentieren.[266] Bis dahin muss Seebeck bei den Elektrolyse-Versuchen ein eigener Durchbruch gelungen sein, von dem er kurz darauf ebenfalls im Intelligenzblatt der JALZ berichtete.[267] Goethe hatte diesen Erfolg während seines Jena-Aufent-

und dazu gehörte natürlich die polare Vertauschbarkeit komplementärer Spektralfarben; anderseits schrieb er im Anschluss an die allgemeine Erfolgsmeldung nur von den entgegengesetzten Wirkungen eines *starken* bzw. *schwachen* Farbreizes auf die Mimose (was mit entgegengesetzten Spektralfarben nichts zu tun hat).

259 Jacobi, Brief an Goethe vom 28. 2. 1808 (siehe Hecker (ed) [GFJ]/3.2:78).

260 Goethe, Brief an Seebeck vom 7. 3. 1808 (siehe Goethe [WA]/IV.51:230); vergl. Goethe, Tagebuch zum 7. 3. 1808 (siehe Goethe [WA]/III.3:321).

261 Seebeck [HHRi].

262 Goethe, Brief an Wolzogen vom 24. 2. 1808 (siehe Goethe [WA]/IV.20:18/9). Schon vor seiner Lektüre der Akademievorlesung Ritters hatte sich Seebeck experimentell mit Davys Forschung auseinandergesetzt, siehe Seebeck et al [VN].

263 Seebeck, Brief an Goethe vom 11. 3. 1808 (siehe Goethe [LA]/II.4:172). Matthaei und Kuhn kommentieren den Brief ohne jeden Bezug zu Ritter (Matthaei et al in Goethe [LA]/II.4:172).

264 Goethe, Brief an Seebeck vom 12. 3. 1808 (siehe Goethe [WA]/IV.51:231).

265 S. u. § 5.4.5.

266 Goethe, Tagebuch zum 17. 3. 1808, 18. 3. 1808, 20. 3. 1808 (siehe Goethe [WA]/III.3:323).

267 Siehe Seebeck [DENK].

haltes gleich in Augenschein genommen – und äußerte sich nach der Rückkehr in sein Haus am Frauenplan begeistert:

»Indem ich alles übrige bey Seite setze, so sage ich Ew. Wohlgebornen nur kürzlich, daß meine Erzählungen von den in Jena gelungenen physicalischen Versuchen viel Verlangen hier erregt haben, das alles mit eigenen Augen zu sehen. Es wäre mir daher sehr angenehm, wenn Sie sich einrichten könnten herüber zu kommen, wozu ich folgende Vorschläge thue. Sie packten Ihren Apparat aufs Beste zusammen, so daß er etwa auf einem Schubkarren, wie ich schon mehreres herüber transportirt habe, und auf welche Weise die geringste Erschütterung ist, könnte hieher gebracht werden. Sie kämen Mondtags den 4^{t} April zu uns herüber, brächten Ihre liebe Gattinn und ein paar Töchter mit, die ein angenehmes Schauspiel [ein Theaterstück, keine Experimente] mit ansehen, und wenn Sie wollten, Nachts zurückkehren könnten. Dienstags bauten wir die Säulen auf und könnten alsdann Mittwochs, Donnerstags und Freytags den Wissens- und Schaulustigen dienen. Sonnabends käme ein Wagen von Jena, um Sie wieder abzuholen. Die Gäste, die er mitbrächte, sollten uns willkommen seyn und man würde nach einer guten Schauspielvorstellung wieder nach Hause kehren können. Es versteht sich, daß ich mir vorbehalte alle und jede Kosten zu ersetzen« (Goethe, Brief an Seebeck vom 29. 3. 1808).[268]

Es ist alles so gekommen, wie sich Goethe das Ereignis in diesem gutgelaunten Brief ausgemalt hat. Seebeck erschien am 4. 4. 1808 in Jena und reiste sechs Tage später wieder ab; man ging mit seiner Familie ins Theater, experimentierte und zeigte Interessierten die Experimente.[269] Bei dieser Gelegenheit übernahm Goethe nicht nur die Rolle des Gastgebers; vielmehr kommentierte er die Experimente in einem eigenen Vortrag.[270]

Bis hierher haben Sie gesehen, wieviel Aufwand es Goethe wert war und wieviel Vergnügen es ihm bereitete, Ritters und Seebecks neueste Forschungen kennenzulernen und weiterzuverbreiten. Nur – wessen Experimente wa-

268 Goethe [WA]/IV.51:231/2.

269 Goethe, Tagebuch zum 4.-10. 4. 1808 (siehe Goethe [WA]/III.3:326/7).

270 Die überlieferten Notizen Goethes für den Vortrag, mit dem er die Experimente begleitete, sind auf den 6. 4. 1808 datiert (so Siegrist in Goethe [MA]/9:1404 mit Bezug auf Goethe [PVA]:126/7). Insofern besonders das Ende dieser Notizen zu den damals neuen Experimenten zu passen scheint, dürfte Goethe den allgemeiner gehaltenen Auftakt im Sinne einer Einführung in die Thematik gemeint haben (ähnlich Siegrist in Goethe [MA]/9:1404/5).

ren es? Eine ähnliche Frage habe ich an einem früheren Punkt meiner Darstellung schon einmal aufwerfen müssen. Angesichts der jetzt geschilderten Episode will es so scheinen, als habe Seebeck in Goethes wissenschaftlicher Aufmerksamkeit immer mehr den Platz Ritters eingenommen – und als sei Seebeck menschlich näher an Goethe herangekommen als Ritter.

Lassen wir die psychologische Frage nach den Gründen dafür auf sich beruhen, und konzentrieren wir uns stattdessen auf Wissenschaftliches. Goethe ließ sich im Gegensatz zur eingangs zitierten Erwartung Ritters stärker von den elektrolytischen Versuchen faszinieren als von denjenigen Versuchen, in denen Ritter den warm- bzw. kaltfarbigen Pol des Spektrums an die Stelle der positiven bzw. negativen Elektrizität setzte, um die chemische Reaktion ingangzusetzen.[271] Man könnte vermuten, dass Seebeck den Lauf der Dinge absichtlich in diese Richtung gesteuert hat; vielleicht hat er nicht allzuviel Mühe in die Reproduktion der spektralen Versuche investiert, weil es ihm darauf ankam, vor Goethe mit den eigenen Ergebnissen gut dazustehen.[272] Ganz redlich wäre das gegenüber dem entfernten Freund in München nicht gewesen; menschlich verständlich wäre es allemal – Wissenschaftler sind keine Engel. Wie Sie sehen werden, scheint damals auch Ritter nicht wie ein Engel mit seinem Freund Seebeck umgegangen zu sein.

Sei dem, wie ihm wolle – was besagen die eben beschriebenen Sachverhalte über Ritters wissenschaftliche Haltung zu Goethe?

Warum Umwege?

§ 5.4.4. Schnurstracks sind die Kommunikationslinien nicht verlaufen, von denen ich berichtet habe: Ritter hielt eine Vorlesung in München, die in seinen Augen für Goethes Farbforschung von Bedeutung war; so schnell wie möglich sandte er eine Abschrift an Jacobi, der sie so schnell wie möglich an Goethe sandte, der sie wiederum so schnell wie möglich an Seebeck sandte. Ritter bat Jacobi, Goethe auszurichten, dass er sich bestimmte Experimente ansehen solle; Goethe reichte die Bitte an Seebeck weiter, der die Experimente sofort ausprobierte, dabei teilweise scheiterte und Goethe davon berichtete (um ihm dann andere Experimente aus der Vorlesung vorzuführen).

271 S. o. § 5.4.2k.

272 Ob Seebeck damals aus Mangel an Sonnenschein mit Ritters Farbversuchen nicht weiterkommen konnte, lässt sich derzeit nicht feststellen; die Weimarer Wetteraufzeichnungen, auf die ich mich für frühere Zeitpunkte meiner Darstellung gestützt habe, enden im Jahr 1807 (Anonym [MBvJ]).

Dies Zickzack gibt uns mehrere Fragen auf: Warum hat Ritter die Vorlesung nicht direkt an Goethe gesandt? Und warum hat er sie nicht direkt an Seebeck gesandt?

Die erste Frage führt nicht sonderlich weit. Ritter mag es (nach vier Jahren ohne Austausch) für zu aufdringlich gehalten haben, sich mit einem so langen Manuskript unmittelbar an Goethe zu wenden. Der Weg über Jacobi wird ihm weniger forciert vorgekommen sein, zumal die Initiative von Jacobi ausging.

Die zweite Frage ist ergiebiger. Ritter und Seebeck haben einander in regelmäßigen Abständen Briefe geschrieben.[273] Diese Briefe sind offenbar verloren, aber ihre Regelmäßigkeit ist gut belegt; Seebeck hat Goethe des öfteren aus Briefen Ritters vorgelesen oder ihm brieflich von ihren Inhalten berichtet.[274] Das war in der Goethezeit kein Vertrauensbruch, sondern gängige Praxis. Ritter wird damit gerechnet haben, dass Seebeck Informationen an Goethe weiterleiten würde, die ihm für seine Farbenforschung wichtig sein könnten.

Trotzdem war Seebeck ausgerechnet in Sachen Davy nicht auf dem laufenden. Er berichtete Goethe noch zwei Tage *nach* Ritters Akademievorlesung von neuen Briefen Ritters, denen zufolge Davys Experimente in München bis dahin nicht reproduziert werden konnten.[275]

Selbst wenn man die Dauer des Postwegs berücksichtigt, erscheint das seltsam. Denn Seebecks Brief stammt vom 26. 2. 1808; zehn Tage zuvor hatte Seebeck seinen letzten Brief an Goethe geschrieben.[276] Zwischen diesen beiden Daten muss Seebeck die fraglichen Briefe Ritters bekommen haben. Ritter hätte die Briefe zwischen dem 9. 2. 1808 und dem 19. 2. 1808 schreiben müssen; jedenfalls wenn wir annehmen, dass die Post von München nach Jena sieben Tage dauerte.[277] Nur: Nach eigener Aussage hat Ritter seine Experi-

273 So z. B. Nielsen [AKoL]:117.

274 Goethe, Tagebuch zum 4. 8. 1809 und 5. 10. 1809 (siehe Goethe [WA]/III.4:49, 68) sowie Seebeck, Brief an Goethe vom 26. 2. 1808 (siehe Goethe [LA]/II.1A:714). Goethe hatte Seebeck aufgefordert, ihm alles Wichtige aus München mitzuteilen (Goethe, Brief an Seebeck vom 7. 5. 1808 (siehe Goethe [WA]/IV.51:237)). Das dürfte sich zuallererst auf Ritter bezogen haben, um dessen freundschaftlich-wissenschaftlichen Austausch mit Seebeck er wusste.

275 Seebeck, Brief an Goethe vom 26. 2. 1808 (siehe Goethe [LA]/II.1A:714).

276 Seebeck, Brief an Goethe vom 16. 2. 1808 (siehe Goethe [LA]/II.1A:710).

277 Den Postweg setze ich genauso an wie im Fall von Jacobis Sendung für Goethe, die von München nach Weimar gelaufen war (§ 5.4.3).

mente »in den letzten Wochen« vor der Akademie-Vorlesung (24. 2. 1808) durchgeführt.[278] Er muss sie also spätestens um den 10. 2. 1808 begonnen haben, vermutlich sogar vorher. Wieso hat er Seebeck darüber im ungewissen gehalten?

Ritters Dosierung der Mitteilungen an Seebeck muss aus einem weiteren Grunde auffallen: Unmittelbar vor seinen (offenbar irreführenden) Briefen an Seebeck hatte er fast ein halbes Jahr überhaupt nicht von sich hören lassen.[279] In dieser Zeit schrieb Ritter anderen Adressaten knapp zehn Briefe, die erhalten sind.[280] Das entspricht grob der Briefquote aus anderen Lebensphasen Ritters. Seine Sendepause in Seebecks Richtung hatte offenbar keine allgemeinen Ursachen (wie etwa Krankheit oder Arbeitsüberlastung); sie muss unmittelbar mit Seebeck zu tun gehabt haben.

Wettlauf der Labore?

§ 5.4.5. Wie Ritter geahnt oder von Seebeck erfahren haben dürfte, versuchte sich Seebeck selber nicht ohne Erfolg an einer Reproduktion der elektrolytischen Experimente Davys.[281] Dabei zeigten sich Schwierigkeiten mit technologischer Großforschung, wie sie uns im Zeitalter der Teilchenbeschleuniger vertraut sind – je größer und stärker, desto besser (und teurer). So auch damals: Die Batterien konnten gar nicht groß genug sein.[282] Gerade Ritter trieb die Großforschung voran und stieß damit nicht immer auf Verständnis der Finanzverantwortlichen.[283]

Immerhin hatte er vor Jahr und Tag nicht ohne Aussicht auf Erfolg beim Herzog Ernst von Gotha die Mittel für eine gigantische Batterie nachgesucht, die er etwas prahlerisch als »Coloss« bezeichnete.[284] Und die wissenschaftliche Entwicklung bewegte sich immer weiter in diese Richtung. Goethe beispiels-

278 Ritter [VBbG]:180.
279 Seebeck, Brief an Hegel vom 29. 1. 1808 (siehe Richter [LPJW]:250).
280 Vergl. Richter [LPJW]:217/8.
281 Seebeck, Brief an Goethe vom 16. 2. 1808 (siehe Goethe [LA]/II.1A:710).
282 Nielsen [AKoL]:124. Siehe z. B. Seebeck [DENK].
283 C. G. Voigt, Brief an Goethe vom 2. 10. 1800 (siehe Tümmler (ed) [GBmC]/II:236).
284 Ritter, Brief an Ørsted vom 21. 2. 1802 (siehe Harding (ed) [CdHC]/II:15; vergl. p. 19); vergl. Ritter, Briefe an Frommann vom 9. 1. 1802, 18. 1. 1802, 23. 1. 1802, 19. 2. 1802 (siehe Richter (ed) [PRJW]:123, 125, 127, 129-130) sowie Ritter, Brief an Herzog Ernst von Gotha vom 14. 6. 1802 (siehe Poppe [JWRE]:183/4, 197n18)). Siehe auch Ritter [NVüG]/B:280, 280/1n.

weise half Seebeck, eine besonders großplattige Batterie aufzubauen.[285] Und Ritter hat Seebeck glauben machen, dass er in München ebenfalls die Arbeit mit einer großplattigen Batterie *ansteuere*.[286] Das stimmte zwar; aber es war irreführend, denn er hatte die Arbeit bereits mit den vorhandenen Mitteln begonnen und dabei brauchbare Ergebnisse erzielt.[287]

Wie wir allen diesen Puzzlestücken entnehmen können, wollte sich Ritter unehrlicherweise einen kleinen Zeitvorteil gegenüber Seebeck verschaffen, um dessen experimentelle Expertise er wusste.[288] Daran wäre nichts Anstößiges; auch heute kennen wir dies Verhalten vom Wettlauf der Labore. Man gibt nicht zu früh Informationen der eigenen Fortschritte preis, um keine schlafenden Hunde zu wecken.

Wenn das alles richtig ist, fragt sich: Wieso hat Ritter das Manuskript seiner Vorlesung überhaupt in Richtung Weimar und also Jena aus der Hand gegeben? Ich sehe nur eine Erklärung dafür. Es muss ihm wichtig gewesen sein, dass Goethe von allen Experimenten erfuhr. Offenbar war ihm das wichtiger als ein noch größerer Zeitvorteil gegenüber Seebeck.

Denn wie wir annehmen müssen, hat er damit gerechnet, dass sich Goethe sogleich an Seebeck wenden würde, um eine fachgerechte Zusammenfassung erarbeiten und vielleicht sogar eine Reproduktion der Experimente aufbauen zu lassen. Immerhin hatte Ritter Goethe *via* Jacobi aufgefordert, eines der Experimente aus eigener Anschauung kennenzulernen. Dass Seebeck die Sache für Goethe anpacken würde, muss ihm klar gewesen sein.

Fast will es scheinen, als habe er zielgenau dafür sorgen wollen, dass Seebeck nur über Goethe ins Spiel kam. Wieso das? Ich vermute: Ritter zielte darauf ab, dass Goethe als erster im Herzogtum Sachsen-Weimar von den Experimenten erfuhr *und dass Goethe sich über dies Privileg im klaren war.*

Kurz und gut, Ritter drückte durch die ganze Aktion ein wissenschaftliches Kompliment für Goethe aus. Dieses Kompliment war stärker, als es durch noch so schmeichelhafte Wortschwälle möglich gewesen wäre (und Ritter ist ein Meister des Wortschwalls gewesen, wie fast alle seine Schriften dokumentieren). In der Tat war sich Goethe des Privilegs und des Vertrauens

285 Goethe, Brief an Seebeck vom 24.2.1808 (siehe Goethe [WA]/IV.51:229); Seebeck, Brief an Goethe vom 26.2.1808 (siehe Goethe [LA]/II.1A:713); vergl. Goethe, Tagebuch zum 11.3.1808 (siehe Goethe [WA]/III.3:322).

286 Seebeck, Brief an Goethe vom 26.2.1808 (siehe Goethe [LA]/II.1A:714).

287 Ritter [VBbG]:180.

288 S.o. § 5.1.1.

bewusst, das ihm durch die Sendung der kompletten Vorlesung erwiesen wurde. Er leitete sie wie gesagt schleunigst weiter (§ 5.4.3), sorgte dafür, dass sie nicht weiter zirkulierte, und sandte sie nach Verwendung auf sicherem Weg nach München zurück.[289]

289 Goethe, Brief an Seebeck vom 7.3.1808 (siehe Goethe [WA]/IV.51:230). Seebeck bezog sich in seiner Antwort auf die »*anvertrauten* Papiere« (Seebeck, Brief an Goethe vom 11.3.1808 (siehe Goethe [LA]/II.1A:717); meine Hervorhebung). Vergl. Goethe, Brief an Jacobi vom 31.3.1808 (siehe Goethe [WA]/IV.20:39). Siehe zu alledem mit Verweis auf die von mir eben zitierten Originalquellen Hecker (ed) [GFJ]/3.2:79.

6. Neue Annäherungen

1806	Goethe setzt sich mit einem Bericht über Ritters Experimente zur Elektrizität magnetisierten Stahls und Eisens auseinander
31. 7. 1808	Ritter schließt seine letzte Abhandlung zu Farben, Licht und Finsternis ab; ausdrückliche Kritik an Newtons Optik
Bis Sommer 1808	Seebeck wiederholt vor Goethe die Experimente Ritters gegen Newton
6. 8. 1808	Ritter schreibt an Ørsted mit einer differenzierten Bewertung der Farbforschung Goethes
Herbst 1808	Ritter veröffentlicht Goethes langen Brief vom 6. 3. 1801 und kommentiert ihn mit enthusiastischen Anmerkungen zu dessen Optik
23. 1. 1810	Ritter stirbt
10. 5. 1810	Goethes *Farbenlehre* erscheint in drei Bänden
21. 7. 1820	Ørsted entdeckt die elektromagnetische Wechselwirkung
16. 12. 1822	Ørsted besucht Goethe
22. 3. 1832	Goethe stirbt

6.1. Ritter veröffentlicht Goethes Brief (Ende Juli 1808)

Vermutungen

§ 6.1.1. Im vorigen Kapitel habe ich einige ausdrückliche und einige versteckte Komplimente durchleuchtet, die Ritter Anfang 1808 auf verschlungenen Pfaden nach Weimar sandte. Was er sich von der Aktion erhoffte, wissen wir nicht sicher. Auf Goethes Protektion war er nicht mehr angewiesen. Vielleicht hoffte er auf einen vertieften Gedankenaustausch über Farben, Licht und Finsternis; vielleicht wollte er zu den ersten Empfängern der *Farbenlehre* Goethes gehören.

Vielleicht wollte er sogar an deren Aushängebögen herankommen, also sozusagen an die Druckfahnen, deren Teile Goethe vor der Veröffentlichung bis nach Paris zirkulieren ließ.[1] Das wäre das symmetrische Gegenstück zu der großzügigen Geste, mit der er *vor allen anderen* Goethe den vollständigen Text seiner Akademie-Vorlesung über Davys Entdeckungen hat zukommen lassen. Erinnern wir uns, er hatte an Jacobi geschrieben:

> »Veranlassen Sie ihn [Goethe] doch auch, daß er uns seine Optik, *sobald als das möglich sein kann,* schickt« (Ritter, Brief an Jacobi vom 28.2.1808).[2]

Vielleicht hatte die Dringlichkeit, mit der Ritter die Bitte lancierte, einen existentiellen Hintergrund. Nach seiner Rückkehr aus Italien wurde Ritter von verschiedenen Krankheiten heimgesucht, und er begann sich darauf einzustellen, bald zu sterben.[3]

Meine Vermutungen hierüber sind freilich nur Spekulationen. Doch unabhängig davon scheint folgendes plausibel: Ritter glaubte, von Goethes Arbeiten über die Farben wissenschaftlich profitieren zu können. Er bereitete seine nächste Veröffentlichung über das Sonnenlicht vor und wollte in diesem Zusammenhang auch auf Goethes Sicht der Dinge eingehen.

1 Schon kurz nachdem Goethe Freundschaft mit dem Diplomaten Karl Friedrich Reinhard geschlossen hatte, übergab dieser die Aushängebögen des didaktischen Teils in Paris an Georges Cuvier (Reinhard, Brief an Goethe vom 6.10.1807 (siehe Reinhard (ed) [BzGR]:15)).

2 Goethe [LA]/II.4:171; meine Hervorhebung.

3 Siehe dazu Richter [LPJW]:146. Schon im April 1807 hatte sich Ritter lebensmüde gegeben (Ritter, Brief an K. Hardenberg vom 22.4.1807 (siehe Klemm et al (eds) [BRP]:40)). Erste Anzeichen seiner Todesahnung hat er bereits unter dem Datum des 19.8.1807 veröffentlicht (Ritter [S]:30/1, vergl. p. 1 für die Datierung).

Vertiefungsmöglichkeit. Hat Goethe vielleicht Vorfassungen seiner *Farbenlehre* an Ritter gesandt? Das ist denkbar; in seiner Reaktion auf Jacobis Sendung mit den Beilagen Ritters schrieb Goethe:

> »Danke Rittern schönstens für die Mittheilung jenes Memoires [also der Akademievorlesung über Davys Entdeckung]. Ich schicke es mit der fahrenden Post wieder zurück *und lege noch einiges bey, um ein Paquet zu machen*« (Goethe, Brief an Jacobi vom 31.3.1808).[4]

Falls das Paket auch Dinge für Ritter enthielt, könnten darin die *Beyträge zur Optik* gesteckt haben; sie waren 1791/2 erschienen, aber Goethe hatte sie sich im März 1806 wieder hervorgeholt, nebst Friedrich Albrecht Carl Grens Rezension, die Ritter später nachweislich benutzt hat.[5] Bei den erhaltenen Bänden der Bibliothek Ritters fehlen Goethes *Beyträge zur Optik*, doch das muss deshalb nichts heißen, weil ein großer Teil dieser Bibliothek verloren gegangen ist.[6] Vielleicht hat Goethe aber auch Vorfassungen der *Farbenlehre* an Ritter übermittelt. Ihr didaktischer Teil kam ohne Tafeln als Separatdruck in einer verschwindend kleinen Auflage zur Ostermesse 1808 heraus.[7] Theoretisch hätte Goethe bereits am 31.3.1808 (dem Datum der Sendung nach München) eine allererste Fassung des Separatdrucks in Händen halten können. Aber das ist nicht die einzige Möglichkeit: Der Druck des didaktischen Teils (ohne Einleitung) war bereits am 1.2.1807 abgeschlossen; am 10.10.1807 war die Revision der gedruckten Bogen durchstanden.[8] Die Aushängebögen lagen also längst vor, als Goethe das Paket nach München packte. Aber es bleibt dabei: Den tatsächlichen Inhalt des Pakets kennen wir nicht. Und so reizvoll die Spekulation sein mag – am Ende ist es unwahrscheinlich, dass Ritter damals ganz oder teilweise von Goethe mit dem didaktischen Teil der *Farbenlehre* versorgt worden sein soll. Hätte Ritter Zugang zu Teilen der *Farbenlehre* gehabt, so hätte sich das in seinen letzten Veröffentlichungen oder Briefen niederschlagen müssen – und ich habe keine Anhaltspunkte dafür finden können.

Mehr Beweisstücke tun not

§ 6.1.2. Im vorigen Paragraphen habe ich darüber spekuliert, wozu Ritter sein verstecktes, großes naturwissenschaftliches Kompliment nach Weimar übermittelt haben könnte. Ob eine der durchgespielten Vermutungen ins Schwarze trifft, wissen wir nicht sicher.

4 Goethe [WA]/IV.20:39; meine Hervorhebung.

5 Zu Goethes erneuter Beschäftigung mit den *Beyträgen zur Optik* (Goethe [BzO]/1 und Goethe [BzO]/2) finden sich im fraglichen Zeitraum eine Reihe von Belegen (Goethe, Tagebuch zum 1.3.1806, 3.3.1806, 13.3.1806 (siehe Goethe [WA]/III.3:120/1); Goethe, Brief an Knebel vom 14.3.1806 (siehe Guhrauer (ed) [BzGK]/1:271)). Zu Ritters Kenntnis der Rezension siehe Ritter [BzVA]:706 mit Bezug auf Gren [EBüH]; für den Wortlaut Ritters s. u. § 6.1.4.

6 Das einzige aus Ritters Bibliothek erhaltene Werk Goethes ist die *Metamorphose der Pflanzen* aus dem Jahr 1790 (Goethe [VMPz], Bayerische Staatsbibliothek, Signatur Rar 915).

7 Mommsen et al [EvGW]/IV:500n3.

8 Mommsen et al [EvGW]/IV:258, 260.

Mit diesem Eingeständnis habe ich mir ein Problem für die Deutung eingehandelt, die ich favorisiere. Ich möchte das Verhältnis zwischen Ritter und Goethe optimistisch deuten, also zeigen, dass auch der späte Ritter viel von Goethes Naturwissenschaft gehalten hat – ja, dass er mit ihm an einem Strang ziehen und die Zusammenarbeit wieder vertiefen wollte. Hier ist das Problem, vor dem ich damit jetzt stehe: Die Beweisstücke, die ich im vorigen Kapitel versammelt habe, passen mehr oder minder gut zu meiner Deutung – je nachdem, zu welchem Zweck Ritter seinen Respekt nach Weimar übermittelte. Und daher wissen wir nicht mit der wünschenswerten Sicherheit, wie ehrlich Ritter in seinen Signalen an Goethe gewesen ist. Die Signale waren mehr als bloße Schmeichelei; aber wieviel mehr?

Offenbar kommt es darauf an, ob ich meine optimistische Deutung durch unabhängige Beweisstücke stützen kann, also beispielsweise durch Aussagen Ritters, die nicht einmal auf Umwegen nach Weimar zielten. Zwei Beweisstücke dieser Art liegen noch vor uns. Das erste findet sich im Anschluss an Ritters letzte Veröffentlichung über das Sonnenlicht; hier sprach sich Ritter in aller Öffentlichkeit zugunsten von Goethe aus, wie ich im vorliegenden Kapitel vorführen möchte. Mein zweites Beweisstück besteht in Ritters Kommentar dazu aus einem Brief an den Freund und Vertrauten Ørsted; darauf werde ich im nächsten Kapitel zu sprechen kommen. Die zwei Beweisstücke passen perfekt zu meiner Deutung. Und soweit ich sehe, gibt es kein weiteres Beweisstück, das für oder wider meine Deutung spräche.

Bemerkungen zu Wünsch

§ 6.1.3. Am 31. 7. 1808 schloss Ritter seine allerletzte Veröffentlichung über das Sonnenlicht ab.[9] Goethe scheint sie nicht gekannt zu haben; jedenfalls habe ich in keiner seiner Schriften irgendwelche Spuren einer Kenntnis von dieser Veröffentlichung entdecken können. Sie erschien im vierten Quartal des Jahres 1808 in Adolph Ferdinand Gehlens *Journal für die Chemie, Physik und Mineralogie,* und zwar unter dem nichtssagenden Titel:

> »Bemerkungen zu vorstehender Abhandlung des Hrn. Wünsch«.[10]

Dort reagierte Ritter ausführlich auf einen Aufsatz des Physikers Christian Ernst Wünsch, der im Jahr 1807 erschienen war.[11] Damit man Ritters Reak-

9 Das Datum liefert Ritter [BzVA]:719.
10 Ritter [BzVA].
11 Wünsch [VüVS]/A.

tion im Detail nachvollziehen konnte, druckte Gehlen zunächst Wünschs Aufsatz noch einmal in voller Länge ab.[12] Diese Großzügigkeit mit Papier und Druckerschwärze braucht uns nicht zu überraschen. Ritter war Mitherausgeber des Journals und hatte mit dem Hauptherausgeber unter einem Dach gelebt.[13]

Wünsch hatte in erster Linie die Temperaturmessungen Herschels im Spektrum angegriffen. Seinerzeit fanden längst nicht alle Forscher das Temperaturmaximum an der Stelle außerhalb des Spektrums, wo Herschel fündig geworden war; ein Teil von Wünschs Kritik war damals also mehr als berechtigt. Es sollte noch Jahre dauern, bis Seebeck die Ursache für die widerstreitenden Versuchsergebnisse entdecken konnte: Es kommt auf das Material an, aus dem die Prismen bestehen.[14]

Abgesehen davon hatte Wünsch auch an Ritters experimentellen Schlussfolgerungen Kritik geübt und dafür eine Vielzahl neuer Experimente aufgeboten. Ritter diskutierte sie und konterte mit noch mehr Experimenten, die er freilich zum größten Teil schon im Jahr 1805 veröffentlicht hatte.[15]

Vertiefungsmöglichkeit. Eine Textsammlung Ritters mit den zuletzt erwähnten zusätzlichen Experimenten hat Goethe im Jahr 1806 offenbar aus der Weimarer Bibliothek ausgeliehen.[16] Jedenfalls gilt das für den Fall, dass damals im ausgeliehenen Exemplar alle vier Stücke zusammengebunden waren. Dagegen spricht, dass in der Dokumentation der Leihvorgänge nur das Erscheinungsjahr 1802 genannt wird, in dem die ersten beiden Stücke der Textsammlung erschienen sind.[17] Die gesamte Textsammlung erstreckt sich bis ins Jahr 1805, und aus diesem Jahr stammt der fragliche Text Ritters.[18] In der mir vorliegenden Ausgabe war die Textsammlung in zwei Teile getrennt, aber das besagt nichts über das Exemplar, das Goethe eingesehen hat und das offenbar beim Brand der *Herzogin-Anna-Amalia-Bibliothek* vernichtet worden ist. Die Frage scheint nicht mehr entschieden werden zu können.

12 Siehe Gehlen in Wünsch [VüVS]/B:597n.

13 Ritter, Briefe an Ørsted vom 19.1.1807 und 6.8.1808 (siehe Harding (ed) [CdHC]/II:187, 221). Zu Gehlens Biographie, zu seiner Freundschaft mit Ritter und zum *Journal für die Chemie, Physik und Mineralogie* siehe Rehm [üTLV]:293-295.

14 Siehe Hentschel [UL]:383/4 mit Bezug auf Seebeck [uUEW]/A:319, 337. Vergl. Frercks et al [RD]:152.

15 Ritter [SaJB]:157-162; Ritter [DGzF]/a:185-214 (§102-§105). Vergl. Ritter, Brief an Ørsted vom 11.3.1805 (siehe Harding (ed) [CdHC]/II:104).

16 Keudell [GaBW]:§443 mit Bezug auf Ritter (ed) [BzNK]/II.1, Ritter (ed) [BzNK]/II.2, Ritter (ed) [BzNK]/II.3-4.

17 Ritter (ed) [BzNK]/II.1, Ritter (ed) [BzNK]/II.2.

18 Ritter [DGzF]/a in Ritter (ed) [BzNK]/II.3-4.

Wünsch wie Gren, Ritter wie Goethe

§ 6.1.4. Ich kann nicht auf alle Aspekte der Auseinandersetzung zwischen Wünsch und Ritter eingehen.[19] Daher will ich nur einen Aspekt hervorheben, der uns Aufschlüsse über Ritters damaliges Verhältnis zu Goethe gibt.

Wünsch hatte auf einem Nebenskriegsschauplatz moniert, dass Ritter die prismatischen Bilder unmittelbar hinter dem Prisma aus den Grenzen zwischen Dunkelheit und Licht hervorgehen lasse.[20] Er kritisierte also genau diejenigen Gedankengänge, mit deren Hilfe Ritter im Sommer 1801 Newton hatte vom Thron stoßen und Goethes kantenspektrale Sicht der Dinge hatte inthronisieren wollen, wenn auch mit anderen Details als Goethe, nämlich mit mehr Farben (Kapitel 4.3). Und Wünsch kritisierte Ritters kantenspektrale Darstellungsweise genau so, wie Friedrich Albrecht Carl Gren fünfzehn Jahre früher Goethes *Beyträge zur Optik* kritisiert hatte.[21] Sowohl Gren als auch Wünsch wiesen im Einklang mit der newtonischen und unserer heutigen Sicht darauf hin, dass sich die divers refrangiblen Strahlen des weißen Lichts erst in hinreichendem Abstand vom Prisma weit genug voneinander entfernen (Abb. 1.2.7).

Als Ritter sein kantenspektrales Versuchsergebnis publizierte, hatte er weder Newton noch Goethe erwähnt.[22] Er druckte es nun noch einmal in voller Länge ab, zitierte aus Wünschs Kritik – und trat dann aus der Deckung heraus, allerdings zunächst nur mit einem winzigen Schritt (dem er später einen großen Schritt folgen lassen sollte). Der winzige Schritt bestand aus zwei rhetorischen Fragen und einem Ausruf:

> »So traut mir also Hr. Wünsch wirklich zu, ich habe nicht ein Mahl Gren's ›Einige Bemerkungen über des Herrn von Goethe Beyträge zur Optik‹, (s. dessen Journal der Physik, B. VII. S. 3-21.), gelesen und verstanden, um wenigstens daraus gelernt zu haben, daß schon Newton eben so klug war, als Hr. Wünsch? – Und daß ich mich wirklich erdreistet hätte, Hand an auch nur Einen prismatischen Versuch zu legen, ohne wenigstens so viel zu wissen? – Ich bitte doch Hrn. Wünsch, zu untersuchen, ob alle Physik, Mathematik, Weltweisheit und Heilkunde, von der er Doktor und Professor ist, hinreiche, ihn zu entschuldigen, auf solche Facta mir mit solcher *Theorie* zu kommen!«[23]

19 Einige Details dazu bei Cornell [RHSf]/I:130 sowie bei Frercks et al [RD]:152-154.
20 Wünsch [VüVS]/B:632.
21 Gren [EBüH].
22 S. o. § 4.4.9.
23 Ritter [BzVA]:706/7 mit Bezug zu Gren [EBüH]; Hervorhebung geändert.

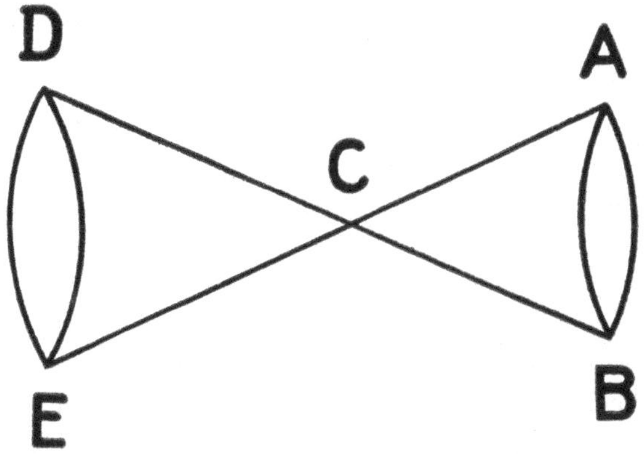

Abb. §6.1.4a: Die 26. Karte aus Goethes optischem Kartenspiel. Mit diesen Längsschnitt zeigte Goethe ein Experiment mit einer großen Linse DE, durch die von links das weiße Licht der Sonnenscheibe fällt, das im Brennpunkt C konvergiert und rechts davon wieder auseinanderstrebt, bis man auf einem Schirm z. B. in der Position AB wieder ein recht großes Bild der Lichterscheinung auffangen kann. [Für diese Beschreibung orientiere ich mich an der heute üblichen und damals von Goethe nicht beachteten Konvention, wonach in solchen Abbildungen der Lichtweg stets von links nach rechts verläuft; Quelle: Goethe [BzO]/1, Karte 26].

Lediglich Eingeweihten wird klar gewesen sein, dass sich hinter dieser Polemik eine Generalattacke auf Newtons Optik verbarg.[24] Dass sich Ritter auf Goethes Seite stellte, kommt hier nur durch einen indirekten Hinweis zum Ausdruck: Ritter verwarf (ohne Argument) Grens Goethe-Rezension aus dem Jahr 1793 und eröffnete einen polemischen Kontrast zwischen den Fakten seiner eigenen Experimente und der Theorie Newtons. Auf den dann folgenden Seiten griff Ritter diese Theorie mit weiteren Beobachtungen an; aber wieder, ohne Newton oder dessen Gegner Goethe namentlich zu erwähnen.[25]

24 Wünsch hatte zwar nicht exakt Newtons Theorie verfochten (Wünsch [VBüF]; dazu Meinel [WWSR]:23/4), doch auf diese Unterschiede kommt es hier nicht an. – Gegen Missverständnisse: Ritter kritsierte nur Newtons Optik, hielt Newton aber insgesamt so wie Kepler in Ehren (so Ritter [S]:167, Ritter, Brief an Baader vom 18. 11. 1807 (siehe Hoffmann (ed) [FvBB]:216); vergl. jedoch Ritter, Brief an Moll vom 25. 9. 1808 (siehe Moll [MaSB]/III:616)).

25 Ritter [BzVA]:708/9.

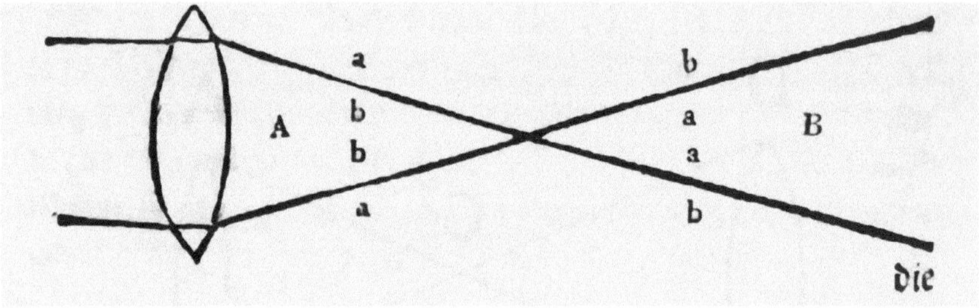

Abb. §6.1.4b:
Ritter wiederholt die Beobachtung aus Goethes optischem Kartenspiel. Siebzehn Jahre nach dem Druck des optischen Kartenspiels durch Goethe griff Ritter dessen Beobachtung wieder auf, die Goethe bis dahin in keiner Veröffentlichung beschrieben, sondern ohne Begleittext nur bildlich aufgezeigt hatte. Ritter übernahm ausdrücklich Goethes antinewtonische Deutung des Phänomens. Da Ritter hierfür keine farbige Reproduktion lieferte, hat er auf die Wiedergabe der 27. Karte (Farbtafel 16) verzichten müssen und ihren Beobachtungsgehalt nur in seinem Begleittext darlegen können. Doch ist seine Abbildung eindeutig ein Abkömmling der 26. Karte aus Goethes optischem Kartenspiel; Ritter behob freilich eine Ungereimtheit der Karte: Und zwar hat er nur links eine Ellipse abgebildet (die für eine Linse steht), während er die gegenüberstehende Ellipse rechts plausiblerweise deshalb aus dem Spiel warf, weil dort in Goethes Experiment keine Linse vorkam, sondern nur ein Auffangschirm. Dass es so gemeint war, hatte Goethe im ersten Stück der *Beyträge zur Optik* noch nicht erklärt; und erst im didaktischen Teil der *Farbenlehre* sollte Goethe die Beschreibung des Experiments nachtragen (Goethe [EF]:§314). Das ist insofern bemerkenswert, als es die Frage aufwirft, ob Ritter vor seinem Tod vielleicht doch Einblick in Goethes Text nehmen konnte. [Quelle: Ritter [BzVA]:708].

So diskutierte Ritter u.a. Farberscheinungen kurz vor und hinter dem Brennpunkt einer konvexen Linse (die kein Achromat war). Es ist eine Sensation: Ritters Abbildung geht mit größter Sicherheit auf zwei Abbildungen aus Goethes *Beyträgen zur Optik* aus dem Jahr 1791 zurück, siehe Abb. 6.1.4a, Abb. 6.1.4b und Farbtafel 16. Die Abbildungen sprechen für sich; statt sie im Detail zu erörtern, will ich Ihnen im kommenden Paragraphen die Hauptattraktion dieses Kapitels präsentieren – das ist der schon erwähnte große Schritt, mit dem Ritter aus der Deckung trat und sich offen auf Goethes Seite stellte.

Vertiefungsmöglichkeit. Ritter hat Goethes schriftlichen Kommentar zu den erwähnten Abbildungen nicht kennen können; Goethe hatte den Kommentar im Jahr 1791 angekündigt, aber nicht publiziert.[26] Nun hielt Goethe während der letzten Jahre vor Fertigstellung der *Farbenlehre* in der sog. Mittwochsgesellschaft regelmäßig naturwissenschaftliche Vorträge vor einem Kreis erlauchter Damen, zu denen u.a. Charlotte Stein, Charlotte Schiller und die Herzogin Louise von Sachsen-Weimar-Eisenach gehörten.[27] In einem der Vorträge kam das Thema zur Sprache. Eine kurze Notiz dazu findet sich in Goethes Nachlass:

> »Zum 12. März [1806]
> [...]
> Entstehung der Farbenerscheinung [...] durch die große Linse. Umfärbung hinter dem Brennpunkte«.[28]

Es mag sein, dass sich Ritter das zugehörige Experiment anhand von Goethes beiden Abbildungen lange vorher hat erläutern lassen, also etwa im Jahr 1800 oder 1801. Jedenfalls hatte Goethe die beiden Abbildungen und die zugehörigen Überlegungen längst ausgearbeitet. In der *Farbenlehre* sollte Goethe ähnliche Experimente diskutieren, trieb sie aber nicht bis zur komplementären Umwendung der Farben hinter dem Brennpunkt; daher finden sich dort in dieser Sache auch keine allzu suggestiven Abbildungen.[29] Schon Pfaff hat mit Recht festgehalten, dass das Experiment keine *Widerlegung* der Theorie Newtons mit sich bringt – anders als Ritter es durch seine rhetorischen Fragen nahelegte.[30]

Goethes Brief

§ 6.1.5. Im Anschluss an seine eigene Abhandlung publizierte Ritter den langen Brief, den ihm Goethe am 7.3.1801 geschrieben hatte. Ritter überschrieb diese Publikation so:

> »Schreiben des Geh. Rath von Göthe an J.W. Ritter, Herschel's thermometrische Versuche in den Farben des Lichts betreffend; mit Anmerkungen von J.W. Ritter«.[31]

Goethes Brief habe ich an Ort und Stelle meiner chronologischen Darstellung eingehend erörtert (Kapitel 3.2). Und ich habe in Ritters späteren Schriften über das Sonnenlicht einige Spuren vom Einfluss dieses Briefs aufgezeigt (u.a. in Kapitel 3.4). Eine solche Spurensuche kann freilich nur Indizienbeweise liefern, führt also nicht zu völlig eindeutigen Ergebnissen; es wäre besser, Beweise zu haben, die keinen Zweifel zulassen. Wie ich nun zeigen möchte,

26 Goethe [BzO]/1:§ 86.
27 Siehe dazu Matthaei et al in Goethe [LA]/II.3:376/7 sowie Knebel [GPCA]:316/7, 323.
28 Goethe [LA]/I.3:425.
29 Goethe [EF]:§ 312/3 sowie § 199, § 200 und Goethe [EzGF]:47, 49 (Tafel II oben).
30 Ritter [BzVA]:708; Pfaff [uNFH]:168/9.
31 Ritter (ed) [SGRv]. Ich habe keinen Beleg darüber gefunden, ob Goethe davon erfahren hat.

wird mein Indizienbeweis beim Blick auf das Ende der Lebenszeit Ritters erheblich an Eindeutigkeit gewinnen.

Bis zum augenblicklichen Zeitpunkt meiner Erzählung im Jahr 1808 hat sich Ritter nirgends in seinen Veröffentlichungen ausdrücklich auf Goethes Optik berufen. Und sein erster Schritt aus der Deckung (den ich im vorigen Paragraphen aufgezeigt habe) war in der Tat winzig; er lief nur auf die Kritik einer alten Kritik an Goethe hinaus.

Doch nun kam Ritter zur Sache. In seinen Anmerkungen zu Goethes Brief stecken eine Reihe glasklarer Aussagen, die fast alle als Unterstützung für Goethes Farbenforschung einzuordnen sind. Zunächst erklärte Ritter, warum er Goethes Brief glaubte drucken zu sollen. Ich zeige Ihnen den wichtigsten Teil dieser Anmerkung, worin Ritter zunächst auf spektrale Temperaturmessungen aus Wünschs drittem Experiment einging:

> »Der interessante Ausgang des dritten Versuchs des Hrn. Wünsch [...] macht es mir von mehreren Seiten zur Pflicht, den Lesern hier ein Schreiben des Hrn. G. R. von Göthe zu Weimar mitzutheilen, mit welchem er mich beehrte, ehe noch jemand in Deutschland Herschel's Versuche, soweit sie aus Gilbert's Annalen, B. VII. St. 2. eben bekannt geworden waren, einer strengen Wiederholung unterworfen hatte. *Man wird daraus ersehen, daß dieser, auch als Optiker wohl kaum noch ganz verstandene Mann*, nichts destoweniger schon 1801., und also gleich nach Lesung der Herschel'schen Aufsätze, für Versuche, wie Wünsch's dritter, genau denselben Ausgang vorhergesagt habe, den die erste öffentlich bekannt gewordene Anstellung derselben, oder eben Hrn. Wünsch's Versuch 3., mehr denn 6 Jahre später wirklich mit sich brachte. Und auch außerdem wird man mir für die Mittheilung jenes Schreibens danken, *da es zugleich des Verfassers* [i. e. Goethes] *Gedanken über Licht und Farben überhaupt, auf eine Art enthält, die keine Dunkelheit mehr übrig läßt.* Daß ich übrigens selbige bis jetzt verschob, obgleich ich sonst die Erlaubniß dazu wohl immer gehabt hätte, kam einzig daher, daß mancherlei von einer Zeit zur andern mich hinderte, die vorgeschlagenen Versuche selbst mit der Genauigkeit anzustellen, die eine der Frage würdige Antwort schlechterdings erforderte«.[32]

Die Anmerkung enthält ein dreifaches Lob Goethes. Bevor ich darauf eingehe, möchte ich auf ein kleines Detail vom Ende des langen Zitats aufmerk-

32 Ritter (ed) [SGRv]:719-720n; Hervorhebung geändert.

sam machen; Ritter schrieb, dass er Goethes Brief jederzeit hätte veröffentlichen dürfen – wenn das stimmte, so kann es zu keinem Zeitpunkt einen anhaltenden Bruch zwischen Ritter und Goethe gegeben haben.

Und alles spricht dafür, dass es stimmte. Wer eine solche Aussage unberechtigt publiziert, der riskiert einen enormen Ansehensverlust – nämlich für den Fall, dass der Erwähnte ihn in aller Öffentlichkeit zurückpfeift. Dieses Risiko wird Ritter nicht eingegangen sein; also wird er gewusst haben, dass Goethe wirklich mit der Veröffentlichung des Briefs einverstanden sein würde. Mithin kann in Ritters Augen das naturwissenschaftliche Arbeitsverhältnis zu Goethe nicht heillos zerrüttet gewesen sein.

Vertiefungsmöglichkeit. Im Gegensatz zu meiner Interpretation spielt Richter die Veröffentlichung des Briefs so weit herunter, wie es sein Narrativ erfordert:

> »Mit wissenschaftlicher Sachlichkeit und emotionsfrei veröffentlichte Ritter Jahre später einen Brief Goethes aus dieser Zeit gemeinsamer wissenschaftlicher Arbeiten (vom März 1801), als er zu erkennen *glaubte*, daß gewisse der früheren Behauptungen Goethes inzwischen an Bedeutung gewonnen hätten«.[33]

Wie man sieht, lässt Richter keinen Raum für die Möglichkeit, dass Ritter im Lichte damaliger Standards mit der positiven Beurteilung einiger Ergebnisse Goethes richtig gelegen haben könnte. Doch wer Wissenschaftsgeschichte betreibt, ist gut beraten, sich immer wieder zumindest probehalber in die Zeit seiner Protagonisten zu versetzen und die Sache aus deren Sicht ins Auge zu fassen.[34]

Dreimal hoch

§ 6.1.6. Ritters Lob für Goethe, das ich zuletzt zitiert habe, ist mehr als eindeutig. Zuallererst lobte er Goethe dafür, bei der Abfassung des Briefs voll auf der Höhe der naturwissenschaftlichen Debatte gewesen zu sein und früher als andere um Herschels Untersuchungen gewusst zu haben. Man kann Ritters Formulierung sogar so deuten, als habe er sagen wollen, dass Goethe die Schlüsse Herschels als erster Deutscher kompetent überprüft hat; aber dies Thema hielt Ritter in der Schwebe.

In feiner Diskretion verschwieg Ritter, dass er selber damals Goethe auf Herschel aufmerksam gemacht hatte. Das jedenfalls habe ich vorhin aus den Evidenzen geschlossen.[35] Sollte dieser Schluss triftig sein, so steckte in Ritters

33 Richter [LPJW]:78; meine Hervorhebung.

34 S. o. § 1.1.8k.

35 S. o. § 3.2.6.

Diskretion ein freundliches Signal, das damals nur er und Goethe entschlüsseln konnten; nur sie wussten, wem Goethe die Kenntnis Herschels verdankte.

Mehr noch, Ritter lobte Goethe dafür, dass er der wissenschaftlichen Entwicklung insofern voraus gewesen war, als er den Ausgang späterer Experimente hatte korrekt prognostizieren können.

Und schließlich stellte sich Ritter gleich an zwei Stellen seiner Anmerkung gegen Goethes frühe Kritiker aus der Fachphysik; das habe ich im Zitat hervorgehoben. Ritter deutete an, dass Goethe als Optiker bislang missverstanden worden sei und dass dies nichts mit Unklarheiten in Goethes Position zu tun habe. Damit kritisierte er indirekt die Verrisse aus der Fachphysik, die auf Goethes *Beyträge zur Optik* niedergehagelt waren.[36]

Was Ritter in der Anmerkung nicht ausdrücklich schrieb, ist vielleicht die wichtigste Botschaft der Aktion: Ritter wusste, dass Goethes *Farbenlehre* bereits gedruckt wurde.[37] Wir können seine Anmerkung und den Abdruck des Goethe-Briefs daher auch als zeitlich wohlplazierte Werbung für das werdende Werk werten. Wollte sich Ritter die Dankbarkeit Goethes verdienen?

Vertiefungsmöglichkeit. Bei der Vermannigfachung der Experimente Herschels hatte Goethe empfohlen, die Temperatur in der weißen Mitte zwischen den beiden Kantenspektren zu messen – statt in der grünen Mitte des newtonischen Vollspektrums.[38] Laut Goethes Voraussage müsste das Temperaturmaximum in der weißen Mitte liegen. Und genau das hat Wünsch in seinem dritten Experiment gemessen.[39] Um das in aller Deutlichkeit herauszustreichen, begnügte sich Ritter nicht mit dem doppelten Hinweis auf Wünschs Versuch, den ich zitiert habe; nein, er brachte bei Goethes Prognose eine weitere Anmerkung an:

»**) Wünsch's Versuch 3. hat diese Vermuthung vollkommen bestättigt«.[40]

Genau genommen hat Wünsch vor dem Thermometer noch eine Linse aufgestellt – um die Temperaturen jeweils im Brennpunkt messen zu können. Aber auf diesen Unterschied zwischen Wünschs und Goethes (bzw. Herschels) Versuchsaufbau kommt es jetzt nicht an – obschon Wünschs Linse eine potentielle Störungsquelle bot und daher nicht so harmlos war, wie er meinte.[41] Im Vorübergehen gebe ich eine tentative Erklärung dafür, dass Ritter den Erfolg der Prognose Goethes so deutlich herausstreichen wollte: Sie widersprach der Prognose, die er selber in dieser Angelegenheit gemacht hatte![42] Für den Eingeweihten

36 Anonym [W]; Anonym [WiI]; Kästner [WJWv]; Anonym [W]/a; Gren [EBüH]; Anonym [WiVI].
37 Für Details dazu s. u. § 6.2.2.
38 S. o. § 3.2.3.
39 Wünsch [VüVS]/B:608, No. 4, No. 10.
40 Ritter (ed) [SGRv]:725n; Hervorhebung weggelassen.
41 Vergl. Hentschel [UL]:368.
42 S. o. § 3.2.3k und § 3.4.4k.

stellte sich Ritter hiermit *unter* Goethe; möglicherweise war Goethe der einzige, der diesen Schachzug hätte bemerken können.

Rückenwind im Purpur

§ 6.1.7. In zwei weiteren Anmerkungen gab Ritter Rückenwind für physikalische Ideen aus Goethes Brief. In der einen lieferte er weitere – chemische – Gründe für eine Vermutung Goethes, die noch nicht experimentell bestätigt war.[43] Ich möchte darauf nicht eingehen, da ich den Blick für die andere Anmerkung zugunsten Goethes freibekommen will. Darin machte Ritter konkrete Vorschläge für einen Versuchsaufbau, bei dem Goethe »einige Schwierigkeiten« befürchtet hatte.[44]

Goethe hatte verlangt, auch im komplementären Spektrum Temperaturen zu messen – insbesondere in dessen purpurner Mitte.[45] Die Forderung war Goethe wichtig; eine seiner Lieblingsideen gegen Newton beruhte auf der perfekten *optischen* Symmetrie zwischen Newtons Spektrum und dessen komplementärem Gegenstück. Herrscht zwischen ihnen auch eine *thermische* Symmetrie? Von dieser Frage hing für Goethe viel ab; er hoffte auf eine positive Antwort.

Wo lagen die Schwierigkeiten für den Versuchsaufbau? Goethe äußerte sich dazu nicht; und so sind wir einmal mehr auf Vermutungen angewiesen. Ritter stocherte ebenfalls im Nebel und deutete das dezent an:

> »*Irre ich nicht,* so böte, für den Einen Theil der Untersuchung, nämlich bloß, ob der Purpur mehr oder weniger wärme, als die ihn zusammensetzenden Farben einzeln genommen, Fig. 2. schon eine gute Vorrichtung dazu dar«.[46]

Die »Fig. 2«, auf die Ritter verwies, stammte von Goethe selbst (siehe Farbtafel 11 unten). Goethe hatte in seinem Brief keine Aussage darüber gemacht, ob sich das Purpur seines Komplementärspektrums aus irgendwelchen anderen Farben zusammensetzt. Nun hatte Ritter in frühen Gesprächen die Auffassung Goethes kennengelernt, der zufolge das Purpur durch Überlagerung der gesteigerten Enden der beiden Kantenspektren entsteht; später hatte er

43 Ritter (ed) [SGRv]:726, 726n.
44 Ritter (ed) [SGRv]:727/8n.
45 Goethe in Ritter (ed) [SGRv]:726/7; siehe Farbtafel 11 unten.
46 Ritter (ed) [SGRv]:727n; meine Hervorhebung.

diese Auffassung übernommen.[47] Wenn also Ritter von den das Purpur »zusammensetzenden Farben« schrieb, so brauchen wir diese Formulierung nicht newtonisch zu deuten (so als verberge sich dahinter die These, dass im Purpur alle divers refrangiblen Lichtstrahlen mit Ausnahme der grünen vereinigt seien) – nein, die Formulierung stand im Einklang mit Goethes Sichtweise.

Um Goethe mit seinen Sorgen nicht im Regen stehen zu lassen, diskutierte Ritter im Anschluss an die zitierte Stelle noch einige Maßnahmen zur Ausschaltung von Störeinflüssen, auf die ich nicht weiter einzugehen brauche.[48] Danach beschrieb er seine eigenen Temperaturmessungen im Purpur aus dem Winter 1804/5. Obwohl er nicht im Purpur aus Goethes Komplementärspektrum gemessen hatte, sondern in einer purpurnen Mischung aus den entgegengesetzten Enden zweier newtonischer Vollspektren, konnte er Goethe mit einem erfreulichen Versuchsergebnis beglücken: Im Purpur stieg das Thermometer höher als in allen anderen prismatischen Farben.[49]

Ritter zog daraus und aus einigen weiteren Messungen den vorsichtigen Schluss, dass auch in Goethes Vollspektrum dem Purpur im Vergleich zu den anderen Farben dort *wahrscheinlich* die stärkste erwärmende Kraft zukomme.[50] Warum hätte sich Goethe darüber gefreut? Weil für ihn das Purpur die höchste Steigerung der Spektralfarben darstellte.

Vertiefungsmöglichkeit. Für einen kurzen Augenblick drehte sich der Wind in Ritters langer Anmerkung zum Purpur; ich hebe den Gegenwind für Goethe hervor:

> »*Erst wo alles durch xf und dy gegangene Licht zu Farben aufgezehrt ist*, und dann das Violet des einen Bildes das Roth des anderen deckt, kann das Resultat meines obigen Versuchs wiederkehren, nach welchem der Purpur wärmender, als irgend eine Farbe des Prismabildes, ist«.[51]

Um das nachvollziehen zu können, sollte man einen Blick auf Farbtafel 11 werfen. Aus der kolorierten Zeichnung wird deutlich: Der Beginn der zitierten Aussage sieht newtonianisch aus; Newtonianer erklären das Komplementärspektrum einzig und allein aus demjenigen Licht, das am Schattenwerfer vorbei ins Prisma fällt.[52] Über diese Erklärung hätte jeder Anhänger der Theorie Goethes stolpern müssen. Doch schon kurz darauf in derselben Anmerkung drehte sich der Wind abermals und wehte dann wieder zugunsten Goethes. Genau wie er deutete nun auch Ritter das Purpur als Begegnung zwischen Rot und

47 S. o. § 1.3.8k bzw. § 3.5.5.
48 Ritter (ed) [SGRv]:727n.
49 Ritter (ed) [SGRv]:727n.
50 Ritter (ed) [SGRv]:728n.
51 Ritter (ed) [SGRv]:728n; Hervorhebung geändert.
52 Für Details siehe O. M. [ML]:§ II.3.8-§ II.3.10 sowie dort Farbtafel 12; für eine verwandte Erklärung (der weißen Mitte zwischen Goethes Kantenspektren) vergl. Abb. 1.2.7.

Violett der beiden Kantenspektren, nicht anders als im Fall des Grüns bei vertauschten Rollen von Licht und Finsternis; mehr dazu im kommenden Paragraphen. Beiläufig: Ritter beendete seine Anmerkung mit einem hochspekulativen Wirbelwind – er schlug vor, »Purpur als im gewöhnlichen Spektrum selbst vorkommende Farbe« zu untersuchen.[53] Wie er sich das vorstellte, hat er nicht erläutert (vergl. aber oben Beobachtungen (A) und (B) in § 4.4.13).

Ritters Erklärungen zur Tafel

§ 6.1.8. Im Anschluss an den Goethe-Brief brachte Ritter eine Erklärung zu der doppelten Tafel, die Goethe gezeichnet hatte (Farbtafel 11). Offenbar stammte die Erklärung von Ritter selbst.[54] Sie behandelte Newtons und Goethes Spektrum völlig symmetrisch:

> »Erklärung der Zeichnung. Tafel 3.
> Fig. 1. Darstellung der prismatischen Erscheinung *nach der Natur* und zwar zuerst inwärts gegen das Licht zu.
> Fig. 2. Darstellung der prismatischen Erscheinung *nach der Natur* und zwar zweitens auswärts gegen den Schatten zu«.[55]

Bedenken Sie, die Symmetrie zwischen beiden Phänomenen war eine der wichtigsten Pointen aus Goethes Feldzug gegen Newton.[56] Aus diesem Grund hatte Goethe die beiden Figuren deckungsgleich angelegt. Ritter übersetzte deren symmetrische Anlage konsequent und elegant in die Bilderklärung.

Das hätte Goethe nicht besser machen können. Bei seiner eigenen Erläuterung zu den Nachfolgerinnen der beiden Zeichnungen schrieb Goethe im März oder April 1810:

> »Dieses Spektrum über ein dunkles Bild hervorgebracht, ist eben so gut ein Spektrum als jenes über das helle Bild hervorgebrachte; beide müssen immer neben einander gehalten, parallelisiert und zusammen erwähnt werden, wenn man sichs klar machen will, worauf es ankommt«.[57]

Vielleicht ist das ein Echo auf Ritters doppelte Erklärung; dann hätte Goethe die Bildbeschreibung Ritters seit langem gekannt. Oder es war umgekehrt; als

53 Ritter (ed) [SGRv]:728n; Hervorhebung weggelassen.
54 So jedenfalls sehen es Matthaei et al in Goethe [LA]/II.3:279.
55 Ritter (ed) [SGRv]:729; Hervorhebung geändert; in Goethes Briefkonzept fehlen die beiden Erläuterungen zur Tafel (siehe Goethe [WA]/IV.15:189-193 sowie Goethe [LA]/I.3:245-248, Matthaei et al in Goethe [LA]/II.3:279).
56 Für die Details siehe O. M. [ML], Teil II.
57 Goethe [EzGF]:68; zur Datierung siehe Mommsen et al [EvGW]/IV:157/8.

Ritter die Bilder beschrieb, stützte er sich auf Goethes Sichtweise, die ihm lange bekannt war. In jedem Fall zeigt sich hier ein Gleichklang zwischen Goethe und Ritter.

Nach der Natur

§ 6.1.9. Ich möchte noch auf einen weiteren Aspekt aufmerksam machen, der aus Ritters Erläuterungen hervorsticht. Und zwar habe ich im vorletzten Zitat zweimal einen Ausdruck hervorgehoben, der einen polemischen Kontrast ausdrückt:

»nach der *Natur*« (im impliziten Gegensatz zu »nach *Newton*«).

Ritter wollte dadurch die naturgemäße *Beobachtungs*wiedergabe von der bloßen *Theorie* Newtons abgrenzen. Ganz ähnlich hatte Goethe den Kontrast schon früher in seinen Tafeln IX und X herausgestrichen. Dort zeigte er unter der insgesamt großgeschriebenen Überschrift »Natur« die seiner Ansicht nach korrekte Entwicklung der Spektren – und grenzte davon unter der Überschrift »Wünsch« deren hypothetische Erklärungen ab, die er für falsch hielt.[58]

Kein Zweifel, Goethe und Ritter zogen an einem Strang; beim augenblicklichen Thema waren ihre Ideen fast identisch. Sogar die Formulierungen zeigen eine enge Verwandtschaft. Wer hat wessen Formulierungen übernommen? Das wird sich kaum noch eindeutig entwirren lassen.

Vertiefungsmöglichkeit. Goethe hat seine Erklärungen zu den Tafeln seiner *Farbenlehre* (aus denen ich zitiert habe) im Frühjahr 1810 geschrieben, also nach der Veröffentlichung seines Briefs durch Ritter.[59] Einerseits könnte Goethe in dieser Sache also von Ritter beeinflusst worden sein: Es ist gut möglich, aber nicht belegt, dass er bis dahin Ritters Veröffentlichung des Briefs gelesen hat; ein schwaches Indiz hierfür werde ich noch besprechen.[60] Anderer-

58 Goethe [EzGF]:83, 91 (Tafeln IX, X); laut Matthaei entstand jedenfalls die Druckvorlage für Tafel IX zusammen mit dieser Beschriftung in den Jahren 1806 oder 1807, also vor Ritters Veröffentlichung des Goethe-Briefs (Matthaei (ed) [ZzF]: No. 256 (abgebildet auf Tafel XXVIII, dazu pp. 74, 107)). Bei der zugleich entstandenen Druckvorlage für Tafel X fehlten diese Beschriftungen noch, doch der Platz für sie war offenbar bereits vorgesehen (Matthaei (ed) [ZzF]: No. 282 (ohne Abbildung, dazu pp. 80, 107)). Goethe und Ritter waren weder die einzigen noch die ersten Autoren, die solche wertenden Beschriftungen in die Illustrationen ihrer Schriften einflochten (Steinle [CKiE]:53/4, Fig. 4 mit Bezug zu Castel [OdCF], unpaginierte Abbildungen zu pp. 415, 417).

59 Mommsen et al [EvGW]/IV:157/8.

60 S. u. § 6.2.4k. Das *Journal für die Chemie, Physik und Mineralogie*, worin der Aufsatz veröffentlicht wurde, ist weder in Goethes Bibliothek noch in seinen Ausleihungen belegt (Keudell [GaBW], Ruppert [GB]).

seits könnte Ritter in dieser Sache von Goethe beeinflusst worden sein: Da die Tafeln IX und X schon 1806 oder 1807 vorlagen, ist es denkbar, dass Goethe eine ihrer Fassungen in das Paket getan hat, das Ende März 1808 nach München ging (§ 6.1.1k). Auch dafür gibt es keinen Beleg. Vielleicht erklärt sich die Konvergenz zwischen Goethe und Ritter stattdessen aus einigen Karten zu Goethes *Beyträgen zur Optik* (1791), die Ritter kannte. Doch auch das ist nicht sehr wahrscheinlich. Viele der Karten haben zwar exakt symmetrische Gegenstücke, aber keines dieser Paare kommt an die Tafeln heran, von denen zuletzt die Rede war.

6.2. Ritters ehrliche Meinung über Goethe? (August 1808)

Wo bleibt das Negative, Herr R?

§ 6.2.1. Im vorigen Kapitel habe ich aus Ritters Anmerkungen zu einem Goethe-Brief die stärksten Belege zugunsten meiner These herausgeholt: Noch Jahre nach der engen optischen Zusammenarbeit mit Goethe stimmte Ritter dessen Ansichten über das Licht, die Farben und Newton rückhaltlos zu; und jetzt gab er das zum ersten Mal öffentlich zu Protokoll. Soviel Rückenwind sollte Goethes *Farbenlehre* aus der Fachphysik nie wieder beschieden sein – vor allem nicht aus der Windmaschine eines so hochkarätigen Physikers.

Gerade weil dies Resultat weitverbreiteten Vorstellungen zur fatalen Reaktion von Physikern auf Goethes optische Arbeit zuwiderläuft, beschwört meine Interpretation kritische Nachfragen herauf: Wie ehrlich war Ritter? Verfolgte er irgendwelche eigenen Zwecke mit seiner glasklaren Stellungnahme? Und: Wusste er, was er da tat? War ihm bewusst, dass die Fachphysik mit Befremden und Kritik auf Goethes *Beyträge zur Optik* reagiert hatte?

Die letzte Frage lässt sich rasch beantworten. Selbstverständlich wusste Ritter das.[61] Ihm war es gleichgültig. Viel Feind, viel Ehr – nach diesem Motto lebte er, liebte Kontroversen, hasste Autoritäten; dem wird jeder zustimmen, der sich auch nur für eine Stunde in Ritters herrliche Briefe vertieft.[62]

Um Zweifel an Ritters Ehrlichkeit zu besänftigen, muss ich dagegen ausholen: Ich habe Glück, dass es ein weiteres Beweisstück gibt; es stammt aus

61 S. o. § 6.1.4.

62 Es zeigt sich z. B. in Ritter, Brief an Ørsted vom 8. 2. 1805 (siehe Harding (ed) [CdHC]/II:98). – Angesichts der Briefe an Brentano kommt Niehoff zu einem ähnlichen Urteil und freut sich über Ritters Weigerung, sich zu »subordinieren« (Niehoff [VM]:43). Siehe auch Ritter [FaNJ]/2:§ 678 (undatiert), Ritter, Arbeitsjournal unter dem 16. 8. 1801 (siehe Ritter [VD]:153 No. 68).

einem langen Brief Ritters an Ørsted.[63] Ritter hat diesen Brief eine Woche nach der Abhandlung geschrieben, die ich im vorigen Kapitel besprochen habe. Die Abhandlung war vermutlich schon auf dem Weg zum Setzer, und zwar zusammen mit Goethes Brief und Ritters Anmerkungen dazu; wie Sie gleich sehen werden, ging Ritter im Brief an Ørsted auf beides ein.

Der Brief war nicht für die Öffentlichkeit bestimmt. Er ging an Ritters engsten wissenschaftlichen Vertrauten und besten Freund, der in Kopenhagen saß – weit weg und ohne direkte Kontakte nach Weimar oder Jena. Schon deshalb bietet der Brief ein aussagekräftiges Beweisstück. Mehr noch, da Ritters Freundschaft zu Ørsted just in dem Augenblick begann, in dem sich Goethe und Ritter angeblich für immer entzweit hatten (§ 4.2.9), wird Ritter brieflich gegenüber Ørsted keine falschen Rücksichten auf Goethe genommen haben; im Gegenteil lässt uns alle Psychologie damit rechnen, dass Ritter diesmal seine wahre Haltung ungeschminkt zu Protokoll gegeben haben dürfte. In der Tat enthält Ritters letztes Wort über Goethe auch einige dunkle Züge; doch die Lichtseiten überwiegen bei weitem.

Eine lange Briefstelle

§ 6.2.2. Bevor ich die Briefstelle Schritt für Schritt durchgehen werde, möchte ich sie zunächst ohne Auslassungen wiedergeben. Nur im Lichte der brieflichen Umgebung können wir uns ein realistisches Bild der damaligen Situation verschaffen. Einen kleinen Ausschnitt kennen Sie schon; darin ist vom berühmten Auftritt die Rede, also von dem mutmaßlichen Streit, der am 18.9.1801 ausgebrochen war (Kapitel 4.3). Beachten Sie, wie sich jener pessimistisch klingende Ausschnitt nun im Gesamtgefüge des Gedankengangs anhört:

> »Hierauf habe ich eine andere Abhandlung über Licht und Farben geschrieben, die in Nr. 26 des Journals abgedruckt wird, u. eigentl. durch eine andere von *Wünsch*, im Magazin der Berliner Naturforschenden Gesellschaft 1807, 3tes Quartal, veranlasst wurde, von der sie zunächst die Analyse ist. Es giebt doch hier noch tolle Dinge. Z. B. dass sich bey Prismen, die ein Maximum der Erwärmung *ausserhalb* des Rothes geben, noch ein *zweytes* im Orange oder Gelb vorkommt. Schon *Eaglefield* hatte Spuren davon, *Wünsch* aber das Vollständige, in s. Versuchen mit dem gelbl.

63 Ritter, Brief an Ørsted vom 6.8.1808 (siehe Harding (ed) [CdHC]/II:214-222, insbes. pp. 215-217).

Prisma bey Linse mit Blendung, u. vermuthl. ist dies Schuld, dass *Landriani, Senebier* u. *Rochon* alle das Maximum im *Gelb* angaben (ersterer schon vor 1773), sie untersuchten neml. nie über das Farbenbild hinaus, sonst hätten sie wohl leicht das zweyte dazu gefunden. *Wünsch* will auch zwey Maxima des Erleuchtungsvermögens vorgefunden haben, u. *Wilson* schon hat zwey Maxima der Wirkung auf Leuchtsteine, ob wohl zu allem gar noch wohl ein *drittes* irgendwo versteckt ist, was sich wenigstens aus dem *Gang* der Phänomene in genauen Versuchen verriethe. Entweder *wirklich drey*, oder nur *Eins* als Ideal, u. alles übrige als durch Nebenumstände hervorgerufen (z. B. dadurch, dass das Weiss noch nicht völlig ausgezehrt war, als welches bestimmt viel stärker *wärmt*, als alle andere Farben, u. eben so stärker *leuchtet*). (Vergl. *Wünsch's* Versuch 3. Allerdings ist hier das Weiss *nach* s. Durchgang durch's Prisma beobachtet). Sonst habe ich noch viele neue Versuche über Leuchtsteine u. Hornsilber zugefügt oder doch ältere zum ersten Mal genauer beschrieben. Auch allerhand schöne seltene Literatur wirst du finden, die wichtigsten Stellen ausgezogen. *Goethe'n* habe ich mit *Dela Chambre* (›La Lumière, 1657. 4‹) geärgert, der alles u. mehr hat, als er irgend. Es ist das überhaupt ein äusserst interessantes Werk, u. doch weder *Priestley*, noch *Gehlen* nach Briefen etc., bekannt. Übrigens lasse ich jetzt einen ältern Brief von *Goethe* an mich abdrucken (vom März 1801), weil jetzt Mehreres in Erfüllung gegangen, was er dort vorhersagte, u. überhaupt hier seine Gedanken über Licht u. Farben sehr klar ausgesprochen sind, seine Optik selbst aber vielleicht unter Jahr und Tag noch nicht erscheint. Denn du musst wissen, dass nun endlich auch *Er* gesehen, dass es mit dem doppelten Farbenbilde, was, zu jeder Seite ein vollständiges, gleich nach dem Durchgang des Lichts durchs Prisma, schon da ist, u. worüber ich den berühmten Auftritt vom 18 Septembr. 1. hatte, seine volle Richtigkeit habe, selbst an seinem Wasserprisma hat ers nun klar gesehen, u. die *chemischen* Präparate sind ihm, weil sie's völlig verdeutlichen, jetzt noch interessanter. *Seebeck* in Jena hat ihm alle meine Versuche wiederholen müssen. Und nun stockt der Abdruck der Optik. Freylich ist hier eine harte Nuss aufzubeissen, sobald man die ganze Erscheinung vollständig construieren will« (Ritter, Brief an Ørsted vom 6. 8. 1808).[64]

Zum »berühmten Auftritt« vom 18. 9. 1801 habe ich bereits unter diesem Datum alles Nötige gesagt; Ritter erinnerte hier an diejenigen prismatischen

64 Harding (ed) [CdHC]/II:215-217; Hervorhebung im Original.

Experimente, in denen er unmittelbar hinter dem Prisma insgesamt *zwei* volle newtonische Spektren gesehen haben wollte. Doch auch abgesehen von der Erinnerung an diese Episode brachte Ritter in dem Brief Kritik gegen Goethe vor, die als nächstes zur Sprache kommen soll.

Vertiefungsmöglichkeit. Nur auf den ersten Blick befremdlich erscheint die Nummer 26, unter der die fragliche Abhandlung laut Beginn der zitierten Briefstelle angeblich erscheinen sollte. Eine ähnliche Äußerung steht in Ritters Brief an Novalis' Bruder, in der sich auch eine der Spitzen Ritters gegen Goethe wiederfindet:

> »In No. 26 werden Sie eine lange Abhandlung über Licht u. Farben finden, wobei ich Ihnen einen Optiker nennen kann, der Sie hoch erfreuen müßte: ›De la Chambre‹, La Lumière, Paris 1657, 4. Da finden Sie, was *Göthe* hat, besser; u. noch vieles, was er noch nicht hat« (Ritter, Brief an K. Hardenberg vom 5.8.1808).[65]

Laut den Herausgebern des Briefs ist diese Abhandlung nicht erschienen.[66] Das ist ein Irrtum, der sich erklären lässt: In einem 26. Band oder 26. Heft des *Journals für die Chemie, Physik und Mineralogie* hat Ritter in der Tat nichts veröffentlicht; vielmehr erschien der Beitrag in einer 27. (sic) Abteilung des 6. Bandes, worin unter der Überschrift »Beiträge zu Herschel's Arbeiten über Licht und Wärme« insgesamt vier Texte versammelt waren, darunter derjenige Ritters.[67] Dass sich Ritter noch vor der Veröffentlichung zweimal mit der Nummer dieser Abteilung (26 statt 27) vertan hat, lässt sich auf die üblichen Unwägbarkeiten vor der endgültigen Veröffentlichung jedweder wissenschaftlicher Beiträge zurückführen.

Licht & Schatten

§ 6.2.3. Zugegeben, in der zitierten langen Briefpassage redete Ritter nicht nur gut über Goethe – aber eben auch nicht nur schlecht. Das spricht dafür, dass Ritter gegenüber dem Freund Ørsted eine ehrliche Einschätzung abgab. Wir haben ein ausgewogenes Urteil vor uns, mit (wie ich finde) deutlicher Tendenz zum Positiven, jedenfalls bei den Gesichtspunkten, auf die es in meinem wissenschaftsgeschichtlichen Zusammenhang ankommt.

Ich habe das Zitat dort abgebrochen, wo die Bezüge zu Goethe aufhören. Ritter setzte den Brief mit eigenen, sehr weitreichenden Vermutungen über die Wechselbeziehung zwischen Licht und Elektrizität fort. Es wäre reizvoll, würde mich aber vom Weg abbringen, diesen Gedanken nachzugehen. Hier mag der Hinweis genügen, dass es sich um polaristische Gedanken handelte, wie sie Goethe willkommen geheißen hätte.

65 Klemm et al (ed) [BRP]:47; Hervorhebung im Original.
66 Klemm et al (eds) [BRP]:49n8.
67 Ritter [BzVA]; Gehlen (ed) [JfCP]/6:597-730.

Auch auf Ritters Überlegungen aus dem Auftakt meines Zitats brauche ich nicht im Detail einzugehen. Dort hob er einige Themen aus der neuesten (und zugleich letzten) seiner vier Abhandlungen über das Licht hervor, die mit Davys und Seebecks chemischen Experimenten zu tun haben und die ich im vorigen Kapitel gestreift habe.[68]

Im Anschluss daran berichtete er von Fachliteratur, die er in seiner Abhandlung diskutiert hatte. Und in diesem Zusammenhang kam er zum ersten Mal auf Goethe zu sprechen.

Cureau de la Chambre

§ 6.2.4. Hier noch einmal Ritters erste Aussage über Goethe aus dem Brief an Ørsted:

> »Auch allerhand schöne seltene Literatur wirst du finden, die wichtigsten Stellen ausgezogen. *Goethe'n* habe ich mit *Dela Chambre* (›La Lumière, 1657. 4‹) geärgert, der alles u. mehr hat, als er irgend. Es ist das überhaupt ein äusserst interessantes Werk, u. doch weder *Priestley*, noch *Gehlen* nach Briefen etc., bekannt« (Ritter, Brief an Ørsted vom 6.8.1808).[69]

In dieser Briefstelle stecken einige Spitzen gegen Goethe: eine geistes- und eine doppelte naturwissenschaftliche, die ich der Reihe nach entschärfen werde.

Zuallererst triumphierte Ritter, weil Goethe – so wie andere Autoren auch – ein wichtiges Werk aus der Wissenschaftsgeschichte übersehen hatte. Dies läuft auf eine geisteswissenschaftliche Kritik hinaus: mangelnde Literaturkenntnis. Geisteswissenschaftler freuen sich, wenn sie in den Archiven schöne, entlegene, seltene Werke auftun, die ihren Kolleginnen und Kollegen unbekannt sind. In diesem Falle handelt es sich um die Schrift *La lumière* des Franzosen Marin Cureau de la Chambre, die im Jahr 1657 herausgekommen war.[70]

Ritters Triumph war fehl am Platze. Schon während seines Göttinger Besuchs im Sommer 1801 war Goethe auf Cureau de la Chambre aufmerksam

68 S.o. § 5.4.2k.
69 Harding (ed) [CdHC]/II:216; Hervorhebung im Original.
70 Cureau de la Chambre [L].

geworden.[71] Und im historischen Teil der *Farbenlehre* kommentierte Goethe einen langen Auszug aus dem ersten Buch der französischen Schrift.[72]

Vertiefungsmöglichkeit. Streng genommen wissen wir nur, dass sich Goethe im Sommer 1801 für eine frühere Schrift des Franzosen interessiert hatte: *Nouvelles observations et conjectures sur l'iris*, erschienen 1650.[73] Goethes Auseinandersetzung mit *La lumière* lässt sich dagegen erst für das Jahr 1809 nachweisen.[74] Dazu könnte er also von Ritters Fußnote angeregt worden sein, die im Jahr 1808 erschien.[75] Obwohl sich das nicht belegen lässt (§ 6.1.9k), spricht einiges dafür: Auffälligerweise befasste sich Goethe mit nichts anderem als mit denjenigen Marginalspalten, die Ritter im Original abgeschrieben hatte, genauer gesagt, mit deren Beginn.[76] Und er begründete, warum er den Rest des Buchs auf sich beruhen lassen könne.[77] Ob Goethe mit alledem auf Ritters Fußnote reagierte oder nicht, ist für die Zielrichtung meiner Untersuchung gleichgültig. Entweder war Ritters Vorwurf fehl am Platze, weil Goethe den fraglichen Text schon kannte und ihm kein geisteswissenschaftlicher Fehler unterlaufen war; oder aber Goethe erfuhr erst durch Ritter von dem Text und benahm sich dann wie ein gewissenhafter Geisteswissenschaftler, indem er den Text kurz vor Drucklegung der *Farbenlehre* doch noch berücksichtigte.

Naturwissenschaftliche Spitze

§ 6.2.5. In der zuletzt zitierten Briefstelle gab Ritter schadenfroh zu verstehen, dass jene alte Schrift des Franzosen für Goethe naturwissenschaftlich gefährlich sei: In ihr stehe schon alles, was Goethe aufzubieten hat; sie sei sogar noch reichhaltiger. Einerseits bestritt Ritter damit Goethe die historische Priorität seiner Ideen über die Farben; so ein Vorwurf ist unter Naturwissenschaftlern mehr als ernst. Und andererseits stellte er Goethe als Verlierer dar, dessen Errungenschaften bereits hundertfünfzig Jahre früher überflügelt worden seien.

Diese zweifache naturwissenschaftliche Spitze konnte Goethe nicht treffen. Er wollte keine neue Theorie verfechten; vielmehr wollte er alte Einsichten über Farben rehabilitieren und aufpolieren, die durch Newtons Theorie aus dem Spiel geworfen worden waren.[78] Selbst wenn also in Cureau de la

71 Für Details siehe das Kleingedruckte am Ende dieses Paragraphen.
72 Goethe [MzGF]:181-185 mit Übersetzung (und Diskussion) der Marginalspalten aus dem ersten Kapitel des ersten Buchs (Cureau de la Chambre [L]:3-38 *et passim*). S. u. § 6.2.7.
73 Cureau de la Chambre [NOCs]; dazu Goethe [LA]/II.6:269, für die Datierung siehe Kuhn et al in Goethe [LA]/II.6:271.
74 Goethe, Tagebuch zum 8.3.1809 (siehe Goethe [WA]/III.4:15).
75 Ritter (ed) [SGRv]:721n-723n.
76 Cureau de la Chambre [L]:3-38.
77 Goethe [MzGF]:185.
78 Siehe z. B. Goethe [MzGF]:73, 181.

Chambres *La lumière* schon alles stünde, was Goethe verfocht, hätte ihn das nicht beunruhigen müssen; es hätte ihn gefreut. Doch die Annahme aus dem Wenn-Satz ist hypothetisch: Goethe hat gründlich untersucht, wo er mit Cureau de la Chambre übereinstimmte und wo nicht; die Divergenzen überwogen – jedenfalls nach Goethes Ansicht.[79] Er hat das vermutlich besser beurteilen können als Ritter.

Genau kalkuliert?

§ 6.2.6. Anders als Ritter schadenfroh gedacht hatte, konnten seine Spitzen in Sachen Cureau de la Chambre die Farbenforschung Goethes nicht unterminieren: So lautet mein bisheriges Ergebnis. Nichtsdestoweniger liefern sie einige Aufschlüsse – über Ritter. Wir können ihnen entnehmen, wieviel Bedeutung in einer unschuldig wirkenden Literaturangabe schlummern mag; Ritter hat die Worte in seinen Veröffentlichungen offenbar sehr genau kalkuliert.

Sehen wir genauer hin. In der letzten Abhandlung über das Sonnenlicht, von der er seinem Freund Ørsted brieflich berichtete, verwies Ritter zweimal auf Cureau de la Chambre; dort ging es um wissenschaftliche Detailprobleme mit dem Bononischen Leuchtstein, der Ihnen in meiner Darstellung bereits zweimal begegnet ist.[80]

Wie dargelegt hatte Goethe im Jahr 1792 mit Leuchtsteinen experimentiert und dabei eine interessante Entdeckung gemacht; Leuchtsteine reagieren unterschiedlich auf Beleuchtung in verschiedenen Bereichen des Sonnenspektrums. Und Goethe hatte mit Ritter darüber geredet – ich habe das vorhin berührt. Daher könnte man vermuten, dass Ritter bei Cureau de la Chambre Experimente mit Leuchtsteinen gefunden hätte, die über Goethes spätere Experimente hinausgehen. Doch ist die Vermutung falsch; der Franzose hat nicht einmal die Reaktion der Leuchtsteine auf spektral aufgefächertes Licht untersucht. Vielmehr hat er diese Steine wie viele vor ihm nur in weißes Sonnenlicht gelegt und aus ihrem Fluoreszieren geschlossen, dass jenes Licht nicht etwa in den Steinen gespeichert wird, sondern dort ein inneres Schwefel-Feuer entflammt.[81] War Ritter von dieser Theorie begeistert? Mag sein; warum sie

79 Zu den Divergenzen siehe Goethe [MzGF]:181-183, 185, zu den Konvergenzen siehe Goethe [MzGF]:183/4.

80 Ritter [BzVA]:659, 660. S. o. § 1.4.2-§ 1.4.5; § 4.5.9-§ 4.5.11.

81 Cureau de la Chambre [L]:200/1 (= zweites Buch, zweites Kapitel, § 6). In einem Exemplar der Bayerischen Staatsbibliothek, das einen handschriftlichen Besitzvermerk »Ritter« trägt, sind einige Sätze auf diesen beiden Seiten angestrichen (Signatur

Goethe hätte ärgern sollen, ist schwer zu sehen. Allerdings gibt es noch eine andere Möglichkeit, die Spitze aus Ritters Brief an Ørsted zu deuten.

Cureau de la Chambre in voller Montur

§ 6.2.7. Ritter erwähnte Cureau de la Chambre nicht nur (wie eben dargetan) in der allerletzten Abhandlung über Licht und Farben; er erwähnte ihn auch in einer Anmerkung zu Goethes Brief, und zwar in aller Ausführlichkeit. Ich habe diese Anmerkung im vorigen Kapitel übergangen, weil sie für sich allein mehr als harmlos wirkt. Erst im Lichte des Privatbriefs an Ørsted erscheint sie bedrohlich. Ritter plazierte sie mit einem Sternchen am Ende des folgenden Bandwurmsatzes aus Goethes Brief:

> »Höchst merkwürdig bleibt es, wie, auch diesmal wieder, ein so scharfsichtiger und scharfsinniger Mann [Herschel] diesen Gegenstand vornimmt, ohne die unauflöslichen Widersprüche zu fühlen, in welche die [Newtonische] Hypothese verwickelt. Wenn er sich [...] die verschiednen Stufen der Erleuchtung seiner farbigen Lichter vorzählt, so findet er das einzige Gelb und das nächste Grün eigentlich erleuchtend (beides aber gewiß nicht so gut, als das ungefärbte Licht), die übrigen Farben leuchten immer weniger, *so daß man eher von der verdunkelnden, als der erleuchtenden Kraft des gefärbten Lichtes sprechen könnte*, und aus diesen Finsternissen soll das Licht zusammengesetzt seyn! *)«.[82]

Wie Sie gleich sehen werden, passt Ritters Anmerkung weder zu den ersten noch zu den letzten Worten des Bandwurmsatzes, sondern zu dem, was ich kursiv hervorgehoben habe. D. h. sie bezieht sich nicht auf das, was Goethe angegriffen hatte (Herschels oder Newtons Sichtweisen), sondern auf Goethes Gegenposition. Sie bezieht sich auf die These, dass Farben ihrem Wesen nach schattig sind, wie es Goethe bei den alten Griechen unter dem Stichwort vom *skieron* gefunden und gutgeheißen hatte.[83] Ritters Anmerkung dazu beginnt so:

> »*) Zur früheren Geschichte obiger Ansicht des Lichts und der Farben gehört ohne Frage ganz vorzüglich das jetzt wenig mehr erwähnte Werk: ›La Lumiere [...]‹ – Es wird hinreichen, zu neuer Lectüre dieses Autors [...]

Phys.sp. 148); einiges spricht für die Vermutung, dass diese Anstreichungen (ebenso wie der Besitzvermerk und eine Reihe weiterer Anstreichungen) von Ritter stammen.

82 Goethe in Ritter (ed) [SGRv]:721; meine Hervorhebung.

83 S. o. § 3.4.5.

einzuladen, wenn ich auch nur die Inhaltsanzeige vom ersten Buche jenes seines Werkes hersetze«.[84]

Und dann brachte Ritter auf zweieinhalb Druckseiten die Schlüsselthesen der ersten beiden Kapitel jenes Werks, die er im französischen Original aus den Marginalspalten abschrieb.[85] In der Tat, das ist Cureau de la Chambre in voller Montur.

Auf die Goldwaage?

§ 6.2.8. Was bezweckte Ritter mit seiner ellenlangen Fußnote? Wollte er einen interessanten Literaturtip geben? Wollte er einem zu Unrecht vergessenen Wissenschaftler posthume Gerechtigkeit widerfahren lassen? Oder wollte er Goethe damit *ärgern,* wie er es im Brief an Ørsted ausdrückte?

Nun sprach Ritter von Ärger nicht im Zusammenhang mit dem Abdruck des Goethe-Briefs (oder einer Anmerkung dazu), sondern im Zusammenhang mit der davor abgedruckten Abhandlung gegen Wünsch:

> »Hierauf habe ich eine andere Abhandlung über Licht und Farben geschrieben, die in Nr. 26 des Journals abgedruckt wird [...] Sonst habe ich noch viele neue Versuche über Leuchtsteine u. Hornsilber zugefügt oder doch ältere zum ersten Mal genauer beschrieben. *Auch allerhand schöne seltene Literatur wirst du finden, die wichtigsten Stellen ausgezogen. Goethe'n habe ich mit Dela Chambre (›La Lumière, 1657. 4‹) geärgert, der alles u. mehr hat, als er irgend.* Es ist das überhaupt ein äusserst interessantes Werk, u. doch weder Priestley, noch Gehlen nach Briefen etc., bekannt. Übrigens lasse ich jetzt einen ältern Brief von Goethe an mich abdrucken« (Ritter, Brief an Ørsted vom 6. 8. 1808).[86]

Wenn wir also Ritters Worte auf die Goldwaage legen, hat er den Stein des Anstoßes für Goethes Ärger nicht bei seinen Anmerkungen zu dessen Brief eingegraben, sondern in der Abhandlung, die er unmittelbar davor publiziert hatte.

84 Ritter (ed) [SGRv]:721n; Hervorhebung weggelassen.

85 Ritter (ed) [SGRv]:721-723n mit Zitaten aus der (nicht konsequent durchgehaltenen) Marginalspalte bzw. aus Kapitelüberschriften (Cureau de la Chambre [L]:3-135 bzw. pp. 143, 165-365), die er allesamt ebenso gut dem analytischen Inhaltsverzeichnis entnommen haben kann (Cureau de la Chambre [L], ohne Seitenzahl, nach p. 414).

86 Harding (ed) [CdHC]/II:215/6; Hervorhebung geändert.

Doch weil er schon zwei Sätze nach dem Stichwort »geärgert« auf den Goethe-Brief zu sprechen kam, spricht einiges für eine etwas laxere Interpretation. Ihr zufolge hätte Ritter beim Schreiben asynchron assoziiert: Während er schon an den Goethe-Brief dachte, schrieb er noch von seiner Abhandlung (in der Cureau de la Chambre ebenfalls vorkam).

Diese laxe Interpretation wäre für Goethe schlimmer als die zuvor erwogene. Denn ihr zufolge wollte Ritter mit der ellenlangen Fußnote zu verstehen geben: Goethes *Gesamtsicht* zu Licht und Farben ist nicht auf der Höhe dessen, was schon anderthalb Jahrhunderte früher bekannt war. Das wäre ein Rundumschlag – im Vergleich zur Minikritik bei den Leuchtsteinen, die ich vorhin besprochen habe.[87]

Nehmen wir kurz an, dass Ritter die Gesamtsicht Goethes aufs Korn nehmen wollte, als er Cureau de la Chambres Inhaltsverzeichnis abschrieb. Dann könnten wir dem Aufschlüsse darüber entnehmen, was Ritter als zentrale Bestandteile der Lehre Goethes angesehen hat: nämlich die Schnittmenge zwischen Goethes und Cureau de la Chambres Ansichten.

Vertiefungsmöglichkeit. Es ist kaum einzusehen, inwiefern Cureau de la Chambres Ergebnisse eine besondere Bedeutung für Goethes Farbforschung insgesamt hätten haben sollen; Ritters Auszüge aus dem ersten Buch der Schrift liefern dafür jedenfalls keine Anhaltspunkte.[88] In seiner Diskussion griff Goethe einen Gesichtspunkt auf, den Ritter vielleicht ebenfalls im Auge gehabt hatte: Laut Cureau de la Chambre entstehen Farben aus einer Schwächung des Lichts.[89] Auf den ersten Blick klingt das so wie Goethes Thesen über die schattenhafte Natur der Farben (über das *skieron*). Aber Goethe zufolge läuft die These des Franzosen auf etwas hinaus, was er stets bekämpft hat – nämlich darauf, dass die Farben nur aus dem Licht hervorgingen und dass die Finsternis keine eigenständige Rolle bei der Farbentstehung spiele.[90] Demzufolge kam Cureau de la Chambre insofern nicht ganz an Goethes Polaritätsidee heran, als er nur einer Schwächung des Lichts und nicht seinem Gegenpol das Wort redete.[91] Offenbar war Ritter nicht ganz auf der Höhe von Goethes Sichtweise, als er ihn zu ärgern trachtete. Insgesamt hat sich in meiner Darstellung wieder und wieder herausgestellt, dass Ritter Schwierigkeiten hatte, die Finsternis im Sinne Goethes polaristisch ernstzunehmen. In dieser Sache kam er ihm mit denjenigen Experimenten am nächsten, in denen alle Spektralfarben per Prisma direkt aus einem Hell/Dunkel-Kontrast hervortraten (Kapitel 4.1 bis 4.4).

87 S. o. § 6.2.6.
88 Ich danke Anastasia Klug für diesen Hinweis ebenso wie für viele weitere Ratschläge, die in meine Diskussion um Cureau de la Chambre eingeflossen sind.
89 So referiert in Goethe [MzGF]:182.
90 Goethe [MzGF]:181.
91 Gegen Ritter, Brief an K. Hardenberg vom 5. 8. 1808 (siehe Klemm et al (ed) [BRP]:47). Für den Wortlaut s. o. § 6.2.2k.

Versuchsballon?

§ 6.2.9. Ob Ritter mit der Anmerkung zum Rundumschlag ausholen wollte, werden wir nicht mit letzter Sicherheit entscheiden können. Einiges spricht dafür, einiges dagegen. Betrachten wir also auch noch die Gegengründe. Erstens spricht der exakte Wortlaut dagegen (wie im vorigen Paragraphen dargetan). Zweitens hat Ritter gegenüber Ørsted vielleicht übertrieben; das Wort »geärgert« klingt ein wenig nach Kindereien und spielerischer Konfrontation – so wie wenn die Schachspielerin lange vor dem Schachmatt ihres Gegners sagt: »Jetzt will ich ihn mit dem Springer ärgern; mal sehen, wie er auf meine Bedrohung des Königsflügels reagiert«.

Wichtiger als diese zwei Gegengründe ist ein dritter: Woher wollte Ritter den ganzen Umfang der Errungenschaften Goethes auf dem Gebiet der Farben kennen? Seine Kenntnis aus erster Hand war veraltet; abgesehen von Erinnerungen an Gespräche aus den Jahren 1800 bis 1803 kannte Ritter vermutlich nicht mehr als Goethes *Beyträge zur Optik* aus den Jahren 1791/2.[92] Er wird Goethes aktuelle Ansichten kaum überblickt haben, und zwar auch nicht indirekt, etwa über seine Korrespondenz mit Seebeck. Und das wiederum wird Ritter bewusst gewesen sein.[93] Er hatte nicht genug Material, um sicher zu sein, dass er Goethe mit der langen Anmerkung tatsächlich würde ärgern können.

Vielleicht war es ein improvisierter Versuchsballon; ob er vor Goethes Nase platzen würde oder nicht, stand demzufolge für Ritter nicht fest. Schon den Versuch mag es ihm wert gewesen sein. Vielleicht wollte Ritter andeuten, wieviel Goethe von ihm lernen konnte, und zwar nicht nur experimentell und theoretisch, sondern sogar historisch.

Vielleicht wollte er Goethe abermals auf seine wissenschaftshistorischen Ambitionen aufmerksam machen.[94] Nun im Jahr 1808 stand Ritter kurz davor, eine kleine Wissenschaftsgeschichte der Chemie zu publizieren, die er schon länger geplant hatte.[95] Und seiner Ansicht nach sollte man Physik am

92 S. o. § 6.1.1k.

93 Ritter, Brief an Jacobi vom 28. 2. 1808 (siehe Goethe [LA]/II.4:171). Für den Wortlaut s. o. § 5.4.1.

94 Er hatte das bereits im Jahr 1804 getan (Ritter, Brief an Goethe vom 8. 4. 1804 (siehe Klinckowstroem [GR]:147/8)).

95 Ritter [VGSC]; s. u. § 6.2.14. Solche wissenschaftsgeschichtlichen Ambitionen haben damals freilich in der Luft gelegen, etwa bei Ørsted und Arnim (siehe Ørsted [BüGC] – sowie Burwick [KIAE]:50/1 mit Bezug zu handschriftlich hinterlassenem Material, worin Arnim eine umfangreiche Liste älterer Literatur zur medizi-

besten dadurch lehren, dass man ihre Geschichte vorträgt.[96] Ja, wie er meinte, kann man auch bei der physikalischen Forschung nicht auf wissenschaftshistorische Kenntnisse verzichten.[97] Sah er Anknüpfungspunkte zu Goethes Projekt einer Wissenschaftsgeschichte der Optik?[98] Lassen wir solche Spekulationen auf sich beruhen, und blicken wir als nächstes lieber auf andere wichtige Stellen aus Ritters Brief an Ørsted.

Vertiefungsmöglichkeit. Ich habe oben mehrfach darüber spekuliert, was Goethe Ende März 1808 noch in das Paket gepackt haben mag, mit dem er Ritters Akademievorlesung (über Davys Experimente) nach München zurücksandte (§ 6.1.1k; § 6.1.9k). Wie dargetan besteht eine winzige theoretische Wahrscheinlichkeit dafür, dass im Paket der rare Separatdruck des didaktischen Teils der *Farbenlehre* steckte. Diese Spekulation hat ihren Reiz; realistisch ist sie nicht. Wäre sie wahr, so hätte Ritter in seinem Brief an Ørsted vermutlich nicht geschrieben:

> »[...] weil jetzt Mehreres in Erfüllung gegangen, was er dort vorhersagte, u. überhaupt hier seine Gedanken über Licht u. Farben sehr klar ausgesprochen sind, *seine Optik selbst aber vielleicht unter Jahr und Tag noch nicht erscheint* [...] *Und nun stockt der Abdruck der Optik*« (Ritter, Brief an Ørsted vom 6. 8. 1808).[99]

Das wäre (an einen Freund und Vertrauten) mehr als irreführend. Stattdessen hätte Ritter wohl eher so formuliert:

> [...] weil jetzt Mehreres in Erfüllung gegangen, was er dort vorhersagte, u. überhaupt hier seine Gedanken über Licht u. Farben sehr klar ausgesprochen sind, seine *Farbenlehre* selbst aber vielleicht unter Jahr und Tag noch nicht *vollständig* erscheint [...] Und nun stockt der Abdruck der *Farbenlehre, aber der didaktische Teil liegt bereits in kleiner Auflage vor, und stell Dir vor, Goethe war so großzügig, ausgerechnet* mir *einen Separatdruck zu übermitteln.*

Wie ich oben dargetan habe, ist Ritter gegenüber Seebeck zuweilen alles andere als offen gewesen (§ 5.4.5); nach meiner dortigen Interpretation war er der bewussten Irreführung fähig. Aber in einem Brief an Ørsted sollten wir damit nicht rechnen; Ørsted war sein engster und bester Freund, dem er alles schreiben konnte, nur keine Lügen.

nischen Elektrizität zusammengestellt hatte (Arnim [WB]/3.1:665/6, dazu Arnim [WB]/3.2.2:1800-1803). Zudem hatte er eine Sammlung mit Notizen zur »Geschichte der Physick« angelegt (Arnim [WB]/3.1:822, dazu Arnim [WB]/3.2.2:2020). Siehe auch Wetzels [JWR]:35, 47, 76-78, Richter [LPJW]:68, Dietzsch in Ritter [FaNJ]/D:361-363.

96 Ritter [FaNJ]/1:§ 171 (1805); vergl. Ritter [FaNJ]/1:§ 132, § 140 (1802), Ritter [FaNJ]/2:§ 597 (1804). Siehe hierzu Dietzsch [RD]:195 und Dietzsch in Ritter [FaNJ]/D:361/2.

97 Ritter, Brief an Ørsted vom 16. 8. 1805 (siehe Harding (ed) [CdHC]/II:120). Ähnlich bezeichnete Goethe die Wissenschaftsgeschichte als »Wissenschaft selbst« (Goethe [V]:7).

98 Goethe [MzGF].

99 Harding (ed) [CdHC]/II:216/7; meine Hervorhebung.

Ritter lobt und übertreibt

§ 6.2.10. Nicht nur bei der Veröffentlichung des Goethe-Briefs, auch in seinem Kommentar an den dänischen Freund sparte Ritter nicht mit Lob für Goethe:

> »Übrigens lasse ich jetzt einen ältern Brief von Goethe an mich abdrucken (vom März 1801), weil jetzt *Mehreres* in Erfüllung gegangen, was er dort vorhersagte« (Ritter, Brief an Ørsted vom 6.8.1808).[100]

Ich habe im vorletzten Kapitel dargelegt, welche Vorhersage Goethes sich laut Ritter inzwischen bestätigt hatte – die Prognose über die Temperatur in der weißen Mitte zwischen den Kantenspektren; deren Verifikation durch Wünsch hatte Ritter in zwei Anmerkungen herausgestrichen.[101] Aber das betraf nur eine einzige Vorhersage.

Da fragt man sich: Wieso schrieb Ritter im Brief an Ørsted sogar von *mehreren* Vorhersagen? Ich sehe nur eine einzige Möglichkeit, wie das zu verstehen ist. Er könnte im Brief eine niedrigere Messlatte an den Erfolg beim Prognostizieren angelegt haben als in seinen veröffentlichten Anmerkungen. Erinnern wir uns – in einer dieser vielen Anmerkungen beschrieb Ritter eigene Versuchsergebnisse, in deren Lichte eine andere Vorhersage Goethes als *wahrscheinlich* dastand; diese Vorhersage hatte mit Temperaturen außerhalb der Spektren zu tun.[102] Es wäre aber irreführend zu sagen, dass sie »in Erfüllung gegangen« sei (wie es in Ritters Brief heißt).

Wenn das richtig ist, so hat Ritter an diesem Punkt seines Briefs übertrieben – diesmal *zugunsten* Goethes. Wie passt das zu meiner früheren Diagnose, dass Ritter im selben Brief beim Thema Cureau de la Chambre zu*un*gunsten Goethes übertrieb? Meine Vermutung lautet: In dem Brief herrscht insgesamt ein spielerisch übertreibender Ton; Ritter schrieb schwungvoll und balancierte die Übertreibungen in der einen Richtung sogleich durch Übertreibungen in Gegenrichtung aus. Damit will ich nicht sagen, dass Ritter diesen Balanceakt bewusst kalkuliert hätte; im Gegenteil, er pflegte intuitiv draufloszuschreiben, und erreichte dabei nach eigenem Urteil immer wieder ein Niveau an Einsicht, das sich seinem Bewusstsein während des Schreibens entzog.[103]

100 Harding (ed) [CdHC]/II:216; Hervorhebung geändert.
101 S. o. § 6.1.5, § 6.1.6k.
102 Ritter (ed) [SGRv]:726n; vergl. § 6.1.7.
103 So bei anderer Gelegenheit Ritter, Brief an Ørsted vom 16.8.1805 (siehe Harding (ed) [CdHC]/II:115); ähnlich Ritter [FaNJ]/1:LXII-LXIII.

Ambivalenzen

§ 6.2.11. Das Lob, das ich im vorigen Paragraphen behandelt und übertrieben genannt habe, fand in Ritters Brief eine ambivalente Fortsetzung, auf die ich jetzt eingehen will. Er schrieb, dass in Goethes Brief vom März 1801

> »*seine Gedanken über Licht u. Farben sehr klar ausgesprochen sind,* seine Optik selbst aber vielleicht unter Jahr und Tag noch nicht erscheint« (Ritter, Brief an Ørsted vom 6.8.1808).[104]

Den alten Goethe-Brief lobte Ritter. Aber das Lob stellte er in einen Kontrast zur werdenden *Farbenlehre*, mit der Goethe offenbar nicht weiterkam. Warum nicht? Nicht ohne seinen Triumph zu verhehlen, nannte Ritter die eigene Forschung als guten Grund dafür, dass Goethe nur langsam vorankam:

> »Denn du musst wissen, dass nun endlich auch *Er* gesehen, dass es mit dem doppelten Farbenbilde, was, zu jeder Seite ein vollständiges, gleich nach dem Durchgang des Lichts durchs Prisma, schon da ist, u. worüber *ich* den berühmten Auftritt vom 18 Septembr. 1. hatte, seine volle Richtigkeit habe, selbst an seinem Wasserprisma hat ers nun klar gesehen [...] Und nun stockt der Abdruck der Optik. Freylich ist hier eine harte Nuss aufzubeissen, sobald man die ganze Erscheinung vollständig construieren will« (Ritter, Brief an Ørsted vom 6.8.1808).[105]

Hier sind wir wieder bei dem berühmten Auftritt vom Sommer 1801 – dem Streit zwischen Ritter und Goethe, über den ich bereits viele Mutmaßungen angestellt habe. Anders als Ritters Biograph kann ich aus dieser Briefstelle keine Anzeichen für ein unwiederbringliches Ende der naturwissenschaftlichen Kooperation zwischen meinen beiden Helden herauslesen.[106] Im Gegenteil: Ritter gab sich optimistisch darüber, dass Goethe seinen Fehler eingesehen und sich die schwerwiegenden Konsequenzen eingestanden hat, die Ritters Versuchsergebnisse für die *Farbenlehre* zeitigen mussten. Denn: Was wiegt schwerer, als ein werdendes wissenschaftliches Werk wegen widerspenstiger oder doch verwirrender Versuchsergebnisse noch im Druck zu unterbrechen?

104 Harding (ed) [CdHC]/II:216; Hervorhebung geändert.
105 Harding (ed) [CdHC]/II:216/7; Hervorhebung geändert.
106 Gegen Richter [LPJW]:77.

Vertiefungsmöglichkeit. Was hätte Ritter gesagt, wenn man ihn mit der brieflichen Klage konfrontiert hätte, die er nicht lange nach dem 18. 9. 1801 an Frommann gerichtet hatte? Zur Erinnerung drucke ich sie noch einmal ab:

> »Er [Goethe] sey übrigens ein Gott, aber die Praetension, die er als Mensch, als wissenschaftlicher hat, kommt mir alle Tage größer vor, je mehr ich sehe, wie Menschen seyn sollen, auch theils Gott sey Dank, wirklich noch sind« (Ritter, Brief an Frommann vom 23. 1. 1802).[107]

Wenn diese Klage mit dem berühmten Auftritt zu tun hatte (§ 4.2.5), dann steht fest: Ritter hätte sich eingestehen müssen, dass er voreilig über Goethes Reaktion geklagt hatte. Er hätte zugeben müssen, dass Goethe auf die verwirrenden Versuchsergebnisse am Ende redlich reagiert hat, indem er den laufenden Druck der *Farbenlehre* unterbrach. – Ich kenne nicht viele Beispiele für dies Ausmaß wissenschaftlicher Redlichkeit. Ein berühmtes Beispiel bietet Gottlob Freges resigniertes, aber ehrliches Nachwort zum zweiten Band der *Grundlagen der Arithmetik*, nachdem Bertrand Russell ihm (während der Drucklegung) brieflich über die Mengen-Antinomie berichtet hatte, die das gesamte Gebäude Freges zum Einsturz brachte.[108]

Ritters Informanten

§ 6.2.12. Woher wusste Ritter im Sommer 1808, wie es um den Druck der *Farbenlehre* stand? Wusste er, dass ihr didaktischer Teil fertiggedruckt und in kleiner Auflage als Separatdruck zur Ostermesse herausgekommen war? Wusste er, dass Goethe fest entschlossen war, das Farbenwesen zum Abschluss zu bringen? Wusste er, dass Goethe sich mit den Lücken abgefunden hatte, die in seinem *Entwurf einer Farbenlehre* (im didaktischen Teil) klafften? Wusste er, dass ein Ergänzungsband geplant war, aber nicht mehr erscheinen würde?[109]

Die Fragen lassen sich kaum eindeutig klären. Alle Äußerungen aus Ritters Brief vertragen sich mit der Annahme, dass Ritter bestens informiert war – oder vollkommen ahnungslos. Wie gut Ritters Informationen waren, hängt von seinen Informanten ab. Direkte Informationen Goethes an Ritter sind nicht belegt. Alle Originalbriefe an Ritter sind verschollen; und in Goethes Tagebuch sind nach 1801 keine Briefe an Ritter verzeichnet.

Wir suchen nach Informationen, die Ritter ab Februar 1808 hätten erreichen müssen. Damals bat er *via* Jacobi um schnellstmögliche Übersendung der Optik Goethes (§ 5.4.1), rechnete also offenbar noch nicht mit einer Druckunterbrechung. Vielleicht steckten die fraglichen Informationen in dem

107 Richter (ed) [PRJW]:128; Hervorhebung weggelassen.
108 Frege [GA]/II:253.
109 Hierzu s. u. § 6.2.13k, § 6.3.7.

Paket, das Goethe Ende März 1808 nach München abgehen ließ und über dessen Inhalt wir nichts Sicheres wissen.[110]

Indirekte Informationen könnten Ritter entweder aus der Münchner Akademie oder aus dem Herzogtum Sachsen-Weimar erreicht haben. Die erste Möglichkeit weist uns zurück auf Jacobi (den damaligen Präsidenten der Akademie und langjährigen Freund Goethes) oder auf Schelling (Ritters Kollegen an der Akademie). Keiner dieser Namen führt uns weiter.

Die zweite Möglichkeit bringt uns dagegen ein Stückchen weiter. Ritter hat regelmäßig von Seebeck Briefe bekommen; und der saß bei Goethes Farbenforschung an der Quelle. Die Briefe gingen zwar mit fast dem gesamten Nachlass Ritters verloren. Doch können wir aus anderen Indizien einige Aufschlüsse gewinnen.

Vertiefungsmöglichkeit. Zwischen Jacobi und Goethe gingen im Frühling und Sommer 1808 keine erhaltenen Briefe hin und her; wir haben also keine Möglichkeit, um den farbbezogenen Informationsfluss von Goethe zu Jacobi auszuwerten. Und dem Münchner Akademiemitglied Schelling stand Ritter jetzt (im Jahr 1808) näher als ehedem in Jena – aber dafür hatten sich Goethe und Schelling voneinander entfernt, und wieder haben wir keine Hinweise zum fraglichen Informationsfluss zwischen Weimar und München: Was von Goethes und Schellings Briefwechsel übriggeblieben ist, gibt über unser Thema keinen Aufschluss.[111]

Seebeck war's

§ 6.2.13. Bei genauem Blick auf den Brief an Ørsted sieht man deutlich, dass Ritter seine Informationen über den Stand der Dinge mit Goethes Farbenlehre von Seebeck bekommen haben dürfte:

> »an seinem Wasserprisma hat ers nun klar gesehen, *u. die chemischen Präparate sind ihm, weil sie's völlig verdeutlichen, jetzt noch interessanter. Seebeck in Jena hat ihm alle meine Versuche wiederholen müssen*« (Ritter, Brief an Ørsted vom 6.8.1808).[112]

In der Tat, von wem, wenn nicht von Seebeck selbst soll Ritter erfahren haben, dass Seebeck für Goethe experimentieren musste und dass sich aus den Experimenten Schwierigkeiten für Goethes Publikationspläne der *Farbenlehre* ergaben?

110 S. o. § 6.2.9k.
111 Fuhrmans (ed) [FWJS]/I-III.
112 Harding (ed) [CdHC]/II:216/7; Hervorhebung geändert.

Sehen wir aber noch genauer hin; einige Details in den Formulierungen Ritters erscheinen rätselhaft. Zunächst: Dass Seebeck *alle* Versuche Ritters für Goethe wiederholen musste, ist sicher abermals übertrieben. Wie angedeutet, der ganze Ton in Ritters Brief ist ein wenig überdreht.[113]

Welche Versuche könnte Ritter gemeint haben? Ich glaube nicht, dass Ritter an die Versuche dachte, die er in seiner Akademievorlesung zu Davys Entdeckung vorgestellt und die Seebeck mit Goethe im März und April 1808 durchexerziert hatte.[114] Zwar wird Ritter hierüber im nachhinein direkt von Seebeck informiert worden sein; doch sie berühren nur ein Seitenthema der *Farbenlehre* Goethes und sind weder verwirrend noch widerspenstig genug, um den Druck ins Stocken zu bringen.

Vielmehr wird Ritter die Experimente und Beobachtungen gemeint haben, die im September 1801 zum Streit geführt hatten. Das betrifft einerseits die zusätzlichen Farben, die Ritter als erster im Umfeld der Kantenspektren ausgemacht hatte; und andererseits die vollen chemischen Spektren, die sich an derselben Stelle nachweisen ließen. Sie waren offenbar deutlicher sichtbar als jene Extrafarben; daher gaben sie die ersten Hinweise auf Ritters farbige Newton-Widerlegung vom Juni und Juli 1801.[115]

Wie ich gezeigt habe, führte Seebeck Goethe in den Jahren 1806 und 1807 viele Versuche zur thermischen und chemischen Wirkung der verschiedenen Farben des Spektrums vor; Goethe vermerkte das in seinem Tagebuch und schrieb die Experimente Seebeck zu, nicht Ritter.[116] Bei den thermischen Versuchen dürfte das stimmen, bei den chemischen sind Zweifel angebracht. Ritter jedenfalls schrieb:

> »Seebeck in Jena hat ihm alle *meine* Versuche wiederholen müssen« (Ritter, Brief an Ørsted vom 6. 8. 1808).[117]

Wenn er damit Seebecks Versuche von *1806 und 1807* meinte, dann ergibt sich daraus ein Rätsel. Wie kommt es, dass sich Ritter Mitte *1808* eine Erklärung für ein Stocken des Drucks der *Farbenlehre* zurechtlegte, die bereits Jahre früher hätte gelten und ihm (aus regelmäßigem Briefkontakt mit Seebeck) auch früher hätte bekannt sein müssen? – Das ist deshalb rätselhaft, weil er

113 S. o. § 6.2.10.
114 S. o. § 5.4.3.
115 S. o. § 4.4.4-§ 4.4.6.
116 S. o. § 5.2.4.
117 Harding (ed) [CdHC]/II:217; Hervorhebung geändert.

vom Stocken des Drucks im Februar 1808 nichts geahnt zu haben scheint; oder war seine Bitte um baldestmögliche Zusendung der Optik *via* Jacobi (§ 6.1.1) scheinheilig? Im Augenblick weiß ich keine befriedigende Lösung des Rätsels. Leidgeplagte Ideengeschichtler kennen das: Nicht jede wissenschaftshistorische Frage lässt sich anhand der überlieferten Dokumente klären.

Vertiefungsmöglichkeit. Scheinheiligkeit bietet eine mögliche, aber unwahrscheinliche Auflösung der augenblicklichen Schwierigkeit. Versuchen wir es mit einer anderen Hypothese: Seebeck wusste schon im Jahr 1806 oder 1807, dass Goethe in seinem didaktischen Teil der *Farbenlehre* Lücken würde offenlassen müssen, und zwar Lücken, die in der Tat mit den photochemischen Wirkungen spektralfarbiger Beleuchtung zu tun hätten. Damals mag Goethe noch geplant haben, die Lücken in einem Supplementband zu schließen; so jedenfalls kündigte er es im Jahr 1808 an.[118] Seebeck teilte dies (so die neue Hypothese) Ritter mit, nachdem die beiden den Kontakt nach längerer Pause wieder aufgenommen hatten (§ 5.4.4). Ritter entnahm der Mitteilung, dass Goethe die *Farbenlehre* jedenfalls noch nicht sehr bald werde abschließen können; zumal ihm die Schwierigkeiten mehr als bewusst waren, alle beobachteten Effekte unter *eine* theoretische Beschreibung zu subsumieren, d. h. in Ritters Redeweise: zu »construiren«.[119] – Unplausibel ist diese neue Hypothese nicht; belegt ist sie auch nicht.

Photoelektrischer Effekt?

§ 6.2.14. Nachdem Ritter den Brief Goethes veröffentlicht und seinem Freund Ørsted die ehrliche, alles in allem optimistische Meinung über Goethes Farbenforschung mitgeteilt hatte, schrieb er einen historischen Abriss der Chemie, die er mit der Physik wiederzuvereinigen trachtete.[120] Zu Beginn dieses langen Aufsatzes verglich er wissenschaftsgeschichtliche Entwicklungen mit dem, was sich Goethe zur Metamorphose von Pflanzen zurechtgelegt hatte.[121] Eine solche Analogiebildung lag seinerzeit in die Luft.[122] Gerade Goethes Steigerungsbegriff, den ich in meiner polaristisch angelegten Untersuchung immer nur gestreift habe, ließ sich von Wachstumsprozessen im Pflanzenreich flink, aber nicht ohne Gewalt auf den Bereich geistiger Wachstumsprozesse übertragen; hier durfte sich Ritter mit Goethe einig wissen – wobei der

118 Siehe Goethe [V]:8.
119 Ritter, Brief an Ørsted vom 6. 8. 1808 (siehe Harding (ed) [CdHC]/II:217).
120 So ausdrücklich zum Abschluss des Aufsatzes (Ritter [VGSC]:58-60).
121 Ritter [VGSC]:8/9n mit markantem Verweis auf Goethes frühes Werk zur Metamorphose der Pflanzen (Goethe [VMPz]) und dem zugehörigen Lehrgedicht (Goethe [MA]/6.1:14-17). Siehe dazu Holland (ed) [KToJ]:590.
122 Wetzels [JWR]:77/8.

Physiker die Sache einmal mehr so riskant auf die Spitze getrieben hat, wie es dem Dichter nicht im Traume eingefallen wäre.[123]

Doch Ritters demonstrative Einigkeit mit Goethe vom Beginn des Aufsatzes hat an dessen Ende ein gleichgestimmtes Gegenstück, das der Autor nur für Eingeweihte enthüllte und in der Sekundärliteratur bislang nicht beachtet worden ist.[124] Und zwar baute er einige Fußnoten ein, die sich über mehrere Seiten erstrecken und systematischen Fragen gewidmet waren. Ohne es zu wissen, formulierte er hier zum allerletzten Mal in seinem Leben die Grundzüge des polaristischen Forschungsprogramms, an dem er sich jahrelang orientiert hattte und in dem er sich mit Goethe einig wissen konnte.

Wie ich vermute, hat er Goethes Namen an dieser Stelle deshalb nicht noch einmal erwähnt, weil den Sachkundigen der Zusammenhang zu dessen Forschung klar genug sein musste. Der Beginn des Aufsatzes hatte wie gesagt einen Verweis auf Goethe enthalten; zudem veröffentlichte Ritter den Aufsatz in der nächsten Nummer des Journals, in dem er gerade erst den Goethe-Brief herausgebracht und kommentiert hatte.[125]

Schauen wir uns die Details des polaristischen Denkens aus den fraglichen Fußnoten genauer an. Auf drei enggedruckten Seiten identifizierte Ritter die Polaritäten aus verschiedenen Phänomenbereichen. Zunächst brachte er die Elektrizität mit dem Licht zusammen, indem er die chemischen Wirkungen des Lichts mit denen der Elektrizität parallelisierte:

> »Beyspiel […] sind die sogenannten chemischen Wirkungen des Lichts, die aufs genaueste mit denen der Electricität übereinkommen, – und es fehlt nichts, als daß man schon Versuche hätte, in denen lichtverschluckende Körper […] vom ganzen Lichte oder seinen einzelnen Farben hinlänglich electrisirt würden, um die erhaltenen Electricitäten nachmals wirklich am Electrometer zu verrathen, – und solche Versuche fehlen abermals nur, weil man dergleichen noch nicht angestellt«.[126]

Ritters Überlegung ist alles andere als zwingend. Gleichwohl haben wir hier einmal mehr einen Fall dafür, dass er mithilfe von Analogien zu weitreichenden Überlegungen kam, die sich später als verblüffend hellsichtig herausstel-

123 Ähnlich Holland (ed) [KToJ]:599.

124 So erörtert Holland die fragliche Übereinstimmung nicht eigens (Holland (ed) [KToJ]:598/9 *et passim*).

125 Ritter (ed) [SGRv]; Ritter [VGSC].

126 Ritter [VGSC]:60n.

len sollten; man kann das Ende des Zitats als geahnte Vorwegnahme des photoelektrischen Effekts deuten, der knapp hundert Jahre später zwar experimentell nicht exakt so zum Vorschein kam, wie Ritter sich das gedacht hat, aber dem heutigen Leser immer noch ähnlich genug anmuten mag, um für ein Gefühl von *déjà vu* zu sorgen.[127]

Vertiefungsmöglichkeit. Der photoelektrische Effekt besteht in der Freisetzung von Elektronen (z. B. aus einer metallischen Oberfläche) durch Beschuss mit Photonen geeigneter Frequenz. Vor dem Hintergrund meiner Darstellung wirkt der Gedanke an den photoelektrischen Effekt alles andere als hergeholt, wenn wir uns vor Augen führen, dass ein sehr ähnlicher Mechanismus hinter den Kulissen die chemischen Strippen zog, als Ritter das Ultraviolette entdeckte; dazu nur einige kurze Andeutungen. Ohne etwas an den Mengenverhältnissen zu ändern, können wir die Reaktionsgleichung aus § 3.1.2 durch zwei dividieren:

$AgCl + h\,\nu \rightarrow Ag + 1/2\ Cl_2$,
worin das Produkt $h\,\nu$ für Lichtenergie steht mit
h = Plancksches Wirkungsquantum;
ν = Frequenz des mitreagierenden Photons, die eine gewisse Obergrenze überschreiten muss, damit die Reaktion stattfinden kann.

Um diesen Prozess im modernen Sinne als Redoxreaktion darzustellen, kann man ihn in (a) eine Oxidation und (b) eine Reduktion aufspalten:

(a) $h\,\nu + Cl^- \rightarrow e^- + Cl$ sowie
(b) $e^- + Ag^+ \rightarrow Ag$.

Unter dieser Sichtweise gehen Oxidation und Reduktion typischerweise Hand in Hand; sie sind insofern gegenläufig, als die Oxidation gemäß (a) in der – hier: lichtinduzierten – Befreiung eines Elektrons e^- besteht, während die Reduktion gemäß (b) die Aufnahme des Elektrons mit sich bringt.

Vereinfacht gesagt bringt also jedes geeignete ultraviolette Photon exakt diejenige Energie ($h\,\nu$) mit sich, die erforderlich ist, um jeweils ein Bindungselektron aus der Hornsilber-Verbindung AgCl herauszuschießen und damit ein Silberatom Ag zu befreien, das sich dann mit anderen Silberatomen zu sichtbaren, dunklen Clustern zusammenschließen kann.[128]

Polaristische Gleichungen

§ 6.2.15. Im Anschlus an die zuletzt zitierte Spekulation diskutierte Ritter den Zusammenhang der beiden Pole der Elektrizität mit einem Maximum und einem Minimum an Wärme, um dann diese Verhältnisse wiederum auf das Licht zu übertragen:

127 Ähnlich Wetzels [JWR]:104/5.
128 Für Details zur weitergehenden Interpretation dieser Prozesse aus Sicht der Clusterphysik bzw. Nanochemie siehe O. M. [IRaI]:151/2.

»Wie hier die beyden Electricitäten, so verhalten sich anderwärts die Farben des Lichts im Prismabilde. Eine Farbe wärmt mehr, als die andere [...]; der rothe Theil oder Pol des Bildes bringt die höchste, der violette die niederste, Temperatur hervor [...] Jener, das Roth, also verhält sich wie die positive, dieser, das Violett, wie die negative Electricität, und sind, jenes – jene, dieses – diese, Electricität selbst«.[129]

Hier ging es Ritter wie schon so oft um symmetrisch entgegengesetzte Änderungen der Temperatur bei komplementären Farb-Einwirkungen. Der etwas knappe, schwerverständliche Schluss des Zitats bedeutet bei Auflösung der Pronomina etwas deutlicher folgendes:

Das Rot ist die positive Elektrizität selbst, das Violett ist die negative Elektrizität selbst.

Wieder ein kühner Analogieschluss, den wir nicht wasserdicht finden werden; wenn ein Paar von Faktoren auf gleiche Weise dieselben entgegengesetzten Wirkungen nach sich zieht wie ein anderes Paar von Faktoren, dann heißt dies noch lange nicht, dass die beiden Paare identisch sind. Aber immerhin, es könnte sich lohnen zu untersuchen, ob sich weitere Indizien für ihre Identität ausmachen lassen; und genau das schlug Ritter mit dem Gesagten vor.

Wie auch immer, in einem letzten Schritt ging Ritter wieder von erhöhten und verminderten Temperaturen (die keine Polarität erheischen) zu einem echten Gegensatz zwischen Wärme- und Kältestrahlung über. Das Ergebnis seiner Überlegungen fasste er so zusammen:

»Positive Electricität	=	rother Pol des Lichts;
Stralende Wärme	=	rother Pol des Lichts;
Positive Electricität	=	stralende Wärme;
Negative Electricität	=	violetter Pol des Lichts;
Stralende Kälte	=	violetter Pol des Lichts;
Negative Electricität	=	stralende Kälte«.[130]

Derartige Gegenüberstellungen aus der Feder Ritters hätten Goethes Herz höherschlagen lassen – wenn er sie gelesen hätte, wofür es keine eindeutigen

129 Ritter [VGSC]:61n, Hervorhebung weggelassen.
130 Ritter [VGSC]:62n.

Anzeichen zu geben scheint.[131] Dass die ganze Aufstellung im Lichte heutiger Modellvorstellungen als gegenstandslos anzusehen ist, steht auf einem anderen Blatt. Wie ich oft genug betont habe, konnte man um 1800 mit guten Gründen so denken, wie es Ritter laut Zitat getan hat; es war freilich nicht die einzige damals naheliegende Denkweise.

6.3. Keinem Ende wohnt ein Zauber inne (1810)

Mimosen und Froschherzen

§ 6.3.1. Nachdem sich Ritter im Sommer 1808 in öffentlichen Stellungnahmen und privaten Briefen enthusiastisch, aber differenziert genug zugunsten der Farbforschung Goethe ausgesprochen hatte, ließ er die Untersuchung der Spektren und damit den Kampf gegen Newton ruhen – vorübergehend, wie er fälschlicherweise meinte.[132] Mehr und mehr vertiefte er sich in ein neues Untersuchungsgebiet, das er schwungvoll mit seinen früheren Forschungsthemen verknüpfte: Es ging um die Wirkung verschiedener Reize auf das Verhalten der Mimosen.[133]

Wie ihm schnell auffiel, gelten für die Erregbarkeit bei Pflanzen dieselben Gesetze wie bei Tieren, die er seit Beginn seiner galvanischen Forschungen zuallererst anhand von Fröschen studiert hatte.[134] Insbesondere fand er, dass sich in beiden Bereichen analoge Polaritäten dingfest machen lassen, die wie stets bei Goethe und Ritter mit der Umkehrung von Wirkungen bei Vertauschung der Pole zusammenhängen.[135]

Die polaristische Methode schien in Ritters Händen einmal mehr ihr großes Potential auszuspielen. Wo er bei den Mimosen bestimmte Reiz/Reaktions-Strukturen entdeckte, die ihm bei den Fröschen entgangen waren, nahm er diese Diskrepanz nicht als Beweis der Disanalogie zwischen beiden Bereichen – sondern als Ansporn dafür, die bislang fehlenden Reiz/Reaktions-Strukturen auch bei den Fröschen zu suchen; wie gehabt projizierte er

131 Ohne Beleg stellt Vogl die spannende These auf, dass Goethe die Chemiegeschichte Ritters »mit größter Sicherheit bekannt war« (Vogl [NÖ]:521).

132 Ritter, Brief an Moll vom 16.1.1809 (siehe Moll [MaSB]/III:622).

133 Siehe dazu Hüffmeier [JWRS]:68-72, Wetzels [JWR]:54-56.

134 Ritter [EVaM]/b:257 (§ 14), 353/4 (§ 36), 389 (§ 48).

135 Siehe z. B. Ritter [EVaM]/b:354/5 (§ 36).

polare Strukturen per Analogieschluss von einem Bereich in den nächsten, und nach eigener Aussage war er damit wieder erfolgreich.[136]

Im Zuge dieser Untersuchungen wurde er unter anderem dahin getrieben, die Polarität am Froschherzen unter die Lupe zu legen, für die sich bereits Johann Christoph Leopold Reinhold interessiert hatte.[137] Wie Ritter herausfand, kann man ein isoliertes und fast auspulsiertes Froschherz durch geeignete elektrische Stimuli dreißig bis vierzig Mal weiterschlagen lassen.[138] Mit diesen Ergebnissen, deren Fortführung er versprach, schloss er die letzte große Abhandlung ab, die wir seiner Feder verdanken. Sie wurde am 28. 8. 1809 in der Bayerischen Akademie verlesen und kam posthum heraus.[139]

Krank und verschuldet

§ 6.3.2. Ritter war todkrank, als er seine letzte große Abhandlung schrieb, und er hatte seit Monaten befürchtet, nicht mehr lange zu leben.[140] In seinen letzten Briefen wechselten sich neue wissenschaftliche Projekte in irrem Tempo ab mit erschütternden Klagen über seine Krankheiten und die katastrophale finanzielle Situation. Er hatte einen gigantischen Schuldenberg aus dem Herzogtum Sachsen-Weimar nach Bayern mitgebracht, von dem er sich entgegen aller anfänglichen Hoffnungen nie freimachen konnte.[141] Das lag auch daran, dass ihm sein Gehalt weder voll noch regelmäßig ausgezahlt wurde.[142]

136 Ritter, Brief an Ørsted vom 22. 7. 1809 (siehe Harding (ed) [CdHC]/II:236, 240, 244/5). In einem nicht erhaltenen Brief hatte er auch Seebeck davon berichtet, der diesen Brief Goethe vorlas; Goethe fand die Mimosenexperimente wichtig genug, um sie im Tagebuch zu erwähnen (Goethe, Tagebuch zum 4. 8. 1809 (siehe Goethe [WA]/III.4:49)).

137 Ritter [EVaM]/b:392/3 (§ 48), insbes. p. 393n32 mit Verweis auf Reinhold [uWGa]:63/4.

138 Ritter [EVaM]/b:394 (§ 48).

139 Ruhland in Ritter [EVaM]/b:245na. Die ungefähr zeitgleich erschienene Kurzfassung scheint Moll redigiert zu haben (so Ritter, Brief an Ørsted vom 27. 12. 1809 (siehe Harding (ed) [CdHC]/II:259) mit Bezug auf Ritter [EVaM]/a).

140 Ritter, Brief an K. Hardenberg vom 5. 8. 1808 (siehe Klemm et al (eds) [BRP]:48) und Ritter, Brief an Moll vom 7. 12. 1808 (siehe Moll [MaSB]/III:617).

141 Einen ausführlichen Bericht darüber bietet Ritter, Brief an Baader vom 4. 1. 1808 (siehe Hoffmann (ed) [FvBB]:223-225).

142 Rehm [üTLV]:291 mit Verweis auf Ritter, Brief an Ørsted vom 1. 12. 1805 (Harding (ed) [CdHC]/II:133-135). Vergl. Ritter, Briefe an Ørsted vom 6. 9. 1805 und 26. 7. 1809 (siehe Harding (ed) [CdHC]/II:127-130; 251/2); Ritter, Brief an Schubert vom 22. 8. 1809 (siehe Klemm et al (eds) [BRP]:59); Ritter, Brief an Pfluger vom

Verstörend klarsichtig diagnostizierte er den körperlichen Verfall, dessen tiefere Ursache er in der ständigen Sorge vor dem Zugriff von Gläubigern sah.[143] Besonders demoralisiert hat es ihn, dass er immer weniger imstande war, für seine Frau und die gemeinsamen Kinder aufzukommen.[144] Es war eine Tat der Verzweiflung, als er zum Befreiungsschlag ausholte und die Familie im August 1809 von München nach Nürnberg ausquartierte, wo die Lebenskosten günstiger waren und sich verantwortungsvolle Freunde um seine Familie kümmerten.[145]

Bevor er sie wieder besuchen konnte, fesselten ihn ab Herbst 1809 Rheumatismus, Hustenanfälle, Schüttelfrost und Fieber wochenlang ans Bett. Die Briefe, die er aus Nürnberg bekam, verhießen nichts Gutes. Sein geliebter jüngster Sohn erkrankte an Lungenentzündung, und Ritter fürchtete sich so sehr vor schlimmen Nachrichten von der Familie, die er sehnlichst vermisste, dass er sich nicht mehr traute, die Briefe zu lesen.[146]

Moll, der Sekretär der Akademie, hat Ritter in den letzten Wochen seines Lebens besucht und gestützt. In seinen Briefen an ihn artikulierte Ritter teils vertrauensvolle, teils resignierte Signale, aus denen gegenseitiger Respekt ebenso hervortritt wie ihre unterschiedlichen Lebensanschauungen.[147] Das zuletzt wachsende Vertrauen dieser beiden Wissenschaftler ist insofern überraschend, als sich Moll im Streit um den Siderismus zwar sachlich und alles in allem korrekt verhalten hatte, aber zur Enttäuschung Ritters nicht an seine Seite getreten war.[148] Wie sehr sich Moll bemühte, Ritter Gerechtigkeit widerfahren zu lassen, zeigt sich in einigen Anmerkungen, die er seiner Veröffentlichung der Briefe Ritters beifügte: Jahrzehnte nach dessen Tod strich er heraus, dass die Akademie alles andere als wissenschaftlich angemessen auf Ritters Forschung reagiert hatte.[149]

18.10.1809 (siehe Guiot (ed) [SUBv]:237); Ritter, Brief an Moll vom 22.11.1809 (siehe Moll [MaSB]/III:655).

143 Ritter, Brief an Baader vom 4.1.1808 (siehe Hoffmann (ed) [FvBB]:222/3).

144 Ritter, Brief an Moll vom vom 12.11.1809 (siehe Moll [MaSB]/III:649).

145 Ritter, Brief an Moll vom 23.8.1809 (siehe Moll [MaSB]/III:627). Details hierzu und zum folgenden bei Richter [LPJW]:152-156.

146 Ritter, Briefe an Moll vom 11.11.1809 und 12.11.1809 (siehe Moll [MaSB]/III:647/8).

147 Moll [MaSB]/III:612-663, Moll [MaSB]OM/IV:1163/4.

148 Ritter, Brief an Baader vom 18.11.1807 (siehe Hoffmann (ed) [FvBB]:218).

149 Moll [MaSB]/III:620n*, n**. Vergl. das fast schon überschwengliche Urteil, das Moll schon im Jahr 1808 über Ritter zu den Akten gab (Moll in Klinckowstroem [JWRE]:77/8), sowie sein nicht minder positives posthumes Urteil aus dem Jahr 1810 (Moll in Klinckowstroem [JWRE]:78/9).

Verraten und verkauft?

§ 6.3.3. Vermutlich war es Lungenschwindsucht. Ritter ist am 23. 1. 1810 gestorben, ohne seine Familie wiedergesehen zu haben.[150] Vier Wochen später erschien in den *Berlinischen Nachrichten von Staats- und gelehrten Sachen* ein Nachruf, wo u. a. folgendes zu lesen war:

> »Am verwichenen 23sten Januar starb zu München der Baiersche Akademiker Ritter an einer rheumatischen Lungensucht [...] Er besaß nicht wenig physikalische Kenntnisse, aber mehr als diesen verdankt er vielleicht seinen scientifischen Verirrungen die große Celebrität, welche er in der jüngern Zeit genoß. Wer erinnert sich nicht an Ritter's Reise zu dem Wasser- und Erz-Sucher Campetti, und an die Rückkehr des Akademikers mit dem letztern nach München! [...] Daß Andere, bei kälterem Blute, von dergleichen Täuschungen allmählig zurückkommen, geschieht häufig genug; daß aber der Urheber mystischer Theorien, welche auf illusorische Erscheinungen gebauet sind, noch die Unbefangenheit behält die Illusion zu durchschauen, dann die Wahrheitsliebe dies zu gestehen, und nun der phantastischen Lehre zu entsagen: – das ist eine große Seltenheit. – Bei Ritter's Absterben war sie vorhanden«.[151]

Man kann diese Darstellung als Lob auffassen – ein großer Wissenschaftler gesteht auf dem Totenbett seine gravierenden Irrtümer und zieht guten Gewissens von dannen. Andererseits klingt die Sache verdächtig; sie klingt so, als ob ein Pfarrer nach der letzten Ölung des wehrlosen Atheisten unautorisiert verkünden würde, dass der Todkranke im Vertrauen auf Gott hingeschieden sei. Eine solche Deutung kam Goethe in den Sinn, als er den Nachruf am Anfang März 1810 las.[152] Er schrieb:

150 Den ausführlichsten Augenzeugenbericht des Todes Ritters, der erhalten ist, bietet Gehlen, Brief an K. Hardenberg vom 25. 2. 1810 (siehe Rehm [üTLV]:304-311). Schubert beschrieb in aller Eindringlichkeit das Schicksal der Familie Ritters zu dessen Lebensende und gab in diesem Zusammenhang auch Gehlens Bericht von Ritters Tod wieder (Schubert [EaVE]/2.1:386-394). Und ein Freund Schuberts, der Geologe Karl Raumer, schilderte schockiert den verwahrlosten Zustand Ritters kurz vor seinem Tod (Raumer [KvRL]:101). Zur Todesursache siehe Weber [E]:XXIV. Zu Ritters Tod siehe auch Rehm [üTLV] sowie Richter [LPJW]:154-156.

151 Anonym [WN]. Hervorhebung weggelassen. Nicht anders Anonym [uR]:85.

152 Goethe, Tagebuch zum 3. 3. 1810 (siehe Goethe [WA]/III.4:99).

»Der Aufsatz über Ritter ist abscheulich! [...] er hatte ein entschiedenes Talent und treffliche Einsichten, und wie der Berlinische Nachrichter ihn an seinem Lebensende das Rechte mit dem Unrechten zurücknehmen läßt, wäre eigentlich bloß der dümmsten Pfaffenart gemäß. Kommt mir das Blatt, das ich zurücksende, wieder zur Hand, so lasse ich es auf einen gebrochenen Bogen weitläufig abschreiben, um daneben das Ungehörige, Unwahre und Ungeschickte zur Einsicht der Natur und Wahrheitsfreunde auszusprechen«.[153]

Wie man sieht, spürte Goethe eine Gemeinheit in dem Nachruf und wollte Ritter wissenschaftlich in Schutz genommen wissen. Dem können wir positive Aufschlüsse über das Verhältnis meiner beiden Protagonisten entnehmen. Unabhängig davon fragt sich, ob Goethe mit seiner Einschätzung recht hatte. Woher wollte er so genau sagen können, was Ritter auf dem Totenbett hatte verlauten lassen?

Goethe scheint sich sicher gewesen zu sein, und seine einfühlsamen Ahnungen trogen ihn nicht, denn er hatte recht. Nicht lange nach seinem empörten Protest meldete sich Gehlen zu Wort, der den Sterbenden bis zum Ende begleitet hatte, und korrigierte den anonymen Nachruf mit scharfen Worten.[154]

Vertiefungsmöglichkeit. Trotz der glasklaren Korrektur durch Gehlen bleibt die Angelegenheit rätselhaft. Denn der anonyme Autor des Nachrufs stützte sich auf einen namentlich nicht genannten Münchner Korrespondenten, aus dessen Brief er ausführlich zitierte:

»Ein Schreiben aus München, an einen hiesigen Gelehrten, enthält unter andern folgendes: ›*Ritter* gieng wie ein Mann voll Kraft und Milde aus der Welt. Er war von seiner naturhistorischen Verirrung, die er in seinen Fragmenten fast noch wüthender als in irgend einer andern Schrift ausgesprochen hatte, *vor seinem Tode völlig zurückgekommen.* Er erklärte mir stammelnd: er wolle, wenn er noch wieder ins Leben zurückträte, das *Neue* völlig verlassen und *sein Altes* zu vollenden suchen. Er wäre darin vielleicht zu weit gegangen: denn zu dem Neuesten gehörten die interessanten elektrischen Versuche mit der Mimosa pudica L. und Vieles, was er der Akademie mitten unter seinen Schwärmereien lieferte, war gediegen, geistreich und trefflich, z. B. seine Darstellung der Davyschen Versuche über den Galvanismus‹«.[155]

153 Goethe [LA]/II.1A:736.
154 Gehlen [uJWR]. Noch vor dieser Klarstellung war Gehlens Nekrolog erschienen, worin er Ritter in den höchsten Tönen gepriesen hatte (Gehlen [N]; dieser namentlich nicht gekennzeichnete Nekrolog wird Gehlen zugeschrieben in Richter [LPJW]:258).
155 Anonym [WN]; Hervorhebung im Original. Nicht anders Anonym [uR]:85.

Wer den im Nachruf zitierten Brief geschrieben hat, ist Jahrzehnte später ans Licht gekommen – es war Moll; und er nahm seine Darstellung nicht zurück.[156] Das ist insofern überraschend, als sich Moll in seinen anderen Äußerungen über Ritter wie ein sorgfältig abwägender, fairer, ja sogar wohlwollender Beobachter verhalten hatte, zuletzt in seinem offiziellen Nachruf für die Bayerische Akademie, worin er zwar auch irrige Hypothesen Ritters erwähnte, aber kein Wort über dessen wütende Verirrungen verlor.[157] Zudem hatte Ritter ihm in seinen letzten Briefen wie gesagt großes Vertrauen entgegengebracht. Weil Gehlens Gegendarstellung über jeden Zweifel erhaben ist und sich auf drei weitere Vertraute des sterbenden Ritter berufen konnte, muss Moll irgend etwas missverstanden haben. Aber was?

Ein Detail aus Molls Brief finde ich besonders verstörend: die These, Ritter hätte sich von seinen *Fragmenten* losgesagt. Drei Wochen vor dem Tod hatte Ritter ihm nicht ohne Selbstbewusstsein ein druckfrisches Exemplar zukommen lassen; die Steine des Anstoßes in dem Werk waren ihm klar.[158] Wenn das Werk Moll missfallen hat, könnte er Ritter bei seinem letzten Besuch mit sanftem Druck dahin gelenkt haben, die eine oder andere Schwäche einzugestehen; Ritter konnte durchaus selbstkritisch auf seine allerneuesten Texte zurückblicken.[159] Aber wird Moll den sterbenden Ritter mit der Aufforderung konfrontiert haben, sich von den *Fragmenten* ganz loszusagen? Das ist kaum glaublich; so taktlos oder rabiat wirken Molls Äußerungen über Ritter nirgends. Oder soll Ritter sich aus freien Stücken distanziert haben? Auch das ist unplausibel; Gehlen war sich sicher, dass Ritter bis an sein Ende zu den *Fragmenten* stand, und stützte das durch einen Bericht darüber, wie der sterbende Ritter seinen beiden jungen Söhnen testamentarisch je ein Exemplar zusprach: ein literarisches Vermächtnis.[160] – Ich muss diese Schwierigkeit auf sich beruhen lassen. Noch rätselhafter wird die Sache dadurch, dass sich Gehlen nicht lange nach Veröffentlichung seiner Gegendarstellung an Moll wandte und verblüffend versöhnlich auf dessen Eingeständnis reagierte, den umstrittenen Brief nach Berlin verfasst zu haben.[161] Gehlens Versöhnlichkeit könnte damit zu tun haben, dass Moll ihm gegenüber möglicherweise die Veröffentlichung des Briefs bedauert hat. Diese Vermutung liegt nahe; wir können sie aber nicht überprüfen, da ein solches Eingeständnis aus der Feder Molls nicht überliefert zu sein scheint.

Goethe, misstrauisch

§ 6.3.4. Obwohl Goethe die Unzuverlässigkeit des Nachrufs auf Ritter korrekt eingeschätzt hat und obwohl er sich hierin deutlich auf Ritters Seite stellte,

156 Moll [MaSB]/III:663n*.

157 Moll [JKAW]/3:78. Vergl. Moll [UmüC] (dazu § 5.3.1) sowie die Belege in § 6.3.2, Fußnote 149.

158 Ritter, Brief an Moll vom 1. 1. 1810 (siehe Moll [MaSB]/III:662).

159 Zum Beispiel Ritter, Brief an Moll vom 29. 8. 1809 (siehe Moll [MaSB]/III:627) mit Blick auf Ritter [EVaM]/b.

160 Gehlen [uJWR]:106. – Am Ende der Vorrede der *Fragmente* bat Ritter seine Frau mit herzzerreißenden Worten, jedem der vier Kinder ein Exemplar mit Goldschnitt aufzuheben (Ritter [FaNJ]/1:CXXIII).

161 Gehlen, Brief an Moll vom 3. 4. 1810 (siehe Moll [MaSB]/I:195).

waren seine Äußerungen über den Verstorbenen ambivalent. Im Umfeld der zitierten Stelle schrieb er:

> »Ritter taugte von Haus aus nichts, alles was er bekannt machte ist unzuverlässig; aber er hatte ein entschiedenes Talent und treffliche Einsichten [...] Wie schon gesagt, Ritter taugte nichts als Mensch, zog ökonomisch den Teufel am Schwanz (wie der Franzose sagt), und sowohl Er als [auch] das was er geleistet hat ist schwer zu beurteilen, aber deswegen sollt ich sagen, ist es eine stille Pflicht der Überbleibenden, das was er als Mensch fehlte mit ihm zu begraben, und was er als Begabter leistete, aufrecht zu erhalten«.[162]

Einerseits sprach Goethe mit Blick auf Ritter eine allgemeingültige Wahrheit aus – Naturwissenschaftler verdienen sich ihren Platz in den Annalen der Wissenschaftsgeschichte wegen ihrer Verdienste, und ihre Irrwege ändern daran nichts.

Andererseits tritt uns aus dem Zitat erhebliche Skepsis gegenüber Ritter entgegen. Dass Ritter menschlich nichts taugte, dürfte Goethe auf dessen stetig wachsenden Schuldenberg gemünzt haben. Hier mangelte es dem reich Geborenen und zeitlebens Wohlhabenden an Einfühlungsvermögen für die verzweifelte Lage der Zukurzgekommenen seiner Epoche – im Sinne der französischen Redewendung konnte oder wollte Goethe nicht verstehen, warum Ritter »trotz Arbeit in prekären wirtschaftlichen Verhältnissen leben« musste.[163] Dieser wirtschaftspsychologische Gesichtspunkt ist für meine wissenschaftsgeschichtliche Darstellung weniger wichtig als die Klage über Ritters Unzuverlässigkeit in *allem*, »was er bekannt machte«. Hatte Goethe Anlass genug, auch Ritters wissenschaftlicher Arbeit zu misstrauen? Es fällt schwer, sich dieser Deutung zu entziehen. Und wenn es so war, woher rührte das Misstrauen?

Mit Ritters sideristischer Eskapade dürfte Goethes Misstrauen kaum zu tun gehabt haben; denn er regte sich wie zitiert darüber auf, dass Ritter diesem Teil seiner Arbeit auf dem Totenbett abgeschworen haben soll. Gleichwohl scheint Goethes Misstrauen keine Laune des Augenblicks gewesen zu sein, wie sich aus folgender Tagebuchnotiz ergibt:

162 Goethe [LA]/II.1A:736; etwaige (im Druck schwer erkennbare) Hervorhebung weggelassen.

163 So übersetzt Eckle die französische Wendung »tirer le diable par la queue«, auf die Goethe im letzten Zitat anspielte (Eckle in Goethe [LA]/II.1A:736).

»Zu Mittag Herr Frommann und Dr. Seebeck. NB. Ritter der sein Tagebuch supplirend verfälscht« (Goethe, Tagebuch zum 24. 2. 1810).[164]

Offenbar hatte sich Goethe mit zwei guten Bekannten, ja Freunden Ritters ausgetauscht, und die Nachbemerkung (»NB«) klingt so, als hätte Goethe von einem der beiden erfahren, dass Ritter sein Arbeitsjournal mittels unrichtiger Eintragungen erweitert hätte. Einen solchen Verdacht äußert man nicht ohne gute Gründe – und schon gar nicht nach dem Tod des Betreffenden.

Aus dem Abstand mehrerer Jahrhunderte ist schwer zu sehen, worauf sich Goethes Gesprächspartner bezogen haben könnten.[165] Hatten sie jemals Einblick in Ritters Arbeitsjournal? Vermutlich konnte der Naturwissenschaftler Seebeck die Sache eher beurteilen als der Verleger Frommann. Seebeck war bei vielen Experimenten Ritters zugegen gewesen, und vielleicht war er das eine oder andere Mal zum Zeugen der überschießenden Extrapolationen geworden, mit denen Ritter seine experimentellen Untersuchungen vorantrieb, und zwar erschreckend erfolgreich.[166]

Sollte Ritter ihm Einblick in den Schutzraum seines Arbeitsjournals gewährt haben (so wie vor Jahr und Tag dem Freund Ørsted), dann hätte Seebeck allemal darüber erschrecken können, auf welch dünnem Eis sich Ritter dort zu bewegen pflegte; in diesem Rahmen legte Ritter für den Eigengebrauch Thesen nieder, die er noch nicht experimentell einzulösen wusste – in einer Veröffentlichung liefe so etwas vielleicht wirklich auf eine »supplirende Verfälschung« hinaus. Aber bei Ritters Arbeitsjournal handelte es sich um eine andere Textsorte; er hat Arbeits- und Beobachtungsjournale sorgfältig getrennt.[167]

Einem Mann wie Seebeck mag das Arbeitsjournal unheimlich vorgekommen sein; er hatte ein anderes wissenschaftliches Temperament als Ritter: Während Ritter kühn vorwärtsstürmte, pflegte Seebeck zu zaudern und zu

164 Goethe [WA]/III.4:98.

165 Ähnlich Zehm et al in Goethe [T]/IV.2:922. Siehe auch Wetzels [JWR]:57/8n84 mit unplausiblem Verweis auf Ritter, Arbeitsjournal unter dem 16. 8. 1801 (siehe Ritter [VD]:146-153). Zwar zeigen diese Aufzeichnungen Ritters eine naturwissenschaftliche Pause, erscheinen aphoristischer und literarischer als ihr Umfeld – doch von Anzeichen einer Verfälschung kann keine Rede sein. Wie ich vermute, überbrückte Ritter dort die Zeit des Wartens auf Goethes Rückkehr aus Göttingen (s. o. § 4.1.2).

166 Wieviel Ritter mittels dieser Methode zu riskieren bereit war und wie bewusst er sich dieses Risikos gewesen ist, zeigt z. B. Ritter [S]:XVI, 166.

167 Brief an Zimmer vom 20. 2. 1809 (siehe Ritter [BaJG]:5[1]); s. o. § 2.2.9.

zögern; Ritter schrieb überschwenglich, Seebeck lakonisch; Ritter machte Dutzende bedeutender Entdeckungen, Seebeck eine Handvoll.[168]

Man sollte solche Unterschiede im wissenschaftlichen Temperament nicht gegeneinander ausspielen. Die Wissenschaft braucht beides: den Mut, interessante Neuigkeiten zu verfechten – und die Sorge vor dem Irrtum. Beide Haltungen weisen in völlig verschiedene Richtungen, ergänzen einander, müssen austariert werden.[169] Goethe scheint mit seiner Haltung zwischen den beiden Forschern gestanden zu haben, sah sich aber etwas näher bei Seebeck als bei Ritter. Wie ich noch darlegen werde, hat Seebeck darauf abgezielt, Goethe immer weiter zu sich herüberzuziehen. Vielleicht unternahm er im zitierten Gespräch mit ihm und Frommann einen seiner Versuche in dieser Richtung.

Vertiefungsmöglichkeit. Für eine andere Deutung des zuletzt zitierten Gesprächs kann man der Vermutung nachgehen, dass sich die Gesprächspartner nicht allein auf Ritters Arbeitsjournal gestützt haben könnten, sondern zuallererst auf dessen auszugsweise Veröffentlichung in den *Fragmenten aus dem Nachlasse eines jungen Physikers.*[170] Es ist gut möglich, dass Ritter dort entgegen seiner ausdrücklichen Aussage (§ 2.2.1) einige Notizen eingebaut hat, die seine tatsächlichen Gedankengänge verfälschen. Beispielsweise könnte er gewisse Notizen mit früherem Datum versehen haben, um wissenschaftliche Priorität zu beanspruchen.[171] Ob es sich so verhält, ist wegen des Verlusts der meisten Arbeitsjournale kaum zu klären.[172] Ebensowenig lässt sich die weitergehende Befürchtung überprüfen, der zufolge Ritter irgendwelche Einträge hinzuerfunden haben könnte. Mit Blick auf die hundert Fragmente, die aus dem einzigen erhaltenen Arbeitsjournal stammen, hat sich der Verdacht jedenfalls nicht erhärten lassen.

Wie dem auch sei, es ist (außerhalb des Siderismus) ein alarmierender Fall für Ritters wissenschaftliche Unzuverlässigkeit in der Diskussion; und zwar soll Ritter – anonym und wohl um des Honorars willen – den falschen Bericht der Entdeckung eines neuen Planeten veröffentlicht und auf eine Weise unseriös ausgeschmückt haben, für die er keinerlei Belege hatte.[173]

168 Zwei Beispiele für Seebecks Skepsis gegenüber Ritters Resultaten sind in Goethe *Farbenlehre* aufgenommen worden (Seebeck [WFB]:34/5; für die Wortlaute s. u. § 6.3.8, § 6.3.9). Könnte Goethe aus diesen Beispielen auf Ritters generelle Unzuverlässigkeit geschlossen haben?

169 Levi [GwT].

170 Ritter [FaNJ]/1, Ritter [FaNJ]/2. In eine ähnliche Richtung zielt Worbs [GSPJ]:201.

171 Möglicherweise bieten angeblich frühe Ahnungen vom unsichtbaren Licht ein Beispiel dafür (Ritter [FaNJ]/1:§ 240 (1798); für den Wortlaut s. o. § 2.2.2 (vergl. Ritter [FaNJ]/1:§ 252 (1799)). – Nach eigener Aussage hat er einige Fragmente nur aufgenommen, um das frühe Datum der dort enthaltenen Einsichten zu dokumentieren (Ritter [FaNJ]/1:XCV).

172 Einem – vielleicht vergleichbaren – Fall nachträglicher Umdatierung eines Briefs durch Ritter sind wir zu Beginn meiner Darstellung begegnet (§ 2.1.6k).

173 Klemm et al (eds) [BRP]:24/5. Ob der dort dokumentierte anonyme Artikel aus dem Jahr 1804 (Anonym [NNP]) wirklich von Ritter stammt, konnte ich bislang nicht

Hingegen keinen Physiker

§ 6.3.5. Dass Goethe die wissenschaftliche Zuverlässigkeit Ritters nach dessen Tod nicht hoch veranschlagen mochte, passt offenbar zu einer weiteren Tatsache, über die man andernfalls ins Grübeln geraten müsste. Und zwar hat er sich öffentlich nicht etwa der wissenschaftlichen Zusammenarbeit mit Ritter gebrüstet – im Gegenteil, er verschwieg sie. So heißt es am Ende der *Farbenlehre*:

> »Unter den Gelehrten, die mir von ihrer Seite Beistand leisteten, zähle ich Anatomen, Chemiker, Literatoren, Philosophen, wie Loder, Sömmerring, Göttling, Wolf, Forster, Schelling; *hingegen keinen Physiker*«.[174]

Warum Goethe hier Ritters Namen nicht erwähnt hat, ist schwer zu sagen.[175] Vielleicht wollte er seine *Farbenlehre* nicht durch Berufung auf Ritter belasten, dessen Renommee stark gelitten hatte; das war wie dargetan wohl auch der Grund dafür, dass er auf Ritters sideristische Experimente trotz aller Sympathien nicht wissenschaftlich, sondern lediglich literarisch reagiert hatte.[176]

Vielleicht aber hat er Ritters Namen nicht aus strategischen Gründen verschwiegen, sondern wegen wissenschaftlicher Zweifel. Dieser Vermutung werde ich zum Abschluss meiner wissenschaftsgeschichtlichen Darstellung nachgehen. Wie sich zeigen wird, könnte Seebeck die Zweifel Goethes hervorgerufen oder doch verstärkt haben.

Unabhängig davon hat die zitierte Stelle aus der *Farbenlehre* ihrem Verfasser erheblich geschadet. Schon gleich nach der Veröffentlichung und dann immer wieder ist ihm entgegengehalten worden, dass sein Angriff auf Newton schon deshalb nichts taugen könne, weil ihm kein Physiker beigesprungen sei, stattdessen aber dubiose Philosophen wie Schelling.[177]

ermitteln; weder Weber noch Richter führen ihn in ihren Ritter-Bibliographien auf (Weber [EFN]:210/1; Richter [LPJW]:196/7, siehe aber Richter [LPJW]:128). Eine Liste zeitgenössischer Autoren, die Ritters experimentelle Unzuverlässigkeit herausgestrichen haben, liefert und relativiert Hüffmeier [JWRN]:226 *et passim.*

174 Goethe [MzGF]:423; meine Hervorhebung.

175 Während diese Frage in den einschlägigen Kommentaren eigentümlicherweise nicht aufgeworfen wird (Kuhn et al in Goethe [LA]/II.6:564; Wenzel in Goethe [FA]/23.1:1438; Schmidt in Goethe [MA]/10:1289), findet man dort – mit einem hinzuzudenkenden »Hier irrte Goethe« – den Hinweis auf Seebeck (Kuhn et al in Goethe [LA]/II.6:564; Wenzel in Goethe [FA]/23.1:1438).

176 S. o. § 5.3.3.

177 So schon im Jahr 1810 Anonym [zFvG]/a:26-28 (siehe dazu O. M. [GPmS], Abschnitt 1.4). Nicht viel anders vor kurzem Zehe in Goethe [LA]/II.5A:221; ähnlich p. 234.

Kein Zweifel, auf lange Sicht wäre es Goethes Sache besser bekommen, wenn er Ritter erwähnt hätte. Dessen Leistungen sind seit langem unbestritten; zu seiner Rehabilitierung haben bei aller Kritik maßgeblich der Physiologe Emil du Bois-Reymond und der Chemie-Nobelpreisträger Wilhelm Ostwald beigetragen.[178] Beide waren erklärte Gegner der *Farbenlehre* Goethes.[179] Vielleicht wären sie ein wenig nachdenklich geworden, wenn sie gewusst hätten, wie einig sich Ritter und Goethe im Kampf gegen die Newtonianer jahrelang gewesen sind; vielleicht aber hätte diese Information stattdessen in ihren Augen eine Abwertung Ritters nach sich gezogen.

Wie dem auch sei, aus heutiger Sicht sind die vielen naturwissenschaftlichen Errungenschaften Ritters unstrittig. Er gilt als Erfinder des Akkus, als Begründer der Elektrochemie, und ihm werden zahllose weitere Entdeckungen zuerkannt.[180]

Vertiefungsmöglichkeit. Könnte es sein, dass Goethe Ritter nicht zu den Physikern gerechnet und allein darum an Ort und Stelle nicht erwähnt hat? Sah er Ritter in erster Linie als einen Chemiker? Wir müssen diese Fragen verneinen; Goethe hat gegenüber Schiller ausdrücklich zu Protokoll gegeben, mit Ritter über höhere Physik diskutiert zu haben.[181] Damit dieser Beleg sticht, muss ich voraussetzen, dass »höhere Physik« hier nicht im Sinne Schellings gemeint war.[182] Angesichts von Ritters damaliger Distanz zu Schelling (derer sich Goethe bewusst war) ist die Voraussetzung plausibel. – Und welchem Fach fühlte sich Ritter zugehörig? Auch hier ist die Antwort eindeutig, und zwar schon deshalb, weil er die

178 Offenbar ist du Bois-Reymond der erste Naturwissenschaftler von Rang gewesen, der Ritters galvanistische Forschungen wieder in Betracht gezogen hat und zu einer ambivalenten Würdigung gekommen ist, mit Lob für eine Reihe von Entdeckungen Ritters und positivistischer Kritik an dessen polaristischer Methode (du Bois-Reymond [UüTE]/1:313-372). Höchst negative Wertungen der Arbeit Ritters bietet du Bois-Reymond [GaPE]:70, 74, und auf dieser Textgrundlage kommt Schipperges zu einer pessimistischeren Einschätzung der Gesamtbewertung Ritters durch du Bois-Reymond (Schipperges in Ritter [FaNJ]/C:8/9; das Gegenteil vertritt Olshausen [FvHB]:48). – Eine differenzierte, insgesamt recht positive Würdigung Ritters formuliert Ostwald [JWR].

179 Siehe du Bois-Reymond [GKE], Ostwald [GSF]:66-68 *et passim.*

180 Was wir als Vorläufer des Akkus bezeichnen würden, nannte Ritter »Ladungssäule« (Ritter, Brief an Herzog Ernst von Gotha vom 28.3.1803 (siehe Poppe [JWRE]:188/9, 200n41)). Laut Berg und Mitstreitern führte Ritter die allererste quantitative Elektrolyse am 17.9.1800 durch (Berg et al [RS]:90). Zahllose weitere Entdeckungen Ritters belegt Schlüter [GRÜB]:142-150.

181 Goethe, Brief an Schiller vom 30.9.1800 (siehe Goethe [WA]/IV.15:124); für den Wortlaut s. o. § 2.3.2.

182 Schelling [vW]/A.

Chemie als Teil der Physik ansah.[183] Zudem hat sich Ritter immer wieder selber als Physiker bezeichnet, z. B. im Buchtitel seiner *Fragmente aus dem Nachlasse eines jungen Physikers.*[184] Dass er freilich zuweilen einen laxen Physik-Begriff verwendete, legen die weit ausschweifenden Überlegungen nahe, die er in seiner Münchner Festvorlesung unter der Überschrift *Die Physik als Kunst* vortrug.[185] Aber meine Antwort bleibt auch im engeren wissenschaftlichen Kontext bestehen. So erweiterte Ritter den Journaltitel Gehlens so, dass darin nicht nur das Stichwort »Chemie«, sondern auch das Stichwort »Physik« vorkam: Aus Gehlens *Neuem allgemeinen Journal der Chemie* wurde im Jahr 1806 dessen *Journal für die Chemie und Physik.*[186] Schon im Jahr darauf wurde auch noch die Mineralogie in den Journaltitel aufgenommen.

Seebeck oder Ritter in der *Farbenlehre*?

§ 6.3.6. Es lohnt sich nicht, weiter darüber zu spekulieren, warum Goethe den Namen Ritters in der gesamten *Farbenlehre* nicht genannt hat. Stattdessen sollten wir darin nach versteckten Spuren seiner Wirkung auf Goethe suchen. In der Tat dürfte Goethe mit folgender Klage auch an Ritter gedacht haben:

> »All mein dringendes Mitteilen war vergebens [...] Die Physiker, verbunden mit den Chemikern, waren mit den Gasarten und mit dem Galvanismus beschäftigt«.[187]

Wenn er damit Ritter gemeint haben sollte, so wäre das nach allem Gesagten unfair gewesen; zwar hatte der Galvanist Ritter intensiv zu den zwei – ihm zufolge – entgegengesetzten Gasarten Hydrogen und Oxygen experimentiert, aber wie dargetan in enger Analogie zu anderen Polaritäten, und das mit antinewtonischen Resultaten ganz in Goethes Sinne.

Nun gibt es in der *Farbenlehre* einige Textpassagen mit Einsichten, die auf Ritters Forschung zurückgehen. Ich möchte nur die wichtigste dieser Passa-

183 Ritter [DNUü]:vi.
184 Ritter [FaNJ]; in dieselbe Richtung weist Ritter [PCAi]/1:XI sowie Ritter, Brief an Lorchen Schmidt vom Juli/August 1808 (siehe Klemm et al (eds) [BRP]:50).
185 Ritter [PaK]/A; s. o. § 5.2.2. – Ein Jahr vor seinem Tod hielt er fest, dass er sich öffentlich als Physiker gab, während er privat dem weiter gespannten Ziel einer »Wissenschaft der Natur« folgte (Ritter, Brief an Zimmer vom 20. 2. 1809 (siehe Ritter [BaJG]:1ʳ); für den Wortlaut s. o. § 2.2.9).
186 Ritter, Brief an Ørsted vom 19. 7. 1806 (siehe Harding (ed) [CdHC]/II:183); dazu Rehm [üTLV]:294, Richter [LPJW]:142.
187 Goethe [MzGF]:422/3.

gen herausgreifen.[188] Sie steht im didaktischen Teil und betrifft die Experimente mit Hornsilber:

»Von der Wirkung farbiger Beleuchtung auf Säurung und Entsäurung kann man sich folgendermaßen unterrichten. Man streiche feuchtes, ganz weißes Hornsilber auf einen Papierstreifen; man lege ihn ins Licht, daß er einigermaßen grau werde und schneide ihn alsdenn in drei Stücke. Das eine lege man in ein Buch, als bleibendes Muster, das andre unter ein gelbrotes, das dritte unter ein blaurotes Glas. Dieses letzte Stück wird immer dunkelgrauer werden und eine Entsäurung anzeigen. Das unter dem gelbroten befindliche wird immer heller grau, tritt also dem ersten Zustand vollkommnerer Säurung wieder näher. Von beiden kann man sich durch Vergleichung mit dem Musterstücke überzeugen«.[189]

Genau wie Ritter in seinem Vortrag vor der Jenaer Naturforschenden Gesellschaft aus dem Jahr 1801 ausgeführt hatte, so stellte es auch Goethe dar – das vorbelichtete, ergraute Hornsilber schwärzt sich in den kalten Farben, wird aber in den warmen Farben wieder heller. Diese Symmetrie zwischen Aufhellung und Schwärzung bietet polares Denken in Reinform. Wenn Goethe die Symmetrie zunächst anhand farbiger Gläser aufzeigte, so wich er damit zwar von Ritters ursprünglichem Versuchsaufbau ab; aber gleich im nächsten Paragraphen wiederholte er die Ergebnisse für prismatische Farben:

»Man hat auch eine schöne Vorrichtung gemacht, diese Versuche mit dem prismatischen Bilde anzustellen. Die Resultate sind denen bisher erwähnten gemäß, und wir werden das Nähere davon späterhin vortragen und dabei die Arbeiten eines genauen Beobachters benutzen, der sich bisher mit diesen Versuchen sorgfältig beschäftigte«.[190]

Dass Ritters Name hier ausgespart wurde, ist befremdlich; ebenso muss man sich darüber wundern, warum Goethe darauf verzichtet hat, die deutlichste Schwärzung des Hornsilbers außerhalb des prismatischen Bildes zu erwähnen (also dort, wo wir heute vom Ultraviolett sprechen).

Beide Versäumnisse Goethes hängen miteinander zusammen. Mit dem genauen Beobachter, auf den er verwies, war nämlich nicht Ritter gemeint,

188 Eine weniger eindeutige Stelle aus der *Farbenlehre* mit möglichen Spuren von Ritters Überlegungen erörtere ich oben in § 3.5.6k.

189 Goethe [EF]: § 680.

190 Goethe [EF]: § 681.

sondern Seebeck – und der artikulierte posthum einige Zweifel an Ritters Entdeckung jenseits vom violetten Ende des Spektrums.

Sapperlot, her mit dem Supplement!

§ 6.3.7. Laut dem letzten Zitat wollte Goethe erst später in der *Farbenlehre* auf die chemischen Wirkungen farbiger Beleuchtung zurückkommen. Warum behandelte er das Thema nicht gleich an Ort und Stelle? Meine Hypothese lautet, dass Goethe Zeit gewinnen wollte, da er immer noch nicht mit Ritters Experimenten im Reinen war, die vor Jahr und Tag zum Streit geführt hatten.

Während er sich von Seebeck noch Ritters Experimente vorführen und variieren ließ, lief bereits der Druck des didaktischen Teils der *Farbenlehre*.[191] Wohl weil ihm weitere lose Enden seiner Theorie bewusst waren, kündigte er schon im Jahr 1808 einen Ergänzungsband an, in dem er die erforderlichen Ergänzungen liefern wollte.[192] Offenbar blieb er damit stecken; jedenfalls ist der angekündigte Band nicht in der versprochenen Form erschienen. Stattdessen jagte Goethe den drei Teilen der *Farbenlehre* gleich bei ihrem Erscheinen einen kurzen Nachtrag hinterher, worin er die entscheidende Lücke schloss – wenn auch nur mit fremder Hilfe. Goethe erklärte die Sache so:

> »Ob wir uns schon aus oben erwähnten Ursachen enthalten, desjenigen umständlich zu gedenken, was seit den letzten zwanzig Jahren in unserm Fache vorgekommen; so dürfen wir doch den bedeutendsten Punkt nicht übergehen, welchen Herschel besonders wieder in Anregung gebracht, wir meinen die Wirkung farbiger Beleuchtung auf Leuchtsteine, Metalloxyde und Pflanzen; ein Kapitel, das in unserm Entwurfe nur skizziert, in der Chemie immer von größerer Bedeutung werden muß. Wir können unsre Pflicht hierin nicht besser erfüllen, als wenn wir einen ausführlichen Aufsatz von Herrn Doktor Seebeck zu Jena einrücken, der von dem scharfen und treuen Beobachtungsgeiste des Verfassers so wie von dessen unvergleichlicher Gabe zu experimentieren ein schönes Zeugnis ablegt, und bei Freunden der Wissenschaft den Wunsch erregen wird, der Verfasser möge sich immer in dem Falle befinden, seinem natürlichen und beurkundeten Forscherberufe zu folgen«.[193]

191 S. o. § 6.2.12.
192 Siehe Goethe [V]:8.
193 Goethe [sVST]:25/6; Hervorhebung weggelassen.

Wie gehabt steht hier kein Wort von Ritter. Was wusste Seebeck im Rahmen der *Farbenlehre* Goethes zu den Themen zu sagen, um die es in meiner Untersuchung immer wieder gegangen ist?

Seebeck undankbar?

§ 6.3.8. Ohne große Rücksicht auf den Lehrer und Freund Ritter beschrieb Seebeck in Goethes *Farbenlehre* viele fremde und eigene Experimente. Ritters Namen nannte er an einigen Stellen kurz, aber keineswegs dankbar oder auch nur positiv. Beispielsweise erwähnte ihn Seebeck beim Thema der Wirkung farbiger Beleuchtung auf Leuchtsteine:

> »Auch das prismatische Rot wirkt, wie schon Wilson und später Davy und Ritter bemerkt hatten, lichtschwächend auf die Phosphoren. Nach meinen Erfahrungen erlöschen sie hier gemeinhin nicht völlig, sondern kommen nur in etwas kürzerer Zeit auf den schwachen Lichtzustand zurück, den sie an dieser Stelle annehmen. Ist die Öffnung im Laden sehr klein, so werden, wie schon oben angeführt, die Phosphoren, bei einer gewissen Entfernung vom Prisma, in dem Rot desselben nicht mehr leuchtend, aber dann wirkt auch diese Beleuchtung überhaupt nicht; die Phosphoren erlöschen hier nicht schneller, als für sich im Dunkeln. Im Blau und Violett dagegen werden die Leuchtsteine in dem angegebenen Abstande noch leuchtend; hieraus folgt also, daß die deprimierende Kraft des Roten und Gelben früher abnimmt, als die exzitierende des Blauen und Violetten. Doch auch diese hört in einer größern Entfernung vom Prisma auf, und dort existiert nur für das Auge noch ein wirksames Farbenbild«.[194]

Es ist eindeutig – gleich nach der Erwähnung Ritters schickte Seebeck kühl eine Korrektur seiner Ergebnisse hinterher. In dem Stil geht es weiter; nach einem historischen Exkurs, den ich nicht wiederzugeben brauche und in dem Seebeck genüsslich die Fehler diverser Newtonianer entfaltete, kam er auf die chemischen Wirkungen des prismatischen Lichts zu sprechen. Ritters Name fand seinen Platz nur am Ende einer knappen Aufzählung:

> »Scheele erwies zuerst, in seiner Abhandlung von Luft und Feuer, daß die Metallkalke im Lichte ›phlogistisiert‹, oder wie wir uns jetzt ausdrücken, desoxydiert werden. Senebier, Priestley, Berthollet, Miß Fulham, Rumford,

194 Seebeck [WFB]:28; Hervorhebung weggelassen.

Ritter und andere bestätigten diese Entdeckung und vermehrten sie mit mancher neuen«.[195]

Und von Ritters Entdeckung berichtete Seebeck sichtlich reserviert:

»Eine der empfindlichsten Substanzen gegen die Aktion des Sonnenlichtes ist das salzsaure Silber, oder Hornsilber; es ist bekanntlich frisch gefällt weiß, und wird im Lichte sehr bald grau und endlich schwarz, wobei es den größten Teil, wo nicht alle seine Säure verliert. Schon Scheele bemerkte, daß die prismatischen Farben ungleich auf dasselbe wirkten, ›daß die Schwärzung im Violett schneller erfolge, als in den andern Farben‹ [...] *Ritter* (s. Gilb. Annalen der Physik B. VII. S. 527 und B. XII. S. 409) *will* auch noch außerhalb dem Violett ›*sogenannte* unsichtbare Stahlen entdeckt haben, welche das Hornsilber noch stärker reduzierten, als das violette Licht selbst‹; ferner, ›daß die Reduktion an dem Orte des Maximums außer dem Violett, nach dem Blau hin abnehme, und mehr hinter dem Grün aufhöre; und daß sie im Orange und Rot in wahre Oxydation des bereits Reduzierten übergehe‹«.[196]

Lassen Sie das auf sich wirken – Ritter »will« auch noch außerhalb des Violett Wirkungen des Spektrums auf das Hornsilber »entdeckt haben«. So wie sich Seebeck hier ausdrückte, signalisierte er erhebliche Zweifel daran, ob Ritters größte Entdeckung Hand und Fuß hatte. Es ist bemerkenswert, dass Seebeck diese Zweifel gegenüber Ritter nicht ausgesprochen zu haben scheint; wenn wir Ritter glauben dürfen, hatte Seebeck alle seine optischen Experimente gesehen und zu reproduzieren gelernt.[197] Und es gibt keinen Grund, Ritter an diesem Punkte zu misstrauen. Warum Seebeck im nachhinein etwas leugnete, was er mit eigenen Augen gesehen haben muss, ist ein Rätsel.

Vielleicht wollte Seebeck sein eigenes Renommee nicht von Ritters zuletzt ruiniertem Ruf in Mitleidenschaft gezogen wissen? Vielleicht waren ihm chemische Wirkungen außerhalb des sichtbaren Spektrums unwichtig? Oder war es ihm im Abstand einiger Jahre nicht mehr gelungen, Ritters Entdeckung zu replizieren? Traute er seiner Erinnerung nicht mehr? Ich muss diese Fragen auf sich beruhen lassen. Wie auch immer sie zu beantworten sind, fest steht, dass Seebecks Zweifel auf Goethe abgefärbt haben dürften.

195 Seebeck [WFB]:34; Hervorhebung weggelassen.
196 Seebeck [WFB]:34/5; Hervorhebung geändert.
197 S. o. § 5.1.1.

Das jedenfalls ist meine Antwort auf die früher aufgeworfene Frage, woran es liegen könnte, dass Goethe das Ultraviolett in seiner *Farbenlehre* verschwiegen hat. Seebeck war in den letzten Jahren vor ihrer Veröffentlichung der wichtigste physikalische Berater Goethes. Wo Seebeck zögerte, da könnte auch Goethe unsicher geworden sein.

Vertiefungsmöglichkeit. In Seebecks Darstellung kommen zwei mit Anführungszeichen markierte Zitate vor, deren Wortlaut offenbar von Ritter stammen soll. Ganz genau scheint es Seebeck damit freilich nicht genommen zu haben; so verweist das erste der beiden Ritter-Zitate auf eine fast wortgleiche Formulierung aus Ritters erster Veröffentlichung seiner Entdeckung.[198] Doch hätte Seebeck die etwas abfällige Wertung »sogenannte« besser nicht in den Regierungsbereich seiner Anführungszeichen setzen sollen, denn dies distanzierende Wort hat Ritter an Ort und Stelle nicht benutzt. Das zweite Ritter-Zitat ähnelt Geist und Buchstaben einer Passage aus Ritters dritter Veröffentlichung über das Sonnenlicht aus dem Jahr 1803.[199]

Eine farbige Entdeckung

§ 6.3.9. Nicht genug, dass Seebeck sich gegenüber Ritters größter Entdeckung außerhalb des sichtbaren Spektrums reserviert gab – nein, unmittelbar im Anschluss an die zuletzt zitierte Textstelle aus dem Nachtragsband der *Farbenlehre* Goethes ging er noch einen Schritt weiter und erwähnte weitere Zweifel an Ritters Resultaten, jetzt sogar im sichtbaren Spektrum:

> »Schon Senebiers Versuche zeigten deutlich eine Hemmung der Wirkung auf der Seite des Gelben und Roten, sowohl der Zeit als dem Grade nach; doch fand nach ihm hier noch eine Reduktion statt, wo Ritter eine Oxydation fand. Neue Versuche waren also nötig. Hier sind die Resultate von den meinigen«.[200]

Der letzte Satz dieses Zitats ist in seiner Lakonie bezeichnend für Seebeck; seine Entdeckungen waren erstaunlich. Wie er zeigen konnte, nimmt Hornsilber im prismatischen Licht nicht allein verschiedene Schwarz- und Grau-Töne an, sondern färbt sich sogar bunt.[201]

198 Ritter [ANSS]; für den Wortlaut s. o. § 3.1.2.
199 Ritter [VüS]M]/A:410.
200 Seebeck [WFB]:35; Hervorhebung weggelassen.
201 Siehe Seebeck [WFB]:35/6. Vergl. dazu die Zustimmung des sonst so skeptischen Pfaff (Pfaff [uNFH]:170/1). Ritter hatte in seinen Notizen ebenfalls von Farben im belichteten Hornsilber geschrieben, die Spur aber nicht weiterverfolgt (Ritter, Arbeitsjournal unter dem 22. 2. 1801 (siehe Ritter [VD]:111); für den Wortlaut s. o.

Es ist kein Wunder, wenn Goethe davon begeistert war; einem Freund der Farbigkeit wie ihm musste es gefallen zu sehen, dass die flüchtigen prismatischen Farben im chemischen Bild farbig festgehalten werden können, fast schon wie in einer Vorform der Farbphotographie.[202] Besonders schön ist Seebecks Versuch mit Hornsilber in purpurner Beleuchtung:

> »Läßt man Violett und Rot von zwei Prismen zusammentreten, so erhält man bekanntlich ein Pfirsichblütrot. In diesem wird das Hornsilber auch gerötet, und zwar wird es oft sehr schön karmesinrot«.[203]

Dass Seebeck seine Experimente ausdrücklich auf Goethes Purpur ausdehnte, kann man als Verbeugung vor dem Dichter deuten. Vielleicht glaubte er, ihm das schuldig zu sein, und wollte vorab für guten Willen bei dem Mann sorgen, in dessen *Farbenlehre* Seebecks Text erschien; Seebeck ging nämlich als nächstes auf diejenigen Entdeckungen Ritters ein, die im Jahr 1801 zum Streit mit Goethe geführt hatten.

Nachhall des berühmten Auftritts

§ 6.3.10. Erinnern wir uns – im September 1801 war es zu einem Streit zwischen Goethe und Ritter gekommen, nachdem Ritter ihm gegen Newton hatte zuhilfe eilen wollen und von zusätzlichen Farben neben den Kantenspektren berichtete. Diese zusätzlichen Farben einschließlich ihrer photochemischen Wirkungen beschrieb nun auch Seebeck:

> »Wenn man das prismatische Spektrum so nahe am Prisma auffängt, daß nur die Ränder gefärbt, die Mitte aber weiß erscheint, so bemerkt man hart unter dem Blau noch einen gelbrötlichen blassen Streifen; dieser rötet zwar das Hornsilber nicht, aber er wirkt doch hemmend auf die vom Weißen herrührende Reduktion oder Schwärzung, wie Ritter schon vor mir bemerkt hat«.[204]

Hier beschränkte sich Seebeck darauf, die Versuchsergebnisse nur zu beschreiben und immerhin zunächst das zu bestätigen, was Ritter neun Jahre vorher

§ 3.1.1). Zur modernen Replikation dieser Farben durch Anna Reinacher siehe O. M. [IRaI]:142/3.

202 Ähnlich Knebel et al (eds) [AV]:313.

203 Seebeck [WFB]:36.

204 Seebeck [WFB]:36; Hervorhebung weggelassen.

gesehen hatte und was dann zum Streit führte.[205] Eine theoretische Erklärung lieferte Seebeck nicht. Warum nicht? Ritter hatte die Antwort geahnt:

> »Freylich ist hier eine harte Nuss aufzubeissen, sobald man die ganze Erscheinung vollständig construiren will« (Ritter, Brief an Ørsted vom 6. 8. 1808).[206]

Es spricht für Seebecks Redlichkeit, dass er diejenige Entdeckung entfaltete, die Ritter einerseits in einen Gegner Newtons verwandelt hatte, andererseits auf eine Vereinigung mit Goethe hatte hoffen lassen und schließlich den Streit mit Goethe heraufbeschwor. Seebeck muss gewusst haben, wie heikel diese Angelegenheit für Goethe immer noch gewesen ist; trotzdem legte er sie auf den Tisch. Mehr noch – dass er die Entdeckung nicht in den theoretischen Rahmen der *Farbenlehre* einzuordnen wusste, wird Goethe kaum erfreut haben.

Fast will es scheinen, als hätte Seebeck diese schlechten Nachrichten für Goethe als nächstes durch ein Zeichen guten Willens abmildern wollen. Wie Sie sich vielleicht erinnern, hatte Goethe auf Herschels und Ritters ursprüngliche Entdeckungen an Newtons Spektrum unter anderem mit der naheliegenden Anregung reagiert, die Experimente mit dem umgekehrten Spektrum zu wiederholen.[207] Im Einklang mit Goethes Plänen befestigte Seebeck einen Schattenwerfer auf einem großen Prisma und beobachtete – nichts:

> »wenn man eine Leiste mitten über das Prisma befestigt; [...] erscheint [...] in dem nahe aufgefangenen weißen Felde des Spektrums mitten Gelb, Pfirsichblütrot und Blau; diese aber wirken auf das Hornsilber nicht, oder doch nur so schwach, daß es kaum zu bemerken ist; ich konnte wenigstens in verschiedenen Abständen vom Prisma keine recht deutliche Wirkung von diesen Farben erkennen«.[208]

Seebeck probierte also genau das aus, was Goethe und Ritter im Zuge ihrer Suche nach Polaritäten stets zu tun pflegten. Er variierte ein bestimmtes Experiment durch Vertauschung der Pole, hier durch Umkehrung der newtonischen Spektralfarben in ihre komplementären Gegenstücke. Unter polaristischen Vorzeichen hätte man die Umkehrung der Wirkungen erwartet – aber das Experiment lieferte keine hinreichend deutlichen Resultate.

205 S. o. §4.4.4-§4.4.6.
206 Harding (ed) [CdHC]/II:217.
207 S. o. §6.1.7.
208 Seebeck [WFB]:36/7.

Damit endet meine wissenschaftshistorische Darstellung. Nach allem, was ich in dieser Doppelbiographie Goethes und Ritters zusammengetragen habe, liegt eine Vermutung nahe: Wo Seebeck sich damit zufriedengab, ein Null-Ergebnis zu konstatieren, da hätte Ritter nicht geruht noch gerastet, um zu vorzeigbaren Ergebnissen vorzudringen. Damit will ich nicht sagen, dass so eine ausdauernde Suche unter Garantie hätte zum Ziel führen müssen. Das letzte Wort hat immer die Natur; und wenn man Pech hat, antwortet sie nicht wie gewünscht. Aber wenn sie nicht antwortet, sagt sie uns auch nichts darüber, ob wir unser Ziel nur knapp verfehlt haben und vielleicht unter etwas anderen Versuchsbedingungen nicht doch noch erfolgreich werden können – oder aber ob die ganze Suche auf falschen Voraussetzungen beruht.

Mit Ritters Tod hat die Polaritätsidee Goethes ihren kühnsten, ausdauerndsten, kreativsten, raffiniertesten Verfechter verloren. Seebeck, sein Nachfolger an Goethes Seite hatte nicht genug Biss, um den Verlust zu ersetzen, und so verlief die ganze Sache im Sande. Heute ist die Polaritätsidee tot. Obwohl sie zu einigen empirischen Entdeckungen führte, die noch heute zum Bestand unseres Wissens zählen, nutzen wir sie nicht mehr für deren Darstellung, Einordnung und Erklärung.

6.4. Was ist eigentlich Polarität?

Skizze einer Explikation

§ 6.4.1. Wer die Polaritätsidee als treibende Kraft hinter einem großen Teil der Forschung Ritters ausrufen will, muss sagen, worin diese Idee genau besteht. Gerade weil ich Ihnen in meiner Goethe/Ritter-Doppelbiographie eine Unzahl wissenschaftlicher, historischer und philosophischer Details zugemutet habe, ist es zuguterletzt an der Zeit, eine Explikation zu versuchen, die der Polaritätsidee klare Konturen verleiht, das Gesagte bündelt und in einen breiteren Kontext einordnet. Ich hatte meine Gründe dafür, dass ich diese Idee nicht von Anbeginn expliziert habe: Erst im Lichte der konkreten Einzelheiten gewinnt sie ihren Gehalt; eine genaue Explikation verfrüht festzuklopfen, hätte zuviel vorweggenommen.

Zuerst alles auf einmal in einem langen Satz: Nach meinem Verständnis läuft das polaristische Denken Goethes und Ritters darauf hinaus, in den verschiedensten naturwissenschaftlichen Untersuchungsbereichen per Analogie immer ein und dieselbe Struktur aufzuzeigen, wonach es jeweils zwei gleichberechtigte, wirksame und also existierende Faktoren gibt, die sich in ihrer Reinform als Extreme verstehen lassen, die einander entgegenstehen, die sich unter geeigneten Bedingungen in der genauen Balance gegenseitig auslöschen oder neutralisieren können, die in ihrem Wechselspiel eine Vielfalt von Wirkungen erzeugen und die dabei einer ganz bestimmten Vertauschungssymmterie genügen – wer die beiden Pole in einer geeigneten Anordnung miteinander vertauscht, kehrt damit die beobachtbaren Wirkungen genau um.

Beginnen wir mit dem auffälligsten Zug dieser Liste, der in jeder Explikation von Polarität vorkommen muss – es geht stets um *zwei* Arten von Polen. Wer mit höheren Anzahlen von Polen hantiert, hat die Sache nicht verstanden. Diesem Missverständnis sind berühmte Leute zum Opfer gefallen. Nach einer arktischen Expedition fragte beispielsweise der tatendurstige Entdecker des Nordpols, ob noch mehr Pole auf ihre Entdeckung warteten –

> »›Es gibt einen Südpol‹, hatte Christopher Robin gesagt, ›und ich glaube, es gibt einen Ostpol und einen Westpol, aber die Leute reden nicht gern darüber‹«.[209]

Wer diesem Irrtum entrinnt und exakt zwei Polen das Wort redet, hat sich dadurch allein freilich noch nicht zum polaristischen Denken emporgeschwungen. Was muss hinzukommen?

Weitgehend unstrittig ist, dass wir einen Antagonismus brauchen, wenn wir von Polarität sprechen wollen – aber nicht jeder Antagonismus stiftet eine Polarität im hier interessierenden Sinne. Wer Hund und Katze oder Mann und Frau als antagonistische Gegensätze betrachtet, mag das aus poetischen, politischen, chauvinistischen oder sonstigen Gründen tun – mit unserem Thema hat es nichts zu schaffen.

Hund und Katze bilden in keinem anspruchsvollen Sinne eine entgegengesetzte Zweiheit; es sind einfach nur zwei von vielen Säugetierarten, deren Exemplare einander oft spinnefeind sind. Selbst wenn sie sich gegenseitig bekämpfen, kann keine Rede davon sein, dass sie sich unter geeigneten Umständen neutralisieren. Vielleicht sterben beide im Verlauf ihrer Auseinandersetzung, aber es ist kein Naturgesetz, dass es dazu kommen muss. Und bei Mann und Frau verbietet sich der Gedanke einer wechselweisen Neutralisierung erst recht.

209 Vergl. Milne [PB]:107, hier der Wortlaut im englischen Original: »›There's a South Pole,‹ said Christopher Robin, ›and I expect there's an East Pole and a West Pole, though people don't like talking about them‹« (Milne [WP]:131 (chapter IX)).

Vertiefungsmöglichkeit. Das Denken in Gegensätzen ist eine uralte Kulturtechnik, die bis in die griechische Philosophie zurückreicht, vermutlich noch ältere Vorläufer hatte und auch im Fernen Osten eine lange Tradition aufweist (Stichwort Yin und Yang). Wir können den größten Teil dieses unermesslichen Ozeans links liegen lassen, wenn wir uns auf naturwissenschaftliche Polarität konzentrieren. Freilich verschwimmen die Grenzen zur außerwissenschaftlichen Rede von Gegensatzpaaren zuweilen. Beispielsweise könnte man die Terminologie von Yin und Yang für naturwissenschaftliche Zwecke fruchtbar machen, was in der traditionellen chinesischen Naturwissenschaft versucht worden sein mag. Oder um ein weniger exotisches Beispiel zu nehmen: Goethe charakterisierte Magneten ebenso wie Turmaline als »Hermaphroditen« und sprach erst der Elektrizität »getrennte Geschlechter« zu.[210] In solchen Fällen übernehmen ursprünglich außerwissenschaftliche Ausdrücke eine theoretische Funktion, und ihre ehemalige Bedeutung hängt ihrer neuen Bedeutung an wie ein metaphorischer Schleier; solche Assoziationen können rhetorischen oder mnemotechnischen Zwecken dienen, sind aber für systematische Zwecke bedeutungslos.[211]

Nun hat laut feministischer Überlieferung die bürgerliche Gesellschaft ausgerechnet in der Goethezeit den polaren Gegensatz zwischen Mann und Frau konstruiert, und das scheint die ganze Idee in schlechtes Licht zu rücken.[212] Gerade Goethe brauchen wir in dieser Hinsicht keine großen Vorwürfe zu machen; er hatte Sinn für alle erdenklichen Farbtöne zwischen Schwarz und Weiß, und zwar nicht nur in seiner naturwissenschaftlichen, sondern auch in seiner literarischen Arbeit, wie sich beispielsweise an den *Wahlverwandtschafen* verdeutlichen lässt.[213] Goethes Offenheit für die allerverschiedensten Existenzmöglichkeiten zeigt sich besonders eindringlich in seiner rätselhaften Mignon-Figur, die er schon in *Wilhelm Meisters Theatralischer Sendung* manchmal mit femininen, manchmal mit maskulinen, manchmal mit neutralen Grammatikformen bezeichnet hatte und die er ein halbes Jahrhundert später in *Wilhelm Meisters Wanderjahren* voller Ambivalenz als »Knaben-Mädchen« und »Scheinknabe« malte.[214] Während Goethe also trotz seines Denkens in Polaritäten keine sonderlich geeignete Zielscheibe für Gender-Kritik abgibt, will ich nicht in Abrede stellen, dass seinerzeit andere Sitten herrschten als heutzutage; Ritters schon erwähnte Diskussion einer Passage aus Goethes *Tasso* würden wir heute nicht kommentarlos stehenlassen.[215]

Weder metaphysisch noch sonstwie vage

§ 6.4.2. So, wie ich die Polaritätsidee verstanden wissen möchte, hängt sie nicht mit politischen, religiösen, spirituellen oder banalen Alltagsthemen zu-

210 Goethe [PW]:328.

211 Wie beispielsweise theologische Antagonismen in chemischen Polaritäten weiterleben können, habe ich oben berührt (§ .2.2.5k).

212 Ein *locus classicus* für feministische Kritik daran ist Hausen [PG]. Und eine philosophiehistorisch tiefgehende Verbindung polarer Denkmuster mit der damaligen Etablierung der Geschlechterrollen liefert Mandelartz [GT]:170, 178, 185 *et passim.*

213 Einzelheiten in O. M. [JRGF], 9. Abschnitt.

214 Goethe [WMW]/H:227; Goethe [WMTS]/F:135/6, 154 *versus* 153, 236 (dazu Voßkamp et al in Goethe [FA]/9:1202, 1402). Mit Bezug auf andere Texte Goethes zielt Adler in eine ähnliche Richtung (Adler [AoM]:82).

215 Siehe Ritter [FaNJ]/2:§ 485 (1802); für den Wortlaut s. o. § 4.5.2.

sammen. Ist es vielleicht eine philosophische Idee? Hier ist Vorsicht angebracht; fest steht, dass sie besser nicht mit moralischen oder metaphysischen Fragen vermengt werden sollte – selbst wenn sie philosophischen Tiefgang hat, ist es eine naturwissenschaftliche Idee.

Das soll heißen, dass die Idee in der naturwissenschaftlichen Forschung eine konkrete Rolle gespielt hat. Sie machte sich bei der Arbeit im Labor der Experimentatoren und in der Studierstube der Theoretiker bemerkbar. Weder hat sie mit dem Kampf zwischen Gut und Böse zu tun noch mit vagen Gegensätzen, deren Betrachtung erbaulich sein mag, aber wissenschaftlich leer wäre. Um sie z. B. vom metaphysischen Wortgeklingel abzugrenzen, zitiere ich eine Passage aus einer frühen Schrift Arthur Schopenhauers:

> »Jede Polarität muß aus einer Einheit entspringen, deren Entzweiung mit sich selbst, deren Auseinandertreten in zwei qualitative Gegensätze sie ist: keineswegs aber kann aus dem zufälligen Zusammentreffen zweier Dinge verschiedenen Ursprungs [...] je Polarität entstehn«.[216]

Zugegeben, die Entzweiung einer Einheit mit sich selbst ist ein hübscher Gedanke – für Sonntagsreden. Doch das hat nichts mit dem zu tun, was in meiner Untersuchung zur Sprache kam. So habe ich Goethe folgend Licht und Finsternis als Polarität charakterisiert; von einer Einheit, der beide entspringen, war nirgends die Rede. Auch der Gegensatz zwischen magnetischen oder elektrischen Polen hatte in der hier dargestellten Geschichte nichts mit irgendeiner vorgängigen Einheit zu tun.

Um nicht missverstanden zu werden – weit ausschweifende Formulierungen wie die eben zitierte finden sich auch in den Schriften meiner beiden Protagonisten. So schrieb Goethe in der *Farbenlehre*:

> »Treue Beobachter der Natur, wenn sie auch sonst noch so verschieden denken, werden doch darin mit einander übereinkommen, daß alles, was erscheinen, was uns als ein Phänomen begegnen solle, müsse entweder eine ursprüngliche Entzweiung, die einer Vereinigung fähig ist, oder eine ursprüngliche Einheit, die zur Entzweiung gelangen könne, andeuten, und sich auf eine solche Weise darstellen. Das Geeinte zu entzweien, das Entzweite zu einigen, ist das Leben der Natur; dies ist die ewige Systole und

216 Schopsenhauer [uSF]/A2:54 (§16).

Diastole, die ewige Synkrisis und Diakrisis, das Ein- und Ausatmen der Welt, in der wir leben, weben und sind«.[217]

Das kann man als raunenden Tiefsinn interpretieren, wenn man will; frühere Interpreten der *Farbenlehre* Goethes haben sich zuallererst auf solche Textstellen konzentriert und sich davon entweder wissenschaftlich abschrecken oder metaphysisch begeistern lassen, je nach Temperament.[218]

Das Besondere meiner Interpretation besteht darin, derartige Passagen solange auf sich beruhen zu lassen, wie sie keine erkennbare wissenschaftliche Last tragen. Ich habe vorzuführen versucht, dass man beim Interpretieren weit vorwärtskommen kann, wenn man sich nicht allein auf den Wortlaut verlässt, sondern auch auf diejenigen handfesteren Sachverhalte, mit denen Goethe und Ritter ihre polaristischen Formulierungen unterfüttert haben – auf konkrete Experimente mit beobachtbaren Tatbeständen. Dabei kann soviel Material zutagetreten, dass Textpassagen wie die zitierte erst einmal in den Hintergrund gesetzt werden dürfen.

Ihr missliches Aussehen könnte freilich trügen. Ob es trügt, ergibt sich erst durch Arbeit am Text und durch hartnäckige Suche nach konkreten Anhaltspunkten, die sich naturwissenschaftlich entfalten lassen. Im zuletzt zitierten Fall ist das nicht schwierig. Goethes Ausdrücke »Synkrisis« und »Diakrisis« waren Fachbegriffe für Zusammenziehung und Ausdehnung, oder auch für Verbindung und Trennung.[219] Und Systole bzw. Diastole bezeichneten die beiden entgegengesetzten, stets aufeinanderfolgenden Phasen des Herzschlags und der Atmung.[220]

Um der zitierten Textpassage mehr abzugewinnen als ein schöngeistiges Raunen, könnte man zum Beispiel beim Gegensatz zwischen Ein- und Ausatmen ansetzen, also bei einem auffälligen Muster, das in der belebten Natur prominent vorkommt und sich wissenschaftlich studieren lässt – in meiner Untersuchung spielte dies Thema einzig und allein deshalb keine Rolle, weil es mir um Physik und Chemie ging, nicht um Biologie.

217 Goethe [EF]:§ 739. Siehe auch Goethe [PVSA]:55/6. Bei Ritter finden sich vergleichbare Aussagen (Ritter [FaNJ]/1:§ 26 (*korr.* 1798), § 86 (1802), § 93 (1802)).

218 Abgeschreckt gibt sich z. B. der Chemie-Nobelpreisträger Ostwald, der die Textstelle und ihr Umfeld pikiert zitiert (Ostwald [GSF]:58). Enthusiasmiert wirkt dagegen die Betrachtung der Textstelle durch Fink [GIB]:93/4.

219 So Schmidt in Goethe [MA]/10:1108.

220 Siehe Schmidt in Goethe [MA]/10:1083.

Vertiefungsmöglichkeit. Betrachten wir den polaren Gegensatz zwischen Tier und Pflanze, den sich Schelling auf die Fahnen geschrieben hat.[221] Auf den ersten Blick erscheint er unter naturwissenschaftlichen Vorzeichen keinen Deut besser als derjenige zwischen Hund und Katze – man kann ihn aber naturwissenschaftlich schärfen, etwa durch Verweis auf den chemikalischen Gegensatz zwischen Photosynthese und Atmung.[222] Auch ohne in die Einzelheiten zu gehen, lässt sich sagen, dass wir die Stoffe einatmen, die von Pflanzen ausgeatmet werden – und schon liegt ein brauchbarer Ansatzpunkt für eine sachorientierte Interpretation des letzten Goethe-Zitats auf dem Tisch. Der Fall ist lehrreich: Gegensatzpaare sind nicht *per se* naturwissenschaftlich respektabel; vielmehr werden sie es in dem Augenblick, in dem jemand eine Operationalisierung vorschlägt, die aus dem vage empfundenen Gegensatz etwas Handfestes macht. Wenn das auf überzeugende Weise geleistet ist, so stehen wir vor einer naturwissenschaftlichen Dualität, die sich bei strenger Redeweise erst nach weiteren Schritten als Polarität erweisen kann. Insofern Goethe und seine Zeitgenossen auf sprachlicher Ebene nicht immer zwischen Dualität und Polarität unterschieden haben (siehe §1.3.5), waren damals viele Verwendungen der Ausdrücke »Dualität«, »Dualism« usw. polaristisch aufgeladen; es scheint keine feststehenden Begriffsunterschiede zwischen diesen Ausdrücken gegeben zu haben.[223]

Regulative Idee

§6.4.3. Der nächste Gesichtspunkt, auf den es mir ankommt, hängt mit den Einsatzweisen der Polaritätsidee zusammen. In meiner Darstellung kam sie nicht zuallererst als Ergebnis wissenschaftlicher Forschung zum Vorschein; vielmehr wurde sie von den Protagonisten meiner Erzählung dezidiert an die empirische Realität herangetragen. Man kann sie als eine Zielvorgabe verstehen, an der sich Goethe und Ritter bei der Arbeit orientiert haben, als eine regulative Idee im kantischen Sinne.[224]

Demzufolge wäre sie zwar apriori, soll heißen, unabhängig von empirischer Erfahrung zu rechtfertigen. Aber anders als bei Kants sog. konstitutivem

221 Siehe z. B. Schelling [EESN]:248/9, Schelling [DMSP]/S:209-211 (§155/6). In einem hochspekulativen Brief, auf dessen Inhalt der Adressat Goethe nie reagiert hat, verknüpfte Schelling die Pflanzen mit dem Nord- und die Tiere mit dem Südpol der Erde (Schelling, Brief an Goethe vom 26. 1. 1801 (siehe Fuhrmans (ed) [FWJS]/I:243/4; 244n30)).

222 Ähnlich schon Schelling [EESN]:79. – Gegen Ende seines Lebens hat Ritter anhand von Mimosenexperimenten eine galvanistische Polarität zwischen Tieren und Pflanzen beschrieben, auf die ich hier nicht näher eingehen kann, die aber – soviel sei gesagt – eindeutig auf Vertauschungssymmetrien hinausläuft (Ritter, Brief an Ørsted vom 22. 7. 1809 (siehe Harding (ed) [CdHC]/II:235, 243)). Wetzels bringt diese Konzeption mit Goethes Polaritätsdenken zusammen (Wetzels [JWR]:69 mit Bezug zu Ritter [EVaM]/b:356 (§36)).

223 Vergl. Klengel [üGDT]:37, 45/6.

224 Für die Einzelheiten s. o. §1.4.6k.

Apriori (etwa in Sachen Raum, Zeit und Kausalität) kommt einer solchen regulativen Idee keine Denknotwendigkeit zu. Zugegeben, wir brauchen regulative Ideen für die wissenschaftliche Forschung – sonst irren die Wissenschaftler ziellos im Chaos der Phänomene, Experimente und Daten herum; doch ist damit nicht gesagt, an *welchen* regulativen Ideen sie ihre Forschung ausrichten müssen. So wird verständlich, warum Kant die Polarität nicht unter seine Beispiele für regulative Ideen einzureihen brauchte – und warum sie heute keine Rolle mehr spielt; sie ist von anderen regulativen Ideen verdrängt worden.

Zu Goethes und Ritters Tagen stand es damit anders. Nicht nur bei diesen beiden Protagonisten meiner Darstellung spielte die Polaritätsidee seinerzeit eine wichtige forschungsleitende Rolle, und zwar einerseits in der empirischen Arbeit, andererseits in der theoretischen. Dem Empiriker hat sie empfohlen, in beliebigen Bereichen solange zu experimentieren und nach neuen Befunden zu fahnden, bis sich in den Versuchsaufbauten und -ergebnissen handfeste Gegensätzlichkeiten aufzeigen ließen. Und dem Theoretiker empfahl sie, die entdeckten Phänomene in eine Ordnung zu bringen, unter der sich diese Gegensätzlichkeiten gut überschauen ließen (was die Entwicklung einer geeigneten Terminologie einschließen konnte).

In dieser Hinsicht ist die Polaritätsidee verwandt mit einer regulativen Idee, die ebenfalls in Kants Liste der regulativen Ideen fehlt, und das obwohl sie spätestens seit der frühen Neuzeit (und bis in unsere Zeit) die wissenschaftliche Arbeit entscheidend geprägt hat: das Mathebuch-Dogma, also die Idee, dass das Buch der Natur in der Sprache der Mathematik geschrieben sei. Ohne diese Idee wäre der rasante wissenschaftliche Fortschritt der letzten Jahrhunderte undenkbar gewesen; darin unterscheidet sie sich von der Polaritätsidee.

Doch gleicht sie ihr insofern, als auch sie einerseits auf der empirischen, andererseits auf der theoretischen Ebene regulativ zur Geltung kommt. Die Empirikerin soll (so die Forderung des Mathebuch-Dogmas) zählen, Messinstrumente bauen, Messdaten erheben, Fehlerrechnung betreiben, anständige Kurven durch die Messpunkte legen usw. Was sich nicht auf diese Weise behandeln lässt, wird zunächst einmal an die Seite gesetzt. Und die Theoretikerin soll mathematische Gleichungen aufstellen, um jene Kurven miteinander in Verbindung zu bringen, sie zu systematisieren, sie unter allgemeinere Gesetze zu subsumieren und beispielsweise in axiomatischer Form aufs wesentliche herunterzubrechen, nämlich auf möglichst wenige einfache Formeln.

Es ist lehrreich, den Vergleich zwischen der Polaritätsidee und dem Mathebuch-Dogma noch etwas weiterzuverfolgen. Beide Denkmotive zielen aufs große Ganze. Die gesamte Wirklichkeit lässt sich mithilfe geeigneter Werkzeuge mathematisch erfassen, so das Mathebuch-Dogma; sämtliche Phänomenbereiche zeigen bei rechter Betrachtung polare Strukturen, so die Polaritätsidee. Mehr noch, so wie das Mathebuch-Dogma mithilfe der axiomatischen Methode aufzuzeigen beansprucht, wie alles mit allem zusammenhängt, so war es auch mit der Polaritätsidee geplant: Die polaren Verhältnisse bei Licht und Finsternis sollten mit denen bei Wärme und Kälte zusammenhängen; die Magnetpole mit den elektrischen Polen usw. In der Tat stand die kühne Idee im Raum, dass alle Phämomenbereiche von einer einzigen Polarität durchdrungen seien.[225] Wer über so einen hohen Anspruch schmunzeln möchte, soll sich nicht zu früh freuen. Mithilfe dieser Idee ist nichts geringeres als der Elektromagnetismus entdeckt worden!

Vertiefungsmöglichkeit. Dass Elektrizität und Magnetismus irgendwie zusammenhängen könnten, hatte man schon in der Mitte des 18. Jahrhunderts vermutet, und zwar zunächst noch ohne Einsatz der Polaritätsidee.[226] Doch schon als der frühe Kant fünfzehn Jahre später mit seiner Rede von Realrepugnanzen tastend die ersten polaristischen Denkmotive ins Spiel brachte, vermutete er die Identität der Grundlagen von Elektrizität und Magnetismus – und Wärme.[227] Weit überschwenglicher wurde der polaristische Plan einer Verknüpfung von Elektrizität und Magnetismus um 1800 von Novalis ausgerufen.[228] Knapp ein halbes Jahr nach dessen Tod im März 1801 beschrieb Ritter einen frühen empirischen Hinweis auf magnetische Wirkungen einer elektrischen (*alias* galvanischen) Batterie.[229] Er verfolgte die Sache hartnäckig, aber ohne viel Fortune weiter.[230] Während eines wissenschaftlichen Aufenthalts in Paris 1802/3 versuchte sein Freund Ørsted, die elektromagneti-

225 Siehe z. B. Ritter [FaNJ]/2:§ 383 (1802).
226 Ein Beispiel dafür aus dem Jahr 1748 bietet Béraud [DsRQ].
227 Kant [VBNG]:187/8.
228 Novalis [GPS]:64, dazu Rommel [FvHN]:74/5 und Berg [PiAF]:132. Ritter hatte sich offenbar bereits zwei Jahre früher Gedanken in dieser Richtung gemacht, deren Deutung freilich alles andere als einfach ist (Ritter [FaNJ]/1:§ 294 (1798), § 303 (*korr.* 1799)); vergl. Ritter, Arbeitsjournal unter dem 21.4.1800; 19.11.1800 und 13.1.1801 (siehe Ritter [VD]:27/8; 37; 86)).
229 Ritter, Brief an Frommann vom 4.8.1801 (siehe Richter (ed) [PRJW]:113).
230 Ritter, Briefe an Ørsted vom 21.2.1802, 14.9.1802, 20.5.1803 (siehe Harding (ed) [CdHC]/II:11, 24/5, 34). Vergl. Anonym [PüaS]:195 sowie Ritter, Brief an Herzog Ernst von Gotha vom 28.3.1803 (siehe Poppe [JWRE]:190/1, vergl. pp. 186/7, 199n31-34). Siehe auch Ritters chemische Begründung für den Zusammenhang von Elektrizität und Magnetismus vom Juli 1803 (Ritter [VBüG]/6:148). Nach eigener Aussage gelang ihm schon im Monat darauf ein weiterer Durchbruch in dieser Angelegenheit (Ritter [VBüG]/6:96n).

schen Experimente Ritters vor der dortigen *Societé Philomatique* zu replizieren, um u. a. mit dessen Zink/Silber-Nadel und der These einer elektrischen Polarität der Erde einen großen Wissenschaftspreis für Ritter zu gewinnen, den Napoleon gestiftet hatte; der Plan scheiterte.[231] Auch nach diesem Desaster hat Ritter immer wieder Experimente zum Zusammenhang zwischen Elektrizität (*alias* Galvanismus) und Magnetismus beschrieben, die meines Wissens noch nicht allesamt rekonstruiert oder reproduziert worden sind.[232] Während Alexander Humboldt von den Versuchen mit der Zink/Silber-Nadel begeistert war, schrieb der Berliner Physiker Paul Erman von nachhaltig gescheiterten Versuchen, Ritters Effekt zu reproduzieren; sein Braunschweiger Kollege August Wilhelm Knoch berichtete hingegen von einer erfolgreichen Replikation des Experiments.[233] Auch Goethe hielt sich auf dem Laufenden und setzte sich schon im Jahr 1806 mit einem Bericht über Ritters Experimente zur Elektrizität magnetisierten Stahls und Eisens auseinander, der unter seinen Papieren erhalten ist und auf den Ritter stolz gewesen war.[234] Aber die Sache war wie verhext: Bis

231 Christensen [HCØ]:152-154 *et passim*, Wetzels [JWR]:37/8. Aus Ørsteds Reisebriefen geht das Ausmaß des entstandenen Image-Schadens nicht hervor; erst ließ Ørsted eine Erfolgsmeldung nach der anderen vom Stapel (Jelved et al (eds) [TLoH]:178/9, 185/6, 198, 200-203), um das Thema danach stillschweigend zu beerdigen. Das mag strategische Gründe gehabt haben, die mit Ørsteds eigener akademischer Zukunft zu tun hatten (so der Herausgeber Andrew Jackson in einer mündlichen Mitteilung). Siehe auch Ørsteds französische Übersetzung der magnetischen Experimente Ritters (Ørsted [EsM]). – Wie dem auch sei, noch im Jahr 1806 scheint sich Ritter Hoffnungen auf den Preis gemacht zu haben (Ritter [VBüG]/6:95/6n).

232 Siehe Ritter [ESK]:379-381; vergl. Klinckowstroem [JWRE]. In vielen Briefen hat Ritter Andeutungen zu diesem Thema gemacht (Ritter, Briefe an Ørsted vom 4. 8. 1804, 11. 3. 1805, 2. 2. 1806 (siehe Harding (ed) [CdHC]/II:85, 100, 148-150); Ritter, Brief an Baader vom 5. 1. 1808 (siehe Hoffmann (ed) [FvBB]:230)). Und er hat früh entsprechende Vermutungen zu Papier gebracht (Ritter [FaNJ]/1:§ 303 (*korr.* 1799), § 305 (1800), § 344 (1800)).

233 Zu Humboldts Begeisterung äußerte sich Ritter selbst (Ritter, Brief an Ørsted vom 1. 4. 1806 (siehe Harding (ed) [CdHC]/II:166); siehe aber Weiß, Brief an Ørsted vom 2. 8. 1820 (Harding (ed) [CdHC]/I:267)). Zu Ermans nach eigener Aussage gescheiterten Replikationsversuchen (Erman [BüEG]:20-33) äußern sich zustimmend Pfaff [ESK]:237/8 sowie Guiot (ed) [SUBv]:241n50; Ablehnung bei Klinckowstroem [JWRE]:80-82. Zu Knochs nach eigener Aussage erfolgreichen Replikationsversuchen (Knoch [uEPZ]) siehe die Zustimmung bei Klinckowstroem [JWRE]:80 und bei Olshausen [FvHB]:44. Weder die zustimmenden noch die ablehnenden Autoren berichten von eigenen Replikationsversuchen; lediglich aufgrund ihrer Lektüre und ihres jeweiligen naturwissenschaftlichen Kenntnisstandes beurteilen sie die Glaubwürdigkeit von Ritter, Erman und Knoch.

234 Anonym [KLN]/a; eine Abschrift, die Goethe hat erstellen lassen, ist dokumentiert in Goethe [LA]/II.1A:258-261 (= M56). Vergl. Ritter, Brief an Kries vom 6. 4. 1806 (siehe Guiot (ed) [SUBv]:225) sowie einen früheren Bericht über Ritters Experimente (Anonym [KLN]).

zu Ritters Tod ist bei dieser Forschung wenig Vorzeigbares herausgekommen.[235] Man könnte die ganze Geschichte in Verbindung mit dem Wünschelruten-Debakel bringen und als weiteres Beispiel für das Scheitern hochfliegender Spekulationen Ritters deuten. Und man müsste sie auch so deuten – wenn nicht Ørsted, den die Sache nie losgelassen hat, Jahrzehnte später doch noch der erste definitive Nachweis der elektromagnetischen Wechselwirkung gelungen wäre, und das sicher auch unter dem Eindruck der Ideen Ritters.[236] Übrigens besuchte Ørsted auf der Triumphreise nach der öffentlichen Anerkennung seiner Entdeckung Goethe in Weimar. Von diesem Besuch am 16.12.1822 haben beide später berichtet; wie Ørsted seiner Frau schrieb, war Goethe über die damals hochaktuelle Entdeckung des Elektromagnetismus bestens unterrichtet und diskutierte mit seinem Gast über geplante Experimente, die kurz später in Weimar stattfanden.[237] Dass sich Ørsted unterdessen von Goethes *Farbenlehre* distanzierte hatte, steht auf einem anderen Blatt.[238]

UV-Licht ohne Mathematik

§ 6.4.4. Im vorigen Paragraphen habe ich zwei Kandidatinnen für regulative Ideen miteinander verglichen – die noch heute akzeptierte Idee der Mathematisierbarkeit und die heute obsolete, weitgehend vergessene Polaritätsidee. Der ersten Idee verdanken wir wie gesagt den Großteil der Erfolge unserer heutigen Physik, der zweiten Idee immerhin die Entdeckung des Ultravioletten und der elektromagnetischen Wechselwirkung.

Aus folgendem Grund scheinen die beiden Ideen nicht gut miteinander zu harmonieren: Goethe und Ritter haben sich in ihrer polaritätsgeleiteten Forschung mathematisch so sehr zurückgehalten, dass immer wieder der Verdacht aufkam, sie hätten sich überhaupt nicht in einem respektablen Sinne wissenschaftlich betätigt. In der Tat hat ihnen ihre mathematische Enthaltsamkeit vor der Nachwelt geschadet: Goethes wissenschaftlicher Ruf leidet daran bis heute; Ritter Ruf wurde hingegen grob hundert Jahre nach seinem Tod rehabilitiert – schon allein deshalb, weil ihm Entdeckungen geglückt sind, die man ihm nicht nehmen kann, allen voran die Entdeckung chemischer Wirkungen im Ultravioletten.

235 Erhalten ist die Inhaltsangabe eines größeren Manuskripts »Über den Zusammenhang des Magnetismus mit der Elektricität«, das Ritter offenbar nicht vollenden konnte und das mit seinem Nachlass verschollen ist (Klinckowstroem [JWRE]:82-84).

236 Siehe Ørsted [EcEC] und Ørsted [BuE]; dazu Richter [LPJW]:79-80, 135 sowie Christensen [HCØ]:336-349, Friedman [KNE], Dietzsch in Ritter [FaNJ]/D:353.

237 Ørsted, Brief an seine Frau vom Dezember 1822 (siehe Herwig (ed) [GG]/3.1:430). Vergl. Goethe, Tagebuch zum 16.12.1822 (siehe Goethe [WA]/III.8:273).

238 Einzelheiten in O.M. [ML]:§ III.2.14.

Wie ich zu zeigen versuchte, hatte Goethe einen erheblichen Anteil an dieser Entdeckung; sie war auch die Folge seines Einflusses auf Ritter. Wenn das richtig ist, sitzen beide im selben Boot. Entweder schwimmt es, und wir müssen Goethe und Ritter als Naturwissenschaftler ernstnehmen; oder es sinkt, dann sollten wir nicht nur Goethe, sondern auch Ritter den naturwissenschaftlichen Respekt verweigern.

Selbstverständlich spreche ich mich für die optimistische Möglichkeit aus. Und wäre es nach allem Gesagten nicht einigermaßen verwegen, Ritters Verdienste um den wissenschaftlichen Fortschritt kleinzureden, nur um Goethe kleinzuhalten? Bedenken Sie: Wenn wir aus der frühen Ahnengalerie unserer Wissenschaft jeden herauswerfen würden, der ohne mathematischen Aufwand zur Entdeckung bleibender Effekte gelangt ist, dann müssten wir bis zum Jahr 1810 – Ritters Tod – auf recht viele wohlklingende Namen verzichten.

Plus und minus

§ 6.4.5. Goethe und Ritter haben die Polaritätsidee auf eine Weise eingesetzt, die auch mathematisch gesonnene Zeitgenossen beeindrucken könnte. So pflegten sie die polaren Gegensätze, um die es ihnen zu tun war, mithilfe der arithmetischen Symbole für Plus und Minus zu charakterisieren. Das war mehr als ein leeres Spiel mit gestohlenen Symbolen. Schon der frühe Kant hatte den zugehörigen Grundgedanken präzise vorgezeichnet, indem er von negativen Größen sprach, die er von der bloßen Abwesenheit irgendeines Faktors unterschied.[239]

Schulden zu machen, ist beispielsweise etwas anderes, als all sein Geld zu verlieren; im einen Fall wird der Kontostand negativ, im anderen wird er Null. Ähnlich bei Kräften: Einer Gegenkraft zu einer gegebenen Kraft ausgesetzt zu sein, ist etwas anderes als die Abwesenheit der fraglichen Kraft. Wo sich einer Anziehungskraft (etwa der Gravitation) eine Abstoßungskraft (etwa magnetischer Art) entgegenstellt und sich genau mit ihr die Waage hält, ist die Gesamtwirkung Null – aber nicht weil die Anziehungskraft verschwunden wäre, sondern weil sie mit einer gleich großen negativen Kraft zu verrechnen ist. Wer solche Verhältnisse differenzierter und mit größerem Anwendungsbereich zu beschreiben wünscht, also beispielsweise die resultierende Gesamtkraft aus allerlei Einzelkräften der verschiedensten Beträge und Rich-

239 Hierzu und zum folgenden siehe Kant [VBNG].

tungen ermitteln möchte, wird zur Vektorrechnung greifen, die in Kants Tagen noch nicht vorlag, aber in seinem Denken als Keim enthalten war.

Da soeben von Größen, ja von Vektorgrößen die Rede war, die sich aufgrund entgegengesetzter Richtungen und gleicher Beträge gegenseitig neutralisieren, lohnt es sich, einen zweiten Blick auf Schopenhauers Formulierung zu werfen, die ich in diesem Kapitel eingangs weggelacht habe. Wenn sich entgegengesetzte Faktoren zu Null summieren: Kann man diese Betrachtung vielleicht umkehren und sagen, dass sich bei geeigneter Analyse tatsächlich aus der Null zwei entgegengesetzte Faktoren extrahieren lassen?

Hinter dieser Frage steckt eine plausible Intuition: Ich kann ein leeres Konto mit einem Kredit belasten, um mir von dem geliehenen Geld etwas Nettes zu kaufen; aus der Null sind Schulden und Eigentum an einem Konsumgut entsprungen. Das wirkt verwandt mit der Idee Schopenhauers, dass einer entschiedenen »Einheit« durch Entzweiung zwei qualitative Gegensätze entspringen können; in meinem Beispiel war es freilich die Null und nicht die Einheit, aus der das Duo aus Schulden und Eigentum hervorging.

Vertiefungsmöglichkeit. Genau an diesem Punkt hat sich Schopenhauer laut meiner Interpretation zu weit von Goethes Sichtweise entfernt, die er eigentlich zu vollenden trachtete; bei ihm summieren sich farbkomplementäre Gegensätze zu Eins – unter polaristischen Vorzeichen wäre eine Summe von Null das stringentere Ergebnis.[240] Wie man an diesem Fall sieht, sind metaphysische Vagheiten nicht immer harmlos; beispielsweise scheint Schopenhauer genau aufgrund der vorhin zitierten Formulierung vom polaristischen Pfad der Tugend abgekommen zu sein.[241]

Mehr und weniger

§ 6.4.6. Die Verrechnung von negativen und positiven Größen, auf die Kant als einer der ersten mit Schwung hingewiesen hatte und die ich zuletzt einmal mehr gestreift habe, könnte rein mathematisch bei jeder quantitativen Messgröße in Anschlag gebracht werden. Doch dadurch würde die Polaritätsidee verwässert, so als ob sie sich immer und überall einsetzen ließe, also ein mathematisches Werkzeug ohne Wirklichkeitsgehalt böte.

In Ritters Überlegungen sind uns Formulierungen begegnet, die eine solche Gefahr heraufbeschwören. Betrachten wir etwa den Fall von Wärme und Kälte, für den sich schon Kant interessiert hatte und der für Ritters größte

240 Schopenhauer [uSF]/A2:26, 31 (§ 5, § 8). Zu den Einzelheiten siehe O. M. [SPmF], 9. – 10. Abschnitt.

241 Schopenhauer [uSF]/A2:53/4 (§ 16); für den Wortlaut s. o. § 6.4.2.

Entdeckung wichtig wurde, weil er Herschels Temperaturmaximum im Infraroten nicht ohne Gegenstück stehenlassen wollte; wie dargetan forderte er auf der gegenüberliegenden Seite ein Temperaturminimum.[242]

Ritter schrieb zunächst völlig harmlos von einem Gegensatz zwischen Erwärmung und Abkühlung.[243] Einen solchen Gegensatz gibt es immer; überhaupt jede quantitative Größe kennt ein Mehr und ein Weniger.[244] Und bei geeigneter mathematischer Betrachtung im Sinne der Infinitesimalrechnung korrespondieren diesem Mehr und Weniger auch positive und negative Vorzeichen: Wo eine Größe steigt, ist ihre erste Ableitung positiv; wo sie sinkt, ist sie negativ.

Wäre das alles, was in der Polaritätsidee steckt, so verkäme ihr Einsatz in dem Augenblick zur mathematischen Selbstverständlichkeit ohne Neuigkeitswert, in dem eine quantitative – und differenzierbare – Größe zur Debatte steht. Jede anständige, monoton fallende Kurve wäre bereits ein Beispiel für Polarität zwischen den auf den beiden Achsen dargestellten Größen. Und selbst wo die fragliche Kurve nicht differenzierbar ist, kann man von einem Mehr und einem Weniger reden, also etwas addieren oder subtrahieren. Plus und Minus wären demzufolge bei so gut wie jeder Anwendung des Mathebuch-Dogmas automatisch im Spiel, die Polaritätsidee verlöre ihren Biss.

Was muss hinzukommen, damit die Idee überhaupt auf interessante Weise greifen kann? Zunächst einmal muss es möglich sein, solange etwas zu subtrahieren, bis die fragliche Größe negativ wird (die Größe selbst, nicht ihre Ableitung). Unsere offizielle Temperaturskala aus dem Internationalen Einheitensystem (SI) hat diese Eigenschaft nicht; es gibt in Kelvin keine negativen Temperaturen. Wer mit Temperaturen polaristisch ernst machen möchte, müsste aber negative Temperaturen verlangen.

Doch das ist nur eine notwendige, keine hinreichende Bedingung für echt polare Verhältnisse. Es genügt nicht, die Temperaturskala durch eine passende Transformation so umzudefinieren, dass nominell auch negative Temperaturen vorkommen können. Warum nicht? Zwar kennt unsere Celsiusskala negative Temperaturen, aber sozusagen nur auf dem Papier; die Skala hat einen absoluten Tiefstpunkt, nämlich

242 Zu Kant s. o. § 2.2.2k; zu Ritter s. o. § 3.4.4.

243 Ritter [BzHN]:84/5 (§ 3); für den Wortlaut s. o. § 3.4.3. – Weitere Beispiele für eine solche Verwässerung der Polaritätsidee durch den frühen Ritter habe ich in § 2.4.7k erwähnt.

244 Vergl. Schelling [EESN]:185/6; für den Wortlaut s. o. § 2.3.6.

-273,15 Grad Celsius = 0 Grad Kelvin.

Angesichts dieser Verhältnisse liegt es auf der Hand, wie eine gegebene quantitative Größe funktionieren muss, damit sie der Polaritätsidee genügt. Wenn die Größe im Prinzip nach oben offen ist (wie z. B. alle heute verwendeten Temperaturskalen), dann muss sie im Prinzip auch nach unten offen sein; soviel mindestens verlangt die Symmetrie, die jeder Polarität innewohnen muss. Die Größe der elektrischen Ladung erfüllt diese Forderung; die Größe der Temperatur verfehlt sie, jedenfalls unter den Vorgaben der heutigen Sichtweise. Ich habe mehrfach daran erinnert, dass unsere asymmetrische Sichtweise von Temperaturen noch zu Zeiten Kants, Goethes und Ritters alles andere als selbstverständlich war.

Vertiefungsmöglichkeit. Für polaristische Denker war der Umschlag quantitativer Gegenläufigkeiten in qualitative Gegensätze von Anbeginn wichtig. Ritter beispielsweise war sich darüber im klaren, dass der bloß quantitative Gegensatz zwischen Mehr und Weniger keine echte Polarität stiftet; als er im Jahr 1798 noch weit von einem Naturverständnis à la Goethe entfernt war, konnte er bei der Gravitation entgegengesetzte Kraftrichtungen und bei der Elektrizität entgegengesetzte Bewegungsrichtungen in Rechnung stellen sowie von einem Mehr oder Weniger ausgehen, ohne auf den polaristischen Zug aufzuspringen.[245] Erst als er im Folgejahr von einer »ächten« Polarität zu sprechen begann, kam er über die Rede von bloß dem Grade nach verschiedenen Zuständen hinaus.[246] Das war bei Ritter die Initialzündung des polaristischen Denkens. Und genau dort, wo er im Frühling 1801 seine Suche nach dem Ultravioletten motivierte, formte er den bloß relativen Gegensatz von wärmer und kälter in einen Plus/Minus-Gegensatz um.[247]

Masse, Kräfte, Vektorgrößen, Kant

§ 6.4.7. Wenden wir das Gesagte probehalber auf zwei weitere Größen an, auf Masse und Kraft. Die Größe der Masse ist unserem heutigen Verständnis zufolge prinzipiell nach oben offen, nicht aber nach unten – es gibt keine negativen Massen. Das braucht uns zwar nicht davon abzuhalten, rein hypothetisch mit negativen Massen zu rechnen und z. B. zu behaupten: Wenn eine negative Masse einem Stoß ausgesetzt ist, so erfährt sie einen Impuls in derjenigen Richtung, aus der sie gestoßen wurde, also genau in der entgegengesetzten Richtung, die wir gewohnt sind – seltsam, aber nicht undenkbar.[248] Verhielte es sich

245 Ritter, Brief an Volta vom Juni (oder Juli) 1798 (siehe Ritter [SaAV]:87/8, 87n).

246 Ritter [RBzN]:246; für den Wortlaut s. o. § 2.2.7.

247 Ritter [BzHN]:85 (§ 4); für den Wortlaut s. o. § 3.4.4.

248 S. o. § 2.4.7k. – Ritter spekulierte durchaus im Einklang mit meinen Formulierungen oben einerseits über einen Konflikt aus negativer und positiver Schwere,

so, dann wäre die Masse eine Größe, die nach oben und unten prinzipiell offen ist, sich also polaristisch konzeptualisieren lässt. Halten wir aber fest, dass so etwas im Rahmen unserer augenblicklichen Physik nicht vorgesehen ist.

Wie steht es in dieser Hinsicht mit Kräften? Hier wird die Angelegenheit auf den ersten Blick trival. Negative Kräfte sind nichts Rätselhaftes, vielmehr können wir mit ihnen problemlos arbeiten, etwa dann, wenn entgegengesetzt greifende Kräfte miteinander zu verrechnen sind. Dass sie entgegengesetzt wirken, birgt keinen Tiefsinn. Es handelt sich zunächst nur um Kräfte mit entgegengesetzter Richtung – die fraglichen Kräfte selbst können vom gleichen Typ sein, beispielsweise Gravitationskräfte; ein Körper der sich genau in der Mitte zwischen zwei gleich starken Gravitationszentren befindet, erleidet entgegengesetzte Anziehungskräfte und rührt sich nicht von Fleck.

In der Tat kann man jede Vektorgröße mathematisch umkehren, und in dem Sinne sind sämtliche Vektorgrößen, die prinzipiell nach oben offen sind, automatisch nach unten gleichermaßen offen. Dafür sorgt die Vektorrechnung, es handelt sich also wieder nur um ein mathematisches Werkzeug ohne Wirklichkeitsgehalt. Dass eine vektorielle Größe in ihrer Offenheit nach oben und unten symmetrisch ist, scheint abermals nur eine notwendige, keine hinreichende Bedingung für die hier interessierende Polarität zu bieten.

Was muss im Fall von Kräften zur gleichberechtigten Offenheit nach oben und unten hinzutreten, damit die Polaritätsidee etwas Aufschlussreiches über die Wirklichkeit besagt? Ein Blick in meine Darstellung legt die Antwort nahe. Aufschlussreich wird die Polaritätsidee mit Blick auf Kräfte in dem Augenblick, in dem einer Anziehungskraft (egal in welcher Richtung) eine gleichberechtigte Abstoßungskraft entgegenstehen kann. Das genau war der historische Beginn des Denkens in Polaritäten: Am Magneten lassen sich sowohl Anziehungs- als auch Abstoßungskräfte dingfest machen.

Es ist diese Symmetrie gewesen, die seit erdenklichen Zeiten für Aufsehen sorgte und die vor einem Vierteljahrtausend mit Blick auf statische Elektrizität erneut Furore machte. Der frühe Kant hat sich beispielsweise davon beeindrucken lassen.[249] Und der reife Kant ging sogar so weit, den Gegensatz zwischen Abstoßungs- und Anziehungskräften ins Zentrum seiner Konzeption von Materie zu rücken.[250]

andererseits über einen Antidruck und sogar über negative Schwerpunkte gewisser flüssiger Körper (Ritter [FaNJ]/1:§ 167 (1805), § 111 (1802), § 24 (*korr.* 1798)).

249 Kant [VBNG]:185, vergl. Aepin [ARvA]/B:16/7, 32.

250 Kant [MAN]:57-59.

Darauf hat sich Goethe für den Einsatz der Polaritätsidee in der Optik berufen; dass Kant auf den Ausdruck »Polarität« verzichtet hatte, musste Goethe nicht stören, denn er sah bei diesem Thema in seinen und Kants Forschungsinteressen ein und dieselbe Struktur.[251] Und damit lag er näher an der Wahrheit, als er hätte wissen können. Interessanterweise findet sich der Ausdruck in Kants Schriften an einer einzigen Stelle des Nachlasses. Als er nicht lange vor seinem Tod von Ritters Entdeckung des UV-Lichts erfahren hatte, notierte er:

> »Oxigeneitaet, Desoxigeneitaet u. Hydrogeneitaet. Neutralisation.
> Das Sonnenlicht im ungetheilten Zustande.
> No. 16 des Intelligenzblatts der (Erlanger) Litteratur Zeitung
> Die Polaritaet der Chemie, Electricität, des Galvanisms, Magnetisms, Wärme. — Dies Eins und Alles in seiner reinesten, freyesten Erscheinung ist das Licht. — Ritter im Frühling 1801«.[252]

Der alte Kant reagierte hiermit auf Ritters knappen Forschungsbericht über seine große Entdeckung.[253] Weder Goethe noch Ritter haben von dieser Notiz aus dem Nachlass Kants erfahren, aber ich sehe in ihr eine herrliche Pointe meiner wissenschaftsgeschichtlichen Darstellung:

Der junge Kant legte mit seiner knorrigen Rede von der Realrepugnanz eine ideenstarke Grundlage für weitere polaristische Gedankengänge; der reife Kant gelangte auf diesem Weg zum Gegensatz zwischen Anziehungs- und Abstoßungskräften; das wiederum ermunterte Goethe, in der Optik verstärkt nach einem Gegensatz zwischen Helligkeit und Dunkelheit zu suchen – und dadurch wurde Ritter zur Entdeckung der chemischen Wirkungen des UV-Lichts geleitet; was schließlich dem Königsberger Urheber der ganzen Gedankenkette so gut ins Konzept gepasst zu haben scheint, dass er sich auf seine alten Tage die Mühe machte, Ritters Originalarbeit zu notieren.

Vertauschungssymmetrie

§ 6.4.8. Abstoßungs- und Anziehungskräfte stehen sich auf interessantere Weise polar gegenüber als Anziehungskräfte, die bloß in entgegengesetzte Richtung wirken. So lautete exemplarisch die Hauptlektion aus dem vorigen

251 Goethe, Brief an Schweigger vom 25. 4. 1814 (siehe Goethe [WA]/IV.24:227).
252 Kant [AA]/XXI:88; Hervorhebung weggelassen.
253 Ritter [CPiL]; siehe dazu die Einzelheiten oben in § 3.3.3-§ 3.3.5.

Paragraphen; das Vorzeichen eines Vektors einfach nur umzudrehen, macht demzufolge noch keinen polaristischen Sommer.

Dass uns allein die Umkehrbarkeit der räumlichen Richtung irgendeines Kausalfaktors nicht weit in polare Gefilde trägt, kann man sich auch in der Optik klarmachen. Jeder Lichtstrahl hat zwar eine Richtung; wer nun einen Lichtstrahl mit einem zweiten Lichtstrahl in entgegengesetzter Richtung konfrontiert, mag damit vielleicht ein spannendes Experiment aufbauen – doch das allein hätte mit Polarität in der Optik wenig zu tun. Nein, wenn Sie in der Optik historisch getreu mit Polaritäten arbeiten möchten, dann müssen Sie nicht die Richtung eines Lichtstrahls umkehren, sondern den Lichtstrahl mit seinem Gegenteil konfrontieren: mit einem Schatten.

Woraus ergibt sich für den Polaritätstheoretiker, dass ausgerechnet die Schatten das Gegenteil von Lichtstrahlen sein müssen? Zwei Gesichtspunkte erscheinen dafür einschlägig. Einerseits sind Schatten in sich etwas völlig anderes als Lichtstrahlen – so wie Anziehungskräfte in sich etwas anderes sind als Abstoßungskräfte (während Anziehungskräfte mit entgegengesetzter Richtung in sich gleichartig sind). Andererseits sind Licht und Schatten miteinander verwandt, gleichsam aus demselben Holze geschnitzt; man kann Licht mit Schatten neutralisieren – so wie sich auch Anziehungs- und Abstoßungskräfte neutralisieren können (oder Schulden und Guthaben).

Selbstverständlich neutralisiert nicht jeder Schatten jede beliebige Lichtmenge; so wie auch nicht jeder Betrag einer Abstoßungskraft jede beliebige Anziehungskraft neutralisiert. Nur wenn die Beträge stimmen und die entgegengesetzten Faktoren auf eine geeignete Weise im Raum arrangiert sind, nur dann löschen sich polare Gegensätze aus.

Die Neutralisierung polarer Gegensätze bietet also nur einen speziellen Fall, nicht den Normalfall. Im allgemeinen erwachsen aus der Konfrontation polarer Gegensätze die vielfältigsten Wirkungen. So spannen die beiden Pole eines Magneten ein mannigfaltiges Feld auf; genauso in der Elektrizität. Im Spannungsfeld zweier entgegengesetzter Pole kann eine Menge passieren, und was da passiert, mag in jedem Phänomenbereich etwas anderes sein.

Das allein ist natürlich keine aussagekräftige Information. Um die Polaritätsidee vom Verdacht der Vagheit zu befreien, brauchen wir einen übergreifenden Gesichtspunkt, der in den verschiedensten Phänomenbereichen gleichermaßen funktioniert; es muss ein struktureller Gesichtspunkt sein, da er ja nicht von den Besonderheiten des jeweiligen Phänomenbereichs abhängen soll.

Dieser strukturelle Gesichtspunkt war der *basso continuo* meiner Untersuchung: Wir können dann im handgreiflichen Sinne von einer Polarität zweier

Wirkfaktoren sprechen, wenn ihre vollständige Vertauschung in einem geeigneten Experiment dazu führt, dass sich die beobachteten Wirkungen stets in ihr Gegenteil umkehren. Das funktionierte beim Magnetismus (Farbtafel 1 links) nicht anders als in der Optik (Farbtafel 3, Farbtafel 7). Wo Polarität herrscht, gibt es also eine symmetrische Vertauschungsoperation. Polarität ist eine spezielle Art von Symmetrie.

Vertiefungsmöglichkeit. Es ist alles andere als einfach, von den strukturellen Polaritäten in der Optik schnurstracks zu analogen Verhältnissen beim Magnetismus zurückzugehen; auf den ersten Blick hindert uns daran die folgende Disanalogie. Dem von mir zugrundegelegten Verständnis von Polarität zufolge müssen wir in einem optischen Versuchsaufbau *überall* die Pole aus Helligkeit und Dunkelheit vertauschen, um auch überall entgegengesetzte Farbwirkungen beobachten zu können.[254] Hingegen verwandeln sich die Kräfte im Experiment mit zwei Magneten (Farbtafel 1 links) nur dann in ihr Gegenteil, wenn man die Pole *eines* der beiden Magneten vertauscht, den anderen Magneten aber unverändert lässt. Es bedeutet im allgemeinen keinen kleinen Unterschied, ob alle oder nur zwei Pole miteinander vertauscht werden; und die stringentere Operation ist sicher die erste der beiden.

Mit heutigem Wissen bietet sich nahe an den Phänomenen folgende Operationalisierung an: Wenn wir irgendwo in einer beliebigen Anordnung von Magneten einen elektrischen Leiter bewegen, der (ohne jede Stromquelle) an ein elementares Spannungsmessgerät angeschlossen ist, so wird die elektromagnetisch induzierte Spannung positiv oder negativ sein, was bei geeigneter Einstellung des Spannungsmessgerätes zu einem ganz bestimmten Zeigerausschlag führt. Nun drehen wir *alle* Magneten im Experiment um, vertauschen dort also systematisch die Nord- und Südpole – und bewegen den elektrischen Leiter wieder an genau derselben Stelle in dieselbe Richtung wie vorher. Dann wird in unserer neuen Messung der induzierten Spannung zwar wieder derselbe Betrag, aber das entgegengesetzte Vorzeichen zukommen. Für diese zweite Messung muss ein herkömmliches Spannungsmessgerät umgeschaltet werden, damit sich der Zeiger frei bewegen kann (statt zitternd nahe Null in die vom Messgerät nicht vorgesehene Richtung zu weisen). Nur bei seiner Umpolung wird das Spannungsmessgerät auch diesmal den vollen Betrag der induzierten Spannung anzeigen, der wir dann das entgegengesetzte Vorzeichen zuordnen. (Hätte das Spannungsmessgerät den Nullpunkt in der Mitte seiner Skala und erlaubte es Ausschläge in beide Richtungen, so entfiele die Umschaltung des Messgeräts – und die Umkehrung der Spannungswirkungen als Reaktion auf umgepolte Magneten käme noch einfacher zum Vorschein).

Diese kleine Betrachtung führt mich zu einer willkommenen Verstärkung meiner wissenschaftsgeschichtlichen These. Wenn wir nämlich (so wie ich vorschlage) die Polaritätsidee konsequent als symmetrische Vertauschungsoperation deuten und annehmen, dass diese Vertauschungsoperation den damaligen Forschern mehr oder minder klar vor Augen stand, dann musste die Polaritätsidee fast zwangsläufig zur Suche nach elektromagnetischen Wechselwirkungen führen; Ørsteds Entdeckung stand sozusagen schon lange auf der polaristischen Tagesordnung. Denn nur mithilfe elektromagnetischer Wechselwirkungen konnte der Magnetismus im vollen Sinne polaristisch analysiert werden. Um diesen Gedanken zu verallgemeinern: Wer in irgendeinem Phänomengebiet bei Umpolung der Kau-

254 Nachweis in O. M. [ML]: § II.5.22-§ II.5.31.

salfaktoren eine Umkehrung der Wirkungen postuliert, der muss darauf vorbereitet sein, dass diese Wirkungen in einem anderen Phänomengebiet aufscheinen als die Kausalfaktoren. Dies dürfte ein Grund dafür sein, dass dem polaristischen Denken stets ein Zug zur Analogiebildung innewohnte.

Ein Goethe, aus der Zeit gefallen?

§ 6.4.9. Die polaristische Interpretation der Naturwissenschaft Goethes, die ich vorschlage, ist nicht ohne Widerspruch geblieben. Umfasst sie, so wie ich behaupte, den Kerngedanken dessen, worauf es Goethe in seiner Optik und Farbentheorie ankam? In früheren Darstellungen meiner Sicht auf die *Farbenlehre* bin ich keiner dezidiert historischen oder philologischen Methode gefolgt.[255] Mir war es zunächst darum zu tun, eine Schlüsselidee Goethes mit systematischen Zielen weiterzudenken; dass sie sich bei Goethe findet, habe ich damals im Verein mit einer Reihe weiterer Autoren einfach nur anhand weniger ausgesuchter Zitate plausibel gemacht, aber nicht intensiv belegt.[256] Soweit ich sehe, findet sich in der vorliegenden Untersuchung zum ersten Mal so viel historisches Material, dass sich unsere Interpretation nicht mehr ohne weiteres wegwischen lässt.

Bevor ich mir die Mühen dieses Nachweises *nolens volens* aufgebürdet habe, wollte ich lediglich die rationale Plausibilität der vertauschungssymmetrischen Schlüsselidee Goethes aufzeigen, und dafür habe ich sie damals ein gutes Stück modernisiert: Anstelle des altbacken klingenden Ausdrucks »Polarität« habe ich von Symmetrie gesprochen; statt von »regulativen Ideen« habe ich einem Theorem Goethes das Wort geredet; und zuguterletzt habe ich Goethes wissenschaftliche Methode kurzerhand in Begriffen der analytischen Wissenschaftstheorie unserer Zeit durchdekliniert.[257]

Gerade bei Goethekennern hat diese Modernisierung wenig Anklang gefunden – mein Goethe sei aus der Zeit gefallen: so lautete die Kritik seitens der Goetheforschung.[258] Auch wohlmeinende Kommentatoren haben den

255 O. M. [GPUb], O. M. [ML].

256 Diese – systematisch versierte, philologisch laxe – Art der Arbeit mit Goethes Schlüsselidee findet sich z. B. bei Bjerke [NBzG], Holtsmark [CI], Nussbaumer [zF], Sällström [MS], Rang [PKS], Grebe-Ellis [GFiL]. Für einen wissenschaftshistorischen Abriss dessen, was diese Autoren gemeinsam mit ihren Mitstreitern empirisch erarbeitet haben, siehe O. M. [HJD].

257 O. M. [ML], Teile II und IV.

258 Eckle [OLM]:235. Diese negative Sicht überwog unter den Reaktionen aus der Goetheforschung (vergl. z. B. Böhler [SWbT]), eine Ausnahme war Lande [R].

Mangel empfunden und empfahlen mir eine historische Kontextualisierung der erarbeiteten Einsichten.[259]

Mit dem vorliegenden Buch habe ich versucht, diese Bringschuld abzutragen. Die systematischen Fragen finde ich weiterhin wichtig, aber ein umfassendes Bild Goethes und seiner Naturwissenschaft muss eine gewisse historische Tiefenschärfe aufweisen und dabei auch künstlerische Gesichtspunkte einbeziehen, wo es sich anbietet (etwa bei Goethes polaristischer Farbästhetik und bei seinen literarischen Schöpfungen – was ich immerhin gestreift habe).

Dabei geht es nicht um Denkmalpflege. Vielmehr müssen die systematischen und inhaltlichen Fragen engstens mit den historischen Details verzahnt werden; so jedenfalls verstehe ich die Meriten eines integrierten Ansatzes, wie er seit Jahrzehnten unter Wissenschaftsphilosophen und -historikern beliebt ist (und zwar unter dem windschnittigen Kürzel *HPS* für »History and Philosophy of Science«). Je umfassender die Synthese ist, die jemand leistet, desto größer der Ertrag in Aussicht. In der Tat sind integrierende Wissenschaftsphilosophen und -historiker gut beraten, auch die ästhetischen und künstlerischen Errungenschaften ihrer Protagonisten in den Blick zu nehmen, vor allem dann, wenn sich dort wie im Falle Goethes viel holen lässt.[260]

Wessen Herz nur philologisch, historisch oder gar chronistisch schlägt, dem wird mein neuer Versuch nicht zusagen. Doch selbst wer sich überhaupt darauf einlassen mag, Goethe und seinen bedeutendsten Partner wissenschaftshistorisch ernstzunehmen, mag immer noch befürchten, dass ich zu weit vom historischen Goethe abgekommen bin. Zwei Gründe für diese Furcht möchte ich zum Abschluss aufrufen und exemplarisch entkräften.

Goethe zu mathematisch?

§ 6.4.10. Erstens könnte man fürchten, dass der Symmetriegedanke aus meiner Explikation der Polaritätsidee zu mathematisch sei für einen Goethe, dessen Ferne zur Mathematik sprichwörtlich ist. Zwar sprechen unzählige Details für meine Explikation; Goethe hat genau wie Ritter immer wieder versucht, Pole miteinander zu vertauschen, um entgegengesetzte Wirkungen aufzuzeigen. Und doch bleibt Anlass zur Skepsis: Passt eine solche formale Denkweise zu dem Goethe, wie wir ihn zu kennen meinen?

259 So z. B. Horst Bredekamp bei der Buchpremiere zu *Mehr Licht* am 27. 5. 2015 in der Humboldt-Universität.

260 Wegweisend ist in dieser Hinsicht Adler [AoM].

Um die Sorge zu zerstreuen, möchte ich daran erinnern, dass derartige Vertauschungssymmetrien erst lange nach Goethes Tod in die Mathematik eingemeindet worden sind. Selbst wenn er viel gegen mathematische Methoden in der damaligen Naturforschung gehabt hätte, konnte er nicht ahnen, dass sein Einsatz der Polaritätsidee später einmal mathematische Assoziationen wecken könnte.

Auf diese Weise schlage ich zwei Fliegen mit einer Klappe: Einerseits kann ich Goethes Naturwissenschaft denjenigen meiner Zeitgenossen schmackhaft machen, die mathematisch gesonnen sind; Goethe wäre demzufolge seiner Zeit vorausgewesen. Andererseits können die Goethekenner unserer Zeit bei ihrem Bild des anti-mathematischen Dichters bleiben; was man zu seinen Lebzeiten unter Mathematik und Messkunst verstanden hat, bliebe wie gewohnt außerhalb der Betrachtung – in der Tat kann man die von mir hochgehaltene Polaritätsidee ohne Zahlen oder Messungen verstehen, einsetzen und weiterführen. Polarität ist ein strukturelles mathematisches Konzept, kein quantitatives. Es steht auf einem anderen Blatt, dass Goethes Widerspruch gegen den Einsatz quantitativer Methoden in der Naturwissenschaft und insbesondere in der Optik oft überzeichnet wird.[261]

Goethe zu theoretisch?

§ 6.4.11. Damit komme ich zum zweiten Grund für die Sorge, dass ich mich zu weit vom historischen Goethe entfernt hätte: Ich habe ihn im Umgang mit Ritter als eifrigen Naturwissenschaftler dargestellt, der sich auch theoretisch betätigt hat. Wie passt das zu der verbreiteten Auffassung, dass Goethe jeder Theoriebildung skeptisch gegenüberstand? Wie passt es dazu, dass er immer wieder die Phänomene aus Experiment und Beobachtung ins Zentrum rückte, ja zuweilen behauptet hat, sie seien bereits die gesamte Lehre?[262] War Goethe als Naturwissenschaftler nicht doch ein Antitheoretiker?[263]

Um diese Sorge zu entkräften, könnte ich an Goethes Aussagen erinnern, in denen er sich nicht gegen Theorebildung schlechthin ausgesprochen hat, sondern gegen unkritische Theoriebildung.[264] Es wäre ein langwieriges Unterfangen, diese heikle Deutungsfrage mithilfe einer Sammlung an Zitaten entscheiden zu wollen; vielleicht ein andermal.

261 Mehr gegen diese Tendenz in O. M. [GFT] und O. M. [P].
262 Goethe [WMW]/H:304.
263 So deutet ihn z. B. Rehbock [GRP]:153-165 *et passim*.
264 Siehe z. B. Goethe [V]:5.

Stattdessen möchte ich daran erinnern, dass ich die Polaritätsidee nicht nach dem Muster theoretischer Hypothesen expliziert habe.[265] So wie sie hier zum Einsatz kam, funktioniert sie anders als heutige theoretische Hypothesen (etwa über die Zusammensetzung der Materie aus Elementarteilchen) und anders als theoretische Hypothesen der Goethezeit (etwa zur Natur eines Licht- oder Wärmestoffs).

Diese damaligen und heutigen Hypothesen muss man als den Versuch deuten, das experimentelle und beobachtbare Geschehen kausal auf eine tiefere Ebene, etwa im Mikrobereich zurückzuführen. Nichts davon kam in meiner Darstellung vor; glücklicherweise konnte ich vollständig darauf verzichten, damalige Auffassungen zur Natur der Magnetpole, der elektrischen Pole oder zur Natur von Kälte und Wärme bzw. Finsternis und Licht darzustellen. Worauf, genau, solche Phänomene bei theoretischer Kausal- oder Mikroanalyse hinauslaufen oder nach damaliger Sicht hinausliefen, habe ich offengelassen. Es spielte für die Zwecke meiner Untersuchung keine Rolle. Warum das so ist, werde ich nun im allerletzten Paragraphen der Untersuchung entfalten.

Goethe zu kausal-hypothetisch?

§ 6.4.12. Wie ich von Anfang an betont habe, ist die Polaritätsidee keine theoretische Kausalhypothese.[266] Nun ist sie auch keine Beobachtungstatsache. – Was ist sie dann? So, wie sie hier verstanden worden ist, stellt sie eine weitgehend theoriefreie Aussage über ganz bestimmte Muster in vielen oder gar allen Beobachtungsfeldern dar. Unabhängig von der Natur oder dem Wesen derjenigen Tatbestände, die in einem Beobachtungsfeld gegeben sind, muss es (so die Idee) zu jedem wichtigen beobachtbaren Tatbestand eine vertauschungssymmetrische Umkehrung geben.

Zugegebenermaßen ist das eine recht abstrakte Idee, aber dadurch wird sie noch nicht zu einer Kausalhypothese unter vielen. Sie kann den historischen Wandel von einer hypothetischen Theorie zur nächsten ohne Verluste überstehen, denn das von ihr geforderte Muster lässt sich im Beobachtbaren dingfest

265 In dieser Angelegenheit bin ich nun über das hinausgekommen, was ich irrigerweise früher vertreten habe (z. B. O. M. [GPoL]:588).

266 S. o. § 1.2.1. – Dass ich Goethe in meinen früheren Versuchen in dieser Hinsicht missverstanden und ihm eine kausalhypothetische Deutung im Sinne Newtons übergestülpt hätte, behauptet Rehbock [HSGF]:389. – Damit hat sie recht, obgleich diese Thematik nicht im Zentrum meiner Thesen stand, sondern nur in ihrem Windschatten mitlief.

machen. Etwa in der Optik: Man photographiere ein beliebiges optisches Experiment und vertausche jede Farbe auf der Photographie mit ihrem Gegenteil, ihrer Komplementärfarbe; dann muss (so die polaristische Idee) das künstlich generierte Bild experimentelle Umstände zeigen, die sich tatsächlich realisieren lassen. Da haben wir eine handfeste Prognose, die sich nicht auf Hypothesen zur Natur des Lichts stützt; ob Licht aus Wellen oder Teilchen oder sonstwas besteht, ist für die Formulierung und Überprüfung der Prognose gleichgültig.

Selbstverständlich lässt sich die geforderte Umkehrung nicht für alle experimentellen Tatbestände gleichermaßen stringent durchführen; bei Sonderfällen konnte die Sache schwierig werden. Und so diente die Polaritätsidee auch dazu, Sonderfälle unter den experimentellen Tatbeständen von denjenigen Fällen zu unterscheiden, die ich eben im Vorübergehen – und ungeschützt – »wichtig« genannt habe. Was soll das heißen?

Unter polaristischen Vorzeichen hieße es ungefähr folgendes: Wer einen experimentellen Tatbestand entdeckt oder hergestellt hat, dessen Umkehrung auf der Hand liegt und gut funktioniert, der hätte einen wichtigen oder grundlegenden Tatbestand entdeckt. Bei einer solchen Betrachtungsweise hilft die Polaritätsidee bei der Einteilung der Phänomene in wichtige oder unwichtige, grundlegende oder exaltierte Fälle – und stiftet auf diese Weise Ordnung unten den Phänomenen.

Zugegeben, mit derartigen Ordnungen ginge man bereits über das hinaus, was sich beobachten lässt – aber nicht im Sinne einer Kausalhypothese, die der Beobachtung prinzipiell entzogen ist. Dass wir in der Naturwissenschaft nicht beim bloßen Beobachten und beim Sammeln der Beobachtungen stehenbleiben können, war Goethe bewusst.

Statt die Übereinstimmung zwischen seinen und den skizzierten Überlegungen im Detail nachzuweisen, schließe ich mit einer Zuspitzung des zuletzt Gesagten. Besonders grundlegend oder wichtig wären demzufolge diejenigen Tatbestände, die ihre eigene Umkehrung enthalten und dies transparent machen. Dieser Extremfall wurde selten erreicht; er wäre eine Art *focus imaginarius* der Polaritätsidee.[267]

Um dem historischen Goethe terminologisch noch näherzukommen, schließe ich meinen wissenschaftshistorischen und -philosophischen Gedankengang mit einem berühmten und gewagten Ausdruck der *Farbenlehre*,

267 Den lateinischen Ausdruck übernehme ich aus Kants Diskussion der regulativen Ideen (Kant [KRV]/A:644, B:672).

dessen Exegese und Erörterung eine besondere Untersuchung verdiente. Nicht nur Ritter, auch Goethe war auf der Suche nach Tatbeständen, die ihre eigene Umkehrung enthalten und dies transparent machen. Ein Beispiel dafür wäre die gleichzeitige Präsentation von Newton- und Goethespektrum am Wasserprisma; an diesen Fall dürfte Ritter gedacht haben, als er im Jahr 1802 folgende Sätze notierte:

> »So z. B. ließe sich aus einem einzigen Brechungs- und Farbenversuch mit einem Prisma von Wasser unser ganzes Verhältniß zur Welt entdecken«.[268]

Goethe sprach in solchen Situationen vom Urphänomen.

268 Ritter [FaNJ]/1:§ 127 (1802); Hervorhebung weggelassen.

Nachweise der Farbtafeln

Farbtafel 1 links: Graphik von Kalina Trzaska; rechts: Farbgraphik von Matthias Herder und Ingo Nussbaumer nach einer Schwarz/Weiß-Zeichnung aus Newtons Vorlesungsmanuskript, siehe figure 2 in Newton [UFVo]:3.

Farbtafel 2 links: Spaltdia im Kindermann-Projektor hinter Wasserprisma, photographiert von Ingo Nussbaumer, zugeschnitten von Matthias Herder; rechts: Spaltdia im Kindermann-Projektor hinter Wasserprisma, photographiert von Ingo Nussbaumer; arrangiert von Matthias Herder.

Farbtafel 3 links: Kantendia im Kindermann-Projektor hinter Wasserprisma, photographiert von Ingo Nussbaumer; arrangiert von Matthias Herder; rechts: Kantendia kopfüber im Kindermann-Projektor hinter Wasserprisma, photographiert von Ingo Nussbaumer; arrangiert von Matthias Herder.

Farbtafel 4: Graphik von O.M.

Farbtafel 5 oben: Ausschnitt aus Farbtafel 11; unten: Graphik von Sarah Schalk und O.M.

Farbtafel 6: Goethe-Nationalmuseum, Klassik Stiftung Weimar.

Farbtafel 7: Spalt- bzw. Stegdia im Kindermann-Projektor hinter Wasserprisma, photographiert von Ingo Nussbaumer; arrangiert von Matthias Herder.

Farbtafel 8: Graphik von Matthias Herder, nachgezeichnet nach Nussbaumer [zF], mittleres Umschlagsbild der Buchvorderseite.

Farbtafel 9: Matthaei (ed) [ZzF]:51/2; No. 142, Tafel LXXXIr.

Farbtafel 10 links: Goethe Nationalmuseum der Klassikstiftung Weimar; Archivnummer: GNF 0349001; rechts: Photo und Experiment von Anna Reinacher.

Farbtafel 11: Das hier gezeigte Exemplar der Abbildung geht auf Ritters Veröffentlichung zurück (Ritter (ed) [SGRv]:729, 759, Tafel 3) und unterscheidet sich in wenigen unwesentlichen Details von der in Weimar überlieferten Fassung (siehe Matthaei (ed) [ZzF]:99; No. 366 (dort farbig abgebildet auf Tafel LXXVI). Quelle: O.M. [GPoL], Fig. 1.

Farbtafel 12: Photos von Matthias Rang. Quelle: O.M. [FDHG], Abb. 6.

Farbtafel 13: Photo und Experiment von Anna Reinacher.

Farbtafel 14: Photos von Bernhard Kraker v. Schwarzenfeld.
Farbtafel 15: Computersimulation: Gerhard G. Paulus.
Farbtafel 16: Wegen der heute üblichen Konventionen habe ich das Original an einer senkrechten Achse gespiegelt. Quelle: Goethe [BzO]/1, Karte 27.

Literaturverzeichnis

Weil sich nicht immer eine eindeutige Grenze zwischen Quellen und Forschungsliteratur ziehen lässt, bringe ich beide Textsorten in einer gemeinsamen alphabetischen Abfolge; Texte, die eher den Charakter einer Quelle haben, markiere ich am Anfang des jeweiligen Eintrags mit einem *Sternchen.

Ich nenne nur solche Titel, auf die ich mich in dieser Arbeit ausdrücklich beziehe. Falls ein Titel ursprünglich zu einem früheren Zeitpunkt erschienen ist als zu dem von mir genannten Erscheinungsdatum, führe ich am Ende des Eintrages zusätzlich das frühere Erscheinungsdatum auf; die von mir benutzte Version des fraglichen Werkes könnte in diesem Fall von der ursprünglich erschienenen Version abweichen.

Mnemotechnischer Hinweis. Die Kürzel zwischen eckigen Klammern ergeben sich durch folgenden Algorithmus aus den Titeln der fraglichen Schriften: Man streiche alle Vorkommnisse bestimmter und unbestimmter Artikel, beseitige sämtliche Vorkommnisse von »und« und »oder« (bzw. deren anderssprachige Äquivalente) sowie alle Wörter, die nach einem Punkt oder Doppelpunkt vorkommen; dann verkette man die Anfangsbuchstaben der (maximal) ersten vier verbleibenden Wörter, wobei für Präpositionen kleine Buchstaben zu benutzen sind und für alle anderen Wörter Großbuchstaben.

*Adam, Philipp Ludwig / Koelle, August (eds) [JJW]: *Johann Jakob Wagner. Lebensnachrichten und Briefe.* (Ulm: Stettin'sche Verlags-Buchhandlung, 1849).

Adickes, Erich [KaN]/I: *Kant als Naturforscher. Band I.* (Berlin: de Gruyter, 1924).

Adler, Jeremy [AoM]: »The aesthetics of magnetism. Science, philosophy and poetry in the dialogue between Goethe and Schelling«. In Shaffer (ed) [TC]:66-102.

Adler, Jeremy [FMA]: *»Eine fast magische Anziehungskraft«. Goethes ›Wahlverwandtschaften‹ und die Chemie seiner Zeit.* (München: Beck, 1987).

*Aepin, Franz Ulrich Theodosius [ARvA]/B: *Akademische Rede von der Aehnlichkeit der elektrischen und magnetischen Kraft.* (Leipzig: Gleditsch, 1760). [Erschien zuerst 1759].

Ammon, Frieder / Golz, Jochen / Zehm, Edith [V]: »Vorwort«. *Goethe-Jahrbuch 2016* 133 (2017), pp. 11/2.

*Anonym (ed) [WJaD]/I: *Weimars Jubelfest am 3ten September 1825. Erste Abtheilung: Die Feyer der Residenzstadt Weimar, mit den Inschriften, gehaltenen Reden und erschienenen Gedichten.* (Weimar: Hoffmann, 1825).

*Anonym [KLN]/a: »Kurzgefasste litterarische Notizen«. *Oberdeutsche allgemeine Litteraturzeitung* 19 No 29 (8.3.1806), sp. 461-464.

*Anonym [KLN]: »Kurzgefasste litterarische Notizen«. *Oberdeutsche allgemeine Litteraturzeitung* 18 No 144 (7.12.1805), sp. 1071/2.

*Anonym [MBvJ]: *Meteorologische Beobachtungen vom Jahr 1801 – 1807.* (Goethe- und Schiller-Archiv, Signatur 150/ B 342).

*Anonym [NNP]: »Noch ein neuer Planet«. In Voigt (ed) [MfNZ]/8:190.

*Anonym [PüaS]: »Protokoll über die auf dem Schlosse zu Gotha von Herrn Ritter gehaltenen Vorlesungen, den Galvanismus und die Voltaische Säule betreffend«. In Stein [NF]:181-202. [Handschrift aus dem Jahr 1802].

*Anonym [uR]: »Ueber Ritter«. *Der Verkündiger oder Zeitschrift für die Fortschritte und neuesten Beobachtungen, Entdeckungen und Erfindungen in den Künsten und Wissenschaften* 14 No 21 (13.3.1810), S. 85-87.

*Anonym [W]/a: »Weimar. J. W. von Goethe, Beiträge zur Optik. 1. Stück, mit XXVII. Tafeln, 1791. 2. St. mit einer großen colorirten Tafel, und einem Kupfer 1792. 8. Im Verlag des Industrie-Comptoirs«. *Magazin für das Neueste aus der Physik und Naturgeschichte* 8 No 1 (1792), pp. 119-126. [Rezension].

*Anonym [W]: »Weimar«. *Gothaische gelehrte Zeitungen* 77 (26.9.1792), pp. 713-718. [Rezension].

*Anonym [WiI]: »Weimar, im Industriecomptoir: J. W. von Goethe Beyträge zur Optik. I. Stück mit XXVII Tafeln. 1791. 8. 62 S.« *Allgemeine Literatur-Zeitung* 31 (28.1.1792), sp. 241-245. [Rezension].

*Anonym [WiVI]: »Weimar, im Verl. des Industrie-Comptoirs: *J. W. von Göthe Beyträge zur Optik.* Zweytes Stück, mit einer grossen colorirten Tafel und einem Kupfer. 1792«. *Allgemeine Literatur-Zeitung* 316 (3.12.1792), sp. 457/8. [Rezension].

*Anonym [WN]: »Wissenschaftliche Nachrichten«. *Berlinische Nachrichten von Staats- und gelehrten Sachen* 23 (22.2.1810), ohne Seitenangabe.

*Anonym [zFvG]: »Zur Farbenlehre von Göthe. Cotta, Tübingen 1810. 2 Bde. 95 Bogen«. *Neue Oberdeutsche allgemeine Literatur-Zeitung* 23 No 132 (5.7.1810), sp. 25-32. [Rezension].

*Arnim, Bettina (ed) [CBFa]/1: *Clemens Brentano's Frühlingskranz aus Jugendbriefen ihm geflochten, wie er selbst schriftlich verlangte. Erster Band.* (Charlottenburg: Bauer, 1848).

*Arnim, Ludwig Achim [WB]/2.1: *Werke und Briefwechsel. Historisch-kritische Ausgabe. Band 2: Naturwissenschaftliche Schriften I. Veröffentlichungen 1799 – 1811. Teil 1: Text.* (Roswitha Burwick (ed); Tübingen: Niemeyer, 2007).

*Arnim, Ludwig Achim [WB]/2.2: *Werke und Briefwechsel. Historisch-kritische Ausgabe. Band 2: Naturwissenschaftliche Schriften I. Veröffentlichungen 1799 – 1811. Teil 2: Kommentar.* (Roswitha Burwick (ed); Tübingen: Niemeyer, 2007).

*Arnim, Ludwig Achim [WB]/3.1: *Werke und Briefwechsel. Historisch-kritische Ausgabe. Band 3: Naturwissenschaftliche Schriften II. Handschriftlicher Nachlass 1798 – 1811. Teil 1: Text.* (Roswitha Burwick (ed); Berlin: de Gruyter, 2020).

*Arnim, Ludwig Achim [WB]/3.2: *Werke und Briefwechsel. Historisch-kritische Ausgabe. Band 3: Naturwissenschaftliche Schriften II. Handschriftlicher Nachlass 1798 – 1811. Teil 2: Kommentar.* (Roswitha Burwick (ed); Berlin: de Gruyter, 2020).

*Baader, Franz Xaver: siehe die Briefe in Hoffmann (ed) [FvBB].

*Baader, Franz Xaver [vWSV]: *Vom Wärmestoff, seiner Vertheilung, Bindung und Entbindung, vorzüglich beim Brennen der Körper. Eine Probeschrift.* (Wien: Kraußische Buchhandlung, 1786).

Baberowski, Jörg [SG]: *Der Sinn der Geschichte. Geschichtstheorien von Hegel bis Foucault.* (München: Beck, 2005).

Bach, Thomas / Breidbach, Olaf (eds) [NnS]: *Naturphilosophie nach Schelling.* (Stuttgart: Frommann, 2005). [= *Schellingiana* 17].

Bach, Thomas [FzLW]: »Farbe zwischen Licht und Wärme. Zur Rezeption von Goethes *Farbenlehre* bei Schelling und Oken«. In Klug et al (eds) [GRP]:59-86.

Balck, Friedrich H. [RW]: »Radiästhesie und Wissenschaft. Oder Experimente zum Orientierungsvermögen von Lebewesen – Anlaß für nötigen Paradigmenwechsel im Weltbild der Physik?« [Aufsatz vom 11.2.2010. Im Netz unter http://www.biosensor-physik.de/biosensor/radiaesthesie-wissenschaft.pdf (zuletzt abgerufen am 16.8.2020)].

Basfeld, Martin [F]: »Farbenanthropologie. Ein Beispiel für die Verbindung von Geistes- und Naturwissenschaften im Unterricht«. In Grebe-Ellis et al (eds) [OET]:13-32.

*Batsch, August Johann Georg Carl (ed) [NvFN]/5: *Nachricht von dem Fortgange der naturforschenden Gesellschaft zu Jena. Fünftes Jahr 1798.* (Jena: Göpferdt, ohne Jahresangabe).

*Batsch, August Johann Georg Carl (ed) [NvFN]/6-7: *Nachricht von dem Fortgange der naturforschenden Gesellschaft zu Jena. Sechstes Jahr 1799. Siebentes Jahr 1800.* (Jena: Göpferdt, ohne Jahresangabe).

*Batsch, August Johann Georg Carl (ed) [NvFN]/8-9: *Nachricht von dem Fortgange der naturforschenden Gesellschaft zu Jena. Achtes Jahr 1801. Neuntes Jahr 1802.* (Jena: Göpferdt, ohne Jahresangabe).

*Batsch, August Johann Georg Carl (ed) [NvGN]: *Nachricht von der Gründung einer naturforschenden Gesellschaft zu Jena am 14ten July 1793 nebst den dabey gehaltnen Reden, den Statuten der Gesellschaft, und dem Verzeichnisse ihrer Mitglieder.* (Jena: Cuno, ohne Jahresangabe).

Baumgartner, Hans Michael / Höffe, Otfried / Wild, Christoph [PGP]: *Philosophie – Gesellschaft – Planung. Kolloquium Hermann Krings zum 60. Geburtstag. Vom 27. – 29. September 1973.* (München: Bayerisches Staatsinstitut für Hochschulforschung und Hochschulplanung, 1976). [Erschien zuerst 1974].

Beck, August [EZHz]: *Ernst der Zweite, Herzog zu Sachsen-Gotha und Altenburg, als Pfleger und Beschützer der Wissenschaft und Kunst.* (Gotha: Perthes, 1854).

Beck, Eva [G]: »Glas«. In Schmidt et al (eds) [GW]/4:242-246.

Bendin, Eckhard [NIfF]: »Nachhaltige Impulse für Farbwissenschaft und Farbkunst«. In Scheurmann (ed) [CC]:18-29.

*Béraud, Laurent [DsRQ]: *Dissertation sur le rapport qui se trouve entre la cause des effets de l'aiman, et celle des phenomenes de l'electricité.* (Bordeaux: Brun, 1748).

Berg, Gunnar [PiAF]: »Physik in der ›Alltagswelt‹ des Friedrich von Hardenberg«. In Rommel (ed) [ATWF]:129-136.

*Berg, Hermann / Germann, Dietrich [RS]: »Ritter und Schelling. Empirie oder Spekulation (mit Ritters Briefen an Schelling)«. In Lange (ed) [PJS]:83-113.

*Berg, Hermann / Richter, Klaus (eds) [EzEB]/A: *Entdeckungen zur Elektrochemie, Bioelektrochemie und Photochemie von Johann Wilhelm Ritter.* (Leipzig: Akademische Verlagsgesellschaft Geest, 1986). [= *Ostwalds Klassiker der exakten Wissenschaften* 271].

*Berg, Hermann / Richter, Klaus (eds) [EzEB]/B: *Entdeckungen zur Elektrochemie, Bioelektrochemie und Photochemie (1798 – 1809) von Johann Wilhelm Ritter.* (Thun: Deutsch, 1997). [= *Ostwalds Klassiker der exakten Wissenschaften* 271. Erschien zuerst 1986].

Berger, Christoph [GaFE]: »Goethe als Farbenlehrer und Experimentator«. *Goethe-Jahrbuch 2015* 132 (2016), pp. 162-170.

*Bergman, Torbern [AvTE]: »Abhandlung von des Tourmalins elektrischen Eigenschaften«. *Der Königl. Schwedischen Akademie der Wissenschaften neue Abhandlungen aus der Naturlehre, Haushaltungskunst und Mechanik, auf das Jahr 1766* 28 (Abraham Gotthelf Kästner (tr); 1768), pp. 58-68, Tab II.

*Bergman, Torbern [PBE]/1: *Physicalische Beschreibung der Erdkugel. Erster Band.* (Zwote vermehrte und verbesserte Auflage; Lampert Hinrich Röhl (tr); Greifswald: Röse, 1780). [Erschien zuerst auf Schwedisch 1766].

*Bergman, Torbern [PBE]/2: *Physicalische Beschreibung der Erdkugel. Zweyter Band.* (Zwote vermehrte und verbesserte Auflage; Lampert Hinrich Röhl (tr); Greifswald: Röse, 1780). [Erschien zuerst auf Schwedisch 1766].

Bevilacqua, Fabio / Fregonese, Lucio (eds) [NV]/4: *Nuova Voltiana. Studies on Volta and his times. Volume 4.* (Milano: Hoepli, 2002).

Bieri, Hanspeter / Zwahlen, Sara Margarita (eds) [TOAW]: *»Trinkt, o Augen, was die Wimper hält, …«. Farbe und Farben in Wissenschaft und Kunst. Referate einer Vorlesungsreihe des Collegium generale der Universität Bern im Sommersemester 2006.* (Bern: Haupt, 2008). [= *Berner Universitätsschriften* 52].

Bjerke, André [NBzG]: *Neue Beiträge zu Goethes Farbenlehre. Erster Teil: Goethe contra Newton.* (Louise Funk (tr); Stuttgart: Verlag Freies Geistesleben, 1963). [Erschien zuerst auf Norwegisch im Jahr 1961].

*Blagden, Charles [NvZW]: »Nachricht von zwei wichtigen Entdeckungen: der Zersetzung der Salzsäure und des Wärmeverhältnisses der farbigen Strahlen des Sonnenlichts«. *Annalen der Physik* 5 No 4 (Ludwig Wilhelm Gilbert (ed); 1800), pp. 459-460.

*Blair, Robert [BNAv]: »Beschreibung einer neuen Art von achromatischen Fernröhren, oder der sogenannten aplanatischen Teleskope, und Entwickelung der Gründe, worauf sie beruhen«. *Annalen der Physik* 6 No 2 (Ludwig Wilhelm Gilbert (ed); 1800), pp. 129-146.

Bode, Wilhelm [GL]: *Goethes Lebenskunst.* (Berlin: Mittler, 1902). [Erschien zuerst 1900].

Böhler, Michael [SWbT]: »Scientific writing between tabloid storytelling, arcane formulaic hermetism, and narrative knowledge«. *Journal for General Philosophy of Science* 49 No 4 (2018), pp. 551-567.

Böhme, Gernot (ed) [üGN]: *Über Goethes Naturwissenschaft.* (Bielefeld: Aisthesis, 2017). [= *Schriften der Darmstädter Goethe-Gesellschaft* 7].

Bohnenkamp, Anne [HNaA]: *»… Das Hauptgeschäft nicht außer Augen lassend«. Die Paralipomena zu Goethes ›Faust‹.* (Frankfurt / Main: Insel, 1994).

Born, Max [BzF]: »Betrachtungen zur Farbenlehre«. *Die Naturwissenschaften* 50 No 2 (1963), pp. 29-39.

Böschenstein, Bernhard [BQfG]: »Die Bedeutung der Quelle für Goethes ›Natürliche Tochter‹«. In Goethe [NT]/I:317-345. [Erschien zuerst 1986].

Böschenstein, Bernhard [GNTa]: »Goethes ›Natürliche Tochter‹ als Antwort auf die Französische Revolution«. In Goethe [NT]/I: 346-363. [Erschien zuerst 1987].

*Bourbon-Conti, Stéphanie-Louise de [DSLv]/1: *Denkwürdigkeiten der Stephanie Louise von Bourbon-Conti. Erster Theil.* (Anonym mit Initialen F.A.U. (tr); Lübeck: Niemann, 1809). [Erschien zuerst auf Französisch im Jahr 1798].

*Bourbon-Conti, Stéphanie-Louise de [DSLv]/2: *Denkwürdigkeiten der Stephanie-Louise von Bourbon-Conti. Zweiter Theil.* (Anonym mit Initialen F.A.U. (tr); Lübeck: Niemann, 1809). [Erschien zuerst auf Französisch im Jahr 1798].

Brain, Robert Michael / Cohen, Robert S. / Knudsen, Ole (eds) [HCØR]: *Hans Christian Ørsted and the romantic legacy in science. Ideas, disciplines, practices.* (Dordrecht: Springer, 2007). [= *Boston Studies in the Philosophy of Science* 241].

Breidbach, Olaf / Burwick, Roswitha (eds) [PuA]: *Physik um 1800. Kunst, Naturwissenschaft oder Philosophie?* (München: Fink, 2012). [= *Laboratorium Aufklärung* 5].

Breidbach, Olaf / Heering, Peter / Müller, Matthias / Weber, Heiko (eds) [EW]: *Experimentelle Wissenschaftsgeschichte.* (München: Fink, 2010). [= *Laboratorium Aufklärung* 3].

Breidbach, Olaf / Weber, Heiko [JWRP]: »Johann Wilhelm Ritter – Physik als Kunst«. In Breidbach et al (eds) [PuA]:121-137.

Breidbach, Olaf / Ziche, Paul (eds) [NuA]: *Naturwissenschaften um 1800. Wissenschaftskultur in Jena–Weimar.* (Weimar: Böhlau, 2001).

*Brentano, Clemens: siehe die Briefe in Arnim (ed) [CBFa]/1.

*Brentano, Clemens [SWB]/30: *Sämtliche Werke und Briefe. Band 30: »Clemens Brentano's Frühlingskranz« und handschriftlich überlieferte Briefe Brentanos an Bettine. 1800 – 1803.* (Lieselotte Kinskofer (ed); Stuttgart: Kohlhammer, 1990).

Bröckers, Mathias [NGGP]: *Newtons Gespenst und Goethes Polaroid. Über die Natur.* (Frankfurt / Main: Westend, 2019).

Brückner, Thomas [PN]: *Die Philosophie der Naturgesetze. Philosophische Untersuchungen zur aktuellen Physik.* (Hamburg: Kovač, 2015).

Brüning, Gerrit [UG]: *Ungleiche Gleichgesinnte. Die Beziehung zwischen Goethe und Schiller 1794 – 1798.* (Göttingen: Wallstein, 2015).

Buffenoir, Hippolyte [PdJJ]: *Le prestige de Jean-Jacques Rousseau. Souvenirs – documents – anecdotes.* (Paris: Emile-Paul, 1909).

Bulling, Karl [GaEB]: *Goethe als Erneuerer und Benutzer der jenaischen Bibliotheken. Gedenkgabe der Universitätsbibliothek Jena zu Goethes hundertstem Todestag.* (Jena: Frommann, 1932). [= *Claves Jenenses. Veröffentlichungen der Universitätsbibliothek Jena* 2. Nachdruck aus dem Jahr 1982].

Burwick, Frederick [DoN]: *The damnation of Newton. Goethe's color theory and romantic perception.* (Berlin: de Gruyter, 1986). [= *Quellen und Forschungen zur Sprach- und Kulturgeschichte der germanischen Völker* 86 (210)].

Burwick, Roswitha / Pape, Walter (eds) [EEPP]: *Eroberung, Erfindung, Philosophie und Poesie. ›Natur‹ in der Romantik. Vorträge des Dreizehnten Kolloquiums der Internationalen Arnim-Gesellschaft.* (Berlin: de Gruyter; erscheint voraussichtlich 2022). [= Schriften der Internationalen Arnim-Gesellschaft].

Burwick, Roswitha [KIAE]: »›Kunst ist Ausdruck des ewigen Daseins‹. Arnims poetische Ansicht der Natur«. In Breidbach et al (eds) [PuA]:39-65.

Bushart, Magdalena / Steinle, Friedrich (eds) [CH]: *Colour histories. Science, art, and technology in the 17th and 18th centuries.* (Berlin: de Gruyter, 2015).

Butterfield, Herbert [WIoH]: *The whig interpretation of history.* (New York: Norton, 1965). [Erschien zuerst 1931].

Campenhausen, Christoph [SM]: *Die Sinne des Menschen. Einführung in die Psychophysik der Wahrnehmung.* (Stuttgart: Thieme, 1993). [Erschien zuerst 1981].

Caneva, Kenneth L. [fGtE]: »From galvanism to electrodynamics. The transformation of German physics and its social context«. *Historical Studies in the Physical Sciences* 9 (1978), pp. 63-159.

Carnap, Rudolf [TM]: »Testability and meaning«. *Philosophy of Science* 3 No 4 (October 1936), pp. 419-471.

*Castel, Louis Bertrand [OdCF]: *L'optique des couleurs, fondée sur les simple observations, & tournée sur-tout à la practique de la peinture, de la teinture & des autres arts coloristes.* (Paris: Briasson, 1740).

Chang, Hasok [CC]: »Complementary chemistry«. In Llored (ed) [PoC]:465-476.

Chang, Hasok [IWHT]: *Is water H2O? Evidence, realism and pluralism.* (Dordrecht: Springer, 2012). [= *Boston Studies in the Philosophy of Science* 293].

Chang, Hasok [RRoR]: »Rumford and the reflection of radiant cold. Historical reflections and metaphysical reflexes«. *Physics in Perspective* 4 No 2 (2002), pp. 127-169.

Christensen, Dan Charly [HCØ]: *Hans Christian Ørsted. Reading nature's mind.* (Oxford: Oxford University Press, 2013).

Conze, Werner (ed) [SFiN]: *Sozialgeschichte der Familie in der Neuzeit Europas. Neue Forschungen.* (Stuttgart: Klett, 1976). [= *Industrielle Welt* 21].

Cornell, E. S. [RHSf]/I: »The radiant heat spectrum from Herschel to Melloni. I. The work of Herschel and his contemporaries«. *Annals of Science* 3 No 1 (1938), pp. 119-137.

Corriero, Emilio Carlo / Dezi, Andrea (eds) [NRiS]: *Nature and realism in Schelling's philosophy.* (Turin: Accademia University Press, 2013).

Cunningham, Andrew / Jardine, Nicholas (eds) [RS]: *Romanticism and the sciences.* (Cambridge: Cambridge University Press, 1990).

*Cureau de La Chambre, Marin [L]: *La lumière.* (Paris: Rocolet, 1657).

*Cureau de La Chambre, Marin [NOCs]: *Nouvelles observations et coniectures sur l'iris.* (Paris: d'Allin, 1662).

Dahnke, Hans-Dietrich / Otto, Regine (eds) [GH]/4.1: *Goethe-Handbuch. Band 4/1. Personen, Sachen, Begriffe. A–K.* (Stuttgart: Metzler, 1998).

Davidson, Donald [CToT]: »A coherence theory of truth and knowledge«. In LePore (ed) [TI]:307-319. [Erschien zuerst 1983].

Demtröder, Wolfgang [E]/2: *Experimentalphysik 2. Elektrizität und Optik.* (Berlin: Springer, 2013). [Erschien zuerst 1995].

Dietzsch, Steffen / Dietzsch, Birgit [N]: »Nachwort. *Die Phänomenologie der Natur des Johann Wilhelm Ritter. Oder Von der Historizität der vernünftigen Erkenntnis*«. In Ritter [FaNJ]/D:344-364.

Dietzsch, Steffen [RD]: »Romantischer Dilettantismus. Johann Wilhelm Ritter und die Begründung der Elektrochemie«. *Berichte zur Wissenschaftsgeschichte* 9 (1986), pp. 191-197.

Dischner, Gisela [CJK]: *Caroline und der Jenaer Kreis. Ein Leben zwischen bürgerlicher Vereinzelung und romantischer Geselligkeit.* (Berlin: Wagenbach, 1979).

Dobbs, Betty Jo Teeter [FoNA]: *The foundations of Newton's alchemy or »The hunting of the greene lyon«.* (Cambridge: Cambridge University Press, 1975).

Dobbs, Betty Jo Teeter [JFoG]: *The Janus faces of genius. The role of alchemy in Newton's thought.* (Cambridge: Cambridge University Press, 1991).

Doering, Sabine [TD]: »Thea Dorn: *Die Unglückseligen. Roman.* München 2016, 556 S.« *Goethe-Jahrbuch 2016* 133 (2017), pp. 239-240. [Rezension].

Dönike, Martin / Müller-Tamm, Jutta / Steinle, Friedrich (eds) [FK]: *Die Farben der Klassik. Wissenschaft – Ästhetik – Literatur.* (Göttingen: Wallstein, 2016). [= *Schriftenreihe des Zentrums für Klassikforschung* 3].

Dorn, Thea [U]: *Die Unglückseligen. Roman.* (München: Knaus, 2016).

du Bois-Reymond, Emil [GaPE]: »Gedächtnisrede auf Paul Erman. Gehalten in der Leibniz-Sitzung der Akademie der Wissenschaften am 7. Juli 1853«. In du Bois-Reymond (ed) [RvEd]/1:51-83.

du Bois-Reymond, Emil [GKE]: *Goethe und kein Ende. Rede bei Antritt des Rectorats der Koenigl. Friedrich-Wilhelms-Universitaet zu Berlin am 15. October 1882.* (Leipzig: Veit, 1883).

du Bois-Reymond, Emil [UüTE]/1: *Untersuchungen über thierische Elektricität. Erster Band.* (Berlin: Reimer, 1848).

du Bois-Reymond, Estelle (ed) [RvEd]/1: *Reden von Emil du Bois-Reymond in zwei Bänden. Erster Band.* (Leipzig: Veit, 1912). [Erschien zuerst 1886].

Durner, Manfred / Moiso, Francesco / Jantzen, Jörg [WBzS]: *Wissenschaftshistorischer Bericht zu Schellings naturphilosophischen Schriften 1797 – 1800.* (Stuttgart: Frommann, 1994). [= Schelling [AA]/I.5-I.9, Ergänzungsband].

*Eckermann, Johann Peter [GmGi]/F: *Gespräche mit Goethe in den letzten Jahren seines Lebens 1823 – 1832*. In Goethe [FA]/39:9-913. [Erschien zuerst in drei Teilen; erster und zweiter Teil 1836, dritter Teil 1848].

Eckle, Jutta [OLM]: »Olaf L. Müller: *Mehr Licht. Goethe mit Newton im Streit um die Farben*. Frankfurt a. M. 2015, 544 S.« *Goethe-Jahrbuch 2015* 132 (2016), pp. 234-236. [Rezension].

Edelhäuser, Friedrich / Soldner, Georg (eds) [GM]: *Goetheanismus und Medizin. Tagungsband einer Forschungskonferenz 8.3.2019 – 10.3.2019*. (Dornach: Verlag am Goetheanum; erscheint voraussichtlich 2021).

Egger, Irmgard [TL]: » ›Taten des Lichts‹. Goethes italienische Chromatik«. In Dönike et al (eds) [FK]:31-42.

Eissler, Kurt R. [G]/A: *Goethe. Eine psychoanalytische Studie. 1775 – 1786*. (Peter Fischer / Rüdiger Scholz (tr); Basel: Stroemfeld, 2 Bände, 1983 und 1985). [Erschien zuerst auf Englisch im Jahr 1963].

Engel, Karsten (ed) [WiK]: *Wissenschaft in Korrespondenzen. Göttinger Wissensgeschichte in Briefen*. (Göttingen: Vandenhoeck, 2019).

Engelhardt, Dietrich [QZzW]: »Quellen und Zeugnisse zur Wechselwirkung zwischen Goethe und den romantischen Naturforschern«. *Acta historica Leopoldina* 20 (1992), pp. 31-55.

*Erman, Paul [BüEG]: »Beiträge über electrisch-geographische Polarität, permanente electrische Ladung, und magnetisch-chemische Wirkungen«. *Annalen der Physik* 26 No 1, No 2 (Ludwig Wilhelm Gilbert (ed); 1807), pp. 1-35, 121-145.

*Erxleben, Johann Christian Polykarp [AN]/C: *Anfangsgründe der Naturlehre. Dritte Auflage. Mit Zusätzen*. (Georg Christoph Lichtenberg (ed); Göttingen: Dieterich, 1784). [Erschien zuerst 1772].

Esselborn, Hans / Keller, Werner (eds) [GG]: *Geschichtlichkeit und Gegenwart. Festschrift für Hans Dietrich Irmscher zum 65. Geburtstag*. (Weimar: Böhlau, 1994).

*Falk, Johannes Daniel [GaNP]/A: *Goethe aus näherm persönlichen Umgange dargestellt*. (Gerhard Heufert (ed); Eutin: Lumpeter, 2018). [Erschien zuerst 1832].

*Falk, Johannes Daniel [GaNP]: *Goethe aus näherm persönlichen Umgange dargestellt. Ein nachgelassenes Werk*. (Leipzig: Brockhaus, 1832).

Falkenburg, Brigitte [URoS]: »The unifying role of symmetry principles in particle physics«. *Ratio (New Series)* 1 No 2 (1988), pp. 113-134. [Francis Dunlop (tr)].

Feest, Uljana / Steinle, Friedrich (eds) [SCIP]: *Scientific concepts and investigative practice*. (Berlin: de Gruyter, 2012). [= *Berlin Studies in Knowledge Research* 3].

Figala, Karin [EAvI]: » ›Die exakte Alchemie von Isaac Newton‹. Seine ›gesetzmässige‹ Interpretation der Alchemie – dargestellt am Beispiel einiger ihn beeinflussender Autoren«. *Verhandlungen der Naturforschenden Gesellschaft in Basel* 94 (1983), pp. 157-227.

Figala, Karin [NaA]: »Newton as alchemist«. *History of Science* 15 No 2 (1977), pp. 102-137.

Filk, Thomas [MP]: »Magentafarbene Photonen«. In Klug et al (eds) [GRP]:297-319.

Fink, Karl J. [GHoS]: *Goethe's history of science.* (Cambridge: Cambridge Universtiy Press, 1991).

Fink, Karl J. [GIB]: »Goethe's intensified border«. In Rowland (ed) [GCC]:93-104, 165-177, 195-201.

Fitzek, Herbert [GK]: *Gestaltpsychologie kompakt. Grundlinien einer Psychologie für die Praxis.* (Wiesbaden: Springer, 2014).

*Fowler, Richard [EORt]: *Experiments and observations relative to the influence lately discovered by M. Galvani, and commonly called animal electricity.* (Edinburgh: Duncan, 1793).

Frege, Gottlob [GA]/II: *Grundgesetze der Arithmetik. Begriffsschriftlich abgeleitet. II. Band.* (Jena: Pohle, 1903).

Frercks, Jan / Weber, Heiko / Wiesenfeldt, Gerhard [RD]: »Reception and discovery. The nature of Johann Wilhelm Ritter's invisible rays«. *Studies in History and Philosophy of Science* 40 No 2 (2009), pp. 143-156.

Friedenthal, Richard [G]: *Goethe. Sein Leben und seine Zeit.* (München: Piper, 1986). [Erschien zuerst 1963].

Friedman, Michael [KNE]: »Kant—Naturphilosophie—Electromagnetism«. In Brain et al (eds) [HCØR]:135-158.

Fröschle, Hartmut [GVzR]: *Goethes Verhältnis zur Romantik.* (Würzburg: Königshausen, 2002).

*Fuhrmans, Horst (ed) [FWJS]/I: *F. W. J. Schelling. Briefe und Dokumente. Band I: 1775 – 1809.* (Bonn: Bouvier, 1962).

*Fuhrmans, Horst (ed) [FWJS]/II: *F. W. J. Schelling. Briefe und Dokumente. Band II: 1775 – 1803. Zusatzband.* (Bonn: Bouvier, 1973).

*Fuhrmans, Horst (ed) [FWJS]/III: *F. W. J. Schelling. Briefe und Dokumente. Band III: 1803 – 1809. Zusatzband.* (Bonn: Bouvier, 1975).

Gamper, Michael [E]: *Elektropoetologie. Fiktionen der Elektrizität 1740 – 1870.* (Göttingen: Wallstein, 2009).

*Gehlen, Adolf Ferdinand: siehe den Brief in Rehm (ed) [üTLV].

*Gehlen, Adolf Ferdinand [uJWR]: »Ueber J. W. Ritter«. *Miszellen für die neueste Weltkunde* 4 No 27 (Heinrich Zschokke (ed); 4.4.1810), pp. 105-107.

*Gehlen, Adolph Ferdinand (ed) [JfCP]/6: *Journal für die Chemie, Physik und Mineralogie. Sechster Band.* (Berlin: Realschulbuchhandlung, 1808).

*Gehlen, Adolph Ferdinand [N]: »Nekrolog«. *Journal für die Chemie, Physik und Mineralogie* 9 No 4 (Adolph Ferdinand Gehlen (ed); 1810), pp. 775/6.

*Gehler, Johann Samuel Traugott [PW]/A.3: *Physikalisches Wörterbuch. Oder Versuch einer Erklärung der vornehmsten Begriffe und Kunstwörter der Naturlehre mit kurzen Nachrichten von der Geschichte der Erfindungen und Beschreibungen der Werkzeuge begleitet in alphabetischer Ordnung. Dritter Theil: Von Liq bis Sed. Mit acht Kupfertafeln, Taf. XIV. bis XXI.* (Leipzig: Schwickert, 1790).

*Gehler, Johann Samuel Traugott [PW]/B.4: *Physikalisches Wörterbuch. Oder Versuch einer Erklärung der vornehmsten Begriffe und Kunstwörter der Naturlehre mit kurzen Nachrichten von der Geschichte der Erfindungen und Beschreibungen der*

Werkzeuge begleitet in alphabetischer Ordnung. Vierter Theil: von See bis Z. (Leipzig: Schwickert, 1798). [Erschien zuerst 1791].

*Gehler, Johann Samuel Traugott [TTTA]/B: »Turmalin, Turnamal, Trip, Aschenzieher, Aschentrecker, elektrischer Stangenschörl, zeylonischer Magnet, Turmalinum, Lapis electricus, La Tourmaline«. In Gehler [PW]/B.4:400-406.

*Gilbert, Ludwig Wilhelm (ed) [AP]/8: *Annalen der Physik. Achter Band.* (Halle: Renger, 1801).

*Gilbert, Ludwig Wilhelm (ed) [AP]/10: *Annalen der Physik. Zehnter Band.* (Halle: Renger, 1802).

*Gilbert, Ludwig Wilhelm (ed) [EBvM]: »Erster Bericht von den Münchner Versuchen. (Morgenblatt für gebildete Stände, 30. Jan. 1807, No 26.) Mit Bemerkungen von Gilbert«. In Gilbert (ed) [EKAü]/1:400-428.

*Gilbert, Ludwig Wilhelm (ed) [EKAü]/1: »Einige *kritische Aufsätze* über die in München wieder erneuerten Versuche mit Schwefelkies-Pendeln, Wünschelruthen, u.d.m.« *Annalen der Physik* 26 No 8 (Ludwig Wilhelm Gilbert (ed); 1807), pp. 369-449.

*Gilbert, Ludwig Wilhelm (ed) [EKAü]/2: »Einige *kritische Aufsätze* über die in München wieder erneuerten Versuche mit Schwefelkies-Pendeln, Wünschelruthen, u.d.m.« *Annalen der Physik* 27 No 9 (Ludwig Wilhelm Gilbert (ed); 1807), pp. 1-85.

*Gilbert, Ludwig Wilhelm (ed) [EzGW]: »Einiges zur Geschichte der Wünschelruthe und der frühern Wundermänner, die durch sie berüchtigt worden sind, grossen Theils nach dem Freiherrn *v. Aretin.* (Beschluss der kritischen Aufsätze über die zu München wieder erneuerten Versuche mit Wünschelruthen u.d.m.« *Annalen der Physik* 27 No 10 (Ludwig Wilhelm Gilbert (ed); 1807), pp. 158-220.

*Gilbert, Ludwig Wilhelm (ed) [KAüi]: *Kritische Aufsätze über die in München wieder erneuerten Versuche mit Schwefelkies-Pendeln und Wünschelruthen.* (Halle: Rengersche Buchhandlung, 1808).

*Gilbert, William [dMMC]: *De magnete, magneticisqve corporibvs, et de magno magnete tellure; Physiologia noua, plurimis & argumentis, & experimentis demonstrata.* (London: Short, 1600).

Gobert, Catherine [DA]: *Die dämonische Amazone. Louise de Gachet und die Genese eines literarischen Frauentypus in der deutschen Romantik.* (Regensburg: ohne Verlagsangabe, 1997). [= *Regensburger Skripten zur Literaturwissenschaft* 3; Manuskriptfassung aus dem Netz unter urn:nbn:de:bvb:355-opus-239, zuletzt abgerufen am 30.5.2020; weil im Text der Datei keine sichtbaren Seitenzahlen zu erkennen sind, zitiere ich nach der Numerierung, die der Adobe-Reader anzeigt].

*Goethe, Johann Wolfgang: siehe die Briefe in Guhrauer (ed) [BzGK], Jacobi (ed.) [BzGF], Oellers et al (eds) [FS]/1-2, Reinhard (ed) [BzGR], Tümmler (ed) [GBmC]/II-III, Wenzel (ed) [GS], Ritter (ed) [SGRv].

*Goethe, Johann Wolfgang [ÄE]: »Ältere Einleitung«. In Goethe [LA]/I.8:178-184. [Erschien zuerst 1822].

*Goethe, Johann Wolfgang [aML]/2/W: *Aus meinem Leben. Dichtung und Wahrheit. Zweiter Theil.* In Goethe [WA]/I.27:1-374. [Erschien zuerst 1812].

*Goethe, Johann Wolfgang [AÜGW]: »Anzeige und Übersicht des Goethischen Werkes zur Farbenlehre«. In Goethe [LA]/I.7:1-17. [Erschien zuerst 1810].

*Goethe, Johann Wolfgang [B]: »Bedenken«. In Goethe [LA]/I.3:298-302. [Erschien zuerst 1893, 1906].

*Goethe, Johann Wolfgang [BB]: »Blendendes Bild«. In Goethe [LA]/I.3:263-265. [Erschien zuerst 1906].

*Goethe, Johann Wolfgang [BO]: »Beobachten und Ordnen«. In Goethe [LA]/I.3:296/7. [Erschien zuerst 1893].

*Goethe, Johann Wolfgang [BzO]/1: *Beiträge zur Optik. Erstes Stück mit 27 Karten und 13 Tafeln.* In Goethe [LA]/I.3:6-37, 450-452. [Erschien zuerst 1791].

*Goethe, Johann Wolfgang [BzO]/2: *Beiträge zur Optik. Zweites Stück mit zwei farbigen Tafeln.* In Goethe [LA]/I.3:38-53. [Erschien zuerst 1792].

*Goethe, Johann Wolfgang [C]: »Chromatik«. In Goethe [LA]/I.8:342/3. [Erschien zuerst 1823].

*Goethe, Johann Wolfgang [CiF]: *Campagne in Frankreich. 1792.* In Goethe [WA]/I.33:1-271. [Erschien zuerst 1822].

*Goethe, Johann Wolfgang [DRK]: »Doppelbilder des rhombischen Kalkspats«. In Goethe [LA]/I.8:16-20. [Erschien zuerst 1817].

*Goethe, Johann Wolfgang [E]/W: *Egmont. Ein Trauerspiel in fünf Aufzügen.* In Goethe [WA]/I.8:171-305. [Erschien zuerst 1788].

*Goethe, Johann Wolfgang [EF]/a: »Entoptische Farben«. In Goethe [LA]/I.8:94-138. [Erschien zuerst 1820].

*Goethe, Johann Wolfgang [EF]: *Entwurf einer Farbenlehre. Des ersten Bandes erster, didaktischer Teil.* In Goethe [LA]/I.4:11-266. [Erschien zuerst als Separatdruck in kleiner Auflage 1808; dann im Jahr 1810 zusammen mit Goethe [ETN]].

*Goethe, Johann Wolfgang [EiP]: »Einleitung in die Propyläen«. In Goethe [WA]/I.47:1-32. [Erschien zuerst 1798].

*Goethe, Johann Wolfgang [ETN]: *Enthüllung der Theorie Newtons. Des ersten Bandes zweiter, polemischer Teil.* In Goethe [LA]/I.5:1-195. [Erschien zuerst 1810].

*Goethe, Johann Wolfgang [EzAA]: »Erläuterung zu dem aphoristischen Aufsatz ›Die Natur‹«. In Goethe [WA]/II.11:10-12. [Erschien zuerst 1833].

*Goethe, Johann Wolfgang [EzGF]: *Erklärung der zu Goethes Farbenlehre gehörigen Tafeln.* In Goethe [LA]/I.7:41-114. [Erschien zuerst 1810].

*Goethe, Johann Wolfgang [F]/F: *Faust. Eine Tragödie.* In Goethe [FA]/7.1:9-464. [Erschien vollständig zuerst 1832].

*Goethe, Johann Wolfgang [F]/Z: *Faust. Ein Fragment. Ächte Ausgabe.* (Leipzig: Göschen, 1790).

*Goethe, Johann Wolfgang [FA]: *»Frankfurter Ausgabe«. Sämtliche Werke. Briefe, Tagebücher und Gespräche. I. Abteilung: Sämtliche Werke (Band 1 – 27). II. Abteilung: Briefe, Tagebücher und Gespräche (Band 28 – 39). Register (Band 40).* (Friedmar Apel / Hendrik Birus / Anne Bohnenkamp / Dieter Borchmeyer / Hans-Georg Dewitz / Karl Eibl / Wolf Engelhardt / Gerhard Femmel / Horst Fleig / Harald Fricke / Wilhelm Große / Gertrud Herwig / Walter Hettche / Herbert Jaumann / Dorothea Kuhn / Petra Maisak / Christoph Michel / Klaus-Detlef Müller / Gerhard Neumann / Norbert Oellers / Wolfgang Proß / Hartmut Reinhardt / Dorothea Schäfer-Weiss / Gerhard Schmid / Irmtraut Schmid / Albrecht Schöne / Hans-Joachim Simm / Rose Unterberger / Wilhelm Voßkamp / Manfred Wenzel / Waltraud Wiethölter (eds); Frankfurt / Main: Deutscher Klassiker Verlag, in der Erstauflage von 1987 – 1999). [Zu den Details einzelner Bände: s.u.].

*Goethe, Johann Wolfgang [FA]/1: *»Frankfurter Ausgabe«. Band 1: Gedichte 1756 – 1799.* (Karl Eibl (ed); Frankfurt / Main: Deutscher Klassiker Verlag, 2010). [Erschien zuerst 1987].

*Goethe, Johann Wolfgang [FA]/2: *»Frankfurter Ausgabe«. Band 2: Gedichte 1800 – 1832.* (Karl Eibl (ed); Frankfurt / Main: Deutscher Klassiker Verlag, 2010). [Erschien zuerst 1988].

*Goethe, Johann Wolfgang [FA]/7.1: *»Frankfurter Ausgabe«. Band 7/1: Faust. Texte.* (Albrecht Schöne (ed); Frankfurt / Main: Deutscher Klassiker Verlag, 2017). [Erschien zuerst 1994].

*Goethe, Johann Wolfgang [FA]/7.2: *»Frankfurter Ausgabe«. Band 7/2: Faust. Kommentare.* (Albrecht Schöne (ed); Frankfurt / Main: Deutscher Klassiker Verlag, 2017). [Erschien zuerst 1994].

*Goethe, Johann Wolfgang [FA]/8: *»Frankfurter Ausgabe«. Band 8: Die Leiden des jungen Werthers. Die Wahlverwandtschaften. Kleine Prosa. Epen.* (Waltraud Wiethölter (ed); Frankfurt / Main: Deutscher Klassiker Verlag, 2018). [Erschien zuerst 1994].

*Goethe, Johann Wolfgang [FA]/9: *»Frankfurter Ausgabe«. Band 9: Wilhelm Meisters theatralische Sendung. Wilhelm Meisters Lehrjahre. Unterhaltungen deutscher Ausgewanderten.* (Wilhelm Voßkamp / Herbert Jaumann (eds); Frankfurt / Main: Deutscher Klassiker Verlag, 1992).

*Goethe, Johann Wolfgang [FA]/15.1: *»Frankfurter Ausgabe«. Band 15/1: Italienische Reise, Teil 1.* (Christoph Michel / Hans-Georg Dewitz (eds); Frankfurt / Main: Deutscher Klassiker Verlag, 2011). [Erschien zuerst 1993].

*Goethe, Johann Wolfgang [FA]/23.1: *»Frankfurter Ausgabe«. Band 23/1: Zur Farbenlehre. Das gesamte Hauptwerk von 1810.* (Manfred Wenzel (ed); Frankfurt: Deutscher Klassiker Verlag, 1991).

*Goethe, Johann Wolfgang [FA]/23.2: *»Frankfurter Ausgabe«. Band 23/2: Schriften zur Farbenlehre 1790 – 1807.* (Manfred Wenzel (ed); Frankfurt / Main: Deutscher Klassiker Verlag, 1991).

*Goethe, Johann Wolfgang [FA]/25: *»Frankfurter Ausgabe«. Band 25: Schriften zur allgemeinen Naturlehre, Physik, Witterungslehre, Geologie, Mineralogie und zur Farbenlehre nach 1810.* (Wolf Engelhardt / Manfred Wenzel (eds); Frankfurt / Main: Deutscher Klassiker Verlag, 1989).

*Goethe, Johann Wolfgang [FA]/32: *»Frankfurter Ausgabe«. Band 32: Mit Schiller, Teil II: Vom 1. Januar 1800 bis zum 9. Mai 1805.* (Volker C. Dörr / Norbert Oellers (eds); Frankfurt / Main: Deutscher Klassiker Verlag, 1999).

*Goethe, Johann Wolfgang [FA]/33: *»Frankfurter Ausgabe«. Band 33: Napoleonische Zeit, Teil I: Von Schillers Tod bis 1811.* (Rose Unterberger (ed); Frankfurt / Main: Deutscher Klassiker Verlag, 1993).

*Goethe, Johann Wolfgang [FA]/39: *»Frankfurter Ausgabe«. Band 39: Gespräche mit Goethe in den letzten Jahren seines Lebens 1823 – 1832. Von Johann Peter Eckermann.* (Christoph Michel (ed); Frankfurt / Main: Deutscher Klassiker Verlag, 2011). [Erschien zuerst 1999].

*Goethe, Johann Wolfgang [G]/a: »Galvanismus«. In Goethe [LA]/I.11:83-90. [Erschien zuerst 1893].

*Goethe, Johann Wolfgang [GAVi]: »Geschichte der Arbeiten des Verfassers in diesem Fache«. In Goethe [LA]/I.3:362-364. [Erschien zuerst 1894].

*Goethe, Johann Wolfgang [GVBa]: »Galvanische Versuche bezüglich auf Physiologische Farben«. In Goethe [LA]/I.3:382/3. [Erschien zuerst 1906].

*Goethe, Johann Wolfgang [HA]: *»Hamburger Ausgabe«. Goethes Werke in 15 Bänden.* (Erich Trunz (ed); München: Deutscher Taschenbuch Verlag). [Die Ausgabe erschien zuerst zwischen 1948 und 1964. Zu den Details einzelner Bände: s.u.].

*Goethe, Johann Wolfgang [HA]/5: *»Hamburger Ausgabe«. Band 5: Dramatische Dichtungen III.* (Erich Trunz / Lieselotte Blumenthal / Eberhard Haufe / Stuart Atkins / Dieter Lohmeier / Waltraud Loos / Marion Robert (eds); München: Deutscher Taschenbuch Verlag, 2000). [Erschien in dieser durchgesehenen, 12. Auflage zuerst 1994].

*Goethe, Johann Wolfgang [HA]/6: *»Hamburger Ausgabe«. Band 6: Romane und Novellen I.* (Erich Trunz / Benno von Wiese (eds); München: Deutscher Taschenbuch Verlag, 2000). [Erschien in dieser überarbeiteten, 14. Auflage zuerst 1996].

*Goethe, Johann Wolfgang [HA]/7: *»Hamburger Ausgabe«. Band 7: Romane und Novellen II.* (Erich Trunz (ed); München: Deutscher Taschenbuch Verlag, 2000). [Erschien in dieser durchgesehenen, 13. Auflage zuerst 1994].

*Goethe, Johann Wolfgang [HA]/8: *»Hamburger Ausgabe«. Band 8: Romane und Novellen III.* (Erich Trunz (ed); München: Deutscher Taschenbuch Verlag, 2000). [Erschien in dieser durchgesehenen, 13. Auflage zuerst 1994].

*Goethe, Johann Wolfgang [HA]/13: *»Hamburger Ausgabe«. Band 13: Naturwissenschaftliche Schriften I. Mit einem Essay von Carl Friedrich von Weizsäcker.* (Dorothea Kuhn / Rike Wankmüller (eds); München: Deutscher Taschenbuch Verlag, 2000). [Erschien in dieser durchgesehenen, 11. Auflage zuerst 1994].

*Goethe, Johann Wolfgang [HiW]/F: »Harzreise im Winter«. In Goethe [FA]/1:322-324. [Erschien zuerst 1789].

*Goethe, Johann Wolfgang [L]: »Lichtstrahlen«. In Goethe [B]:298-300.

*Goethe, Johann Wolfgang [LA]: *»Leopoldina-Ausgabe«. Die Schriften zur Naturwissenschaft. Vollständige mit Erläuterungen versehene Ausgabe im Auftrage der Deutschen Akademie der Naturforscher Leopoldina. Abteilung I: Texte (Band I.1*

– *I.11); Abteilung II: Ergänzungen und Erläuterungen [Materialien, Zeugnisse, Kommentare] (Band II.1 – II.10B.2); Abteilung III: Register (Band III.1 – III.2).* (Jutta Eckle / Wolf Engelhardt / Dorothea Kuhn / Rupprecht Matthaei / Irmgard Müller / Gisela Nickel / Thomas Nickol / Günther Schmid / Wilhelm Troll / Karl Lothar Wolf / Horst Zehe (eds); Weimar: Böhlau, 1947 – 2020). [Zu den Details einzelner Bände: s.u.].

*Goethe, Johann Wolfgang [LA]/I.3: *»Leopoldina-Ausgabe«. Erste Abteilung. Dritter Band: Beiträge zur Optik und Anfänge der Farbenlehre. 1790 – 1808.* (Rupprecht Matthaei (ed); Weimar: Böhlau, 1951).

*Goethe, Johann Wolfgang [LA]/I.4: *»Leopoldina-Ausgabe«. Erste Abteilung. Vierter Band: Zur Farbenlehre. Widmung, Vorwort und didaktischer Teil.* (Rupprecht Matthaei (ed); Weimar: Böhlau, 1955).

*Goethe, Johann Wolfgang [LA]/I.5: *»Leopoldina-Ausgabe«. Erste Abteilung. Fünfter Band: Zur Farbenlehre. Polemischer Teil.* (Rupprecht Matthaei (ed); Weimar: Böhlau, 1958).

*Goethe, Johann Wolfgang [LA]/I.6: *»Leopoldina-Ausgabe«. Erste Abteilung. Sechster Band: Zur Farbenlehre. Historischer Teil.* (Dorothea Kuhn (ed); Weimar: Böhlau, 1957).

*Goethe, Johann Wolfgang [LA]/I.7: *»Leopoldina-Ausgabe«. Erste Abteilung. Siebenter Band: Zur Farbenlehre. Anzeige und Übersicht, statt des supplementaren Teils und Erklärung der Tafeln.* (Rupprecht Matthaei (ed); Weimar: Böhlau, 1957).

*Goethe, Johann Wolfgang [LA]/I.8: *»Leopoldina-Ausgabe«. Erste Abteilung. Achter Band: Naturwissenschaftliche Hefte.* (Dorothea Kuhn (ed); Weimar: Böhlau, 1962).

*Goethe, Johann Wolfgang [LA]/I.9: *»Leopoldina-Ausgabe«. Erste Abteilung. Neunter Band: Morphologische Hefte.* (Dorothea Kuhn (ed); Weimar: Böhlau, 1954).

*Goethe, Johann Wolfgang [LA]/I.11: *»Leopoldina-Ausgabe«. Erste Abteilung. Elfter Band: Aufsätze, Fragmente, Studien zur Naturwissenschaft im Allgemeinen.* (Dorothea Kuhn / Wolf Engelhardt (eds); Weimar: Böhlau, 1970).

*Goethe, Johann Wolfgang [LA]/II.1A: *»Leopoldina-Ausgabe«. Zweite Abteilung. Erster Band, Teil A: Zur Naturwissenschaft im Allgemeinen. Materialien und Zeugnisse 1749 bis 1813.* (Jutta Eckle (ed); Weimar: Böhlau, 2011).

*Goethe, Johann Wolfgang [LA]/II.1B: *»Leopoldina-Ausgabe«. Zweite Abteilung. Erster Band, Teil B: Zur Naturwissenschaft im Allgemeinen. Zeugnisse 1814 bis 1832. Überlieferung, Erläuterungen, Anmerkungen, Register.* (Jutta Eckle (ed); Weimar: Böhlau, 2011).

*Goethe, Johann Wolfgang [LA]/II.3: *»Leopoldina-Ausgabe«. Zweite Abteilung. Dritter Band: Beiträge zur Optik und Anfänge der Farbenlehre.* (Rupprecht Matthaei / Dorothea Kuhn (eds); Weimar: Böhlau, 1961).

*Goethe, Johann Wolfgang [LA]/II.4: *»Leopoldina-Ausgabe«. Zweite Abteilung. Vierter Band: Zur Farbenlehre. Didaktischer Teil und Tafeln.* (Rupprecht Matthaei / Dorothea Kuhn (eds); Weimar: Böhlau, 1973).

*Goethe, Johann Wolfgang [LA]/II.5A: *»Leopoldina-Ausgabe«. Zweite Abteilung. Fünfter Band, Teil A: Zur Farbenlehre. Polemischer Teil.* (Horst Zehe (ed); Weimar: Böhlau, 1992).

*Goethe, Johann Wolfgang [LA]/II.5B.1: *»Leopoldina-Ausgabe«. Zweite Abteilung. Fünfter Band, Teil B/1: Zur Farbenlehre und Optik nach 1810 und zur Tonlehre. Materialien und Zeugnisse bis 1818.* (Thomas Nickol (ed), unter Mitwirkung von Dorothea Kuhn und Horst Zehe; Weimar: Böhlau, 2007).

*Goethe, Johann Wolfgang [LA]/II.5B.2: *»Leopoldina-Ausgabe«. Zweite Abteilung. Fünfter Band, Teil B/2: Zur Farbenlehre und Optik nach 1810 und zur Tonlehre. Zeugnisse 1819 bis 1832. Überlieferung, Erläuterungen, Anmerkungen, Register.* (Thomas Nickol (ed), unter Mitwirkung von Dorothea Kuhn und Horst Zehe; Weimar: Böhlau, 2007).

*Goethe, Johann Wolfgang [LA]/II.6: *»Leopoldina-Ausgabe«. Zweite Abteilung. Sechster Band: Zur Farbenlehre. Historischer Teil.* (Dorothea Kuhn / Karl Lothar Wolf (eds); Weimar: Böhlau, 1959).

*Goethe, Johann Wolfgang [LJW]/W: *Die Leiden des jungen Werther.* In Goethe [WA]/I.19:1-191. [Erschien zuerst 1774].

*Goethe, Johann Wolfgang [MA]: *»Münchner Ausgabe«. Sämtliche Werke nach Epochen seines Schaffens. Band 1 – 21.* (Karl Richter / Herbert G. Göpfert / Norbert Miller / Gerhard Sauder / Edith Zehm (eds); München: Hanser, 1985 – 1998). [Zu den Details einzelner Bände: s.u.].

*Goethe, Johann Wolfgang [MA]/1.2: *»Münchner Ausgabe«. Band 1.2: Der junge Goethe 1757 – 1775.* (Gerhard Sauder (ed); München: Hanser, 1987).

*Goethe, Johann Wolfgang [MA]/4.2: *»Münchner Ausgabe«. Band 4.2: Wirkungen der Französischen Revolution 1791 – 1797.* (Klaus H. Kiefer / Hans J. Becker / Gerhard H. Müller / John Neubauer / Peter Schmidt (eds); München: Hanser, 1986).

*Goethe, Johann Wolfgang [MA]/5: *»Münchner Ausgabe«. Band 5: Wilhelm Meisters Lehrjahre.* (Hans-Jürgen Schings (ed); München: Hanser, 1988).

*Goethe, Johann Wolfgang [MA]/6.1: *»Münchner Ausgabe«. Band 6.1: Weimarer Klassik 1798 – 1806.* (Victor Lange (ed); München: Hanser, 1986).

*Goethe, Johann Wolfgang [MA]/6.2: *»Münchner Ausgabe«. Band 6.2: Weimarer Klassik 1798 – 1806.* (Victor Lange / Hans J. Becker / Gerhard H. Müller / John Neubauer / Peter Schmidt / Edith Zehm (eds); München: Hanser, 1989).

*Goethe, Johann Wolfgang [MA]/8.2: *»Münchner Ausgabe«. Band 8.2: Briefwechsel zwischen Schiller und Goethe in den Jahren 1794 bis 1805. Kommentar.* (Manfred Beetz (ed); München: Hanser, 1990).

*Goethe, Johann Wolfgang [MA]/9: *»Münchner Ausgabe«. Band 9: Epoche der Wahlverwandtschaften 1807 – 1814.* (Christoph Siegrist / Hans J. Becker / Dorothea Hölscher-Lohmeyer / Norbert Miller / Gerhard H. Müller / John Neubauer (eds); München: Hanser, 1987).

*Goethe, Johann Wolfgang [MA]/10: *»Münchner Ausgabe«. Band 10: Die Farbenlehre.* (Peter Schmidt (ed); München: Hanser, 1989).

*Goethe, Johann Wolfgang [MS]: »Magnet 1799«. In Goethe [LA]/I.11:46-48. [Erschien zuerst 1793].
*Goethe, Johann Wolfgang [MzGF]: *Materialien zur Geschichte der Farbenlehre. Des zweiten Bandes erster, historischer Teil.* In Goethe [LA]/I.6:V-450. [Erschien zuerst 1810].
*Goethe, Johann Wolfgang [NT]/H: *Die natürliche Tochter. Trauerspiel.* In Goethe [HA]/5:215-299. [Erschien zuerst 1804].
*Goethe, Johann Wolfgang [NT]/I: *Die natürliche Tochter. Trauerspiel. Mit den Memoiren der Stéphanie-Louise de Bourbon-Conti und drei Studien von Bernhard Böschenstein.* (Bernhard Böschenstein (ed); Frankfurt / Main: Insel, 1990).
*Goethe, Johann Wolfgang [PVA]: »Physikalische Vorlesungen 1808«. In Goethe [LA]/I.11:124-127. [Erschien zuerst 1904].
*Goethe, Johann Wolfgang [PVSA]: »Physikalische Vorträge schematisiert 1805 – 1806«. In Goethe [LA]/I.11:55-101. [Erschien zuerst 1893].
*Goethe, Johann Wolfgang [PW]: »Physische Wirkungen«. In Goethe [LA]/I.3:327-330. [Erschien zuerst 1893].
*Goethe, Johann Wolfgang [RA]: *»Regest Ausgabe«. Briefe an Goethe. Gesamtausgabe in Regestform.* (Manfred Koltes / Ulrike Bischof / Christian Hain / Sabine Schäfer (eds); Weimar: Böhlau, 1980 – 2020ff). [Zu den Details einzelner Bände: s.u.].
*Goethe, Johann Wolfgang [RA]/3: *»Regest Ausgabe«. Briefe an Goethe. Gesamtausgabe in Regestform. Band 3: 1799 – 1801.* (Karl-Heinz Hahn / Irmtraut Schmid (eds); Weimar: Böhlau, 1983).
*Goethe, Johann Wolfgang [RA]/5: *»Regest Ausgabe«. Briefe an Goethe. Gesamtausgabe in Regestform. Band 5: 1805 – 1810.* (Karl-Heinz Hahn / Irmtraut Schmid (eds); Weimar: Böhlau, 1992).
*Goethe, Johann Wolfgang [SF]: »Schema der Farbenlehre. Göttingen 1801«. In Goethe [LA]/I.3:335-338. [Erschien zuerst 1906].
*Goethe, Johann Wolfgang [sVST]: »Statt des versprochenen supplementaren Teils«. In Goethe [LA]/I.7:19-39. [Erschien zuerst 1810].
*Goethe, Johann Wolfgang [T]/I.1: *Tagebücher. Band I,1: 1775 – 1787. Text.* (Wolfgang Albrecht / Andreas Döhler (eds); Stuttgart: Metzler, 1998).
*Goethe, Johann Wolfgang [T]/II.2: *Tagebücher. Band II,2: 1790 – 1800. Kommentar.* (Wolfgang Albecht / Edith Zehm (eds); Stuttgart: Metzler, 2000).
*Goethe, Johann Wolfgang [T]/III.2: *Tagebücher. Band III,2: 1801 – 1808. Kommentar.* (Andreas Döhler (ed); Stuttgart: Metzler, 2004).
*Goethe, Johann Wolfgang [T]/IV.2: *Tagebücher. Band IV,2: 1809 – 1812. Kommentar.* (Edith Zehm / Sebastian Mangold / Ariane Ludwig (eds); Stuttgart: Metzler, 2008).
*Goethe, Johann Wolfgang [T]: »Turmalin«. In Goethe [PVSA]:62-65.
*Goethe, Johann Wolfgang [TJHa]/1: *Tag- und Jahres-Hefte als Ergänzung meiner sonstigen Bekenntnisse, von 1749 bis 1806.* In Goethe [WA]/I.35:1-273. [Erschien zuerst 1830].

*Goethe, Johann Wolfgang [TT]/W: *Torquato Tasso. Ein Schauspiel.* In Goethe [WA]/I.10:103-244. [Erschien zuerst 1790].

*Goethe, Johann Wolfgang [üEFI]: »Über die Einteilung der Farben und ihr Verhältnis gegen einander«. In Goethe [LA]/I.3:136-139. [Erschien zuerst 1897].

*Goethe, Johann Wolfgang [üFWb]: »Über die Farbenerscheinungen, die wir bei Gelegenheit der Refraktion gewahr werden«. In Goethe [LA]/I.3:164-189. [Erschien zuerst 1897].

*Goethe, Johann Wolfgang [üNHD]: »Über Newtons Hypothese der diversen Refrangibilität«. In Goethe [LA]/I.3:152-164. [Erschien zuerst 1906].

*Goethe, Johann Wolfgang [üNvH]: »Über die Notwendigkeit von Hypothesen«. In Goethe [LA]/I.11:35/6. [Erschien zuerst 1894].

*Goethe, Johann Wolfgang [V]: »Vorwort«. In Goethe [LA]/I.4:3-10. [Erschien zuerst im Separatdruck des didaktischen Teils (Goethe [EF]) in kleiner Auflage 1808].

*Goethe, Johann Wolfgang [VaVK]: »Versuch aus der vergleichenden Knochenlehre daß der Zwischenknochen der obern Kinnlade dem Menschen mit den übrigen Thieren gemein sei. Jena, 1784«. In Goethe [WA]/II.8:91-139. [Erschien zuerst 1820].

*Goethe, Johann Wolfgang [VaVv]/A: »Der Versuch als Vermittler von Objekt und Subjekt«. In Goethe [HA]/13:10-20. [Fassung aus dem Jahr 1792].

*Goethe, Johann Wolfgang [VEFz]: »Versuch die Elemente der Farbenlehre zu entdecken«. In Goethe [LA]/I.3:190-209. [Erschien zuerst 1878].

*Goethe, Johann Wolfgang [vFS]: »Von den farbigen Schatten«. In Goethe [LA]/I.3:64-81. [Erschien zuerst 1897].

*Goethe, Johann Wolfgang [VMPz]: *Versuch die Metamorphose der Pflanzen zu erklären.* (Gotha: Ettinger, 1790).

*Goethe, Johann Wolfgang [VnA]: »Verhältnisse nach außen«. In Goethe [LA]/I.3:354/5. [Erschien zuerst 1906].

*Goethe, Johann Wolfgang [W]/H: *Die Wahlverwandtschaften. Ein Roman.* In Goethe [HA]/6:242-490. [Erschien zuerst 1809].

*Goethe, Johann Wolfgang [WA]: *»Weimarer Ausgabe«. Goethes Werke. Herausgegeben im Auftrage der Großherzogin Sophie von Sachsen. I. Abtheilung: Werke im engern Sinne [literarische Werke] (Band I.1 – I.55); II. Abtheilung: Naturwissenschaftliche Schriften (Band II.1 – II.13); III. Abtheilung: Tagebücher (Band III.1 – III.15.2); IV. Abtheilung: Briefe (Band IV.1 – IV.50).* (Gustav von Loeper / Erich Schmidt / Herman Grimm / Wilhelm Scherer / Bernhard Seuffert / Bernhard Suphan et al (eds) im Auftrag der Großherzogin Sophie von Sachsen; Weimar: Böhlau, 1887 – 1919). Fortgesetzt durch *Nachträge und Register zur IV. Abteilung (Band IV.51 – IV.53).* (Paul Raabe (ed); München: dtv, 1990). [Zu den Details einzelner Bände: s.u.].

*Goethe, Johann Wolfgang [WA]/I.8: *»Weimarer Ausgabe«. I. Abtheilung. 8. Band: Götz von Berlichingen. Egmont.* (Weimar: Böhlau, 1889).

*Goethe, Johann Wolfgang [WA]/I.10: *»Weimarer Ausgabe«. I. Abtheilung. 10. Band: Iphigenie auf Tauris. Nausikaa. Torquato Tasso. Die natürliche Tochter.* (Weimar: Böhlau, 1889).

*Goethe, Johann Wolfgang [WA]/I.19: *»Weimarer Ausgabe«. I. Abtheilung. 19. Band: Die Leiden des jungen Werther. Briefe aus der Schweiz. Lesarten.* (Weimar: Böhlau, 1899).

*Goethe, Johann Wolfgang [WA]/I.27: *»Weimarer Ausgabe«. I. Abtheilung. 27. Band: Aus meinem Leben. Dichtung und Wahrheit. Zweiter Theil.* (Weimar: Böhlau, 1889).

*Goethe, Johann Wolfgang [WA]/I.30: *»Weimarer Ausgabe«. I. Abtheilung. 30. Band: Italiänische Reise. I.* (Weimar: Böhlau, 1903).

*Goethe, Johann Wolfgang [WA]/I.33: *»Weimarer Ausgabe«. I. Abtheilung. 33. Band: Campagne in Frankreich 1792. Belagerung von Mainz.* (Weimar: Böhlau, 1898).

*Goethe, Johann Wolfgang [WA]/I.35: *»Weimarer Ausgabe«. I. Abtheilung. 35. Band: Tag- und Jahres-Hefte als Ergänzung meiner sonstigen Bekenntnisse, von 1749 bis 1806.* (Weimar: Böhlau, 1892).

*Goethe, Johann Wolfgang [WA]/I.47: *»Weimarer Ausgabe«. I. Abtheilung. 47. Band: Schriften zur Kunst 1788 – 1800. Paralipomena. Vorarbeiten und Bruchstücke.* (Weimar: Böhlau, 1896).

*Goethe, Johann Wolfgang [WA]/II.5.1: *»Weimarer Ausgabe«. II. Abtheilung. 5. Band, Erste Abtheilung: Chromatik. Mit sechzehn Bilder-Tafeln und acht Holzschnitten.* (Weimar: Böhlau, 1897).

*Goethe, Johann Wolfgang [WA]/II.5.2: *»Weimarer Ausgabe«. II. Abtheilung. 5. Band, Zweite Abtheilung: Paralipomena zu Band 1–5. Register zu Band 1–5* 2. *Abtheilung.* (Weimar: Böhlau, 1906).

*Goethe, Johann Wolfgang [WA]/II.8: *»Weimarer Ausgabe«. II. Abtheilung. 8. Band: Zur Morphologie. III. Theil.* (Weimar: Böhlau, 1893).

*Goethe, Johann Wolfgang [WA]/II.11: *»Weimarer Ausgabe«. II. Abtheilung. 11. Band: Zur Naturwissenschaft. Allgemeine Naturlehre. I. Theil.* (Weimar: Böhlau, 1893).

*Goethe, Johann Wolfgang [WA]/II.13: *»Weimarer Ausgabe«. II. Abtheilung. 13. Band: Nachträge zu Band 6 bis 12.* (Weimar: Böhlau, 1904).

*Goethe, Johann Wolfgang [WA]/III.2: *»Weimarer Ausgabe«. III. Abtheilung. 2. Band: Tagebücher 1790 – 1800.* (Weimar: Böhlau, 1888).

*Goethe, Johann Wolfgang [WA]/III.3: *»Weimarer Ausgabe«. III. Abtheilung. 3. Band: Tagebücher 1801 – 1808.* (Weimar: Böhlau, 1889).

*Goethe, Johann Wolfgang [WA]/III.4: *»Weimarer Ausgabe«. III. Abtheilung. 4. Band: Tagebücher 1809 – 1812.* (Weimar: Böhlau, 1891).

*Goethe, Johann Wolfgang [WA]/III.8: *»Weimarer Ausgabe«. III. Abtheilung. 8. Band: Tagebücher 1821 – 1822.* (Weimar: Böhlau, 1896).

*Goethe, Johann Wolfgang [WA]/IV.3: *»Weimarer Ausgabe«. IV. Abtheilung. 3. Band: Briefe 1775 – 1778.* (Weimar: Böhlau, 1888).

*Goethe, Johann Wolfgang [WA]/IV.8: *»Weimarer Ausgabe«. IV. Abtheilung. 8. Band: Briefe Italiänische Reise August 1786 – Juni 1788.* (Weimar: Böhlau, 1890).

*Goethe, Johann Wolfgang [WA]/IV.9: *»Weimarer Ausgabe«. IV. Abtheilung. 9. Band: Briefe 18. Juni 1788 – 8. August 1792.* (Weimar: Böhlau, 1891).

*Goethe, Johann Wolfgang [WA]/IV.10: *»Weimarer Ausgabe«. IV. Abtheilung. 10. Band: Briefe 9. August 1792 – 31. Dezember 1795.* (Weimar: Böhlau, 1892).

*Goethe, Johann Wolfgang [WA]/IV.11: *»Weimarer Ausgabe«. IV. Abtheilung. 11. Band: Briefe 1796.* (Weimar: Böhlau, 1892).

*Goethe, Johann Wolfgang [WA]/IV.13: *»Weimarer Ausgabe«. IV. Abtheilung. 13. Band: Briefe 1798.* (Weimar: Böhlau, 1893).

*Goethe, Johann Wolfgang [WA]/IV.15: *»Weimarer Ausgabe«. IV. Abtheilung. 15. Band: Briefe 1800. 1801.* (Weimar: Böhlau, 1894).

*Goethe, Johann Wolfgang [WA]/IV.16: *»Weimarer Ausgabe«. IV. Abtheilung. 16. Band: Briefe 1802. 1803.* (Weimar: Böhlau, 1894).

*Goethe, Johann Wolfgang [WA]/IV.19: *»Weimarer Ausgabe«. IV. Abtheilung. 19. Band: Briefe 9. Mai 1805 – Ende 1807.* (Weimar: Böhlau, 1895).

*Goethe, Johann Wolfgang [WA]/IV.20: *»Weimarer Ausgabe«. IV. Abtheilung. 20. Band: Briefe Januar 1808 – Juni 1809.* (Weimar: Böhlau, 1896).

*Goethe, Johann Wolfgang [WA]/IV.21: *»Weimarer Ausgabe«. IV. Abtheilung. 21. Band: Briefe Juli 1809 – December 1810.* (Weimar: Böhlau, 1896).

*Goethe, Johann Wolfgang [WA]/IV.23: *»Weimarer Ausgabe«. IV. Abtheilung. 23. Band: Briefe Mai 1812 – August 1813.* (Weimar: Böhlau, 1900).

*Goethe, Johann Wolfgang [WA]/IV.24: *»Weimarer Ausgabe«. IV. Abtheilung. 24. Band: Briefe September 1813 – 24. Juli 1814.* (Weimar: Böhlau, 1901).

*Goethe, Johann Wolfgang [WA]/IV.28: *»Weimarer Ausgabe«. IV. Abtheilung. 28. Band: Briefe März – December 1817.* (Weimar: Böhlau, 1903).

*Goethe, Johann Wolfgang [WA]/IV.31: *»Weimarer Ausgabe«. IV. Abtheilung. 31. Band: Briefe 2. November 1818 – 25. August 1819.* (Weimar: Böhlau, 1905).

*Goethe, Johann Wolfgang [WA]/IV.35: *»Weimarer Ausgabe«. IV. Abtheilung. 35. Band: Briefe Juli 1821 – März 1822.* (Weimar: Böhlau, 1906).

*Goethe, Johann Wolfgang [WA]/IV.42: *»Weimarer Ausgabe«. IV. Abtheilung. 42. Band: Briefe Januar – Juli 1827.* (Weimar: Böhlau, 1907).

*Goethe, Johann Wolfgang [WA]/IV.46: *»Weimarer Ausgabe«. IV. Abtheilung. 46. Band: Briefe Juli 1829 – März 1830.* (Weimar: Böhlau, 1908).

*Goethe, Johann Wolfgang [WA]/IV.50: *»Weimarer Ausgabe«. IV. Abtheilung. 50. Band: Briefe Nachträge und Undatirtes. Register zu Band 31 – 50.* (Weimar: Böhlau, 1912).

*Goethe, Johann Wolfgang [WA]/IV.51: *»Weimarer Ausgabe«. Nachträge und Register zur IV. Abteilung: Briefe. 51. Band: Briefe Nachträge 1768 – 1832. Texte.* (Paul Raabe (ed); München: dtv, 1990).

*Goethe, Johann Wolfgang [WML]/H: *Wilhelm Meisters Lehrjahre.* In Goethe [HA]/7:7-610. [Erschien zuerst in mehreren Teilen 1795/96].

*Goethe, Johann Wolfgang [WMTS]/F: *Wilhelm Meisters theatralische Sendung.* In Goethe [FA]/9:9-354. [Erschien zuerst 1911].

*Goethe, Johann Wolfgang [WMW]/H: *Wilhelm Meisters Wanderjahre. Oder Die Entsagenden.* In Goethe [HA]/8:7-486. [Erschien zuerst in einer unvollständigen Fassung 1821, dann vollständig 1829].

Golz, Jochen / Brandt, Helmut / Manger, Klaus [GE]: *»Glückliches Ereigniß«. Die Begegnung zwischen Goethe und Schiller bei der Tagung der Naturforschenden Gesellschaft in Jena am 20. Juli 1794.* (Marbach am Neckar: Deutsche Schillergesellschaft, 1995).

Golz, Jochen [GE]: »Glückliches Ereigniß«. In Golz et al [GE]:3-9.

Gordin, Michael D. [TIoH]: »The Tory interpretation of history. Hasok Chang. *Is water H2O?: Evidence, realism and pluralism.* Dordrecht: Springer, 2012. xxi + 316 pp., illus., index. ISBN 978-94-007.3931-4. $189.00 (hardcover)«. *Historical Studies in the Natural Sciences* 44 No 4 (2014), pp. 413-423. [Rezension].

Gräf, Hans Gerhard [GuSD]/III.1: *Goethe ueber seine Dichtungen. Versuch einer Sammlung aller Aeusserungen des Dichters ueber seine poetischen Werke. Dritter Theil: Die lyrischen Dichtungen. Erster Band.* (Frankfurt / Main: Rütten, 1912).

Grebe-Ellis, Johannes / Theilmann, Florian (eds) [OET]: *open eyes 2005. Ansätze und Perspektiven der phänomenologischen Optik. Beiträge zur Fachtagung vom 5.-8. September 2005 im Institut für Physik der Humboldt-Universität zu Berlin, veranstaltet von der Arbeitsgruppe Didaktik der Physik (Lutz-Helmut Schön, Johannes Grebe-Ellis) in Zusammenarbeit mit Wilfried Sommer, Kassel, und Florian Theilmann, Dornach (CH).* (Berlin: Logos, 2006). [= *Phänomenologie in der Naturwissenschaft* 1].

Grebe-Ellis, Johannes [GFiL]: »Goethes Farbenlehre im Lichte neuer Experimente zur Symmetrie spektraler Phänomene«. In Böhme (ed) [üGN]:39-58. [Vortrag vom 16.2.2016].

Grebe-Ellis, Johannes [GPP]: *Grundzüge einer Phänomenolgie der Polarisation. Entwicklung einer phänomenologischen Beschreibung der Polarisation als Grundlage für Curricula zur Polarisation in Schule und Hochschule.* (Berlin: Logos, 2005). [= *Phänomenologie in der Naturwissenschaft* 3].

*Gren, Friedrich Albrecht Carl [EBüH]: »Einige Bemerkungen über des Herrn von Göthe Beyträge zur Optik«. *Journal der Physik* 7 No 1 (1793), pp. 3-21. [Rezension].

*Grumach, Renate (ed) [G]/IV: *Goethe. Begegnungen und Gespräche. Band IV: 1793 – 1799.* (Berlin: de Gruyter, 1980).

*Grumach, Renate (ed) [G]/V: *Goethe. Begegnungen und Gespräche. Band V: 1800 – 1805.* (Berlin: de Gruyter, 1985).

*Grumach, Renate (ed) [G]/VI: *Goethe. Begegnungen und Gespräche. Band VI: 1806 – 1808.* (Berlin: de Gruyter, 1999).

*Guhrauer, Gottschalk Eduard (ed) [BzGK]/1: *Briefwechsel zwischen Goethe und Knebel. (1744 – 1832). Erster Theil.* (Leipzig: Brockhaus, 1851).

*Guiot, Jean-Paul (ed) [SUBv]: »Sechs unveröffentlichte Briefe von Johann Wilhelm Ritter (1776 – 1810)«. *Centaurus* 28 No 3 (1985), pp. 218-243.

Guiot, Jean-Paul [zEUS]: »Zur Entdeckung der ultravioletten Strahlen durch Johann Wilhelm Ritter«. *Archives Internationales d'Histoire des Sciences* 35 (1985), pp. 346-356.

Haag, Ruth [NE]: »Noch einmal: Der Verfasser der *Nachtwachen von Bonaventura*«. *Euphorion* 81 (1987), pp. 286-297.

Hall, Alfred Rupert [IN]: *Isaac Newton. Adventurer in thought.* (Cambridge: Cambridge University Press, 1996). [Erschien zuerst 1992].

Hall, Alfred Rupert [SINN]: »Sir Isaac Newton's note-book, 1661-65«. *Cambridge Historical Journal* 9 No 2 (1948), pp. 239-250.

*Harding, Marius Christian (ed) [CdHC]/I: *Correspondance de H. C. Örsted avec divers savants. Tome I.* (Copenhague: Aschehoug, 1920).

*Harding, Marius Christian (ed) [CdHC]/II: *Correspondance de H. C. Örsted avec divers savants. Tome II.* (Copenhague: Aschehoug, 1920).

Hartwig, Wolfgang [PaK]: *Physik als Kunst. Über die naturphilosophischen Grundlagen Johann Wilhelm Ritters.* (Inaugural-Dissertation an der Philosophischen Fakultät der Albert-Ludwigs-Universität; Freiburg, 1955).

Hausen, Karin [PG]: »Die Polarisierung der ›Geschlechtscharaktere‹. Eine Spiegelung der Dissoziation von Erwerbs- und Familienleben«. In Conze (ed) [SFiN]:363-393.

Hecht, Eugene [O]: *Optik.* (Anna Schleitzer (tr); München: Oldenbourg, 2009). [Diese Ausgabe erschien zuerst auf Englisch im Jahr 2002].

*Hecker, Max (ed) [GFJ]/3.2: »Goethe und Fritz Jacobi. Achtunddreißig Briefe Jacobis an Goethe. Der dritten Reihe zweiter Teil (Schluß)«. *Goethe. Viermonatsschrift der Goethe-Gesellschaft. Neue Folge des Jahrbuchs* 8 (1943), pp. 57-86.

*Hegel, Georg Friedrich Wilhelm: siehe die Briefe in Hoffmeister (ed) [BvaH]/I.

Heimendahl, Eckart [LF]: *Licht und Farbe. Ordnung und Funktion der Farbwelt.* (Berlin: de Gruyter, 1961).

Heisenberg, Werner [GNFi]: »Die Goethesche und Newtonsche Farbenlehre im Lichte der modernen Physik«. In Heisenberg [WiGN]:54-70. [Vortrag vom 5.5.1941].

Heisenberg, Werner [TG]: *Der Teil und das Ganze. Gespräche im Umkreis der Atomphysik.* (München: dtv, 1981). [Erschien zuerst 1969].

Heisenberg, Werner [WiGN]: *Wandlungen in der Grundlagen der Naturwissenschaft. Acht Vorträge.* (Stuttgart: Hirzel, 1949). [Erschien zuerst 1935].

Helbig, Holger [NO]: *Naturgemäße Ordnung. Darstellung und Methode in Goethes Lehre von den Farben.* (Köln: Böhlau, 2004).

Helmholtz, Hermann [GVKN]: »Goethe's Vorahnungen kommender naturwissenschaftlicher Ideen«. In Helmholtz [VR]/2:335-361. [Vortrag vom 11.6.1892].

Helmholtz, Hermann [uGNA]: »Ueber Goethe's naturwissenschaftliche Arbeiten«. In Helmholtz [VR]/1:23-47. [Vortrag aus dem Jahr 1853; mit einer Nachschrift aus dem Jahr 1875].

Helmholtz, Hermann [VR]/1: *Vorträge und Reden. Erster Band.* (Erweiterte Ausgabe; Braunschweig: Vieweg, 1903). [Erschien zuerst 1865].

Helmholtz, Hermann [VR]/2: *Vorträge und Reden. Zweiter Band.* (Erweiterte Ausgabe; Braunschweig: Vieweg, 1903). [Erschien zuerst 1871].

Henley, Ernest M. / García, Alejandro [SP]: *Subatomic physics.* (New Jersey: World Scientific, 2007). [Erschien zuerst 1976].

Hentschel, Klaus [UL]: *Unsichtbares Licht? Dunkle Wärme? Chemische Strahlen? Eine wissenschaftshistorische und -theoretische Analyse von Argumenten für das*

Klassifizieren von Strahlungssorten 1650 – 1925 mit Schwerpunkt auf den Jahren 1770 – 1900. (Diepholz: Verlag für Geschichte der Naturwissenschaften und der Technik, 2007).

*Herder, Johann Gottfried [K]: *Kalligone*. (Carlsruhe: Bureau der deutschen Classiker, 1820). [Erschien zuerst 1800].

*Herder, Johann Gottfried [MzKR]/1: *Eine Metakritik zur Kritik der reinen Vernunft. Erster Theil: Verstand und Erfahrung*. (Leipzig: Hartknoch, 1799).

*Herder, Johann Gottfried [MzKR]/2: *Eine Metakritik zur Kritik der reinen Vernunft. Zweiter Theil: Vernunft und Sprache*. (Leipzig: Hartknoch, 1799).

*Herder, Maria Carolina [EaLJ]/3: *Erinnerungen aus dem Leben Joh. Gottfrieds von Herder. Dritter Theil*. (Johann Georg Müller (ed); Stuttgart: Cotta, 1830).

*Hermann, Armin (ed) [BEEU]: *Die Begründung der Elektrochemie und Entdeckung der ultravioletten Strahlen von Johann Wilhelm Ritter. Eine Auswahl aus den Schriften des romantischen Physikers*. (Frankfurt / Main: Akademische Verlagsgesellschaft, 1968). [= *Ostwalds Klassiker der exakten Wissenschaften. Neue Folge* 2].

Hermann, Armin [DA]: »Dynamismus und Atomismus. Die beiden Systeme der Physik in der 1. Hälfte des 19. Jahrhunderts«. *Erkenntnis* 10 No 3 (Oktober 1976), pp. 311-322.

Herrmann, Elisabeth [TiGR]: *Die Todesproblematik in Goethes Roman »Die Wahlverwandtschaften«*. (Berlin: Schmidt, 1998). [= *Philologische Studien und Quellen* 147].

*Herschel, William [EoRo]: »Experiments on the refrangibility of the invisible rays of the sun«. *Philosophical Transactions* 90 No 2 (1800), pp. 284-292. [Vortrag vom 24.4.1800].

*Herschel, William [EoSo]/I: »Experiments on the solar, and on the terrestrial rays that occasion heat; with a comparative view of the laws to which light and heat, or rather the rays which occasion them, are subject, in order to determine whether they are the same, or different. Part I«. *Philosophical Transactions* 90 No 2 (1800), pp. 293-326.

*Herschel, William [EoSo]/II: »Experiments on the solar, and on the terrestrial rays that occasion heat; with a comparative view of the laws to which light and heat, or rather the rays which occasion them, are subject, in order to determine whether they are the same, or different. Part II«. *Philosophical Transactions* 90 No 3 (1800), pp. 437-538.

*Herschel, William [FVüW]: »Fortgesetzte Versuche über die Wärmestrahlen der Sonne und irdischer Gegenstände«. *Annalen der Physik* 10 No 1 (Ludwig Wilhelm Gilbert (ed, tr); 1802), pp. 68-87. [Deutsche Übersetzung und kürzende Verschmelzung von Herschel [EoSo]/I und Herschel [EoSo]/II durch Gilbert (siehe Gilbert in Herschel [FVüW]:68)].

*Herschel, William [IoPo]: »Investigation of the powers of the prismatic colours to heat and illuminate objects; with remarks, that prove the different refrangibility of radiant heat. To which is added, an inquiry into the method of viewing the sun advantageously, with telescopes of large apertures and high magnifying powers«. *Philosophical Transactions* 90 No 2 (1800), pp. 255-283. [Vortrag vom 27.3.1800].

*Herschel, William [UüKP]: »Untersuchung über die Kraft der prismatischen Farben; nebst Bemerkungen, welche die verschiedene Brechbarkeit der strahlenden Wärme beweisen. Ferner: Untersuchung, wie die Sonne vermittelst Telescopen von grosser Oefnung und starken Vergrösserungen am vortheilhaftesten beobachtet werden könne«. In Herschel [UüNS]:1-47. [= Deutsche Übersetzung von Herschel [IoPo]].

*Herschel, William [UüNS]: *Untersuchungen über die Natur der Sonnenstrahlen.* (Carl Ludwig Harding (tr); Celle: Schulze, 1801).

*Herschel, William [UüWE]: »Untersuchungen über die wärmende und die erleuchtende Kraft der farbigen Sonnenstrahlen; Versuch über die nicht-sichtbaren Strahlen der Sonne und deren Brechbarkeit; und Einrichtung grosser Teleskope zu Sonnenbeobachtungen«. *Annalen der Physik* 7 No 2 (Ludwig Wilhelm Gilbert (ed, tr); 1801), pp. 137-156. [Deutsche Übersetzung und kürzende Verschmelzung von Herschel [IoPo] und Herschel [EoRo] durch Gilbert (siehe Gilbert in Herschel [UüWE]:137/8n)].

*Herschel, William [VüBU]: »Versuche über die Brechbarkeit der unsichtbaren Sonnenstrahlen«. In Herschel [UüNS]:48-62. [= Deutsche Übersetzung von Herschel [EoRo]].

*Herwig, Wolfgang (ed) [GG]/3.1: *Goethes Gespräche. Eine Sammlung zeitgenössischer Berichte aus seinem Umgang. Auf Grund der Ausgabe und des Nachlasses von Flodoard Freiherr von Biedermann. Band 3. Erster Teil: 1817 – 1825.* (München: dtv, 1998).

*Hoffmann, Franz (ed) [FvBB]: *Franz von Baader's Biographie und Briefwechsel.* (Leipzig: Bethmann, 1857).

*Hoffmann, Johann Leonhard [VGMH]: *Versuch einer Geschichte der mahlerischen Harmonie überhaupt und der Farbenharmonie insbesondere, mit Erläuterungen aus der Tonkunst und vielen praktischen Anmerkungen.* (Halle: Hendel, 1786).

*Hoffmeister, Johannes (ed) [BvaH]/I: *Briefe von und an Hegel. Band I: 1785 – 1812.* (Hamburg: Meiner, 1961). [Erschien zuerst 1952].

*Holland, Jocelyn (ed) [KToJ]: *Key texts of Johann Wilhelm Ritter (1776 – 1810) on the science and art of nature.* (Jocelyn Holland (tr); Leiden: Brill, 2010). [= *History of Science and Medicine Library* 16].

Holland, Jocelyn [GRS]: *German romanticism and science. The procreative poetics of Goethe, Novalis, and Ritter.* (New York: Routledge, 2009). [= *Routledge Studies in Romanticism* 13].

Holland, Jocelyn [RwPi]: »*Reproduction without polarity in the work of Johann Wilhelm Ritter*«. *History and Philosophy of the Life Sciences* 42 No 4 (2020), pp. 1-14. [Artikel-Nummer 52 mit eigener Binnenpaginierung].

Holtsmark, Torger [CI]: *Colour and image. Phenomenology of visual experience.* (Johannes Grebe-Ellis (ed); Berlin: Logos, 2012). [= *Phänomenologie in der Naturwissenschaft* 8].

Hossenfelder, Sabine [LiM]: *Lost in math. How beauty leads physics astray.* (New York: Basic Books, 2018).

*Huddart, Joseph [BüHS]: »Beobachtungen über die horizontale Strahlenbrechung bey irdischen Gegenständen und über die Vertiefung des Seehorizontes (dip of the sea)«. *Annalen der Physik* 3 No 3 (Ludwig Wilhelm Gilbert (ed); 1800), pp. 257-280.

Hüffmeier, Dorothee [JWRN]: »Johann Wilhelm Ritter, Naturforscher oder Naturphilosoph?« *Sudhoffs Archiv für Geschichte der Medizin und der Naturwissenschaften* 45 No 3 (Oktober 1961), pp. 225-234.

Hüffmeier, Dorothee [JWRS]: *Johann Wilhelm Ritter (1776 – 1810) und sein Beitrag zur Physiologie seiner Zeit.* (Inaugural-Dissertation an der Hohen Medizinischen Fakultät der Westfälischen Wilhelms-Universität; Münster, 1961).

*Humboldt, Alexander [VüGM]/1: *Versuche über die gereizte Muskel- und Nervenfaser nebst Vermuthungen über den chemischen Process des Lebens in der Thier- und Pflanzenwelt. Erster Band.* (Posen: Decker, 1797).

*Humboldt, Alexander [VüGM]/2: *Versuche über die gereizte Muskel- und Nervenfaser nebst Vermuthungen über den chemischen Process des Lebens in der Thier- und Pflanzenwelt. Zweiter Band.* (Posen: Decker, 1798).

*J. C. [PaMC]: »A paper about magnetism, or concerning the changing and fixing the polarity of a piece of iron«. *Philosophical Transactions* 18 No 214 (November and December 1694), pp. 257-262.

*Jacobi, Friedrich: siehe die Briefe in Hecker (ed) [GFJ]/3.2.

*Jacobi, Max (ed) [BzGF]: *Briefwechsel zwischen Goethe und F. H. Jacobi.* (Leipzig: Weidmann, 1846).

*Jelved, Karen / Jackson, Andrew D. (eds, trs) [TLoH]: *The travel letters of H.C. Ørsted.* (Kopenhagen: The Royal Danish Academy of Sciences and Letters, 2011). [Erschien zeitgleich mit der umfangsgleichen dänischen Ausgabe].

*Joost, Ulrich / Schöne, Albrecht (eds) [GCL]/III: *Georg Christoph Lichtenberg. Briefwechsel. Band III: 1785 – 1792.* (München: Beck, 1990).

*Joost, Ulrich / Schöne, Albrecht (eds) [GCL]/IV: *Georg Christoph Lichtenberg. Briefwechsel. Band IV: 1793 – 1799 und Undatiertes.* (München: Beck, 1992).

Kallmann, Anatol Julian [FF]: *Farbkonstanz und Farbkontrast. Eine Untersuchung mit Hilfe der farbigen Schatten.* (Dissertation am Fachbereich Biologie der Johannes Gutenberg-Universität; Mainz, 2003).

*Kant, Immanuel [KGS]/II: *Kant's gesammelte Schriften. Erste Abtheilung: Werke. Zweiter Band: Vorkritische Schriften II. 1757 – 1777.* (Paul Gedan / Kurd Lasswitz / Paul Menzer / Ewald Frey / Max Frischeisen-Koehler / Erich Adickes / Emil Thomas (eds); Berlin: Reimer, 1912). [= *Akademieausgabe* AA II; herausgegeben von der Königlich Preußischen Akademie der Wissenschaften].

*Kant, Immanuel [KGS]/XXI: *Kant's gesammelte Schriften. Dritte Abtheilung: Handschriftlicher Nachlaß. Achter Band: Opus postumum. Erste Hälfte (Convolut I bis VI).* (Artur Buchenau / Gerhard Lehmann (eds); Berlin: de Gruyter, 1936). [= *Akademieausgabe* AA XXI; herausgegeben von der Preußischen Akademie der Wissenschaften].

*Kant, Immanuel [KRV]: *Kritik der reinen Vernunft.* (Raymund Schmidt (ed); Hamburg: Meiner, 1976). [Erschien zuerst 1781 (»A«) bzw. 1787 (»B«); ich zitiere nach den Randnummern, die sich auf die A-Ausgabe und auf die B-Ausgabe beziehen].

*Kant, Immanuel [MAN]: *Metaphysische Anfangsgründe der Naturwissenschaft.* (Zweyte Auflage; Riga: Hartknoch, 1787). [Erschien zuerst 1786].

*Kant, Immanuel [VBNG]: *Versuch den Begriff der negativen Größen in die Weltweisheit einzuführen.* In Kant [KGS]/II:165-204. [Erschien zuerst 1763].

*Kästner, Abraham Gotthelf [WJWv]: »Weimar. J. W. von Goethe, Beytraege zur Optik. Erstes Stueck mit 27 Tafeln, Weimar, im Verlag des Industrie-Comptoirs, 1791, 62 Octavseiten. Zweytes Stueck, mit einer großen colorirten Tafel und einem Kupfer, 30 Octavseiten«. *Goettingische Anzeigen von gelehrten Sachen* 169 (22.10.1792), pp. 1693-1695. [Rezension; erschien anonym; für die Zuschreibung zu Kästner siehe Wenzel (ed) [GHS]/2:721].

Kayser, Heinrich [HS]/1: *Handbuch der Spectroscopie. Erster Band.* (Leipzig: Hirzel, 1900).

Keudell, Elise [GaBW]: *Goethe als Benutzer der Weimarer Bibliothek. Ein Verzeichnis der von ihm entliehenen Werke.* (Werner Deetjen (ed); Weimar: Böhlau, 1982). [Nachdruck aus dem Jahr 1931. Ich verweise mithilfe des Paragraphenzeichens auf die fortlaufenden Nummern der Einträge].

Keynes, John Maynard [CWoJ]/X: *The collected writings of John Maynard Keynes. Volume X: Essays in biography.* (Elizabeth Johnson / Donald Moggridge (eds); Cambridge: Cambridge University Press, 2013).

Keynes, John Maynard [NM]: »Newton, the man«. In Keynes [CWoJ]/X:363-374.

Keynes, Milo [BNM]: »Balancing Newton's mind. His singular behaviour and his madness of 1692-93«. *Notes and Records of the Royal Society of London* 62 No 3 (2008), pp. 289-300.

Klauß, Jochen [GiG]: *Goethe in Gefahr.* (Bucha bei Jena: quartus, 2015). [= *Schriftenreihe des Freundeskreises Goethe-Nationalmuseum e.V.* 8].

Kleinert, Andreas [EUSS]: »Die Entdeckung der unsichtbaren Strahlen des Sonnenspektrums«. *Gesnerus. Zeitschrift der Schweizerischen Gesellschaft für Geschichte der Medizin und der Naturwissenschaften* 41 (1984), pp. 291-298.

Kleinert, Andreas [VGCo]: »Volta, the german controversy on physics and *Naturphilosophie* and his relations with Johann Wilhelm Ritter«. In Bevilacqua et al (eds) [NV]/4:29-39.

*Klemm, Friedrich / Hermann, Armin (eds) [BRP]: *Briefe eines romantischen Physikers. Johann Wilhelm Ritter an Gotthilf Heinrich Schubert und an Karl von Hardenberg.* (München: Moos, 1966).

Klengel, Bernd [üGDT]: *Über Galvanismus und deutsche Träumereien. Zur Rezeption romantischer Naturforschung in Frankreich zwischen 1800 und 1820.* (Stuttgart: Steiner, 2010). [= *Boethius* 64].

Klengel, Bernd [USL]: »Ultraviolette Strahlen und Ladungssäule. Zur Rezeption von Entdeckungen Johann Wilhelm Ritters in Frankreich«. In Breidbach et al (eds) [NuA]:248-257.

Kleßmann, Eckart [IWKA]: *»Ich war kühn, aber nicht frevelhaft«. Das Leben der Caroline Schlegel-Schelling.* (Bergisch Gladbach: Lübbe, 1992). [Erschien zuerst 1975].

*Klinckowstroem, Carl (ed) [DBvJ]: »Drei Briefe von Johann Wilhelm Ritter«. *Der grundgescheute Antiquarius* I No 4/5 (1921), pp. 120-130.

Klinckowstroem, Carl [BzGW]: »Beitrag zur Geschichte der Wünschelrute und verwandter Erscheinungen, namentlich der Ritter'schen Pendelversuche«. *Psychische Studien. Monatliche Zeitschrift, vorzüglich der Untersuchung der wenig gekannten Phänomene des Seelenlebens gewidmet* 35 No 2 (Februar 1908), pp. 76-87.

*Klinckowstroem, Carl [GR]: »Goethe und Ritter. (Mit Ritters Briefen an Goethe)«. *Jahrbuch der Goethe-Gesellschaft* 8 (1921), pp. 135-151.

Klinckowstroem, Carl [JWRE]: »Johann Wilhelm Ritter und der Elektromagnetismus«. *Archiv für die Geschichte der Naturwissenschaften und der Technik* 9 No 1 (Dezember 1920), pp. 68-85.

Klinckowstroem, Carl [JWRW]: »Johann Wilhelm Ritter und die Wünschelrute. Eine historische Studie«. *Die Wünschelrute* 32-34 (1913), ohne Seitenzahlen. [Beilage zur Zeitschrift *Das Wasser*].

*Klinckowstroem, Carl [SMKA]: »Die Stellungnahme der Münchener ›K. Akademie der Wissenschaften‹ zu den Experimenten Ritter's mit Campetti«. *Psychische Studien. Monatliche Zeitschrift vorzüglich der Untersuchung der wenig gekannten Phänomene des Seelenlebens gewidmet* 36 No 1 (Januar 1909), pp. 33-40; 36 No 2 (Februar 1909), pp. 88-91; 36 No 3 (März 1909), pp. 148-153; 36 No 4 (April 1909), pp. 221-225 und 36 No 6 (Juni 1909), pp. 351-359.

Klinger, Kerrin / Müller, Matthias [GCO]: »Goethe und die Camera obscura«. *Goethe-Jahrbuch 2008* 125 (2009), pp. 219-238.

Klug, Anastasia / Müller, Olaf / Reinacher, Anna / Vine, Troy / Yürüyen, Derya (eds) [GRP]: *Goethe, Ritter und die Polarität. Geschichte und Kontroversen.* (Paderborn: Mentis; erscheint voraussichtlich 2021).

*Knebel, Carl Ludwig: siehe die Briefe in Guhrauer (ed) [BzGK].

Knebel, Kristin / Maul, Gisela / Schmuck, Thomas (eds) [AV]: *Abenteuer der Vernunft. Goethe und die Naturwissenschaften um 1800.* (Dresden: Sandstein, 2019).

Knebel, Kristin [GPCA]: »Goethes physikalisch-chemischer Apparat«. In Knebel et al (eds) [AV]:314-323, 387-389.

*Knoch, August Wilhelm [uEPZ]: »Ueber die electrische Polarität einer Zinksilbernadel«. *Journal für die Chemie, Physik und Mineralogie* 6 No 1 (Adolph Ferdinand Gehlen (ed); 1808), pp. 186-188.

Kühl, Johannes / Löbe, Nora / Rang, Matthias (eds) [EF]: *Experiment FARBE. 200 Jahre Goethes Farbenlehre.* (Dornach: am Goetheanum, 2010).

Kühl, Johannes [HRD]: *Höfe, Regenbögen, Dämmerung. Die atmosphärischen Farben und Goethes Farbenlehre.* (Stuttgart: Verlag Freies Geistesleben, 2011).

Kuhn, Dorothea [EiGA]: »Einführung in die gesamte Ausgabe«. In Goethe [LA]/II.1A:VII-XXII.

Kuhn, Dorothea [GC]: »Goethe und die Chemie«. In Kuhn [TM]:106-119, 213/4. [Vortrag aus dem Jahr 1972].

Kuhn, Dorothea [TM]: *Typus und Metamorphose. Goethe-Studien.* (Renate Grumach (ed); Marbach: Deutsche Schillergesellschaft, 1988). [= *Marbacher Schriften* 30].

Kuhn, Thomas S. [SoSR]: *The structure of scientific revolutions.* (Chicago: University of Chicago Press, 1970). [Erschien zuerst 1962].

Kühne, Ulrich [MG]: *Die Methode des Gedankenexperiments.* (Frankfurt / Main: Suhrkamp, 2005).

Lampert, Timm [NvG]: »Newton vs. Goethe. Farben aus Sicht der Wissenschaftstheorie und Wissenschaftsgeschichte«. In Bieri et al (eds) [TOAW]:259-284.

Lampert, Timm [UP]: »Underdetermination and provability. A reply to Olaf Müller«. *British Journal for the History of Philosophy* 25 No 2 (2017), pp. 389-400.

Lande, Joel B. [OLM]: »Olaf L. Müller. *Mehr Licht: Goethe mit Newton im Streit um die Farben*«. *Goethe Yearbook* 24 (2017) pp. 292/3. [Rezension].

Lange, Erhard (ed) [PJS]: *Die Philosophie des jungen Schelling. Beiträge zur Schelling-Rezeption in der DDR.* (Weimar: Böhlau, 1977). [= *Collegium philosophicum Jenense* 1].

Leber, Manfred / Singh, Sikander (eds) [G]: *Goethe und ...* (Saarbrücken: universaar, 2016). [= *Saarbrücker literaturwissenschaftliche Ringvorlesungen* 5].

LePore, Ernest (ed) [TI]: *Truth and interpretation. Perspectives on the philosophy of Donald Davidson.* (Oxford: Blackwell, 1986).

*Leslie, John [VüLW]: »Versuche über Licht und Wärme, sammt einer Kritik der Herschelschen Untersuchungen über diese Gegenstände«. *Annalen der Physik* 10 No 1 (Ludwig Wilhelm Gilbert (ed); 1802), pp. 88-109.

Levi, Isaac [GwT]: *Gambling with truth. An essay on induction and the aims of science.* (New York: Knopf, 1967).

Libet, Benjamin / Gleason, Curtis A. / Wright, Elwood W. / Pearl, Dennis K. [ToCI]: »Time of conscious intention to act in relation to onset of cerebral activity (readiness-potential). The unconscious initiation of a freely voluntary act«. *Brain* 106 (1983), pp. 623-642.

*Lichtenberg, Georg Christoph: siehe die Briefe in Joost et al (eds) [GCL]/III-IV.

*Lichtenberg, Georg Christoph [GCLV]/A.1: *Georg Christoph Lichtenberg's vermischte Schriften nach dessen Tode aus den hinterlassenen Papieren gesammelt und herausgegeben. Erster Band.* (Ludwig Christian Lichtenberg / Friedrich Kries (eds); Göttingen: Dieterich, 1800).

*Lichtenberg, Georg Christoph [S]/II: »Sudelbücher II«. In Lichtenberg [SB]/2:7-564.

*Lichtenberg, Georg Christoph [SB]/2: *Schriften und Briefe. Zweiter Band: Sudelbücher II. Materialhefte, Tagebücher.* (Wolfgang Promies (ed); Frankfurt / Main: Zweitausendeins, 1994). [Erschienzuerst 1971].

*Lichtenberg, Georg Christoph [üNMN]: *Über eine neue Methode, die Natur und die Bewegung der elektrischen Materie zu erforschen. [»Lichtenbergsche Figuren«].* (Herbert Pupke (tr, ed), Rudolph Zaunick (ed); Leipzig: Akademische Verlagsgesellschaft Geest, 1956). [= *Ostwald's Klassiker der exakten Wissenschaften* 246].

*Lichtenberg, Georg Christoph [ZAüN]: »Zweite Abhandlung über eine neue Methode, die Natur und die Bewegung der elektrischen Materie zu erforschen.

Eingereicht am 19. Dezember 1778«. In Lichtenberg [üNMN]:31-45. [Erschien zuerst auf Latein im Jahr 1779; erschien zuerst auf Deutsch im Jahr 1806].

Llored, Jean-Pierre (ed) [PoC]: *The philosophy of chemistry. Practices, methodologies, and concepts.* (Newcastle upon Tyne: Cambridge Scholars Publishing, 2013).

Lohne, Johannes A. / Sticker, Bernhard [NTP]: *Newtons Theorie der Prismenfarben. Mit Übersetzung und Erläuterung der Abhandlung von 1672.* (München: Fritsch, 1969).

Lohne, Johannes A. [EC]: »Experimentum crucis«. *Notes and Records of the Royal Society of London* 23 No 2 (1968), pp. 169-199.

Lohne, Johannes A. [IN]: »Isaac Newton. The rise of a scientist 1661 – 1671«. *Notes and Records of the Royal Society of London* 20 No 2 (1965), pp. 125-139.

Lohne, Johannes A. [NPoS]: »Newton's ›proof‹ of the sine law and his mathematical principles of colors«. *Archive for History of Exact Sciences* 1 No 4 (1961), pp. 389-405.

Loison, Laurent [FoPi]: »Forms of presentism in the history of science. Rethinking the project of historical epistemology«. *Studies in History and Philosophy of Science* 60 (December 2016), pp. 29-37.

Lorenz, Konrad [SB]: *Das sogenannte Böse. Zur Naturgeschichte der Aggression.* (München: Deutscher Taschenbuch Verlag, 1983). [Erschien zuerst 1963].

*Lüdicke, August Friedrich [BKSV]: »Beschreibung eines kleinen Schwungrades, die Verwandlung der Regenbogen-Farben in Weiss darzustellen, sammt Bemerkungen und Versuchen über die dazu nöthige Eintheilung des Farbenbildes«. *Annalen der Physik* 5 No 4 (Ludwig Wilhelm Gilbert (ed); 1800), pp. 272-287.

Lüdy-Tenger, Fritz [ACZ]: *Alchemistische und chemische Zeichen.* (Würzburg: jalreprint, 1973. [Erschien zuerst 1928].

Mandelartz, Michael [GK]: *Goethe, Kleist. Literatur, Politik und Wissenschaft um 1800.* (Berlin: Schmidt, 2011).

Mandelartz, Michael [GT]: »Gegensätzisches Theater. Geschlechtertheorien im 18. Jahrhundert und Kleists *Penthesilea*«. In Mandelartz [GK]:169-195.

Mandelartz, Michael [PSbG]: »Polarität und Steigerung bei Goethe«. (Unveröffentlichte Diskussionsvorlage zum wissenschaftsphilosophischen Kolloquium der Humboldt-Universität am 19.1.2016).

Mann, Gunter / Dumont, Franz (eds) [GNS]: *Gehirn – Nerven – Seele. Anatomie und Physiologie im Umfeld S. Th. Soemmerings.* (Stuttgart: Fischer, 1988). [= *Soemmering-Forschungen* III].

Marquard, Odo [I]: »Inkompetenzkompensationskompetenz? Über Kompetenz und Inkompetenz in der Philosophie«. In Baumgartner et al (eds) [PGP]:114-125. [Vortrag auf einer Tagung vom 27-29.9.1973].

*Marum, Martinus [LfvM]: »Letter from van Marum to J.C. Delamétherie, on Ritter's galvanic experiments«. *A Journal of Natural Philosophy, Chemistry and the Arts* 8 (William Nicholson (ed, tr); July 1804), pp. 212-214. [Erschien zuerst auf Französisch im Jahr 1803].

Matouschek, Erich [EG]: *Erkrankungen Goethes (1749 bis 1812).* (Stuttgart: Schattauer, 1999).

*Matthaei, Rupprecht (ed) [ZzF]: *Die Zeichnungen zur Farbenlehre.* (Leipzig: Seemann, 1963). [= *Corpus der Goethezeichnungen. Band Va. Nr. 1-390 = Goethes Sammlungen zur Kunst, Literatur und Naturwissenschaft*, herausgegeben von den Nationalen Forschungs- und Gedenkstätten der klassischen deutschen Literatur in Weimar].

Matthaei, Rupprecht [CF]: »Complementare Farben. Zur Geschichte und Kritik eines Begriffes«. *Neue Hefte zur Morphologie* 4 (1962), pp. 69-99.

Matthaei, Rupprecht [FiGN]: *Die Farbenlehre im Goethe-Nationalmuseum. Eine Darstellung auf Grund des gesamten Nachlasses in Weimar mit der ersten vollständigen Bestandsaufnahme.* (Jena: Fischer, 1941).

Matthaei, Rupprecht [GF]/a: *Goethes Farbenkreis. Vortrag anläßlich einer Ausstellung im Erlanger Stadtmuseum.* (Erlangen: Universitätsbund Erlangen-Nürnberg, 1968). [= *Erlanger Universitätsreden. Neue Folge* 15].

Matthaei, Rupprecht [GF]: »Goethes Farbenkreis. Die quellenmäßige Begründung einer Rekonstruktion«. *Euphorion* 34 No 2 (1933), pp. 195-211.

Maul, Gisela [NSG]: »Die naturwissenschaftlichen Sammlungen Goethes«. In Knebel et al (eds) [AV]:40-53.

Mausfeld, Rainer [WNAS]: » ›Wär' nicht das Auge sonnenhaft ...‹ Goethes Farbenlehre: Nur eine Poesie des Chromatischen oder ein Beitrag zu einer naturwissenschaftlichen Psychologie?« *ZiF: Mitteilungen* 4 (1996), pp. 3-27.

*McGuire, James E. / Tamny, Martin (eds) [CPQ]: *Certain philosophical questions. Newton's trinity notebook. (Cambridge: Cambridge University Press, 1983).*

Meinel, Christoph [WWSR]: »›des wunderlichen Wünsch seltsame Reduktion …‹ Christian Ernst Wünsch, Kleists unzeitgemäßer Zeitgenosse«. *Kleist-Jahrbuch* (1996), pp. 1-32.

*Mengs, Anton Raphael [PUiM]: *Praktischer Unterricht in der Malerei.* (V. H. Schnorr (ed, tr); Leipzig: Lauffer, 1818). [Erschien zuerst auf Italienisch im Jahr 1780].

Milne, Alan Alexander [CWP]: *The complete Winnie-the-Pooh.* (London: Dean, 1991).

Milne, Alan Alexander [PB]/a: *Pu der Bär. Gesamtausgabe: Pu der Bär. Pu baut ein Haus.* (E. L. Schiffer / Ursula Lehrburger / Maria Torris (trs); Hamburg: Dressler, 1987).

Milne, Alan Alexander [PB]: *Pu der Bär.* In Milne [PB]/a:9-127. [Erschien zuerst 1926 auf Englisch].

Milne, Alan Alexander [WP]: *Winnie-the-Pooh.* In Milne [CWP]:11-155. [Erschien zuerst 1926].

Moiso, Francesco [MEG]: »Magnetismus, Elektrizität, Galvanismus«. In Durner et al [WBzS]:162-372.

*Moll, Karl Maria Ehrenbert [GAvJ]: »Geschichte der Akademie vom Jul. 1807 bis Ende 1808«. *Denkschriften der Königlichen Akademie der Wissenschaften zu München für das Jahr 1808* (1809), pp. I-LXVIII.

*Moll, Karl Maria Ehrenbert [JKAW]/3: *Dritter Jahresbericht der königlichen Akademie der Wissenschaften, zur Feyer des Maximilians-Tages, des 12. Octobers 1810.* (München: Storno, 1810).

*Moll, Karl Maria Ehrenbert [MaSB]/I: *Mittheilungen aus seinem Briefwechsel. Prodromus seiner Selbstbiografie. I. Abtheil. A – G.* (Augsburg: Volkhart, 1829).

*Moll, Karl Maria Ehrenbert [MaSB]/III: *Mittheilungen aus seinem Briefwechsel. Prodromus seiner Selbstbiografie. III. Abtheil. R – V.* (Augsburg: Volkhart, 1834).

*Moll, Karl Maria Ehrenbert [MaSB]/IV: *Mittheilungen aus seinem Briefwechsel. Prodromus seiner Selbstbiografie. IVte u. lezte Abtheil. W – Z, u. Nachtrag.* (Augsburg: Volkhart, 1835).

*Moll, Karl Maria Ehrenbert [UmüC]: »Untersuchungen mit und über Campetti«. In Klinckowstroem [SMKA]:36-40, 88-91, 148-153, 221-225, 351-357.

Møller, Christoffer B. / Thomas, Rodrigo A. / Vasilakis, Georgios / Zeuthen, Emil / Tsaturyan, Yeghishe / Balabas, Mikhail / Jensen, Kasper / Schliesser, Albert / Hammerer, Klemens / Polzik, Eugene S. [QBAE]: »Quantum back-action-evading measurement of motion in a negative mass reference frame«. *Nature* 547 (13.7.2017), pp. 191-195.

*Mommsen, Momme / Mommsen, Katharina [EvGW]/I: *Die Entstehung von Goethes Werken in Dokumenten. Band I: Abaldemos – Byron.* (Berlin: de Gruyter, 2006). [Erschien zuerst 1958].

*Mommsen, Momme / Mommsen, Katharina [EvGW]/IV: *Die Entstehung von Goethes Werken in Dokumenten. Band IV: Entstehen – Farbenlehre.* Berlin: de Gruyter, 2008).

*Mommsen, Momme / Mommsen, Katharina [EvGW]/V: *Die Entstehung von Goethes Werken in Dokumenten. Band V: Fastnachtsspiel – Faust.* (Berlin: de Gruyter, 2017).

Moser, Samuel [GZF]: *Göthe's zweiter Faust. Oder Der geöffnete Walpurgissack.* (Weissenburg: Wentzel, 1864).

Müller, Gerhard [vRzG]: *Vom Regieren zum Gestalten. Goethe und die Universität Jena.* (Heidelberg: Winter, 2006).

Müller, Olaf [FDHG]: »Fuchs, Du hast das Gelb gestohlen. Versuch über Goethes diebische Variation eines Experiments von Newton«. In Kühl et al (eds) [EF]:38-53.

Müller, Olaf [GcNo]: »Goethe contra Newton on colours, light, and the philosophy of science«. In Silva (ed) [HCMf]:73-95.

Müller, Olaf [GFT]: »Goethes fünfte Tafel. Einblicke in die Zeichenwerkstatt eines exakten Experimentators«. *Jahrbuch des Freien Deutschen Hochstifts 2017* (2017), pp. 46-92.

Müller, Olaf [GPmS]: »Goethes Pech mit Schelling. Optimistische Blicke auf ein ideengeschichtliches Fiasko«. In Corriero et al (eds) [NRiS]:131-185.

Müller, Olaf [GPoL]: »Goethe's polarity of light and darkness«. *Journal for General Philosophy of Science* 49 No 4 (2018), pp. 581-598.

Müller, Olaf [GPSZ]: »Goethe und die Physik seiner Zeit. Wider einige Vorurteile zur zeitgenössischen Wirkungsgeschichte der *Farbenlehre*«. In Leber et al (eds) [G]:143-169.

Müller, Olaf [GPUb]: »Goethes philosophisches Unbehagen beim Blick durchs Prisma«. In Steinbrenner et al (eds) [F]:64-101.

Müller, Olaf [GRGR]: »Goethes und Ritters gemeinsame Reise ins Ultraviolette«. In Klug et al (eds) [GRP]:87-116.

Müller, Olaf [HJD]: »Hundert Jahre Dunkelheit? Nachwort: Zur Geschichte der polaristischen Forschung an Goethes *Farbenlehre*«. In Klug et al (eds) [GRP]:320-351.

Müller, Olaf [IRaI]: »Ist Ritter auf Irrlichter im Infrarot hereingefallen? Zur modernen Replikation einiger photochemischer Experimente durch Anna Reinacher«. In Klug et al (eds) [GRP]:117-156.

Müller, Olaf [JRGF]: »Johann Ritter und Goethes Farbenkreis in den *Wahlverwandtschaften*«. *Neue Zeitung für Einsiedler. Magazin der Internationalen Arnim-Gesellschaft* 15 (2020), pp. 74-97.

Müller, Olaf [KGP]: »Eine kurze Geschichte der Polarität. Von der Renaissance-Medizin bis über Goethes Physik hinaus«. In Edelhäuser et al (eds) [GM].

Müller, Olaf [ML]: *Mehr Licht. Goethe mit Newton im Streit um die Farben. (Frankfurt / Main: Fischer, 2015).*

Müller, Olaf [OEiG]: »Optische Experimente in Goethes Arbeitszimmer. Mutmaßungen über die apparative Ausstattung und deren räumliche Anordnung«. *Goethe-Jahrbuch 2016* 133 (2017), pp. 112-125.

Müller, Olaf [P]: »Parallelepipedon«. In Burwick et al (eds) [EEPP]. (Erscheint voraussichtlich 2022).

Müller, Olaf [SPmF]: »Schopenhauers Pech mit dem Farbenlehrer Goethe«. In Regehly (ed) [ONZN].

Müller, Olaf [WBV]: »Wenn Briefwechsel versanden. Goethes Pech mit Lichtenberg«. In Engel (ed) [WiK]:139-156.

Müller, Olaf [zSUF]: *Zu schön, um falsch zu sein. Über die Ästhetik in der Naturwissenschaft.* (Frankfurt / Main: Fischer, 2019).

Müller-Tamm, Jutta [AiS]: »Der Autor im Selbstversuch. Wissenschaft und Autobiographik um 1800«. In Valk (ed) [HB]:269-285.

Nakajima, Hideto [TKoM]: »Two kinds of modification theory of light. Some new observations on the Newton-Hooke controversy of 1672 concerning the nature of light«. *Annals of Science* 41 No 3 (1984), pp. 261-278.

*Newton, Isaac: siehe die Briefe in Turnbull (ed) [CoIN]/I-II.

*Newton, Isaac [DoDC]/b: *Draft of the ›Discourse concerning light and colors‹.* Cambridge University Library, Ms Add 3970.3, pp. 519^r-529^r. [Im Netz unter http://www.newtonproject.sussex.ac.uk/view/texts/diplomatic/NATP00126 (zuletzt abgerufen am 5.3.2021)].

*Newton, Isaac [DoHC]: *Draft of the ›Hypothesis concerning light and colors‹*. [= MS Add. 3970.3, pp. 475^{r}-482^{v}. Cambridge University Library. Von 1675. Im Netz unter http://www.newtonproject.sussex.ac.uk/view/texts/normalized/NATP00121 (zuletzt abgerufen am 20.5.2020)].

*Newton, Isaac [LoMI]: »A letter of Mr. Isaac Newton, professor of the mathematicks in the university of Cambridge; containing his new theory about light and colors«. *Philosophical Transactions* 6 No 80 (1671/2), pp. 3075-3087.

*Newton, Isaac [LOOL]: *Lectiones opticae – Optical lectures*. In Newton [OPoI]/I:45-279.

*Newton, Isaac [MINA]: »Mr. Isaac Newtons answer to some considerations upon his doctrine of light and colors«. *Philosophical Transactions* 7 No 88 (1672), pp. 5084-5103.

*Newton, Isaac [NTüL]: »Neue Theorie über Licht und Farben«. In Lohne et al [NTP]:22-38.

*Newton, Isaac [O]: *Optics. Or, a treatise of the reflections, refractions, inflections and colours of light*. In Newton [OQEO]/4:1-264. [Erschien zuerst 1704].

*Newton, Isaac [OAüS]: *Optik oder Abhandlung über Spiegelungen, Brechungen, Beugungen und Farben des Lichts*. (William Abendroth (tr, ed); Braunschweig: Vieweg, 1983). [Diese Übersetzung von Newton [O] erschien zum ersten Mal 1898].

*Newton, Isaac [OPoI]/I: *The optical papers of Isaac Newton. Volume I. The optical lectures. 1670 – 1672*. (Alan E. Shapiro (ed); Cambridge: Cambridge University Press, 1984).

*Newton, Isaac [OQEO]/4: *Opera quae exstant omnia. Band 4*. (Stuttgart: Frommann, 1964). [Nachdruck der Erstausgabe von Samuel Horsley (ed) aus dem Jahr 1782].

*Newton, Isaac [QQP]: *Questiones quaedam philosophcae [sic]*. In McGuire et al (eds) [CPQ]:328-465. [Ich zitiere nach den Seitenzahlen des Originals, die am Rand des Textes angegeben sind].

*Newton, Isaac [UFVo]: *The unpublished first version of Isaac Newton's Cambridge lectures on optics 1670 – 1672*. (Derek Thomas Whiteside (ed); Cambridge: Cambridge University Library, 1973).

Nickol, Thomas / Berg, Klaus-Jürgen / Berg, Gunnar [GTGB]: »Goethes trübe Gläser und die ›Beiträge zur Optik trüber Medien‹ von Gustav Mie«. *Goethe-Jahrbuch 2008* 125 (2009), pp. 204-218.

Nickol, Thomas [zGBF]: »Zu Goethes Beobachtungen farbiger Erscheinungen an und mit Doppelspalten«. *Acta Historica Leopoldina* 39 (2004), pp. 201-212, 221-224.

*Niehoff, Reiner (ed) [JWR]: *Johann Wilhelm Ritter. Neun Briefe an Clemens Brentano aus dem Jahre 1802*. (Berlin: blauwerke, 2017). [= *splitter* 13].

Niehoff, Reiner [VM]: »Die verfluchte Materie. Ritters neun Briefe an Clemens Brentano«. In Niehoff (ed) [JWR]:35-47.

Nielsen, Keld [AKoL]: »Another kind of light. The work of T. J. Seebeck and his collaboration with Goethe«. *Historical Studies in the Physical and Biological Sciences* 20 No 1 (1989), pp. 107-178 und 21 No 2 (1990), pp. 317-397.

Noether, Emmy [IBD]: *»Invarianten beliebiger Differentialausdrücke«. Nachrichten von der Königlichen Gesellschaft der Wissenschaften zu Göttingen. Mathematisch-physikalische Klasse* (1918), pp. 37-44.

Noether, Emmy [IV]: *»Invariante Variationsprobleme«. Nachrichten von der Königlichen Gesellschaft der Wissenschaften zu Göttingen. Mathematisch-physikalische Klasse* (1918), pp. 235-257.

Nolting, Wolfgang [AM]: *Analytische Mechanik.* (Berlin: Springer, 2006). [= *Grundkurs Theoretische Physik* 2. Erschien zuerst 1990].

*Novalis [GPS]: »Grosses physikalisches Studienheft«. In Novalis [S]/3:54-68. [Erschien zuerst 1960].

*Novalis [S]/3: *Schriften. Die Werke Friedrich von Hardenbergs. Dritter Band: Das philosophische Werk II.* (Richard Samuel (ed); Stuttgart: Kohlhammer, 1960).

Nussbaumer, Ingo [zF]: *Zur Farbenlehre. Entdeckung der unordentlichen Spektren.* (Wien: Edition Splitter, 2008).

*Oellers, Norbert / Kurscheidt, Georg (eds) [FS]/1: *Friedrich Schiller. Johann Wolfgang Goethe. Der Briefwechsel. Historisch-kritische Ausgabe. Band 1: Text.* (Stuttgart: Reclam, 2009).

*Oellers, Norbert / Kurscheidt, Georg (eds) [FS]/2: *Friedrich Schiller. Johann Wolfgang Goethe. Der Briefwechsel. Historisch-kritische Ausgabe. Band 2: Kommentar.* (Stuttgart: Reclam, 2009).

Olshausen, Waldemar [FvHB]: *Friedrich von Hardenbergs (Novalis) Beziehungen zur Naturwissenschaft seiner Zeit.* (Inaugural-Dissertation an der hohen philosophischen Fakultät der Universität Leipzig; Leipzig, 1905).

Olshausen, Waldemar [NaCK]: »Neues aus dem Caroline-Kreis«. *Euphorion. Zeitschrift für Literaturgeschichte* 28 (1927), pp. 350-362.

*Ørsted, Hans Christian: siehe die Briefe in Jelved et al (eds) [TLoH].

*Ørsted, Hans Christian [AaMs]: »Addition au mémoire sur la pile à charger de Ritter«. *Journal de Physique, de Chimie et d'Histoire Naturelle et des Arts* 57 (Jean-Claude Delamétherie (ed); Frimaire an 12, 1803), pp. 364-368. [Erschien November / Dezember 1803].

*Ørsted, Hans Christian [BuE]: »Betrachtungen ueber den Electromagnetismus«. In Ørsted [NS]/II:223-245. [Erschien zuerst 1821].

*Ørsted, Hans Christian [BüGC]: »Betrachtungen über die Geschichte der Chemie. Eine Vorlesung«. *Journal für die Chemie und Physik* 3 No 2 (Adolph Ferdinand Gehlen (ed); 1807), pp. 194-231.

*Ørsted, Hans Christian [EaPE]: »Expériences avec la pile électrique. Faites par M. Ritter, à Jéna; communiquées par M. Orsted«. *Journal de Physique, de Chimie et d'Histoire Naturelle et des Arts* 57 (Jean-Claude Delamétherie (ed); Frimaire an 12, 1803), pp. 401-405. [Erschien November / Dezember 1803].

*Ørsted, Hans Christian [EcEC]: »Experimenta circa effectum conflictus electrici in acum magneticam«. *Journal für Chemie und Physik* 29 (Johann Salomo Christoph Schweigger / Johann Ludwig Georg Meinecke (eds); 1820), pp. 275-281.

*Ørsted, Hans Christian [EoL]: »Experiments on light; by Mr. Ritter, of Jena. Communicated by Dr. Orsted«. *A Journal of Natural Philosophy, Chemistry and the Arts* 8 (William Nicholson (ed, tr); July 1804), pp. 214-216. [Erschien zuerst auf Französisch im Jahr 1803].

*Ørsted, Hans Christian [EoM]: »Experiments on magnetism; by Mr. Ritter, of Jena. Communicated by Dr. Orsted, of Copenhagen«. *A Journal of Natural Philosophy, Chemistry and the Arts* 8 (William Nicholson (ed, tr); July 1804), pp. 184-186. [Erschien zuerst auf Französisch im Jahr 1803].

*Ørsted, Hans Christian [EsAC]: »Expériences sur un appareil à charger d'életricité par la colonne électrique de Volta; Par M. Ritter, à Jena. Présentées à l'Institut national par J. C. Orsted, docteur à l'Université de Copenhague«. *Journal de Physique, de Chimie et d'Histoire Naturelle et des Arts* 57 (Jean-Claude Delamétherie (ed); Brumaire an 12, 1803), pp. 345-364. [Erschien Oktober / November 1803].

*Ørsted, Hans Christian [EsL]: »Expériences sur la lumière; Par M. Ritter, à Jéna, communiquées par Orsted, docteur à l'université de Copenhague«. *Journal de Physique, de Chimie et d'Histoire Naturelle et des Arts* 57 (Jean-Claude Delamétherie (ed); Frimaire an 12, 1803), pp. 409-411. [Erschien November / Dezember 1803].

*Ørsted, Hans Christian [EsM]: »Expériences sur le magnétisme; Par M. Ritter, à Jéna, communiquées par Orsted, docteur à l'université de Copenhague«. *Journal de Physique, de Chimie et d'Histoire Naturelle et des Arts* 57 (Jean-Claude Delamétherie (ed); Frimaire an 12, 1803), pp. 406-409. [Erschien November / Dezember 1803].

*Ørsted, Hans Christian [EwEP]: »Experiments with the electric pile, by Mr. Ritter, of Jena. Communicated by Mr. Orsted«. *A Journal of Natural Philosophy, Chemistry and the Arts* 8 (William Nicholson (ed, tr); July 1804), pp. 176-180. [Erschien zuerst auf Französisch im Jahr 1803].

*Ørsted, Hans Christian [NS]/II: *Naturvidenskabelige Skrifter. Samlet Udgave. II. Bind: Naturvidenskabelige Skrifter 1808–1850.* (Kirstine Meyer (ed); København: Høst, 1920).

*Ørsted, Hans Christian [UNFP]: »Uebersicht der neuesten Fortschritte der Physik«. *Europa* 1 No 2 (Karl Wilhelm Friedrich Schlegel (ed); 1803), pp. 20-48.

Ostwald, Wilhelm [AVAI]: *Abhandlungen und Vorträge allgemeinen Inhaltes (1887 – 1903).* (Leipzig: Veit, 1904).

Ostwald, Wilhelm [GSF]: *Goethe, Schopenhauer und die Farbenlehre.* (Leipzig: Unesma, 1918).

Ostwald, Wilhelm [JWR]: »Johann Wilhelm Ritter«. In Ostwald [AVAI]:359-383, 468.

Otto, Regine [EJP]: »Eckermann, Johann Peter. (1792 – 1854)«. In Dahnke et al (eds) [GH]/4.1:218-223.

Paulin, Roger [LoAW]: *The life of August Wilhelm Schlegel. Cosmopolitan of art and poetry.* (Cambridge: Open Book Publishers, 2016).

Paulus, Gerhard G. [RiLW]: »Ritter im Lichte der Wellentheorie. Ein außergewöhnlicher Entdecker in einem bemerkenswerten geschichtlichen Augenblick«. In Klug et al (eds) [GRP]:157-174.

*Pfaff, Christop Heinrich [EoLf]: »Extract of a letter from *Mr. Pfaff*«. *Journals of the Royal Institution of Great Britain* 1 No 12 (Thomas Young (tr); Thomas Young / Humphry Davy (eds); 1802), p. 260.

*Pfaff, Christoph Heinrich [ESK]: »Das electrische System der Körper. Resultate seiner Versuche, und Beurtheilung der Schrift des Herrn Akad. Ritter über dasselbe«. *Annalen der Physik* 28 No 2 (Ludwig Wilhelm Gilbert (ed); 1808), pp. 223-242.

*Pfaff, Christoph Heinrich [uFSN]: »Ueber die farbigen Säume der Nebenbilder des Doppelspaths, mit besonderer Rücksicht auf Hrn. v. Göthes Erklärung der Farbenentstehung durch Nebenbilder«. *Journal für Chemie und Physik* 6 No 2 (1812), pp. 177-204.

*Pfaff, Christoph Heinrich [uNFH]: *Ueber Newton's Farbentheorie, Herrn von Goethe's Farbenlehre und den chemischen Gegensatz der Farben. Ein Versuch in der experimentalen Optik.* (Leipzig: Vogel, 1813).

*Pictet, Marc-Auguste [VüF]: *Versuch über das Feuer.* (Tübingen: Cotta, 1790). [Erschien im selben Jahr zuerst auf Französisch].

Pietsch, Annik [GFuA]: »Gesetze der Farbe um 1800. Johann Wolfgang Goethes Farbenlehre und die Farben-Kugel von Philipp Otto Runge im Spiegel der Kunst ihrer Zeit«. In Scheurmann (ed) [CC]:54-63.

Planck, Max [EPW]: »Die Einheit des physikalischen Weltbildes«. In Planck [VE]:28-51. [Vortrag aus dem Jahr 1908].

Planck, Max [VE]: *Vorträge und Erinnerungen.* (Stuttgart: Hirzel, 1949). [Erschien zuerst 1933].

Pniower, Otto [GF]: *Goethes Faust. Zeugnisse und Excurse zu seiner Entstehungsgeschichte.* (Berlin: Weidmannsche Buchhandlung, 1899).

*Poppe, Kurt (ed) [JWRE]: »Johann Wilhelm Ritter und Ernst II., Herzog von Sachsen-Gotha etc. Zwei unbekannte Briefe aus den Jahren 1802 – 1803«. *Jahrbuch des Freien Deutschen Hochstifts 1972* (1973), pp. 177-202.

Poppe, Kurt [MKSS]: »Der Münchener Kreis der Spätromantik und der Siderismus Johann Wilhelm Ritters«. *Die Drei. Zeitschrift für Anthroposophie und Dreigliederung* 30 No IV (1960), pp. 180-196.

Popper, Karl Raimund [LF]: *Logik der Forschung.* (Tübingen: Mohr, 1989). [Erschien zuerst 1934].

Pröbstl, Albert [UEzP]: »Ur-Experimente zur phänomennahen Bildung der Begriffe ›Polarisation des Lichtes‹ und ›Optische Aktivität einer Substanz‹«. *Jahrbuch für Goetheanismus* (2011), pp. 187-247.

*Purkinje, Johann [BVzP]/2: *Beobachtungen und Versuche zur Physiologie der Sinne. Zweites Bändchen: Neue Beiträge zur Kenntnis des Sehens in subjektiver Hinsicht.* (Berlin: Reimer, 1825).

Quine, Willard Van Orman / Ullian J. S. [WoB]: *The web of belief.* (New York: Random House, 1978) [Erschien zuerst 1970].

Quine, Willard Van Orman [fLPo]: *From a logical point of view.* (Cambridge / Massachusetts: Harvard University Press, 1980). [Erschien zuerst 1953].

Quine, Willard Van Orman [RtMJ]: »Responding to M. J. Cresswell«. In Quine [TT]:179-181. [Erschien zuerst 1981].

Quine, Willard Van Orman [TDoE]: »Two dogmas of empiricism«. In Quine [fLPo]:20-46. [Erschien zuerst 1951].

Quine, Willard Van Orman [TT]: *Theories and things.* (Cambridge / Massachusetts: Harvard University Press, 1981).

Quine, Willard Van Orman [WO]: *Word and object.* (Cambridge / Massachusetts: MIT Press, 1960).

*R. S. [RoEo]: »A relation of the effect of a thunder clap on the compass of a ship on the coast of New England«. *Philosopical Transactions* 14 No 157 (20.3.1683/4), pp. 520/1.

Rang, Matthias / Grebe-Ellis, Johannes [PADi]: »Power area density in inverse spectra«. *Journal for General Philosophy of Science* 49 No 4 (December 2018), pp. 515-523.

Rang, Matthias [PKS]: *Phänomenologie komplementärer Spektren.* (Berlin: Logos, 2015). [= *Phänomenologie in den Naturwissenschaften* 9].

*Ranke, Leopold [GRGV]: *Geschichten der romanischen und germanischen Völker von 1494 bis 1535. Erster Band.* (Leipzig: Reimer, 1824). [Weitere Bände sind nicht erschienen].

*Raumer, Karl [KvRL]: *Karl von Raumer's Leben von ihm selbst erzählt.* (Stuttgart: Liesching, 1866).

Regehly, Thomas (ed) [ONZN]: *»Ob nicht Natur zuletzt sich doch ergründe …?« Schopenhauer in Goethes Weimar.* (Frankfurt / Main: edition faust; erscheint voraussichtlich 2021).

Rehbock, Theda [GRP]: *Goethe und die »Rettung der Phänomene«. Philosophische Kritik des naturwissenschaftlichen Weltbilds am Beispiel der Farbenlehre.* (Konstanz: am Hockgraben, 1995).

Rehbock, Theda [HSGF]: »Hat Schopenhauer Goethes Farbenlehre verstanden?« In Schubbe et al (eds) [SG]:371-405.

*Rehm, Else (ed) [JWRU]: »Johann Wilhelm Ritter und die Universität Jena mit Briefen Ritters aus den Jahren 1803 – 1804«. *Jahrbuch des Freien Deutschen Hochstifts 1973* (1974), pp. 190-240.

*Rehm, Else (ed) [UBJW]/a: »Unbekannte Briefe Johann Wilhelm Ritters an Clemens Brentano«. *Jahrbuch des Freien Deutschen Hochstifts 1969* (1970), pp. 330-369.

*Rehm, Else (ed) [UBJW]/b: »Unbekannte Briefe Johann Wilhelm Ritters an Arnim, Savigny, Frommann, Schelling und andere aus den Jahren 1800 – 1803«. *Jahrbuch des Freien Deutschen Hochstifts 1971* (1972), pp. 32-89.

*Rehm, Else (ed) [üTLV]: »Über den Tod und die letzten Verfügungen des Physikers Johann Wilhelm Ritter. Ein unveröffentlichter Brief von Adolph Ferdinand Gehlen an Karl von Hardenberg«. *Jahrbuch des Freien Deutschen Hochstifts 1974* (1975), pp. 291-311.

*Reinhard, Karl (ed) [BzGR]: *Briefwechsel zwischen Goethe und Reinhard in den Jahren 1807 bis 1832.* (Stuttgart: Cotta, 1850).

*Reinhold, Johann Christoph Leopold [GG]: *Geschichte des Galvanismus. Nach Sue d. ä. frey bearbeitet, nebst Zusätzen und einer Abhandlung, über die Anwendung des Galvanismus in der praktischen Heilkunde. Zwey Abtheilungen.* (Leipzig: Hinrichs, 1803).

*Reinhold, Johann Christoph Leopold [uWGa]: »Ueber die Wirkungen des Galvanismus auf thierische Organismen und die Anwendung desselben als Heilmittel«. In Reinhold [GG]:1-176, zweite Zählung.

Remmel, Andreas / Remmel, Paul (eds) [LA]: *Liber amicorum. Katharina Mommsen zum 85. Geburtstag.* (Bonn: Bernstein, 2010).

Ribe, Neil M. [GCoN]: »Goethe's critique of Newton. A reconsideration«. *Studies in History and Philosophy of Science* 16 No 4 (1985), pp. 315-335.

Richards, Robert J. [RCoL]: *The romantic conception of life. Science and philosophy in the age of Goethe.* (Chicago: University of Chicago Press, 2002).

*Richter, Klaus (ed) [PRJW]: *Der Physiker des Romantikerkreises Johann Wilhelm Ritter in seinen Briefen an den Verleger Carl Friedrich Ernst Frommann.* (Weimar: Böhlau, 1988).

Richter, Klaus [JWR]: *Johann Wilhelm Ritter. Bibliographie.* (Erfurt: Selbstverlag der Akademie gemeinnütziger Wissenschaften, 2000). [= *Sonderschriften der Akademie gemeinnütziger Wissenschaften zu Erfurt* 33].

Richter, Klaus [LPJW]: *Das Leben des Physikers Johann Wilhelm Ritter. Ein Schicksal in der Zeit der Romantik.* (Weimar: Böhlau, 2003).

*Rijk, J. A. M. [DBUB]: »Drei bisher unveröffentlichte Briefe an Goethe«. *Neophilologus* 16 No 4 (1931), pp. 261-267.

*Ritter, Johann Wilhelm: Siehe die Briefe in Berg et al [RS], Guiot (ed) [SUBv], Klemm et al (eds) [BRP], Klinckowstroem (ed) [DBvJ], Klinckowstroem [GR], Moll [MaSB]/III-IV, Niehoff (ed) [JWR], Poppe (ed) [JWRE], Rehm (ed) [JWRU], Rehm (ed) [UBJW]/a-b, Richter (ed) [PRJW], Weiß (ed) [NvNI].

*Ritter, Johann Wilhelm (ed) [BzNK]/A.I.1-2: *Beyträge zur nähern Kenntniss des Galvanismus und der Resultate seiner Untersuchung. Ersten Bandes erstes und zweytes Stück.* (Heiko Weber (ed); Hildesheim: Olms, 2010). [Erschien zuerst 1800].

*Ritter, Johann Wilhelm (ed) [BzNK]/I.1-2: *Beyträge zur nähern Kenntniss des Galvanismus und der Resultate seiner Untersuchung. Ersten Bandes erstes und zweytes Stück.* (Jena: Frommann, 1800).

*Ritter, Johann Wilhelm (ed) [BzNK]/II.1: *Beyträge zur nähern Kenntniss des Galvanismus und der Resultate seiner Untersuchung. Zweiten Bandes Erstes Stück.* (Jena: Frommann, 1802).

*Ritter, Johann Wilhelm (ed) [BzNK]/II.2: *Beyträge zur nähern Kenntniss des Galvanismus und der Resultate seiner Untersuchung. Zweyten Bandes zweytes Stück.* (Jena: Frommann, 1802).

*Ritter, Johann Wilhelm (ed) [BzNK]/II.3-4: *Beyträge zur nähern Kenntniss des Galvanismus und der Resultate seiner Untersuchung. Zweyten Bandes drittes, viertes und letztes Stück.* (Jena: Frommann, 1805).

*Ritter, Johann Wilhelm (ed) [SGRv]: »Schreiben des Geh. Rath von Goethe an J. W. Ritter, Herschel's thermometrische Versuche in den Farben des Lichts betreffend«. *Journal für die Chemie, Physik und Mineralogie* 6 No 4 (1808), pp. 719-729, 759.

*Ritter, Johann Wilhelm [ANSS]: »Auffindung nicht-sichtbarer Sonnenstrahlen ausserhalb des Farbenspectrums, an der Seite des Violetts«. *Annalen der Physik* 7 No 4 (Ludwig Wilhelm Gilbert (ed); 1801), p. 527.

*Ritter, Johann Wilhelm [BaJG]: »Brief an Johann Georg Zimmer vom 20.2.1809«. [Archiv, Freies Deutsches Hochstift / Frankfurter Goethe-Museum, Hs-21498. Transkription aus dem Bestand, Kollationierung durch Bettina Zimmermann].

*Ritter, Johann Wilhelm [BDBG]: *Beweis, dass ein beständiger Galvanismus den Lebensprocess in dem Thierreich begleite. Nebst neuen Versuchen und Bemerkungen über den Galvanismus.* (Weimar: Verlag des Industrie-Comptoirs, 1798).

*Ritter, Johann Wilhelm [BDGA]/a: »Beweis, dass der Galvanismus auch in der anorgischen Natur zugegen sey; – vorgelesen in der Naturforschenden Gesellschaft zu Jena, im Frühling 1799«. In Ritter [PCAi]/1:139-164.

*Ritter, Johann Wilhelm [BDGA]/b: »Beweis dass die Galvanische Action oder der Galvanismus auch in der Anorgischen Natur möglich und wirklich sey«. In Ritter (ed) [BzNK]/I.1-2:111-284. [Überarbeitete, titelveränderte Fassung von Ritter [BDGA]/a].

*Ritter, Johann Wilhelm [BüAa]: »Bemerkungen über die Art, auf welche der Zutritt der Luft auf die Wirksamkeit der Galvanisch-chemischen Kette von Einfluß ist; – geschrieben im October 1800«. In Ritter [PCAi]/1:227-244.

*Ritter, Johann Wilhelm [BzBA]: »Beytrag zur Berichtigung der antiphlogistischen Chemie auf Versuche gegründet von J. F. A. Göttling, Prof. zu Jena. Zweytes Stück, m. 1 K. VIII und 276 S. in kl. 8. Weimar, in der Hoffmann. Buchhandl. (1 Thlr.)«. *Allgemeines Journal der Chemie* 2 No 7 (1799), pp. 65-91.

*Ritter, Johann Wilhelm [BzHN]/A: »Bemerkungen zu Herschels neueren Untersuchungen über das Licht«. In Berg et al (eds) [EzEB]/A:117-127. [Erschien zuerst ungekürzt 1806].

*Ritter, Johann Wilhelm [BzHN]/B: »Bemerkungen zu Herschels neueren Untersuchungen über das Licht«. In Berg et al (eds) [EzEB]/B:117-127. [Erschien zuerst ungekürzt 1806].

*Ritter, Johann Wilhelm [BzHN]: »Bemerkungen zu Herschel's neueren Untersuchungen über das Licht; – vorgelesen in der Naturforschenden Gesellschaft zu Jena, im Frühling 1801«. In Ritter [PCAi]/2:81-107.

*Ritter, Johann Wilhelm [BzKC]: »Beytrag zur Kenntniß der chemischen Wirkungen des Galvanismus«. *Taschenbuch für Scheidekünstler und Apotheker* 22 (Johann Friedrich August Göttling (ed); 1801), pp. 178-197.

*Ritter, Johann Wilhelm [BzVA]: »Bemerkungen zu vorstehender Abhandlung des Hrn. Wünsch«. *Journal für die Chemie, Physik und Mineralogie* 6 No 4 (1808), pp. 633-719.

*Ritter, Johann Wilhelm [CAGT]: *Compendium der Arithmetik, Geometrie, Trigenometrie, Statik, entworfen von Busse, geschrieben von Ritter 1795-6, item Auszug aus Johann Friedrich August Göttlings Beiträge zur Berichtigung der antiphlogistischen Chemie.* [= *Ritteriana* 1; unveröffentlichtes Manuskript; Bayerische Staatsbibliothek].

*Ritter, Johann Wilhelm [CPiL]: »Chemische Polarität im Licht. Ein mittelbares Resultat der neuern Untersuchungen über den Galvanismus«. *Intelligenzblatt der Litteratur-Zeitung* 16 (18.4.1801), sp. 121-123.

*Ritter, Johann Wilhelm [DaVü]: »Dictate aus Vorlesungen über den Galvanismus, gehalten zu Jena im Winter 1803 bis 1804. Erster Theil: Die einfache Kette«. In Ritter [PCAi]/3:262-307. [Weitere Teile sind nicht erschienen].

*Ritter, Johann Wilhelm [DGzF]/a: »Darstellung des Gegensatzes zwischen Flexoren und Extensoren, und ihren Erregbarkeiten, wie ihn Galvanische Versuche geben, und Reduction desselben auf einen andern neuen überall verbreiteten Gegensatz«. In Ritter (ed) [BzNK]/II.3-4:65-367.

*Ritter, Johann Wilhelm [DNUü]: *Darstellung der neuern Untersuchungen über das Leuchten des Phosphors im Stickstoffgas u. f. w. und der endlichen Resultate daraus für die chemische Theorie. Nebst Spallanzani's Versuchen und Bemerkungen über diesen Gegenstand. Erstes Stück.* (Jena: Frommann, 1800).

*Ritter, Johann Wilhelm [EBüG]: »Einige Beobachtungen über den Galvanismus in der anorgischen Natur und über den Zusammenhang der Electricität mit der chemischen Qualität der Körper«. *Annalen der Physik* 2 No 1 (Ludwig Wilhelm Gilbert (ed); 1799), pp. 80-86.

*Ritter, Johann Wilhelm [ESK]: *Das Electrische System der Körper. Ein Versuch.* (Leipzig: Reclam, 1805).

*Ritter, Johann Wilhelm [EUS]: »Die Entdeckung der ultravioletten Strahlen«. In Hermann (ed) [BEEU]:57-73. [Erschien zuerst 1806 als Ritter [BzHN]].

*Ritter, Johann Wilhelm [EVaM]/a: »Electrische Versuche an der Mimosa pudica L. in Parallele mit gleichen Versuchen an Fröschen«. *Neues Journal für Chemie und Physik* 1 No 4 (Johann Salomo Christoph Schweigger (ed); 1811), pp. 409-446.

*Ritter, Johann Wilhelm [EVaM]/b: »Elektrische Versuche an der Mimosa pudica L, in Parallele mit gleichen Versuchen an Fröschen«. *Denkschriften der Königlichen Akademie der Wissenschaften zu München für die Jahre 1809 und 1810* (1811), pp. 245-400.

*Ritter, Johann Wilhelm [FaNJ]/1: *Fragmente aus dem Nachlasse eines jungen Physikers. Ein Taschenbuch für Freunde der Natur. Erstes Bändchen.* (Heidelberg: Mohr, 1810).

*Ritter, Johann Wilhelm [FaNJ]/2: *Fragmente aus dem Nachlasse eines jungen Physikers. Ein Taschenbuch für Freunde der Natur. Zweytes Bändchen.* (Heidelberg: Mohr, 1810).

*Ritter, Johann Wilhelm [FaNJ]/A: *Fragmente aus dem Nachlaß eines jungen Physikers.* (Friedrich Leyen (ed); Leipzig: Insel, 1946).

*Ritter, Johann Wilhelm [FaNJ]/B: *Fragmente aus dem Nachlaß eines jungen Physikers. (Auswahl).* (Kurt Poppe (ed); Stuttgart: Verlag Freies Geistesleben, 1968). [= *Denken – Schauen – Sinnen. Zeugnisse deutschen Geistes* 36/7].

*Ritter, Johann Wilhelm [FaNJ]/C: *Fragmente aus dem Nachlasse eines jungen Physikers.* (Heinrich Schipperges (ed); Heidelberg: Schneider, 1969).

*Ritter, Johann Wilhelm [FaNJ]/D: *Fragmente aus dem Nachlasse eines jungen Physikers. Ein Taschenbuch für die Freunde der Natur.* (Steffen Dietzsch / Birgit Dietzsch (eds); Leipzig: Kiepenheuer, 1984).

*Ritter, Johann Wilhelm [GV]/z: *Galvanische Versuche.* [= *Ritteriana* 2; unveröffentlichtes Beobachtungsjournal vom 4.4.1797 bis zum 14.4.1797; Bayerische Staatsbibliothek].

*Ritter, Johann Wilhelm [GV]: »Galvanische Versuche«. In Goethe [LA]/I.3:502/3.

*Ritter, Johann Wilhelm [GVav]: »Galvanische Versuche an vom Ganzen abgetrennten menschlichen Gliedmassen; angestellt in der ältern medicinisch-chirurgischen Krankenanstalt zu Jena am 28. Februar 1799«. In Ritter [PCAi]/1:125-134.

*Ritter, Johann Wilhelm [GVüC]/B: »Galvanische Versuche über die chemische Natur des Wassers; – in von Crell's Chemischen Annalen. 1801. B. I. S. 41-63«. In Ritter [PCAi]/1:245-266.

*Ritter, Johann Wilhelm [HbG]: »Halle, b. Gebauer. Versuch einer Theorie der elektrischen Erscheinungen, von Ludwig Achim von Arnim«. *Allgemeine Literatur-Zeitung* 2 No 114 (10.4.1799), sp. 81-85. [Anonym erschienene Rezension; zur Zuschreibung zu Ritter siehe Weber [EFN]:204].

*Ritter, Johann Wilhelm [NEGü]: »Neueste Entdeckung des Galvanismus über die Natur des Wassers«. *Intelligenzblatt der Allgem. Literatur-Zeitung* 180 (1.11.1800), sp. 1509-1511.

*Ritter, Johann Wilhelm [NMNd]: »Neue Modification der Nervenerregbarkeit durch Galvanismus«. *Journal für die Chemie, Physik und Mineralogie* 6 No 3 (1808), pp. 421-430.

*Ritter, Johann Wilhelm [NVBü]/4: »Neue Versuche und Bemerkungen über die Wirkungen des Galvanismus der Voltaischen Batterie auf das Gehörorgan«. In Ritter [PCAi]/2:108-125.

*Ritter, Johann Wilhelm [NVüG]/A: »Neue Versuche über den Galvanismus«. *Kaiserlich privilegirter Reichs-Anzeiger* 1 No 66 (8.3.1802), sp. 813-820.

*Ritter, Johann Wilhelm [NVüG]/B: »Neue Versuche über den Galvanismus; – im Reichs-Anzeiger, 1802. (No. 66.) S. 813-820«. In Ritter [PCAi]/2:270-284.

*Ritter, Johann Wilhelm [OoEo]: »Observations on the experiments of *Hachette* and *Desormes*. By *Ritter*«. *Journals of the Royal Institution of Great Britain* 1 No 13 (Thomas Young (tr); Thomas Young / Humphry Davy (eds); 1802), pp. 290/1. [Erschien zuerst auf Deutsch am 23.10.1802].

*Ritter, Johann Wilhelm [PaK]/A: *Die Physik als Kunst. Ein Versuch, die Tendenz der Physik aus ihrer Geschichte zu deuten*. (München: Lindauer, 1806). [Vorlesung vom 28.3.1806].

*Ritter, Johann Wilhelm [PCAi]/1: *Physisch-Chemische Abhandlungen in chronologischer Folge. Erster Band*. (Leipzig: Reclam, 1806).

*Ritter, Johann Wilhelm [PCAi]/2: *Physisch-Chemische Abhandlungen in chronologischer Folge. Zweyter Band*. (Leipzig: Reclam, 1806).

*Ritter, Johann Wilhelm [PCAi]/3: *Physisch-Chemische Abhandlungen in chronologischer Folge. Dritter Band*. (Leipzig: Reclam, 1806).

*Ritter, Johann Wilhelm [R]: »Resultate«. In Goethe [LA]/II.4:82-85.

*Ritter, Johann Wilhelm [RBzN]: »*Ritter's* Beyträge z. näheren Kenntniss d. Galvanismus«. *Intelligenzblatt der Allgem. Literatur-Zeitung* 31 (16.3.1799), sp. 245/6. [Ankündigungstext].

*Ritter, Johann Wilhelm [S]: *Der Siderismus. Neue Beyträge zur nähern Kenntniss des Galvanismus und der Resultate seiner Untersuchung. Ersten Bandes erstes Stück. Der Siderismus*. (Tübingen: Cotta, 1808). [Weitere Nummern sind nicht erschienen].

*Ritter, Johann Wilhelm [SaAV]: »Schreiben an A. Volta bey Uebersendung des Beweises, dass ein beständiger Galvanismus den Lebensprocess im Thierreiche begleite; – im Junius 1798«. In Ritter [PCAi]/1:59-90.

*Ritter, Johann Wilhelm [SaFA]: »Schreiben an F. A. von Humboldt bey Uebersendung des Beweises, dass ein beständiger Galvanismus den Lebensprocess im Thierreiche begleite; – im Junius 1798«. In Ritter [PCAi]/1:43-58.

*Ritter, Johann Wilhelm [SaJB]: »Schreiben an J. B. van Mons, über verschiedene physikalisch-chemische Gegenstände«. *Neues allgemeines Journal der Chemie* 6 No 2 (1805), pp. 141-165.

*Ritter, Johann Wilhelm [uG]: »Ueber den Galvanismus; einige Resultate aus den bisherigen Untersuchungen darüber, und als endliches: die Entdeckung eines in der ganzen lebenden und todten Natur sehr thätigen Princips; – vorgelesen in der Naturforschenden Gesellschaft zu Jena, am 29. October 1797«. In Ritter [PCAi]/1:1-42.

*Ritter, Johann Wilhelm [VBbG]: »Versuche und Bemerkungen bey Gelegenheit einer ersten Wiederholung von Davy's Versuchen über die Darstellung metallähnlicher Producte aus Kali und Natron durch den negativen Pol der Voltaischen Säule«. *Denkschriften der Königlichen Akademie der Wissenschaften zu München für das Jahr 1808. Classe der Mathematik und Naturwissenschaften* (1809), pp. 179-200.

*Ritter, Johann Wilhelm [VBüG]/6: »Versuche und Bemerkungen über den Galvanismus; als erste Fortsetzung des Aufsatzes in Voigt's Magazin u.s.w. B. IV. S.

575-661. (= No. XXIII. dieser Abhandlungen); – in demselben Magazin, B. VI. S. 97-129, und S. 181-215«. In Ritter [PCAi]/3:95-157. [Erschien zuerst 1803].

*Ritter, Johann Wilhelm [VBüG]/A1: »Versuche und Bemerkungen über den Galvanismus der Voltaischen Batterie. Erster Brief. Verhalten der Voltaischen Batterie zur einfachen galvanischen Kette. Vermuthlicher Galvanismus im Pflanzen- und im Thierreiche«. *Annalen der Physik* 7 No 4 (Ludwig Wilhelm Gilbert (ed); 1801), pp. 431-446.

*Ritter, Johann Wilhelm [VBüG]/A2: »Versuche und Bemerkungen über den Galvanismus der Voltaischen Batterie. Zweiter Brief. Wirkung des Galvanismus der Voltaischen Batterie auf menschliche Sinneswerkzeuge«. *Annalen der Physik* 7 No 4 (Ludwig Wilhelm Gilbert (ed); 1801), pp. 447-484.

*Ritter, Johann Wilhelm [VBüG]/A3: »Versuche und Bemerkungen über den Galvanismus der Voltaischen Batterie. In Briefen an den Herausgeber. Dritter Brief«. *Annalen der Physik* 8 No 8 (Ludwig Wilhelm Gilbert (ed); 1801), pp. 385-473.

*Ritter, Johann Wilhelm [VBüG]/A5: »Versuche und Bemerkungen über den Galvanismus der Voltaischen Batterie. Fünfter Brief«. *Annalen der Physik* 9 No 3 (Ludwig Wilhelm Gilbert (ed); 1801), pp. 265-352.

*Ritter, Johann Wilhelm [VBüG]/B1: »Versuche und Bemerkungen über den Galvanismus der Voltaischen Batterie. In Briefen an L. W. Gilbert. Erster Brief; – in Gilbert's Annalen der Physik. B. VII. S. 431-446«. In Ritter [PCAi]/1:275-290. [Erschien zuerst 1801].

*Ritter, Johann Wilhelm [VBüG]/B2: »Versuche und Bemerkungen über den Galvanismus der Voltaischen Batterie. In Briefen an L. W. Gilbert. Zweyter Brief; – in Gilbert's Annalen der Physik. B. VII. S. 447-484«. In Ritter [PCAi]/1:291-326. [Erschien zuerst 1801].

*Ritter, Johann Wilhelm [VBüG]/B3: »Versuche und Bemerkungen über den Galvanismus der Voltaischen Batterie. In Briefen an L. W. Gilbert. Dritter Brief; – in Gilbert's Annalen der Physik. B. VIII. S. 385-473«. In Ritter [PCAi]/2:1-80. [Erschien zuerst 1801].

*Ritter, Johann Wilhelm [VBüV]: »Vorläufige Bemerkungen über verschiedene Galvanische Gegenstände; – aus einem Schreiben an L. W. Gilbert, in dessen Annalen der Physik. B. VII. S. 375-379«. In Ritter [PCAi]/1:267-274. [Erschien zuerst 1801].

*Ritter, Johann Wilhelm [vCMi]: »Vom Chemischen des Magnetismus in seinen Beziehungen zum Galvanismus«. In Ritter (ed) [BzNK]/II.1:55-165.

*Ritter, Johann Wilhelm [VD]: *Viertes Diarium. JWR. Vom 13. Februar 1800 an.* [= *Ritteriana* 3; unveröffentlichtes Manuskript; Bayerische Staatsbibliothek; ich danke Martin Schlüter für die Erlaubnis, aus der unveröffentlichten Transkription von Kurt Poppe zu zitieren].

*Ritter, Johann Wilhelm [VGBn]/A: »Volta's Galvanische Batterie; nebst Versuchen mit derselben angestellt von J. W. Ritter«. In Voigt (ed) [MfNZ]/2:356-400.

*Ritter, Johann Wilhelm [VGBn]/B: »Volta's Galvanische Batterie, nebst Versuchen mit derselben; – in Voigt's Magazin für den neuesten Zustand der Naturkunde. B. II. S. 356-400«. In Ritter [PCAi]/1:195-226. [Erschien zuerst 1800].

*Ritter, Johann Wilhelm [VGSC]: »Versuch einer Geschichte der Schicksale der chemischen Theorie in den letzten Jahrhunderten«. *Journal für die Chemie, Physik und Mineralogie* 7 No 1 (1808), pp. 1-66.

*Ritter, Johann Wilhelm [VmVZ]: »Versuche mit einer Voltaischen Zink-Kupfer-Batterie von 600 Lagen«. *Annalen der Physik* 13 No 1 (Ludwig Wilhelm Gilbert (ed); 1803), pp. 1-72 und *Annalen der Physik* 13 No 3 (Ludwig Wilhelm Gilbert (ed); 1803), pp. 265-283.

*Ritter, Johann Wilhelm [VüS]/A: »Versuche über das Sonnenlicht«. *Annalen der Physik* 12 No 4 (Ludwig Wilhelm Gilbert (ed); 1803), pp. 409-415.

*Ritter, Johann Wilhelm [VüS]/B: »Versuche über das Sonnenlicht; – in Gilbert's Annalen der Physik. B. XII. S. 409-415«. In Ritter [PCAi]/2:353-360. [Erschien zuerst 1803].

Rommel, Gabriele (ed) [ATWF]: *ALL * TAGs * WELTEN des Friedrich von Hardenberg (Novalis).* (Wiederstedt: Forschungsstätte für Frühromantik und Novalis-Museum, 2009).

Rommel, Gabriele [FvHN]: »Friedrich von Hardenberg (Novalis) – Gedanken über ›die innre *chiffrirende* Kraft. Spuren derselben in der *Natur.*‹ «. In Breidbach et al (eds) [PuA]:67-102.

Rowland, Herbert (ed) [GCC]: *Goethe, chaos, and complexity.* (Amsterdam: Rodopi, 2001).[= *Internationale Forschungen zur Allgemeinen und Vergleichenden Literaturwissenschaft* 55].

*Rückert, Joseph [FBüW]: »Fortsetzung der Bemerkungen über Weimar«. *Der Genius der Zeit* 20 No 7 (August Hennings (ed); Juli 1800), pp. 363-396.

*Rumford, Benjamin: siehe Thompson, Benjamin.

*Runge, Philipp Otto [FCVA]: *Farben-Kugel oder Construction des Verhältnisses aller Mischungen der Farben zu einander, und ihrer vollständigen Affinität, mit angehängtem Versuch einer Ableitung der Harmonie in den Zusammenstellungen der Farben.* (Hamburg: Perthes, 1810).

Ruppert, Hans [GB]: *Goethes Bibliothek. Katalog.* (Weimar: Arion, 1978). [Erschien zuerst 1958. Ich verweise mithilfe des Paragraphenzeichens auf die fortlaufenden Nummern der Einträge].

Sällström, Pehr [MS]: *Monochromatische Schattenstrahlen. Ein Film über Experimente zur Rehabilitierung der Dunkelheit.* (Stuttgart: Edition Waldorf, 2010). [DVD].

Schaeder, Grete [GW]: *Gott und Welt. Drei Kapitel Goethescher Weltanschauung.* (Hameln: Seifert, 1947).

*Scheele, Carl Wilhelm [CAvL]: *Chemische Abhandlung von der Luft und dem Feuer. Nebst einem Vorbericht von Torbern Bergman.* (Upsala: Swederus, 1777).

*Scheele, Carl Wilhelm [SPCW]/1: *Sämmtliche physische und chemische Werke. Erster Band.* (D. Sigismund Friedrich Hermbstädt (ed, tr); Berlin: Rottmann, 1793).

*Scheffer, Henrik Teofilus [CVüS]: *Chemische Vorlesungen, über die Salze, Erdarten, Wässer, entzündliche Körper, Metalle und das Färben.* (Torbern Bergman (ed), Christian Ehrenfried Weigel (tr); Greifswald: Röse, 1789). [Erschien zuerst 1774 auf Schwedisch; die deutsche Übersetzung erschien zuerst 1779].

*Schelling, Caroline: siehe die Briefe in Schmidt (ed) [C]/I-II.

*Schelling, Friedrich Wilhelm Joseph: siehe die Briefe in Fuhrmans (ed) [FWJS]/I-III.

*Schelling, Friedrich Wilhelm Joseph (ed) [ZfSP]/I.1: *Zeitschrift für spekulative Physik. Ersten Bandes erstes Heft.* (Jena: Gabler, 1800).

*Schelling, Friedrich Wilhelm Joseph (ed) [ZfSP]/I.2: *Zeitschrift für spekulative Physik. Ersten Bandes zweites Heft.* (Jena: Gabler, 1800).

*Schelling, Friedrich Wilhelm Joseph [AA]: *»Akademie-Ausgabe«. Historisch-kritische Ausgabe im Auftrag der Schelling-Kommission der Bayerischen Akademie der Wissenschaften. Reihe I: Werke. Reihe II: Nachlass und Nachschriften. Reihe III: Briefe.* (Jörg Jantzen / Thomas Buchheim / Jochem Hennigfeld / Wilhelm G. Jacobs / Siegbert Peetz (eds); Stuttgart: Frommann, 1976ff). [Zu den Details einzelner Bände: s.u.].

*Schelling, Friedrich Wilhelm Joseph [AA]/I.5: *»Akademie-Ausgabe«. Reihe I. Werke 5: Ideen zu einer Philosophie der Natur (1797).* (Manfred Durner (ed); Stuttgart: Frommann, 1994).

*Schelling, Friedrich Wilhelm Joseph [AA]/I.6: *»Akademie-Ausgabe«. Reihe I. Werke 6: Von der Weltseele – eine Hypothese der höhern Physik zur Erklärung des allgemeinen Organismus (1798). Vorrede zur Uebersetzung (1798).* (Jörg Jantzen / Thomas Kisser / Kai Torsten Kanz / Walter Schieche (eds); Stuttgart: Frommann, 2000).

*Schelling, Friedrich Wilhelm Joseph [AA]/I.7: *»Akademie-Ausgabe«. Reihe I. Werke 7: Erster Entwurf eines Systems der Naturphilosophie.* (Wilhelm G. Jacobs / Paul Ziche (eds); Stuttgart: Frommann, 2001).

*Schelling, Friedrich Wilhelm Joseph [AA]/I.8: *»Akademie-Ausgabe«. Reihe I. Werke 8: Schriften 1799 – 1800.* (Manfred Durner / Wilhelm G. Jacobs (eds); Stuttgart: Frommann, 2004).

*Schelling, Friedrich Wilhelm Joseph [AA]/I.10: *»Akademie-Ausgabe«. Reihe I. Werke 10: Schriften 1801. »Darstellung meines Systems der Philosophie« und andere Texte.* (Manfred Durner (ed); Stuttgart: Frommann, 2009).

*Schelling, Friedrich Wilhelm Joseph [AA]/III.2.1: *»Akademie-Ausgabe«. Reihe III. Briefe 2: Briefwechsel 1800 – 1802. Teilband 1: Editorische Berichte, Briefe, Beilagen.* (Thomas Kisser (ed); Stuttgart: Frommann, 2010).

*Schelling, Friedrich Wilhelm Joseph [AA]/III.2.2: *»Akademie-Ausgabe«. Reihe III. Briefe 2: Briefwechsel 1800 – 1802. Teilband 2: Erklärende Anmerkungen, Register.* (Thomas Kisser (ed); Stuttgart: Frommann, 2010).

*Schelling, Friedrich Wilhelm Joseph [ADDP]: »Allgemeine Deduction des dynamischen Processes oder der Categorieen der Physik«. In Schelling (ed) [ZfSP]/I.1:100-136 und Schelling (ed) [ZfSP]/I.2:3-87.

*Schelling, Friedrich Wilhelm Joseph [DMSP]/S: »Darstellung meines Systems der Philosophie«. In Schelling [SW]/I.4:105-212. [Erschien zuerst 1801].

*Schelling, Friedrich Wilhelm Joseph [EESN]: *Erster Entwurf eines Systems der Naturphilosophie. Zum Behuf seiner Vorlesungen.* (Jena: Gabler, 1799).

*Schelling, Friedrich Wilhelm Joseph [EzSE]: *Einleitung zu seinem Entwurf eines Systems der Naturphilosophie. Oder: Ueber den Begriff der speculativen Physik und die innere Organisation eines Systems dieser Wissenschaft.* (Jena: Gabler, 1799).

*Schelling, Friedrich Wilhelm Joseph [IzPN]/A: *Ideen zu einer Philosophie der Natur. Erstes, zweytes Buch.* (Leipzig: Breitkopf, 1797).

*Schelling, Friedrich Wilhelm Joseph [PK]/S: »Philosophie der Kunst«. In Schelling [SW]/I.5:353-736. [Posthum aus dem Nachlass veröffentlichtes Vorlesungsmanuskript einer Jenenser Vorlesung des Winters 1802/3, ergänzt durch Elemente späterer Würzburger Vorträge; siehe Karl Friedrich August Schelling in Schelling [SW]/I.5:XVI].

*Schelling, Friedrich Wilhelm Joseph [STI]: *System des transscendentalen Idealismus.* (Tübingen: Cotta, 1800).

*Schelling, Friedrich Wilhelm Joseph [SW]/I.4: *Sämmtliche Werke. Erste Abtheilung. Vierter Band: 1800 – 1802.* (Karl Friedrich August Schelling (ed); Stuttgart: Cotta, 1859).

*Schelling, Friedrich Wilhelm Joseph [SW]/I.5: *Sämmtliche Werke. Erste Abtheilung. Fünfter Band: 1802 – 1803.* (Karl Friedrich August Schelling (ed); Stuttgart: Cotta, 1859).

*Schelling, Friedrich Wilhelm Joseph [SW]/I.7: *Sämmtliche Werke. Erste Abtheilung. Siebenter Band: 1805 – 1810.* (Karl Friedrich August Schelling (ed); Stuttgart: Cotta, 1860).

*Schelling, Friedrich Wilhelm Joseph [SW]/I.9: *Sämmtliche Werke. Erste Abtheilung. Neunter Band: 1816 – 1832.* (Karl Friedrich August Schelling (ed); Stuttgart: Cotta, 1861).

*Schelling, Friedrich Wilhelm Joseph [uFNE]/S: »Ueber Faraday's neueste Entdeckung. Rede in der öffentlichen Sitzung der Akademie am 28. März 1832«. In Schelling [SW]/I.9:439-452. [Erschien zuerst 1832].

*Schelling, Friedrich Wilhelm Joseph [uVBK]/S: *Ueber das Verhältniß der bildenden Künste zu der Natur.* In Schelling [SW]/I.7:289-329. [Erschien zuerst 1807].

*Schelling, Friedrich Wilhelm Joseph [vW]/A: *Von der Weltseele. Eine Hypothese der höhern Physik zur Erklärung des allgemeinen Organismus.* (Hamburg: Perthes, 1798).

*Scherer, Alexander Nicolaus [KDCU]: *Kurze Darstellung der chemischen Untersuchungen der Gasarten. Für seine öffentlichen Vorlesungen entworfen.* (Weimar: Gädicke, 1799).

*Scherer, Alexander Nicolaus [VKbi]: »Das Verbrennen der Körper bei einem in der Naturforschenden Gesellschaft Jena am 8. Dezember 1793 angestellten Versuche, der das totale Verschwinden der Lebensluft beym Verbrennen des Phosphors in derselben erwies«. In Stein [NF]:202-206.

Scheurmann, Konrad (ed) [CC]: *color continuo. 1810... 2010... System und Kunst der Farbe.* (Dresden: Technische Universität Dresden, 2009).

Schiff, Julius [RNRS]: »Die romantischen Naturforscher Ritter und Schubert und ihre Beziehungen zu Goethe«. *Nord und Süd. Eine deutsche Monatsschrift* 44 No 174 (1920), pp. 295-305.

*Schiller, Friedrich: siehe die Briefe in Oellers et al (eds) [FS]/1-2.

*Schiller, Friedrich [KPF]: *Kleine Philosophie der Freundschaft.* (Rolf-Bernhard Essig (ed); Berlin: Aufbau, 2009).

*Schiller, Friedrich [SW]/29: *Schillers Werke. Nationalausgabe, 29. Band: Schillers Briefe 1.11.1796 – 31.10.1798.* (Norbert Oellers / Frithjof Stock (eds); Weimar: Böhlau, 1977).

*Schlegel, Caroline: siehe die Briefe in Schmidt (ed) [C]/I-II.

*Schlegel, Friedrich [KFSA]/25: *Kritische Friedrich-Schlegel-Ausgabe. Dritte Abteilung. Band 25: Briefe von und an Friedrich und Dorothea Schlegel. Höhepunkt und Zerfall der romantischen Schule (1799 – 1802).* (Hermann Patsch (ed); Paderborn: Schöningh, 2009).

*Schlegel, Friedrich [KFSA]/26.1.1: *Kritische Friedrich-Schlegel-Ausgabe. Dritte Abteilung. Band 26: Briefe von und an Friedrich und Dorothea Schlegel. Pariser und Kölner Lebensjahre (1802 – 1808). Erster Teil: Juni 1802 – Dezember 1805. Text.* (Hans Dierkes (ed); Paderborn: Schöningh, 2018).

*Schlegel, Friedrich [KFSA]/26.1.2: *Kritische Friedrich-Schlegel-Ausgabe. Dritte Abteilung. Band 26: Briefe von und an Friedrich und Dorothea Schlegel. Pariser und Kölner Lebensjahre (1802 – 1808). Erster Teil: Juni 1802 – Dezember 1805. Kommentar.* (Hans Dierkes (ed); Paderborn: Schöningh, 2019).

Schlüter, Martin [GRÜB]: *Goethes und Ritters überzeitlicher Beitrag zur naturwissenschaftlichen Grundlagendiskussion.* (Dissertation am Fachbereich Physik der Johann-Wolfgang-Goethe-Universität; Frankfurt / Main, 1991).

Schmidt, Egon [mNEE]: »Mit der naturwissenschaftlichen Elite Europas auf Gesprächsfuss«. *Dänische Rundschau* (1977), pp. 24-29. [Sonderausgabe mit dem Titel *Hans Christian Ørsted*].

*Schmidt, Erich (ed) [C]/I: *Caroline. Briefe aus der Frühromantik. Erster Band.* (Leipzig: Insel, 1913).

*Schmidt, Erich (ed) [C]/II: *Caroline. Briefe aus der Frühromantik. Zweiter Band.* (Leipzig: Insel, 1913).

Schmidt, Hartmut / Reinitzer, Heimo / Kühlmann, Wilhelm (eds) [GW]/4: *Goethe-Wörterbuch. Vierter Band: Geschäft – inhaftieren.* (Stuttgart: Kohlhammer, 2004).

Schmuck, Thomas [UD]: »Die Unendlichkeit der Dinge. Goethes Abenteuer der Vernunft«. In Knebel et al (eds) [AV]:11-13.

Schöne, Albrecht [GF]: *Goethes Farbentheologie.* (München: Beck, 1987).

Schönfeldt, Sybil Gräfin [GAIb]: *»Gestern aß ich bei Goethe«. Bilder einer neuen Gastlichkeit.* (Zürich: Arche, 2002).

*Schopenhauer, Arthur [ASSW]/6: *Arthur Schopenhauers sämtliche Werke. Sechster Band. Ueber das Sehn und die Farben. Theoria colorum physiologica. Balthazar Gracian's Hand-Orakel. Ueber das Interessante. Kritische Dialektik. Ueber die Verhunzung der deutschen Sprache.* (Franz Mockrauer (ed); München: Piper, 1923).

*Schopenhauer, Arthur [uSF]/A2: *Ueber das Sehn und die Farben.* In Schopenhauer [ASSW]/6:3-56. [Erschien zuerst 1816].

*Schopenhauer, Arthur [uSF]/B: *Ueber das Sehn und die Farben. Zweite, verbesserte und vermehrte Auflage.* (Leipzig: Hartknoch, 1854). [Erschien zuerst 1816].

Schrimpf, Hans Joachim [SaÖP]: *Der Schriftsteller als öffentliche Person. Von Lessing bis Hochhuth. Beiräge zur deutschen Literatur.* (Berlin: Erich Schmidt, 1977).

Schrimpf, Hans Joachim [ÜGBv]: »Über die geschichtliche Bedeutung von Goethes Newton-Polemik und Romantik-Kritik«. In Schrimpf [SaÖP]:126-143.

Schubbe, Daniel / Fauth, Søren R. (eds) [SG]: *Schopenhauer und Goethe. Biographische und philosophische Perspektiven.* (Hamburg: Meiner, 2016).

*Schubert, Gotthilf Heinrich [AvNN]: *Ansichten von der Nachtseite der Naturwissenschaft.* (Dresden: Arnold, 1808).

*Schubert, Gotthilf Heinrich [EaVE]/2.1: *Der Erwerb aus einem vergangenen und die Erwartungen von einem zukünftigen Leben. Eine Selbstbiographie. Zweiter Band. Erste Abtheilung: Die ersten Gastrollen des praktischen Lebens.* (Erlangen: Palm, 1855).

Schulz, Reinhard [GEfR]: »Gibt es für die Romantik eine spezifische naturwissenschaftliche Experimentierpraxis? Die Auffassungen von Goethe, Schelling, Ritter und Treviranus zur Naturforschung um 1800«. *philosophia naturalis* 30 (1993), pp. 254-277.

Schwarz, Astrid / Nordmann, Alfred (eds) [BGT]: *Das bunte Gewand der Theorie. Vierzehn Begegnungen mit philosophierenden Forschern.* (Freiburg: Alber, 2009).

Schwitters, Kurt [LW]/I: *Das literarische Werk. Band I: Lyrik.* (Friedhelm Lach (ed); Köln: DuMont, 1973).

Schwitters, Kurt [U]: »ursonate«. In Schwitters [LW]/I:214-242. [Erste vollständige Veröffentlichung 1932].

*Seebeck, Thomas Johann / Anonym [VN]: »Vermischte Nachrichten«. *Intelligenzblatt der Jenaischen Allgem. Literatur-Zeitung* 5 No 10 (27.2.1808), sp. 77/8.

*Seebeck, Thomas Johann [DENK]: »Die *Davyschen* Entdeckungen der neuen Kali- und Natronproducte«. *Intelligenzblatt der Jenaischen Allgem. Literatur-Zeitung* 5 No 21 (6.4.1808), sp. 171/2.

*Seebeck, Thomas Johann [HHRi]: »Herr Hofrath Ritter in München hat am 24 Febr. der dortigen königl. Akademie der Wissenschaften seine Versuche und Bemerkungen über die Darstellung der von Davy metallisch genannten Producte des Kali und Natron vorgelegt«. *Intelligenzblatt der Jenaischen Allgemeinen Literatur-Zeitung* 5 No 14 (16.3.1808), sp. 114-117. [Erschien anonym; für die Zuschreibung zu Seebeck siehe Nielsen [AKoL]:126n67].

*Seebeck, Thomas Johann [MPME]: *Magnetische Polarisation der Metalle und Erze durch Temperatur-Differenz.* (A. J. Oettingen (ed); Leipzig: Engelmann, 1895). [= *Ostwald's Klassiker der exakten Wissenschaften* 70].

*Seebeck, Thomas Johann [uUEW]/A: »Ueber die ungleiche Erregung der Wärme im prismatischen Sonnenbilde«. *Abhandlungen der Königlichen Akademie der Wissenschaften in Berlin. Aus den Jahren 1818 – 1819* (1820), pp. 305-350. [Vortrag vom 13.3.1819].

*Seebeck, Thomas Johann [WFB]: »Wirkung farbiger Beleuchtung«. In Goethe [sVST]:25-39.

Shaffer, Elinor S. (ed) [TC]: *The third culture. Literature and science.* (Berlin: de Gruyter, 1998). [= *European Cultures. Studies in Literature and the Arts* 9].

Shapiro, Alan E. [ACNC]: »Artists' colors and Newton's colors«. *Isis* 85 No 4 (1994), pp. 600-630.

Shapiro, Alan E. [GAoN]: »The gradual acceptance of Newton's theory of light and color, 1672 – 1727«. *Perspectives on Science* 4 No 1 (1996), pp. 59-140.

Shapiro, Alan E. [KO]: »Kinematic optics. A study of the wave theory of light in the seventeenth century«. *Archive for History of Exact Sciences* 11 No 2-3 (1973), pp. 134-266.

Shapiro, Alan E. [NDoL]: »Newton's definition of a light ray and the diffusion theories of chromatic dispersion«. *Isis* 66 No 2 (1975), pp. 194-210.

Silva, Marcos (ed) [HCMf]: *How colours matter for philosophy.* (Dordrecht: Springer, 2017). [= *Synthese Library* 388. *Proceedings of the 2nd international colloquium on Colours and Numbers,* Fortaleza, Brazil (2015)].

Snow, Charles Percy [TCSR]: *The two cultures and the scientific revolution. The Rede Lecture 1959.* (Cambridge: Cambridge University Press, 1959).

*Soemmerring, Samuel Thomas: siehe die Briefe in Wenzel (ed) [GS].

Specht, Benjamin [PaK]: *Physik als Kunst. Die Poetisierung der Elektrizität um 1800.* (Berlin: de Gruyter, 2010). [= *Studien zur deutschen Literatur* 193].

*Steffens, Henrich [WIE]/4: *Was ich erlebte. Aus der Erinnerung niedergeschrieben. Vierter Band.* (Breslau: Max, 1841).

Stegmüller, Wolfgang [HG]/I: *Hauptströmungen der Gegenwartsphilosophie. Eine kritische Einführung. Band I.* (Stuttgart: Kröner, 1978). [= *Kröners Taschenausgabe* 308. Erschien zuerst 1952].

Steig, Reinhold [AvAC]: *Achim von Arnim und Clemens Brentano.* (Stuttgart: Cotta, 1894). [= *Achim von Arnim und die ihm nahestanden* 1].

Steig, Reinhold [SKvG]: »Schäfers Klagelied von Goethe«. *Euphorion. Zeitschrift für Literaturgeschichte* 2 (1895), 813-817.

Steiger, Robert [GLvT]/IV: *Goethes Leben von Tag zu Tag. Band IV: 1799 – 1806.* (Zürich: Artemis, 1986).

Stein, Klaus [NF]: *Naturphilosophie der Frühromantik.* (Paderborn: Schöningh, 2004).

Steinbrenner, Jakob / Glasauer, Stefan (eds) [F]: *Farben. Betrachtungen aus Philosophie und Naturwissenschaften.* (Frankfurt / Main: Suhrkamp, 2007).

Steinle, Friedrich [CKiE]: »Colour knowledge in the eighteenth century. Practice, systematisation, and natural philosophy«. Bushart et al (eds) [CH]:43-65, 355-358.

Steinle, Friedrich [GFoC]: »Goals and fates of concepts. The case of magnetic poles«. In Feest et al (eds) [SCIP]:105-125.

Steinle, Friedrich [GMEF]: »Goethes Methodologie des Experiments und die französische *Encyclopédie*«. *Acta Historica Leopoldina* 62 (2013), pp. 101-115.

Steinle, Friedrich [NaNR]: » ›Das Nächste ans Nächste reihen‹. Goethe, Newton und das Experiment«. In Grebe-Ellis et al (eds) [OET]:179-202. [Erschien zuerst 2002].

Stephenson, Bruce [KPA]: *Kepler's physical astronomy.* (New York: Springer, 1987). [= *Studies in the History of Mathematics and Physical Sciences* 13].

Stöger, Alexander [EW]: »Experiment und Wissensvermittlung. Alexander von Humboldts Darstellungsmethoden in seinen *Versuchen über die gereizte Muskel- und Nervenfaser*«. *HiN. Internationale Zeitschrift für Humboldt-Studien* XVII No 33 (2016), pp. 72-82.

Suhr, Norbert [PV]: *Philipp Veit. (1793 – 1877). Leben und Werk eines Nazareners. Monographie und Werkverzeichnis.* (Weinheim: VCH, 1991).

Takahashi, Yoshito [GWF]: »Goethes *Wahlverwandtschaften* und die *Farbenlehre*«. In Esselborn et al (eds) [GG]:159-173.

Teichmann, Jürgen [JWR]: »Johann Wilhelm Ritter. Ein romantischer Physiker«. *In* Zimmerli et al (eds) [FdS]:331-339.

*Thompson, Benjamin (Graf Rumford) [ECNo]: »An enquiry concerning the nature of heat, and the mode of its communication«. *Philosophical Transactions* 94 No 1 (1804), pp. 77-182.

Trevelyan, George Macaulay [BiH]: »Bias in history«. *History, New Series* 32 No 115 (March 1947), pp. 1-15.

*Tümmler, Hans (ed) [GBmC]/II: *Goethes Briefwechsel mit Christian Gottlob Voigt. Band II.* (Weimar: Böhlau, 1951). [= *Schriften der Goethe-Gesellschaft* 54].

*Tümmler, Hans (ed) [GBmC]/III: *Goethes Briefwechsel mit Christian Gottlob Voigt. Band III.* (Weimar: Böhlau, 1955). [= *Schriften der Goethe-Gesellschaft* 55].

*Turnbull, Herbert Westren (ed) [CoIN]/I: *The correspondence of Isaac Newton. Volume I. 1661– 1675.* (Cambridge: Cambridge University Press, 1959).

*Turnbull, Herbert Westren (ed) [CoIN]/II: *The correspondence of Isaac Newton. Volume II: 1676 – 1687.* (Cambridge: Cambridge University Press, 1960).

Uerlings, Herbert (ed) [NW]: *Novalis und die Wissenschaften.* (Tübingen: Niemeyer, 1997).

Valk, Thorsten (ed) [HB]: *Heikle Balancen. Die Weimarer Klassik im Prozess der Moderne.* (Göttingen: Wallstein, 2014). [= *Schriftenreihe des Zentrums für Klassikforschung* 1].

*Varnhagen v. Ense, Karl August [DVS]/1: *Denkwürdigkeiten und vermischte Schriften. Erster Band.* (Mannheim: Hoff, 1837).

*Varnhagen v. Ense, Karl August [GNT]/A: »Goethe's natürliche Tochter. – Madame Guachet«. In Varnhagen v. Ense [DVS]/1:444-455.

Vine, Troy (ed) [EC]: *Experience colour. An exhibition by Nora Löbe & Matthias Rang.* (Nailsworth: The Field Centre, 2018).

Vine, Troy [GNKa]: »Goethes Newton-Kritik als interne Kritik«. In Klug et al (eds) [GRP]:31-58.

Vogl, Joseph [NÖ]: »Nomos der Ökonomie. Steuerungen in Goethes *Wahlverwandtschaften*«. *Modern Language Notes* (MLN) 114 (1999), pp. 503-527.

*Voigt, Christian Gottlob: siehe die Briefe in Tümmler [GBmC]/II-III.

*Voigt, Johann Heinrich (ed) [MfNZ]/2: *Magazin fuer den neuesten Zustand der Naturkunde mit Ruecksicht auf die dazu gehoerigen Huelfswissenschaften. Zweyter Band.* (Weimar: Verlag des Industrie-Comptoirs, 1800).

*Voigt, Johann Heinrich (ed) [MfNZ]/8: *Magazin für den neuesten Zustand der Naturkunde mit Rücksicht auf die dazu gehörigen Hülfswissenschaften. Achter Band.* (Weimar: Verlag des Industrie-Comptoirs, 1804).

*Volta, Alessandro [EdAV]/3: *Epistolario di Alessandro Volta. Volume terzo. 1788 – 1800.* (Bologna: Zanichelli, 1952).

Vorländer, Karl [GVzK]/I: »Goethes Verhältnis zu Kant in seiner historischen Entwicklung. I«. *Kant-Studien* 1 (1897), pp. 60-99.

Vorländer, Karl [GVzK]/II: »Goethes Verhältnis zu Kant in seiner historischen Entwicklung. II«. *Kant-Studien* 1 (1897), pp. 315-351.

*Wagner, Johann Jakob: siehe die Briefe in Adam et al (eds) [JJW].

Weber, Heiko [E]: »Einleitung«. In Ritter (ed) [BzNK]/A.I.1-2:V-CLVIII.

Weber, Heiko [EFN]: *»Experimentalprogramme der frühen Naturwissenschaften«. Johann Wilhelm Ritter (1776 – 1810) und Joseph Weber (1753 – 1831).* (Dissertation an der Biologisch-Pharmazeutischen Fakultät der Friedrich-Schiller-Universität; Jena, 2005).

Weber, Heiko [EiAJ]: *Die Elektrisiermaschinen im 18. Jahrhundert.* (Berlin: Verlag für Wissenschaft und Bildung, 2011).

Weber, Heiko [GCUJ]: »Galvano-chemische Untersuchungen Johann Wilhelm Ritters (1800/1802)«. In Breidbach et al (eds) [EW]:245-269.

Weber, Heiko [JWR]: »Johann Wilhelm Ritter«. In Bach et al (eds) [NnS]:507-535.

Weber, Max [GAzW]: *Gesammelte Aufsätze zur Wissenschaftslehre.* (Marianne Weber (ed); Tübingen: Mohr, 1922).

Weber, Max [MGS]: »Methodische Grundlagen der Soziologie«. In Weber [GAzW]:503-523. [Erschien zuerst 1920].

*Wedgwood, Thomas / Davy, Humphry [AoMo]/A: »An account of a method of copying paintings upon glass, and of making profiles, by the agency of light upon nitrate of silver. Invented by *T. Wedgwood*, esq. With observations by *H. Davy*«. *Journals of the Royal Institution of Great Britain* 1 No 9 (Thomas Young / Humphry Davy (eds); 1802), pp. 170-174. [Davy ist lediglich der Autor einer Anmerkung in diesem Text].

*Wedgwood, Thomas / Davy, Humphry [AoMo]/B: »An account of a method of copying paintings upon glass, and of making profiles by the agency of light upon nitrate of silver. Invented by *T. Wedgwood*, esq. With observations by *H.*

Davy. From the Journals oft he Royal Institution, I. 170«. *A Journal of Natural Philosophy, Chemistry and the Arts* 3 (William Nicholson (ed); November 1802), pp. 167-170. [Davy ist lediglich der Autor einer Anmerkung in diesem Text; erschien zuerst im selben Jahr 1802].

Weinberg, Steven [TvEU]: *Der Traum von der Einheit des Universums*. (Friedrich Griese (tr); München: Bertelsmann, 1993). [Erschien zuerst auf Englisch im Jahr 1992].

*Weiß, Christian Samuel (ed) [NsNI]: »Notice sur un nouvel instrument, dont Mr. Ritter, Membre de l'Académie de Munich s'est servi dans les expériences qu'il a récemment faites avec Mr. Campetti, et sur l'usage de cet instrument, auquel l'auteur a donné le nom de *Balancier*; extraite d'une lettre écrite par Mr. Ritter à Mr. Weiss, Prof. dans l'université de Leipsick, et communiquée par ce dernier aux Rédacteurs de ce Recueil«. *Bibliothèque Britannique* 35 (1807), pp. 80-96.

*Weiß, Christian Samuel (ed) [NvNI]: »Nachricht von einem neuen Instrumente, dessen Hr. Ritter, Mitgl. der Akademie zu München, sich in den neulich mit Hrn. Campetti angestellten Versuchen bedient hat, und den Gebrauch dieses Instruments, dem er den Namen *Balancier* gegeben hat. (Aus einem Briefe Ritter's an Hrn. Weiß, Prof. auf der Universität zu Leipzig, und von letztern den Redacteurs der Bibl. brit mitgetheilt.)« *Journal für die Chemie, Physik und Mineralogie* 4 No 1 (Adolph Ferdinand Gehlen (tr, ed); 1807), pp. 114-126. [Erschien zuerst auf Französisch im Jahr 1807].

Weizsäcker, Carl Friedrich [EN]: *Die Einheit der Natur. Studien*. (München: dtv, 1986). [Erschien zuerst 1971].

Weizsäcker, Carl Friedrich [GP]: *Große Physiker. Von Aristoteles bis Werner Heisenberg*. (Helmut Rechenberg (ed); Wiesbaden: Marix, 2004). [Erschien zuerst 1999].

Welsh, Caroline [H]: *Hirnhöhlenpoetiken. Theorien zur Wahrnehmung in Wissenschaft, Ästhetik und Literatur um 1800*. (Freiburg / Breisgau: Rombach, 2003). [= *Litterae* 114].

Wenzel, Manfred (ed) [GHS]/2: *Goethe-Handbuch Supplemente. Band 2. Naturwissenschaften*. (Stuttgart: Metzler, 2012).

*Wenzel, Manfred (ed) [GS]: *Goethe und Soemmerring. Briefwechsel 1784 – 1828*. (Stuttgart: Fischer, 1988). [= *Soemmerring-Forschungen* V].

Wenzel, Manfred [ES]: »Die Emanzipation des Schülers. Goethe und sein Anatomie-Lehrer Justus Christian Loder«. In Mann et al (eds) [GNS]:239-257.

Wenzel, Manfred [GD]: »Der gescheiterte Dilettant. Goethe, Soemmering und das Os intermaxillare beim Menschen«. In Mann et al (eds) [GNS]:289-329.

Wenzel, Manfred [ISWd]: » ›... ich sprach wie durch einen Instinkt sogleich vor mich laut aus, daß die Newtonische Lehre falsch sei.‹ – Dokumente und Deutungen zur Datierung von Goethes Prismenaperçu«. In Remmel et al (eds) [LA]:541-570.

Westfall, Richard S. [NaR]: *Never at rest. A biography of Isaac Newton*. (Cambridge: Cambridge University Press, 1980).

Wetzels, Walter Dominic [JWR]: *Johann Wilhelm Ritter. Physik im Wirkungsfeld der deutschen Romantik.* (Berlin: de Gruyter, 1973). [= *Quellen und Forschungen zur Sprach- und Kulturgeschichte der germanischen Völker* 59 (183)].

White, Hayden [QoNi]: »The question of narrative in contemporary historical theory«. *History and Theory* 23 No 1 (February 1984), pp. 1-33.

Wiesenfeldt, Gerhard / Breidbach, Olaf [KNAA]: » ›Könnte nicht also auch die Erdkugel ein großer Turmalin sein?‹ Ein Kristall, Lichtenberg und die Polaritätsdiskussion vor 1800«. *Sudhoffs Archiv* 96 No 1 (2012), pp. 95-109.

Wiesenfeldt, Gerhard [EF]: »Eigenrezeption und Fremdrezeption. Die galvanischen Selbstexperimente Johann Wilhelm Ritters (1776 – 1810)«. *Jahrbuch für europäische Wissenschaftskultur* 1 (2005), pp. 207-232.

*Wilke, Johann Carl [GT]: »Geschichte des Tourmalins«. *Der Königl. Schwedischen Akademie der Wissenschaften Abhandlungen, aus der Naturlehre, Haushaltungskunst und Mechanik, auf das Jahr 1766* 28 (Abraham Gotthelf Kästner (tr, ed); 1768), pp. 95-113.

Willems, Gottfried [DIIH]: *»Dass ich Ideen habe ohne es zu wissen, und sie sogar mit Augen sehe«. Goethes Jenaer Begegnung mit Schiller im Juli 1794 und sein aufklärerischer Naturbegriff. Antrittsvorlesung an der Friedrich-Schiller-Universität Jena am 4. Juli 1994.* (Erlangen: Palm, 1994). [= *Jenaer philosophische Vorträge und Studien* 11].

*Winterl, Jacob Joseph [DVBA]: *Darstellung der vier Bestandtheile der anorganischen Natur. Eine Umarbeitung des ersten Theiles seiner Prolusionen und Accessionen von dem Verfasser.* (Johann Schuster (tr); Jena: Frommann, 1804). [Erschien zuerst 1800 auf Latein].

*Winterl, Jacob Joseph [PaCS]: *Prolusiones ad chemiam saeculi decimi noni.* (Buda: Regiae Universitatis Pestinensis, 1800).

Wittgenstein, Ludwig [PU]: *Philosophische Untersuchungen.* (Gertrude Elizabeth Margaret Anscombe / Georg Henrik Wright / Rush Rhees (eds)). In Wittgenstein [W]/1:225-618. [Erschien zuerst 1953].

Wittgenstein, Ludwig [W]/1: *Werkausgabe. Band 1. Tractatus logico-philosophicus. Tagebücher 1914 – 1916. Philosophische Untersuchungen.* (Frankfurt / Main: Suhrkamp, 1984).

*Wollaston, William Hyde [MoER]/A: »A method of examining refractive and dispersive powers, by prismatic reflection«. *Philosophical Transactions* 92 No 2 (1802), pp. 365–380.

Worbs, Erich [GSPJ]: »Goethe und der schlesische Physiker Johann Wilhelm Ritter«. *Schlesien. Vierteljahresschrift für Kunst, Wissenschaft und Volkstum* 12 No 4 (1967), pp. 196-202.

Worbs, Erich [NSPJ]: »Novalis und der schlesische Physiker Johann Wilhelm Ritter«. *Aurora. Eichendorff Almanach* 23 (1963), pp. 85-92.

Woyke, Andreas [JWR]: »Johann Wilhelm Ritter. Zwischen romantischer Naturphilosophie und exakter Naturwissenschaft«. In Schwarz et al (eds) [BGT]:43-70.

Wülfing, Ferdinand [FGS]: *Die Farben und der goldene Schnitt.* (Goch: Pagina, 2015).

*Wünsch, Christian Ernst [VBüF]: *Versuche und Beobachtungen über die Farben des Lichtes.* (Leipzig: Breitkopf, 1792).

*Wünsch, Christian Ernst [VüVS]/A: »Versuche über die vermeinte Sonderung des Lichts der Sonnenstralen von der Wärme derselben«. *Magazin für die neusten Entdeckungen in der gesammten Naturkunde* 1 No 3 (Gesellschaft Naturforschender Freunde zu Berlin (ed); Julius, August, September 1807), pp. 185-207.

*Wünsch, Christian Ernst [VüVS]/B: »Versuche über die vermeinte Sonderung des Lichts der Sonnenstrahlen von der Wärme derselben«. *Journal für die Chemie, Physik und Mineralogie* 6 No 4 (1808), pp. 597-632. [Erschien zuerst 1807].

*Young, Thomas [BL]: »The Bakerian lecture. Experiments and calculations relative to physical optics«. *Philosophical Transactions* 94 No 1 (1804) pp. 1-16.

*Young, Thomas [zF]: »*Zur Farbenlehre. On the doctrine of colours.* By Goethe. 2 vol. 8vo. Tubingen, 1810, pp. 1510; with 16 coloured plates in 4to«. *The Quarterly Review* 10 No 20 (William Gifford (ed); January, 1814), pp. 427-441. [Rezension; erschien anonym und wird üblicherweise Young zugeschrieben, siehe Nielsen [AKoL]:147].

Zawischa, Dietrich [zASz]: »Zur angeblichen Symmetrie zwischen Licht und Finsternis. Mit einer Replik von Olaf Müller und einer Antwort des Autors«. In Klug et al (eds) [GRP]:251-267.

Zemplén, Gábor Áron [EfOT]: *An eye for optical theory? Newton's rejection of the modificationist tradition and Goethe's modificationist critique of Newton.* (Dissertation am Department of Philosophy and History of Science der University of Technology and Economics; Budapest, 2001).

Zemplén, Gábor Áron [HoVC]: *The history of vision, colour, & light theories. Introductions, texts, problems.* (Gerd Graßhoff (ed); Bern: Libri Books on Demand, 2005). [= *Bern studies for the History and Philosophy of Science. Educational Materials* 5].

Ziche, Paul [JNGI]: »Die Jenaer Naturforschende Gesellschaft und ihre Bedeutung für die Naturforschung in Jena«. In Döring et al (eds) [GGiM]/II:107-131.

Zimmerli, Walther Christoph / Stein, Klaus / Gerten, Michael (eds) [FdS]: *»Fessellos durch die Systeme«. Frühromantisches Naturdenken im Umfeld von Arnim, Ritter und Schelling.* (Stuttgart: Frommann, 1997). [= *Natur und Philosophie. Texte und Untersuchungen* 12].

Zimmermann, Rolf [GPiG]: »Goethes Polaritätsdenken im geistigen Kontext des 18. Jahrhunderts«. *Jahrbuch der deutschen Schillergesellschaft 1974* 18 (1975), pp. 304-347.

Zinke, Armin [BvL]: *Bildentstehung versus Lichtspaltung. Ein Beitrag zu Goethes Farbenlehre. Korrektur und Bestätigung von Goethes Erklärung der Spektralfarben durch Bildentstehung. Einspruch gegen Newtons Theorie der Lichtspaltung und ihre Erweiterung durch monochromatische Schattenstrahlen.* (Schondorf: editionblaes, 2018).

Personenregister

Die Seitenzahlen beziehen sich auf die – nicht-fiktionalen – Personen, die im Haupttext vorkommen. In den *Fußnoten* erwähnte Personen führen wir nur auf, wenn sie

(a) an Ort und Stelle für die Überlegung *zentral* sind und/oder
(b) im Sinne des Literaturverzeichnis als *Autor einer Quelle verstanden werden und/oder
(c) wenn in der Fußnote mehr über sie steht als ein Literaturverweis.

Weder weisen wir alle Autoren der Sekundärliteratur nach noch Personennamen, die in Brief-Zitaten oder als Brief-Empfänger vorkommen.

Mit kursiv gesetzten Seitenzahlen werden Personennamen angeführt, die dort nur in den Fußnoten vorkommen.